U0022711

深智數位
股份有限公司

深智數位
股份有限公司

FOREWORD

The book "Data Science in the AI Era: A Comprehensive Guide from Novice to Data Expert", authored by Robert CJ Huang, draws on his extensive experience in setting up software systems for big data analysis, particularly in areas such as image processing for medical applications. The recent advancements in AI (machine learning) significantly enhance our ability to analyze complex data, uncover hidden information, and predict system behavior. Despite common misconceptions associated with the term "Artificial Intelligence," Huang's book stands out by demystifying the hype and focusing on the core technical (mathematical and software) aspects. It serves as a practical and reliable guide for engineers to effectively apply this new technology.

Bruno Buchberger

Dr.phil. Dr.h.c.mult., Member of the Academy of Europe

Professor of Computer Mathematics

Founder of RISC, Softwarepark Hagenberg and FH Hagenberg

buchberger.bruno@gmail.com

++ 43 664 42 11 646

www.brunobuchberger.com

Research Institute for Symbolic Computation (RISC)

Johannes Kepler University (JKU), Schloss Hagenberg, A4236 Hagenberg, Austria

推薦序 一

作為職訓教育的辦訓單位，我很榮幸向大家推薦黃老師的新書。黃老師在資訊科學領域有著豐富的經驗和深厚的學術背景，他的這本書不僅為學術研究者和學習者提供了一個全面而深入的學習資源，對未來職業訓練和教育具有深遠的影響。

人工智慧和資料科學是一個快速發展的學科，它的應用範圍涵蓋了商業、醫療、金融、製造業等多個領域。在這本書中，黃老師詳細介紹了資料科學的基本概念、核心技術和實際應用，並通過大量的案例和實踐指導，幫助讀者將理論知識轉化為實際能力。

黃老師的這本書特別強調資料科學在職業訓練教育中的應用，人工智慧和資料科學技能已經成為現代職場中不可或缺的一部分。通過系統學習這本書，學員可以掌握從數據收集、數據清洗、數據分析到機器學習模型構建和評估的全流程技能，這對於提升他們的職業競爭力具有極大的幫助。

職訓教育的核心在於實用性和應用性，而黃老師的這本書正是以實際應用為導向，提供了大量的實踐案例和習題，幫助學員在實戰中不斷磨練和提升自己的技能。例如，書中介紹了如何利用 Python 和爬蟲技術進行數據分析，如何應用機器學習算法解決具體問題，這些都可以直接應用到學員未來的工作中。

此外，本書還強調了跨學科合作的重要性。在當今的職場環境中，資料科學不再是孤立的學科，而是與各種專業領域緊密結合的工具。通過這本書，學員不僅可以學到資料科學的專業知識，還能夠理解如何將這些知識應用到自己的專業領域，從而實現更大的職業發展。

伽碩企業有限公司附設職業訓練中心執行長

郭明洽

推薦序 二

欣聞黃朝健先生完成大作《AI 時代的資料科學：小白到數據專家的全面指南》，讓有志於資訊科技，尤其是人工智慧與資料科學領域的莘莘學子可以有一本實用的工具書，隨著深入淺出的演算過程介紹，以及大量的實務範例程式展示，未來更加容易進入人工智慧與資料科學的金雞蛋產業。

我和黃朝健先生結識於 2012 年盛暑，邀請我當他的論文指導教授，朝健先生於 2014 年取得碩士學位後，陸續在幾家科技業及學術單位服務，在工作之餘仍自學德語，毅然赴奧地利林茲大學資訊系再取得一個碩士學位，其間並在 Hagenberg SoftwarePark 的 RISC 公司實習，原計畫繼續攻讀博士，後因疫情返台。返台後在專科學校資管科任講師一職，協助學校開發資訊系統及教學。公務繁忙之際，仍將教學及實務經驗整理成書出版，有幸受朝健之邀寫序先拜讀大作，認為此書實為莘莘學子之福，從開發環境 (IDE、Anaconda、Colab)、程式語言 (Python)、函式庫 (Pandas、SK-Learn)，到實務應用範例 (醫療應用、工業應用、永續發展應用、電商平台分析)，甚至包括使用 Google 及 LINE 工具的各種行銷證照考試題型分析，一路手把手將初學者帶入殿堂，閱讀過程實在引人入勝。

今夏台灣 COMPUTEX 2024 迎來人工智慧產業的大咖，包括來自 Qualcomm、Intel、ARM 等大廠的 CEO 或執行長，讓全世界都聚焦在台灣，其中最引人注目的是出身自台灣的 NVIDIA 執行長黃仁勳、AMD 董事長暨執行長蘇姿丰、Supermicro 創辦人、總裁暨執行長梁見後，都是現在獨領風騷的佼佼者，給台灣的有志之士很大的鼓舞及信心。朝健的這本人工智慧與資料科學的大作，來的正是時候，剛好趕上這股風潮，讓更多的台灣人可以藉由淺顯易懂的圖文方式，快速上手程式實作，我向大家大力推薦此一好書。

銘傳大學資訊科技與管理學程教授

尹邦嚴

2024/7/10

推薦序 三

多年的職場生涯中，我深刻體會到資訊工具和 AI 人工智慧應用對於提升工作效率、增強職場競爭力、促進公司永續發展、以及規劃個人生涯的巨大幫助。黃朝健老師的新書《AI 時代的資料科學：小白到數據專家的全面指南》正是為數位世代的我們量身打造的寶貴資源。

作為黃老師的學生、學術同好、事業夥伴和產業代表，我見證了他在資料科學和 AI 應用面的豐富經驗、卓越教學技巧和傑出成就。

回台後，黃老師致力於智慧製造與數位轉型，並在多家知名教育機構教授 Python、資料科學和 AI 應用課程，已為台灣南部地區數百名學員傳授寶貴的前瞻知識。黃老師在職訓中心的課程廣受好評，因應學校和學生的期待，他決心將這些寶貴內容彙整成書，嘉惠更多有志之士。有別於坊間同類書籍，本書特別強調基礎觀念、系統框架及實務操作，內容涵蓋多個關鍵領域，為讀者提供全面的學習資源：

數據分析： 以主流的 Python 為開發語言，涵蓋巨量資料清洗、相依矩陣、評估指標、各種機器學習技術等相關理論，並展示在醫療、工業、電商和商業分析中的重要套件與運用方法。

資料庫應用： 介紹 CSV、Excel、SQLite、MySQL、PostgreSQL 的應用，涵蓋資料庫的基本操作和管理技術，並展示如何在實際項目中運用這些資料庫。

ESG 與永續發展： 解釋 ESG 的基本觀念，針對環境、社會和公司治理三個重要面向，展示如何應用相關資訊技術進行整合。

範例應用： 通過多個實際案例，如糖尿病預測、工業製程分析、機台資料檢測、無人機橋樑影像檢測、各大電商資料抓取與分析等，展示如何應用所學知識解決各類現實問題。

本書透過系統性的學習，幫助讀者在短時間內掌握從資訊收集、整理、分析到機器學習模型構建和評估的全流程技能。透過書中的實際範例，讀者不僅能鞏固所學，還能激發創新思維，將技術應用到更多領域。無論是提升現有工作技能 / 生產力、未來轉職準備，還是從事 AI 相關工作，這本書都是最合適的參考工具書，故強力推薦給身處 AI 工業革命時代的讀者朋友們。

前仁寶電腦財務主管、法藍瓷行政主管、中強光電營運主管

國巨稽核主管 鄭穎臨

2024/7/01

推薦序 四

在 AI 浪潮席捲各大領域的時代，如何運用適當資料整理與分析數據的技術去建立精準的分析模型、讓繁忙的研究日程中的時間能被精準利用成了無數研究人員們的頭號課題。非常感謝黃老師的邀請讓我有機會拜讀這本深入淺出且富含範例的工具書，不僅更新對 AI 工具的了解與使用方式，更使我在指導學生與研究分析上更事半功倍。

本書從各大數據處理方式與工具的基本概念開始介紹，佐以各種範例如學術研究、政府公開的資料與電商資訊等，在平易近人的解說中抽絲剝繭甚至提供適當的自學資源與練習，黃老師細緻探討可視化工具與數據視覺化分析的解讀方式、使用方法、應用案例與注意事項，對於需要探討實驗數據關聯性並繪製恰當圖表的研究人員來說屬實是本內容豐富值得反覆閱讀的工具書。

身為一位需要指導學生的研究人員，有時候需要找些教材跟學生解說他們對於 AI 工具理解上的盲點，黃老師所著之書提供專業且淺而易懂的介紹，使讀者不再被文章農場中的內容繞到頭昏；書中清晰的範例可供師生共讀，一起討論應用於自身研究上的可能性與發掘一些被雜亂數據所隱藏起來的關聯性，亦可引導學生在閱讀黃老師的書後思考如何將理論知識與實戰技能結合，協助學生培養獨立思考分析的能力。

有些研究機構 / 聯盟中有專門負責數據分析的研究團隊，透過黃老師的書，除了能習得如何在實際工作中應用 AI 工具與數據分析方式相關技術，也能促進不同專業的研究人員與數據分析人員的溝通更為流暢，使跨領域研究更加和諧。

整體來說我會將這本書推薦給想要入門了解 AI 工具與數據分析、需要一本言簡意賅的工具書、想要跨領域 / 轉行的人，黃老師所著的內容不論是在案例探討、數據整理、數據圖表呈現甚至是電商應用上，都能祝您一臂之力。

日本東京農工大學 感染症未來疫　研究センター 特任助理教授

林立云

2024/07/14

推薦序 五

黃老師是我的好友兼前同事,突然間來訊邀請我專寫新書的推薦序,實在是驚喜又驚訝,當初在藥學研究所期間,由於運動禁藥生物護照的一篇研究當中,檢體的數據分析需要借助程式碼與 Python 系統的應用,這讓看到程式語言就避之唯恐不及的我,也因此不得不求助黃朝健老師,這也讓我與黃老師自大學畢業後原本中斷了的聯繫又恢復了頻繁。

作為一名藥師及醫藥從業研究人員,能夠推薦一本優秀的書籍給我的同行們是一件令人愉快的事。特別是當這本書的作者是我多年的好友黃朝健老師時,這份推薦更顯得彌足珍貴。黃老師的書《AI 時代的資料科學:小白到數據專家的全面指南》是一部兼具理論與實務的佳作。書中涵蓋了從入門到高階應用的各個層面,對於初學者和有一定經驗的專業人員都具有極大的參考價值。在醫藥行業中,臨床與實證醫學越來越依賴於健保資料庫、Meta-analysis 等分析技術。而這本書所介紹的各種數據分析方法與實踐案例,無疑對於從事醫院教學研究的醫學從業人員和臨床藥師們具有極大的幫助;此外,透過人工智慧中的機器學習方法來探勘病患的生理資料,以便於預測、追蹤病患的罹病機率,將有助於醫事人員提供患者更好的診治方案;而本書所提供的監督式學習技術亦是新興的醫病決策系統,可以提供有志的從事醫療資訊相關行業的朋友更多學習的資源和技術。

總而言之,這本書是一部內容豐富、實用性強的書籍,不僅適合數據分析愛好者,也對於醫療從業者和其他專業人員有著重要的參考價值。我衷心推薦這本書,相信它將成為您工作與學習中的得力助手。

王致遠 藥師謹致

2024/07/14

推薦序 六

在現代社會，資料分析與智慧計算的重要性日益增加，成為各行各業不可或缺的技能。《AI 時代的資料科學：小白到數據專家的全面指南》一書，正是針對這一需求，提供了一個全面且實用的指南。黃朝健老師以其豐富的教學與實戰經驗，將繁雜的技術知識以淺顯易懂的方式呈現，無論是初學者還是有經驗的開發者，都能從中獲益。本書的編排從基礎的 Python 開發環境設置開始，循序漸進地引導讀者掌握資料清洗、數據分析、機器學習等核心技術。第一章詳細介紹了各種 IDE 的安裝與設定，包括 VScode、Pycharm、Anaconda、Jupyter Notebook 等，並涵蓋了如何使用 Google Colaboratory 進行雲端開發。這對於初學者來說，不僅可以快速上手，還能省去繁瑣的環境配置問題。

隨後的章節深入探討了 Pandas 資料清洗技術，從基本的資料讀取、操作，到進階的資料聚合與清洗技巧，讓讀者能夠輕鬆處理各類數據集。書中引用了台南旅遊景點與韓式料理等實際資料集，讓理論與實踐緊密結合，提升學習效果。第四章引領讀者進入 ChatGPT 提示工程的實作，展示了如何善用生成式工具進行開發。這部分內容不僅揭示了生成式 AI 的潛力，還提供了實用的註冊與操作指南，使讀者能夠迅速應用這些新興技術。

在機器學習部分，本書涵蓋了監督式、非監督式與強化學習的核心概念，並介紹了多種常見的演算法，如線性回歸、SVM、決策樹、K-means、PCA 等。此外，書中還詳細探討了深度學習的 LSTM 架構，為進階讀者提供了更高層次的學習素材。

在 ESG 與醫療應用章節中，本書展示了數據分析在永續發展與醫療領域的實際應用案例，如碳排放預測、心因性休克與糖尿病預測等，強調了資料科學在不同領域的廣泛應用與重要性。

總之，《AI 時代的資料科學：小白到數據專家的全面指南》一書不僅是一部技術指南，更是一部實戰手冊。黃朝健老師以其豐富的經驗與獨到的見解，為讀者打開了一扇通往資料科學與智慧計算的大門。希望每一位讀者都能通過本書的學習，提升自己的技術能力，為未來的職業發展奠定堅實的基礎。

國際商業機器股份有限公司 IBM 工程師

陳尚瑋

2024/07/14

推薦序 七

作為一名資料工程師與黃老師多年的老友，本人深知數據的收集、清理、分析對於開發有價值的模型是至關重要的。黃老師在這本書中強調了實際應用的重要性，尤其是在使用 Pandas 進行數據整理的階段。透過豐富的範例，他指導讀者如何有效利用 Pandas 進行數據清洗和預處理，這對於數據工程的日常任務來說是基礎也是關鍵。

黃老師進一步探討了在了解機器學習基本概念後，應如何使用各種工具進行數據分析，包括混淆矩陣和相依矩陣等統計工具，並通過強大視覺化工具如 Matplotlib 和 Seaborn 來進行數據視覺化分析。這樣不僅有助於模型的理解，也可以幫助模型達到預期的性能。

這本書對於在工廠環境中工作的工程師來說，特別有價值，因為它包含了大量的實用爬蟲技術和實例練習，這些通常在傳統的數據工程領域中較少接觸到。在工業領域，熟練掌握 Pandas 進行數據組合和清洗是常態，這本書提供的深入指導確保了從零散資料中提取有意義的資料，進行探索性數據分析（EDA）和建立預測模型變得更加直接，此外本書也介紹了製造現場的資料分析與預測，對於從事相關數據工作的人員有極大的幫助。

透過黃老師的書，讀者不僅能學到如何將理論知識與實戰技能結合，解決實際問題，還能看到這些技術如何在實際工作中應用。黃老師通過豐富的案例研究，將複雜的技術知識轉化為可操作的指南，大大增強了本書的實用性和指導性。

總之，本人非常推薦這本書是任何希望在數據處理和分析領域提升自己技能的專業人士的寶貴資源。黃老師的深入指導將在您的專業道路上提供重要的支持，無論是在數據整理或數據視覺化呈現方面，都能為您帶來實質幫助。

優貝克股份有限公司資料工程師

吳俊毅

2024/6/27

序言

AI 的時代來臨，加上生成式工具的大量出現；即便如此，諸如此類的工具雖然加速了開發的進程，然而使用者的背景知識卻是在詢問該工具時的一大關鍵，在國外甚至把這種詢問的技術視為一種"Prompt Engineering"，因此若無基本的開發知識和相關背景，即便透過層層詢問，也未必能獲得預期的答案，造成開發時間的落後。

因此，本書特別強調實務上的操作，以及扎實的基本 Python 套件和觀念，也從基礎 IDE 的實作和安裝為基本，佐以大量的生活實際案量例進行說明，這將有助於初學者快速上手，同時又能因為生活情境的導入，免於對於程式設計和開發環境的陌生而導致了對數據分析的熱情。

本書為本人累積多年數據分析的實戰經驗編輯而成，有別於市面上的工具書強調過度強調理論而無法實用、變通的抽象概念，導致有志於數據分析相關工作的朋友怯步；因此，我在家人和學生的鼓勵下決定將目前課堂範例和業界服務實務上操作和分析的手法以簡單、清楚、直觀的方式進行實作，期待閱讀本書的朋友都能受益。

本書具有以下特色，旨在讓讀者輕鬆上手，深入理解數據分析及機器學習的應用：

- Google Colabtory 入門： 透過簡單介紹 Google Colabtory，本書幫助初學者擺脫繁瑣的機台安裝，讓他們能夠迅速進入數據分析的世界。
- Pandas 資料清洗： 以 Pandas 進行資料清洗，讓讀者輕鬆快速地掌握資料處理的技巧，使數據處理變得更加容易上手。

- 機器學習概念簡明： 清晰簡單的機器學習概念讓初學者能夠迅速了解並判斷資料集適用的策略，為進一步的分析奠定基礎。
- 相依矩陣在製造業的應用： 從簡單的相依矩陣導入，深入解說製造業界的應用，並探討關鍵因子的挑選，讓讀者在實務中得到實際的啟發。
- 混淆矩陣與 ROC 曲線： 解釋混淆矩陣和 ROC 曲線的繪製方法，使讀者能夠更深入了解機器學習模型的效能評估。
- 心因性休克及糖尿病預測： 探討心因性休克、糖尿病預測以及病患用藥分析，提供實例讓讀者實際應用機器學習於醫療領域。
- ESG 永續案例： 以 ESG 永續為例，展示如何利用機器學習進行碳排放預測，強調在環境領域的實際應用。
- 機台資料檢測實務： 介紹透過非監督式技術進行機台檢查的實務方法，讓讀者了解如何應用機器學習於製造業的品質檢測。
- 自來水水質分類： 使用數據分析進行自來水水質飲用分類判讀，呈現實際案例讓讀者深入了解水質監測的應用。
- 相依矩陣的關聯性分析： 透過相依矩陣找出關聯性，並進行學校輟學學生高度相關因子的分析，提供讀者實際的案例分析。
- 無人機橋樑影像檢測： 探討在大型主體建築中利用無人機進行橋樑影像檢測的方法，展現機器學習在建築領域的應用。
- 自然語言的法律應用： 引入自然語言處理在法律領域的應用，讓讀者了解如何應用數據分析於法律實務。
- 從數據科學的角度出發進行電商網站的分析： 採用數據科學方法，包括數據清理、探索性數據分析（EDA）、統計分析等，來深入了解電商網站的運作和消費者行為。
- 各大電商網站數據抓取，例如 MOMO、PCHOME： 使用網路爬蟲技術，抓取各大電商網站的數據，例如 MOMO、PCHOME 等，以進行後續的分析。

- 使用混淆矩陣分析消費者買單心態： 採用混淆矩陣，透過機器學習模型評估消費者的購買行為，分析其心態，了解哪些因素影響消費者的購買決策。
- 透過簡單的 Pandas 套件和視覺化工具輕鬆找出電商網站的產品訂價策略： 使用 Pandas 進行數據處理，並利用視覺化工具（如 Matplotlib、Seaborn）找出電商網站的產品訂價策略，揭示價格變動趨勢等。
- 提供最即時的電商爬蟲程式使讀者可以輕鬆抓取： 提供最新且實用的電商爬蟲程式，使讀者能夠輕鬆地獲取最新的數據，保持分析的即時性。
- 提供 Google Analytics 4 概念解說與操作工具： 解釋 Google Analytics 4 的概念，並提供相應的操作工具，幫助企業了解網站流量、使用者行為等重要指標。
- Google Ads 關鍵字規劃工具有效幫助預測來年聲量： 利用 Google Ads 的關鍵字規劃工具，預測來年的潛在聲量，以制定更有效的行銷策略。
- Google Trend 有助產品熱門時段與地域投放廣告： 利用 Google Trends，分析產品在不同時段和地域的熱門程度，有助於更有針對性地投放廣告。
- GA4 網站的操作術： 提供 GA4 在網站中的操作方法，確保正確追蹤和分析網站流量。
- IFTTT 的跨平台工具整合導入電商行銷： 介紹如何使用 IFTTT 整合跨平台的工具，提高電商行銷效果，自動化營銷流程。
- Line 粉絲團投放經營： 提供 Line 粉絲團投放經營的相關策略和工具，以擴大品牌影響力和提高產品曝光度。

最後，本書也獻給我的家人朋友、學校任教的學生、勞動部分署 Python 班的同學以及聯成電腦的同學；以及購買此書的讀者朋友， 願您們都能透過閱讀或者操作本書的範例、以及淺白而樸實的說明而受益，也能透過技術的學習，順利轉職到自己內心所屬的工作。

作者簡介

早年投注於觸控IC和觸控模組的研發，從人因的互動設計開始進入科技業；後來赴笈歐陸留學，指導教授為符號計算大師 Burno Buchberger 教授，同時也受業於 Sepp Hochreiter 教授的實驗室，後來在 Hagenberg SoftwarePark 的 RISC 公司實習，以醫療影像的研究為主，因疫情返回台灣輾轉返台，遂協助大型製造業進行智慧製造的轉型，目前也受邀於雲嘉南分署、聯成電腦任教等企業界任教。

學經歷：

- 奧地利林茲大學資訊系碩士畢業
- 教育部部定講師
- 聯成電腦 講師
- 勞動部雲嘉南分署大數據 講師
- 台南失業者訓練班 講師
- 勞動部產業人才投資方案課程 Python、電商行銷、數據科學 講師
- 高雄市勞動局產業新尖兵 講師
- 台南市伽碩職訓中心講師
- 數發部產業發展署 講師
- AI GO 講師生成對抗網路（數發部產業發展署）
- AIGO 講師 Kaggle 數據平台實戰（數發部產業發展署）
- 台灣產業發展協會 ESG 種子師資
- 國立政治大學電算中心技術師
- 義隆電子研發工程師

目錄

第 1 章 簡單的雲端 IDE，從 Google Colaboratory 談起

第 2 章 Pandas 資料清洗的基本功夫 - 讀檔、資料框的操作、合併、丟回雲端

第 3 章 Pandas 資料清洗的進階功夫 - 多欄位讀取、跨列讀取、資料聚合

第 4 章 chatGPT 提示工程的實作：善用生成式工具進行開發

第 5 章 機器學習概論：監督式技術 VS. 非監督式技術 VS. 強化式技術

第 6 章 相依矩陣的重要性：如何解讀參數之間的關係

第 7 章 評估指標的實作：評估預測值與評估預測模型

第 8 章 ESG 基本觀念與常見名詞介紹

第 9 章 醫療應用篇

第 10 章 工業應用篇

第 11 章 永續生活篇

第 12 章 生命教育篇

第 13 章 商業理論

第 14 章　商業應用

第 15 章　電商平台分析

第 16 章　社群營運與 Line 的進階應用

第 17 章　生成式工具導入應用

第 18 章　無所不在的爬蟲技術

第 19 章　資料庫應用

第 20 章　行銷證照考取與題型解析

第 1 章

簡單的雲端 IDE，從 Google Colaboratory 談起

1.1 IDE VScode 的設定與安裝

VSCode 其實就是 Visual Studio Code 的簡寫，是一個由微軟出品的免費程式碼編輯器。這玩意兒主要用來寫程式，支援很多種語言，比如 JavaScript、TypeScript、HTML、CSS 之類的。這套 IDE 的特色就是輕量快速，開啟速度飛快，適合各種開發專案。此外，不管你是用 Windows、macOS 還是 Linux，都能在不同作業系統下載安裝。

其次，該 IDE 的好處是可以加裝各種擴充功能，根據你的需求來調整它的功能。還有內建了套裝工具，方便檢查和修復程式碼的 bug。此外若使用 Git 進行版本控制的話，VSCode 內建了 Git 支援，就是方便開發者管理程式碼的版本，還能和團隊一起協作開發。新版的 IDE 也提供了程式碼提示功能，提示開發者在撰寫程式碼時，提供修改的建議，有助於提升開發效率。

Visual Studio Code
https://code.visualstudio.com · 翻譯這個網頁

Visual Studio Code - Code Editing. Redefined

Visual Studio Code is a code editor redefined and optimized for building and debugging modern web and cloud applications. Visual Studio Code is free and ...

Download

Visual Studio Code is free and available on your favorite ...

Docs

Using GCC with MinGW - Getting Started with Java - Overview - C++

Extensions

One place for all extensions for Visual Studio, Azure DevOps ...

VS Code FAQ

How do I find the version? You can find the VS Code version ...

visualstudio.com 的其他相關資訊 »

您也可以點擊下載頁面後，進到 VSCode 的官網進行下載。

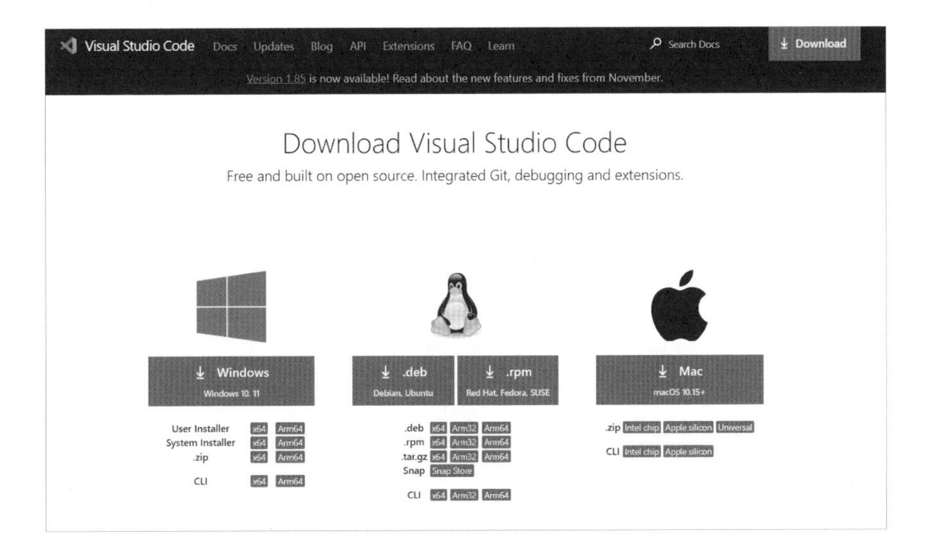

此處為官網針對初學者的教學，可以直接點擊下載鍵即可。

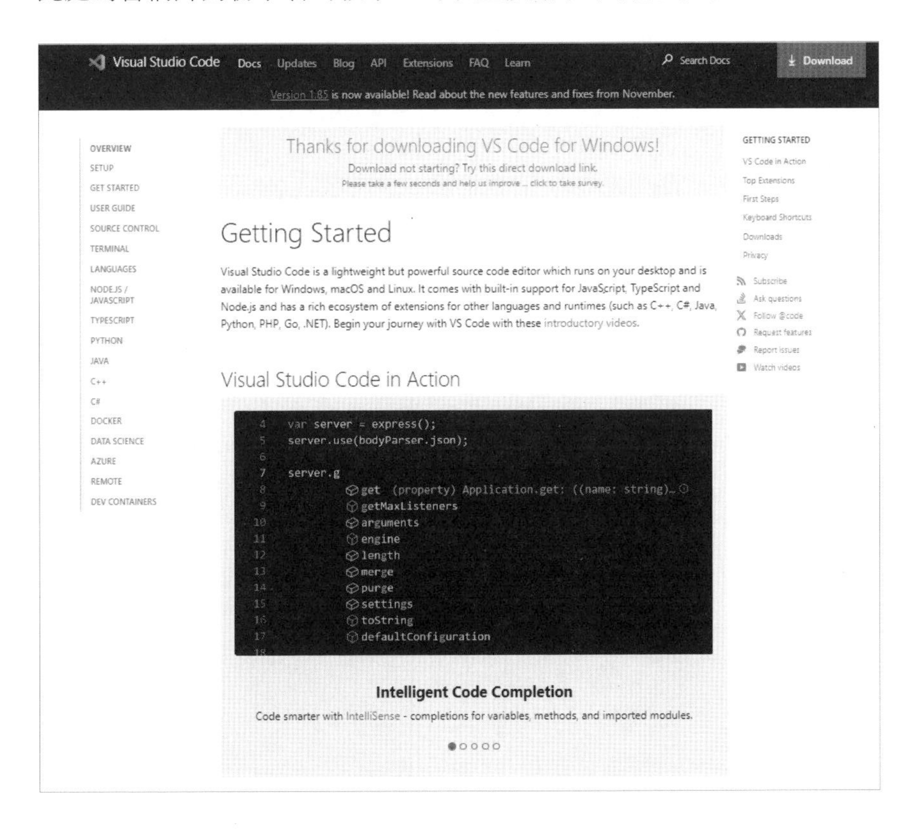

下載後的檔案圖樣，為下圖所示；可以直接點擊安裝，一鍵到底即可。

安裝後的 VScode 在桌面的圖示如下，直接點擊進到 IDE。

下載後執行 VScode；更重要的是，要注意 Extension 的安裝套件；通常此處我們換輸入 Jupyter Notebook 或者 Python 的套件進行安裝。

通常我們挑選第一個 Jupyter Notebook 或者第 4 個 Python 字樣進行安裝，以便執行程式的撰寫。

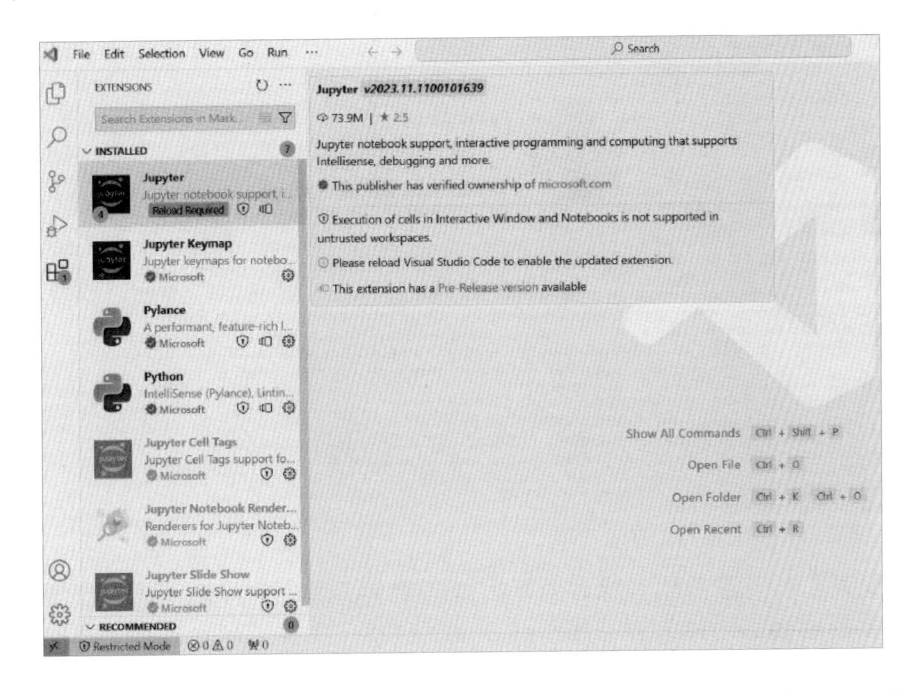

此處；讀者們可以直接點擊安裝即可，在 Python 的紀錄格式中，一般分為 .ipynb 檔和 .py 檔兩種；前者是以「筆記本格式進行記錄」；而後者是以「全部擠在同一個 IDE 做紀錄」，再提醒一下讀者其差異性。

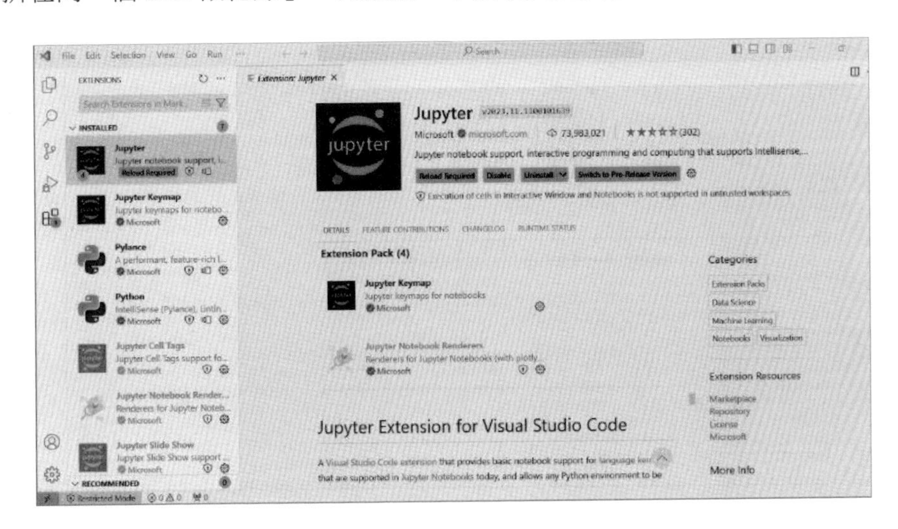

下圖則是 Python 的安裝套件，我建議兩者無論是筆記本或者以 python 格式紀錄都建議安裝，以應付不同專案開發的紀錄格式。

此外，為了避免讀者或者同學因為閱讀英文產生的障礙；我也建議同學可以針對繁體中文或者其他中文語系進行安裝。因此，您直接到搜尋框輸入 "Chinese" 字樣，即可找到對應的套件。不過，根據我的授課和開發經驗，仍推薦同學盡量使用英文版的 IDE，以免遇到小的 bug 或者翻譯過程的誤判，然而對初學者而言，則以能夠快速熟習開發環境為主。

直接點擊 "Install" 進行安裝。

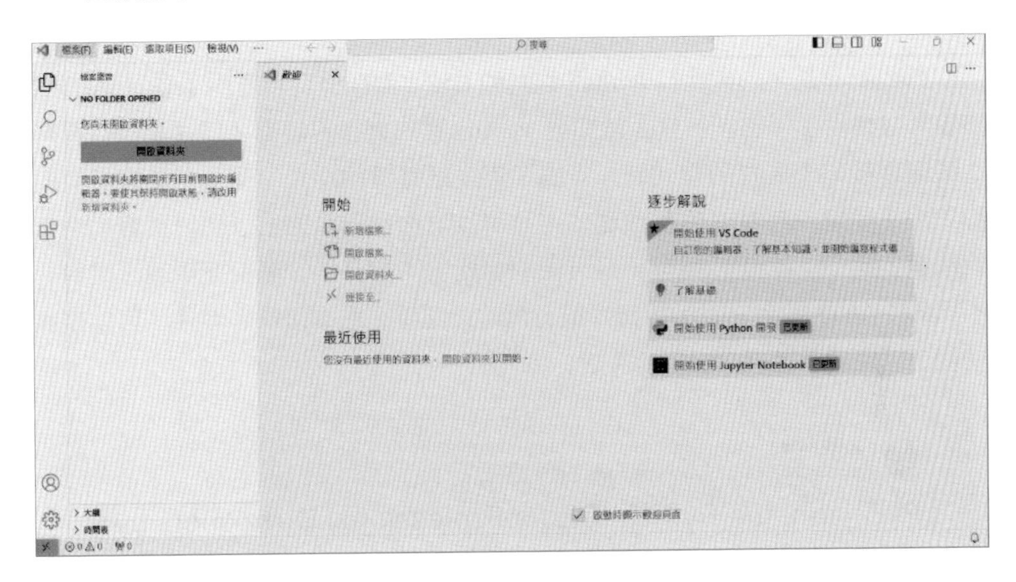

此時您進行重新啟動之後，便可直接點擊檔案進行新增。如下圖所示；您可以看到有 Python 和 Jupyter Notebook 兩個檔案類型。往後您便可以根據您要開發的專案進行檔案格式的輸出、或者編譯！

1.2 Pycharm 社群版的設定與安裝

PyCharm 是另一種執行 Python 程式的 IDE，該開發環境是由 JetBrains 公司研發。它提供了一整套工具，讓開發 Python 程式變得更輕鬆。比如說，它會幫你預測你接下來要打的程式碼，省去了不少敲鍵盤的功夫。而且，當開發者的程式出了問題，該 IDE 也有內建的工具可以幫你找出錯誤，以便於更容易地修復問題。此外；該 IDE 還有一些方便的功能，比如可以管理虛擬環境，這對於不同的 Python 專案之間保持獨立很有幫助。同時，它支援很多套件，可以擴展功能，以便於滿足不同的開發需求。

JetBrains
https://www.jetbrains.com › pycharm · 翻譯這個網頁

PyCharm: the Python IDE for Professional Developers by ...

PyCharm is the best IDE I've ever used. With PyCharm, you can access the command line, connect to a database, create a virtual environment, and manage your ...

Download

Download the latest version of PyCharm for Windows, macOS ...

PyCharm

PyCharm 中的AI Assistant · 提高代码质量. 编写整洁、易维护的代码 ...

下载PyCharm

现在最新版本的PyCharm，适用于Windows、macOS 或Linux。

PyCharm Professional

What's the difference between PyCharm Professional and ...

而在此處 Pp，我特別強調使用「社群版」，也就登入頁面是使用「專業版」，有 30 天的免費使用；但是超過 30 天，讀者就需要自行進行付費了。

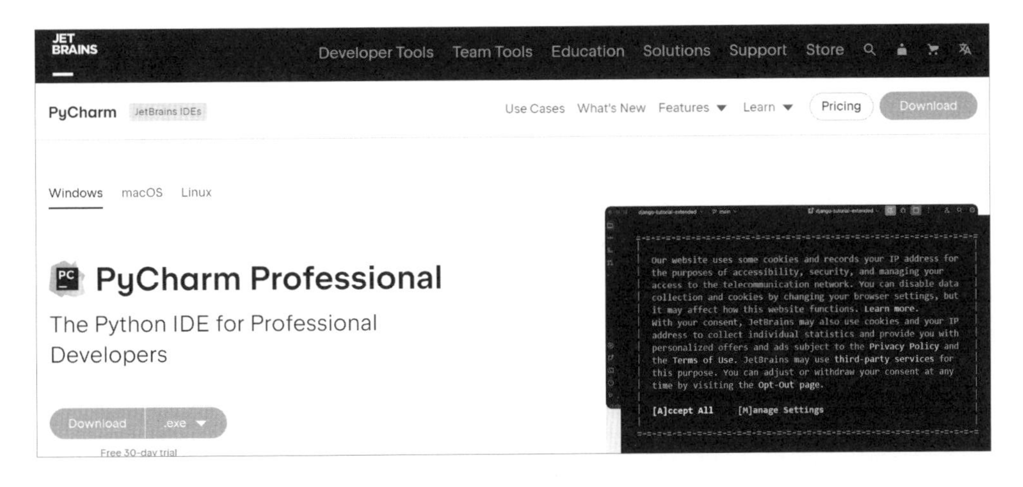

有鑑於此，我建議讀者朋友可以將滾輪往下滑，即可找到免費的社群版。

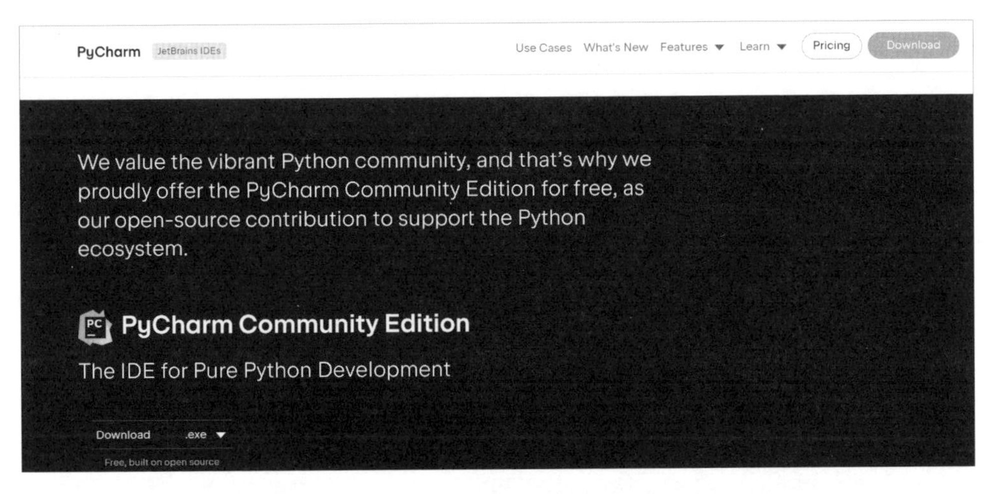

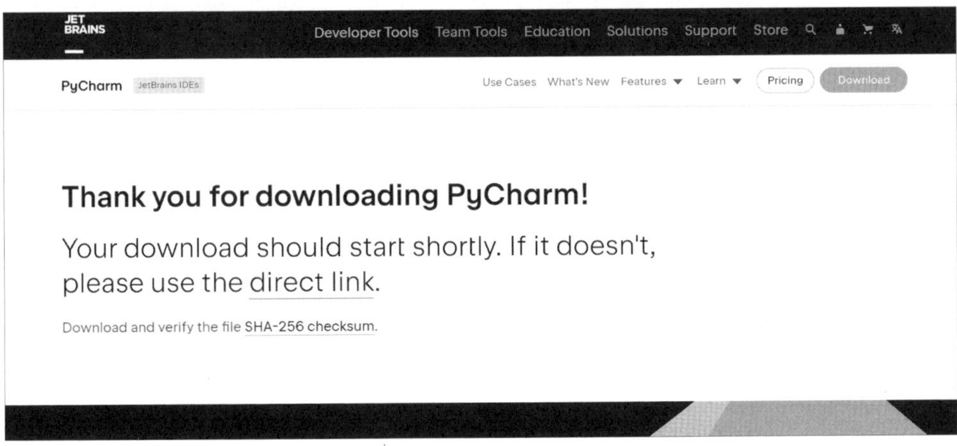

下載後在桌面的圖示如下，直接點進便可以直接進到 IDE 的開發環境。

IDE 開發環境的介面如下，畫面的提示字樣可直接關掉即可，不會影響專案的建置。而新增專案的做法和概念大同小異，一樣是從 File 到 New Project 進行新增。

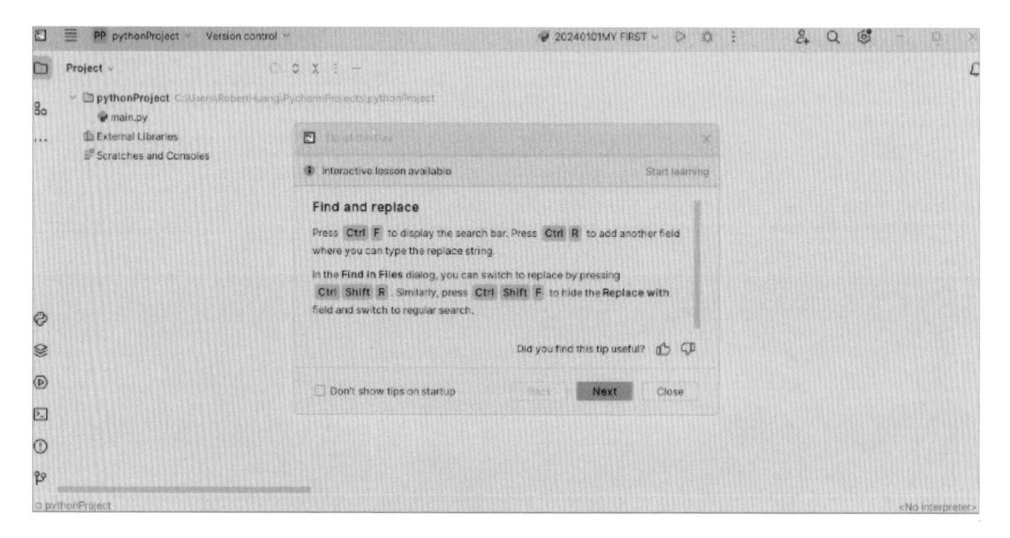

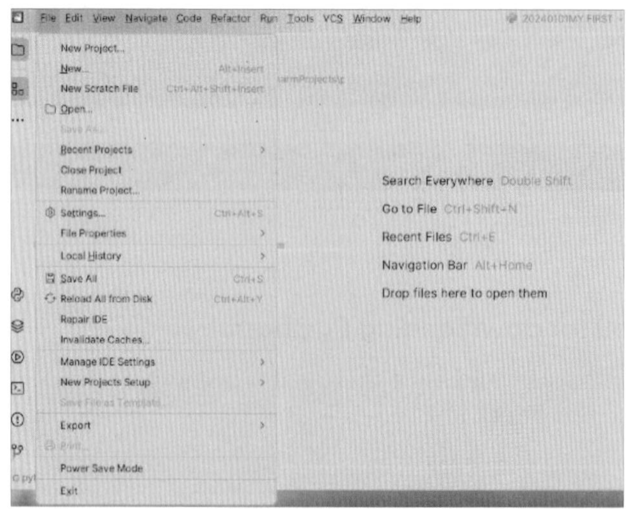

新增的檔案畫面如下，讀者朋友們可以自行設定檔案的下載位置（Location：），如果沒有特殊需求，我通常會建議新手朋友直接點擊 Create 鍵即可，便可開始第一個專案了。

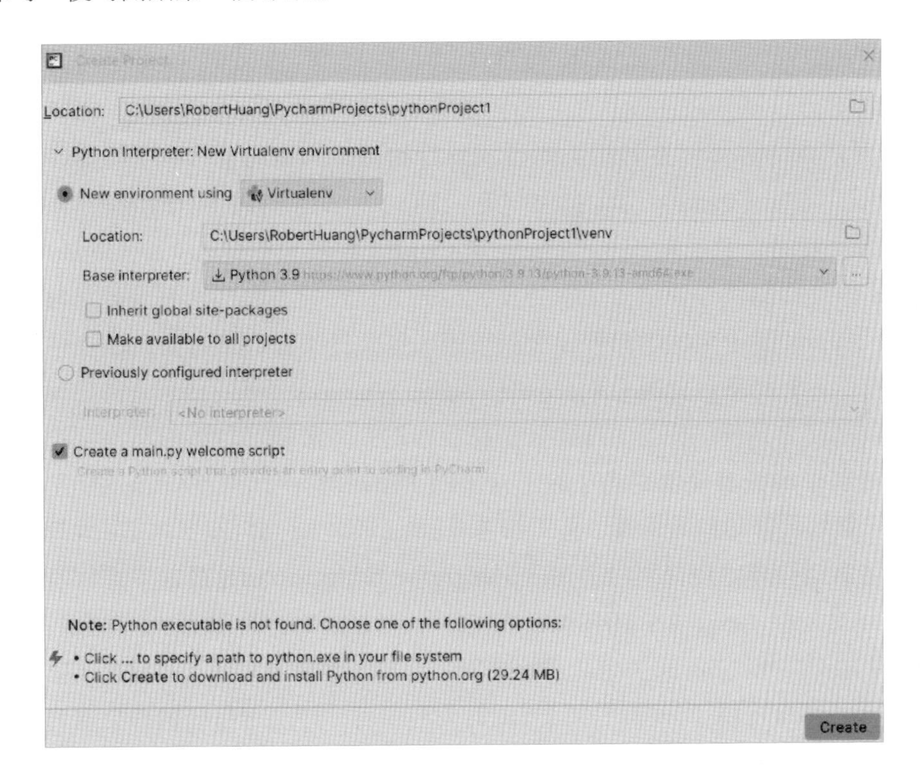

此處，您只直接點擊 "This Window 即可 "；就可以開始進行 Python 的程式開發了！

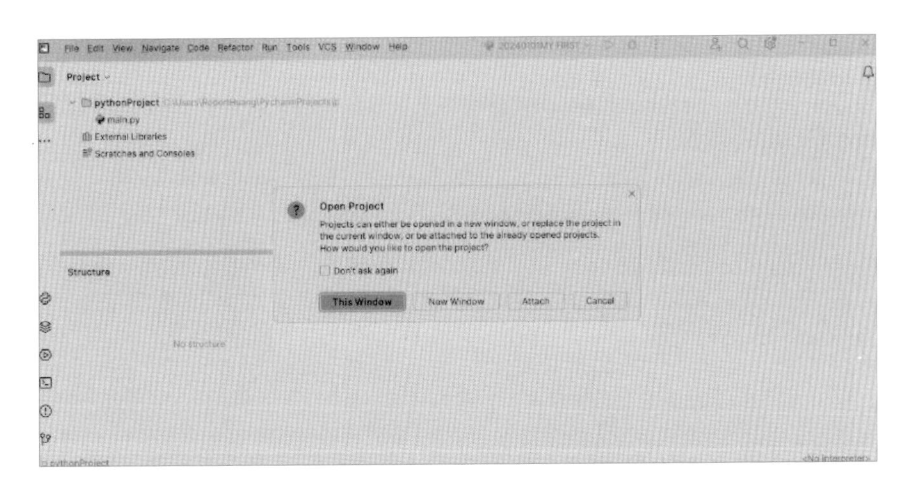

1.3 Anaconda 套件的安裝細節

Anaconda 是一個開源的軟體套裝，用於科學計算、數據分析和機器學習的開發。

以下是一些 Anaconda 的主要特點和說明：**1.Python 的 IDE**：Anaconda 包含了 Python 解釋器及其相關的科學計算和數據分析的套件，這些套件包括 NumPy、SciPy、Pandas、Matplotlib 等。此外，它還附帶了 IPython、Jupyter 等…用於互動計算和可視化的工具。**2.Conda 軟體包管理器**：Anaconda 使用 Conda 作為軟體包管理器，這使得安裝、升級和管理各種套件變得更加簡單。同時，Conda 還能夠創建和管理虛擬環境，這對於不同專案之間的依賴性管理非常有用。**3. 跨平台支援**：Anaconda 可以在 Windows、macOS 和 Linux 等不同的操作系統上執行，使得它成為一個跨平台的科學計算和數據分析解決方案。**4. 數據科學和機器學習工具**：除了基本的 Python 套件以外，Anaconda 還預裝了許多數據科學和機器學習工具，如 scikit-learn、TensorFlow、PyTorch 等，這使得使用這些套件變得更加方便。**5.Jupyter Notebooks（於在下節討論）**：Anaconda 包括 Jupyter Notebooks，這是一個更直觀的互動環境，讓開發者可以在單個筆記本檔（.ipynb）中結合程式碼、文本、數學方程式和視覺化。總的來說，Anaconda 提供了一個完整且方便的開發環境，特別適用於數據科學和機器學習領域。透過它的軟體包管理器 Conda，開發者可以輕鬆地配置自己的環境，並使用各種工具進行科學計算和數據分析。

約有 151,000,000 項結果 (搜尋時間：0.28 秒)

Anaconda
https://www.anaconda.com › download · 翻譯這個網頁 ⋮

Free Download

Anaconda's open-source Distribution is the easiest way to perform Python/R data science and machine learning on a single machine.

Code in the Cloud · Open Source · Enterprise · Partners

Anaconda 的官方下載網站：https：//www.anaconda.com/download

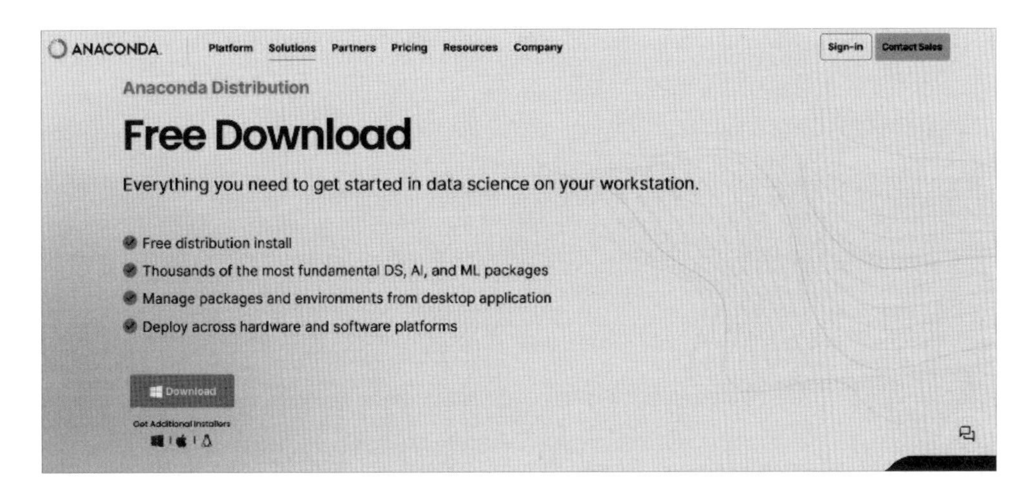

隨著近年來套件工具（API）的多元，Anaconda 常被我戲稱為大禮包，因為實在太占空間，整個大小大約 3.9G 到 4G 左右，讀者朋友進行下載時，請注意本機裝置的容量大小是否足夠？網路速度是否允許下載，以避免浪費開發環境。

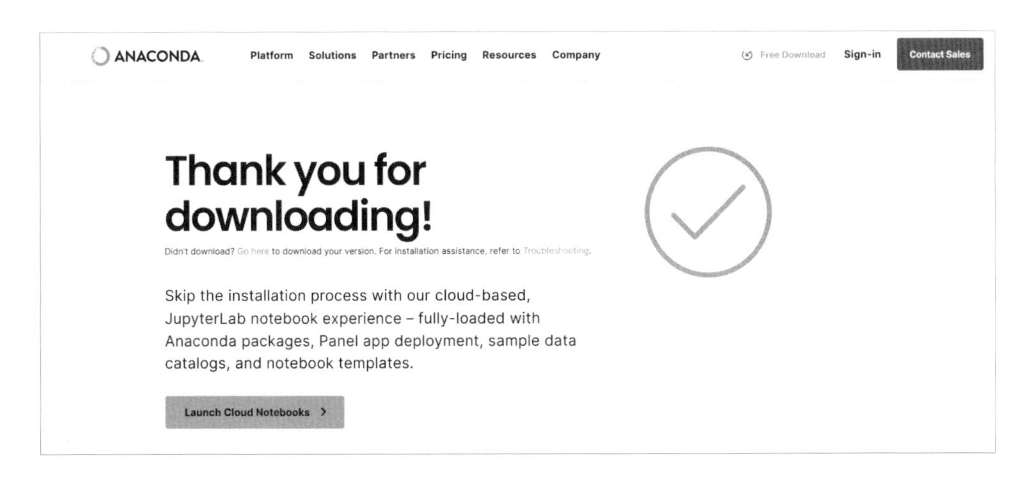

在本機上的 Windows 環境圖樣如下，亦可以看到 Anaconda Prompt 的命令提示字元；請注意，此處的命令提示字元和本機上的命令提示字元完全不同。之後我們針對 Python 版本的更新或者 Anaconda 系列的 IDE 進行修正，皆在此處下指令進行。這類似早期 Java 程式設定機台環境的做法。

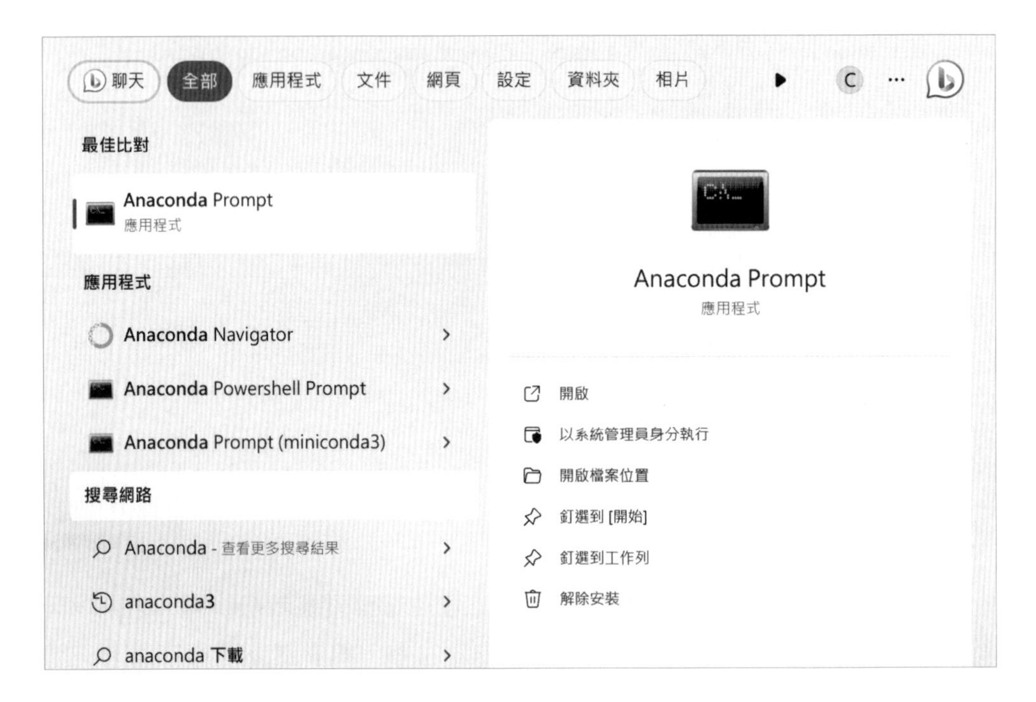

此處，我亦提醒讀者朋友；您可以透過下 Pyhon–V 或者 python–version 的兩個指令進行觀察機台的 Python 版本；這是一個非常重要的過程，因為自 Python 從 3.11 進到 3.12 版本後，很多數據分析的套件幾乎無法使用，因此確認版本、重視細節才能避免最基礎的錯誤。

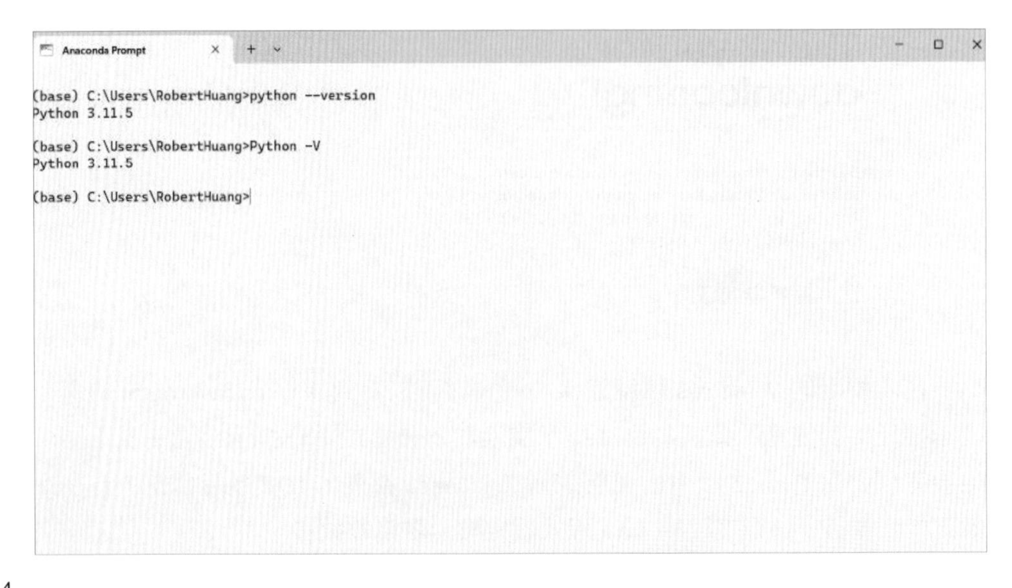

1.4 Jupyter Notebook 的設定與排錯

如果讀者有順利安裝完 Anaconda 套件後，就可以直接在電腦的開始畫面進行執行；Jupyter Notebooks 是一種基於筆記本紀錄格式進行開發的環境（.ipynb 為主，當然也可以使用 .py 輸出），能夠在單一文檔中結合文本、程式碼、數學方程式和視覺化。它的編譯方式十分有趣，是透過瀏覽器來進行執行開發環境；同時以後台的命輛提示視窗進行驅動。通常有很多初學者常常誤以為是系統錯誤訊息而關閉，這將導致該編譯環境無法執行，產生錯誤。

以下是一些關於 Jupyter Notebooks 的基本說明：1. 多語言支援：Jupyter Notebooks 最初是支援 Python 的，但現在已擴展到支援多種程式語言，包括但不限於 R、Julia 和 Scala。每個 Notebook 都可以包含不同語言的程式碼區塊。2. 互動性強：Notebooks 具有即時的交互性，允許用戶逐步執行程式碼區塊，並查看結果。這使得在開發、測試和教學時能夠更加靈活和動態。3. 區塊組成：Notebooks 由多個稱為 "cell" 的區塊組成，每個 cell 可以包含文本（Markdown 格式）或程式碼（Python、R、等等）。用戶可以單獨執行每個 cell，以達到模組化編程的效果。4. 即時視覺化：Jupyter Notebooks 支援即時視覺化，可以直接在 Notebook 內顯示圖表和圖形，這對於理解和分析數據非常有用。5.Markdown 支援：除了程式碼，Notebooks 中的文本部分支援 Markdown 格式，這使得能夠方便地添加標題、列表、圖片等格式化內容，使 Notebook 更具可讀性。6. 保存和分享：使用者可以輕鬆地保存 Jupyter Notebooks 為標準的 .ipynb 檔案，並分享給其他人。這樣其他人可以重新執行 Notebook 中的程式碼，查看結果，實現協作和共享工作。總而言之，Jupyter Notebooks 是一種非常強大的工具，特別適用於數據分析、機器學習、科學研究和教育等領域。透過它，使用者可以將文本、程式碼和可視化元素結合在一起，使得分析更有強大的互動性和視覺化。

以下為本人直接將該 IDE 拉到桌面進行開發。

直接點擊該圖示，便會自動進到 Jupyter Notebook 的後台。同時詢問您要以哪一種預測瀏覽器進行編輯；但是就本人的經驗，我會建議新手朋友以 Google 的 Chrome 進行開發。

```
Jupyter Notebook

https://jupyter-notebook.readthedocs.io/en/latest/migrate_to_notebook7.html

Please note that updating to Notebook 7 might break some of your extensions.

[W 20:24:22.376 NotebookApp] Loading JupyterLab as a classic notebook (v6) extension.
[W 2024-01-15 20:24:22.378 LabApp] 'notebook_dir' has moved from NotebookApp to ServerApp. This config will be passed to ServerApp. B
e sure to update your config before our next release.
[W 2024-01-15 20:24:22.379 LabApp] 'notebook_dir' has moved from NotebookApp to ServerApp. This config will be passed to ServerApp. B
e sure to update your config before our next release.
[I 2024-01-15 20:24:22.382 LabApp] JupyterLab extension loaded from C:\Users\RobertHuang\anaconda3\Lib\site-packages\jupyterlab
[I 2024-01-15 20:24:22.382 LabApp] JupyterLab application directory is C:\Users\RobertHuang\anaconda3\share\jupyter\lab
[I 20:24:24.917 NotebookApp] Serving notebooks from local directory: C:\Users\RobertHuang
[I 20:24:24.918 NotebookApp] Jupyter Notebook 6.5.4 is running at:
[I 20:24:24.918 NotebookApp] http://localhost:8888/?token=1a8399ae4c75be5677cb902e0aa1f86d24db1805c47cf6ac
[I 20:24:24.918 NotebookApp]  or http://127.0.0.1:8888/?token=1a8399ae4c75be5677cb902e0aa1f86d24db1805c47cf6ac
[I 20:24:24.918 NotebookApp] Use Control-C to stop this server and shut down all kernels (twice to skip confirmation).
[C 20:24:24.933 NotebookApp]

    To access the notebook, open this file in a browser:
        file:///C:/Users/RobertHuang/AppData/Roaming/jupyter/runtime/nbserver-8812-open.html
    Or copy and paste one of these URLs:
        http://localhost:8888/?token=1a8399ae4c75be5677cb902e0aa1f86d24db1805c47cf6ac
     or http://127.0.0.1:8888/?token=1a8399ae4c75be5677cb902e0aa1f86d24db1805c47cf6ac
0.00s - Debugger warning: It seems that frozen modules are being used, which may
0.00s - make the debugger miss breakpoints. Please pass -Xfrozen_modules=off
0.00s - to python to disable frozen modules.
0.00s - Note: Debugging will proceed. Set PYDEVD_DISABLE_FILE_VALIDATION=1 to disable this validation.
```

登入 Jupyter Notebook 之畫面。

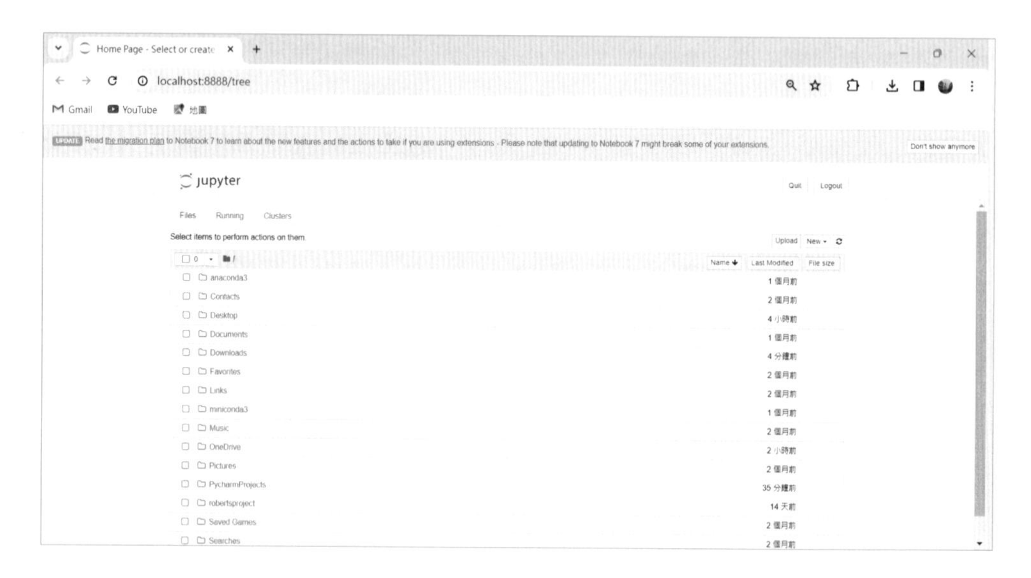

通常對於新手朋友，我會建議先在桌面建立一個新的資料夾，例如 20240115，以便於找尋和建立一個新的 Python 程式。因此，讀者可以直接點擊 "Desktop" 字樣，就可以找到建立的對應資料夾了。

讓我們來練習建立第一支 Python 的程式（以筆記本格式進行 .ipynb）吧！

STEP 01：找到對應的資料夾：

jupyter
Files Running Clusters
Select items to perform actions on them.
0 / Desktop / 20240115

STEP 02：讀者可在此處點擊 "New" 字樣進行新增程式

STEP 03：請點擊 Python 3 的檔案進行建立吧！

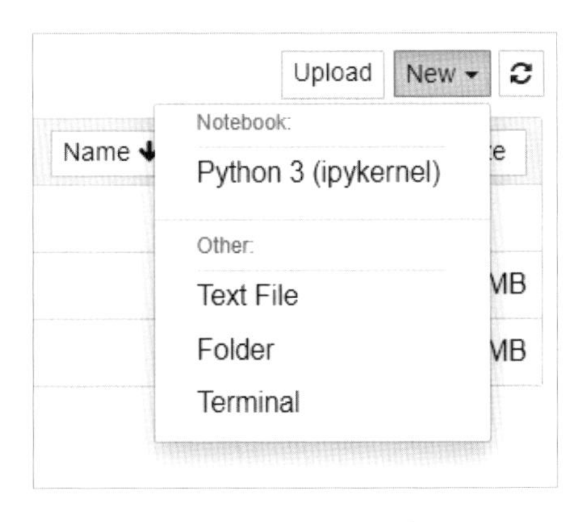

建立之後，便會在本機的環境跳出，Jupyter Notebook 的編輯環境。

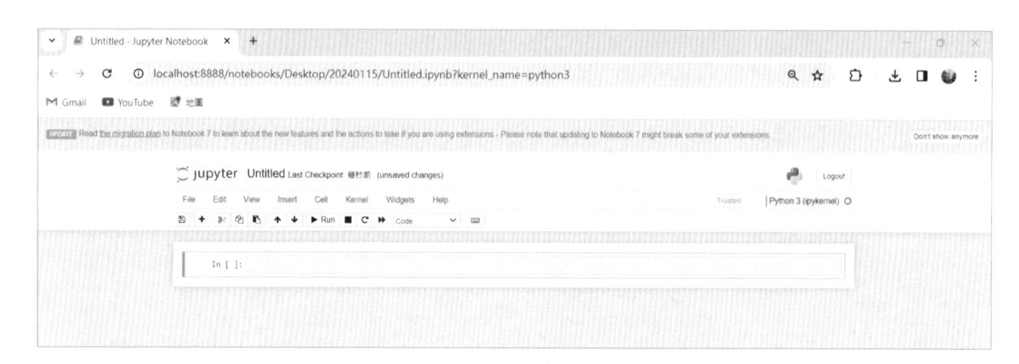

讀者可以直接點擊 "Untitled" 進行檔名的命名，命名後的名稱（假設以 20240115 為主）；可以直接點擊 "Rename" 進行命名。

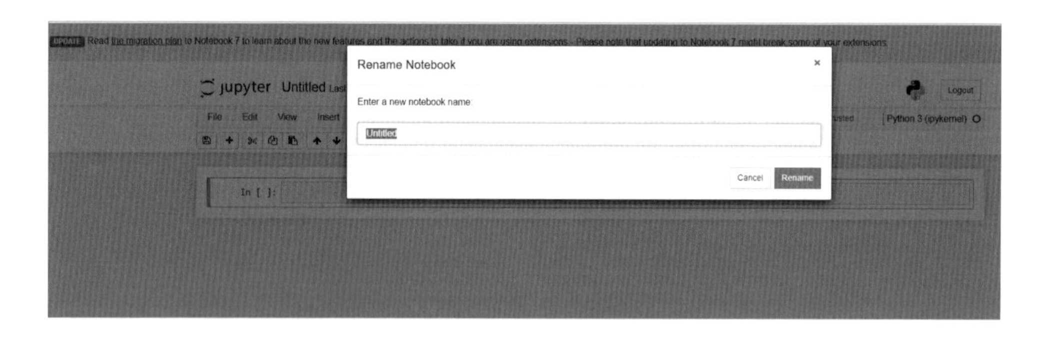

命名後讀者可以直接在 "cell" 列輸入程式碼進行編譯；假設我們輸入 "result = input()" 的語法，也就是使用 Python 建立一個基本的輸入視窗。若要執行可以直接點擊「▶ Run」圖示，如同手按錄音機一樣，進行撥放的效果。

此外，讀者朋友亦可以透過執行「Cell」中的 Run Cells 進行執行。

如圖所示，點擊「 Cell 」字樣時，會出現的「菜單」；通常為了讓程式可以一口氣完成，我們通常會執行「 Run All 」，讓程式可以全部先快速跑過一輪，以便我們檢視該程式碼是否有問題。

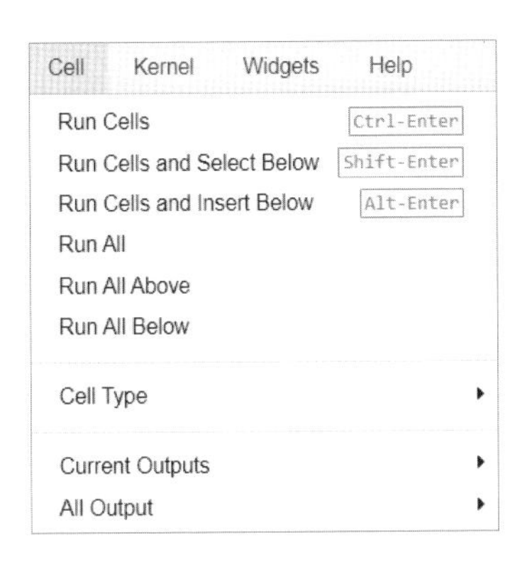

執行輸入框後，我們可以練習輸入一段文字後按「Enter」鍵，便會出現在我們的 Jupyter Notebook 的 IDE 還境內了！

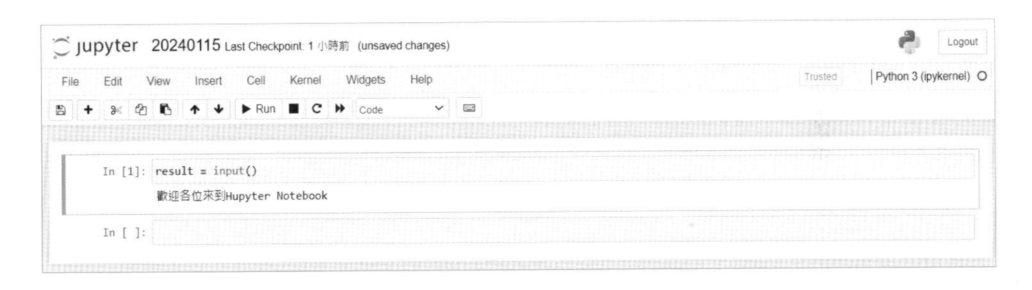

另外是，關於 Jupyter Notebook 的 Kernel Error 的排錯應該如何處理？本人常常遇到學生或者程式設計師針對此問題苦惱不已，通常常見的問題是版本落差的問題，或者後臺啟動的命令提示視窗並沒有如期在本機端（localhost）如期連結，最簡易的排除我通常建議學員或者讀者朋友可以直接點擊 kernel 進行 "shutdown" 如同將汽機車熄火一樣，讓 IDE 關掉，然後再點擊 "Restart" 重開。

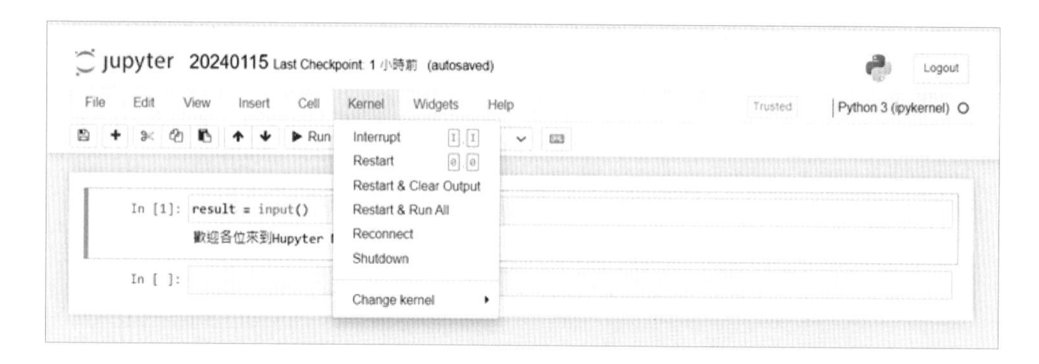

為了讓讀者朋友可以體會有趣的開發環境，也提供一段程式碼，先讓讀者自行貼到 IDE 上執行。

假設我們要畫一朵花。Python 程式碼提供如下：

```
!pip install PythonTurtle

import turtle

def draw_flower():
    window = turtle.Screen()
    window.bgcolor("white")

    flower = turtle.Turtle()
    flower.shape("turtle")
    flower.color("red")
    flower.speed(2)

    for_ in range(36):
        # 畫一朵花瓣
        flower.forward(100)
        flower.right(45)
        flower.forward(100)
        flower.right(135)
        flower.forward(100)
        flower.right(45)
        flower.forward(100)
        flower.right(135)
```

```
        # 轉動一定角度，形成花朵的形狀
        flower.right(10)

    window.exitonclick()

# 呼叫函數開始畫花
draw_flower()
```

此處需要安裝套件（PythonTurtle），為了怕讀者疑惑；所謂在 Python 安裝套件就是 !pip install 套件名稱；之後我們會遇到不同套件，再額外詳細說明。執行結果如下圖，也就是透過畫筆，慢慢將我們想要的花朵以幾何圖形畫出來！

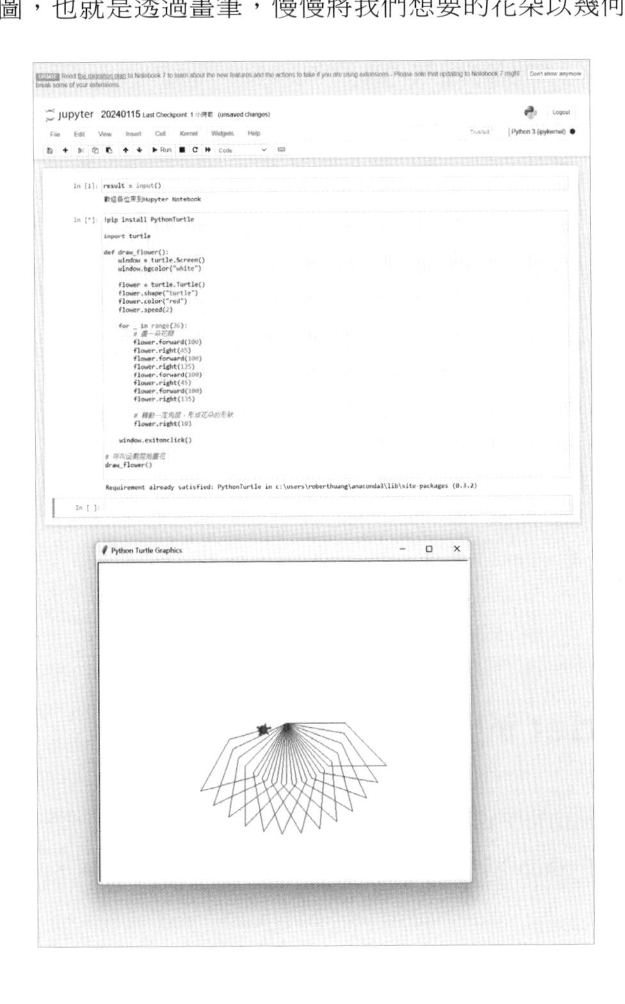

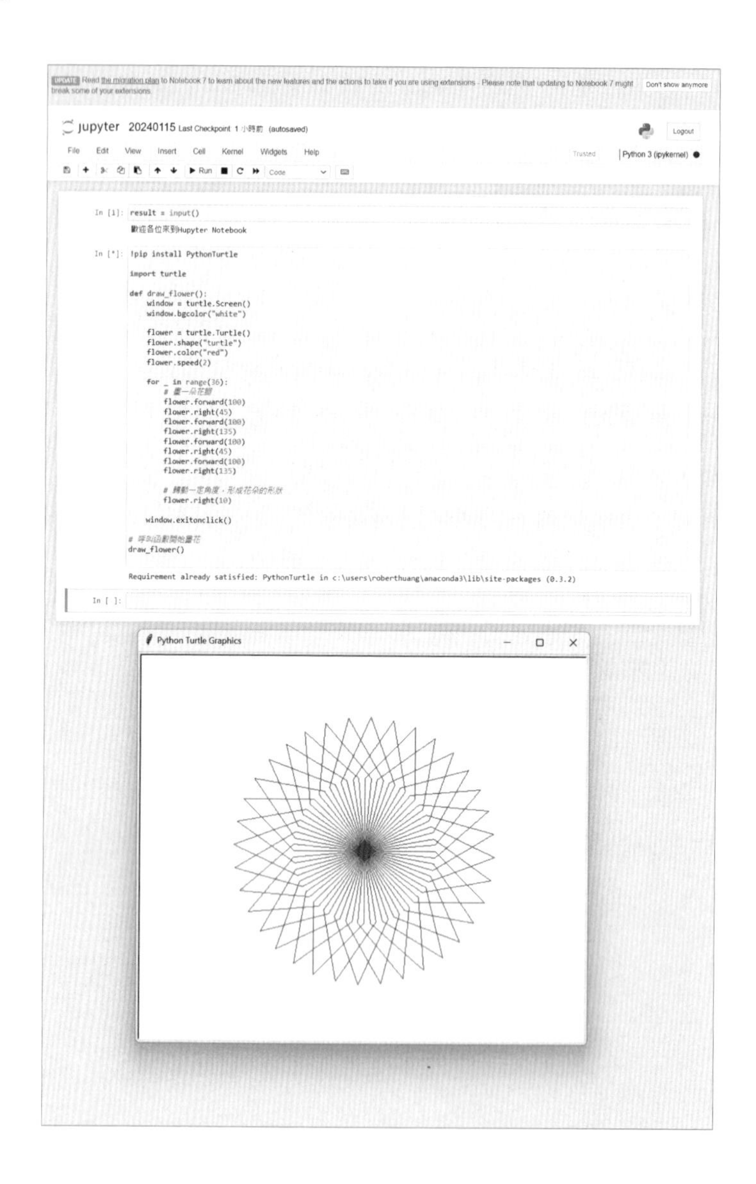

1.5 Spyder 的安裝

Spyder（Scientific PYthon Development EnviRonment）是一個針對科學計算和數據分析的 Python 開發環境（IDE）。以下是一些有關 Spyder 的基本開發說明：

1. 如何安裝 Spyder： Spyder 通常是在科學計算和數據分析套裝（例如 Anaconda）中預先安裝。

2. 使用 pip 進行安裝：到 Anaconda Prompt 輸入 "pip install spyder" 進行安裝也可以。這裡也針對 Anacond Prompt 作補充說明，也就是往後讀者朋友若要進行套件安裝，就可以預先在此環境進行安裝，就不用再於 IDE 下 !pip insrall…以免執行專案時浪費時間。

另一種安裝方法如下：

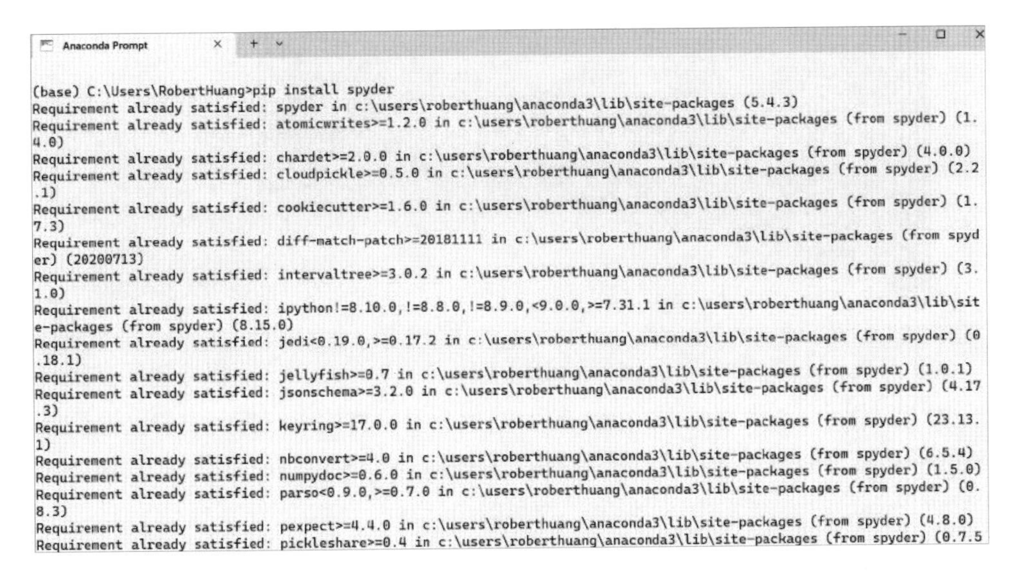

本人在進行專案開發時，也非常喜歡將常用的 IDE 拖到桌面，以便直觀、迅速的點擊圖示進行 IDE 的開啟。下圖為 Spyder 在桌面和開始列的圖示。

啟動 Spyder IDE 的執行畫面如下。

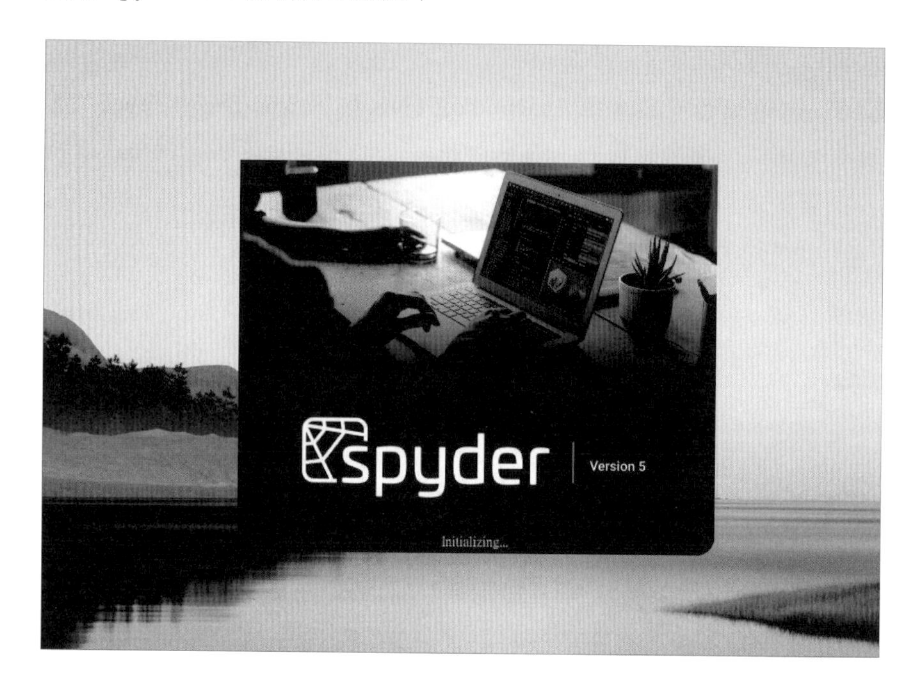

進到 Spyder 的 IDE 畫面後會跳出歡迎視窗和教學說明，可以直接關閉跳過繁複的說明即可；進到畫面之後，初始的視窗畫面會切成三格，左邊為我們開發和撰寫程式的地方；右邊上方為我們使用過程中的物件和資源，而右邊下方則是 Console 的視窗環境，可以進行簡單的小計算！

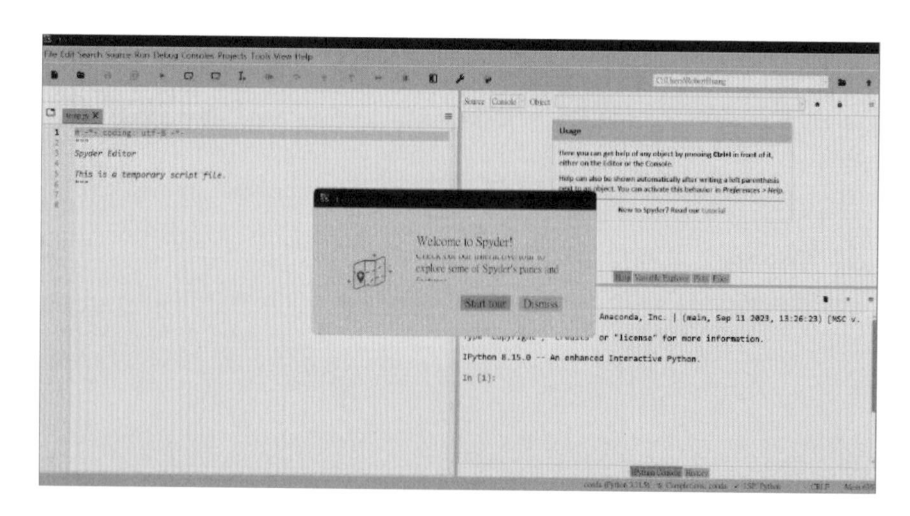

為了快速上手，此處亦提供一段話程式碼讓讀者進行 IDE 的操作，讀者可以自行貼上或者輸入程式碼後直接點擊「 ▶ 」綠色箭頭，便可執行程式。

```
from turtle import*
import random

drawing_area = Screen()
drawing_area.setup(width=750, height=500)

shape('square')
width(2)
colors = ['red','orange','yellow','green','blue','indigo','violet']

def draw_triangle(length=150):
    color(random.choice(colors))
    for i in range(3):
        forward(length)
        left(120)

for i in range(40):
    draw_triangle()
    right(10)

done()
```

透過簡單的程式，亦可以繪製出漂亮的圖形。

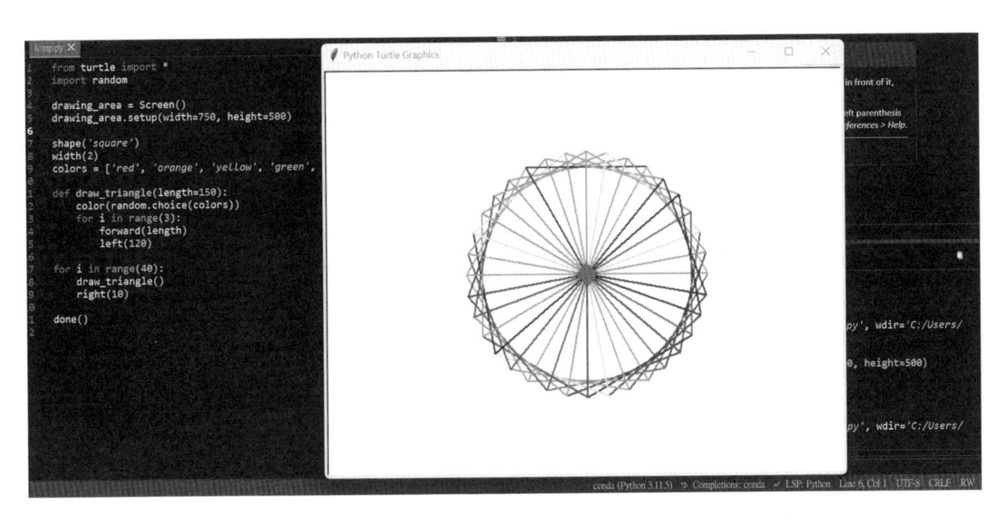

1.6 如何壓成 exe 檔案及錯誤排除

本節的主要透過在 Anaconda Prompt 下指令來對 .py 檔進行壓縮；請注意幾個重點：

1. 不可以是 .ipynb 檔案，輸出請用 .py 格式
2. 檔案名稱盡量不要使用「中文」，會造成字串編碼的錯誤
3. 檔名不要有特殊符號
4. 檔名越短越好，如果可以的話盡量以短的英文命名為主

開始進行壓縮：

STEP 01：注意檔案位置，假設我已經有一支名為 temp.py 的檔案在桌面的資料夾（20240115）。

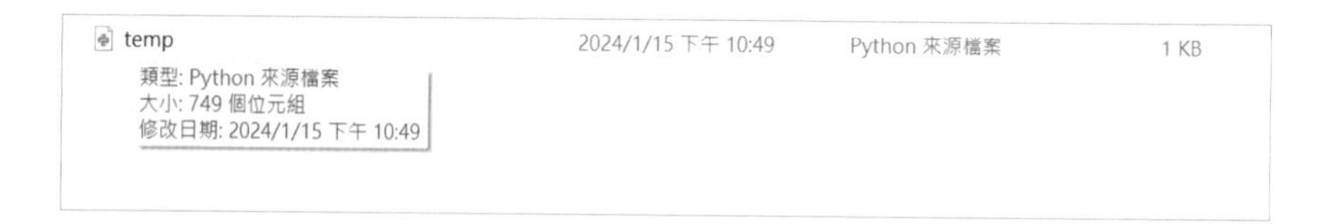

STEP 02：在 Anaconda 安裝 "pip install pyinstaller"。

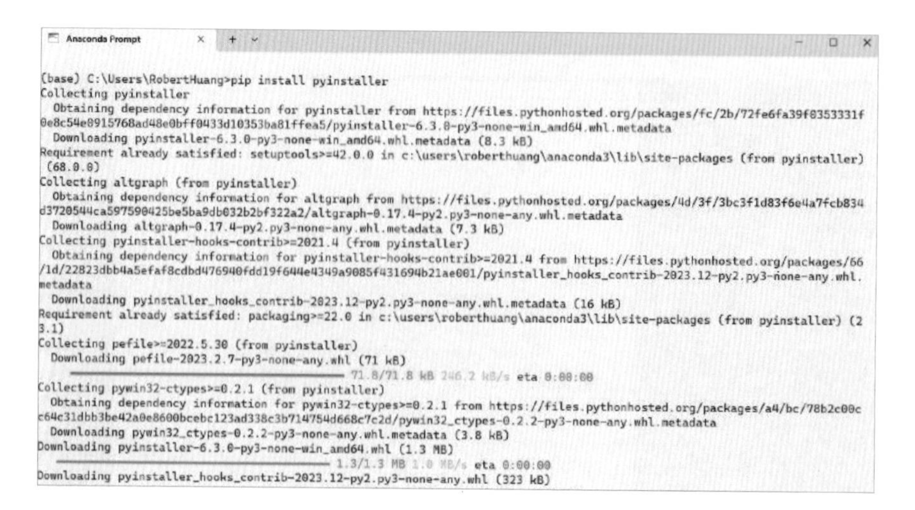

要確認出現成功安裝的字樣，才算有順利安裝。

```
    Successfully uninstalled pywin32-ctypes-0.2.0
Successfully installed altgraph-0.17.4 pefile-2023.2.7 pyinstaller-6.3.0 pyinstaller-hooks-contrib-2023.12 pywin32-ctypes-0.2.2

(base) C:\Users\RobertHuang>
```

STEP 03：請使用 cd 指令移動到程式對應的資料夾中。

```
(base) C:\Users\RobertHuang\Desktop\20240115>
```

STEP 04：請下指令 pyinstaller-F.\temp.py。

```
(base) C:\Users\RobertHuang\Desktop\20240115>pyinstaller -F .\temp.py
The 'pathlib' package is an obsolete backport of a standard library package and is incompatible wit
h PyInstaller. Please remove this package (located in C:\Users\RobertHuang\anaconda3\Lib\site-packa
ges) using
    conda remove
then try again.
```

此處出現了 pyinstaller 版本落差的問題，原本只要透過上述指令就可以直接對資料夾的檔案做壓縮 exe 的做法，結果出現錯誤訊息。

STEP 05：排解錯誤訊息，仔細閱讀之後，發現 "pathlib" 套件的 Library 並不適用現在版本的 Pyinstaller，因此我們直接使用它的建議，也就是下 conda 去移除它

```
(base) C:\Users\RobertHuang\Desktop\20240115>conda remove pathlib
Collecting package metadata (repodata.json): |
```

或者另一種作法，直接到 "C：\Users\RobertHuang\anaconda3\Lib\site-packages" 對應的資料夾下，直接對 pathlib 暫時剪下。

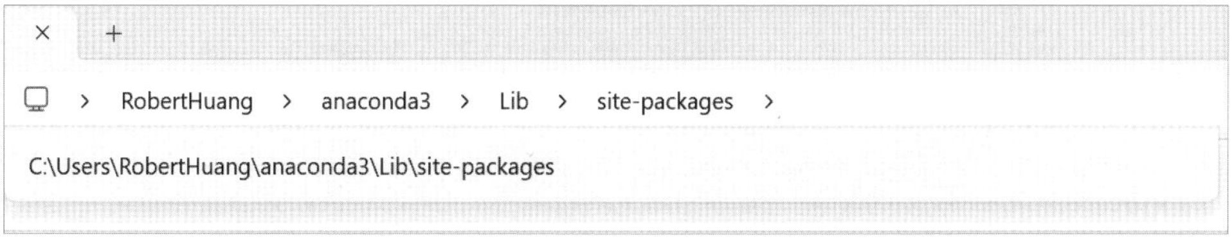

```
×   +
> RobertHuang > anaconda3 > Lib > site-packages >
C:\Users\RobertHuang\anaconda3\Lib\site-packages
```

請找到對應的 Pathlib 資料夾，並剪下。再三強調，此處不是要求您「刪除」該檔案，而是暫時剪下該資料夾放到桌面，或者其他位置，等下指令壓縮完後再放回，否則也會發生後續 IDE 執行的錯誤。

pathlib-1.0.1.dist-info	2023/11/14 上午 12:28	檔案資料夾

STEP 06：再編譯一次！下指令 pyinstaller-F.\temp.py，終於看到成功編譯（Completed Successfully）的字樣！

STEP 07：回到檔案的資料夾中，多了 dict 的資料夾。

名稱	修改日期	類型
.ipynb_checkpoints	2024/1/15 下午 09:28	檔案資料夾
build	2024/1/15 下午 11:32	檔案資料夾
dist	2024/1/15 下午 11:33	檔案資料夾

點擊發現裡面已經有我們希望壓縮成 exe 檔的檔案了！

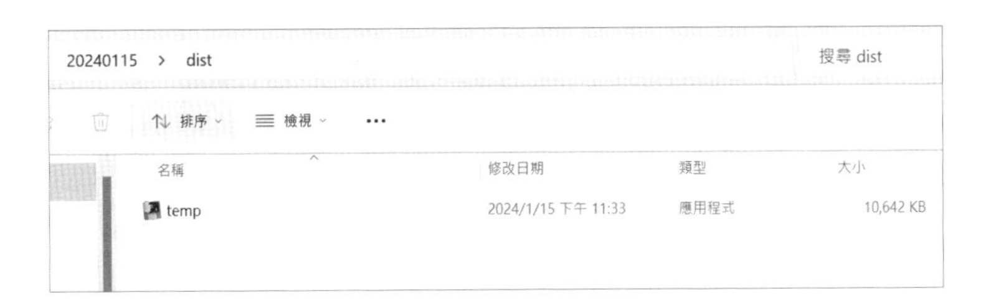

針對上述的錯誤排解，也有 Youtube 的網友進行影片講述的上傳。讀者朋友也可以有耐心地看完，另一種作法，不過最主要的錯誤還是在 pathlib 套件的問題。

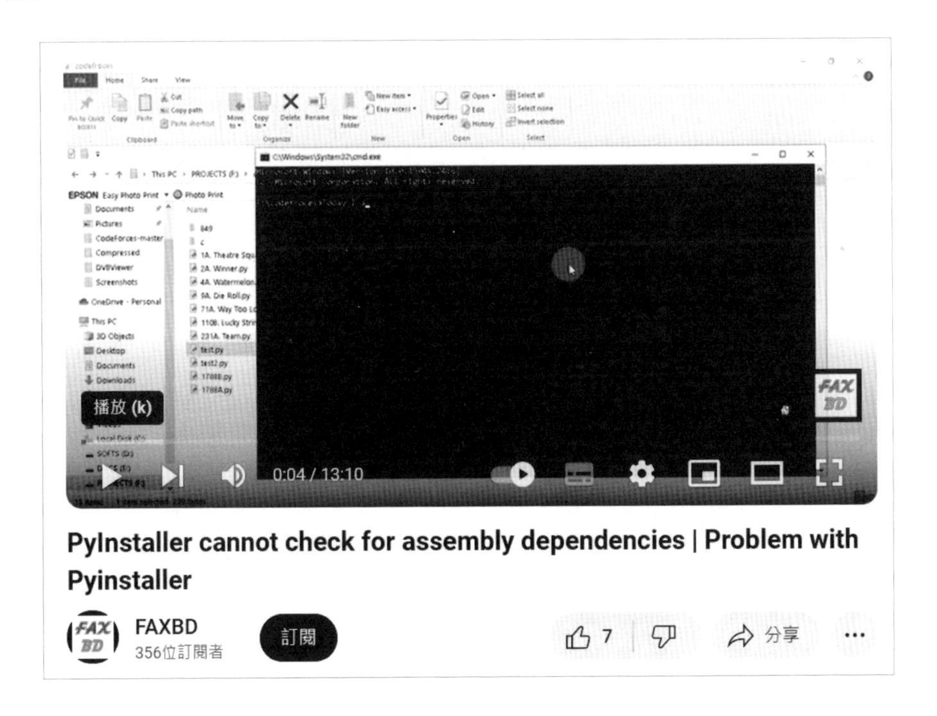

此錯誤訊息在 Stack Overflow 網站亦有回復，讀者不妨可以直接到該網站閱讀，網址為 https：//stackoverflow.com/questions/52194396/unable-to-run-pyinstaller-please-install-pywin32-or-pywin32-ctypes。

以下是網友建議的做法，讀者也可自行採用，看看是否可行 ?!

本人在技術上遇到錯誤訊息的排解，最常到該 Stack Overflow 閱讀網友的回饋；因此，受惠於該網站的幫助，也特別為文介紹該網站。Stack Overflow 是一個專門給程式開發者的問答社群，目的是幫助解決他們在開發和技術上遇到的問題。在這個網站上，使用者可以提問、回答問題、編輯內容，形成一個豐富的知識庫。

Stack Overflow 的主要特點包括：

1. 問答平台：使用者可以在這裡提出技術問題，其他使用者可以回答。問題和答案都會經過社群的審核和投票，確保高品質的內容浮現在最上面。

2. 投票和排名：使用者可以給問題和答案投票，有助於確定哪些是最有價值的。隨著時間的推移，高品質的問題和答案會排名更高，更容易被其他開發者找到。

3. 標籤和分類：問題可以透過添加標籤進行分類，讓使用者更容易找到與其專業領域相關的問題。這有助於提高問題被正確回答的可能性。

4. 編輯和改進：社群成員有權編輯和改進問題和答案，以確保它們保持最新、準確和易於理解。

5. 聲譽和徽章：使用者根據其在社群中的活躍度和貢獻水平獲得聲譽分數和徽章。這有助於社群識別那些對特定領域有經驗的使用者。

Stack Overflow 擁有全球龐大的用戶群體，成為程序員和開發者之間交流經驗和知識的重要平台。它涵蓋了各種程式語言和技術領域，為開發者提供了一個互助和學習的環境。

1.7 Google Colaboratory 的操作與環境介紹

此處的操作非常重要，要強調好多遍；因對於初學者而言，上述的 IDE 都有環境設定或者排解設備的問題，有鑑於此；本人在教學上會以 Google Colabatory 為首選，這將有助於初學者在熟習 IDE 程式開發環境時，省去不必要的麻煩。

Google Colab（Colaboratory）是由 Google 提供的一個免費的雲端 Jupyter 筆記本（Jupyter Notebook）環境。它讓用戶能夠在雲端中執行 Python 程式碼，而無需在本地機器上安裝任何軟體。以下是 Google Colab 的一些主要特點：

1. 免費使用：Google Colab 是免費提供的，並且允許用戶在 Google 的雲端伺服器上運行程式碼，使用 Google 的硬體資源。但是如果要使用更多執行 cell，就需要購買每個月付費的 pro 版本，我將於後面環境介紹時補述。

2.Jupyter 筆記本：Colab 支援 Jupyter 筆記本，這使得用戶能夠直觀的撰寫程式碼，同時在同一個瀏覽器環境中撰寫文字、數學方程式、圖表等，其實就是以筆記本格式為主（.ipynb）。

3. 整合 Google 雲端服務：Colab 緊密整合了 Google 雲端服務，用戶可以輕鬆存取和共享 Google Drive 中的檔案，並且 Colab 筆記本也可以存儲在 Google Drive 上，本節也會專為這個特性介紹如何 "Mount" 雲端硬碟。

4.GPU 支援：Colab 提供 GPU 支援，使得用戶能夠加速需要大量計算資源的深度學習任務，而無需額外付費。

5. 協作功能：Colab 支援多人協作，多個用戶可以同時編輯和訪問同一個 Colab 筆記本，這對於團隊合作或教學非常有用。

總而言之，Google Colab 為開發者和研究者提供了一個方便且免費的雲端環境，用來執行 Python 程式碼、進行數據分析、機器學習和深度學習等任務。不過，此處也要強調一點，該 IDE 無法執行使用者介面，因為該 IDE 本質上就是雲端上的虛擬機。

6. 免費版的時間限制：需要注意的是，Colab 對 GPU 的使用有時間限制，單次連續使用的時間有限制（**通常為 12 小時**），超過限制後會強制中斷。此限制是為了確保資源公平分配和避免濫用

7. Colab AI：GitHub 與 OpenAI 的合作推出 GitHub Copilot 後，Google 也在 Colab 中引入了由其 AI PaLM 2 衍生出的模型 "Codey"。Google 解釋，Codey 是一個針對 Python 設計的輕量級模型，旨在協助開發者加快開發速度並提升程式碼品質，類似於 GitHub Copilot 的功能。

在使用 Google 相關服務時，我也建議剛接觸的讀者朋友先註冊一組有經過「手機」號碼驗證的帳號，因為往後執行該 IDE 時，偶爾會需要驗證身分，因此；很多同學最後不是在程式撰寫出現問題，而是在身分的驗證上出現帳號、或者密碼的驗證錯誤。雖然是很小的細節，也先提醒讀者朋友做預先準備！

如何開啟 Google Colab? 本人將將逐步說明，並介紹 Mount 的方法：

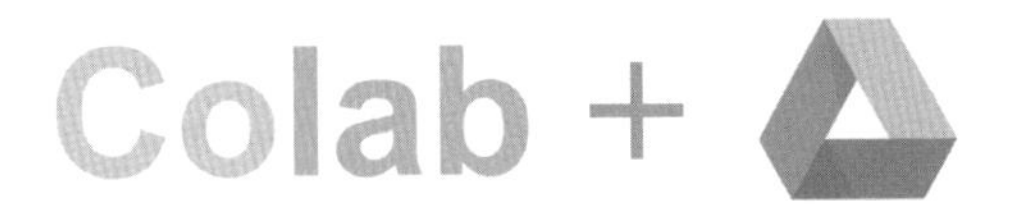

STEP 01：請讀者自行登入您自己的網站，點擊六個點的圖示進到雲端的服務位置。

STEP 02：點選「雲端硬碟」，因為 Google Colab 的服務是建置雲端硬碟上；也受惠於此，我們之後的開發作法幾乎都是從雲端硬碟新增 IDE。但是這種缺點就是，程式碼和讀寫的檔案都會佔據雲端硬碟的空間，因為 Google 政策的改變，原本的教育雲是具有無限大的硬碟容量的，現在則收回來付費機制，導致雲端空間縮減；因此我建議讀者朋友可以多建置幾個 Google 帳號來進行雲端的開發。

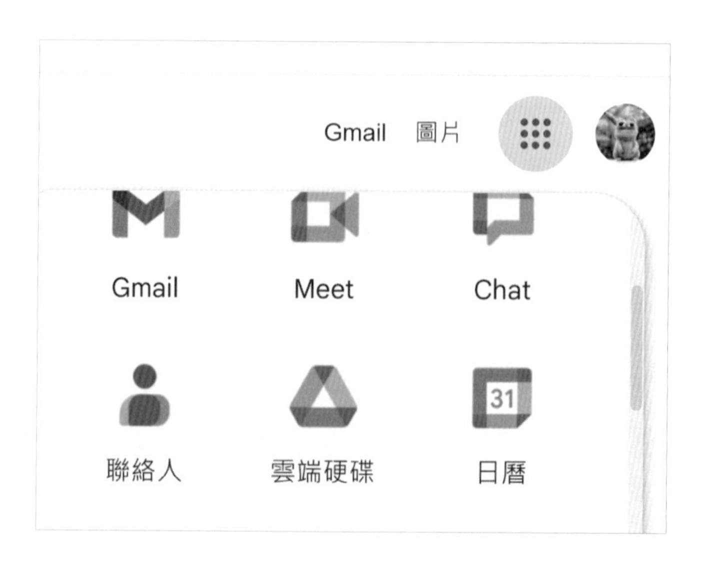

STEP 03：點擊「新增」。

STEP 04：點選「更多」，點選「連結更多應用程式」；因為本人已經有在雲端硬碟安裝 Colab 了，因此可以看見 Google Colaboratory 字樣。

STEP 05：輸入 "C" 就可以找到該 IDE，而不用全部輸入。

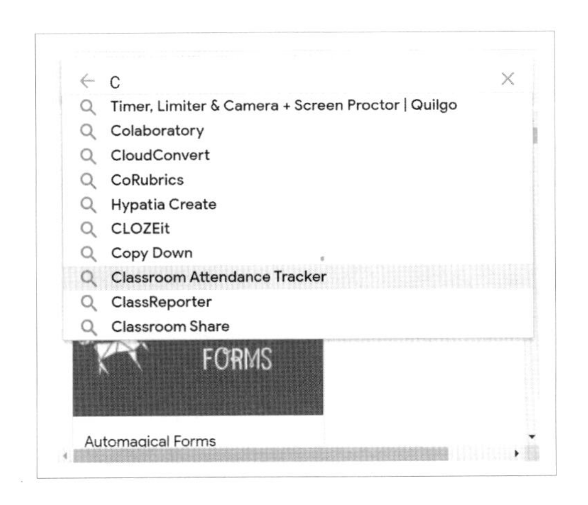

STEP 06：兩個黃色圈圈的圖示就是我們要找的 IDE。

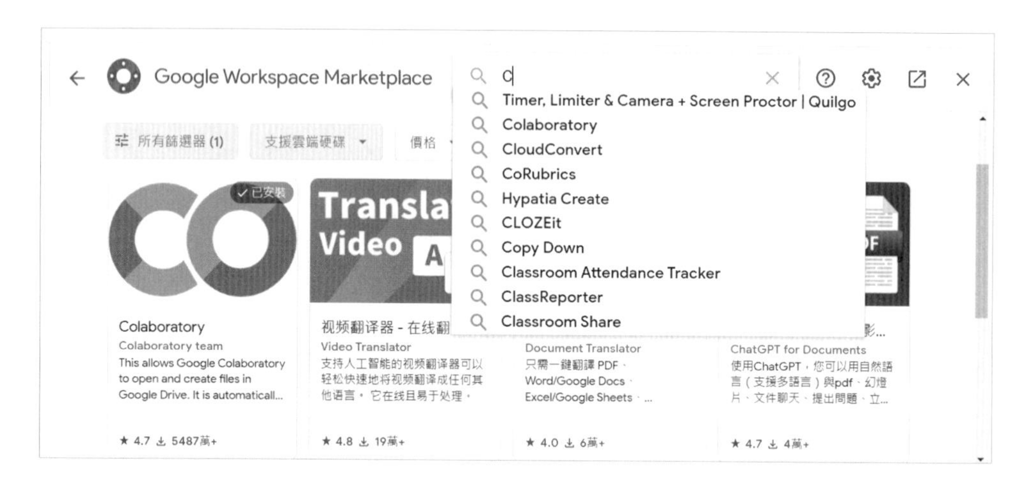

STEP 07：讀者可以直接執行安裝，該圖示則是代表本人已經在原帳號有進行安裝了。

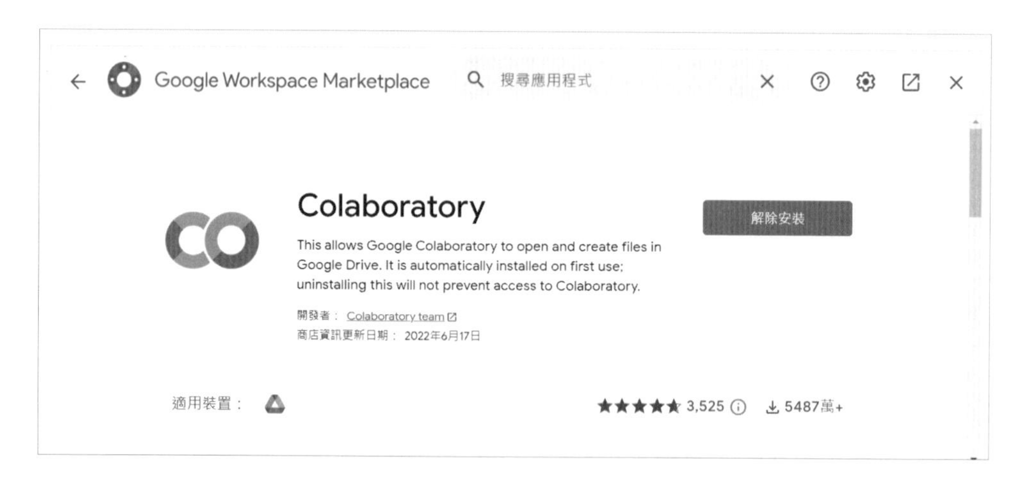

STEP 08：請透過原路徑，新增一個新的 Google Colab 吧！

STEP 09：請讀者朋友可以自行輸入下列的程式；接著點擊「▶」圖樣，也就是 "cell" 進行執行輸入框的文字如下。下面為時間的套件（datetime）；您可以透過列印的方法，將當下時間印出。

```
import datetime
time = datetime.datetime.now()
print(time)
```

STEP 10：讀者朋友們亦可以自行點擊新增「文字」來作為程是或者專案開發的說明。

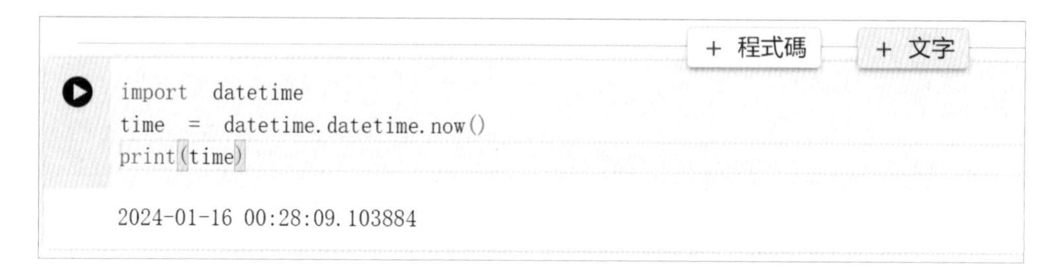

在「文字」欄位讀者可以自由使用文字編輯功能；文字前面打上「#」，可以放大文字作為標題使用。

Google Colab 也於近期導入自家公司開發的 Gemini 的生成式工具；另外也有網友整理 AIGC 模型，亦可以直接使用 Colab 進行 AI 繪圖。

您可以點擊下列網址並直接行：

https：//colab.research.google.com/drive/1YwH4swrVcZJ-eblGl3Dibr6C-Ki5DEfQ?usp=sharing

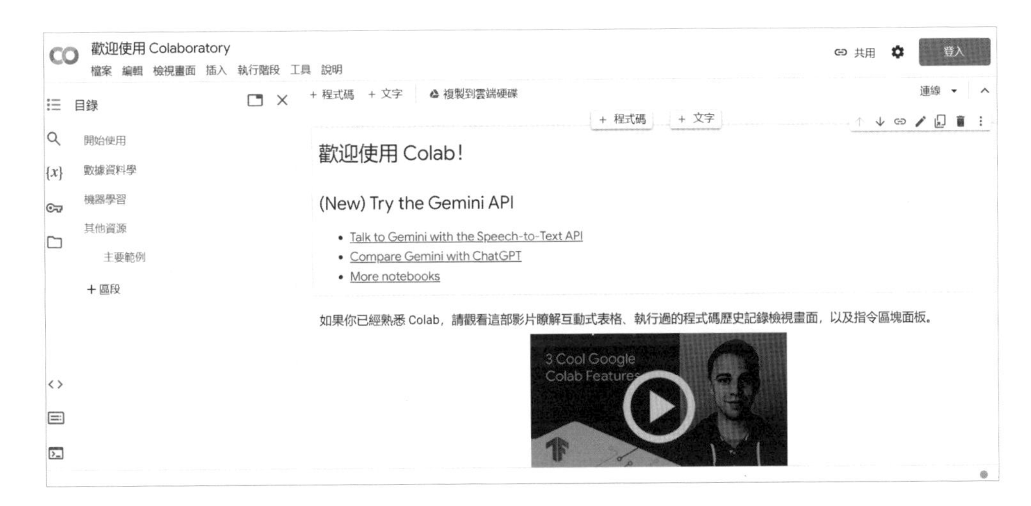

此處也針對使用 Colab 的 AI 繪圖做補述；讀者可以自行練習。

其他關於 Colab 的設定補充如下：

讀者可以自行點擊「工具」中的「設定」。

20240116_MyFirstColab.ipynb
檔案 編輯 檢視畫面 插入 執行階段 工具 說明
+ 程式碼 + 文字
指令區塊面板 Ctrl+Shift+P
設定
鍵盤快速鍵 Ctrl+M H
顯示差異

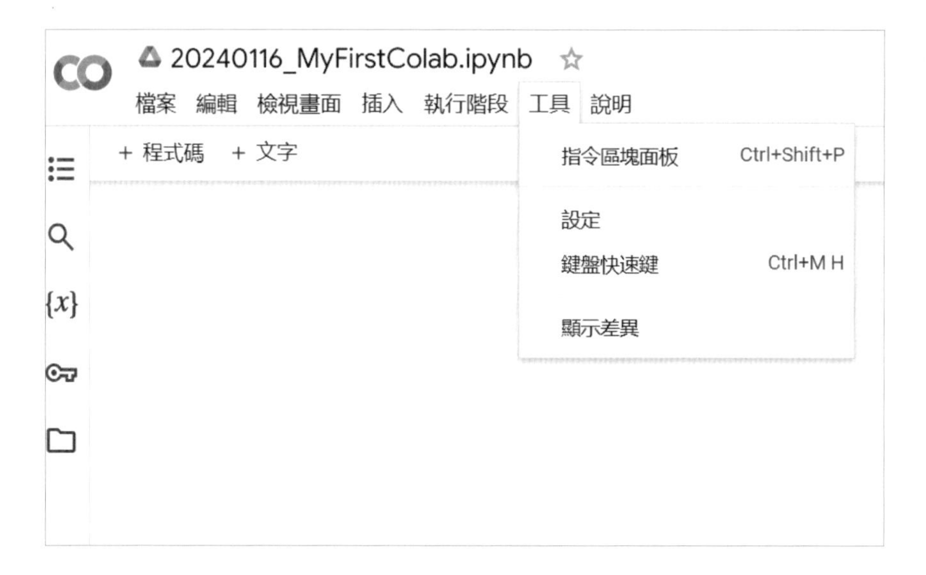

進入到設定畫面，可以選擇您要的主題風格，總共有三個選項可以使用 "adaptive" 和 "light" 以及 "adaptive" 三種，一般而言，初始設定為 "adaptive"。

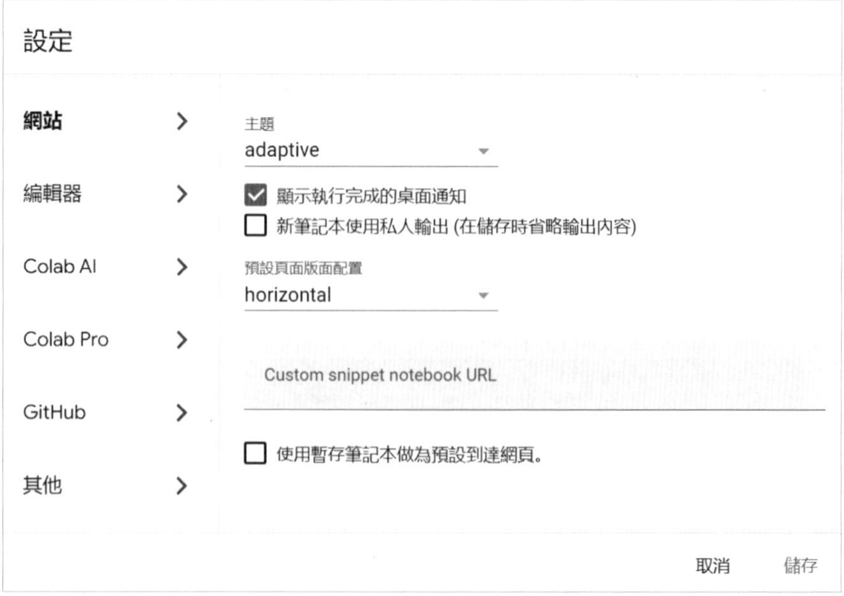

設定
網站
編輯器
Colab AI
Colab Pro
GitHub
其他
主題
adaptive
顯示執行完成的桌面通知
新筆記本使用私人輸出 (在儲存時省略輸出內容)
預設頁面版面配置
horizontal
Custom snippet notebook URL
使用暫存筆記本做為預設到達網頁。
取消
儲存

如果選擇 "dark" 模式，則整個開發介面會以「黑色」的方式呈現。

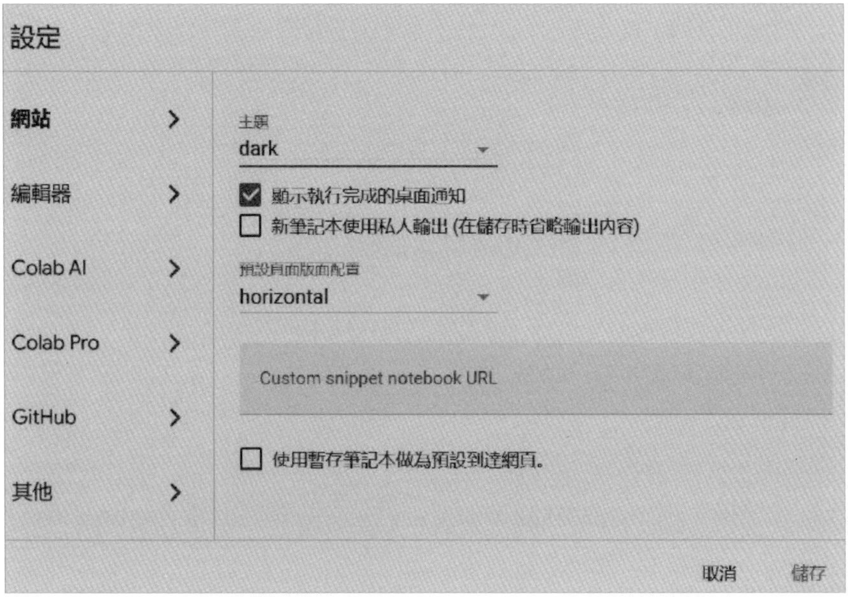

另外，在編輯器的設定，您也可以自行決定自行的大小或者要不要打開行號，以便於讀者在開發程式時，更容易閱讀和上手。

設定

網站 >
編輯器 >
Colab AI >
Colab Pro >
GitHub >
其他 >

縮排寬度 (以空格為單位)
2
垂直尺規欄位
80
☑ 自動觸發程式碼完成功能
☐ 顯示行數
☐ 顯示縮排指南
☐ 在編輯器中啟用程式碼收合功能
☑ 自動完成程式碼儲存格中的括號和引號
☑ 按 Enter 鍵接受建議
☐ 連字字型
程式碼診斷資料
Syntax checking

取消 儲存

另外是關於 Colab AI 的功能，讀者可看自行需求決定是否要開啟。

此處則是 Google Colab 的付費版本說明，如果讀者朋友受限於機台環境，又需要大量的圖形辨識運算，不妨可以考慮添購每個月的 Colab Pro 方案，相對於添購大型硬體設備的費用應該是節省不少。

其他有趣的設定，例如點選下列三種模式，在編輯的過程中，這些小動物們就會出現在您的 IDE 畫面。

如下圖所示，而且 Colab 也會隨著節慶，這些小動物們也會有不同的妝容；例如聖誕節、春節…等，讀者或者同學們可以自行觀察這些有趣的變化。

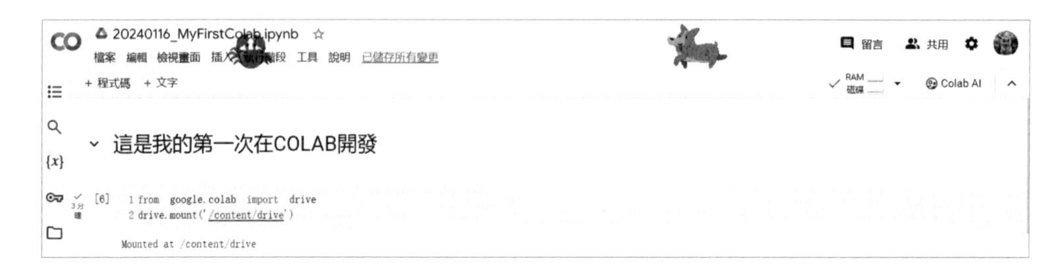

如果選擇 "many power"，則會出現 "COMBO" 字樣，同時按下「Enter」鍵時會出現「火花」。

另外式筆記本設定的部分，也可以針對個人的需求做選擇。

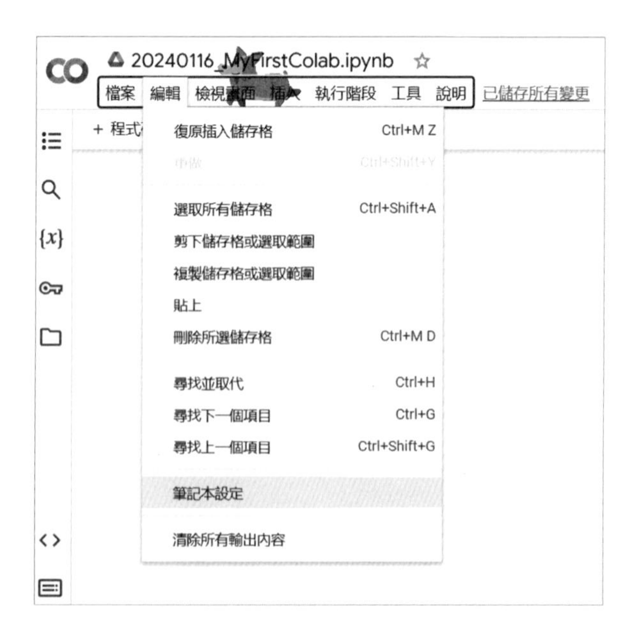

此處若程式的執行速度太慢；您可以開啟 "T4 GPU" 來加速整個程式執行時間。

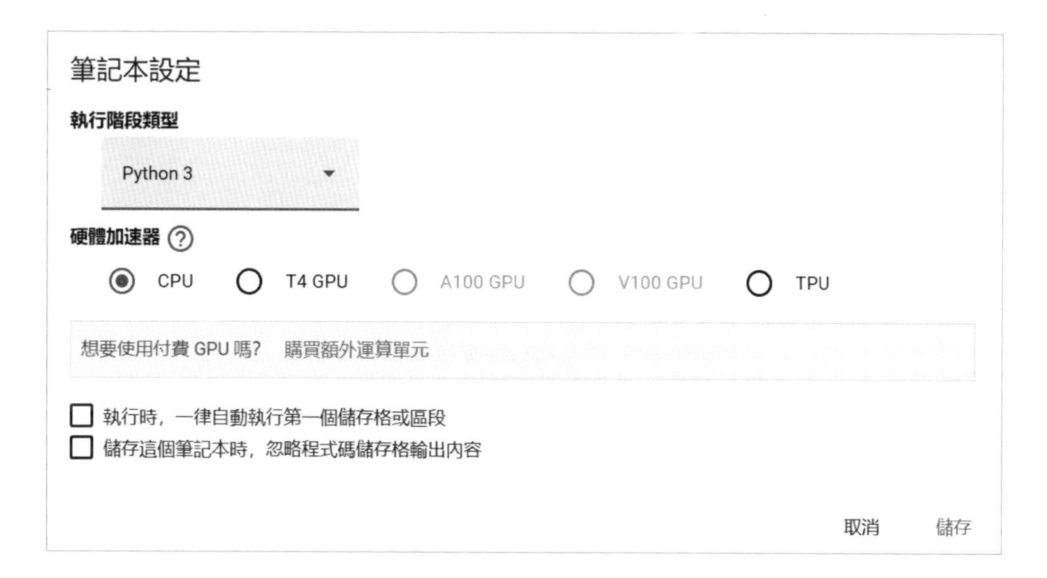

1.8 如何 Mount Google driver 以及寫出雲端硬碟

Google Colab 是資料科學和機器學習愛好者中廣受歡迎的平台。它提供了一個免費的基於雲端的環境，允許用戶編寫和執行 Python 程式碼，同時預先安裝了常用的軟體包，如 NumPy、Pandas 和 TensorFlow。Google Colab 脫穎而出的一項功能是其與 Google Drive 的整合，這使得使用者可以輕鬆地儲存和存取資料檔案。本節中，我們將探討如何在 Google Colab 中從雲端硬碟讀取檔案。這個特性讓使用者能夠方便地將資料儲存在 Google Drive 中，然後透過 Colab 環境來存取這些資料。這對於在 Colab 中進行資料分析和機器學習實驗的使用者來說是一個極具價值的功能。這種整合性不僅使 Colab 成為一個方便的開發環境，也提供了更簡單的方式來管理和分享資料。透過這篇文章，我們將分享如何有效地使用 Google Colab 與 Google Drive 之間的連結功能，以便更輕鬆地處理和分析資料。

STEP 01：透過下列的程式碼執行 Google Colab 和 Google drive 的連結

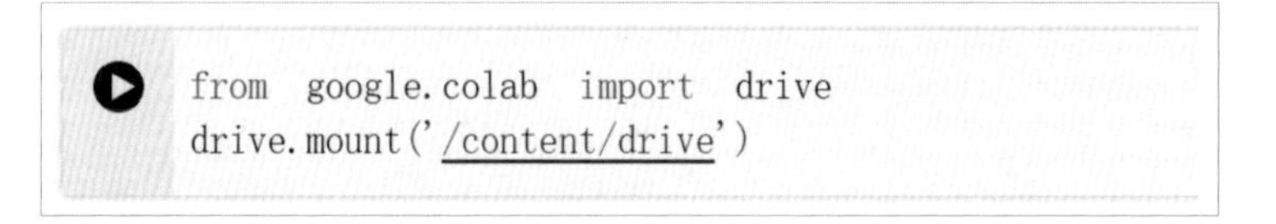

```
from google.colab import drive
drive.mount('/content/drive')
```

直接點擊「連線至 Google 雲端硬碟」

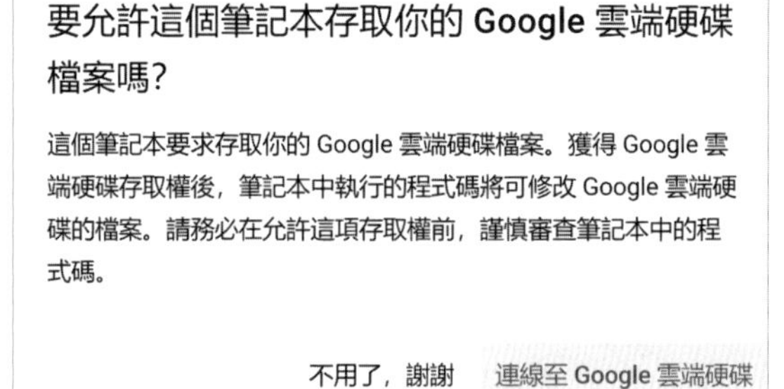

要允許這個筆記本存取你的 Google 雲端硬碟檔案嗎?
這個筆記本要求存取你的 Google 雲端硬碟檔案。獲得 Google 雲端硬碟存取權後，筆記本中執行的程式碼將可修改 Google 雲端硬碟的檔案。請務必在允許這項存取權前，謹慎審查筆記本中的程式碼。
不用了，謝謝
連線至 Google 雲端硬碟

選擇您自己個人的 Google 帳戶進行登入，

點擊「繼續」，在此處只是單純驗證，開發者是否為本人的再度確認而已，這個作業流程非常簡單，但是對於初學者而言，常常會忘記，導致誤以為是網路的問題而連結遲緩，無法進到下一個頁面。

點擊允許即可。就完成了整個連結的作業。

確認「Google Drive for desktop」是您信任的應用程式

這麼做可能會將機密資訊提供給這個網站或應用程式。您隨時可以前往 Google 帳戶頁面查看或移除存取權。

瞭解 Google 如何協助您安全地分享資料。

詳情請參閱「Google Drive for desktop」的《隱私權政策》和《服務條款》。

取消　允許

各位讀者注意，當 Cell 的執行鍵旁邊有「✓」圖示出現，才算是正式執行成功！

STEP 02：讀者可到政府資料開放平台下載檔案 (.csv) 練習” https：//data.gov.tw/ ”

假設我們使用休閒旅遊類型的檔案，以”來去農村住一晚”的公開資料集為例：

請點擊” CSV ”的檔案格式進行下載。

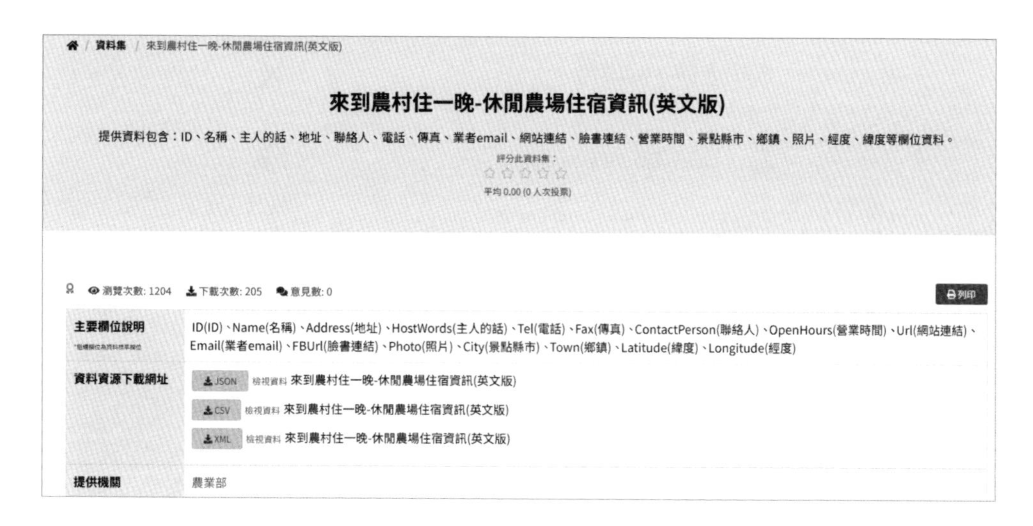

下載之後，請直接將檔案拖曳到「我的雲端硬碟」，請注意；再三強調直接拖曳到同一層即可。

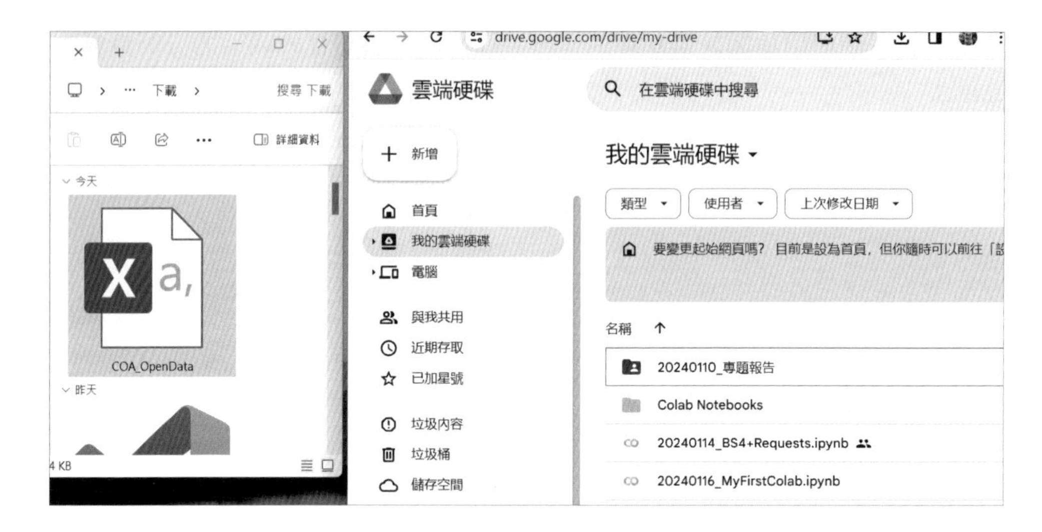

若出現下述字樣，才算真正上傳成功。

STEP 03：請輸入下列程式碼，以便於讀寫檔案

```
!pip install pandas
import pandas as pd
import pandas as pd
dataset = pd.read_csv('/content/drive/MyDrive/COA_OpenData.csv')
```

這裡也要提醒各位讀者，您的檔案名稱叫做 "COA_OpenData.csv"

```
[10]  1 !pip install pandas
      2 import pandas as pd
      3 import pandas as pd
      4 dataset = pd.read_csv('/content/drive/MyDrive/COA_OpenData.csv')

Requirement already satisfied: pandas in /usr/local/lib/python3.10/dist-packages (1.5.3)
Requirement already satisfied: python-dateutil>=2.8.1 in /usr/local/lib/python3.10/dist-packages (from pandas) (2.8.2)
Requirement already satisfied: pytz>=2020.1 in /usr/local/lib/python3.10/dist-packages (from pandas) (2023.3.post1)
Requirement already satisfied: numpy>=1.21.0 in /usr/local/lib/python3.10/dist-packages (from pandas) (1.23.5)
Requirement already satisfied: six>=1.5 in /usr/local/lib/python3.10/dist-packages (from python-dateutil>=2.8.1->pandas) (1.16.0)
```

假設我只想觀察前 5 筆資料，亦可以使用 .head() 函數。

```
1 print(dataset.head())

   ID                                    Name  \
0   7  Dongshan River Agricultural Leisure Area
1  65          Dashu Agricultural Leisure Area
2  78                    Tian-Cai Leisure Farm
3  79                   Wen Liang Leisure Farm
4  80               King Ming Chang Leisure Farm

                                          Address  \
0  No.120, Wuyuan 3rd Rd., Wuyuan Vil, Dongshan To...
1  No.65, Longmu Rd., Dashu Dist., Kaohsiung City...
2  No.60, Ln. 113, Datong St., Qidu Dist., Keelun...
3  No.60-1, Datong St., Qidu Dist., Keelung City ...
4  No.162-1, Dahua 2nd Rd., Qidu Dist., Keelung C...
```

在這個範例中，我們使用 pandas 套件將 CSV 檔案讀入 DataFrame。檔案路徑為 /content/drive/MyDrive/COA_OpenData.csv，其中 MyDrive 是 Google 雲端硬碟為您的帳戶建立的預設資料夾的名稱。

STEP04：另一種作法則是將檔案短暫的上傳：

這裡的作法是將您選擇要從本機電腦上傳的檔案。選擇檔案後，它將上傳到您的雲端硬碟帳戶的根目錄裡面，但是要提醒讀者，此處萬一瀏覽器不小心關閉則會出現檔案遺失的現象，不可不慎！

```
1 from google.colab import files
2 uploaded = files.upload()

選擇檔案 COA_OpenData.csv
• COA_OpenData.csv(text/csv) - 198768 bytes, last modified: 2024/1/16 - 100% done
Saving COA_OpenData.csv to COA_OpenData.csv
```

在本節中，我們大量探討如何在 Google Colab 中從雲端硬碟讀取檔案。透過安裝您的雲端硬碟帳戶並指定檔案路徑，您可以從 Colab 輕鬆存取儲存在您的雲端硬碟帳戶中的檔案。這使得處理大型資料集以及與其他人在資料科學和機器學習專案上協作變得容易。

也要再提醒讀者，在 Colab 中從雲端硬碟讀取檔案時，請記住保持檔案路徑一致並使用正確的檔案格式。

第 2 章

Pandas 資料清洗的基本功夫 - 讀檔、資料框的操作、合併、丟回雲端

2.1 Python 的基本功

當談到 Python 的運算子時，我們通常指的是在執行各種操作時使用的符號或關鍵字。

1. 算術運算子：此處強調數值的運算

   +：加法

   -：減法

   *：乘法

   /：除法

   //：整數除法

   %：取餘數

   **：次方

範例程式碼如下：

```
a = 5
b = 2
print(a + b)# 7
print(a- b)# 3
print(a* b)# 10
print(a/ b)# 2.5
print(a// b)# 2
print(a% b)# 1
print(a** b)# 25
```

2. 比較運算子：此處強調邏輯運算子

   ==：等於

   !=：不等於

<：小於

>：大於

<=：小於等於

>=：大於等於

範例程式碼如下：

```
x = 5
y = 10
print(x == y)# False
print(x!= y)# True
print(x < y)# True
print(x > y)# False
print(x <= y)# True
print(x >= y)# False
```

3. 位元運算子：

&：位元與

|：位元或

^：位元異或

~：位元非

<<：左位移

>>：右位移

範例程式碼如下：

```
p = True
q = False
print(p and q)# False
print(p or q)# True
print(not p)# False
```

此處的基本功，例如算術運算子，希望讀者朋友能盡量做到記憶起來！

算術運算子在程式語言中扮演著至關重要的角色，它們用於執行各種數學運算，從而實現複雜的數學計算和數值操作。以下是算術運算子的一些重要性：

1. 基本數學運算：算術運算子使得基本的數學運算變得簡單和直觀。你可以使用加法、減法、乘法和除法等運算子來執行基本的算術操作。

```
a = 5
b = 2
sum_result = a + b
diff_result = a- b
prod_result = a* b
div_result = a/ b
```

2. 數值計算：算術運算子對於處理數值數據非常重要。它們使得在程式中進行數值計算和操作變得高效，例如計算總和、平均值、百分比等。

```
numbers = [1, 2, 3, 4, 5]
total = sum(numbers)
average = total/ len(numbers)
```

3. 公式運算：在科學和工程應用中，算術運算子用於實現複雜的數學公式。這些公式可能涉及多個變數和不同的數學運算。

```
radius = 3
area = 3.14* radius**2
```

2.2 流程控制、迴圈說明

在 Python 中，流程控制和迴圈是程式結構的重要部分，用於控制程式執行的流程和重複執行某些程式區塊。以下是流程控制和迴圈的說明：

1. 流程控制：

1. 條件語句 (if、elif、else)：

```
x = 10

if x > 0:
    print("x is positive")
elif x == 0:
    print("x is zero")
else:
    print("x is negative")
```

2. 選擇語句 (switch-case)- 注意：Python 沒有內建的 switch 語句：

```
def switch_case(case):
    return{
        'case1':'This is case 1',
        'case2':'This is case 2',
        'case3':'This is case 3',
    }.get(case,'This is the default case')

result = switch_case('case2')
print(result)
```

2. 迴圈：

1. for 迴圈：為了重複執行某個動作而設計的功能

```
# 使用 range() 函數
for i in range(5):
    print(i)

# 遍歷列表元素
fruits = ["apple","banana","cherry"]
for fruit in fruits:
    print(fruit)
```

```
# 遍歷字串中的字符
for char in"Hello":
    print(char)
```

2. while 迴圈：

```
count = 0
while count < 5:
    print(count)
    count += 1
```

3. 迴圈控制語句 (break、continue)：

```
# 使用 break 中斷迴圈
for i in range(10):
    if i == 5:
        break
    print(i)

# 使用 continue 跳過迴圈中的一次迭代
for i in range(5):
    if i == 2:
        continue
    print(i)
```

上述這些例子展示了 Python 中流程控制和迴圈的基本用法。而條件語句用於根據不同的條件執行不同的程式區塊，而迴圈則用於重複執行某些程式區塊。這是在 Python 中控制程式流程和執行的基本工具。也希望讀者朋友可以用心體會。

2.3 range 函數的應用

range() 函數是一個常用於產生整數序列的內建函數。它常用於迴圈中，特別是 for 迴圈，用來指定迭代的範圍。range() 函數的一般形式如下：

```
range(start, stop, step)
```

此處要提醒讀者，Range 函數的 "stop" 需要減去 1，是 index 的概念。

start：序列的起始值（默認為 0）。

stop：序列的終止值（不包含在內，要減 1）。

step：步進值，表示每次迭代的增量（初始值為 1，跳步的意思）。

1. 迴圈中的使用：

```
# 使用 range 迭代整數序列
for i in range(5):
    print(i)
# 輸出：0 1 2 3 4
```

2. 列表的生成：

```
# 使用 list() 將 range 轉換為列表
my_list = list(range(5))
print(my_list)
# 輸出：[0, 1, 2, 3, 4]
```

3. 搭配 len() 使用：

```
# 使用 range 生成索引序列
my_list = ["apple","banana","cherry"]
for i in range(len(my_list)):
    print(my_list[i])
# 輸出：apple banana cherry
```

4. 搭配 zip() 使用：

```
# 使用 range 生成多個序列的索引
names = ["Alice","Bob","Charlie"]
ages = [25, 30, 35]
for i in range(len(names)):
    print(names[i], ages[i])
# 輸出：
# Alice 25
```

```
# Bob 30
# Charlie 35
```

5. 範圍檢查：

```
# 使用 range 進行範圍檢查
number_to_check = 7
if number_to_check in range(1, 10):
    print(f"{number_to_check} 在範圍內。")
# 輸出：7 在範圍內。
```

2.4 切片的應用

切片 (slices) 是一種強大的工具，它可以幫助我們更靈活地訪問、修改和操作序列中的元素。在處理大量數據或進行複雜的資料處理時，切片是一個非常實用的功能。

1. 提取子序列：

你可以使用切片來提取序列中的特定範圍，以快速獲取子序列。

```
data = [10, 20, 30, 40, 50, 60, 70, 80, 90, 100]
subset = data[2:7]# 提取索引 2 到索引 6 的子序列
```

2. 修改序列：

透過切片，你可以對序列中的一部分進行賦值操作，達到修改的效果。

```
my_list = [1, 2, 3, 4, 5]
my_list[1:4] = [8, 9, 10]# 替換索引 1 到索引 3 的元素
```

3. 反轉序列：

使用切片的負數索引，你可以輕鬆地反轉序列。

```
my_string = "Hello, World!"
reversed_string = my_string[::-1]# 反轉整個字串
```

4. 選擇特定間隔的元素：

透過指定步長，你可以選擇序列中一定間隔的元素。

```
numbers = [1, 2, 3, 4, 5, 6, 7, 8, 9, 10]
even_numbers = numbers[1:10:2]# 選擇奇數位置的元素
```

5. 擷取前後 n 個元素：

通過切片，可以方便地擷取序列的前 n 個元素或後 n 個元素。

```
data = [10, 20, 30, 40, 50, 60, 70, 80, 90, 100]
first_five = data[:5]# 取前五個元素
last_three = data[-3:]# 取最後三個元素
```

2.5 四大容器的介紹

在 Python 中，有四種主要的內建容器類型，它們分別是列表（list）、數組（tuple）、字典（dictionary）和集合（set）。以下是對這四種容器的簡單介紹：

1. 列表（List）：

特點：有序、可變（mutable）的序列。

使用方法：使用中括號 []。

例子：

```
my_list = [1, 2, 3,'hello', True]
```

2. 元組（Tuple）：

特點：有序、不可變（immutable）的序列。

使用方法：使用小括號 ()。

例子：

```
my_tuple = (1, 2, 3,'world', False)
```

3. 字典（Dictionary）：

特點：無序的鍵 (key)- 值 (Value) 對集合，可變。

使用方法：使用大括號 {}。

例子：

```
my_dict = {'name':'John','age': 30,'city':'New York'}
```

4. 集合（Set）：

特點：無序、唯一元素的集合。

創建：使用大括號 {}，但不包含鍵 (Key)- 值 (Value) 對。

例子：

```
my_set = {1, 2, 3, 3, 4, 5}# 重複元素會被自動去除
```

這些容器可以嵌套使用，你可以在列表中包含字典，字典中包含集合，等等。這樣的組合可以滿足各種複雜的數據結構需求。

補充字典和 Json 的差異性：

1.JSON（JavaScript Object Notation）和 Python 字典（dictionary）之間有一些相似之處，但也存在一些重要的區別。以下是 JSON 和字典之間的主要差異：

1. 格式

JSON：是一種純文字的數據交換格式，其基本結構是一個字串。JSON 使用雙引號表示字串，使用 {} 表示對象，使用 [] 表示數組（陣列）。

```
{
  "name":"John",
  "age": 30,
  "city":"New York"
```

} 字典：是 Python 的一種數據類型，使用 {} 表示，其中包含鍵 (key)- 值 (Value) 對。

```
my_dict = {"name":"John","age": 30,"city":"New York"}
```

2. 字符串表示

JSON：必須是字串，可以通過 json.dumps() 將 Python 對象轉換為 JSON 字符串。

```
import json

my_dict = {"name":"John","age": 30,"city":"New York"}
json_string = json.dumps(my_dict)
```

字典：是 Python 資料格式，不需要轉換為字串，可以直接使用。

3. 數據類型

JSON：JSON 是一種跨語言的數據交換格式，可以在不同的語言之間進行資料傳輸。

字典：字典是 Python 特有的數據結構，主要在 Python 程式中使用。

4. 特殊值

JSON：JSON 支持 null 表示空值，true 和 false 表示布林值。

字典：字典中可以包含各種 Python 數據類型，包括 None 代表空值，True 和 False 代表布林值。

5. 使用場景

JSON：常用於網路數據交換、配置文件、API 數據傳輸等。

字典：主要在 Python 中用於組織和存儲數據。

雖然 JSON 和字典有一些相似之處，但它們的使用場景和用途卻有所不同。JSON 是一種通用的數據交換格式，而字典是 Python 中的一個資料容器，主要用於在 Python 中存儲數據。

2.6 Pandas 的介紹與安裝

網址：https：//pandas.pydata.org/

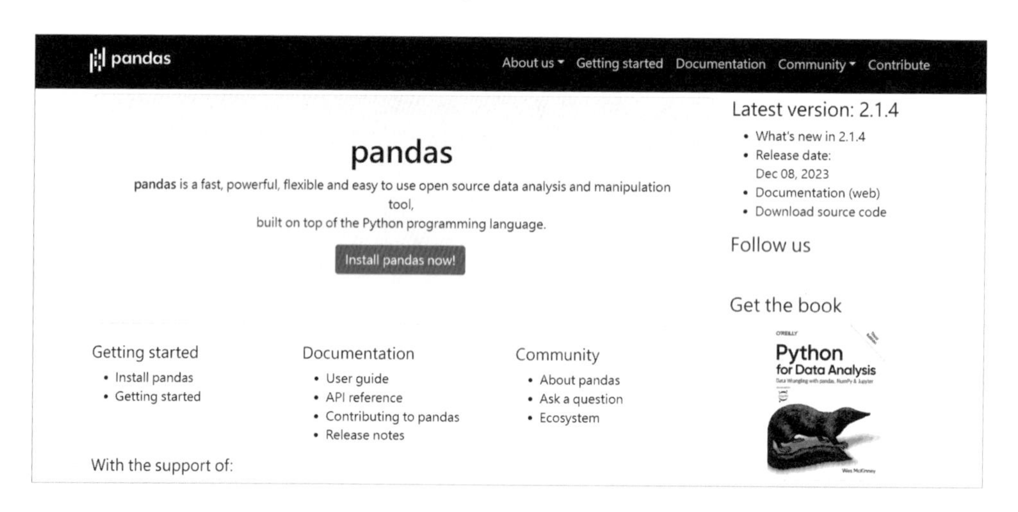

Pandas 是一個強大的 Python 數據分析工具庫，它提供了高性能、易用的數據結構，並包括數據清理、準備、分析的工具。Pandas 主要基於 NumPy 構建，並且與許多其他數據科學和機器學習庫整合，使其成為 Python 生態系統中的一個重要組件。

以下是 Pandas 的一些主要特點：

1. 數據結構：

DataFrame：二維表格數據結構，類似於 SQL 表或 Excel 試算表。

Series：一維標籤數組，類似於列或行。

2. 數據清理：

   提供缺失數據處理方法，如填充缺失值、刪除缺失值。

   提供數據重複值處理方法。

3. 數據選擇和過濾：

   可以使用標籤或位置進行數據的選擇和過濾。

4. 數據統計和計算：

   提供了豐富的數據統計和計算函數，如平均值、標準差、總和等。

5. 數據合併和聯結：

   可以根據一個或多個鍵將數據集合併到一起。

6. 時間序列分析：

   支持處理時間序列數據，提供了日期和時間的功能。

7. 數據可視化：

   具有內建的繪圖工具，基於 Matplotlib 進行繪製。

8. 適應性：

   能夠適應不同形狀和來源的數據，輕鬆處理多種數據格式。

Pandas 被廣泛應用於數據處理、清理、分析和圖表視覺化領域，特別是在金融、統計、機器學習和其他數據科學領域。它的直觀性和豐富的功能使得讀者能夠更輕鬆地進行數據操作和分析。

此處，讀者除了閱讀官網的設定文件以外，本人也會介紹相對簡單的做法給讀者。

設定文件網址：https：//pandas.pydata.org/getting_started.html

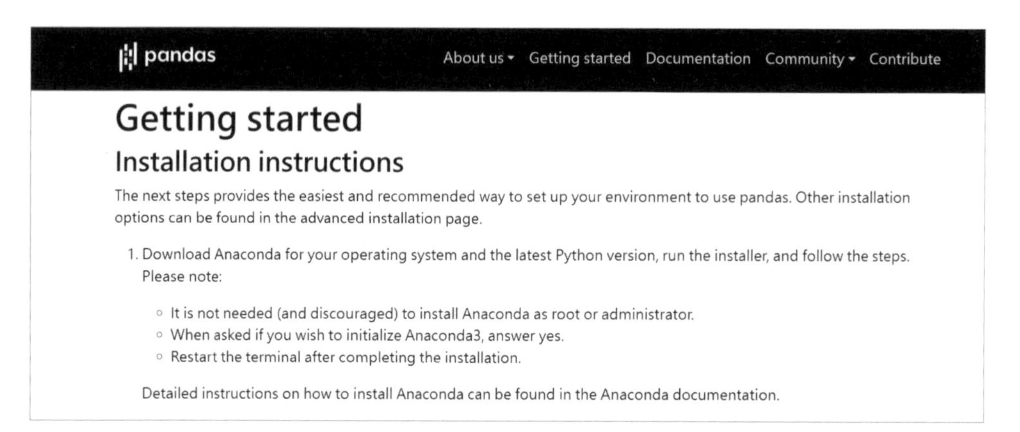

讀者亦可以觀看 Pandas 的發明者 Wes McKinney 工程師的操作。

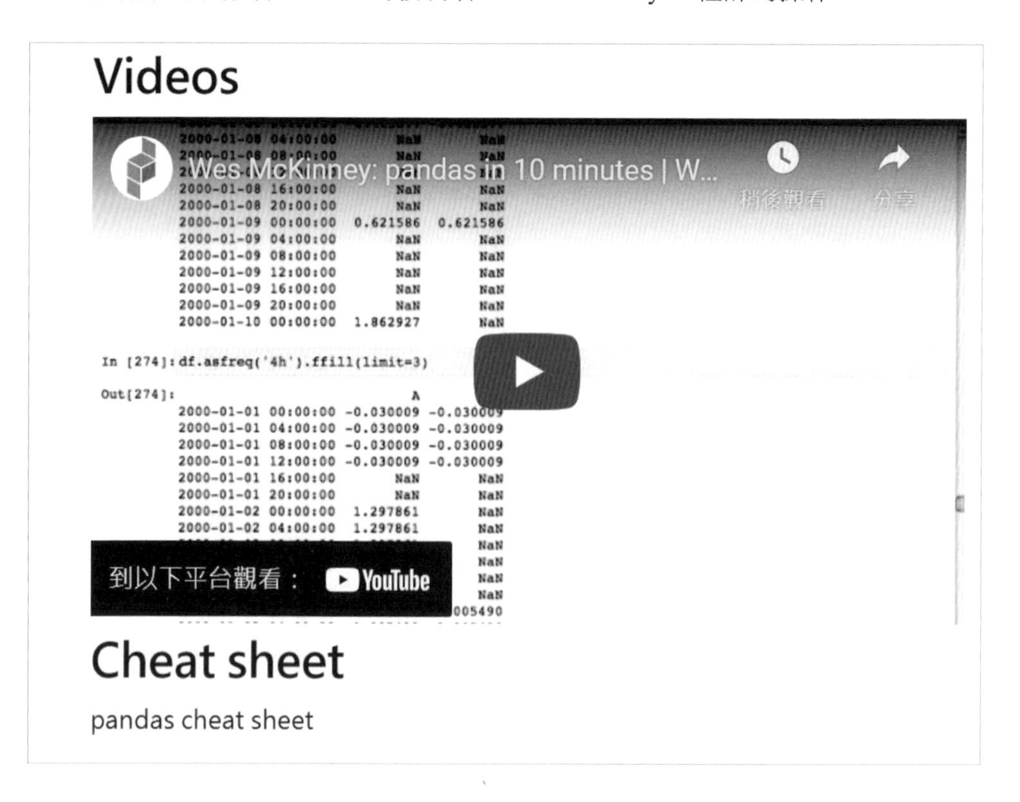

1. 直接在 IDE 輸入 !pip install pandas，同時 import pandas as pd

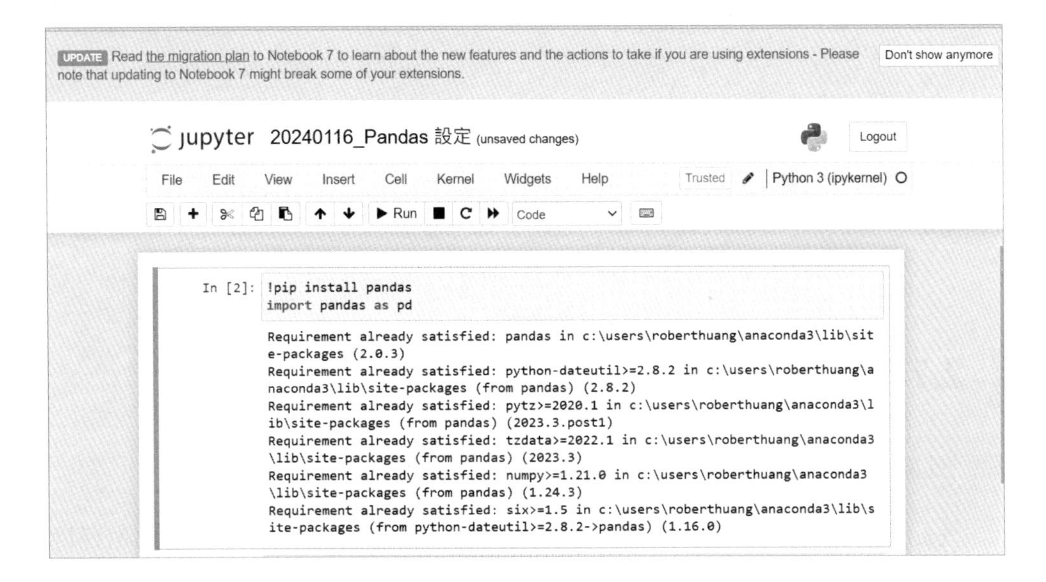

2. 在 Anaconda Prompt 輸入 pip install pandas(一旦您在此處設定完成，往後就不用重複輸入安裝套件的指令了)。

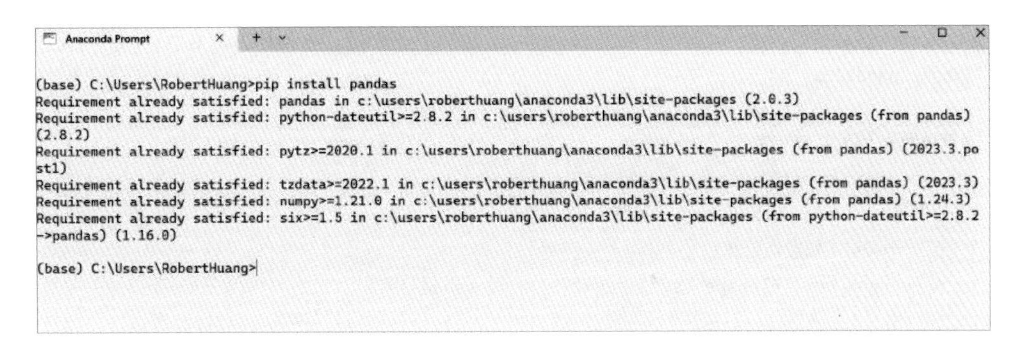

讀者也可以直接透過 pd.read_csv() 的語法進行讀檔，針對檔案的操作；我們下節再深入討論！

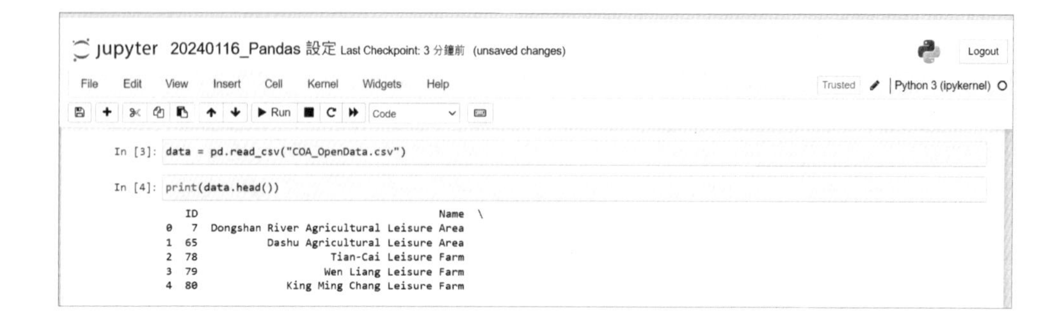

2.7 Pandas 的讀檔與位置指定

此處本書會討論不同讀檔的操作！

pd.read_csv 是 Pandas 中用來讀取 CSV 檔案的方法之一，但 Pandas 還提供了其他方法來讀取不同格式的資料。以下是一些 Pandas 中用來讀取不同資料格式的其他方法：

1. 使用 pd.read_csv 讀取 CSV 檔案：

```
import pandas as pd

# 基本用法，讀取 CSV 檔案
df = pd.read_csv('filename.csv')

# 指定分隔符號（預設為逗號）
df = pd.read_csv('filename.csv', sep='\t')# 以 tab 鍵分隔

# 跳過指定行數的標頭（預設為第一行）
df = pd.read_csv('filename.csv', header=1)# 第二行為標頭

# 指定欄位名稱（若 CSV 檔案中不包含標頭）
df = pd.read_csv('filename.csv', header=None, names=['col1','col2','col3'])

# 指定索引欄位
df = pd.read_csv('filename.csv', index_col='column_name')
```

```
# 選擇性讀取特定的列或行
df = pd.read_csv('filename.csv', usecols=['col1','col2'])

# 處理缺失值
df = pd.read_csv('filename.csv', na_values=['NA','N/A'])

# 處理日期格式
df = pd.read_csv('filename.csv', parse_dates=['date_column'])

# 設定自訂的日期解析格式
df = pd.read_csv('filename.csv', parse_dates=['date_column'], date_parser=my_custom_
date_parser)
```

2. pd.read_excel 是 Pandas 中用來讀取 Excel 檔案的函數：

```
import pandas as pd

# 基本用法，讀取 Excel 檔案
df = pd.read_excel('filename.xlsx')

# 指定工作表（預設為第一個工作表）
df = pd.read_excel('filename.xlsx', sheet_name='Sheet1')

# 跳過指定行數的標頭（預設為第一行）
df = pd.read_excel('filename.xlsx', header=1)# 第二行為標頭

# 指定欄位名稱（若 Excel 檔案中不包含標頭）
df = pd.read_excel('filename.xlsx', header=None, names=['col1','col2','col3'])

# 指定索引欄位
df = pd.read_excel('filename.xlsx', index_col='column_name')

# 選擇性讀取特定的列或行
df = pd.read_excel('filename.xlsx', usecols=['col1','col2'])

# 處理缺失值
df = pd.read_excel('filename.xlsx', na_values=['NA','N/A'])
```

```
# 處理日期格式
df = pd.read_excel('filename.xlsx', parse_dates=['date_column'])

# 設定自訂的日期解析格式
df = pd.read_excel('filename.xlsx', parse_dates=['date_column'], date_parser=my_custom_
date_parser)
```

3. pd.read_json 是 Pandas 中用來讀取 JSON 檔案的函數：

```
import pandas as pd

# 基本用法，讀取 JSON 檔案
df = pd.read_json('filename.json')

# 若 JSON 檔案中有多個物件，可以指定讀取其中一個
df = pd.read_json('filename.json', lines=True)

# 指定欄位名稱（若 JSON 檔案中不包含標頭）
df = pd.read_json('filename.json', orient='records', lines=True)

# 指定索引欄位
df = pd.read_json('filename.json', orient='records', lines=True, convert_axes=True)

# 選擇性讀取特定的列或行
df = pd.read_json('filename.json', lines=True, orient='records', dtype={'column_
name':'float'})

# 處理日期格式
df = pd.read_json('filename.json', lines=True, orient='records', convert_dates=False,
date_unit='ms')

# 處理多層次索引
df = pd.read_json('filename.json', orient='split', typ='series')
```

4. 使用 pd.read_html 從 HTML 網頁讀取表格數據：

```
import pandas as pd
```

```
# 基本用法，讀取 HTML 網頁上的所有表格
dfs = pd.read_html('http://example.com/table.html')

# 若有多個表格，可以指定讀取其中一個
df = pd.read_html('http://example.com/table.html')[0]

# 指定欄位名稱（若 HTML 表格中不包含標頭）
df = pd.read_html('http://example.com/table.html', header=None,
names=['col1','col2','col3'])[0]

# 指定索引欄位
df = pd.read_html('http://example.com/table.html', index_col='column_name')[0]

# 選擇性讀取特定的列或行
df = pd.read_html('http://example.com/table.html', usecols=[0, 1, 2])[0]

# 處理缺失值
df = pd.read_html('http://example.com/table.html', na_values=['NA','N/A'])[0]
```

補充說明：注意：pd.read_html 返回的是一個包含 DataFrame 的列表，因為一個 HTML 頁面可能包含多個表格。你可以通過索引或迴圈來讀取 DataFrame。

位置設定說明：

在檔案路徑和 URL 中，相對位置使用斜線 / 和反斜線 \$3 間有一些重要的差異。這主要涉及到作業系統和網路環境的不同：

1. 斜槓 "/"：

   在 Unix、Linux 和 macOS 等類 Unix 系統中，習慣是使用斜線作為分隔目錄符號。例如：/path/to/file.txt。

   在網址（URL）中，也通常使用斜杠，例如：https：//www.example.com/page。

2. 反斜線 "\\"：

在 Windows 系統中，反斜線是重置目錄分隔符號的用法。例如：C：\\Users\\Username\\Documents\\file.txt。

在程式語言和環境中，雙反斜杠 \\ 也被用於轉義一些字符，以區分特殊字符，例如行符號 \n。

在 Python 中，它是跨平台的語言，因此可以在不同的作業系統上運行。通常，Python 可以識別和處理斜杠和反斜杠，因此你可以在不同的環境中使用相同的程式碼。

在讀取檔案路徑或指定路徑時，你可以使用雙斜線 \$3 單斜線 /，而 Python 通常能夠處理這兩種情況。例如：

```
# Windows 系
path_windows = 'C:\\Users\\Username\\Documents\\file.txt'

# Unix/Linux/Mac 等系
path_unix = '/path/to/file.txt'
```

2.8 簡單取值說明

在 Pandas 中，你可以使用 DataFrame 的方法和操作來針對欄位（列）進行選擇和操作。此處創立一個資料集，名為「台南觀光旅遊」的資料框做說明，各位讀者也可以先於 google colab 做練習。試著練習看看能否抓到某個欄位中的資訊，例如，希望知道「觀光遊憩區別」欄位中有哪些資訊？

```
[1]  1 import pandas as pd
     2 import numpy as np
     3
     4 # 提供的資料
     5 data = {
     6         '觀光遊憩區別': ['臺灣鹽博物館', '七股鹽山', '北門遊客中心'],
     7         '遊客人次有門票_需購票': [863, 27684, np.nan],    # 如果資料中有缺失值，使用 np.nan 代表
     8         '遊客人次無門票_免費': [92, 3112, 17187],
     9         '遊客人次假日': [478, 21604, 12411],
    10         '遊客人次非假日': [477, 9192, 4776],
    11         '門票收入_元': ['$69,270', '$695,750', np.nan],
    12         '上年同月遊客人數': ['2,612', '53,383', '36,513'],
    13         '備註': ['門票數', '門票數', '停車數概估(自105年9月起調整人次計算方式以停車數概估)']
    14 }
    15
    16 # 將資料轉換成 DataFrame
    17 df = pd.DataFrame(data)
    18
    19 # 顯示整個 DataFrame
    20 print(df)
    21

    觀光遊憩區別  遊客人次有門票_需購票  遊客人次無門票_免費  遊客人次假日  遊客人次非假日    門票收入_元  上年同月遊客人
0  臺灣鹽博物館          863.0          92     478      477   $69,270   2,612
1    七股鹽山        27684.0        3112   21604     9192  $695,750  53,383
2  北門遊客中心           NaN       17187   12411     4776       NaN  36,513

                          備註
0                       門票數
1                       門票數
2  停車數概估(自105年9月起調整人次計算方式以停車數概估)
```

直接使用自行讀入的變數名稱 (df=pd.read_csv())；讀者可以直接使用 df [" 觀光遊憩區別 "] 語法進行取值即可。

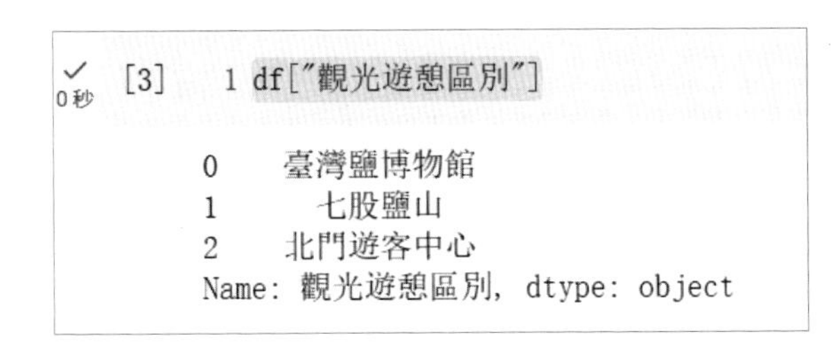

```
[3]  1 df["觀光遊憩區別"]

0    臺灣鹽博物館
1      七股鹽山
2    北門遊客中心
Name: 觀光遊憩區別, dtype: object
```

那如果我想知道七股鹽山的所有資訊呢？讀者可以直接使用 df.loc[1,:]，也就是取出對應的索引值，因為在該資料集中，七股鹽山的索引值為 1(index=1)。

最後，如果只想知道北門遊客中心的 " 遊客人次假日 " 呢？；讀者可以直接使用

df.loc[2," 遊客人次假日 "]，也就是說該資料集中，北門遊客中心的索引值為 2(index=2)，取出對應的欄位即可。

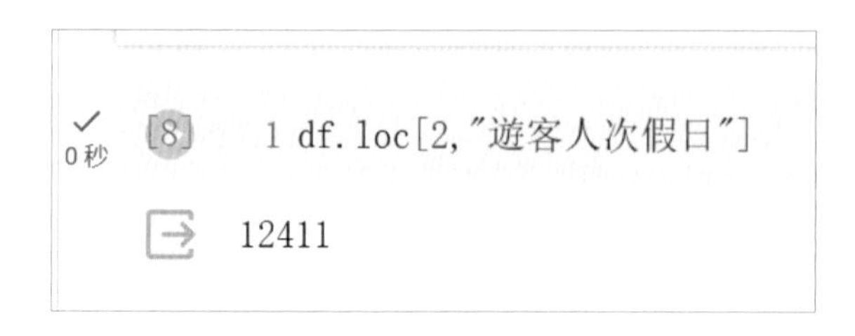

- 另外是條件式的判讀主要記得取值後外面再加中括號，否則會判定為布林值。

```
[6]
1 #  保留包含門票數據的行
2 df_tickets  =  df[df['備註']  ==  '門票數']
3
4 #  顯示結果
5 print(df_tickets)
6

   觀光遊憩區別  遊客人次有門票_需購票  遊客人次無門票_免費  遊客人次假日  遊客人次非假日     門票收入_元 上年同月遊客人數   備註
0  臺灣鹽博物館        863.0          92     478      477   $69,270    2,612  門票數
1    七股鹽山       27684.0        3112   21604     9192  $695,750   53,383  門票數
```

2.9 政府資料開放平台台南旅遊景點資料集

政府資料開放平台是一個由政府提供的數據共享平台，旨在促進透明度、創新和公共參與。這樣的平台允許公眾、研究者、開發者和企業訪問和使用政府機構所持有的各種數據集。

以下是政府資料開放平台的一些主要特點和目的：

1. 透明度：通過將政府數據公開，政府提高了其運作的透明度。公眾能夠更好地了解政府的決策和行動，從而提高公共信任。
2. 創新：開放政府數據激發了創新。開發者和企業可以使用這些數據創建新的應用程序、工具服務，從而促進經濟增長和社會進步。
3. 公共參與：政府資料開放平台通常鼓勵公眾參與。市民可以使用這些數據參與社區問題的解決，提出建議，並監察政府的行動。
4. 研究：研究人員和學者可以使用政府提供的數據進行研究，從而深入了解社會、環境和經濟等方面的情況。
5. 數據互通：政府資料開放平台通常遵循開放數據標準，使得不同機構和系統之間的數據更容易互通和整合。

政府資料開放平台可能包含各種類型的數據，例如經濟指標、環境數據、社會統計、地理信息等。這些數據通常以機器可讀的格式提供，例如 CSV、JSON 或 API，以便開發者能夠方便地使用。

因此，本節亦使用政府資料開放平台做說明，讀者可自行到 https：//data.gov.tw/dataset/122526 下載

本範例使用台南市 109 年 4 月的觀光遊憩景點資料集作說明，讀者下載後的檔案為 10904.csv。

請注意將此資料集丟回 Google 帳號中的「我的雲端硬碟」，否則無法對檔案進行操作練習。

初學者務必確認上傳雲端位置是否正確！

讀者可再練習一次，如何 Mount 雲端，讀 csv 檔，若忘記了可到前面章節複習！請注意，讀進來的變數名稱為 "tainan"

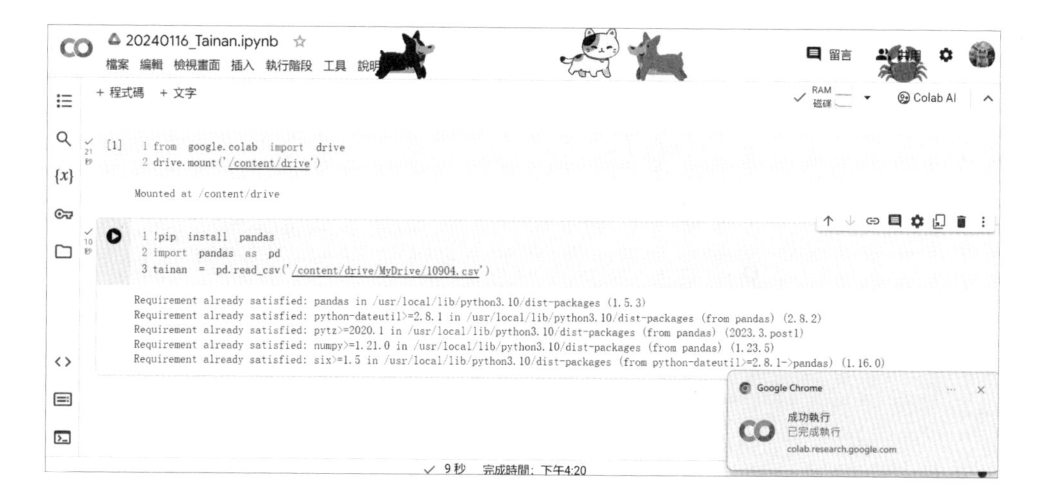

假設我想要知道該資料集的前 5 筆資料，可以使用切片方式進行抓取。

```
1 tainan[:].head()
```

	觀光遊憩區別	遊客人次有門票_需購票	遊客人次無門票_免費	遊客人次假日	遊客人次非假日	門票收入_元	上年同月遊客人數	備註
0	臺灣鹽博物館	863	92	478	477	$69,270	2,612	門票數
1	七股鹽山	27,684	3,112	21,604	9,192	$695,750	53,383	門票數
2	北門遊客中心	-	17,187	12,411	4,776	-	36,513	停車數概估(自105年9月起調整人次計算方式以停車數概估)
3	井仔腳瓦盤鹽田	-	10,051	6,646	3,405	-	20,550	停車數概估
4	尖山埤江南渡假村	6,243	1,502	6,358	1,387	$338,195	28,142	門票數

假設其他縣市的讀者想到台南旅遊，那麼只想知道某幾個景點的資訊；好比我想把「關子嶺溫泉區」的所有資料抓取出來，我只需要下 tainan.loc[7,：] 就可以全部抓到；那我也將這筆資料暫時命名為 df1，而另外一筆資料假設我想知道「走馬瀨農場」的「門票收入 _ 元」，也可以透過 tainan.loc[10,：] 取出，命名為 df2。如果，最後我想要將兩筆資料輸出到我的雲端硬碟，那要怎麼做？

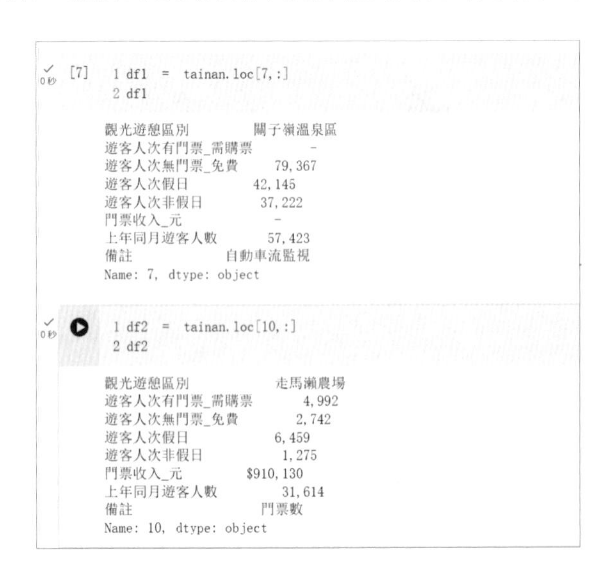

```
[7] 1 df1 = tainan.loc[7,:]
    2 df1

觀光遊憩區別              關子嶺溫泉區
遊客人次有門票_需購票              -
遊客人次無門票_免費          79,367
遊客人次假日               42,145
遊客人次非假日              37,222
門票收入_元                    -
上年同月遊客人數             57,423
備註                  自動車流監視
Name: 7, dtype: object
```

```
1 df2 = tainan.loc[10,:]
2 df2

觀光遊憩區別              走馬瀨農場
遊客人次有門票_需購票          4,992
遊客人次無門票_免費           2,742
遊客人次假日                6,459
遊客人次非假日               1,275
門票收入_元             $910,130
上年同月遊客人數             31,614
備註                       門票數
Name: 10, dtype: object
```

取資料之後，我們也可以回到雲端硬碟進行檢查！是否兩筆取出來的資料有準確吐回到正確的位置！

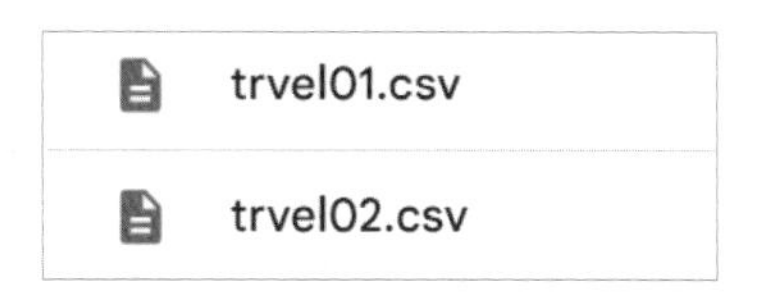

我們再打開來看看，確實有寫進我的雲端位置了！

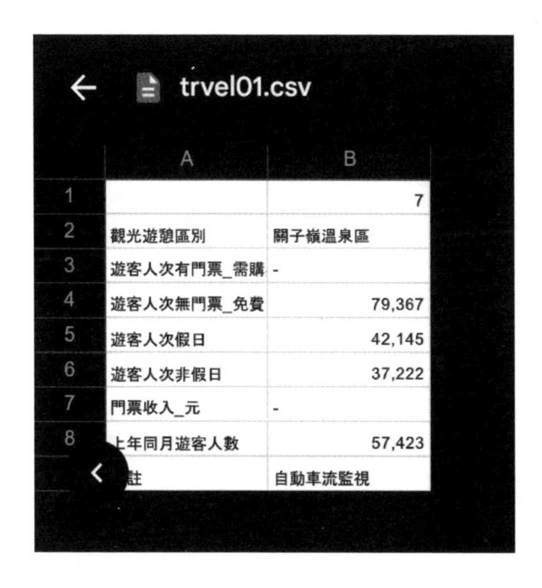

trvel02.csv

	A	B
1		10
2	觀光遊憩區別	走馬瀨農場
3	遊客人次有門票_需購	4,992
4	遊客人次無門票_免費	2,742
5	遊客人次假日	6,459
6	遊客人次非假日	1,275
7	門票收入_元	$910,130
8	上年同月遊客人數	31,614
	註	門票數

2.10 政府資料開放平台韓式料理資料集

此處的範例，我們也是從政府資料開放平台抓取，但是我們使用不同資料集來做練習！

資料集下載網址：https：//data.gov.tw/dataset/163915，

此處我們點選日式餐點類的 - 韓文版進行資料的操作練習！

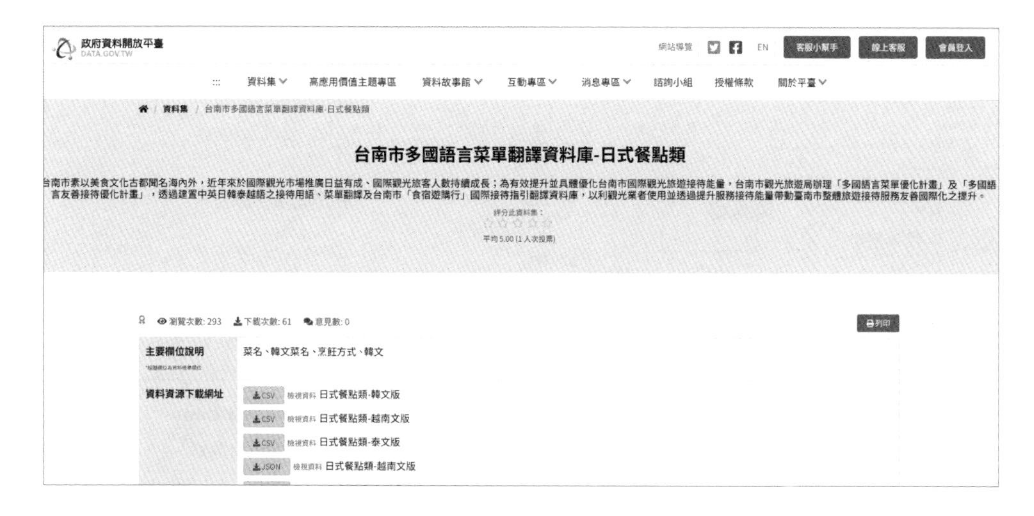

讀者可以直接點擊 "CSV" 紅色按鈕進行下載。

檢視資料 ×

資料資源欄位	菜名、韓文菜名、烹飪方式、韓文
檔案格式	CSV
編碼格式	UTF-8
資料量	
資料下載網址	https://data.tainan.gov.tw/dataset/038ee0fe-d30e-4dee-b987-bad42a3a8e40/resource/452916cf-d50f-4c46-a992-f9a1a5e85bc2/download/f41d4289-e62b-4f09-9a88-55aa81e34928.csv
資料資源描述	日式餐點類-韓文版
資料資源品質檢測時間	2023-07-24 09:26:04
資料資源備註欄位	
下載用途說明	如願協助本平臺精進，可協助填寫下載用途說明，感謝您的幫忙，本項統計僅供內部參考使用(可複選) ☐ 商業用途 ☐ 學術研究 ☐ 統計分析 ☐ 程式開發 ☐ 其他 請輸入下載用途說明 送出
多元格式參考資料	以下連結為本平臺協助提供多元格式參考資料 (轉檔時間：2023-07-24 09:26:04)，非即時資料，完整資料請以機關 原始連結 為主。 點此下載: CSV XML JSON
資料預覽(僅摘錄前10列資料)	見下表

菜名	韓文菜名	烹飪方式	韓文
燒餃子 (經典香蔥)	군만두(순한맛)	煎	지짐
燒餃子 (香辣打拋)	군만두(매운맛)	煎	지짐

同樣注意，也要將下載的檔案，拖曳到我的雲端硬碟對應的位置！此處，我將檔案重新命名為 2024011601.csv，方便我們進行讀取。

在這個資料集裡面，因為有韓文的原因，可能會造成錯誤的編碼；因此在此處的取資料練習，我會強調編碼的重要性。

```
1 from google.colab import drive
2 drive.mount('/content/drive')
```

```
1 import pandas as pd
2 koreanfood = pd.read_csv('/content/drive/MyDrive/2024011601.csv')
3 koreanfood
```

	菜名	韓文菜名	烹飪方式	韓文
0	燒餃子 (經典香蔥)	군만두(순한맛)	煎	지짐
1	燒餃子 (香辣打拋)	군만두(매운맛)	煎	지짐
2	日式炒麵(雞)	일식볶음면(닭고기)	炒	볶음
3	燒肉炒麵(豬)	볶음면(돼지고기)	炒	볶음
4	醬燒雞肉蛋捲	닭고기계란말이	煎	지짐
...	...	...	...	...
105	蒲燒鰻魚茶泡飯	장어차밥	烤	구움
106	明太子烤飯糰	명란구이 주먹밥	烤	구움
107	醬烤拉拉熊糰子	간장 조랭이구이	烤	구움
108	炸白玉糰子	조랭이 튀김	炸	튀김
109	NaN	NaN	NaN	NaN

假設我們想要知道，「明太子烤飯糰」和「醬燒雞肉蛋捲」的韓文菜名，分別為 df3 和 df4 兩筆變數名稱。

```
[18] 1 df3 = koreanfood.loc[4,"韓文菜名"]
     2 df3

'닭고기계란말이'

     1 df4 = koreanfood.loc[106,"韓文菜名"]
     2 df4

'명란구이 주먹밥'
```

接著，將上述兩筆資料抓到雲端硬碟。為了避免亂碼，也將編碼說明如下：

```
[28] 1 df3 = koreanfood.loc[4,:]
     2 df3.to_csv("/content/drive/MyDrive/FN01.csv",encoding="utf-8")

[27] 1 df4 = koreanfood.loc[106,:]
     2 df4.to_csv("/content/drive/MyDrive/FN02.csv",encoding="utf-8")
```

utf-8、utf-8-sig、big5 是不同的文本編碼方式，而 encoding 是在 Python 中用來指定文本文件編碼的引數。

1. UTF-8(utf-8)：UTF-8 是一種變長編碼，可以表示 Unicode 字符集中的所有字符。它是一種廣泛使用的編碼方式，特別適用於英文和許多其他語言的文字。UTF-8 使用變長的字節序列表示字符，它的主要優勢是兼容 ASCII。

2. UTF-8 with BOM(utf-8-sig)：utf-8-sig 是 UTF-8 編碼的一種變體，它在文件開頭加入了 BOM（Byte Order Mark），這是一個特殊的字節序列，用來指示 UTF-8 編碼的字節順序。BOM 對於協助一些軟體識別 UTF-8 編碼的文本文件是有用的。

3. Big5(big5)：Big5 是中文編碼，主要用於簡體和繁體中文。它是一種雙字節編碼，表示漢字、注音符號、標點符號等。

4. encoding 引數：在 Python 中，encoding 是一個常見的參數，用來指定讀取或寫入文本文件時使用的字符編碼。當您使用 open 函數打開文件時，可以通過指定 encoding 來確保正確處理文本文件中的字串編碼。例如：

```
with open('file.txt','r', encoding='utf-8') as file:
    content = file.read()
```

這裡，'utf-8' 是指定的字串編碼。如果您的文件使用其他編碼，您可以將 encoding 的值更改為相應的編碼，比如 'big5'。

總而言之，選擇正確的編碼方式取決於您的文本文件中包含的字符類型和語言。 UTF-8 是一種廣泛適用的編碼，而 big5 則用於中文。 utf-8-sig 在需要支援 BOM 的情況下可能會有用。

第 3 章

Pandas 資料清洗的進階功夫 - 多欄位讀取、跨列讀取、資料聚合

3.1 多欄位取值

df[["A","B","C"]] 是 Pandas 中 DataFrame 對多個欄位進行取值的方式。這個表達式的含義是選取 DataFrame df 中的列 'A'、'B' 和 'C'。

df：代表整資料框 (DataFrame)。

["A","B","C"]：代表要選取的欄的名稱列表。

這樣的表達式會返回一個新的 DataFrame，其中只包含 'A'、'B' 和 'C' 這三列的數據。這種取值方式常用於選取感興趣的列進行進一步的分析或處理。下面是一個簡單的例子：

```
import pandas as pd

# 創建一個簡單的 DataFrame
data = {
    'A':[1, 2, 3],
    'B':[4, 5, 6],
    'C':[7, 8, 9],
    'D':[10, 11, 12]
}

df = pd.DataFrame(data)

# 使用 df[["A","B","C"]] 取值
selected_columns = df[["A","B","C"]]

print(selected_columns)
```

此處要注意的是 df[[]] 的取值必須是內部一組中括號，外部一組中括號。

為了讓讀者更容易理解多欄位取值的做法，我們沿用台南旅遊的範例進行說明。假設我們要抓取的欄位有「觀光遊憩區別」、「遊客人次無門票 _ 免費」、「上年同月遊客人數」，三個欄位；因此我們可以使用下列的語法。

tainan[[「觀光遊憩區別」,「遊客人次無門票 _ 免費」,「上年同月遊客人數」]].head(10)

如下圖所示：

多欄位取值

```
1 tainan[["觀光遊憩區別","遊客人次無門票_免費","上年同月遊客人數"]].head(10)
```

	觀光遊憩區別	遊客人次無門票_免費	上年同月遊客人數
0	臺灣鹽博物館	92	2,612
1	七股鹽山	3,112	53,383
2	北門遊客中心	17,187	36,513
3	井仔腳瓦盤鹽田	10,051	20,550
4	尖山埤江南渡假村	1,502	28,142
5	烏山頭水庫風景區	4,628	19,226
6	曾文水庫	1,255	19,358
7	關子嶺溫泉區	79,367	57,423
8	虎頭埤風景區	18,099	26,608
9	南元休閒農場	288	9,667

也可以直接將抓取的資料直接吐回去我的雲端硬碟！

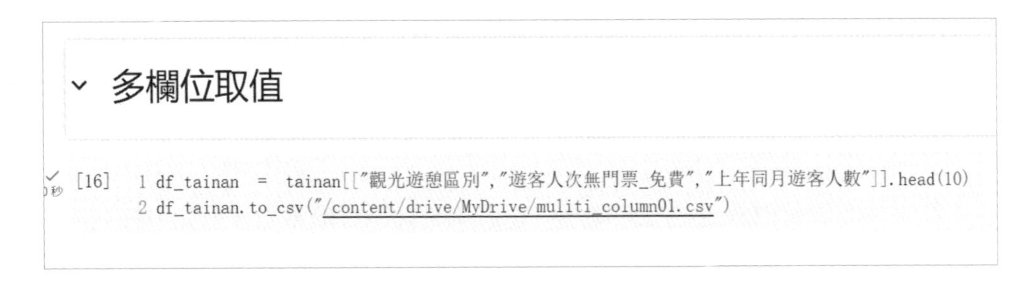

muliti_column01.csv

	A	B	C	D
1		觀光遊憩區別	遊客人次無門票_免費	上年同月遊客人數
2	0	臺灣鹽博物館	92	2,612
3	1	七股鹽山	3,112	53,383
4	2	北門遊客中心	17,187	36,513
5	3	井仔腳瓦盤鹽田	10,051	20,550
6	4	尖山埤江南渡假村	1,502	28,142
7	5	烏山頭水庫風景區	4,628	19,226
8	6	曾文水庫	1,255	19,358
	7	關子嶺溫泉區	79,367	57,423
10	8	虎頭埤風景區	18,099	26,608
11	9	南元休閒農場	288	9,667

3.2 多列位取值

若要使用 .loc[] 進行多列的選取，你可以使用類似以下的方式：

```
import pandas as pd

# 創建一個簡單的 DataFrame
data = {
    'A':[1, 2, 3],
    'B':[4, 5, 6],
    'C':[7, 8, 9],
    'D':[10, 11, 12]
}

df = pd.DataFrame(data)

# 使用 .loc[] 選取多列
selected_columns = df.loc[:,["A","B","C"]]

print(selected_columns)
```

這樣的 .loc[：,["A","B","C"]] 表示選擇所有行（：）以及列 'A'、'B' 和 'C'。這會返回一個新的 DataFrame，其中只包含這三列的數據。

如果你想要選取特定的行範圍，可以將：替換為行的索引，例如 df.loc[1：3,["A","B","C"]]。這樣會選取行索引為 1 到 3 的行，以及列 'A'、'B' 和 'C'。

```
selected_rows_and_columns = df.loc[1:2,["A","B","C"]]
print(selected_rows_and_columns)
```

為了讓讀者更容易理解多列位取值的做法，我們沿用台南旅遊的範例進行說明。假設我們要抓取的列位有「觀光遊憩區別」、「遊客人次假日」、「備註」，三個欄的資訊，我們打算透過 .loc 的語法實作，可以參考下面的作法。

多列位取值

```
1 tainan.loc[5:12,["觀光遊憩區別","遊客人次假日","備註"]]
```

	觀光遊憩區別	遊客人次假日	備註
5	烏山頭水庫風景區	17,449	門票數
6	曾文水庫	10,376	門票數
7	關子嶺溫泉區	42,145	自動車流監視
8	虎頭埤風景區	17,987	門票數
9	南元休閒農場	1,517	門票數
10	走馬瀨農場	6,459	門票數
11	烏樹林休閒園區	971	門票數
12	頑皮世界	10,691	門票數

也可以直接將抓取的多列資料直接吐回去我的雲端硬碟！

```
[22] 1 tainan_result = tainan.loc[5:12,["觀光遊憩區別","遊客人次假日","備註"]]
     2 tainan_result.to_csv("/content/drive/MyDrive/muliti_column02.csv")
```

muliti_column02.csv

	A	B	C	D
1		觀光遊憩區別	遊客人次假日	備註
2	5	烏山頭水庫風景區	17,449	門票數
3	6	曾文水庫	10,376	門票數
4	7	關子嶺溫泉區	42,145	自動車流監視
5	8	虎頭埤風景區	17,987	門票數
6	9	南元休閒農場	1,517	門票數
7	10	走馬瀨農場	6,459	門票數
8	11	烏樹林休閒園區	971	門票數
	12	頑皮世界	10,691	門票數

3.3 取頭取尾觀察資料作法

1. 使用 head()：

head() 方法返回 DataFrame 或 Series 的前幾行。預設情況下，head() 返回前 5 行，但你可以指定要返回的行數，例如 df.head(10) 將返回前 10 行。

```
import pandas as pd

# 創建一個簡單的 DataFrame
data = {
    'A':[1, 2, 3, 4, 5],
    'B':['a','b','c','d','e']
}

df = pd.DataFrame(data)

# 使用 head() 返回前 3 行
print(df.head(3))
```

2. 使用 tail()：

tail() 方法返回 DataFrame 或 Series 的後幾行，與 head() 類似。同樣，預設情況下，tail() 返回後 5 行，但你可以指定要返回的行數，例如 df.tail(8) 將返回後 8 行。

```
# 使用 tail() 返回後 2 行
print(df.tail(2))
```

這是使用 head() 和 tail() 的基本方法。如果你需要更靈活的方式來查看特定行或列，你還可以使用索引或切片操作，例如 df[：5] 或 df[-5：]。

除了 head() 和 tail() 外，還有一些進階的方式來查看和分析 DataFrame 或 Series 中的數據。以下是一些進階的方法：

1. 使用 sample(n) 隨機抽樣：

sample(n) 方法返回 DataFrame 或 Series 中的隨機樣本。你可以指定要返回的樣本數，例如 df.sample(3) 將返回 3 行的隨機樣本。

```
# 使用 sample() 返回 2 行的隨機樣本
print(df.sample(2))
```

2. 使用 info()：

info() 方法提供了有關 DataFrame 的詳細信息，包括每列的數據類型、非空值的數量等。這對於檢查缺失值和了解數據結構非常有用。

```
# 使用 info() 查看 DataFrame 的信息
df.info()
```

3. 使用 describe()：

describe() 方法計算數值列的統計摘要，包括平均值、標準差、最小值、25%，50%，75% 分位數和最大值。

```
# 使用 describe() 查看數值列的統計摘要
print(df.describe())
```

4. 使用 value_counts()：

value_counts() 方法對 Series 中的唯一值進行計數，並按計數值降序排列。這對於查看類別型數據的分佈很有用。

```
# 使用 value_counts() 查看 'B' 列的唯一值和計數
print(df['B'].value_counts())
```

3.4 避免錯誤編碼

此處主要跟各位讀者補充的部分只要有兩項，1. 四種常見編碼；2. 在 IDE 裡面的中文編碼。

1. 常見編碼：

,encoding = encoding	Default 設定，可寫可不寫
,encoding = "utf-8"	通用編碼，處理中文時最常見
,encoding = "utf-8-sig"	帶有 BOM 順序的中文編碼，強制轉成中文
,encoding = "big5"	也可以用來處理中文編碼，特別指繁體中文

2. 避免中文亂碼的做法：

讀者在進行讀寫檔案時，主要是以中文為主；此時很容易出現中文字體或者圖表顯示時的遺失或者亂碼。

```
!wget-O TaipeiSansTCBeta-Regular.ttf https://drive.google.com/uc?
id=1eGAsTN1HBpJAkeVM57_C7ccp7hbgSz3_&export=download

import matplotlib as mpl
import matplotlib.font_manager as fm

# 字型設定
fm.fontManager.addfont('TaipeiSansTCBeta-Regular.ttf')
mpl.rc('font', family='Taipei Sans TC Beta')

[f.name for f in fm.fontManager.ttflist]
```

說明如下：

1. 下載字型檔：

   使用了 !wget 指令來從 Google Drive 下載一個字體檔案（TaipeiSans TCBeta-Regula）

```
!wget-O TaipeiSansTCBeta-Regular.ttf https://drive.google.com/uc?
id=1eGAsTN1HBpJAkeVM57_C7ccp7hbgSz3_&export=download
```

2. 導入 matplotlib 相關模組：

 使用 matplotlib 來進行繪圖，導入 matplotlib 和 matplotlib.font_manager 兩個套件

```
import matplotlib as mpl
import matplotlib.font_manager as fm
```

3. 新增字體檔案到字體管理器：

 使用 fm.fontManager.addfont 將下載的字型檔案加入到字型管理器中。

```
fm.fontManager.addfont('TaipeiSansTCBeta-Regular.ttf')
```

4. 字體：

 使用 mpl.rc 來設定字體家族（family）。在這裡，你將字體家族設定為 'Taipei Sans TC Beta'。

```
mpl.rc('font', family='Taipei Sans TC Beta')
```

5. 取得已載入字體清單：

 使用 [fm.fontManager.ttflist 中的 f.name] 取得已載入的 TrueType 字型檔案清單。

```
[f.name for f in fm.fontManager.ttflist]
# 下載中文字體
!wget-O TaipeiSansTCBeta-Regular.ttf https://drive.google.com/uc?
id=1eGAsTN1HBpJAkeVM57_C7ccp7hbgSz3_&export=download

import matplotlib.pyplot as plt
import matplotlib.font_manager as fm

# 添加字體到管理器
font_path = 'TaipeiSansTCBeta-Regular.ttf'
fm.fontManager.addfont(font_path)
```

```
# 設置字體家族
plt.rcParams['font.family'] = 'Taipei Sans TC Beta'
# 繪製中文字
plt.figure(figsize=(8, 4))
plt.text(0.5, 0.5,' 避免錯誤編碼的中文安裝 ', fontsize=20, ha='center')
# 顯示圖型
plt.show() 各位讀者可以在 Google Colab 上面執行，看看效果。
```

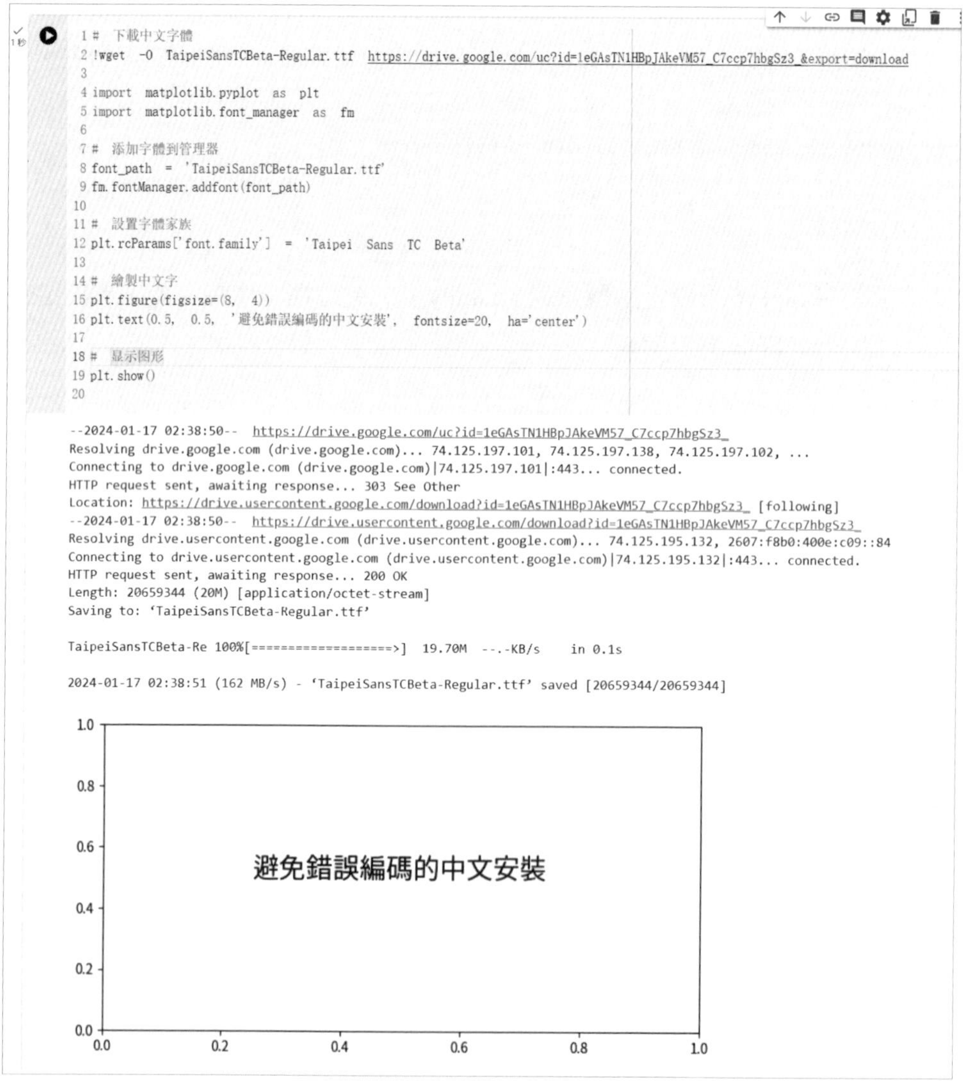

```
1 #  下載中文字體
2 !wget  -O  TaipeiSansTCBeta-Regular.ttf  https://drive.google.com/uc?id=1eGAsTN1HBpJAkeVM57_C7ccp7hbgSz3_&export=download
3
4 import  matplotlib.pyplot  as  plt
5 import  matplotlib.font_manager  as  fm
6
7 #  添加字體到管理器
8 font_path  =  'TaipeiSansTCBeta-Regular.ttf'
9 fm.fontManager.addfont(font_path)
10
11 #  設置字體家族
12 plt.rcParams['font.family']  =  'Taipei  Sans  TC  Beta'
13
14 #  繪製中文字
15 plt.figure(figsize=(8,  4))
16 plt.text(0.5,  0.5,  '避免錯誤編碼的中文安裝',  fontsize=20,  ha='center')
17
18 #  显示图形
19 plt.show()
20
```

```
--2024-01-17 02:38:50--  https://drive.google.com/uc?id=1eGAsTN1HBpJAkeVM57_C7ccp7hbgSz3_
Resolving drive.google.com (drive.google.com)... 74.125.197.101, 74.125.197.138, 74.125.197.102, ...
Connecting to drive.google.com (drive.google.com)|74.125.197.101|:443... connected.
HTTP request sent, awaiting response... 303 See Other
Location: https://drive.usercontent.google.com/download?id=1eGAsTN1HBpJAkeVM57_C7ccp7hbgSz3_ [following]
--2024-01-17 02:38:50--  https://drive.usercontent.google.com/download?id=1eGAsTN1HBpJAkeVM57_C7ccp7hbgSz3_
Resolving drive.usercontent.google.com (drive.usercontent.google.com)... 74.125.195.132, 2607:f8b0:400e:c09::84
Connecting to drive.usercontent.google.com (drive.usercontent.google.com)|74.125.195.132|:443... connected.
HTTP request sent, awaiting response... 200 OK
Length: 20659344 (20M) [application/octet-stream]
Saving to: 'TaipeiSansTCBeta-Regular.ttf'

TaipeiSansTCBeta-Re 100%[===================>]  19.70M  --.-KB/s    in 0.1s

2024-01-17 02:38:51 (162 MB/s) - 'TaipeiSansTCBeta-Regular.ttf' saved [20659344/20659344]
```

避免錯誤編碼的中文安裝

1.0 0.8 0.6 0.4 0.2 0.0

0.0 0.2 0.4 0.6 0.8 1.0

3.5 資料聚合的操作 1 pd.concat

這行程式碼的意思是把兩個資料表（DataFrame）沿著列的方向合併在一起。就像是把它們橫向貼在一起一樣。比方說，df1 是一張表，df2 是另一張表，合併後的 df 就是把這兩張表的資料一起放在一起。而這邊的 join="inner" 是指合併的時候，只保留兩張表中相同的部分，也就是共有的那一些資料。如果兩張表的資料是交集的話，合併後的表 df 就會只包含共同交集的資料。

```
# 資料框合併作法
df = pd.concat([df1,df2],axis = 1,join ="inner")
```

此處，我們沿用上述韓國料理的資料集進行實作。

我們取出 df3 和 df4 兩個資料集合併後，命名為 df5，寫回雲端硬碟。

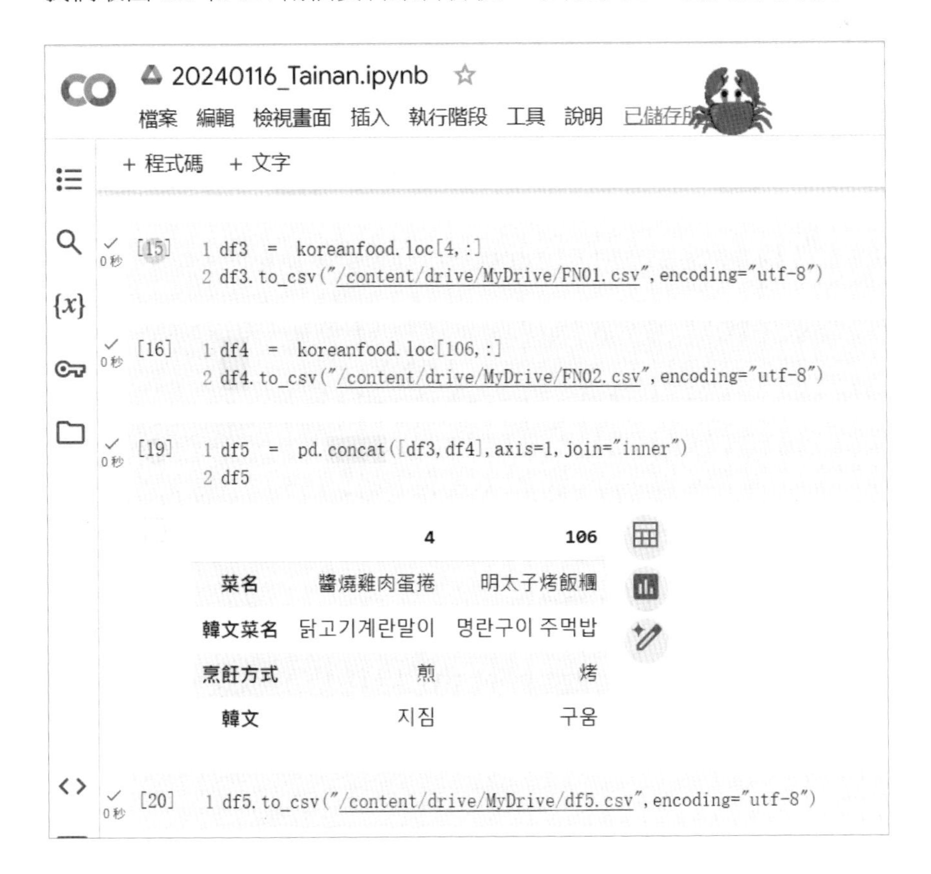

在 Pandas 中，axis 是指定操作是沿著行（axis=0）還是列（axis=1）的方向進行的參數。在這裡，axis=1 表示沿著欄的方向進行操作，也就是在列的方向上進行合併。以 pd.concat 函數為例，axis 的選擇影響了資料框合併的方向：

axis=0：在列的方向上進行合併，相當於將兩個資料框堆疊在一起，增加列數。axis=1：在欄的方向上進行合併，相當於將兩個資料框並排在一起，增加欄數。在我們的程式碼範例中，axis=1 表示 df3 和 df4 將在欄的方向上進行合併，即橫向合併，形成新的資料框 df5。

3.6 資料聚合的操作 2 pd.merge

```
df 5 = df[["A","B"]]
df 6 = df[["A","C"]]

df7 = df.merge(df5,df6, on ="A")
# 共同的欄為 "A"
```

df5 是從 DataFrame 中，從 df 挑選出 'A' 和 'B' 兩欄的子集。

df6 是從 DataFrame df 中，從 df 挑選出 'A' 和 'C' 兩欄的子集。

pd.merge 函數用於將兩個 DataFrame 按照共有的欄（這裡是 'A'）進行合併。

這樣，df7 就是將 'A' 欄相同的行合併在一起，同時包含了 'B' 和 'C' 欄的資訊。這種合併方式通常被稱為內部連接（inner join），只保留兩個 DataFrame 中都存在的 'A' 值所對應的行。如果 'A' 欄中有重複的值，合併後可能會生成多個匹配的行。

此處，我提供本人授課的課堂範例：

https：//colab.research.google.com/drive/1lMTrH_bSPv_9wyTUKXRNflzl4pNZ3Pk5?usp=sharing

讀者可以參考下列的範例：

2024O109_資料處理_綜合應用.ipynb ☆ 檔案 編輯 檢視畫面 插入 執行階段 工具 說明 系統不會儲存變更

+ 程式碼 + 文字 複製到雲端硬碟

pd.Merge 2024@copyright CJ Huang

```
1 import  pandas  as  pd
```

```
1 customers  =  pd.DataFrame(
2         {
3           "customer_ID":["A","B","C","D"],
4           "name":["John","Jane","Jim","Jill"]
5
6         }
7
8 )
9
10 purchases  =  pd.DataFrame(
11           {
12           "customer_ID":["B","B","C","E","F"],
13           "item":["pizza","zombie-cream","tacos","potatoes","pizza"],
14           "price":[100,200,110,230,500],
15
16         }
17
18 )
```

此處我設定兩個資料框，分別為 customers 和 purchases 兩個變數名稱，兩個變數名稱都有 "customer_ID" 的共同欄位。

1. 直接使用即可：

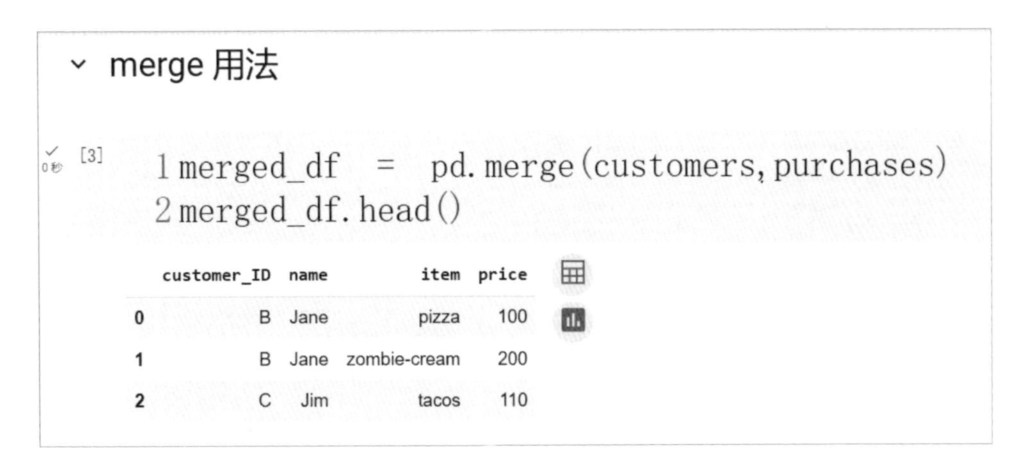

merge 用法

```
1 merged_df  =  pd.merge(customers,purchases)
2 merged_df.head()
```

	customer_ID	name	item	price
0	B	Jane	pizza	100
1	B	Jane	zombie-cream	200
2	C	Jim	tacos	110

2. 以 Customer 的資料框為主，去合併 purchases，向左靠齊。

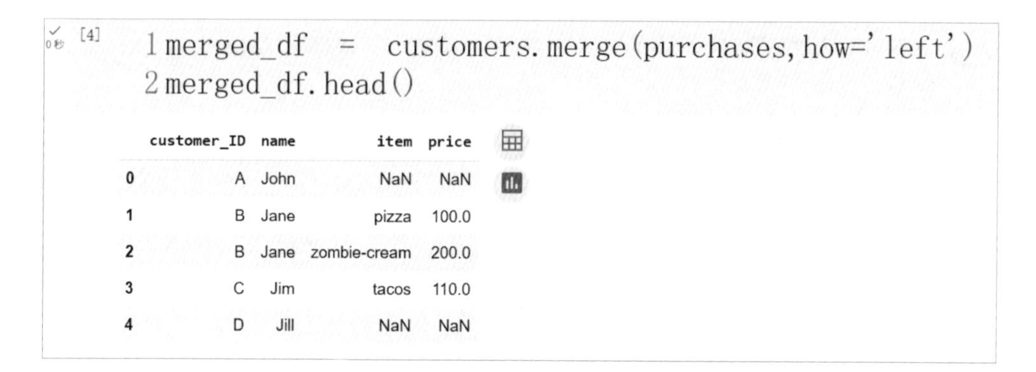

```
1 merged_df = customers.merge(purchases, how='left')
2 merged_df.head()
```

	customer_ID	name	item	price
0	A	John	NaN	NaN
1	B	Jane	pizza	100.0
2	B	Jane	zombie-cream	200.0
3	C	Jim	tacos	110.0
4	D	Jill	NaN	NaN

3. 以 Customer 的資料框為主，去合併 purchases，向右靠齊。

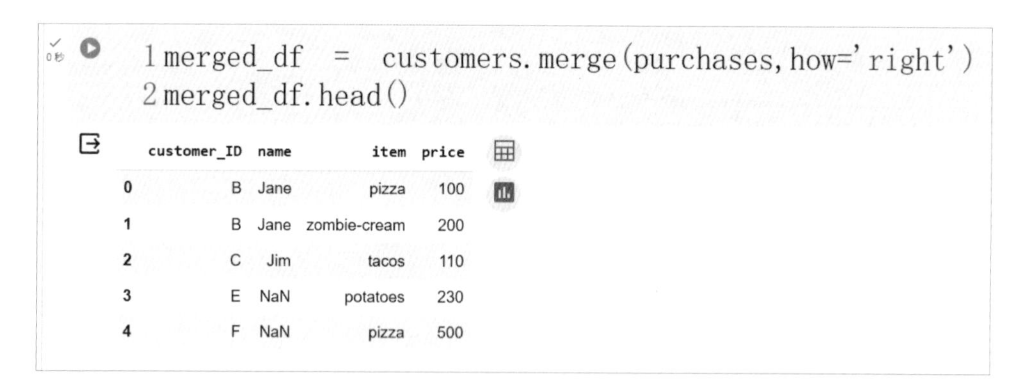

```
1 merged_df = customers.merge(purchases, how='right')
2 merged_df.head()
```

	customer_ID	name	item	price
0	B	Jane	pizza	100
1	B	Jane	zombie-cream	200
2	C	Jim	tacos	110
3	E	NaN	potatoes	230
4	F	NaN	pizza	500

4. 以 Customer 的資料框為主，去合併 purchases，合併方法使用 "outer"。

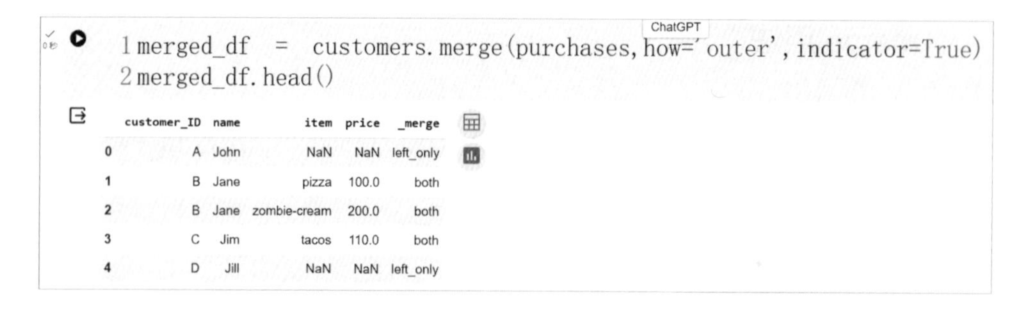

```
1 merged_df = customers.merge(purchases, how='outer', indicator=True)
2 merged_df.head()
```

	customer_ID	name	item	price	_merge
0	A	John	NaN	NaN	left_only
1	B	Jane	pizza	100.0	both
2	B	Jane	zombie-cream	200.0	both
3	C	Jim	tacos	110.0	both
4	D	Jill	NaN	NaN	left_only

5. 以 Customer 的資料框為主，去合併 purchases，合併方法使用 "inner"。

```
[7]
1 merged_df  =  customers.merge(purchases, how='inner', indicator=True)
2 merged_df.head()
```

	customer_ID	name	item	price	_merge
0	B	Jane	pizza	100	both
1	B	Jane	zombie-cream	200	both
2	C	Jim	tacos	110	both

觀念再補強說明：

1. Inner Join（內部連接）：

   概念：Inner Join 是連接兩個資料集，只保留那些在兩個資料集中都存在的欄。換句話說，它是進行交集操作。

   在 Pandas 中的應用：在 Pandas 中，使用 pd.merge 函數執行 Inner Join 操作。在 merge 函數中，how='inner' 表示執行內部連接。

```
result_inner = pd.merge(df1, df2, on="key", how="inner")
```

2. Outer Join（外部連接）：

   概念：Outer Join 是連接兩個資料集，保留兩者中的所有欄，如果在其中一個資料集中沒有匹配的行，則用 NaN 或缺失值填充。

   在 Pandas 中的應用：在 Pandas 中，使用 pd.merge 函數執行 Outer Join 操作。在 merge 函數中，how='outer' 表示執行外部連接。

```
result_outer = pd.merge(df1, df2, on="key", how="outer")
```

3.7 字串的取代以及強制轉型的用法：

此處，我們來看一下 df.str.replace 和 df["A"].astype() 的例子：

1. pd.str.replace 例子：

假設我們有一個包含電話號碼的 DataFrame，但是電話號碼中有一些非數字字符，我們想將它們刪除。這時 df.str.replace 就派上用場了：

```
import pandas as pd

# 創建一個包含電話號碼的 DataFrame
data = {'Name':['Alice','Bob','Charlie'],
        'Phone':['123-456-7890','(987) 654-3210','555-1234']}

df = pd.DataFrame(data)

# 使用 pd.str.replace 刪除非數字字串
df['Phone'] = df['Phone'].str.replace(r'\D','')

# 結果
print(df)
```

說明：

這裡，r'\D' 是一個正則表達式，表示任何非數字字符。str.replace 會將這些非數字字符替換成空字串，從而只保留數字。更簡單的方法表示就是 df["A"].str.replace("str1","str2")

2. df["A"].astype() 例子：

假設我們有一個 DataFrame，其中的某一列包含數字，但是被認為是文字型別，我們想將其轉換為數字型別。這時 df["A"].astype(datatype) 就可以用來進行類型轉換：

```
import pandas as pd

# 創建一個包含數字的 DataFrame
data = {'A':['123','456','789']}

df = pd.DataFrame(data)

# 使用 df["A"].astype() 將文字型別轉換為數字型態
df['A'] = df['A'].astype(int)

# 結果
print(df)3.8 跨欄位字串合併技術
```

此處我們也使用政府資料開放平台進行實作，檔案下載處：https：//data.gov.tw/dataset/9552

本節的實務訓練，主要讓讀者朋友在面對中文資料集時；能夠使用本書提供的技巧對中文字串進行實務上的操作。

檢視資料

資料資源欄位	FarmNm_CH(農場名稱_中文)、TEL(電話)、FAX(傳真)、PCODE(郵遞區號)、County(縣市)、Township(行政區)、Address_CH(地址_中文)、Address_EN(地址_英文)、WebURL(網址)、Longitude(經度)、Latitude(緯度)、ServeItem(服務項目)、Facebook(Facebook)
檔案格式	CSV
編碼格式	UTF-8
資料量	0
資料下載網址	https://data.moa.gov.tw/Service/OpenData/ODwsv/ODwsvOutdoorEdu.aspx?FOTT=CSV&IsTransData=1&UnitId=242
資料資源描述	農業體驗戶外教育休閒農場
資料資源品質檢測時間	
資料資源備註欄位	
下載用途說明	如願協助本平臺精進，可協助填寫下載用途說明，感謝您的幫忙，本項統計僅供內部參考使用(可複選) 商業用途 學術研究 統計分析 程式開發 其他 請輸入下載用途說明 送出

讀者可以自行下載資料集，我們以 CSV 資料集為主。

政府資料開放平臺
DATA.GOV.TW

資料集 / 農業體驗戶外教育休閒農場

農業體驗戶外教育休閒農場

提供農場名稱_中文、電話、傳真、郵遞區號、縣市、行政區、地址_中文、地址_英文、網址、經度、緯度、服務項目、Facebook等欄位資料。

瀏覽次數: 4494 下載次數: 594 意見數: 1

主要欄位說明	FarmNm_CH(農場名稱_中文)、TEL(電話)、FAX(傳真)、PCODE(郵遞區號)、County(縣市)、Township(行政區)、Address_CH(地址_中文)、Address_EN(地址_英文)、WebURL(網址)、Longitude(經度)、Latitude(緯度)、ServeItem(服務項目)、Facebook(Facebook)
資料資源下載網址	JSON 農業體驗戶外教育休閒農場 CSV 農業體驗戶外教育休閒農場 XML 農業體驗戶外教育休閒農場
提供機關	農業部

此處的實務練習有三項：

1. 把 "FarmNm_CH" 和 "County" 和 "Address_CH" 三個欄位中的所有字串合併後，指定到 "All" 的欄位輸出為 "20240108_sting_cat01.csv"
2. 在 "FarmNm_CH" 欄位中，挑出所有含有「休閒農場」的字串輸出為 "20240107_sting_cat02.csv" 記得編碼！
3. 把 20240107_sting_cat02.csv 的序號砍掉，新增 "ID"，依序填值 (id_pro01...)，輸出為 "20240108_sting_cat03.csv"

說明如下：

1. 此處的解法為：

```
df["All"]=df["FarmNm_CH"].str.cat([df["County"],df["Address_CH"]],sep="")
```

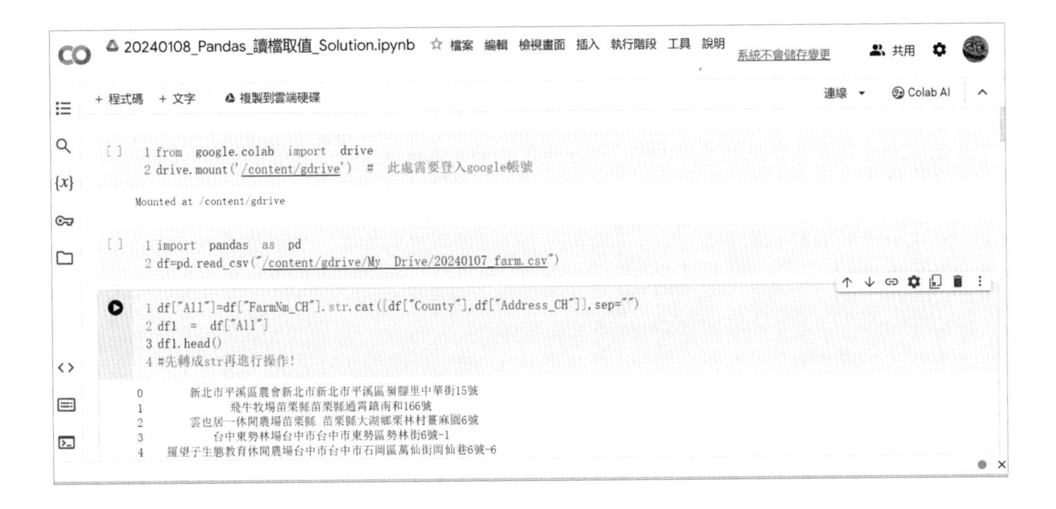

2. 此處的解法為：

```
df["FarmNm_CH"].str.contains(" 休閒農場 ")
```

```
1 df2 = df[df["FarmNm_CH"].str.contains("休閒農場")]
2 df2.head()
```

	FarmNm_CH	TEL	FAX	PCODE	County	Township	Address_CH	Address_EN	WebURL	Longitude	Latitude	ServeItem	Facebook	All
2	雲也居一休閒農場	037-951530	037-951396	364	苗栗縣	大湖鄉	苗栗縣大湖鄉栗林村薑麻園6號	No.6，Jiangmayuan，Dahu Township，Miaoli Count...	http://ginger.mmmtravel.com.tw/?ptype=info	120.827849	24.384963	薑餅製作、採果體驗、生態導覽	https://www.facebook.com/pages/%E7%94%B0%E5%AA...	雲也居一休閒農場苗栗縣 苗栗縣大湖鄉栗林村薑麻園6號
4	羅望子生態教育休閒農場	0910-495-155	04-2572-2855	422	台中市	石岡區	台中市石岡區萬仙街岡仙巷6號-6	No.6-6，Gangxian Ln.，Wanxian St.，Shigang Dis...	http://www.treed.com.tw/about.asp	120.782516	24.267596	種子體驗、扦插採果、壓花製作	NaN	羅望子生態教育休閒農場台中市台中市石岡區萬仙街岡仙巷6號-6
6	文山休閒農場	04-2493-7679	04-2493-7045	412	台中市	大里區	台中市大里區健東路 123 號	No.123，Jiandong Rd.，Dali Dist.，Taichung Cit...	http://www.wfarm.com.tw/	120.725470	24.085016	竹製茶杯、竹粑彩繪、竹製水槍	https://www.facebook.com/pages/%E7%AB%B9%E5%AD...	文山休閒農場台中市台中市大里區健東路 123 號
7	森18休閒農場	049-2273797	049-2273800	551	南投縣	名間鄉	南投縣名間鄉田仔村田仔巷16-8號	No.16-8，Tianzai Ln.，Mingjian Township，Nanto...	http://www.forest18.com/	120.675015	23.865916	創意盆栽、香皂製作、手工披薩	NaN	森18休閒農場南投縣南投縣名間鄉田仔村田仔巷16-8號
8	蘑菇部落休閒農場	04-852-1898	NaN	513	彰化縣	埔心鄉	彰化縣埔心鄉埔頭村柳橋東路829號	No.829，Liuqiao E. Rd.，Puxin Township，Changh...	http://www.qyo.com.tw/index-2.php	120.520925	23.974009	披薩製作、生態導覽、彩繪公仔	NaN	蘑菇部落休閒農場彰化縣彰化縣埔心鄉埔頭村柳橋東路829號

3. 此處的解法為：

```
df3["ID"]=["id_pro{}".format(i+1) for i in range(len(df3))]
```

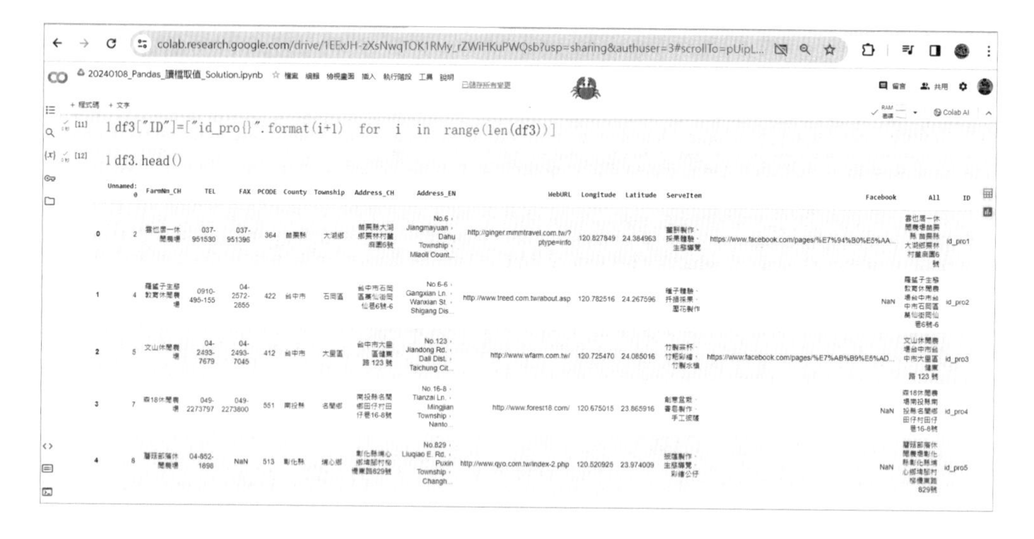

不難發現，此處的 ID 欄位在最後一排。

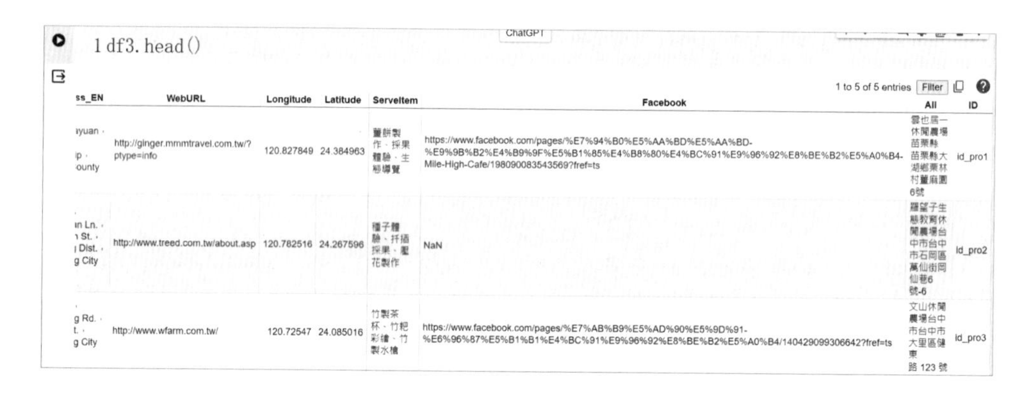

WebURL	Longitude	Latitude	ServeItem	Facebook	All	ID
http://ginger.mmmtravel.com.tw/?ptype=info	120.827849	24.384963	薑餅製作、採果體驗、生態導覽	https://www.facebook.com/pages/%E7%94%B0%E5%AA%BD%E5%AA%BD-%E9%9B%B2%E4%B9%9F%E5%B1%85%E4%B8%80%E4%BC%91%E9%96%92%E8%BE%B2%E5%A0%B4-Mile-High-Cafe/198090083543569?fref=ts	雲也居一休閒農場苗栗縣苗栗縣大湖鄉栗林村薑麻園6號	id_pro1
http://www.treed.com.tw/about.asp	120.782516	24.267596	種子體驗、扦插採果、壓花製作	NaN	羅望子生態教育休閒農場台中市台中市石岡區萬仙街岡仙巷6號-6	id_pro2
http://www.wfarm.com.tw/	120.72547	24.085016	竹製茶杯、竹耙彩繪、竹製水槍	https://www.facebook.com/pages/%E7%AB%B9%E5%AD%90%E5%9D%91-%E6%96%87%E5%B1%B1%E4%BC%91%E9%96%92%E8%BE%B2%E5%A0%B4/140429099306642?fref=ts	文山休閒農場台中市台中市大里區健東路 123 號	id_pro3

讀者可依自行需求，透過多欄位取值重新排列。

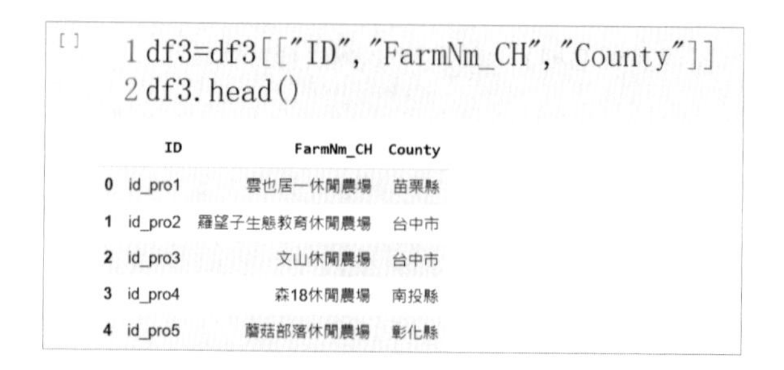

```
1 df3=df3[["ID","FarmNm_CH","County"]]
2 df3.head()
```

	ID	FarmNm_CH	County
0	id_pro1	雲也居一休閒農場	苗栗縣
1	id_pro2	羅望子生態教育休閒農場	台中市
2	id_pro3	文山休閒農場	台中市
3	id_pro4	森18休閒農場	南投縣
4	id_pro5	蘑菇部落休閒農場	彰化縣

3.9 清洗資料的三姊妹：isnull()、fillna()、dropna()

在 Pandas 中，isnull()、fillna()、dropna() 是用來處理缺失值（NaN）的常用函數。下面我簡要解釋這三個函數的作用。

1. isnull()：

說明：isnull() 函數用於檢測 DataFrame 或 Series 中的缺失值，返回一個布林值的新 DataFrame 或 Series，其中每個元素都是原始對應位置的缺失值情況（True 表示缺失，False 表示不缺失）。我們也常用 isnull.sum().sum() 來進行檢測整個資料集的空白值狀況。

範例

```
import pandas as pd

df = pd.DataFrame({'A':[1, 2, None],'B':[4, None, 6]})
result = df.isnull()

print(result)
```

2. fillna()：

說明：fillna() 函數用於填充或替換缺失值。你可以使用指定的值、前一個值、後一個值，或者使用一些填充方法。此處的範例用 0 填充 DataFrame 中的缺失值。

範例：

```
import pandas as pd

df = pd.DataFrame({'A':[1, 2, None],'B':[4, None, 6]})
result = df.fillna(0)

print(result)
```

3. dropna()：

說明：dropna() 函數用於刪除 DataFrame 或 Series 中包含缺失值的行或列。可以使用 axis 參數指定是刪除行還是刪除列。

範例：

```
import pandas as pd
df = pd.DataFrame({'A':[1, 2, None],'B':[4, None, 6]})
result = df.dropna(axis=0)
print(result)
```

補充，如果讀者想要在 Pandas DataFrame 中刪除欄 "A" 和 "B"，你可以使用 drop 方法；以下是我提供的簡單範例：

```
# 假設 df 是你的 DataFrame
df = df.drop(["A","B"], axis=1) 說明：
```

這將刪除 DataFrame 中的 "A" 列和 "B" 列。請注意，axis=1 表示在欄的方向上進行操作，也就是刪除欄。

如果你只想刪除列，可以省略 axis 參數或使用 axis=0：

```
# 刪除包含 "A" 或 "B" 缺失值的列
df = df.dropna(subset=["A","B"], axis=0) 說明：
```

此處在於刪除包含 "A" 或 "B" 缺失值的列；df = df.dropna(subset=["A","B"], axis=0)

3.10 文字編碼的做法標準化和正規化

1. 標準化（Standardization）：

概念：標準化是一種數據轉換方法，旨在使數據的分佈擁有標準的正態分佈。這通常涉及將數據按其平均值減去，然後再除以其標準差，使得轉換後的數據擁有均值為 0，標準差為 1。

作用：標準化有助於消除數據中不同特徵之間的量級差異，使得模型更容易收斂，提高機器學習模型的性能。

範例：

```
from sklearn.preprocessing import StandardScaler

# 創建一個示例數據集
data = [[1, 2],[2, 3],[3, 4]]

# 使用標準化
scaler = StandardScaler()
standardized_data = scaler.fit_transform(data)

print(standardized_data)
```

2. 正規化（Normalization）：

概念：正規化是一種數據縮放方法，旨在將數據縮放到特定的範圍，通常是 [0, 1] 或 [-1, 1]。這通常涉及將數據按其範圍的差異進行縮放。

作用：正規化有助於處理不同特徵之間的取值範圍差異，同樣有助於模型的收斂。

範例：

```
from sklearn.preprocessing import MinMaxScaler

# 創建一個示例數據集
data = [[1, 2],[2, 3],[3, 4]]

# 使用正規化
scaler = MinMaxScaler()
normalized_data = scaler.fit_transform(data)

print(normalized_data)
```

3. 編碼（encoding）：

通常涉及將非數字類別型變數轉換為數字形式，例如將顏色「紅」、「綠」、「藍」編碼為 1、2、3。標準化和正規化則是對連續數值型變數進行轉換，以改進模型的訓練效果。Label Encoding 和 One-Hot Encoding 都是用於處理機器學習中的類別型特徵的技術，將非數字的類別型變數轉換為數字形式，從而適應機器學習模型。這兩種編碼方式有不同的應用場景和特點。

3.1 Label Encoding（標籤編碼）：

概念：將類別型變數的不同類別映射為整數。每個類別會被賦予唯一的整數，這樣模型就可以理解和處理這些數字。

應用：適用於有序的類別型變數，其中不同類別之間存在順序或優先級。

範例：

```
from sklearn.preprocessing import LabelEncoder

le = LabelEncoder()
data = ['cat','dog','bird','cat']

encoded_data = le.fit_transform(data)
print(encoded_data)
```

3.2 One-Hot Encoding（獨熱編碼）：

概念：將類別型變數的每個類別轉換為一個二進制數（0 或 1），並且每個類別都對應一列。每一列代表一個類別，並在該類別對應的列中將值設置為 1，其餘列設置為 0。

應用：適用於無序的類別型變數，並且類別之間沒有順序或優先級。

範例：

```
from sklearn.preprocessing import OneHotEncoder
import pandas as pd
```

```
data = {'Animal':['cat','dog','bird','cat']}
df = pd.DataFrame(data)

onehot_encoder = OneHotEncoder(sparse=False)
onehot_encoded = onehot_encoder.fit_transform(df[['Animal']])
print(onehot_encoded)
```

說明：這裡 'cat'、'dog'、'bird' 被分別轉換為 [1, 0, 0]、[0, 1, 0]、[0, 0, 1]。總而言之，如果類別之間存在順序，可以使用 Label Encoding；如果類別之間無序，可以使用 One-Hot Encoding。在實際應用中，選擇哪種編碼方式取決於數據的性質和模型的要求。

再額外補充說明：

我們來看一個更具體的例子，使用 scikit-learn 中的 LabelEncoder 和 OneHot Encoder。

Label Encoding（標籤編碼）的例子：

```
from sklearn.preprocessing import LabelEncoder

# 創建一個包含類別型變數的 DataFrame
data = {'Animal':['cat','dog','bird','cat']}
df = pd.DataFrame(data)

# 使用 LabelEncoder 將類別型變數編碼
label_encoder = LabelEncoder()
df['Animal_LabelEncoded'] = label_encoder.fit_transform(df['Animal'])

print(df)
```

說明：這裡，'cat' 被編碼為 0，'dog' 編碼為 1，'bird' 編碼為 2。結果會新增一列 'Animal_LabelEncoded'。

One-Hot Encoding（獨熱編碼）的例子：

```
from sklearn.preprocessing import OneHotEncoder

# 創建一個包含類別型變數的 DataFrame
data = {'Animal':['cat','dog','bird','cat']}
df = pd.DataFrame(data)

# 使用 OneHotEncoder 將類別型變數進行獨熱編碼
onehot_encoder = OneHotEncoder(sparse=False, drop='first')# drop='first' 避免產生多重共
線性
onehot_encoded = onehot_encoder.fit_transform(df[['Animal']])

# 將獨熱編碼的結果轉換為 DataFrame
onehot_df = pd.DataFrame(onehot_encoded, columns=[f'Animal_{label}' for label in
label_encoder.classes_])

# 將獨熱編碼的結果與原始 DataFrame 合併
df = pd.concat([df, onehot_df], axis=1)

print(df)
```

說明：這裡，'cat'、'dog'、'bird' 分別被轉換為 [1, 0]、[0, 1]、[0, 0]，然後被新增到 DataFrame 中。drop='first' 用於避免多重共線性，刪除每一類別的第一個獨熱編碼列。

3.11 綜合應用

- 列表推導式的用法：

列表推導式 (我比較喜歡稱為過濾器：Filter) 是一種簡潔而強大的語法結構，用於在單行中創建新的列表。另外，您還可以使用 map() 函數：

```
[2]
1 my_list = [1, 2, 3, 4, 5, 6, 7, 8, 9, 10]
2 my_squared = [num**2 for num in my_list]
3 print(my_squared)
4

[1, 4, 9, 16, 25, 36, 49, 64, 81, 100]
```

在這裡，lambda x：x**2 是一個匿名函數，它計算輸入值的平方。map() 函數將該函數應用於 my_list 中的每個元素，並將結果轉換為列表。

```
1 my_list = [1, 2, 3, 4, 5, 6, 7, 8, 9, 10]
2 my_squared = list(map(lambda x: x**2, my_list))
3 print(my_squared)
4

[1, 4, 9, 16, 25, 36, 49, 64, 81, 100]
```

這是一個使用列表推導式篩選出奇數的例子。請看以下說明：

這個列表推導式的目的是創建一個新的列表 my_odd，其中包含了原始列表 my_list 中的奇數元素。透過 if num% 2 這個條件，只有當元素是奇數時才會被包括在 my_odd 中。這樣的列表推導式的寫法簡潔而有效，可以在單行中完成對列表的篩選操作。

```
1 my_odd = [num for num in my_list if num%2]
2 print(my_odd)

[1, 3, 5, 7, 9]
```

- Modifying Values 縮寫字詞的用法：

抓取每一個姓名的字母並印出：

```
[10]
1 mynames = ["Sam","Frank","Tim","Bob","Andy"]
2 myfirstletter = [name[0] for name in mynames]
3 print(myfirstletter)

['S', 'F', 'T', 'B', 'A']
```

抓取文章中，第一個單詞：NASA

```
1 article = """
2 NASA, which stands for National Aeronautics and Space Administration,
3 is responsible for the United States' civilian space program. It was established in 1958.
4 """
5
6 # 使用正規表達式提取文章中的縮寫
7 import re
8
9 # 定義縮寫的正規表達式模式
10 abbreviation_pattern = re.compile(r'\b[A-Z]{2,}\b')
11
12 # 使用 findall 方法找到所有匹配的縮寫
13 abbreviations = abbreviation_pattern.findall(article)
14
15 # 印出結果
16 print(abbreviations)
17
```

抓取文章中，第一個單詞：WHO

```
1 text = "The WHO (World Health Organization) plays a crucial role in global health."
2
3 abbreviation_pattern = re.compile(r'\b[A-Z]{2,}(?:\s\(([A-Za-z\s]+\))?\b')
4 abbreviations = abbreviation_pattern.findall(text)
5
6 print(abbreviations)
7 # Output: ['WHO (World Health Organization)']
8
```

抓取文章中，第一個單詞：iPhone 13

```
1 import re
2
3 text = "The iPhone 13 is the latest model released by Apple."
4
5 # 修改正規表達式模式以包含可能的空格
6 abbreviation_pattern = re.compile(r'\b[A-Za-z]+\s*\d+\b')
7
8 abbreviations = abbreviation_pattern.findall(text)
9
10 print(abbreviations)
11 # Output: ['iPhone 13']
12
```

- Style 用法：

標註特殊的欄位：

```
1 import pandas as pd
2 import numpy as np
3
4 np.random.seed(10)
5 df2 = pd.DataFrame(np.random.randn(10, 4), columns=["A", "B", "C", "D"])
6
7 # Set some values to NaN
8 df2.iloc[0, 2] = np.nan
9 df2.iloc[4, 3] = np.nan
10
11 # Use highlight_null to color NaN values in yellow for the first 5 rows
12 df2.loc[:4].style.highlight_null(null_color="yellow")
```

```
<ipython-input-12-fd41c7b1b719>:12: FutureWarning: `null_color` is deprecated: use `color` instead
  df2.loc[:4].style.highlight_null(null_color="yellow")
```

	A	B	C	D
0	1.331587	0.715279	nan	-0.008384
1	0.621336	-0.720086	0.265512	0.108549
2	0.004291	-0.174600	0.433026	1.203037
3	-0.965066	1.028274	0.228630	0.445138
4	-1.136602	0.135137	1.484537	nan

使用其他色碼標註：

```
1 import seaborn as sns
2 import pandas as pd
3 import numpy as np
4
5 np.random.seed(10)
6
7 # Create a DataFrame
8 df2 = pd.DataFrame(np.random.randn(10, 4), columns=["A", "B", "C", "D"])
9
10 # Set some values to NaN
11 df2.iloc[0, 2] = np.nan
12 df2.iloc[4, 3] = np.nan
13
14 # Import seaborn and create a color map
15 cm = sns.light_palette("green", as_cmap=True)
16
17 # Apply background gradient using the color map
18 styled_df = df2.style.background_gradient(cmap=cm)
19
20 # Add a bar chart to columns A and B with a specified color
21 styled_df = styled_df.bar(subset=["A", "B"], color="#d65f5")
22
23 # Display the styled DataFrame
24 styled_df
25
```

	A	B	C	D
0	1.331587	0.715279	nan	-0.008384
1	0.621336	-0.720086	0.265512	0.108549
2	0.004291	-0.174600	0.433026	1.203037
3	-0.965066	1.028274	0.228630	0.445138
4	-1.136602	0.135137	1.484537	nan
5	-1.977728	-1.743372	0.266070	2.384967
6	1.123691	1.672622	0.099149	1.397996
7	-0.271248	0.613204	-0.267317	-0.549309
8	0.132708	-0.476142	1.308473	0.195013
9	0.400210	-0.337632	1.256472	-0.731970

- Pandas API:

在經歷上述實務上的說明，為了加強讀者印象；特又將官方文件帶各位導讀！也就是行列之分的認識，在資料框的操作是一個非常重要的基本功，這攸關之後在數據集、資料讀取的使用！截圖引用估方文件，並加以說明！https：//pandas.pydata.org/docs/getting_started/index.html

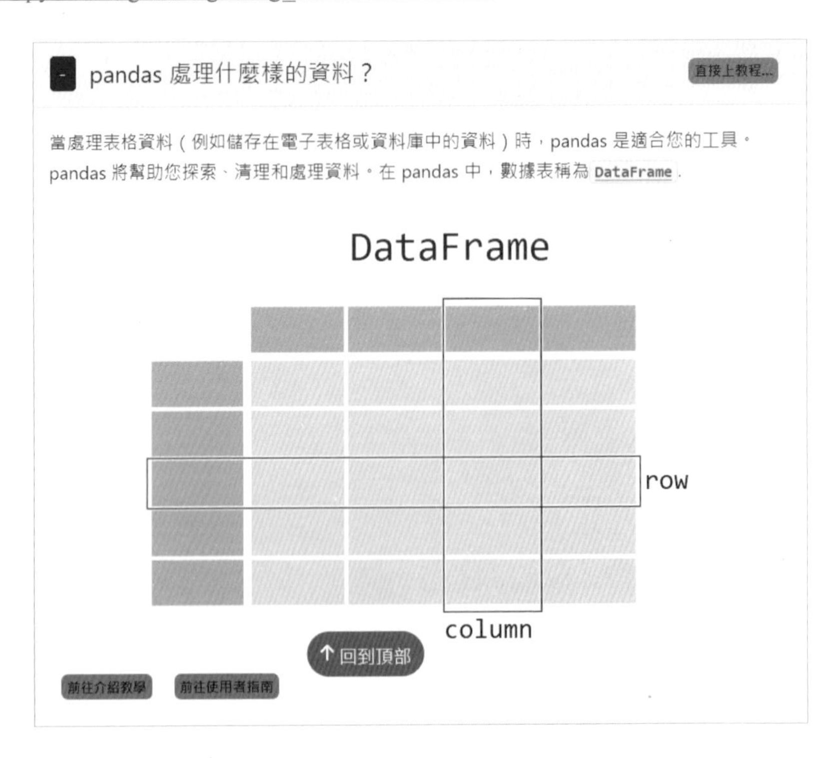

各種資料型態的讀取，Pandas 也辦得到！

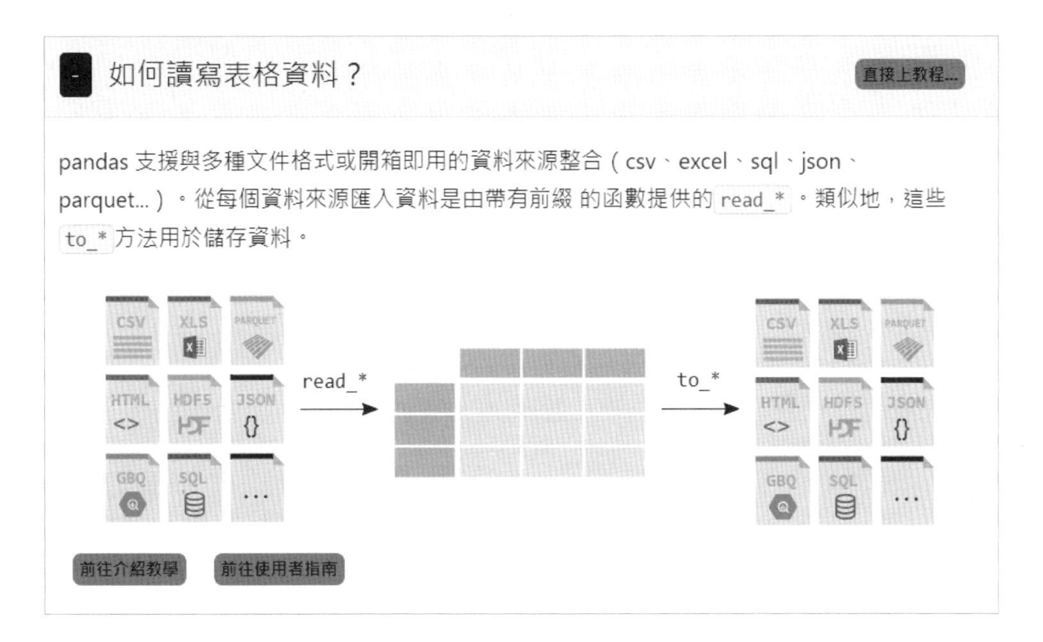

表單的子集抽換，也就是本書常提到的多欄、多列的讀取如下圖：

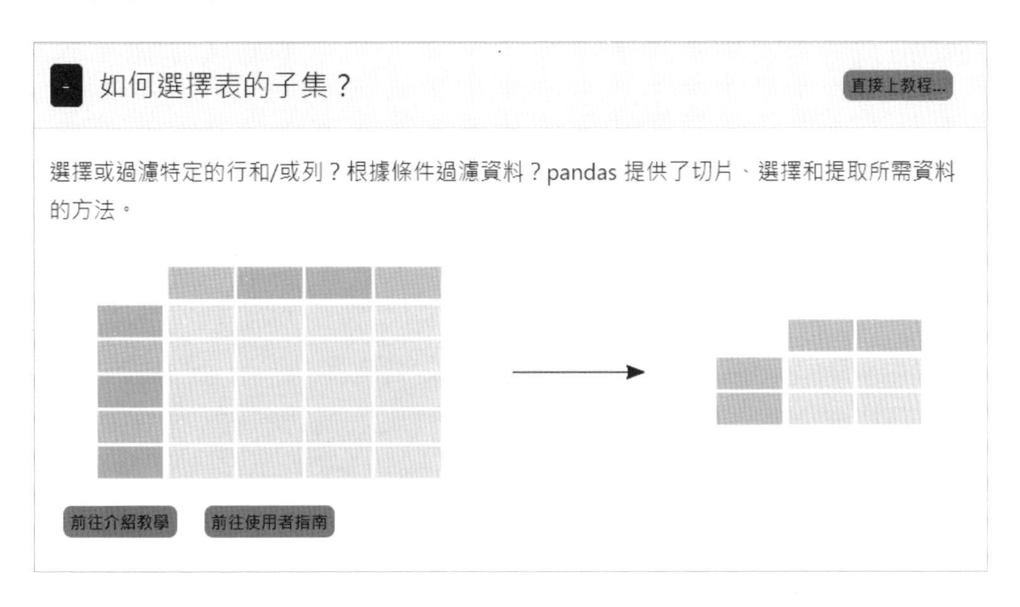

多欄取值示意圖：(此處使用鐵達尼號數據集；數據科學中的經典範例)

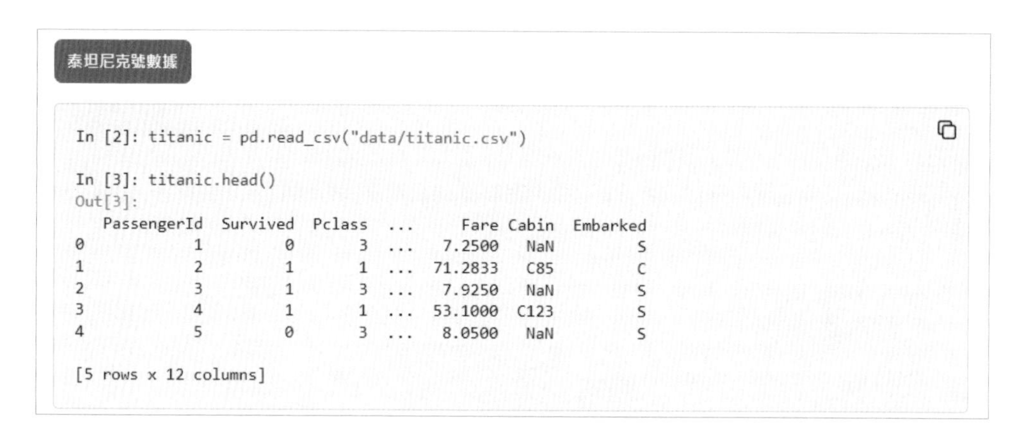

泰坦尼克號數據

```
In [2]: titanic = pd.read_csv("data/titanic.csv")

In [3]: titanic.head()
Out[3]:
   PassengerId  Survived  Pclass  ...     Fare Cabin  Embarked
0            1         0       3  ...   7.2500   NaN         S
1            2         1       1  ...  71.2833   C85         C
2            3         1       3  ...   7.9250   NaN         S
3            4         1       1  ...  53.1000  C123         S
4            5         0       3  ...   8.0500   NaN         S

[5 rows x 12 columns]
```

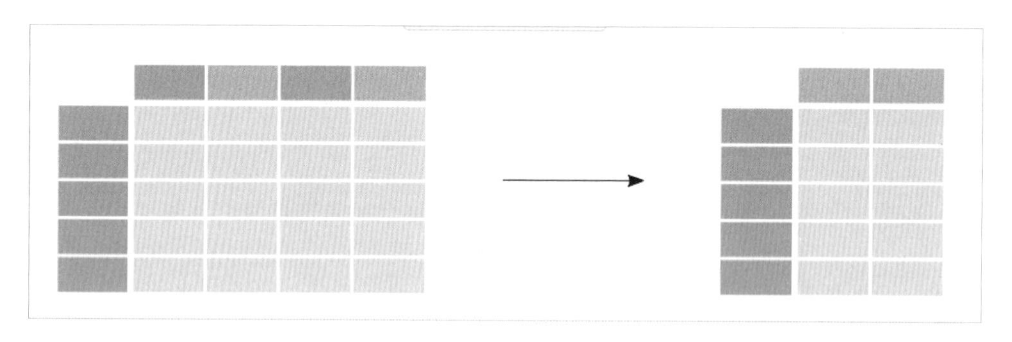

`DataFrame.shape` 是 pandas 的屬性 (記住讀寫教程，不要使用括號作為屬性) `Series`，`DataFrame` 包含行數和列數：*(nrows, ncolumns)*。pandas Series 是一維的，只傳回行數。

我對泰坦尼克號乘客的年齡和性別感興趣。

```
In [8]: age_sex = titanic[["Age", "Sex"]]

In [9]: age_sex.head()
Out[9]:
    Age     Sex
0  22.0    male
1  38.0  female
2  26.0  female
3  35.0  female
4  35.0    male
```

此處在官方文件，稱作過濾特定值；但嚴格說，應該是使用邏輯判斷式 (可以參考第二章進行複習) 進行取值；這部分本書練習略少，讀者朋友可以參考下列說明：

我對 35 歲以上的乘客感興趣。

```
In [12]: above_35 = titanic[titanic["Age"] > 35]

In [13]: above_35.head()
Out[13]:
    PassengerId  Survived  Pclass  ...     Fare Cabin  Embarked
1             2         1       1  ...  71.2833   C85         C
6             7         0       1  ...  51.8625   E46         S
11           12         1       1  ...  26.5500  C103         S
13           14         0       3  ...  31.2750   NaN         S
15           16         1       2  ...  16.0000   NaN         S

[5 rows x 12 columns]
```

若要根據條件式選擇行，請在選擇括號內使用條件 `[]`。

條件表達式的輸出 (`>`，但也 `==`, `!=`, `<`, `<=`,... 可以工作) 實際上是一個 `Series` 布林值 (`True` 或 `False`) 的 pandas ，其行數與原始 的行數相同 `DataFrame`。這樣的 `Series` 布林值可用於 `DataFrame` 將其放在選擇括號之間來過濾 `[]`。 `True` 僅選擇值為 的行。

我們之前就知道，原來的泰坦尼克號 `DataFrame` 由 891 排組成。讓我們透過檢查 `shape` 結果的屬性 來看看滿足條件的行數 `DataFrame` `above_35`：

與邏輯判斷式混用的取值技巧，讀者也可以模仿學習；不過仍要記住 .loc 中的第一個位置是放 index

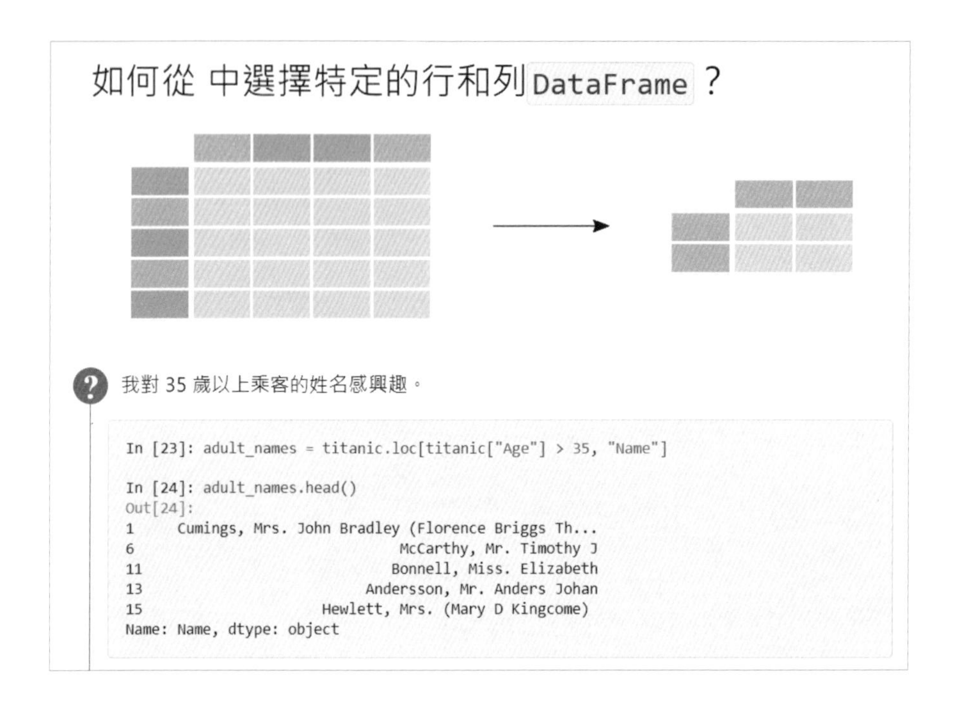

如何從 中選擇特定的行和列 `DataFrame` ？

我對 35 歲以上乘客的姓名感興趣。

```
In [23]: adult_names = titanic.loc[titanic["Age"] > 35, "Name"]

In [24]: adult_names.head()
Out[24]:
1     Cumings, Mrs. John Bradley (Florence Briggs Th...
6                               McCarthy, Mr. Timothy J
11                             Bonnell, Miss. Elizabeth
13                          Andersson, Mr. Anders Johan
15                     Hewlett, Mrs. (Mary D Kingcome)
Name: Name, dtype: object
```

此處因為索引值為數值，若使用字串；則用字串做索引！例如："string1"："string2"

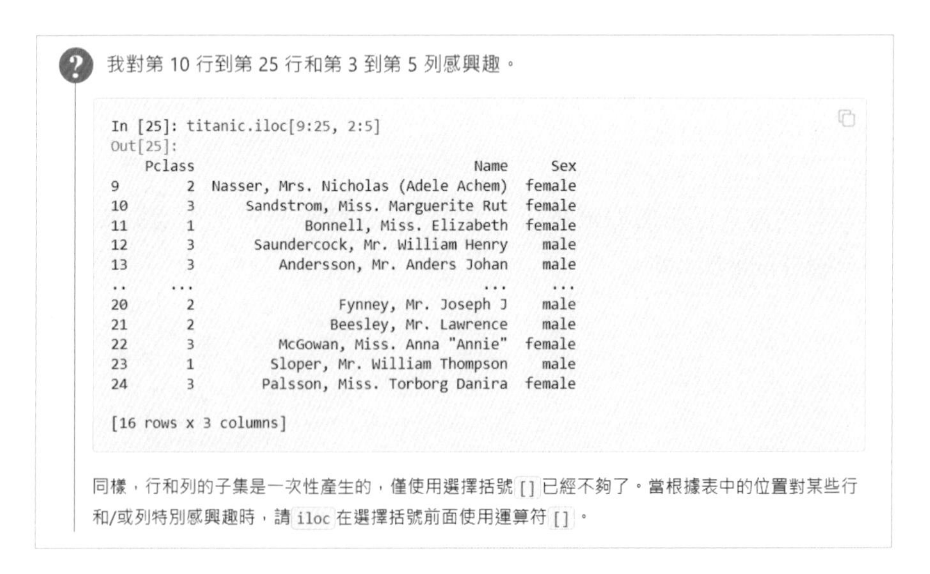

我對第 10 行到第 25 行和第 3 到第 5 列感興趣。

```
In [25]: titanic.iloc[9:25, 2:5]
Out[25]:
    Pclass                                 Name     Sex
9        2  Nasser, Mrs. Nicholas (Adele Achem)  female
10       3      Sandstrom, Miss. Marguerite Rut  female
11       1             Bonnell, Miss. Elizabeth  female
12       3       Saundercock, Mr. William Henry    male
13       3          Andersson, Mr. Anders Johan    male
..     ...                                  ...     ...
20       2                 Fynney, Mr. Joseph J    male
21       2                Beesley, Mr. Lawrence    male
22       3          McGowan, Miss. Anna "Annie"  female
23       1         Sloper, Mr. William Thompson    male
24       3        Palsson, Miss. Torborg Danira  female

[16 rows x 3 columns]
```

同樣，行和列的子集是一次性產生的，僅使用選擇括號 `[]` 已經不夠了。當根據表中的位置對某些行和/或列特別感興趣時，請 `iloc` 在選擇括號前面使用運算符 `[]`。

此處用空氣品質做練習：

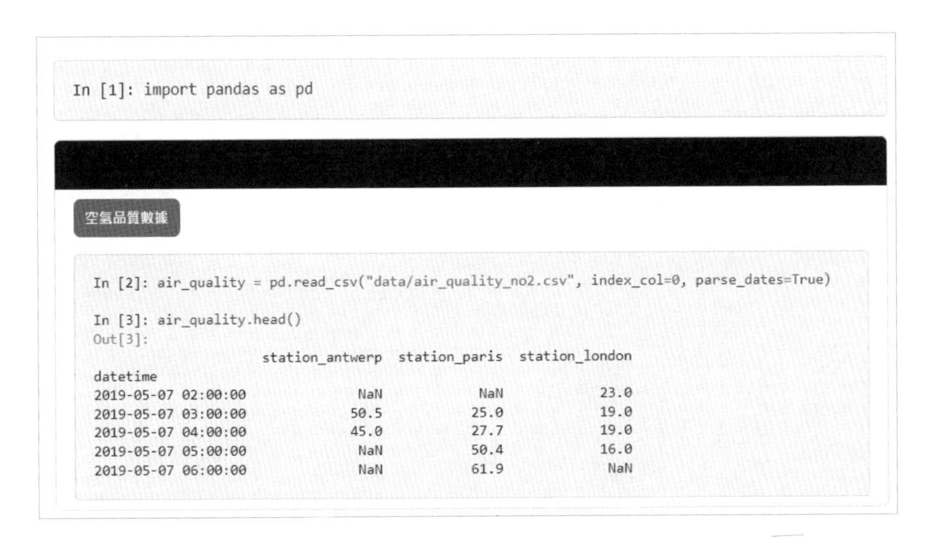


```
In [1]: import pandas as pd

In [2]: air_quality = pd.read_csv("data/air_quality_no2.csv", index_col=0, parse_dates=True)

In [3]: air_quality.head()
Out[3]:
                     station_antwerp  station_paris  station_london
datetime
2019-05-07 02:00:00              NaN            NaN            23.0
2019-05-07 03:00:00             50.5           25.0            19.0
2019-05-07 04:00:00             45.0           27.7            19.0
2019-05-07 05:00:00              NaN           50.4            16.0
2019-05-07 06:00:00              NaN           61.9             NaN
```

將任某欄的資料抽出，進行數值的操作後塞入新值：

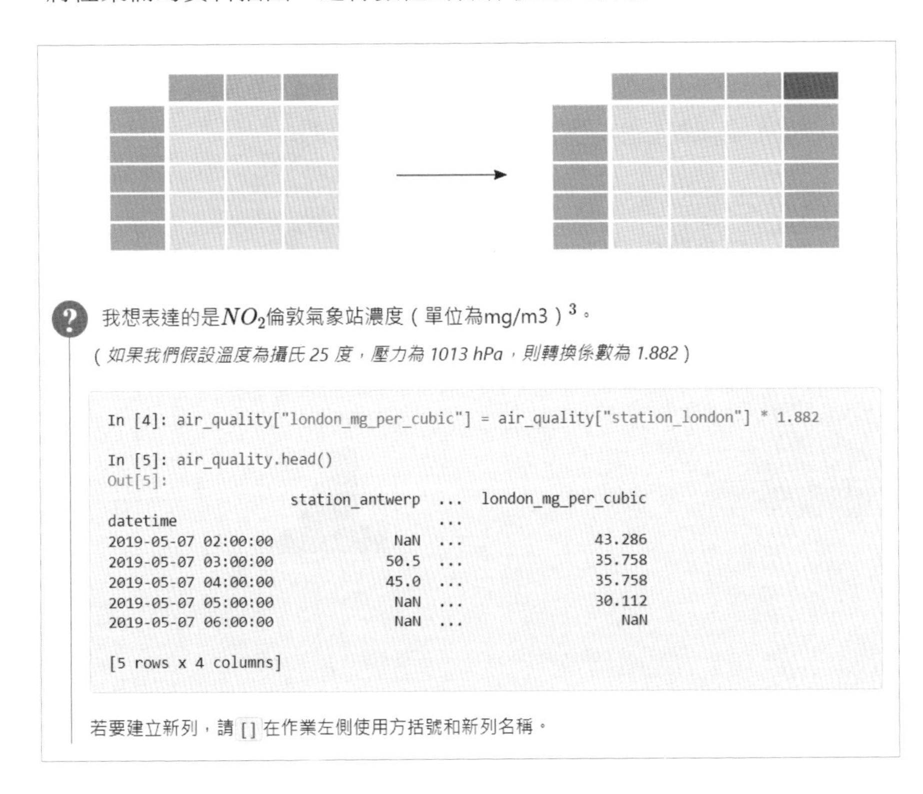

我想表達的是NO_2倫敦氣象站濃度（單位為mg/m3）[3]。

（如果我們假設溫度為攝氏 25 度，壓力為 1013 hPa，則轉換係數為 1.882）

```
In [4]: air_quality["london_mg_per_cubic"] = air_quality["station_london"] * 1.882

In [5]: air_quality.head()
Out[5]:
                     station_antwerp  ...  london_mg_per_cubic
datetime                              ...
2019-05-07 02:00:00              NaN  ...               43.286
2019-05-07 03:00:00             50.5  ...               35.758
2019-05-07 04:00:00             45.0  ...               35.758
2019-05-07 05:00:00              NaN  ...               30.112
2019-05-07 06:00:00              NaN  ...                  NaN

[5 rows x 4 columns]
```

若要建立新列，請 `[]` 在作業左側使用方括號和新列名稱。

讀進來的資料框變數，其裡面包含的所有欄位值，一口氣把欄位做修正：

我想將資料列重命名為OpenAQ使用的對應站識別碼。

```
In [8]: air_quality_renamed = air_quality.rename(
   ...:     columns={
   ...:         "station_antwerp": "BETR801",
   ...:         "station_paris": "FR04014",
   ...:         "station_london": "London Westminster",
   ...:     }
   ...: )
   ...:
```

```
In [9]: air_quality_renamed.head()
Out[9]:
                     BETR801  FR04014  ...  london_mg_per_cubic  ratio_paris_antwerp
datetime                               ...
2019-05-07 02:00:00      NaN      NaN  ...               43.286                  NaN
2019-05-07 03:00:00     50.5     25.0  ...               35.758             0.495050
2019-05-07 04:00:00     45.0     27.7  ...               35.758             0.615556
2019-05-07 05:00:00      NaN     50.4  ...               30.112                  NaN
2019-05-07 06:00:00      NaN     61.9  ...                  NaN                  NaN

[5 rows x 5 columns]
```

此處，也幫各位讀者再做複習，尤其是 plt 套件的使用

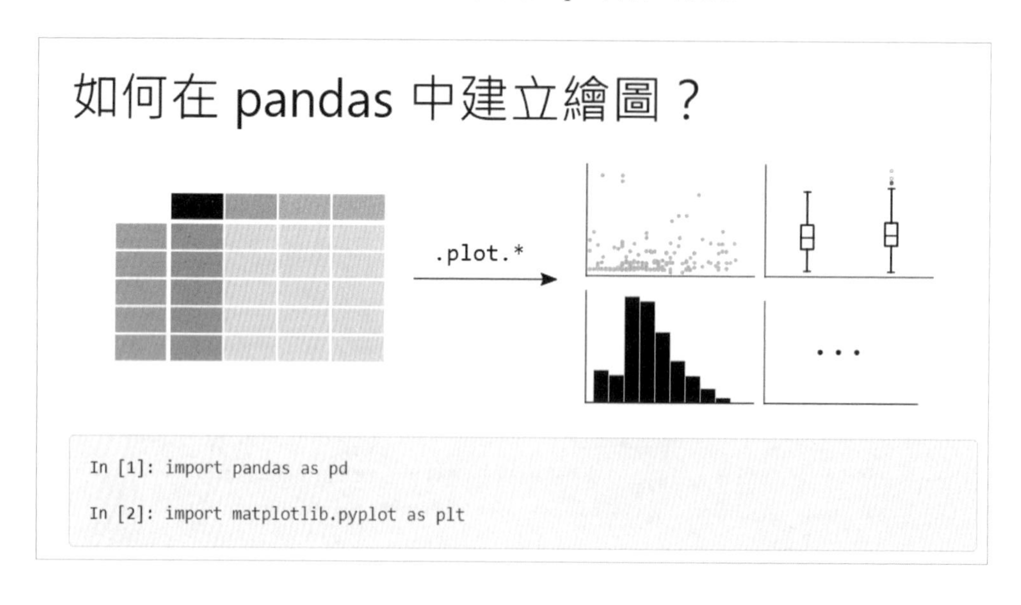

如何在 pandas 中建立繪圖？
.plot.*
...
In [1]: import pandas as pd
In [2]: import matplotlib.pyplot as plt

快速的欄位繪圖，只要使用 plt 即可，本範例剛好使用的是單一時序型資料

空氣品質數據

```
In [3]: air_quality = pd.read_csv("data/air_quality_no2.csv", index_col=0, parse_dates=True)

In [4]: air_quality.head()
Out[4]:
                     station_antwerp  station_paris  station_london
datetime
2019-05-07 02:00:00              NaN            NaN            23.0
2019-05-07 03:00:00             50.5           25.0            19.0
2019-05-07 04:00:00             45.0           27.7            19.0
2019-05-07 05:00:00              NaN           50.4            16.0
2019-05-07 06:00:00              NaN           61.9             NaN
```

筆記

使用函數的 `index_col` 和 `parse_dates` 參數 `read_csv` 分別將第一（第 0）列定義為結果的索引 `DataFrame`，並將列中的日期轉換為 `Timestamp` 物件。

我想要快速目視檢查資料。

```
In [5]: air_quality.plot()
Out[5]: <Axes: xlabel='datetime'>

In [6]: plt.show()
```

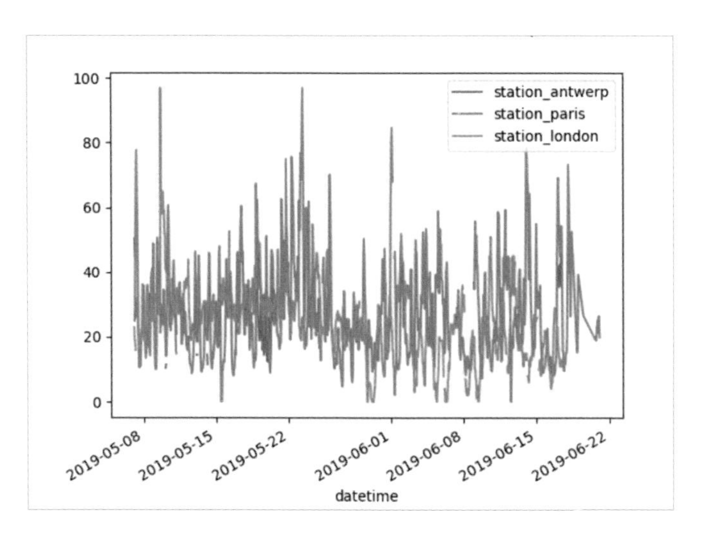

繪製散佈圖的方法，指定對應的 X 軸和 Y 軸

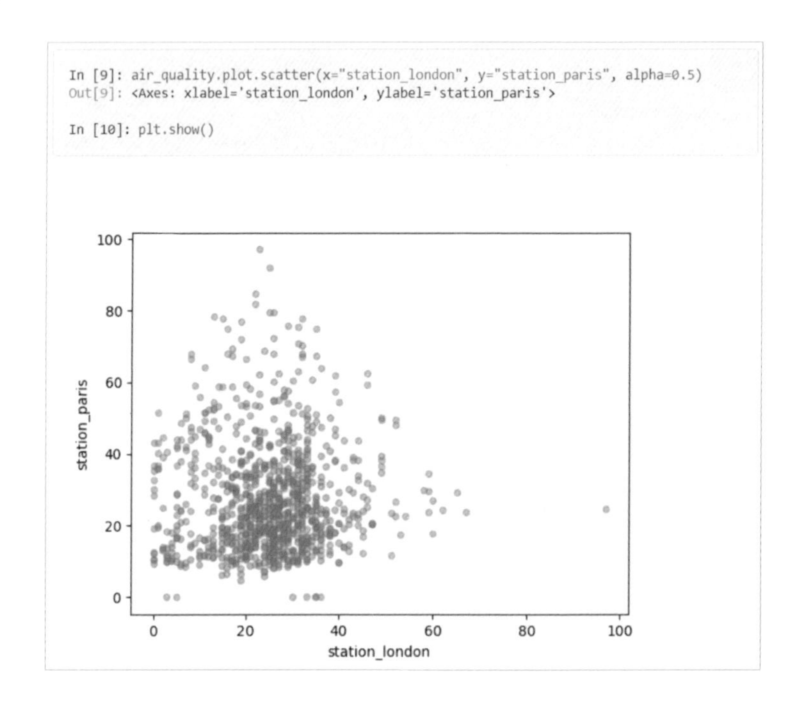

繪製箱型圖如下：

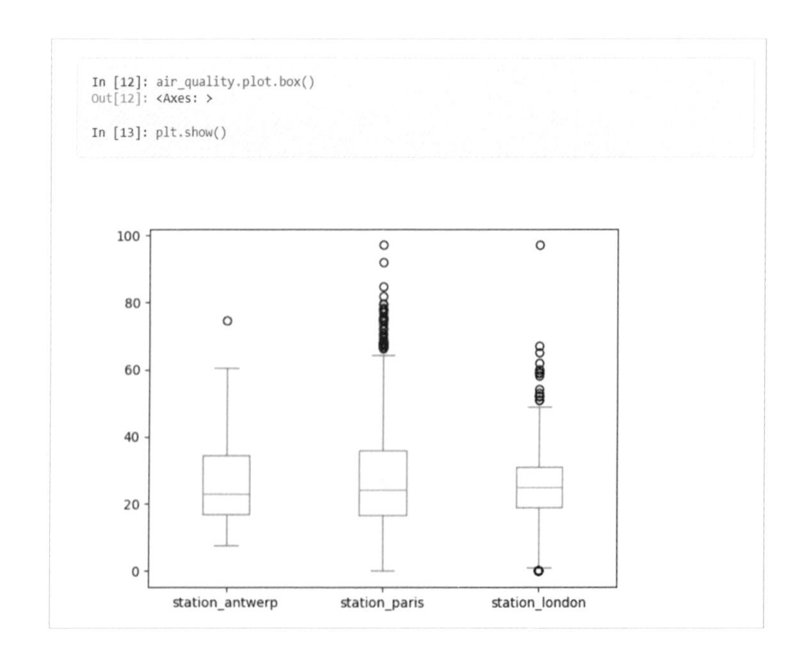

針對各個參數繪製圖表：

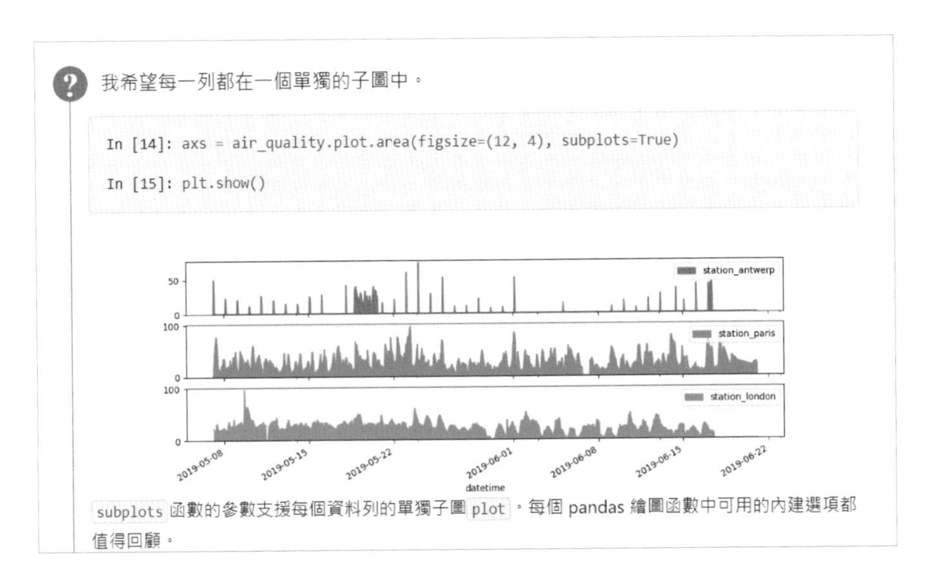

我希望每一列都在一個單獨的子圖中。

```
In [14]: axs = air_quality.plot.area(figsize=(12, 4), subplots=True)

In [15]: plt.show()
```


`subplots` 函數的參數支援每個資料列的單獨子圖 `plot`。每個 pandas 繪圖函數中可用的內建選項都值得回顧。

將三個圖塞在一起顯示：

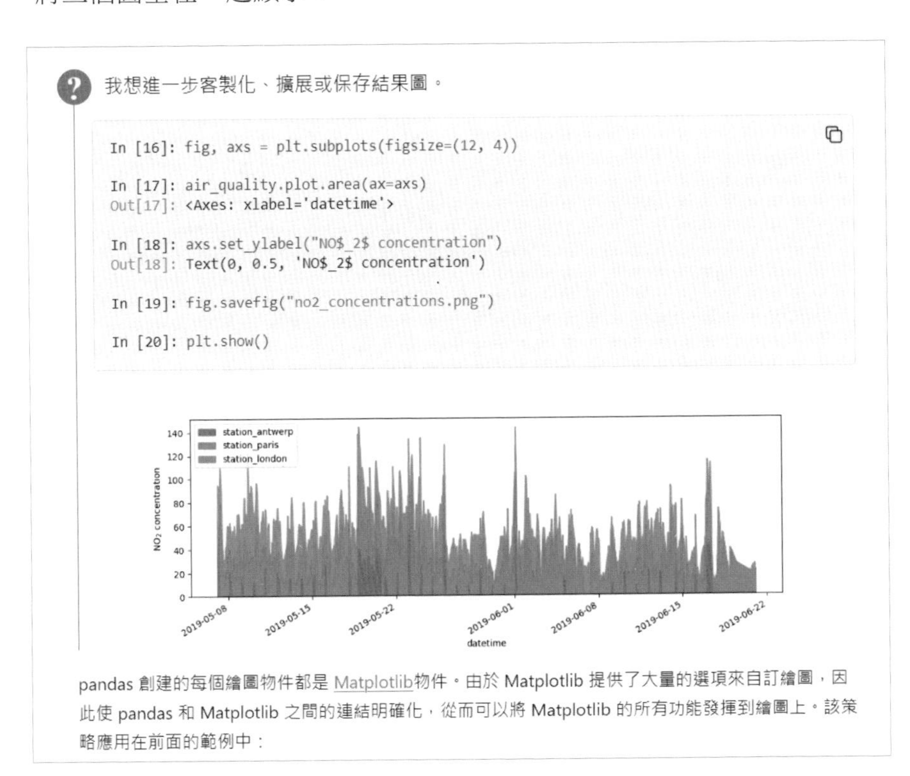

我想進一步客製化、擴展或保存結果圖。

```
In [16]: fig, axs = plt.subplots(figsize=(12, 4))

In [17]: air_quality.plot.area(ax=axs)
Out[17]: <Axes: xlabel='datetime'>

In [18]: axs.set_ylabel("NO$_2$ concentration")
Out[18]: Text(0, 0.5, 'NO$_2$ concentration')

In [19]: fig.savefig("no2_concentrations.png")

In [20]: plt.show()
```


pandas 創建的每個繪圖物件都是 Matplotlib物件。由於 Matplotlib 提供了大量的選項來自訂繪圖，因此使 pandas 和 Matplotlib 之間的連結明確化，從而可以將 Matplotlib 的所有功能發揮到繪圖上。該策略應用在前面的範例中：

第 4 章

chatGPT 提示工程的實作：善用生成式工具進行開發

4.1 GPT 的註冊

關於 GPT（Generative Pre-trained Transformer）

「ChatGPT」的基礎技術來自於 GPT（Generative Pre-trained Transformer），這是由 OpenAI 開發的一種強大的自然語言處理模型。**GPT 的第一個版本於 2018 年推出**，而 GPT-3.5（用於 ChatGPT）是 GPT 系列的最新進展，於 2020 年推出。

GPT 系列的關鍵創新是其預先訓練（Pre-training）的方法。模型首先在龐大的文本數據集上進行無監督的預先訓練，這使得它能夠學習到豐富的語言知識和上下文理解。在這之後，模型進行有監督或無監督的微調，以適應特定的任務或應用。ChatGPT 所使用的 GPT-3.5 版本，以其龐大的模型規模和卓越的性能引起了廣泛的關注。這種模型的大規模訓練和多用途應用使其成為當代自然語言處理領域的一個重要里程碑。開發者和研究人員利用 GPT 的強大能力，創造了各種應用，包括對話系統、語言生成和文句的理解等領域的創新應用。

新一代的 GPT-4 Turbo 模型引起了廣泛關注。在 2023 年 3 月，OpenAI 推出了 GPT-4，該模型具備了截至 2021 年 9 月的全球事件知識。而 GPT-4 Turbo 模型更進一步將資料更新至 2023 年 4 月。

GPT-4 Turbo 相較於先前版本更強大，能夠處理更長的輸入提示。單一提示的容量相當於 300 多頁的文字內容，這意味著它可以總結一本書的內容。OpenAI 宣布 GPT-4 Turbo 已提供預覽版本，供開發者透過 API 使用。預計在「未來幾週內」，OpenAI 將向大眾推出這一新一代模型。同時，開發者可以以比 GPT-4 更經濟的價格使用 GPT-4 Turbo。此外，OpenAI 還介紹了 GPTs，這是可以根據個人需求自行創建的定制化 ChatGPT。打造 GPTs 並不需要程式編寫的技術，只需像與聊天機器人對話一樣，給予指令、分享知識和進行選擇。根據 OpenAI 的表示，ChatGPT Plus 和企業用戶現在可以試用預設的 GPTs 版本，而公司將陸續向其他用戶開放。此外，用戶還可以分享自己創建的 GPTs，讓其他人也能夠使用。

總而言之，「ChatGPT」是一種 AI 聊天機器人，只需根據使用者的文字輸入，即可提供相對應的答案。儘管偶爾可能出現不太精準的回答，但透過這簡單的指令，就能獲得一段完整的文字回覆，這可謂是科技的一大突破。本書將一步步帶你深入了解 ChatGPT 的運作原理、使用方法，以及相關的背景資訊。無論你是對技術新知識感興趣，還是想要掌握最新的科技趨勢，都可以透過 ChatGPT 來進行協作。本書不僅僅是一本單純討論程式的工具書，我們也還提供了實際的使用指南，讓讀者能夠親身體驗和應用 ChatGPT。對於程式開發者而言，本書更提供了相應的程式開發範例，讓你能夠輕鬆整合 ChatGPT 到自己的應用中。無論是建立聊天機器人、自然語言處理應用，還是其他創新項目，你都能在程式開發的領域中發揮 ChatGPT 的優勢。

本書使用作者演講的投影片，說明如下：

GPT（Generative Pre-trained Transformer）是一種基於 Transformer 架構的語言模型，由 OpenAI 開發。它是一種預先訓練的模型，通常使用大量的文本數據進行預訓練，然後可以進一步微調以適應特定任務。GPT 的主要優勢在於其強大的自然語言處理（NLP）能力，能夠理解和生成人類語言。

以下是 GPT 和 NLP 的一些重要概念：

- **GPT（Generative Pre-trained Transformer）：**

模型架構：GPT 基於 Transformer 架構，這是一種深度學習模型架構，特別適用於處理序列數據，如自然語言。

預訓練：GPT 通常通過大量的文本數據進行預訓練，學習了語言的結構、語法和語義。

生成能力：GPT 是一種生成模型，能夠生成類似人類書寫風格的文本，並且能夠進行文本的連貫性和多樣性生成。

- **NLP（Natural Language Processing）：**

定義：NLP 是一個涉及計算機和人類語言之間交互的領域，目標是實現計算機能夠理解、解釋、生成和與人類語言進行有效通信。

任務：NLP 包括各種任務，如文本分類、命名實體識別、機器翻譯、文本生成等，旨在使計算機能夠處理和理解自然語言數據。

挑戰：NLP 的挑戰之一是語言的歧義性，多義詞和上下文依賴性，這使得語言理解變得複雜。

- **Attention is All You Need:**

"Attention is All You Need" 是一篇由 Ashish Vaswani 等人於 2017 年提出的論文，它介紹了一種稱為 Transformer 的新型神經網絡架構。這篇論文對自然語言處理（NLP）任務提出了一個革命性的架構，該架構使用注意力機制（Attention Mechanism）作為核心組件。

以下是該論文中的一些主要概念：

1. Transformer 架構：Transformer 是一種基於注意力機制的神經網絡架構，用於處理序列數據，特別是在 NLP 任務中取得了卓越的成就。
2. 注意力機制：這是 Transformer 的關鍵元件，它允許網絡在處理輸入序列時專注於不同位置的信息。通常，這種機制允許模型專注於序列中的不同部分，而不是僅關注整個序列。
3. 自注意力機制：Transformer 中使用的是一種被稱為自注意力機制（Self-Attention Mechanism）的注意力機制。它允許模型在處理輸入序列時同時關注序列中的所有位置，而不僅僅是特定的位置。
4. 平行計算：Transformer 的自注意力機制能夠實現高度的平行計算，這在訓練過程中提高了效率。

優點：由於其能夠處理長範圍的依賴性和並行計算的能力，Transformer 成為 NLP 任務中的一個重要里程碑，取代了之前主要使用的循環神經網絡（RNN）和長短型記憶網絡（LSTM）。

總而言之，"Attention is All You Need" 的出現標誌著注意力機制在 NLP 中的重要性，並推動了後來許多自然語言處理模型的發展，包括 GPT（Generative

Pre-trained Transformer）等。這篇論文的影響深遠，改變了 NLP 領域的研究方向和實際應用。

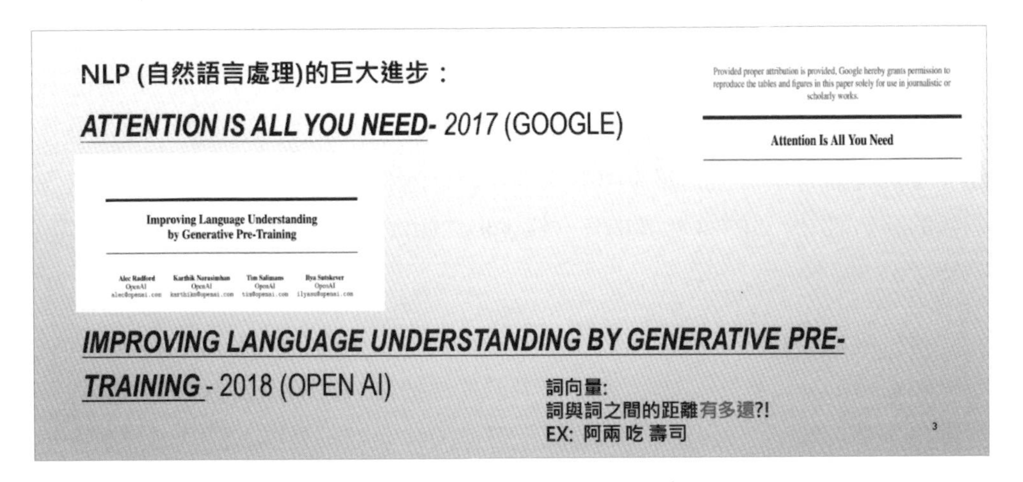

- **"Improving Language Understanding by Generative Pre-training":**

是由 OpenAI 於 2018 年發表的一篇論文，這一論文介紹了 GPT（Generative Pre-trained Transformer）模型，是 GPT 系列的第一個版本。這種模型的核心思想是通過預先訓練大規模的語言模型，使其能夠理解和生成自然語言，並且可以在特定任務上進行微調，從而達到更好的語言理解。

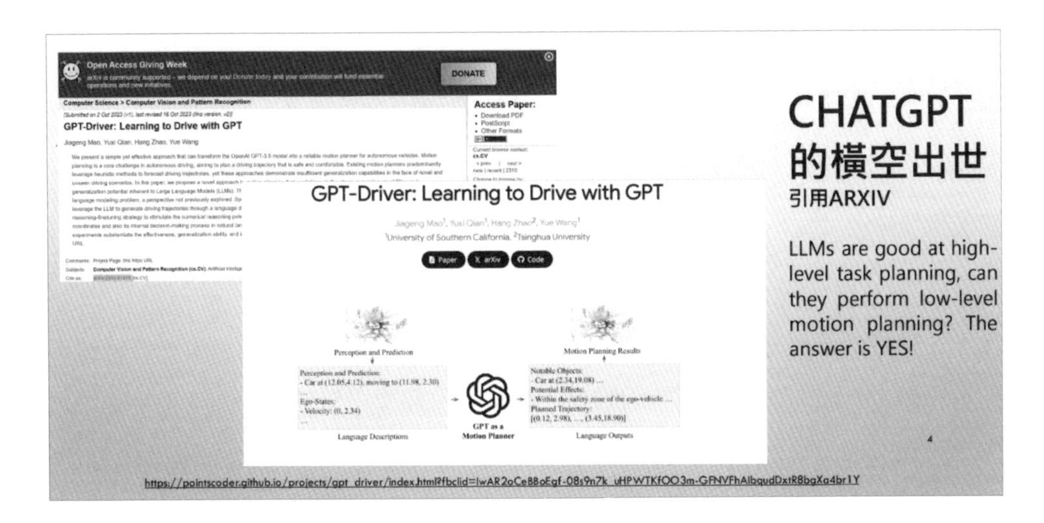

2023 年，OpenAI 宣布推出了 GPT-4，這一版本被描述為比 GPT-3.5 更可靠、更有創意，並且能夠處理更細微的指令。根據報告，OpenAI 製作了兩個版本的 GPT-4，其中上下文窗口分別為 8,192 和 32,768 個 token，相較之下，GPT-3.5 和 GPT-3 的上下文窗口限制分別為 4,096 和 2,049 個 token，這帶來了顯著的改進。

與先前版本不同，GPT-4 具有處理圖像和文字作為輸入的能力。這意味著 GPT-4 能夠描述非常態的圖像中的文字，並回答包含圖表的問題。儘管擁有這些新的評估能力，GPT-4 和其前身一樣，仍然傾向於生成可能是擬答 (本書提出的概念) 的答案。

這一版本的 GPT-4 展現了對上下文的更大容量的理解，使其更能夠處理更複雜和細緻的語言輸入。儘管模型有了更先進的多模態處理能力，仍然存在一些生成答案可能不準確或曖昧的情況。這樣的技術進步為自然語言處理和多模態處理領域帶來了新的可能性，同時也提醒著我們在使用大型語言模型時需要謹慎處理生成的結果。

GPT-1:發布年份：2018

- **GPT-1 模型包含1.17億個參數。**
- **應用：主要用於自然語言處理任務，、機器翻譯和情感分析。**

GPT-2:發布年份：2019

- **GPT-2 模型參數範圍從775萬到1.55億不等，規模比GPT-1大得多。**
- **應用：用於自動文本生成、文字摘要、語言生成等各種自然語言處理任務。**

GPT-3:發布年份：2020

- **GPT-3 是第三代的GPT模型，是迄今為止最大的神經網絡語言模型，擁有1.75萬億個參數。**
- **應用：廣泛應用於各種自然語言處理應用，包括聊天機器人、自動寫作。**

GPT-4 現已正式開始試用！ OpenAI 在 ChatGPT 官網中為已訂閱 ChatGPT Plus 的用戶提供了優先體驗 GPT-4 驅動的問答功能的特權。儘管微軟已將 GPT-4 整合至其搜尋引擎 Bing 中，但 ChatGPT Plus 訂戶也可享有類似的體驗，即可切換至 Bing 的 Copilot 聊天服務，相當於免費使用 GPT-4。

至於 GPT-4 的 API，OpenAI 目前已開放等待表單，未來用戶可根據 API 呼叫次數進行相應支付。

OpenAI 表示期待 GPT-4 成為改善生活的重要工具，承諾持續優化該模型，提供更卓越的使用體驗。這項消息為用戶提供了更多探索 GPT-4 及應用 API 的機會，同時鼓勵相關開發和使用。

讀者可到 GPT 4 官網操作：https：//openai.com/gpt-4

讀者朋友也可以到：https：//www.microsoft.com/zh-tw/microsoft-copilot 註冊操作

Microsoft 365 Copilot是一款利用大型語言模型（LLM）和微軟圖形（Microsoft Graph）的數據和人工智慧（AI）技術的輔助工具。LLM採用深度學習技術(Deep Learning)，通過訓練神經網絡模型，能夠學習大量文本數據中的語言結構和模式，進而根據給定輸入生成相應的輸出。

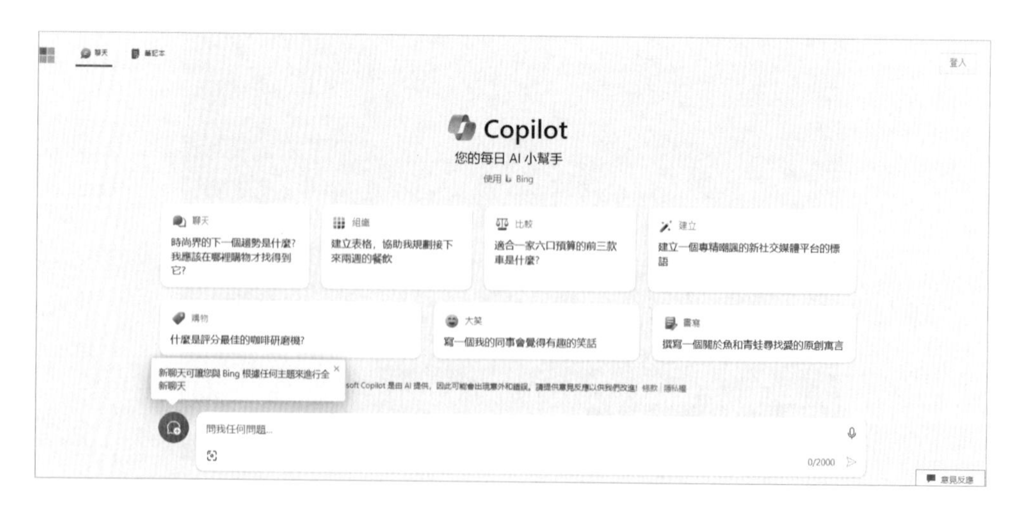

讀者朋友可以到：https：//chat.openai.com/ 進行操作

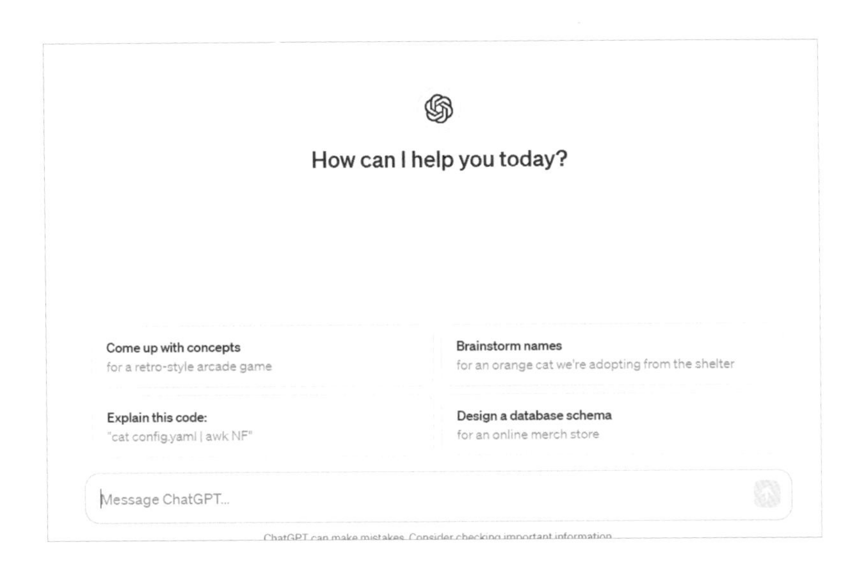

讀者朋友可以自行調整語言來進行創作，或者直接告訴 chatGPT 請它使用中文回答

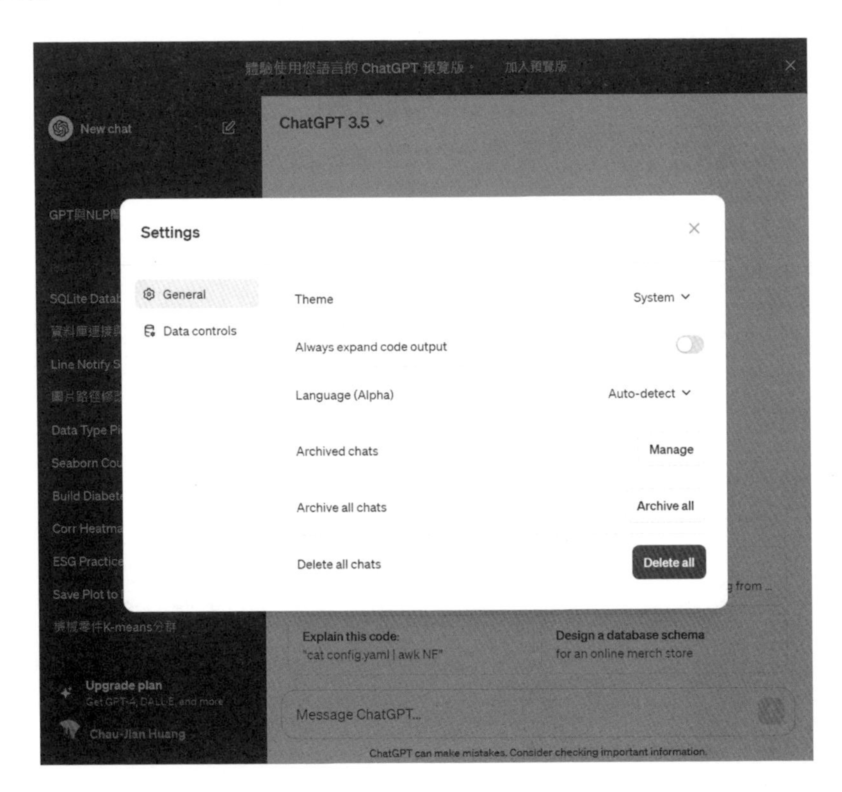

4.2 open AI 後臺的操作：申請 API

請到 https：//openai.com/ 進行 Login in

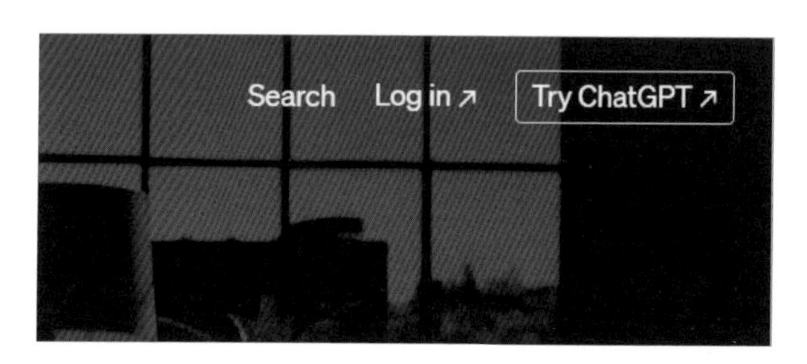

此處我們申請到 Open 申請 API，若點選 ChatGPT 又會回到詢問的主畫面，之後，我們請讀者進行執行 !pip install openai 來連接到 Python 套件索引，下載並安裝 OpenAI 套件及其相依的套件，使讀者能夠在 Python 中使用 OpenAI 的功能，不過此處先教讀者怎麼製造自己的金鑰！

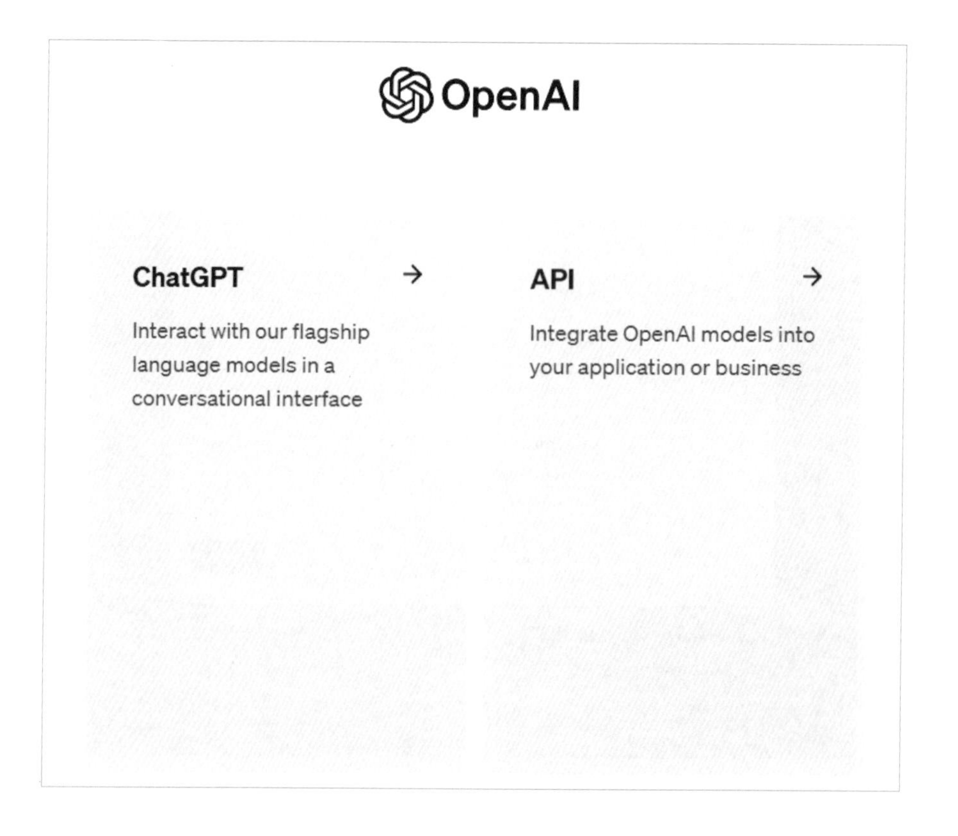

進到後台之後，點選 API Keys：

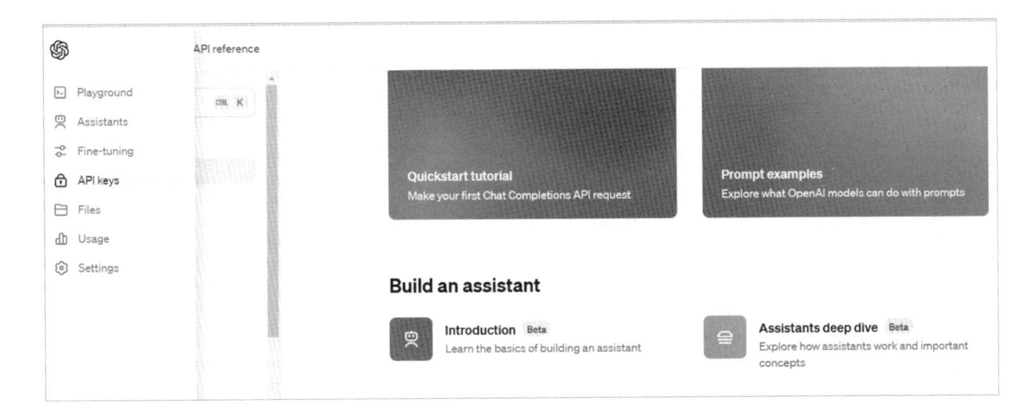

讀者可以透過點擊 "Create new secret keys」來製造金鑰，新的註冊者有免費的 5 美金！

Playground
Assistants
Fine-tuning
API keys
Files
Usage
Settings
Documentation

API keys

Your secret API keys are listed below. Please note that we do not display your secret API keys again after you generate them.

Do not share your API key with others, or expose it in the browser or other client-side code. In order to protect the security of your account, OpenAI may also automatically disable any API key that we've found has leaked publicly.

Enable tracking to see usage per API key on the Usage page.

NAME	SECRET KEY	TRACKING	CREATED	LAST USED	PERMISSIONS
ChatAPI	sk-...xLDq	+ Enable	2023年8月11日	2023年9月16日	All
0811-chatGPT	sk-...Kop8	+ Enable	2023年8月11日	Never	All
20231024	sk-...Ff6C	+ Enable	2023年10月24日	Never	All
20231217KEY	sk-...YG4P	+ Enable	2023年12月17日	Never	All
TEST	sk-...1NVm	+ Enable	2023年12月19日	2024年1月8日	All

+ Create new secret key

Default organization

讀者也可以參考下圖補充敘述：

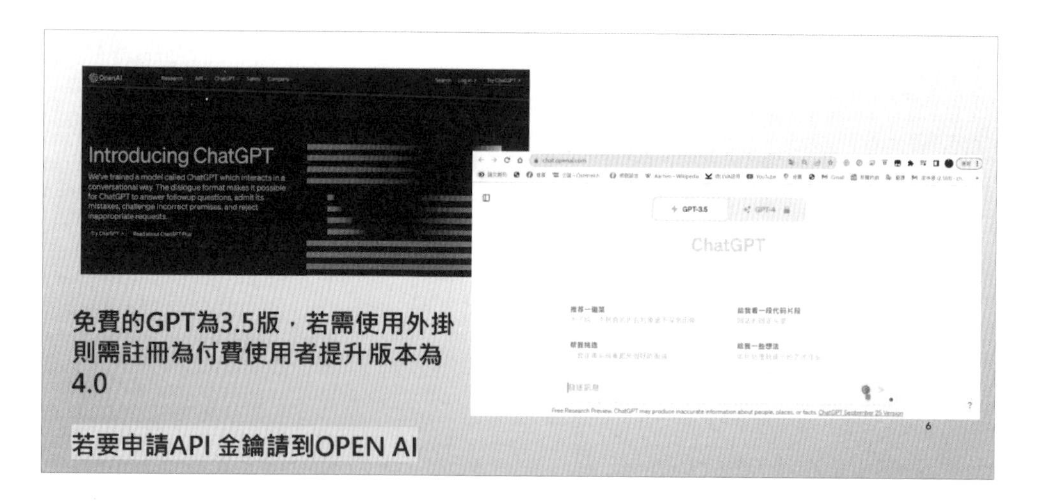

此處本書也提供對話機器人範例做說明，主要使用 Google Colab 的環境進行操作：

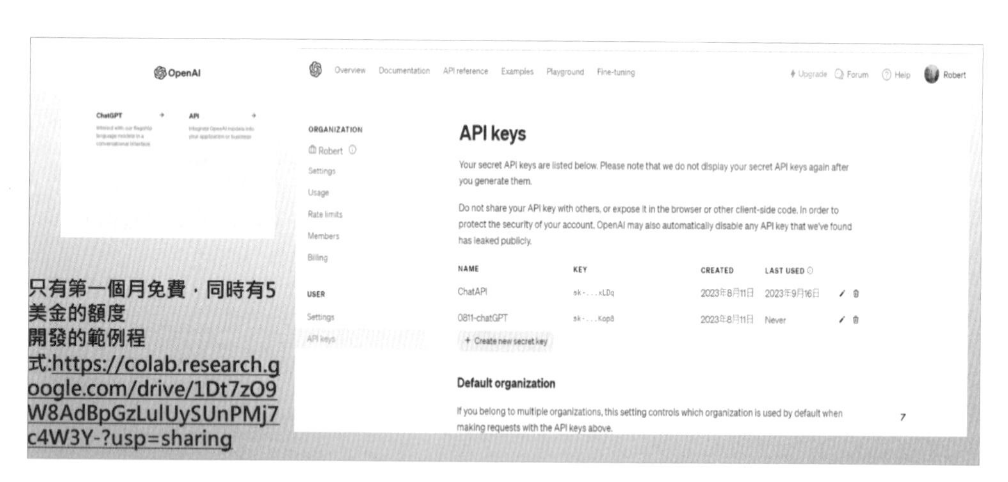

首先在 Google Colab 環境中使用 OpenAI 的對話機器人範例，你可以按照以下步驟操作：

1. 在 Colab 中開啟一個新的筆記本（Notebook）：

   前往 Google Colab 網站。

   點擊 "NEW NOTEBOOK" 創建一個新的筆記本 (.ipynb)。

2. 安裝 OpenAI 套件：

   在新的 Colab 筆記本中，你可以使用以下程式碼單元格安裝 OpenAI 套件：**(Open API 在 2023 年 11 月更新最新的 API，舊的 API 安裝可能會出現 Issus，讀者可以透過下述的做法進行更新)**

   引用微軟 OpenAI Python 頁面：

   https：//learn.microsoft.com/zh-tw/azure/ai-services/openai/howto/migration?tabs=python%2Cdalle-fix

更新

- 這是全新的 OpenAI Python API 程式庫版本。
- 從 2023 `pip install openai` 年 11 月 6 日開始，並 `pip install openai --upgrade` 將會安裝 `version 1.x` OpenAI Python 程式庫。
- 從 `version 0.28.1` 升級至 `version 1.x` 是重大變更，您必須測試並更新程式碼。
- 如果發生錯誤，請自動重試與輪詢
- 適當的類型 (適用于 mypy/pyright/editors)
- 您現在可以具現化用戶端，而不是使用全域預設值。
- 切換至明確的用戶端具現化
- 名稱變更

讀者朋友也可以加入 Open AI 的社群：

https：//community.openai.com/t/is-it-me-or-everyone-else-gpt-api-doesnt-work-any-more/494220

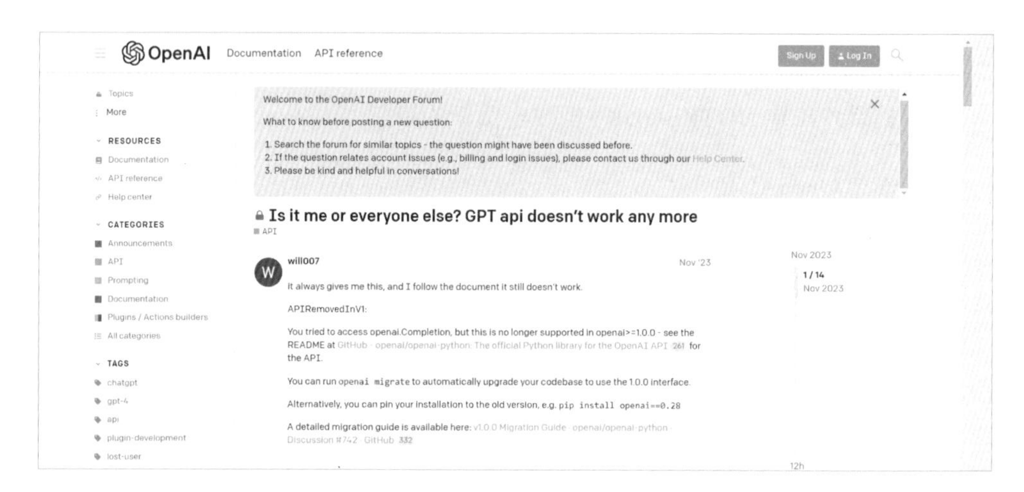

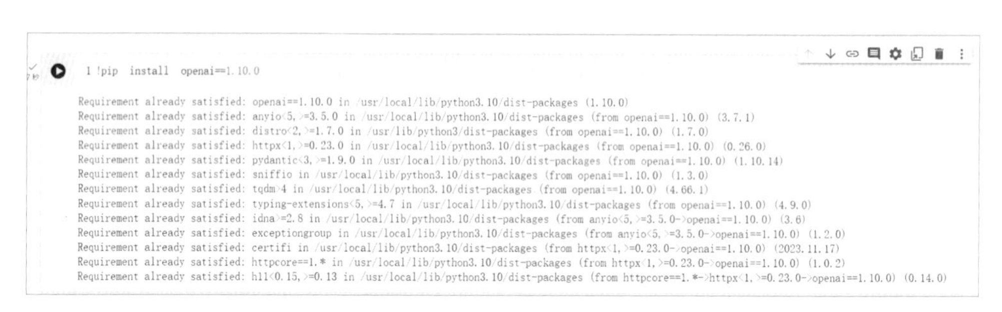

3. 獲取 OpenAI API 金鑰：

4. 前往 OpenAI 官方網站進行註冊並獲取 API 金鑰。

使用 OpenAI API：

在 Colab 筆記本中，你可以使用以下程式碼設定 OpenAI API 金鑰和發送對話請求：

```
1 import  openai
2
3 #  設定你的OpenAI  API金鑰
4 openai.api_key  =  '你的API金鑰'
5
6 #  發送對話請求
7 response  =  openai.Completion.create(
8         engine="davinci-codex",    #  或者其他OpenAI引擎
9         prompt="你的對話提示",
10        max_tokens=100    #  或者其他參數
11 )
12
13 #  獲取OpenAI的回應
14 print(response.choices[0].text.strip())
15
```

讀者可以到網站：https：//pypi.org/project/openai/ 參考說明文件

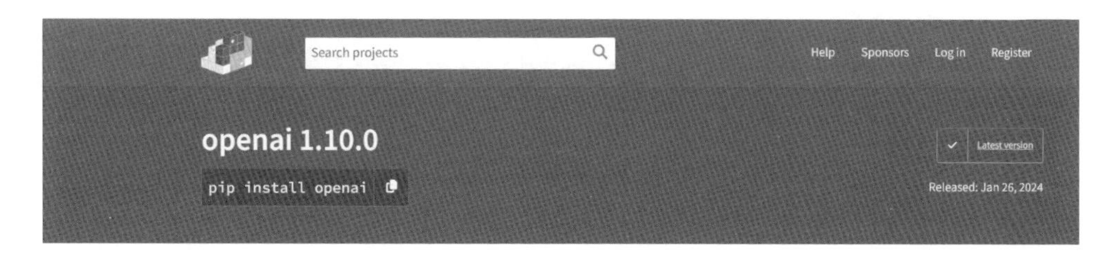

The full API of this library can be found in api.md.

```
import os
from openai import OpenAI

client = OpenAI(
    # This is the default and can be omitted
    api_key=os.environ.get("OPENAI_API_KEY"),
)

chat_completion = client.chat.completions.create(
    messages=[
        {
            "role": "user",
            "content": "Say this is a test",
        }
    ],
    model="gpt-3.5-turbo",
)
```

While you can provide an `api_key` keyword argument, we recommend using python-dotenv to add `OPENAI_API_KEY="My API Key"` to your `.env` file so that your API Key is not stored in source control.

把API寫進Google Colabtory製作出對話的機器人，缺點就是若使用完就要付費(4.0)

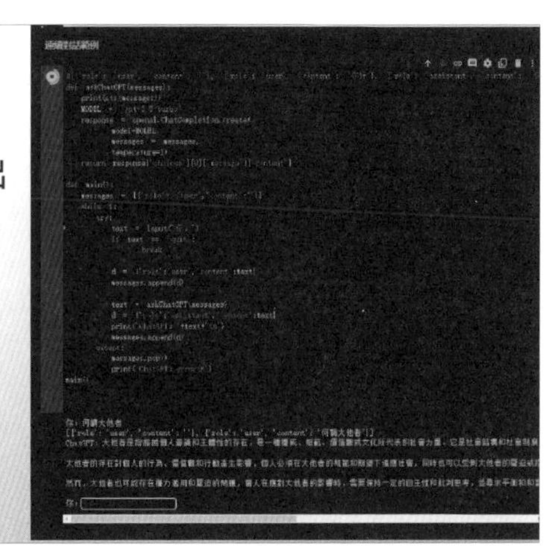

4.3 Open AI 的 playground 用法

OpenAI Playground 本質上可讓您與多個 OpenAI 模型（例如 GPT-3.5 和 GPT-4 進行互動。它還針對定制和準確性進行了調整。使用者只需將文字提示輸，該版本的 GPT 就就會給出高度準確且情境化的答案。

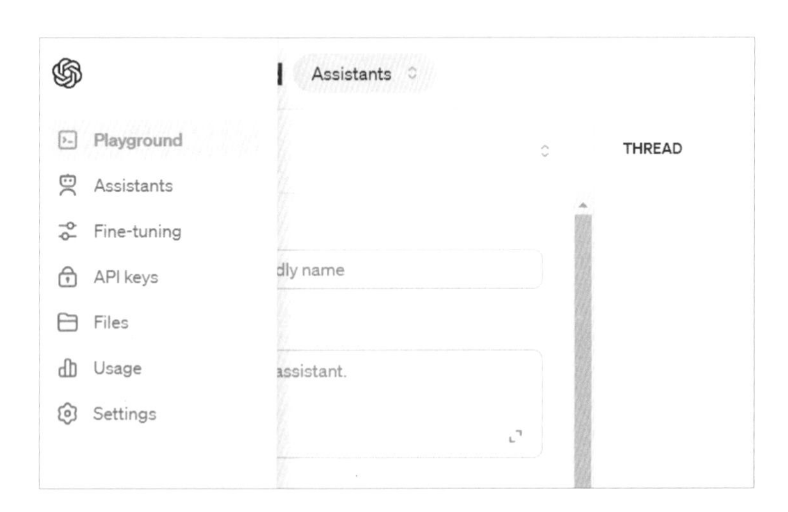

此處我們也建議讀者朋友，可以透過不同模型的回應來做測試，此外，在 2023 年 11 月 OPEN AI 的開發者大會，也提供新的開發模型，讀者朋友可以自行測試。

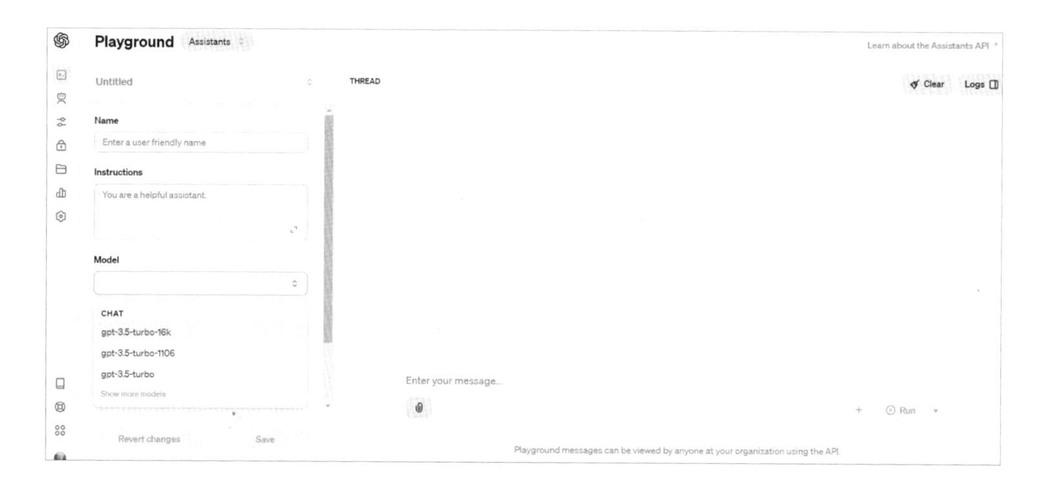

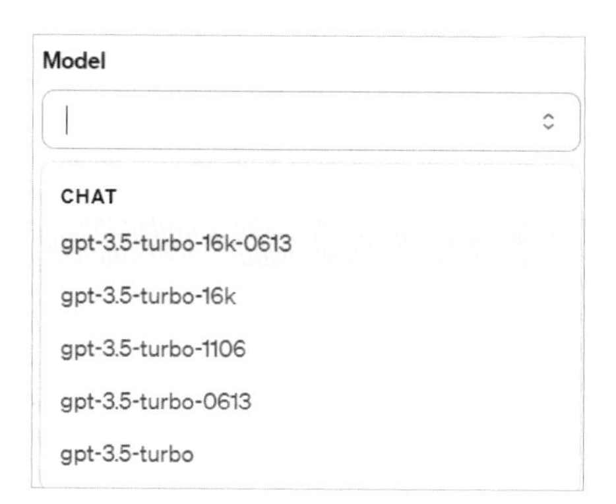

此處，讀者可以從 Playground 字樣旁邊，點選 Chat 來進行模型的靈敏度調整。

假設我們使用 gpt-3.5-turbo 來進行調教；讀者可以輸入問題或者提示字，比較不同模型的 "Temperature" 溫度，其實就是模型的靈敏度；透過該參數的調整，可以得到更靈敏更人性的模型。

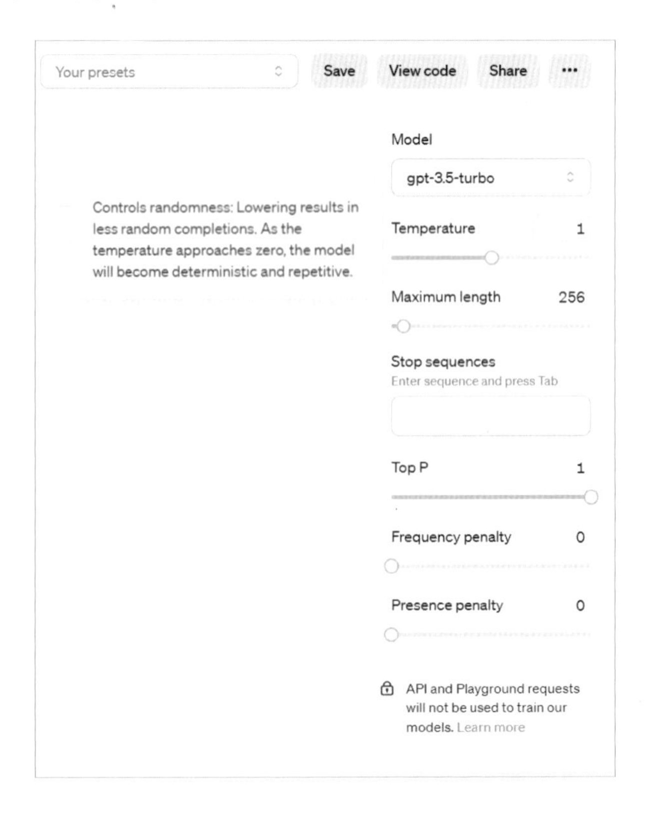

OpenAI宣布在美國推出了ChatGPT的App，並優先提供iOS系統用戶使用。現在，台灣地區的 iOS 用戶也可以在 App Store 中下載該應用。然而，並非所有 iPhone 用戶都能立即體驗，因為下載 ChatGPT App 還有版本限制。根據一些第一批用戶的反饋，手機版和桌機版的串接很方便，但需要小心詐騙，因為在下載排行榜上，有很多山寨版的 ChatGPT，用戶需仔細辨認官方 App 的圖標才能安裝。

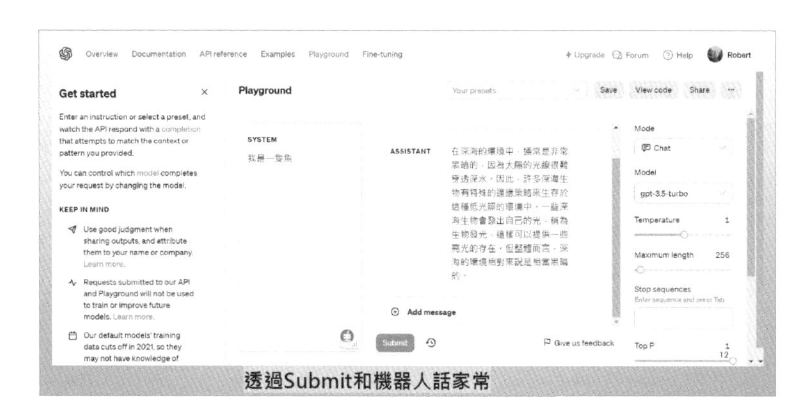

在 ChatGPT 的未來發展方向上，執行長奧特曼（Sam Altman）表示 (2023 年 11 月的開發者大會)，計劃包括提高輸入文字的上限、增加記憶上下文的容量，同時努力降低使用成本，以使其更加經濟實惠。目前，ChatGPT 的付費用戶可以在 GP3.5 和 GPT-4 模型之間進行切換，使用外掛程式（plugins），並能夠分享對話給其他人。但是對於長者朋友，本書建議可以使用手機的 APP 進行操作 !(註 : 目前已最新的 chatGPT4o 版本，讀者朋友可以自行安裝外掛 code copilot 進行開發)

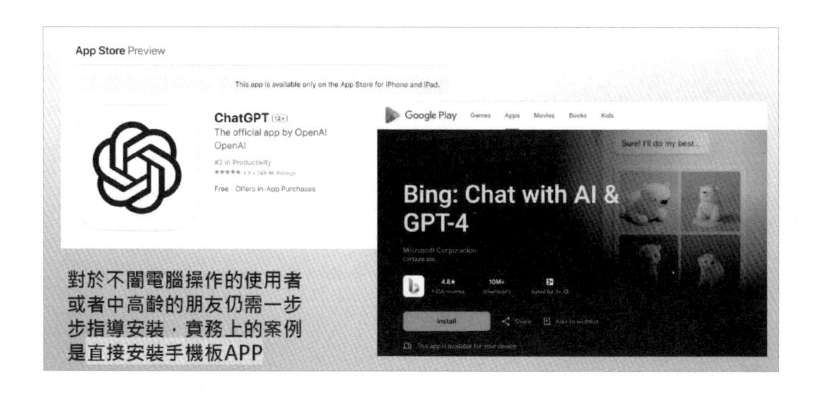

4.4. Claude AI 的註冊：

Claude 是 Anthropic 公司於 2023 年 3 月推出的 AI 聊天機器人。Anthropic 公司成立於 2021 年，由一群曾在 OpenAI 工作的工程師組成。OpenAI 是 ChatGPT 的開發公司，因此 Claude 被視為 ChatGPT 的主要競爭對手。Claude 具有多項功能，包括協助用戶進行文章摘要、統整、寫作、問答以及撰寫程式碼等。

在 2023 年 7 月時，Anthropic 推出了 Claude 的升級版本，稱為 Claude 2。與 ChatGPT 相比，Claude 2 具有一些差異。Claude 2 支援輸入長達 10 萬個詞元的內容，能夠一次上傳多個檔案並詢問多個內容。相較之下，ChatGPT 的付費版本（GPT-4）僅支援 3 萬 2000 個詞元。此外，Claude 2 的數據更新截至 2023 年初，而 ChatGPT 的數據僅更新至 2021 年 9 月。因此，Claude 2 的數據更為即時，而且 Claude 2 是完全免費的。

當前全球最著名的 AI 聊天機器人程式非 OpenAI 的 ChatGPT 莫屬。最近，它推出了 Code Interpreter 外掛功能，讓 ChatGPT Plus 使用者能夠直接執行 Python 程式碼，用於檔案分析、圖表建立、數據處理或程式碼修改，支援檔案大小高達 500 MB！這被譽為是 GPT-4 發布後的另一項具有跨時代意義的創新。如果你不需要如此強大的功能，或者只是在尋找 ChatGPT 的免費替代方案，接下來介紹的 Claude 被稱為是 ChatGPT 的最大競爭對手。

本書推薦的 Claude AI 模型來自 Anthropic，這家公司的核心人物 Dario Amodei 是 OpenAI 的前員工。在 2021 年和 OpenAI 理念不合後，他離開了團隊並創辦了 Anthropic。我之前在一篇文章中提到過 Claude，近期 Claude 推出了第二代，不僅在程式碼和數學能力方面相較於第一代有顯著提升，更重要的是它完全免費使用！

Claude 2 的數據已經更新到 2023 年初，相較於 ChatGPT 僅更新到 2021 年 9 月，資料更加新鮮即時。它的最大特點是支援輸入長達 100K token 的資料內容（GPT-4 僅限 32K token，GPT-3.5 Turbo 為 16K token），這表示能夠處理更多更長的內容，例如數百頁的文件甚至整本書。

此外，Claude 2 還允許用戶上傳多個檔案，從 PDF 中提取文字或生成摘要，與 ChatPDF、ChatDOC 或類似的文件助手實現類似的功能。API 的調用價格也相對便宜。然而，如果只想在 Claude 的網站上使用 AI 對話機器人，只需免費註冊即可自由使用，沒有任何限制。

Claude 所採用的技術是 Anthropic 公司自主研發的「合憲 AI」（Constitutional AI）訓練技術，其訓練過程分為兩個關鍵階段，分別使用了監督式學習

（Supervised Learning）和強化學習（Reinforcement Learning）。透過大量的溝通資料進行訓練，Claude 學習如何產生安全、有用且無害的回覆，從而有效降低人為介入 AI 決策過程的機會。這種技術的採用使 Claude 能夠更深入地理解並生成更具內容和語境的回應。

4.5 Claude AI 的操作以及極限：

訊問頁面如下，讀者可以用來詢問和程式的矯正：

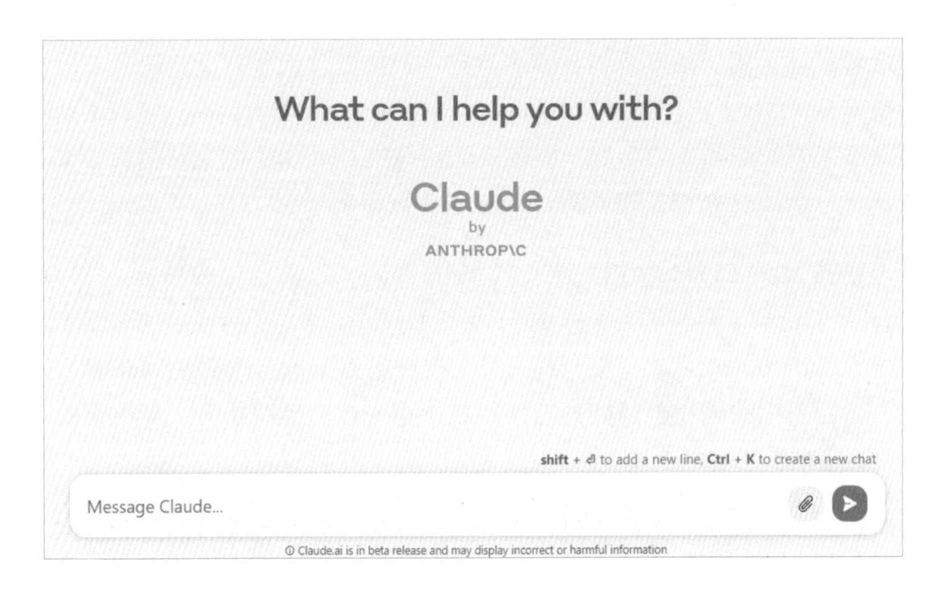

上傳的文件不得超過 10MB，在 Claude AI 的免費版中，每 8 小時至少可以發送 100 問題。

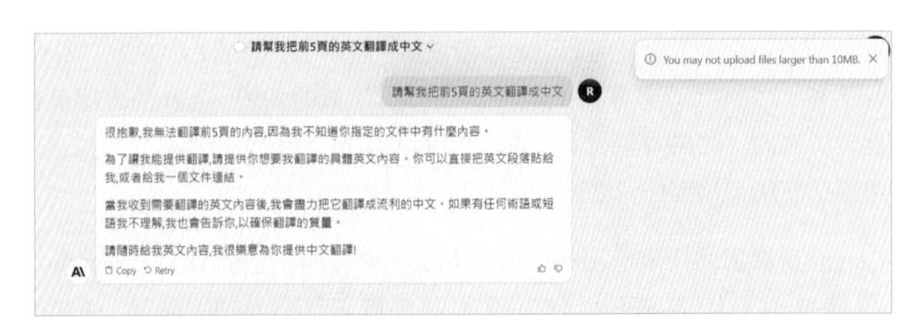

- Claude 2 的特點包括多項功能升級：

內建資料庫更新至 2023 年：Claude 2 的內建資料庫已經更新至 2023 年，確保用戶能夠獲取更為即時和最新的資訊。

支援輸入 100K token 的長度：這意味著用戶現在可以輸入長達 100,000 個 token 的內容，相當於一份龐大的數萬字內容文件。這擴大的輸入範圍使得 Claude 2 能夠處理更為複雜且豐富的資訊。

允許上傳 PDF、Word 等文件檔案：Claude 2 支援用戶上傳 PDF、Word 等多種文件檔案，並進行內容分析。這意味著用戶可以更方便地在 Claude 2 中處理不同格式的文檔。

2023 年 11 月更新 - ChatGPT Plus 支援上傳 PDF 文件進行摘要分析：這一更新進一步擴展了功能範疇，使得 ChatGPT Plus 能夠處理上傳的 PDF 文件，執行長篇內容的摘要分析。這也意味著使用者可以在一個平臺上實現多功能的應用，包括上網、圖像處理以及文件組合生成技巧。

截至 2023 年 12 月 28 日的更新 - 新增對 PDF 的分析工具，應用於 SciSpace 論文研究 AI 助手：Claude 2 引入了對 PDF 的分析工具，並在 SciSpace 論文研究 AI 助手中應用。這一功能的具體應用包括中文文獻問答、摘要引用以及報告改寫功能，進一步滿足用戶在學術領域的需求。

這些更新使得 Claude 2 成為一個更為強大且多功能的工具，為使用者提供了更廣泛、更方便的應用場景。(註 : 因成書時間曠日費時，最近的 Claude AI 已經更新至 3.5 版，讀者可自行再從 Feature Preview 開啟 artifacts 功能協助開發)

4.6 提示工程 (Prompt Engineering) 說明：

提示工程的文件說明：

https：//platform.openai.com/docs/guides/prompt-engineering

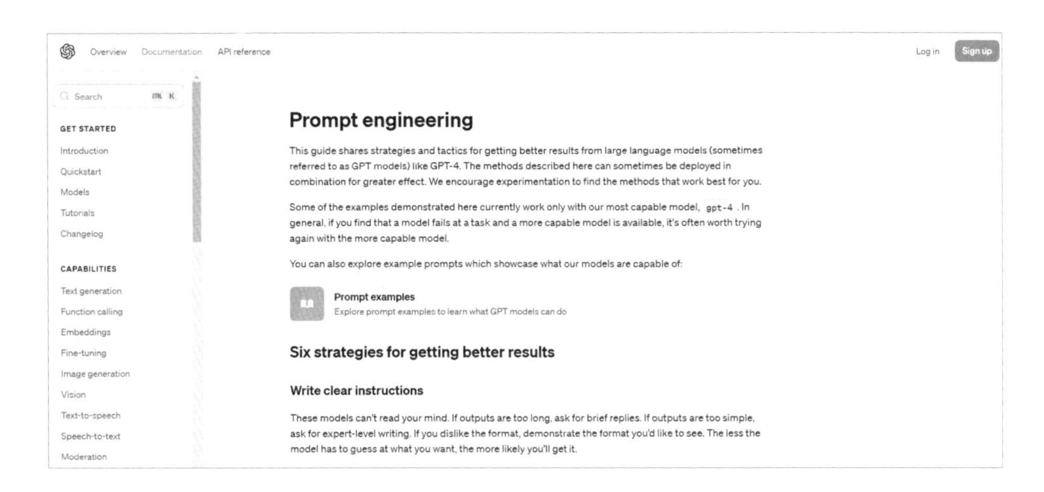

這裡也針對提示工程的幾個指標做翻譯說明，讓讀者和 chatGPT 互動時，能夠下好精準關鍵字，快速提取需要的答案！

Six strategies for getting better results

Write clear instructions

These models can't read your mind. If outputs are too long, ask for brief replies. If outputs are too simple, ask for expert-level writing. If you dislike the format, demonstrate the format you'd like to see. The less the model has to guess at what you want, the more likely you'll get it.

Tactics:

- Include details in your query to get more relevant answers
- Ask the model to adopt a persona
- Use delimiters to clearly indicate distinct parts of the input
- Specify the steps required to complete a task
- Provide examples
- Specify the desired length of the output

ChatGPT 的使用關鍵提示：

- 1. 撰寫**清晰而明確的指示**是確保模型正確理解您需求的關鍵。請確保問題的描述具體、易於理解，以促進更準確的回應。

- 2. 提供參考資訊對於模型**理解上下文非常重要**。您可以在查詢中包含相關文本或資訊，有助於模型更好地理解您的問題並提供更有價值的回答。
- 3. 如果您的工作複雜，可以考慮**將其分解為數個簡單的子任務**。這樣可以降低模型的困難度，提高成功率。每個子任務的指示應該清晰而具體。
- 4. 給予模型**足夠的時間來「思考」和處理您的請求**。複雜或龐大的任務可能需要額外的處理時間，這有助於提高模型生成有意義回應的可能性。
- 5. 在需要時可以考慮使用外部工具，這些工具可以提供額外的資訊或輔助模型理解。例如，**提供外部連結或引用可幫助模型**更深入地處理您的問題。
- 6. 在進行任何修改之前，建議系統性地測試這些更改。這有助於確保修改不會對模型的整體性能產生負面影響，同時確保模型能夠有效地處理您的指示。

此處，也分享哈佛大學吳恩達老師的教材進行說明，截圖引用維基百科資料：

此處也推薦讀者到 DeepLearning.AI 官網，可以免費註冊上課；深入了解關於大型語言模型和提示工程的課程：

https：//www.deeplearning.ai/short-courses/chatgpt-prompt-engineering-for-developers/

也可以註冊帳號，到該社群進行互動，提出想法：

https：//community.deeplearning.ai/c/community-programs/380

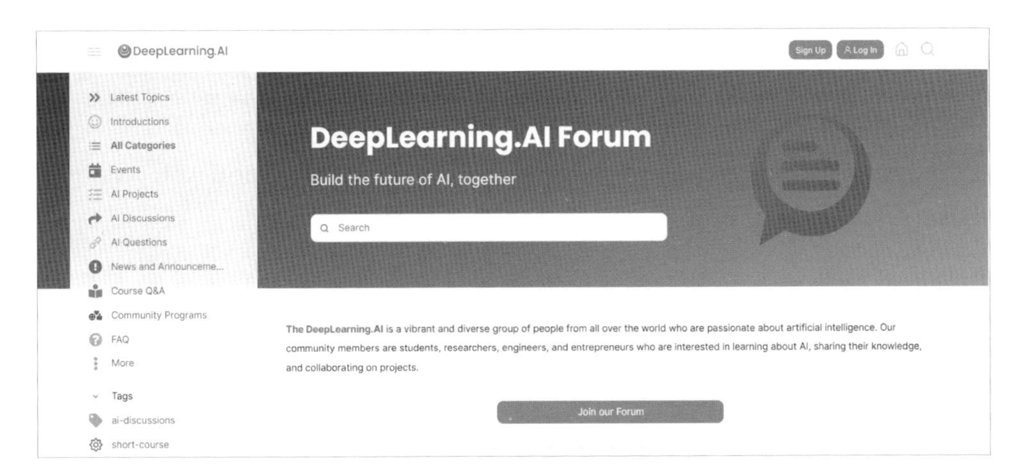

讀者朋友也可以參予課程討論串：

Topic		Replies	Views	Activity
About the Community Programs category Community Programs Get involved with the community by becoming a tester, mentor, or moderator to give feedback on new AI courses [Learn more here] By becoming a community leader, you'll not only contribute to the growth and success of ou... read more		2	378	19d

There are no more Community Programs topics.

每一次參與課程結束後，若有疑問；也可逕行和網友討論、留言、並解惑！

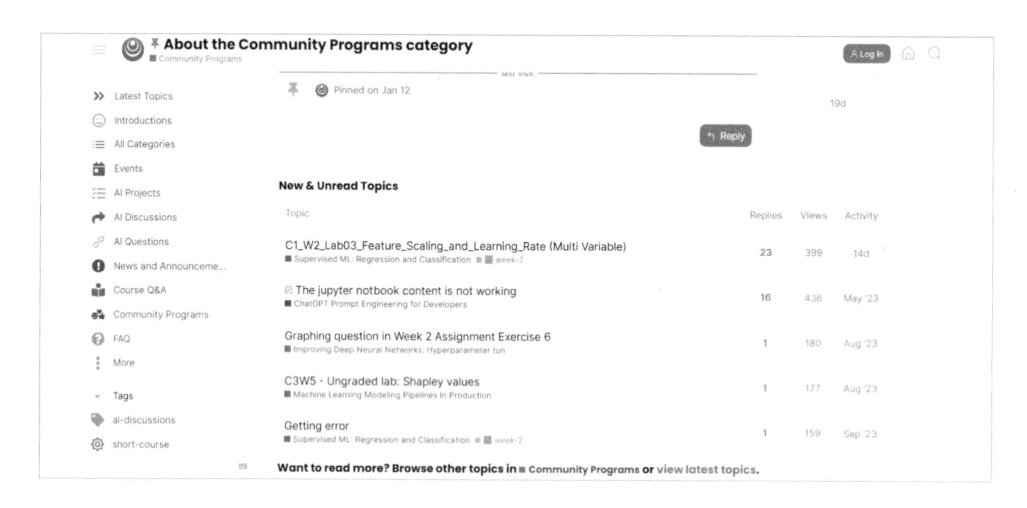

此外，中國大陸的網友也有針對此一系列課程進行翻譯，讀者可以視其英文能力參照翻譯字幕：

https：//github.com/datawhalechina/prompt-engineering-for-developers/tree/main

自述文件

開發者的LLM入門課程

專案簡介

本計畫是一個面向開發者的LLM入門教程，基於吳恩達老師高效大模型系列課程內容，將原課程內容翻譯為中文並復現其示例代碼，實現中文提示，指導國內開發者如何基於LLM快速、開發具備強大能力的應用程式。本專案的主要內容包括：

1. 基於吳恩達老師的《ChatGPT Prompt Engineering for Developers》課程打造，面向入門LLM的開發者，深入淺出地介紹了針對開發者，如何構造Prompt並基於OpenAI提供的API實現包括總結、推斷、轉換等多種常用功能，是入門LLM開發的第一步。
2. 建立基於ChatGPT的問答系統。基於吳恩達老師《Building Systems with the ChatGPT API》課程打造，指導開發者如何基於ChatGPT提供的API開發一個完整、全面的智慧問答系統。透過程式碼實踐，實現了基於ChatGPT的開發問答系統的全流程，介紹了基於大模型開發的新模式，是大模型開發的實踐基礎。
3. 使用LangChain開發應用程式。基於吳恩達老師《LangChain for LLM應用開發》課程打造，對LangChain展開深入介紹，幫助學習者了解如何使用LangChain，並基於LangChain開發完整的、具備強大能力的應用程式。
4. 使用LangChain存取個人資料。基於吳恩達老師《LangChain 與你的資料聊天》課程打造，深入拓展LangChain提供的個人資料存取能力，指導開發者如何使用LangChain開發能夠存取用戶個人資料、提供個人化服務的大模型應用。
5. 使用Gradio建構式AI應用。基於吳恩達老師《Building Generative AI applications with Gradio》課程打造，指導開發者如何使用Gradio Python介面程式快速、有效率地為生成式AI建立使用者介面。
6. 評估改進生成式AI。基於吳恩達老師《生成式AI評估與調試》課程打造，結合wandb，提供一套系統化的方法和工具，幫助開發者有效地追蹤和調試生成式AI模型。
7. 基於吳恩達老師《Finetuning Large Language Model》課程打造，結合lamini框架，講述如何在本地基於個人資料開源大語言模型快速且有效率地實現。

線上閱讀地址：開發者的LLM入門課程-線上閱讀

PDF下載地址：開發者的LLM入門教學-PDF

中文原版地址：吳恩達關於大模型的系列課程

雙語字幕視訊地址：吳恩達 x OpenAI 的 Prompt Engineering 課程專業翻譯版

在閱讀和翻譯資料時，我經常向學生們強調建立參照和參考的心態，同時培養讀英文原文的習慣。這種心態的培養對於確保準確的翻譯和理解是至關重要的。首先，將閱讀視為一個參照的過程，意味著我們應該注意到文本中的關鍵詞、詞彙和語境，並嘗試理解它們的確切含義。當我們對原文有了清晰的理解後，翻譯的過程就會更加順利。這種參照的方法有助於避免翻譯中可能發生的語意錯誤，因為我們更有可能捕捉到原文所傳達的精確信息。其次，參考的心態也鼓勵我們培養閱讀英文原文的習慣。閱讀原文有助於我們更深入地理解內容，並能更好地把握作者的意圖和語境。這對於正確翻譯文本至關重要，因為它不僅涉及到語言本身，還包括文化、背景和專業領域的知識。

這種習慣的培養也有助於避免類似於機器學習中的「過擬合」或「欠擬合」的翻譯。當我們過度配適（overfitting）翻譯時，我們可能會過度解讀原文，導致失真。相反，當我們欠配適（underfitting）時，我們可能忽略原文中的重要信息。這就好比中國大陸可能會將過度配適翻譯為「過度配適」或者欠配適翻譯為「欠配適」，這樣的翻譯可能會造成理解上的混淆。

最後，這種參照和參考的心態對於橋接不同文化和語言之間的差異至關重要。在中文和英文之間，一些概念可能存在著微妙的差異，例如行列的概念。通過參照原文並培養英文閱讀習慣，我們更容易捕捉到這樣的差異，從而更好地進行翻譯。因此，我鼓勵學生們在學習和應用翻譯技能時，以參照、參考的態度閱讀原文，同時不斷培養閱讀英文的習慣。這將有助於建立更準確、理解深刻的翻譯能力，同時減少可能出現的語意錯誤。

讀者若有課程疑問，可以到該網站的各項課程參加討論：

https：//community.deeplearning.ai/c/course-q-a/406

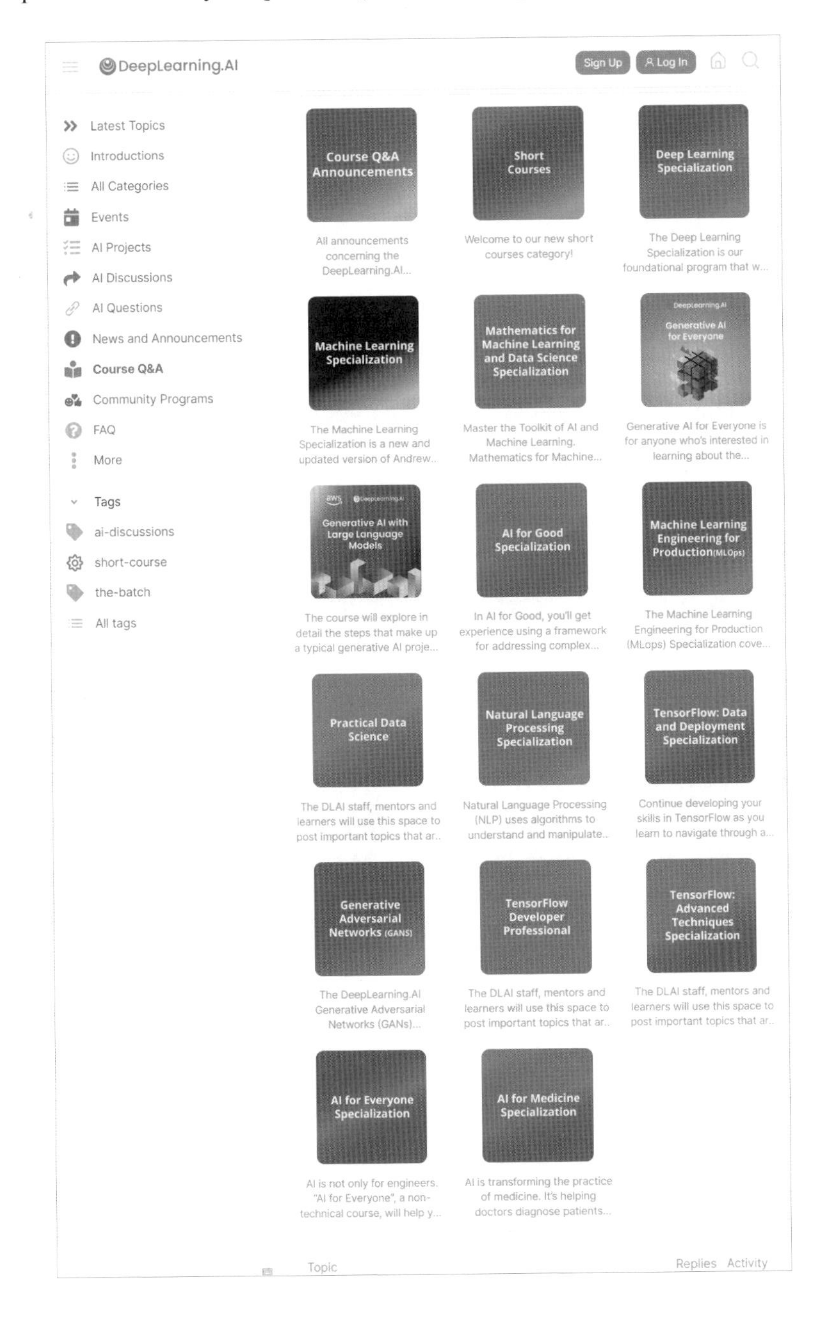

- 本書為讀者朋友整理的高效率生成式工具：

工作提高效率的秘密:

- QUILLBET (文章改寫神器)
- GAMMA (投影片生成)
- WORDTUNE(文章改寫神器)
- MICROSOFT DESIGNER (APP生成器)
- IMAGICA(一句話生成APP)
- RUNWAY AI (影音生成)
- STABLE DOODLE (圖片生成)
- DEEP WRITE(文章改寫)
- MASK PROMPTER(摳影片人物)
- CODER FORMER (圖片清晰化)

- Stability.AI：Stability.ai 簡介：StableLM 是一款開源、透明的模型，允許研究人員和開發者自由地檢查、使用和修改其原始碼。類似於 Stable Diffusion，使用者可以自由使用 StableLM，並打造符合自身需求的大型語言模型。https://stability.ai/

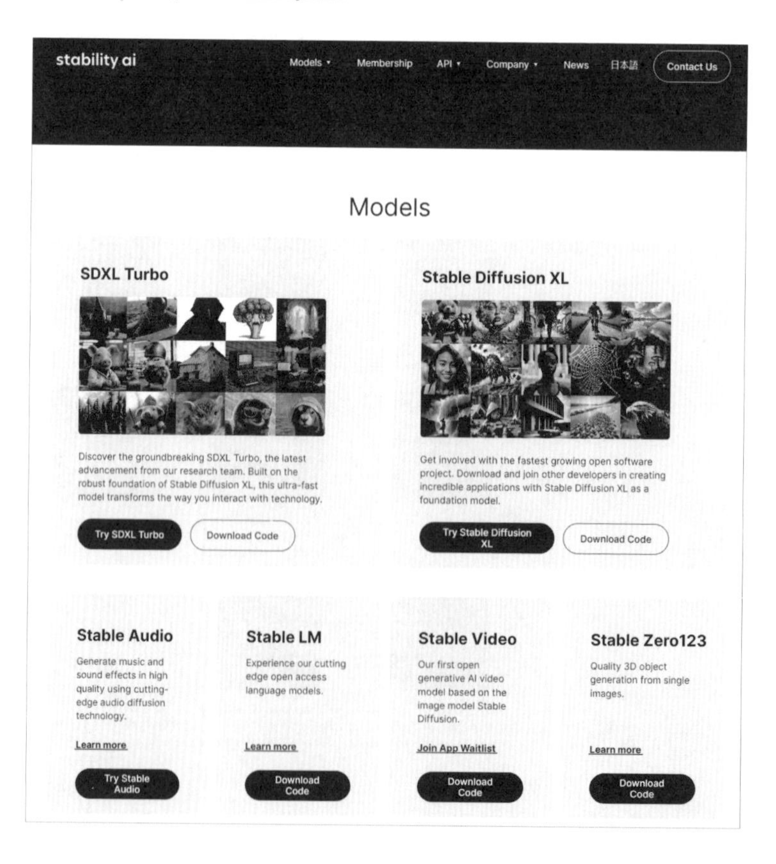

- Stable Doodle: 讀者朋友可以透過塗鴉和下提示字生成圖片 https://clipdrop.co/stable-doodle

- Toolfy AI: 提供各種生成式 AI 工具的網站 https://www.toolify.ai/tw/

- Google 生成式 AI 課程：

https：//www.cloudskillsboost.google/course_templates/536?locale=zh_TW

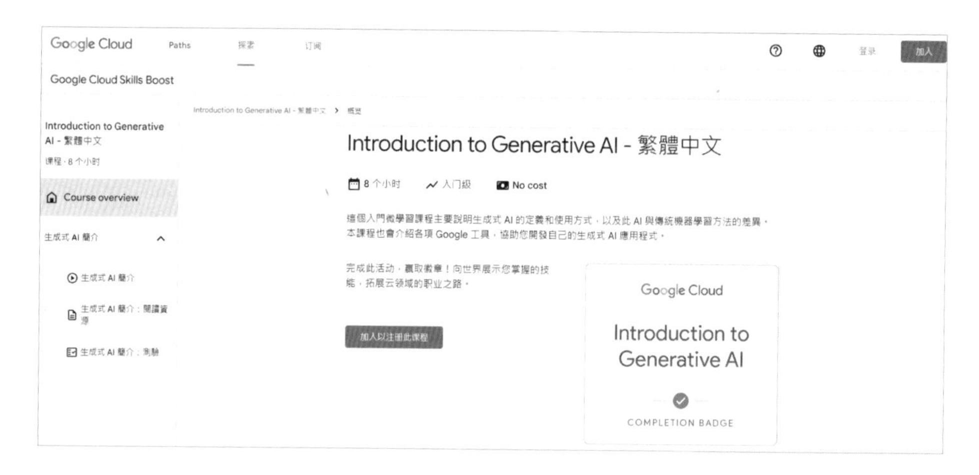

在 Google Cloud 官方網站中，詳細呈現了各種學習路徑供學習者參考。學習者可以根據個人需求選擇適合自己的學習路徑，包括 Google Cloud 入門學習路徑、DevSecOps 學習路徑等。當中當然也包含了生成式人工智慧學習路徑（Generative AI learning path）。

https：//www.cloudskillsboost.google/paths/118?locale=en

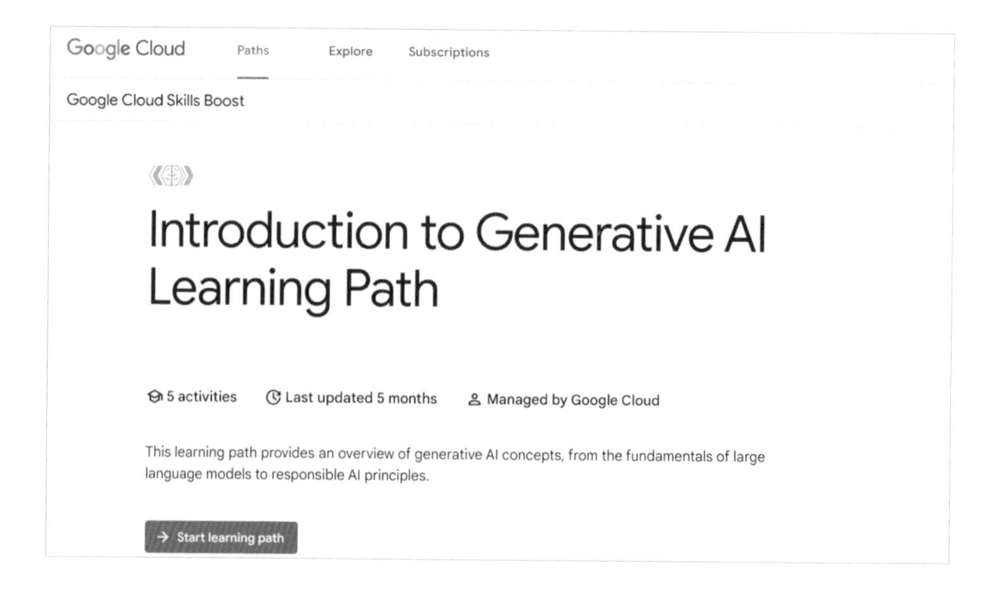

4.7 翻譯機器人與語音對話實作

- 翻譯機器人實作：

此處，本書利用 Google 語音辨識套件，將麥克風收集到的語音聲波進行處理，最終轉換成文字。程式執行過程可分為以下步驟：

1. 在使用前，請確保你已經將程式複製到你自己的 Colab 環境中。
2. 安裝必要的套件，以確保程式運作順暢。
3. 執行 JavaScript 相關程式碼。由於 Colab 是基於網頁的系統，因此需要透過 JavaScript 來取得本地資源。
4. 從本機麥克風擷取音訊。
5. 進行語音辨識的過程，將擷取到的聲音轉換為文字。
6. 此套件支援多種語言，可參考 Google 語音辨識支援的語言列表：https：//cloud.google.com/speech-to-text/docs/speech-to-text-supported-languages

如果需要了解更多有關語系的資訊，可以參考此連結：

https：//hoohoo.top/blog/national-language-code-table-zh-tw-zh-cn-en-us-json-format/

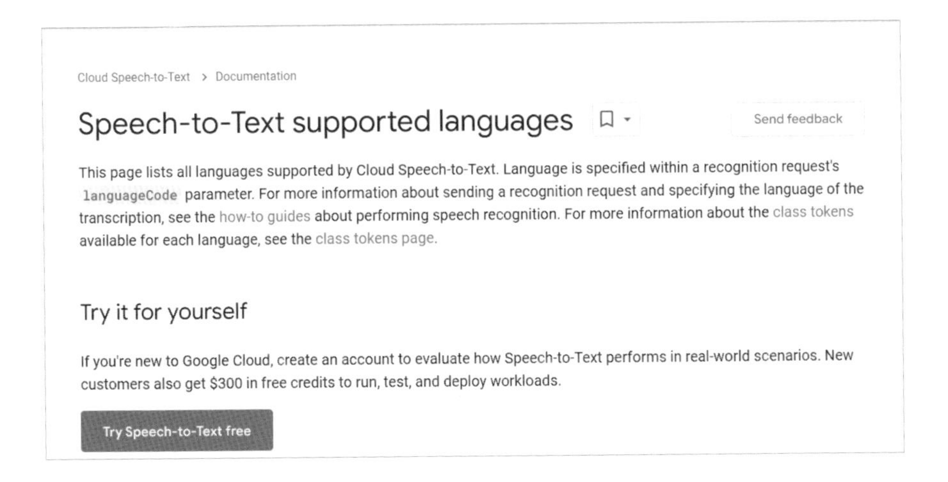

讀者可以根據自己想翻譯的內容挑選語系：

名國語言(語系)代碼表 json格式內容 製作多國語系時，可以參考 包括三種語系: (1)繁體版 (2)簡體版 (3)英文版本

繁體中文版

```
[
  {"LangCultureName": "af-ZA", "DisplayName": "南非荷蘭語 - 南非"},
  {"LangCultureName": "sq-AL", "DisplayName": "阿爾巴尼亞人 - 阿爾巴尼亞"},
  {"LangCultureName": "ar-DZ", "DisplayName": "阿拉伯語 - 阿爾及利亞"},
  {"LangCultureName": "ar-BH", "DisplayName": "阿拉伯語 - 巴林"},
  {"LangCultureName": "ar-EG", "DisplayName": "阿拉伯語 - 埃及"},
  {"LangCultureName": "ar-IQ", "DisplayName": "阿拉伯語 - 伊拉克"},
  {"LangCultureName": "ar-JO", "DisplayName": "阿拉伯語 - 約旦"},
  {"LangCultureName": "ar-KW", "DisplayName": "阿拉伯語 - 科威特"},
  {"LangCultureName": "ar-LB", "DisplayName": "阿拉伯語 - 黎巴嫩"},
  {"LangCultureName": "ar-LY", "DisplayName": "阿拉伯語 - 利比亞"},
  {"LangCultureName": "ar-MA", "DisplayName": "阿拉伯語 - 摩洛哥"},
  {"LangCultureName": "ar-OM", "DisplayName": "阿拉伯語 - 阿曼"},
  {"LangCultureName": "ar-QA", "DisplayName": "阿拉伯語 - 卡塔爾"},
  {"LangCultureName": "ar-SA", "DisplayName": "阿拉伯語 - 沙特阿拉伯"},
```

首先，先引用套件：

1.安裝 Google 語音辨識套件以及 ffmpeg 轉檔套件。 這個套件需要安裝 Google 語音辨識套件和 ffmpeg 轉檔套件。在進行程式的執行之前，請確保已經完成這兩個套件的安裝。這兩個套件的安裝是確保程式順利運作的必要步驟。

```
[ ]  1 !pip  install  speechrecognition  #Google  語音套件
     2 !pip  install  ffmpeg-python  #ffmpeg轉檔套件
     3 !pip  install  gtts  #語音轉文字
     4 #!pip  install  speechrecognition  #Google  語音套件
     5 !pip  install  ffmpeg-python  #ffmpeg轉檔套件
     6 #文字轉文字
     7 !pip  install  -U  deep-translator
     8 #文字轉語音
     9 !pip  install  gtts
```

```
Collecting speechrecognition
  Downloading SpeechRecognition-3.10.1-py2.py3-none-any.whl (32.8 MB)
     ━━━━━━━━━━━━━━━━━━━━━━━━━━━━━━━━━━━━━━━━ 32.8/32.8 MB 24.5 MB/s eta 0:00:00
Requirement already satisfied: requests>=2.26.0 in /usr/local/lib/python3.10/dist-packages (from speechrecognition) (2.31.0)
Requirement already satisfied: typing-extensions in /usr/local/lib/python3.10/dist-packages (from speechrecognition) (4.5.0)
Requirement already satisfied: charset-normalizer<4,>=2 in /usr/local/lib/python3.10/dist-packages (from requests>=2.26.0->speechrecognition) (3
Requirement already satisfied: idna<4,>=2.5 in /usr/local/lib/python3.10/dist-packages (from requests>=2.26.0->speechrecognition) (3.6)
Requirement already satisfied: urllib3<3,>=1.21.1 in /usr/local/lib/python3.10/dist-packages (from requests>=2.26.0->speechrecognition) (2.0.7)
Requirement already satisfied: certifi>=2017.4.17 in /usr/local/lib/python3.10/dist-packages (from requests>=2.26.0->speechrecognition) (2023.11
Installing collected packages: speechrecognition
Successfully installed speechrecognition-3.10.1
Collecting ffmpeg-python
  Downloading ffmpeg_python-0.2.0-py3-none-any.whl (25 kB)
Requirement already satisfied: future in /usr/local/lib/python3.10/dist-packages (from ffmpeg-python) (0.18.3)
Installing collected packages: ffmpeg-python
Successfully installed ffmpeg-python-0.2.0
Collecting gtts
  Downloading gTTS-2.5.0-py3-none-any.whl (29 kB)
Requirement already satisfied: requests<3,>=2.27 in /usr/local/lib/python3.10/dist-packages (from gtts) (2.31.0)
Requirement already satisfied: click<8.2,>=7.1 in /usr/local/lib/python3.10/dist-packages (from gtts) (8.1.7)
Requirement already satisfied: charset-normalizer<4,>=2 in /usr/local/lib/python3.10/dist-packages (from requests<3,>=2.27->gtts) (3.3.2)
Requirement already satisfied: idna<4,>=2.5 in /usr/local/lib/python3.10/dist-packages (from requests<3,>=2.27->gtts) (3.6)
Requirement already satisfied: urllib3<3,>=1.21.1 in /usr/local/lib/python3.10/dist-packages (from requests<3,>=2.27->gtts) (2.0.7)
Requirement already satisfied: certifi>=2017.4.17 in /usr/local/lib/python3.10/dist-packages (from requests<3,>=2.27->gtts) (2023.11.17)
Installing collected packages: gtts
Successfully installed gtts-2.5.0
Requirement already satisfied: ffmpeg-python in /usr/local/lib/python3.10/dist-packages (0.2.0)
Requirement already satisfied: future in /usr/local/lib/python3.10/dist-packages (from ffmpeg-python) (0.18.3)
Collecting deep-translator
  Downloading deep_translator-1.11.4-py3-none-any.whl (42 kB)
     ━━━━━━━━━━━━━━━━━━━━━━━━━━━━━━━━━━━━━━━━ 42.3/42.3 kB 1.2 MB/s eta 0:00:00
Requirement already satisfied: beautifulsoup4<5.0.0,>=4.9.1 in /usr/local/lib/python3.10/dist-packages (from deep-translator) (4.11.2)
Requirement already satisfied: requests<3.0.0,>=2.23.0 in /usr/local/lib/python3.10/dist-packages (from deep-translator) (2.31.0)
Requirement already satisfied: soupsieve>1.2 in /usr/local/lib/python3.10/dist-packages (from beautifulsoup4<5.0.0,>=4.9.1->deep-translator) (2.
Requirement already satisfied: charset-normalizer<4,>=2 in /usr/local/lib/python3.10/dist-packages (from requests<3.0.0,>=2.23.0->deep-translat
Requirement already satisfied: idna<4,>=2.5 in /usr/local/lib/python3.10/dist-packages (from requests<3.0.0,>=2.23.0->deep-translator) (3.6)
Requirement already satisfied: urllib3<3,>=1.21.1 in /usr/local/lib/python3.10/dist-packages (from requests<3.0.0,>=2.23.0->deep-translator) (2.
Requirement already satisfied: certifi>=2017.4.17 in /usr/local/lib/python3.10/dist-packages (from requests<3.0.0,>=2.23.0->deep-translator) (2(
Installing collected packages: deep-translator
Successfully installed deep-translator-1.11.4
Requirement already satisfied: gtts in /usr/local/lib/python3.10/dist-packages (2.5.0)
Requirement already satisfied: requests<3,>=2.27 in /usr/local/lib/python3.10/dist-packages (from gtts) (2.31.0)
Requirement already satisfied: click<8.2,>=7.1 in /usr/local/lib/python3.10/dist-packages (from gtts) (8.1.7)
Requirement already satisfied: charset-normalizer<4,>=2 in /usr/local/lib/python3.10/dist-packages (from requests<3,>=2.27->gtts) (3.3.2)
Requirement already satisfied: idna<4,>=2.5 in /usr/local/lib/python3.10/dist-packages (from requests<3,>=2.27->gtts) (3.6)
Requirement already satisfied: urllib3<3,>=1.21.1 in /usr/local/lib/python3.10/dist-packages (from requests<3,>=2.27->gtts) (2.0.7)
Requirement already satisfied: certifi>=2017.4.17 in /usr/local/lib/python3.10/dist-packages (from requests<3,>=2.27->gtts) (2023.11.17)
```

程式範例一：

2.執行 JavaScript 相關程式碼。由於Colab是基於網頁的系統，必須透過執行JavaScript程式碼以取得本機資源。這一步驟是為了確保能夠順利擷取本機的音訊資料，並進一步進行後續的語音辨識。

```
1 from IPython.display import HTML, Audio
2 from google.colab.output import eval_js
3 from base64 import b64decode
4 from IPython.display import Audio
5 from IPython.display import display
6 from gtts import gTTS
7 import numpy as np
8 from scipy.io.wavfile import read ,write#語音轉文字
9 from IPython.display import HTML, Audio
10 from google.colab.output import eval_js
11 from base64 import b64decode
12 import numpy as np
13 from scipy.io.wavfile import read ,write
14 import io
15 import ffmpeg
16 import speech_recognition #文字轉文字
17 from deep_translator import GoogleTranslator #文字轉語音
18 from IPython.display import Audio
19 from IPython.display import display
20 from gtts import gTTS
21 import io
22 import ffmpeg
23 import speech_recognition
24
25 AUDIO_HTML = """
26 <script>
27 var my_div = document.createElement("DIV");
28 var my_p = document.createElement("P");
29 var my_btn = document.createElement("BUTTON");
30 var t = document.createTextNode("Press to start recording");
31
32 my_btn.appendChild(t);
33 //my_p.appendChild(my_btn);
34 my_div.appendChild(my_btn);
35 document.body.appendChild(my_div);
36
37 var base64data = 0;
38 var reader;
39 var recorder, gumStream;
40 var recordButton = my_btn;
41
42 var handleSuccess = function(stream) {
43     gumStream = stream;
44     var options = {
45         //bitsPerSecond: 8000, //chrome seems to ignore, always 48k
46         mimeType : 'audio/webm;codecs=opus'
47         //mimeType : 'audio/webm;codecs=pcm'
48     };
49     //recorder = new MediaRecorder(stream, options);
50     recorder = new MediaRecorder(stream);
51     recorder.ondataavailable = function(e) {
52         var url = URL.createObjectURL(e.data);
53         var preview = document.createElement('audio');
54         preview.controls = true;
55         preview.src = url;
56         document.body.appendChild(preview);
57
58         reader = new FileReader();
59         reader.readAsDataURL(e.data);
60         reader.onloadend = function() {
61             base64data = reader.result;
62             //console.log("Inside FileReader:" + base64data);
63         }
64     };
65     recorder.start();
66     };
67
68 recordButton.innerText = "錄音中...按此結束";
```

程式範例二：

```
69
70 navigator.mediaDevices.getUserMedia({audio: true}).then(handleSuccess);
71
72
73 function toggleRecording() {
74     if (recorder && recorder.state == "recording") {
75             recorder.stop();
76             gumStream.getAudioTracks()[0].stop();
77             recordButton.innerText = "音訊存檔中，請稍後..."
78     }
79 }
80
81 // https://stackoverflow.com/a/951057
82 function sleep(ms) {
83     return new Promise(resolve => setTimeout(resolve, ms));
84 }
85
86 var data = new Promise(resolve=>{
87 //recordButton.addEventListener("click", toggleRecording);
88 recordButton.onclick = ()=>{
89 toggleRecording()
90
91 sleep(2000).then(() => {
92     // wait 2000ms for the data to be available...
93     // ideally this should use something like await...
94     //console.log("Inside data:" + base64data)
95     resolve(base64data.toString())
96
97 });
98
99 }
100 });
101
102 </script>
103 """
104
105 def get_audio():
106     display(HTML(AUDIO_HTML))
107     data = eval_js("data")
108     binary = b64decode(data.split(',')[1])
109
110     process = (ffmpeg
111         .input('pipe:0')
112         .output('pipe:1', format='wav')
113         .run_async(pipe_stdin=True, pipe_stdout=True, pipe_stderr=True, quiet=True, overwrite_output=True)
114     )
115     output, err = process.communicate(input=binary)
116
117     riff_chunk_size = len(output) - 8
118     # Break up the chunk size into four bytes, held in b.
119     q = riff_chunk_size
120     b = []
121     for i in range(4):
122             q, r = divmod(q, 256)
123             b.append(r)
124
125     # Replace bytes 4:8 in proc.stdout with the actual size of the RIFF chunk.
126     riff = output[:4] + bytes(b) + output[8:]
127
128     sr, audio = read(io.BytesIO(riff))
129
130     return audio, sr
```

程式範例三：

4.直接執行語音辨識

```
[ ]  1 byte_io = io.BytesIO(bytes())
     2 write(byte_io, sr, audio)
     3 result_bytes = byte_io.read()
     4
     5 audio_data = speech_recognition.AudioData(result_bytes, sr, 2)
     6 r = speech_recognition.Recognizer()
     7 text = r.recognize_google(audio_data, language='zh-Hant')
     8 print('辨識結果: ' + text)
```

辨識結果，歡迎各位來參加我的課程

```
[ ]  1 #02 code
     2 text = GoogleTranslator(source='auto', target='en').translate("今天天氣真好, 要不要出去逛街")
     3 print(text)
```

The weather is really nice today. Do you want to go shopping?

```
[ ]  1 #03 code
     2 tts = gTTS("歡迎各位來參加我的課程", lang='zh-tw', slow=True)
     3 tts.save('1.wav')
     4 sound_file = '1.wav'
     5 wn = Audio(sound_file, autoplay=True) ##
     6 display(wn)##
```

WARNING:gtts.lang:'zh-tw' has been deprecated, falling back to 'zh-TW'. This fallback will be removed in a future version.

▶ 0:00 / 0:04

```
 1 #04 code
 2 #語音轉文字
 3 AUDIO_HTML = """
 4 <script>
 5 var my_div = document.createElement("DIV");
 6 var my_p = document.createElement("P");
 7 var my_btn = document.createElement("BUTTON");
 8 var t = document.createTextNode("Press to start recording");
 9
10 my_btn.appendChild(t);
11 //my_p.appendChild(my_btn);
12 my_div.appendChild(my_btn);
13 document.body.appendChild(my_div);
14
15 var base64data = 0;
16 var reader;
17 var recorder, gumStream;
18 var recordButton = my_btn;
19
20 var handleSuccess = function(stream) {
21     gumStream = stream;
22     var options = {
23         //bitsPerSecond: 8000, //chrome seems to ignore, always 48k
24         mimeType : 'audio/webm;codecs=opus'
25         //mimeType : 'audio/webm;codecs=pcm'
26     };
27     //recorder = new MediaRecorder(stream, options);
28     recorder = new MediaRecorder(stream);
29     recorder.ondataavailable = function(e) {
30         var url = URL.createObjectURL(e.data);
31         var preview = document.createElement('audio');
32         preview.controls = true;
33         preview.src = url;
34         document.body.appendChild(preview);
35
36         reader = new FileReader();
37         reader.readAsDataURL(e.data);
38         reader.onloadend = function() {
39             base64data = reader.result;
40             //console.log("Inside FileReader:" + base64data);
41         }
42     };
43     recorder.start();
44     };
45
```

程式範例四：

```
46 recordButton.innerText = "錄音中...按此結束";
47
48 navigator.mediaDevices.getUserMedia({audio: true}).then(handleSuccess);
49
50
51 function toggleRecording() {
52     if (recorder && recorder.state == "recording") {
53             recorder.stop();
54             gumStream.getAudioTracks()[0].stop();
55             recordButton.innerText = "音訊存檔中，請稍後..."
56     }
57 }
58
59 // https://stackoverflow.com/a/951057
60 function sleep(ms) {
61     return new Promise(resolve => setTimeout(resolve, ms));
62 }
63
64 var data = new Promise(resolve=>{
65 //recordButton.addEventListener("click", toggleRecording);
66 recordButton.onclick = ()=>{
67 toggleRecording()
68
69 sleep(2000).then(() => {
70     // wait 2000ms for the data to be available...
71     // ideally this should use something like await...
72     //console.log("Inside data:" + base64data)
73     resolve(base64data.toString())
74
75 });
76
77 }
78 });
79
80 </script>
81 """
82
83 def get_audio():
84     display(HTML(AUDIO_HTML))
85     data = eval_js("data")
86     binary = b64decode(data.split(',')[1])
87
88     process = (ffmpeg
89         .input('pipe:0')
90         .output('pipe:1', format='wav')
91         .run_async(pipe_stdin=True, pipe_stdout=True, pipe_stderr=True, quiet=True, overwrite_output=True)
92     )
93     output, err = process.communicate(input=binary)
94
95     riff_chunk_size = len(output) - 8
96     # Break up the chunk size into four bytes, held in b.
97     q = riff_chunk_size
98     b = []
99     for i in range(4):
100            q, r = divmod(q, 256)
101            b.append(r)
102
103    # Replace bytes 4:8 in proc.stdout with the actual size of the RIFF chunk.
104    riff = output[:4] + bytes(b) + output[8:]
105
106    sr, audio = read(io.BytesIO(riff))
107
108    return audio, sr
```

本書也提供核心程式碼如下，讀者朋友可以自行改寫：

```
[ ]  1 #語音轉文字
     2 audio, sr = get_audio()
     3 byte_io = io.BytesIO(bytes())
     4 write(byte_io, sr, audio)
     5 result_bytes = byte_io.read()
     6
     7 audio_data = speech_recognition.AudioData(result_bytes, sr, 2)
     8 r = speech_recognition.Recognizer()
     9 text = r.recognize_google(audio_data,language='zh-Hant')
    10 print('辨識結果：' + text)
    11
    12 #文字轉文字#-langeuage
    13 text = GoogleTranslator(source='auto', target='ja').translate(text) #korean
    14 print(text)
    15
    16 #文字轉語音#-language
    17 tts = gTTS(text, lang='ja') #korean #
    18 tts.save('1.wav')
    19 sound_file = '1.wav'
    20 wn = Audio(sound_file, autoplay=True) ##
    21 display(wn)##

辨識結果：各位來參加我的課程很高興認識你們
私のコースに来てくれた皆さんにお会いできて嬉しいです。

▶ 0:00 / 0:05

錄音中...按此結束
```

說明：

此處，這段程式碼執行了一系列與語音轉文字、文字翻譯以及文字轉語音相關的操作。以下是對每個步驟的解釋：

- 語音轉文字：

get_audio() 函數用於獲取音訊數據 (audio) 和取樣率 (sr)。

1. 使用 io.BytesIO 創建一個 BytesIO 對象，將音訊轉換成 bytes 並存儲在其中。

2. 使用 write 函數將音訊資料寫入 BytesIO 對象。

3. 將 BytesIO 對象轉換為 bytes，並將其存儲在 result_bytes 中。

4. 使用 speech_recognition.AudioData 創建 audio_data 對象，其中包含轉換後的音訊資料、取樣率以及音頻通道數。

5. 使用 Google 語音辨識 API(recognize_google) 將音訊資料轉換成文字，並以指定語言（在此例中為繁體中文 zh-Hant）進行辨識。

- **文字轉文字（翻譯）：**

1. 使用 GoogleTranslator 這個翻譯工具，將先前辨識的文字從自動偵測的原語言（auto）翻譯為目標語言（在此例中為日語 ja）。

- **文字轉語音：**

1. 使用 gTTS(Google Text-to-Speech) 函數，將翻譯後的文字轉換為語音檔案，同時指定語言為日語 (ja)；最後將語音檔案儲存為 '1.wav'。

2. 使用 Audio 類別播放 '1.wav' 檔案，同時顯示播放控制介面。

簡而言之，這段程式碼接收語音輸入，轉換成文字，然後翻譯該文字，最後將翻譯後的文字轉換成語音並播放。

- **對話機器人實作**

請安裝最新的 open AI 的 API

```
!pip install openai ==0.28
```

2023/11/6 OPEAN AI update api

NOW THE VERSION IS openai==0.28

```
1 !pip install openai==0.28
2 #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 #api KEY
```

```
28.0-py3-none-any.whl (76 kB)
 ━━━━━━━━━━━━━━━━━━━━━━━━━━━━━━━━━━━━━━━━ 76.5/76.5 kB 1.2 MB/s eta 0:00:00
:isfied: requests>=2.20 in /usr/local/lib/python3.10/dist-packages (from openai==0.28) (2.31.0)
:isfied: tqdm in /usr/local/lib/python3.10/dist-packages (from openai==0.28) (4.66.1)
:isfied: aiohttp in /usr/local/lib/python3.10/dist-packages (from openai==0.28) (3.9.1)
:isfied: charset-normalizer<4,>=2 in /usr/local/lib/python3.10/dist-packages (from requests>=2.20->openai==0.
:isfied: idna<4,>=2.5 in /usr/local/lib/python3.10/dist-packages (from requests>=2.20->openai==0.28) (3.6)
:isfied: urllib3<3,>=1.21.1 in /usr/local/lib/python3.10/dist-packages (from requests>=2.20->openai==0.28) (2
:isfied: certifi>=2017.4.17 in /usr/local/lib/python3.10/dist-packages (from requests>=2.20->openai==0.28) (2
:isfied: attrs>=17.3.0 in /usr/local/lib/python3.10/dist-packages (from aiohttp->openai==0.28) (23.1.0)
:isfied: multidict<7.0,>=4.5 in /usr/local/lib/python3.10/dist-packages (from aiohttp->openai==0.28) (6.0.4)
:isfied: yarl<2.0,>=1.0 in /usr/local/lib/python3.10/dist-packages (from aiohttp->openai==0.28) (1.9.4)
:isfied: frozenlist>=1.1.1 in /usr/local/lib/python3.10/dist-packages (from aiohttp->openai==0.28) (1.4.1)
:isfied: aiosignal>=1.1.2 in /usr/local/lib/python3.10/dist-packages (from aiohttp->openai==0.28) (1.3.1)
:isfied: async-timeout<5.0,>=4.0 in /usr/local/lib/python3.10/dist-packages (from aiohttp->openai==0.28) (4.(
ickages: openai
 resolver does not currently take into account all the packages that are installed. This behaviour is the sc
 cohere, which is not installed.
 tiktoken, which is not installed.
 openai-0.28.0
```

單一的chatGPT機器人對話範例

@此處須申請OPEN API 的金鑰，讀者使用時須注意金鑰只有免費的5美金額度

```
1 import openai #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
2 openai.api_key = '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' #20231217 TEST
3
4 response = openai.Completion.create(
5         model="text-davinci-003",
6         prompt="請問台灣的面積有多大？",
7         max_tokens=128,
8         temperature=0.5,
9 )
10 print(response)
11 completed_text = response["choices"][0]["text"]
12 print(completed_text)
```

透過chatGPT設計連續對話範例

@加入使用者的輸入框

```
[ ]  1 #[{'role': 'user', 'content': ''}, {'role': 'user', 'content': '你好'}, {'role':
     2 def askChatGPT(messages):
     3     print(str(messages))
     4     MODEL = "gpt-3.5-turbo"
     5     response = openai.ChatCompletion.create(
     6             model=MODEL,
     7             messages = messages,
     8             temperature=1)
     9     return response['choices'][0]['message']['content']
    10
    11 def main():
    12     messages = [{"role": "user","content":""}]
    13     while 1:
    14         try:
    15             text = input('你：')
    16             if text == 'quit':
    17                 break
    18
    19             d = {"role":"user","content":text}
    20             messages.append(d)
    21
    22             text = askChatGPT(messages)
    23             d = {"role":"assistant","content":text}
    24             print('ChatGPT：'+text+'\n')
    25             messages.append(d)
    26         except:
    27             messages.pop()
    28             print('ChatGPT：error\n')
    29 main()
    30
    31

[{'role': 'user', 'content': ''}, {'role': 'user', 'content': '請推薦我永康的美食'}]
ChatGPT：error
```

說明：

這段程式碼實現了一個簡單的對話系統，使用了 OpenAI 的 GPT-3.5-turbo 模型，可以進行基於先前對話歷史的聊天生成。以下是對程式碼的解釋：

- askChatGPT(messages) 函數：

該函數接收一個包含對話歷史的 messages 列表。

設定使用的 GPT 模型為 "gpt-3.5-turbo"。

使用 OpenAI 的 ChatCompletion.create 函數進行對話生成，輸入包含使用者和助手角色的對話歷史。

設定生成的溫度 (temperature) 為 1，以確保生成的回應有一定的隨機性。

返回生成的回應內容。

- main() 函數：

初始化一個對話歷史 messages，一開始只有一個空的使用者訊息 {"role"："user","content"：""}。

進入無窮迴圈，持續接收使用者輸入，直到使用者輸入 'quit' 為止。

將使用者輸入加入對話歷史中，調用 askChatGPT(messages) 函數獲取 ChatGPT 的回應。

將 ChatGPT 的回應加入對話歷史中，並顯示在終端中。

如果在輸入過程中發生錯誤，則捕獲錯誤、刪除最後一條訊息，並顯示錯誤訊息。

使用者可以通過輸入 'quit' 退出對話。

總而言之程式碼實現了一個簡單的對話互動，使用者輸入一條訊息，ChatGPT 基於先前的對話歷史生成回應，並將生成的回應顯示在終端中。

- 補充：Open AI 的 API 可以讀以下文件

https：//github.com/openai/openai-python?source=post_page-----57be848f8481--------------------------------

OpenAI Python API library

pypi v1.10.0

The OpenAI Python library provides convenient access to the OpenAI REST API from any Python 3.7+ application. The library includes type definitions for all request params and response fields, and offers both synchronous and asynchronous clients powered by httpx.

It is generated from our OpenAPI specification with Stainless.

Documentation

The REST API documentation can be found on platform.openai.com. The full API of this library can be found in api.md.

Installation

> Important
>
> The SDK was rewritten in v1, which was released November 6th 2023. See the v1 migration guide, which includes scripts to automatically update your code.

```
pip install openai
```

第 5 章

機器學習概論：監督式技術 VS. 非監督式技術 VS. 強化式技術

5.1 sk-learn 套件的安裝和解說

對於初學者而言，本書建議讀者到中文社群 (簡體) 進行閱讀來的有效率：

網址：https：//scikit-learn.org.cn/(英文官方原址：https：//scikit-learn.org/stable/)

截圖引用該官網

scikit-learn（常簡稱為 sklearn）是一個用於機器學習的 Pythonw 套件。它提供了簡單且高效的工具用於數據探勘和數據分析。下面是如何安裝和使用 scikit-learn 的解釋：

安裝 scikit-learn

你可以通過 pip 來安裝 scikit-learn。在終端或命令提示字元中執行以下指令：

```
! pip install scikit-learn
```

scikit-learn 提供了豐富的功能和工具，包括：

- 監督學習：支持多種監督學習算法，如回歸（Regression）、分類（Classification）、支持向量機（Support Vector Machines）等。

- 非監督學習：提供了聚類（Clustering）、降維（Dimensionality Reduction）、異常檢測（Outlier Detection）等功能。
- 特徵工程：包括特徵選擇、特徵提取和轉換等功能。
- 模型評估和選擇：提供了交叉驗證、網格搜索（Grid Search）、評估指標等功能，幫助你選擇最優的模型。
- 資料預處理：包括標準化、正規化、缺失值處理等功能。
- 集成式學習：支持集成學習方法，如隨機森林（Random Forests）、梯度提升（Gradient Boosting）等。

載入套件集：

此處，本書使用 KNN(K 鄰近法) 做基本分類

```
[1]  1 from sklearn.datasets import load_iris
     2 from sklearn.model_selection import train_test_split
     3 from sklearn.neighbors import KNeighborsClassifier
     4 from sklearn.metrics import accuracy_score
```

這裡最重要的地方須注意：

from sklearn.model_selection import train_test_split

目的是 sklearn.model_selection 模組中的 train_test_split 函數是用於將數據集劃分為訓練集和測試集的工具。這個函數通常在機器學習任務中用於評估模型的性能。

```
train_test_split(*arrays, test_size=None, train_size=None, random_state=None,
shuffle=True, stratify=None)
```

- *arrays: 一個或多個數組，表示要劃分的數據集。通常包括特徵數組和標籤數組。

- test_size: 測試集的大小。可以是浮點數（表示測試集所占比例）或整數（表示測試集樣本的數量）。默認值為 0.25。
- train_size: 訓練集的大小。可以是浮點數（表示訓練集所占比例）或整數（表示訓練集樣本的數量）。如果未指定，將自動設置為 (1- test_size)。
- random_state: 隨機數種子，用於隨機劃分數據集。設置了相同的種子值，每次劃分的結果都將相同。如果不設置，每次劃分結果都會不同。
- shuffle: 是否在劃分前對數據進行洗牌。默認為 True。
- stratify: 如果指定了這個參數，劃分的時候會保持類別的分佈相同。通常在分類問題中使用。

通常，在訓練集和測試集的切割；**並不會**影響模型訓練結果準確度，而通常訓練集比測試集的比例多 !(常見 Trainsize：Testsize, 80%：20%)

random_state 在機器學習的意義：

random_state 參數在 scikit-learn 中的機器學習算法中扮演了一個重要的角色，特別是在資料集劃分、資料洗牌和模型訓練等方面。下面我們來詳細解釋一下 random_state 參數與模型擬合的相關性：

- **random_state 的作用：**

資料集劃分：在使用 train_test_split 函數划分資料集時，random_state 參數控制著資料集的隨機划分過程。相同的 random_state 會使得每次划分得到的訓練集和測試集相同，這樣有助於結果的可重複性和可驗證性。

資料洗牌：在訓練模型之前，通常會對資料集進行洗牌，以防止模型過度擬合。random_state 參數也在這一步起作用，確保每次洗牌的結果相同，保持結果的一致性。

模型初始化：在一些需要隨機初始化參數的模型中（例如神經網路），random_state 參數可以確保每次初始化得到相同的參數值，使得模型訓練的過程可重複。

- **與模型擬合的相關性：**

random_state 參數與模型擬合的直接關係通常體現在資料集划分和資料洗牌兩個方面：

資料集划分的一致性：如果在擬合模型時使用了划分的訓練集和測試集，那麼 random_state 的選擇會直接影響模型在測試集上的性能評估結果。相同的 random_state 會導致相同的資料劃分，從而使得模型評估結果保持一致。

資料洗牌的一致性：在模型訓練過程中，資料洗牌可以有效地避免模型對資料的順序敏感，防止模型在學習時記住了資料的順序而影響模型的泛化能力。通過固定 random_state，可以確保每次洗牌得到相同的資料順序，使得模型的訓練過程具有可重複性。

因此，random_state 參數可以說是在訓練模型時控制隨機性的關鍵因素之一，通過合適地選擇 random_state，可以使得模型的擬合過程具有可重複性和可驗證性。

通常模型訓練規則如下：(此處，本書使用線性回歸來做說明)

```
from sklearn.linear_model import LinearRegression

# 創建一個線性回歸模型
model = LinearRegression()

# 對訓練數據進行擬合
model.fit(XTrain, yTrain)

# 對測試數據進行預測
predictions = model.predict(XTest)
```

說明範例程式碼：https：//colab.research.google.com/drive/1cS0vha2zHl7NNYWmA0VYHAkZPDbqimDL?usp=sharing

在 scikit-learn 中，機器學習模型的訓練和預測通常遵循以下步驟：

建立模型：首先，你需要選擇一個合適的機器學習模型，例如線性回歸、支持向量機、決策樹等。然後，你創建一個模型對象，例如 LinearRegression()。

訓練模型：使用模型的 fit() 方法來將模型與訓練數據進行擬合。這意味著將模型與特徵數據（XTrain）和對應的目標值（yTrain）進行訓練，以使模型能夠理解特徵和目標值之間的關係。

模型預測：使用訓練好的模型來對新的數據進行預測。這通常通過模型的 predict() 方法來實現。將測試數據（XTest）作為輸入，模型會返回對應的預測結果，這些預測結果可以存儲在一個變量中，例如 predictions。

上面簡單的範例，說明了如何使用線性回歸模型來訓練和預測：

在這個示例中，我們首先創建了一個線性回歸模型 model，然後使用 fit() 方法將模型與訓練數據進行擬合。接著，本書使用 predict() 方法對測試數據進行預測，並將預測結果存儲在 predictions 變量中。

確保你的模型是有效的 scikit-learn 模型，並且擁有 fit() 和 predict() 方法。在預測時，使用測試數據作為輸入，並確保存儲預測結果的變數。

- **評估指標：**

在機器學習中，評估模型的性能是非常重要的一步。常見的評估指標取決於你所解決的問題類型，例如分類問題和回歸問題具有不同的評估指標。以下是一些常見的評估方法：

- 分類問題評估指標：

混淆矩陣（Confusion Matrix）：顯示了模型預測和實際值之間的結果，包括真陽性（True Positive）、真陰性（True Negative）、偽陽性（False Positive）和偽陰性（False Negative）。

精確度（Accuracy）：預測正確的樣本數量與總樣本數量的比率。

準確率（Precision）：預測為正例的樣本中有多少是真正的正例。

召回率（Recall）：真實為正例的樣本中有多少被預測為正例。

F1 分數（F1 Score）：精確度和召回率的加權調和平均值。

- 回歸問題評估指標：

均方誤差（Mean Squared Error，MSE）：預測值與實際值之間差的平方的平均值。

平均絕對誤差（Mean Absolute Error，MAE）：預測值與實際值之間差的絕對值的平均值。

R 平方（R-squared）：模型對變異性的解釋程度，取值範圍從 0 到 1，值越高越好。

可解釋變異（Explained Variance）：模型能夠解釋的方差的百分比。

在 scikit-learn 中，讀者可以使用相應的函數或方法來計算這些評估指標。例如，對於分類問題，你可以使用 accuracy_score, precision_score, recall_score, f1_score 等函數；對於回歸問題，讀者可以使用 mean_squared_error, mean_absolute_error, r2_score 等函數。詳細的評估方法，本書放在第七章作最詳細的說明。

5.2 監督式技術概念：線性回歸

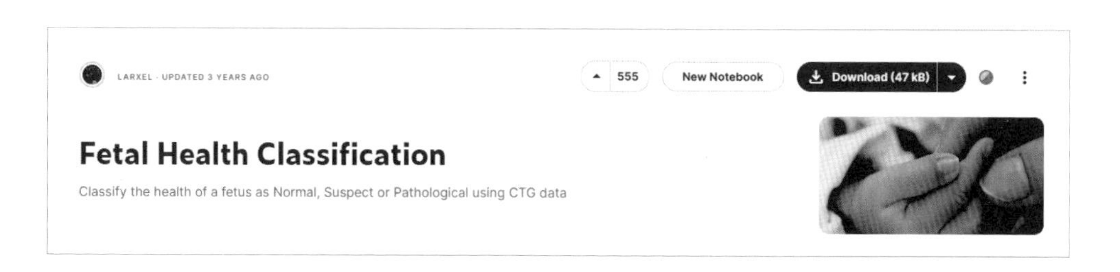

此處本書使用胎兒健康分類資料集做說明，資料及下載處：https：//www.kaggle.com/datasets/andrewmvd/fetal-health-classification

背景說明：降低兒童死亡率反映在聯合國可持續發展目標中的幾個方面，是人類進步的關鍵指標。聯合國預期到 2030 年，各國將終結新生兒和 5 歲以下兒童可預防死亡，所有國家的目標是將 5 歲以下兒童死亡率降至每 1,000 活產至少不高於 25。

與兒童死亡率相平行的當然是孕產婦死亡率，2017 年據報導在懷孕和分娩過程中有 295,000 人死亡。絕大多數（94%）的死亡發生在資源匱乏的地區，而大多數情況本可以避免。

鑑於上述情況，胎兒心電圖（CTG）是一種簡單且成本可承受的選擇，可用於評估胎兒健康，讓醫療專業人員採取行動以預防兒童和孕產婦的死亡。這種設備通過發送超聲脈衝並讀取其響應來工作，從而闡明胎兒心率（FHR）、胎兒運動、子宮收縮等情況。

資料：該數據集包含 2126 條從胎兒心電圖檢查中提取的特徵記錄，然後由三名專家產科醫師分為 3 類：正常可疑病理；因此，本節的探討目的就是透過資料集來訓練機器學習模型以將未來的胎兒健康狀況分類為正常、可疑或病理的。

總而言之，懷孕期間兒童和孕產婦的死亡是全球發生的悲劇性健康問題之一。為此，胎兒心電圖（CTG）是一種利用超聲脈衝來監測胎兒健康參數，如胎心率（FHR）、胎動和子宮收縮的技術，幫助醫護專業人員評估胎兒的整體健康狀況，以確定兒童死亡的風險。然而，分析胎兒心電圖並得出結論並不是一個容易的過程。尤其是在不發達國家，缺乏合格的人員使這一情況更加惡化。

本書利用機器學習算法中最簡單的線性回歸，輕鬆分析 CTG 數據，並評估其對胎兒和孕產婦健康結果的影響，將胎兒作健康分類，以預防嬰兒和母親的死亡。

這是一個胎兒心電圖（CTG）數據集的示例，包含了多個特徵和對應的胎兒健康狀況。以下是每個特徵的說明：

- baseline value: 基線值，指 CTG 的基本值，通常是胎兒心率的平均值。
- accelerations: 加速，指 CTG 中出現的胎兒心率加速的次數。
- fetal_movement: 胎動，指 CTG 中觀察到的胎兒運動的次數。

- uterine_contractions: 子宮收縮，指 CTG 中觀察到的子宮收縮的次數。
- light_decelerations: 輕度減速，指 CTG 中出現的胎兒心率輕度減速的次數。
- severe_decelerations: 嚴重減速，指 CTG 中出現的胎兒心率嚴重減速的次數。
- prolongued_decelerations: 延長減速，指 CTG 中出現的胎兒心率延長減速的次數。
- abnormal_short_term_variability: 短期變異性異常，指 CTG 中胎兒心率短期變異性異常的次數。
- mean_value_of_short_term_variability: 短期變異性的平均值。
- percentage_of_time_with_abnormal_long_term_variability: 長期變異性異常的時間百分比。
- mean_value_of_long_term_variability: 長期變異性的平均值。
- histogram_width: 直方圖寬度。
- histogram_min: 直方圖的最小值。
- histogram_max: 直方圖的最大值。
- histogram_number_of_peaks: 直方圖的峰值數量。
- histogram_number_of_zeroes: 直方圖的零值數量。
- histogram_mode: 直方圖的模式。
- histogram_mean: 直方圖的平均值。
- histogram_median: 直方圖的中位數。
- histogram_variance: 直方圖的變異數。
- histogram_tendency: 直方圖的趨勢。
- fetal_health: 胎兒健康狀況，分為正常、可疑和病理。

這些特徵可以用來預測胎兒的健康狀況，以及對應的潛在風險。你可以使用機器學習模型對這些特徵進行訓練，從而實現對胎兒健康狀況的預測。

- 資料集描述與探勘：

[7]:
```
# Description of the dataset
data.describe().T
```

[7]:

	count	mean	std	min	25%	50%	75%	max
baseline value	2113.0	133.304780	9.837451	106.0	126.000	133.000	140.000	160.000
accelerations	2113.0	0.003188	0.003871	0.0	0.000	0.002	0.006	0.019
fetal_movement	2113.0	0.009517	0.046804	0.0	0.000	0.000	0.003	0.481
uterine_contractions	2113.0	0.004387	0.002941	0.0	0.002	0.005	0.007	0.015
light_decelerations	2113.0	0.001901	0.002966	0.0	0.000	0.000	0.003	0.015
severe_decelerations	2113.0	0.000003	0.000057	0.0	0.000	0.000	0.000	0.001
prolongued_decelerations	2113.0	0.000159	0.000592	0.0	0.000	0.000	0.000	0.005
abnormal_short_term_variability	2113.0	46.993848	17.177782	12.0	32.000	49.000	61.000	87.000
mean_value_of_short_term_variability	2113.0	1.335021	0.884368	0.2	0.700	1.200	1.700	7.000
percentage_of_time_with_abnormal_long_term_variability	2113.0	9.795078	18.337073	0.0	0.000	0.000	11.000	91.000
mean_value_of_long_term_variability	2113.0	8.166635	5.632912	0.0	4.600	7.400	10.800	50.700
histogram_width	2113.0	70.535258	39.007706	3.0	37.000	68.000	100.000	180.000
histogram_min	2113.0	93.564600	29.562269	50.0	67.000	93.000	120.000	159.000
histogram_max	2113.0	164.099858	17.945175	122.0	152.000	162.000	174.000	238.000
histogram_number_of_peaks	2113.0	4.077142	2.951664	0.0	2.000	4.000	6.000	18.000
histogram_number_of_zeroes	2113.0	0.325603	0.707771	0.0	0.000	0.000	0.000	10.000
histogram_mode	2113.0	137.454330	16.402026	60.0	129.000	139.000	148.000	187.000
histogram_mean	2113.0	134.599621	15.610422	73.0	125.000	136.000	145.000	182.000
histogram_median	2113.0	138.089446	14.478957	77.0	129.000	139.000	148.000	186.000
histogram_variance	2113.0	18.907241	29.038766	0.0	2.000	7.000	24.000	269.000
histogram_tendency	2113.0	0.318504	0.611075	-1.0	0.000	0.000	1.000	1.000
fetal_health	2113.0	1.303833	0.614279	1.0	1.000	1.000	1.000	3.000

- 資料集中的資料型態：

```
# Shows coloumns, number of non-null values and its data types
data.info(verbose=True)
```

```
<class 'pandas.core.frame.DataFrame'>
Index: 2113 entries, 0 to 2125
Data columns (total 22 columns):
 #   Column                                                  Non-Null Count  Dtype  
---  ------                                                  --------------  -----  
 0   baseline value                                          2113 non-null   float64
 1   accelerations                                           2113 non-null   float64
 2   fetal_movement                                          2113 non-null   float64
 3   uterine_contractions                                    2113 non-null   float64
 4   light_decelerations                                     2113 non-null   float64
 5   severe_decelerations                                    2113 non-null   float64
 6   prolongued_decelerations                                2113 non-null   float64
 7   abnormal_short_term_variability                         2113 non-null   float64
 8   mean_value_of_short_term_variability                    2113 non-null   float64
 9   percentage_of_time_with_abnormal_long_term_variability  2113 non-null   float64
 10  mean_value_of_long_term_variability                     2113 non-null   float64
 11  histogram_width                                         2113 non-null   float64
 12  histogram_min                                           2113 non-null   float64
 13  histogram_max                                           2113 non-null   float64
 14  histogram_number_of_peaks                               2113 non-null   float64
 15  histogram_number_of_zeroes                              2113 non-null   float64
 16  histogram_mode                                          2113 non-null   float64
 17  histogram_mean                                          2113 non-null   float64
 18  histogram_median                                        2113 non-null   float64
 19  histogram_variance                                      2113 non-null   float64
 20  histogram_tendency                                      2113 non-null   float64
 21  fetal_health                                            2113 non-null   float64
dtypes: float64(22)
memory usage: 379.7 KB
```

- 基礎的統計，正常、可疑或病理的狀況：

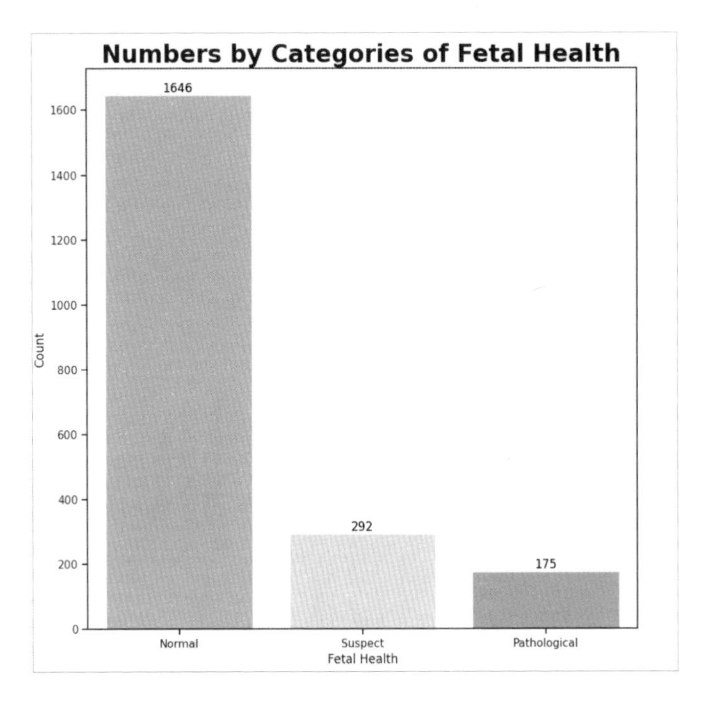

- 相依矩陣及係數的繪製：

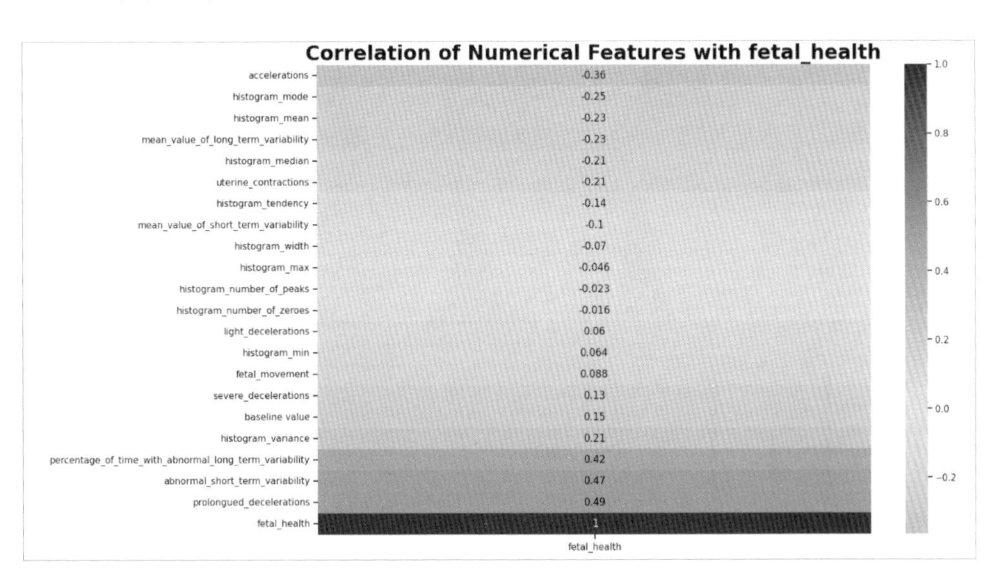

- 資料集中各個參數的分布：

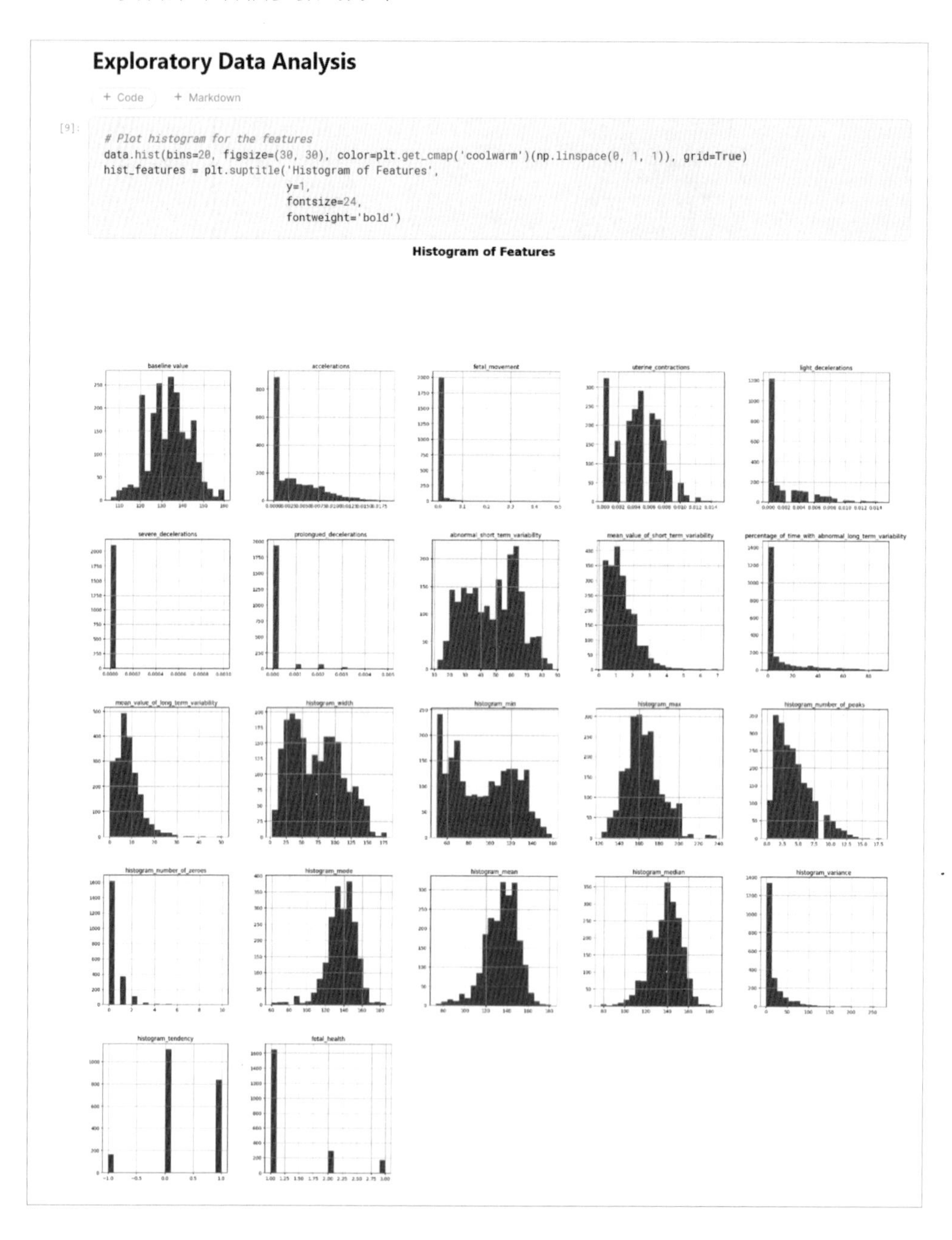

- 繪製各參數的箱型圖做數據觀察之一：

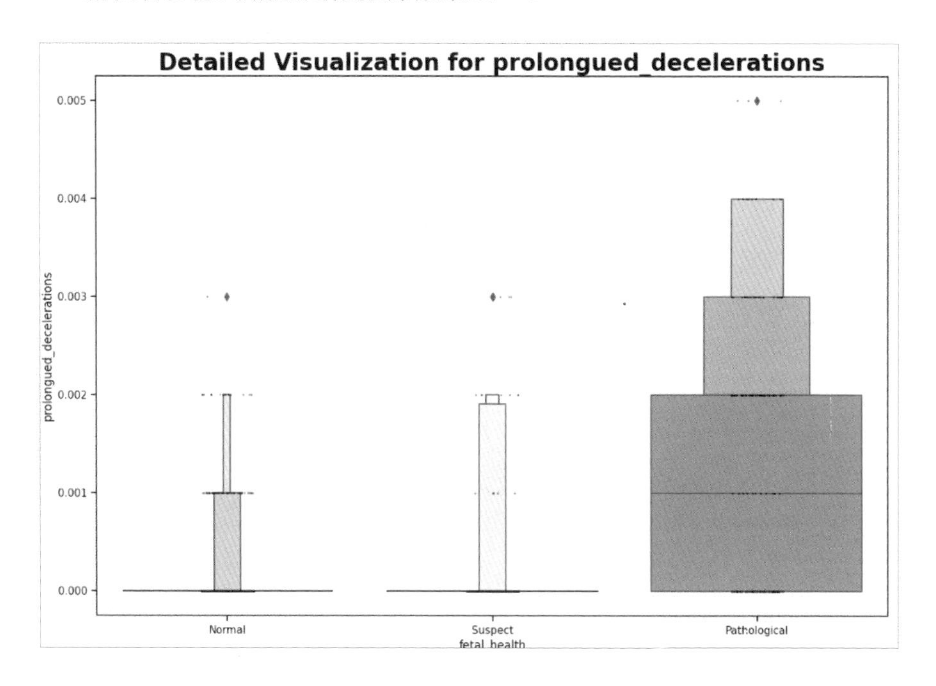

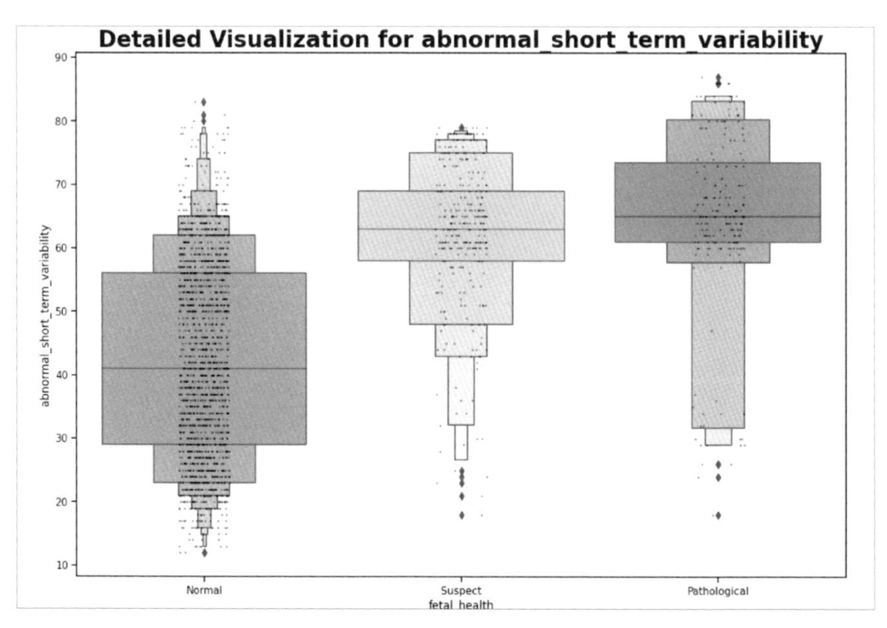

- 繪製各參數的箱型圖做數據觀察之二：

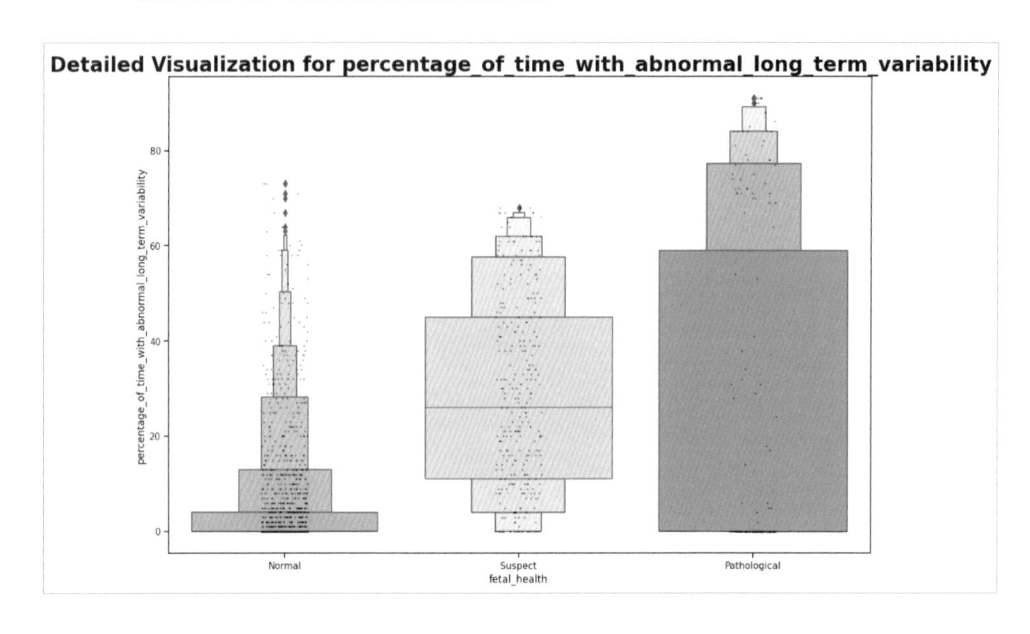

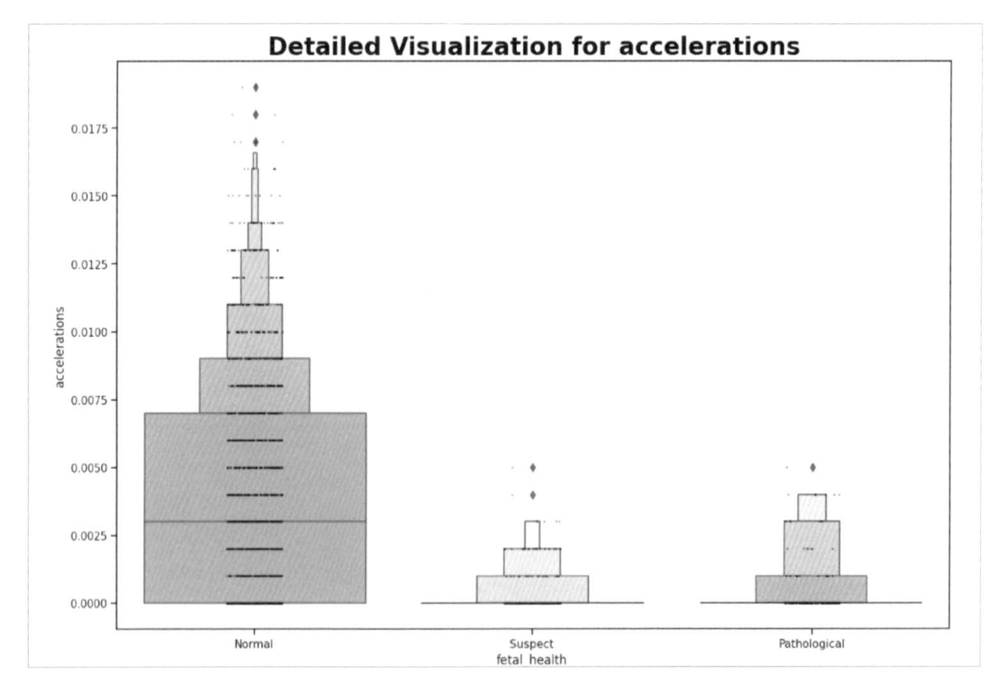

- 繪製各參數的箱型圖做數據觀察之三：

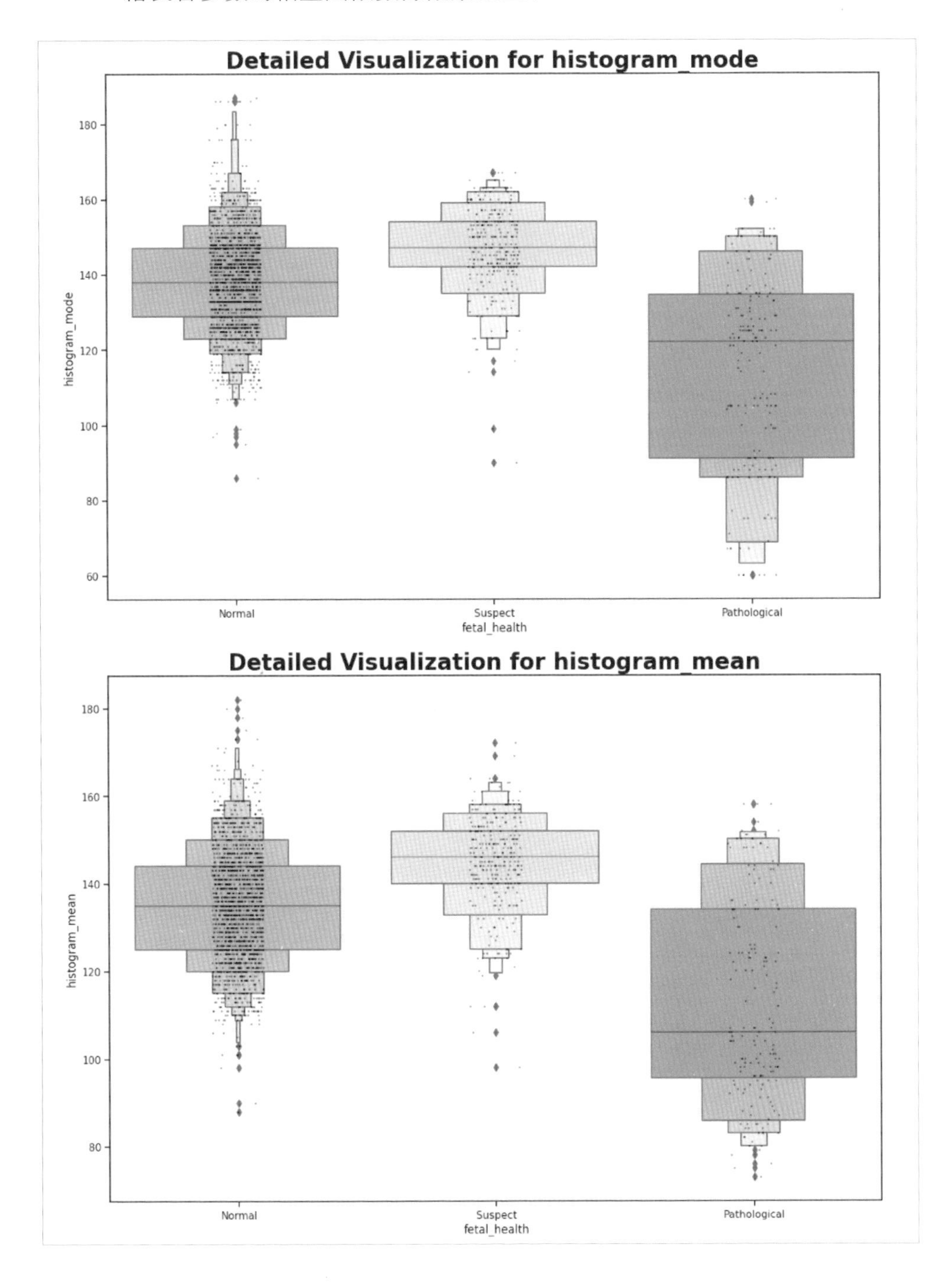

- 使用線性回歸做分類並繪製混淆矩陣：

```
from sklearn.linear_model import LinearRegression
from sklearn.model_selection import train_test_split
from sklearn.metrics import accuracy_score, confusion_matrix
import matplotlib.pyplot as plt
import seaborn as sns

# Split the dataset into training and test sets
X_train, X_test, y_train, y_test = train_test_split(X_df, y, test_size=0.2, random_state=42)

# Initialize the linear regression model
model = LinearRegression()

# Train the model on the training set
model.fit(X_train, y_train)

# Make predictions on the test set
y_pred = model.predict(X_test)

# Convert predicted values to class labels
y_pred_rounded = [round(pred) for pred in y_pred]

# Calculate accuracy
accuracy = accuracy_score(y_test, y_pred_rounded)
print("Accuracy:", accuracy)

# Plot the confusion matrix
cm = confusion_matrix(y_test, y_pred_rounded)
plt.figure(figsize=(8, 6))
sns.heatmap(cm, annot=True, fmt="d", cmap="Blues", xticklabels=["Normal", "Suspect", "Pathological"], yticklabels=["Normal", "Suspect", "Pathological"])
plt.xlabel('Predicted Label')
plt.ylabel('True Label')
plt.title('Confusion Matrix')
plt.show()
```

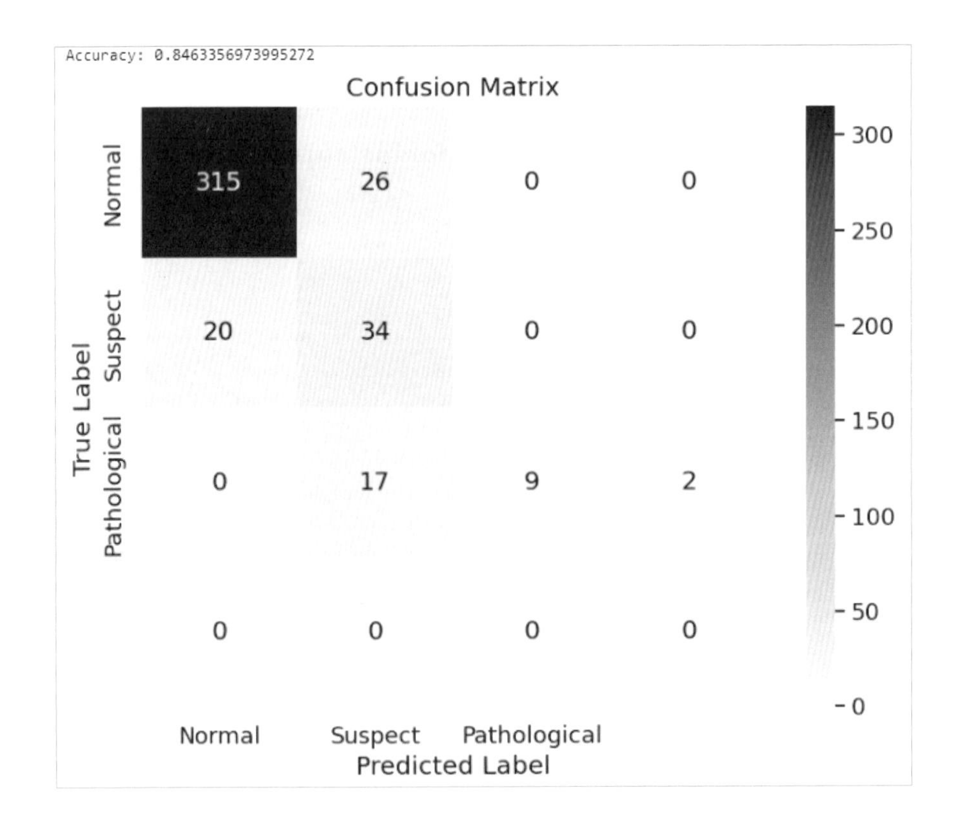

上述本書提供的程式碼用於使用線性回歸模型對數據進行分類，並繪製混淆矩陣以評估模型的性能。下面是每個部分的說明：

導入套件：程式碼開始時導入從 sklearn.linear_model 導入 LinearRegression 模型，從 sklearn.model_selection 導入 train_test_split 函數，從 sklearn.metrics 導入 accuracy_score 和 confusion_matrix 函數，以及導入用於繪圖的 matplotlib.pyplot 和 seaborn 套件。

數據集分割：使用 train_test_split 函數將數據集分割為訓練集和測試集。設置 test_size=0.2 表示測試集佔整個數據集的 20%，random_state=42 確保每次運行時分割的結果相同。

- 初始化模型：初始化線性回歸模型。
- 模型訓練：使用訓練集對模型進行訓練，使用 fit 方法。
- 進行預測：使用訓練好的模型對測試集進行預測，並將預測值存儲在 y_pred 中。
- 轉換預測值：將連續型的預測值轉換為類別標籤，這裡使用了四捨五入的方式。
- 計算準確率：使用 accuracy_score 函數計算模型的準確率，即預測正確的樣本數除以總樣本數。
- 繪製混淆矩陣：使用 confusion_matrix 函數計算混淆矩陣，然後使用 seaborn 和 matplotlib 繪製混淆矩陣的熱度圖。混淆矩陣以矩形矩陣的形式顯示了模型的預測結果與真實標籤之間的關係。

最後，提供預測準確度，並顯示了混淆矩陣的熱點圖，以便更直觀地評估模型的性能和預測結果。

5.3 監督式技術概念：邏輯式回歸

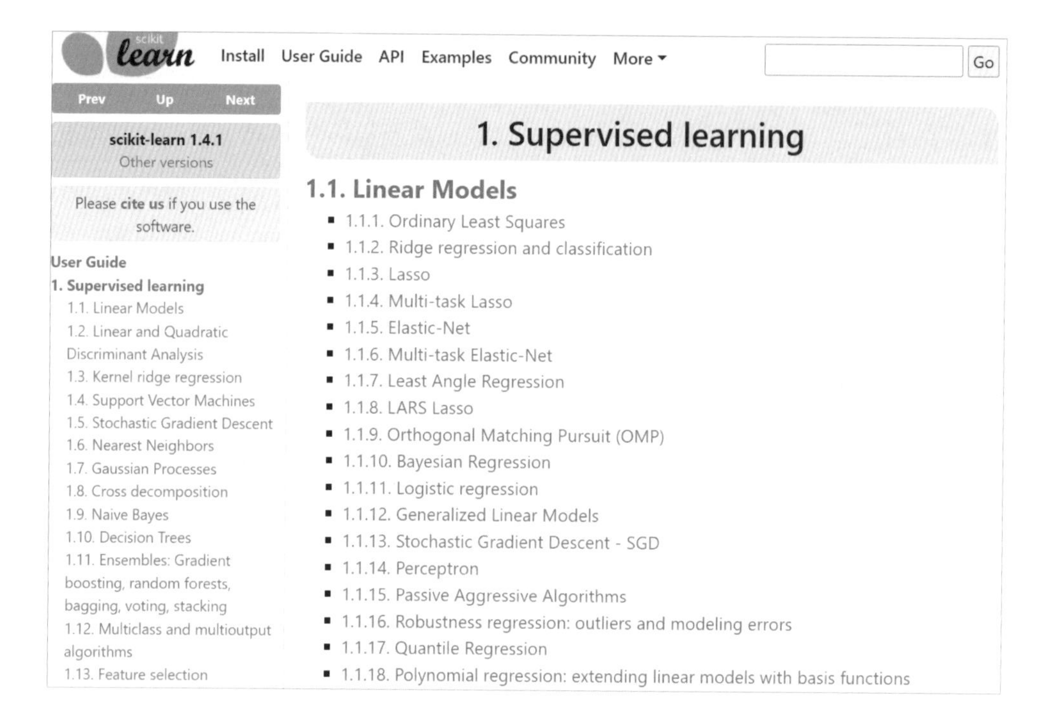

在監督式學習，有各種不同的線型模型；此處本書就邏輯式回歸改寫第一節胎兒資料集做簡單說明！

https：//scikit-learn.org/stable/modules/linear_model.html#logistic-regression

• 邏輯回歸（Logistic Regression）：

是一種用於解決二元分類問題的監督式機器學習算法。儘管名稱中含有「回歸」，但實際上它是一種分類模型，用於預測某個輸入實例屬於某一類別的機率。

邏輯回歸使用一個稱為 Sigmoid 函數（也稱為 Logistic 函數）來執行分類。Sigmoid 函數的數學表達式如下：

其中 z 是一個線性組合，可以寫成：

$$\sigma(z)=\frac{1}{1+e^{-z}}$$

$$z=w_0+w_1x_1+w_2x_2+\ldots+w_nx_n$$

這裡，$w_0,w_1,w_2,\ldots,w_n$ 是模型的權重 (參數)，$x_1,x_2,\ldots,x_n$ 是輸入特徵。Sigmoid 函數將 z 轉換為 0 到 1 之間的值，這可以解釋為屬於某一類別的機率。

Sigmoid 函數的特點是它的輸出值域在 0 到 1 之間，並且具有一個 S 形曲線。當 z 趨於正無窮大時，$\sigma(z)$ 趨近於 1；當 z 趨於負無窮大時，$\sigma(z)$ 趨近於 0。這種特性使得 Sigmoid 函數非常適合用於將線性組合的結果轉換為概率。

總而言之，邏輯回歸通過使用 Sigmoid 函數將線性組合的結果轉換為 0 到 1 之間的機率 (其實就是 50%)，並將這些機率解釋為某個實例屬於某一類別的機率。這使得我們可以將其用於二元分類問題，並且在某些分類問題，應用到多任務分類。

邏輯回歸與神經元有著密切的關係，特別是在解釋邏輯回歸的工作原理時。

- 神經元模型：

在人工神經網絡（ANN）中，神經元是網絡的基本單元。它接收來自輸入層或其他神經元的多個輸入，將它們加權總和，然後通過激活函數（如 Sigmoid 函數）將結果轉換為輸出。

- 邏輯回歸與單個神經元：邏輯回歸可以看作是一個具有單個神經元的簡單神經網絡。輸入特徵經過加權總和後，通過 Sigmoid 函數進行轉換，最終產生一個二元輸出。
- 權重和偏差：在邏輯回歸中，我們有一個權重（通常表示為 w）來加權每個輸入特徵，並且通常還有一個偏差項（通常表示為 b），它決定了在沒有輸入時模型的輸出值。
- 激活函數：在神經元模型中，激活函數用於將加權輸入的總和轉換為輸出。在邏輯回歸中，我們使用 Sigmoid 函數作為激活函數，將線性組合的結果轉換為 0 到 1 之間的概率。

總而言之，雖然邏輯回歸是一種獨立的演算法，但它的基本原理與神經元的工作方式密切相關，通常在深度學習領域應用在激活函數的權重。這種關係有助於讀者理解邏輯回歸是如何利用單個神經元來進行二元分類的。

```
# 在訓練集上訓練模型
model.fit(X_train, y_train)

# 在測試集上進行預測
y_pred = model.predict(X_test)

# 將預測值轉換為類別標籤
y_pred_rounded = [round(pred) for pred in y_pred]

# 計算準確率
accuracy = accuracy_score(y_test, y_pred_rounded)
print("準確率:", accuracy)

import matplotlib.pyplot as plt
import seaborn as sns

# 繪製混淆矩陣
plt.figure(figsize=(8, 6))
sns.set(font_scale=1.2)  # 設置字體比例
sns.heatmap(cm, annot=True, fmt="d", cmap="Blues", linewidths=0.5, linecolor='black',
            xticklabels=["Normal", "Suspect", "Pathological"],
            yticklabels=["Normal", "Suspect", "Pathological"])
plt.xlabel('Predicted Label', fontsize=14)  # 設置 x 軸標籤字體大小
plt.ylabel('True Label', fontsize=14)  # 設置 y 軸標籤字體大小
plt.title('Confusion Matrix', fontsize=16)  # 設置標題字體大小
plt.xticks(fontsize=12)  # 設置 x 軸刻度字體大小
plt.yticks(fontsize=12)  # 設置 y 軸刻度字體大小
plt.show()
```

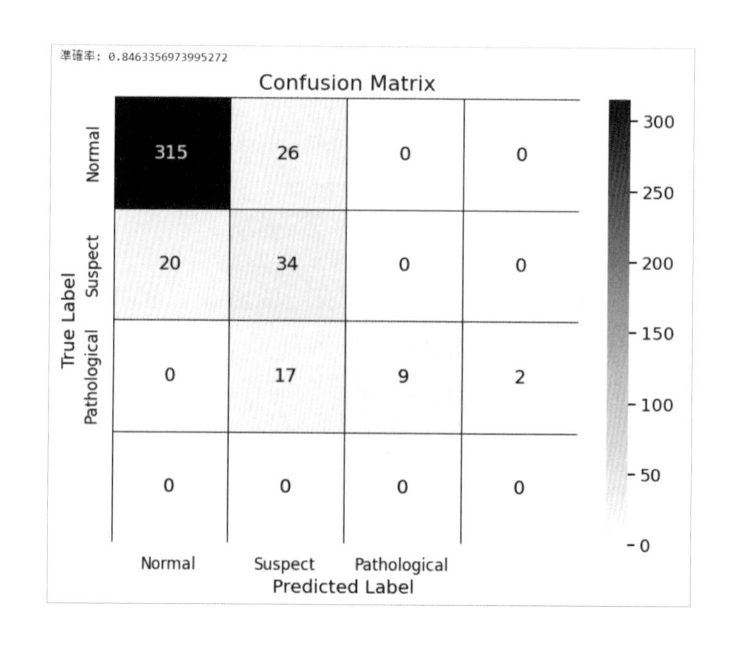

- 監督式技術概念：SVM 支援向量機

支持向量機（Support Vector Machine，SVM）是一種常用的監督式機器學習算法，用於分類和回歸問題。其原理基於找到能夠有效區分不同類別的超平面，使得兩個類別的樣本能夠盡可能地分離。在二維空間中，這個超平面是一條直線；在更高維空間中，它可以是一個超平面。

SVM 的工作原理可以概括如下：

- 分隔超平面： SVM 的目標是找到一個能夠將不同類別的樣本分開的超平面。這個超平面被稱為分隔超平面，並且使得兩個類別中距離超平面最近的樣本點到超平面的距離最大化。
- 支持向量：在 SVM 中，距離分隔超平面最近的樣本點被稱為支持向量。這些支持向量決定了分隔超平面的位置和方向。
- 核函數：在輸入特徵空間中，樣本可能不是線性可分的。為了解決這個問題，SVM 使用核函數來將輸入特徵映射到更高維的空間，使得樣本在這個空間中變得線性可分。常用的核函數包括線性核、多項式核、高斯核等。
- 優化問題： SVM 通過解決一個凸優化問題來找到最優的分隔超平面。這個問題的目標是最大化支持向量到分隔超平面的距離，同時使得分類誤差最小化。

程式的簡單範例如下：

```
[1]  1 from sklearn import svm
     2 from sklearn.datasets import load_iris
     3 from sklearn.model_selection import train_test_split
     4 from sklearn.metrics import accuracy_score
     5
     6 # 載入數據集
     7 iris = load_iris()
     8 X, y = iris.data, iris.target
     9
    10 # 分割數據集為訓練集和測試集
    11 X_train, X_test, y_train, y_test = train_test_split(X, y, test_size=0.2, random_state=42)
    12
    13 # 初始化 SVM 分類器
    14 clf = svm.SVC(kernel='linear')
    15
    16 # 在訓練集上訓練模型
    17 clf.fit(X_train, y_train)
    18
    19 # 在測試集上進行預測
    20 y_pred = clf.predict(X_test)
    21
    22 # 計算準確率
    23 accuracy = accuracy_score(y_test, y_pred)
    24 print("準確率:", accuracy)
    25
```

此處，本書使用鳶尾花資料集來做 svm 分類說明，下列這段程式碼將繪製出 SVM 分類器的決策邊界以及數據點。讀者可以看到分類器是如何將特徵空間分為不同的區域，以區分不同的類別。

```
 1 import numpy as np
 2 import matplotlib.pyplot as plt
 3 from sklearn import datasets
 4 from sklearn.model_selection import train_test_split
 5 from sklearn.svm import SVC
 6
 7 # 載入鳶尾花數據集
 8 iris = datasets.load_iris()
 9 X = iris.data[:, :2]  # 我們只使用前兩個特徵以便視覺化
10 y = iris.target
11
12 # 將數據集分割為訓練集和測試集
13 X_train, X_test, y_train, y_test = train_test_split(X, y, test_size=0.2, random_state=42)
14
15 # 初始化 SVM 分類器
16 clf = SVC(kernel='linear')
17
18 # 在訓練集上訓練模型
19 clf.fit(X_train, y_train)
20
21 # 計算決策邊界
22 x_min, x_max = X[:, 0].min() - 1, X[:, 0].max() + 1
23 y_min, y_max = X[:, 1].min() - 1, X[:, 1].max() + 1
24 xx, yy = np.meshgrid(np.arange(x_min, x_max, 0.1), np.arange(y_min, y_max, 0.1))
25 Z = clf.predict(np.c_[xx.ravel(), yy.ravel()])
26 Z = Z.reshape(xx.shape)
27
28 # 繪製決策邊界和數據點
29 plt.contourf(xx, yy, Z, alpha=0.8)
30 plt.scatter(X[:, 0], X[:, 1], c=y, edgecolors='k', s=20)
31 plt.xlabel('Sepal Length')
32 plt.ylabel('Sepal Width')
33 plt.title('Decision Boundary of SVM Classifier')
34 plt.show()
```

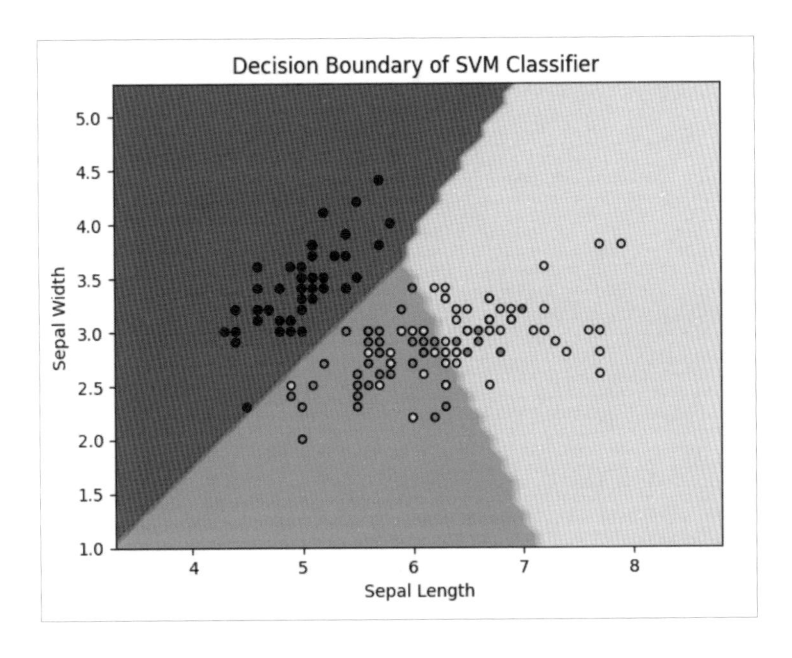

支持向量機（Support Vector Machine，SVM）算法的目的是建立最佳的線條或決策邊界，將 n 維空間劃分為不同的類別，以便將可能出現的新數據輕鬆地放入正確的類別中。這個最佳的決策邊界被稱為超平面，此處本書接續第一節使用的胎兒心電圖（CTG）數據集並使用 SVM 進行分析。

```
[43]:
# Support Vector Classifier
svc = SVC()

[44]:
# Parameter tuning with GridSearchCV
param_grid_svc = {
    'C': [0.1, 1, 10],
    'gamma': ['scale', 'auto', 0.001, 0.01],
    'kernel': ['linear', 'rbf', 'poly'],
}
grid_search_svc = GridSearchCV(SVC(random_state=42), param_grid_svc, cv=10)
grid_search_svc.fit(X_train, y_train)

[44]:
▸ GridSearchCV
▸ estimator: SVC
  ▸ SVC
```

[45]:
```
# Best parameters for SVC
best_params_for_svc = grid_search_svc.best_params_
print(best_params_for_svc)
```

```
{'C': 10, 'gamma': 'scale', 'kernel': 'rbf'}
```

[46]:
```
# Fitting SVC with the best parameters
svc_classifier = SVC(**best_params_for_svc, random_state=42)
svc_classifier.fit(X_train, y_train)
```

[46]:
```
▾ SVC
SVC(C=10, random_state=42)
```

[47]:
```
# Prediction and accuracy
y_pred_svc = svc_classifier.predict(X_test)
accuracy_score(y_test, y_pred_svc) * 100
```

[47]: 95.50827423167848

```
# Confusion matrix for SVC
plt.figure(figsize=(8, 6))
sns.set(font_scale=1.2)

ax = plt.subplot()
sns.heatmap(confusion_matrix(y_test, y_pred_svc), annot=True, ax=ax, cmap='coolwarm')

ax.set_xlabel('Predicted Values',
              fontweight='bold')
ax.set_ylabel('Actual Values',
              fontweight='bold')
ax.set_title('Confusion Matrix for SVC',
             fontsize=24,
             fontweight='bold')
ax.xaxis.set_ticklabels(['Normal', 'Suspect', 'Pathological'])
ax.yaxis.set_ticklabels(['Normal', 'Suspect', 'Pathological'])
```

```
[Text(0, 0.5, 'Normal'), Text(0, 1.5, 'Suspect'), Text(0, 2.5, 'Pathological')]
```

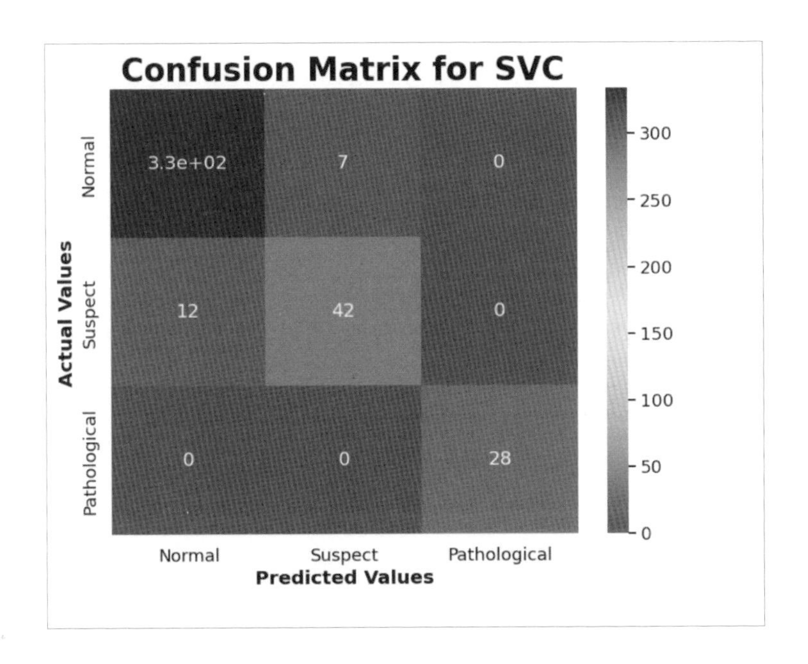


```
# SVC Classification report (precision, recall, f1-score, support, accuracy)
print(classification_report(y_test, y_pred_svc))
```

```
              precision    recall  f1-score   support

         1.0       0.97      0.98      0.97       341
         2.0       0.86      0.78      0.82        54
         3.0       1.00      1.00      1.00        28

    accuracy                           0.96       423
   macro avg       0.94      0.92      0.93       423
weighted avg       0.95      0.96      0.95       423
```

5.5 監督式技術概念 :Decision Tree(決策樹)

引用官網節圖和網址範例如下：

https：//scikit-learn.org/stable/auto_examples/tree/plot_unveil_tree_structure.html

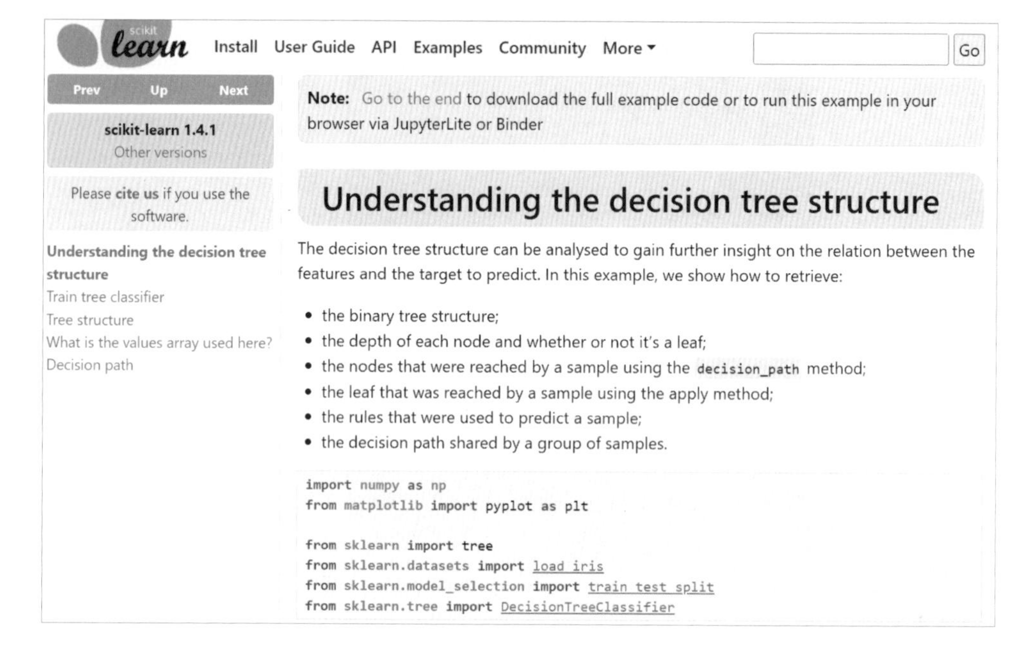
scikit learn　Install　User Guide　API　Examples　Community　More　Go

Prev　Up　Next

scikit-learn 1.4.1
Other versions

Please **cite us** if you use the software.

Understanding the decision tree structure
Train tree classifier
Tree structure
What is the values array used here?
Decision path

Note: Go to the end to download the full example code or to run this example in your browser via JupyterLite or Binder

Understanding the decision tree structure

The decision tree structure can be analysed to gain further insight on the relation between the features and the target to predict. In this example, we show how to retrieve:

- the binary tree structure;
- the depth of each node and whether or not it's a leaf;
- the nodes that were reached by a sample using the `decision_path` method;
- the leaf that was reached by a sample using the apply method;
- the rules that were used to predict a sample;
- the decision path shared by a group of samples.

```
import numpy as np
from matplotlib import pyplot as plt

from sklearn import tree
from sklearn.datasets import load_iris
from sklearn.model_selection import train_test_split
from sklearn.tree import DecisionTreeClassifier
```

- 在 sk-learn 中的決策樹 (Decision Tree) 結構：

Train tree classifier

First, we fit a `DecisionTreeClassifier` using the `load_iris` dataset.

```
iris = load_iris()
X = iris.data
y = iris.target
X_train, X_test, y_train, y_test = train_test_split(X, y, random_state=0)

clf = DecisionTreeClassifier(max_leaf_nodes=3, random_state=0)
clf.fit(X_train, y_train)
```

```
DecisionTreeClassifier
DecisionTreeClassifier(max_leaf_nodes=3, random_state=0)
```

決策分類器具有一個名為 tree_ 的參數，該屬性允許訪問優先權低的參數，例如 node_count（總節點數）和 max_depth（樹的最大深度）。tree_.compute_node_depths() 方法計算樹中每個節點的深度。tree_ 還存儲整個二叉樹結構，表示為多個平行數組。每個數組的第 i 個元素包含有關節點 i 的信息。

節點 0 是樹的根。一些數組僅適用於葉子節點或分裂節點。在這種情況下，另一種類型的節點的值是任意的。例如，feature 和 threshold 數組僅適用於分裂節點。因此，這些數組中的葉節點的值是任意的。

在這些參數中有：

- children_left[i]：節點 i 的左子節點的 ID，如果是葉子節點則為 -1
- children_right[i]：節點 i 的右子節點的 ID，如果是葉子節點則為 -1
- feature[i]：用於分裂節點 i 的特徵
- threshold[i]：節點 i 的閾值
- n_node_samples[i]：達到節點 i 的訓練樣本數量
- impurity[i]：節點 i 的雜質
- weighted_n_node_samples[i]：達到節點 i 的加權訓練樣本數量
- value[i, j, k]：對於節點 i 達到的訓練樣本的總結，類別 j 和輸出 k。

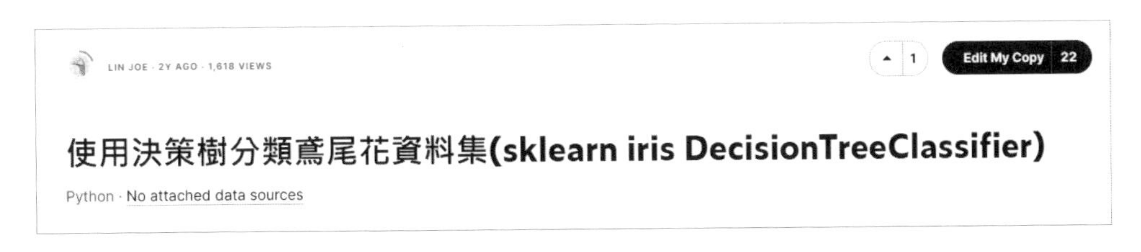

此處，我們使用鳶尾花的經典範例來做決策樹的分類：引用資料連結並做改寫

https：//www.kaggle.com/code/linjoe1219/sklearn-iris-decisiontreeclassifier

- 步驟說明：

1. 使用 sklearn 的 iris 資料集，發現字典格式的資料中有 'data'、'target'、'target_names'、'feature_names' 可加以利用。
2. 用 pandas 整理成表格
3. 用 df.corr() 畫出特徵係數矩陣

4. 用 matplotlib.pyplot 及 seaborn 劃出 feature_names 的熱度圖，以便觀察特徵之間的關係。

5. 用 train_test_split 分出測試資料以及目標資料 (輸入輸出資料)

6. 將測試資料 fit 進 DecisionTreeClassifier

7. 使用 export_graphviz 以及 graphviz 畫出分類樹，可解釋性強

8. 亂度 (熵、entropy)。資料的「增益」：舊的亂度 -- 新的亂度；吉尼係數：亂度的反義，資料的純粹程度

9. 防止過擬合 (Overfitting)：先剪枝或後剪枝 (設定 max_depth)

10. 決策樹優點：說服力強，缺點：調整參數需要經驗法則。

本書此處使用了 Pandas 庫來整理鳶尾花數據集，使其更美觀且方便後續操作。首先，我們將鳶尾花的特徵數據（存儲在 iris["data"] 中）載入到一個 DataFrame 中，並將直行名稱設定為特徵的名稱（存儲在 iris["feature_names"] 中），這樣方便後續觀察和操作。然後，我們在 DataFrame 中新增了一個名為 "target" 的目標（target）欄位，將其設定為資料集的目標值（存儲在 iris["target"] 中）。目標欄位即為訓練和驗證模型時的參考答案。最後，我們輸出整理後的 DataFrame（即 df 變數），以便進一步的操作和分析。

```
# 使用pandas整理資料集，美觀且方便之後操作資料
import pandas as pd

# 參數1: 將鳶尾花資料(data欄位)載入pandas
# columns: 將直行名稱設定為feature_names欄位，方便觀察
df = pd.DataFrame(iris["data"], columns=iris["feature_names"])

# 在pd新增目標(target)欄位，設定為資料集的target欄位
# 目標(target)欄位也就是訓練以及驗證模型時的"參考答案"
df["target"] = iris["target"]
df
```

- 繪製相依矩陣，觀察各個因子之間的關係：

本書使用了 seaborn 和 matplotlib 函式庫來繪製相關係數熱度圖。首先載入了 seaborn 和 matplotlib 的套件，並使用 %matplotlib inline 這個 Magic Command，這可以讓圖自動在 Jupyter Notebook 中顯示。

然後，我們設置了圖的大小為 8x8。接下來，我們使用 seaborn 的 heatmap 函數來繪製相關係數熱點圖。在此函數中，我們將 DataFrame df 中的數據轉換為浮點數類型（使用 df.astype("float")），並計算其相關係數。我們選擇了 PuBuGn 作為顏色映射（cmap），並設置 annot=True 使其在每個方格中顯示相對應的相關係數。

這樣的相關係數圖能夠幫助我們觀察不同特徵之間的相關性，通常在回歸問題中能夠提供有用的信息，但在分類問題中則不一定。

```
# 載入畫熱度圖函式庫 seaborn
import seaborn as sns
import matplotlib.pyplot as plt

# 設定圖的大小
plt.figure(figsize=(10, 8))

# 計算相關係數並繪製熱度圖
corr = df.astype("float").corr()
sns.heatmap(corr, cmap="PuBuGn", annot=True, fmt=".2f", linewidths=.5)

# 調整座標軸標籤的大小
plt.xticks(fontsize=8)
plt.yticks(fontsize=8)

# 添加標題
plt.title('Correlation Heatmap', fontsize=16)

# 顯示圖
plt.show()
```

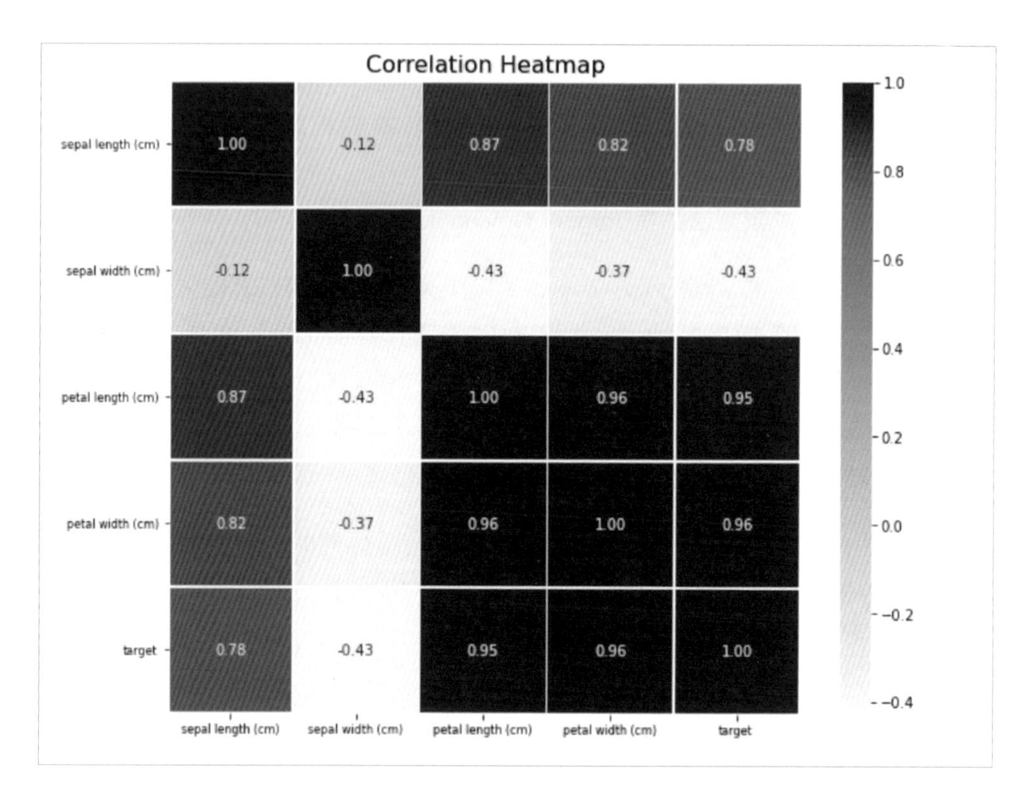

此處，這段程式碼使用了 train_test_split 函數來將資料分成訓練和測試資料集，其中訓練資料集佔原始資料的 90%，而測試資料集佔 10%。

- 說明如下：

train_test_split 函數從 df.drop(["target"], axis=1) 中取得特徵資料，即不包含目標值的資料，以及 df["target"] 中的目標值資料。

test_size=0.1 的設定表示將資料集的 10% 分配給測試資料，即測試資料集的比例為 0.1。

train_test_split 函數會返回一個包含四個元素的 tuple，分別是訓練資料的特徵 (x_train)、測試資料的特徵 (x_test)、訓練資料的目標值 (y_train) 和測試資料的目標值 (y_test)。

因此，x_train 包含了訓練資料集的特徵，x_test 包含了測試資料集的特徵，y_train 包含了訓練資料集的目標值，而 y_test 包含了測試資料集的目標值。

這樣就完成了將資料分割成訓練和測試資料集的操作，以便後續進行機器學習模型的訓練和評估。

```
# 把所有資料切成訓練與測試資料，分別是90%, 10%
from sklearn.model_selection import train_test_split

# 隨機切割: 特徵90% 10%, 目標90% 10%
# 模型用90%特徵跟90%目標訓練
# 評估用10%特徵跟10%目標驗證
x_train, x_test, y_train, y_test = train_test_split(df.drop(["target"], axis=1),
                                                    df["target"], test_size=0.1)
# train_test_split回傳一個tuple，分別存入4個變數
# x_train: 90%特徵 (訓練資料)
# x_test: 10%特徵 (驗證資料)
# y_train: 90%目標 (訓練資料)
# y_test: 10%目標 (驗證資料)
```

這段程式碼選擇了使用決策樹來解決問題。由於這是一個分類問題，所以選擇了 DecisionTreeClassifier，該模型會構建一個決策樹來進行分類。這是一個二叉樹，每個內部節點表示一個特徵或屬性，每個葉子節點表示一個類別或分類結果。

- 說明如下：

DecisionTreeClassifier(max_depth=3) 創建了一個決策樹分類器的實例。max_depth 參數設置了決策樹的最大深度，這是一個控制決策樹生長的參數，它限制了樹的最大深度，有助於避免過度擬合（overfitting）。

clf.fit(x_train, y_train) 是訓練模型的步驟，它將訓練資料集 (x_train 是特徵資料，y_train 是目標值) 用於訓練決策樹分類器。在訓練過程中，模型會根據提供的訓練資料集學習特徵和目標值之間的關係，以找到最佳的分類規則。

```
# 選擇使用決策樹
# 因為是分類問題，所以用DecisionTreeClassifier
# https://scikit-learn.org/stable/modules/generated/sklearn.tree.DecisionTreeClassifier.html
from sklearn.tree import DecisionTreeClassifier

# clf是Classifier的意思
# ()是生出這個物件的意思
clf = DecisionTreeClassifier(max_depth=3)

# fit是訓練的意思，sklearn訓練大致都用fit
# 代入訓練的X, Y
clf.fit(x_train, y_train)
```

這段程式碼利用了 export_graphviz 函式從決策樹模型中匯出一個描述決策樹結構的 Graphviz 格式的字串。接著，將這個字串傳遞給 graphviz.Source 函式，它會將 Graphviz 字串轉換為可視化的決策樹圖形。

- 說明如下：

export_graphviz(clf, out_file=None, feature_names=iris["feature_names"], class_names=iris["target_names"], filled=True, special_characters=True)：export_graphviz 函式用於將決策樹模型 clf 匯出為 Graphviz 格式。out_file=None 表示不將結果輸出到檔案中，而是返回字串。feature_names 參數是特徵的名稱列表，class_names 參數是目標類別的名稱列表。filled=True 表示以顏色填充決策樹中的節點，special_characters=True 表示使用特殊字元。

graphviz.Source(g)：graphviz.Source 函式將 Graphviz 字串 g 轉換為可視化的圖形。這將以特定的樹形結構呈現在畫布上，方便我們理解決策樹的結構和規則。

```
# 使用sklearn匯出至graphviz的函式庫
# https://scikit-learn.org/stable/modules/generated/sklearn.tree.export_graphviz.html
from sklearn.tree import export_graphviz
import graphviz

# g是方格敘述
g = export_graphviz(clf, out_file=None, feature_names=iris["feature_names"],
                    class_names=iris["target_names"],
                    filled=True, special_characters=True)

# graph是把g畫成圖
graph = graphviz.Source(g)
graph
```

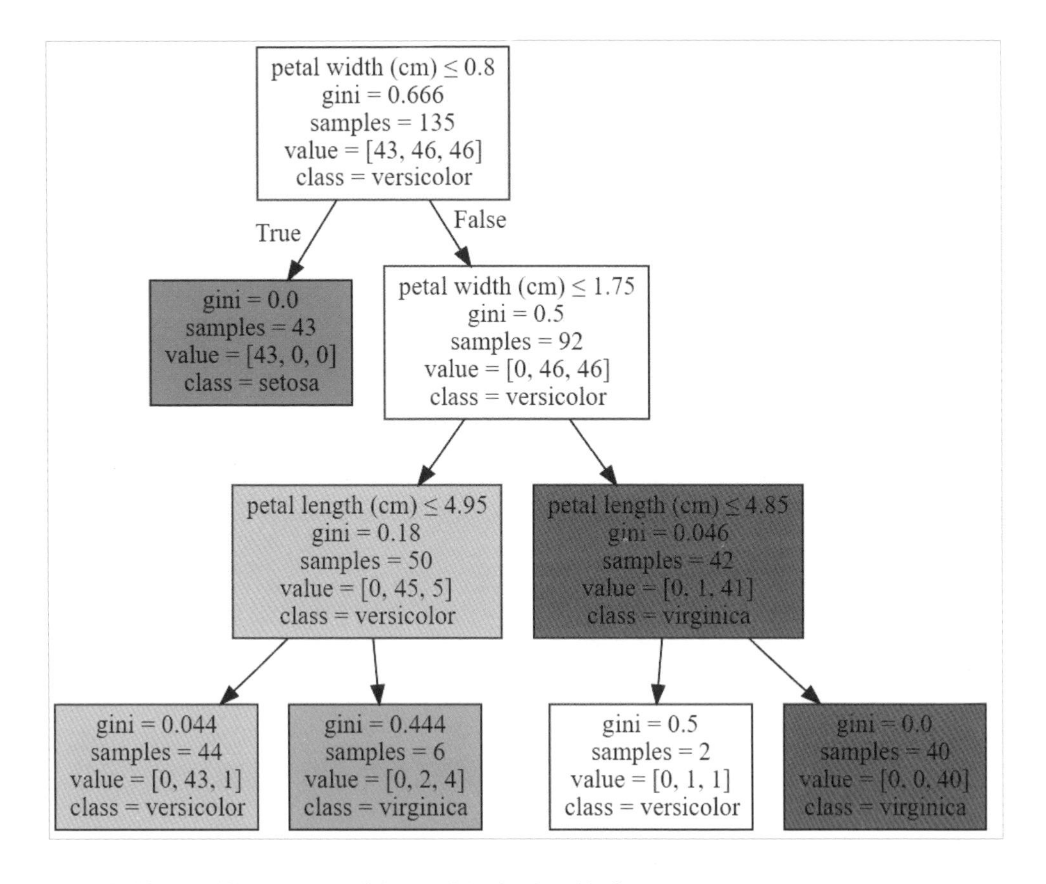

根據決策樹的規則，我們可以得出以下結論：

如果花瓣長度小於等於 0.8cm，可以確定是三鳶尾。

如果花瓣長度大於 0.8cm 且花瓣寬度小於等於 1.75cm，很可能是變色鳶尾。

如果花瓣長度大於 0.8cm 且花瓣寬度大於 1.75cm，很可能是維吉尼亞鳶尾。

這些結論與熱度圖中的相關係數吻合，即花瓣長度與花瓣寬度的係數都接近 1，這表明這些特徵對於分類鳶尾花的準確性有很大的影響。

使用預測結果和實際結果進行比對和驗證：

使用clf.predict和x_test, y_test驗證模型

```
# 使用clf.predict和x_test, y_test驗證模型

# 用剩下的10%測試資料(x_test)丟給模型，取得預測結果
pre = clf.predict(x_test)
print("預測結果:", list(pre))
print("真正標籤:", list(y_test))
```

```
預測結果: [1, 0, 1, 0, 0, 2, 0, 0, 1, 1, 0, 2, 0, 1, 2]
真正標籤: [1, 0, 1, 0, 0, 2, 0, 0, 2, 1, 0, 2, 0, 1, 2]
```

混淆矩陣是一個用於評估分類模型性能的表格，顯示了模型的預測結果與實際標籤之間的對應關係。每一列代表了實際的類別，每一行代表了模型預測的類別。

混淆矩陣的對角線元素代表了模型正確預測的次數，而非對角線元素則代表了模型預測錯誤的次數。類別之間的混淆表明了哪些類別容易被模型混淆。

下面是繪製混淆矩陣的程式碼，以呈現更美觀的視覺效果：

```
import seaborn as sns
import matplotlib.pyplot as plt
from sklearn.metrics import confusion_matrix

# 計算混淆矩陣
cm = confusion_matrix(y_test, pre)

# 繪製混淆矩陣
plt.figure(figsize=(12, 10), dpi=100)
sns.set(font_scale=1.2)  # 調整字體大小
sns.heatmap(cm, annot=True, fmt="d", cmap="Blues", xticklabels=iris["target_names"], yticklabels=iris
plt.xlabel('Predicted Label')
plt.ylabel('True Label')
plt.title('Confusion Matrix')
plt.show()
```

以下是混淆矩陣的解釋：

第一行：實際上屬於第一類別的樣本被預測為各個類別的次數。

第二行：實際上屬於第二類別的樣本被預測為各個類別的次數。

第三行：實際上屬於第三類別的樣本被預測為各個類別的次數。

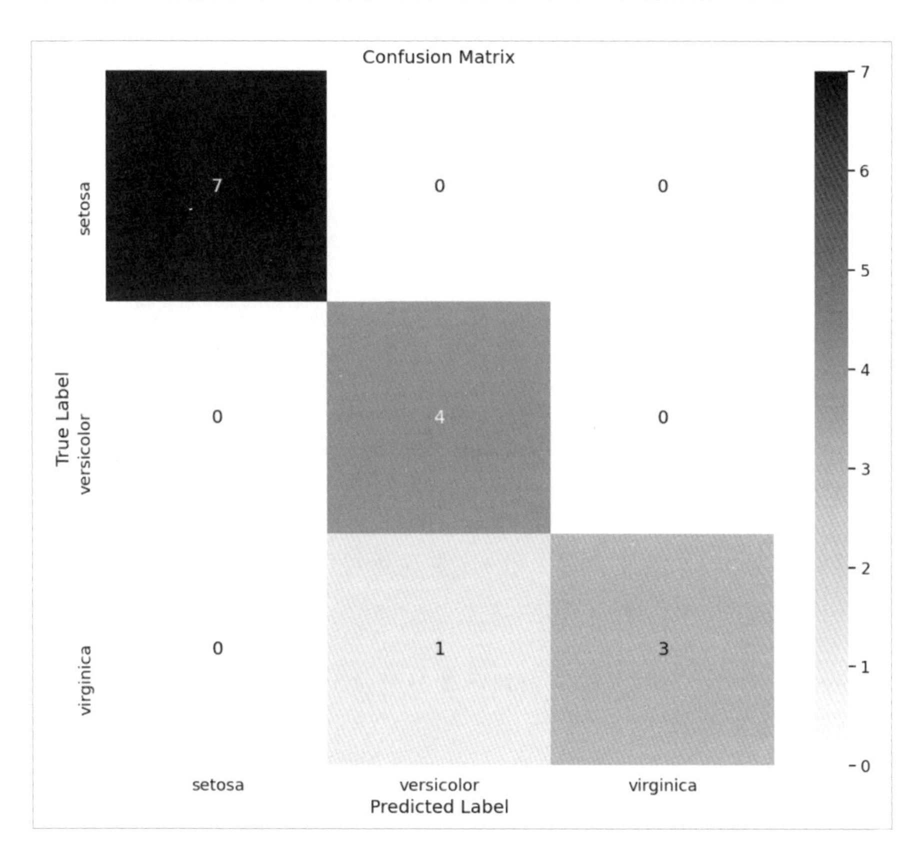

這段程式碼會列印出預測成功的機率，以百分比格式顯示：

```
from sklearn.metrics import accuracy_score

# 計算預測成功的比例，並轉換為百分比格式
pre_prob = str((accuracy_score(y_test, pre) * 10000 // 1) / 100) + '%'

# 輸出預測成功機率
print('預測成功機率:', pre_prob)
```

```
預測成功機率: 93.33%
```

5.6 非監督式技術 :K-means

K-means 是一種常見的非監督式機器學習算法，用於集群分析和資料分群。它的目標是將具有相似特徵的資料點分組成稱為「簇」的集合，使得每個資料點都屬於與其最近的簇。

K-means 的操作過程如下：

- 步驟一、初始化：首先，隨機選擇 K 個資料點作為初始簇中心點，這些點通常稱為「**質心**」。
- 步驟二、分配資料點：對於每個資料點，計算它與每個質心之間的距離，並將其分配給距離最近的質心所在的簇。
- 步驟三、更新質心：對於每個簇，計算該簇中所有資料點的平均值，並將這些平均值作為新的質心。

重複步驟 2 和 3：重複步驟 2 和 3，直到簇的分配不再變化或達到預定的停止條件（例如最大迭代次數）為止。

結果：當算法終止時，每個資料點都會被分配到一個簇中，並且質心的位置代表了這些簇的特徵。

K-means 的優點包括實現簡單、計算效率高和易於理解。然而，它也有一些限制，例如對初始質心的選擇敏感、需要事先指定簇的數量 K，以及對資料分佈的假設（例如各簇的形狀和大小相似）。在使用 K-means 時，通常需要根據問題的特點來調整參數，並對結果進行評估以確保簇的分配符合期望。

此處，本書使用大賣場顧客的資料集做 K-means 的應用與分析：

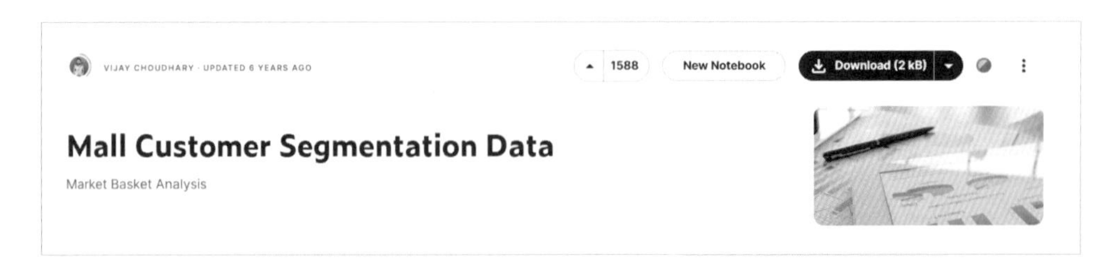

資料集下載如下：

https：//www.kaggle.com/datasets/vjchoudhary7/customer-segmentation-tutorial-in-python

改寫的程式瑪：

https：//colab.research.google.com/drive/13Smb27_nvlmOsDc6cyXxiEBErZ-GLWrI?usp=sharing

這個資料集是為了學習顧客分群概念而建立的，亦為針對消費者的消費習慣的市場分析。本書將通過使用最簡單的非監督機器學習技術（K-means 聚類算法）實作。

- 內容：

你擁有一家超市商場，通過會員卡，你有一些關於顧客的基本資料，如顧客 ID、年齡、性別、年收入和消費得分。消費得分是根據你定義的參數，如顧客行為和購買資料，分配給顧客的。

- 問題陳述：

你擁有這家商場，想了解顧客，例如誰可以輕易地匯聚 [目標顧客]，以便給營銷團隊提供意見，並相應地制定策略。

這個資料集所要探討的問題主要陳述了商場擁有者的目標，即通過對顧客進行分群，找到潛在的目標顧客，從而更好地制定市場營銷策略。透過顧客的年齡、性別、年收入和消費得分等資料，商場可以識別出具有相似行為模式和消費習慣的顧客群體，從而更有針對性地推出促銷活動或商品推薦，提高顧客的滿意度和忠誠度。

本資料集說明：

- CustomerID：顧客的唯一 ID。
- Gender：顧客的性別。
- Age：顧客的年齡。

Annual Income(k$)：顧客的年收入，以千美元為單位。

Spending Score(1-100)：商場根據顧客的行為和消費習慣所分配的分數，範圍在 1 到 100 之間。

這些資料提供了有關顧客的基本資訊，如他們的年齡、性別、收入以及商場根據他們的消費行為所給出的分數。這些資訊對商場來說非常重要，可以幫助他們更好地了解顧客群體，針對性地開展促銷活動，提高銷售和客戶滿意度。

資料集基本探勘：

```
df.describe()
#df.info()
```

	CustomerID	Age	Annual Income (k$)	Spending Score (1-100)
count	200.000000	200.000000	200.000000	200.000000
mean	100.500000	38.850000	60.560000	50.200000
std	57.879185	13.969007	26.264721	25.823522
min	1.000000	18.000000	15.000000	1.000000
25%	50.750000	28.750000	41.500000	34.750000
50%	100.500000	36.000000	61.500000	50.000000
75%	150.250000	49.000000	78.000000	73.000000
max	200.000000	70.000000	137.000000	99.000000

繪製該資料集的相依矩陣（Correlation Matrix）：

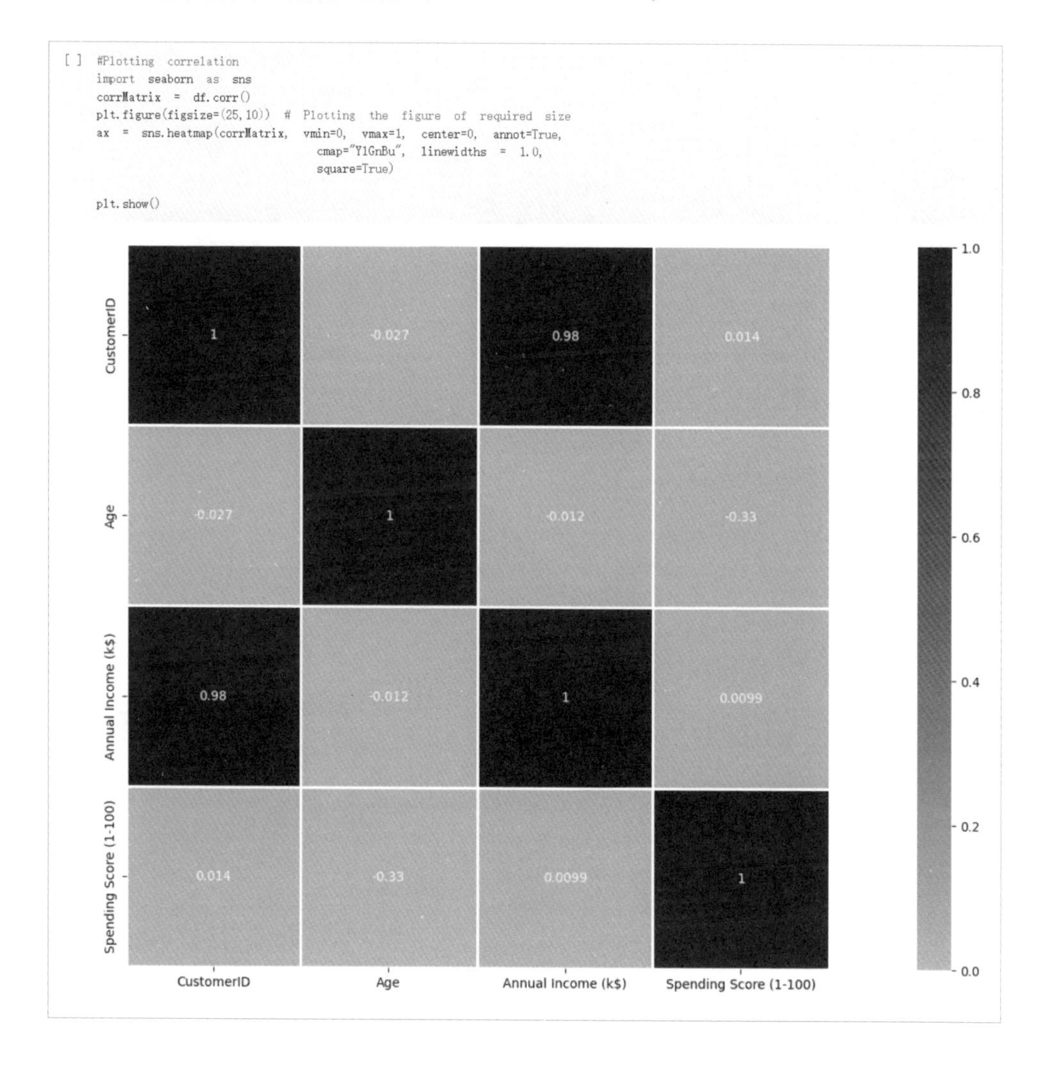

各參數的分布：

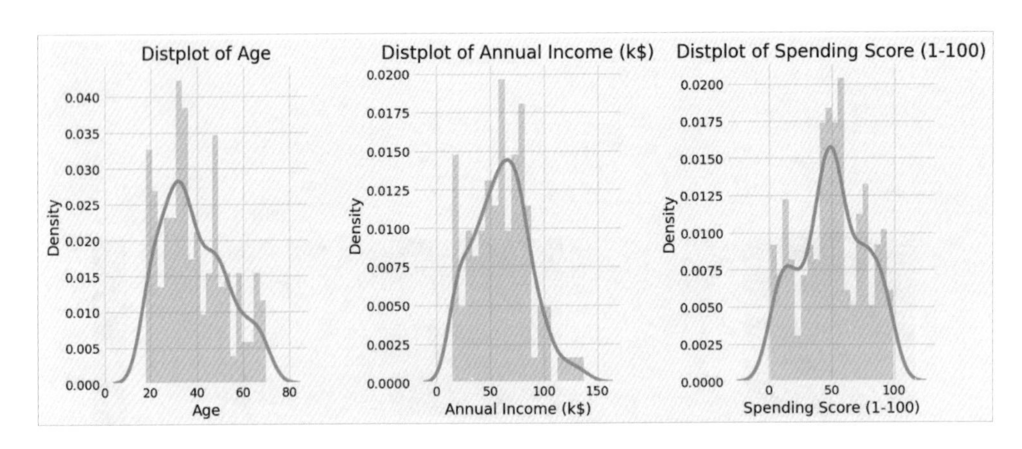

性別的計數：

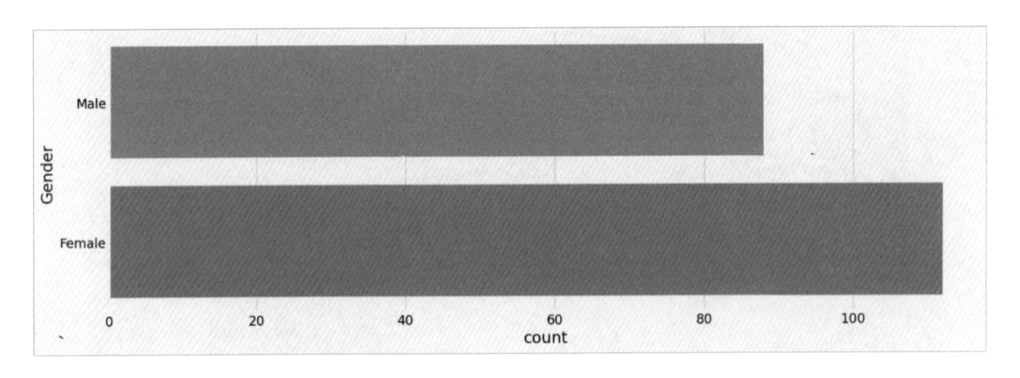

繪製各參數的關係：

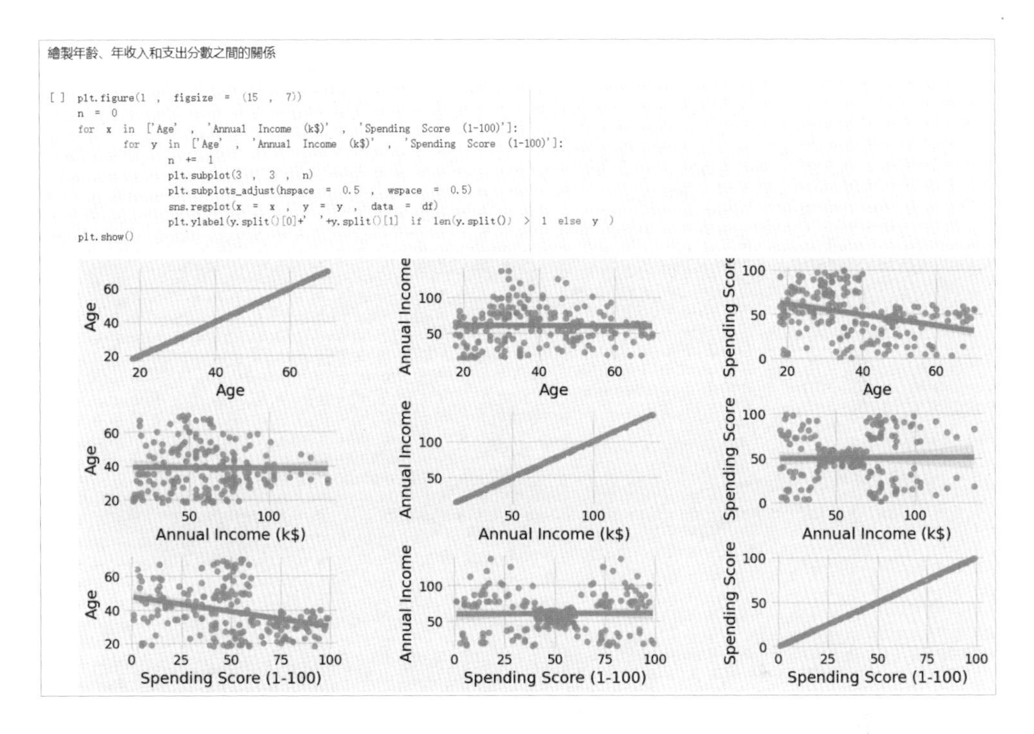

繪製年齡、年收入和支出分數之間的關係

```
[ ] plt.figure(1 , figsize = (15 , 7))
    n = 0
    for x in ['Age' , 'Annual Income (k$)' , 'Spending Score (1-100)']:
        for y in ['Age' , 'Annual Income (k$)' , 'Spending Score (1-100)']:
            n += 1
            plt.subplot(3 , 3 , n)
            plt.subplots_adjust(hspace = 0.5 , wspace = 0.5)
            sns.regplot(x = x , y = y , data = df)
            plt.ylabel(y.split()[0]+' '+y.split()[1] if len(y.split()) > 1 else y )
    plt.show()
```


此處單就各個參數的資料集做繪製：

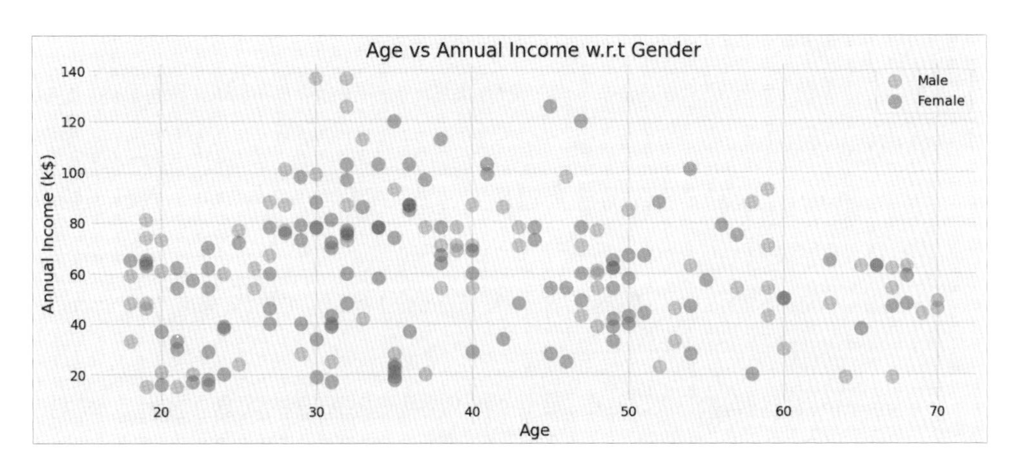

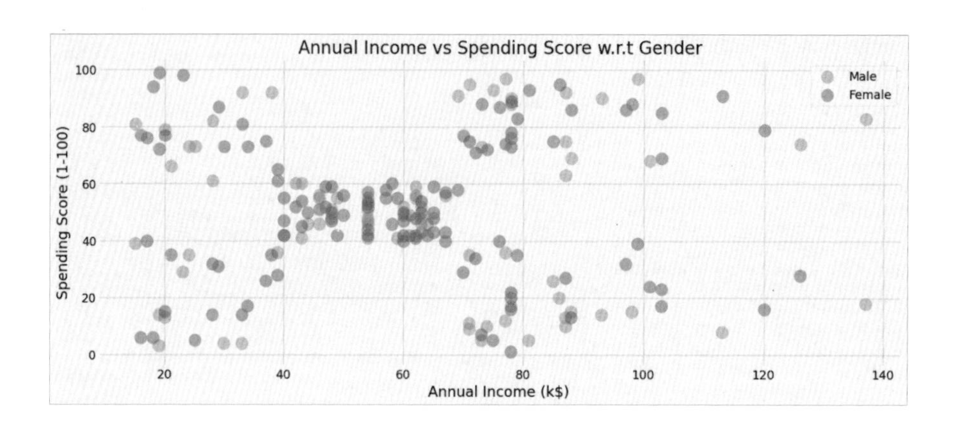

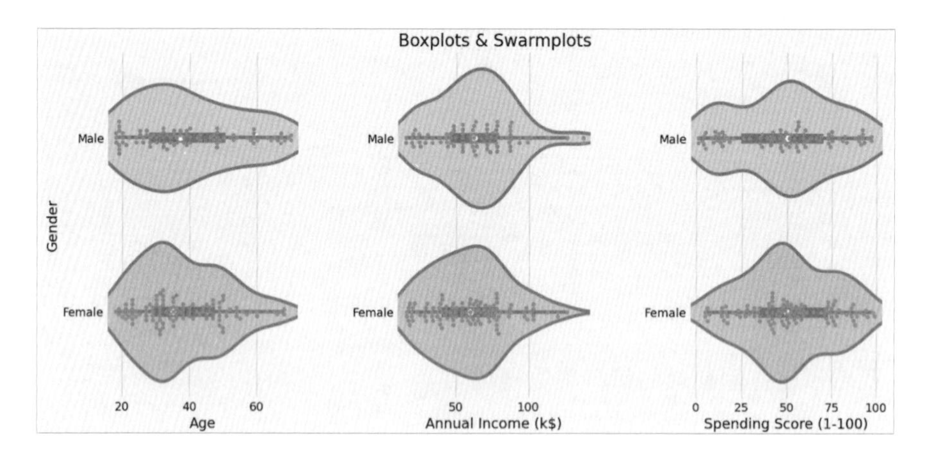

此處，本書使用了 K-means 聚類算法來對資料集進行分群。下面是對程式碼中各參數的說明：

- n_clusters: 指定要分成的群集數量。在此示例中，設置為 4，表示要將資料分為 4 個群集。
- init: 用於初始化中心點的方法。'k-means++' 表示使用改進的 K-means++ 方法來初始化中心點。
- n_init: 指定要運行 K-means 算法的初始中心點配置的次數。在此示例中，設置為 10，表示將執行 10 次 K-means 算法，每次使用不同的初始中心點配置，然後選擇最佳的一組中心點。
- max_iter: 指定每次運行 K-means 算法時的最大迭代次數。在此示例中，設置為 300，表示每次運行的最大迭代次數為 300。

- tol: 指定迭代過程中中心點的最小變化量。如果兩次迭代之間的中心點變化量小於此值，則算法將停止。在此示例中，設置為 0.0001。
- random_state: 用於控制隨機數生成的種子。在此示例中，設置為 111。
- algorithm: 指定使用的 K-means 算法。'elkan' 表示使用改進的 Elkan 算法來加速計算。

程式碼的下一行使用 fit() 方法將資料 X1 擬合到 K-means 模型上。

然後，使用 labels_ 屬性獲取每個資料點的分配標籤，即該資料點所屬的群集。在此示例中，將其命名為 labels1。最後，使用 cluster_centers_ 屬性獲取每個群集的中心點。在此範例中，將其命名為 centroids1。

用不同參數繪製 K-means 的群聚圖表 (年齡和消費能力)：

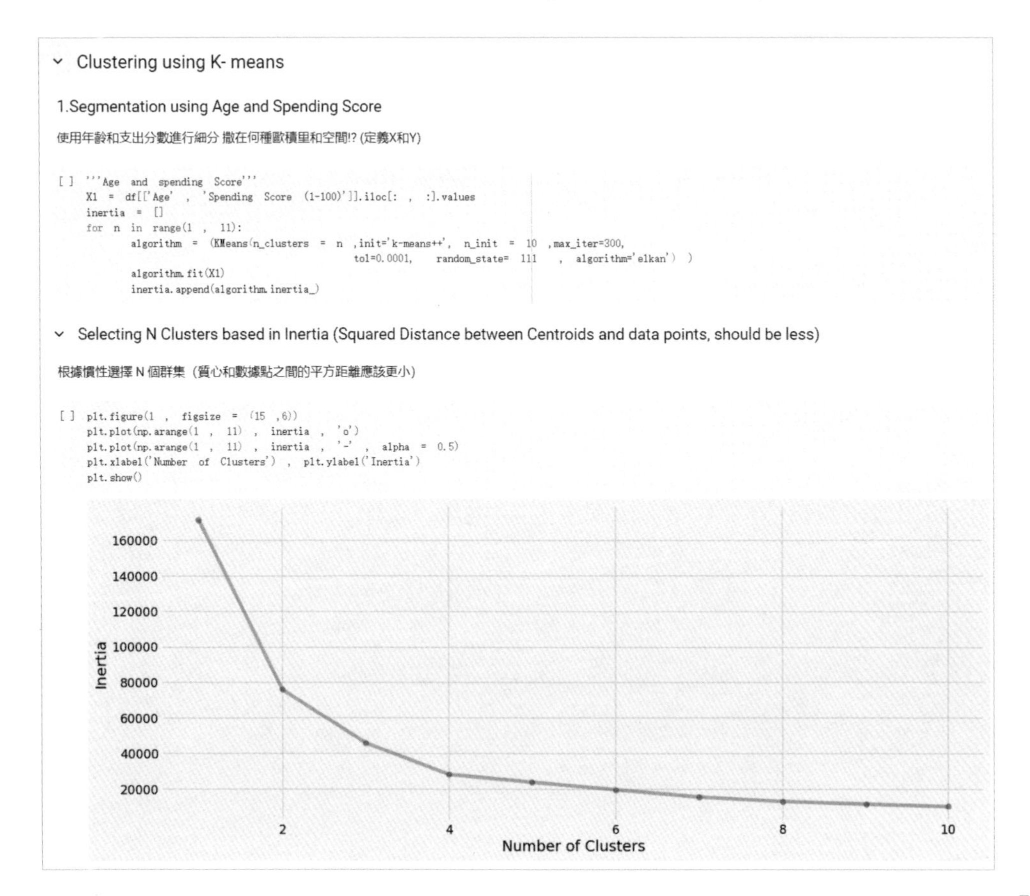

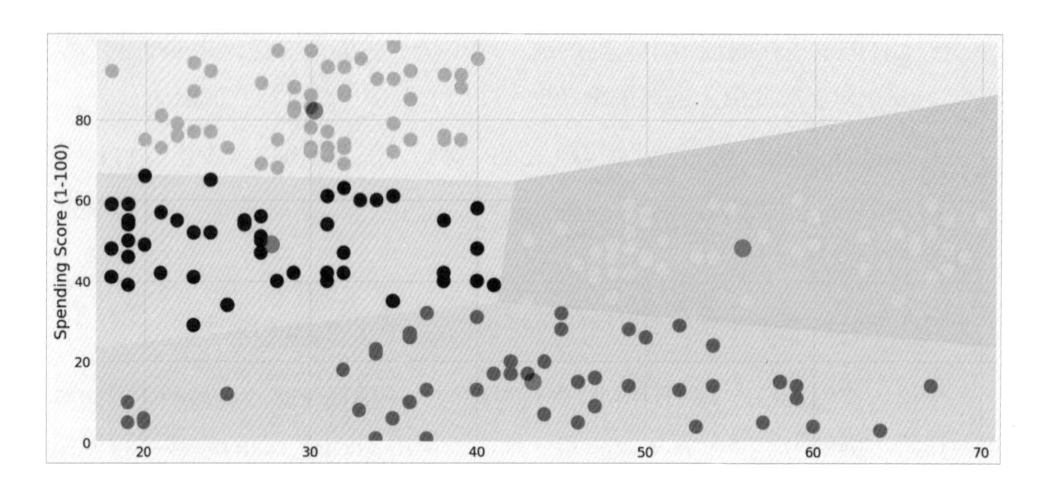

用不同參數繪製 K-means 的群聚圖表 (此處用年收入和消費能力)：

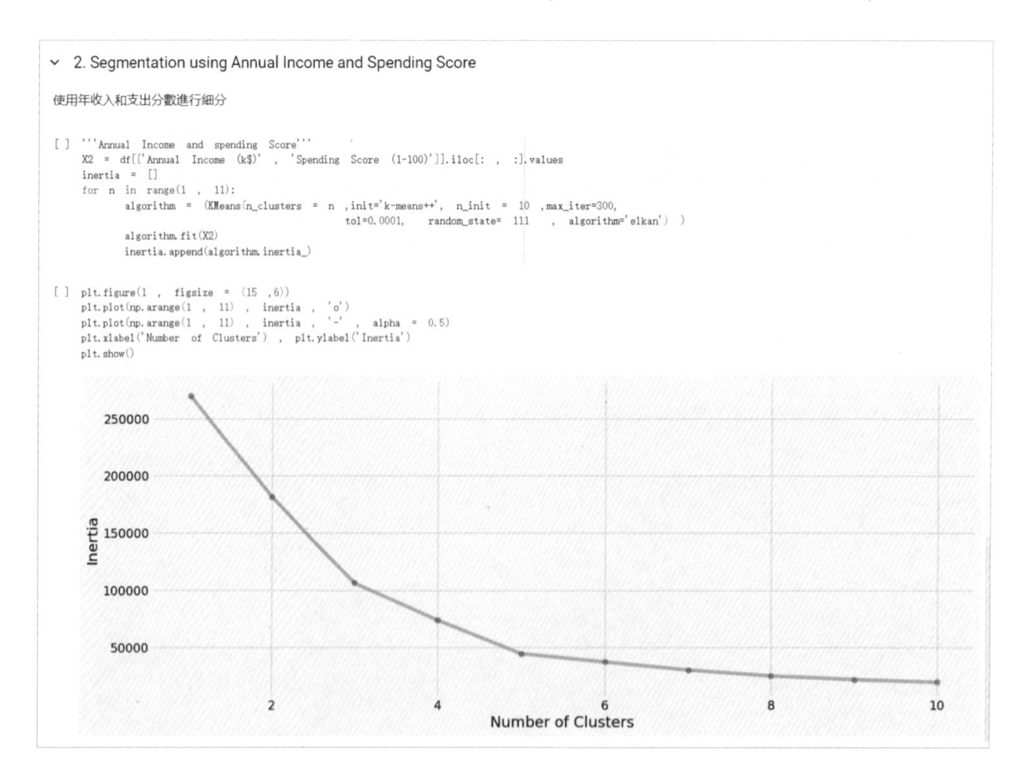

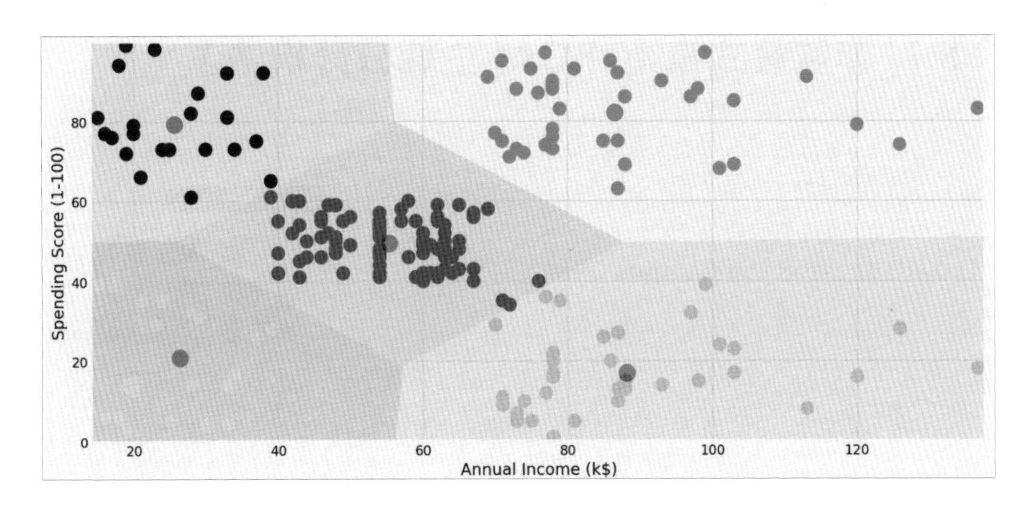

用不同參數繪製 K-means 的群聚圖表 (此處用年齡、年收入和消費能力) :

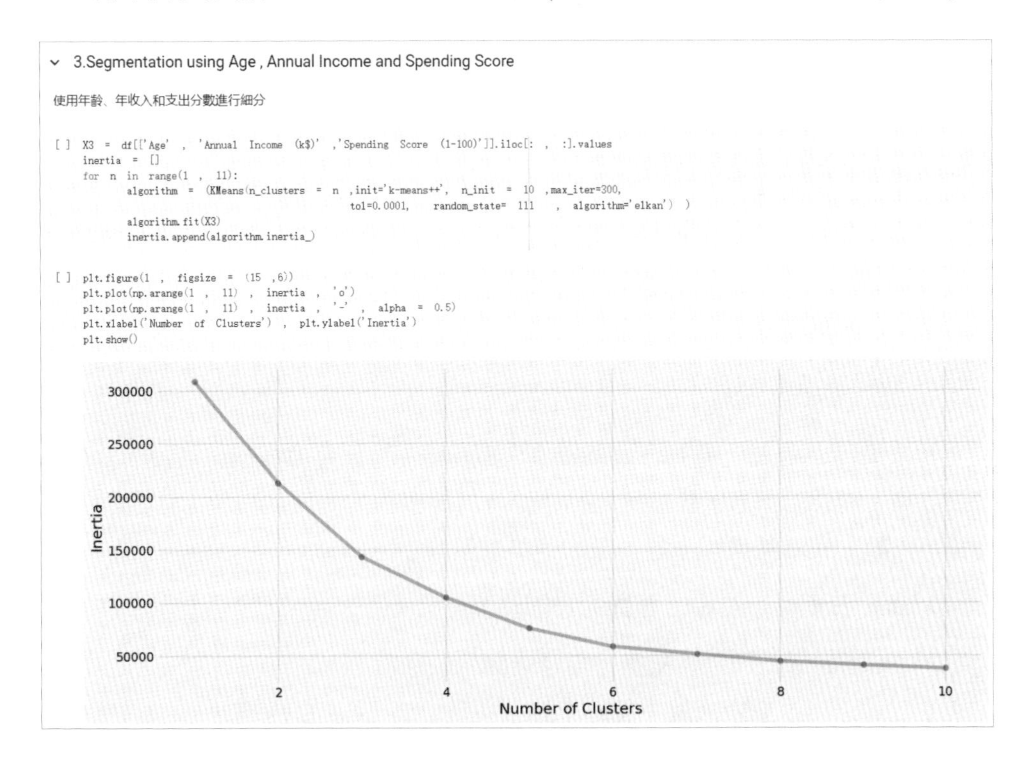

5.7 非監督式技術 :PCA(主成分分析法)

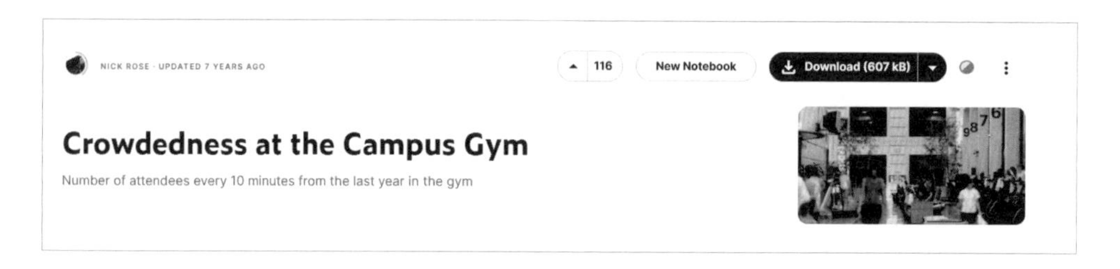

此處，本書使用健身房資料及進行探勘：

https：//www.kaggle.com/datasets/nsrose7224/crowdedness-at-the-campus-gym

- 說明背景：

想知道大學校園健身房在哪個時間最不擁擠，這樣就知道什麼時候去運動了。該資料集在過去一年中每隔 10 分鐘測量一次這個健身房有多少人。我們希望能夠預測未來健身房的擁擠程度。

目標：根據一天中的時間（也可能包括其他特徵，如天氣），預測健身房將有多擁擠。找出哪些特徵實際上很重要，哪些是多餘的，以及可以添加哪些特徵來使預測更準確。

- 資料集描述如下：

數據集包含過去一年中的 26,000 次人數記錄（大約每 10 分鐘一次）。此外，我還收集了額外的信息，包括可能影響健身房擁擠程度的天氣和學期特定信息。標籤是人數，我希望根據一些特徵的子集來預測它。

- date 日期（字符串；數據的日期時間）
- timestamp 時間戳（整數；自當天開始的秒數）
- day_of_week 星期幾（整數；0[星期一]- 6[星期日]）
- is_weekend 是否週末（整數；0 或 1）[布爾值，如果為 1，則為週六或週日，否則為 0]

- is_holiday 是否節假日（整數；0 或 1）[布爾值，如果為 1，則為聯邦假日，否則為 0]
- temperature 溫度（浮點數；華氏度）
- is_start_of_semester 是否學期開始（整數；0 或 1）[布爾值，如果為 1，則為學期開始，否則為 0]
- month 月份（整數；1[一月]- 12[十二月]）
- hour 小時（整數；0- 23）

PCA 是 Principal Component Analysis 的縮寫，翻譯為主成分分析，是一種常用的數據降維技術。當我們處理高維數據時，例如具有大量特徵的數據集，通常會面臨一些問題，比如計算成本高、維度災難等。PCA 通過找到數據集中的主要特徵，將其轉換為一組新的低維特徵，從而解決了這些問題。

具體步驟如下：

- 標準化數據：首先，我們需要對數據進行標準化，確保每個特徵的尺度相似。這是因為 PCA 是基於協方差矩陣計算的，如果特徵具有不同的尺度，則協方差矩陣可能會出現偏差。
- 計算協方差矩陣：接下來，我們計算數據集的協方差矩陣。協方差矩陣描述了數據中特徵之間的相關性。
- 特徵值分解：對協方差矩陣進行特徵值分解，得到特徵值和相應的特徵向量。這些特徵向量代表了數據集中的主要方向，也就是主成分。
- 選擇主成分：根據特徵值的大小，我們選擇最大的 k 個特徵值對應的特徵向量作為主成分，這些主成分將用於數據的降維。
- 投影：將原始數據集投影到選定的主成分上，從而得到低維表示。這樣就完成了數據的降維。

通過 PCA，我們可以將高維數據轉換為低維表示，從而簡化問題並更好地理解數據的結構。

簡單的 PCA 的 sk-learn 範例如下：

```
 1 from  sklearn.decomposition  import  PCA
 2 from  sklearn.preprocessing  import  StandardScaler
 3
 4 #  初始化  PCA  對象，選擇要保留的主成分數量
 5 pca  =  PCA(n_components=2)
 6
 7 #  對數據進行標準化
 8 scaler  =  StandardScaler()
 9 X_scaled  =  scaler.fit_transform(X)
10
11 #  將  PCA  擬合到數據集上
12 pca.fit(X_scaled)
13
14 #  將原始數據轉換為主成分的表示
15 X_pca  =  pca.transform(X_scaled)
```

上述程式碼導入了 PCA 類和 StandardScaler 類（用於數據標準化）。然後，初始化了一個 PCA 對象，並設置 n_components 參數為 2，表示我們想要將數據降維到 2 維。接下來，我們對數據進行標準化，然後使用 fit 方法將 PCA 擬合到標準化後的數據集上。最後，我們使用 transform 方法將原始數據轉換為主成分的表示。

- 本書針對 gym 資料集做 PCA 分析：

⌄ PCA 主成分分析法

範例二: 較簡單的做法

修改:

https://www.kaggle.com/code/nirajvermafcb/principal-component-analysis-with-scikit-learn/notebook

```
[3]  1 import  numpy  as  np  #多維列陣的操作
     2 import  pandas  as  pd
     3 import  matplotlib.pyplot  as  plt  #繪圖
     4 import  seaborn  as  sns  #繪圖
     5 %matplotlib  inline
```

```
[4]  1 df.head()
```

	number_people	date	timestamp	day_of_week	is_weekend	is_holiday	apparent_temperature	temperature	is_start_of_semester	is_during_semester	month	hour
0	37	2015-08-14 17:00:11-07:00	61211	4	0	0	71.76	71.76	0	0	8	17
1	45	2015-08-14 17:20:14-07:00	62414	4	0	0	71.76	71.76	0	0	8	17
2	40	2015-08-14 17:30:15-07:00	63015	4	0	0	71.76	71.76	0	0	8	17
3	44	2015-08-14 17:40:16-07:00	63616	4	0	0	71.76	71.76	0	0	8	17
4	45	2015-08-14 17:50:17-07:00	64217	4	0	0	71.76	71.76	0	0	8	17

- 對資料集做描述：

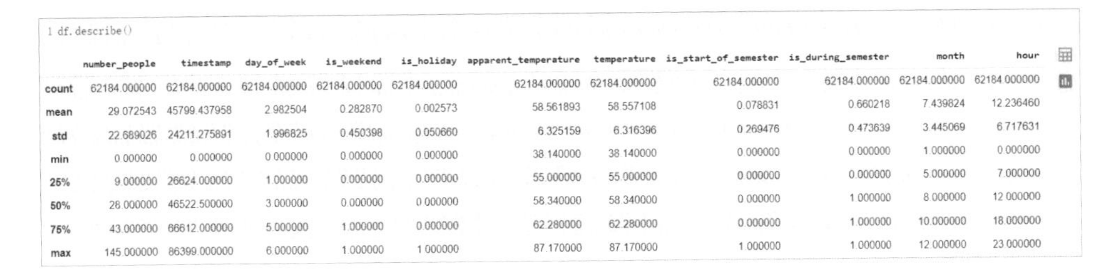

```
1 df.describe()
```

	number_people	timestamp	day_of_week	is_weekend	is_holiday	apparent_temperature	temperature	is_start_of_semester	is_during_semester	month	hour
count	62184.000000	62184.000000	62184.000000	62184.000000	62184.000000	62184.000000	62184.000000	62184.000000	62184.000000	62184.000000	62184.000000
mean	29.072543	45799.437958	2.982504	0.282870	0.002573	58.561893	58.557108	0.078831	0.660218	7.439824	12.236460
std	22.689026	24211.275891	1.996825	0.450398	0.050660	6.325159	6.316396	0.269476	0.473639	3.445069	6.717631
min	0.000000	0.000000	0.000000	0.000000	0.000000	38.140000	38.140000	0.000000	0.000000	1.000000	0.000000
25%	9.000000	26624.000000	1.000000	0.000000	0.000000	55.000000	55.000000	0.000000	0.000000	5.000000	7.000000
50%	26.000000	46522.500000	3.000000	0.000000	0.000000	58.340000	58.340000	0.000000	1.000000	8.000000	12.000000
75%	43.000000	66612.000000	5.000000	1.000000	0.000000	62.280000	62.280000	0.000000	1.000000	10.000000	18.000000
max	145.000000	86399.000000	6.000000	1.000000	1.000000	87.170000	87.170000	1.000000	1.000000	12.000000	23.000000

- 繪製相依係數：

```
[6]  1 df.corr()
```

```
<ipython-input-6-2f6f6606aa2c>:1: FutureWarning: The default value of numeric_only in DataFrame.corr is deprecated. In a future version, it will default to False. Select only valid columns or
  df.corr()
```

	number_people	timestamp	day_of_week	is_weekend	is_holiday	apparent_temperature	temperature	is_start_of_semester	is_during_semester	month	hour
number_people	1.000000	0.550218	-0.162062	-0.173958	-0.048249	0.372206	0.373327	0.182683	0.335350	-0.097854	0.552049
timestamp	0.550218	1.000000	-0.001793	-0.000509	0.002851	0.184599	0.184849	0.009551	0.044676	-0.023221	0.999077
day_of_week	-0.162062	-0.001793	1.000000	0.791338	-0.075862	0.011962	0.011169	-0.011782	-0.004824	0.015559	-0.001914
is_weekend	-0.173958	-0.000509	0.791338	1.000000	-0.031899	0.021705	0.020673	-0.016646	-0.036127	0.008462	-0.000517
is_holiday	-0.048249	0.002851	-0.075862	-0.031899	1.000000	-0.088442	-0.088527	-0.014858	-0.070798	-0.094942	0.002843
apparent_temperature	0.372206	0.184599	0.011962	0.021705	-0.088442	1.000000	0.999558	0.092891	0.151210	0.063217	0.184871
temperature	0.373327	0.184849	0.011169	0.020673	-0.088527	0.999558	1.000000	0.093242	0.152476	0.063125	0.185121
is_start_of_semester	0.182683	0.009551	-0.011782	-0.016646	-0.014858	0.092891	0.093242	1.000000	0.209862	-0.137160	0.010091
is_during_semester	0.335350	0.044676	-0.004824	-0.036127	-0.070798	0.151210	0.152476	0.209862	1.000000	0.096556	0.045581
month	-0.097854	-0.023221	0.015559	0.008462	-0.094942	0.063217	0.063125	-0.137160	0.096556	1.000000	-0.023624
hour	0.552049	0.999077	-0.001914	-0.000517	0.002843	0.184871	0.185121	0.010091	0.045581	-0.023624	1.000000

- 繪製相依矩陣：

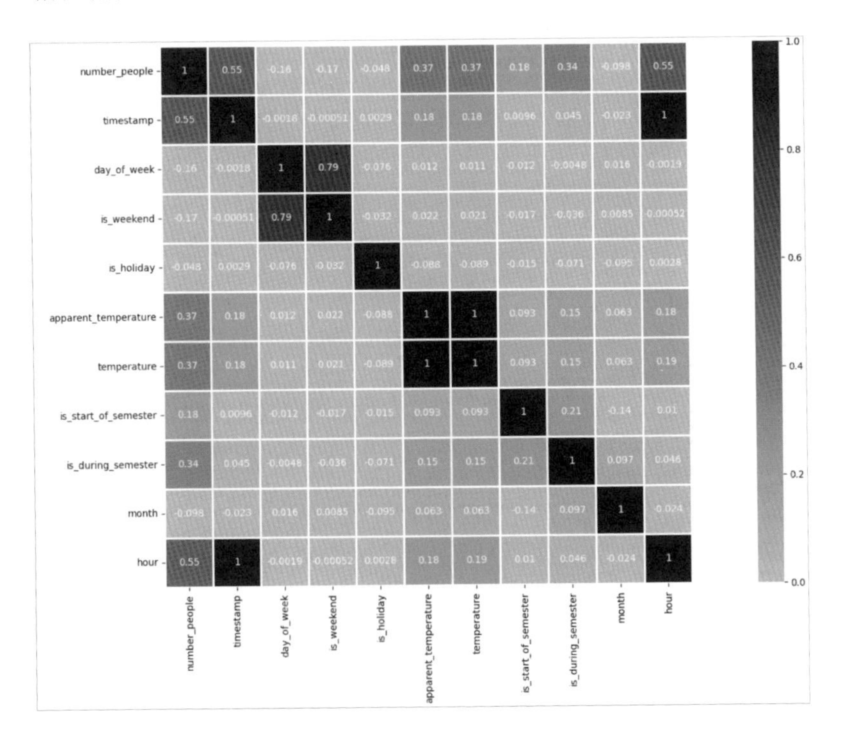

n_components 的意義：

n_components 是 PCA 中的一個參數，用於指定要保留的主成分數量。主成分是對原始數據進行線性變換後得到的新特徵，這些新特徵是原始特徵的線性組合。通過 PCA，我們可以將高維數據降維到低維空間，同時保留數據中的大部分變異性。

在設置 n_components 時，有幾種常見的選擇方式：

- 保留所有主成分：如果將 n_components 設置為原始數據中的特徵數量，則會保留所有主成分，即不進行降維。這樣做可能會導致計算量過大，因為沒有減少特徵數量。
- 設置一個具體的數字：可以根據特定需求，設置一個具體的數字來指定保留的主成分數量。通常，這個數字會比原始特徵數量小，以實現降維效果。
- 保留足夠的主成分以保留一定比例的變異性：可以通過設置 n_components 為一個介於 0 和 1 之間的小數來實現這一目標，表示要保留的總變異性的比例。PCA 將會計算出足夠的主成分，以保留指定比例的總變異性。總而言之，n_components 可以用於控制 PCA 的降維效果，並在降維後保留足夠的信息以滿足特定需求。

程式範例如下：

PCA的建模

```
[21]
1 # Scale the data to be between -1 and 1
2 #標準化 (解決overfitting)
3 from sklearn.preprocessing import StandardScaler
4 scaler = StandardScaler()
5 X=scaler.fit_transform(X)
6 X

array([[ 0.63654993,  0.50956119, -0.6280507 , ...,  2.09027384,
         2.09027384, -0.29253482],
       [ 0.68623792,  0.50956119, -0.6280507 , ...,  2.09027384,
         2.09027384, -0.29253482],
       [ 0.71106127,  0.50956119, -0.6280507 , ...,  2.09027384,
         2.09027384, -0.29253482],
```

```
...,
[ 0.94008862,  1.01036016,  1.59222814, ..., -0.292433  ,
 -0.292433  , -0.29253482],
[ 0.96515979,  1.01036016,  1.59222814, ..., -0.292433  ,
 -0.292433  , -0.29253482],
[ 0.99010704,  1.01036016,  1.59222814, ..., -0.292433  ,
 -0.292433  , -0.29253482]])
```

```
[22]
1 #------------------------------------------------
2 #PCA  的建立  n_components=5  投影次數所獲得的主成分
3 #------------------------------------------------
4 from  sklearn.decomposition  import  PCA
5 pca  =  PCA()
6 pca.fit_transform(X)
7 #---------------------------------------------------
```

```
array([[ 2.91957938e+00,  4.39792149e-01,  4.88203717e-01, ...,
         3.28026017e-01,  8.27612386e-01, -5.20304833e-17],
       [ 2.93087170e+00,  4.41861949e-01,  5.13006420e-01, ...,
         2.86571263e-01,  8.27522014e-01,  9.44549978e-18],
       [ 2.93651316e+00,  4.42895989e-01,  5.25397463e-01, ...,
         2.65861116e-01,  8.27476866e-01, -6.50619506e-17],
       ...,
       [ 1.27740243e-02, -1.84413507e+00,  6.91966010e-01, ...,
        -8.02972192e-01, -4.13860769e-01, -3.20475245e-17],
       [ 1.84718096e-02, -1.84309071e+00,  7.04480757e-01, ...,
        -8.23889096e-01, -4.13906368e-01, -3.23579146e-17],
       [ 2.41414344e-02, -1.84205151e+00,  7.16933652e-01, ...,
        -8.44702622e-01, -4.13951741e-01, -3.26667706e-17]])
```

繪製 PCA 分析圖表：

```
1 pca.get_covariance()
```

```
array([[ 1.00001608e+00, -1.79321968e-03, -5.08815704e-04,
         2.85078360e-03,  1.84852463e-01,  1.84852463e-01,
         9.55105884e-03],
       [-1.79321968e-03,  1.00001608e+00,  7.91350923e-01,
        -7.58632581e-02,  1.11689106e-02,  1.11689106e-02,
        -1.17822146e-02],
       [-5.08815704e-04,  7.91350923e-01,  1.00001608e+00,
        -3.18993471e-02,  2.06736733e-02,  2.06736733e-02,
        -1.66460432e-02],
       [ 2.85078360e-03, -7.58632581e-02, -3.18993471e-02,
         1.00001608e+00, -8.85280154e-02, -8.85280154e-02,
        -1.48581472e-02],
       [ 1.84852463e-01,  1.11689106e-02,  2.06736733e-02,
        -8.85280154e-02,  1.00001608e+00,  1.00001608e+00,
         9.32433629e-02],
       [ 1.84852463e-01,  1.11689106e-02,  2.06736733e-02,
        -8.85280154e-02,  1.00001608e+00,  1.00001608e+00,
         9.32433629e-02],
       [ 9.55105884e-03, -1.17822146e-02, -1.66460432e-02,
        -1.48581472e-02,  9.32433629e-02,  9.32433629e-02,
         1.00001608e+00]])
```

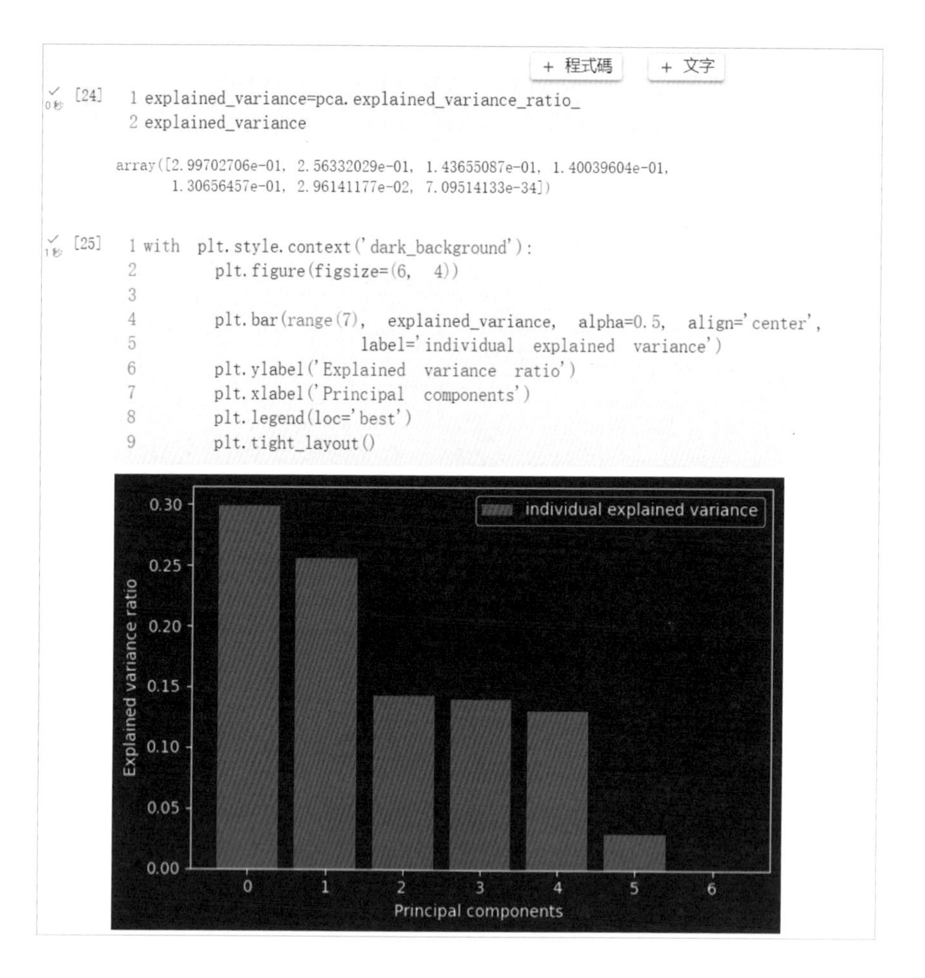

讀者也可以練習時做看看；若投影 5 次效果會如何？

```
[26]
1 pca=PCA(n_components=5)  #PCA 的投影次數為5次
2 X_new=pca.fit_transform(X)
3 X_new

array([[ 2.91957938,  0.43979215,  0.48820372, -0.37107236,  0.32802602],
       [ 2.9308717 ,  0.44186195,  0.51300642, -0.3692238 ,  0.28657126],
       [ 2.93651316,  0.44289599,  0.52539746, -0.36830029,  0.26586112],
       ...,
       [ 0.01277402, -1.84413507,  0.69196601, -0.05581892, -0.80297219],
       [ 0.01847181, -1.84309071,  0.70448076, -0.05488619, -0.8238891 ],
       [ 0.02414143, -1.84205151,  0.71693365, -0.05395807, -0.84470262]])
```

```
[27]  1 pca.get_covariance()

array([[ 1.00001574e+00, -1.65980610e-03, -6.41772189e-04,
         2.85844489e-03,  1.84853627e-01,  1.84853627e-01,
         9.55012367e-03],
       [-1.65980610e-03,  9.48103982e-01,  8.43085163e-01,
        -7.88443148e-02,  1.07158398e-02,  1.07158398e-02,
        -1.14183313e-02],
       [-6.41772189e-04,  8.43085163e-01,  9.48459092e-01,
        -2.89285041e-02,  2.11251919e-02,  2.11251919e-02,
        -1.70086798e-02],
       [ 2.85844489e-03, -7.88443148e-02, -2.89285041e-02,
         9.99844894e-01, -8.85540330e-02, -8.85540330e-02,
        -1.48372512e-02],
       [ 1.84853627e-01,  1.07158398e-02,  2.11251919e-02,
        -8.85540330e-02,  1.05183767e+00,  9.48186588e-01,
         9.32465388e-02],
       [ 1.84853627e-01,  1.07158398e-02,  2.11251919e-02,
        -8.85540330e-02,  9.48186588e-01,  1.05183767e+00,
         9.32465388e-02],
       [ 9.55012367e-03, -1.14183313e-02, -1.70086798e-02,
        -1.48372512e-02,  9.32465388e-02,  9.32465388e-02,
         1.00001353e+00]])
```

本節改寫的範例碼：

https：//colab.research.google.com/drive/17dUDLJR94kG5yt_32jgU294KmYiIwMg0?usp=sharing

5.8 強化式學習 Q-learning

本節使用 kaggle 數據平台上的資料集做說明和改寫，資料集下載如下：

https：//www.kaggle.com/datasets/billqi/binance-bitcoin-futures-price-10s-intervals

關於資料集說明

- 背景：

資料從 Binance 期貨 API 收集，以每 10 秒的間隔 24 小時每週 7 天進行。

- 內容：

資料集檔案中每行包含一個時間點的標記價格。

最早的時間點大約在 2020 年 1 月 11 日左右。

最新的時間點是 2021 年 1 月 7 日上午 1：52 UTC（Unix 時間：160998-4372）。

Q-learning 是一種機器學習技術，屬於強化學習的一種。它的主要目標是在給定當前狀態下找出最佳的行動方案。相較於其他學習方法，Q-learning 被稱為「離線策略」，這是因為它可以從當前策略範圍外的行動中學習，例如嘗試一些隨機行動，因此不需要預先定義好的策略。簡單來說，Q-learning 的目標是學習一個能夠最大化總體獎勵的策略。

在這個專案中，本書的目標是利用 Q-learning 算法來進行買賣操作，以期望最大化投資或比特幣的數量。這個專案單純是一個實驗研究，請勿在真實的比特幣市場中使用。

Q-learning 的工作原理是通過在不同的狀態下進行行動，然後評估每個行動的回報，以調整未來的行動策略。它建立了一個 Q-table，記錄了每個狀態下每個可能行動的預期回報值。通過不斷地嘗試和調整，Q-learning 能夠找到一個最佳的行動策略，從而最大化總體獎勵。

在這個專案中，本書將利用 Q-learning 算法根據給定的條件來預測何時買入和賣出比特幣，以使得投資收益最大化。這些條件可能包括時間、天氣等因素，這些因素都可能對市場的情況產生影響。通過不斷地調整行動策略，我們希望能夠找到最佳的投資時機，從而實現最大的收益。

總而言之，這個專案將展示如何使用 Q-learning 算法來進行智慧投資，從而最大化投資回報。這是一個有趣的專案，也將有助於讀者更好地理解和應用強化學習算法。

繪製比特幣原始資料集：

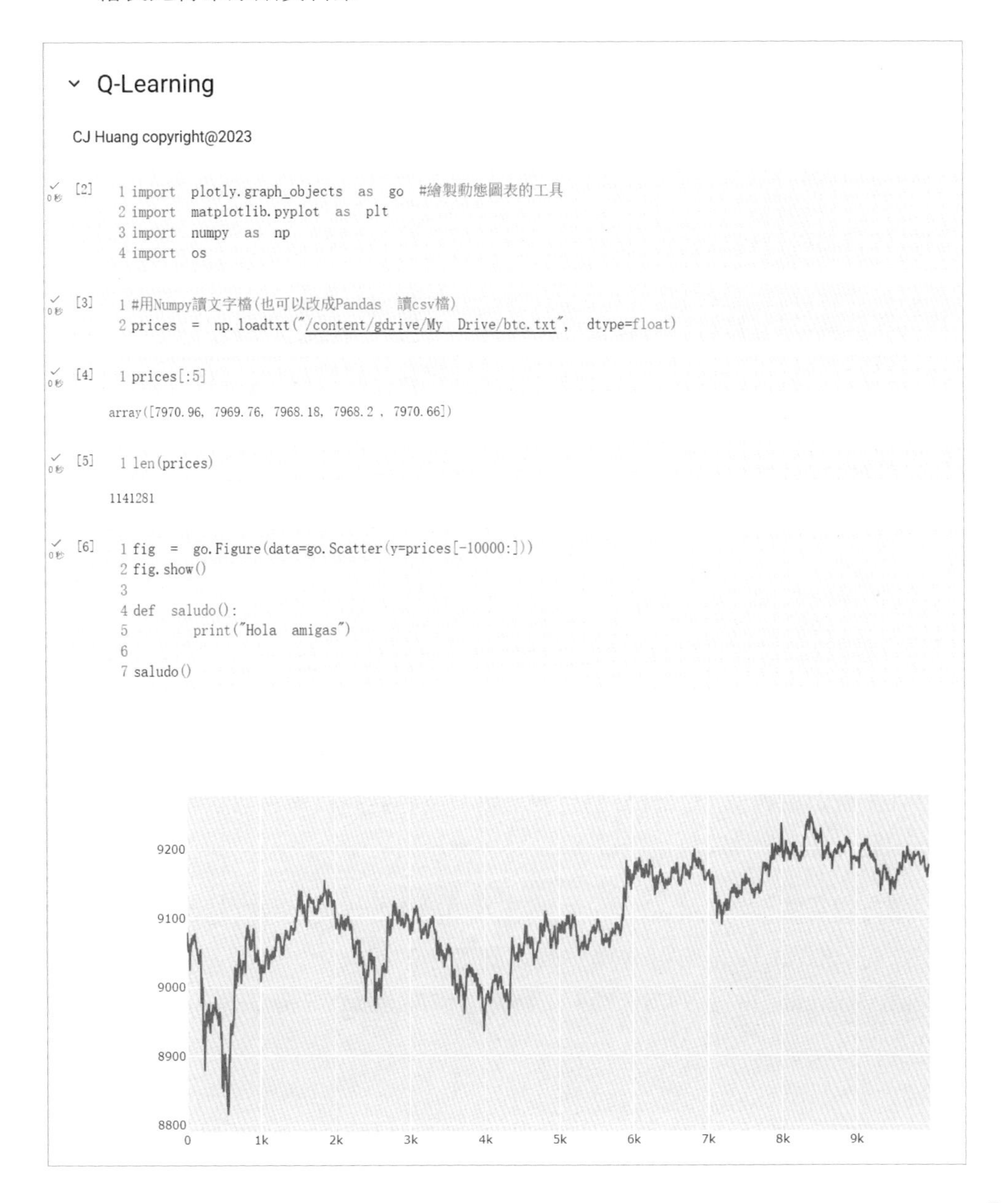

Q-Learning
CJ Huang copyright@2023
[2]
1 import plotly.graph_objects as go #繪製動態圖表的工具
2 import matplotlib.pyplot as plt
3 import numpy as np
4 import os
[3]
1 #用Numpy讀文字檔(也可以改成Pandas 讀csv檔)
2 prices = np.loadtxt("/content/gdrive/My Drive/btc.txt", dtype=float)
[4]
1 prices[:5]
array([7970.96, 7969.76, 7968.18, 7968.2 , 7970.66])
[5]
1 len(prices)
1141281
[6]
1 fig = go.Figure(data=go.Scatter(y=prices[-10000:]))
2 fig.show()
3
4 def saludo():
5 print("Hola amigas")
6
7 saludo()
9200
9100
9000
8900
8800
0
1k
2k
3k
4k
5k
6k
7k
8k
9k

建立投資策略 1.買入 2.賣出 3.等待

```
[7]
 1 def buy(btc_price, btc, money):
 2     if(money != 0):
 3         btc = (1 / btc_price ) * money
 4         money = 0
 5     return btc, money
 6 
 7 
 8 def sell(btc_price, btc, money):
 9     if(btc != 0):
10         money = btc_price * btc
11         btc = 0
12     return btc, money
13 
14 
15 def wait(btc_price, btc, money):
16     # do nothing
17     return btc, money
```

```
[8]
 1 np.random.seed(1)
 2 
 3 # set of actions that the user could do
 4 #建立動作
 5 actions = { 'buy' : buy, 'sell': sell, 'wait' : wait}
 6 
 7 actions_to_nr = { 'buy' : 0, 'sell' : 1, 'wait' : 2 }
 8 
 9 nr_to_actions = { k:v for (k,v) in enumerate(actions_to_nr) }
10 
11 nr_actions = len(actions_to_nr.keys())
12 
13 nr_states = len(prices)
14 
15 #評估哪個動作產生的價值最高!
16 # q-table = reference table for our agent to select the best action based on the q-value
17 q_table = np.random.rand(nr_states, nr_actions)
```

這段程式碼是為了建立一個 Q-table，用於存儲每個狀態下每個可能行動的預期回報值。在這個專案中，狀態代表市場的狀況，行動代表可能的操作，例如買入、賣出或觀望。Q-table 的目的是讓智能體能夠根據當前狀態選擇最佳的行動，從而最大化投資收益。

這段程式碼中的 actions 是一個包含三個操作的字典，分別是買入、賣出和觀望。actions_to_nr 是將這些操作映射到數字的字典，方便後續處理。nr_to_actions 是 actions_to_nr 的反向映射，將數字轉換回操作。nr_actions 則是操作的數量。

nr_states 是狀態的數量，這裡是指市場價格的數量。而 q_table 是一個隨機初始化的二維數組，大小為狀態數量乘以操作數量，用於存儲每個狀態下每個操作的預期回報值。

Q-table（Q- 值表）是強化學習中一個重要的概念，用於存儲我們在不同狀態下採取各種行動的預期回報值。在 Q-learning 等強化學習算法中，智能體通過不斷地與環境交互，根據獲得的獎勵和觀察到的狀態，更新 Q-table 中相應的 Q 值。

Q-table 通常是一個二維數組，其中行代表狀態，列代表行動。每個元素 Q[s, a] 表示當處於狀態 s 時執行行動 a 的預期回報值。Q 值是我們對執行該行動的價值估計，它表明了在當前狀態下執行該行動的好壞程度。

在 Q-learning 算法中，我們通過不斷地探索和更新 Q-table 中的 Q 值。具體而言，我們根據某個策略選擇行動，與環境進行交互，獲得回報，並根據獲得的回報和下一個狀態更新相應的 Q 值。這樣，隨著不斷的學習和更新，Q-table 中的 Q 值逐漸收斂到最優值，智能體也能夠根據 Q 值選擇最佳行動策略，從而在環境中達到最佳性能。

總之，Q-table 是 Q-learning 算法的核心，存儲了對環境的預期回報值，並做出適當的行動選擇。

Training the Q table

協助你從Q-table中挑出最有價值的Q

```
[13]
1 reward = 0
2 btc = 0
3 money = 100
4
5 theta = btc, money
```

```
[14]
1 # exploratory
2 eps = 0.3
3
4 n_episodes = 20
5 min_alpha = 0.02
6
7 # learning rate for Q learning
8 alphas = np.linspace(1.0, min_alpha, n_episodes)
9
10 # discount factor, used to balance immediate and future reward
11 gamma = 1.0
```

Steps for Q-network learning

怎麼更新Q 以Q-learing

```
1 rewards = {}
2
3 for e in range(n_episodes):
4
5     total_reward = 0
6
7     state = 0
8     done = False
9     alpha = alphas[e]
10
11    while(done != True):
12
13        action = choose_action(state)
14        next_state, reward, theta, done = act(state, action, theta)
15
16        total_reward += reward
17
18        if(done):
19            rewards[e] = total_reward
20            print(f"Episode {e + 1}: total reward -> {total_reward}")
21            break
22
23        q_table[state][action] = q_table[state][action] + alpha * (reward + gamma * np.max(q_table[next_state])
24
```

說明：

Q-network learning（Q 網絡學習）是一種基於神經網絡的深度強化學習方法，用於解決強化學習問題中的動作價值函數（Q 函數）的近似和學習。

在傳統的 Q-learning 中，使用 Q-table 來存儲每個狀態 - 行動對的 Q 值。然而，在實際應用中，狀態空間可能非常大或連續，使得使用 Q-table 變得不切實際。Q-network learning 通過使用神經網絡來近似 Q 函數，從而解決了這一問題。

Q-network learning 的基本觀念是將狀態作為輸入，將每個可能的行動對應到一個神經網絡的輸出，這個輸出值表示該行動的 Q 值。通過不斷地觀察環境和與之交互，Q-network 學習優化其參數，使得神經網絡能夠準確地近似 Q 函數。

Q-network learning 的訓練過程通常使用深度學習中的反向傳播算法和梯度下降算法。我們通過與環境交互，收集數據並計算損失函數，然後使用梯度下降算法更新神經網絡的參數，以最小化損失函數。通過不斷地訓練和優化，Q-network 能夠學習到較好的策略，從而在強化學習任務中取得良好的性能。

總之，Q-network learning 通過使用神經網絡來近似 Q 函數，克服了 Q-learning 中 Q-table 存儲空間不切實際的問題，並在強化學習中取得了廣泛的應用和不錯的預測。

繪製圖表的結果如下：

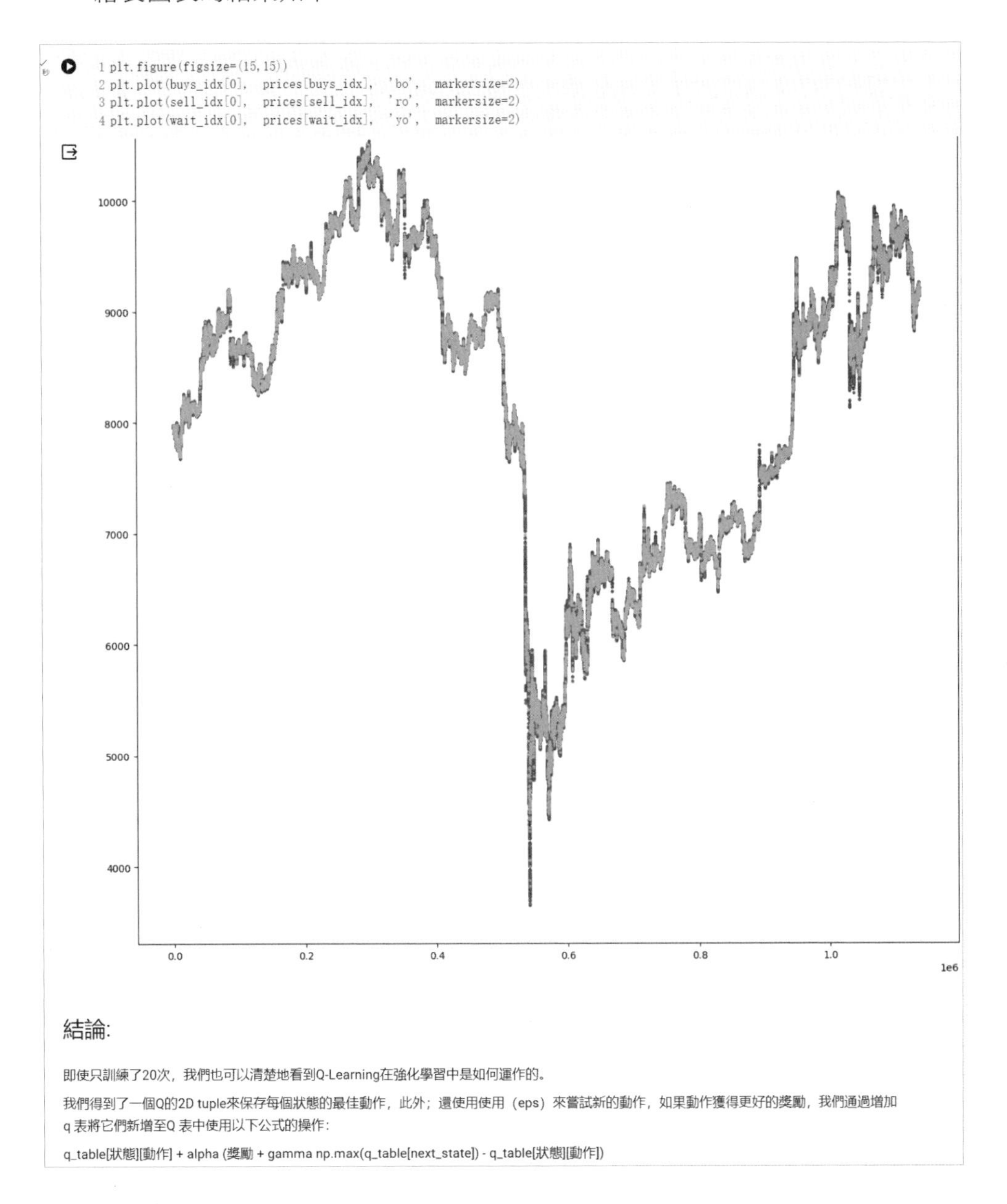

1 plt.figure(figsize=(15,15))
2 plt.plot(buys_idx[0], prices[buys_idx], 'bo', markersize=2)
3 plt.plot(sell_idx[0], prices[sell_idx], 'ro', markersize=2)
4 plt.plot(wait_idx[0], prices[wait_idx], 'yo', markersize=2)
10000
9000
8000
7000
6000
5000
4000
0.0
0.2
0.4
0.6
0.8
1.0
1e6
結論:
即使只訓練了20次，我們也可以清楚地看到Q-Learning在強化學習中是如何運作的。
我們得到了一個Q的2D tuple來保存每個狀態的最佳動作，此外；還使用使用（eps）來嘗試新的動作，如果動作獲得更好的獎勵，我們通過增加q 表將它們新增至Q 表中使用以下公式的操作:
q_table[狀態][動作] + alpha (獎勵 + gamma np.max(q_table[next_state]) - q_table[狀態][動作])

本節改寫程式範例如下：

https：//colab.research.google.com/drive/11cmNb_N5rw6mwL31-D2bHXgBg1QilMRf?usp=sharing

5.9 深度學習循環神經網路的單一時序 LSTM 架構

截圖引用自 Jason Brownlee 博士的部落格文章

https：//machinelearningmastery.com/time-series-prediction-lstm-recurrent-neural-networks-python-keras/

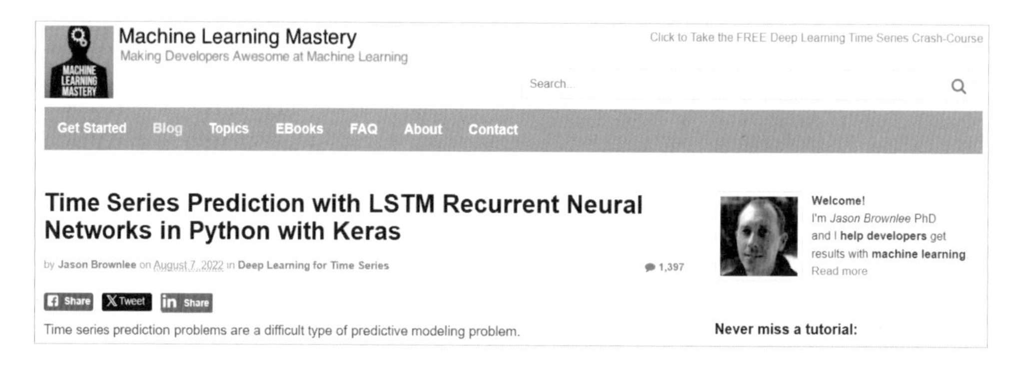

時間序列預測問題是一個具有挑戰性的預測建模問題。不同於回歸預測建模，時間序列還引入了輸入變數之間的序列依賴性，增加了複雜性。

循環神經網絡是一種強大的神經網絡類型，專門用於處理序列依賴性。長短期記憶網絡（LSTM）是一種深度學習中使用的循環神經網絡，因其能夠成功地處理非常大的結構而聞名。

本節將介紹如何使用 Python 中的 Keras 深度學習庫開發 LSTM 網絡，以解決時間序列預測問題。

此處將介紹讀者如何使用鴻海股價進行預測；同時也讓讀者了解如何為自己的時間序列預測問題以及其他序列問題實施和實作 LSTM 網路架構，說明如下：

- 股價時間序列預測問題的相關知識。
- 如何針對回歸、窗口和基於時間步驟的時間序列預測問題開發 LSTM 網路架構。

• 如何開發並使用 LSTM 網路架構進行預測，並在非常長的序列上維持狀態（記憶）。

在本節中，本書將開發多個 LSTM 模型來解決標準的時間序列預測問題。請注意，所選的問題和 LSTM 網路架構配置僅用於示範目的，並未進行優化。

這些範例將詳細展示如何為時間序列預測建模問題開發不同結構的 LSTM 網路架構。

歷史股價資料集下載 (點擊歷史數據，過去一年的股價)：

https://hk.finance.yahoo.com/quote/2317.TW/history/

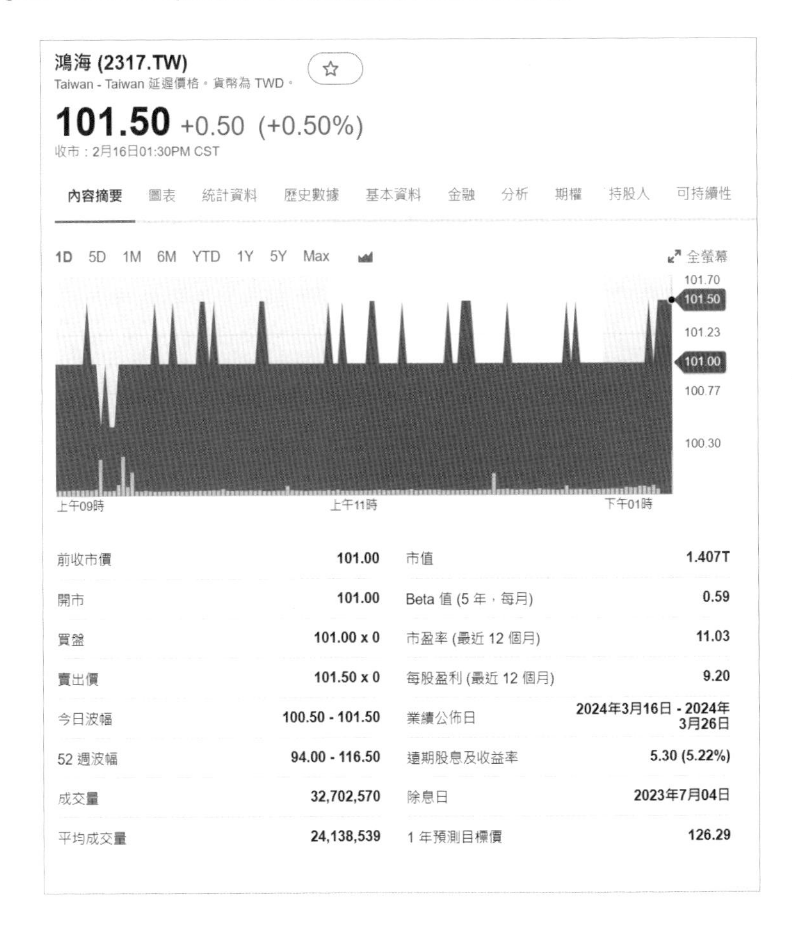

此處先繪製原始股價 (以鴻海：2317 作為預測) ，同時切割股價資料集如下：

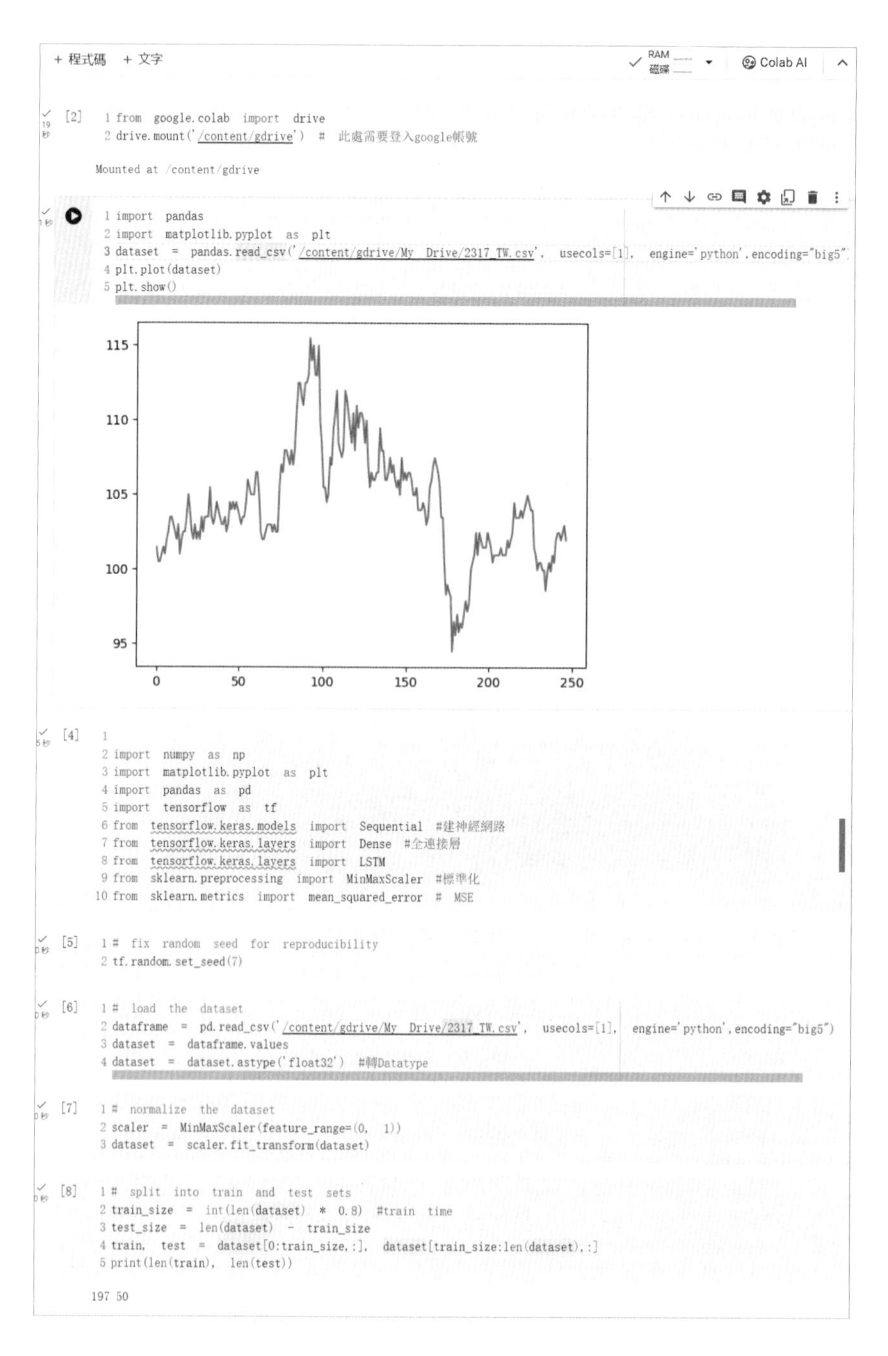

在單一時序的 LSTM 模型中，訓練次數是調參的重要依據 !(此處訓練 40 次)

```
1
2 # convert an array of values into a dataset matrix
3 def create_dataset(dataset, look_back=1):
4     dataX, dataY = [], []
5     for i in range(len(dataset)-look_back-1):
6         a = dataset[i:(i+look_back), 0]
7         dataX.append(a)
8         dataY.append(dataset[i + look_back, 0])
9     return np.array(dataX), np.array(dataY)
```

```
[10]
1 # reshape into X=t and Y=t+1
2 look_back = 1
3 trainX, trainY = create_dataset(train, look_back)
4 testX, testY = create_dataset(test, look_back)
```

```
[11]
1 trainX = np.reshape(trainX, (trainX.shape[0], 1, trainX.shape[1]))
2 testX = np.reshape(testX, (testX.shape[0], 1, testX.shape[1]))
```

```
[12]
1 # create and fit the LSTM network
2 model = Sequential()
3 model.add(LSTM(4, input_shape=(1, look_back)))
4 model.add(Dense(1))
5 model.compile(loss='mean_squared_error', optimizer='adam') #MSE loss fuction
6 #收斂的三要件: 1. 早停法 2.學習率 3.optimizator:搜尋最佳解的方法
7 model.fit(trainX, trainY, epochs=40, batch_size=1, verbose=2)
```

```
Epoch 1/40
195/195 - 4s - loss: 0.0967 - 4s/epoch - 19ms/step
Epoch 2/40
195/195 - 1s - loss: 0.0182 - 1s/epoch - 5ms/step
Epoch 3/40
195/195 - 1s - loss: 0.0142 - 960ms/epoch - 5ms/step
Epoch 4/40
195/195 - 1s - loss: 0.0123 - 929ms/epoch - 5ms/step
Epoch 5/40
195/195 - 1s - loss: 0.0105 - 776ms/epoch - 4ms/step
Epoch 6/40
195/195 - 1s - loss: 0.0089 - 642ms/epoch - 3ms/step
Epoch 7/40
195/195 - 1s - loss: 0.0076 - 621ms/epoch - 3ms/step
Epoch 8/40
195/195 - 1s - loss: 0.0064 - 555ms/epoch - 3ms/step
Epoch 9/40
195/195 - 1s - loss: 0.0055 - 501ms/epoch - 3ms/step
Epoch 10/40
195/195 - 1s - loss: 0.0048 - 516ms/epoch - 3ms/step
Epoch 11/40
195/195 - 0s - loss: 0.0044 - 426ms/epoch - 2ms/step
Epoch 12/40
195/195 - 0s - loss: 0.0043 - 328ms/epoch - 2ms/step
Epoch 13/40
195/195 - 0s - loss: 0.0040 - 326ms/epoch - 2ms/step
Epoch 14/40
195/195 - 0s - loss: 0.0039 - 323ms/epoch - 2ms/step
Epoch 15/40
195/195 - 0s - loss: 0.0039 - 333ms/epoch - 2ms/step
Epoch 16/40
195/195 - 0s - loss: 0.0039 - 338ms/epoch - 2ms/step
Epoch 17/40
195/195 - 0s - loss: 0.0038 - 342ms/epoch - 2ms/step
Epoch 18/40
195/195 - 0s - loss: 0.0039 - 325ms/epoch - 2ms/step
Epoch 19/40
195/195 - 0s - loss: 0.0038 - 333ms/epoch - 2ms/step
Epoch 20/40
195/195 - 0s - loss: 0.0038 - 380ms/epoch - 2ms/step
Epoch 21/40
195/195 - 0s - loss: 0.0039 - 331ms/epoch - 2ms/step
Epoch 22/40
195/195 - 0s - loss: 0.0039 - 321ms/epoch - 2ms/step
Epoch 23/40
195/195 - 0s - loss: 0.0040 - 334ms/epoch - 2ms/step
Epoch 24/40
195/195 - 0s - loss: 0.0038 - 312ms/epoch - 2ms/step
Epoch 25/40
```

使用 LSTM 做股價預測！

```
[13]
1 # make predictions
2 trainPredict = model.predict(trainX)
3 testPredict = model.predict(testX)
4
5 # invert predictions
6 trainPredict = scaler.inverse_transform(trainPredict)
7 trainY = scaler.inverse_transform([trainY])
8 testPredict = scaler.inverse_transform(testPredict)
9 testY = scaler.inverse_transform([testY])
10 # calculate root mean squared error
11 trainScore = np.sqrt(mean_squared_error(trainY[0], trainPredict[:,0]))
12 print('Train Score: %.2f RMSE' % (trainScore))
13 testScore = np.sqrt(mean_squared_error(testY[0], testPredict[:,0]))
14 print('Test Score: %.2f RMSE' % (testScore))

7/7 [==============================] - 1s 2ms/step
2/2 [==============================] - 0s 5ms/step
Train Score: 1.28 RMSE
Test Score: 0.78 RMSE
```

繪製股價預測圖表：

```
1 import matplotlib.pyplot as plt
2 import numpy as np
3
4 # Assuming you have already defined trainPredictPlot and testPredictPlot
5
6 # Create a figure object with a larger size
7 plt.figure(figsize=(12, 8))
8
9 # Plot the original dataset
10 plt.plot(scaler.inverse_transform(dataset), label='Original Data')
11
12 # Plot the training predictions
13 plt.plot(trainPredictPlot, label='Training Predictions', linestyle='--')
14
15 # Plot the test predictions
16 plt.plot(testPredictPlot, label='Test Predictions', linestyle='--')
17
18 # Add labels, title, and legend
19 plt.xlabel('Time')
20 plt.ylabel('Scaled Values')
21 plt.title('Original Data and Predictions')
22 plt.legend()
23
24 # Show the plot
25 plt.show()
26
```

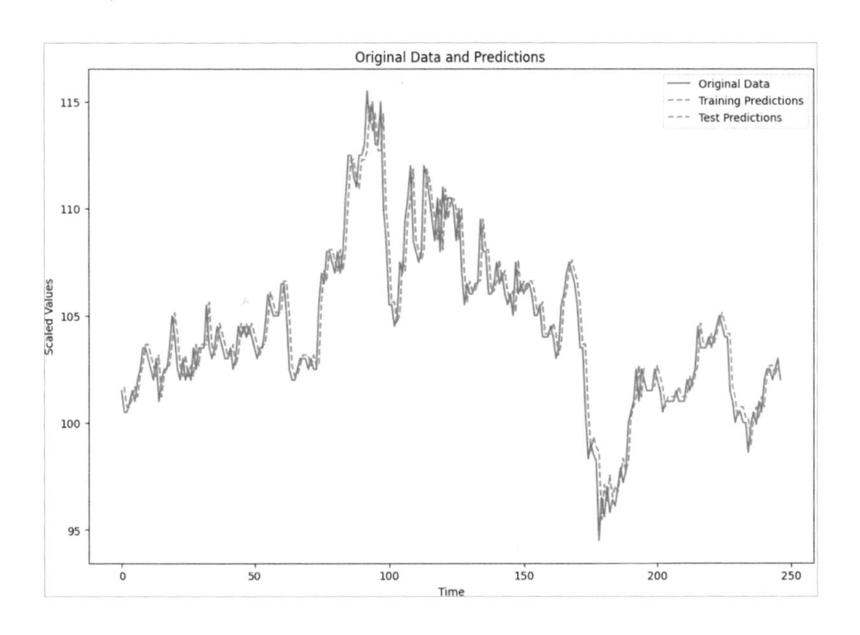

當使用 LSTM（Long Short-Term Memory）進行時間序列預測時，通常會將數據集拆分為訓練集和測試集。在訓練過程中，LSTM 模型通過觀察時間序列數據的歷史模式來學習數據之間的關係，並預測未來的值。接下來，我們來詳細解釋一下 LSTM 和上圖的關係。

- LSTM 網路架構：

LSTM 是一種循環神經網絡（RNN）的變種，它能夠有效地處理時間序列數據。

LSTM 通過控制信息流動的方式來解決長期依賴性的問題。它使用了稱為「門」的結構，例如遺忘門、輸入門和輸出門，以控制記憶單元中的信息流動。

LSTM 的訓練過程通常使用誤差反向傳播（Backpropagation Through Time, BPTT）算法，該算法允許模型根據過去的預測結果來調整內部參數，從而提高預測準確性。

- 上圖解釋：

在上圖中，我們將訓練集和測試集的原始數據、訓練集的預測值和測試集的預測值都繪製在同一個圖形中，以便進行比較。

原始數據的曲線顯示了時間序列數據的真實走勢。

訓練集的預測值曲線表示了模型在訓練集上的預測效果。通常，在訓練期間會持續調整模型參數，直到模型在訓練集上的預測結果與真實數據較為接近。

測試集的預測值曲線表示了模型對於未見數據的預測效果。通常，我們使用測試集來評估模型的泛化能力，即模型對於新數據的預測能力。

通過將這些曲線放在同一個圖形中，我們可以直觀地比較模型的預測結果與真實數據之間的差異，從而評估模型的性能和準確性。

總而言之，上圖展示了 LSTM 模型在股價時間序列預測問題上的應用情況，並通過將原始數據和模型預測值放在同一個圖形中進行了直觀的比較。

5.10 深度學習循環神經網路的多時序 LSTM 架構

截圖引用自 Jason Brownlee 博士的部落格文章

https：//machinelearningmastery.com/multivariate-time-series-forecasting-lstms-keras/

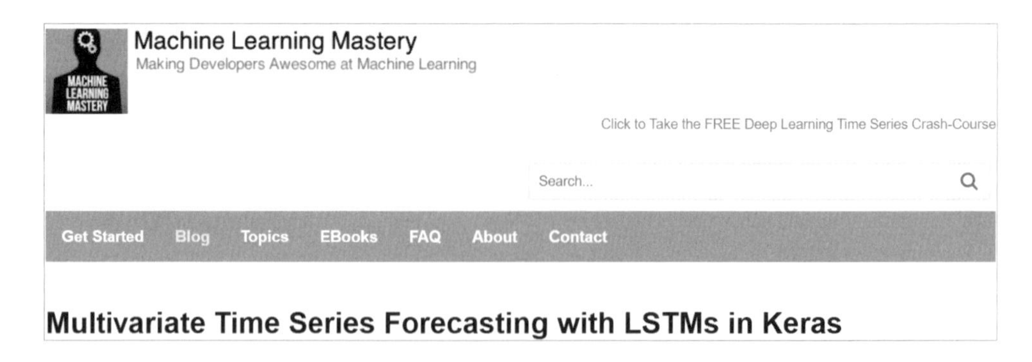

多變量時間序列預測是指預測一個時間序列的未來值，其中每個時間步長的觀察值由多個變量（特徵）組成。使用 LSTM 模型進行多變量時間序列預測可以使您更好地捕捉到不同變量之間的複雜動態關係。下面我將詳細說明如何開發一個用於多變量時間序列預測的 LSTM 模型：

- 數據準備：

首先，需要準備數據。這包括收集具有多個特徵的時間序列數據，例如氣象數據中的溫度、濕度和風速等。確保您的數據集中的特徵數量大於 1，以應對多變量情況。

接下來，將數據集轉換為適合 LSTM 模型的格式。通常，讀者需要將數據集轉換為時間窗口或序列的形式，以便模型能夠理解時間序列的時間依賴性。

- 模型構建：

接下來，讀者需要構建 LSTM 模型。在 Keras 中，您可以使用 Sequential 模型來堆疊各種層，並將它們編譯成一個完整的模型。

對於多變量時間序列預測，您可以將多個特徵作為模型的輸入。在 LSTM 模型中，您可以使用 LSTM 層來建立循環神經網絡部分，並且通常需要添加其他層，如 Dense 層，來進行預測。

- 模型訓練：

當模型構建完成後，您需要將其訓練以適應您的數據。在訓練過程中，模型將通過比較其預測和實際值的誤差來調整其內部參數，以最小化誤差。

在 Keras 中，您可以使用 model.fit() 函數來訓練模型。在訓練過程中，您可以指定訓練的批量大小、訓練的時期數以及其他參數。

- 預測：當模型訓練完成後，讀者可以使用它來進行預測。在 Keras 中，您可以使用 model.predict() 函數來對新數據進行預測。請記住，如果原始數據是標準化或正規化的，需要將預測結果轉換回原始的比例。總之，多變量時間序列預測是一個重要且具有挑戰性的問題，使用 LSTM 模型可以幫助您更好地捕捉到時間序列數據中的複雜動態關係。通過適當的數據準備、模型構建、訓練和預測，您可以開發出一個強大的多變量時間序列預測模型。

此處，本書使用多時序模型來針對空氣汙染資料集做預測和改寫：

多變量時間序列預測與 Keras 中的 LSTMs

神經網絡如長短期記憶（LSTM）循環神經網絡能夠幾乎無縫地模擬具有多個輸入變量的問題。這在時間序列預測中是一個巨大的優勢，因為傳統的線性方法往往很難適應多變量或多輸入的預測問題。

空氣污染預測專案說明：

在此處，本書將使用空氣質量數據集。

下載處：https：//raw.githubusercontent.com/jbrownlee/Datasets/master/pollution.csv

這是一個報告北京美國大使館每小時五年的天氣和污染水平的數據集。

該數據包括日期時間、被稱為 PM2.5 濃度的污染物以及包括露點、溫度、壓力、風向、風速和積雪和雨的累積小時數在內的天氣信息。原始數據中的完整特徵列表如下：

- No：行號
- year：該行中的數據年份
- month：該行中的數據月份
- day：該行中的數據日期
- hour：該行中的數據小時
- pm2.5：PM2.5 濃度
- DEWP：露點
- TEMP：溫度
- PRES：壓力
- cbwd：綜合風向
- Iws：累積風

程式碼改寫如下，讀者有興趣可以點擊執行：

https：//colab.research.google.com/drive/1VI4_cojkrh1Dm-scVHZFW-t9Rn_LNre3?usp=sharing

程式碼用於時間序列預測模型的訓練和評估說明：

數據預處理：

將數據轉換為 float32 類型。

通過 MinMaxScaler 進行特徵正規化，將數據縮放到 0 到 1 之間。

確定要使用的時間窗口大小（n_hours）和特徵數（n_features）。

- 準備可以訓練的數據：

使用 series_to_supervised 函數將時間序列數據轉換為監督式學習數據的格式。這將數據轉換成以前幾個時間步作為輸入，下一個時間步作為輸出的格式。

- 劃分訓練集和測試集：

將數據劃分為訓練集和測試集，通常是按照時間劃分。這裡前 n_train_hours 個時間步用於訓練，其餘用於測試。

- 準備輸入和輸出：

將劃分後的數據集劃分為輸入（train_X, test_X）和輸出（train_y, test_y）。將前 n_obs 個特徵作為輸入，最後一個特徵作為輸出。

- 設計網絡：

使用 Keras 建立模型。這裡使用了一個包含單個 LSTM 層和一個全連接層的簡單的循環神經網絡。

- 訓練模型：

使用訓練集的輸入和輸出數據訓練模型。設置了訓練的 epoch 數、批量大小、驗證數據等參數。

- 繪製訓練和測試損失曲線：

使用訓練和測試過程中的損失值來繪製訓練和測試損失曲線，以評估模型的性能和過擬合情況。

```
1 from google.colab import drive
2 drive.mount('/content/gdrive') # 此處需要登入google帳號
```

```
Mounted at /content/gdrive
```

```
1 from math import sqrt
2 from numpy import concatenate
3 from matplotlib import pyplot
4 from pandas import read_csv, DataFrame, concat, get_dummies
5 from sklearn.preprocessing import MinMaxScaler, LabelEncoder
6 from sklearn.metrics import mean_squared_error
7 from keras.models import Sequential
8 from keras.layers import Dense, LSTM
9
10 # Function to convert series to supervised learning
11 def series_to_supervised(data, n_in=1, n_out=1, dropnan=True):
12         n_vars = 1 if type(data) is list else data.shape[1]
13         df = DataFrame(data)
14         cols, names = list(), list()
15
16         # Input sequence (t-n, ... t-1)
17         for i in range(n_in, 0, -1):
18                 cols.append(df.shift(i))
19                 names += [('var%d(t-%d)' % (j + 1, i)) for j in range(n_vars)]
20
21         # Forecast sequence (t, t+1, ... t+n)
22         for i in range(0, n_out):
23                 cols.append(df.shift(-i))
24                 if i == 0:
25                         names += [('var%d(t)' % (j + 1)) for j in range(n_vars)]
26                 else:
27                         names += [('var%d(t+%d)' % (j + 1, i)) for j in range(n_vars)]
28
29         # Put it all together
30         agg = concat(cols, axis=1)
31         agg.columns = names
32
33         # Drop rows with NaN values
34         if dropnan:
35                 agg.dropna(inplace=True)
36
37         return agg
38
39 # Load dataset
40 dataset = read_csv('/content/gdrive/My Drive/pollution.csv', header=0, index_col=0)
41 dataset.drop('cbwd', axis=1, inplace=True)
42 values = dataset.values
43
44 # Integer encode direction
45 encoder = LabelEncoder()
46 values[:, 4] = encoder.fit_transform(values[:, 4])
47
48 # Ensure all data is float32
49 values = values.astype('float32')
50
51 # Normalize features
52 scaler = MinMaxScaler(feature_range=(0, 1))
53 scaled = scaler.fit_transform(values)
54
55 # Specify the number of lag hours
56 n_hours = 3
57 n_features = 8
58
59 # Frame as supervised learning
60 reframed = series_to_supervised(scaled, n_hours, 1)
61 print(reframed.shape)
62
63 # Split into train and test sets
64 values = reframed.values
65 n_train_hours = 365 * 24
66 train = values[:n_train_hours, :]
67 test = values[n_train_hours:, :]
68
69 # Split into input and outputs
70 n_obs = n_hours * n_features
71 train_X, train_y = train[:, :n_obs], train[:, -n_features]
72 test_X, test_y = test[:, :n_obs], test[:, -n_features]
73 print(train_X.shape, len(train_X), train_y.shape)
74
75 # Reshape input to be 3D [samples, timesteps, features]
76 train_X = train_X.reshape((train_X.shape[0], n_hours, n_features))
77 test_X = test_X.reshape((test_X.shape[0], n_hours, n_features))
78 print(train_X.shape, train_y.shape, test_X.shape, test_y.shape)
79
80 # Design network
81 model = Sequential()
82 model.add(LSTM(50, input_shape=(train_X.shape[1], train_X.shape[2])))
83 model.add(Dense(1))
84 model.compile(loss='mae', optimizer='adam')
85
86 # Fit network
87 history = model.fit(train_X, train_y, epochs=500, batch_size=80, validation_data=(test_X, test_y), verbose=2, shuffle=False)
88
89 # Plot history
90 pyplot.plot(history.history['loss'], label='train')
91 pyplot.plot(history.history['val_loss'], label='test')
92 pyplot.legend()
93 pyplot.show()
94
95
```

訓練後的結果如下：

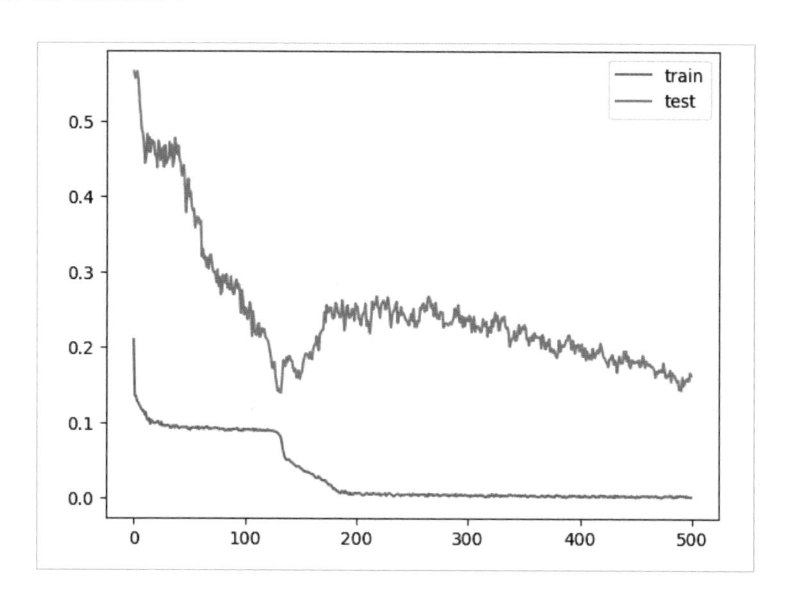


```
[3]  1 # Make a prediction
     2 yhat = model.predict(test_X)
     3

1096/1096 [==============================] - 2s 2ms/step

[4]  1 yhat

array([[0.18211466],
       [0.2215176 ],
       [0.25980532],
       ...,
       [0.96859413],
       [1.0915898 ],
       [1.3044788 ]], dtype=float32)

[5]  1 # Calculate RMSE
     2 rmse = sqrt(mean_squared_error(test_y, yhat))
     3 print('Test RMSE: %.3f' % rmse)

Test RMSE: 0.221
```

結論：

多時序的 LSTM 應用通常用於時間序列預測問題，其中模型需要考慮先前多個時間步的信息來進行預測。這種方法在許多領域都有廣泛的應用，例如天氣預測、股票價格預測、交通流量預測等。

以下是多時序 LSTM 的一些應用場景：

天氣預測:天氣是一個多變量的時間序列問題，需要考慮多個因素，如溫度、濕度、風速、降水量等。使用多時間步 LSTM 可以利用先前幾個時間步的天氣數據來預測未來的天氣情況。

股票價格預測：股票價格的波動受到許多因素的影響，包括市場情緒、公司業績、宏觀經濟數據等。多時間步 LSTM 可以利用先前幾個時間步的股票價格數據和相關因素來預測未來的價格走勢。

交通流量預測：在城市交通管理中，準確預測交通流量對交通流動和擁堵管理至關重要。使用多時間步 LSTM 可以利用先前幾個時間步的交通流量數據和相關因素來預測未來的交通情況。

能源消耗預測：對於能源供應商和用戶來說，準確預測能源消耗是重要的。多時間步 LSTM 可以利用先前幾個時間步的能源消耗數據和相關因素來預測未來的能源需求。

自然語言處理：在自然語言處理中，多時間步 LSTM 可以用於語言模型的訓練，通過考慮先前幾個時間步的單詞來預測下一個單詞。

總而言之，多時序 LSTM 在時間序列預測問題中具有廣泛的應用，可以有效地捕捉時間序列中的長期依賴關係，並提高預測的準確性。

第 6 章

相依矩陣的重要性：如何解讀參數之間的關係

6.1 相依矩陣的說明

在數據科學中，相依矩陣 (Correlation Matrix) 主要用來幫助我們理解資料集中，各個因子之間的相關性高低，以便於我們找出對預測目標有高度相關的因子！

相關矩陣的範例如下：

通常，相關矩陣是 " 方形 "，行和列中顯示相同的變數。我在下面展示了一個例子。這顯示了各種事物對人們的重要性之間的相關性。從左上角到右下角的 1 是主對角線，它表明每個變數始終與其自身完全相關。此矩陣是對稱的，主對角線上方顯示相同的相關性，是主對角線下方矩陣的鏡像。

	Always to vote in elections	Never to try to evade taxes	Always to obey laws	Keep watch on action of govt	Active in social/ political associations	Understand others' points of view	Choose products for politics/ ethics/ envir.	Help worse off people in America	Help worse off people in rest of World
Always to vote in elections	1.00	.94	.94	.94	.92	.92	.89	.93	.88
Never to try to evade taxes	.94	1.00	.97	.95	.90	.94	.91	.95	.89
Always to obey laws	.94	.97	1.00	.96	.91	.94	.91	.96	.90
Keep watch on action of govt	.94	.95	96	1.00	.93	.95	.91	.95	.89
Active in social/political associations	.92	.90	.91	.93	1.00	.92	.88	.91	.87
Understand others' points of view	.92	.94	.94	.95	.92	1.00	.91	.94	.89
Choose products for politics/ethics/envi	.89	.91	.91	.91	.88	.91	1.00	.91	.86
Help worse off people in America	.93	.95	.96	.95	.91	.94	.91	1.00	.93
Help worse off people in rest of World	.88	.89	.90	.89	.87	.89	.86	.93	1.00

引用：https://www.displayr.com 統計分析網站

此處，也引用 W3school 的說明：

"A matrix is an array of numbers arranged in rows and columns. A correlation matrix is simply a table showing the correlation coefficients between variables."

也就是說；矩陣是一種由數字組成的二維數據結構，按行和列排列。在矩陣中，每一個元素都可以通過其在矩陣中的行和列位置來定位。

相關係數矩陣是一種特殊類型的矩陣，用於描述多個變量之間的相關關係。它是一個方形矩陣，其中每一個元素表示對應變量之間的相關係數。這些相關係數提供了一種衡量變量之間線性關係強度和方向的方法。通常，相關係數的值介於 -1 和 1 之間，其中 -1 表示完全負相關，1 表示完全正相關，0 表示無相關性。相關係數矩陣通常用於探索和理解數據集中不同變量之間的關係。

此處，讓本書舉一個範例做說明：

引用 https：//www.w3schools.com/datascience/ds_stat_correlation_matrix.asp

	Duration	Average_Pulse	Max_Pulse	Calorie_Burnage	Hours_Work	Hours_Sleep
Duration	1	-0.17	0.00	0.89	-0.12	0.07
Average_Pulse	-0.17	1	0.79	0.02	-0.28	0.03
Max_Pulse	0.00	0.79	1	0.20	-0.27	0.09
Calorie_Burnage	0.89	0.02	0.20	1	-0.14	0.08
Hours_Work	-0.12	-0.28	-0.27	-0.14	1	-0.14
Hours_Sleep	0.07	0.03	0.09	0.08	-0.14	1

上述表格所使用的數據來自完整的健康數據集，該數據集包含了多個與健康相關的變量和觀測值。

從觀察中可以得出以下幾點結果：

首先，持續時間和燃燒卡路里之間存在著密切的相關性，其相關係數高達 0.89。這個結果合理地表明，隨著訓練時間的增加，燃燒的卡路里也隨之增加。這符合我們對身體運動和燃燒能量的常識理解，即運動時間越長，消耗的能量也越多。

其次，平均脈搏和燃燒的卡路里之間幾乎沒有線性關係，其相關係數僅為 0.02。這表明平均脈搏的變化與燃燒的卡路里之間幾乎沒有直接的關聯。然而，需要注意的是，雖然這個相關係數接近零，但不能單純地得出平均脈搏不影響燃燒卡路里的結論。

值得進一步研究的是，平均脈搏可能受到其他因素的影響，例如個人的身體狀況、運動強度等。因此，要全面理解平均脈搏與燃燒卡路里之間的關係，可能需要進一步的分析和探索。這可以通過更深入的數據挖掘和統計建模來實現，以確定平均脈搏在燃燒卡路里中的作用以及與其他變量之間的交互作用。

總而言之，儘管相關係數提供了一個初步的量化分析，但仍需要進一步的研究來全面理解變量之間的關係，特別是在健康數據分析中，這一點尤其重要。

相關係數的計算可以幫助我們理解 "r" 是如何計算的：

相關係數（通常表示為 r）衡量了兩個變量之間的線性關係的強度和方向。在計算相關係數時，我們首先計算兩個變量的協方差，然後將其標準化以得到一個介於 -1 和 1 之間的值。

具體來說，計算相關係數的過程如下：

計算兩個變量的協方差：協方差衡量了兩個變量之間的變動趨勢。如果兩個變量的變動趨勢一致（即，當一個變量增加時，另一個變量也增加，反之亦然），則協方差為正值；如果它們的變動趨勢相反（即，當一個變量增加時，另一個變量減少），則協方差為負值。

計算兩個變量的標準差：標準差衡量了一個變量的數值在其平均值周圍的變異程度。

將協方差除以兩個變量的標準差的乘積：這樣就得到了相關係數。通過將協方差標準化，我們可以消除不同變量之間的尺度差異，使得相關係數可以在 -1 和 1 之間進行比較，並且可以解釋不同變量之間的相關性的強度和方向。

這樣計算的相關係數提供了我們一個定量的指標，幫助我們理解兩個變量之間的關係，並且在統計分析和機器學習中被廣泛應用。

$$r = \frac{Cov(X,Y)}{\sqrt{s_x^2 s_y^2}}$$

.Cos(X,Y) 的計算式為：

$$\mathrm{Cov}\left(X,Y\right)=\frac{\Sigma\left(X-\bar{X}\right)\left(Y-\bar{Y}\right)}{n-1}$$

6.2 相依係數的判讀

- 引用自波士頓大學醫學院 BUMC 的資料

https：//sphweb.bumc.bu.edu/otlt/MPH-Modules/PH717-QuantCore/PH717-Module9-Correlation-Regression/PH717-Module9-Correlation-Regression4.html

Correlation Coefficient (r)	Description (Rough Guideline)
+1.0	Perfect positive + association
+0.8 to 1.0	Very strong + association
+0.6 to 0.8	Strong + association
+0.4 to 0.6	Moderate + association
+0.2 to 0.4	Weak + association
0.0 to +0.2	Very weak + or no association
0.0 to -0.2	Very weak - or no association
-0.2 to – 0.4	Weak - association
-0.4 to -0.6	Moderate - association
-0.6 to -0.8	Strong - association
-0.8 to -1.0	Very strong - association
-1.0	Perfect negative association

相關係數（r）是一個量化指標，用於衡量兩個變量之間的線性相關性。相關係數的值介於 -1 和 1 之間，其符號表示相關性的方向，正數表示正相關，負數表示負相關，而絕對值越大則相關性越強。

根據統計學上的常規，相關係數的大小可以根據以下粗略的指南進行解釋：

- +1.0：完美正相關，表示兩個變量之間存在完美的正線性關係。
- +0.8 至 +1.0：非常強的正相關，表示兩個變量之間存在非常強的正線性關係。

- +0.6 至 +0.8：強的正相關，表示兩個變量之間存在強烈的正線性關係。
- +0.4 至 +0.6：中等程度的正相關，表示兩個變量之間存在中等程度的正線性關係。
- +0.2 至 +0.4：弱的正相關，表示兩個變量之間存在較弱的正線性關係。
- 0.0 至 +0.2：非常弱的正相關或無關聯，表示兩個變量之間幾乎沒有線性關係。
- 0.0 至 -0.2：非常弱的負相關或無關聯，表示兩個變量之間幾乎沒有線性關係。
- -0.2 至 -0.4：弱的負相關，表示兩個變量之間存在較弱的負線性關係。
- -0.4 至 -0.6：中等程度的負相關，表示兩個變量之間存在中等程度的負線性關係。
- -0.6 至 -0.8：強的負相關，表示兩個變量之間存在強烈的負線性關係。
- -0.8 至 -1.0：非常強的負相關，表示兩個變量之間存在非常強的負線性關係。
- -1.0：完美負相關，表示兩個變量之間存在完美的負線性關係。

這些粗略的指南可幫助我們理解相關係數的大小及其對變量之間關係的影響程度。然而，在進行相關性分析時，還應該考慮其他因素，如樣本大小、分佈形狀以及可能存在的非線性關係等。

下面的四幅圖像給出了一些相關係數在散點圖上的可能呈現方式的概念。

r = 0.71：這表示兩個變量之間存在較強的正相關關係。在散點圖上，點呈現出向上的趨勢，並且較集中在一條斜向上的直線附近。

r = 0.05：這表示兩個變量之間存在非常弱的正相關關係，幾乎可以認為沒有相關性。在散點圖上，點呈現出分散的形狀，沒有明顯的模式或趨勢。

r = -0.46：這表示兩個變量之間存在中等程度的負相關關係。在散點圖上，點呈現出向下的趨勢，但分佈較為雜亂，沒有非常明顯的直線關係。

r = 0.04：這表示兩個變量之間存在非常弱的正相關關係，幾乎可以認為沒有相關性。在散點圖上，點呈現出分散的形狀，並且沒有明顯的模式或趨勢。

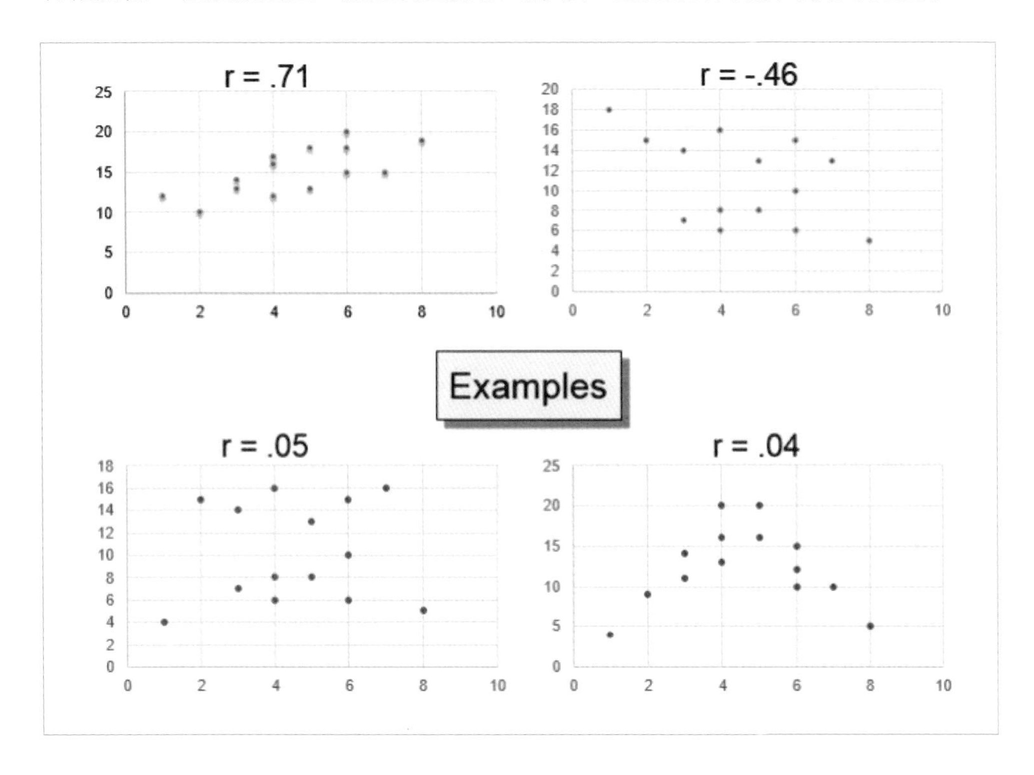

在 Python 中，我們最常用的繪製範例如下：

引用自：https：//www.w3schools.com/datascience/ds_stat_correlation_matrix.asp

```
import matplotlib.pyplot as plt
import seaborn as sns

correlation_full_health = full_health_data.corr()

axis_corr = sns.heatmap(
correlation_full_health,
vmin=-1, vmax=1, center=0,
cmap=sns.diverging_palette(50, 500, n=500),
square=True
```

```
)

plt.show()
```

6.3 工業數據的應用與解讀

Parts Manufacturing - Industry Dataset

A dataset containing measures of parts produced by 20 operators

此處，本書改寫 Kaggle 數據平台上的專案進行說明：

資料集下載處如下：

https://www.kaggle.com/datasets/gabrielsantello/parts-manufacturing-industry-dataset

這個資料集包含了一個工業中 20 個操作員在某一段時間內生產的 500 個零件的詳細資料。該資料集沒有包含完美的測量值。每個操作員都有不同的培訓背景。

這些資料的分析對於工業非常重要，因為它可以幫助企業了解以下幾個方面：

- 品質控制和改進：通過分析零件的尺寸（長度、寬度、高度）數據，企業可以評估每個操作員的工作表現以及生產過程中可能存在的問題。如果某個操作員生產的零件尺寸偏離理想值，這可能表明該操作員需要進一步的培訓或者設備需要進行調整。
- 生產效率和成本控制：通過分析不同操作員的生產數據，企業可以評估哪些操作員在單位時間內能夠生產出更多或者更優質的零件，從而優化生產排程和資源配置，提高生產效率，降低生產成本。

- 培訓和技能提升：通過比較不同操作員的生產數據，企業可以發現哪些操作員的生產表現較差，從而針對性地開展培訓計劃，提升操作員的技能水平，進而提高整個團隊的生產效率和產品品質。

這個資料集包含了以下列：

- 項目編號（Item_No）：每個零件的獨特識別編號，用於區分不同的零件。
- 長度（Length）：零件的長。
- 寬度（Width）：零件的寬。
- 高度（Height）：零件的高。
- 操作員（Operator）：負責生產該零件的操作員的編號。這個數據可以用來追蹤每個操作員生產的零件，並評估不同操作員之間的生產差異。

這些列提供了有關零件尺寸和生產人員的詳資訊，可以用於品質控制、生產效率分析以及操作員培訓和技能提升等工業應用中。

本書在此專案中，使用 Seaborn 繪製了一個水平條形計數圖 (countplot) 來顯示 DataFrame 中 'Operator' 列的值的計數。在繪製計數圖時，它指定了 'Operator' 列的值以遞減的順序排序。

讓我們逐一解釋這段程式碼的不同部分：

plt.figure(figsize=(12,4))：設置圖形大小為寬度為 12 英吋，高度為 4 英吋的圖形。

sns.set_theme(style="whitegrid")：設置 Seaborn 的繪圖風格為 'whitegrid'，這會將繪圖的背景設置為白色，同時在主要內容區域添加網格線。

sns.countplot(data=df, x='Operator', order=df['Operator'].value_counts().index[：：-1])：這是用來繪製計數圖的主要部分。它指定了要使用的資料框 df，並指定了要繪製的 'Operator' 列作為 x 軸。通過 order 參數，它將 'Operator' 列的值按照其計數值的遞減順序排列。value_counts() 函數計算 'Operator' 列中每個唯一值的計數，.index[：：-1] 則將其索引反轉，以便以遞減順序排列。

總而言之，這段程式碼的目的是繪製一個水平條形計數圖，顯示了生產線中每個作業員列中每個值的計數，並按計數值的遞減順序排列。

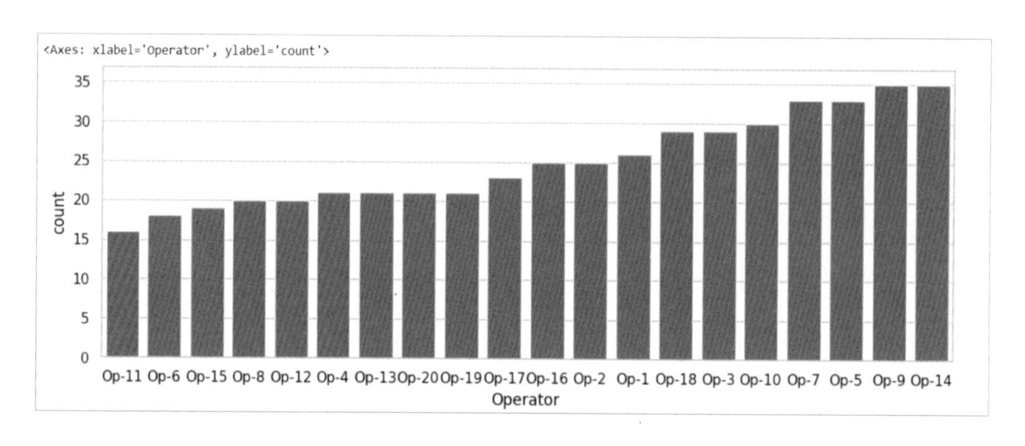

各個參數的箱型圖繪製如下：

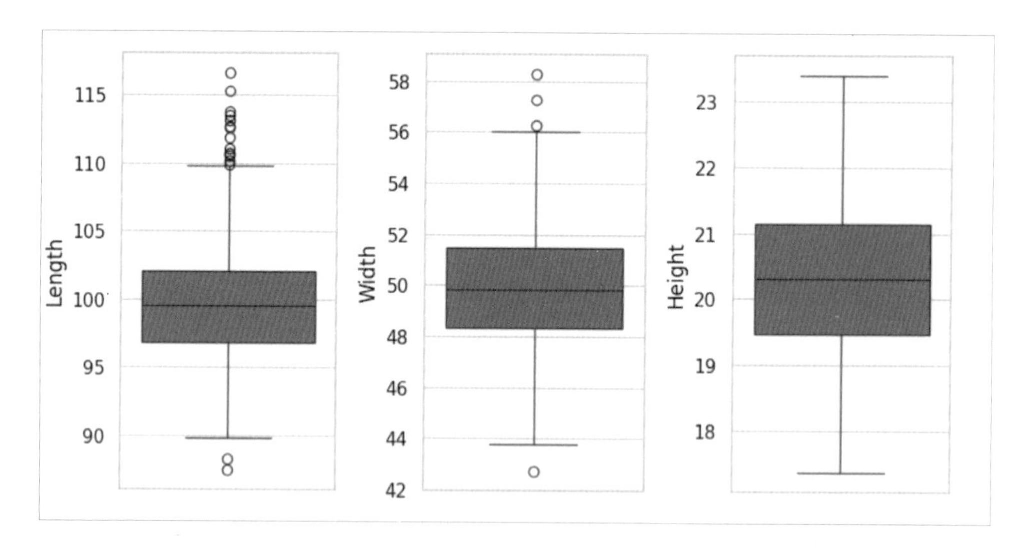

為了將這些特徵和作業員與零件的狀態相關聯。本書在 DataFrame 中添加一列「狀態」，用於描述每個零件的好壞與否。以下是對這個描述的補充，以及如何在 DataFrame 中添加「狀態」列：

此處我們希針對資料集中，新增一個欄位叫做檢測的結果"Status"。

說明:後續我們可以使用這個狀態來架設神經網路層做分類!

+ 程式碼　+ 文字

```
[ ] #feat = ['Length','Width','Height']

def get_status(row):
    # when applying the function get_status(), it is called each row at a time
    # row is a pd.Series
    #print('row: ', row, '\n') <- try if you want to see what gets passed to the function
    for col in feat:
        # in each row you have to check 3 values (3 columns)
        # if this if condition is True only once, the function returns 'Defective'
        if (
            (row[col] > boxplot_stats(df[col])[0]['whishi'])
            or
            (row[col] < boxplot_stats(df[col])[0]['whislo'])
        ):

            return 'Defective'

    # if it didn't return anything till here (-> 3x condition was False) it will return `Perfect
    return 'Perfect'

df['Status'] = df.apply(get_status,axis=1)
```

「狀態（Status）」：描述該零件的好壞與否，例如 'Perfect' 表示完美，'Defective' 表示有瑕疵。

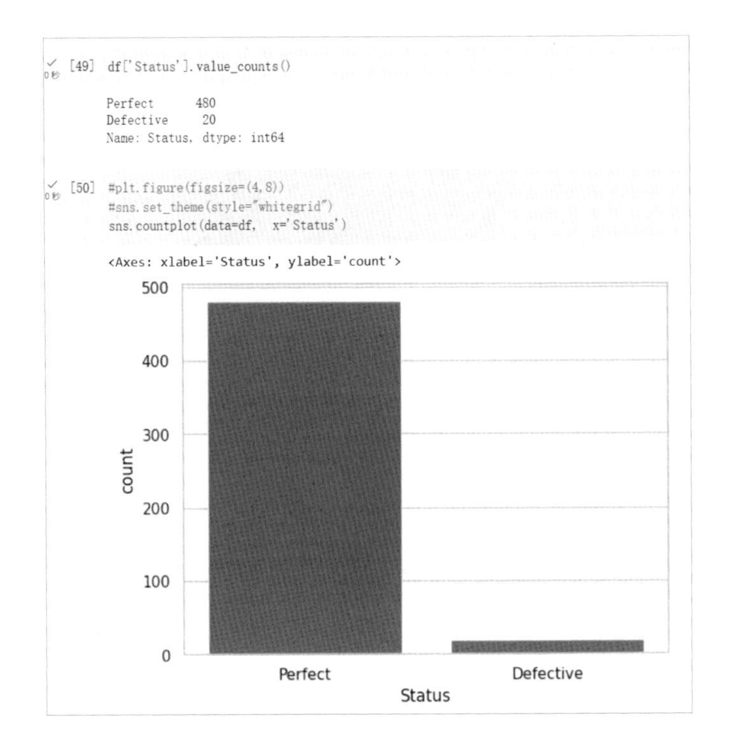
[49] df['Status'].value_counts()
Perfect 480
Defective 20
Name: Status, dtype: int64
[50] #plt.figure(figsize=(4,8))
#sns.set_theme(style="whitegrid")
sns.countplot(data=df, x='Status')
<Axes: xlabel='Status', ylabel='count'>
500
400
300
200
100
0
count
Perfect
Defective
Status

此處將作業員和零件狀態做柱狀圖的繪製：

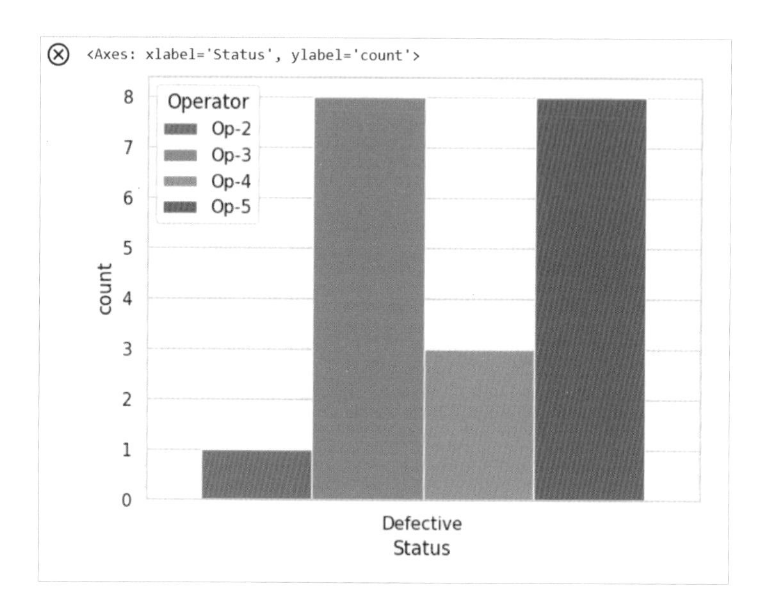

相依係數圖（或相關係數熱點圖）：

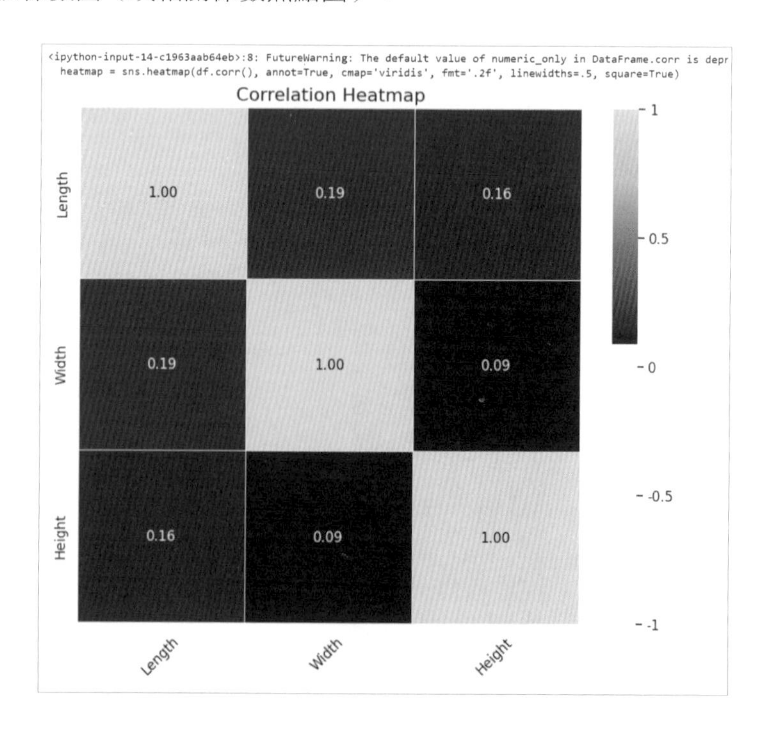

相依係數圖（或相關係數熱點圖）是一種可視化工具，通常用於顯示數據集中不同特徵之間的相關性。透過顏色的深淺，我們可以直觀地了解特徵之間的相依程度，從而更好地理解數據集。

在相依係數圖中，我們首先計算數據集中每對特徵的相關係數。這些相關係數代表了兩個特徵之間的線性相關性，可以是正的（表示正相關），負的（表示負相關），或接近零（表示無相關性）。然後，我們使用熱點圖來視覺化這些相關係數。每個小方塊的顏色深淺表示相關係數的大小，通常使用顏色映射來表示。一般來說，深色表示較高的相關性，淺色表示較低的相關性，而白色表示相關性接近零。

例如，在一個製造業的數據集中，我們可能有項目編號（Item_No）、長度（Length）、寬度（Width）、高度（Height）和操作員（Operator）等特徵。我們可以使用相依係數圖來探索這些特徵之間的關係。例如，我們可以觀察到長度和寬度之間可能存在較高的正相關性，這意味著在某些情況下，零件的長度和寬度可能會一起增加或減少。同時，我們也可以觀察到操作員和零件尺寸之間的關係，從而了解哪些操作員更傾向於生產特定尺寸的零件。

總而言之，相依係數圖提供了一個直觀的方式來理解數據中特徵之間的關係，這有助於我們更好地理解數據集，從而做出更好的分析和決策。

此處，我們使用程式計算了在一個二項試驗中發生兩次拒絕的機率。在這個上下文中，我們可以將這個二項試驗與某種檢驗或測試相關聯，例如檢查一批零件的狀態是否合格。

具體來說：

binom.sf(k, n, p)：這是二項分佈的生存函數（Survival Function），它返回在二項試驗中發生大於等於 k 次事件的機率。在這裡，k 是拒絕的次數，n 是試驗的總次數，p 是每次試驗成功的概率。

在這段程式碼中，我們設置了 n 為 20，表示進行了 20 次試驗，而 p 設置為 0.04，表示每次試驗成功的概率為 0.04。然後我們將 k 設置為 2，表示我們想要計算在這 20 次試驗中發生兩次拒絕的機率。

round(100* binom.sf(2, 20, 0.04), 2)：這是將計算結果四捨五入到兩位小數的過程，同時將結果乘以 100，以獲得百分比形式的機率。

這段程式碼的結果可以解釋為：在一個進行了 20 次試驗，每次試驗成功概率為 0.04 的情況下，發生兩次或更多次拒絕的機率是多少。這樣的結果可能與零件檢測的情境相關聯，其中試驗可能是關於檢查零件是否合格的。

```
meanL = df['Length'].mean() #99.76914
meanW = df['Width'].mean() #49.932880000000004
meanH = df['Height'].mean() #20.29322

[23] two_rejections = round(100 * binom.sf(2, 20, 0.04),2)
     x_ax = np.arange(0, 21)
     y_ax = binom.pmf(x_ax, 20, 0.04)
     y_cumulative = binom.cdf(x_ax, 20, 0.04)

[24] print(f'The percentage of rejections will be: {two_rejections}%')

The percentage of rejections will be: 4.39%
```

繪製統計圖表如下：

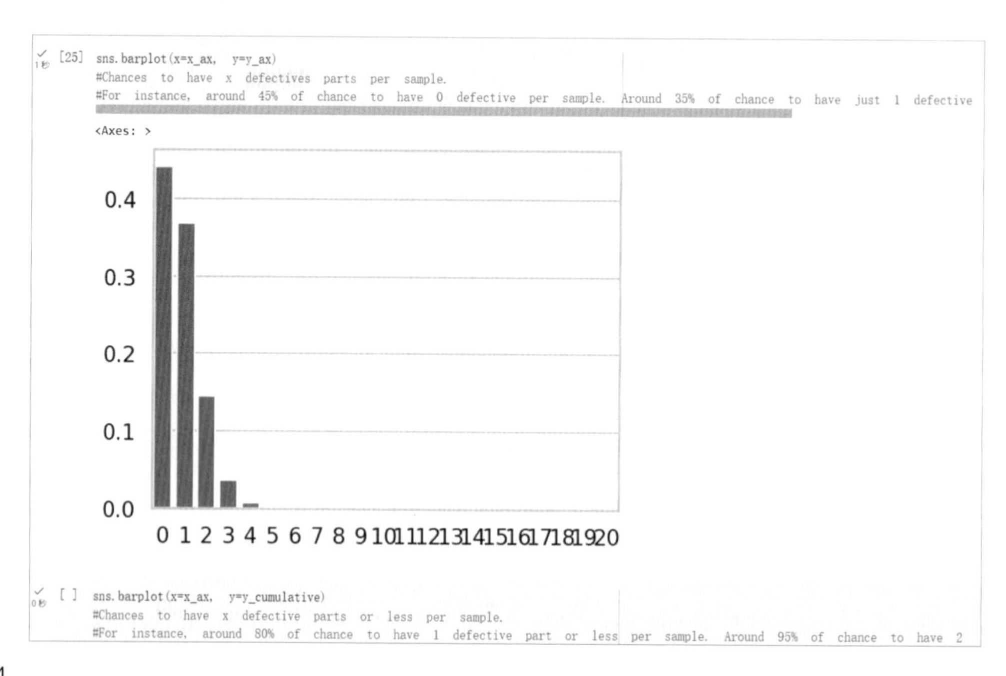
[25] sns.barplot(x=x_ax, y=y_ax)
#Chances to have x defectives parts per sample.
#For instance, around 45% of chance to have 0 defective per sample. Around 35% of chance to have just 1 defective
<Axes: >
0.4
0.3
0.2
0.1
0.0
0 1 2 3 4 5 6 7 8 9 10 11 12 13 14 15 16 17 18 19 20
[ ] sns.barplot(x=x_ax, y=y_cumulative)
#Chances to have x defective parts or less per sample.
#For instance, around 80% of chance to have 1 defective part or less per sample. Around 95% of chance to have 2

搭建神經網路並說明如下：

這段程式碼是建立一個簡單的深度學習模型，使用 Keras 套件中的 Sequential 模型。下面是對程式碼的解釋：

* Sequential()：建立一個順序模型，表示將按照順序將各層添加到模型中。

* model.add(Dense(12, activation="relu"))：添加一個全連接層（密集層），該層有 12 個神經元。使用 ReLU（Rectified Linear Unit）作為激活函數，這是一種常用的非線性函數。

* model.add(Dropout(0.2))：添加一個 Dropout 層，這有助於防止過度擬合。Dropout 在訓練期間隨機使一部分神經元的輸出為零，這有助於模型的泛化能力。

* model.add(Dense(6, activation="relu"))：再次添加一個全連接層，這次減少神經元數至 6。

* model.add(Dropout(0.2))：再次添加 Dropout 層。

* model.add(Dense(3, activation="relu"))：添加另一個全連接層，神經元數為 3。

* model.add(Dropout(0.2))：再次添加 Dropout 層。

* model.add(Dense(units=1, activation="sigmoid"))：添加輸出層，有一個神經元，使用 sigmoid 激活函數。這是因為這是一個二元分類問題，sigmoid 函數將輸出限制在 0 到 1 之間，可以被視為機率。

* model.compile(loss="binary_crossentropy", optimizer="adam")：編譯模型。使用 binary_crossentropy 作為損失函數，這是二元分類問題的標準損失函數。優化器選擇了 Adam，這是一種常用的優化算法。

總而言之，這個模型是一個包含多個全連接層和 Dropout 層的簡單神經網絡，用於解決二元分類問題。 Dropout 層有助於防止過度擬合 (Overfitting)，而 ReLU 激活函數用於引入非線性。

```
model = Sequential()

model.add(Dense(12, activation="relu"))
model.add(Dropout(0.2)) #preventing overfitting

model.add(Dense(6, activation="relu")) #reducing number of neurons of a half
model.add(Dropout(0.2))

model.add(Dense(3, activation="relu"))
model.add(Dropout(0.2))

model.add(Dense(units=1, activation="sigmoid")) #because it's a binary classification

model.compile(loss="binary_crossentropy", optimizer="adam")
```

```
model.fit(x = X_train, y = y_train, epochs = 25, validation_data=(X_test, y_test))
```

```
Epoch 1/25
8/8 [==============================] - 5s 271ms/step - loss: 0.7375 - val_loss: 0.7246
Epoch 2/25
8/8 [==============================] - 0s 35ms/step - loss: 0.7185 - val_loss: 0.7007
Epoch 3/25
8/8 [==============================] - 0s 33ms/step - loss: 0.6997 - val_loss: 0.6847
Epoch 4/25
8/8 [==============================] - 0s 41ms/step - loss: 0.6872 - val_loss: 0.6789
Epoch 5/25
8/8 [==============================] - 0s 41ms/step - loss: 0.6799 - val_loss: 0.6749
Epoch 6/25
8/8 [==============================] - 0s 25ms/step - loss: 0.6761 - val_loss: 0.6713
Epoch 7/25
8/8 [==============================] - 0s 29ms/step - loss: 0.6712 - val_loss: 0.6678
Epoch 8/25
8/8 [==============================] - 0s 24ms/step - loss: 0.6678 - val_loss: 0.6643
Epoch 9/25
8/8 [==============================] - 0s 27ms/step - loss: 0.6641 - val_loss: 0.6608
Epoch 10/25
8/8 [==============================] - 0s 28ms/step - loss: 0.6606 - val_loss: 0.6574
Epoch 11/25
8/8 [==============================] - 0s 24ms/step - loss: 0.6574 - val_loss: 0.6539
Epoch 12/25
8/8 [==============================] - 0s 18ms/step - loss: 0.6539 - val_loss: 0.6504
Epoch 13/25
8/8 [==============================] - 0s 30ms/step - loss: 0.6507 - val_loss: 0.6470
Epoch 14/25
8/8 [==============================] - 0s 20ms/step - loss: 0.6471 - val_loss: 0.6436
Epoch 15/25
8/8 [==============================] - 0s 26ms/step - loss: 0.6438 - val_loss: 0.6402
Epoch 16/25
8/8 [==============================] - 0s 20ms/step - loss: 0.6407 - val_loss: 0.6368
Epoch 17/25
8/8 [==============================] - 0s 13ms/step - loss: 0.6376 - val_loss: 0.6335
Epoch 18/25
8/8 [==============================] - 0s 18ms/step - loss: 0.6342 - val_loss: 0.6301
Epoch 19/25
8/8 [==============================] - 0s 21ms/step - loss: 0.6309 - val_loss: 0.6269
Epoch 20/25
8/8 [==============================] - 0s 24ms/step - loss: 0.6279 - val_loss: 0.6236
Epoch 21/25
8/8 [==============================] - 0s 19ms/step - loss: 0.6246 - val_loss: 0.6203
Epoch 22/25
8/8 [==============================] - 0s 20ms/step - loss: 0.6216 - val_loss: 0.6171
Epoch 23/25
8/8 [==============================] - 0s 9ms/step - loss: 0.6184 - val_loss: 0.6138
Epoch 24/25
8/8 [==============================] - 0s 8ms/step - loss: 0.6155 - val_loss: 0.6106
Epoch 25/25
8/8 [==============================] - 0s 8ms/step - loss: 0.6123 - val_loss: 0.6075
<keras.src.callbacks.History at 0x7c6cf0483730>
```

繪製損失函數如下：

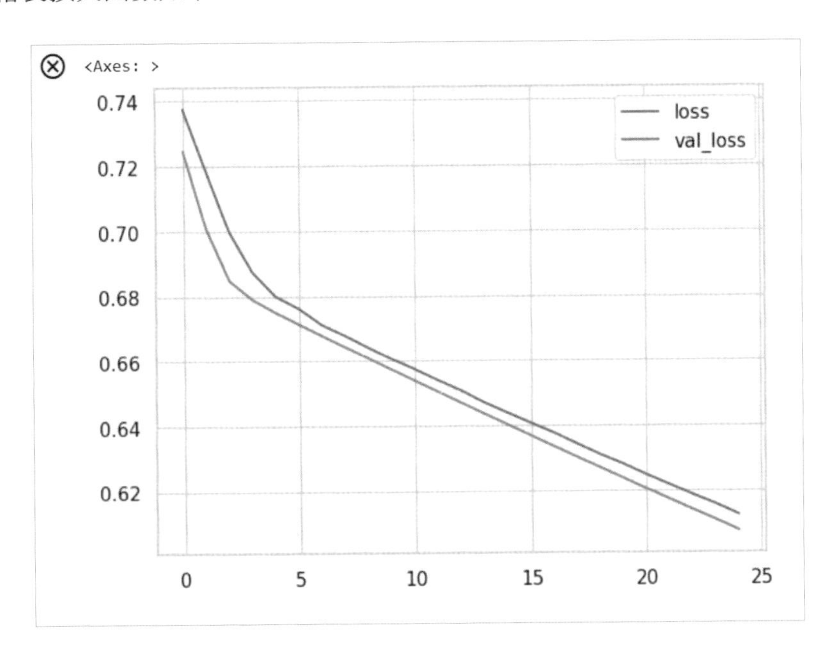

最後，我們也將分類準確率印出：

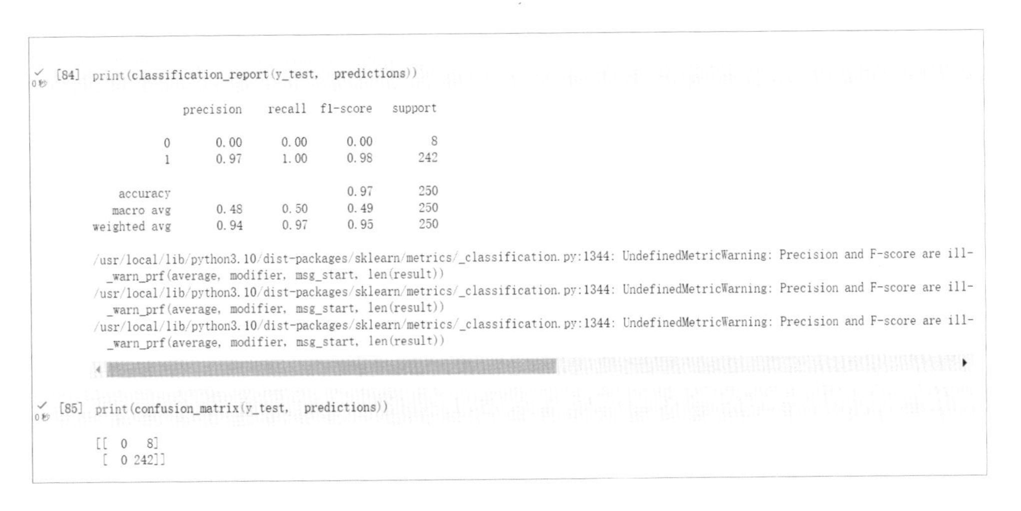

```
[84] print(classification_report(y_test,  predictions))

              precision    recall  f1-score   support

           0       0.00      0.00      0.00         8
           1       0.97      1.00      0.98       242

    accuracy                           0.97       250
   macro avg       0.48      0.50      0.49       250
weighted avg       0.94      0.97      0.95       250

/usr/local/lib/python3.10/dist-packages/sklearn/metrics/_classification.py:1344: UndefinedMetricWarning: Precision and F-score are ill-
  _warn_prf(average, modifier, msg_start, len(result))
/usr/local/lib/python3.10/dist-packages/sklearn/metrics/_classification.py:1344: UndefinedMetricWarning: Precision and F-score are ill-
  _warn_prf(average, modifier, msg_start, len(result))
/usr/local/lib/python3.10/dist-packages/sklearn/metrics/_classification.py:1344: UndefinedMetricWarning: Precision and F-score are ill-
  _warn_prf(average, modifier, msg_start, len(result))

[85] print(confusion_matrix(y_test,  predictions))

[[  0   8]
 [  0 242]]
```

使用基本類神經網路（Artificial Neural Network, ANN）來進行零件好壞的分類是一種常見的機器學習應用。ANN 是一種強大的模型，能夠通過學習數據中的模式來進行分類任務。

以下是使用類神經網路在零件好壞分類方面的一些結論：

- 特徵選擇：在建立 ANN 模型之前，需要仔細選擇適合的特徵。特徵應該是能夠描述零件狀態的數據，例如尺寸、重量、形狀等。這些特徵應該能夠幫助模型區分出不同狀態的零件。
- 數據準備：在訓練 ANN 模型之前，需要對數據進行準備。這包括對數據進行清理、編碼（如果有類別特徵）、標準化或歸一化等處理。確保數據是幹淨且一致的，這樣可以提高模型的性能。
- 模型建構：選擇適合的神經網絡結構是至關重要的。ANN 的結構包括輸入層、隱藏層和輸出層。通常，我們會通過實驗和調參的方式來找到最佳的神經網絡結構。
- 訓練模型：使用已標記的數據集來訓練 ANN 模型。透過反向傳播算法（Backpropagation），模型通過不斷調整權重來最小化訓練集上的誤差。訓練過程可能需要調整學習率、批次大小等參數，以避免過擬合或欠擬合。
- 模型評估：使用測試集來評估模型的性能。常用的指標包括準確率、精確率、召回率、F1 分數等。這些指標可以幫助我們了解模型在分類零件好壞方面的表現。
- 優化和調參：根據模型的表現進行優化和調參。這可能包括調整神經網絡結構、改變損失函數、調整正則化參數等。目標是找到一個性能良好且泛化能力強的模型。

總的來說，使用類神經網路進行零件好壞分類是一個有效的方法，但需要仔細設計和調整模型，並根據實際情況對數據進行適當的處理和準備。透過不斷優化和評估，我們可以獲得準確且穩健的分類模型，以幫助我們更好地管理和生產零件。

6.4 特徵值重要性的模型介紹

此處，本書引用並改寫「 *Jason Brownlee* 博士的文章」

https：//machinelearningmastery.com/calculate-feature-importance-with-python/

為了更進一步探勘資料集中的相依性，如果只單純使用相依矩陣，未必能夠幫助我們找出重要的關鍵因子；因此，本節也介紹不同模型協助找尋關鍵因子的作法。特徵重要性是指根據特徵對目標變量的預測能力，給予特徵一個分數的技術。

有許多類型和來源的特徵重要性分數，常見的例子包括統計相關分數、作為線性模型一部分計算的係數、決策樹以及排列重要性分數。特徵重要性分數在預測建模項目中發揮著重要作用，包括提供對數據和模型的洞察，以及基於特徵重要性進行降維和特徵選擇，可以提高模型在問題上的效率和效果。

- 特徵重要性的說明如下：

一、特徵重要性在預測建模問題中的作用。

二、如何計算和檢視來自線性模型和決策樹的特徵重要性。

三、如何計算和檢視排列特徵重要性分數。

特徵重要性的概念和方法對於了解數據中最重要的特徵，以及這些特徵如何影響模型的性能非常重要。通過詳細了解和應用特徵重要性分數，你可以更好地設計和優化機器學習模型。

特徵重要性指的是一類技術，用於為預測模型的輸入特徵分配分數，以指示每個特徵在進行預測時的相對重要性。

特徵重要性分數可以計算用於預測數值的問題（稱為回歸）以及用於預測類別標籤的問題（稱為分類）。

- 這些分數在預測建模問題中非常有用，可以應用於多種情況，例如：

一、更好地理解數據。

二、更好地理解模型。

三、減少輸入特徵的數量。

特徵重要性分數可以提供對數據集的洞察。相對分數可以突顯哪些特徵可能與目標最相關，以及相反，哪些特徵最不相關。這可以由領域專家解釋，並可以作為收集更多或不同數據的基礎。

特徵重要性分數可以提供對模型的洞察。大多數重要性分數是由擬合於數據集的預測模型計算得出的。檢視重要性分數可以提供有關特定模型的洞察，以及在進行預測時該模型將哪些特徵視為最重要和最不重要的。這是一種模型解釋的類型，可以應用於支持該類型的模型。特徵重要性可以用於改進預測模型。這可以通過使用重要性分數來選擇要刪除的特徵（最低分數）或要保留的特徵（最高分數）來實現。這是一種特徵選擇的方法，可以簡化正在建模的問題，加速建模過程（刪除特徵稱為降維），並在某些情況下提高模型的性能。

特徵重要性分數可以被提供給一個包裝器模型，例如 SelectFromModel 類，來進行特徵選擇。

有許多方法可以計算特徵重要性分數，也有許多模型可以用於此目的。

也許最簡單的方法是計算每個特徵與目標變量之間的簡單係數統計。

如何為機器學習選擇特徵選擇方法？

- 接下來的程式範例，我們將討論三種主要的更高級特徵重要性類型；它們分別是：

一、模型係數的特徵重要性。

二、決策樹的特徵重要性。

三、排列測試的特徵重要性。

這些高級特徵重要性方法通常比簡單的係數統計更準確，因為它們考慮了模型的複雜性，例如非線性關係和交互作用。通過使用這些方法，我們可以更好地了解每個特徵對於預測模型的貢獻，從而更好地進行特徵選擇和模型優化。

此處，我們會使用到下列的 API

- Feature selection, scikit-learn API.
- Permutation feature importance, scikit-learn API.
- sklearn.datasets.make_classification API.
- sklearn.datasets.make_regression API.
- XGBoost Python API Reference.
- sklearn.inspection.permutation_importance API.

首先，我們先測試 Scikit-Learn 的版本：

```
# check scikit-learn version
import sklearn
print(sklearn.__version__)
```

```
1.2.2
```

測試數據集 (Test Datasets)

接下來，讓我們定義一些測試數據集，作為展示和探索特徵重要性分數的基礎。

每個測試問題都有五個重要特徵和五個不重要特徵，了解哪些方法能夠一致地找到或區分這些特徵的重要性可能會很有趣。

分類數據集我們將使用 make_classification() 函數來創建一個測試二元分類數據集。

該數據集將包含 1,000 個示例，有 10 個輸入特徵，其中五個是有比較重要的，其餘五個是多餘的。我們將固定隨機數種子，以確保每次執行程式時獲得相同的範例。

```
[2]
# test classification dataset
from sklearn.datasets import make_classification
# define dataset
X, y = make_classification(n_samples=1000, n_features=10, n_informative=5, n_redundant=5, random_state=1)
# summarize the dataset
print(X.shape, y.shape)

(1000, 10) (1000,)
```

係數作為特徵重要性

線性機器學習算法擬合一個模型，其中預測值是輸入值的加權和。

例如，線性回歸、邏輯回歸以及添加正則化的應用。

所有這些算法找到一組係數來在加權和中使用，以便進行預測。這些係數可以直接用作一種粗略的特徵重要性分數。讓我們更仔細地看看如何將係數用作分類和回歸的特徵重要性。我們將在數據集上擬合模型以找到係數，然後摘要每個輸入特徵的重要性分數，最後創建一個長條圖，以獲得各個特徵的相對重要性的概念。

線性回歸特徵重要性

我們可以在回歸數據集上擬合一個 LinearRegression 模型，並檢索包含每個輸入變量找到的係數的 coeff_ 屬性。這些係數可以提供一個粗略的特徵重要性分數的基礎。這假設輸入變量具有相同的尺度，或者在擬合模型之前已經進行了縮放。

以下是用於特徵重要性的線性回歸係數的完範例：

```
[4]
# linear regression feature importance
from sklearn.datasets import make_regression
from sklearn.linear_model import LinearRegression
from matplotlib import pyplot
# define dataset
X, y = make_regression(n_samples=1000, n_features=10, n_informative=5, random_state=1)
# define the model
model = LinearRegression()
# fit the model
model.fit(X, y)
# get importance
importance = model.coef_
# summarize feature importance
for i,v in enumerate(importance):
  print('Feature: %0d, Score: %.5f' % (i,v))
# plot feature importance
pyplot.bar([x for x in range(len(importance))], importance)
pyplot.show()
```

```
Feature: 0, Score: 0.00000
Feature: 1, Score: 12.44483
Feature: 2, Score: -0.00000
Feature: 3, Score: -0.00000
Feature: 4, Score: 93.32225
Feature: 5, Score: 86.50811
Feature: 6, Score: 26.74607
Feature: 7, Score: 3.28535
Feature: 8, Score: -0.00000
Feature: 9, Score: 0.00000
```

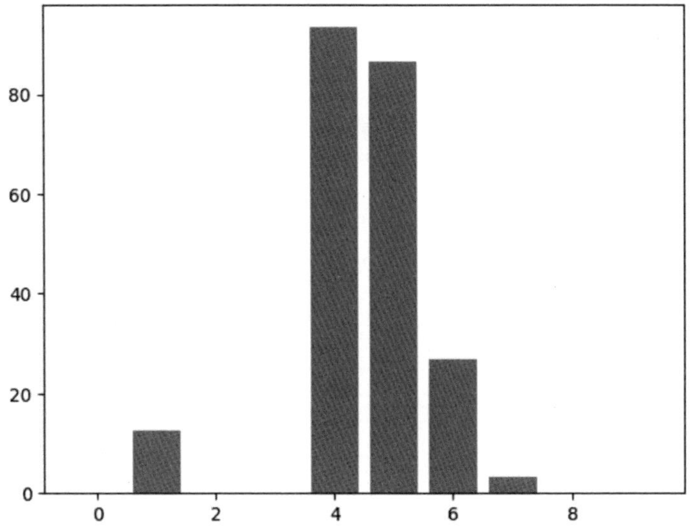

在執行上面的程式後，該模型會擬合，然後報告每個特徵的係數值。注意：由於算法或評估過程的隨機性，或數值精度的差異，你的結果可能會有所不同。建議執行幾次後，並比較平均結果。這些分數表明模型找到了五個重要特徵，並將所有其他特徵標記為零係數，基本上將它們從模型中去除。然後為特徵重要性繪製長條圖。

邏輯回歸特徵重要性

我們可以在回歸數據集上擬合一個 LogisticRegression 模型，並檢索包含每個輸入變量找到的係數的 coeff_ 屬性。這些係數可以提供一個粗略的特徵重要性分數的基礎。這假設輸入變量具有相同的尺度，或者在擬合模型之前已經進行了縮放。

以下是用於特徵重要性的邏輯回歸係數的完整範例：

```
# logistic regression for feature importance
from sklearn.datasets import make_classification
from sklearn.linear_model import LogisticRegression
from matplotlib import pyplot
# define dataset
X, y = make_classification(n_samples=1000, n_features=10, n_informative=5, n_redundant=5, random_state=1)
# define the model
model = LogisticRegression()
# fit the model
model.fit(X, y)
# get importance
importance = model.coef_[0]
# summarize feature importance
for i,v in enumerate(importance):
  print('Feature: %0d, Score: %.5f' % (i,v))
# plot feature importance
pyplot.bar([x for x in range(len(importance))], importance)
pyplot.show()
```

```
Feature: 0, Score: 0.16320
Feature: 1, Score: -0.64301
Feature: 2, Score: 0.48497
Feature: 3, Score: -0.46190
Feature: 4, Score: 0.18432
Feature: 5, Score: -0.11978
Feature: 6, Score: -0.40602
Feature: 7, Score: 0.03772
Feature: 8, Score: -0.51785
Feature: 9, Score: 0.26540
```

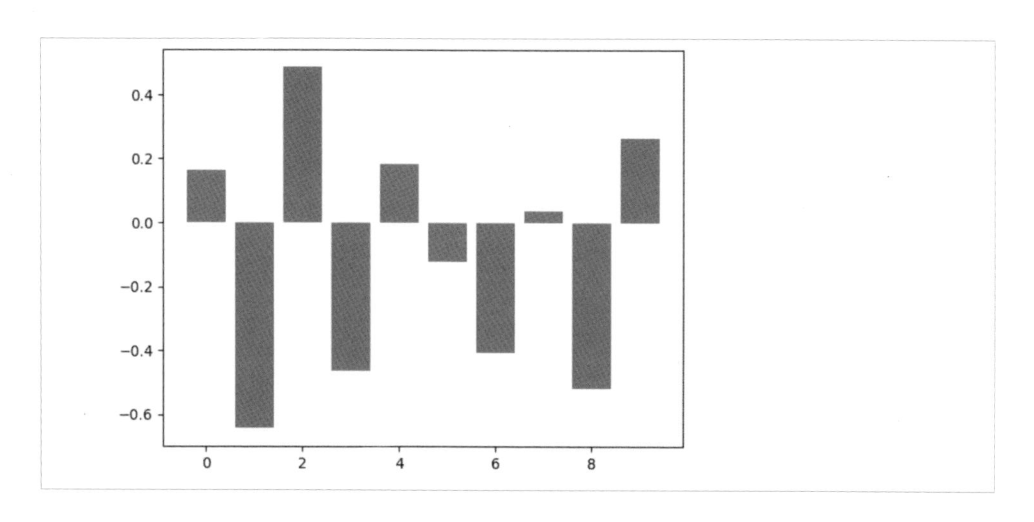

執行上述的程式會擬合模型，然後報告每個特徵的係數值。注意：由於算法或評估過程的隨機性，或數值精度的差異，你的結果可能會有所不同。建議多執行幾次，並比較平均結果。記住，這是一個包含類別 0 和 1 的分類問題。注意到係數既有正值也有負值。正值表示一個特徵預測類別 1，而負值表示一個特徵預測類別 0。從這些結果中，並無法識別出重要和不重要特徵的狀態 (硬要挑出重要的關鍵因子也可以，但是並不明顯)。

決策樹特徵重要性

像分類和回歸樹（CART）這樣的決策樹算法提供了基於用於選擇分裂點的標準（如基尼不純度或熵）減少的重要性分數。這個方法也可以用於決策樹的集成，例如隨機森林和隨機梯度提升算法。

讓我們來看看每一種方法的一個實例。CART 特徵重要性我們可以使用在 scikit-learn 中實現的 CART 算法來計算特徵重要性，這可以通過 DecisionTreeRegressor 和 DecisionTreeClassifier 類來實現。在擬合之後，模型提供了一個 feature_importances_ 屬性，可以用來獲取每個輸入特徵的相對重要性分數。讓我們來看一個回歸和分類的範例：

CART 回歸特徵重要性

以下是擬合 DecisionTreeRegressor 並總結計算的特徵重要性分數的完整範例：

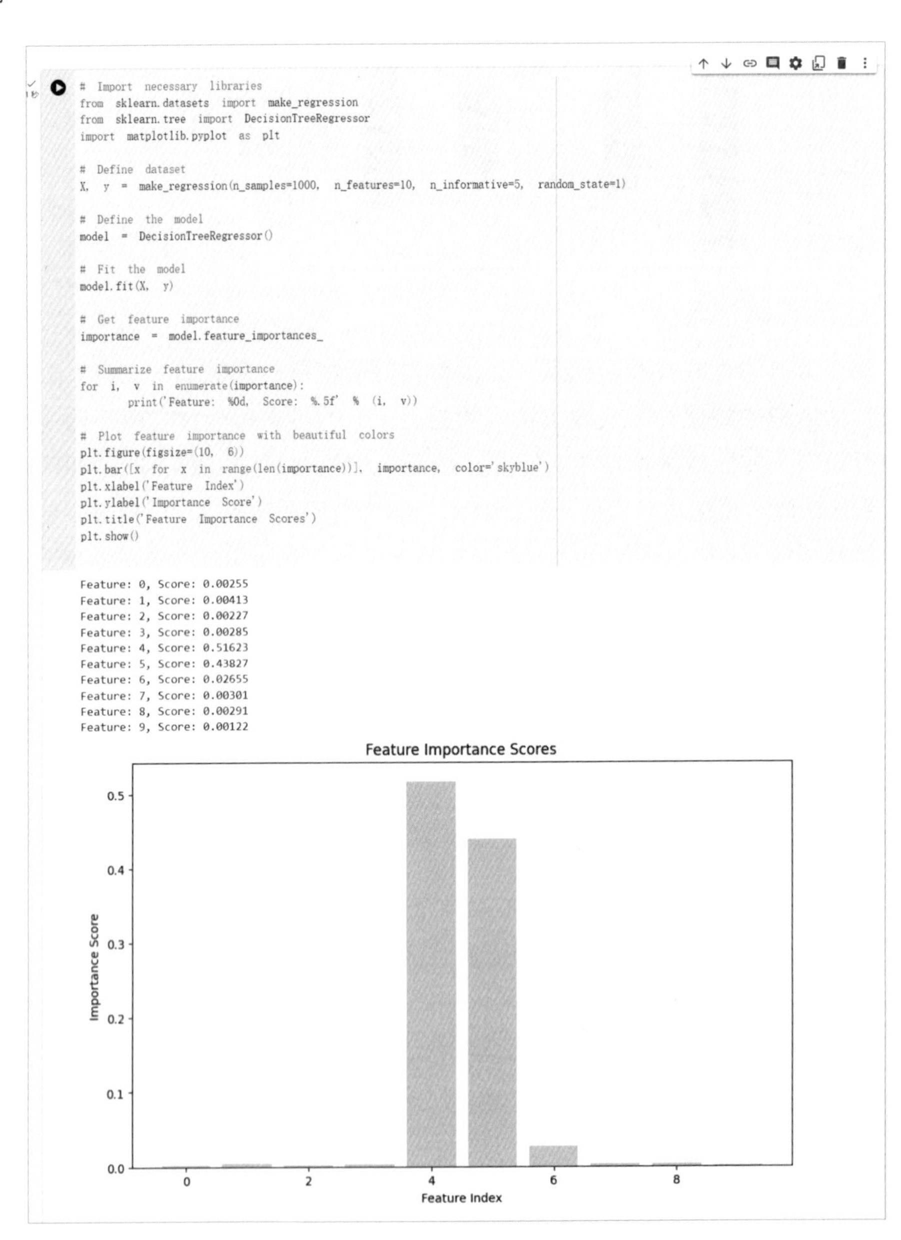

```
# Import necessary libraries
from sklearn.datasets import make_regression
from sklearn.tree import DecisionTreeRegressor
import matplotlib.pyplot as plt

# Define dataset
X, y = make_regression(n_samples=1000, n_features=10, n_informative=5, random_state=1)

# Define the model
model = DecisionTreeRegressor()

# Fit the model
model.fit(X, y)

# Get feature importance
importance = model.feature_importances_

# Summarize feature importance
for i, v in enumerate(importance):
    print('Feature: %0d, Score: %.5f' % (i, v))

# Plot feature importance with beautiful colors
plt.figure(figsize=(10, 6))
plt.bar([x for x in range(len(importance))], importance, color='skyblue')
plt.xlabel('Feature Index')
plt.ylabel('Importance Score')
plt.title('Feature Importance Scores')
plt.show()
```

```
Feature: 0, Score: 0.00255
Feature: 1, Score: 0.00413
Feature: 2, Score: 0.00227
Feature: 3, Score: 0.00285
Feature: 4, Score: 0.51623
Feature: 5, Score: 0.43827
Feature: 6, Score: 0.02655
Feature: 7, Score: 0.00301
Feature: 8, Score: 0.00291
Feature: 9, Score: 0.00122
```

CART 分類特徵重要性

以下是擬合 DecisionTreeClassifier 並總結計算的特徵重要性分數的完整範例：

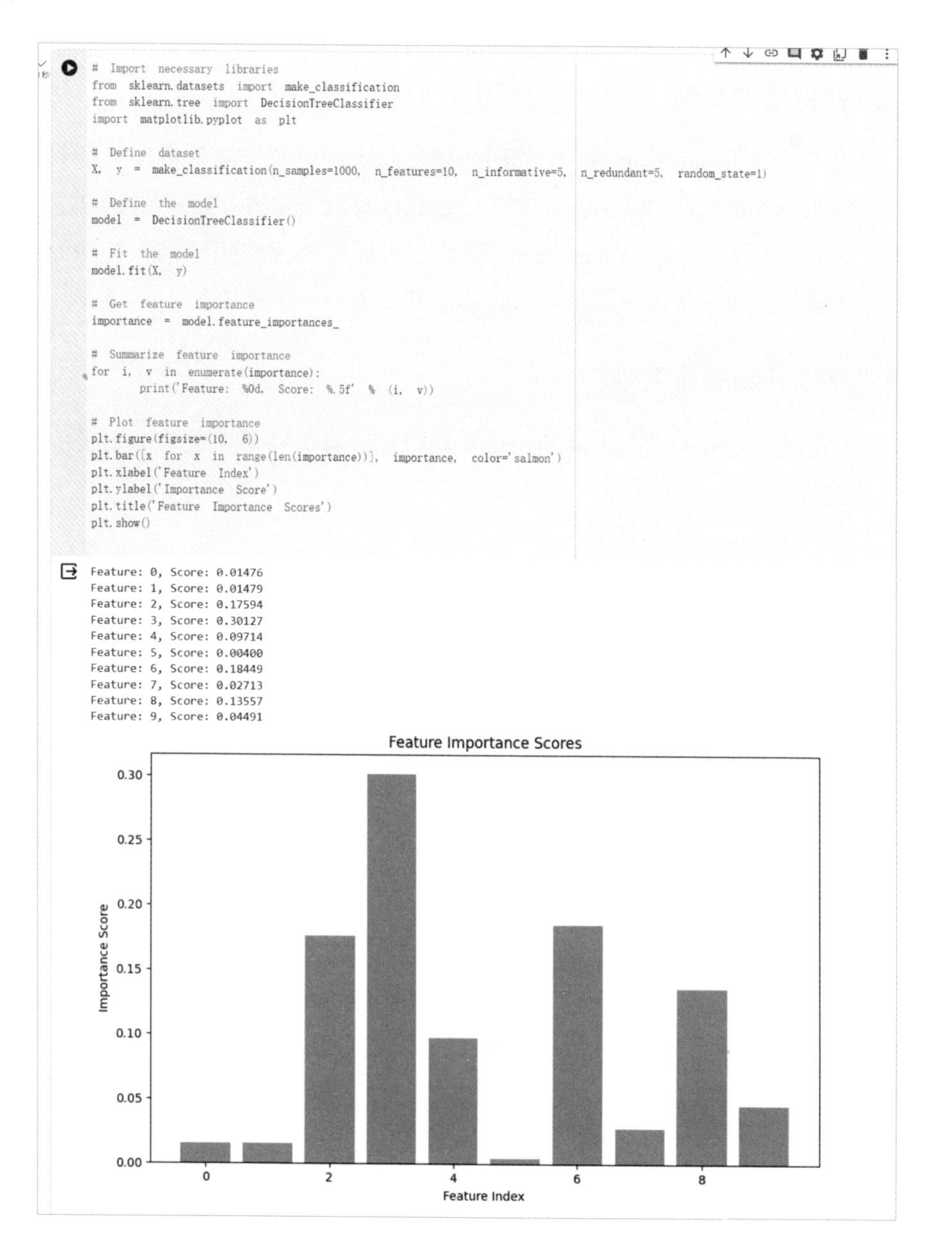

# Import necessary libraries
from sklearn.datasets import make_classification
from sklearn.tree import DecisionTreeClassifier
import matplotlib.pyplot as plt
# Define dataset
X, y = make_classification(n_samples=1000, n_features=10, n_informative=5, n_redundant=5, random_state=1)
# Define the model
model = DecisionTreeClassifier()
# Fit the model
model.fit(X, y)
# Get feature importance
importance = model.feature_importances_
# Summarize feature importance
for i, v in enumerate(importance):
print('Feature: %0d, Score: %.5f' % (i, v))
# Plot feature importance
plt.figure(figsize=(10, 6))
plt.bar([x for x in range(len(importance))], importance, color='salmon')
plt.xlabel('Feature Index')
plt.ylabel('Importance Score')
plt.title('Feature Importance Scores')
plt.show()
Feature: 0, Score: 0.01476
Feature: 1, Score: 0.01479
Feature: 2, Score: 0.17594
Feature: 3, Score: 0.30127
Feature: 4, Score: 0.09714
Feature: 5, Score: 0.00400
Feature: 6, Score: 0.18449
Feature: 7, Score: 0.02713
Feature: 8, Score: 0.13557
Feature: 9, Score: 0.04491
Feature Importance Scores
Importance Score
0.30
0.25
0.20
0.15
0.10
0.05
0.00
0
2
4
6
8
Feature Index

執行上述的範例會擬合模型，然後報告每個特徵的係數值。注意：由於演算法或評估過程的隨機性，或數值精度的差異，你的結果可能會有所不同。建議多執行幾次，並比較平均結果。結果表明，十個特徵之中的有四個對於預測目標是重要的。

隨機森林特徵重要性

我們可以使用 scikit-learn 中實現的隨機森林算法進行特徵重要性的計算，其中包括 RandomForestRegressor 和 RandomForestClassifier 類。在擬合之後，模型提供了一個 feature_importances_ 屬性，可以用來獲取每個輸入特徵的相對重要性分數。這個方法也可以用於 bagging 和 extra trees 算法。

隨機森林回歸特徵重要性

以下是擬合 RandomForestRegressor 並總結計算的特徵重要性分數的完整範例：

```
# Import necessary libraries
from sklearn.datasets import make_regression
from sklearn.ensemble import RandomForestRegressor
import matplotlib.pyplot as plt

# Define dataset
X, y = make_regression(n_samples=1000, n_features=10, n_informative=5, random_state=1)

# Define the model
model = RandomForestRegressor()

# Fit the model
model.fit(X, y)

# Get feature importance
importance = model.feature_importances_

# Summarize feature importance
for i, v in enumerate(importance):
    print('Feature: %0d, Score: %.5f' % (i, v))

# Plot feature importance
plt.figure(figsize=(10, 6))
plt.bar([x for x in range(len(importance))], importance, color='lightblue')
plt.xlabel('Feature Index')
plt.ylabel('Importance Score')
plt.title('Feature Importance Scores')
plt.show()
```

```
Feature: 0, Score: 0.00274
Feature: 1, Score: 0.00527
Feature: 2, Score: 0.00275
Feature: 3, Score: 0.00300
Feature: 4, Score: 0.52961
Feature: 5, Score: 0.42038
Feature: 6, Score: 0.02709
Feature: 7, Score: 0.00329
Feature: 8, Score: 0.00321
Feature: 9, Score: 0.00267
```

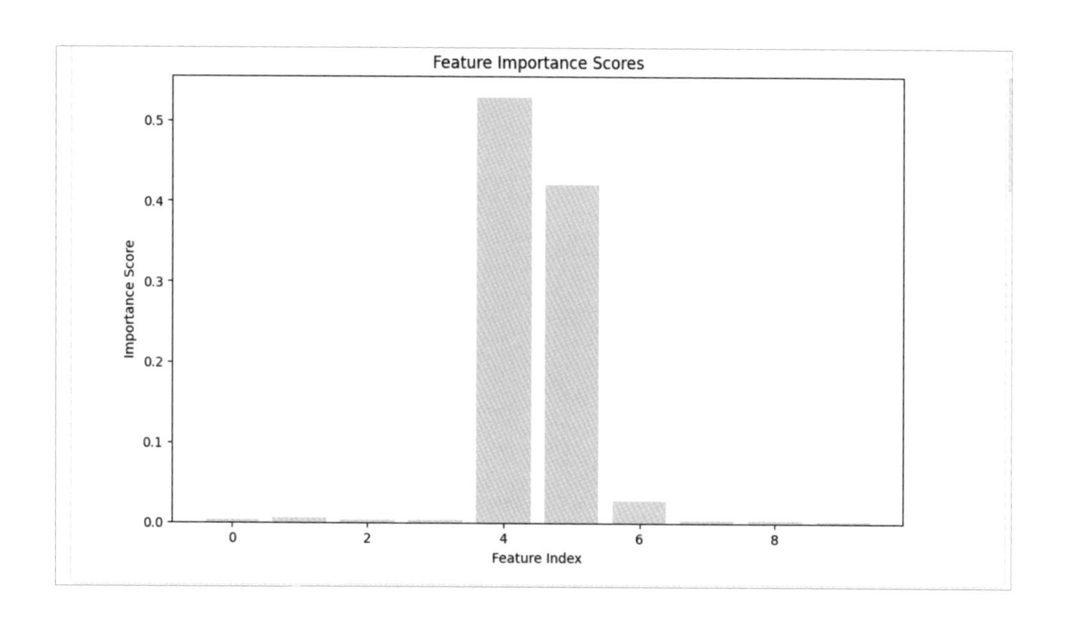

隨機森林分類特徵重要性

以下是對 RandomForestClassifier 進行擬合並總結計算的特徵重要性分數的完整示例。這段程式碼演示了如何使用隨機森林分類模型計算特徵重要性分數並繪製相應的長條圖。在這個範例中，我們首先使用 make_classification 函數生成一個具有 10 個特徵的分類問題的模擬數據集。

然後我們定義了一個 RandomForestClassifier 模型並將其擬合到訓練數據上。接著，我們獲取了每個特徵的重要性分數，並進行了總結和顯示。最後，我們使用長條圖可視化了這些特徵的重要性分數。這樣的過程可以幫助我們理解模型中哪些特徵對於分類問題的預測最為重要，進而進行模型優化和特徵選擇。

```python
# Import necessary libraries
from sklearn.datasets import make_classification
from sklearn.ensemble import RandomForestClassifier
import matplotlib.pyplot as plt

# Define dataset
X, y = make_classification(n_samples=1000, n_features=10, n_informative=5, n_redundant=5, random_state=1)

# Define the model
model = RandomForestClassifier()

# Fit the model
model.fit(X, y)

# Get feature importance
importance = model.feature_importances_

# Summarize feature importance
for i, v in enumerate(importance):
    print('Feature: %0d, Score: %.5f' % (i, v))

# Plot feature importance with a more appealing color
plt.figure(figsize=(10, 6))
plt.bar([x for x in range(len(importance))], importance, color='skyblue')
plt.xlabel('Feature Index')
plt.ylabel('Importance Score')
plt.title('Feature Importance Scores')
plt.show()
```

```
Feature: 0, Score: 0.07168
Feature: 1, Score: 0.10427
Feature: 2, Score: 0.15147
Feature: 3, Score: 0.20339
Feature: 4, Score: 0.08966
Feature: 5, Score: 0.10258
Feature: 6, Score: 0.09515
Feature: 7, Score: 0.04917
Feature: 8, Score: 0.09011
Feature: 9, Score: 0.04253
```

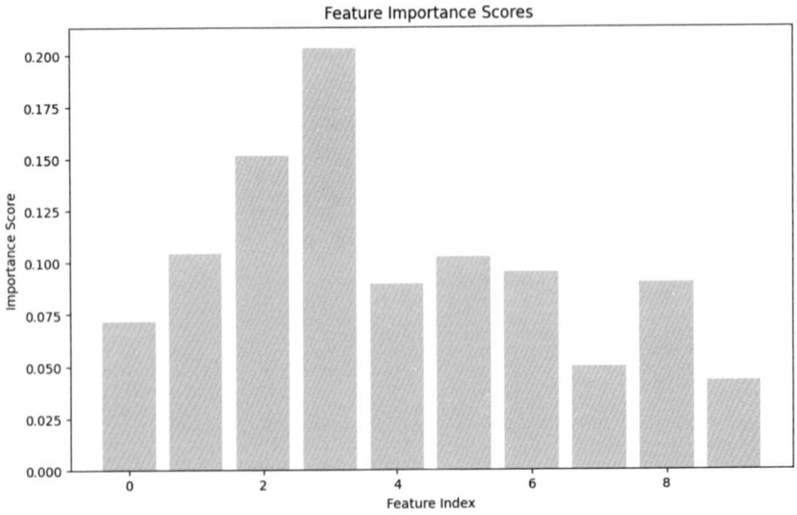

XGBoost 特徵重要性

XGBoost 是一個提供了隨機梯度提升算法的高效和有效實踐的套件。這個演算法可以通過 XGBRegressor 和 XGBClassifier 類與 scikit-learn 一起使用。在擬合後，模型提供了一個 feature_importances_ 屬性，可以訪問以獲取每個輸入特徵的相對重要性分數。此外，scikit-learn 還通過 GradientBoostingClassifier 和 GradientBoostingRegressor 類提供了這個算法，並且可以使用相同的特徵選擇方法。

XGBoost 回歸特徵重要性

以下是對 XGBRegressor 進行擬合並總結計算的特徵重要性分數的完整範例：

這段程式碼使用 make_regression 函數生成了一個模擬的回歸數據集，然後將其擬合到 XGBRegressor 模型中。接著，我們獲取了每個特徵的重要性分數，並對其進行了總結。最後，使用長條圖可視化了這些特徵的重要性分數。

```
# Import necessary libraries
from sklearn.datasets import make_regression
from xgboost import XGBRegressor
import matplotlib.pyplot as plt

# Define dataset
X, y = make_regression(n_samples=1000, n_features=10, n_informative=5, random_state=1)

# Define the model
model = XGBRegressor()

# Fit the model
model.fit(X, y)

# Get feature importance
importance = model.feature_importances_

# Summarize feature importance
for i, v in enumerate(importance):
    print('Feature: %0d, Score: %.5f' % (i, v))

# Plot feature importance
plt.figure(figsize=(10, 6))
plt.bar([x for x in range(len(importance))], importance, color='lightcoral')
plt.xlabel('Feature Index')
plt.ylabel('Importance Score')
plt.title('Feature Importance Scores')
plt.show()
```

```
Feature: 0, Score: 0.00058
Feature: 1, Score: 0.00524
Feature: 2, Score: 0.00145
Feature: 3, Score: 0.00097
Feature: 4, Score: 0.51834
Feature: 5, Score: 0.43699
Feature: 6, Score: 0.03264
Feature: 7, Score: 0.00132
Feature: 8, Score: 0.00074
Feature: 9, Score: 0.00174
```

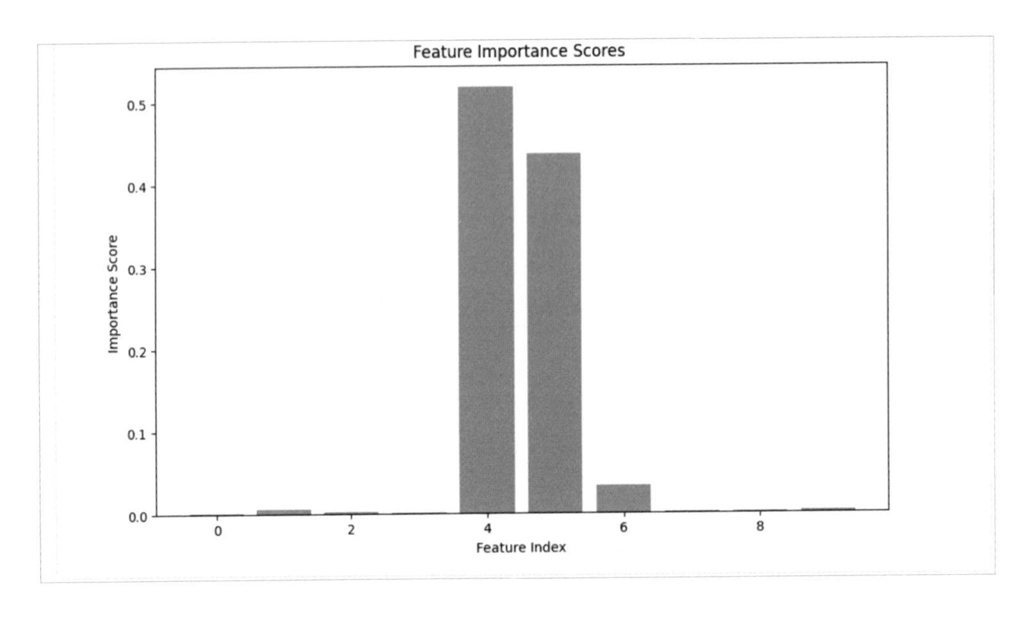

XGBoost 分類特徵重要性

以下是對 XGBClassifier 進行擬合並總結計算的特徵重要性分數的完整示例。這段程式碼使用 make_classification 函數生成了一個模擬的分類數據集，然後將其擬合到 XGBClassifier 模型中。接著，我們獲取了每個特徵的重要性分數，並對其進行了總結。最後，使用長條圖可視化了這些特徵的重要性分數。

```
# Import necessary libraries
from sklearn.datasets import make_classification
from xgboost import XGBClassifier
import matplotlib.pyplot as plt

# Define dataset
X, y = make_classification(n_samples=1000, n_features=10, n_informative=5, n_redundant=5, random_state=1)

# Define the model
model = XGBClassifier()

# Fit the model
model.fit(X, y)

# Get feature importance
importance = model.feature_importances_

# Summarize feature importance
for i, v in enumerate(importance):
    print('Feature: %0d, Score: %.5f' % (i, v))

# Plot feature importance
plt.figure(figsize=(10, 6))
plt.bar([x for x in range(len(importance))], importance, color='lightcoral')
plt.xlabel('Feature Index')
plt.ylabel('Importance Score')
plt.title('Feature Importance Scores')
plt.show()
```

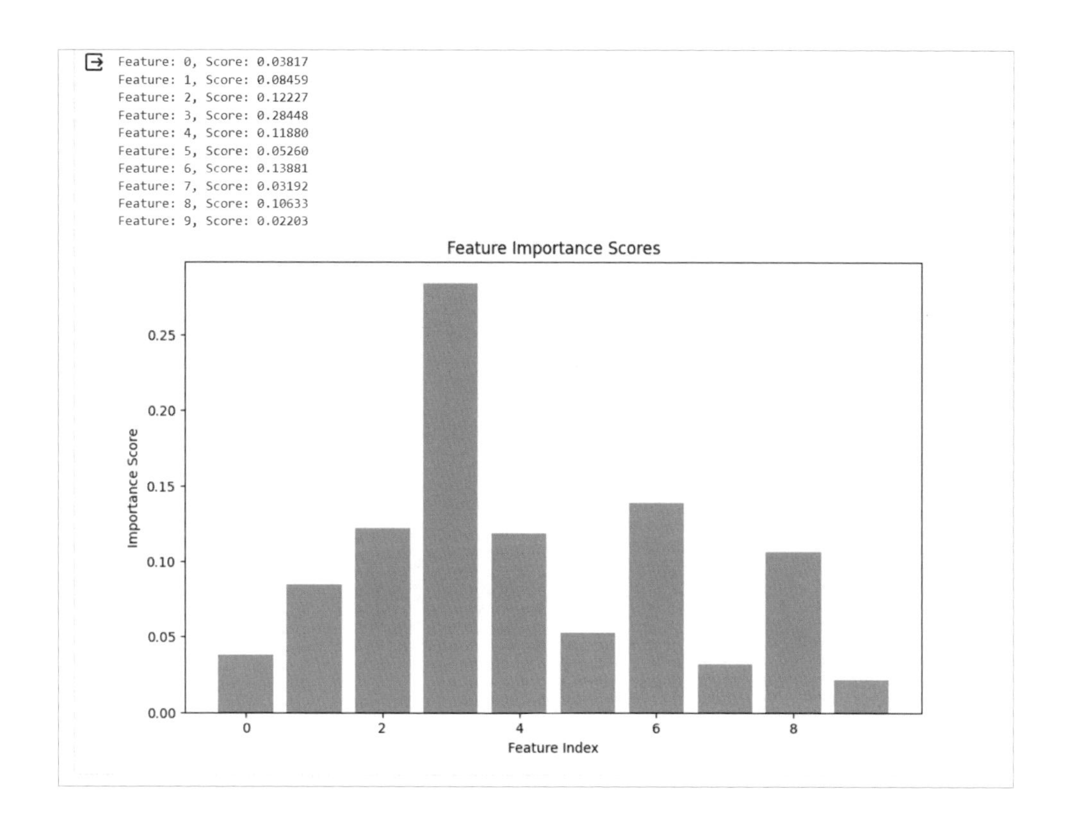

排列特徵重要性

排列特徵重要性是一種計算相對重要性分數的技術，與使用的模型無關。首先，對數據集進行擬合，例如擬合一個不支持原生特徵重要性分數的模型。然後，使用該模型對數據集進行預測，儘管數據集中某個特徵（列）的值被打亂。

對於數據集中的每個特徵，這個過程都要重複進行。然後，整個過程重複 3、5、10 次或更多次。結果是每個輸入特徵的平均重要性分數（以及給定重複次數的分數分佈）。這種方法可以用於回歸或分類，並且需要選擇一個性能指標作為重要性分數的基礎，例如用於回歸的均方誤差和用於分類的準確度。可以通過 permutation_importance() 函數使用排列特徵選擇，該函數接受一個擬合模型、一個數據集（訓練集或測試集都可以）和一個評分函數。讓我們用一個不支持特徵選擇的算法，特別是 k 鄰近演算法 (俗稱 KNN，監督式學習技術)，來看一下這種特徵選擇方法：

```
# Import necessary libraries
from sklearn.datasets import make_regression
from sklearn.neighbors import KNeighborsRegressor
from sklearn.inspection import permutation_importance
import matplotlib.pyplot as plt

# Define dataset
X, y = make_regression(n_samples=1000, n_features=10, n_informative=5, random_state=1)

# Define the model
model = KNeighborsRegressor()

# Fit the model
model.fit(X, y)

# Perform permutation importance
results = permutation_importance(model, X, y, scoring='neg_mean_squared_error')

# Get importance
importance = results.importances_mean

# Summarize feature importance
for i, v in enumerate(importance):
    print('Feature: %0d, Score: %.5f' % (i, v))

# Plot feature importance
plt.figure(figsize=(10, 6))
plt.bar([x for x in range(len(importance))], importance, color='lightblue')
plt.xlabel('Feature Index')
plt.ylabel('Importance Score')
plt.title('Permutation Feature Importance Scores')
plt.show()
```

```
Feature: 0, Score: 228.27882
Feature: 1, Score: 301.72965
Feature: 2, Score: 176.60378
Feature: 3, Score: 36.73843
Feature: 4, Score: 9907.58732
Feature: 5, Score: 8024.50977
Feature: 6, Score: 926.20369
Feature: 7, Score: 128.38281
Feature: 8, Score: 153.52559
Feature: 9, Score: 140.23315
```

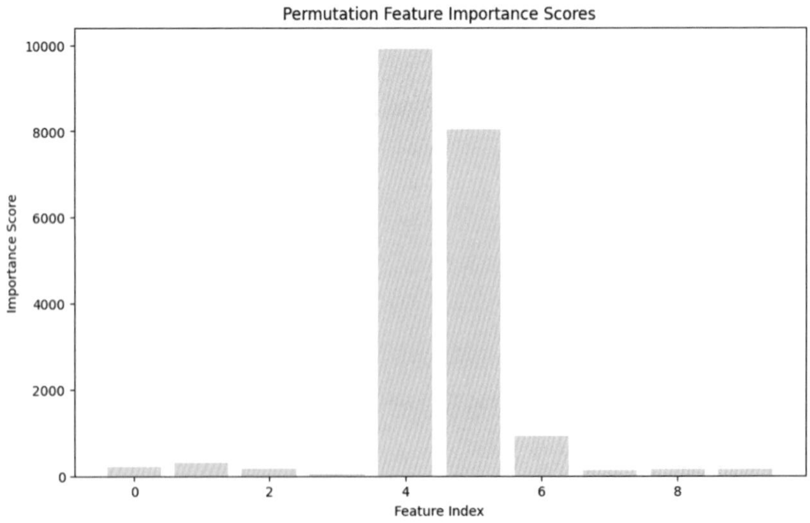

分類問題的排列特徵重要性

這段程式碼演示了如何使用排列特徵重要性（permutation feature importance）計算 K 最近鄰（KNeighborsClassifier）分類模型的特徵重要性分數，並以長條圖形式呈現。首先，我們使用 make_classification 函數生成了一個模擬的分類數據集，然後將其擬合到 K 最近鄰分類模型中。接著，使用 permutation_importance 函數計算了特徵的重要性分數。最後，使用長條圖可視化了這些特徵的重要性分數。

```
# Import necessary libraries
from sklearn.datasets import make_classification
from sklearn.neighbors import KNeighborsClassifier
from sklearn.inspection import permutation_importance
import matplotlib.pyplot as plt

# Define the dataset
X, y = make_classification(n_samples=1000, n_features=10, n_informative=5, n_redundant=5, random_state=1)

# Define the model
model = KNeighborsClassifier()

# Fit the model
model.fit(X, y)

# Perform permutation feature importance calculation
results = permutation_importance(model, X, y, scoring='accuracy')

# Get feature importance scores
importance = results.importances_mean

# Summarize feature importance
for i, v in enumerate(importance):
    print('Feature: %0d, Score: %.5f' % (i, v))

# Plot feature importance bar chart
plt.figure(figsize=(10, 6))
plt.bar([x for x in range(len(importance))], importance, color='lightblue')
plt.xlabel('Feature Index')
plt.ylabel('Importance Score')
plt.title('Permutation Feature Importance Scores')
plt.show()
```

```
Feature: 0, Score: 0.05360
Feature: 1, Score: 0.06020
Feature: 2, Score: 0.05360
Feature: 3, Score: 0.09540
Feature: 4, Score: 0.05120
Feature: 5, Score: 0.05520
Feature: 6, Score: 0.07500
Feature: 7, Score: 0.05120
Feature: 8, Score: 0.05960
Feature: 9, Score: 0.03340
```

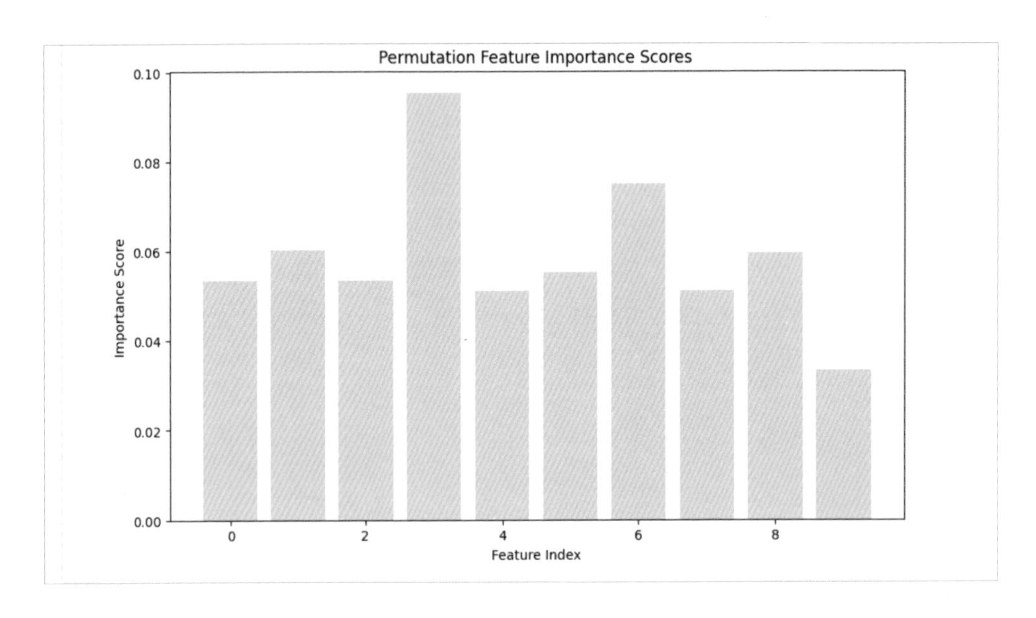

執行上述這個範例會將模型擬合，然後報告每個特徵的係數值。注意：由於算法或評估程序的隨機性質，或者數值精度的差異，你的結果可能會有所不同。建議運行示例幾次，然後比較平均結果。

結果顯示，只有兩到三個特徵對預測是重要的

特徵選擇與重要性

特徵重要性分數不僅可以用於幫助解釋數據，還可以直接用於幫助排名和選擇對預測模型最有用的特徵。

本書透過簡單的例子來說明：

回想一下，我們的合成數據集有 1,000 個例子，每個例子都有 10 個輸入變量，其中五個是冗餘的，而另外五個則對結果至關重要。我們可以使用特徵重要性分數來幫助選擇這五個與結果相關的變量，並只將它們作為預測模型的輸入。

首先，我們可以將訓練數據集分為訓練集和測試集，在訓練集上訓練模型，然後在測試集上進行預測，最後使用分類準確度來評估結果。我們將使用 Logistic 回歸模型作為預測模型。這提供了一個基準，以便在使用特徵重要性分數刪除一些特徵時進行比較。

下面是在本書的合成數據集上使用所有特徵作為輸入評估 Logistic 回歸模型的完整範例：

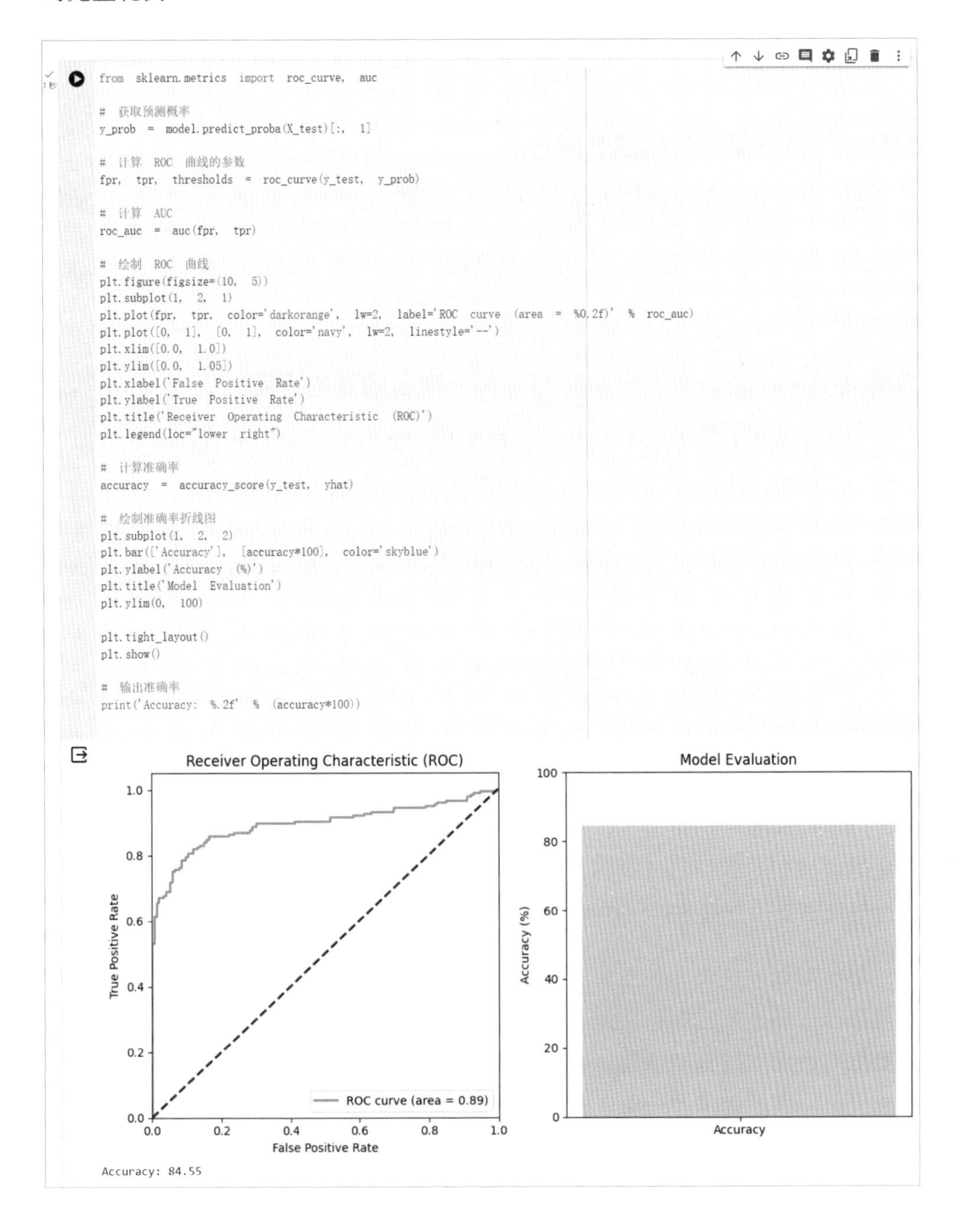

```
from sklearn.metrics import roc_curve, auc

# 获取预测概率
y_prob = model.predict_proba(X_test)[:, 1]

# 计算 ROC 曲线的参数
fpr, tpr, thresholds = roc_curve(y_test, y_prob)

# 计算 AUC
roc_auc = auc(fpr, tpr)

# 绘制 ROC 曲线
plt.figure(figsize=(10, 5))
plt.subplot(1, 2, 1)
plt.plot(fpr, tpr, color='darkorange', lw=2, label='ROC curve (area = %0.2f)' % roc_auc)
plt.plot([0, 1], [0, 1], color='navy', lw=2, linestyle='--')
plt.xlim([0.0, 1.0])
plt.ylim([0.0, 1.05])
plt.xlabel('False Positive Rate')
plt.ylabel('True Positive Rate')
plt.title('Receiver Operating Characteristic (ROC)')
plt.legend(loc="lower right")

# 计算准确率
accuracy = accuracy_score(y_test, yhat)

# 绘制准确率折线图
plt.subplot(1, 2, 2)
plt.bar(['Accuracy'], [accuracy*100], color='skyblue')
plt.ylabel('Accuracy (%)')
plt.title('Model Evaluation')
plt.ylim(0, 100)

plt.tight_layout()
plt.show()

# 输出准确率
print('Accuracy: %.2f' % (accuracy*100))
```



```
Accuracy: 84.55
```

執行此範例首先對訓練數據集上的 logistic 迴歸模型進行擬合，然後在測試集上進行評估。注意：由於演算法或評估程序的隨機性或差異可能會導致結果有所不同。建議多執行幾次並比較平均結果。在這個案例中，我們可以看到模型使用數據集中的所有特徵約 84.55% 的分類準確度。

如何選擇機器學習的特徵選擇方法

關於這個專題，本書引用並改寫 Jason Brownlee 博士的文章

引　用：https：//machinelearningmastery.com/feature-selection-with-real-and-categorical-data/

特徵選擇是在開發預測模型時減少輸入變量數量的過程！

減少輸入變量的數量有助於降低建立模型的計算成本，並且在某些情況下可能提高模型的性能。基於統計的特徵選擇方法涉及使用統計學來評估每個輸入變量與目標變量之間的關係，並選擇與目標變量具有最強關係的那些輸入變量。這些方法可以快速有效，但統計量的選擇取決於輸入和輸出變量的數據類型。

因此，對於機器學習初學者來說，在執行基於過濾的特徵選擇時選擇適當的統計量可能具有挑戰性。有兩種主要類型的特徵選擇技術：監督和非監督，監督方法可以分為包裝、過濾和內在。

基於過濾的特徵選擇方法使用統計量來評分輸入變量之間的相關性或依賴性，以選擇最相關的特徵。特徵選擇的統計量必須根據輸入變量和輸出或響應變量的數據類型進行慎重選擇。藉由閱讀本書，我將分享如何選擇統計量，以進行基於過濾的特徵選擇，從而更有效地執行機器學習項目。

關於監督式技術和非監督式技術這兩者之間的差異在於特徵是否基於目標變量進行選擇。非監督特徵選擇技術忽略了目標變量，例如使用相關性移除冗餘變量的方法。監督特徵選擇技術則使用目標變量，例如使用移除無關變量的方法。另一種考慮選擇特徵的機制是將其分為包裝和過濾方法。這些方法幾乎都是監督方法，並根據模型在保留數據集上的性能進行評估。包裝式特徵選擇方法使用不同的輸入特徵子集創建多個模型，並選擇根據性能指標表現最佳的

特徵。這些方法不關心變量類型，但可能計算成本高昂。RFE 是包裝式特徵選擇方法的一個很好的例子。

特徵選擇也與降維技術相關，因為這兩種方法都旨在減少預測模型的輸入變量。不同之處在於特徵選擇從數據集中選擇要保留或刪除的特徵，而降維則創建數據的投影，從而產生全新的輸入特徵。因此，降維是特徵選擇的一種替代方法，而不是一種特徵選擇的類型。

我們可以將特徵選擇 (Feature Selection) 總結如下：

- 特徵選擇：從數據集中選擇一個輸入特徵子集。
- 非監督特徵選擇：不使用目標變量（例如，移除冗餘變量）。
- 相關性

監督特徵選擇：使用目標變量（例如，移除無關變量）。

包裝式：尋找表現良好的特徵子集。

- RFE

說明：RFE（Recursive Feature Elimination）是一種包裝式特徵選擇方法，用於選擇最佳的特徵子集。它通過反覆構建模型並刪除最不重要的特徵來進行操作，直到達到設定的特徵數目或達到某種性能閥值為止。RFE 的基本想法是根據現有模型的特徵重要性來選擇特徵，然後刪除最不重要的特徵，然後迭代這個過程。這使得 RFE 能夠找到一個最適合於模型的特徵子集，從而提高模型的性能並減少過度擬合的風險。

過濾式：根據與目標的關係選擇特徵子集。

- 統計方法

- 特徵重要性方法

- 內在式：在訓練期間執行自動特徵選擇的算法。
- 決策樹

降維：將輸入數據投影到低維特徵空間中。

本節改寫的範例程式如下：

https：//colab.research.google.com/drive/1aso6agZIXywBIwD_5y_taHtWi4320oOq?usp=sharing

評估指標的實作：評估預測值與評估預測模型

7.1 混淆矩陣的實作 - 從醫療借鏡

1. 混淆矩陣 (Confusion Matrix)：

混淆矩陣 (Confusion Matrix) 的概念並沒有一個確定的歷史來源，它是在統計學和機器學習領域中逐漸形成的。然而，與混淆矩陣相關的一些概念和方法可以追溯到早期的統計學研究。

早期統計學中的分類概念：在統計學的早期，人們開始研究如何區分和分類不同的現象。例如，標準的二元分類問題中，人們可能面臨「是 / 否」、「陽性 / 陰性」等兩個類別。在這樣的分類問題中，人們需要確定模型的預測結果是否與實際情況一致。

混淆矩陣的引入：混淆矩陣的概念可能在機器學習和統計學的交叉領域中形成。最早的混淆矩陣形式可能與誤差矩陣（Error Matrix）相關，誤差矩陣用於評估分類模型的錯誤和正確預測。混淆矩陣作為誤差矩陣的一種形式，提供了更多的評估指標，如精確度、召回率等。

應用於醫學評估：混淆矩陣的概念在醫學領域中得到廣泛應用，尤其是在評估診斷測試性能時。醫學領域中的分類問題，如疾病的檢測，需要評估模型在區分患者狀態方面的表現，這時混淆矩陣提供了一個清晰的結構來呈現相關指標。

總而言之，混淆矩陣的歷史可以追溯到對分類問題的早期研究和對模型性能評估的需求。隨著統計學和機器學習領域的發展，混淆矩陣成為評估分類模型性能的基本工具之一。

在醫學領域，混淆矩陣是一個常用的工具，特別是在評估診斷測試的性能時。讓我們更深入地了解混淆矩陣在醫學中的應用：

2. 二元分類問題：

陽性（Positive）和陰性（Negative）：在醫學測試中，我們通常面對二元分類問題，例如檢測一個疾病是否存在。

測試的結果可以是陽性（表示疾病存在）或陰性（表示疾病不存在）。

四個基本元素：

- 1. 真陽性（True Positive，TP）：測試確實檢測到疾病。
- 2. 真陰性（True Negative，TN）：測試確實排除了疾病。
- 3. 假陽性（False Positive，FP）：測試錯誤地指示疾病存在（誤報）。
- 4. 假陰性（False Negative，FN）：測試錯誤地指示疾病不存在（漏報）。

性能指標：

應用範疇：

醫學影像分析：評估機器學習模型在影像中檢測病變的性能。

臨床試驗：評估新藥物或治療方法的有效性。

疾病檢測：評估新型診斷測試的準確性。

混淆矩陣在醫學領域的應用有助於確定診斷測試的效能，幫助醫生和研究人員更好地理解測試結果的真實含義。

7.2 混淆矩陣的計算和名詞

混淆矩陣（Confusion Matrix）是在機器學習和統計學中用於評估分類模型性能的工具。在醫學領域，特別是在評估診斷測試的性能時，混淆矩陣也是一個重要的概念。

混淆矩陣：

Prediced vs. Actual	實際陽性 （Actual Positive）	實際陰性 （Actual Negative）
預測陽性 （Predicted Positive）	**真陽性 （True Positive，TP）**	**假陽性 （False Positive，FP）**
預測陰性 （Predicted Negative）	**假陰性 （False Negative，FN）**	**真陰性 （True Negative，TN）**

重要指標

- 1. 精確度（Accuracy）：模型正確預測的比例，計算方式為 (TP + TN)/ (TP + TN + FP + FN)。
- 2. 召回率（Recall）：成功檢測到陽性樣本的比例，計算方式為 TP/ (TP + FN)。
- 3. 精度（Precision）：在所有被標記為陽性的樣本中，實際為陽性的比例，計算方式為 TP/ (TP + FP)。
- 4. 特異度（Specificity）：成功排除陰性樣本的比例，計算方式為 TN/ (TN + FP)。
- 5.ROC 曲線和 AUC 值

ROC 曲線（Receiver Operating Characteristic Curve）：顯示召回率和假陽性率之間的關係。理想情況下，ROC 曲線應該接近左上角。

AUC 值（Area Under the Curve）：ROC 曲線下的面積，AUC 值越高，模型性能越好。

7.3 ROC 曲線及 AUC 的繪製與判讀

本節的範例主要是在模擬糖尿病診斷的情境中（實際案例於下節說明），使用了 logistic regression（邏輯迴歸）這個機器學習模型。透過分割數據集為訓練集和測試集，先訓練模型，再使用測試集進行預測。接著計算混淆矩陣，這是評估模型性能的工具，有助於了解模型在分類中的表現。

此外，程式碼中還計算了一系列評估指標，包括總樣本數、陽性確診數、陰性確診數、準確度（Accuracy）、精確度（Precision）、召回率（Recall）和 F1 分數（F1 Score）。這些指標提供了對模型性能的不同角度評估，有助於了解其在診斷糖尿病方面的效果。這裡的範例也展示了混淆矩陣的圖形化呈現，並繪製了 ROC 曲線，這是一種評估分類模型性能的方法，AUC 則是 ROC 曲線下的面積，越接近 1 表示模型性能越好。

載入套件：

```
1 import numpy as np
2 import matplotlib.pyplot as plt
3 from sklearn.datasets import load_diabetes
4 from sklearn.model_selection import train_test_split
5 from sklearn.linear_model import LogisticRegression
6 from sklearn.metrics import confusion_matrix, roc_curve, auc, accuracy_score, precision_score, recall_score, f1_score
7
```

程式碼範例：

```
8 # 載入糖尿病數據集
9 diabetes = load_diabetes()
10 X = diabetes.data
11 y = (diabetes.target > 140).astype(int)  # 將目標值二元化，大於140視為1，否則視為0
12
13 # 將數據分為訓練集和測試集
14 X_train, X_test, y_train, y_test = train_test_split(X, y, test_size=0.2, random_state=42)
15
16 # 訓練分類模型
17 model = LogisticRegression()
18 model.fit(X_train, y_train)
19
20 # 預測測試集的概率
21 y_pred_prob = model.predict_proba(X_test)[:, 1]
22
23 # 計算 ROC 曲線
24 fpr, tpr, _ = roc_curve(y_test, y_pred_prob)
25 roc_auc = auc(fpr, tpr)
26
27 # 計算各項指標
28 accuracy = accuracy_score(y_test, model.predict(X_test))
29 precision = precision_score(y_test, model.predict(X_test))
30 recall = recall_score(y_test, model.predict(X_test))
31 f1 = f1_score(y_test, model.predict(X_test))
32
33 # 顯示總人數、陽性確診、陰性確診等指標
34 total_samples = len(y_test)
35 positive_samples = np.sum(y_test)
36 negative_samples = total_samples - positive_samples
37
38 print(f'Total Samples: {total_samples}')
39 print(f'Positive Diagnoses: {positive_samples}')
40 print(f'Negative Diagnoses: {negative_samples}')
```

```
41
42 # 顯示各項指標
43 print(f'Accuracy: {accuracy:.2f}')
44 print(f'Precision: {precision:.2f}')
45 print(f'Recall: {recall:.2f}')
46 print(f'F1 Score: {f1:.2f}')
47
48 # 繪製 ROC 曲線
49 plt.figure(figsize=(8, 8))
50 plt.plot(fpr, tpr, color='red', lw=2, label=f'AUC = {roc_auc:.2f}', marker='o', markersize=5, markerfacecolor='red',
51 plt.plot([0, 1], [0, 1], color='navy', lw=2, linestyle='--')
52 plt.fill_between(fpr, tpr, color='dimgray', alpha=0.3)
53
54 # 調整座標軸的範圍
55 plt.xlim([0.0, 1.0])
56 plt.ylim([0.0, 1.0])
57
58 # 添加標籤和標題
59 plt.title('Receiver Operating Characteristic (ROC) Curve', fontsize=16)
60 plt.xlabel('False Positive Rate', fontsize=14)
61 plt.ylabel('True Positive Rate', fontsize=14)
62 plt.legend(loc='lower right', fontsize=12)
63 plt.grid(True, linestyle='--', alpha=0.7)
64 plt.show()
```

- Classification Report

```
Total Samples: 89
Positive Diagnoses: 40
Negative Diagnoses: 49
Accuracy: 0.74
Precision: 0.71
Recall: 0.72
F1 Score: 0.72
```

- 常見混淆矩陣繪製後的圖形

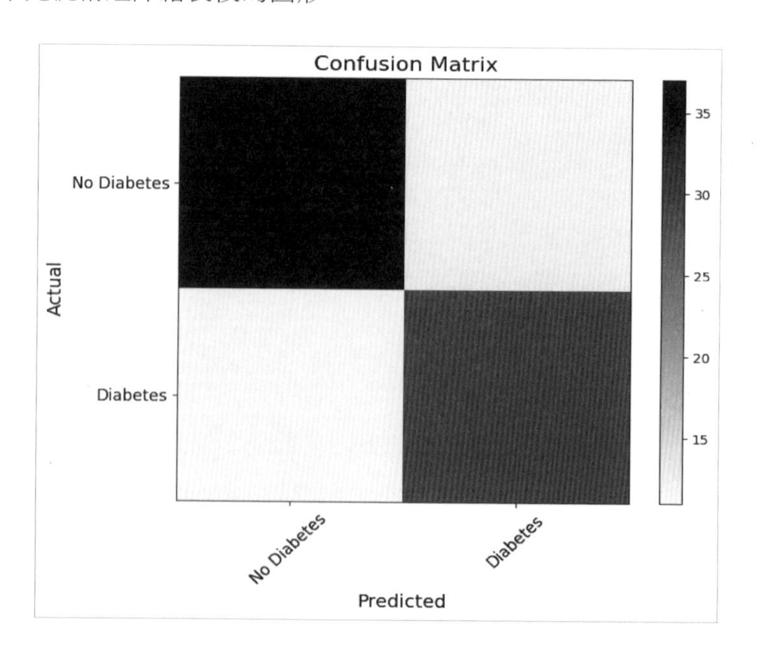

- ROC 曲線圖與 AUC 指標

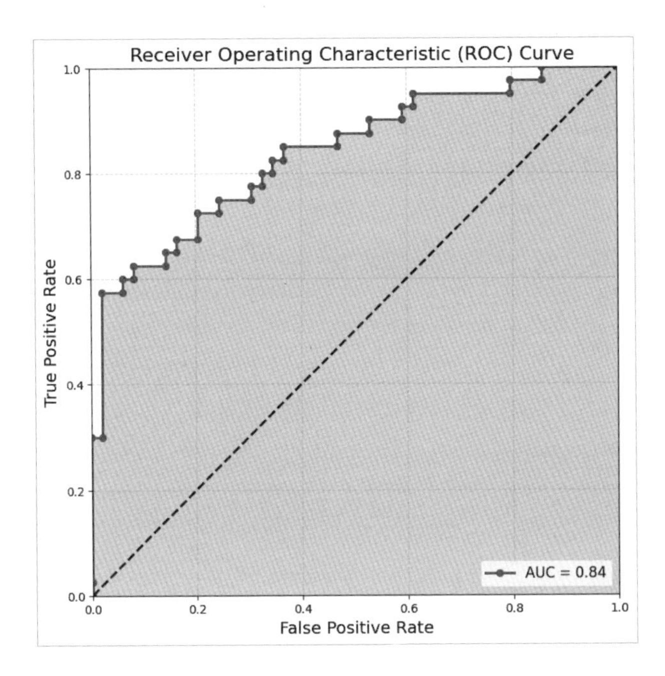

- **補充範例說明：**

y	G(X)
+1	0.93
+1	0.55
+1	0.48
+1	0.13
-1	0.02
+1	-0.11
-1	-0.25
+1	-0.39
-1	-0.41
-1	-1.68
-1	-2.23

讀者可以自行練習，上述為一機器學習模型預測結果 ;y 為實際值 ,G(X) 為預測值 ;

可否根據上面預測結果使用混淆矩陣進行計算 (Confusion Matrix)?!

求出下列評估指標 (請列出公式)：

- 1. TPR?
- 2. FPR?
- 3. F1-Score?
- 4. PREC?
- 5. ROC 曲線繪製
- 參考解答：

```
1 import numpy as np
2 import matplotlib.pyplot as plt
3 from sklearn.metrics import confusion_matrix, roc_curve, auc
4
5 # 模型的預測值
6 y_pred = np.array([0.93, 0.55, 0.48, 0.13, -0.11, -0.39, 0.02, -0.25, -0.41, -1.68, -2.23])
7
8 # 實際標籤
9 y_true = np.array([1, 1, 1, 1, 1, 1, -1, -1, -1, -1, -1])
10
11 # 計算混淆矩陣
12 cm = confusion_matrix(y_true, np.sign(y_pred))
13
14 # 提取混淆矩陣元素
15 TN, FP, FN, TP = cm.ravel()
16
17 # TPR VS FPR
18 TPR = TP / (TP + FN)
19 FPR = FP / (FP + TN)
20
21 # 計算 ROC 曲線
22 fpr, tpr, thresholds = roc_curve(y_true, y_pred)
23 roc_auc = auc(fpr, tpr)
24
25 # 繪製 ROC 曲線
26 plt.figure(figsize=(8, 8))
27 plt.plot(fpr, tpr, color='red', lw=2, label='ROC (area = {:.2f})'.format(roc_auc))
28 plt.plot([0, 1], [0, 1], color='navy', lw=2, linestyle='--')
29 plt.xlabel('False Positive Rate')
30 plt.ylabel('True Positive Rate')
31 plt.title('ROC Curve')
32 plt.legend(loc='lower right')
33 plt.fill_between(fpr, tpr, color='gray', alpha=0.3)  # 填充 ROC 曲線下的面積，顏色為灰色
34 plt.show()
35
```

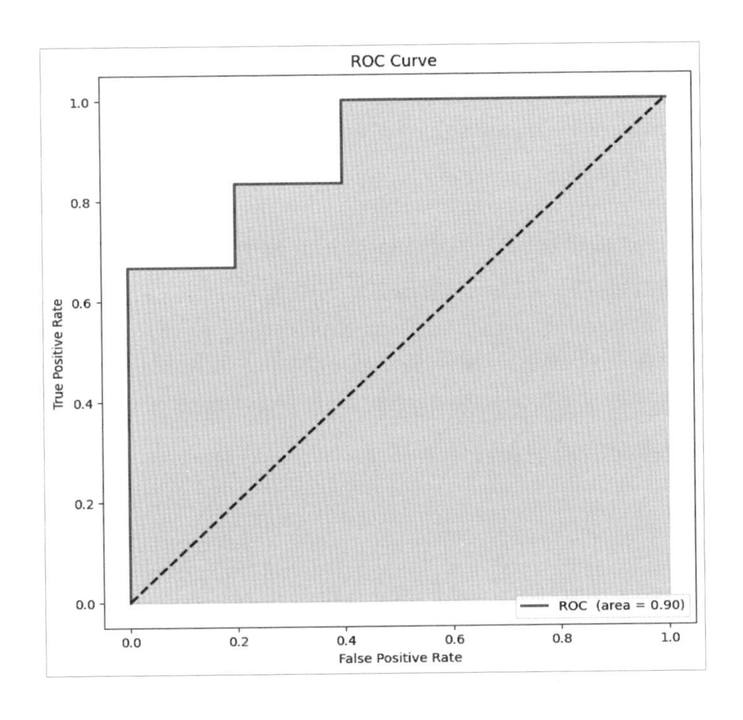

7.4 MSE 判讀

MSE 通常用來評估模型的預測值，也就是實際結果和預測結果的落差；而 Confusion Matrix 通常用來評估預測模型的表現好不好，MSE 越小通常表示預測結果越好！

本節提供簡單的線性迴歸模型擬合模擬數據，並計算均方誤差（MSE）。以下是相應的解釋：

1. 生成模擬數據：使用 np.random 生成 100 筆數據，其中 x 軸是 0 到 2 之間的均勻分佈的隨機數，y 軸是一個線性函數 4 + 3* X 加上一些噪音。
2. 分為訓練集和測試集：使用 train_test_split 函數將數據分為訓練集和測試集，其中 80% 的數據用於訓練，20% 用於測試。
3. 使用線性迴歸模型：初始化並擬合一個線性迴歸模型。

4. 預測測試集：使用模型預測測試集的 y 值。

5. 計算 MSE：使用 mean_squared_error 函數計算實際測試集和預測測試集之間的均方誤差。

6. 繪製散點圖和迴歸線：使用 matplotlib 繪製散點圖，其中藍色點表示實際測試集的數據，紅色線表示模型的預測。

這個例子以身高和體重的關係為基礎，演示了如何使用線性迴歸模型進行擬合，以及如何計算 MSE 並視覺化結果。請注意，實際應用中的數據可能更複雜，並且需要更複雜的模型和評估方法。

計算後的結果如下：

Mean Squared Error(MSE)：0.6536995137170021

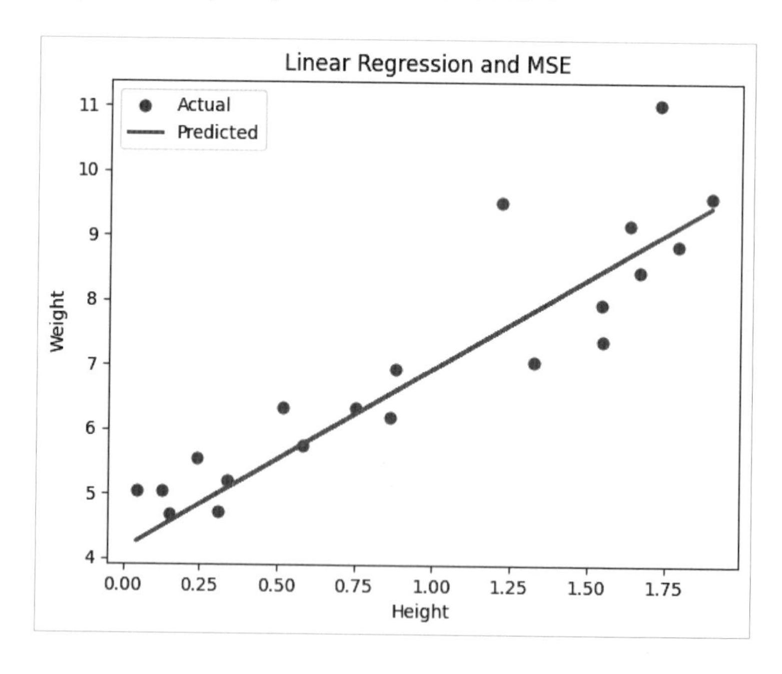

程式碼範例如下：

```python
1 import numpy as np
2 from sklearn.model_selection import train_test_split
3 from sklearn.linear_model import LinearRegression
4 from sklearn.metrics import mean_squared_error
5 import matplotlib.pyplot as plt
6
7 # 生成模擬數據
8 np.random.seed(42)
9 X = 2 * np.random.rand(100, 1)
10 y = 4 + 3 * X + np.random.randn(100, 1)
11 # 將數據分為訓練集和測試集
12 X_train, X_test, y_train, y_test = train_test_split(X, y, test_size=0.2, random_state=42)
13
14 # 使用線性迴歸模型
15 lin_reg = LinearRegression()
16 lin_reg.fit(X_train, y_train)
17
18 # 預測測試集
19 y_pred = lin_reg.predict(X_test)
20
21 # 計算 MSE
22 mse = mean_squared_error(y_test, y_pred)
23 print(f'Mean Squared Error (MSE): {mse}')
24
25 # 繪製散點圖和迴歸線
26 plt.scatter(X_test, y_test, color='blue', label='Actual')
27 plt.plot(X_test, y_pred, color='red', linewidth=2, label='Predicted')
28 plt.xlabel('X')
29 plt.ylabel('y')
30 plt.title('Linear Regression and MSE')
31 plt.legend()
32 plt.show()
```

• 範例一：身高體重數據集：

此處，我們也使用 Kaggle 公開數據集中的的身高體重來改寫和補充 MSE 說明：

Heights and weights

Simple linear regression

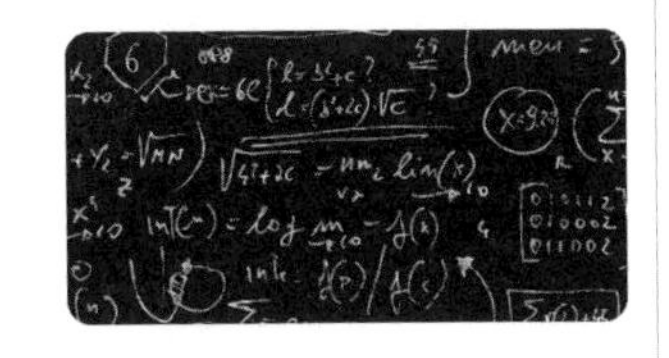

Data Card　Code (91)　Discussion (1)

＝

在線性迴歸中，MSE 的計算方式如下：

$$MSE = \frac{1}{n}\sum_{i=1}^{n}(y_i - \hat{y}_i)^2$$

其中：

n 是樣本數量

y_i 是實際觀測值

$\hat{y}_i$ 是模型的預測值。

MSE 越小越好，表示模型的預測誤差越小。

data.csv (189 B)

Detail Compact Column 2 of 2 columns

# Height	# Weight
15 total values	15 total values
1.47	52.21
1.5	53.12
1.52	54.48
1.55	55.84
1.57	57.2
1.6	58.57
1.63	59.93
1.65	61.29
1.68	63.11
1.7	64.47
1.73	66.28
1.75	68.1
1.78	69.92
1.8	72.19
1.83	74.46

No more data to show

關於數據集

情境

該資料集給出了 30-39 歲美國女性樣本中女性的平均體重與其身高的函數關係。

內容

資料包含變數

身高（公尺）

體重（公斤）

致謝

https://en.wikipedia.org/wiki/Simple_線性_迴歸

1.匯入資料

!pip install scikit-learn

```
[2]  1 !pip  install  scikit-learn  #安裝sklearn套件

Requirement already satisfied: scikit-learn in /usr/local/lib/python3.10/dist-packages (1.2.2)
Requirement already satisfied: numpy>=1.17.3 in /usr/local/lib/python3.10/dist-packages (from scikit-learn) (1.23.5)
Requirement already satisfied: scipy>=1.3.2 in /usr/local/lib/python3.10/dist-packages (from scikit-learn) (1.11.4)
Requirement already satisfied: joblib>=1.1.1 in /usr/local/lib/python3.10/dist-packages (from scikit-learn) (1.3.2)
Requirement already satisfied: threadpoolctl>=2.0.0 in /usr/local/lib/python3.10/dist-packages (from scikit-learn) (3.2.0)
```

```
[3]  1 from  sklearn.linear_model  import  LinearRegression  #使用線性回歸做預測
     2 from  sklearn.metrics  import  mean_squared_error  #MSE的評估
     3 import  pandas  as  pd  #使用Pandas
     4 import  matplotlib.pyplot  as  plt  #繪圖  |  plot(靜態圖表)-searborn(動態圖表)
     5 from  sklearn.model_selection  import  train_test_split  #訓練和測試的分割
     6 #  train(80%)  VS.  test(20%)  |  train  0.8  VS.  (test0.15  VS.  val0.5)  |  train  VS.  val
```

```
[4]  1 data  =  pd.read_csv("/content/gdrive/My  Drive/data.csv")
     2 #encoding  =  "utf-8-sig"  |  encoding  =  "big-5"  |  encoding  =  encoding  |  encoding  =  "utf-8"
     3 data
```

	Height	Weight
0	1.47	52.21
1	1.50	53.12
2	1.52	54.48
3	1.55	55.84
4	1.57	57.20
5	1.60	58.57
6	1.63	59.93
7	1.65	61.29
8	1.68	63.11
9	1.70	64.47
10	1.73	66.28
11	1.75	68.10
12	1.78	69.92
13	1.80	72.19
14	1.83	74.46

```
[5]  1 data.head()  #5筆
```

	Height	Weight
0	1.47	52.21
1	1.50	53.12
2	1.52	54.48
3	1.55	55.84
4	1.57	57.20

```
1 # check null values
2 print(data.isnull().sum())
3 data.isnull().sum().sum()
4 # dropna() | fillna() | isnull() | isna()

Height    0
Weight    0
dtype: int64
0
```

```
[8]  1 # split dataset to X and Y #Train_size = 0.8/0.7/0.6 | Test_size = 0.2/0.3/0.4
     2 # Slices(切片)
     3 x=data.iloc[:,:-1].values
     4 y=data.iloc[:,-1].values
     5 print(x.shape)
     6 print(y.shape)

(15, 1)
(15,)
```

```
[9]  1 x_train,x_test,y_train,y_test=train_test_split(x,y,test_size=.2,random_state=42)
```

```
[10] 1 #build model using LinearRegression model
     2 #from sklearn.linear_model import LinearRegression
     3 LR=LinearRegression()
     4 LR.fit(x_train,y_train)

▾ LinearRegression
LinearRegression()
```

建立預測結果：

```
[17] 1 # 預測 x_test 的結果
     2 LR_predict = LR.predict(x_test)
     3
     4 # 繪製模型
     5 plt.scatter(x_train, y_train, color='red', label='Actual Data')
     6 plt.plot(x_train, LR.predict(x_train), color='blue', label='Linear Regression Model')
     7 plt.scatter(x_test, LR_predict, color='green', label='Predicted Data (Test Set)', marker='x', s=100, linewidths=2)
     8 plt.xlabel('Height')
     9 plt.ylabel('Weight')
    10 plt.title('Linear Regression Model')
    11 plt.legend()
    12 plt.show()
    13
```

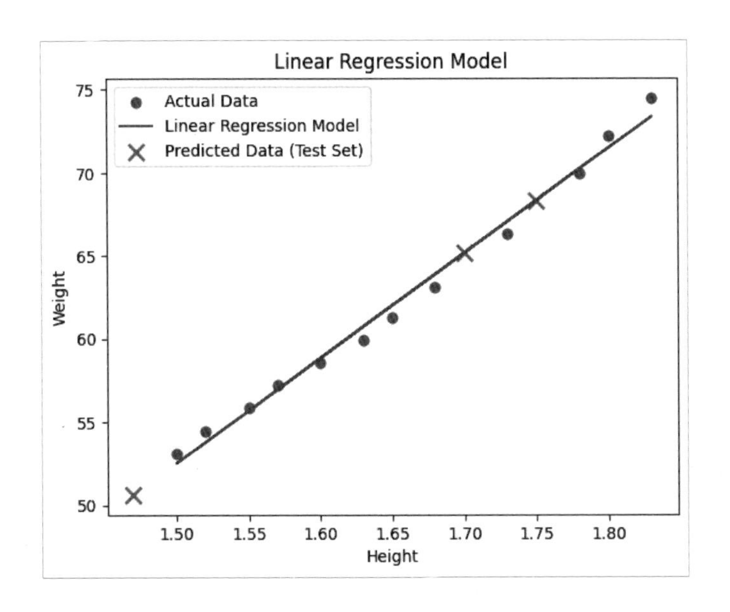

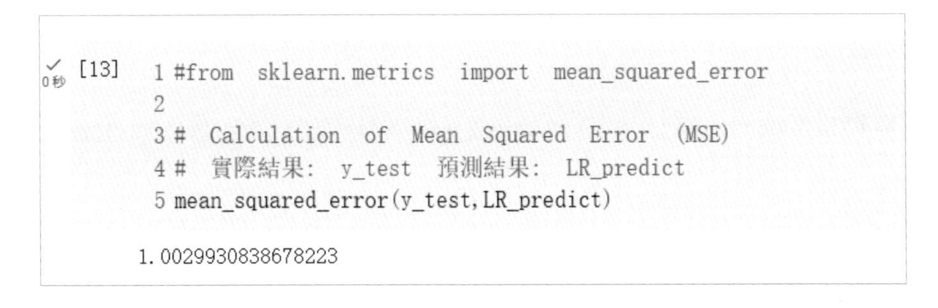

```
[13]
1 #from  sklearn.metrics  import  mean_squared_error
2
3 #  Calculation  of  Mean  Squared  Error  (MSE)
4 #  實際結果:  y_test  預測結果:  LR_predict
5 mean_squared_error(y_test,LR_predict)

1.0029930838678223
```

此外，讀者朋友也可以使用其他模型做數據預測，看看 MSE 的大小

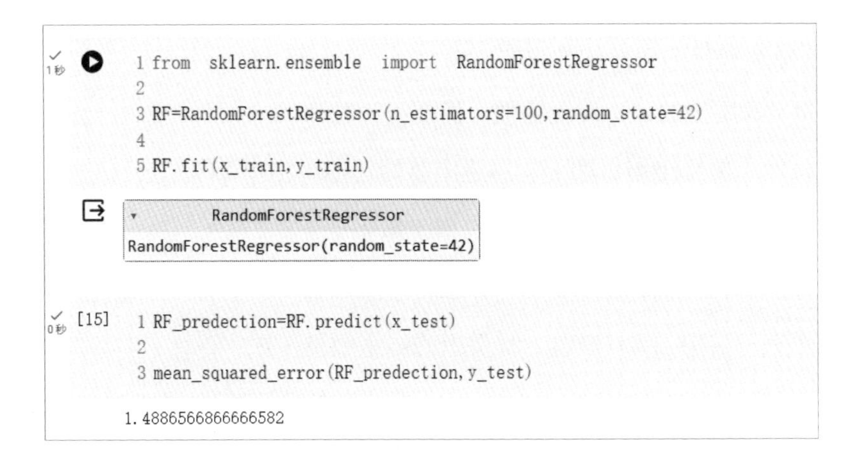

```
1 from  sklearn.ensemble  import  RandomForestRegressor
2
3 RF=RandomForestRegressor(n_estimators=100,random_state=42)
4
5 RF.fit(x_train,y_train)

▾ RandomForestRegressor
RandomForestRegressor(random_state=42)

[15]
1 RF_predection=RF.predict(x_test)
2
3 mean_squared_error(RF_predection,y_test)

1.4886566866666582
```

- 範例二：房價分析

此處，再補充 Linear Regression 用於房價預測的例子；並以 MSE 評估：

首先我們會進行資料清洗，其次我們會使用相依矩陣（Correlation Matrix）來挑選對房價有高度相關的因子。

目標：

- 預測房價 (透過坪數、樓層、房間數)
- MSE 評估

KC_Housesales_Data

Predict House sale prices using Multi-Linear Regression

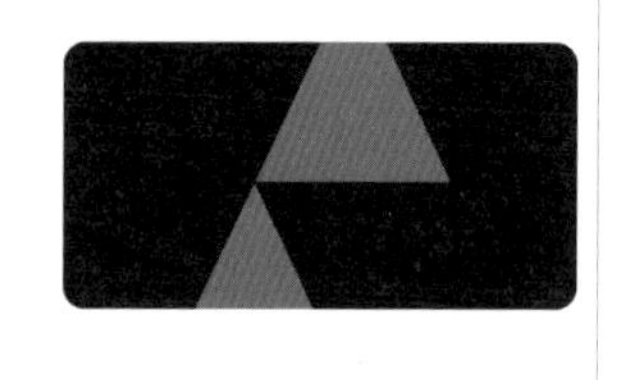

Data Card Code (34) Discussion (0)

資料集下載處：https：//www.kaggle.com/datasets/swathiachath/kc-housesales-data

這個資料集包含美國華盛頓州金縣的房價，也包括西雅圖在內。該資料集總共有 21 個變數和 21613 個觀測值。資料來源來自 Kaggle 數據平台。

以下是資料集的變數和其說明：

- id（房屋符號）：房屋的唯一標識符（數字）。
- 日期（房屋出售日期）：房屋出售的日期（字串）。
- 價格（預測目標）：房屋的售價（數字）。
- 臥室（臥室 / 房屋數量）：房屋的臥室數量（數字）。
- 浴室（浴室 / 臥室數量）：房屋的浴室數量（數字）。
- sqft_living（房屋平方英尺）：房屋的平方英尺面積（數字）。

- sqft_lot（地塊平方英尺）：房屋所在地塊的平方英尺面積（數字）。
- 樓層（房屋總樓層）：房屋的總樓層數（數字）。
- 海濱（可以看到海濱的房子）：房屋是否面向海濱（數字）。
- 視圖（已查看）：房屋是否有查看（數字）。
- 狀況（房屋總體狀況）：房屋整體狀況的評分，1 表示破舊，5 表示優秀（數字）。
- ■等級（根據金縣分級系統提供的數字等級總體等級）：1 差，13 優（數字）。
- sqft_above（房屋除地下室以外的平方英尺）：房屋除地下室以外的平方英尺面積（數字）。
- sqft_basement（地下室的平方英尺）：地下室的平方英尺面積（數字）。
- yr_built（建造年份）：房屋建造的年份（數字）。
- yr_renovated（房屋裝修年份）：房屋進行裝修的年份（數字）。
- zip（郵政編碼）：房屋所在地的郵政編碼（數字）。
- lat（緯度坐標）：房屋所在位置的緯度坐標（數字）。
- long（經度坐標）：房屋所在位置的經度坐標（數字）。
- sqft_living15（2015 年起居室面積）： 2015 年的居室面積，可能包括裝修（數字）。
- sqft_lot15（地塊面積）： 2015 年的地塊面積，可能包括裝修（數字）

1.匯入資料

```
[2]
1 from sklearn.linear_model import LinearRegression #LR
2 from sklearn.metrics import mean_squared_error #MSE
3 import pandas as pd
4 import matplotlib.pyplot as plt #畫圖
5 from sklearn.model_selection import train_test_split #切割
```

```
[3]
1 data = pd.read_csv("/content/gdrive/My Drive/kc_house_data.csv")
2 #讀進來的變數名稱(data)
3 data.head(10)
```

資料描述的作法：

```
[4]  1 data=data.copy()
     2 data.info()
     3 data.describe()
```

使用下列程式碼進行圖表視覺化：

- 繪製箱型圖：

```
[26]  1 #Finding  categorical  and  numerical  columns
      2 #使用套件時，注意讀進來的變數命稱!
      3 categorical_columns  =  []
      4
      5 for  i  in  data.columns:
      6     unique_values  =  len(pd.unique(data[i]))
      7     if  unique_values  <  90:
      8         print(f"Unique  values  in  {i}  are  {len(pd.unique(data[i]))}")
      9         categorical_columns.append(i)
     10 print('Categorical  Columns',  categorical_columns)
     11 print('No.  of  categorical  columns',len(categorical_columns))
```

```
 1 import  seaborn  as  sns
 2 import  matplotlib.pyplot  as  plt
 3 from  scipy  import  stats
 4
 5 #  使用套件時，注意讀進來的變數命稱!
 6 fig,  axs  =  plt.subplots(ncols=2,  nrows=5,  figsize=(20,  30))   #  specifies  how  many  diagrams  we  want
 7 index  =  0
 8
 9 axs  =  axs.flatten()
10 print('length  after  flatten',  len(axs))
11 print(axs[index])
12 for  k,  v  in  data.items():   #  把讀進去的變數改一下
13         if  k  not  in  categorical_columns:
14                 sns.boxplot(y=k,  data=data,  ax=axs[index],  color='skyblue')   #  調整顏色
15                 axs[index].set_title(f'Boxplot  of  {k}',  fontsize=16)   #  增加標題並調整字體大小
16                 axs[index].set_ylabel(k,  fontsize=14)   #  調整y軸標籤大小
17                 axs[index].set_xlabel('')   #  清除x軸標籤
18                 index  +=  1
19 plt.tight_layout(pad=0.4,  w_pad=0.5,  h_pad=5.0)   #  adjusting  padding  between  figures
20 plt.show()
21
```

- 繪製分布圖：

```
5 # 使用套件時，注意讀進來的變數命稱!
6 fig, axs = plt.subplots(ncols=2, nrows=5, figsize=(20, 30))  # specifies how many diagrams we want in each row
7 index = 0
8
9 axs = axs.flatten()
10 print('length after flatten', len(axs))
11 print(axs[index])
12 for k, v in data.items():  # 把讀進去的變數改一下
13     if k not in categorical_columns:
14         sns.histplot(data[k], ax=axs[index], color='skyblue', kde=True)  # 將箱形圖改為分布圖，增加核密度估計
15         axs[index].set_title(f'Distribution of {k}', fontsize=16)  # 增加標題並調整字體大小
16         axs[index].set_ylabel('Frequency', fontsize=14)  # 調整y軸標籤大小
17         axs[index].set_xlabel(k, fontsize=14)  # 調整x軸標籤大小
18         index += 1
19 plt.tight_layout(pad=0.4, w_pad=0.5, h_pad=5.0)  # adjusting padding between figures
20 plt.show()
21
```

- 各個參數的箱型圖視覺化：

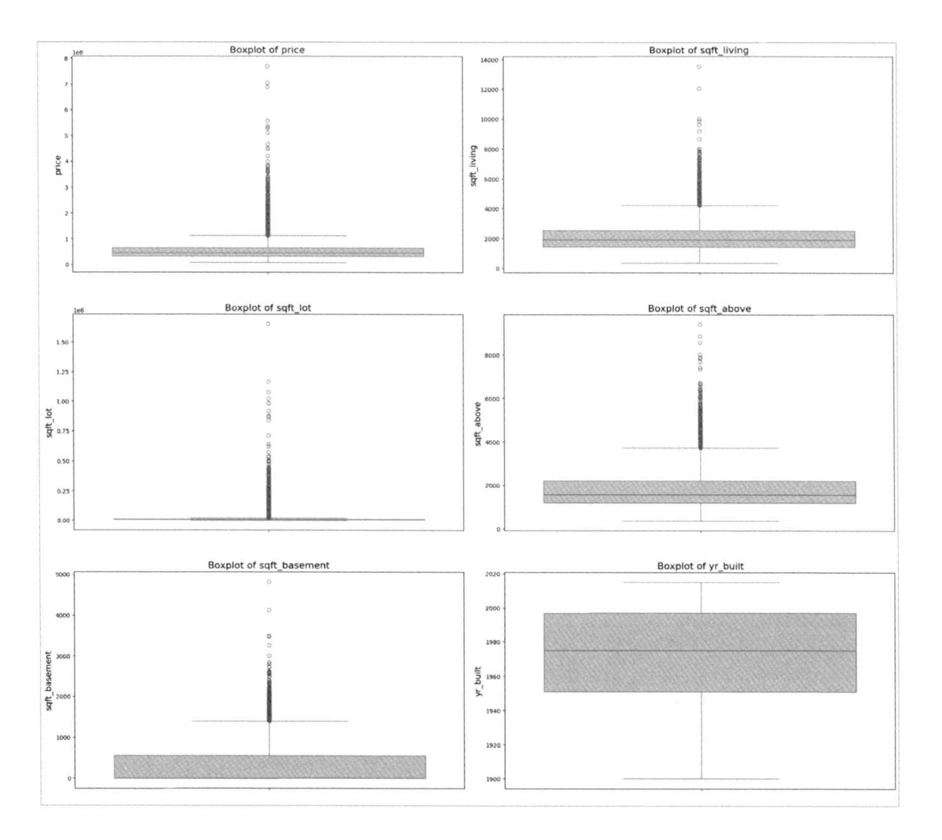

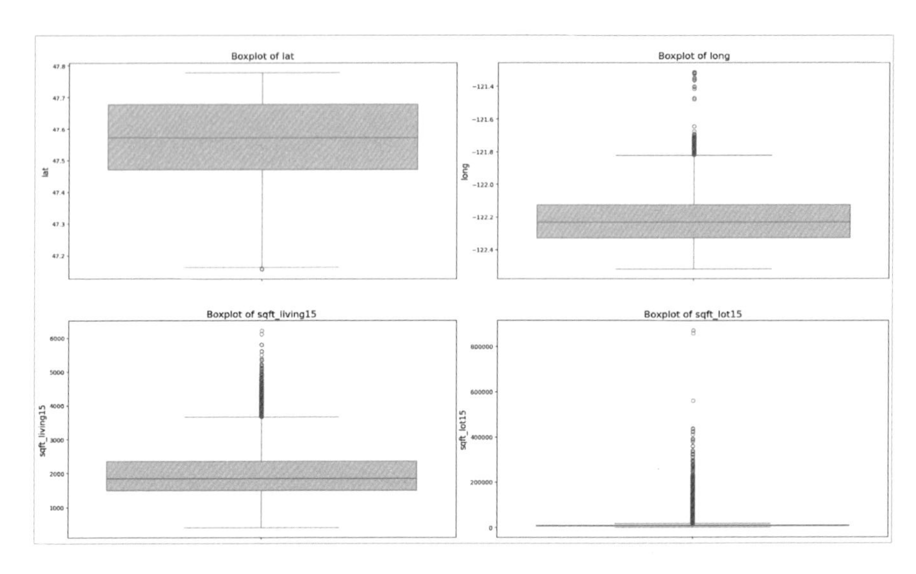

- 各個參數的分布圖視覺化：

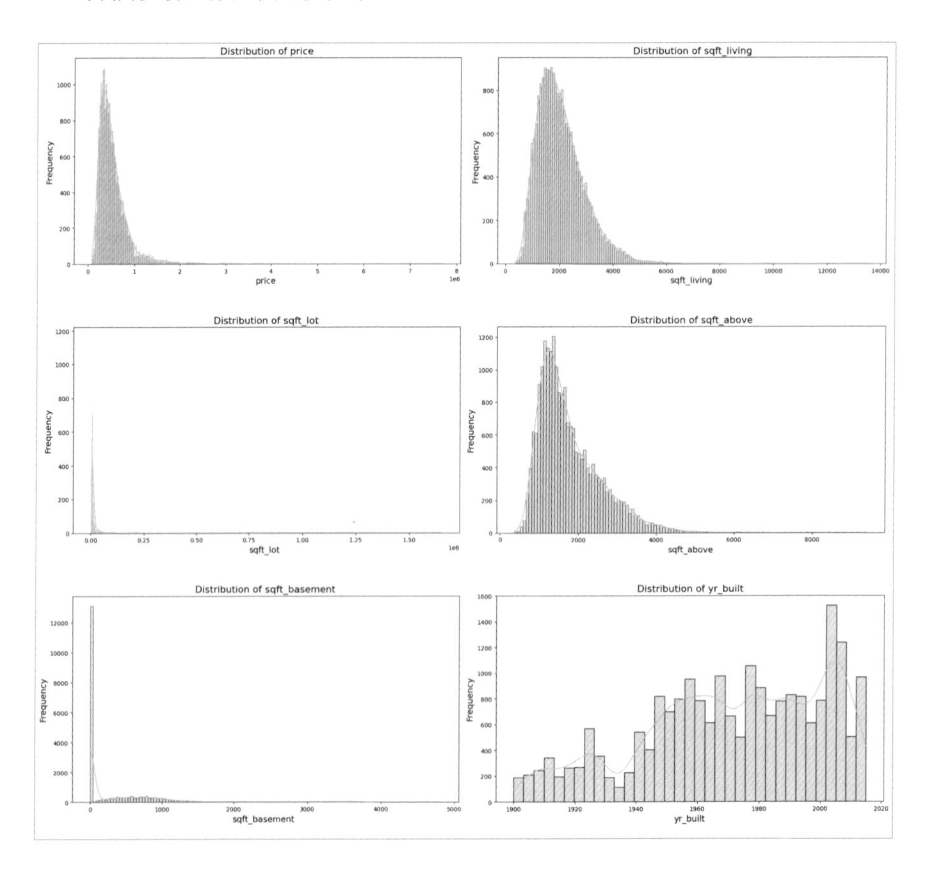

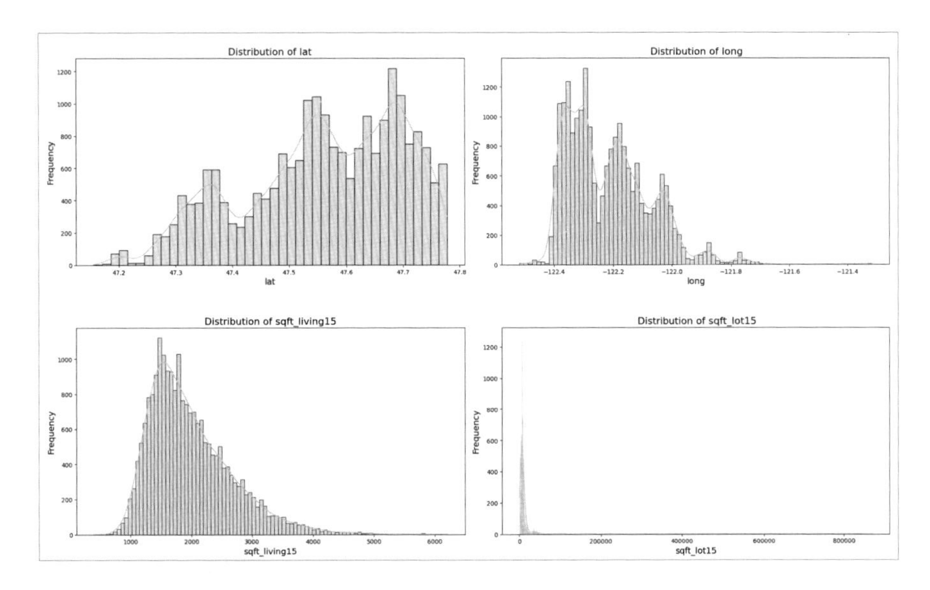

- 使用相依矩陣進行找尋對預測目標有高度相關的因子：

```
 3 #  使用套件時，注意讀進來的變數命稱!
 4 corrMatrix  =  data.corr()
 5
 6 plt.figure(figsize=(25,  10))    #  設置繪圖的尺寸
 7 ax  =  sns.heatmap(corrMatrix,  vmin=-1,  vmax=1,  center=0,  annot=True,
 8                                cmap="RdYlBu",  linewidths=1.0,
 9                                square=True)    #  調整顏色為藍紅色調
10
11 ax.set_xticklabels(ax.get_xticklabels(),  rotation=45,  horizontalalignment='right')    #  調整x軸標籤角度和位置
12 ax.set_yticklabels(ax.get_yticklabels(),  rotation=0,  horizontalalignment='right')    #  調整y軸標籤角度和位置
13
14 plt.show()
15
```

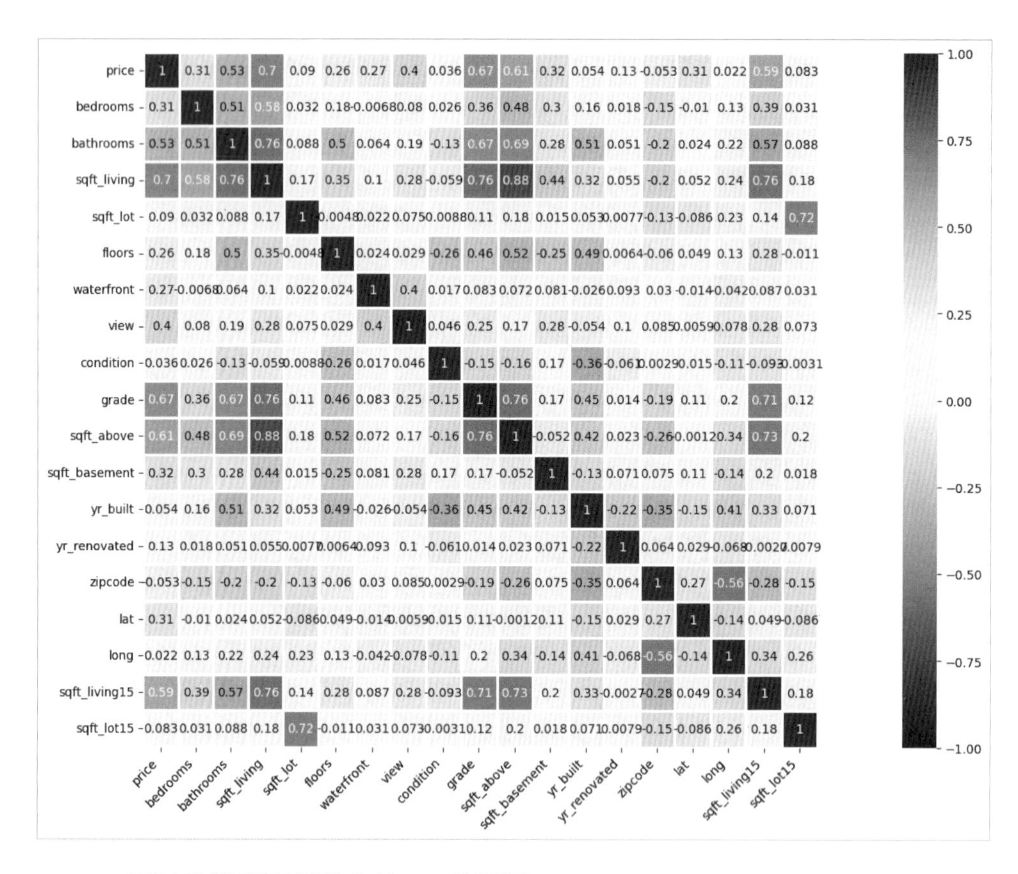

- 可以挑選相關係數大於 0.4 的因子

```
 8 corrMatrix = data.corr()
 9
10 # 設置繪圖的尺寸和風格
11 plt.figure(figsize=(15, 12))
12 sns.set(style="white")
13
14 # 設置遮罩
15 mask = np.triu(np.ones_like(corrMatrix, dtype=bool))
16 lower_triangle_mask = np.tril(np.ones_like(corrMatrix, dtype=bool))
17
18 # 設置顏色映射
19 cmap = sns.diverging_palette(220, 20, as_cmap=True)
20
21 # 繪製heatmap
22 sns.heatmap(corrMatrix, mask=mask, cmap=cmap, vmax=.3, center=0,
23                     square=True, linewidths=.5, cbar_kws={"shrink": .5}, annot=True, fmt=".2f")
24
25 # 調整x軸標籤角度和位置
26 plt.xticks(rotation=45, horizontalalignment='right')
27
```

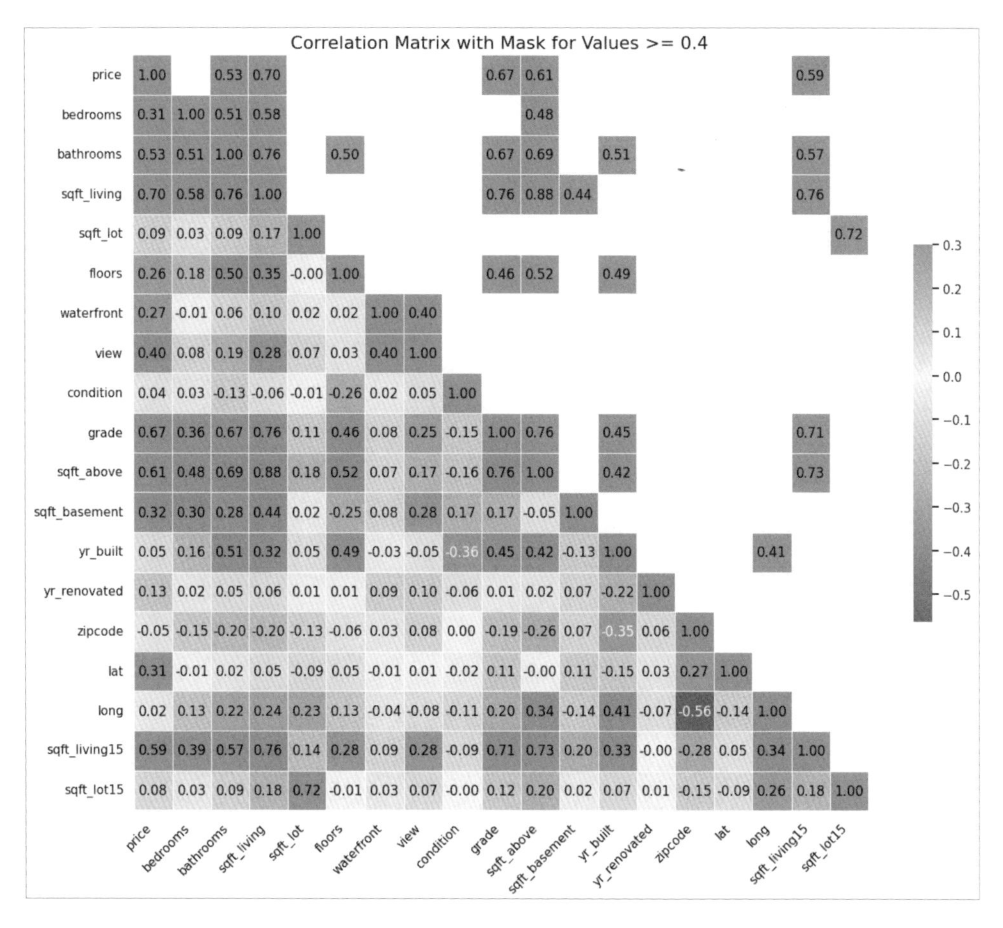

• 此處使用 Linear Regression 來建立預測模型：

線性模型

```
[12] 1 from sklearn import linear_model
```

```
[13] 1 X = data.iloc[:,1:]
     2 Y = data.iloc[:,0]
```

```
[14] 1 from sklearn.model_selection import train_test_split
```

```
[15] 1 X_train, X_test, Y_train, Y_test = train_test_split(X, Y, test_size = 0.3, random_state = 41)
```

```
[16] 1 regression = linear_model.LinearRegression()
     2 regression.fit(X_train, Y_train)
```

```
▸ LinearRegression
LinearRegression()
```

• 用 MSE 來評估模型：

評估模型

```
[17]  1 Y_pred = regression.predict(X_test)
```

```
[18]  1 Y_pred[:10]
      2 #Y_pred
```

```
array([ 643102.74226502,  763262.09214546,  976858.28392582,
        432495.64470077,  667923.39663639, 1173547.39877549,
        322862.12042782,  282084.77671378,  567150.18695021,
        522221.87196723])
```

```
[19]  1 from sklearn import metrics
      2 print(metrics.mean_absolute_error(Y_test, Y_pred))
      3 print(metrics.mean_squared_error(Y_test, Y_pred))
```

```
127881.37631251759
39996026275.473595
```

• 殘差圖的繪製：

```
1 import matplotlib.pyplot as plt
2 import seaborn as sns
3 from sklearn import metrics
4
5 # 假設 Y_test 為實際值，Y_pred 為預測值
6 # 請根據實際情況替換這兩者的數據
7
8 # 計算預測值和實際值的殘差
9 residuals = Y_test - Y_pred
10
11 # 繪製殘差圖
12 plt.figure(figsize=(10, 6))
13 sns.scatterplot(x=Y_pred, y=residuals, color='blue', alpha=0.7)
14 plt.axhline(y=0, color='red', linestyle='--', linewidth=2)
15 plt.xlabel('Predicted Values')
16 plt.ylabel('Residuals')
17 plt.title('Residual Plot')
18 plt.show()
19
```

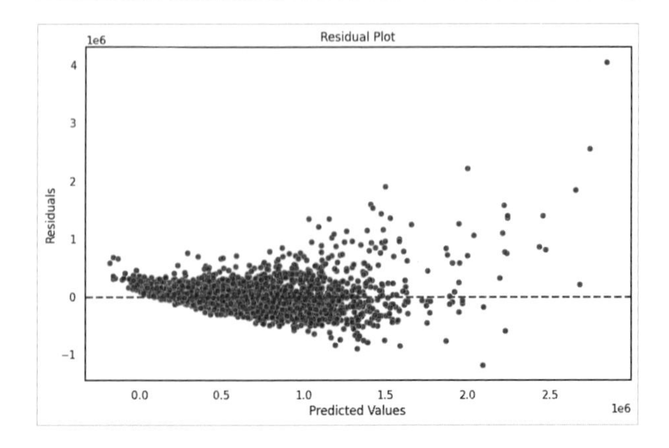

第 8 章

ESG 基本觀念與常見名詞介紹

8.1 基本名詞解釋：從淨零碳排說起

- **專有名詞釋疑：**

此處會介紹淨零碳排 (Net Zero)、碳中和 (Carbon Neutral)、碳盤查 (Carbon Footprint Verification)、產品碳足跡 (Carbon Footprint) 和碳捕捉 (Carbon Capture) 等名詞，也會依序介紹碳補償 (Carbon Offset)、碳匯 (Carbon)，以及碳預算 (Carbon Budget)、碳權 (Carbon Permit)、碳稅 (Carbon Tax)，以便於有志於投入 ESG 產業的朋友。

當談到環境、社會和公司治理（ESG）的概念時，碳相關的名詞確實扮演了重要的角色。以下是一些與碳相關的主題的簡要說明：

1. 淨零碳排 (Net Zero)：

定義：指一個組織、企業或國家的溫室氣體排放量減去其移除或抵銷的量，使其最終溫室氣體排放為零。

應用：組織、企業或國家通常制定淨零碳排的目標，並實施相應的減排措施和碳補償活動。

2. 碳中和 (Carbon Neutral)：

定義：表示一個實體的溫室氣體排放被抵銷或補償，使其淨碳排放為零。

應用：企業和組織可以通過購買碳補償額度、實施減排措施等方式實現碳中和。

3. 碳盤查 (Carbon Footprint Verification)：

定義：是對組織、產品或項目的碳足跡進行獨立驗證，以確保其計算方法和數據的透明度和準確性。

應用：通常由第三方機構進行確認，以提高碳足跡數據的可信度。

4. 產品碳足跡 (Carbon Footprint)：

定義：是評估產品（商品或服務）整個生命周期中的溫室氣體排放量，包括原材料生產、製造、運輸、使用和處理。

應用：有助於企業評估和管理產品的環境影響，指導產品設計和供應鏈管理。

5. 碳捕捉 (Carbon Capture)：

定義：是指通過技術手段捕捉和儲存大氣中的二氧化碳，以減少大氣中的溫室氣體濃度。

應用：作為一種減排技術，有助於減少氣候變化的影響。

6. 碳補償 (Carbon Offset)：

定義：通過購買碳補償額度，將無法達到零碳排放的部分抵銷，以實現碳中和或淨零碳排的目標。

應用：可以是投資於綠色能源項目、森林保護計劃等，用來彌補自身無法完全減排的部分。

7. 碳匯 (Carbon Sink)：

定義：指具有吸收大氣中二氧化碳的能力，例如森林、植被、海洋等。

應用：碳匯的保護和增強有助於維持生態平衡和減緩氣候變化。

8. 碳預算 (Carbon Budget)：

定義：是指一定時期內可排放的碳量，以保持全球氣溫升幅在特定範圍以內。

應用：用於制定全球或國家的溫室氣體減排目標。

9. 碳權 (Carbon Permit)：

定義：是指企業或國家獲得的特定排放量的權利，可以在碳市場上進行交易。

為了讓讀者可以更深度理解淨零排放 (Net Zero emission) 和碳中和 (Carbon neutrality) 的差異；此處再補充介紹說明：

淨零排放（Net Zero Emissions）和碳中和（Carbon Neutral）是兩個與碳減排相關的目標，它們雖然在某些情境下可能被當作相似的概念，但實際上有一些差異：

1. 概念的不同：

淨零排放：指的是一個體系（可以是國家、企業、個人等）的溫室氣體排放量減去它所移除或抵銷的量後，使得最終淨排放為零。這強調了減排和排放抵銷之間的平衡。

碳中和：指的是一個體系的溫室氣體排放被抵銷或補償，使得其淨碳排放為零。這偏重於強調碳排放的抵銷，而不一定強調減排。

2. 抵銷方式的不同：

淨零排放：可以透過減少自身的溫室氣體排放（減排），同時進行排放的抵銷活動，例如購買碳補償額度。

碳中和：主要透過購買碳補償額度或參與碳抵銷計劃，以抵銷不可避免的或難以減少的排放，從而實現碳中和。

3. 時間範圍的不同：

淨零排放：強調在一個特定的時間點或時期，使淨排放為零。可能需要一段時間來實現減排和抵銷的平衡。

碳中和：可能是一個更靈活的目標，不一定要求在特定的時間點達到淨零排放，而是強調碳排放的持續抵銷。

總而言之，淨零排放和碳中和都是為了應對氣候變化和全球暖化問題，通過減排和碳抵銷來減少溫室氣體的影響。這兩個目標的實現方式和時間框架可能因組織或個人的特定目標而有所不同。因此，碳中和是針對人為的全球二氧化碳為主，期待透過造林、節能的方式來互相抵銷；而淨零排放是針對所有氣體、目標更廣！

- **永續報告書的介紹：**

永續報告書原本稱為企業社會責任（CSR）報告書，於 2021 年起由金管會統一更名為永續報告書。其的主要目的在於公開企業在環境、社會和治理方面的相關資訊，以傳達企業在永續經營方面的規劃與成果。透過提高資訊透明度的方式，企業希望透過永續報告書向各個利害關係人傳遞清晰的訊息，讓他們能夠全面了解企業的永續政策推動和管理成效。

永續報告書作為 CSR 報告書的進化，更強調企業在永續經營方面的全面性，包括環境、社會和治理三個層面。企業透過報告書的形式，向外界揭示其在環境保護、社會責任和公司治理等方面的具體措施和實際成果。同時，這也為利害關係人提供了一個評估企業永續發展表現的參考依據。

透過永續報告書的公開，企業能夠建立更加開放、透明的形象，使各利害關係人能夠更全面地了解企業的永續經營理念和實踐，並能夠就相關議題提出建議或反饋。這不僅有助於企業的社會形象建構，同時也推動企業更積極地參與社會責任，進而實現永續發展的目標。

讀者有興趣，亦可上網逕行閱讀台灣標竿公司的報告書。

TSMC
https://esg.tsmc.com › file › chinese › c-all PDF

台積公司111 年度- 永續報告書

作為負責任的全球. 企業公民，台積公司加速在營運與產業價值鏈中採取ESG（環境. Environmental、社會Social、治理Governance）行動，持續. 為社會挹注正向動能。與地球 ...
235 頁
缺少字詞： ~~蘋果綠~~ | 必須包含以下字詞： 蘋果綠

cloudfront.net

https://d86o2zu8ugzlg.cloudfront.net › CSR PDF ⋮

聯發科技永續報告書2022

2023年6月25日 — 回顧2022 年，大環境充滿諸多變動與挑戰，IC 設. 計產業也經歷了快速的市場需求變化，種種不確定. 因素考驗企業的應變能力與經營韌性。聯發科技全.

United Microelectronics Corporation

https://www.umc.com › zh-TW › Download › corpo... ⋮

2022年永續報告書- 聯華電子

永續報告書 · 第三方查證聲明書 · 前言 · 1.領航卓越治理 · 2.開拓創新服務 · 3.革新綠色營運 · 4.構築安心職場 · 5.蘊育共榮社會 · 附錄.

社會面摘要指標 · 近期得獎訊息 · 影音專區 · 最新電子報

為了讓讀者可以自行深入針對 ESG 的概念作深入研讀，我亦推薦經濟部產業發展署的「節能減碳資訊網」， https：//ghg.tgpf.org.tw/News/

工業技術研究院中，關於淨零排放的說明

https：//www.itri.org.tw/ListStyle.aspx?DisplayStyle=05&SiteID=1&MmmID=1163726127651626676

引用自工研院；下圖為工研院針對溫室氣體排放查證的流程圖

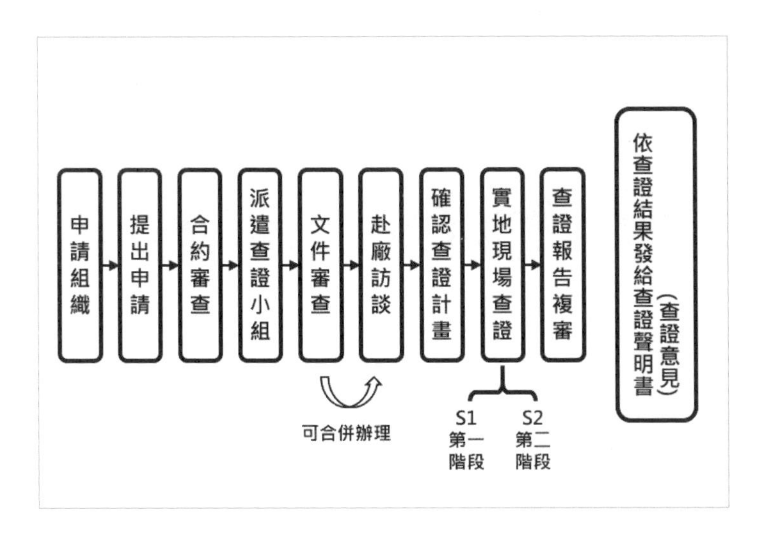

- **歐盟對 ESG 的新政：**

本節介紹歐盟執委會自 2019 年底起啟動了「綠色新政」（European Green Deal），旨在推動包括氣候行動、清潔能源、循環經濟、智慧運輸、農業、生物多樣性和零污染無毒環境等多方面的工作。此政策框架納入永續性，目標是實現 2050 年的氣候中和，同時制定了 2030 年的階段性目標，即相對於 1990 年，減少 55% 的溫室氣體排放。這些目標也被納入於今年 6 月 28 日生效的《歐洲氣候法》中，賦予其法律拘束力。

「綠色新政」的實際落實體現在「降低 55% 溫室氣體排放套案」（Fit for 55 package，以下簡稱套案）文件中，該套案於 2023 年 7 月 14 日和 7 月 16 日共發布 17 份文件。這些文件相互關聯且互補，旨在確保歐盟在 2030 年及之後實現公平競爭和綠色轉型目標。整體而言，這些文件透過加強現有規範和提出新的建議，涵蓋了多個政策領域和經濟部門，包括氣候、能源和燃料、交通、建築、土地利用和林業。

基於歐盟執委會過去的執行經驗，套案政策納入了定價、目標、規範 / 標準和支持措施等四大重點，謹慎維持這些政策之間的平衡。這有助於確保套案的全面性和有效性。

歐盟的官網：

https：//www.consilium.europa.eu/en/policies/green-deal/fit-for-55-the-eu-plan-for-a-green-transition/

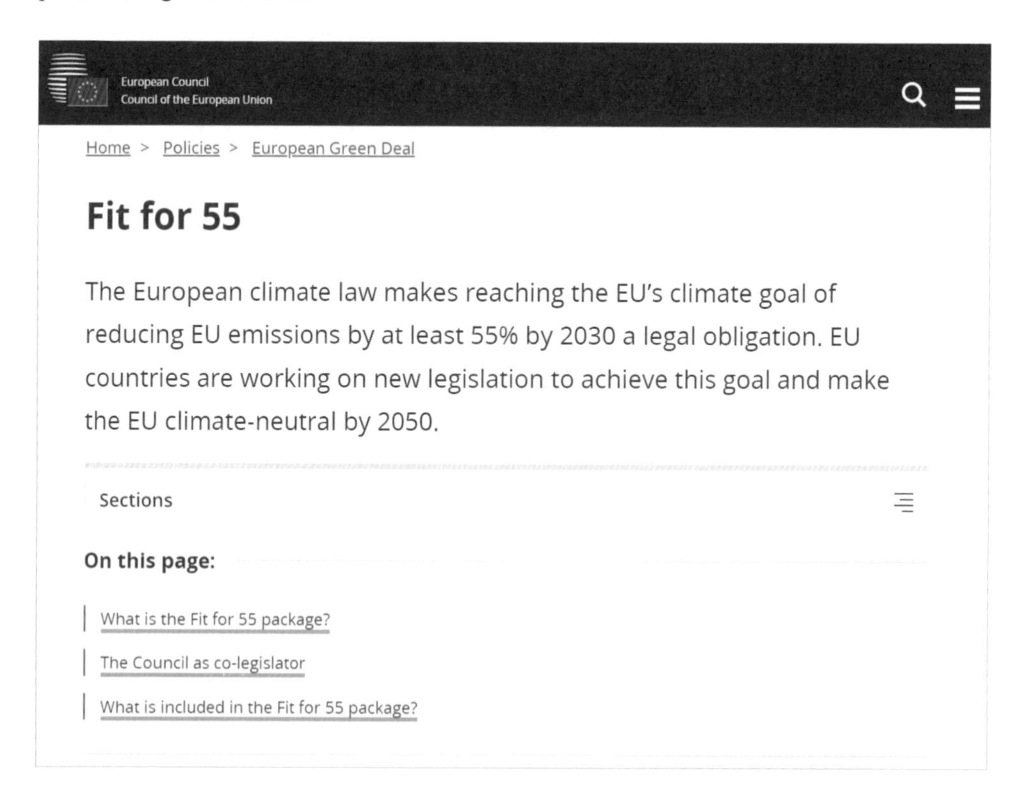

8.2 聯合國永續目標

本人取得 ESG 管理師的證照後，格外關注聯合國永續目標的議題 (Sustainable Development Goals)；該議題主要是由 2015 年聯合國組織提出的概念，其中的理念包括 17 項目標和 169 項指標；總目標是在 2030 年達成永續發展的願景期待實踐繁榮 (prosperity)、公平 (fairness)、環境永續 (environment sustainability) 的三大目標。

引用 https：//sdgs.un.org/goals 聯合國官網

「不拋棄任何人事物（Leave no one behind）」是聯合國可持續發展目標（SDGs）早期提出的核心原則，強調在永續發展的過程中，不論貧富、種族或國籍，所有人類都應受益於這個共同的努力。這一目標追求的不僅僅是經濟繁榮，更包括社會公正和人權保障。透過確保每個人都能享有基本的權利和機會，不同社會群體間的差距能夠縮小，實現更加平等的社會。

這個原則同時強調了對全球健康的關注，追求消除世界上的所有疾病。這包括提供基本的醫療服務、改善飲水和衛生設施，以及推動公共衛生項目。透過共同努力，不僅可以提高全球公民的生活水平，還能夠建立更加和諧、包容的社會。因此，「不拋棄任何人事物」不僅是一個高貴的理想，更是實現全球共同繁榮和進步的基石。

8.3 ESG 介紹與評級說明

全球關於 ESG 議題的三大公司如下，我將逐一介紹給各位讀者朋友：

- **標準普爾道瓊永續指數 (DJSI)**

另一個國際上具有重要影響力的 ESG 指數為美國道瓊永續指數（Dow Jones Sustainability Index, DJSI）。DJSI 作為一項永續指數，源於美國道瓊工業指數（Dow Jones Industrial Average Index, DJI），其指數構成來自道瓊工業指數中的全部上市個股。

道瓊永續指數於成立 22 年，於 1999 年由道瓊公司與永續資產管理公司 Robeco SAM 合作創建。該指數以道瓊工業指數約 3400 家企業為基礎，精選其中在 60 個產業中，永續性表現位居前 1/10 的公司，成為道瓊永續性指數的成分股。

每年 9 月，合作公司 Robeco SAM 重新審視這些企業，並更新成分股名單。觀察 2018 年入選的台灣企業，相較於 2017 年的 18 家，目前已擴增至 21 家。在道瓊永續指數中，涵蓋世界、北美、新興市場、澳洲、拉丁美洲與太平洋聯盟、歐洲、亞太、韓國、智利等 9 種指數類別，其中在新興市場和世界兩個類別中，共有 21 家台灣企業。

值得注意的是，DJSI 的英文名稱中包含 "Sustainability"，這表示在考量永續作法時，企業的可持續性也是一項重要的參考指標。

- **明晟永續指數 (MSCI ESG)**

首先，我們來談談大家對 MSCI 比較熟悉的方面。MSCI ESG 指數，由摩根士丹利國際資本（MSCI）所引領，旨在衡量上市公司在環境、社會和公司治理（ESG）方面的表現。根據 MSCI 的歷史資料，該機構自 1972 年起便積極參與 ESG 研究，而具體將 ESG 標準應用於股票評級則始於 1999 年。MSCI ESG 指數的範疇相當龐大，涵蓋超過 1500 家上市公司，其中包括針對機構投資者需求的特殊指數。然而，鑑於這些特殊指數相對專業，我們在此將焦點放在更廣泛受眾關注的方向。若您欲透過 MSCI ESG 指數來進行投資標的的選擇，可參考以下四個主要指數。這些指數皆以 MSCI 全球指數（MSCI ACWI Index）為母指數，代表其範疇遍及全球，不僅僅侷限於特定區域。

- **富時指數 (FTSE ESG)**

最後，我們關注 FTSE ESG 指數，又被稱為「富時永續指數」。FTSE 是富時這間公司的簡稱，全名為 FTSE Russell，而富時指數公司是英國倫敦證交所集團（London Stock Exchange Group, LSEG）旗下的品牌。根據富時官方的介紹，FTSE Russell 專注於獨立指數運營，管理著眾多指數，包括富時 100 指數、富時 250 指數等超過 12 萬種指數數據，其中富時永續指數就是其中之一。

結論：機構都在參考的指數，你何不也看看？ESG 投資的重要性日益凸顯，而選擇合適的 ESG 指數成為投資者的一大挑戰。MSCI ESG、DJSI 和 FTSE ESG 作為全球三大 ESG 指數，提供了多方面的角度來評估公司的環境、社會和公司治理表現。投資者應充分了解這些指數的特點和運作機制，以更有把握地進行 ESG 投資。已對 ESG 有初步了解的讀者們，若欲更深入觀察國外公司在 ESG 治理方面的狀況，這三大 ESG 指數提供了一個理想的起點。透過這些指數，你可以更清晰地了解不同公司在可持續性方面的表現，進而做出更明智的投資決策。總而言之，ESG 指數是一個值得投資者深入研究的有益工具。

引用富時指數 (FTSE ESG) 官網：

https：//www.lseg.com/en/ftse-russell/indices/esg

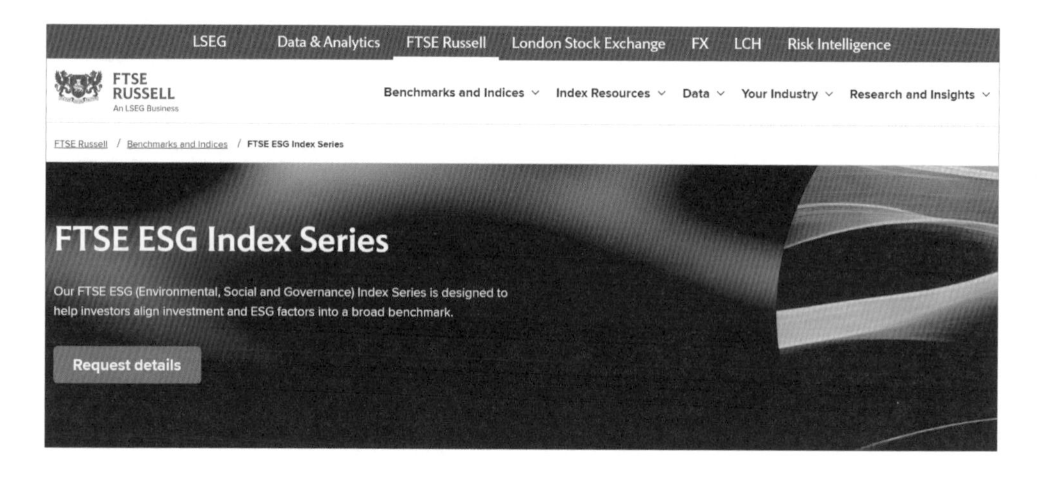

讀者有興趣的話也可以讀一讀 MSCI 的公司評級方法：

https：//www.msci.com/esg-and-climate-methodologies

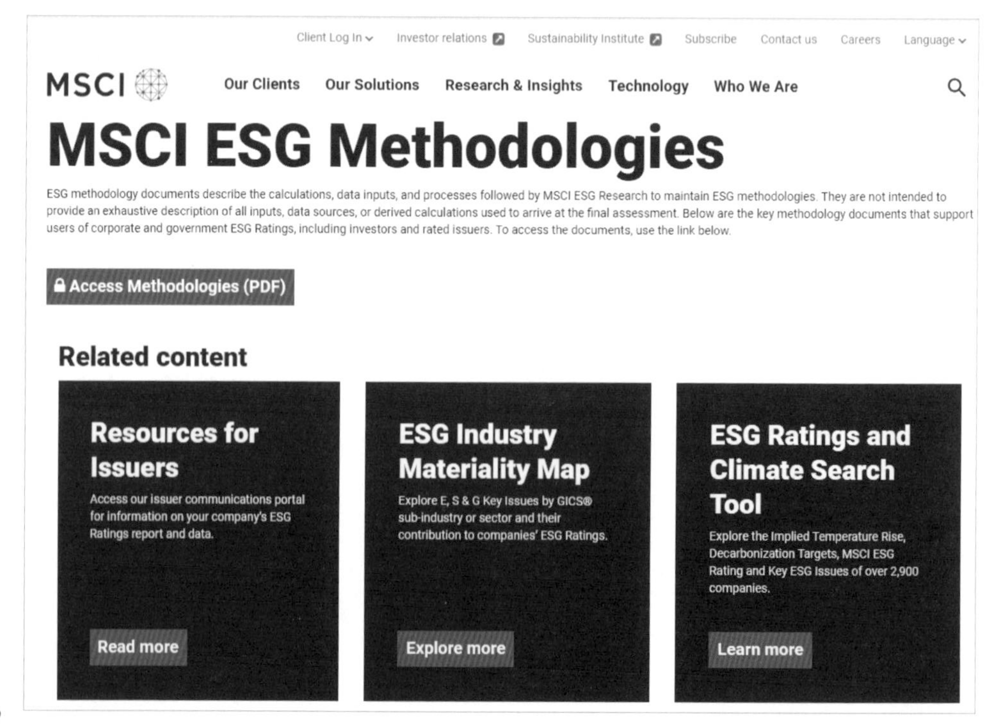

MSCI ESG 公司評級分數及等級劃分如下圖官網所示：

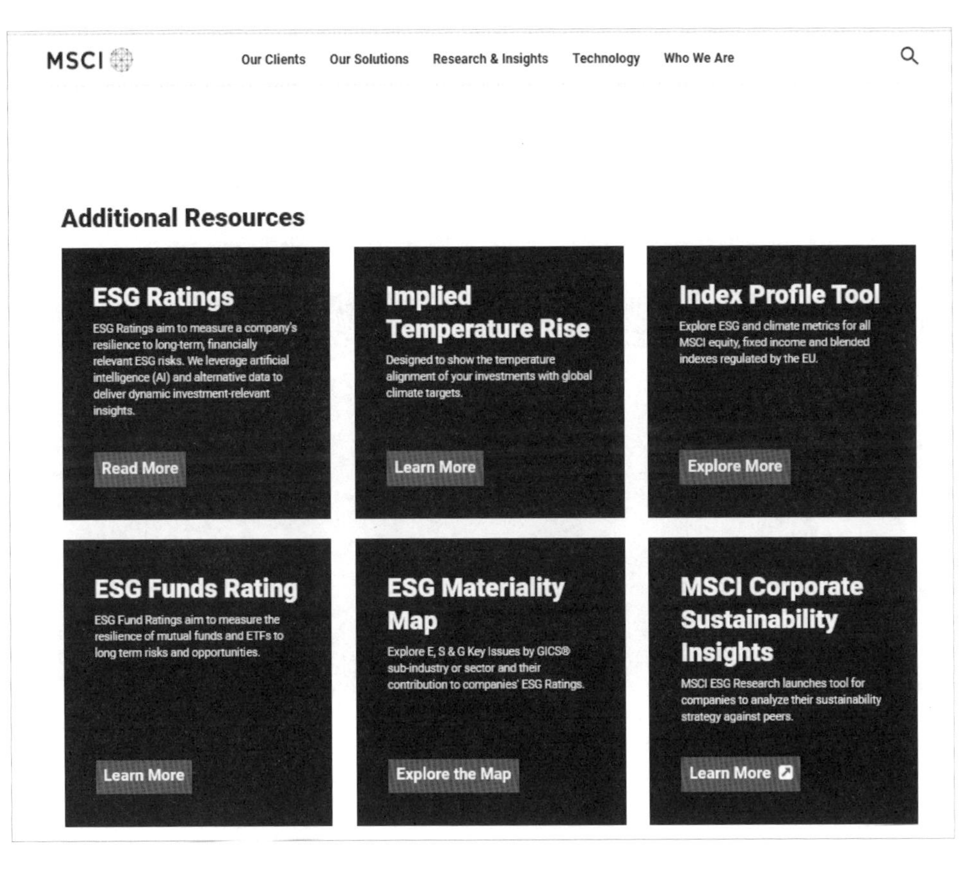

8.4 聯合國線上課程永續證書考取說明

本節希望讀者朋友對 ESG 有初步認識後，亦能針對該議題考取國際證書！

考試路徑：https：//uncclearn.org/course/view.php?id=170&page=overview&lang=en

可以使用 Google 帳號進行註冊：

Invalid login, please try again

Log in

Not yet registered? Register >

Username or email

Username or email

Password

Password

Log in >

Forgotten your username or password?

讀者在進入聯合國的線上課程時，亦可挑選自行感興趣的主題做線上課程的觀看。

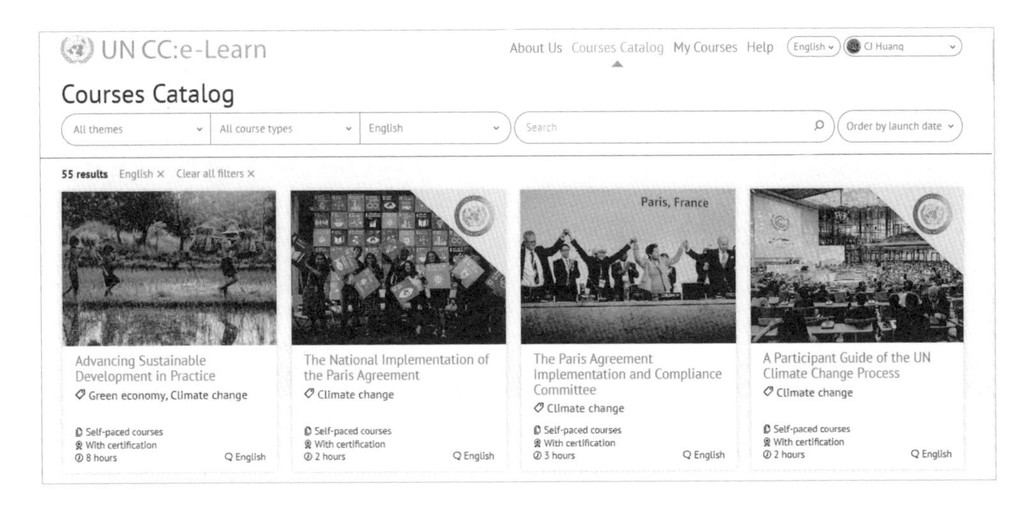

本節主要介紹的證書是以 "Introduction to Sustainable Development in Practice" 為主

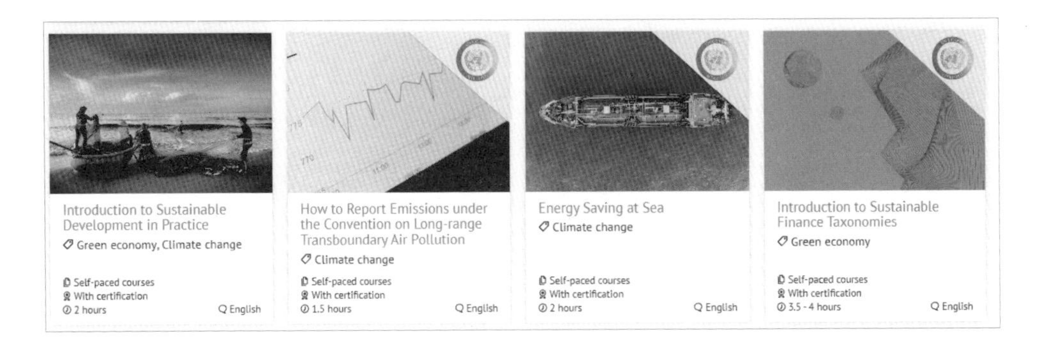

8.5 英文永續考試題目解題

此處我建議各位以英文作答，盡量不要透過瀏覽器的功能翻譯成中文，因為容易造成理解題目的困難和錯誤。考試前，讀者朋友也不要壓力太大，只要努力用功，觀看課程，就能順利通過！本書題庫謹供讀者使用，切勿隨意翻譯和翻印！

考試題目解析：答案僅供參考，共可以參加三次；若未通過則不允許考試。

提示考試的規則：

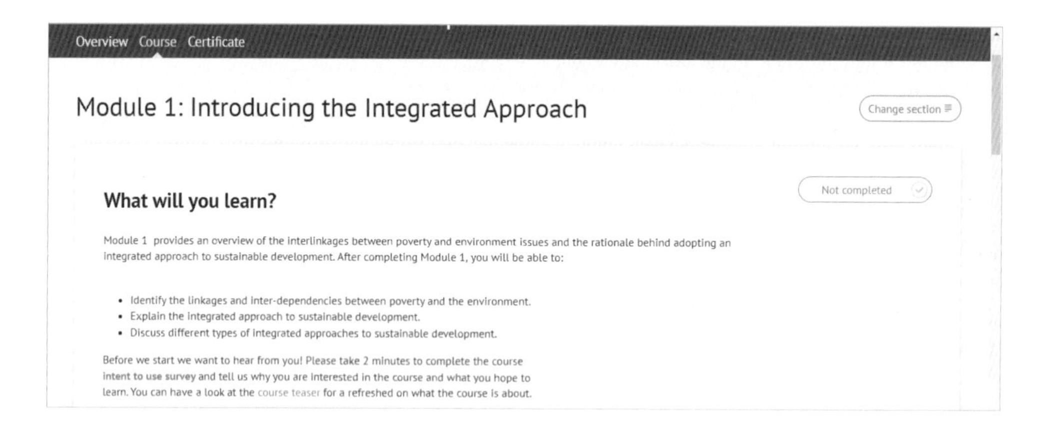

擬真題第一題：

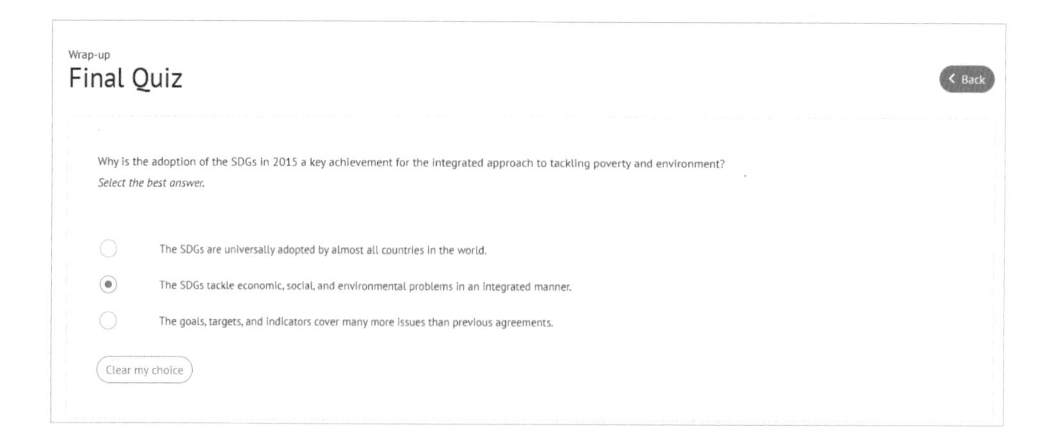

擬真第二題：為拖曳題型

Types of integration	Explanations
Horizontal Integration	Create links across different themes, sectors, and disciplines
Vertical Integration	Integration through a top-down policy process which sets clear vision and objectives that are common for various social groups and economic actors.
Stakeholder Integration	Ensure various people and groups are consulted and their opinions, needs, and resources are taken into account in the decision making process.

擬真第三題：為拖曳題型

Match the type of institutions to the kind of change they are undergoing because of integration.

Drag the options to the correct place and click Submit.

Type of institutions	Change
Developmental institutions	are working closely with communities and women's groups
Environmental institutions	are fully embracing the climate change objectives and environmental management approaches

擬真第四題：

The preparation of national development plans by a National Government using an integrated approach is the sole prerogative of the Ministry of Finance and does not involve the Ministry of Environment.

Select the correct option.

Select one:

○ True
◉ False

擬真第五題：

The Integration of poverty and environmental issues is being promoted at global, national, and local levels.

Select the correct option.

Select one:

◉ True
○ False

擬真第六題：

Creating a strategy to integrate poverty and environment concerns	Planning
Integrating poverty and environment concerns in taxation	Financing
Recording metrics of poverty-environment integration outcomes	Monitoring
Examining the links between poverty and environment issues and assessing their impacts	Analysing

擬真第七題：

Top-down poverty-environment integration is always successful and sustainable.

Select the correct option.

Select one:

- ○ True
- ◉ False

擬真第八題：

In what way are poverty and environment issues interlinked?

Select the options that commonly apply.

- [x] Poor people are more vulnerable to climate shocks and extreme weather.
- [x] Poor people depend on environmental goods and services to a greater extent.
- [x] Poverty leads to environmental degradation, e.g. in the case of clearing forests for farming.
- [x] Climate change causes damage in developed countries, which makes those countries poorer
- [ ] The management of natural resources and poverty reduction are both responsibilities of Government agencies.

擬真第九題：填空題型

Wrap-up

Final Quiz

< Back

Traditional and [indigenous] peoples' governance and [cyclical] management provide a powerful example of [resource], which government agencies can learn from. This is because traditional systems are more [integration], compared to modern more [linear] economic systems.

Fill in the blanks with the correct word.

擬真第十題：多選題

Which of the following principles reflects an integrated approach to development cooperation?
Select the options that commonly apply.

- [x] Mainstreaming gender issues in environmental and development projects.
- [x] Support for a socially just green transition in developing countries.
- [ ] Favouring public-private partnerships that create corporate profit.
- [ ] Fostering technical cooperation in favour of developed countries.
- [x] Systematic integration of climate objectives in all development projects.

補充答案：

設計題型 1：

Which of the following principles reflects an integrated approach to development cooperation?

Select the options that commonly apply.

- [x] Mainstreaming gender issues in environmental and development projects.
- [x] Support for a socially just green transition in developing countries.
- [ ] Favouring public-private partnerships that create corporate profit.
- [ ] Fostering technical cooperation in favour of developed countries.
- [x] Systematic integration of climate objectives in all development projects.

設計題型 2：

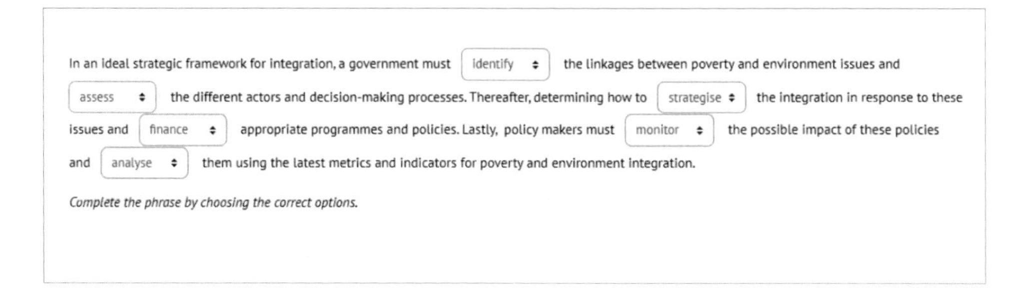

In an ideal strategic framework for integration, a government must identify the linkages between poverty and environment issues and assess the different actors and decision-making processes. Thereafter, determining how to strategise the integration in response to these issues and finance appropriate programmes and policies. Lastly, policy makers must monitor the possible impact of these policies and analyse them using the latest metrics and indicators for poverty and environment integration.
Complete the phrase by choosing the correct options.

設計題型 3：ChatGPT 使用 GPT 設計

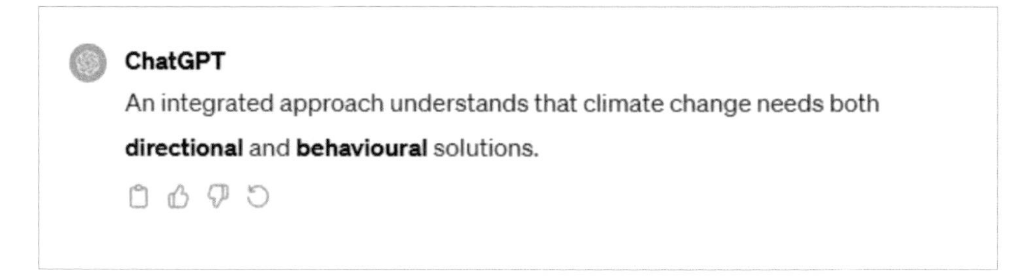

ChatGPT
An integrated approach understands that climate change needs both directional and behavioural solutions.

設計題型 4：

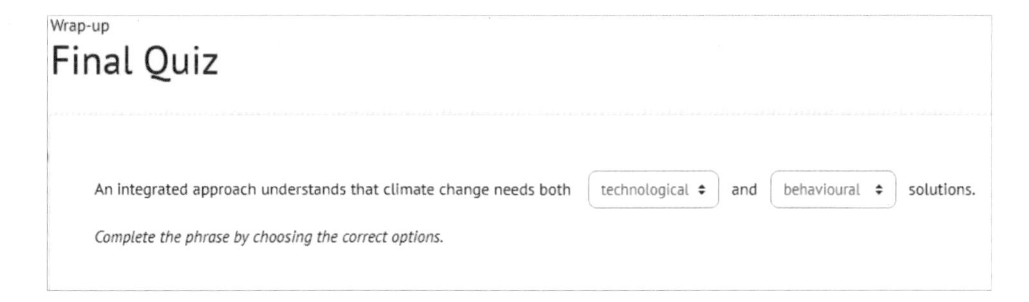

下圖為順利通過永續證書字樣！

該證書也會於個人的帳戶中顯示：

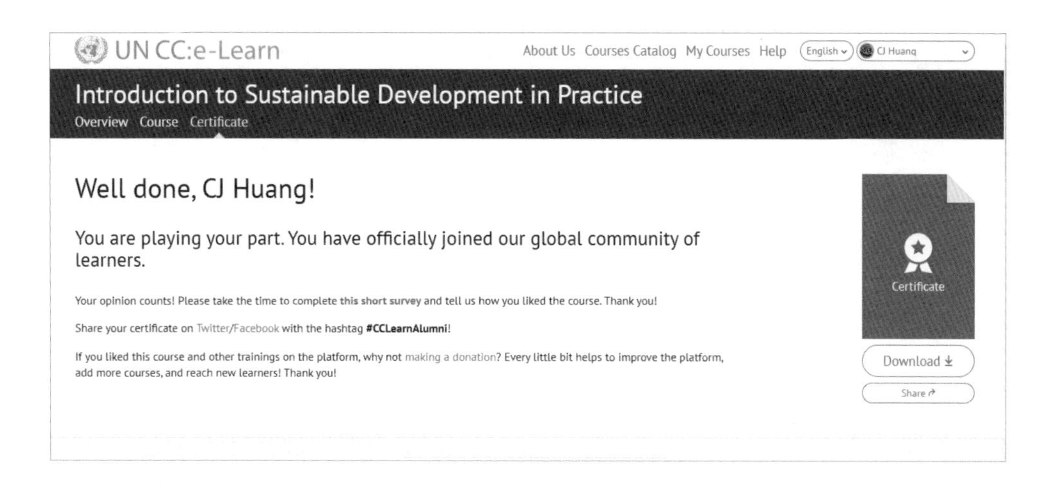

聯合國永續發展證書如下：

祝各位都能順利通過！

8.6 so14064-1 及 Iso14064-2 以及 Iso14064-3 說明

本人觀察；目前，除了 2023 年八月政府於高雄成立台灣碳權交所以外，以及金管會的上市櫃公司的行動方案報告書，目前尚無實體法規，多由民間財團法人團體進行發展；也因此驗證公司的課程層出不窮、花樣百出，幾乎淪為只要付費受訓就可以拿到證書，因此建議讀者朋友可自行考慮是否進行此類的進修計畫。

ISO 14064 標準是一系列與溫室氣體（GHG）測量、監控和報告相關的國際標準。這一系列標準分為三個部分：ISO 14064-1、ISO 14064-2 和 ISO 14064-3，各自涵蓋了不同的方面。

- ISO 14064-1：確定與確認組織或項目的溫室氣體排放及吸收

目的：ISO 14064-1 主要用於確定組織或項目的溫室氣體（GHG）排放和吸收。

主要內容：該標準提供了測定、監控和報告組織或項目所涉及的 GHG 排放和吸收的方法。它強調了計量的透明度、準確性和一致性，以確保溫室氣體報告的可靠性。

應用範圍：適用於各種組織，包括企業、機構和政府，以及各類項目，例如建設項目和能源項目。

- ISO 14064-2：確定與確認減排項目的溫室氣體排放

目的：ISO 14064-2 專注於減排項目，主要用於確定和確認這些項目的溫室氣體排放。

主要內容：該標準提供了對減排項目進行計量、監控和報告的方法，以及確認這些減排的過程。這有助於確保減排項目的有效性。

應用範圍：主要針對實施減排活動的組織和項目，並強調報告的準確性和透明度。

- ISO 14064-3：確定與確認溫室氣體減排專案的溫室氣體排放和吸收

目的：ISO 14064-3 專注於確定和確認溫室氣體減排專案的排放和吸收。

主要內容：該標準提供了一個框架，用於測量、監控和報告減排專案的溫室氣體排放和吸收，以確保專案的成效。

應用範圍：適用於各種減排專案，例如森林碳封存專案和其他減排活動，以確保其減排效果得以準確計量和報告。

總而言之，ISO 14064 標準系列提供了一套標準化的方法，可用於測量、監控和報告組織、項目和專案的溫室氣體排放和吸收，有助於確保報告的一致性和可比性。

- 補充說明：

截圖自金管會網站，金管會也發布 2023 上市櫃公司永續發展的行動方案報告書

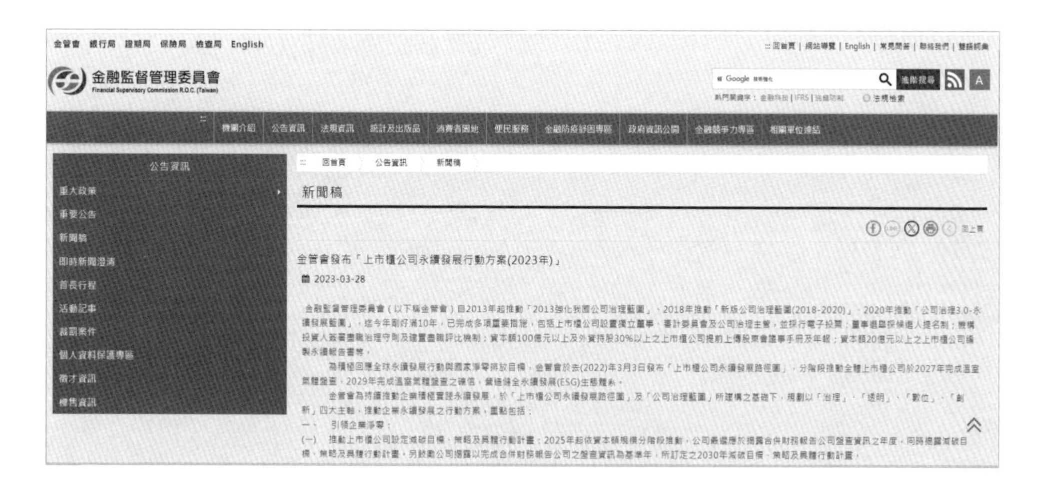

截圖引用金管會報告書投影片，讀者可自行下載閱讀。

台灣碳交易所官網 https：//www.tcx.com.tw/zh/–

截圖來自碳交所

截圖來自碳交所，讀者朋友可以自身狀況進修！

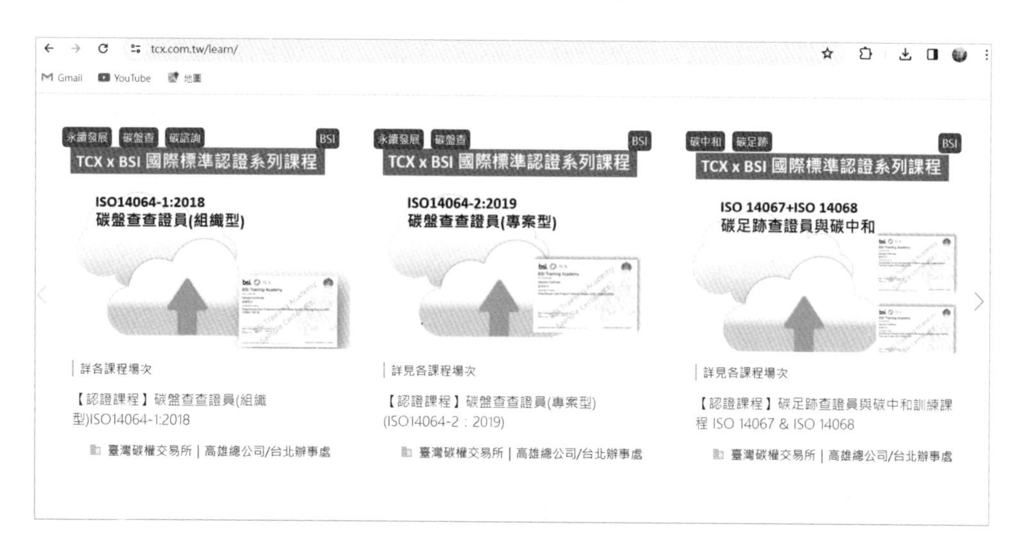

- CBAM 碳邊境調節機制（Carbon Border Adjustment Mechanism, CBAM）計畫

碳邊境調整機制（CBAM）是歐盟為了加強碳排放監管、推動氣候變遷政策和碳中和目標而引入的一項措施。以下是對 CBAM 的更詳細說明：

1. 實施背景：

   氣候變遷挑戰：面對全球氣候變遷的挑戰，歐盟積極致力於降低碳排放並實現碳中和。

   碳市場工具：CBAM 作為一種碳市場工具，旨在推動外部國家和企業採取更環保的生產方式。

   實施時間表：

2. 試行期：CBAM 將於 2023 年試行，以便進行調整和測試。

   正式上路：預計於 2025 年底結束試行期，並在 2026 年 1 月正式上路。

   憑證要求：

3. 碳足跡證明：進口商需要提供相應的 CBAM 憑證，以證明其產品的碳足跡。

環境效益證明：憑證可能要求進口商證明其產品的生產過程中採取了具體的環境效益措施。

管制產業：

- 水泥業：水泥生產通常伴隨高碳排放。
- 電力業：高碳能源的使用可能受到調整。
- 肥料業：肥料生產涉及一些高碳過程。
- 鋼鐵業：鋼鐵生產是一個高碳排的行業。
- 鋁業：鋁的生產涉及高能耗和高碳排放。

4. 目的與效應：

推動環保生產：CBAM 的核心目的是通過調整碳價格，鼓勵進口商和生產商轉向更環保的生產方式。

環保全球供應鏈：有助於確保歐洲市場進口的產品符合歐盟的氣候和環境標準，同時推動全球供應鏈向更可持續的方向發展。

總體而言，CBAM 在歐盟的政策框架中扮演著重要的角色，旨在推動企業實現環保和氣候目標，同時確保全球供應鏈的可持續發展。

截圖自歐盟官網

Carbon Border Adjustment Mechanism

Climate change is a **global** problem that needs **global** solutions. As the EU raises its own climate ambition, and as long as less stringent climate policies prevail in many non-EU countries, there is a risk of so-called '**carbon leakage'**. Carbon leakage occurs when companies based in the EU move carbon-intensive production abroad to countries where less stringent climate policies are in place than in the EU, or when EU products get replaced by more carbon-intensive imports.

The EU's Carbon Border Adjustment Mechanism (CBAM) is our **landmark tool** to put a **fair price on the carbon emitted** during the production of carbon intensive goods that are entering the EU, and to encourage cleaner industrial production in non-EU countries. The gradual introduction of the CBAM is aligned with the phase-out of the allocation of free allowances under the EU Emissions Trading System (ETS) to support the decarbonisation of EU industry.

By confirming that a price has been paid for the embedded carbon emissions generated in the production of certain goods imported into the EU, the CBAM will ensure the carbon price of imports is equivalent to the carbon price of domestic production, and that the EU's climate objectives are not undermined. The CBAM is designed to be compatible with WTO-rules.

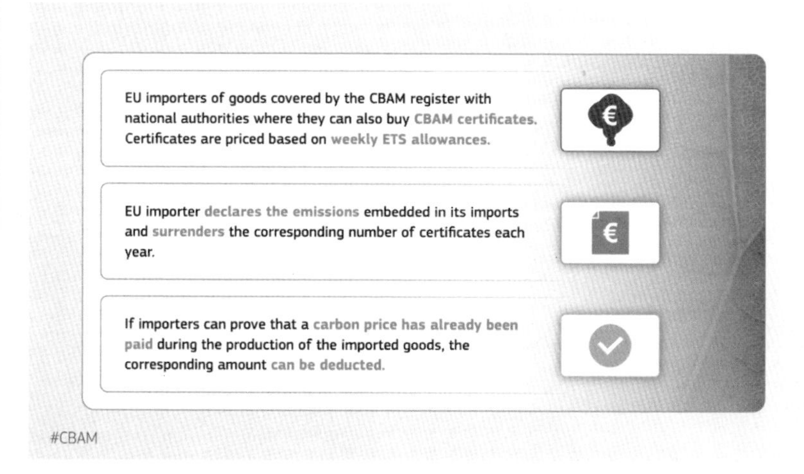

醫療應用篇

- 9.1 心臟突發休克的實作案例
- 9.2 糖尿病的預測
- 9.3 糖尿病預測進階研究
- 9.4 病患用藥分類
- 9.5 乳癌數據分析
- 9.6 腎臟病數據集分析

9.1 心臟突發休克的實作案例

心臟急性休克是一種嚴重的病症，通常與心臟無法有效泵血、導致器官灌流不足有關。心臟急性休克可分為心因性休克和非心因性休克，下面將分別解釋這兩種休克的概念：

- **心因性休克：**

定義：心因性休克是由於急性的、嚴重的心臟損傷或心臟功能異常導致的休克狀態。通常是由心臟急性事件引起，例如心肌梗死（心臟肌肉的部分壞死）、嚴重的心臟瓣膜異常或心包炎等。

機制：心因性休克的發生通常與心臟泵血功能受損，導致有效血液灌流減少有關。心臟本身的功能異常使得無法維持足夠的血液輸送到身體各個部位，尤其是重要的器官。

症狀：典型的心因性休克症狀包括低血壓、快速而弱的脈搏、複雜的呼吸狀態、混亂和意識喪失等。

- **非心因性休克：**

定義：非心因性休克是由於與心臟無直接關聯的原因引起的休克狀態。這可能包括失血、感染、重度過敏反應（例如休克性過敏反應）、中毒等。

機制：非心因性休克的發生主要是由於體液量急劇減少、循環血容量不足，或者是身體對於一些外在因素（如過敏原、毒素）的急劇反應，導致血管擴張、血管阻力降低，進而使得有效血液容量減少。

症狀：非心因性休克的症狀也包括低血壓、快速而弱的脈搏、呼吸急促、皮膚蒼白、冷汗、虛弱等。

總的來說，心因性休克和非心因性休克有著不同的病因和機制，但最終都導致了對全身器官供血不足的狀態，需要迅速而有效的治療干預。對於心臟急性休克的處理應根據具體的原因和病情特點進行個體化的治療。

此處，我們會使用支援向量機 (Support Vector Machine) 來進行實作：

1. 輸入資料：

```
train_X, test_X,train_y,test_y=train_test_split(X,y,test_size=0.2,random_state=42)
```

2. 建立訓練模型：

```
Model = svm.SVM(kernel ="rbf")
Model =fit(train_X,train_y)
```

3. 使用模型預測：

```
Pred_y = model.predict(test_x)
```

4. 使用混淆矩陣來評估：

```
print(model.score(test_x,test_y))
print(confusion_matrix(test_y,pred_y,labels=[2,4]))
```

NOTE：

1. Kernel 可以使用 "linear"

2. cm = confusion_matrix(y_test,y_predict)

Heart Attack Analysis & Prediction Dataset

A dataset for heart attack classification

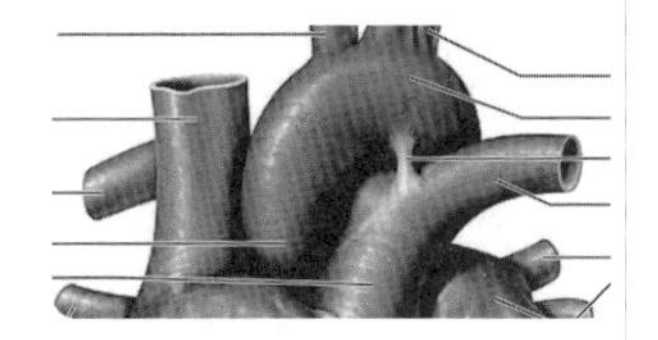

Data Card　Code (1231)　Discussion (38)

資料集下載處：

https：//www.kaggle.com/datasets/rashikrahmanpritom/heart-attack-analysis-prediction-dataset

本節使用的數據集為描一份心臟病相關的數據集，其中包含了一些病患的生理特徵和相關評估指標。以下是對這些特徵的解釋：

- Age(年齡)：病患的年齡。
- Sex(性別)：病患的性別，可能是男性（1）或女性（0）。
- exang(運動誘發性心絞痛)： 1 表示有運動誘發性心絞痛，0 表示沒有。
- ca(主要血管數量)：表示主要血管的數量，範圍在 0 到 3 之間。
- cp(胸痛類型)：表示胸痛的類型，有四種取值：

  1：典型心絞痛（typical angina）

  2：非典型心絞痛（atypical angina）

  3：非心絞痛性疼痛（non-anginal pain）

  4：無症狀（asymptomatic）
- trtbps(靜息血壓)：病患的靜息時血壓，以毫米汞柱（mm Hg）為單位。
- chol(膽固醇)：以 mg/dl 為單位，透過 BMI 傳感器測量的膽固醇水平。
- fbs(空腹血糖)： 1 表示空腹血糖超過 120 mg/dl，0 表示否。
- rest_ecg(靜息心電圖結果)：表示靜息時的心電圖結果，有三種取值：

  0：正常（normal）

  1：有 ST-T 波異常（ST-T wave abnormality）

  2：根據 Estes 標準顯示可能或明確的左心室肥大。

- thalach(最大心率)：病患達到的最大心率。
- target(心臟病發作的機率)： 1 表示存在心臟病發作的機率較高，0 表示機率較低。

這份數據集的目標是預測患者是否有心臟病發作的風險，其中 "target" 列是模型的標籤，0 表示患者的心臟病發作風險較低，1 表示風險較高。

使用數據集分析心臟病的醫療貢獻主要體現在以下幾個方面

1. 風險評估：通過分析心臟病相關的數據集，可以建立預測模型，幫助醫生評估患者患心臟病的風險。這有助於提前識別高風險患者，使得醫療團隊能夠採取預防性措施，如生活方式的調整、藥物治療等。
2. 早期診斷：數據分析有助於發現心臟病的早期跡象。透過對大量數據的處理和分析，可以建立早期診斷模型，使得醫生能夠在病情惡化之前進行有效的診斷和治療。
3. 個體化治療：通過分析不同患者的生理特徵和數據，可以實現個體化治療。這意味著醫生可以根據患者的具體情況制定更有效的治療計劃，提高治療的精確性和適應性。
4. 指導臨床決策：數據分析還可以為臨床決策提供支持。醫療專業人員可以根據模型預測的結果，更明確地指導治療方針，提高臨床決策的科學性和準確性。
5. 總而言之，數據分析在心臟病的研究和治療中發揮了重要作用，有助於實現精準醫學和個體化治療的目標，提高患者的生活質量，減少醫療資源的浪費。

載入資料集：

1.匯入資料

[2]
```
1 #from sklearn.linear_model import LinearRegression
2 #from sklearn.linear_model import LogisticRegression
3 from sklearn.metrics import mean_squared_error
4 import pandas as pd
5 import numpy as np
6 import matplotlib.pyplot as plt
7 from sklearn.model_selection import train_test_split #切割資料集
8 from sklearn.metrics import accuracy_score,confusion_matrix,classification_report #使用混淆矩陣評估模型
```

[3]
```
1 h = pd.read_csv("/content/gdrive/My Drive/heart.csv")
2 #請注意讀進來的變數名稱
3 h.head()
```

	age	sex	cp	trtbps	chol	fbs	restecg	thalachh	exng	oldpeak	slp	caa	thall	output
0	63	1	3	145	233	1	0	150	0	2.3	0	0	1	1
1	37	1	2	130	250	0	1	187	0	3.5	0	0	2	1
2	41	0	1	130	204	0	0	172	0	1.4	2	0	2	1
3	56	1	1	120	236	0	1	178	0	0.8	2	0	2	1
4	57	0	0	120	354	0	1	163	1	0.6	2	0	2	1

[4]
```
1 h=h.copy()
2 h.info()
3 h.describe()
```

```
<class 'pandas.core.frame.DataFrame'>
RangeIndex: 303 entries, 0 to 302
Data columns (total 14 columns):
 #   Column    Non-Null Count  Dtype
---  ------    --------------  -----
 0   age       303 non-null    int64
 1   sex       303 non-null    int64
 2   cp        303 non-null    int64
 3   trtbps    303 non-null    int64
 4   chol      303 non-null    int64
 5   fbs       303 non-null    int64
 6   restecg   303 non-null    int64
 7   thalachh  303 non-null    int64
 8   exng      303 non-null    int64
 9   oldpeak   303 non-null    float64
 10  slp       303 non-null    int64
 11  caa       303 non-null    int64
 12  thall     303 non-null    int64
 13  output    303 non-null    int64
dtypes: float64(1), int64(13)
memory usage: 33.3 KB
```

	age	sex	cp	trtbps	chol	fbs	restecg	thalachh	exng	oldpeak
count	303.000000	303.000000	303.000000	303.000000	303.000000	303.000000	303.000000	303.000000	303.000000	303.000000
mean	54.366337	0.683168	0.966997	131.623762	246.264026	0.148515	0.528053	149.646865	0.326733	1.039604
std	9.082101	0.466011	1.032052	17.538143	51.830751	0.356198	0.525860	22.905161	0.469794	1.161075
min	29.000000	0.000000	0.000000	94.000000	126.000000	0.000000	0.000000	71.000000	0.000000	0.000000
25%	47.500000	0.000000	0.000000	120.000000	211.000000	0.000000	0.000000	133.500000	0.000000	0.000000
50%	55.000000	1.000000	1.000000	130.000000	240.000000	0.000000	1.000000	153.000000	0.000000	0.800000
75%	61.000000	1.000000	2.000000	140.000000	274.500000	0.000000	1.000000	166.000000	1.000000	1.600000
max	77.000000	1.000000	3.000000	200.000000	564.000000	1.000000	2.000000	202.000000	1.000000	6.200000

繪製相依矩陣來找找尋關鍵因子：

```
[14]
 1 import seaborn as sns
 2 import matplotlib.pyplot as plt
 3
 4 # Assuming 'h' is your DataFrame
 5
 6 # Calculate correlation matrix
 7 corrMatrix = h.corr()
 8
 9 # Set up the matplotlib figure
10 plt.figure(figsize=(12, 8))
11
12 # Define a custom color palette
13 color_palette = sns.diverging_palette(220, 20, as_cmap=True)
14
15 # Create the heatmap with additional customization
16 ax = sns.heatmap(corrMatrix,
17                  vmin=-1, vmax=1, center=0,
18                  cmap=color_palette,
19                  annot=True, fmt=".2f",
20                  linewidths=1.0,
21                  square=True,
22                  cbar_kws={"shrink": 0.75}  # Adjust colorbar size
23                 )
24
25 # Set the title
26 plt.title('Correlation Heatmap', fontsize=16)
27
28 # Customize the axes labels
29 ax.set_xticklabels(ax.get_xticklabels(), rotation=45, horizontalalignment='right')
30 ax.set_yticklabels(ax.get_yticklabels(), rotation=0)
31
32 # Add some padding between the axes labels and the heatmap
33 plt.subplots_adjust(left=0.15, right=0.95, top=0.9, bottom=0.15)
34
35 # Display the plot
36 plt.show()
37
```

Correlation Heatmap

	age	sex	cp	trtbps	chol	fbs	restecg	thalachh	exng	oldpeak	slp	caa	thall	output
age	1.00	-0.10	-0.07	0.28	0.21	0.12	-0.12	-0.40	0.10	0.21	-0.17	0.28	0.07	-0.23
sex	-0.10	1.00	-0.05	-0.06	-0.20	0.05	-0.06	-0.04	0.14	0.10	-0.03	0.12	0.21	-0.28
cp	-0.07	-0.05	1.00	0.05	-0.08	0.09	0.04	0.30	-0.39	-0.15	0.12	-0.18	-0.16	0.43
trtbps	0.28	-0.06	0.05	1.00	0.12	0.18	-0.11	-0.05	0.07	0.19	-0.12	0.10	0.06	-0.14
chol	0.21	-0.20	-0.08	0.12	1.00	0.01	-0.15	-0.01	0.07	0.05	-0.00	0.07	0.10	-0.09
fbs	0.12	0.05	0.09	0.18	0.01	1.00	-0.08	-0.01	0.03	0.01	-0.06	0.14	-0.03	-0.03
restecg	-0.12	-0.06	0.04	-0.11	-0.15	-0.08	1.00	0.04	-0.07	-0.06	0.09	-0.07	-0.01	0.14
thalachh	-0.40	-0.04	0.30	-0.05	-0.01	-0.01	0.04	1.00	-0.38	-0.34	0.39	-0.21	-0.10	0.42
exng	0.10	0.14	-0.39	0.07	0.07	0.03	-0.07	-0.38	1.00	0.29	-0.26	0.12	0.21	-0.44
oldpeak	0.21	0.10	-0.15	0.19	0.05	0.01	-0.06	-0.34	0.29	1.00	-0.58	0.22	0.21	-0.43
slp	-0.17	-0.03	0.12	-0.12	-0.00	-0.06	0.09	0.39	-0.26	-0.58	1.00	-0.08	-0.10	0.35
caa	0.28	0.12	-0.18	0.10	0.07	0.14	-0.07	-0.21	0.12	0.22	-0.08	1.00	0.15	-0.39
thall	0.07	0.21	-0.16	0.06	0.10	-0.03	-0.01	-0.10	0.21	0.21	-0.10	0.15	1.00	-0.34
output	-0.23	-0.28	0.43	-0.14	-0.09	-0.03	0.14	0.42	-0.44	-0.43	0.35	-0.39	-0.34	1.00

在監督式學習 (Supervised Learning) 的技術中，必須對資料集做分割，在此處的訓練集為 70%，測試集為 30%，而在此處我們使用支援向量機 (Super Vector Machine) 來做心臟病的分類。而此處的 kernel 為 'linear'，而讀者可以使用 rbf 來做比較，看看何者的準確率 (Accuracy) 較高。

資料集切割

```
[15]  1 X_train, X_test, y_train, y_test = train_test_split(X, y, test_size=0.3, random_state=1, stratify=y)
```

```
[16]  1 from sklearn.preprocessing import StandardScaler
      2
      3 sc = StandardScaler()
      4 sc.fit(X_train)
      5 X_train_std = sc.transform(X_train)
      6 X_test_std = sc.transform(X_test)
```

SVM 模型

```
[17]  1 from sklearn.svm import SVC
      2
      3
      4 svc = SVC(kernel='linear')
      5
      6
      7 svc.fit(X_train_std, y_train)

SVC
SVC(kernel='linear')
```

評估模型

```
[11]  1 from sklearn import metrics
      2 y_predict = svc.predict(X_test_std)
      3 print("Accuracy score %.3f" %metrics.accuracy_score(y_test, y_predict))

Accuracy score 0.846
```

此處透過繪製 Confusion Matrix 來評估預測模型，同時探勘各項指標的狀況。

```
[18]  1 #評估支援向量機
      2
      3 print("Confusion Matrix - Support Vector Machines")
      4 print(confusion_matrix(y_test, y_predict))
      5 print("\n")
      6 print("Accuracy Score - Support Vector Machines")
      7 print(accuracy_score(y_test, y_predict))
      8 print("\n")
      9 print("Classification Report - Support Vector Machines")
     10 print(classification_report(y_test, y_predict))
```

```
Confusion Matrix - Support Vector Machines
[[34  7]
 [ 7 43]]


Accuracy Score - Support Vector Machines
0.8461538461538461


Classification Report - Support Vector Machines
              precision    recall  f1-score   support

           0       0.83      0.83      0.83        41
           1       0.86      0.86      0.86        50

    accuracy                           0.85        91
   macro avg       0.84      0.84      0.84        91
weighted avg       0.85      0.85      0.85        91
```

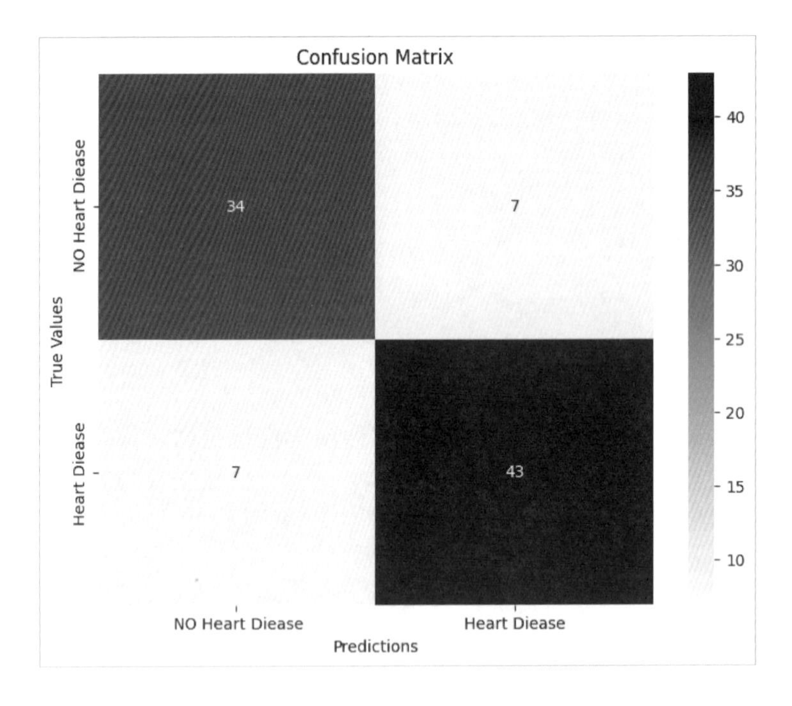

AUC（曲線下面積）是評估二元分類模型性能的一種常用指標，代表著模型在不同閾值下的真陽性率（True Positive Rate，又稱為敏感度）和假陽性率（False Positive Rate）之間的總體表現。以下是對 AUC 的中文解釋和判讀：

- AUC 值的範圍：

AUC 的值介於 0 和 1 之間。一個完美的分類器的 AUC 為 1，而一個隨機猜測的分類器的 AUC 為 0.5。

AUC 的解釋：

AUC 反映了模型區分正例和負例的能力。一個 AUC 較大的模型表示在不同閾值下，正例排名高於負例的可能性更大。

AUC 的判讀：

AUC 越接近 1，模型性能越好。

一般而言：

0.9-1.0：優秀

0.8-0.9：良好

0.7-0.8：合格

0.6-0.7：一般

0.5-0.6：差強人意

0.5：等同於隨機猜測

- AUC 與模型性能：

AUC 是一個綜合指標，不受類別不平衡的影響，因此對於不同分類任務的模型性能評估都很有用。

實際應用：

在實際應用中，比較不同模型的 AUC 值可以幫助選擇性能更好的模型。同時，AUC 也可用於調整模型的閾值，以平衡敏感度和特異度，視業務需求調整模型的工作點。總而言之，AUC 提供了一個簡潔而強大的方式來評估二元分類模型的整體性能，特別是在處理不平衡數據集時。

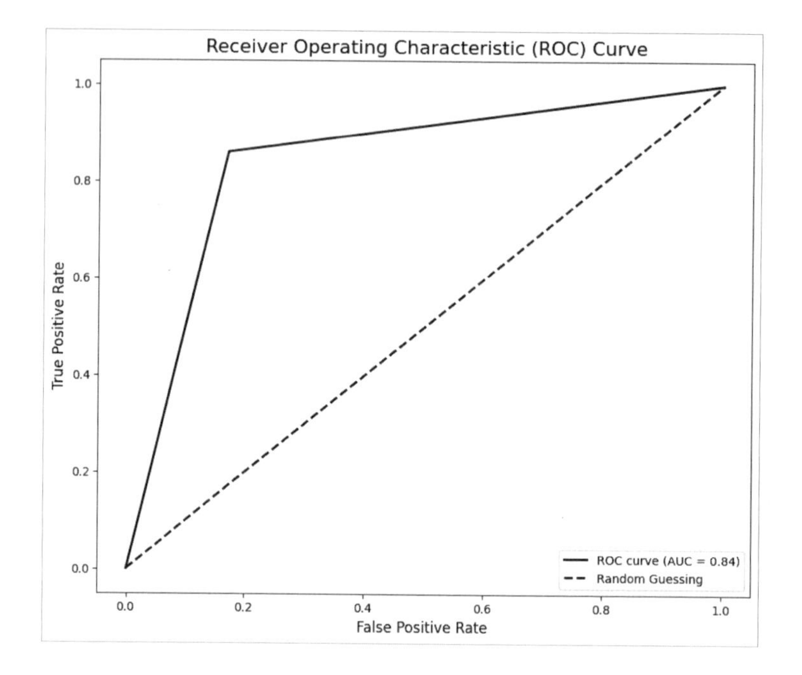

此處，本書也提供另一種針對數據集的探勘方法。

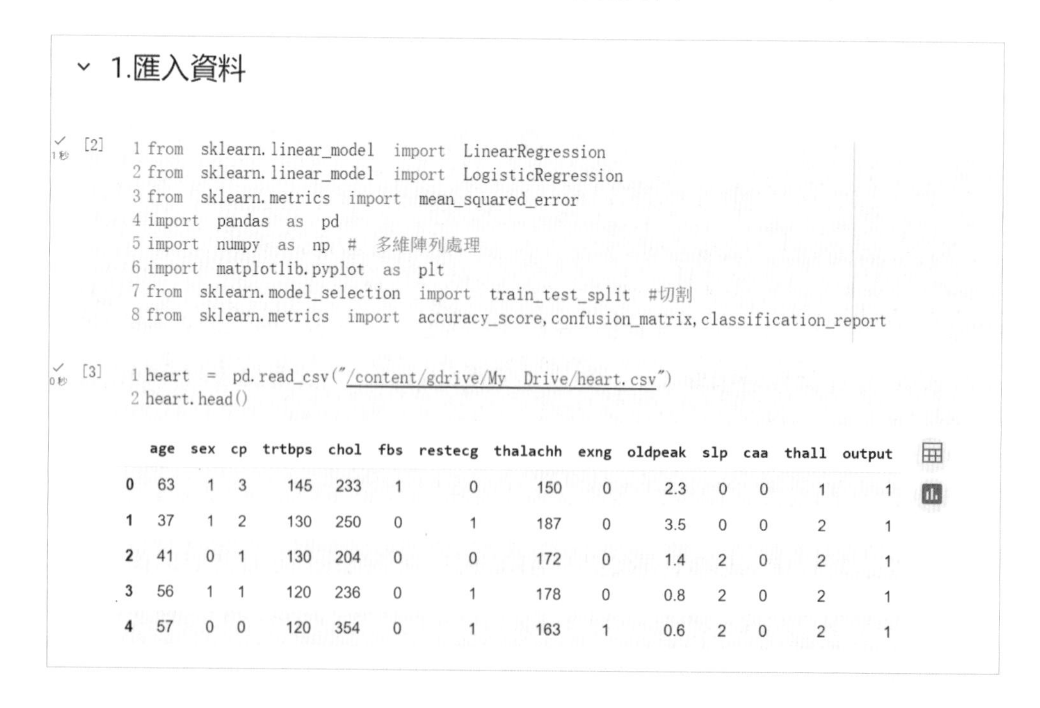

1.匯入資料

[2]

```
1 from  sklearn.linear_model  import  LinearRegression
2 from  sklearn.linear_model  import  LogisticRegression
3 from  sklearn.metrics  import  mean_squared_error
4 import  pandas  as  pd
5 import  numpy  as  np  #  多維陣列處理
6 import  matplotlib.pyplot  as  plt
7 from  sklearn.model_selection  import  train_test_split  #切割
8 from  sklearn.metrics  import  accuracy_score, confusion_matrix, classification_report
```

[3]

```
1 heart  =  pd.read_csv("/content/gdrive/My  Drive/heart.csv")
2 heart.head()
```

	age	sex	cp	trtbps	chol	fbs	restecg	thalachh	exng	oldpeak	slp	caa	thall	output
0	63	1	3	145	233	1	0	150	0	2.3	0	0	1	1
1	37	1	2	130	250	0	1	187	0	3.5	0	0	2	1
2	41	0	1	130	204	0	0	172	0	1.4	2	0	2	1
3	56	1	1	120	236	0	1	178	0	0.8	2	0	2	1
4	57	0	0	120	354	0	1	163	1	0.6	2	0	2	1

心臟病數據集探勘如下：

```
1 heart.isnull().sum()

age         0
sex         0
cp          0
trtbps      0
chol        0
fbs         0
restecg     0
thalachh    0
exng        0
oldpeak     0
slp         0
caa         0
thall       0
output      0
dtype: int64
```

```
[6] 1 from sklearn import svm
```

```
[7] 1 import numpy as np
    2 import pandas as pd
    3 import matplotlib.pyplot as plt #折線圖
    4 import seaborn as sns #華麗的圖
    5
    6 import warnings
    7 warnings.simplefilter("ignore")
```

```
[8] 1 # Transform few attributes to categorical
    2 heart['sex'] = pd.Categorical(heart['sex'])
    3 heart['cp'] = pd.Categorical(heart['cp'])
    4 heart['fbs'] = pd.Categorical(heart['fbs'])
    5 heart['restecg'] = pd.Categorical(heart['restecg'])
    6 heart['exng'] = pd.Categorical(heart['exng'])
    7 heart['slp'] = pd.Categorical(heart['slp'])
    8 heart['caa'] = pd.Categorical(heart['caa'])
    9 heart['thall'] = pd.Categorical(heart['thall'])
```

```
[9] 1 # Check on the data structure
    2 heart.info()

<class 'pandas.core.frame.DataFrame'>
RangeIndex: 303 entries, 0 to 302
Data columns (total 14 columns):
 #   Column    Non-Null Count  Dtype
---  ------    --------------  -----
 0   age       303 non-null    int64
 1   sex       303 non-null    category
 2   cp        303 non-null    category
 3   trtbps    303 non-null    int64
 4   chol      303 non-null    int64
 5   fbs       303 non-null    category
 6   restecg   303 non-null    category
 7   thalachh  303 non-null    int64
 8   exng      303 non-null    category
 9   oldpeak   303 non-null    float64
 10  slp       303 non-null    category
 11  caa       303 non-null    category
 12  thall     303 non-null    category
 13  output    303 non-null    int64
dtypes: category(8), float64(1), int64(5)
memory usage: 17.9 KB
```

此處為針對數據集中各個參數的圖表視覺化作法：

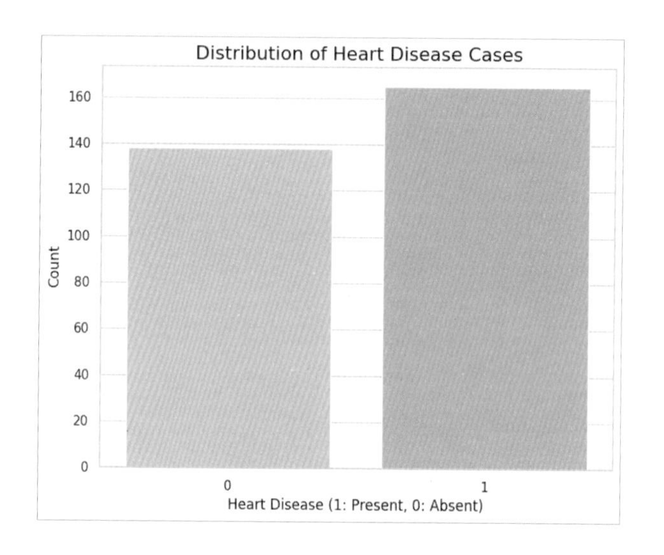

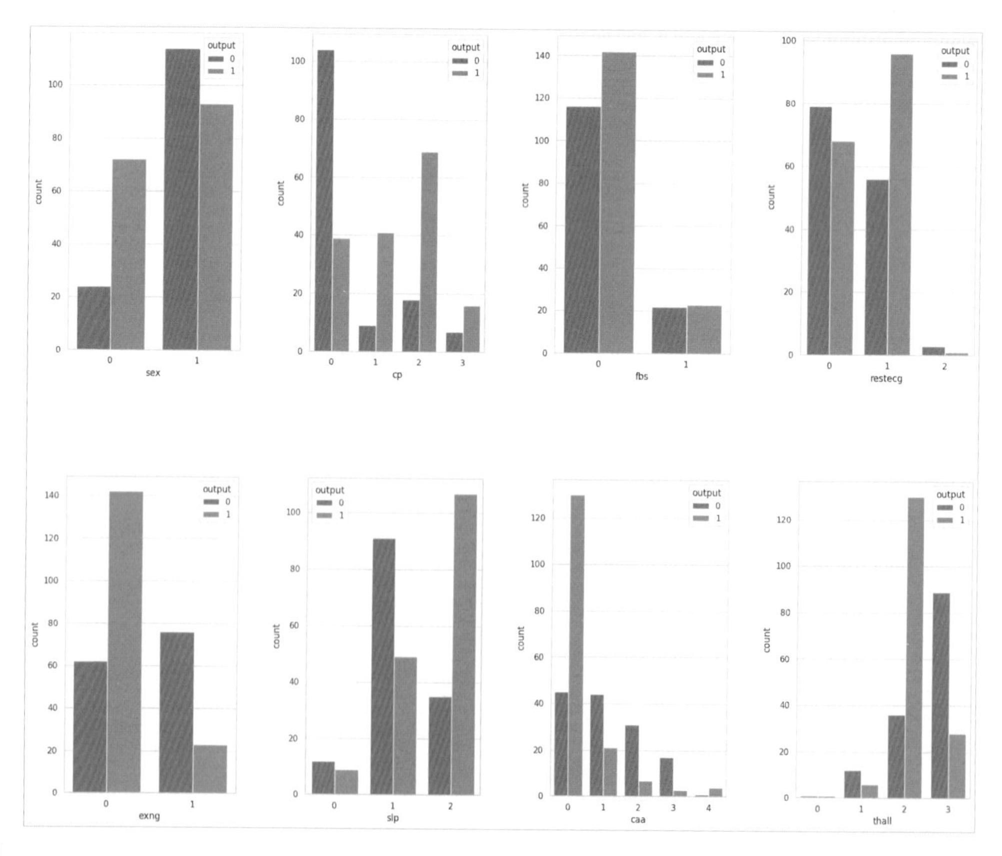

此處為針對數據集中性別與各個參數的圖表視覺化作法：

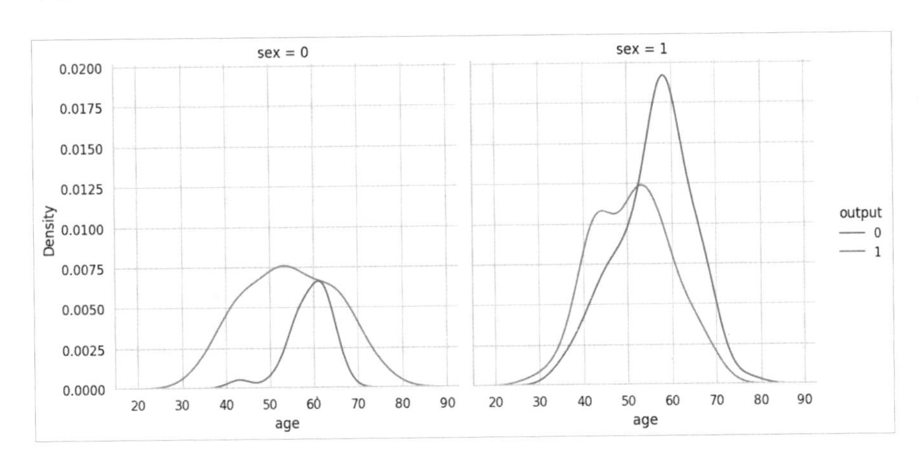

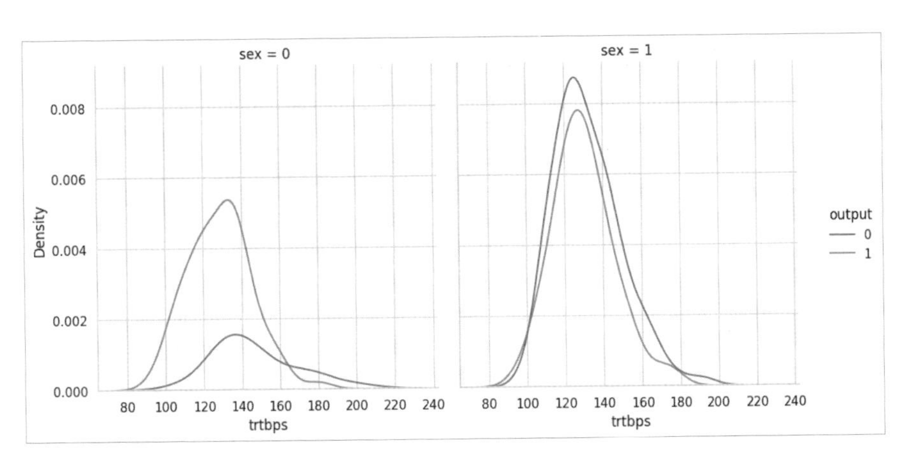

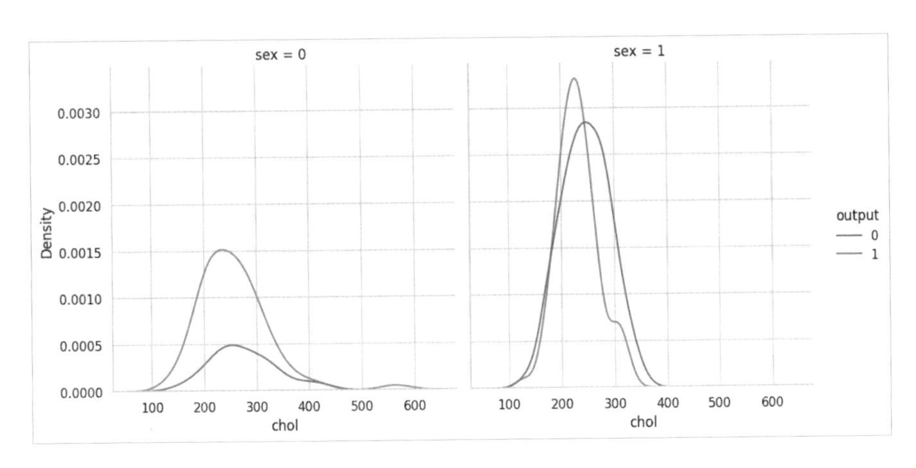

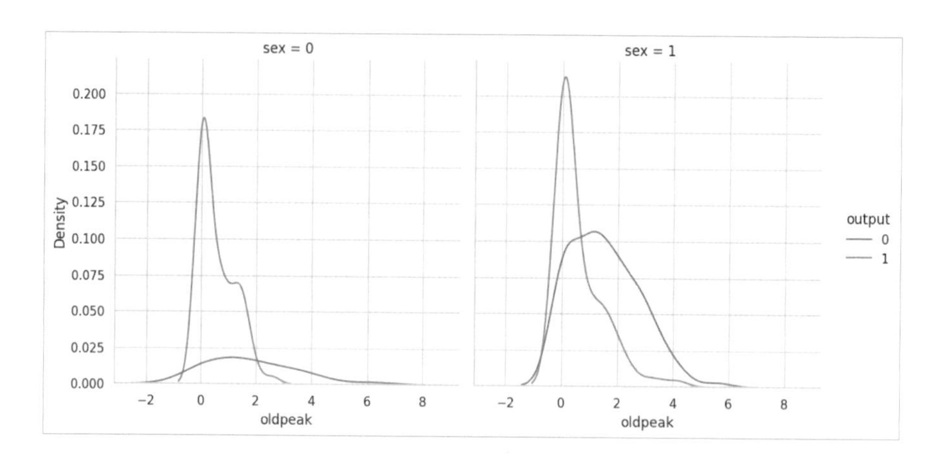

此處也使用 seaborn 套件去繪製相依矩陣：

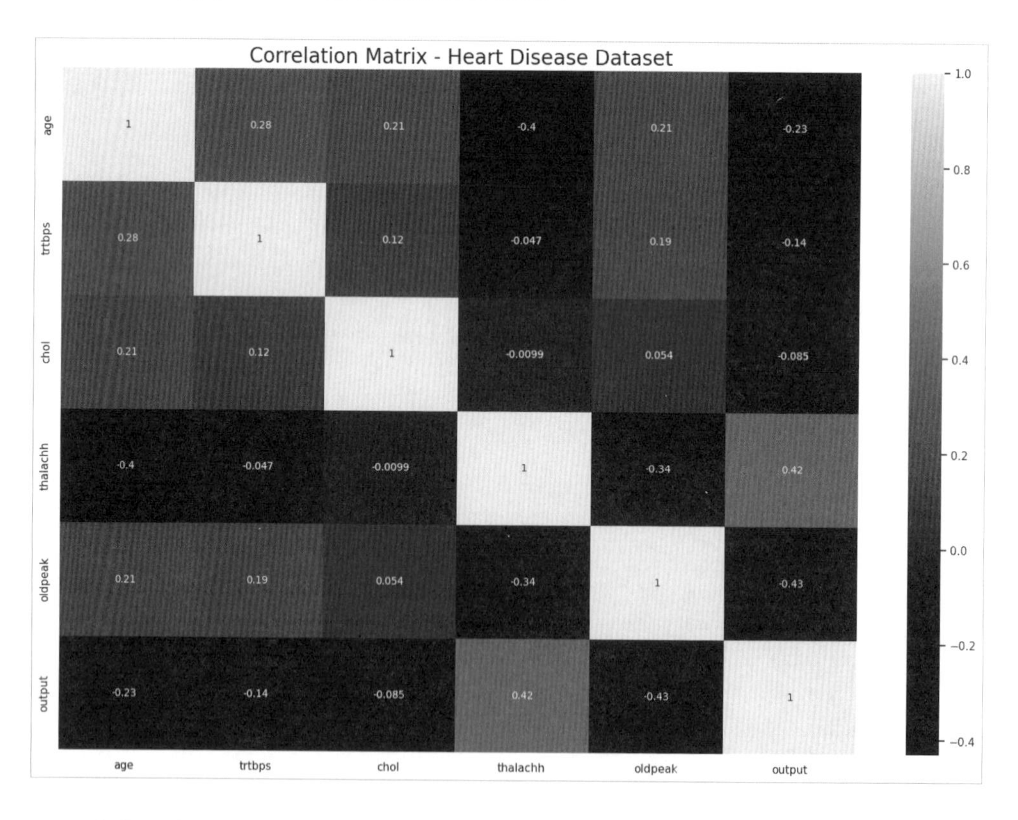

此處，我們也使用隨機森林模型 (Random Forest Classification) 來做分類：

此處選擇使用隨機森林模型進行分類。這個模型就像是一個有很多樹的森林，每個樹都投票，最後綜合起來做出預測。

首先先將數據分成訓練和測試集，然後訓練這個隨機森林。訓練完成後，用測試集來看看模型的表現，看看它能否準確預測。這樣的方法通常效果很好，因為它結合了多個模型的意見，提高了整體的預測能力。

隨機森林模型

```
[22]
1 # We will run the Random Forest Classifier on GridSearch for best hyperparameters
2
3 from sklearn.model_selection import GridSearchCV
4 from sklearn.ensemble import RandomForestClassifier
5
6
7 param_grid = {'n_estimators': [50, 100, 200], 'max_features': ['auto', 'sqrt'], 'bootstrap': [True, False], 'criterion'
8 rfcgrid = GridSearchCV(RandomForestClassifier(random_state=101), param_grid, verbose=100, cv=10, n_jobs=-2)
9 rfcgrid.fit(features_train, target_train)
```

```
[CV 5/10; 22/24] END bootstrap=False, criterion=gini, max_features=sqrt, n_estimators=50;, score=0.857 total time=   0.1s
[CV 6/10; 22/24] START bootstrap=False, criterion=gini, max_features=sqrt, n_estimators=50
[CV 6/10; 22/24] END bootstrap=False, criterion=gini, max_features=sqrt, n_estimators=50;, score=0.857 total time=   0.1s
[CV 7/10; 22/24] START bootstrap=False, criterion=gini, max_features=sqrt, n_estimators=50
[CV 7/10; 22/24] END bootstrap=False, criterion=gini, max_features=sqrt, n_estimators=50;, score=0.667 total time=   0.1s
[CV 8/10; 22/24] START bootstrap=False, criterion=gini, max_features=sqrt, n_estimators=50
[CV 8/10; 22/24] END bootstrap=False, criterion=gini, max_features=sqrt, n_estimators=50;, score=0.667 total time=   0.1s
[CV 9/10; 22/24] START bootstrap=False, criterion=gini, max_features=sqrt, n_estimators=50
[CV 9/10; 22/24] END bootstrap=False, criterion=gini, max_features=sqrt, n_estimators=50;, score=0.857 total time=   0.1s
[CV 10/10; 22/24] START bootstrap=False, criterion=gini, max_features=sqrt, n_estimators=50
[CV 10/10; 22/24] END bootstrap=False, criterion=gini, max_features=sqrt, n_estimators=50;, score=0.762 total time=   0.1s
[CV 1/10; 23/24] START bootstrap=False, criterion=gini, max_features=sqrt, n_estimators=100
[CV 1/10; 23/24] END bootstrap=False, criterion=gini, max_features=sqrt, n_estimators=100;, score=0.727 total time=   0.1s
[CV 2/10; 23/24] START bootstrap=False, criterion=gini, max_features=sqrt, n_estimators=100
[CV 2/10; 23/24] END bootstrap=False, criterion=gini, max_features=sqrt, n_estimators=100;, score=0.818 total time=   0.1s
[CV 3/10; 23/24] START bootstrap=False, criterion=gini, max_features=sqrt, n_estimators=100
[CV 3/10; 23/24] END bootstrap=False, criterion=gini, max_features=sqrt, n_estimators=100;, score=0.714 total time=   0.1s
[CV 4/10; 23/24] START bootstrap=False, criterion=gini, max_features=sqrt, n_estimators=100
[CV 4/10; 23/24] END bootstrap=False, criterion=gini, max_features=sqrt, n_estimators=100;, score=0.905 total time=   0.1s
[CV 5/10; 23/24] START bootstrap=False, criterion=gini, max_features=sqrt, n_estimators=100
[CV 5/10; 23/24] END bootstrap=False, criterion=gini, max_features=sqrt, n_estimators=100;, score=0.857 total time=   0.1s
[CV 6/10; 23/24] START bootstrap=False, criterion=gini, max_features=sqrt, n_estimators=100
[CV 6/10; 23/24] END bootstrap=False, criterion=gini, max_features=sqrt, n_estimators=100;, score=0.905 total time=   0.1s
[CV 7/10; 23/24] START bootstrap=False, criterion=gini, max_features=sqrt, n_estimators=100
[CV 7/10; 23/24] END bootstrap=False, criterion=gini, max_features=sqrt, n_estimators=100;, score=0.667 total time=   0.1s
[CV 8/10; 23/24] START bootstrap=False, criterion=gini, max_features=sqrt, n_estimators=100
[CV 8/10; 23/24] END bootstrap=False, criterion=gini, max_features=sqrt, n_estimators=100;, score=0.619 total time=   0.1s
[CV 9/10; 23/24] START bootstrap=False, criterion=gini, max_features=sqrt, n_estimators=100
[CV 9/10; 23/24] END bootstrap=False, criterion=gini, max_features=sqrt, n_estimators=100;, score=0.857 total time=   0.1s
[CV 10/10; 23/24] START bootstrap=False, criterion=gini, max_features=sqrt, n_estimators=100
[CV 10/10; 23/24] END bootstrap=False, criterion=gini, max_features=sqrt, n_estimators=100;, score=0.762 total time=   0.1s
[CV 1/10; 24/24] START bootstrap=False, criterion=gini, max_features=sqrt, n_estimators=200
[CV 1/10; 24/24] END bootstrap=False, criterion=gini, max_features=sqrt, n_estimators=200;, score=0.727 total time=   0.3s
[CV 2/10; 24/24] START bootstrap=False, criterion=gini, max_features=sqrt, n_estimators=200
[CV 2/10; 24/24] END bootstrap=False, criterion=gini, max_features=sqrt, n_estimators=200;, score=0.818 total time=   0.2s
[CV 3/10; 24/24] START bootstrap=False, criterion=gini, max_features=sqrt, n_estimators=200
[CV 3/10; 24/24] END bootstrap=False, criterion=gini, max_features=sqrt, n_estimators=200;, score=0.714 total time=   0.2s
[CV 4/10; 24/24] START bootstrap=False, criterion=gini, max_features=sqrt, n_estimators=200
[CV 4/10; 24/24] END bootstrap=False, criterion=gini, max_features=sqrt, n_estimators=200;, score=0.905 total time=   0.3s
[CV 5/10; 24/24] START bootstrap=False, criterion=gini, max_features=sqrt, n_estimators=200
[CV 5/10; 24/24] END bootstrap=False, criterion=gini, max_features=sqrt, n_estimators=200;, score=0.857 total time=   0.3s
[CV 6/10; 24/24] START bootstrap=False, criterion=gini, max_features=sqrt, n_estimators=200
[CV 6/10; 24/24] END bootstrap=False, criterion=gini, max_features=sqrt, n_estimators=200;, score=0.905 total time=   0.2s
[CV 7/10; 24/24] START bootstrap=False, criterion=gini, max_features=sqrt, n_estimators=200
[CV 7/10; 24/24] END bootstrap=False, criterion=gini, max_features=sqrt, n_estimators=200;, score=0.667 total time=   0.2s
[CV 8/10; 24/24] START bootstrap=False, criterion=gini, max_features=sqrt, n_estimators=200
[CV 8/10; 24/24] END bootstrap=False, criterion=gini, max_features=sqrt, n_estimators=200;, score=0.619 total time=   0.2s
[CV 9/10; 24/24] START bootstrap=False, criterion=gini, max_features=sqrt, n_estimators=200
[CV 9/10; 24/24] END bootstrap=False, criterion=gini, max_features=sqrt, n_estimators=200;, score=0.857 total time=   0.3s
[CV 10/10; 24/24] START bootstrap=False, criterion=gini, max_features=sqrt, n_estimators=200
[CV 10/10; 24/24] END bootstrap=False, criterion=gini, max_features=sqrt, n_estimators=200;, score=0.762 total time=   0.2s
```

```
GridSearchCV
▸ estimator: RandomForestClassifier
  ▸ RandomForestClassifier
```

此處也使用了 kernel 的兩種方式，也就是 linear 或者 rbf 進行分類：

此處，本資料集使用了支持向量機（SVM）進行分類，不過有點小不同，我們試了兩種核函數：

一個是線性的，適合處理簡單的情況，另一個是非線性的做法，可以應對複雜的分類目標。這樣可以根據數據的特性選擇適合的方法，提高模型的表現。

此處，也使用 Gradient Boosting Classifier 進行分類

Gradient Boosting Classifier

```
[26] 1 from sklearn.ensemble import GradientBoostingClassifier
     2
     3 param_grid = {'n_estimators':[100, 200, 300], 'loss' : ['deviance', 'exponential'], 'learning_rate':[0.001, 0.01, 0.1,
     4 grid = GridSearchCV(GradientBoostingClassifier(), param_grid, verbose=True, cv=10, n_jobs=-2)
     5 grid.fit(features_train_scaled, target_train)

Fitting 10 folds for each of 90 candidates, totalling 900 fits
▸ GridSearchCV
▸ estimator: GradientBoostingClassifier
  ▸ GradientBoostingClassifier
```

此處也使用混淆矩陣模型來評估：

評估模型

```
[28] 1 #評估隨機森林
     2 from sklearn.metrics import confusion_matrix, classification_report, f1_score, accuracy_score
     3
     4 rfcpredictions = rfcgrid.predict(features_test)
     5
     6 print("Confusion Matrix - Random Forest")
     7 print(confusion_matrix(target_test,rfcpredictions))
     8 print("\n")
     9 print("Accuracy Score - Random Forest")
    10 print(accuracy_score(target_test, rfcpredictions))
    11 print("\n")
    12 print("F1 Score - Random Forest")
    13 print(f1_score(target_test, rfcpredictions))
    14 print("\n")
    15 print("Classification Report - Random Forest")
    16 print(classification_report(target_test,rfcpredictions))

Confusion Matrix - Random Forest
[[35  9]
 [ 7 40]]


Accuracy Score - Random Forest
0.8241758241758241


F1 Score - Random Forest
0.8333333333333334


Classification Report - Random Forest
              precision    recall  f1-score   support

           0       0.83      0.80      0.81        44
           1       0.82      0.85      0.83        47

    accuracy                           0.82        91
   macro avg       0.82      0.82      0.82        91
weighted avg       0.82      0.82      0.82        91
```

此處，也可以建議讀者寫回去 Pandas 的 dataframe 作法：

```
1 import pandas as pd
2 from sklearn.metrics import confusion_matrix, classification_report, f1_score, accuracy_score
3
4 # 假設 rfcgrid 是你的隨機森林分類器，features_test 是測試集特徵，target_test 是對應的目標值
5
6 rfc_predictions = rfcgrid.predict(features_test)
7
8 # 計算混淆矩陣
9 conf_matrix = confusion_matrix(target_test, rfc_predictions)
10
11 # 計算準確度
12 accuracy = accuracy_score(target_test, rfc_predictions)
13
14 # 計算 F1 分數
15 f1 = f1_score(target_test, rfc_predictions)
16
17 # 生成分類報告
18 class_report = classification_report(target_test, rfc_predictions)
19
20 # 將結果轉換為 Pandas DataFrame
21 results_df = pd.DataFrame({
22     'Confusion Matrix': [conf_matrix],
23     'Accuracy Score': [accuracy],
24     'F1 Score': [f1],
25     'Classification Report': [class_report]
26 })
27
28 # 顯示 Pandas DataFrame
29 print(results_df)
30
```

```
  Confusion Matrix  Accuracy Score  F1 Score  \
0  [[35, 9], [7, 40]]      0.824176  0.833333

                       Classification Report
0              precision    recall  f1-score   ...
```

```
[50] 1 results_df
```

	Confusion Matrix	Accuracy Score	F1 Score	Classification Report
0	[[35, 9], [7, 40]]	0.824176	0.833333	precision recall f1-score ...

```
[ ] 1 results_df.to_csv("/content/gdrive/My Drive/20240126.csv",encoding="utf-8-sig")
```

- 評估 Random Forest(RF) 模型的結果：

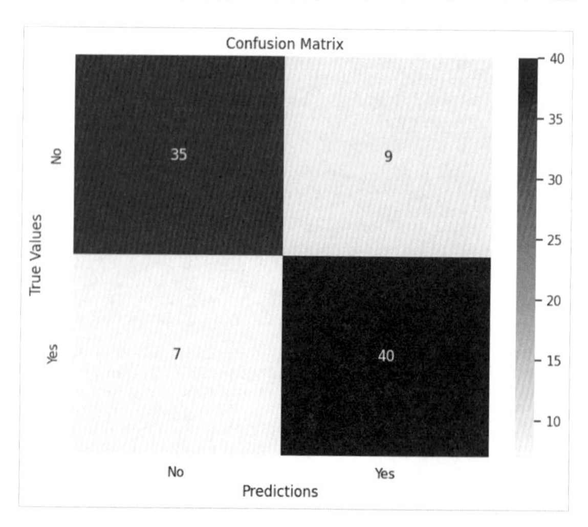

• 評估 Support Vector Machine(SVM) 模型的結果：

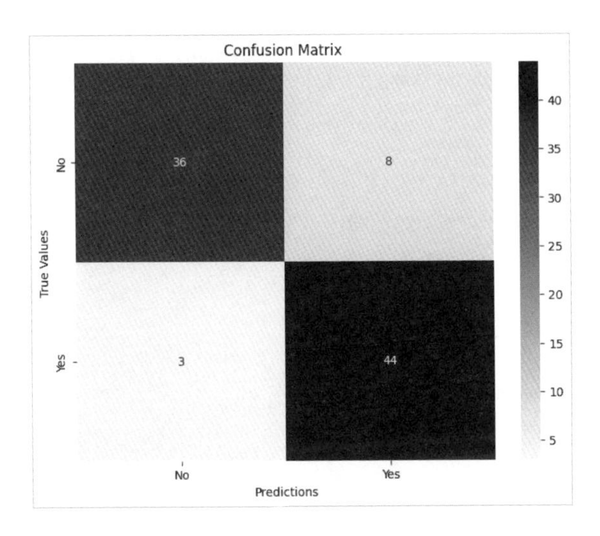

• 評估 Gradient Boost(GB) 模型的結果：

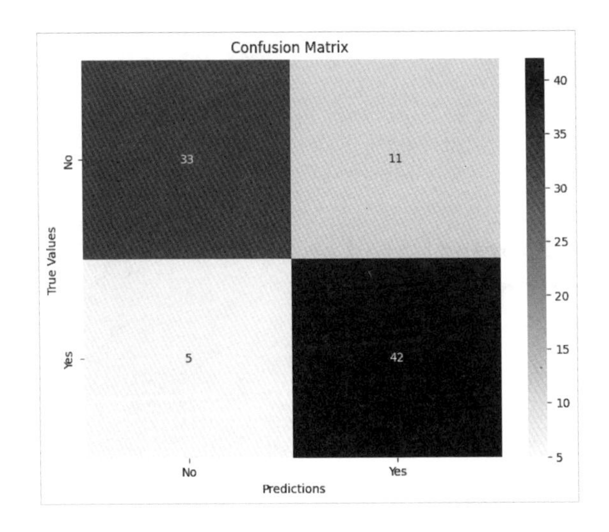

9.2 糖尿病的預測

此處，我們會使用邏輯式回歸 (Logistic Regression) 來進行實作：

- 輸入資料：

```
train_x, test_x, train_y, test_y
= train_test_split(input_data, target, test_size = 0.2, random_state =42, shuffle =
True)

Sc = StandardScaler()
train_X_std = sc.fit_transform(train_X)
test_X_std=sc.fit_transform(test_X)
```

- 建立與訓練模型：

```
   model = LogisticRegression()
model.fit(train_X_std,train_y["target"])
```

- 使用模型預測：

```
Model.predict(test_X_std)
```

4. 使用混淆矩陣評估：

```
cm= confusion_matrix(test_y["target"].model.predict(test_X_std))
```

Predict diabetes based on diagnostic measures

Diabetes classification for beginner

Data Card　Code (22)　Discussion (3)

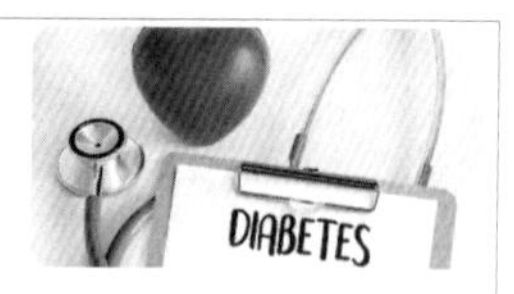

資料集下載處：

https：//www.kaggle.com/datasets/houcembenmansour/predict-diabetes-based-on-diagnostic-measures

邏輯回歸（Logistic Regression）是一種用於二元分類問題的統計學習方法，它可以用於預測某一事件發生的機率。此處使用邏輯回歸進行病人是否罹患糖尿病的分類；透過檢查模型的權重（係數），這可以提供每個特徵對預測的貢獻程度。

這可以幫助讀者理解哪些生理資訊對於預測糖尿病的風險更具影響力。本範例也將使用病人的年齡、膽固醇、腰圍等生理資訊進行預測。

本節使用的數據集為描一份糖尿病相關的數據集，其中包含了一些病患的生理特徵和相關評估指標。以下是對這些特徵的解釋：

- patient_number：患者編號，用於識別不同的患者。
- cholesterol：總膽固醇水平，這是一種測量血液中膽固醇總量的生化指標。膽固醇是一種脂肪樣物質，高水平可能與心血管疾病風險增加有關。
- glucose：血糖水平，用於評估患者的血糖控制情況。高血糖水平可能是糖尿病的指標之一。
- hdl_chol：高密度脂蛋白膽固醇（HDL 膽固醇），這是一種 " 好的 " 膽固醇，有助於降低心血管疾病的風險。
- chol_hdl_ratio：總膽固醇與 HDL 膽固醇的比率，也是一個心血管健康的指標。
- age：患者的年齡。
- gender：患者的性別，可能是二元變數（男 / 女）。
- height：患者的身高。
- weight：患者的體重。
- bmi：身體質量指數（BMI），是一種用於評估體重與身高之間關係的指標。
- systolic_bp：收總壓，是血壓的一個元素，表示心臟收縮時血液對動脈壁的壓力。
- diastolic_bp：舒張壓，是血壓的另一個元素，表示心臟舒張時血液對動脈壁的壓力。
- waist：腰圍，這是患者腰部的周長測量。
- hip：臀圍，這是患者臀部的周長測量。

- waist_hip_ratio：腰臀比，是腰圍與臀圍的比率，可能用於評估患者的體脂分佈。
- diabetes：目標變數，二元變數，表示患者是否患有糖尿病。這是模型預測的目標。

一開始，我們先讀取資料集和清洗資料：

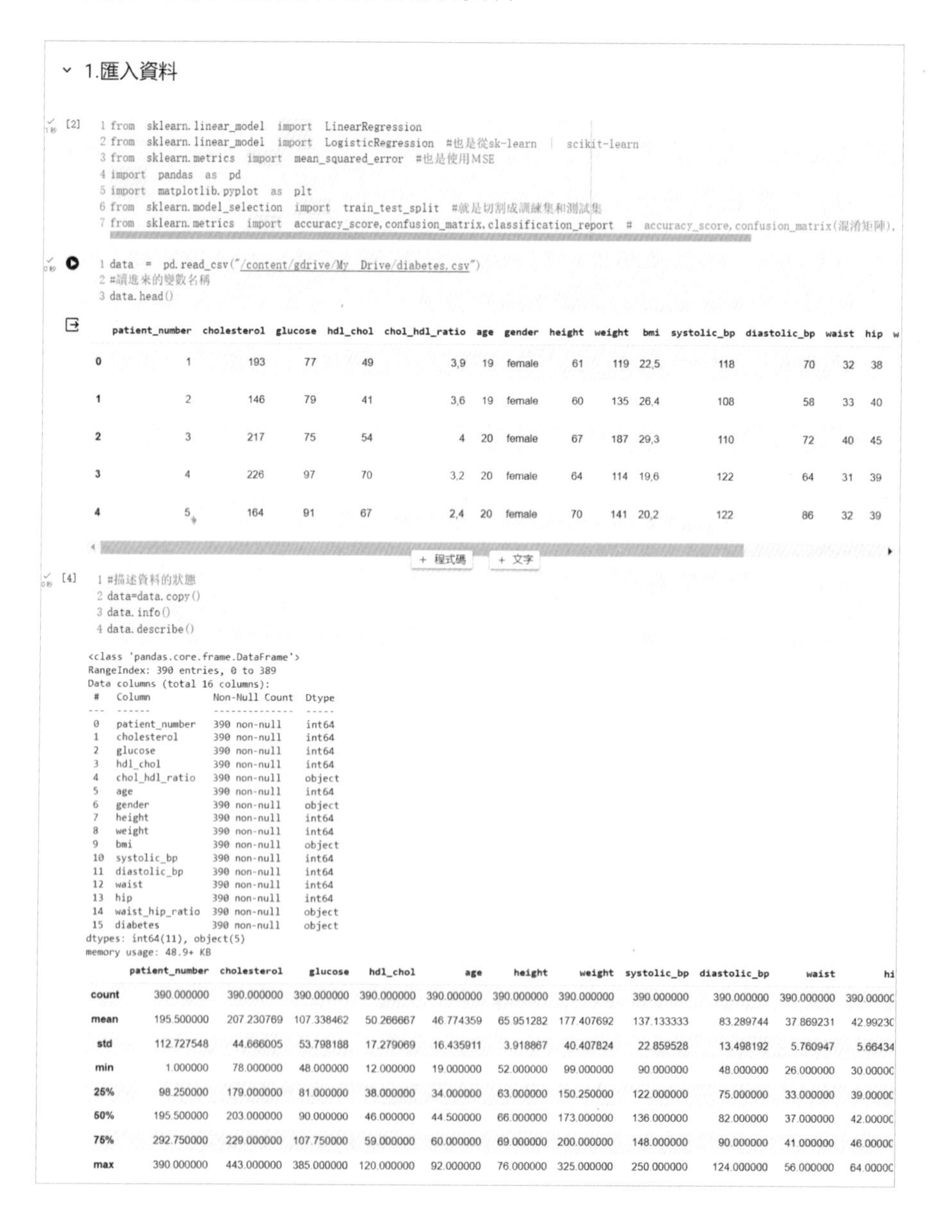

1.匯入資料

```
1 from  sklearn.linear_model  import  LinearRegression
2 from  sklearn.linear_model  import  LogisticRegression  #也是從sk-learn | scikit-learn
3 from  sklearn.metrics  import  mean_squared_error  #也是使用MSE
4 import  pandas  as  pd
5 import  matplotlib.pyplot  as  plt
6 from  sklearn.model_selection  import  train_test_split  #就是切割成訓練集和測試集
7 from  sklearn.metrics  import  accuracy_score,confusion_matrix,classification_report  #  accuracy_score,confusion_matrix(混淆矩陣),
```

```
1 data  =  pd.read_csv("/content/gdrive/My  Drive/diabetes.csv")
2 #讀進來的變數名稱
3 data.head()
```

	patient_number	cholesterol	glucose	hdl_chol	chol_hdl_ratio	age	gender	height	weight	bmi	systolic_bp	diastolic_bp	waist	hip	w
0	1	193	77	49	3,9	19	female	61	119	22,5	118	70	32	38	
1	2	146	79	41	3,6	19	female	60	135	26,4	108	58	33	40	
2	3	217	75	54	4	20	female	67	187	29,3	110	72	40	45	
3	4	226	97	70	3,2	20	female	64	114	19,6	122	64	31	39	
4	5	164	91	67	2,4	20	female	70	141	20,2	122	86	32	39	

+ 程式碼　+ 文字

```
1 #描述資料的狀態
2 data=data.copy()
3 data.info()
4 data.describe()
```

```
<class 'pandas.core.frame.DataFrame'>
RangeIndex: 390 entries, 0 to 389
Data columns (total 16 columns):
 #   Column           Non-Null Count  Dtype
---  ------           --------------  -----
 0   patient_number   390 non-null    int64
 1   cholesterol      390 non-null    int64
 2   glucose          390 non-null    int64
 3   hdl_chol         390 non-null    int64
 4   chol_hdl_ratio   390 non-null    object
 5   age              390 non-null    int64
 6   gender           390 non-null    object
 7   height           390 non-null    int64
 8   weight           390 non-null    int64
 9   bmi              390 non-null    object
 10  systolic_bp      390 non-null    int64
 11  diastolic_bp     390 non-null    int64
 12  waist            390 non-null    int64
 13  hip              390 non-null    int64
 14  waist_hip_ratio  390 non-null    object
 15  diabetes         390 non-null    object
dtypes: int64(11), object(5)
memory usage: 48.9+ KB
```

	patient_number	cholesterol	glucose	hdl_chol	age	height	weight	systolic_bp	diastolic_bp	waist	hi
count	390.000000	390.000000	390.000000	390.000000	390.000000	390.000000	390.000000	390.000000	390.000000	390.000000	390.00000
mean	195.500000	207.230769	107.338462	50.266667	46.774359	65.951282	177.407692	137.133333	83.289744	37.869231	42.99230
std	112.727548	44.666005	53.798188	17.279069	16.435911	3.918867	40.407824	22.859528	13.498192	5.760947	5.66434
min	1.000000	78.000000	48.000000	12.000000	19.000000	52.000000	99.000000	90.000000	48.000000	26.000000	30.00000
25%	98.250000	179.000000	81.000000	38.000000	34.000000	63.000000	150.250000	122.000000	75.000000	33.000000	39.00000
50%	195.500000	203.000000	90.000000	46.000000	44.500000	66.000000	173.000000	136.000000	82.000000	37.000000	42.00000
75%	292.750000	229.000000	107.750000	59.000000	60.000000	69.000000	200.000000	148.000000	90.000000	41.000000	46.00000
max	390.000000	443.000000	385.000000	120.000000	92.000000	76.000000	325.000000	250.000000	124.000000	56.000000	64.00000

繪製糖尿病數據集的相依矩陣：

```
1 #Plotting  correlation
2 import  seaborn  as  sns
3 corrMatrix  =  data.corr()
4 plt.figure(figsize=(25,10))  #  Plotting  the  figure  of  required  size
5 ax  =  sns.heatmap(corrMatrix,  vmin=0,  vmax=1,  center=0,  annot=True,
6                         cmap="YlGnBu",  linewidths  =  1.0,
7                         square=True)
8
9 plt.show()
```

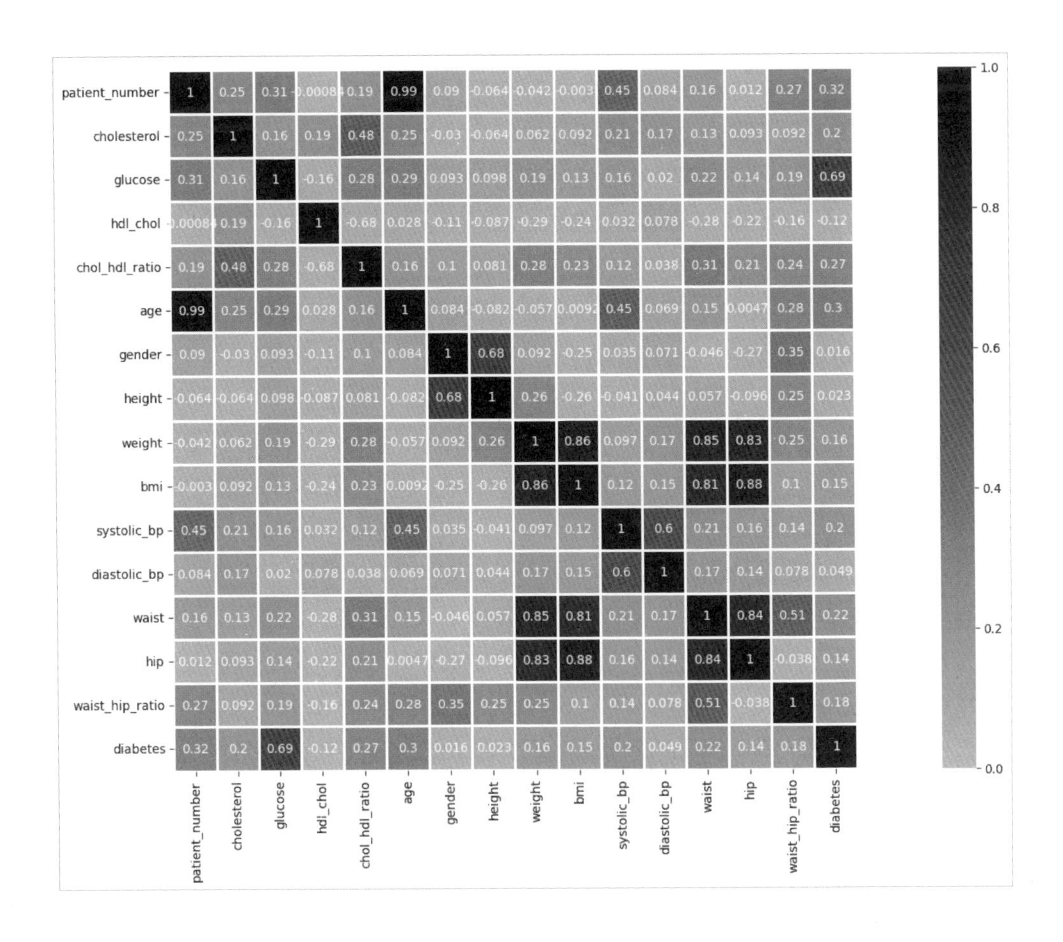

建立邏輯式回歸模型，並以混淆矩陣的 sk-learn 套件進行評估 (此處也改寫成 dataframe 輸出：

邏輯回歸模型

```
[17]
1 #建立模型邏輯式回歸模型
2 lr = LogisticRegression(solver='liblinear', random_state=42)
3 lr.fit(train_X, train_y)
4 predictions = lr.predict(test_X)
```

評估模型

```
[13]
1
2 print("Accuracy Score :",accuracy_score(test_y,predictions))
3 print("Classification Report \n",classification_report(test_y,predictions))

Accuracy Score : 0.9230769230769231
Classification Report
              precision    recall  f1-score   support

           0       0.94      0.97      0.96        66
           1       0.80      0.67      0.73        12

    accuracy                           0.92        78
   macro avg       0.87      0.82      0.84        78
weighted avg       0.92      0.92      0.92        78
```

```
[18]
1 # 計算並列印準確度分數
2 accuracy = accuracy_score(test_y, predictions)
3 accuracy_df = pd.DataFrame({"Accuracy Score": [accuracy]})
4
5 # 計算並列印分類報告
6 report = classification_report(test_y, predictions, output_dict=True)
7 classification_report_df = pd.DataFrame(report).transpose()
8
9 # 輸出成 DataFrame
10 print("Accuracy Score:")
11 print(accuracy_df)
12
13 print("\nClassification Report:")
14 print(classification_report_df)

Accuracy Score:
   Accuracy Score
0        0.923077

Classification Report:
              precision    recall  f1-score    support
0              0.941176  0.969697  0.955224  66.000000
1              0.800000  0.666667  0.727273  12.000000
accuracy       0.923077  0.923077  0.923077   0.923077
macro avg      0.870588  0.818182  0.841248  78.000000
weighted avg   0.919457  0.923077  0.920154  78.000000
```

```
[14]
1 score = mean_squared_error(predictions,test_y)
2 score

0.07692307692307693
```

糖尿病分類的混淆矩陣

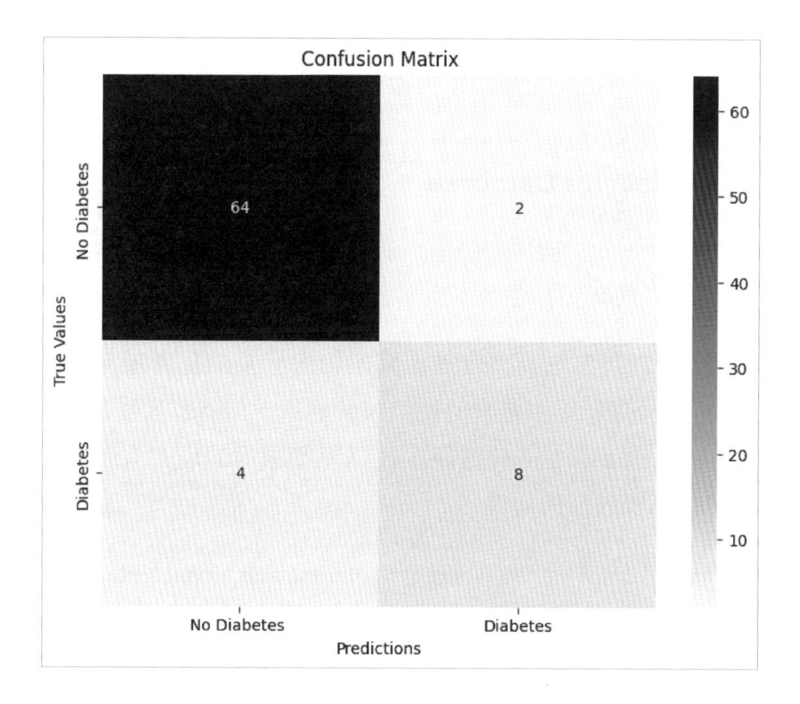

ROC 曲線與 AUC 面積：

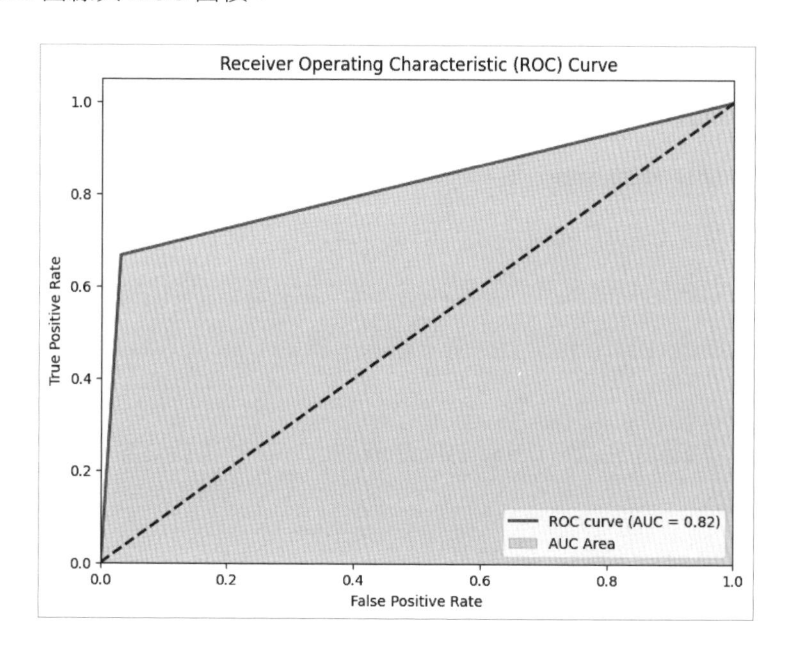

9.3 糖尿病預測進階研究

這裡也分享另一個糖尿病數據集來做分析：

Pima Indians Diabetes Database

Predict the onset of diabetes based on diagnostic measures

Data Card　Code (2789)　Discussion (49)

本書所使用的資料集主要來自美國國家糖尿病及消化腎臟疾病研究所。該資料集的目標是基於資料集中包含的特定診斷測量，預測患者是否患有糖尿病。此處的患者主要是美國衛生局針對原住民罹患糖尿病的研究；而此處的患者都是至少 21 歲的印第安人裔的女性。

資料集下載處：https：//www.kaggle.com/datasets/uciml/pima-indians-diabetes-database

這些特徵屬於糖尿病資料集中的欄位，描述的是與糖尿病相關的不同生理數據。以下是每個欄位的中文說明：

- 懷孕次數 (Pregnancies): 患者曾懷孕的次數。
- 葡萄糖 (Glucose): 受測者的血糖濃度，以毫克 / 分升（mg/dL）為單位。
- 血壓 (BloodPressure): 受測者的血壓，以毫米汞柱（mm Hg）為單位。
- 皮膚厚度 (SkinThickness): 受測者的皮膚褶皺厚度，以毫米為單位。
- 胰島素 (Insulin): 受測者的胰島素水平，以 μ 單位 / 毫升（μU/mL）為單位。
- 體重指數 (BMI): 受測者的體重指數，體重（公斤）除以身高（米）的平方。
- 糖尿病家族史指數 (DiabetesPedigreeFunction): 衡量受測者糖尿病家族史的指數。
- 年齡 (Age): 受測者的年齡。

- 結果 (Outcome): 二元分類，表示受測者是否患有糖尿病（1 表示患有糖尿病，0 表示未患有糖尿病）。

這裡，也會帶領讀者利用這些特徵用於建立機器學習模型，以預測一個人是否患有糖尿病。

糖尿病為一慢性疾病，影響體內對葡萄糖的代謝，而葡萄糖乃是主要的能量來源。食物攝取後，特別是碳水化合物，經消化系統分解成葡萄糖，並進入血液。為因應此情境，胰臟釋放一種名為胰島素的激素，促使葡萄糖由血液運輸至體內細胞，供其利用以產生能量。

糖尿病患者因其體內胰島素的生成或利用受阻，導致血糖水平升高。此現象可能源於以下原因：

- 第一型糖尿病：此型糖尿病為一自體免疫疾病，免疫系統誤攻擊胰臟中的胰島素生成細胞，導致胰臟幾乎無法生成胰島素。第一型糖尿病通常於兒童或成年初期發生，需接受終身胰島素治療。
- 第二型糖尿病：此為最常見的糖尿病類型，佔多數病例。在第二型糖尿病中，身體對胰島素的效應產生抗拒，且胰臟可能無法生成足夠的胰島素以抵銷此抗拒。該型糖尿病通常發生於過重、缺乏運動或有糖尿病家族史者。第二型糖尿病可透過生活方式調整，如健康飲食、定期運動、口服藥物，有時需要胰島素注射，來進行管理。
- 妊娠糖尿病：此型糖尿病影響懷孕婦女，使其在懷孕期間血糖水平上升。通常在分娩後會解決，但曾患妊娠糖尿病的女性在日後患第二型糖尿病的風險較高。

未受控制的糖尿病可能導致影響身體不同部位的各種併發症，包括心臟、血管、眼睛、腎臟和神經系統。常見的併發症包括心血管疾病、糖尿病視網膜病變（視力問題）、糖尿病神經病變（神經損傷）、腎病和傷口癒合不良。

糖尿病的管理涉及通過健康飲食、定期體育活動、監控血糖水平、服用藥物（包括必要時的胰島素）以及與醫療專業人士進行定期檢查，以維持血糖水平在目標範圍內。在管理第二型糖尿病時，生活方式的調整至關重要，如果血糖水平無法控制，可能需要處方藥物或胰島素。

本書使用的資料集，只是一般性的資料，若讀者身邊有糖尿病患者，應依據身體狀況進行追蹤，同時；建議諮詢專業醫師進行正確的診斷、治療和指導。

本節的目標：

糖尿病數據集的目標是提供有關糖尿病集的資訊和見解。這將有助於讀者了解這種疾病的分辨和風險，同時也可以設計預測模型，並改進糖尿病判讀決策。本數據集用於研究治療的有效性，預測糖尿病進展，支持臨床決策，以及規劃公共衛生策略；希望讀者可以從該專案學習到使用機器學習模型預測的手法。

此處，匯入檔案；同時使用 style 來強化顏色：

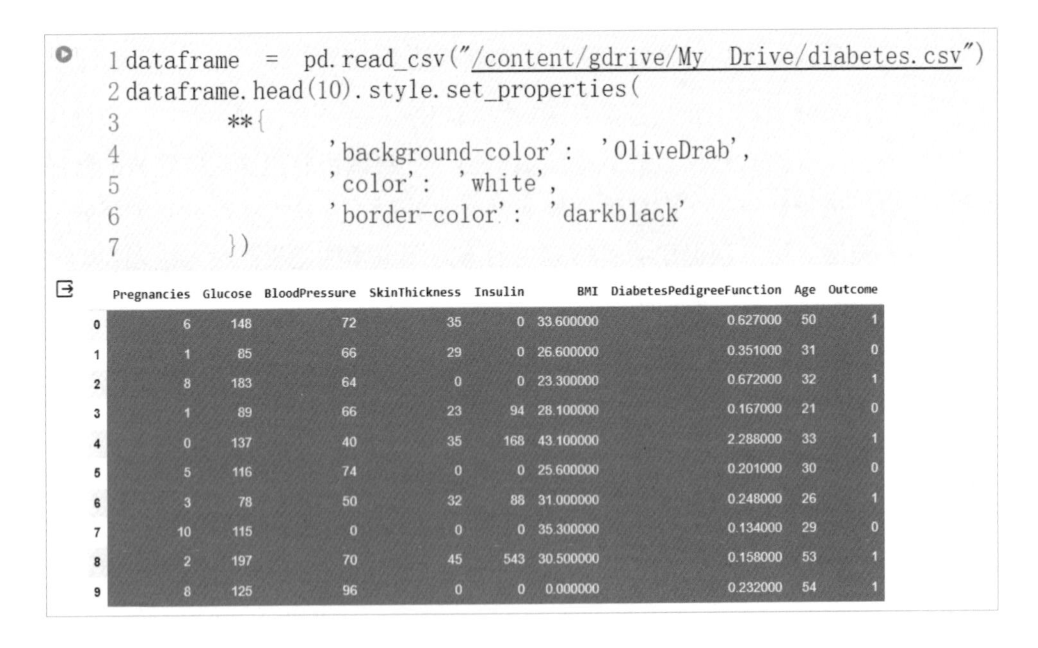

```
1 dataframe = pd.read_csv("/content/gdrive/My Drive/diabetes.csv")
2 dataframe.head(10).style.set_properties(
3         **{
4                 'background-color': 'OliveDrab',
5                 'color': 'white',
6                 'border-color': 'darkblack'
7         })
```

	Pregnancies	Glucose	BloodPressure	SkinThickness	Insulin	BMI	DiabetesPedigreeFunction	Age	Outcome
0	6	148	72	35	0	33.600000	0.627000	50	1
1	1	85	66	29	0	26.600000	0.351000	31	0
2	8	183	64	0	0	23.300000	0.672000	32	1
3	1	89	66	23	94	28.100000	0.167000	21	0
4	0	137	40	35	168	43.100000	2.288000	33	1
5	5	116	74	0	0	25.600000	0.201000	30	0
6	3	78	50	32	88	31.000000	0.248000	26	1
7	10	115	0	0	0	35.300000	0.134000	29	0
8	2	197	70	45	543	30.500000	0.158000	53	1
9	8	125	96	0	0	0.000000	0.232000	54	1

將資料型態做圓餅圖分類：

```
1 import  matplotlib.pyplot  as  plt
2
3 #  設定字體大小
4 plt.rcParams.update({'font.size':  20})
5
6 #  獲取每種資料類型的數量
7 data_type_counts  =  dataframe.dtypes.value_counts()
8
9 #  創建一個與唯一資料類型數量相同的explode列表
10 explode  =  [0.1]  *  len(data_type_counts)
11
12 #  使用修改後的explode列表繪製圓餅圖
13 data_type_counts.plot.pie(explode=explode,
14                                   autopct='%1.2f%%',
15                                   shadow=True)
16
17 #  設定圖表標題
18 plt.title('DATA  TYPE',
19                   color='Green',
20                   loc='center',
21                   fontdict={'fontname':  'Times  New  Roman'})    #  使用  'fontdict'  替代  'font'
22
23 #  顯示圖表
24 plt.show()
25
```

```
WARNING:matplotlib.font_manager:findfont: Font family 'Times New Roman' not found.
WARNING:matplotlib.font_manager:findfont: Font family 'Times New Roman' not found.
WARNING:matplotlib.font_manager:findfont: Font family 'Times New Roman' not found.
WARNING:matplotlib.font_manager:findfont: Font family 'Times New Roman' not found.
WARNING:matplotlib.font_manager:findfont: Font family 'Times New Roman' not found.
```

DATA TYPE

int64 77.78%

22.22% float64

繪製相依矩陣 (Correlation Matrix)

```
1 plt.figure(figsize=(16,5))
2 corrmat=dataframe.corr()
3 sns.heatmap(corrmat,  annot=True)
```

```
<Axes: >
```

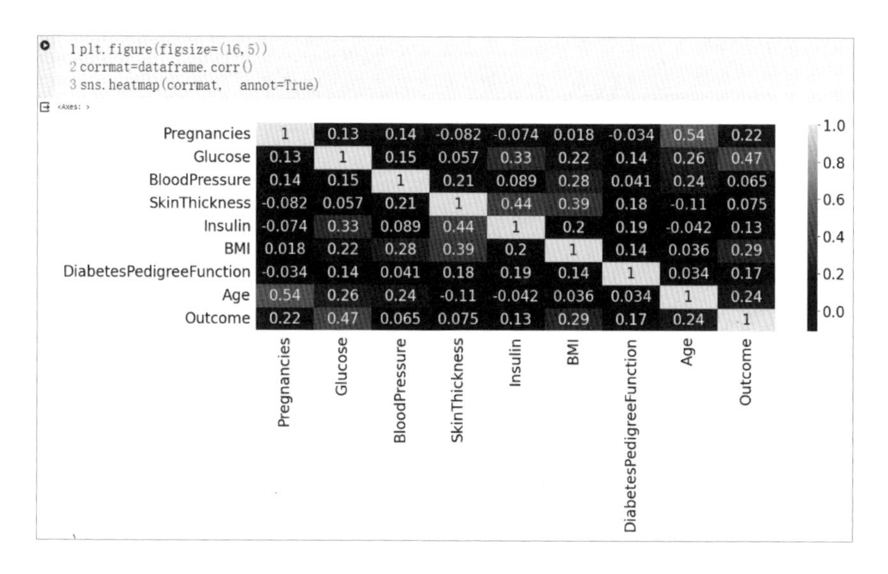

兩種分類結果

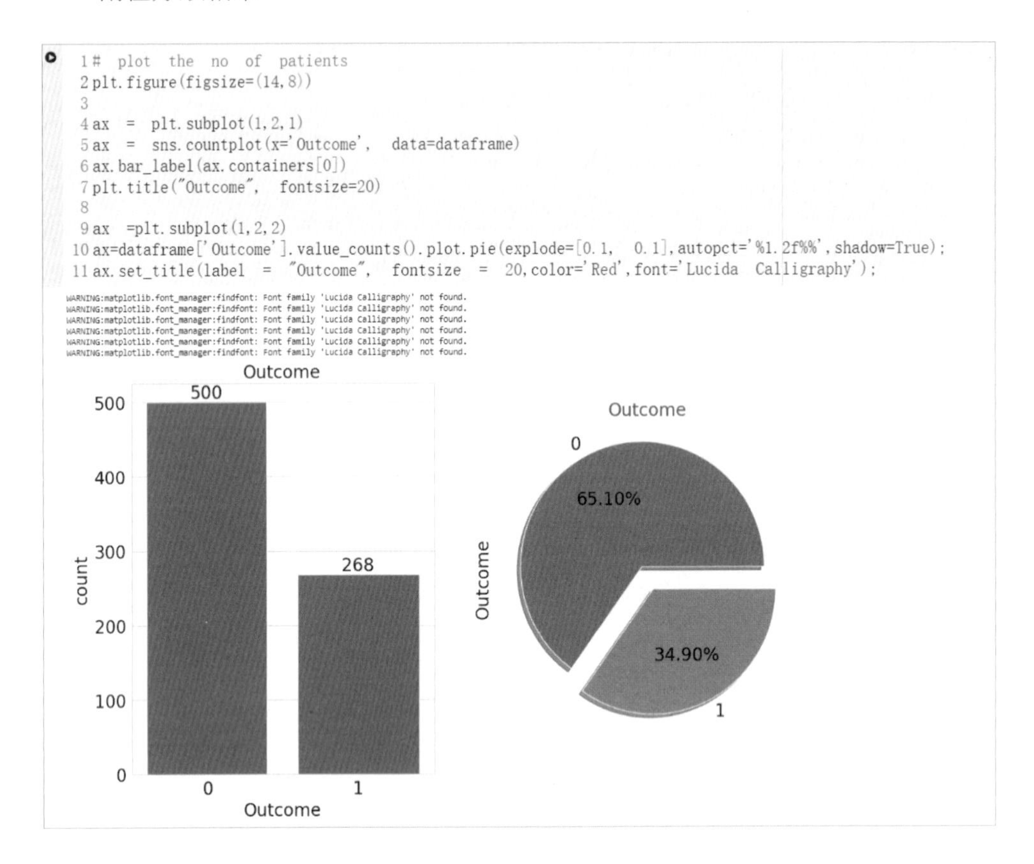

1# plot the no of patients
2plt.figure(figsize=(14,8))
3
4ax = plt.subplot(1,2,1)
5ax = sns.countplot(x='Outcome', data=dataframe)
6ax.bar_label(ax.containers[0])
7plt.title("Outcome", fontsize=20)
8
9ax =plt.subplot(1,2,2)
10ax=dataframe['Outcome'].value_counts().plot.pie(explode=[0.1, 0.1],autopct='%1.2f%%',shadow=True);
11ax.set_title(label = "Outcome", fontsize = 20,color='Red',font='Lucida Calligraphy');
WARNING:matplotlib.font_manager:findfont: Font family 'Lucida Calligraphy' not found.
WARNING:matplotlib.font_manager:findfont: Font family 'Lucida Calligraphy' not found.
WARNING:matplotlib.font_manager:findfont: Font family 'Lucida Calligraphy' not found.
WARNING:matplotlib.font_manager:findfont: Font family 'Lucida Calligraphy' not found.
WARNING:matplotlib.font_manager:findfont: Font family 'Lucida Calligraphy' not found.
WARNING:matplotlib.font_manager:findfont: Font family 'Lucida Calligraphy' not found.
Outcome
500
268
count
0
100
200
300
400
500
0
1
Outcome
Outcome
Outcome
0
65.10%
34.90%
1

將有無罹患糖尿病做分類：

將 Outcome 的分類結果，分成有罹患糖尿病 (Diabetic) 和沒有罹患糖尿病 (Non-Diabetic) 兩種；

同時我們也用邏輯判斷式，將葡萄糖做分類，也就是 (Glucose>140 及 <=199，Glucose<=140, Glucose>=200) 三種。

```
1 x1=len(dataframe[dataframe["Glucose"]<=140])
2 x2=len(dataframe[(dataframe["Glucose"]>140)&(dataframe["Glucose"]<=199)])
3 x3=len(dataframe[dataframe["Glucose"]>=200])
4 print("patient count having normal Blood sugar :",x1)
5 print("patient count having prediabetes :",x2)
6 print("patient count having abnormal glucose :",x3)
```

```
patient count having normal Blood sugar : 576
patient count having prediabetes : 192
patient count having abnormal glucose : 0
```

[136]
```
1 sns.displot(dataframe, x='BMI', hue='Outcome', kind='kde')
```

```
<seaborn.axisgrid.FacetGrid at 0x7a888142c160>
```

Density
0.03
0.02
0.01
0.00
0
50
BMI
Outcome
Diabetic
Non-Diabetic

[173]
```
1 #將血糖水平正常且患有糖尿病的患者詳細資訊保存在一個數據框(Dataframe)中
2 a=dataframe[(dataframe["Glucose"]<=140)&(dataframe["Outcome"]=="Diabetic")]
```

[138]
```
1 import seaborn as sns
2 sns.catplot(x="Outcome",y="Glucose",data=a)
```

```
<seaborn.axisgrid.FacetGrid at 0x7a88814890c0>
```

Glucose
100
50
0
Diabetic
Outcome

[139]
```
1 sns.catplot(x="Outcome",y="BloodPressure",data=a, kind="swarm")
```

```
<seaborn.axisgrid.FacetGrid at 0x7a8881559a20>
```

BloodPressure
100
75
50
25
0
Diabetic
Outcome

```
[140]
1 z=dataframe[(dataframe["Age"]>=35)  &  (dataframe["BMI"]>=30)&  (dataframe["Outcome"]=="Diabetic")]
2 z[z["Pregnancies"]==0]
```

	Pregnancies	Glucose	BloodPressure	SkinThickness	Insulin	BMI	DiabetesPedigreeFunction	Age	Outcome
66	0	109	88	30	0	32.5	0.855	38	Diabetic
440	0	189	104	25	0	34.3	0.435	41	Diabetic
506	0	180	90	26	90	36.5	0.314	35	Diabetic
757	0	123	72	0	0	36.3	0.258	52	Diabetic

```
1 plt.figure(figsize=(24,16))
2 sns.relplot(x='Glucose', y="Insulin", data=dataframe, hue="Outcome")
```

```
<seaborn.axisgrid.FacetGrid at 0x7a8881618460>
<Figure size 2400x1600 with 0 Axes>
```

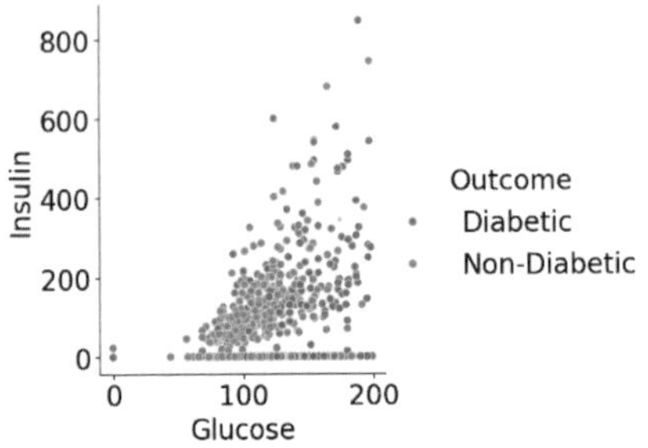

```
[142]
1 #  Age  vs  BMI
2 sns.relplot(x='Age', y="BMI", data=dataframe, hue="Outcome")
```

```
<seaborn.axisgrid.FacetGrid at 0x7a8881754df0>
```

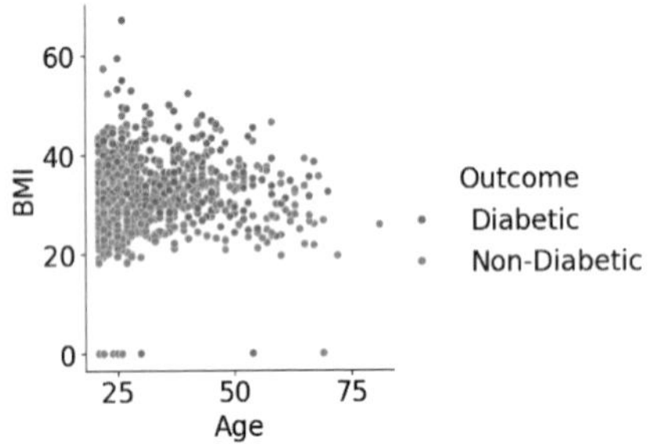

```
[143]
1 #  BMI  VS  SKINTHICKNESS
2 sns.relplot(x='BMI', y="SkinThickness", data=dataframe, hue="Outcome")
```

```
<seaborn.axisgrid.FacetGrid at 0x7a88817715d0>
```

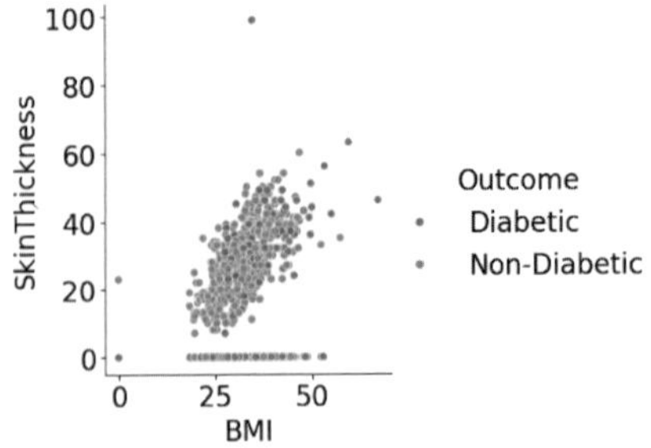

畫出分布圖：

```
[144] 1 dataframe.hist(figsize = (20,20))
```

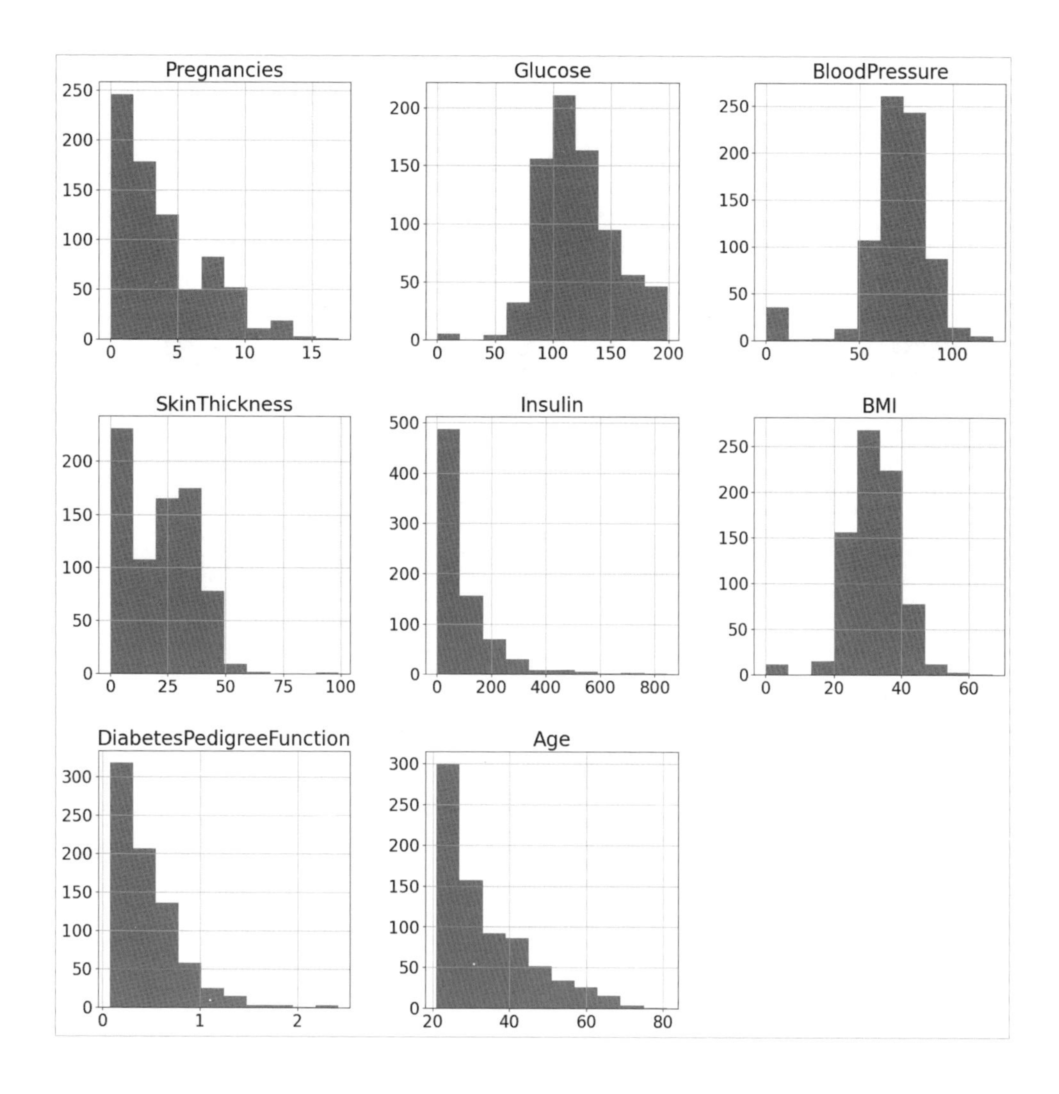

繪出各個糖尿病因子的分布：

```
1 # 使用for循環可視化箱形圖以檢測異常值，呈現在一張大圖中
2 plt.figure(figsize=(15, 10))
3 for i, col in enumerate(x.columns, 1):
4         plt.subplot(3, 3, i)
5         sns.boxplot(x=col, data=x, color='blue')
6         plt.xlabel(col)
7 
8 plt.tight_layout()
9 plt.show()
10
```

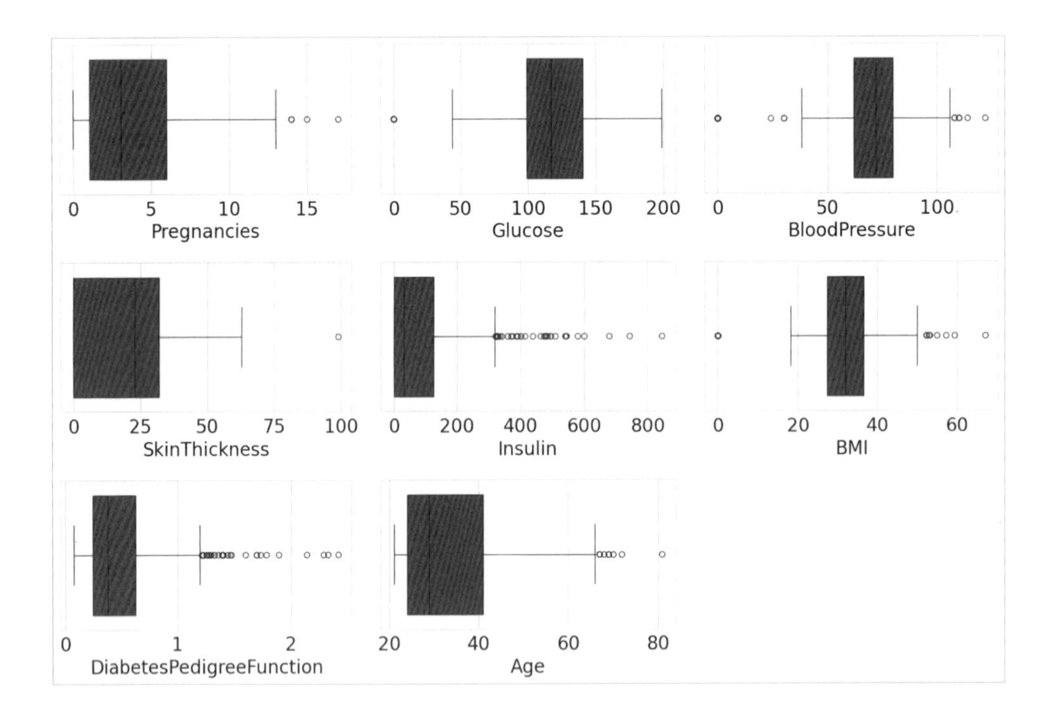


```
1 sns.pairplot(dataframe,vars=['Pregnancies','BloodPressure','SkinThickness','BMI','Glucose','Insulin','Age'],hue='Outcome',palette='plasma',aspect=1.9)
```

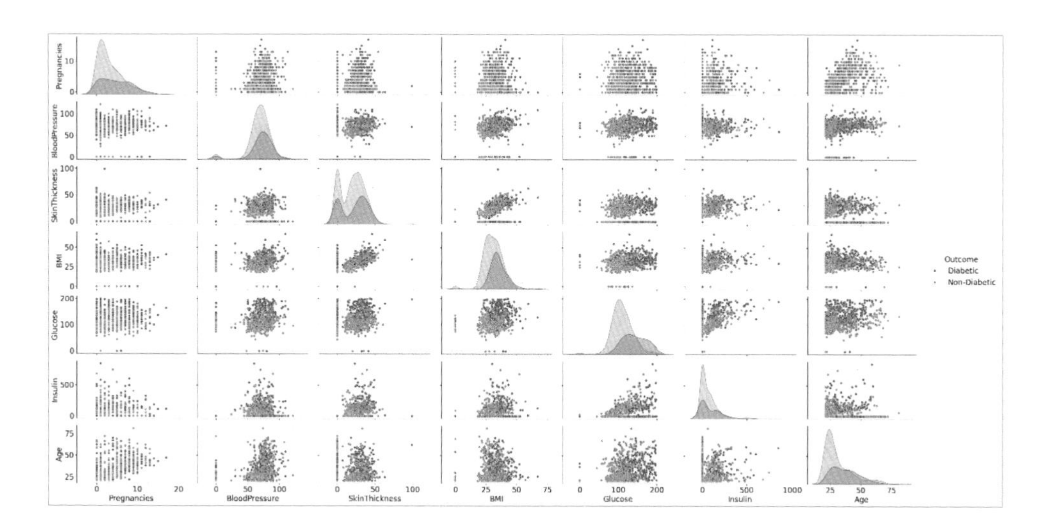

進行特徵值塞選 (Feature Importnce)，同時進行標準化：

```
1 # Feature Selection
2 df_selected=dataframe.copy(deep=True)
```

```
1 # Quantile Transformer
2 from sklearn.preprocessing import QuantileTransformer
3 x=df_selected
4 quantile = QuantileTransformer()
5 X = quantile.fit_transform(x)
6 df_new=quantile.transform(X)
7 df_new=pd.DataFrame(X)
8 df_new.columns =['Pregnancies', 'Glucose', 'BloodPressure', 'SkinThickness', 'Insulin', 'BMI', 'DiabetesPedigreeFunction','Age', 'Outcome']
9 df_new.head()
```

	Pregnancies	Glucose	BloodPressure	SkinThickness	Insulin	BMI	DiabetesPedigreeFunction	Age	Outcome
0	0.747718	0.810300	0.516949	0.801825	0.000000	0.591265	0.750978	0.889831	1.0
1	0.232725	0.097784	0.336375	0.644720	0.000000	0.227510	0.475880	0.558670	0.0
2	0.863755	0.956975	0.279009	0.000000	0.000000	0.091917	0.782269	0.585398	1.0
3	0.232725	0.131030	0.336375	0.505867	0.662973	0.298566	0.106258	0.000000	0.0
4	0.000000	0.721643	0.050847	0.801825	0.834420	0.926988	0.997392	0.606258	1.0

繪製完成特徵值篩選的圖表：

```
1 # 驗證是否存在異常值
2 x = df_new.drop(['Outcome'], axis=1)
3
4 # 呈現在一張大圖中
5 plt.figure(figsize=(15, 10))
6 for i, col in enumerate(x.columns, 1):
7         plt.subplot(3, 3, i)
8         sns.boxplot(x=col, data=x, color='blue')
9         plt.xlabel(col)
10
11 plt.tight_layout()
12 plt.show()
13
```

可以觀察各個因子的範圍已經限縮：

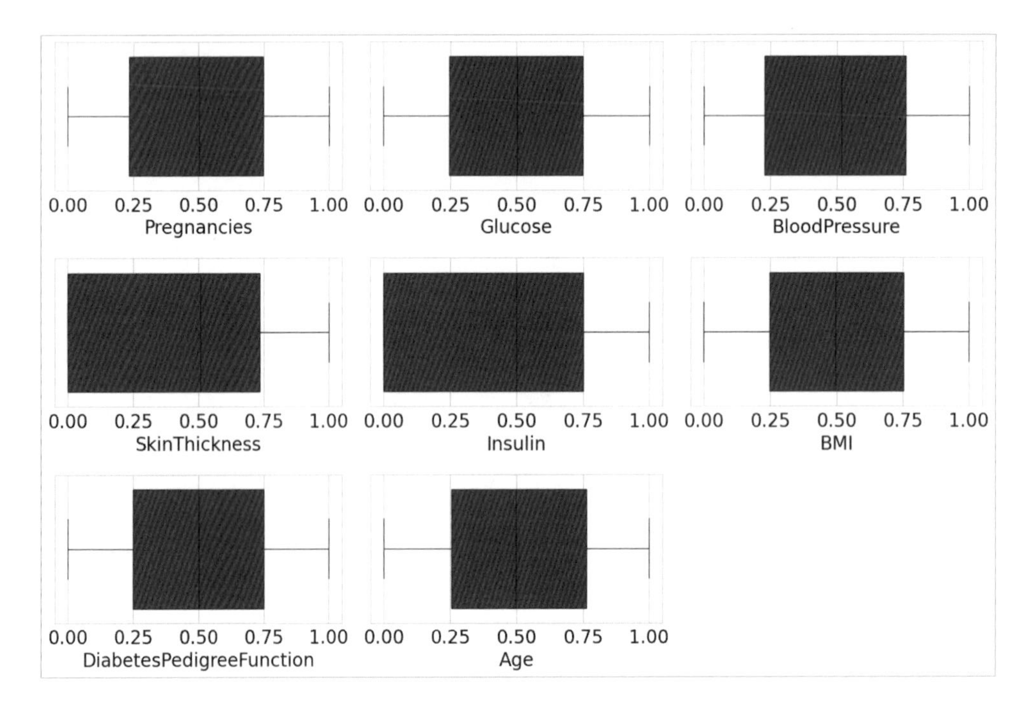

接下來，我們將資料集做切割：

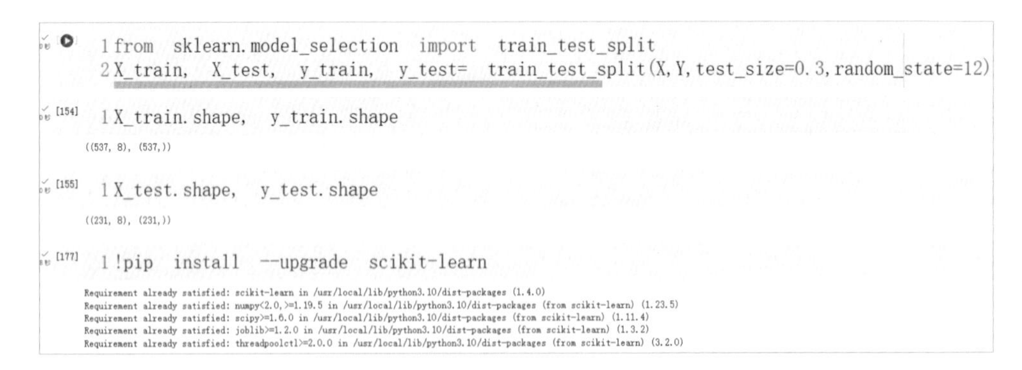

```
1 from sklearn.model_selection import train_test_split
2 X_train, X_test, y_train, y_test= train_test_split(X,Y,test_size=0.3,random_state=12)
```

```
[154] 1 X_train.shape, y_train.shape
((537, 8), (537,))
```

```
[155] 1 X_test.shape, y_test.shape
((231, 8), (231,))
```

```
[177] 1 !pip install --upgrade scikit-learn
Requirement already satisfied: scikit-learn in /usr/local/lib/python3.10/dist-packages (1.4.0)
Requirement already satisfied: numpy<2.0,>=1.19.5 in /usr/local/lib/python3.10/dist-packages (from scikit-learn) (1.23.5)
Requirement already satisfied: scipy>=1.6.0 in /usr/local/lib/python3.10/dist-packages (from scikit-learn) (1.11.4)
Requirement already satisfied: joblib>=1.2.0 in /usr/local/lib/python3.10/dist-packages (from scikit-learn) (1.3.2)
Requirement already satisfied: threadpoolctl>=2.0.0 in /usr/local/lib/python3.10/dist-packages (from scikit-learn) (3.2.0)
```

使用 Logistic Regression 進行預測：

```
[157]
1 from sklearn.metrics import accuracy_score,classification_report,confusion_matrix
2 from sklearn.linear_model import LogisticRegression
3 logic = LogisticRegression()
4 logic.fit(X_train, y_train)
5 y_pred_lr = logic.predict(X_test)
6
7 log_train = round(logic.score(X_train, y_train) * 100, 2)
8 log_accuracy = round(accuracy_score(y_pred_lr, y_test) * 100, 2)
9
10 print("Training Accuracy    :",log_train ,"%")
11 print("Model Accuracy Score :",log_accuracy ,"%")
12 print("\033[1m--------------------------------------------------------\033[0m")
13 print("Classification_Report: \n",classification_report(y_test,y_pred_lr))
14 print("\033[1m--------------------------------------------------------\033[0m")
```

```
Training Accuracy    : 76.54 %
Model Accuracy Score : 77.49 %
________________________________________________________
Classification_Report:
              precision    recall  f1-score   support

         0.0       0.80      0.86      0.83       147
         1.0       0.72      0.62      0.67        84

    accuracy                           0.77       231
   macro avg       0.76      0.74      0.75       231
weighted avg       0.77      0.77      0.77       231

________________________________________________________
```

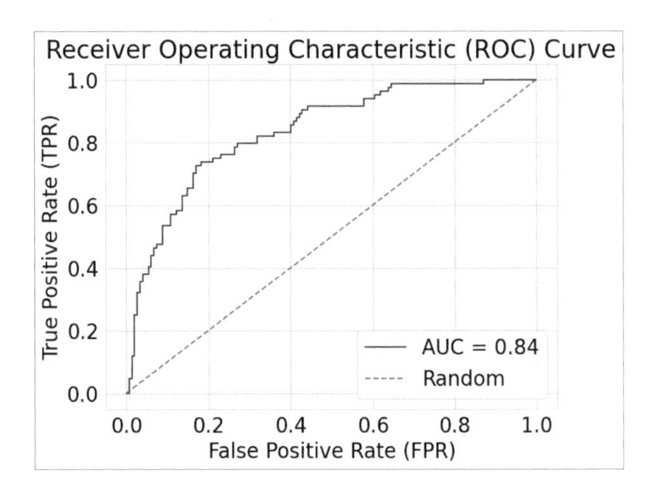

使用 SVM(Support Vector Machine) 進行預測：

```
1 from sklearn.svm import SVC
2 svc = SVC()
3 svc.fit(X_train, y_train)
4 y_pred_svc = svc.predict(X_test)
5
6 svc_train = round(svc.score(X_train, y_train) * 100, 2)
7 svc_accuracy = round(accuracy_score(y_pred_svc, y_test) * 100, 2)
8
9 print("Training Accuracy      :", svc_train , "%")
10 print("Model Accuracy Score :", svc_accuracy , "%")
11 print("\033[1m--------------------------------------------------------\033[0m")
12 print("Classification_Report: \n", classification_report(y_test, y_pred_svc))
13 print("\033[1m--------------------------------------------------------\033[0m")
```

```
Training Accuracy    : 81.01 %
Model Accuracy Score : 76.62 %
______________________________________________________

Classification_Report:
              precision    recall  f1-score   support

         0.0       0.80      0.84      0.82       147
         1.0       0.70      0.63      0.66        84

    accuracy                           0.77       231
   macro avg       0.75      0.74      0.74       231
weighted avg       0.76      0.77      0.76       231

______________________________________________________
```

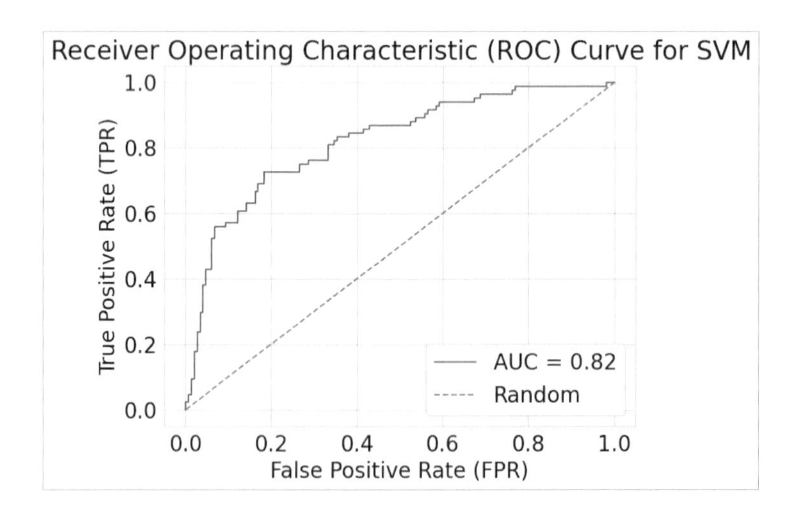

使用 DT(Decision Tree) 進行預測：

```
1 from  sklearn.tree  import  DecisionTreeClassifier
2 decision  =  DecisionTreeClassifier()
3 decision.fit(X_train,  y_train)
4 y_pred_dec  =  decision.predict(X_test)
5
6 decision_train  =  round(decision.score(X_train,  y_train)  *  100,  2)
7 decision_accuracy  =  round(accuracy_score(y_pred_dec,  y_test)  *  100,  2)
8
9 print("Training  Accuracy        :",decision_train  ,"%")
10 print("Model  Accuracy  Score  :",decision_accuracy  ,"%")
11 print("\033[1m--------------------------------------------------------\033[0m")
12 print("Classification_Report:  \n",classification_report(y_test,y_pred_dec))
13 print("\033[1m--------------------------------------------------------\033[0m")
14
```

```
Training Accuracy    : 100.0 %
Model Accuracy Score : 71.0 %
--------------------------------------------------------
Classification_Report:
              precision    recall  f1-score   support

         0.0       0.77      0.78      0.77       147
         1.0       0.60      0.58      0.59        84

    accuracy                           0.71       231
   macro avg       0.69      0.68      0.68       231
weighted avg       0.71      0.71      0.71       231

--------------------------------------------------------
```

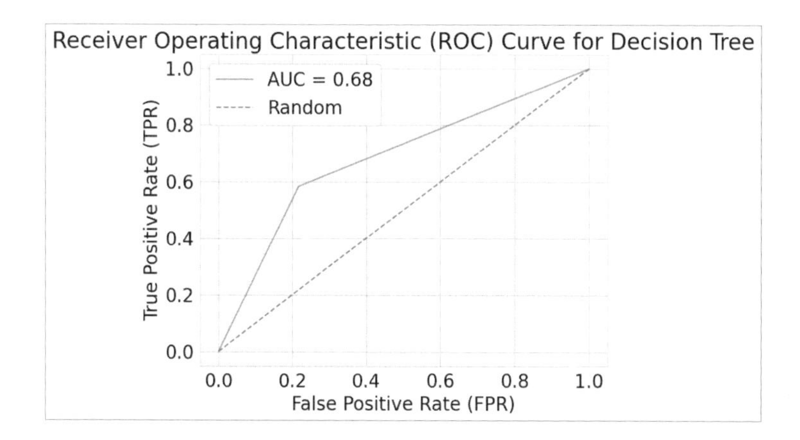

使用 KNN 進行預測：

```
1 from sklearn.neighbors import KNeighborsClassifier
2 knn = KNeighborsClassifier(n_neighbors = 3)
3 knn.fit(X_train, y_train)
4 y_pred_knn = knn.predict(X_test)
5
6 knn_train = round(knn.score(X_train, y_train) * 100, 2)
7 knn_accuracy = round(accuracy_score(y_pred_knn, y_test) * 100, 2)
8
9 print("Training Accuracy     :",knn_train ,"%")
10 print("Model Accuracy Score :",knn_accuracy ,"%")
11 print("\033[1m--------------------------------------------------------\033[0m")
12 print("Classification_Report: \n",classification_report(y_test,y_pred_knn))
13 print("\033[1m--------------------------------------------------------\033[0m")
```

```
Training Accuracy    : 83.05 %
Model Accuracy Score : 73.16 %
--------------------------------------------------------
Classification_Report:
              precision    recall  f1-score   support

         0.0       0.77      0.82      0.80       147
         1.0       0.65      0.57      0.61        84

    accuracy                           0.73       231
   macro avg       0.71      0.70      0.70       231
weighted avg       0.73      0.73      0.73       231

--------------------------------------------------------
```

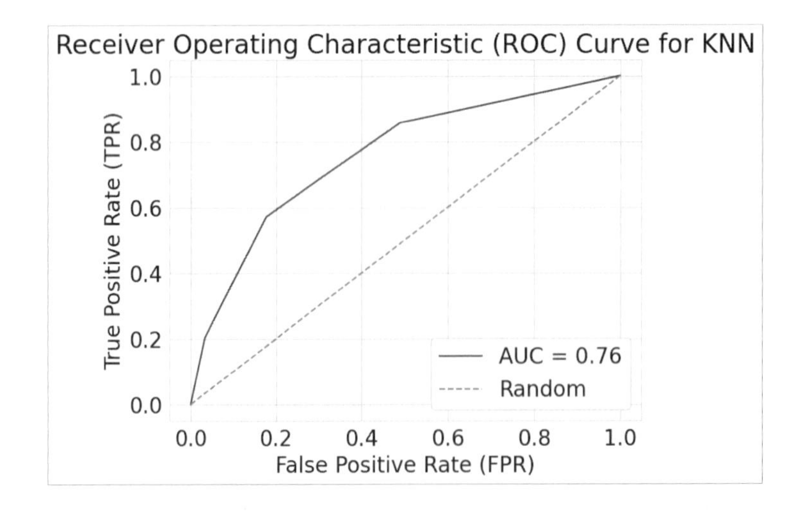

將所有模型預測結果整理出來：

```
[192]
1 models_sorted = models.sort_values(by='Model Accuracy', ascending=False)
2
3 # 背景漸變並設置字體樣式
4 styled_table = models_sorted.style.background_gradient(cmap='coolwarm', axis=0).hide_index().set_properties(
5     **{
6         'font-family': 'Lucida Calligraphy',
7         'color': 'LigntGreen',
8         'font-size': '20px'
9     })
10
11 # 設置圖表大小
12 styled_table.set_table_styles([{'selector': 'table', 'props': [('font-size', '20px')]}])
13
```

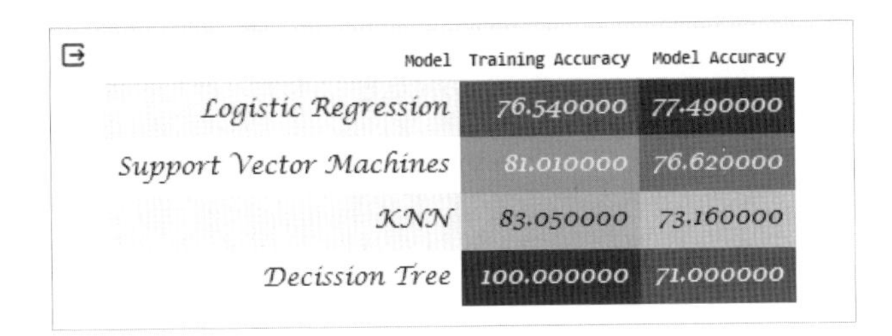

Model	Training Accuracy	Model Accuracy
Logistic Regression	76.540000	77.490000
Support Vector Machines	81.010000	76.620000
KNN	83.050000	73.160000
Decission Tree	100.000000	71.000000

將所有預測結果的準確率繪成柱狀圖：

```
1 colors = ["purple", "green", "orange", "magenta","blue","black"]
2
3 sns.set_style("whitegrid")
4 plt.figure(figsize=(16,8))
5 plt.ylabel("Accuracy %")
6 plt.xlabel("Algorithms")
7 sns.barplot(x=models['Model'],y=models['Model Accuracy'], palette=colors )
8 plt.show()
```

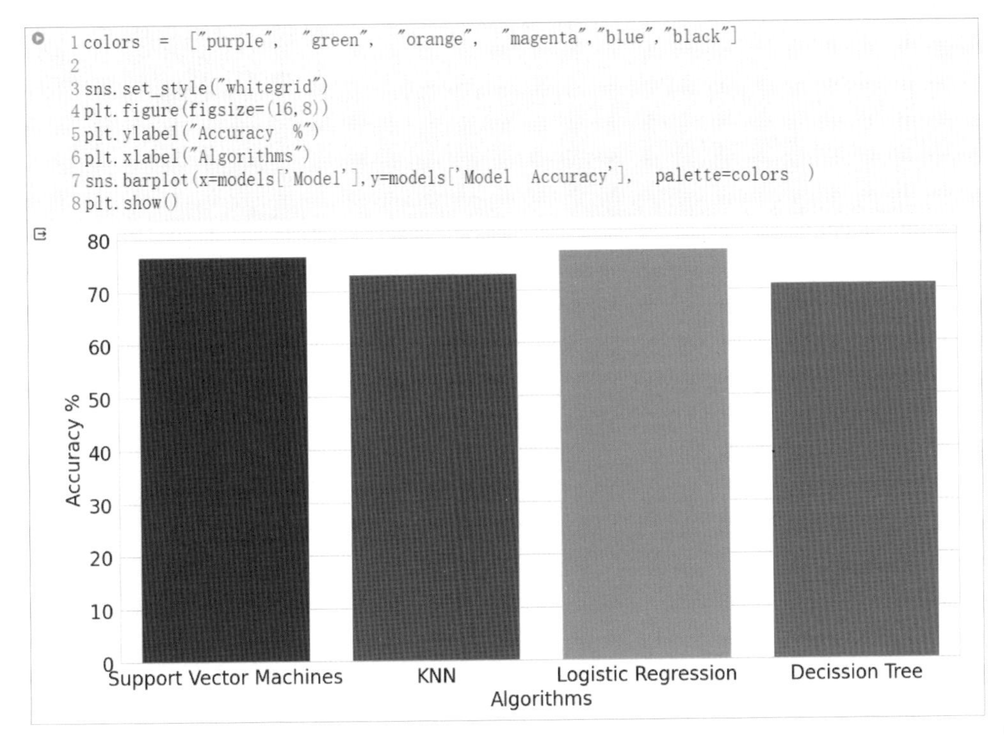

9.4 病患用藥分類

此處，本節也會使用決策樹 (Decision Tree) 來根據病人的生理特徵來評估病人用藥：

- 輸入資料：

```
train_X, test_X, train_y, test_y = train_test_split(X,y,test_size=003,random_state=42)
```

- 建立模型：

```
Model = DecisionTreeClassifier(criterion = "entropy",max_leaf_nodes=5)
```

- 使用模型預測：

```
Pred_y = model.predict(test_X)
```

Drug Classification

This database contains information about certain drug types.

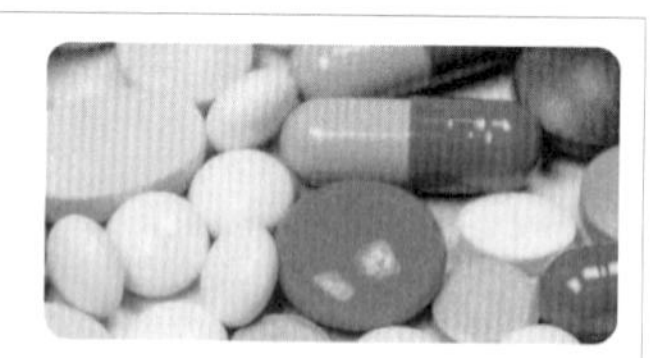

Data Card Code (303) Discussion (5)

資料集下載處： https：//www.kaggle.com/datasets/prathamtripathi/drug-classification

在這個資料集中，藥物分類是預測的目標。具體而言，患者被歸類為可能對其有效的不同類型的藥物。這種分類可能是基於患者的年齡、性別、血壓水平、膽固醇水平和鈉鉀比率等特徵，以確定最合適的藥物。

這樣的預測模型可以幫助醫療專業人員更有效地個性化處理患者的藥物選擇，以達到更好的治療效果。在機器學習中，這類問題通常屬於監督式學習的分類任務，其中模型學習如何根據已標記的訓練數據將新患者分類到不同的藥物類別中。

要成功建立這樣的模型，需要進行數據清理、特徵工程、模型訓練和評估等步驟。選擇適當的機器學習算法和調整模型的參數對於取得良好的預測性能也是至關重要的。由於作為機器學習或者數據分析的初學者，這是一個很好的機會，可以嘗試一些技術，以準確預測對患者可能有效的藥物類型。

特徵集包括：

- 目標特徵（預測目標）：藥物類型
- 年齡：患者的年齡
- 性別：患者的性別
- 血壓水平（BP）：血壓水平的數值
- 膽固醇水平：血液中膽固醇的水平
- 鈉鉀比率：血液中鈉和鉀的比例

首先，先匯入資料集：

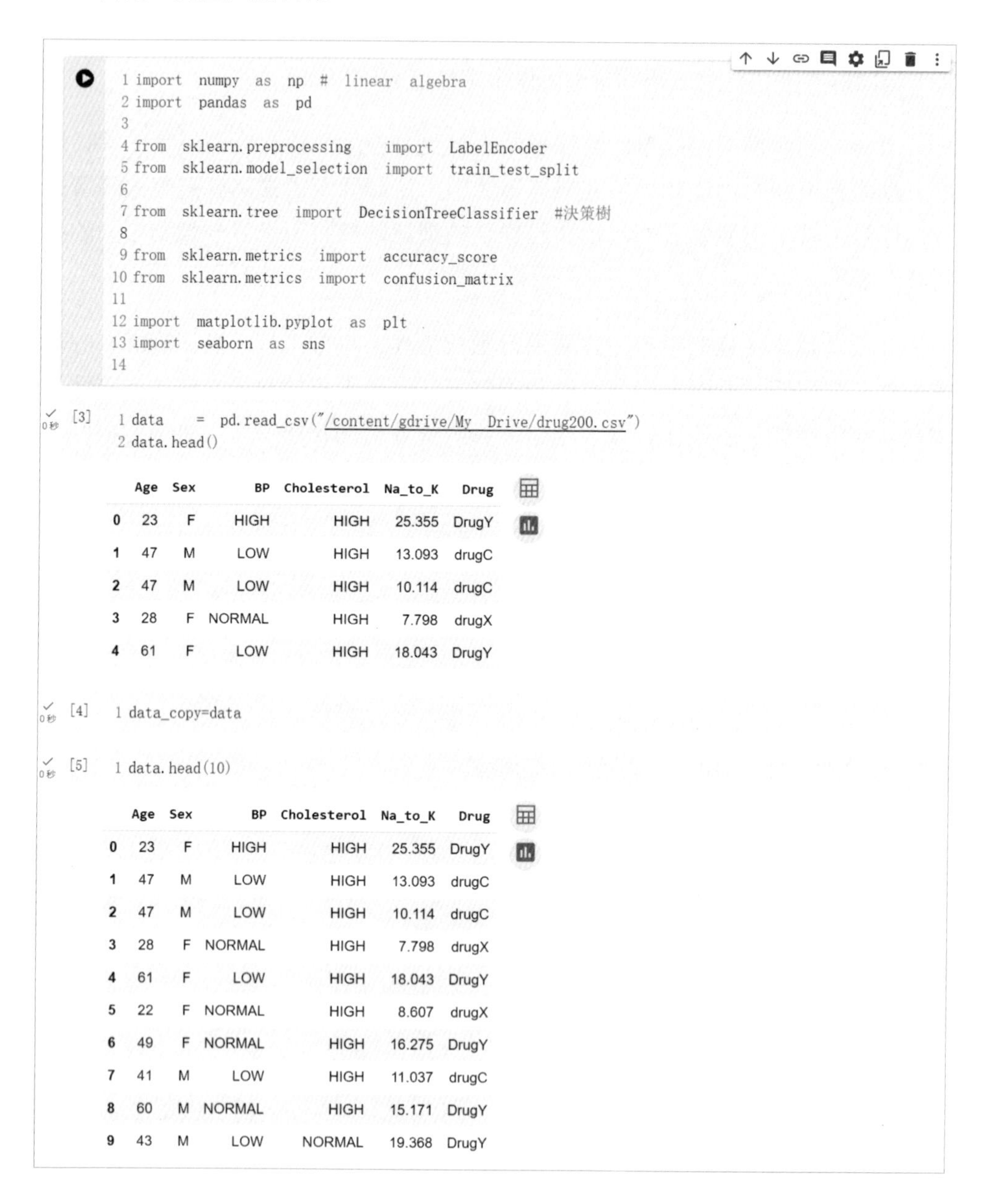

```
1 import numpy as np # linear algebra
2 import pandas as pd
3
4 from sklearn.preprocessing import LabelEncoder
5 from sklearn.model_selection import train_test_split
6
7 from sklearn.tree import DecisionTreeClassifier #決策樹
8
9 from sklearn.metrics import accuracy_score
10 from sklearn.metrics import confusion_matrix
11
12 import matplotlib.pyplot as plt
13 import seaborn as sns
14
```

```
[3] 1 data = pd.read_csv("/content/gdrive/My Drive/drug200.csv")
    2 data.head()
```

	Age	Sex	BP	Cholesterol	Na_to_K	Drug
0	23	F	HIGH	HIGH	25.355	DrugY
1	47	M	LOW	HIGH	13.093	drugC
2	47	M	LOW	HIGH	10.114	drugC
3	28	F	NORMAL	HIGH	7.798	drugX
4	61	F	LOW	HIGH	18.043	DrugY

```
[4] 1 data_copy=data
```

```
[5] 1 data.head(10)
```

	Age	Sex	BP	Cholesterol	Na_to_K	Drug
0	23	F	HIGH	HIGH	25.355	DrugY
1	47	M	LOW	HIGH	13.093	drugC
2	47	M	LOW	HIGH	10.114	drugC
3	28	F	NORMAL	HIGH	7.798	drugX
4	61	F	LOW	HIGH	18.043	DrugY
5	22	F	NORMAL	HIGH	8.607	drugX
6	49	F	NORMAL	HIGH	16.275	DrugY
7	41	M	LOW	HIGH	11.037	drugC
8	60	M	NORMAL	HIGH	15.171	DrugY
9	43	M	LOW	NORMAL	19.368	DrugY

首先我們先匯入資料集，同時探勘資料集的乾淨與否：

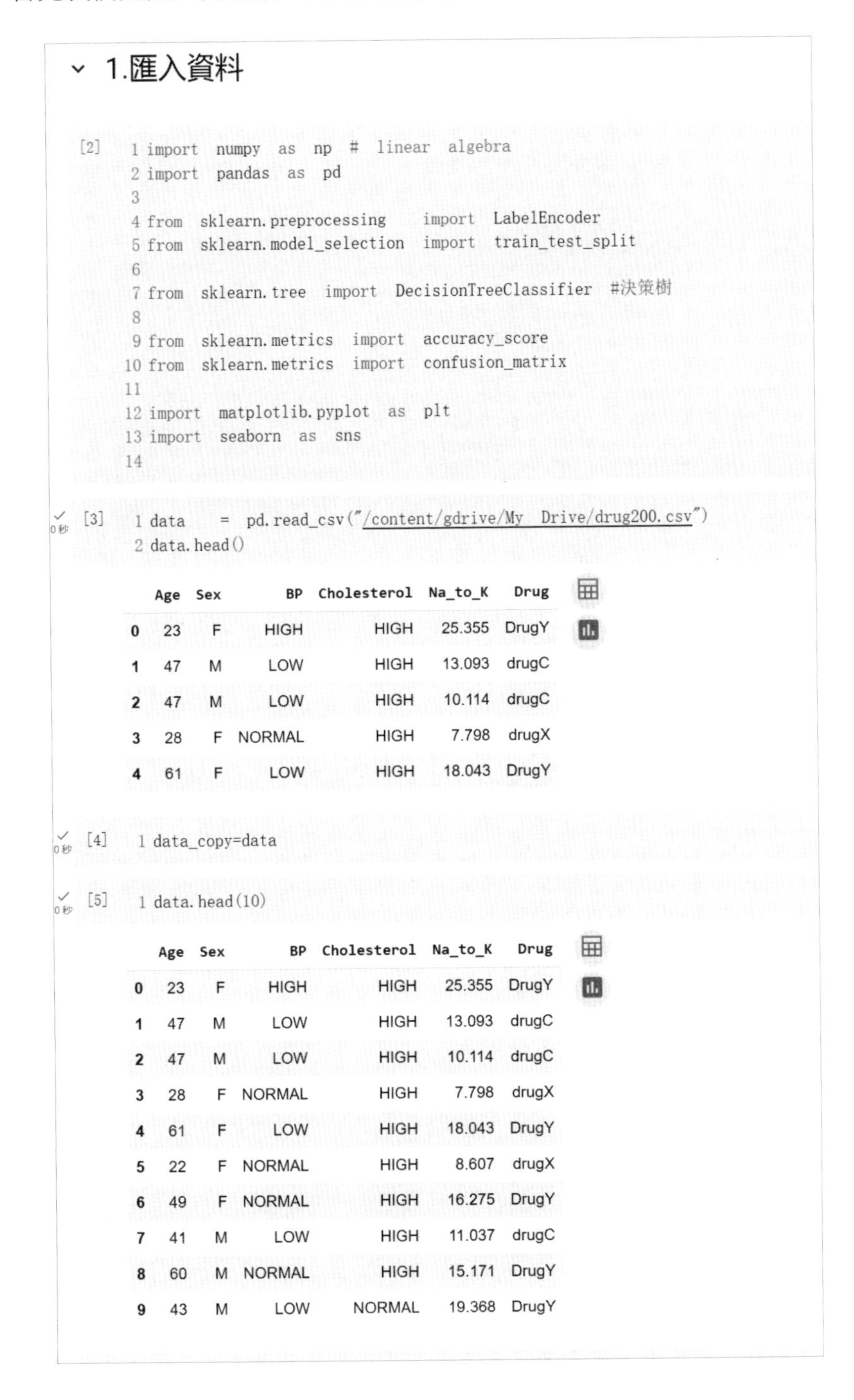

1.匯入資料

```
[2]
1 import numpy as np # linear algebra
2 import pandas as pd
3
4 from sklearn.preprocessing import LabelEncoder
5 from sklearn.model_selection import train_test_split
6
7 from sklearn.tree import DecisionTreeClassifier #決策樹
8
9 from sklearn.metrics import accuracy_score
10 from sklearn.metrics import confusion_matrix
11
12 import matplotlib.pyplot as plt
13 import seaborn as sns
14
```

```
[3]
1 data = pd.read_csv("/content/gdrive/My Drive/drug200.csv")
2 data.head()
```

	Age	Sex	BP	Cholesterol	Na_to_K	Drug
0	23	F	HIGH	HIGH	25.355	DrugY
1	47	M	LOW	HIGH	13.093	drugC
2	47	M	LOW	HIGH	10.114	drugC
3	28	F	NORMAL	HIGH	7.798	drugX
4	61	F	LOW	HIGH	18.043	DrugY

```
[4]
1 data_copy=data
```

```
[5]
1 data.head(10)
```

	Age	Sex	BP	Cholesterol	Na_to_K	Drug
0	23	F	HIGH	HIGH	25.355	DrugY
1	47	M	LOW	HIGH	13.093	drugC
2	47	M	LOW	HIGH	10.114	drugC
3	28	F	NORMAL	HIGH	7.798	drugX
4	61	F	LOW	HIGH	18.043	DrugY
5	22	F	NORMAL	HIGH	8.607	drugX
6	49	F	NORMAL	HIGH	16.275	DrugY
7	41	M	LOW	HIGH	11.037	drugC
8	60	M	NORMAL	HIGH	15.171	DrugY
9	43	M	LOW	NORMAL	19.368	DrugY

此處，也對資料集的字串型資料進行編碼，例如性別 (SEX)，進行 One-Hot encoding 進行編碼；而血壓水平 (BP) 同為文字型資料，我們可以進行連續型編碼 (Label encoding)：

```
[7]  1 data.info()

<class 'pandas.core.frame.DataFrame'>
RangeIndex: 200 entries, 0 to 199
Data columns (total 6 columns):
 #   Column       Non-Null Count  Dtype
---  ------       --------------  -----
 0   Age          200 non-null    int64
 1   Sex          200 non-null    object
 2   BP           200 non-null    object
 3   Cholesterol  200 non-null    object
 4   Na_to_K      200 non-null    float64
 5   Drug         200 non-null    object
dtypes: float64(1), int64(1), object(4)
memory usage: 9.5+ KB
```

```
[8]  1 data.Sex.value_counts()

M    104
F     96
Name: Sex, dtype: int64
```

```
[9]  1 data["Sex"]=data["Sex"].map({"M":0,"F":1})  #OHE
     2
     3 #補充
     4 #data["Sex"]=data["Sex"].replace("M",0)
     5 #data["Sex"]=data["Sex"].replace("F",1)
     6 #data["Sex"]
```

```
[10]  1 data.BP.value_counts()

HIGH      77
LOW       64
NORMAL    59
Name: BP, dtype: int64
```

```
[11]  1 data["BP"]=data["BP"].map({"HIGH":3,"NORMAL":2,"LOW":1})
```

```
[12]  1 data.head()
```

	Age	Sex	BP	Cholesterol	Na_to_K	Drug
0	23	1	3	HIGH	25.355	DrugY
1	47	0	1	HIGH	13.093	drugC
2	47	0	1	HIGH	10.114	drugC
3	28	1	2	HIGH	7.798	drugX
4	61	1	1	HIGH	18.043	DrugY

繪製用藥分類的相依矩陣：

```
1 import seaborn as sns
2 import matplotlib.pyplot as plt
3
4 # 計算相關性矩陣
5 corrMatrix = data.corr()
6
7 # 設定繪圖參數
8 plt.figure(figsize=(12, 10))
9 sns.set(font_scale=1.2)
10 sns.set_style("whitegrid")
11
12 # 繪製熱度圖，使用 "Oranges" 調色板
13 heatmap = sns.heatmap(corrMatrix, cmap="Oranges", annot=True, fmt=".2f", linewidths=0.5)
14
15 # 調整繪圖的外觀
16 heatmap.set_title('Correlation Heatmap', pad=20)
17 plt.xticks(rotation=45, ha='right')
18 plt.yticks(rotation=45, ha='right')
19
20 # 顯示繪圖
21 plt.show()
22
```

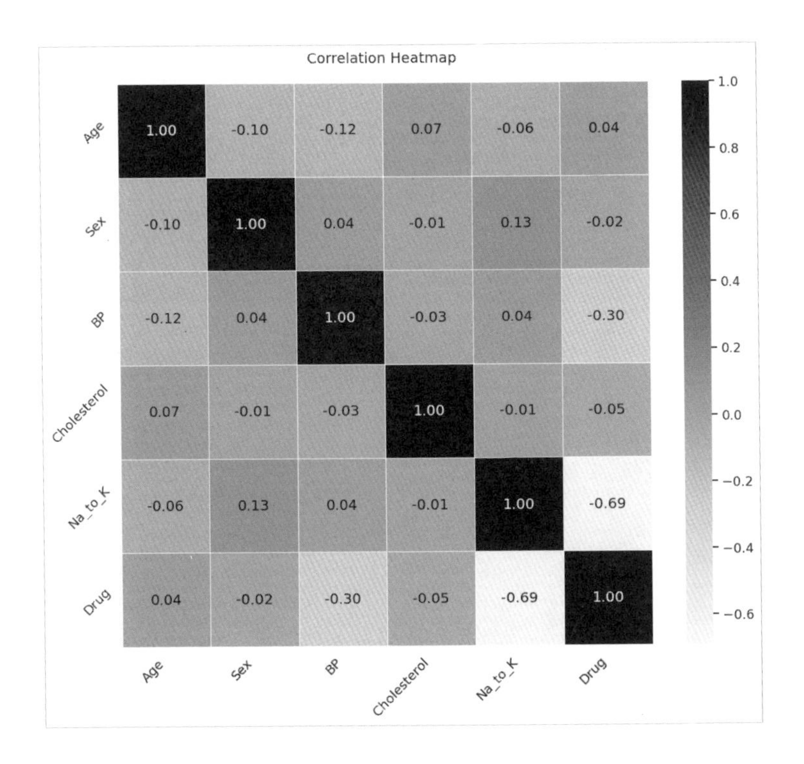

建立決策樹模型來做為用藥分類專案的預測：

決策樹模型

```
[24] 1 decision_tree =DecisionTreeClassifier()
```

```
[25] 1 decision_tree.fit(X_train, y_train)
```

```
▾ DecisionTreeClassifier
DecisionTreeClassifier()
```

```
[26] 1 pre=decision_tree.predict(X_test)
```

```
[27] 1 score=accuracy_score(y_test, pre)
     2 score

0.96
```

讀者亦可以自行改寫成 dataframe 格式輸出，方便資料的收集：

評估模型

```
[28] 1 #評估決策樹
     2 from sklearn.metrics import confusion_matrix, classification_report, f1_score, accuracy_score
     3
     4 print("Confusion Matrix - DT")
     5 print(confusion_matrix(y_test, pre))
     6 print("\n")
     7 print("Accuracy Score - DT")
     8 print(accuracy_score(y_test, pre))
     9 print("\n")
    10 #print("F1 Score - Random Forest")
    11 #print(f1_score(y_test, pre))
    12 print("\n")
    13 print("Classification Report - DT")
    14 print(classification_report(y_test, pre))
```

```
Confusion Matrix - DT
[[19  0  0  0  0]
 [ 0  5  0  0  0]
 [ 0  1  5  0  0]
 [ 0  0  0  7  0]
 [ 1  0  0  0 12]]


Accuracy Score - DT
0.96



Classification Report - DT
              precision    recall  f1-score   support

           0       0.95      1.00      0.97        19
           1       0.83      1.00      0.91         5
           2       1.00      0.83      0.91         6
           3       1.00      1.00      1.00         7
           4       1.00      0.92      0.96        13

    accuracy                           0.96        50
   macro avg       0.96      0.95      0.95        50
weighted avg       0.96      0.96      0.96        50
```

用藥分類的混淆矩陣繪製：

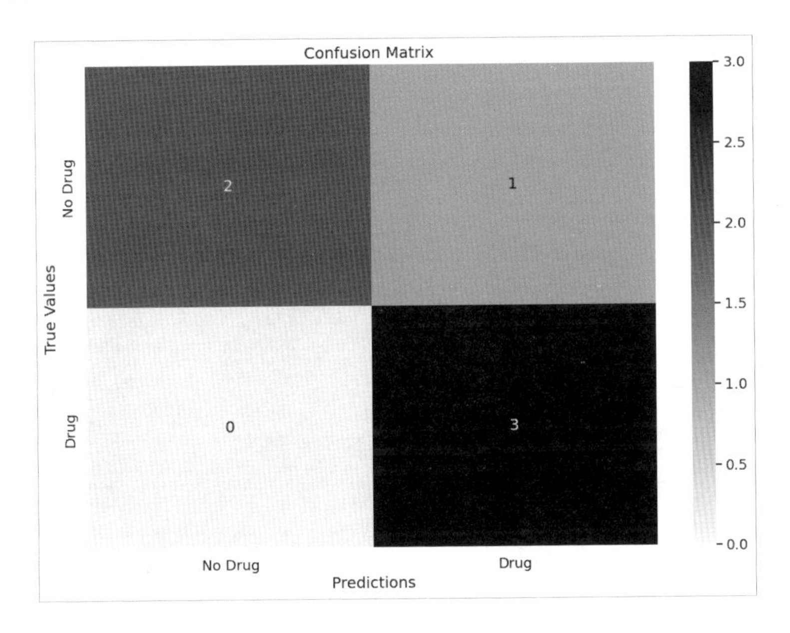

ROC 曲線底下的面積：

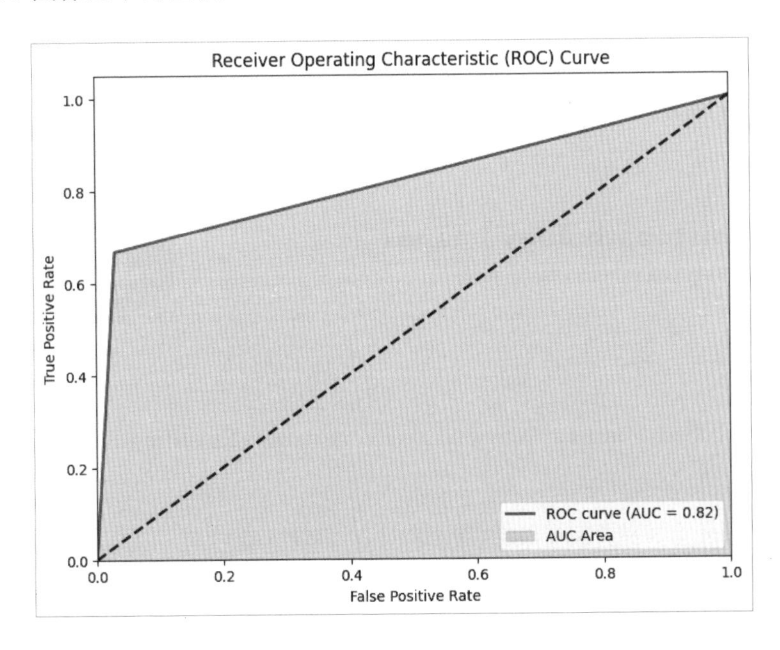

9.5 乳癌數據分析

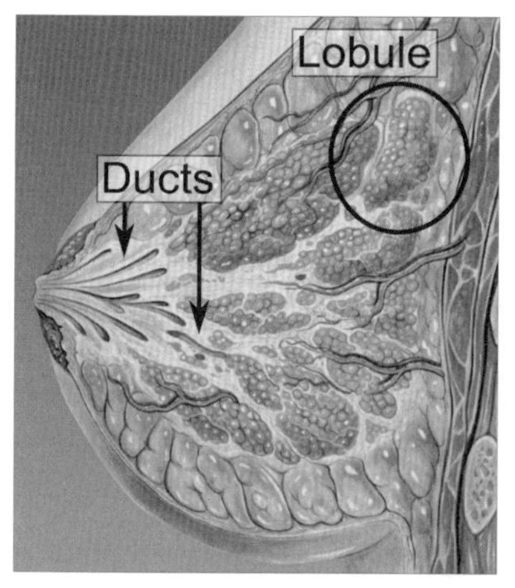

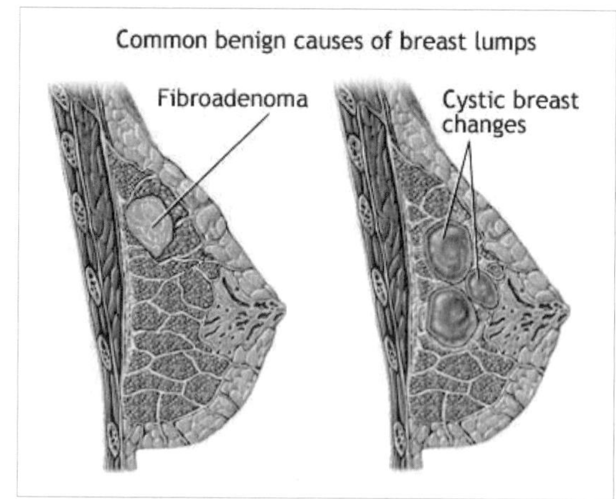

圖片引自維基百科

這張由 Mikael Häggström 教授繪製的插圖展現健康乳房的解剖結構。可以看到乳腺小葉，這些小葉是能夠產生乳汁的腺體，乳汁通過乳管流出。乳管癌開始在乳管中發展，而小葉癌則起源於小葉。侵襲性癌症能夠離開其初始的組織區域，並形成轉移。

Breast Histopathology Images

198,738 IDC(-) image patches; 78,786 IDC(+) image patches

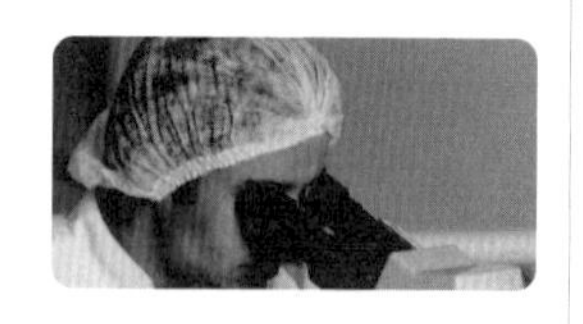

Data Card Code (181) Discussion (11)

資料集下載處：https：//www.kaggle.com/datasets/paultimothymooney/breast-histopathology-images

- 本專案的目標在於預測組織切片中的浸潤性管狀癌：

本節將介紹關於乳癌的專案，浸潤性管狀癌（IDC）是乳腺癌最為普遍的一種類型，約佔所有病例的 80%。這是一種惡性腫瘤，有能力形成轉移，因此具有特別的危險性。通常，我們會進行生檢以取得小的組織樣本。然後，病理學家必須評估患者是否患有 IDC、其他乳腺癌類型，或者是健康的情況。此外，需要定位病變細胞，以瞭解疾病的進展程度並進行分級。

這是一個手動且耗時的過程。而且，判斷結果受病理學家專業知識和醫院的設備影響。因此，深度學習可能對自動檢測和定位腫瘤組織細胞並加速診斷的判讀非常有幫助。

- 目標：

當開始進行這個專案分析時，我們想知道是否能夠改進 2014 年由 Anant Madabhushi 教授及其團隊在論文《使用卷積神經網絡在整個切片圖像中自動檢測浸潤性管狀癌；原文： Automatic detection of invasive ductal carcinoma in whole slide images with Convolutional Neural Networks》果。自那時以來已經過去了許多年，很有可能論文中使用的所有方法都已經發生了變化、改進，並且已經進行了新的研究。儘管如此，這仍然是一個很好的練習，用來磨練或發展自己的深度學習和數據科學技能。

- 本書專案的方法：

1. 在該專案中，本書使用了 162 名患者的組織切片，所有患者都患有 IDC（113 名用於訓練，49 名用於驗證）；使用一名病理學家來確定給定組織切片的 IDC 區域
2. 混淆矩陣的評估指標：F1 分數和平衡準確度
3. 目標：給定一名患者和一個組織切片的補丁，預測它是否包含 IDC。
4. 可能性：健康組織、IDC、乳腺癌的另一亞型

本專案所使用的病例標註，都是病理專家確認後完成的，且但是判讀的結果因專家而異，容易導致誤判，因此我們希望透過數據分析的方法，以及導入一點深度學習的技術以便於協助醫事人員自動檢測腫瘤，讓醫生做最好的診治和判斷。

首先，我們先引入套件：

```
import numpy as np # linear algebra
import pandas as pd # data processing, CSV file I/O (e.g. pd.read_csv)
import matplotlib.pyplot as plt
%matplotlib inline
import seaborn as sns
sns.set()
from PIL import Image

import torch
import torch.nn as nn
import torch.optim as optim
from torch.optim.lr_scheduler import ReduceLROnPlateau, StepLR, CyclicLR
import torchvision
from torchvision import datasets, models, transforms
from torch.utils.data import Dataset, DataLoader
import torch.nn.functional as F

from sklearn.model_selection import train_test_split, StratifiedKFold
from sklearn.utils.class_weight import compute_class_weight


from glob import glob
from skimage.io import imread
from os import listdir

import time
import copy
from tqdm import tqdm_notebook as tqdm
```

[9]:
```
data = pd.DataFrame(index=np.arange(0, total_images), columns=["patient_id", "path", "target"])

k = 0
for n in range(len(folder)):
    patient_id = folder[n]
    patient_path = base_path + patient_id
    for c in [0,1]:
        class_path = patient_path + "/" + str(c) + "/"
        subfiles = listdir(class_path)
        for m in range(len(subfiles)):
            image_path = subfiles[m]
            data.iloc[k]["path"] = class_path + image_path
            data.iloc[k]["target"] = c
            data.iloc[k]["patient_id"] = patient_id
            k += 1

data.head()
```

[9]:

	patient_id	path	target
0	10295	../input/breast-histopathology-images/IDC_regu...	0
1	10295	../input/breast-histopathology-images/IDC_regu...	0
2	10295	../input/breast-histopathology-images/IDC_regu...	0
3	10295	../input/breast-histopathology-images/IDC_regu...	0
4	10295	../input/breast-histopathology-images/IDC_regu...	0

- 對資料進行探索性分析 (exploratory analysis, EDA)

```
import matplotlib.pyplot as plt
import seaborn as sns

# 假設 cancer_perc 是資料的癌症百分比
# 假設 data.target 包含類別標籤

cancer_perc = data.groupby("patient_id").target.value_counts() / data.groupby("patient_id").target.size()
cancer_perc = cancer_perc.unstack()

# 創建子圖
fig, ax = plt.subplots(1, 3, figsize=(20, 5))

# 子圖1: 展示每個患者的病灶數量分佈
sns.distplot(data.groupby("patient_id").size(), ax=ax[0], color="Orange", kde=False, bins=30)
ax[0].set_xlabel("Number of Patches")
ax[0].set_ylabel("Frequency")
ax[0].set_title("Distribution of Patches per Patient")

# 子圖2: 展示每個患者中患有 IDC 的百分比分佈
sns.distplot(cancer_perc.iloc[:, 1] * 100, ax=ax[1], color="Tomato", kde=False, bins=30)
ax[1].set_title("Distribution of IDC Percentage per Patient")
ax[1].set_ylabel("Frequency")
ax[1].set_xlabel("% of Patches with IDC")

# 子圖3: 顯示 IDC 類別的計數
sns.countplot(data.target, palette="Set2", ax=ax[2])
ax[2].set_xlabel("No IDC (0) versus IDC (1)")
ax[2].set_title("Count of Patches with IDC")

# 調整整體排版
plt.tight_layout()
plt.show()
```

- 子圖 1: 展示每個患者的病灶數量分佈

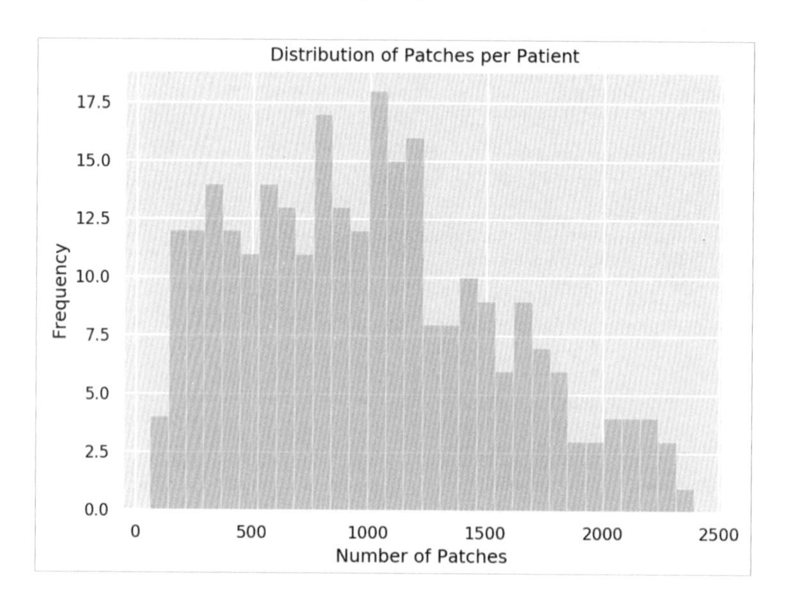

- 子圖 2: 展示每個患者中患有 IDC 的百分比分佈

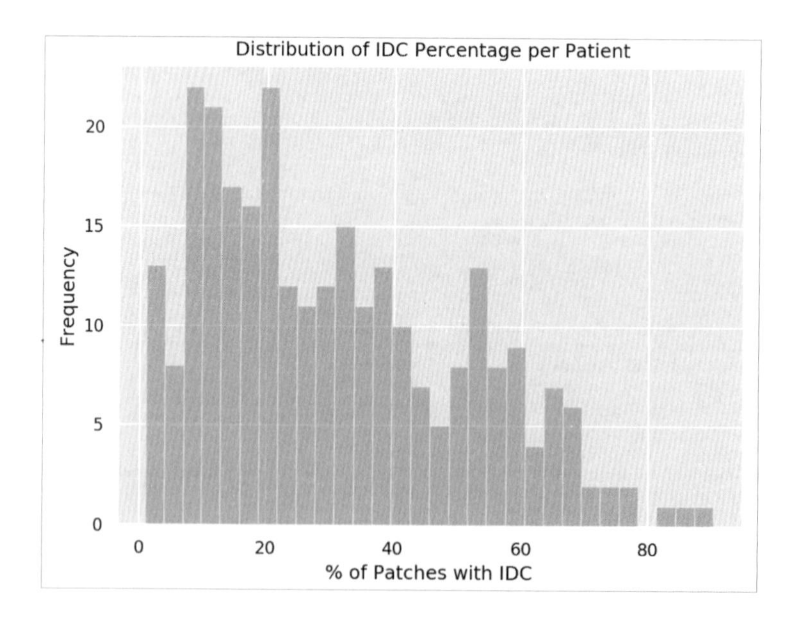

- 子圖 3: 顯示 IDC 類別的計數

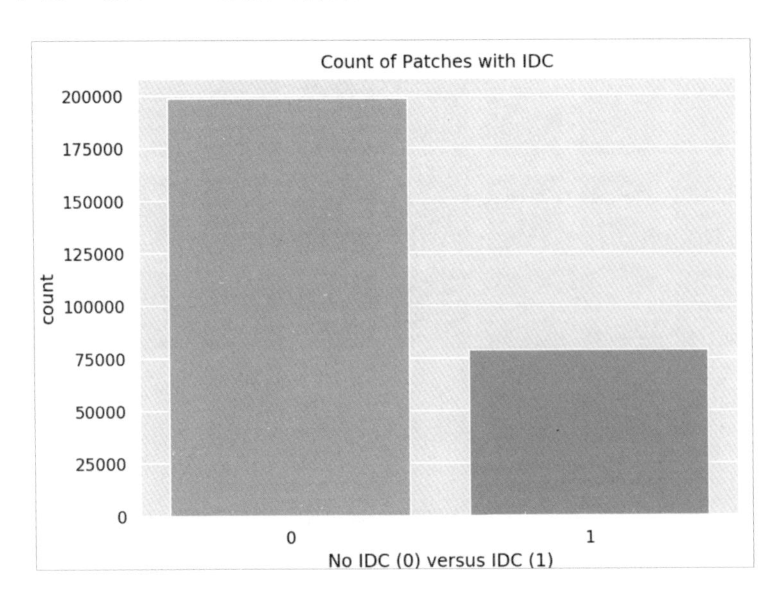

本節也介紹了每位患者的影像區塊數量存在顯著的差異，這引發了一個探討的問題：是否所有圖像都呈現相同的組織細胞分辨率，或者這種差異是因患者而異的呢？有些患者超過 80% 的影像區塊呈現浸潤性管狀癌（IDC）！這可能表示組織切片充滿了癌症組織，或者僅有乳房的一部分被聚焦在 IDP 癌症的組織切片覆蓋。我們需要進一步探討每位患者的組織切片是否涵蓋整個感興趣區域。

另外，有 IDC 與無 IDC 的類別存在不平衡。在設計驗證策略並考慮處理類別權重的策略（如果適用）後，本書將介紹讀者重新檢視這一不平衡情況。

- 首先，我們先對檢視癌症的病理切片：

```
fig, ax = plt.subplots(5,10,figsize=(20,10))

for n in range(5):
    for m in range(10):
        idx = pos_selection[m + 10*n]
        image = imread(data.loc[idx, "path"])
        ax[n,m].imshow(image)
        ax[n,m].grid(False)
```

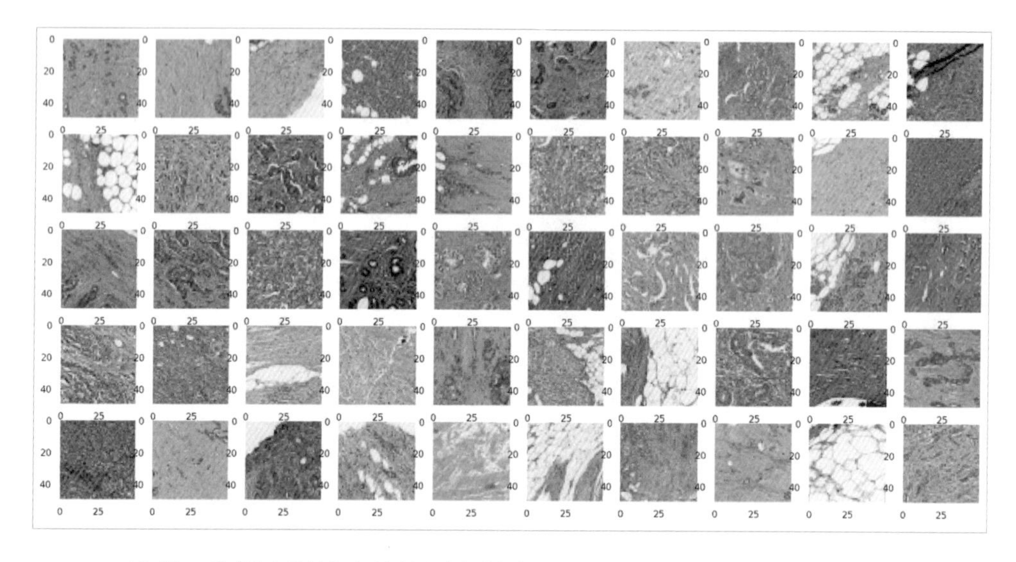

- 接著，我們也對健康的檢測者做病理切片的觀測：

```
fig, ax = plt.subplots(5,10,figsize=(20,10))

for n in range(5):
    for m in range(10):
        idx = neg_selection[m + 10*n]
        image = imread(data.loc[idx, "path"])
        ax[n,m].imshow(image)
        ax[n,m].grid(False)
```

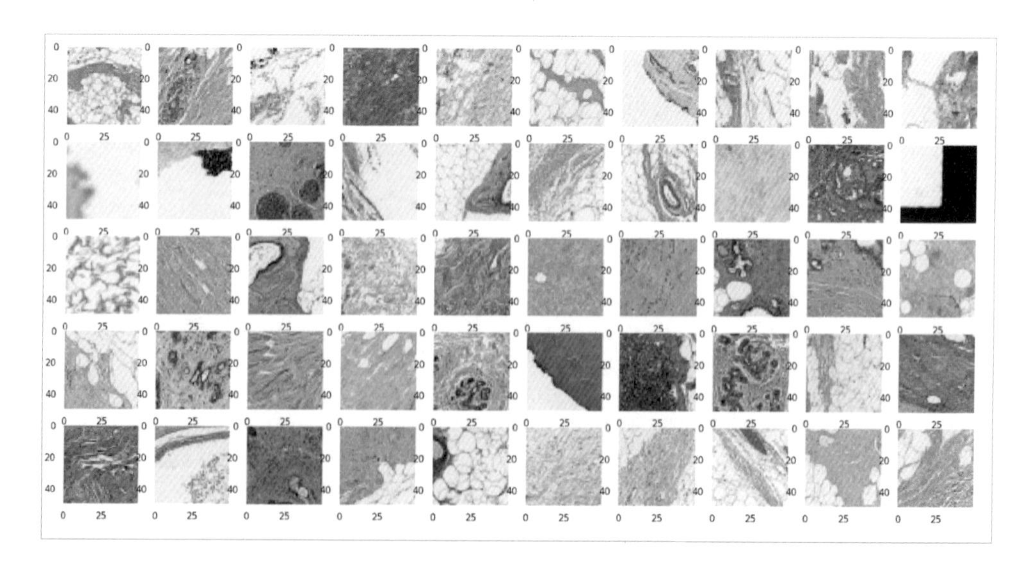

- 根據上面的醫療影像說明：

1. 我們可以找到小於 50x50 像素的工件或不完整的區塊。
2. 癌症區塊看起來比健康區塊更紫且更擁擠。這確實是癌症的典型特徵嗎，還是更典型於導管細胞和組織呢？因此，我們仍需要透過便是模型做分類！
3. 一些健康區塊也呈現非常紫色！
4. 可以詢問醫生或者檢測人員認為哪些標準對他們而言是重要的；而本書作者猜想組織中的孔洞屬於應屬於乳腺管，可以讓乳汁流過，並非癌症的片段。

- 醫療影像視覺化：

此處需要提取所有儲存在切片影像中的圖像區塊的座標。然後，我們可以使用這些座標來重新構建患者的整個乳房組織。這樣我們也可以快速分辨患病組織與健康組織的差異。因此，本書提供實作的程式碼，該方法為乳癌患者的切片建立一個包含座標和目標的視覺化切割框，以便於我們更直觀來判斷和丟進模型辨識。

```
import matplotlib.pyplot as plt

# 創建 5x3 的子圖格局
fig, ax = plt.subplots(5, 3, figsize=(20, 27))

# 獲取唯一患者 ID
patient_ids = data.patient_id.unique()

# 迭代繪製每個子圖
for n in range(5):
    for m in range(3):
        # 取得特定患者的座標資料框
        patient_id = patient_ids[m + 3 * n]
        example_df = get_patient_dataframe(patient_id)

        # 使用散點圖呈現座標點，顏色表示目標值
        ax[n, m].scatter(example_df.x.values, example_df.y.values, c=example_df.target.values, cmap="coolwarm", s=20)

        # 設定標題及坐標軸標籤
        ax[n, m].set_title("Patient " + patient_id)
        ax[n, m].set_xlabel("Y Coordinate")
        ax[n, m].set_ylabel("X Coordinate")

# 調整整體排版
plt.tight_layout()
plt.show()
```

在對整個醫療影像探勘之前，我們將先挑部分患者的圖片轉換成 x-y 空間。這有助於我們以更簡單的方式了解乳房組織切片中的二元目標分布。透過視覺化的方法，我們能夠觀察到患者的組織切片中目標（是否患有癌症）的空間分佈情況。

每個散點代表一個組織切片，其中 x-y 座標表示在乳房組織中的位置，而點的顏色則反映了該切片的目標值，也就是是否患有癌症。這種簡化的視覺化方法有助於我們初步理解患者乳房組織中目標的分布趨勢，為醫事人員的判讀提供更直觀的做法！

這種視覺化方法將有助於捕捉患者之間可能存在的影像分布，為後續分析提供了一個新的切入點。通過這種方式，我們可以更有效的全面地理解乳腺組織中癌症分布的特徵，有助於醫學研究和診斷方法的決策。

- 針對癌症寫一個定義功能函式：

```
def get_cancer_dataframe(patient_id, cancer_id):
    path = base_path + patient_id + "/" + cancer_id
    files = listdir(path)
    dataframe = pd.DataFrame(files, columns=["filename"])
    path_names = path + "/" + dataframe.filename.values
    dataframe = dataframe.filename.str.rsplit("_", n=4, expand=True)
    dataframe.loc[:, "target"] = np.int(cancer_id)
    dataframe.loc[:, "path"] = path_names
    dataframe = dataframe.drop([0, 1, 4], axis=1)
    dataframe = dataframe.rename({2: "x", 3: "y"}, axis=1)
    dataframe.loc[:, "x"] = dataframe.loc[:,"x"].str.replace("x", "", case=False).astype(np.int)
    dataframe.loc[:, "y"] = dataframe.loc[:,"y"].str.replace("y", "", case=False).astype(np.int)
    return dataframe
```

- 實作方法，建立 5*3 的格子圖：

```
fig, ax = plt.subplots(5,3,figsize=(20, 27))

patient_ids = data.patient_id.unique()

for n in range(5):
    for m in range(3):
        patient_id = patient_ids[m + 3*n]
        example_df = get_patient_dataframe(patient_id)

        ax[n,m].scatter(example_df.x.values, example_df.y.values, c=example_df.target.values, cmap="coolwarm", s=20);
        ax[n,m].set_title("patient " + patient_id)
        ax[n,m].set_xlabel("y coord")
        ax[n,m].set_ylabel("x coord")
```

- 再切細緻一點：

```
import matplotlib.pyplot as plt

# 創建 5x3 的子圖格局
fig, ax = plt.subplots(5, 3, figsize=(20, 27))

# 獲取唯一患者 ID
patient_ids = data.patient_id.unique()

# 迭代繪製每個子圖
for n in range(5):
    for m in range(3):
        # 取得特定患者的座標資料框
        patient_id = patient_ids[m + 3 * n]
        example_df = get_patient_dataframe(patient_id)

        # 使用散點圖呈現座標點，顏色表示目標值
        ax[n, m].scatter(example_df.x.values, example_df.y.values, c=example_df.target.values, cmap="coolwarm", s=20)

        # 設定標題及坐標軸標籤
        ax[n, m].set_title("Patient " + patient_id)
        ax[n, m].set_xlabel("Y Coordinate")
        ax[n, m].set_ylabel("X Coordinate")

# 調整整體排版
plt.tight_layout()
plt.show()
```

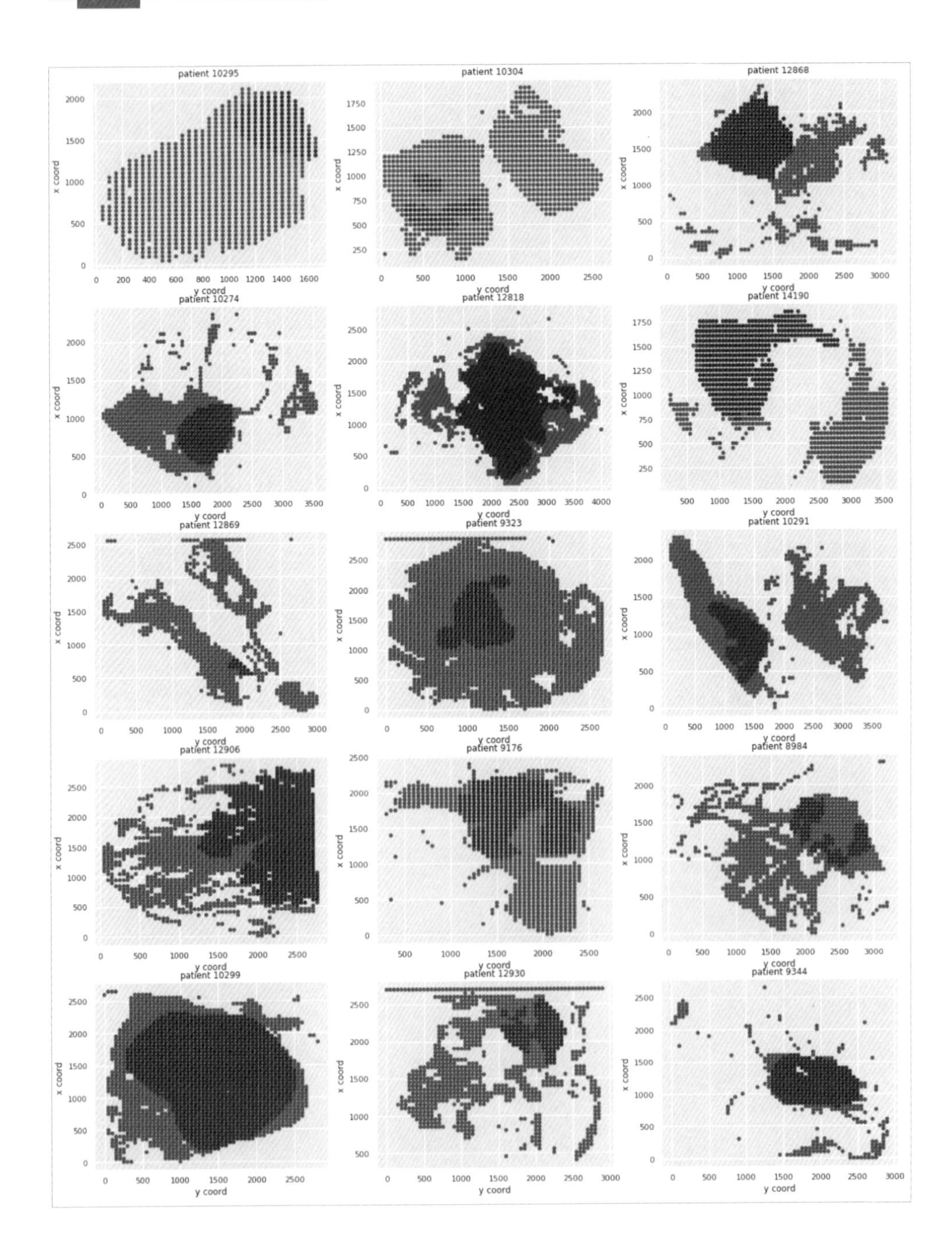
patient 10295
patient 10304
patient 12868
patient 10274
patient 12818
patient 14190
patient 12869
patient 9323
patient 10291
patient 12906
patient 9176
patient 8984
patient 10299
patient 12930
patient 9344
x coord
y coord

此處，我們可以自行調整；將切點圖切細一點，方便醫事人員判讀模糊的區塊！

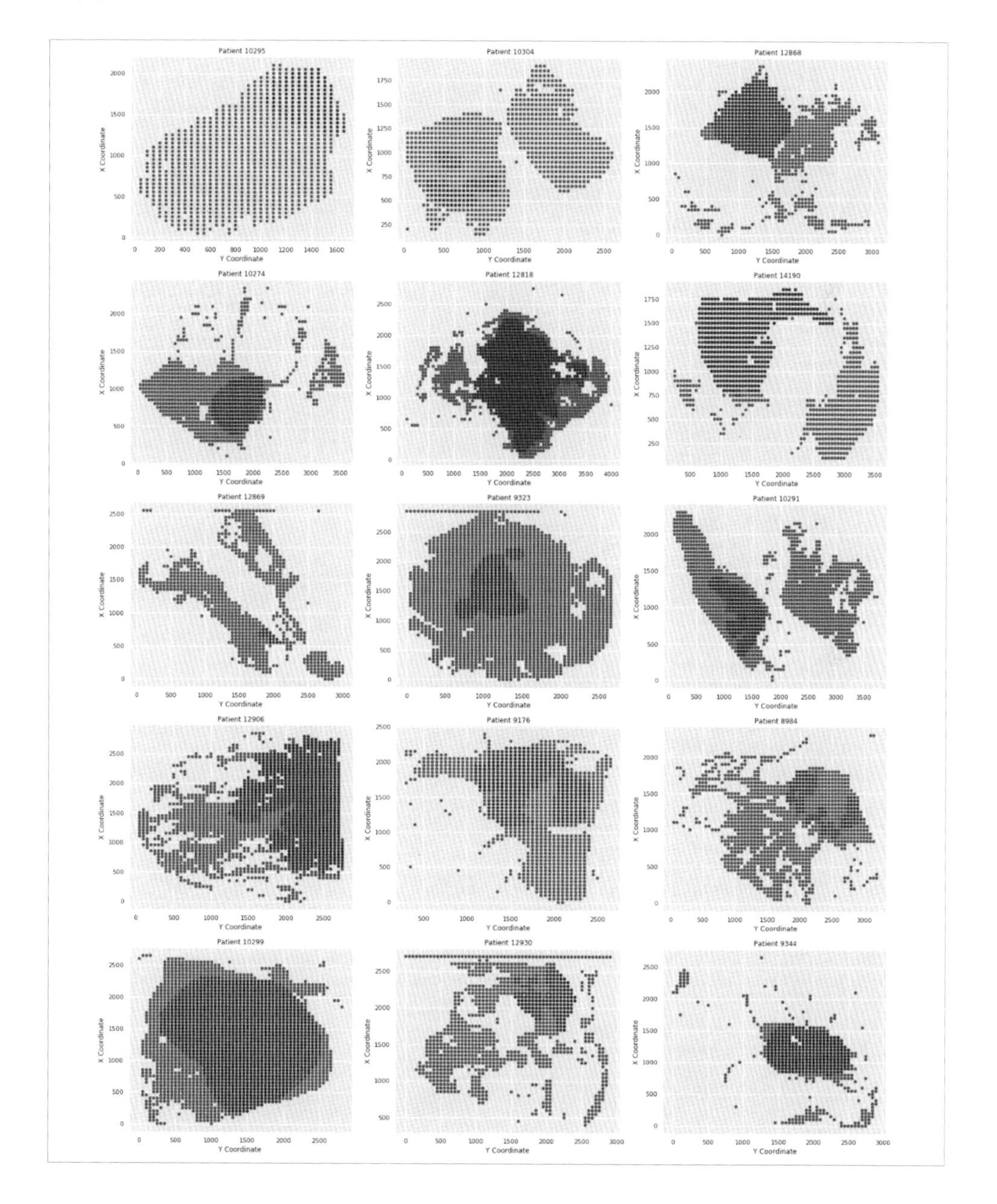

此處，撰寫一個函式來還原點狀圖為病理切片：

```
def visualise_breast_tissue(patient_id, pred_df=None):
    example_df = get_patient_dataframe(patient_id)
    max_point = [example_df.y.max()-1, example_df.x.max()-1]
    grid = 255*np.ones(shape = (max_point[0] + 50, max_point[1] + 50, 3)).astype(np.uint8)
    mask = 255*np.ones(shape = (max_point[0] + 50, max_point[1] + 50, 3)).astype(np.uint8)
    if pred_df is not None:
        patient_df = pred_df[pred_df.patient_id == patient_id].copy()
    mask_proba = np.zeros(shape = (max_point[0] + 50, max_point[1] + 50, 1)).astype(np.float)

    broken_patches = []
    for n in range(len(example_df)):
        try:
            image = imread(example_df.path.values[n])

            target = example_df.target.values[n]

            x_coord = np.int(example_df.x.values[n])
            y_coord = np.int(example_df.y.values[n])
            x_start = x_coord - 1
            y_start = y_coord - 1
            x_end = x_start + 50
            y_end = y_start + 50

            grid[y_start:y_end, x_start:x_end] = image
            if target == 1:
                mask[y_start:y_end, x_start:x_end, 0] = 250
                mask[y_start:y_end, x_start:x_end, 1] = 0
                mask[y_start:y_end, x_start:x_end, 2] = 0
            if pred_df is not None:

                proba = patient_df[
                    (patient_df.x==x_coord) & (patient_df.y==y_coord)].proba
                mask_proba[y_start:y_end, x_start:x_end, 0] = np.float(proba)

        except ValueError:
            broken_patches.append(example_df.path.values[n])


    return grid, mask, broken_patches, mask_proba
```

我們挑選 13616 患者的病理切片進行觀察和還原：

```
example = "13616"
grid, mask, broken_patches,_ = visualise_breast_tissue(example)

fig, ax = plt.subplots(1,2,figsize=(20,10))
ax[0].imshow(grid, alpha=0.9)
ax[1].imshow(mask, alpha=0.8)
ax[1].imshow(grid, alpha=0.7)
ax[0].grid(False)
ax[1].grid(False)
for m in range(2):
    ax[m].set_xlabel("y-coord")
    ax[m].set_ylabel("y-coord")
ax[0].set_title("Breast tissue slice of patient: " + patient_id)
ax[1].set_title("Cancer tissue colored red \n of patient: " + patient_id);
```

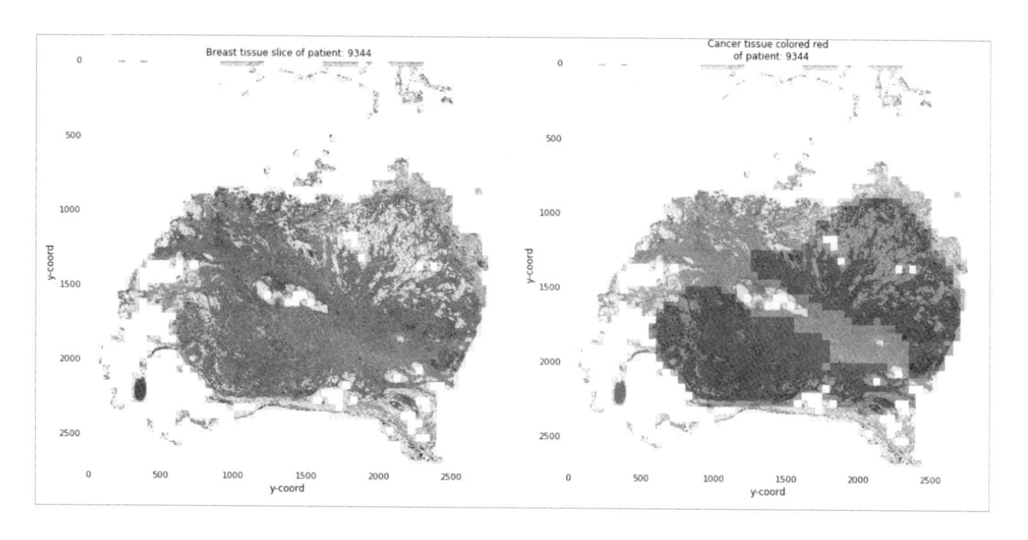

此處，我們再改寫病兆的部分，使醫事人員更容易判讀：

```
example = "13616"
grid, mask, broken_patches, _ = visualise_breast_tissue(example)

fig, ax = plt.subplots(1, 2, figsize=(20, 10))

# 繪製正常組織切片
ax[0].imshow(grid, alpha=0.9, cmap="viridis")
ax[0].grid(False)
ax[0].set_xlabel("y-coordinate")
ax[0].set_ylabel("x-coordinate")
ax[0].set_title("Breast Tissue Slice of Patient: " + example)

# 繪製帶有癌症區域的組織切片
ax[1].imshow(grid, alpha=0.7, cmap="viridis")
ax[1].imshow(mask, alpha=0.8, cmap="Reds")
ax[1].grid(False)
ax[1].set_xlabel("y-coordinate")
ax[1].set_ylabel("x-coordinate")
ax[1].set_title("Cancer Tissue Highlighted in Red \n of Patient: " + example)

plt.show()
```

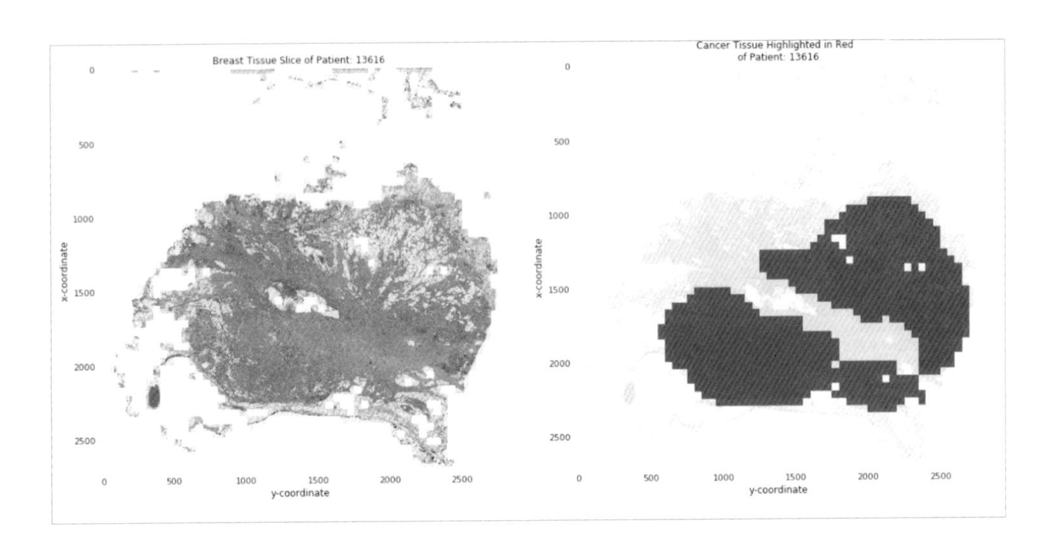

更進一步的說明：

為了避免辨識模型過擬合，我們可以對每個圖像可以進行的最簡單的轉換有：

- 調整圖像大小以符合所需的輸入形狀。

進行水平和垂直翻轉。

在我們目前的醫療影像中，這些影像的形狀為 50x50x3，我們可以將其設置為輸入形狀。由於卷積神經網絡（CNN）在平移方面具有不變性，但在旋轉方面並非如此，因此在訓練過程中添加翻轉是一個合理的選擇。這樣一來，我們以有意義的方式增加了數據的多樣性，因為每個影像區塊在組織切片上也可以旋轉。鑑於我們查看部分的組織影像，因此失去區塊之間的空間連接並不重要，並且某些相鄰區塊以不同方向旋轉也無妨。

- 我們可以通過資料擴增（data augmentation）進一步增強我們的模型。這包括在訓練過程中對圖像進行隨機旋轉、縮放和平移等變換，以生成更多具有變化性的數據，從而提高模型的泛化能力。

```
def my_transform(key="train", plot=False):
    train_sequence = [transforms.Resize((50,50)),
                      transforms.RandomHorizontalFlip(),
                      transforms.RandomVerticalFlip()]
    val_sequence = [transforms.Resize((50,50))]
    if plot==False:
        train_sequence.extend([
            transforms.ToTensor(),
            transforms.Normalize([0.485, 0.456, 0.406], [0.229, 0.224, 0.225])])
        val_sequence.extend([
            transforms.ToTensor(),
            transforms.Normalize([0.485, 0.456, 0.406], [0.229, 0.224, 0.225])])

    data_transforms = {'train': transforms.Compose(train_sequence),'val': transforms.Compose(val_sequence)}
    return data_transforms[key]
```

```
class BreastCancerDataset(Dataset):

    def __init__(self, df, transform=None):
        self.states = df
        self.transform=transform

    def __len__(self):
        return len(self.states)

    def __getitem__(self, idx):
        patient_id = self.states.patient_id.values[idx]
        x_coord = self.states.x.values[idx]
        y_coord = self.states.y.values[idx]
        image_path = self.states.path.values[idx]
        image = Image.open(image_path)
        image = image.convert('RGB')

        if self.transform:
            image = self.transform(image)

        if "target" in self.states.columns.values:
            target = np.int(self.states.target.values[idx])
        else:
            target = None

        return {"image": image,
                "label": target,
                "patient_id": patient_id,
                "x": x_coord,
                "y": y_coord}
```

顯示影像的解析度：

- 顯示程式：

```
fig, ax = plt.subplots(3,6,figsize=(20,11))

train_transform = my_transform(key="train", plot=True)
val_transform = my_transform(key="val", plot=True)

for m in range(6):
    filepath = train_df.path.values[m]
    image = Image.open(filepath)
    ax[0,m].imshow(image)
    transformed_img = train_transform(image)
    ax[1,m].imshow(transformed_img)
    ax[2,m].imshow(val_transform(image))
    ax[0,m].grid(False)
    ax[1,m].grid(False)
    ax[2,m].grid(False)
    ax[0,m].set_title(train_df.patient_id.values[m] + "\n target: " + train_df.target.values[m])
    ax[1,m].set_title("Preprocessing for train")
    ax[2,m].set_title("Preprocessing for val")
```

- 轉換後的病理切片：

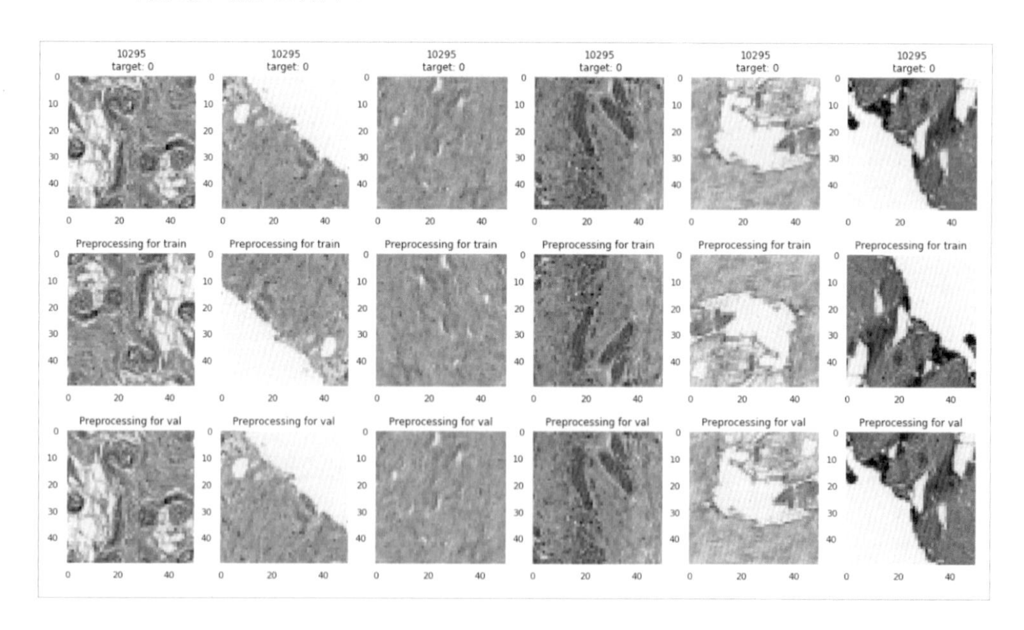

再調整影像的解析度：

- 顯示程式：

```
fig, ax = plt.subplots(3, 6, figsize=(20, 11), dpi=100)

train_transform = my_transform(key="train", plot=True)
val_transform = my_transform(key="val", plot=True)

for m in range(6):
    filepath = train_df.path.values[m]
    image = Image.open(filepath)

    ax[0, m].imshow(image)
    transformed_img = train_transform(image)
    ax[1, m].imshow(transformed_img)
    ax[2, m].imshow(val_transform(image))

    for i in range(3):
        ax[i, m].grid(False)
        ax[i, m].set_xticks([])
        ax[i, m].set_yticks([])

    ax[0, m].set_title(train_df.patient_id.values[m] + "\n target: " + train_df.target.values[m])
    ax[1, m].set_title("Preprocessing for train")
    ax[2, m].set_title("Preprocessing for val")

plt.tight_layout()
plt.show()
```

- 轉換後的病理切片：

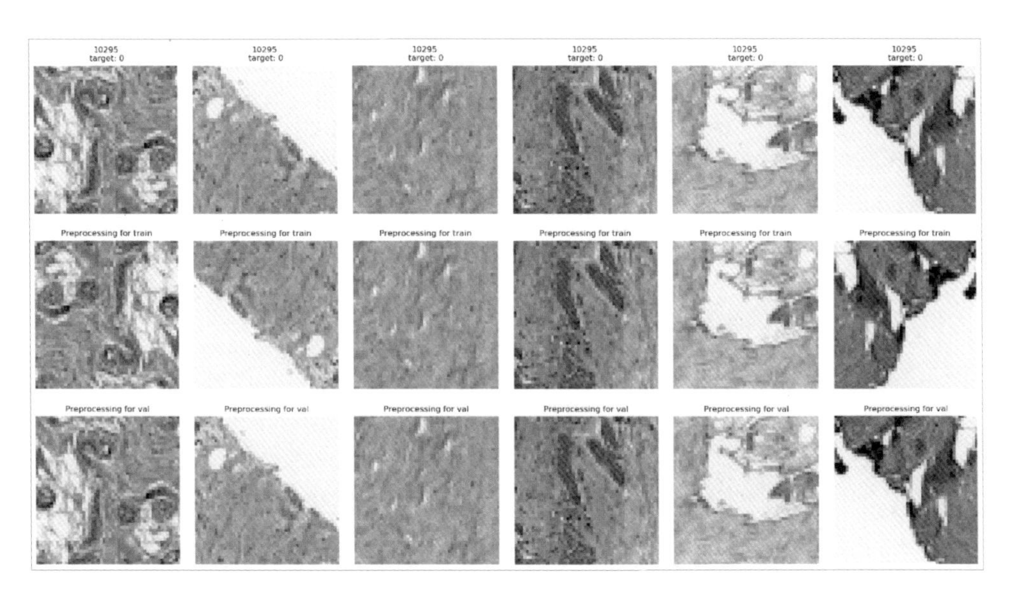

9.6 腎臟病數據集分析

Chronic KIdney Disease dataset

Data has 25 feattures which may predict a patient with chronic kidney disease

Data Card Code (112) Discussion (5)

慢性腎臟病（CKD），又稱慢性腎臟疾病。慢性腎臟病涉及損害腎臟並降低健康的情況。因此患者，可能會出現高血壓、貧血（血液計數低）、骨骼疲弱、營養不良和神經損傷等併發症；因此早期檢測和治療通常可以防止慢性腎臟病惡化。這份數據是在印度的一個為期 2 個月的時期內收集的，包含了 25 個特徵（例如，紅血球計數、白血球計數等）。目標變數是 'classification'，其取值為 'ckd' 或 'notckd'，其中 'ckd' 代表慢性腎臟病。本節建議讀者使用機器學習技術來預測患者是否患有慢性腎臟病。

此處，我們也提供數據及下載處給各位讀者練習：

資料集下載處：https：//www.kaggle.com/datasets/mansoordaku/ckdisease

這次，我們寫個函數來同時呼叫 SVM 和 RF 來進行實作，同時也將繪製混淆矩陣中的 ROC 曲線，一鼓作氣寫在同一個函式裡面，方便我們對資料集的探勘。

```
1 import numpy as np
2 import pandas as pd
3 import seaborn as sns
4 import matplotlib.pyplot as plt
5 from sklearn.model_selection import train_test_split, GridSearchCV
6 from sklearn.metrics import roc_curve, auc, confusion_matrix, classification_report,accuracy_score
7 from sklearn.ensemble import RandomForestClassifier
8
9
10 %matplotlib inline
11
12 def auc_scorer(clf, X, y, model): # Helper function to plot the ROC curve
13         if model=='RF':
14                 fpr, tpr, _ = roc_curve(y, clf.predict_proba(X)[:,1])
15         elif model=='SVM':
16                 fpr, tpr, _ = roc_curve(y, clf.decision_function(X))
17         roc_auc = auc(fpr, tpr)
18
19         plt.figure()        # Plot the ROC curve
20         plt.plot(fpr, tpr, label='ROC curve from '+model+' model (area = %0.3f)' % roc_auc)
21         plt.plot([0, 1], [0, 1], 'k--')
22         plt.xlim([0.0, 1.0])
23         plt.ylim([0.0, 1.05])
24         plt.xlabel('False Positive Rate')
25         plt.ylabel('True Positive Rate')
26         plt.title('ROC Curve')
27         plt.legend(loc="lower right")
28         plt.show()
29
30         return fpr,tpr,roc_auc
```

說明:本次使用的腎臟病資料及特徵如下，基於的健康記錄預測慢性腎臟病;利用 400 位患者在 2 個月期間提取的 24 項與健康相關的特徵，使用完整記錄的 158 位患者的資料，來預測其餘 242 位患者（其記錄中存在缺失值）的結果，即預測他們是否患有慢性腎臟病。各位讀者在進行資料分析的時候，記得先進行資料清洗的前處理：

- 年齡 (數值型)：age，以年為單位。
- 血壓 (數值型)：bp，以 mm/Hg 為單位。
- 液比重 (名目型)：sg- (1.005, 1.010, 1.015, 1.020, 1.025)。
- 白蛋白 (名目型)：al- (0, 1, 2, 3, 4, 5)。
- 糖分 (名目型)：su- (0, 1, 2, 3, 4, 5)。
- 紅血球 (名目型)：rbc- (normal, abnormal)。
- 膿細胞 (名目型)：pc- (normal, abnormal)。
- 膿塊 (名目型)：pcc- (present, notpresent)。
- 細菌 (名目型)：ba- (present, notpresent)。
- 隨機血糖 (數值型)：bgr，以 mgs/dl 為單位。
- 尿素 (數值型)：bu，以 mgs/dl 為單位。
- 血清肌酐 (數值型)：sc，以 mgs/dl 為單位。
- 鈉 (數值型)：sod，以 mEq/L 為單位。
- 鉀 (數值型)：pot，以 mEq/L 為單位。
- 血紅素 (數值型)：hemo，以 gms 為單位。
- 壓縮紅細胞體積 (數值型)：packed cell volume。
- 白血球計數 (數值型)：wc，以 cells/cumm 為單位。
- 紅血球計數 (數值型)：rc，以 millions/cmm 為單位。
- 高血壓 (名目型)：htn- (yes, no)。
- 糖尿病 (名目型)：dm- (yes, no)。

- 冠狀動脈疾病 (名目型)：cad- (yes, no)。
- 食慾 (名目型)：ppet- (good, poor)。
- 足底水腫 (名目型)：pe- (yes, no)。
- 貧血 (名目型)：ane- (yes, no)。
- 類別 (名目型)：class- (ckd, notckd)。
- 資料清洗與編碼如下：

```
1 # Map text to 1/0 and do some cleaning
2 df[['htn','dm','cad','pe','ane']] = df[['htn','dm','cad','pe','ane']].replace(to_replace={'yes':1,'no':0})
3 df[['rbc','pc']] = df[['rbc','pc']].replace(to_replace={'abnormal':1,'normal':0})
4 df[['pcc','ba']] = df[['pcc','ba']].replace(to_replace={'present':1,'notpresent':0})
5 df[['appet']] = df[['appet']].replace(to_replace={'good':1,'poor':0,'no':np.nan})
6 df['classification'] = df['classification'].replace(to_replace={'ckd':1.0,'ckd\t':1.0,'notckd':0.0,'no':0.0})
7 df.rename(columns={'classification':'class'},inplace=True)
```

```
[135]
1 # Further cleaning
2 df['pe'] = df['pe'].replace(to_replace='good',value=0) # Not having pedal edema is good
3 df['appet'] = df['appet'].replace(to_replace='no',value=0)
4 df['cad'] = df['cad'].replace(to_replace='\tno',value=0)
5 df['dm'] = df['dm'].replace(to_replace={'\tno':0,'\tyes':1,' yes':1, '':np.nan})
6 df.drop('id',axis=1,inplace=True)
```

```
[136]
1 df.head()
```

	age	bp	sg	al	su	rbc	pc	pcc	ba	bgr	...	pcv	wc	rc	htn	dm	cad	appet	pe	ane	class
0	48.0	80.0	1.020	1.0	0.0	NaN	0.0	0.0	0.0	121.0	...	44	7800	5.2	1.0	1.0	0.0	1.0	0.0	0.0	1.0
1	7.0	50.0	1.020	4.0	0.0	NaN	0.0	0.0	0.0	NaN	...	38	6000	NaN	0.0	0.0	0.0	1.0	0.0	0.0	1.0
2	62.0	80.0	1.010	2.0	3.0	0.0	0.0	0.0	0.0	423.0	...	31	7500	NaN	0.0	1.0	0.0	0.0	0.0	1.0	1.0
3	48.0	70.0	1.005	4.0	0.0	0.0	1.0	1.0	0.0	117.0	...	32	6700	3.9	1.0	0.0	0.0	0.0	1.0	1.0	1.0
4	51.0	80.0	1.010	2.0	0.0	0.0	0.0	0.0	0.0	106.0	...	35	7300	4.6	0.0	0.0	0.0	1.0	0.0	0.0	1.0

5 rows × 25 columns

- 繪製相依矩陣如下：

```
1 corr_df = df2.corr()
2
3 # Generate a mask for the upper triangle
4 mask = np.zeros_like(corr_df, dtype=np.bool)
5 mask[np.triu_indices_from(mask)] = True
6
7 # Set up the matplotlib figure
8 f, ax = plt.subplots(figsize=(11, 9))
9
10 # Generate a custom diverging colormap
11 cmap = sns.diverging_palette(220, 10, as_cmap=True)
12
13 # Draw the heatmap with the mask and correct aspect ratio
14 sns.heatmap(corr_df, mask=mask, cmap=cmap, vmax=.3, center=0,
15             square=True, linewidths=.5, cbar_kws={"shrink": .5})
16 plt.title('Correlations between different predictors')
17 plt.show()
18
```

- 補上相依係數的相依矩陣圖：

```
1 import numpy as np
2 import seaborn as sns
3 import matplotlib.pyplot as plt
4
5 corr_df = df2.corr()
6
7 # Generate a mask for the upper triangle
8 mask = np.zeros_like(corr_df, dtype=np.bool)
9 mask[np.triu_indices_from(mask)] = True
10
11 # Set up the matplotlib figure
12 f, ax = plt.subplots(figsize=(11, 9))
13
14 # Generate a custom diverging colormap
15 cmap = sns.diverging_palette(220, 10, as_cmap=True)
16
17 # Draw the heatmap with the mask and correct aspect ratio
18 heatmap = sns.heatmap(corr_df, mask=mask, cmap=cmap, vmax=.3, center=0,
19                       square=True, linewidths=.5, cbar_kws={"shrink": .5}, annot=True, fmt=".2f")
20
21 # Add a title
22 plt.title('Correlations between different predictors')
23
24 # Show the plot
25 plt.show()
26
```

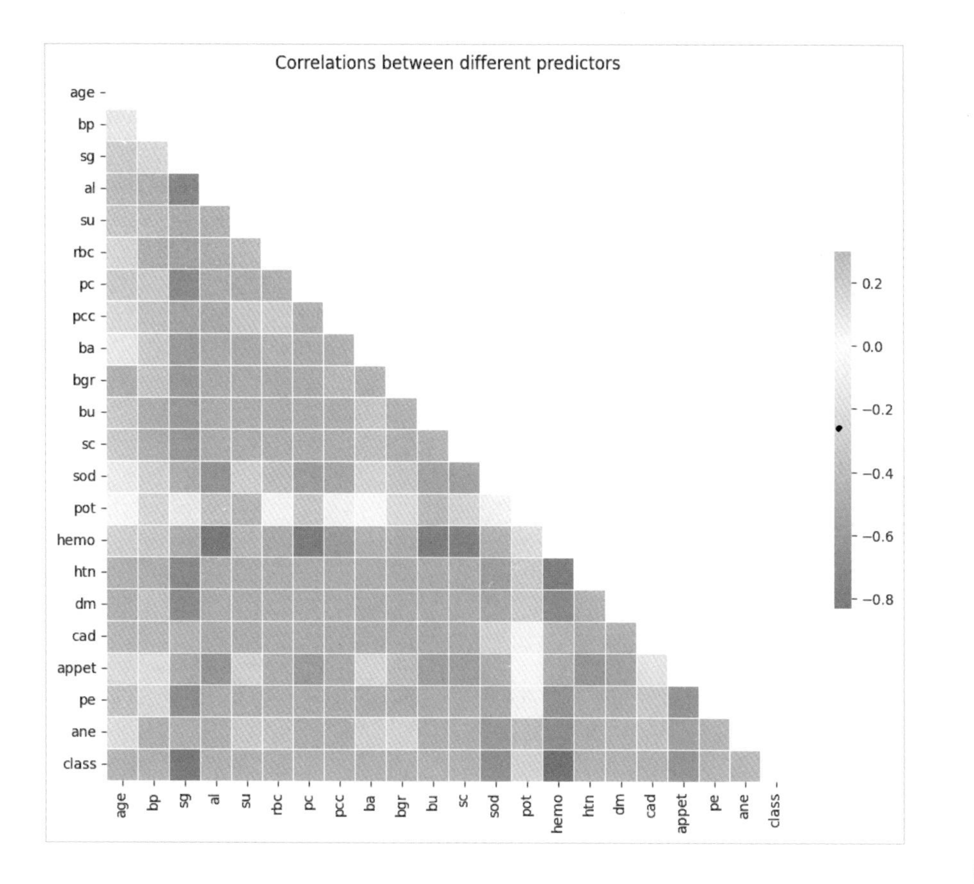

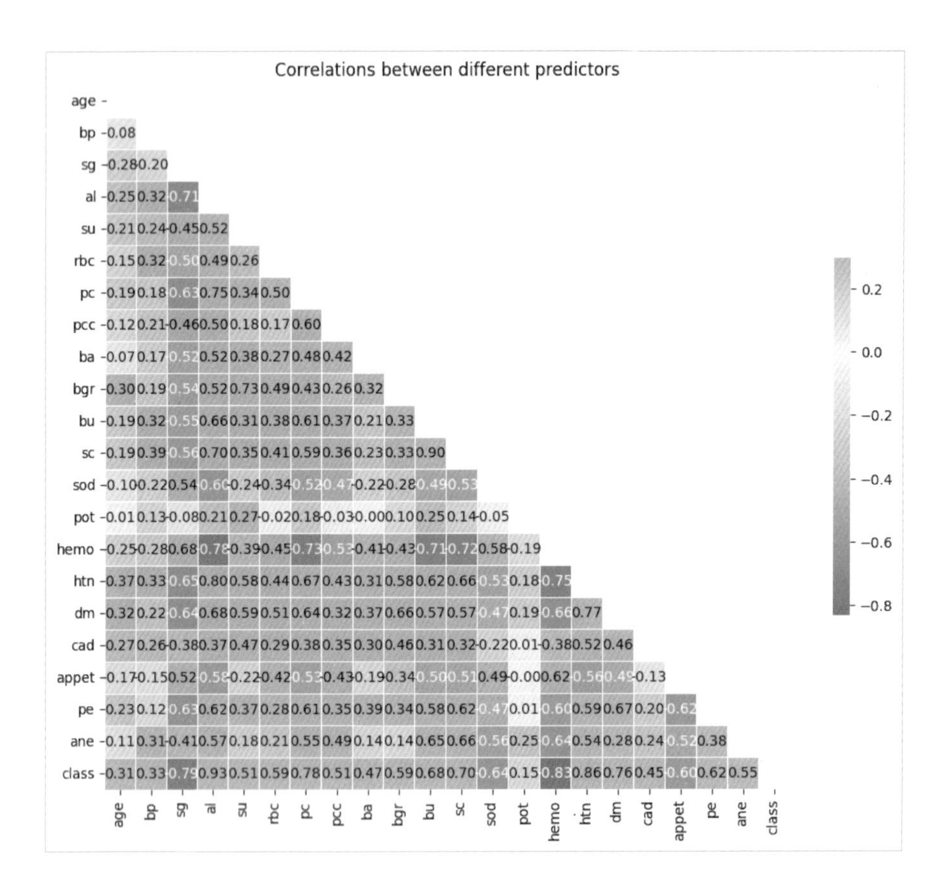

此處的 ROC 曲線為尚未進行資料清洗後的結果：

```
[142]
1 tuned_parameters = [{'n_estimators':[7,8,9,10,11,12,13,14,15,16],'max_depth':[2,3,4,5,6,None],
2                                        'class_weight':[None,{0: 0.33,1:0.67},'balanced'],'random_state':[42]}]
3 clf = GridSearchCV(RandomForestClassifier(), tuned_parameters, cv=10,scoring='f1')
4 clf.fit(X_train, y_train)
5
6 print("Detailed classification report:")
7 y_true, lr_pred = y_test, clf.predict(X_test)
8 print(classification_report(y_true, lr_pred))
9
10 confusion = confusion_matrix(y_test, lr_pred)
11 print('Confusion Matrix:')
12 print(confusion)
13
14 # Determine the false positive and true positive rates
15 fpr,tpr,roc_auc = auc_scorer(clf, X_test, y_test, 'RF')
16
17 print('Best parameters:')
18 print(clf.best_params_)
19 clf_best = clf.best_estimator_
```

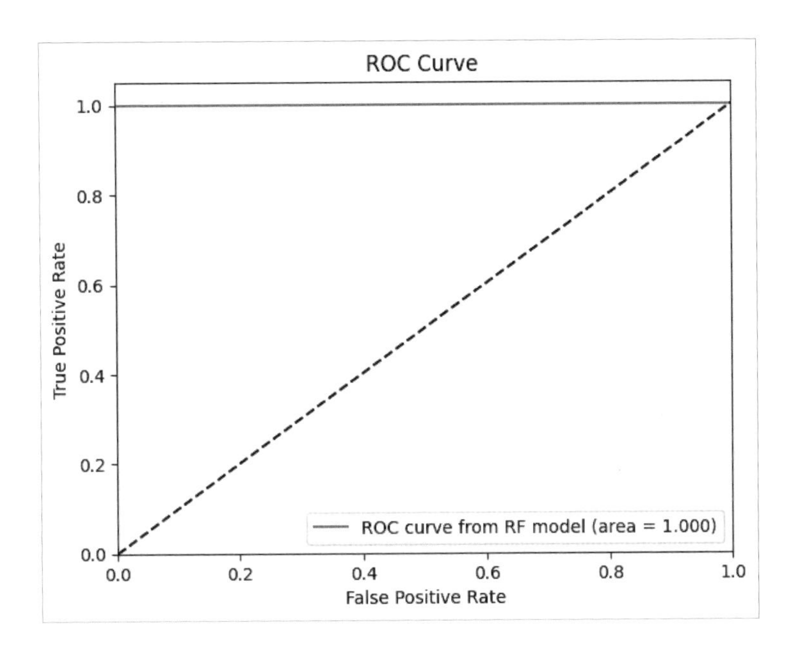

使用 Feature Importance 來探勘資料集：

```
1 plt.figure(figsize=(12, 3))
2 features  =  X_test.columns.values.tolist()
3 importance  =  clf_best.feature_importances_.tolist()
4 feature_series  =  pd.Series(data=importance, index=features)
5 feature_series.plot.bar()
6 plt.title('Feature  Importance')
```

透過 Feature Importance 來探勘資料集，也有效幫助找到關鍵因子：

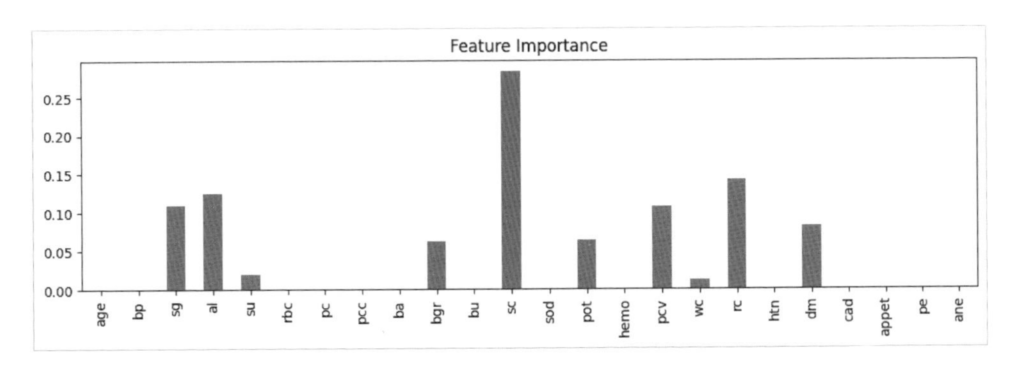

繪製相依矩陣：

```
1 # Are there correlation in missing values?
2 corr_df = pd.isnull(df).corr()
3
4 # Generate a mask for the upper triangle
5 mask = np.zeros_like(corr_df, dtype=np.bool)
6 mask[np.triu_indices_from(mask)] = True
7
8 # Set up the matplotlib figure
9 f, ax = plt.subplots(figsize=(12, 10))
10
11 # Generate a custom diverging colormap
12 cmap = sns.diverging_palette(220, 10, as_cmap=True)
13
14 # Draw the heatmap with the mask and correct aspect ratio
15 sns.heatmap(corr_df, mask=mask, cmap=cmap, vmax=.3, center=0,
16             square=True, linewidths=.5, cbar_kws={"shrink": .5})
17 plt.show()
```

在相依矩陣上補上相依係數：

```
[151]
1 # Create a DataFrame indicating the presence of missing values (True for missing, False for non-missing)
2 missing_values_df = df.isnull()
3
4 # Calculate the correlation matrix for missing values
5 missing_corr_df = missing_values_df.corr()
6
7 # Generate a mask for the upper triangle
8 mask = np.zeros_like(missing_corr_df, dtype=np.bool)
9 mask[np.triu_indices_from(mask)] = True
10
11 # Set up the matplotlib figure
12 f, ax = plt.subplots(figsize=(12, 10))
13
14 # Generate a custom diverging colormap
15 cmap = sns.diverging_palette(220, 10, as_cmap=True)
16
17 # Draw the heatmap with the mask and correct aspect ratio
18 sns.heatmap(missing_corr_df, mask=mask, cmap=cmap, vmax=.3, center=0,
19             square=True, linewidths=.5, cbar_kws={"shrink": .5}, annot=True, fmt=".2f")
20
21 plt.show()
22
```

相依係數：

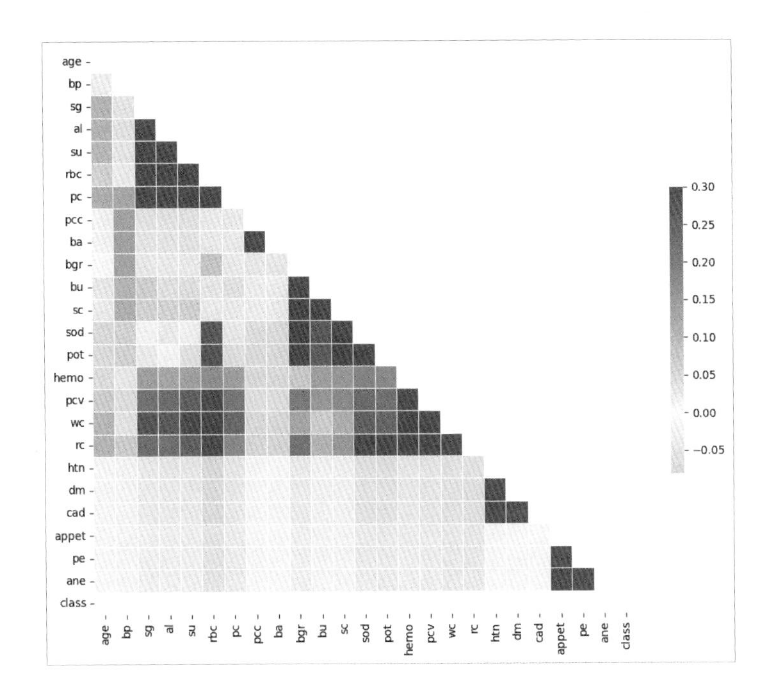

補上相依係數的相依矩陣：

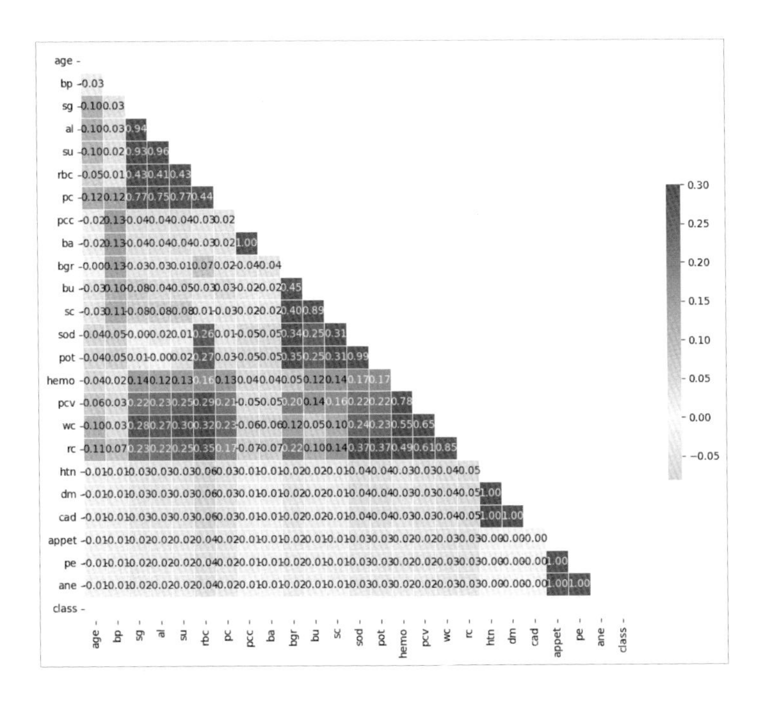

清洗資料後的 ROC 曲線：

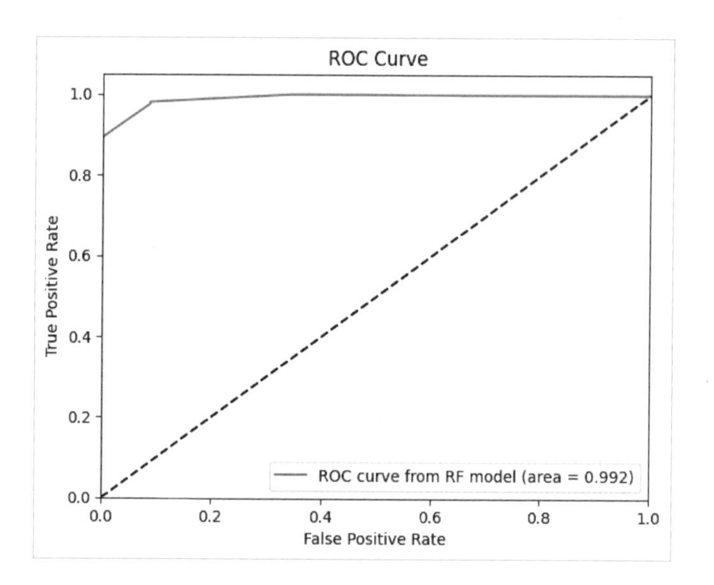

- 資料清洗前 Confusion Matrix Report:

```
Detailed classification report:
              precision    recall  f1-score   support

         0.0       1.00      1.00      1.00        39
         1.0       1.00      1.00      1.00        14

    accuracy                           1.00        53
   macro avg       1.00      1.00      1.00        53
weighted avg       1.00      1.00      1.00        53

Confusion Matrix:
[[39  0]
 [ 0 14]]
```

- 資料清洗後 Confusion Matrix Report:

```
              precision    recall  f1-score   support

         0.0       0.56      1.00      0.72        35
         1.0       1.00      0.87      0.93       207

    accuracy                           0.89       242
   macro avg       0.78      0.93      0.83       242
weighted avg       0.94      0.89      0.90       242

Confusion Matrix:
[[ 35   0]
 [ 27 180]]
Accuracy: 0.888430
```

- 視覺化分析數據集：

本書常建議讀者的做法，繪製相依矩陣！

```
1 corr_df  =  train.corr()
2 f,ax=plt.subplots(figsize=(15,15))
3 sns.heatmap(corr_df,annot=True,fmt=".2f",ax=ax,linewidths=0.5,linecolor="orange")
4 plt.xticks(rotation=45)
5 plt.yticks(rotation=45)
6 plt.title('Correlations  between  different  predictors')
7 plt.show()
```

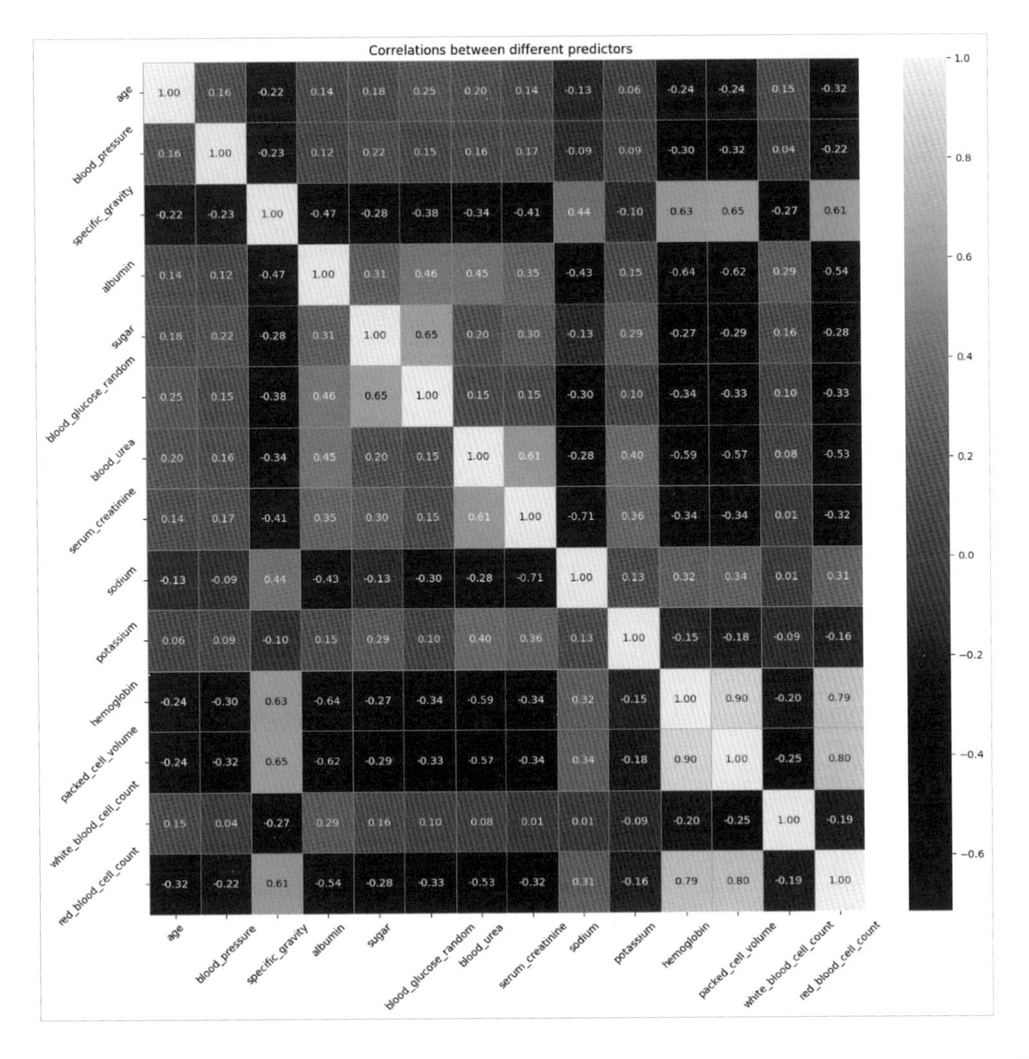

• 繪製目標的特徵 (兩種分類):

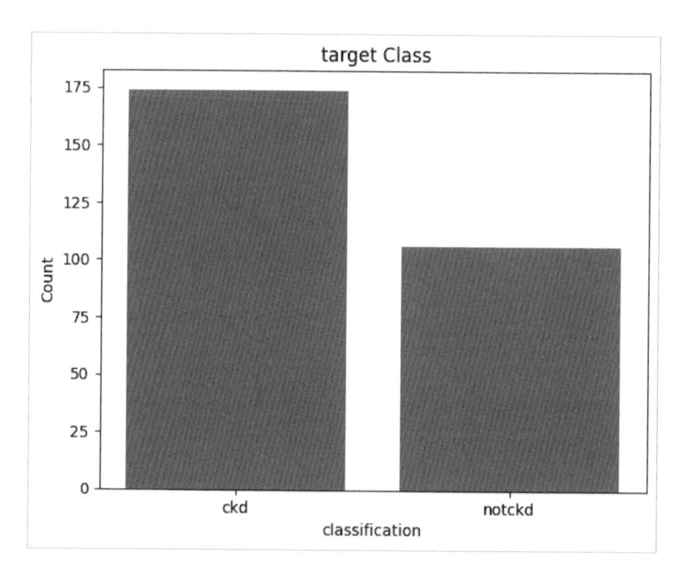

• 比較不同特徵和兩種分類的視覺化圖表 :

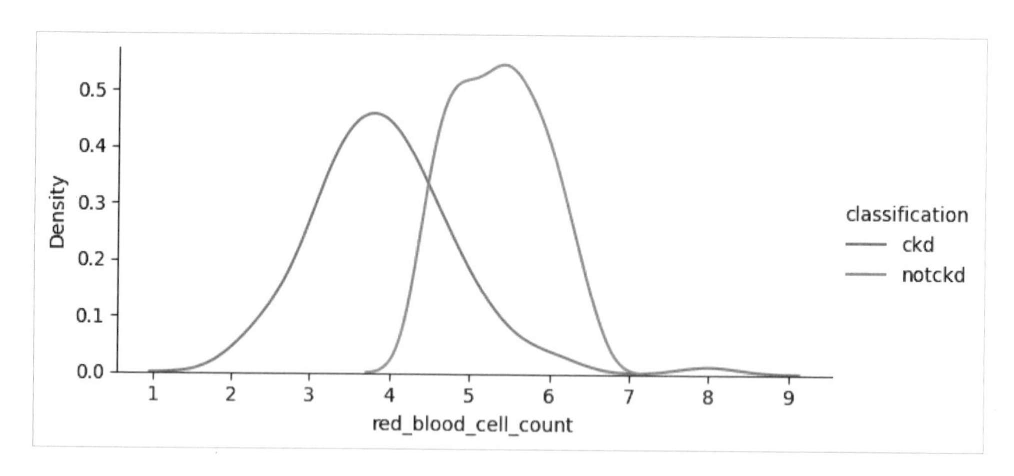

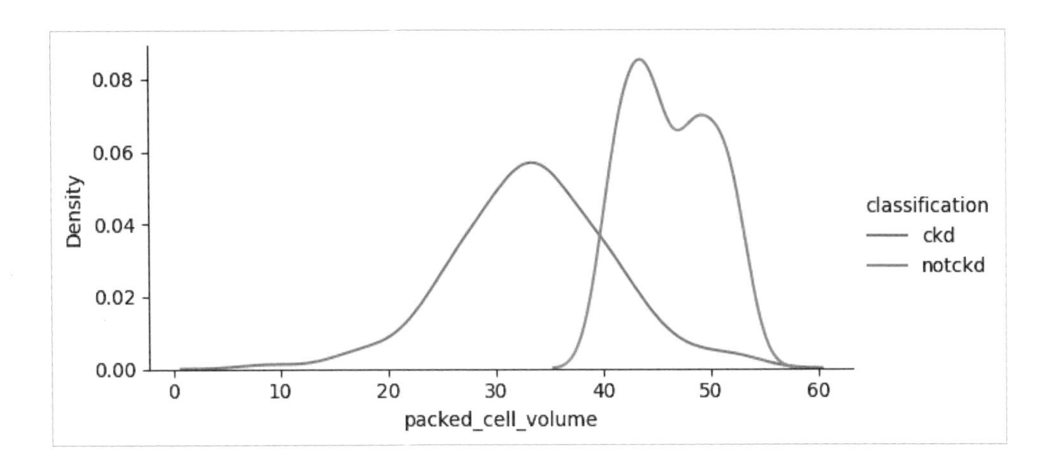

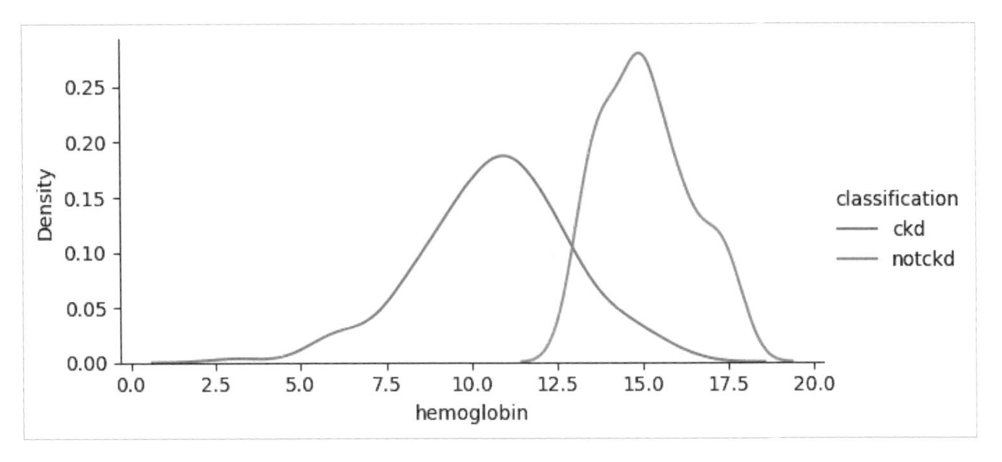

- 此處，也跟各位讀者分享互動式圖表的製作：

在本節中使用了 px.scatter，這是 plotly.express（通常縮寫為 px）套件的一部分。

plotly.express 是一個用於製作簡單且具有互動性的圖表，可用於快速可視化數據。

在這個例子中，本書使用了 scatter 圖形，該圖形顯示了 train 數據框中 "sodium" 特徵和 "blood_pressure" 特徵的散點圖。每個點的顏色根據 "classification" 列的值而有所不同。

• 再解釋一下圖表：

x="sodium"：x 軸上的數據來自 "sodium" 列。

y='blood_pressure"：y 軸上的數據來自 "blood_pressure" 列。

color="classification"：根據 "classification" 列的值將數據點著色，使不同類別的點呈現不同的顏色。

fig.show()：顯示繪製的散點圖。

這種繪圖方式可以幫助讀者繪製不同視覺化的圖表 "classification" 類別中 "sodium" 和 "blood_pressure" 之間的分佈情況。

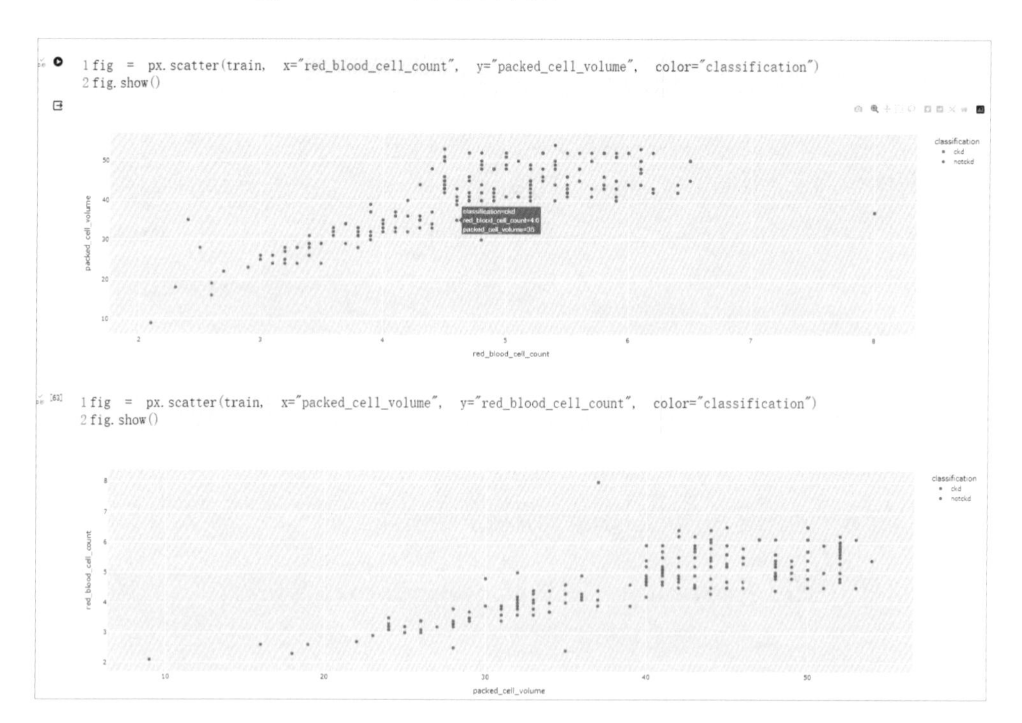

使用 plotly.express 套件繪製

• 繪製點圖：

```
 1 import  plotly.express  as  px
 2 import  pandas  as  pd
 3
 4 #  創建一個簡單的  DataFrame
 5 data  =  {'X':  [1,  2,  3,  4,  5],
 6           'Y':  [10,  12,  14,  18,  20],
 7           'Label':  ['A',  'A',  'B',  'B',  'A']}
 8
 9 df  =  pd.DataFrame(data)
10
11 #  使用  px.scatter  繪製散點圖
12 fig  =  px.scatter(df,  x='X',  y='Y',  color='Label',  title='Example  Scatter  Plot')
13
14 #  顯示繪製的散點圖
15 fig.show()
16
```

Example Scatter Plot

- 繪製柱狀圖：

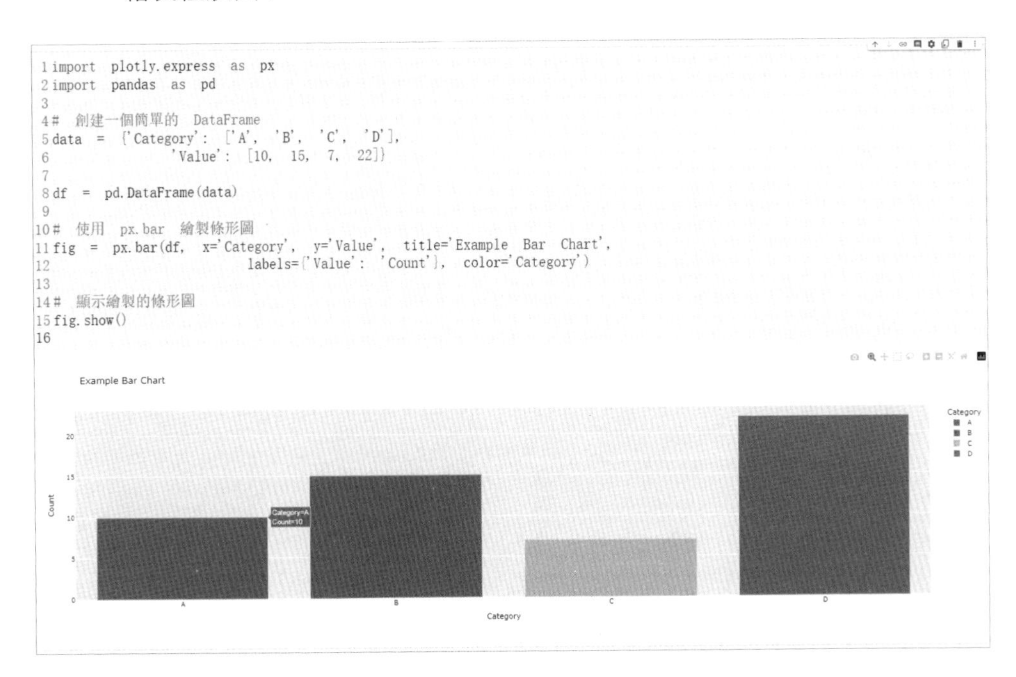

```
 1 import  plotly.express  as  px
 2 import  pandas  as  pd
 3
 4 #  創建一個簡單的  DataFrame
 5 data  =  {'Category':  ['A',  'B',  'C',  'D'],
 6           'Value':  [10,  15,  7,  22]}
 7
 8 df  =  pd.DataFrame(data)
 9
10 #  使用  px.bar  繪製條形圖
11 fig  =  px.bar(df,  x='Category',  y='Value',  title='Example  Bar  Chart',
12                labels={'Value':  'Count'},  color='Category')
13
14 #  顯示繪製的條形圖
15 fig.show()
16
```

第10章

工業應用篇

10.1 工業應用機台數據零件故障分析

隨著製造業環境的迅速變化，傳統製照業決定迎接數位轉型的挑戰，以提高效能並降低生產成本。其中一個關鍵的轉型策略是引入機器學習技術，特別是 K-means 聚類，來進行機台探勘。

1. 數據收集：

   為了實現機台探勘，傳統製照業開始積極收集製程中的大量數據。這些數據包括機台運轉狀態、生產速率、品質參數、維護記錄等。透過在整個生產流程中部署感測器和監測設備，公司能夠實時捕獲製程中的各種關鍵數據。

2. 資料前處理：

   蒐集到的數據可能來自不同類型的感測器，具有不同的時間解析度，需要進行標準化和清理。傳統製照業使用數據處理工具，確保數據準確、完整，以便後續的機器學習應用。

3. K-means 聚類：

   透過應用 K-means 聚類算法，傳統製照業可以將機台分為不同的群組，這些群組代表著相似的運轉模式或表現。這有助於識別機台之間的差異，並確定機台在生產流程中的特定角色。

4. 預測性維護：

   通過分析各個機台群組的運轉特徵，傳統製照業可以實現預測性維護。這意味著提前識別潛在的機台故障，以減少非計劃停機時間並提高生產效率。

5. 持續優化：

   透過定期重新評估和更新 K-means 模型，製造公司能夠不斷適應製程變化，並根據實際運行狀態調整機台群組。這使得製造流程可以持續優化，提高整體生產效能。

傳統製造業中，為了知道生產機器的狀況；在數據科學領域裡；我們會使用非監督式學習的方式來進行探勘。本書提供的程式碼的情境是使用機器學習中的 K-means 聚類演算法，對機械零件的資料進行分群分析。以下是程式碼的主要步驟和功能：

有鑑於此，本人就實務上的經驗，提供簡單的程式範例作情境說明，讀者也可以就目前的工作狀況，針對本書提供的程式範例做改良和應用：

- 資料生成：

使用 NumPy 生成了包含機械零件相關屬性的虛擬資料，如尺寸、重量、使用壽命、維修次數等。

隨機生成機台狀況的資料，包括這個月和下個月的狀況。

時間標籤以月為單位，從 '2023-01-01' 開始，總共生成了 100 個時間點的資料。

資料標準化：

- 使用 StandardScaler 進行資料標準化，將尺寸、重量、使用壽命和維修次數轉換為標準分數，以確保它們具有相似的尺度。

- K-means 聚類：

使用 KMeans 演算法進行聚類，將標準化後的資料分為 3 個群組（n_clusters=3）。

新增一欄 'Cluster' 到 DataFrame，紀錄每個樣本所屬的群組。

降維：

- 使用主成分分析（PCA）將資料降維到二維，以方便可視化分群結果。

視覺化：

- 利用 Matplotlib 繪製散點圖，展示降維後的資料點，並以不同顏色表示不同的聚類群組。

圖表的標題是 'K-means Clustering of Machine Parts with Time(More Samples)'，X 軸和 Y 軸分別表示主成分 1 和主成分 2。總而言之，這段程式碼用於模擬機械零件的資料集，並透過 K-means 聚類演算法將這些零件分為不同的群組，最後進行二維可視化以觀察分群結果。

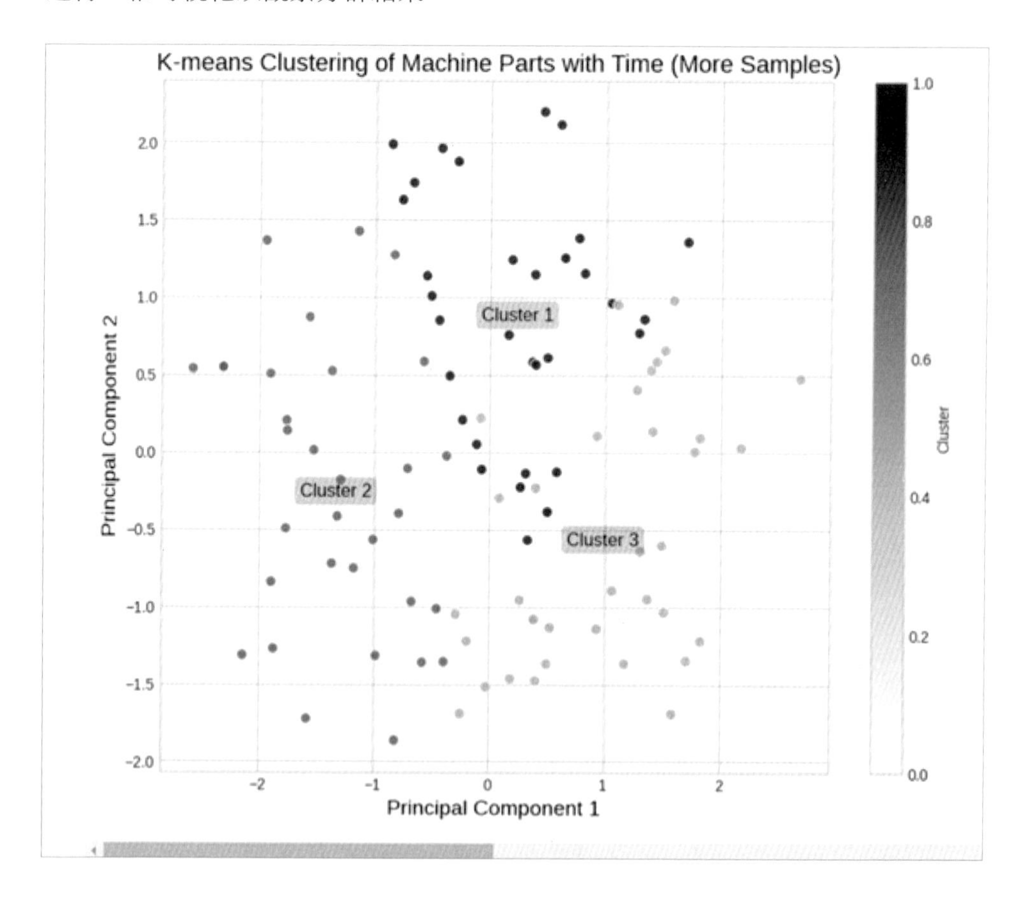

提供的範例碼如下：

```
1 import numpy as np
2 import pandas as pd
3 import matplotlib.pyplot as plt
4 from sklearn.cluster import KMeans
5 from sklearn.preprocessing import StandardScaler
6 from sklearn.decomposition import PCA
7 import random
8
9 # 生成更多樣本
10 np.random.seed(42)
11
12 data = {
13         '尺寸': np.random.randint(1, 15, 100),
14         '重量': np.random.randint(1, 10, 100),
15         '使用壽命': np.random.randint(1, 10, 100),
16         '維修次數': np.random.randint(0, 5, 100),
17         '機台狀況_這個月': random.choices(['正常', '異常'], k=100),
18         '機台狀況_下個月': random.choices(['正常', '異常'], k=100),
19         '時間': pd.date_range('2023-01-01', periods=100, freq='M')
20 }
21
22 df = pd.DataFrame(data)
23
24 # 標準化資料
25 scaler = StandardScaler()
26 scaled_data = scaler.fit_transform(df[['尺寸', '重量', '使用壽命', '維修次數']])
27
28 # 使用 K-means 聚類
29 kmeans = KMeans(n_clusters=3, random_state=42)
30 df['Cluster'] = kmeans.fit_predict(scaled_data)
31
32 # 降維並繪製分群結果
33 pca = PCA(n_components=2)
34 reduced_data = pca.fit_transform(scaled_data)
35
36 # 設置圖表風格
37 plt.style.use('seaborn-whitegrid')
38
39 # 設定顏色和標籤
40 colors = plt.cm.viridis(df['Cluster'].astype(float) / 3)
41 labels = ['Cluster 1', 'Cluster 2', 'Cluster 3']
42
43 # 繪製散點圖
44 plt.figure(figsize=(10, 8))
45 scatter = plt.scatter(reduced_data[:, 0], reduced_data[:, 1], c=colors, s=50, alpha=0.8, edgecolors='w')
46
47 # 加入群組標籤
48 for i, label in enumerate(labels):
49         plt.annotate(label, (reduced_data[df['Cluster'] == i][:, 0].mean(), reduced_data[df['Cluster'] == i][:, 1].mean()),
50                      ha='center', va='center', fontsize=12, bbox=dict(boxstyle='round', alpha=0.3, edgecolor='none'))
51
52 # 設定圖表標題和軸標籤
53 plt.title('K-means Clustering of Machine Parts with Time (More Samples)', fontsize=16)
54 plt.xlabel('Principal Component 1', fontsize=14)
55 plt.ylabel('Principal Component 2', fontsize=14)
56
57 # 加入色條
58 plt.colorbar(scatter, label='Cluster')
59
60 # 顯示圖表
61 plt.show()
62
```

此處的範例模擬了半導體製程中的特徵，包括溼蝕刻速率、乾蝕刻速率和對位精度。使用 K-means 聚類將這些特徵進行分群，並最後進行視覺化以便更好地理解這些分群結果。以下是程式碼的情境說明：

- 模擬半導體製程特徵：

這裡模擬了半導體製程中三個步驟的特徵，即溼蝕刻速率、乾蝕刻速率和對位精度。這些特徵是製程中重要的參數，影響著半導體元件的製造品質。

- 資料標準化：

使用 StandardScaler 對特徵進行標準化，確保它們有相似的尺度。這對於 K-means 聚類算法的正確執行至關重要。

- K-means 聚類：

使用 K-means 演算法將標準化後的資料分為 3 個群組。這裡假定有 3 個群組，你可以根據需求調整 n_clusters 參數。

- 視覺化分群結果：

透過 Matplotlib 的 subplot，將不同特徵之間的關係進行視覺化，並使用不同顏色區分 K-means 分群的結果。

本節的例子會模擬一些相關的特徵，並使用 K-means 算法進行聚類。半導體製程通常包括多個步驟，例如溼蝕刻、乾蝕刻、光罩對位等，我們可以模擬這些步驟的一些特徵。

以下是一個半導體製程範例說明：這個例子中，我們假設有 1000 個製程點，每個點都有溼蝕刻速率、乾蝕刻速率和對位精度這三個特徵。然後，我們使用 K-means 聚類演算法將這些製程點分成三個群體。最後，我們繪製了這三個特徵之間的散點圖，每個子圖中的點以不同的顏色表示不同的聚類。这有助於理解製程點之間的相互關係和分群效果。

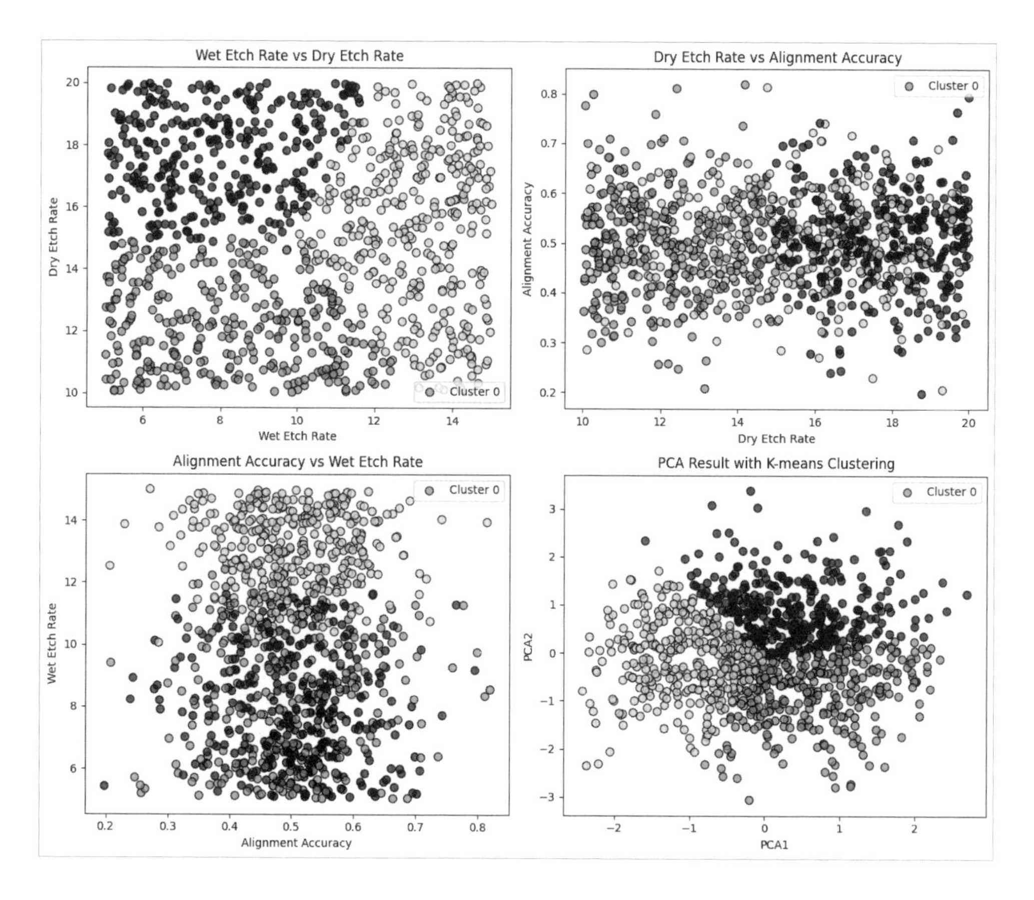

Principal Component Analysis(PCA) 和 Linear Discriminant Analysis(LDA) 是兩種常用於降維和特徵提取的方法，，而此處跟讀者朋友提醒，PCA 是屬於非監督式學習，單就資料及本身的結構或者狀態做分析；而 LDA 是屬於監督式學習，有其標註和預測目標，它們也可以用來進行分群。在這個例子中，我們將使用 PCA 和 LDA 進行特徵提取，然後使用 K-means 聚類進行分群。

首先，我們將使用 PCA 進行降維，同時使用 LDA 進行觀察：

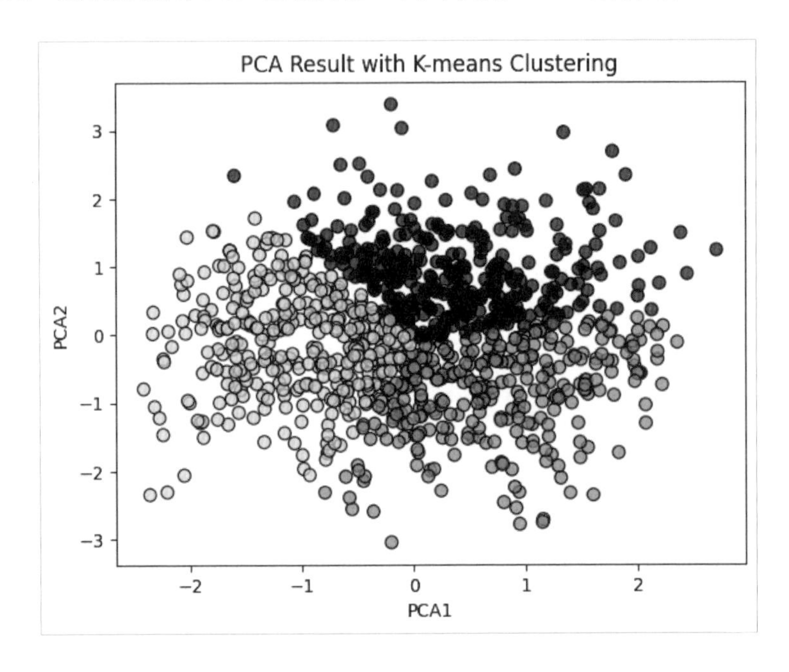

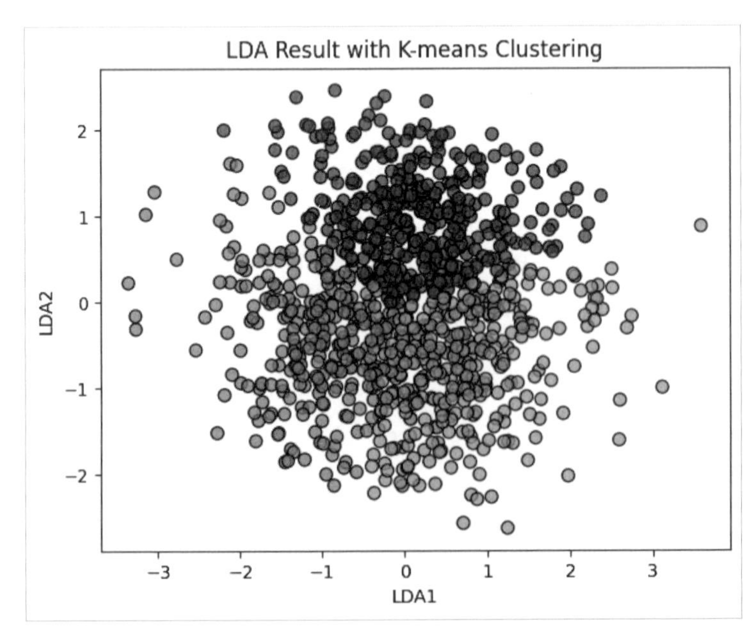

- **PCA(主成分分析) 詳細說明：**

適用情境：PCA 適用於當你的主要目標是降低數據的維度、去除冗餘特徵以提高計算效率，而不考慮樣本之間的類別差異時，PCA 是一個合理的選擇。

優勢：

維度降低：PCA 通過找到數據中變異最大的方向，將原始特徵映射到新的、更少的維度上，從而實現維度的降低。

去冗餘：PCA 通常能夠保留大部分數據的變異性，同時減少冗餘特徵，提供更緊湊且保持重要信息的表示。

- **LDA(線性判別分析) 詳細說明：**

適用情境：LDA 適用於當你的目標是在區分不同製程狀態或類別時，並希望找到能夠區分這些狀態的主要特徵時，LDA 可能更合適。

優勢：

類別區分：LDA 考慮樣本的類別標籤，尋找能夠最好區分不同類別的特徵，因此在類別分類上表現優異。

最大區別性：LDA 旨在最大化類別間的差異，同時最小化類別內的差異，使得投影後的特徵更具區分性。

建議：

如果你主要關心的是製程中的變化方向、降維、去除冗餘特徵，且沒有特定的類別標籤，那麼可以先嘗試 PCA。如果你的目標是進行製程的分類、區分不同製程狀態，並且有已知的類別標籤，可以考慮使用 LDA。最好的方法是嘗試兩者，並評估它們對你的具體問題的效果。在某些情況下，也可以結合使用 PCA 和 LDA，以綜合考慮數據的維度降低和類別區分。

10.2 工業應用製造業生產製程分析

在本節的範例中；以在工業製程進行數據分析，相依矩陣（Correlation Matrix）可以幫助我們識別和理解不同特徵之間的相互關係。以下是相依矩陣在工業數據集中幫助我們跳出重要因子的原因：

- 特徵相關性：相依矩陣提供了一個清晰的方式來量化數據集中各特徵之間的相關性。這有助於識別哪些特徵可能彼此相關，以及它們之間的關係強度和方向（正相關還是負相關）。
- 變量影響：透過觀察相依矩陣，我們可以快速識別出對於某一變量而言最具影響力的其他變量。高度相關的變量可能在相同的工業過程中扮演類似的角色，因此可以被視為共同影響目標的因子。
- 多重共線性檢測：相依矩陣有助於檢測數據中的多重共線性。當兩個或多個特徵高度相關時，可能會導致模型不穩定，並使得模型的解釋性變差。通過識別這些高度相關的特徵，我們可以採取措施來處理多重共線性。
- 特徵選擇：相依矩陣是特徵選擇的一個重要工具。通過分析相關性，我們可以選擇那些對目標變量有較高相關性的特徵，並在建模過程中僅使用這些重要特徵，以提高模型的預測性能。

總而言之，相依矩陣是一個強大的工具，能夠在工業數據分析中提供對數據結構和特徵之間相互作用的洞察。這有助於優化製程、預測機器設備故障、提高生產效率等方面的工業應用。

相依矩陣是用來量化不同變數之間相互關係的工具。它展示了每一對變數之間的相關係數，即它們的線性相依程度。這個矩陣是對稱的，因為 A 與 B 的相依程度與 B 與 A 的相依程度相同。

讓我們深入了解相依矩陣的運作原理：

- 計算相關係數：首先，對於數據集中的每一對變數，計算它們之間的相關係數。最常見的相關係數是 Pearson 相關係數，但也可以使用其他方法，如 Spearman 相關係數，具體取決於數據的性質。
- 填充矩陣：將這些相關係數填充到相依矩陣的對應位置。矩陣的對角線上的元素通常是 1，因為每個變數與自身的相關係數總是 1。
- 對稱性：由於相依是雙向的，矩陣是對稱的。換句話說，A 與 B 的相依係數等於 B 與 A 的相依係數。
- 視覺化：通常，這個矩陣以熱度圖的形式呈現。熱度圖的顏色深淺表示相關係數的強度，可以一目瞭然地看出哪些變數彼此相關較強或較弱。

解釋：透過相依矩陣，我們可以快速了解變數之間的相互關係。正值表示正相關，負值表示負相關，0 表示無線性相依。

這個過程有助於我們在數據集中識別出哪些變數之間有相關性，進而在進行建模、分析或特徵選擇時作出更明智的決策。相關矩陣是一種用於檢查兩個或多個連續變數之間線性關係的方法。公式如下，其中

$$r_{xy} = \frac{\operatorname{cov}(x, y)}{s_x s_y}$$

r_{xy}代表 兩個關鍵因子 x 和 y 的相關性 , 通常相依係數介於 -1 到 1 之間，通常不考慮正負。$\operatorname{cov}(x, y)$為關鍵因子 x 關鍵因子 y 的斜方差。$s_X = x$ 的樣本標準差，而 $s_y = y$ 的樣本標準差。透過這種統計工具，我們能夠評估不同變數之間的相關性，進而理解它們之間的關聯程度。

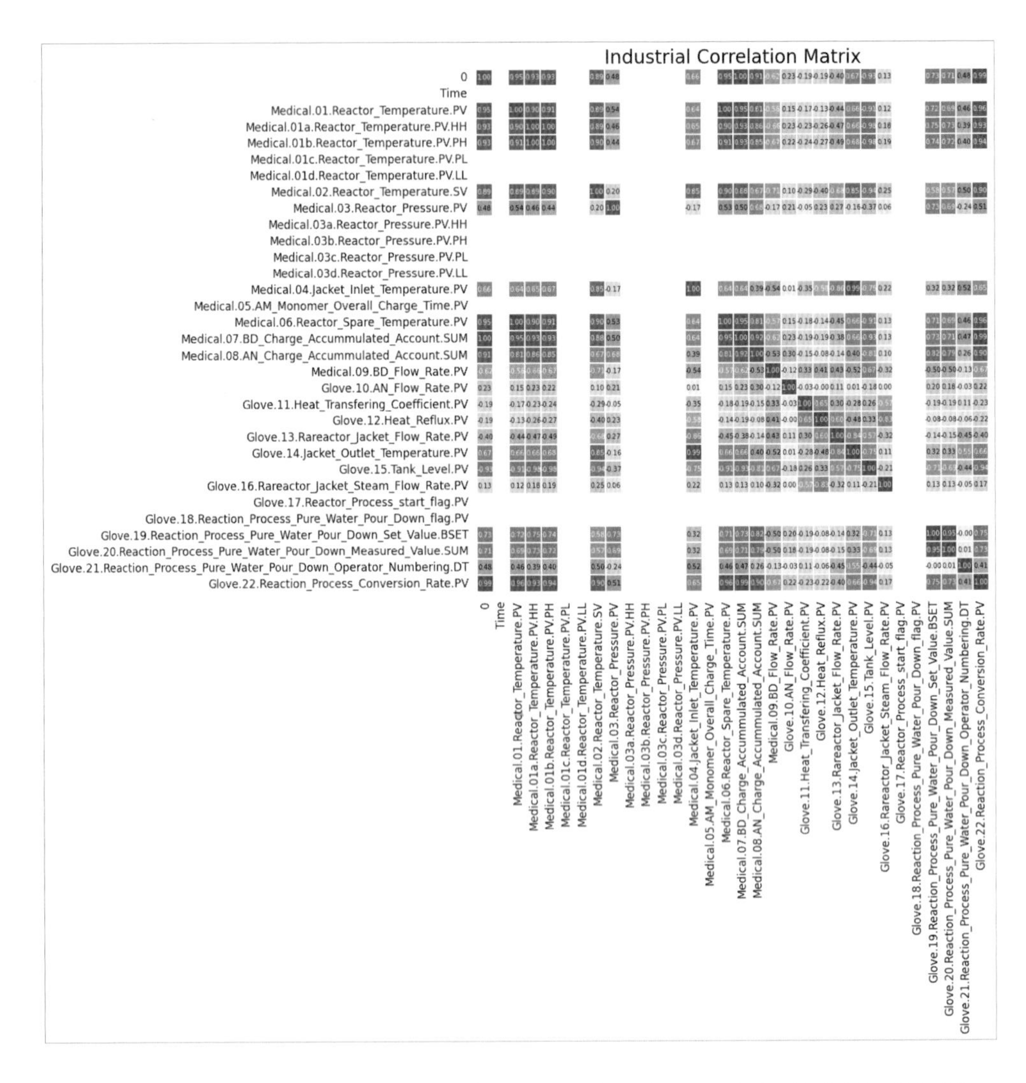

當我們希望觀察資料中各特徵之間的相關性時，可以使用相關係數矩陣。在這個程式中，我們讀取了一個包含資料的 CSV 檔案，去除了不需要的欄位後，繪製了一個相關係數矩陣的熱度圖。

這個相依矩陣圖中，方陣的每一個小格代表兩個特徵之間的相關係數。相關係數的數值在 -1 到 1 之間，越接近 1 代表正相關，越接近 -1 代表負相關，而接近 0 則表示較低的相關性。為了使熱度圖更具視覺效果，我們調整了背景顏色為深色，字體為白色，以提高對比度。同時，我們還添加了一個遮罩，將相關係數小於等於 0.4 的值隱藏，使得只有相關性較高的部分顯示在圖上。這樣的視覺呈現方式有助於我們快速理解資料中特徵之間的關係，特別是那些相關性較強的特徵。

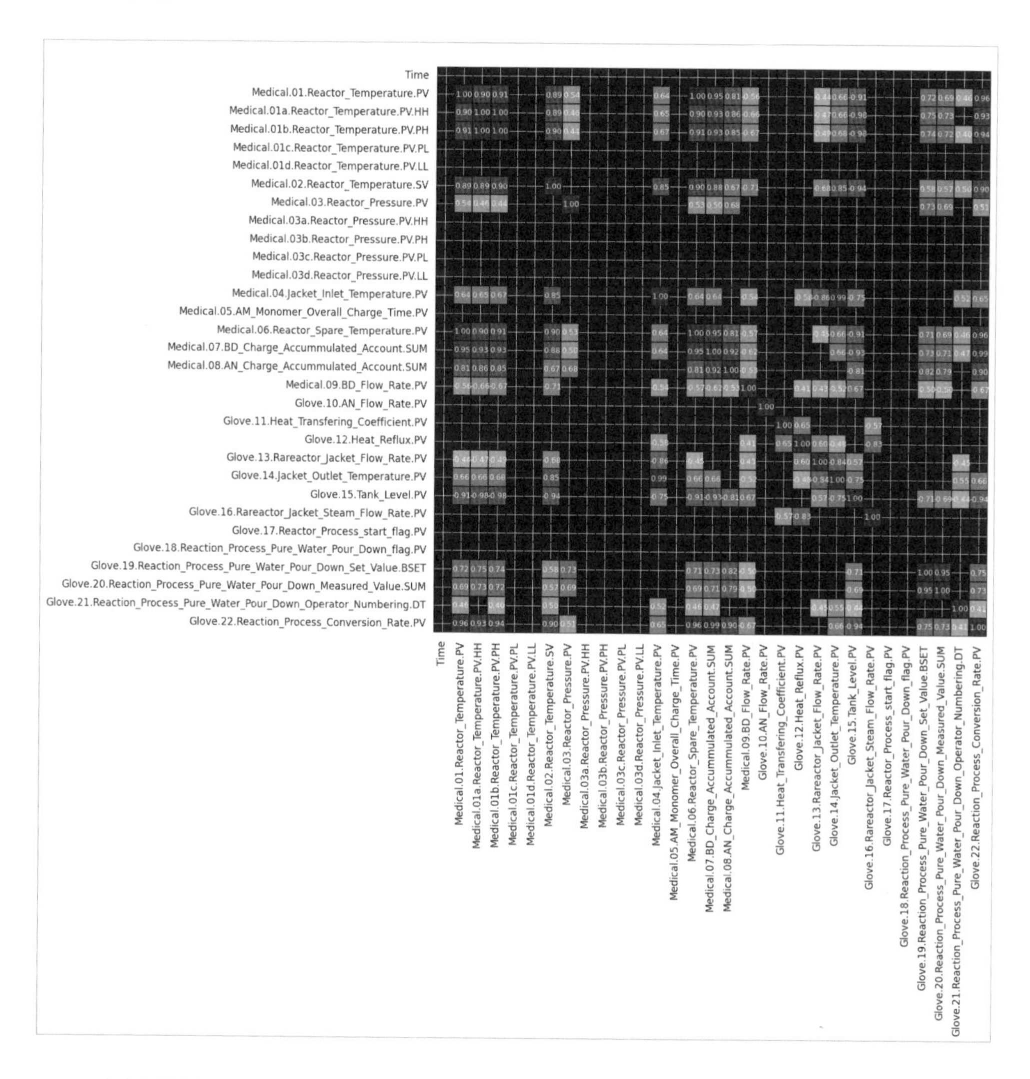

資料視覺化是一種強大的工具，可以幫助我們更好地理解數據、發現模式和呈現結果。在 Python 中，有多個套件可以用於數據視覺化，其中 Matplotlib 和 Seaborn 是兩個常用的套件，而 Pandas 本身也提供了一些簡單的視覺化功能。此處也額外介紹兩個 pandas 常用的資料探勘方法：

- df.describe() 是 Pandas 中一個用於生成數據框（DataFrame）中數值變數的統計摘要的方法。它返回包含計數、平均值、標準差、最小值、25%，50%（中位數）、75% 和最大值的統計信息。這是一個對數據的快速掃描，讓你能夠迅速了解變數的分佈和基本統計特性。
- df.info() 是 Pandas 中一個用於提供數據框（DataFrame）的基本信息的方法。它返回有關數據框的數據類型、非空值數量以及每個列的內存使用情況等信息。這個方法通常用於檢查數據框的結構，確保數據類型和非空值數量符合預期。

```
<class 'pandas.core.frame.DataFrame'>
RangeIndex: 10596 entries, 0 to 10595
Data columns (total 33 columns):
 #   Column                                                        Non-Null Count  Dtype
---  ------                                                        --------------  -----
 0   0                                                             10596 non-null  int64
 1   Time                                                          10596 non-null  float64
 2   MFG                                                           10596 non-null  object
 3   Medical.01.Reactor_Temperature.PV                             10596 non-null  float64
 4   Medical.01a.Reactor_Temperature.PV.HH                         10596 non-null  int64
 5   Medical.01b.Reactor_Temperature.PV.PH                         10596 non-null  int64
 6   Medical.01c.Reactor_Temperature.PV.PL                         10596 non-null  int64
 7   Medical.01d.Reactor_Temperature.PV.LL                         10596 non-null  int64
 8   Medical.02.Reactor_Temperature.SV                             10596 non-null  float64
 9   Medical.03.Reactor_Pressure.PV                                10596 non-null  float64
 10  Medical.03a.Reactor_Pressure.PV.HH                            10596 non-null  int64
 11  Medical.03b.Reactor_Pressure.PV.PH                            10596 non-null  int64
 12  Medical.03c.Reactor_Pressure.PV.PL                            10596 non-null  float64
 13  Medical.03d.Reactor_Pressure.PV.LL                            10596 non-null  float64
 14  Medical.04.Jacket_Inlet_Temperature.PV                        10596 non-null  float64
 15  Medical.05.AM_Monomer_Overall_Charge_Time.PV                  10596 non-null  int64
 16  Medical.06.Reactor_Spare_Temperature.PV                       10596 non-null  float64
 17  Medical.07.BD_Charge_Accummulated_Account.SUM                 10596 non-null  float64
 18  Medical.08.AN_Charge_Accummulated_Account.SUM                 10596 non-null  float64
 19  Medical.09.BD_Flow_Rate.PV                                    10596 non-null  float64
 20  Glove.10.AN_Flow_Rate.PV                                      10595 non-null  float64
 21  Glove.11.Heat_Transfering_Coefficient.PV                      10596 non-null  float64
 22  Glove.12.Heat_Reflux.PV                                       10596 non-null  float64
 23  Glove.13.Rareactor_Jacket_Flow_Rate.PV                        10596 non-null  float64
 24  Glove.14.Jacket_Outlet_Temperature.PV                         10596 non-null  float64
 25  Glove.15.Tank_Level.PV                                        10596 non-null  float64
 26  Glove.16.Rareactor_Jacket_Steam_Flow_Rate.PV                  10596 non-null  float64
 27  Glove.17.Reactor_Process_start_flag.PV                        10596 non-null  int64
 28  Glove.18.Reaction_Process_Pure_Water_Pour_Down_flag.PV        242 non-null    float64
 29  Glove.19.Reaction_Process_Pure_Water_Pour_Down_Set_Value.BSET  10596 non-null  int64
 30  Glove.20.Reaction_Process_Pure_Water_Pour_Down_Measured_Value.SUM  10559 non-null  float64
 31  Glove.21.Reaction_Process_Pure_Water_Pour_Down_Operator_Numbering.DT  10596 non-null  int64
 32  Glove.22.Reaction_Process_Conversion_Rate.PV                  10596 non-null  float64
dtypes: float64(21), int64(11), object(1)
```

- 程式碼範例如下：

```
 7 # 設定繪圖風格
 8 plt.style.use('seaborn-darkgrid')
 9
10 # 設定圖表大小
11 plt.figure(figsize=(10, 6))
12
13 # 繪製折線圖
14 plt.plot(dataset, label='Medical.01.Reactor_Temperature.PV', color='blue', linewidth=2)
15
16 # 添加標籤和標題
17 plt.xlabel('Time')
18 plt.ylabel('Temperature')
19 plt.title('Medical.01.Reactor_Temperature.PV Over Time')
20
21 # 添加網格
22 plt.grid(True, linestyle='--', alpha=0.7)
23
24 # 添加圖例
25 plt.legend()
26
27 # 顯示圖表
28 plt.show()
29
```

- 折線圖可以觀察時序型資料的移動

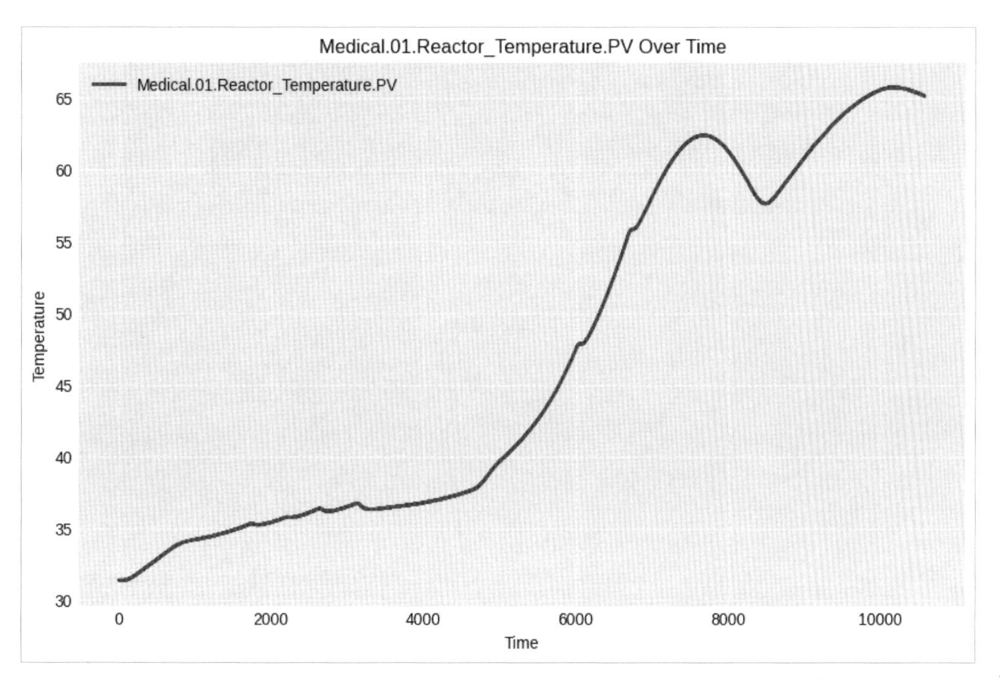

• 程式碼範例如下：

```
8 #  設定繪圖風格
9 sns.set(style="whitegrid")
10
11 #  設定圖表大小
12 fig,  ax  =  plt.subplots(figsize=(12,  6))
13
14 #  繪製箱形圖
15 sns.boxplot(x=dataset['RB.01.Reactor_Temperature.PV'],  color='skyblue',  width=0.7,  flierprops=dict(markerfacecolor='red',
16
17 #  添加標籤和標題
18 ax.set_xlabel('Temperature',  fontsize=14)
19 ax.set_title('Boxplot  of  RB.01.Reactor_Temperature.PV',  fontsize=16)
20
21 #  添加網格
22 ax.grid(True,  linestyle='--',  alpha=0.7)
23
24 #  顯示圖表
25 plt.show()
```

• 箱形圖也可以看出各個資料的分布狀態：

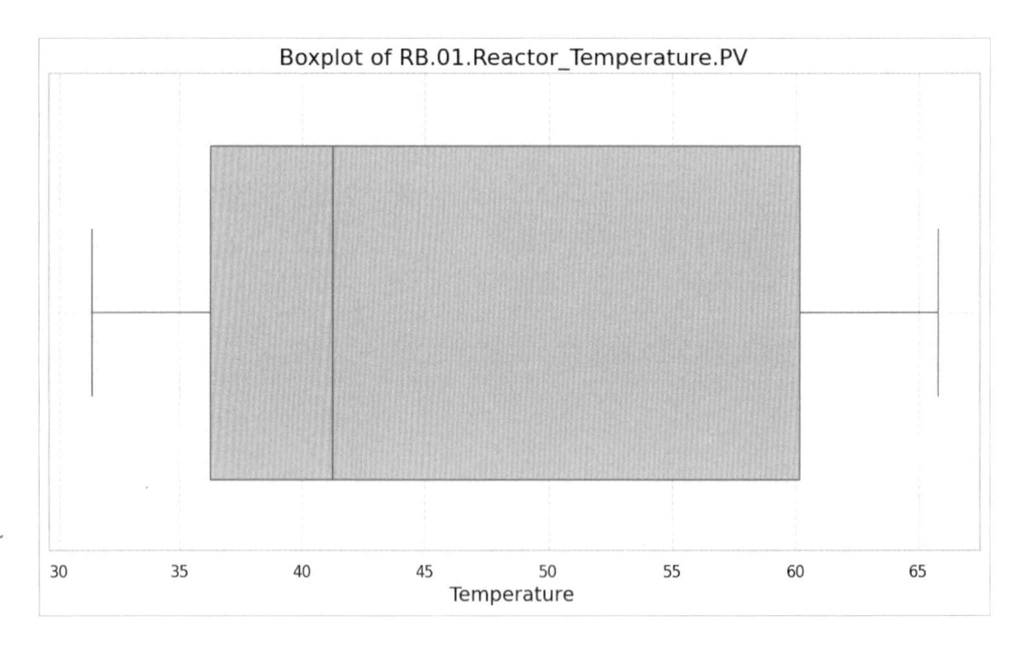

- 程式碼範例如下：

```
 8 #  設定繪圖風格
 9 sns.set(style="whitegrid")
10
11 #  設定圖表大小
12 fig, ax = plt.subplots(figsize=(12, 6))
13
14 #  繪製分布圖
15 sns.histplot(dataset['RB.01.Reactor_Temperature.PV'], kde=True, color='skyblue', bins=20)
16
17 #  添加標籤和標題
18 ax.set_xlabel('Temperature', fontsize=14)
19 ax.set_ylabel('Frequency', fontsize=14)
20 ax.set_title('Distribution of Medical.01.Reactor_Temperature.PV', fontsize=16)
21
22 #  添加網格
23 ax.grid(True, linestyle='--', alpha=0.7)
24
25 #  顯示圖表
26 plt.show()
27
```

- 分布圖也可以看出各個資料的分布狀態：

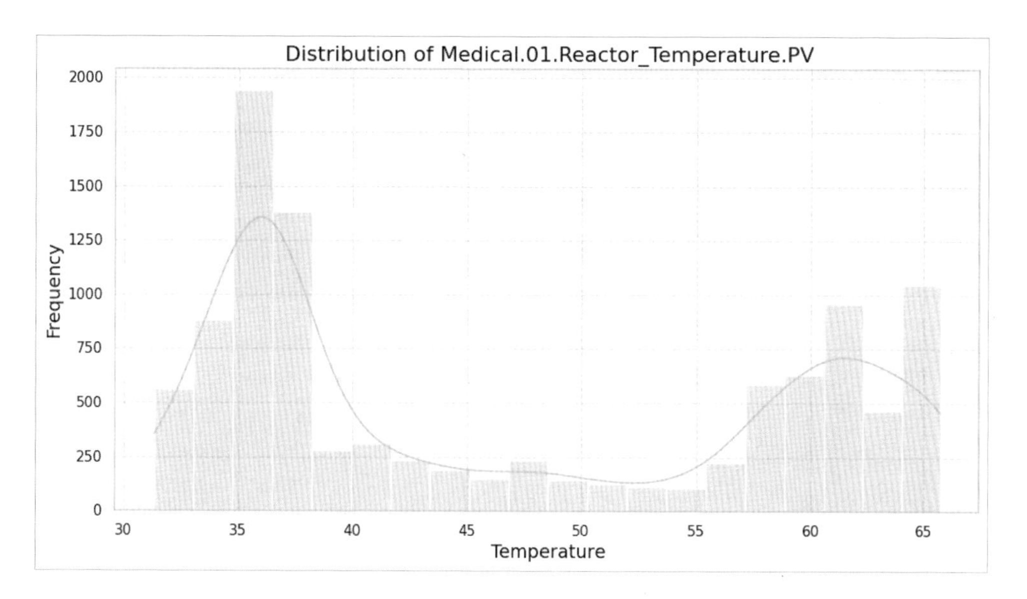

第 11 章

永續生活篇

11.1 ESG 台灣上市公司揭露

本書針對台灣目前上市櫃公司的數據做分析，也援引金管會提供的說明如下：

「金融監督管理委員會（以下簡稱金管會）自 2013 年啟動」2013 強化我國公司治理藍圖」以來，持續進行一系列重要改革，包括 2018 年的「新版公司治理藍圖 (2018-2020)」和 2020 年的「公司治理 3.0- 永續發展藍圖」。迄今已滿十年，完成了眾多關鍵措施，例如**上市櫃公司的獨立董事、審計委員會及公司治理主管的設置，以及電子投票的實施；推動董事選舉候選人提名制度；機構投資人簽署盡職治理守則並建立盡職評比機制；資本額 100 億元以上和外資持股 30% 以上的上市櫃公司提前上傳股東會議事手冊及年報；資本額 20 億元以上的上市櫃公司編製永續報告書**等。為回應全球永續發展行動與國家淨零排放目標，金管會於 2022 年 3 月 3 日發佈「上市櫃公司永續發展路徑圖」，計劃逐步推動所有上市櫃公司於 2027 年完成溫室氣體盤查，並在 2029 年達成確信的溫室氣體盤查，以建立健全的永續發展（ESG）生態系統。」

截圖引自金管會官網：

https：//www.fsc.gov.tw/ch/home.jsp?id=96&parentpath=0,2&mcustomize=news_view.jsp&dataserno=202303280001&dtable=News

新聞稿

金管會發布「上市櫃公司永續發展行動方案(2023年)」

2023-03-28

金融監督管理委員會（以下稱金管會）自2013年起推動「2013強化我國公司治理藍圖」、2018年推動「新版公司治理藍圖(2018-2020)」、2020年推動「公司治理3.0-永續發展藍圖」，迄今年剛好滿10年，已完成多項重要措施，包括上市櫃公司設置獨立董事、審計委員會及公司治理主管，並採行電子投票；董事選舉採候選人提名制；機構投資人簽署盡職治理守則及建置盡職評比機制；資本額100億元以上及外資持股30%以上之上市櫃公司提前上傳股東會議事手冊及年報；資本額20億元以上之上市櫃公司編製永續報告書等。

為積極回應全球永續發展行動與國家淨零排放目標，金管會於去(2022)年3月3日發布「上市櫃公司永續發展路徑圖」，分階段推動全體上市櫃公司於2027年完成溫室氣體盤查，2029年完成溫室氣體盤查之確信，營造健全永續發展(ESG)生態體系。

金管會為持續推動企業積極實踐永續發展，於「上市櫃公司永續發展路徑圖」及「公司治理藍圖」所建構之基礎下，規劃以「治

此處也引用金管會投影片，針對 ESG 永續發展提出的面相做說明

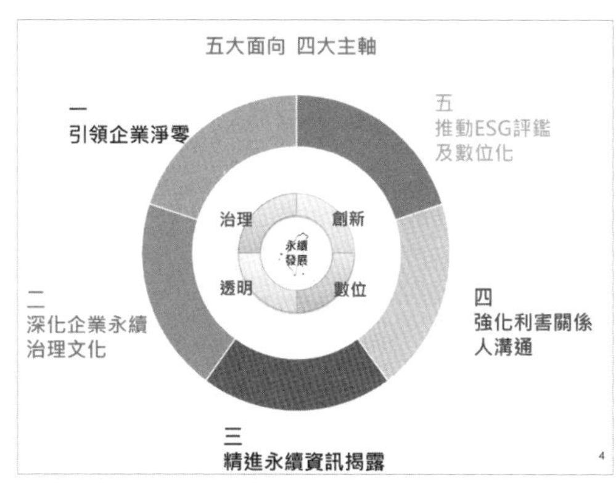

其中，針對引領企業淨零排碳的說明如下：

推動揭露溫室氣體盤查及確信資訊

- 2027年上市櫃公司合併報表完成盤查
- 2029年上市櫃公司合併報表完成確信

推動揭露溫室氣體減碳目標、策略及具體行動計畫

- 最遲應於揭露合併財務報告公司盤查資訊之年度，同時揭露減碳目標、策略及具體行動計畫
- 鼓勵公司揭露2030年減碳目標、策略及具體行動計畫
- 基準年之訂定應為最早完成合併財務報告公司盤查資訊之年度

協助建置減量額度交易機制

- 配合環保署推動溫室氣體自願減量額度交易機制，督導證交所協助環保署建置交易平台

鼓勵企業揭露溫室氣體範疇三資訊

- 訂定範疇三建議揭露事項
- 舉辦宣導會

鼓勵企業發行永續發展債券相關商品

- 建置永續發展債券資格認可電子化線上申請系統
- 參考國際發展趨勢，研議擴大永續發展債券市場商品範疇

本書的分析資料集使用政府資料開放平台的公開資料集，此處我們會針對上市公司董事會、能源管理、廢棄物管理、水資源管理、投資人溝通、溫室氣體排放等各個面向做分析說明。

首先，我們先匯入資料集：

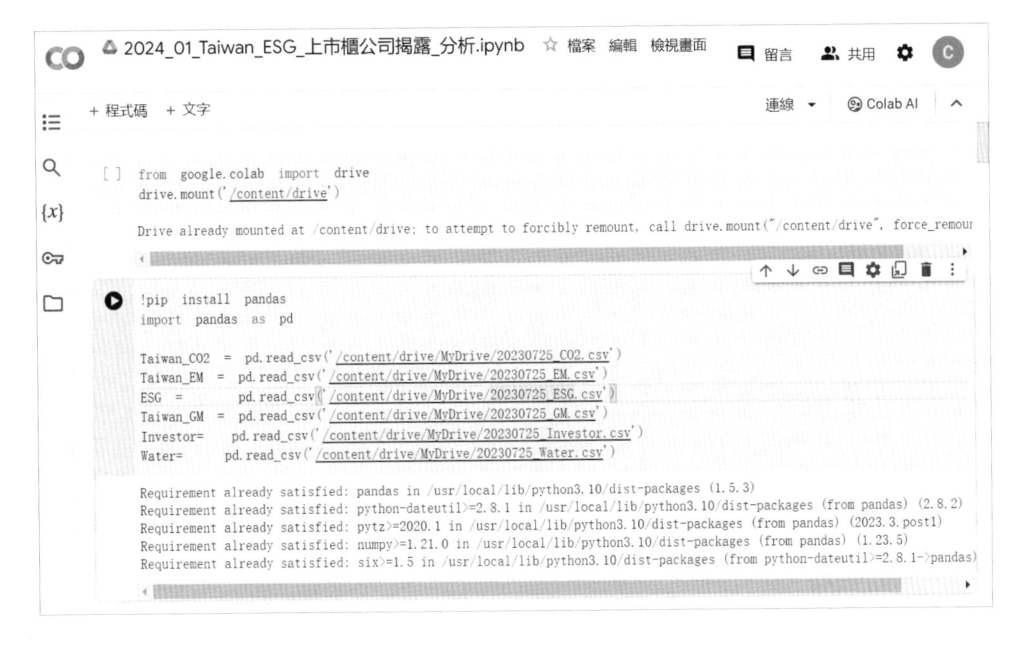

同時也設定中文編碼：

中文設定

```
!wget -O TaipeiSansTCBeta-Regular.ttf https://drive.google.com/uc?id=1eGAsTN1HBpJAkeVM57_C7ccp7hbgSz3_&export=download
import matplotlib as mpl
import matplotlib.font_manager as fm
#字型設定
fm.fontManager.addfont('TaipeiSansTCBeta-Regular.ttf')
mpl.rc('font', family='Taipei Sans TC Beta')
[f.name for f in fm.fontManager.ttflist]

--2024-01-25 13:45:05--  https://drive.google.com/uc?id=1eGAsTN1HBpJAkeVM57_C7ccp7hbgSz3_
Resolving drive.google.com (drive.google.com)... 173.194.174.138, 173.194.174.101, 173.194.174.139, ...
Connecting to drive.google.com (drive.google.com)|173.194.174.138|:443... connected.
HTTP request sent, awaiting response... 303 See Other
Location: https://drive.usercontent.google.com/download?id=1eGAsTN1HBpJAkeVM57_C7ccp7hbgSz3_ [following]
--2024-01-25 13:45:06--  https://drive.usercontent.google.com/download?id=1eGAsTN1HBpJAkeVM57_C7ccp7hbgSz3_
Resolving drive.usercontent.google.com (drive.usercontent.google.com)... 142.251.8.132, 2404:6800:4008:c15::84
Connecting to drive.usercontent.google.com (drive.usercontent.google.com)|142.251.8.132|:443... connected.
HTTP request sent, awaiting response... 200 OK
Length: 20659344 (20M) [application/octet-stream]
Saving to: 'TaipeiSansTCBeta-Regular.ttf'

TaipeiSansTCBeta-Re 100%[===================>]  19.70M  --.-KB/s    in 0.1s

2024-01-25 13:45:07 (140 MB/s) - 'TaipeiSansTCBeta-Regular.ttf' saved [20659344/20659344]
```

此處先使用多欄位取值，將重要的碳排放欄位取出，也就是針對 ISO 14064 驗證標準做解析：

溫室氣體排放

```
Taiwan_CO2.head()
```

	出表日期	告年度	公司代號	司名稱	範疇一排放量(噸CO2e)	資料邊界	一取得驗證	範疇二排放量(噸CO2e)	資料邊界	二取得驗證	範疇三排放量(噸CO2e)	三資料邊界	三取得驗證	密集度(噸CO2e/單位)	放密集度單位	管理之策略、方法、目標
0	1120705	111	1101	台泥	4.314312e+06	台泥台灣個體公司(涵蓋企業團營運總部、研究室、2座水泥廠、24座製品廠)	ISO 14064	218480.0000	台泥台灣個體公司(涵蓋企業團營運總部、研究室、2座水泥廠、24座製品廠)	ISO 14064	17428.000	台泥台灣個體公司(涵蓋營運企業團總部、研究室、2座水泥廠)	ISO 14064	0.8033	產品	(一)企業對於因應氣候變遷或溫室氣體管理之策略\n台泥企業團三大核心事業：低碳建材、資源循環...
1	1120705	111	1102	亞泥	2.921534e+06	亞洲水泥個體公司	ISO 14064	185695.0000	亞洲水泥個體公司	ISO 14064	101945.000	亞洲水泥個體公司	ISO 14064	0.8390	產品	(一)企業對於因應氣候變遷或溫室氣體管理之策略\n2020年起亞洲水泥推動科學減碳目標，20...
2	1120705	111	1103	嘉泥	8.348500e+02	包含合併財務報表之母子公司	ISO 14064	6807.5640	包含合併財務報表之母子公司	ISO 14064	1956.697	包含合併財務報表之母子公司	ISO 14064	0.0043	百萬元營業額	(一)企業對於因應氣候變遷或溫室氣體管理之策略\n本公司依據企業團多角化發展，以三個不同屬性...
3	1120705	111	1104	環泥	3.452866e+04	母公司	N	20707.6029	母公司	N	NaN	NaN	N	0.0123	新台幣千元產值	NaN
4	1120705	111	1108	幸福	5.260100e+05	幸福水泥(股)公司東澳廠	ISO 14064	38629.0000	幸福水泥(股)公司東澳廠	ISO 14064	NaN	NaN	N	0.5200	產品	NaN

```
[6] Taiwan_CO2[["公司名稱","範疇一排放量(噸CO2e)","範疇二排放量(噸CO2e)","範疇三排放量(噸CO2e)","溫室氣體排放密集度(噸CO2e/單位)"]]
```

	公司名稱	範疇一排放量(噸CO2e)	範疇二排放量(噸CO2e)	範疇三排放量(噸CO2e)	溫室氣體排放密集度(噸CO2e/單位)
0	台泥	4.314312e+06	218480.0000	17428.0000	0.8033
1	亞泥	2.921534e+06	185695.0000	101945.0000	0.8390
2	嘉泥	8.348500e+02	6807.5640	1956.6970	0.0043
3	環泥	3.452866e+04	20707.6029	NaN	0.0123
4	幸福	5.260100e+05	38629.0000	NaN	0.5200
...	...	...	...	...	...
974	新麗	2.222986e+03	2624.9431	11017.0463	2.3250
975	潤泰新	5.627026e+05	68298.0300	NaN	0.8800
976	三發地產	1.160000e+01	252.9000	NaN	0.0001
977	佳龍	NaN	NaN	NaN	NaN
978	世紀鋼	1.082774e+03	2211.9570	12404.8819	NaN

979 rows × 5 columns

將碳排放的數值修正為小數點後兩位，方便我們後續的分析：

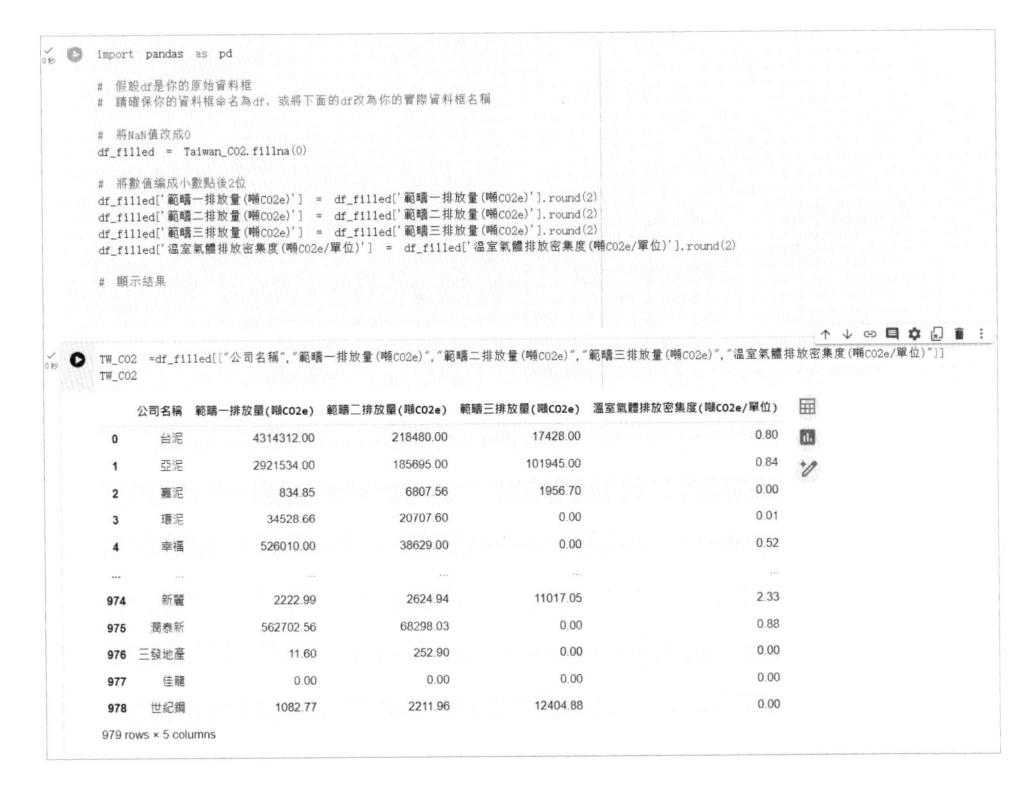

```
import pandas as pd

# 假設df是你的原始資料框
# 請確保你的資料框命名為df，或將下面的df改為你的實際資料框名稱

# 將NaN值改成0
df_filled = Taiwan_CO2.fillna(0)

# 將數值編成小數點後2位
df_filled['範疇一排放量(噸CO2e)'] = df_filled['範疇一排放量(噸CO2e)'].round(2)
df_filled['範疇二排放量(噸CO2e)'] = df_filled['範疇二排放量(噸CO2e)'].round(2)
df_filled['範疇三排放量(噸CO2e)'] = df_filled['範疇三排放量(噸CO2e)'].round(2)
df_filled['溫室氣體排放密集度(噸CO2e/單位)'] = df_filled['溫室氣體排放密集度(噸CO2e/單位)'].round(2)

# 顯示結果
```

```
TW_CO2 =df_filled[["公司名稱","範疇一排放量(噸CO2e)","範疇二排放量(噸CO2e)","範疇三排放量(噸CO2e)","溫室氣體排放密集度(噸CO2e/單位)"]]
TW_CO2
```

	公司名稱	範疇一排放量(噸CO2e)	範疇二排放量(噸CO2e)	範疇三排放量(噸CO2e)	溫室氣體排放密集度(噸CO2e/單位)
0	台泥	4314312.00	218480.00	17428.00	0.80
1	亞泥	2921534.00	185695.00	101945.00	0.84
2	嘉泥	834.85	6807.56	1956.70	0.00
3	環泥	34528.66	20707.60	0.00	0.01
4	幸福	526010.00	38629.00	0.00	0.52
...	...	...	...	...	...
974	新麗	2222.99	2624.94	11017.05	2.33
975	潤泰新	562702.56	68298.03	0.00	0.88
976	三發地產	11.60	252.90	0.00	0.00
977	佳龍	0.00	0.00	0.00	0.00
978	世紀鋼	1082.77	2211.96	12404.88	0.00

979 rows × 5 columns

再探勘一次溫室氣體資料集，其實此處就是在做資料清洗：

```
TW_CO2 =df_filled[["公司名稱","範疇一排放量(噸CO2e)","範疇二排放量(噸CO2e)","範疇三排放量(噸CO2e)","溫室氣體排放密集度(噸CO2e/單位)"]]
TW_CO2
```

	公司名稱	範疇一排放量(噸CO2e)	範疇二排放量(噸CO2e)	範疇三排放量(噸CO2e)	溫室氣體排放密集度(噸CO2e/單位)
0	台泥	4314312.00	218480.00	17428.00	0.80
1	亞泥	2921534.00	185695.00	101945.00	0.84
2	嘉泥	834.85	6807.56	1956.70	0.00
3	環泥	34528.66	20707.60	0.00	0.01
4	幸福	526010.00	38629.00	0.00	0.52
...	...	...	...	...	...
974	新麗	2222.99	2624.94	11017.05	2.33
975	潤泰新	562702.56	68298.03	0.00	0.88
976	三發地產	11.60	252.90	0.00	0.00
977	佳龍	0.00	0.00	0.00	0.00
978	世紀鋼	1082.77	2211.96	12404.88	0.00

979 rows × 5 columns

此處也針對上市櫃公司的碳排放做資料的初步分析：

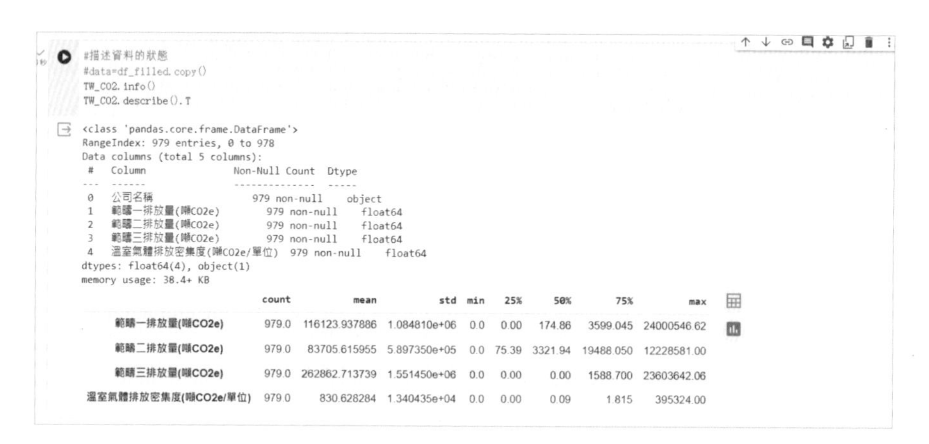

```
#描述資料的狀態
#data=df_filled.copy()
TW_CO2.info()
TW_CO2.describe().T
```

```
<class 'pandas.core.frame.DataFrame'>
RangeIndex: 979 entries, 0 to 978
Data columns (total 5 columns):
 #   Column                    Non-Null Count  Dtype
---  ------                    --------------  -----
 0   公司名稱                   979 non-null    object
 1   範疇一排放量(噸CO2e)        979 non-null    float64
 2   範疇二排放量(噸CO2e)        979 non-null    float64
 3   範疇三排放量(噸CO2e)        979 non-null    float64
 4   溫室氣體排放密集度(噸CO2e/單位)  979 non-null    float64
dtypes: float64(4), object(1)
memory usage: 38.4+ KB
```

	count	mean	std	min	25%	50%	75%	max
範疇一排放量(噸CO2e)	979.0	116123.937886	1.084810e+06	0.0	0.00	174.86	3599.045	24000546.62
範疇二排放量(噸CO2e)	979.0	83705.615955	5.897350e+05	0.0	75.39	3321.94	19488.050	12228581.00
範疇三排放量(噸CO2e)	979.0	262862.713739	1.551450e+06	0.0	0.00	0.00	1588.700	23603642.06
溫室氣體排放密集度(噸CO2e/單位)	979.0	830.628284	1.340435e+04	0.0	0.00	0.09	1.815	395324.00

使用相依矩陣做資料集的相依係數分析，可以看出驗證項目的相依係數較低！

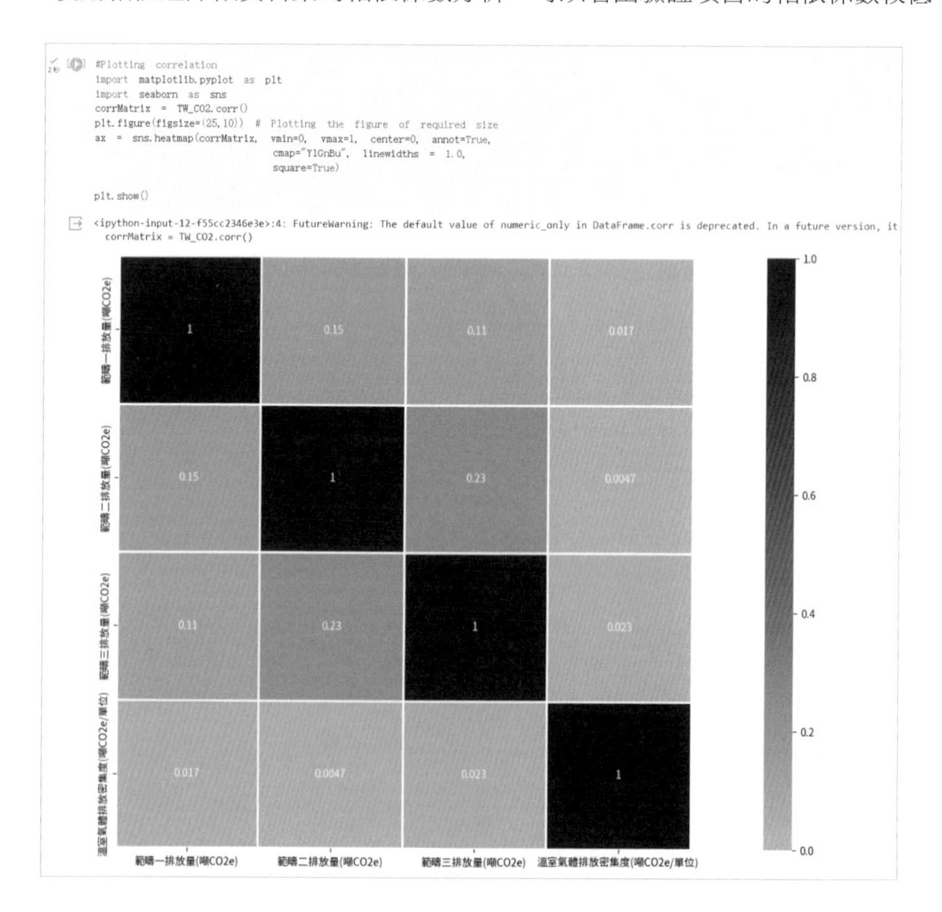

```
#Plotting correlation
import matplotlib.pyplot as plt
import seaborn as sns
corrMatrix = TW_CO2.corr()
plt.figure(figsize=(25,10)) # Plotting the figure of required size
ax = sns.heatmap(corrMatrix, vmin=0, vmax=1, center=0, annot=True,
                 cmap="YlGnBu", linewidths = 1.0,
                 square=True)

plt.show()
```

```
<ipython-input-12-f55cc2346e3e>:4: FutureWarning: The default value of numeric_only in DataFrame.corr is deprecated. In a future version, it
  corrMatrix = TW_CO2.corr()
```

此處程式碼使用 scikit-learn 中的 KMeans 來進行 K-means 聚類分析。以下是對程式碼的詳細解釋：

- 匯入套件：

from sklearn.cluster import KMeans：匯入 KMeans 聚類演算法。

import pandas as pd：匯入 Pandas 套件，用於處理資料框。

import numpy as np：匯入 NumPy 套件，用於數學運算。

import matplotlib.pyplot as plt：匯入 Matplotlib 套件，用於繪圖。

- 選擇分析變數：

從資料框 TW_CO2 中選擇要進行 K-means 分析的變數，包括 '範疇一排放量'、'範疇二排放量'、'範疇三排放量' 和 '溫室氣體排放密集度'。

- 處理缺失值：

將選擇的變數中的 NaN 值填充為 0，以確保資料完整性。

- K-means 分析：

使用 KMeans 演算法，將資料分為指定數量的群體。在此例中，指定群體數量為 3。

使用 fit_predict 方法將資料擬合到模型並預測每個樣本的群體。

顯示結果：

輸出包含公司名稱和對應群體的資料框。

- 繪製 K-means 分析的結果：

使用 Matplotlib 繪製散點圖，以 '範疇一排放量' 和 '溫室氣體排放密集度' 為例。

每個散點的顏色表示所屬的群體，散點的透明度（alpha）、邊線色（edgecolors）、邊線寬度（linewidth）等屬性進行設定。

顯示標題、X 軸和 Y 軸標籤，以及顏色條（colorbar）表示群體。

最後顯示繪製的圖形。

這樣的 K-means 分析結果可視化地展示了資料中的群體結構，有助於了解公司在不同變數之間的相似性或差異性。

```
[15] from sklearn.cluster import KMeans
     import pandas as pd
     import numpy as np
     import matplotlib.pyplot as plt

     # 假設df是你的資料框
     # 請確保你的資料框命名為df，或將下面的df改為你的實際資料框名稱

     # 選擇要進行K-means分析的變數
     features = TW_CO2[['範疇一排放量(噸CO2e)', '範疇二排放量(噸CO2e)', '範疇三排放量(噸CO2e)', '溫室氣體排放密集度(噸CO2e/單位)']]

     # 將NaN值填充為0
     features_filled = features.fillna(0)

     # 使用K-means演算法，分成3個群體 (可以根據實際需求調整群體數量)
     kmeans = KMeans(n_clusters=3, random_state=42)
     TW_CO2['Cluster'] = kmeans.fit_predict(features_filled)

     # 顯示結果
     print(TW_CO2[['公司名稱', 'Cluster']])

     # 繪製K-means分析的結果 (以範疇一排放量和溫室氣體排放密集度為例)
     plt.figure(figsize=(10, 6))
     plt.scatter(features_filled['範疇一排放量(噸CO2e)'], features_filled['溫室氣體排放密集度(噸CO2e/單位)'], c=TW_CO2['Cluster'], cmap='viridis'
     plt.title('K-means Clustering')
     plt.xlabel('範疇一排放量(噸CO2e)')
     plt.ylabel('溫室氣體排放密集度(噸CO2e/單位)')
     plt.colorbar(label='Cluster')
     plt.show()
```

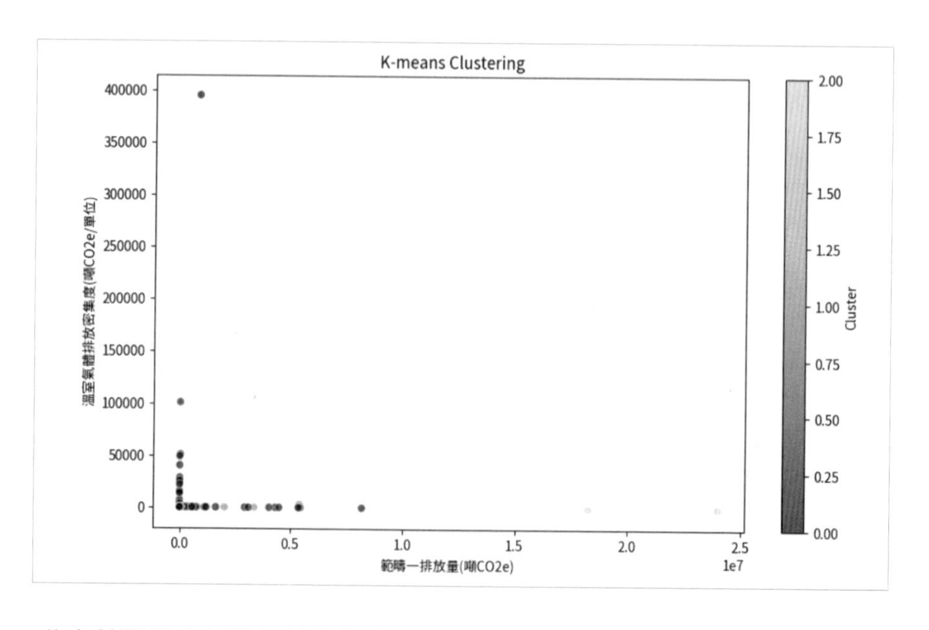

此處針對溫室氣體的碳排放進行每 50 家公司進行分析，以前 50 家公司為例：

第1~50間公司

```
[ ] !wget -O TaipeiSansTCBeta-Regular.ttf https://drive.google.com/uc?id=1eGAsTN1HBpJAkeVM57_C7ccp7hbgSz3_&export=download

    import matplotlib.pyplot as plt
    import matplotlib.font_manager as fm

    # 字型設定
    font_path = 'TaipeiSansTCBeta-Regular.ttf'
    fm.fontManager.addfont(font_path)
    plt.rcParams['font.family'] = 'Taipei Sans TC Beta'

    # 確認字型是否成功加載
    print([f.name for f in fm.fontManager.ttflist])

    # 選擇要繪製的前50筆資料
    top_50 = TW_CO2.head(50)

    # 設定圖表風格
    plt.style.use('seaborn-whitegrid')

    # 設定圖表大小
    plt.figure(figsize=(12, 8))

    # 繪製條形圖
    bar_width = 0.2
    index = range(len(top_50))

    plt.bar(index, top_50['範疇一排放量(噸CO2e)'], width=bar_width, label='範疇一排放量')
    plt.bar([i + bar_width for i in index], top_50['範疇二排放量(噸CO2e)'], width=bar_width, label='範疇二排放量')
    plt.bar([i + 2 * bar_width for i in index], top_50['範疇三排放量(噸CO2e)'], width=bar_width, label='範疇三排放量')

    # 設定x軸標籤
    plt.xlabel('Company_ID', fontsize=12)
    plt.xticks(index, [str(i) for i in index], rotation=0, ha='center')  # 使用數字

    # 設定y軸標籤
    plt.ylabel('Emissions (tons of CO2e)', fontsize=12)

    # 加入圖例
    #plt.legend()

    # 加入標題
    plt.title('Emissions of listed companies in Taiwan (1~50 transactions)', fontsize=16)

    # 顯示圖表
    plt.tight_layout()
    plt.show()
```

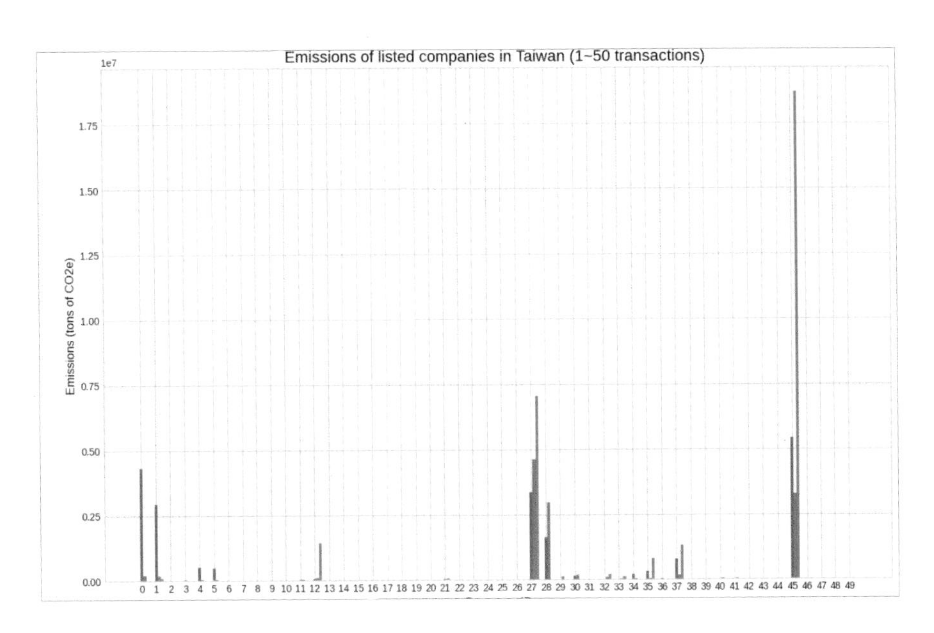

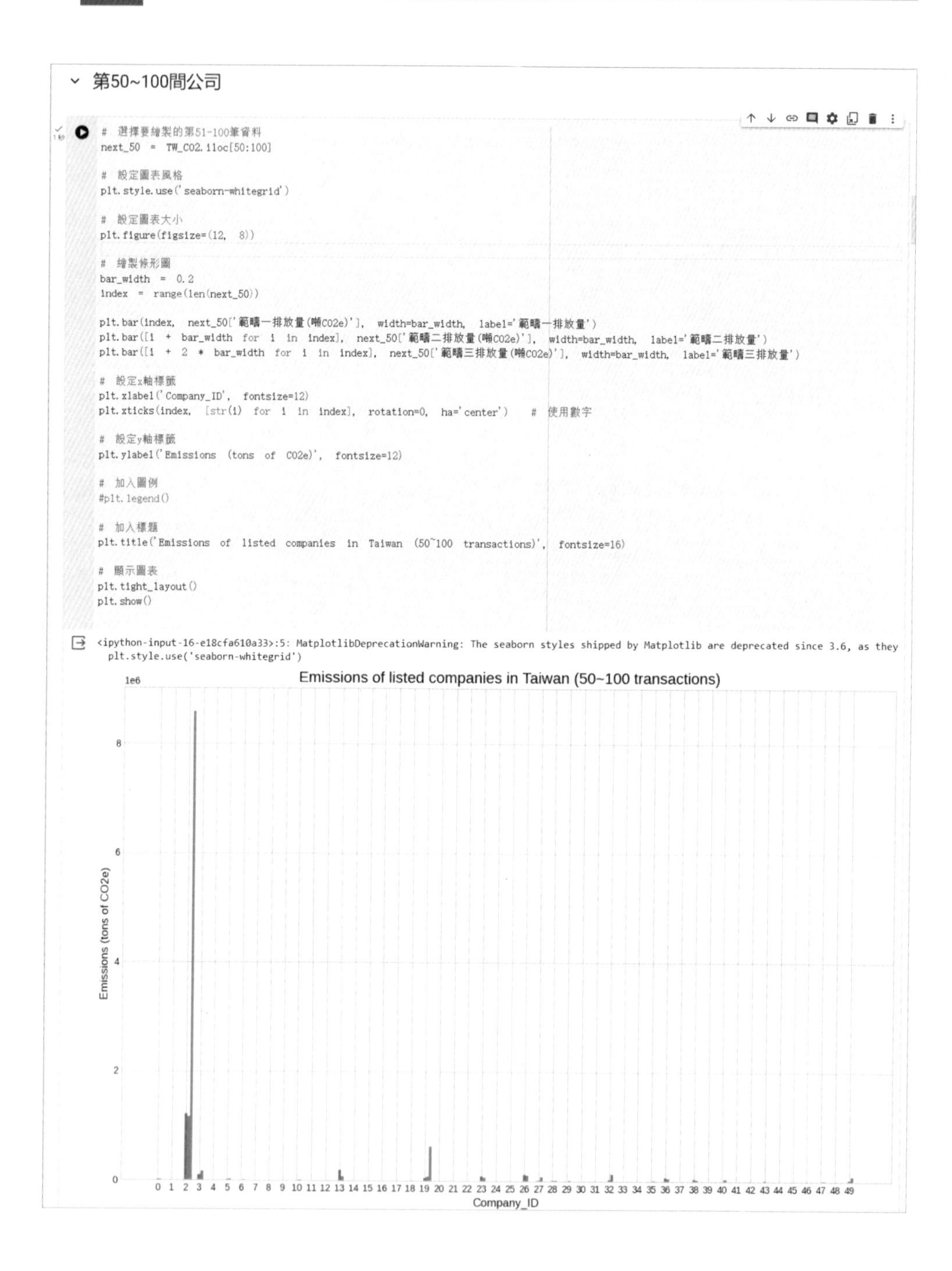
第50~100間公司
# 選擇要繪製的第51-100筆資料
next_50 = TW_CO2.iloc[50:100]
# 設定圖表風格
plt.style.use('seaborn-whitegrid')
# 設定圖表大小
plt.figure(figsize=(12, 8))
# 繪製條形圖
bar_width = 0.2
index = range(len(next_50))
plt.bar(index, next_50['範疇一排放量(噸CO2e)'], width=bar_width, label='範疇一排放量')
plt.bar([i + bar_width for i in index], next_50['範疇二排放量(噸CO2e)'], width=bar_width, label='範疇二排放量')
plt.bar([i + 2 * bar_width for i in index], next_50['範疇三排放量(噸CO2e)'], width=bar_width, label='範疇三排放量')
# 設定x軸標籤
plt.xlabel('Company_ID', fontsize=12)
plt.xticks(index, [str(i) for i in index], rotation=0, ha='center') # 使用數字
# 設定y軸標籤
plt.ylabel('Emissions (tons of CO2e)', fontsize=12)
# 加入圖例
#plt.legend()
# 加入標題
plt.title('Emissions of listed companies in Taiwan (50~100 transactions)', fontsize=16)
# 顯示圖表
plt.tight_layout()
plt.show()
<ipython-input-16-e18cfa610a33>:5: MatplotlibDeprecationWarning: The seaborn styles shipped by Matplotlib are deprecated since 3.6, as they
plt.style.use('seaborn-whitegrid')
Emissions of listed companies in Taiwan (50~100 transactions)
1e6
8
6
4
2
0
Emissions (tons of CO2e)
0 1 2 3 4 5 6 7 8 9 10 11 12 13 14 15 16 17 18 19 20 21 22 23 24 25 26 27 28 29 30 31 32 33 34 35 36 37 38 39 40 41 42 43 44 45 46 47 48 49
Company_ID

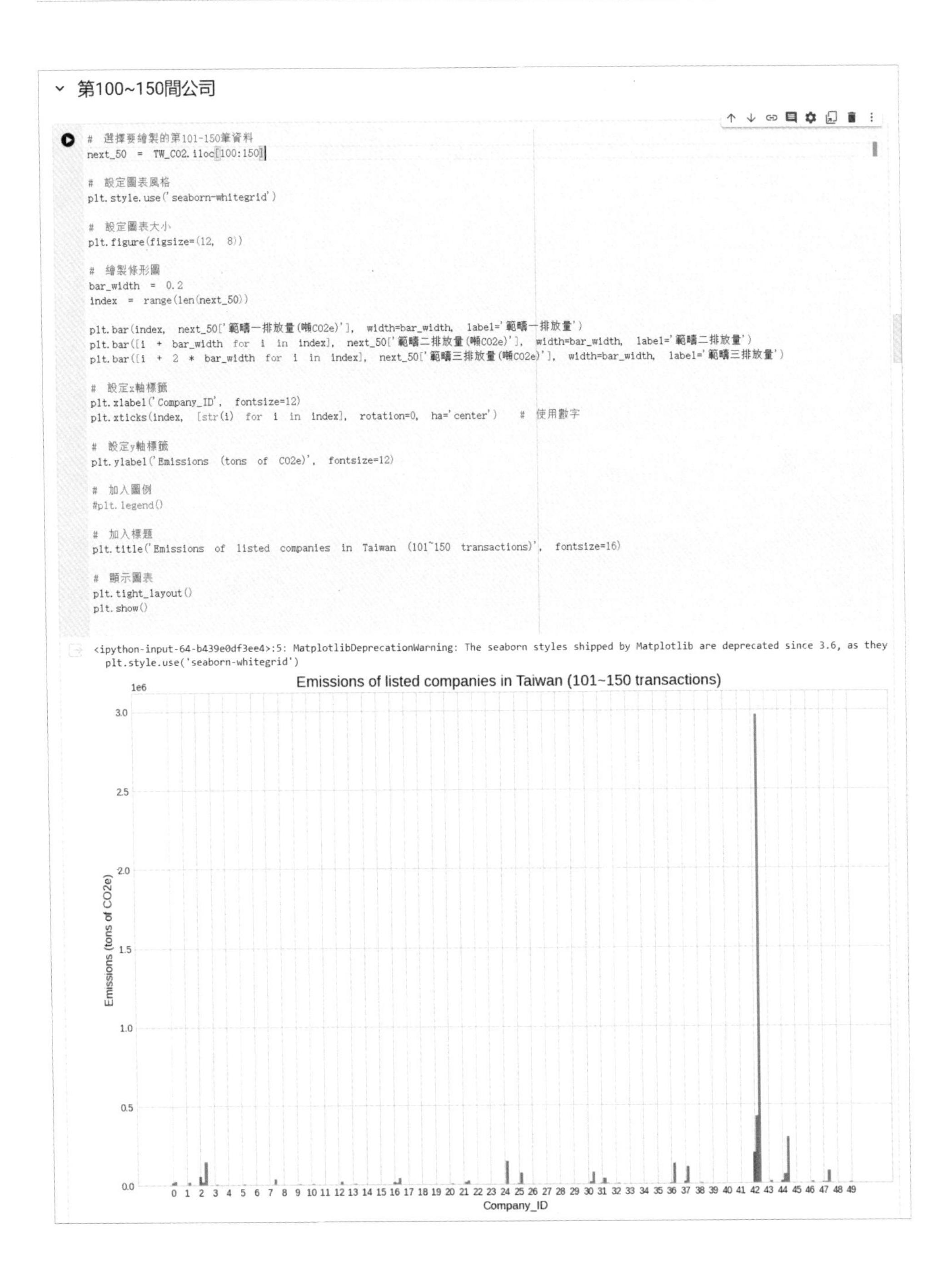

第100~150間公司
# 選擇要繪製的第101-150筆資料
next_50 = TW_CO2.iloc[100:150]
# 設定圖表風格
plt.style.use('seaborn-whitegrid')
# 設定圖表大小
plt.figure(figsize=(12, 8))
# 繪製條形圖
bar_width = 0.2
index = range(len(next_50))
plt.bar(index, next_50['範疇一排放量(噸CO2e)'], width=bar_width, label='範疇一排放量')
plt.bar([i + bar_width for i in index], next_50['範疇二排放量(噸CO2e)'], width=bar_width, label='範疇二排放量')
plt.bar([i + 2 * bar_width for i in index], next_50['範疇三排放量(噸CO2e)'], width=bar_width, label='範疇三排放量')
# 設定x軸標籤
plt.xlabel('Company_ID', fontsize=12)
plt.xticks(index, [str(i) for i in index], rotation=0, ha='center') # 使用數字
# 設定y軸標籤
plt.ylabel('Emissions (tons of CO2e)', fontsize=12)
# 加入圖例
#plt.legend()
# 加入標題
plt.title('Emissions of listed companies in Taiwan (101~150 transactions)', fontsize=16)
# 顯示圖表
plt.tight_layout()
plt.show()
<ipython-input-64-b439e0df3ee4>:5: MatplotlibDeprecationWarning: The seaborn styles shipped by Matplotlib are deprecated since 3.6, as they
plt.style.use('seaborn-whitegrid')
Emissions of listed companies in Taiwan (101~150 transactions)
1e6
3.0
2.5
2.0
1.5
1.0
0.5
0.0
Emissions (tons of CO2e)
0 1 2 3 4 5 6 7 8 9 10 11 12 13 14 15 16 17 18 19 20 21 22 23 24 25 26 27 28 29 30 31 32 33 34 35 36 37 38 39 40 41 42 43 44 45 46 47 48 49
Company_ID

第150~200間公司

```
# 選擇要繪製的第151-200筆資料
next_50 = TW_CO2.iloc[150:200]

# 設定圖表風格
plt.style.use('seaborn-whitegrid')

# 設定圖表大小
plt.figure(figsize=(12, 8))

# 繪製條形圖
bar_width = 0.2
index = range(len(next_50))

plt.bar(index, next_50['範疇一排放量(噸CO2e)'], width=bar_width, label='範疇一排放量')
plt.bar([i + bar_width for i in index], next_50['範疇二排放量(噸CO2e)'], width=bar_width, label='範疇二排放量')
plt.bar([i + 2 * bar_width for i in index], next_50['範疇三排放量(噸CO2e)'], width=bar_width, label='範疇三排放量')

# 設定x軸標籤
plt.xlabel('Company_ID', fontsize=12)
plt.xticks(index, [str(i) for i in index], rotation=0, ha='center')  # 使用數字

# 設定y軸標籤
plt.ylabel('Emissions (tons of CO2e)', fontsize=12)

# 加入圖例
#plt.legend()

# 加入標題
plt.title('Emissions of listed companies in Taiwan (151~200 transactions)', fontsize=16)

# 顯示圖表
plt.tight_layout()
plt.show()
```

```
<ipython-input-65-da437c1b1169>:5: MatplotlibDeprecationWarning: The seaborn styles shipped by Matplotlib are deprecated since 3.6, as they
  plt.style.use('seaborn-whitegrid')
```

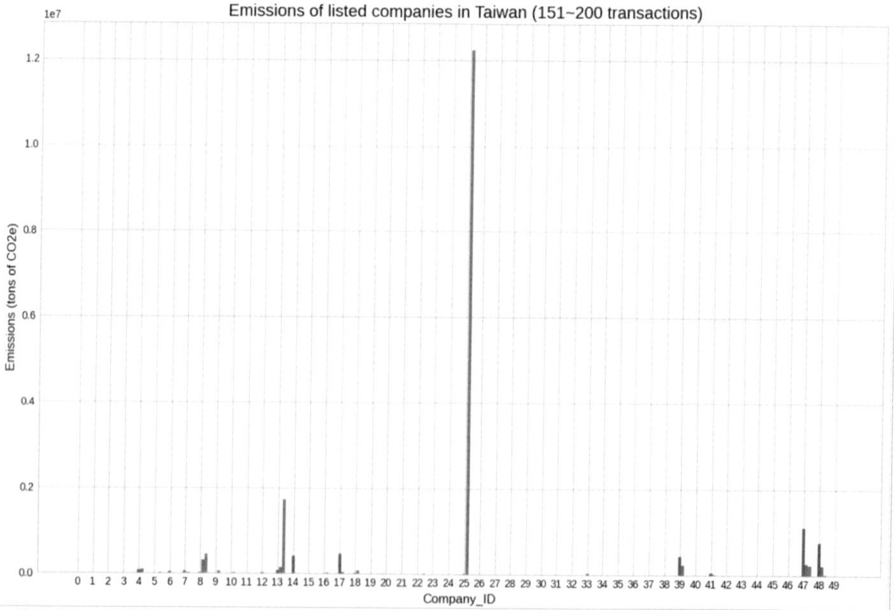

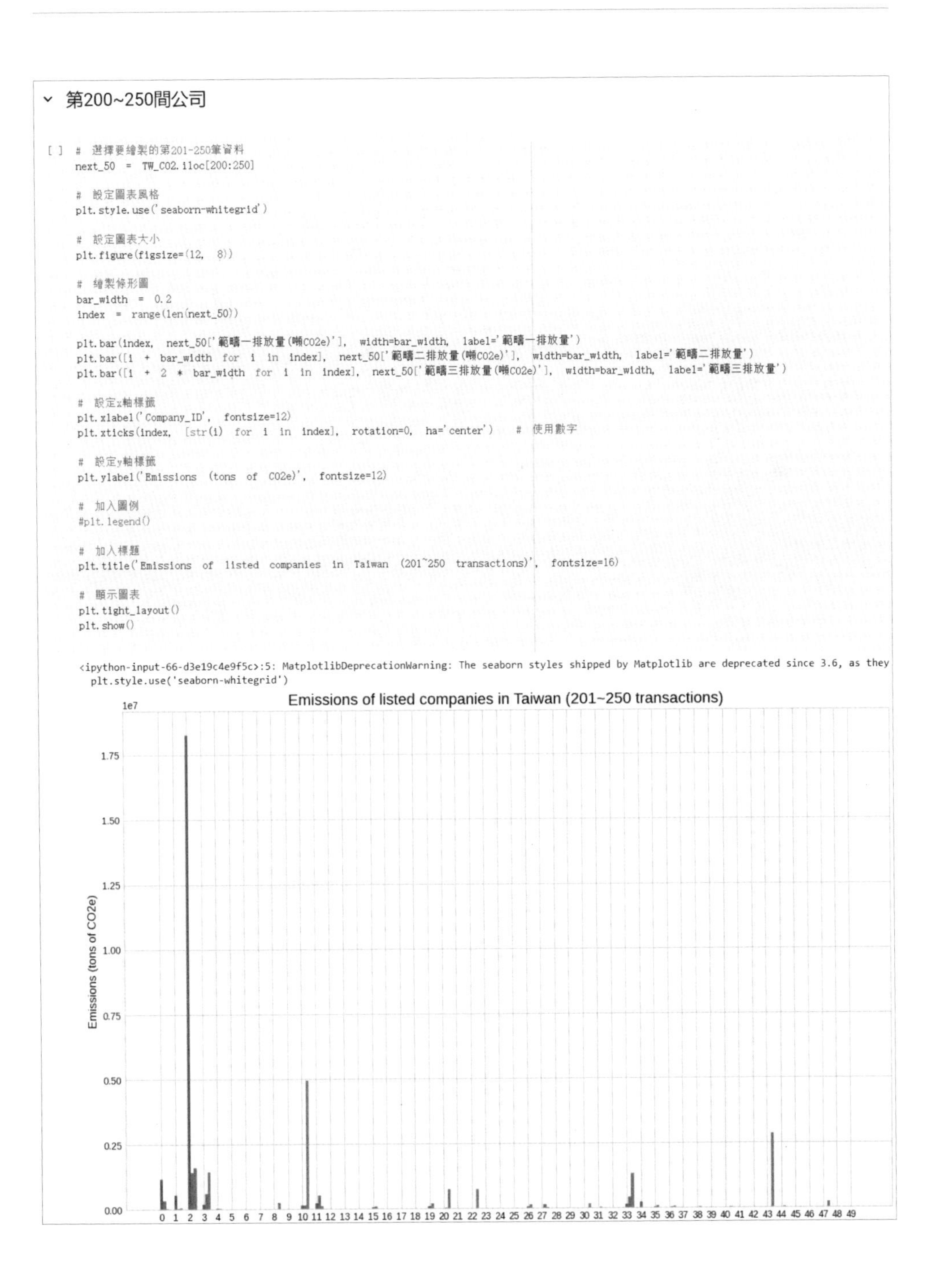

第200~250間公司

```
[ ] # 選擇要繪製的第201-250筆資料
    next_50 = TW_CO2.iloc[200:250]

    # 設定圖表風格
    plt.style.use('seaborn-whitegrid')

    # 設定圖表大小
    plt.figure(figsize=(12, 8))

    # 繪製條形圖
    bar_width = 0.2
    index = range(len(next_50))

    plt.bar(index, next_50['範疇一排放量(噸CO2e)'], width=bar_width, label='範疇一排放量')
    plt.bar([i + bar_width for i in index], next_50['範疇二排放量(噸CO2e)'], width=bar_width, label='範疇二排放量')
    plt.bar([i + 2 * bar_width for i in index], next_50['範疇三排放量(噸CO2e)'], width=bar_width, label='範疇三排放量')

    # 設定x軸標籤
    plt.xlabel('Company_ID', fontsize=12)
    plt.xticks(index, [str(i) for i in index], rotation=0, ha='center') # 使用數字

    # 設定y軸標籤
    plt.ylabel('Emissions (tons of CO2e)', fontsize=12)

    # 加入圖例
    #plt.legend()

    # 加入標題
    plt.title('Emissions of listed companies in Taiwan (201~250 transactions)', fontsize=16)

    # 顯示圖表
    plt.tight_layout()
    plt.show()

<ipython-input-66-d3e19c4e9f5c>:5: MatplotlibDeprecationWarning: The seaborn styles shipped by Matplotlib are deprecated since 3.6, as they
  plt.style.use('seaborn-whitegrid')
```

第250~300間公司

```
# 選擇要繪製的第251-300筆資料
next_50 = TW_CO2.iloc[250:300]

# 設定圖表風格
plt.style.use('seaborn-whitegrid')

# 設定圖表大小
plt.figure(figsize=(12, 8))

# 繪製條形圖
bar_width = 0.2
index = range(len(next_50))

plt.bar(index, next_50['範疇一排放量(噸CO2e)'], width=bar_width, label='範疇一排放量')
plt.bar([i + bar_width for i in index], next_50['範疇二排放量(噸CO2e)'], width=bar_width, label='範疇二排放量')
plt.bar([i + 2 * bar_width for i in index], next_50['範疇三排放量(噸CO2e)'], width=bar_width, label='範疇三排放量')

# 設定x軸標籤
plt.xlabel('Company_ID', fontsize=12)
plt.xticks(index, [str(i) for i in index], rotation=0, ha='center')  # 使用數字

# 設定y軸標籤
plt.ylabel('Emissions (tons of CO2e)', fontsize=12)

# 加入圖例
#plt.legend()

# 加入標題
plt.title('Emissions of listed companies in Taiwan (251~300 transactions)', fontsize=16)

# 顯示圖表
plt.tight_layout()
plt.show()
```

```
<ipython-input-67-811ab8be1c24>:5: MatplotlibDeprecationWarning: The seaborn styles shipped by Matplotlib are deprecated since 3.6, as they
  plt.style.use('seaborn-whitegrid')
```

Emissions of listed companies in Taiwan (251~300 transactions)

Emissions (tons of CO2e)

Company_ID

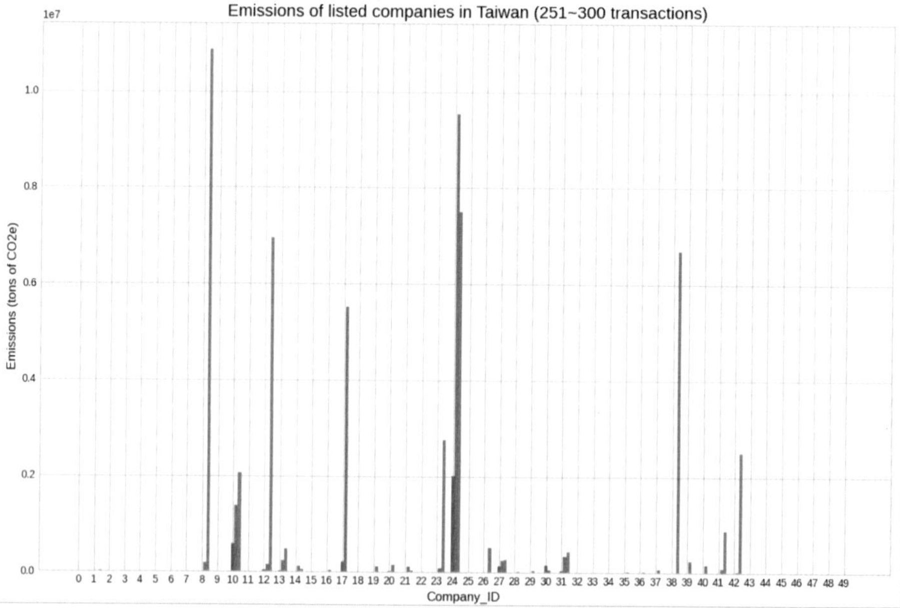

此處針對能源管理的資料集做分析和探勘：

由平均值來觀察，台灣企業的再生能源平均使用率為 6.531964%；整體並不高！

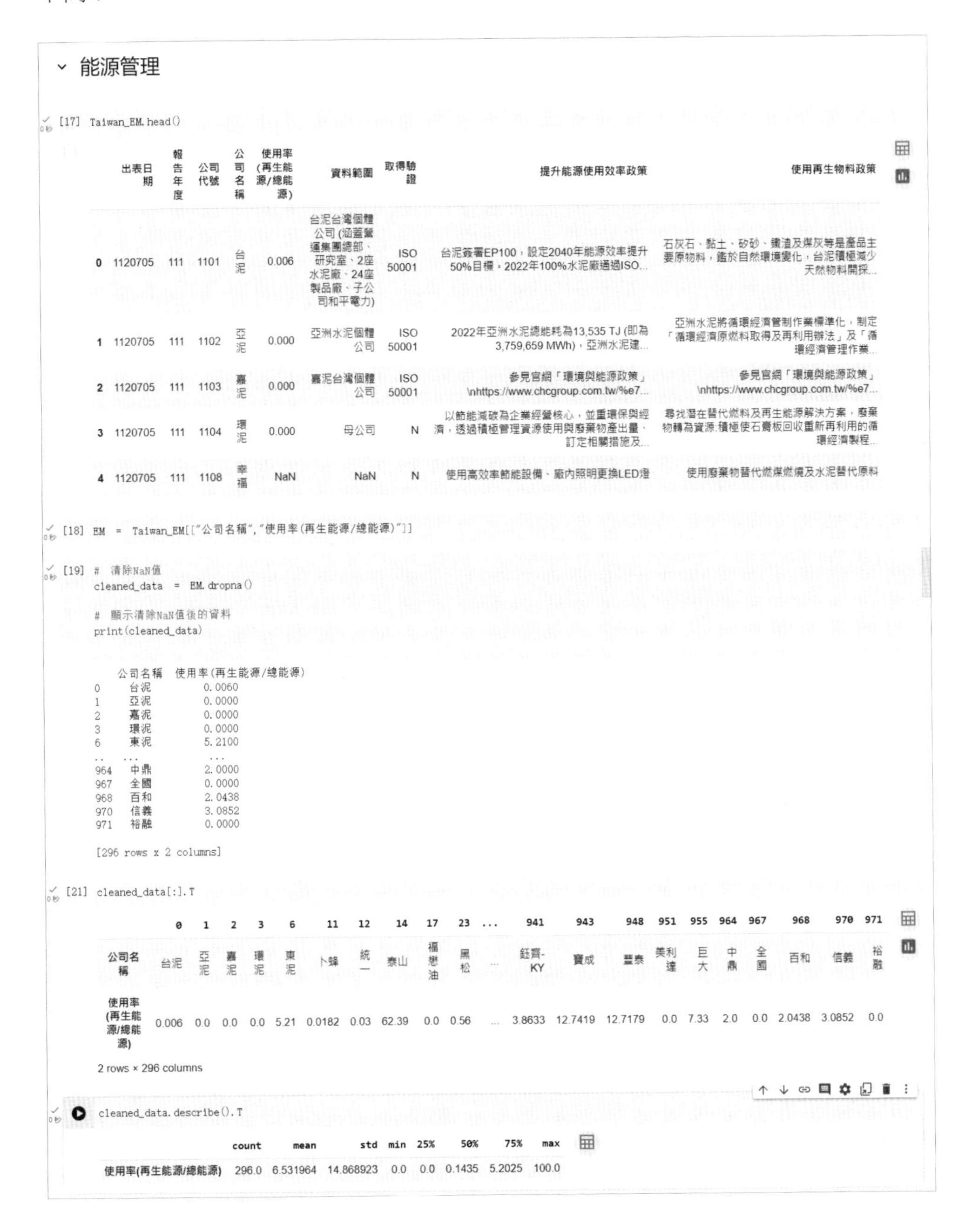

能源管理

```
[17] Taiwan_EM.head()
```

	出表日期	報告年度	公司代號	公司名稱	使用率(再生能源/總能源)	資料範圍	取得驗證	提升能源使用效率政策	使用再生物料政策
0	1120705	111	1101	台泥	0.006	台泥台灣個體公司(涵蓋營運集團總部、研究室、2座水泥廠、24座製品廠、子公司和平電力)	ISO 50001	台泥簽署EP100，設定2040年能源效率提升50%目標。2022年100%水泥廠通過ISO...	石灰石、黏土、矽砂、鐵渣及煤灰等是產品主要原物料，鑑於自然環境變化，台泥積極減少天然物料開採...
1	1120705	111	1102	亞泥	0.000	亞洲水泥個體公司	ISO 50001	2022年亞洲水泥總能耗為13,535 TJ (即為3,759,659 MWh)，亞洲水泥建...	亞洲水泥將循環經濟管制作業標準化，制定「循環經濟原燃料取得及再利用辦法」及「循環經濟管理作業...
2	1120705	111	1103	嘉泥	0.000	嘉泥台灣個體公司	ISO 50001	參見官網「環境與能源政策」\nhttps://www.chcgroup.com.tw/%e7...	參見官網「環境與能源政策」\nhttps://www.chcgroup.com.tw/%e7...
3	1120705	111	1104	環泥	0.000	母公司	N	以節能減碳為企業經營核心，並重環保與經濟，透過積極管理資源使用與廢棄物產出量、訂定相關措施及...	尋找潛在替代燃料及再生能源解決方案，廢棄物轉為資源:積極使石膏板回收重新再利用的循環經濟製程...
4	1120705	111	1108	幸福	NaN	NaN	N	使用高效率節能設備、廠內照明更換LED燈	使用廢棄物替代燃煤燃燒及水泥替代原料

```
[18] EM = Taiwan_EM[["公司名稱","使用率(再生能源/總能源)"]]
```

```
[19] # 清除NaN值
cleaned_data = EM.dropna()

# 顯示清除NaN值後的資料
print(cleaned_data)

     公司名稱  使用率(再生能源/總能源)
0      台泥          0.0060
1      亞泥          0.0000
2      嘉泥          0.0000
3      環泥          0.0000
6      東泥          5.2100
..     ...             ...
964    中鼎          2.0000
967    全國          0.0000
968    百和          2.0438
970    信義          3.0852
971    裕融          0.0000

[296 rows x 2 columns]
```

```
[21] cleaned_data[:].T
```

	0	1	2	3	6	11	12	14	17	23	...	941	943	948	951	955	964	967	968	970	971
公司名稱	台泥	亞泥	嘉泥	環泥	東泥	卜蜂	統一	泰山	福懋油	黑松	...	鈺齊-KY	寶成	豐泰	美利達	巨大	中鼎	全國	百和	信義	裕融
使用率(再生能源/總能源)	0.006	0.0	0.0	0.0	5.21	0.0182	0.03	62.39	0.0	0.56	...	3.8633	12.7419	12.7179	0.0	7.33	2.0	0.0	2.0438	3.0852	0.0

2 rows × 296 columns

```
cleaned_data.describe().T
```

	count	mean	std	min	25%	50%	75%	max
使用率(再生能源/總能源)	296.0	6.531964	14.868923	0.0	0.0	0.1435	5.2025	100.0

此處也針對前 50 家公司針對再生能源使用率做圖表繪製：

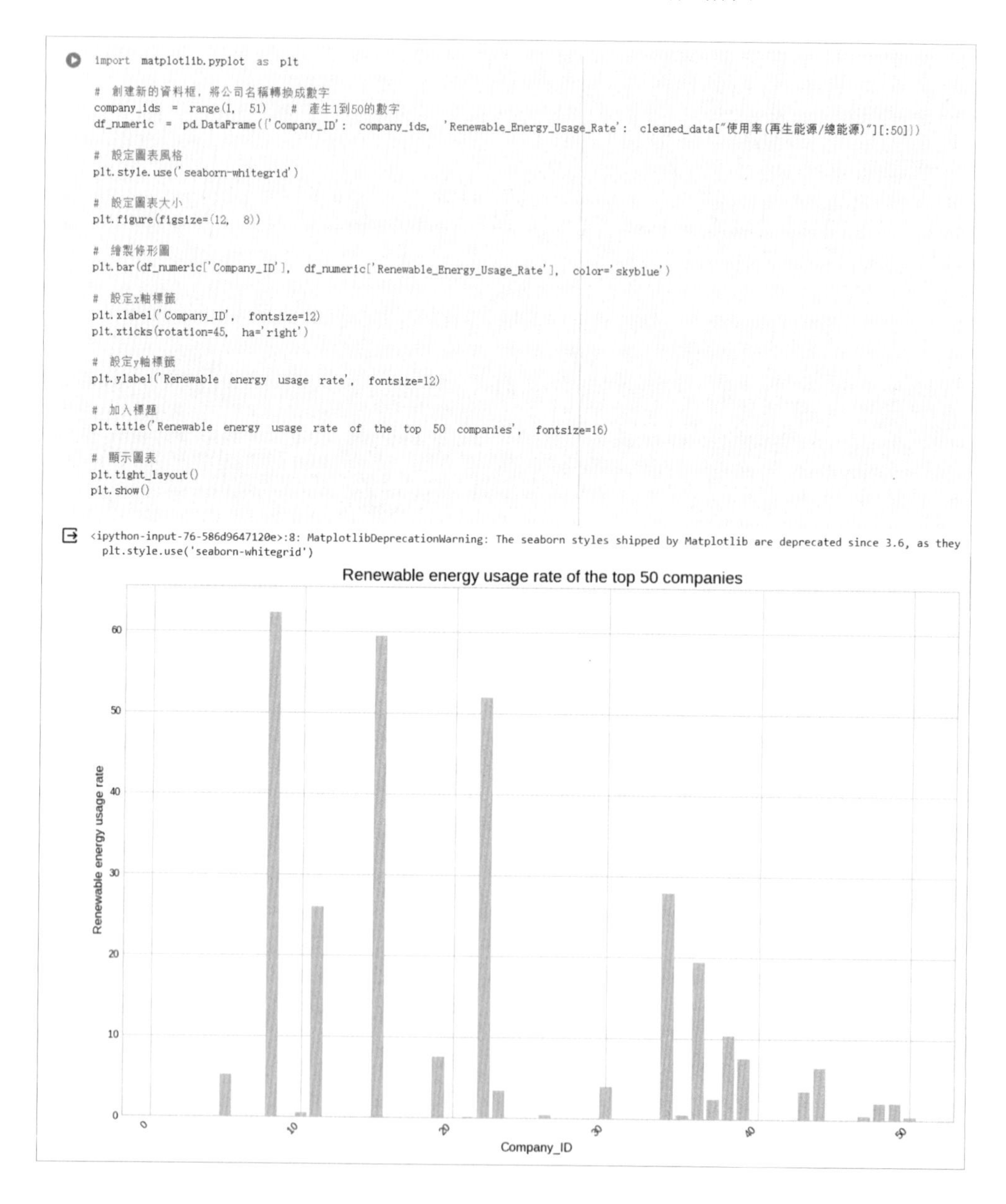

```python
import matplotlib.pyplot as plt

# 創建新的資料框，將公司名稱轉換成數字
company_ids = range(1, 51)  # 產生1到50的數字
df_numeric = pd.DataFrame({'Company_ID': company_ids, 'Renewable_Energy_Usage_Rate': cleaned_data["使用率(再生能源/總能源)"][:50]})

# 設定圖表風格
plt.style.use('seaborn-whitegrid')

# 設定圖表大小
plt.figure(figsize=(12, 8))

# 繪製條形圖
plt.bar(df_numeric['Company_ID'], df_numeric['Renewable_Energy_Usage_Rate'], color='skyblue')

# 設定x軸標籤
plt.xlabel('Company_ID', fontsize=12)
plt.xticks(rotation=45, ha='right')

# 設定y軸標籤
plt.ylabel('Renewable energy usage rate', fontsize=12)

# 加入標題
plt.title('Renewable energy usage rate of the top 50 companies', fontsize=16)

# 顯示圖表
plt.tight_layout()
plt.show()
```

```
<ipython-input-76-586d9647120e>:8: MatplotlibDeprecationWarning: The seaborn styles shipped by Matplotlib are deprecated since 3.6, as they
  plt.style.use('seaborn-whitegrid')
```

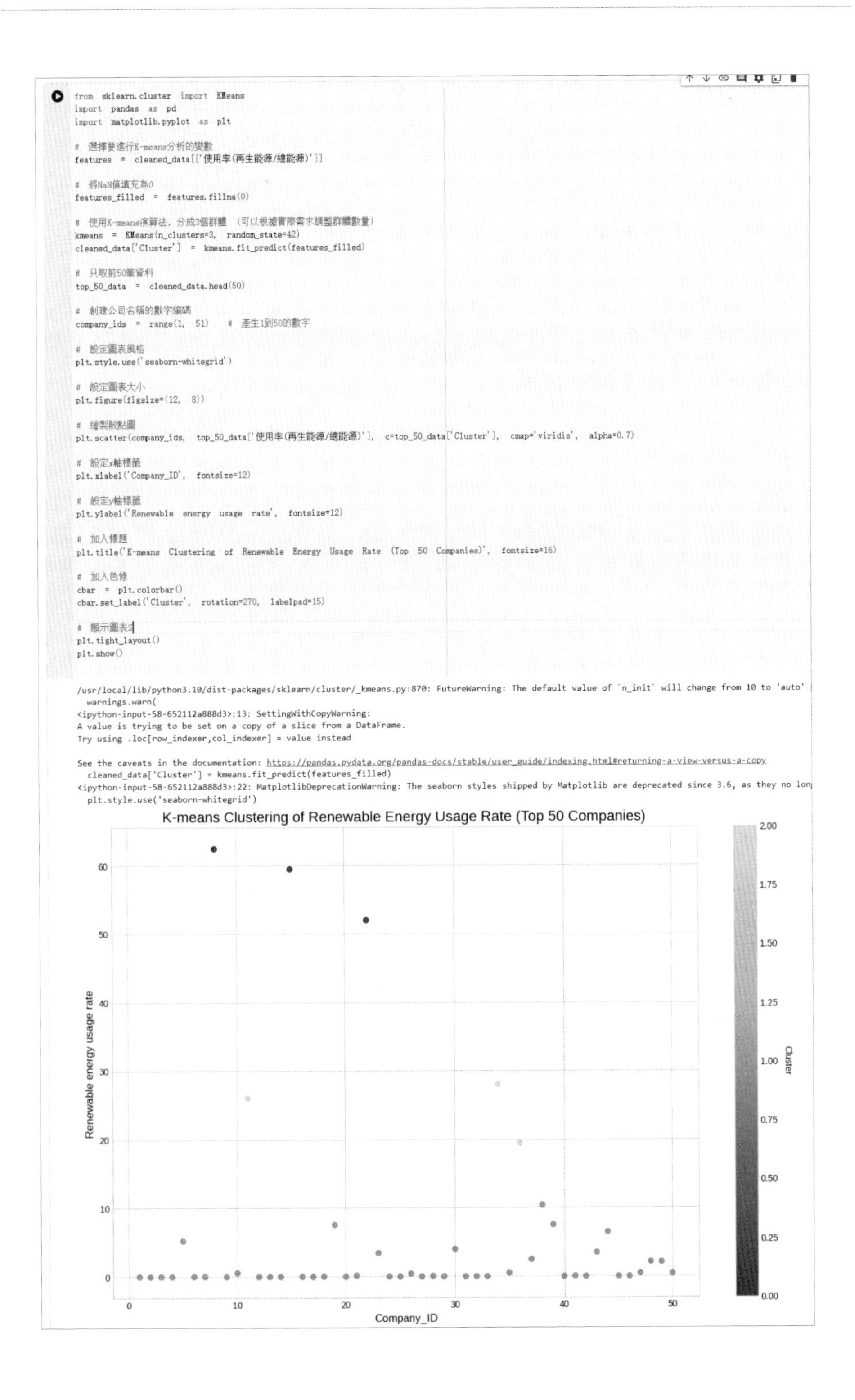

from sklearn.cluster import KMeans
import pandas as pd
import matplotlib.pyplot as plt

# 選擇要進行K-means分析的變數
features = cleaned_data[['使用率(再生能源/總能源)']]

# 將NaN值填充為0
features_filled = features.fillna(0)

# 使用K-means演算法，分成3個群體 （可以根據實際需求調整群體數量）
kmeans = KMeans(n_clusters=3, random_state=42)
cleaned_data['Cluster'] = kmeans.fit_predict(features_filled)

# 只取前50筆資料
top_50_data = cleaned_data.head(50)

# 創建公司名稱的數字編碼
company_ids = range(1, 51) # 產生1到50的數字

# 設定圖表風格
plt.style.use('seaborn-whitegrid')

# 設定圖表大小
plt.figure(figsize=(12, 8))

# 繪製散點圖
plt.scatter(company_ids, top_50_data['使用率(再生能源/總能源)'], c=top_50_data['Cluster'], cmap='viridis', alpha=0.7)

# 設定x軸標籤
plt.xlabel('Company_ID', fontsize=12)

# 設定y軸標籤
plt.ylabel('Renewable energy usage rate', fontsize=12)

# 加入標題
plt.title('K-means Clustering of Renewable Energy Usage Rate (Top 50 Companies)', fontsize=16)

# 加入色條
cbar = plt.colorbar()
cbar.set_label('Cluster', rotation=270, labelpad=15)

# 顯示圖表s
plt.tight_layout()
plt.show()

/usr/local/lib/python3.10/dist-packages/sklearn/cluster/_kmeans.py:870: FutureWarning: The default value of `n_init` will change from 10 to 'auto'
warnings.warn(
<ipython-input-58-652112a888d3>:13: SettingWithCopyWarning:
A value is trying to be set on a copy of a slice from a DataFrame.
Try using .loc[row_indexer,col_indexer] = value instead

See the caveats in the documentation: https://pandas.pydata.org/pandas-docs/stable/user_guide/indexing.html#returning-a-view-versus-a-copy
cleaned_data['Cluster'] = kmeans.fit_predict(features_filled)
<ipython-input-58-652112a888d3>:22: MatplotlibDeprecationWarning: The seaborn styles shipped by Matplotlib are deprecated since 3.6, as they no lon
plt.style.use('seaborn-whitegrid')
K-means Clustering of Renewable Energy Usage Rate (Top 50 Companies)
Renewable energy usage rate
Company_ID
Cluster
0
10
20
30
40
50
60
0.00
0.25
0.50
0.75
1.00
1.25
1.50
1.75
2.00

此處也針對台灣上市櫃董事揭露做分析：

這裡提供了對 ESG 資料框中的特定欄位進行的相關操作，包括「公司代號」、「董事席次 (含獨立董事)(席)」、「獨立董事席次 (席)」、「女性董事席次及比率 - 比率」和「董事出席董事會出席率」。然而，我發現 " 獨立董事席次 (席)」。

其中包括獨立董事、董事席次、女性董事席次比例如下，由數據可知；台灣女性董事席次的比例為 8.7 席。

ESG 董事揭露

ChatGPT

```
ESG.head()
```

	出表日期	報告年度	公司代號	公司名稱	董事席次(含獨立董事)(席)	獨立董事席次(席)	女性董事席次及比率-席	女性董事席次及比率-比率	董事出席董事會出席率	董監事進修時數符合進修要點比率
0	1120705	111	1101	台泥	15	5	4席	26.67%	100.00%	100.00%
1	1120705	111	1102	亞泥	14	3	0席	0.00%	92.80%	100.00%
2	1120705	111	1103	嘉泥	7	3	1席	14.29%	94.63%	100.00%
3	1120705	111	1104	環泥	7	3	0席	0.00%	100.00%	100.00%
4	1120705	111	1108	幸福	7	3	2席	28.57%	100.00%	100.00%

```
[63] ESG[["公司代號","董事席次(含獨立董事)(席)","獨立董事席次(席)","獨立董事席次(席)","女性董事席次及比率-比率","董事出席董事會出席率"]]
```

	公司代號	董事席次(含獨立董事)(席)	獨立董事席次(席)	獨立董事席次(席)	女性董事席次及比率-比率	董事出席董事會出席率
0	1101	15	5	5	26.67%	100.00%
1	1102	14	3	3	0.00%	92.80%
2	1103	7	3	3	14.29%	94.63%
3	1104	7	3	3	0.00%	100.00%
4	1108	7	3	3	28.57%	100.00%
...	...	...	...	...	...	...
974	9944	7	3	3	57.14%	96.42%
975	9945	9	3	3	22.22%	87.18%
976	9946	7	3	3	0.00%	100.00%
977	9955	7	3	3	0.00%	97.90%
978	9958	9	3	3	0.11%	98.79%

979 rows × 6 columns

```
ESG.describe().T
```

	count	mean	std	min	25%	50%	75%	max
出表日期	979.0	1.120705e+06	0.000000	1120705.0	1120705.0	1120705.0	1120705.0	1120705.0
報告年度	979.0	1.110000e+02	0.000000	111.0	111.0	111.0	111.0	111.0
公司代號	979.0	3.813236e+03	2328.372873	1101.0	2206.5	2892.0	5477.5	9958.0
董事席次(含獨立董事)(席)	979.0	8.704801e+00	2.220394	2.0	7.0	9.0	9.0	24.0
獨立董事席次(席)	979.0	3.214505e+00	0.552882	0.0	3.0	3.0	3.0	7.0

```
[68] import matplotlib.pyplot as plt
     import pandas as pd

     # 資料
     data = {
           '公司代號': [1101, 1102, 1103, 1104, 1108, 9944, 9945, 9946, 9955, 9958],
           '獨立董事席次(席)': [5, 3, 3, 3, 3, 3, 3, 3, 3, 3],
           '女性董事席次及比率-比率': ['26.67%', '0.00%', '14.29%', '0.00%', '28.57%', '57.14%', '22.22%', '0.00%', '0.00%', '0.11%'],
           '董事出席董事會出席率': ['100.00%', '92.80%', '94.63%', '100.00%', '100.00%', '96.42%', '87.18%', '100.00%', '97.90%', '98.79%']
     }

     df = pd.DataFrame(data)

     # 轉換 '女性董事席次及比率-比率' 到浮點數
     df['女性董事席次及比率-比率'] = df['女性董事席次及比率-比率'].str.rstrip('%').astype('float') / 100.0

     # 轉換 '董事出席董事會出席率' 到浮點數
     df['董事出席董事會出席率'] = df['董事出席董事會出席率'].str.rstrip('%').astype('float') / 100.0

     # 設置圖表字體
     plt.rcParams['font.sans-serif'] = ['SimHei']
     plt.rcParams['axes.unicode_minus'] = False

     # 製作子圖
     fig, ax = plt.subplots(figsize=(12, 6))

     # 繪製柱狀圖
     bar_width = 0.25
     bar_positions = range(len(df['公司代號']))

     bars1 = ax.bar(bar_positions, df['獨立董事席次(席)'], width=bar_width, color='#3498db', label='獨立董事席次(席)')
     bars2 = ax.bar([pos + bar_width for pos in bar_positions], df['女性董事席次及比率-比率'], width=bar_width, color='#e74c3c', label='女性董事席次及比率-
     bars3 = ax.bar([pos + 2 * bar_width for pos in bar_positions], df['董事出席董事會出席率'], width=bar_width, color='#2ecc71', label='董事出席董事會出

     # 添加數值標籤
     def add_labels(bars):
         for bar in bars:
             yval = bar.get_height()
             plt.text(bar.get_x() + bar.get_width()/2, yval, round(yval, 2), ha='center', va='bottom')

     add_labels(bars1)
     add_labels(bars2)
     add_labels(bars3)

     # 設置標籤
     ax.set_xticks([pos + bar_width for pos in bar_positions])
     ax.set_xticklabels(df['公司代號'])
     ax.set_xlabel('公司代號')
     ax.set_ylabel('數值')

     # 添加圖例
     ax.legend()

     # 添加標題
     plt.title('公司董事統計')

     # 顯示圖表
     plt.show()
```

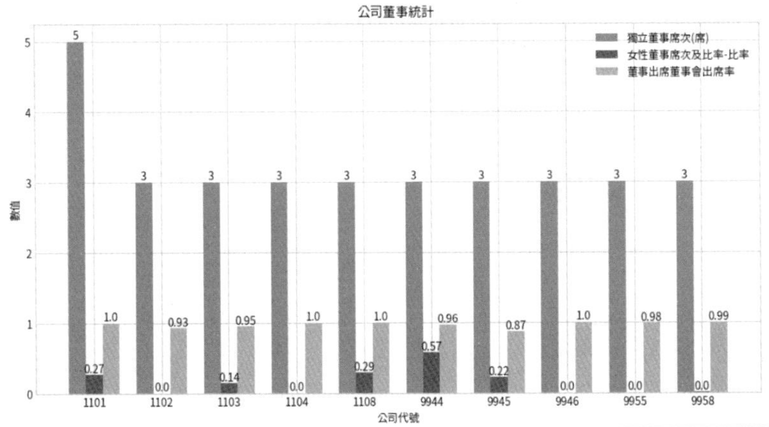

繪製圖表：

```
import pandas as pd
import matplotlib.pyplot as plt

# 假設 ESG 是您的原始資料集

# 創建一個簡單的 ESG 資料集 (這裡假設您的 ESG 資料集名稱是 df)
# 請替換下面的程式碼為您實際的資料集
#data = {
#      '公司代號': [1101, 1102, 1103, 1104, 1108, 9944, 9945, 9946, 9955, 9958],
#      '獨立董事席次(席)': [5, 3, 3, 3, 3, 3, 3, 3, 3, 3],
#      '女性董事席次及比率-比率': ['26.67%', '0.00%', '14.29%', '0.00%', '28.57%', '57.14%', '22.22%', '0.00%', '0.00%', '0.11%'],
#      '董事出席董事會出席率': ['100.00%', '92.80%', '94.63%', '100.00%', '100.00%', '96.42%', '87.18%', '100.00%', '97.90%', '98.79
#}

#df = pd.DataFrame(data)

# 排序資料集, 根據需要替換排序的依據
df_sorted = ESG.sort_values(by='獨立董事席次(席)', ascending=False)

# 選取前50家公司的資料
df_top50 = df_sorted.head(50)

# 分割成不同的資料集
df1 = df_top50[["公司代號"]]
df2 = df_top50[["獨立董事席次(席)"]]
df3 = df_top50[["女性董事席次及比率-比率"]]
df4 = df_top50[["董事出席董事會出席率"]]

# 設置圖表字體
plt.rcParams['font.sans-serif'] = ['SimHei']
plt.rcParams['axes.unicode_minus'] = False

# 製作子圖
fig, axs = plt.subplots(4, 1, figsize=(16, 20))

# 繪製柱狀圖
bar_width = 0.5
bar_positions = range(len(df_top50['公司代號']))

# 公司代號
axs[0].bar(bar_positions, df_top50['公司代號'], width=bar_width, color='#3498db')
axs[0].set_title('公司代號')
axs[0].set_ylabel('公司代號')

# 獨立董事席次(席)
axs[1].bar(bar_positions, df_top50['獨立董事席次(席)'], width=bar_width, color='#e74c3c')
axs[1].set_title('獨立董事席次(席)')
axs[1].set_ylabel('席次')

# 女性董事席次及比率-比率
axs[2].bar(bar_positions, df_top50['女性董事席次及比率-比率'], width=bar_width, color='#2ecc71')
axs[2].set_title('女性董事席次及比率-比率')
axs[2].set_ylabel('比率')

# 董事出席董事會出席率
axs[3].bar(bar_positions, df_top50['董事出席董事會出席率'], width=bar_width, color='#f39c12')
axs[3].set_title('董事出席董事會出席率')
axs[3].set_ylabel('出席率')

# 設置標籤
for ax in axs:
    ax.set_xticks(bar_positions)
    ax.set_xticklabels(df_top50['公司代號'])
    ax.set_xlabel('公司代號')

# 調整子圖的布局
plt.tight_layout()

# 顯示圖表
plt.show()
```

獨立董事席次、女性董事席次、公司代號視覺化圖表 (台灣上市櫃公司前 1~50 家)

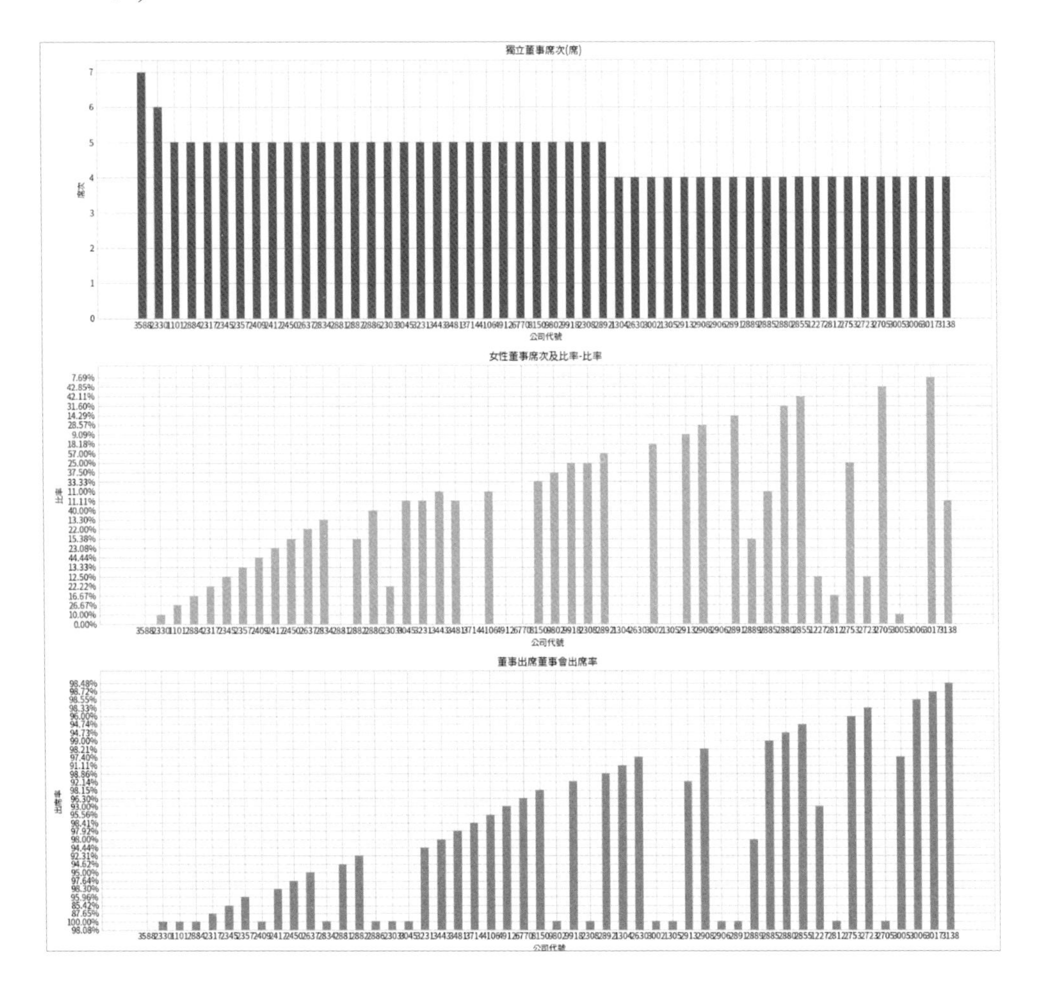

獨立董事席次、女性董事席次、公司代號視覺化圖表 (台灣上市櫃公司前 50~100 家)

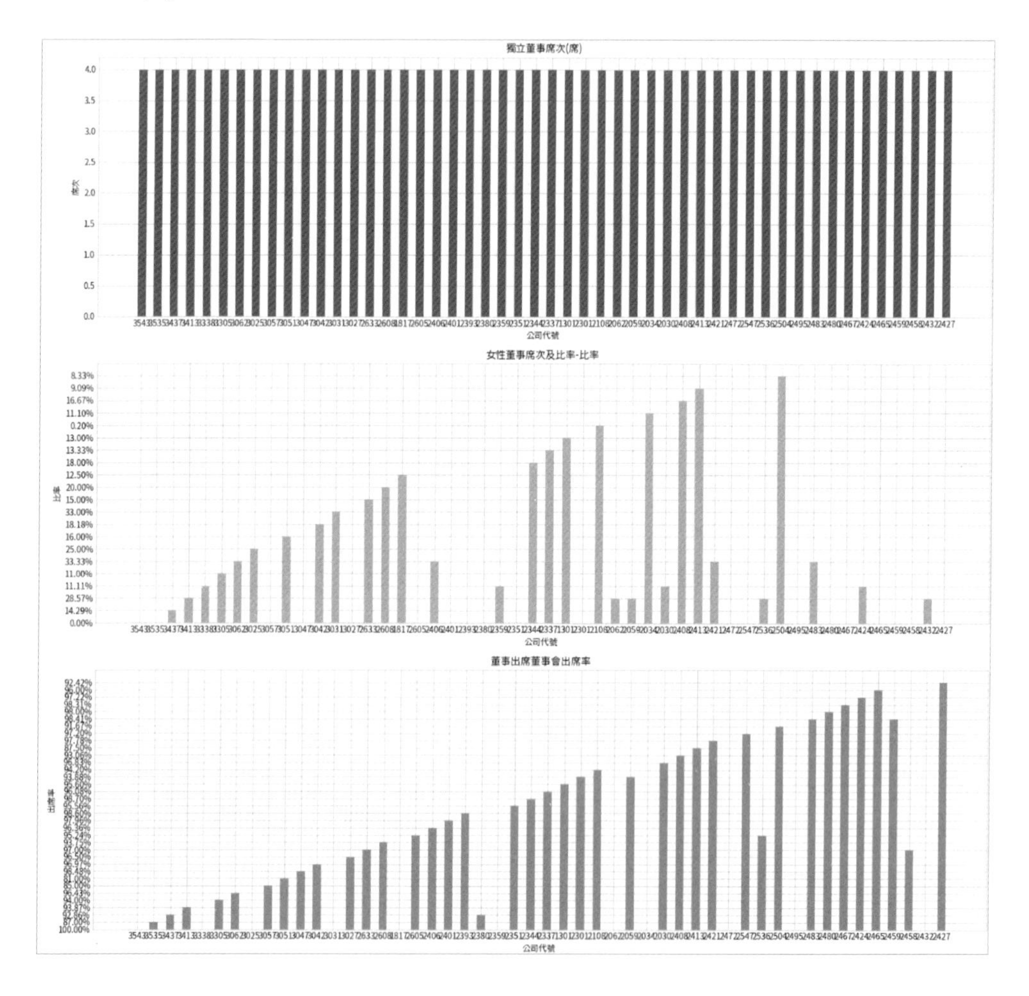

針對其他揭露的資料集做分析與探勘：

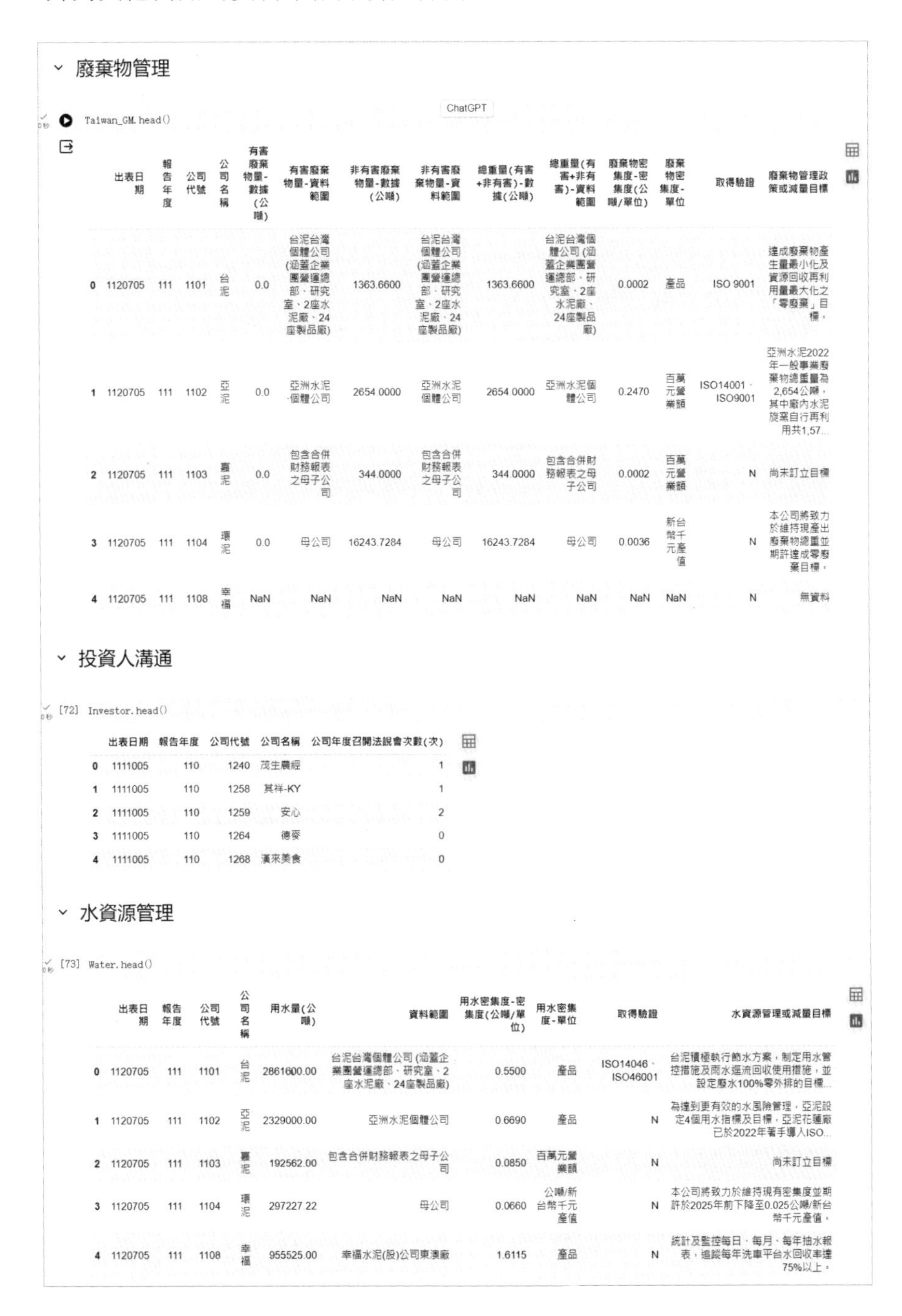

廢棄物管理

ChatGPT

```
Taiwan_GM.head()
```

	出表日期	報告年度	公司代號	公司名稱	有害廢棄物量-數據(公噸)	有害廢棄物量-資料範圍	非有害廢棄物量-數據(公噸)	非有害廢棄物量-資料範圍	總重量(有害+非有害)-數據(公噸)	總重量(有害+非有害)-資料範圍	廢棄物密集度-密集度(公噸/單位)	廢棄物密集度-單位	取得驗證	廢棄物管理政策或減量目標
0	1120705	111	1101	台泥	0.0	台泥台灣個體公司(涵蓋企業團營運總部、研究室、2座水泥廠、24座製品廠)	1363.6600	台泥台灣個體公司(涵蓋企業團營運總部、研究室、2座水泥廠、24座製品廠)	1363.6600	台泥台灣個體公司 (涵蓋企業團營運總部、研究室、2座水泥廠、24座製品廠)	0.0002	產品	ISO 9001	達成廢棄物產生量最小化及資源回收再利用量最大化之「零廢棄」目標。
1	1120705	111	1102	亞泥	0.0	亞洲水泥個體公司	2654.0000	亞洲水泥個體公司	2654.0000	亞洲水泥個體公司	0.2470	百萬元營業額	ISO14001、ISO9001	亞洲水泥2022年一般事業廢棄物總重量為2,654公噸，其中廠內水泥旋窯自行再利用共1,57...
2	1120705	111	1103	嘉泥	0.0	包含合併財務報表之母子公司	344.0000	包含合併財務報表之母子公司	344.0000	包含合併財務報表之母子公司	0.0002	百萬元營業額	N	尚未訂立目標
3	1120705	111	1104	環泥	0.0	母公司	16243.7284	母公司	16243.7284	母公司	0.0036	新台幣千元產值	N	本公司將致力於維持現產出廢棄物總重並期許達成零廢棄目標。
4	1120705	111	1108	幸福	NaN	NaN	NaN	NaN	NaN	NaN	NaN	NaN	N	無資料

投資人溝通

```
[72] Investor.head()
```

	出表日期	報告年度	公司代號	公司名稱	公司年度召開法說會次數(次)
0	1111005	110	1240	茂生農經	1
1	1111005	110	1258	其祥-KY	1
2	1111005	110	1259	安心	2
3	1111005	110	1264	德麥	0
4	1111005	110	1268	漢來美食	0

水資源管理

```
[73] Water.head()
```

	出表日期	報告年度	公司代號	公司名稱	用水量(公噸)	資料範圍	用水密集度-密集度(公噸/單位)	用水密集度-單位	取得驗證	水資源管理或減量目標
0	1120705	111	1101	台泥	2861600.00	台泥台灣個體公司 (涵蓋企業團營運總部、研究室、2座水泥廠、24座製品廠)	0.5500	產品	ISO14046、ISO46001	台泥積極執行節水方案，制定用水管控措施及雨水逕流回收使用措施，並設定廢水100%零外排的目標...
1	1120705	111	1102	亞泥	2329000.00	亞洲水泥個體公司	0.6690	產品	N	為達到更有效的水風險管理，亞泥設定4個用水指標及目標，亞泥花蓮廠已於2022年著手導入ISO...
2	1120705	111	1103	嘉泥	192562.00	包含合併財務報表之母子公司	0.0850	百萬元營業額	N	尚未訂立目標
3	1120705	111	1104	環泥	297227.22	母公司	0.0660	公噸/新台幣千元產值	N	本公司將致力於維持現有密集度並期許於2025年前下降至0.025公噸/新台幣千元產值。
4	1120705	111	1108	幸福	955525.00	幸福水泥(股)公司東澳廠	1.6115	產品	N	統計及監控每日、每月、每年抽水報表，追蹤每年洗車平台水回收率達75%以上。

11.2 自來水質飲用分析

首先，本書針對機器學習的水質資料集來做分析，當然讀者朋友們也可以使用台灣的自來水公司做視覺化分析與資料探勘 (EDA)：

- 政府資料開放平台：自來水開放資料下載處

https：//data.gov.tw/datasets/search?p=1&size=10&s=_score_desc&rft=%E8%87%AA%E4%BE%86%E6%B0%B4

此處本書使用七個常見的分類模型進行分析與解說：

確保有安全可靠的飲用水對保持健康至關重要，這不僅是一項基本的人權，也是有效保護健康政策的重要組成部分。這個議題在國家、區域和地方層面都極為重要，有時在水源和衛生方面的投資不僅可以改善健康，還可以帶來經濟效益；同時也減少了對健康的負面影響和相應的醫療成本。

- 自來水質分析

Water Quality

Drinking water potability

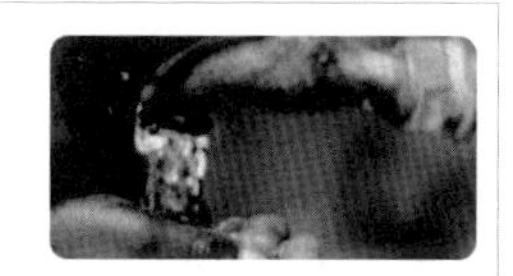

Data Card　Code (492)　Discussion (22)

資料集說明：

- 水質可飲性數據集（water_potability.csv）包含了 3276 個不同水體的水質度量指標。
- pH 值 (pH value)：

pH 值是評估水的酸鹼平衡的重要參數。它同時也是水狀態中酸性或鹼性的指標。世界衛生組織（WHO）建議 pH 值的最大允許範圍為 6.5 到 8.5。當前的研究範圍為 6.52–6.83，處於 WHO 標準範圍內。

- 硬度 (Hardness)：

硬度主要由鈣和鎂鹽引起。這些鹽是從水流經的地質沉積物中溶解的。水與硬度生成物質的接觸時間長短有助於確定原水中的硬度。硬度最初被定義為水生成的鈣和鎂引起的皂沉澱的能力。

- 固體（總溶解固體 - TDS）(Solids(Total dissolved solids- TDS))：

水有能力溶解各種無機和一些有機礦物或鹽，例如鉀、鈣、鈉、碳酸氫鹽、氯化物、鎂、硫酸鹽等。這些礦物質會使水味道難聞，外觀顏色淡化。這對於水的使用是一個重要的參數。TDS 值高的水表明水中礦物質含量高。TDS 的理想限值為 500 毫克 / 升，最大限值為 1000 毫克 / 升，這是用於飲用的。

• 氯胺 (Chloramines)：

氯和氯胺是公共供水系統中使用的主要消毒劑。氯胺通常在氨加入氯處理飲用水時形成。飲用水中的氯濃度最高可達 4 毫克 / 升（mg/L）或 4 百萬分之四（ppm），被認為是安全的。

• 硫酸鹽 (Sulfate)：

硫酸鹽是自然形成的物質，存在於礦物、土壤和岩石中。它們存在於大氣中、地下水、植物和食物中。硫酸鹽在化工行業中的主要商業用途。海水中的硫酸鹽濃度約為每升 2700 毫克（mg/L）。它在大多數淡水供應中的濃度範圍為 3 至 30 毫克 / 升，儘管在某些地理位置可能有更高的濃度（1000 毫克 / 升）。

• 電導率 (Conductivity)：

純水不是良好的電流導體，而是良好的絕緣體。離子濃度的增加會增強水的電導性。一般來說，水中溶解固體的量決定了電導率。電導率（EC）實際上測量了使溶液能夠傳導電流的離子過程。根據 WHO 標準，EC 值不應超過 400 微西門 / 厘米。

• 有機碳 (Organic_carbon)：

源水中的總有機碳（TOC）來自自然有機物（NOM）的分解以及合成來源。TOC 是純水中有機化合物中碳的總量的測量。根據美國環保署（EPA）的標準，在處理 / 飲用水中的 TOC 應小於 2 毫克 / 升，源水中應小於 4 毫克 / 升，用於處理。

• 三鹵甲烷 (Trihalomethanes)：

THMs 是在使用氯處理的水中可能存在的化學物質。THM 在飲用水中的濃度根據水中有機物的含量、處理水所需的氯量以及處理水的溫度而變化。飲用水中 THM 濃度最高可達 80 ppm，被認為是安全的。

• 濁度 (Turbidity)：

水的濁度取決於懸浮狀態中存在的固體物質的數量。這是水的發光特性的測量，該測試用於指示廢水排放的　體物質的質量。Wondo Genet Campus 的平均濁度值（0.98 NTU）低於 WHO 建議的 5.00 NTU。

- 可飲性 (Potability)：

指示水對人體是否安全飲用，其中 1 表示可飲用，0 表示不可飲用。

載入資料集：

```
1 !pip install pandas
2 import pandas as pd
3 df = pd.read_csv('/content/drive/MyDrive/water_potability.csv')
```

```
[99]  1 # Getting top 5 row of the dataset
      2
      3 df.head()
```

```
[100] 1 import numpy as np
      2 import pandas as pd
      3 import seaborn as sns
      4 import matplotlib.pyplot as plt
      5 %matplotlib inline
      6 import plotly.express as px
      7 import warnings
      8 warnings.filterwarnings('ignore')
```

此處，本書將使用七個模型來做比較：

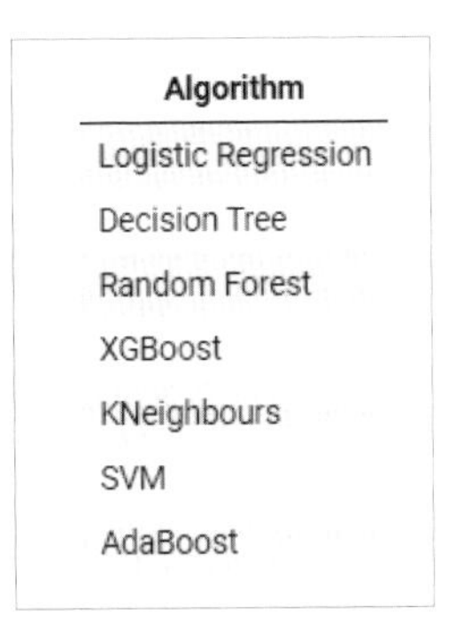

Algorithm
Logistic Regression
Decision Tree
Random Forest
XGBoost
KNeighbours
SVM
AdaBoost

首先，我們使用邏輯式回歸 (Logistic Regression) 做探勘：

此處的資料切割如下，使用 sk-learn：

```
from sklearn.model_selection import train_test_split
X_train, X_test, y_train, y_test = train_test_split(X, y, test_size=0.33, random_state=42)
```

```
[ ]   1 from sklearn.linear_model import LogisticRegression
      2 from sklearn.metrics import confusion_matrix, accuracy_score, classification_report

[162] 1 # Creating model object
      2 model_lg = LogisticRegression(max_iter=120,random_state=0, n_jobs=20)

[163] 1 # Training Model
      2 model_lg.fit(X_train, y_train)

      LogisticRegression
      LogisticRegression(max_iter=120, n_jobs=20, random_state=0)

[164] 1 # Making Prediction
      2 pred_lg = model_lg.predict(X_test)

[165] 1 # Calculating Accuracy Score
      2 lg = accuracy_score(y_test, pred_lg)
      3 print(lg)

      0.6284658040665434
```

• 預測指標如下：

	precision	recall	f1-score	support
0	0.63	1.00	0.77	680
1	0.00	0.00	0.00	402
accuracy			0.63	1082
macro avg	0.31	0.50	0.39	1082
weighted avg	0.39	0.63	0.49	1082

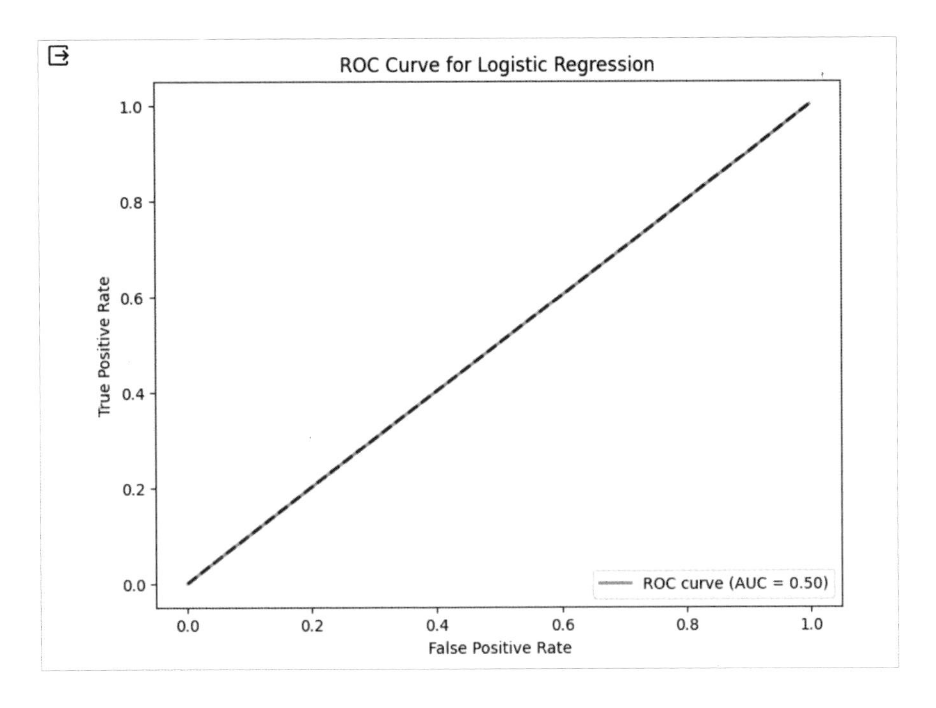

此處，我們使用決策樹 (Decision Tree) 進行預測：

```
[168] 1 from sklearn.tree import DecisionTreeClassifier
```

```
[169] 1 # Creating model object
      2 model_dt = DecisionTreeClassifier( max_depth=4, random_state=42)
```

```
[170] 1 # Training Model
      2 model_dt.fit(X_train, y_train)

▾ DecisionTreeClassifier
DecisionTreeClassifier(max_depth=4, random_state=42)
```

```
[171] 1 # Making Prediction
      2 pred_dt = model_dt.predict(X_test)
```

```
[172] 1 # Calculating Accuracy Score
      2 dt = accuracy_score(y_test, pred_dt)
      3 print(dt)

0.6451016635859519
```

- 預測指標如下：

```
              precision    recall  f1-score   support

           0       0.66      0.90      0.76       680
           1       0.56      0.22      0.32       402

    accuracy                           0.65      1082
   macro avg       0.61      0.56      0.54      1082
weighted avg       0.62      0.65      0.60      1082
```

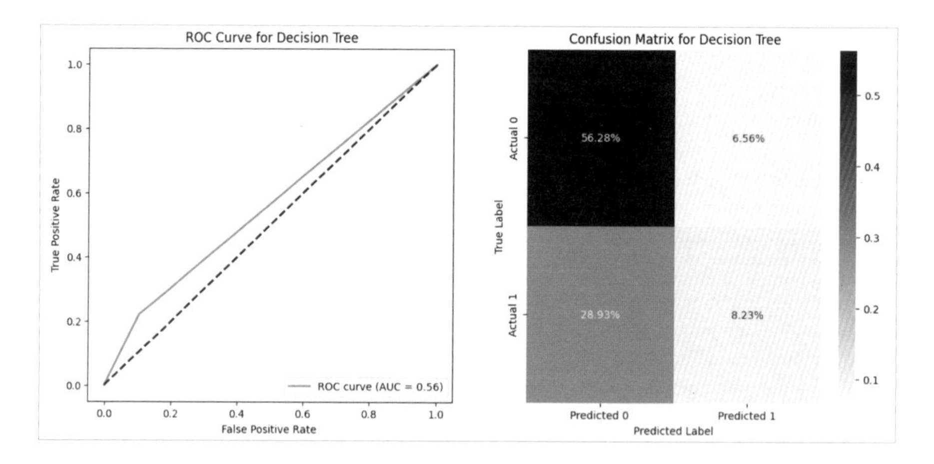

此處，我們使用隨機森林 (Random Forest) 進行預測：

```
[175] 1 from sklearn.ensemble import RandomForestClassifier

[176] 1 # Creating model object
      2 model_rf = RandomForestClassifier(n_estimators=300,min_samples_leaf=0.16, random_state=42)

[177] 1 # Training Model
      2 model_rf.fit(X_train, y_train)

RandomForestClassifier
RandomForestClassifier(min_samples_leaf=0.16, n_estimators=300, random_state=42)

[178] 1 # Making Prediction
      2 pred_rf = model_rf.predict(X_test)

[179] 1 # Calculating Accuracy Score
      2 rf = accuracy_score(y_test, pred_rf)
      3 print(rf)

0.6284658040665434
```

• 預測指標如下：

	precision	recall	f1-score	support
0	0.63	1.00	0.77	680
1	0.00	0.00	0.00	402
accuracy			0.63	1082
macro avg	0.31	0.50	0.39	1082
weighted avg	0.39	0.63	0.49	1082

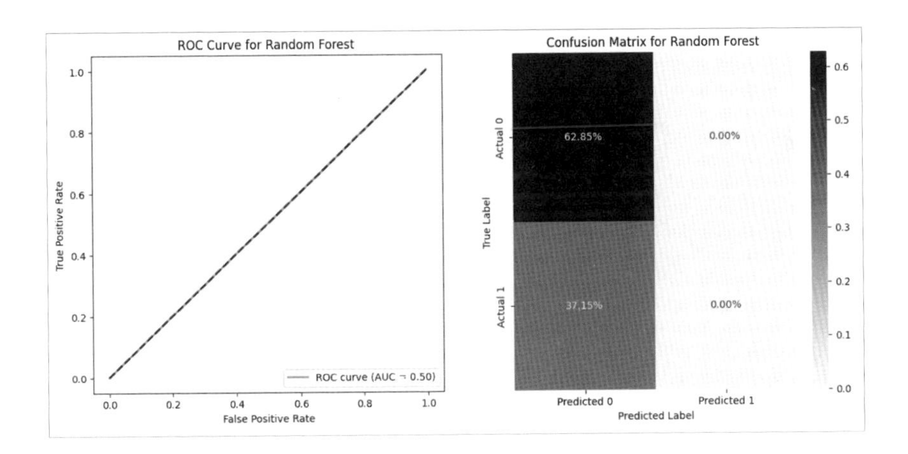

接著，使用 XGBoost Classifier 做預測：

• 預測指標如下：

	precision	recall	f1-score	support
0	0.68	0.89	0.77	680
1	0.60	0.29	0.39	402
accuracy			0.67	1082
macro avg	0.64	0.59	0.58	1082
weighted avg	0.65	0.67	0.63	1082

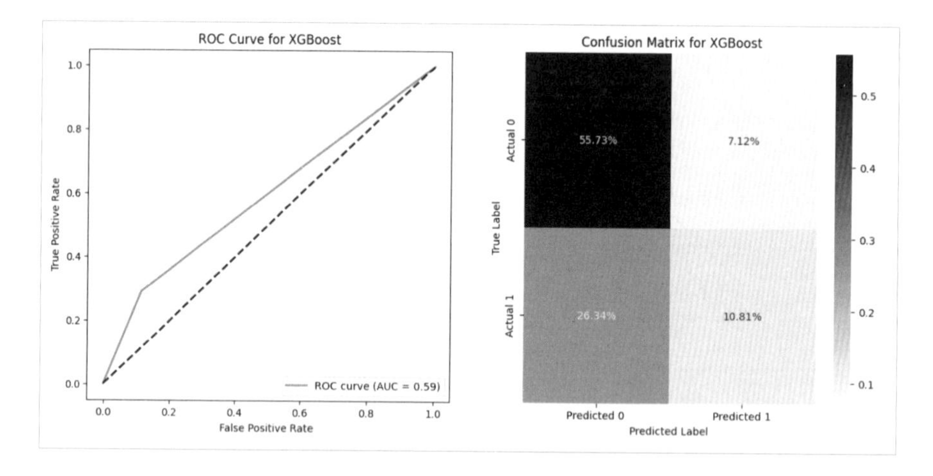

使用 KNeighboursr 做預測：

```
[189] 1 from sklearn.neighbors import KNeighborsClassifier

[190] 1 # Creating model object
      2 model_kn = KNeighborsClassifier(n_neighbors=9, leaf_size=20)

[191] 1 # Training Model
      2 model_kn.fit(X_train, y_train)

      KNeighborsClassifier
      KNeighborsClassifier(leaf_size=20, n_neighbors=9)

[192] 1 # Making Prediction
      2 pred_kn = model_kn.predict(X_test)

[193] 1 # Calculating Accuracy Score
      2 kn = accuracy_score(y_test, pred_kn)
      3 print(kn)

      0.6534195933456562
```

- 預測指標如下：

	precision	recall	f1-score	support
0	0.69	0.82	0.75	680
1	0.55	0.37	0.44	402
accuracy			0.65	1082
macro avg	0.62	0.60	0.59	1082
weighted avg	0.64	0.65	0.63	1082

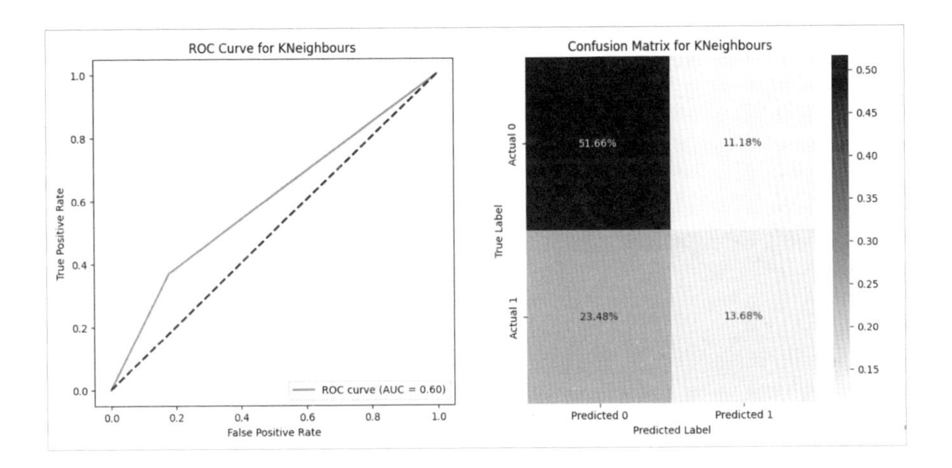

此處，使用支援向量機 (Support Vector Machine) 做預測：

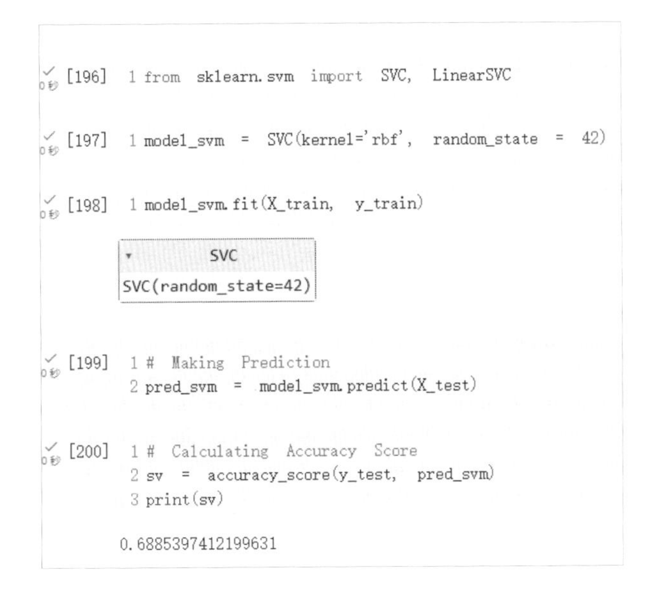

```
[196] 1 from sklearn.svm import SVC, LinearSVC

[197] 1 model_svm = SVC(kernel='rbf', random_state = 42)

[198] 1 model_svm.fit(X_train, y_train)

      SVC
      SVC(random_state=42)

[199] 1 # Making Prediction
      2 pred_svm = model_svm.predict(X_test)

[200] 1 # Calculating Accuracy Score
      2 sv = accuracy_score(y_test, pred_svm)
      3 print(sv)

      0.6885397412199631
```

- 預測指標如下：

	precision	recall	f1-score	support
0	0.69	0.82	0.75	680
1	0.55	0.37	0.44	402
accuracy			0.65	1082
macro avg	0.62	0.60	0.59	1082
weighted avg	0.64	0.65	0.63	1082

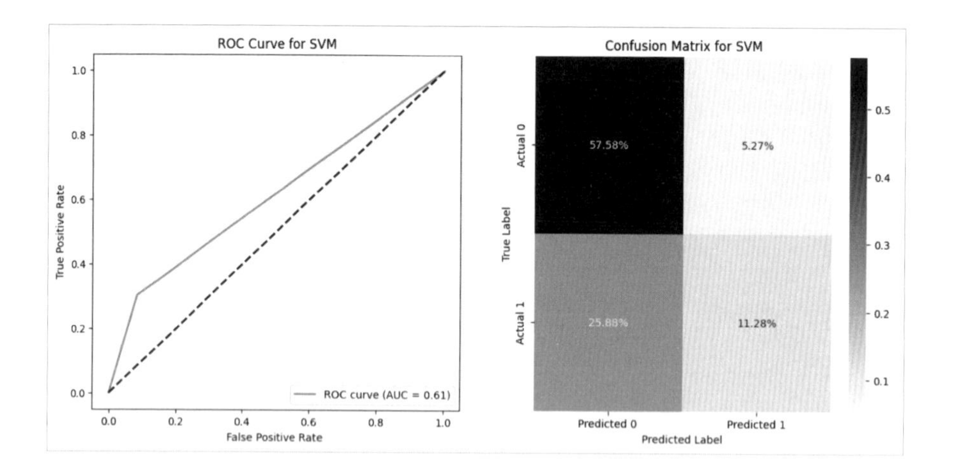

最後，我們使用 AdaBoostClassifier 做預測：

```
[204] 1 from sklearn.ensemble import AdaBoostClassifier

[205] 1 model_ada = AdaBoostClassifier(learning_rate= 0.002,n_estimators= 205,random_state=42)

[206] 1 model_ada.fit(X_train, y_train)

AdaBoostClassifier
AdaBoostClassifier(learning_rate=0.002, n_estimators=205, random_state=42)

[207] 1 # Making Prediction
      2 pred_ada = model_ada.predict(X_test)

[208] 1 # Calculating Accuracy Score
      2 ada = accuracy_score(y_test, pred_ada)
      3 print(ada)

0.634011090573013
```

- 預測指標如下：

	precision	recall	f1-score	support
0	0.63	0.99	0.77	680
1	0.62	0.04	0.07	402
accuracy			0.63	1082
macro avg	0.62	0.51	0.42	1082
weighted avg	0.63	0.63	0.51	1082

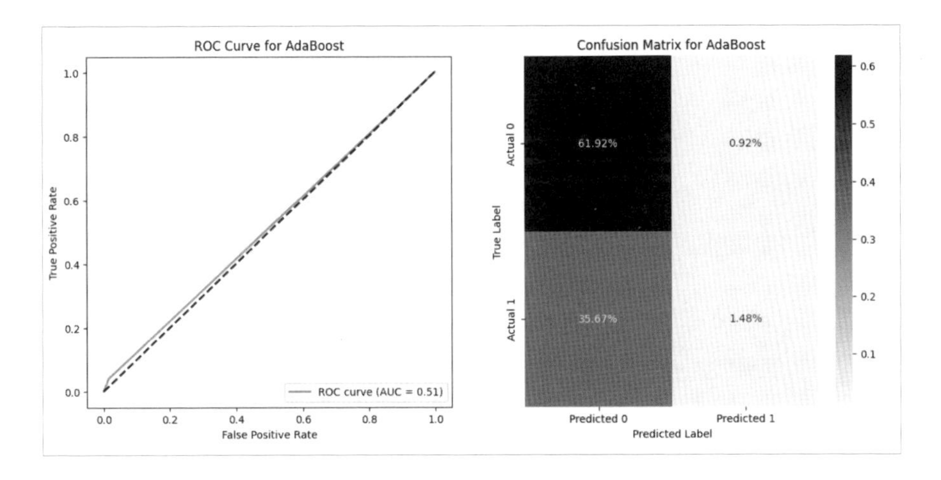

各種模型的比較結果，準確率的分述如下：

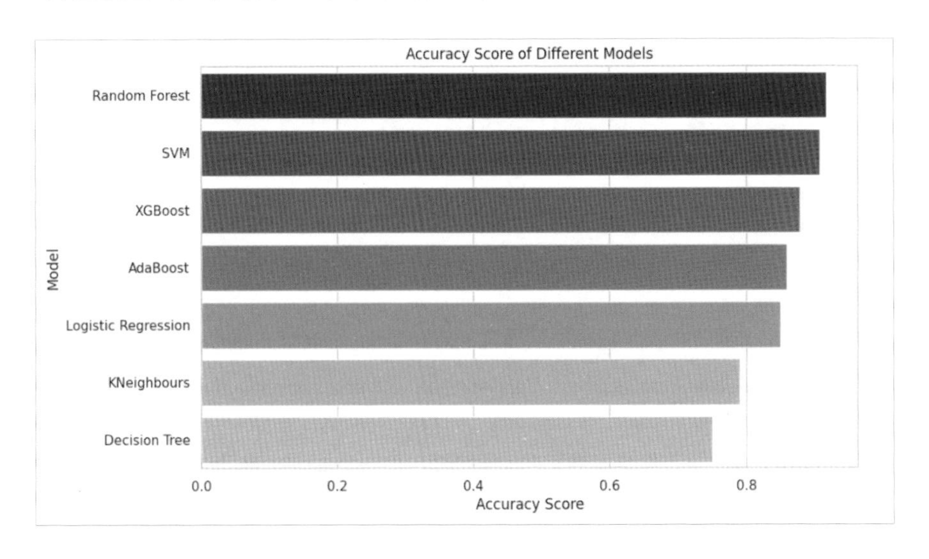

11.3 建築中的無人機橋梁影像檢測方法

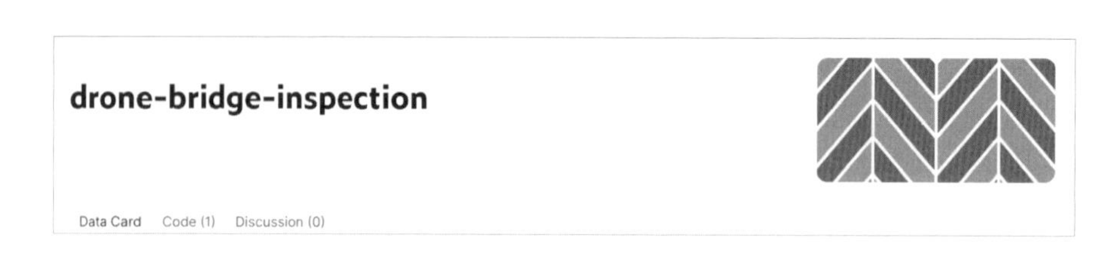

此處使用 Kaggle 數據平台的資料及進行開發，本書此處會使用類神經網路的方式進行說明：

這裡總共有三個資料集，分別是測試集 (test)124 張、訓練集 (train)32 張、遮罩集 (mask)124 張。

- 訓練集 (train):

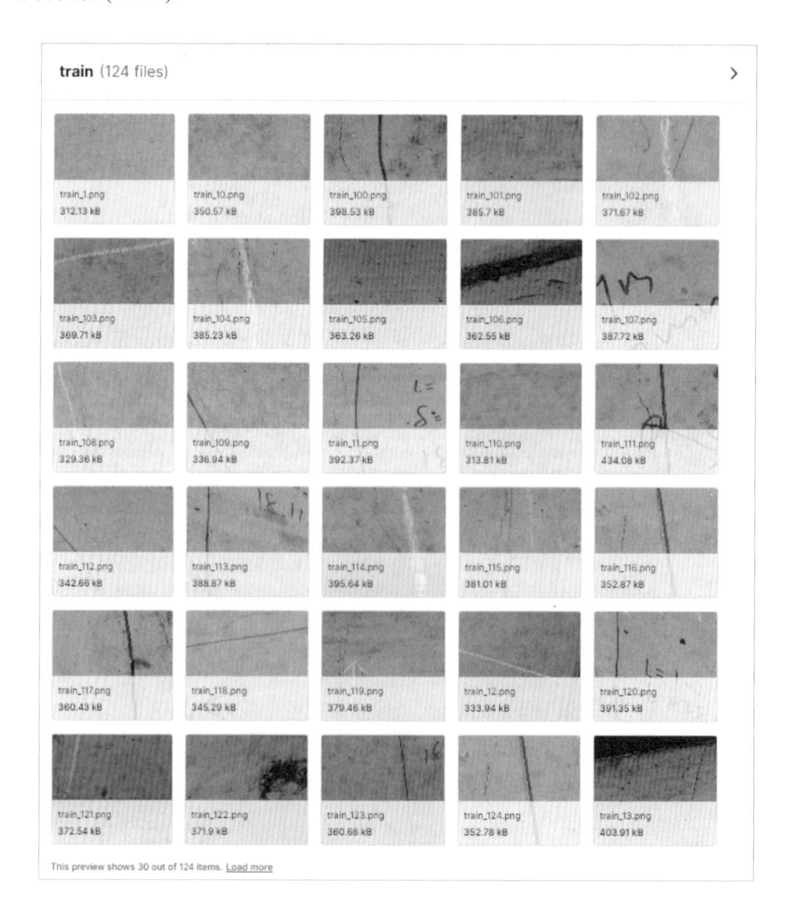

- 測試集 (test):

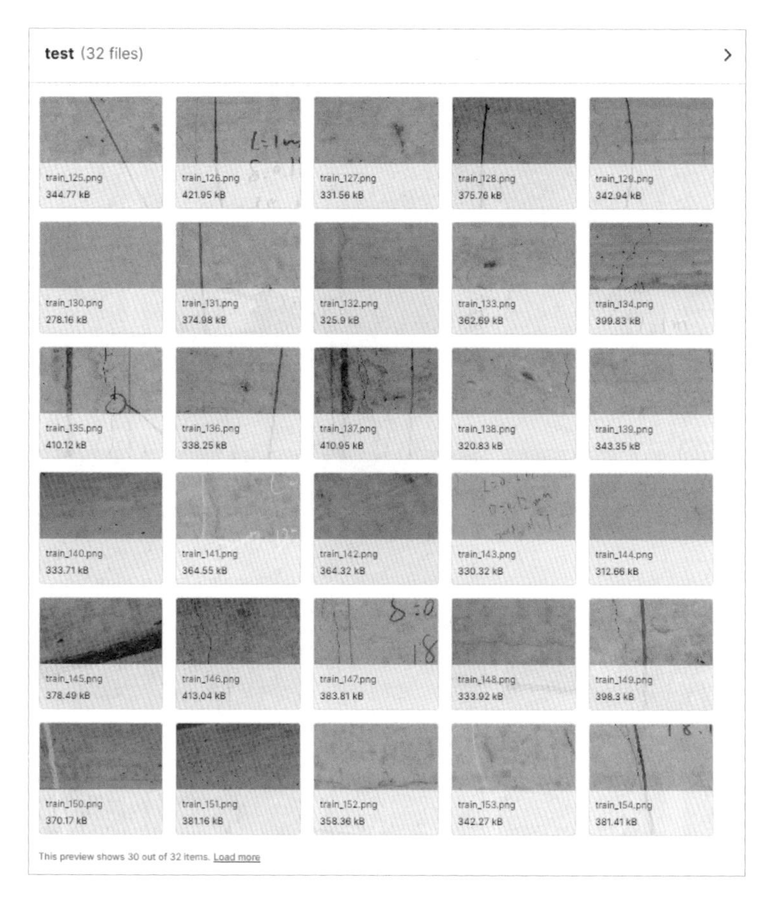

- 遮罩集 (mask):

此處將原始資料中的訓練集，提取裂縫的部分；單獨取出來做遮罩集。

遮罩集如下：

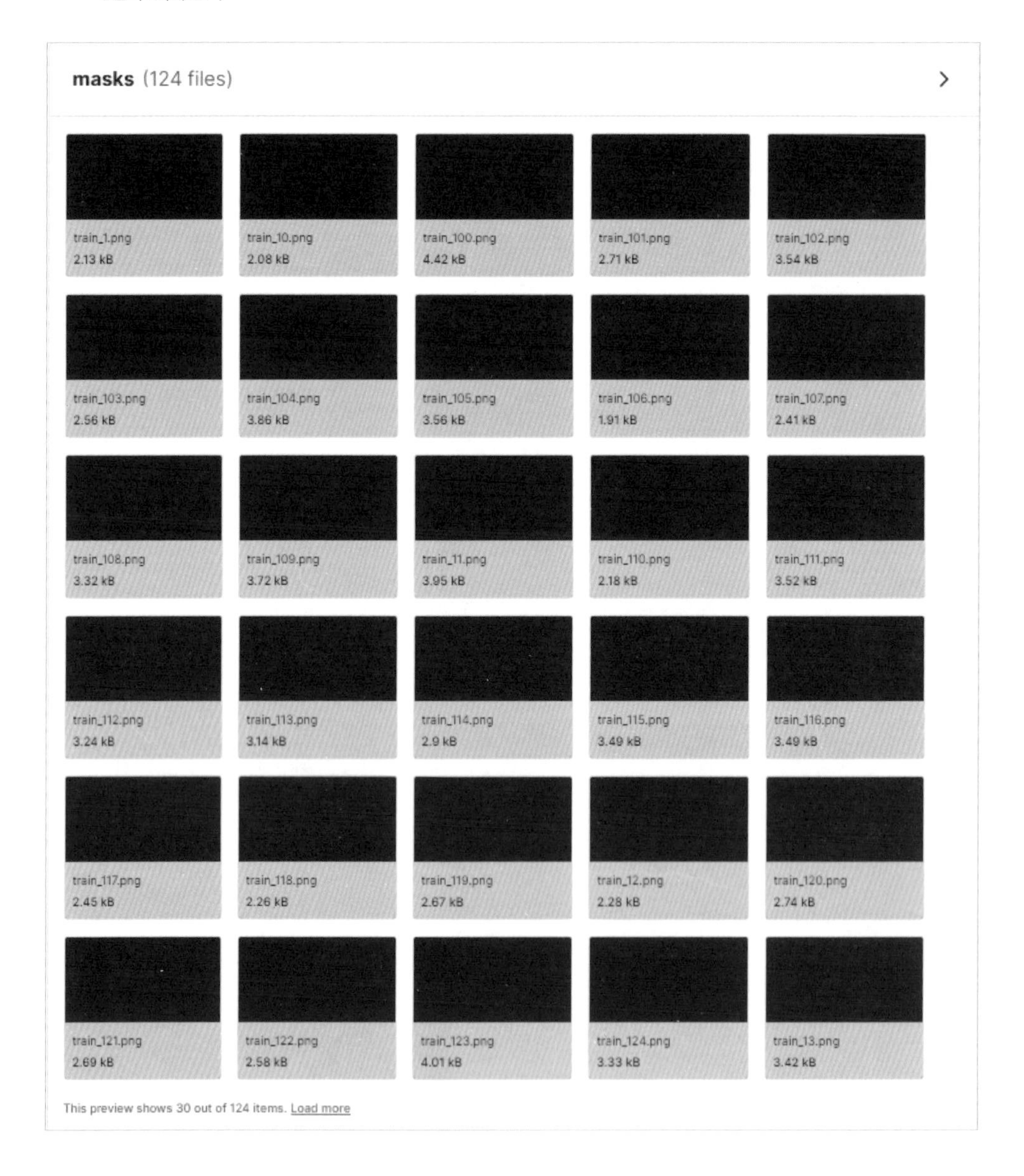
masks (124 files)
train_1.png
2.13 kB
train_10.png
2.08 kB
train_100.png
4.42 kB
train_101.png
2.71 kB
train_102.png
3.54 kB
train_103.png
2.56 kB
train_104.png
3.86 kB
train_105.png
3.56 kB
train_106.png
1.91 kB
train_107.png
2.41 kB
train_108.png
3.32 kB
train_109.png
3.72 kB
train_11.png
3.95 kB
train_110.png
2.18 kB
train_111.png
3.52 kB
train_112.png
3.24 kB
train_113.png
3.14 kB
train_114.png
2.9 kB
train_115.png
3.49 kB
train_116.png
3.49 kB
train_117.png
2.45 kB
train_118.png
2.26 kB
train_119.png
2.67 kB
train_12.png
2.28 kB
train_120.png
2.74 kB
train_121.png
2.69 kB
train_122.png
2.58 kB
train_123.png
4.01 kB
train_124.png
3.33 kB
train_13.png
3.42 kB
This preview shows 30 out of 124 items. Load more

此處使用透過訓練集完成的遮罩集：

Train Set Images with Masks

In [8]:

```
a = DataGenerator(batch_size=4,shuffle=False)
images,masks = a.__getitem__(0)
max_images = 4
grid_width = 2
grid_height = int(max_images / grid_width)
fig, axs = plt.subplots(grid_height, grid_width, figsize=(12, 12))

for i,(im, mask) in enumerate(zip(images,masks)):
    ax = axs[int(i / grid_width), i % grid_width]
    ax.imshow(im.squeeze())
    ax.imshow(mask.squeeze(), alpha=0.5, cmap="Reds")
    ax.axis('off')
plt.suptitle("Chest X-rays, Red: Pneumothorax.")
```

Out[8]:

```
Text(0.5, 0.98, 'Chest X-rays, Red: Pneumothorax.')
```

Chest X-rays, Red: Pneumothorax.

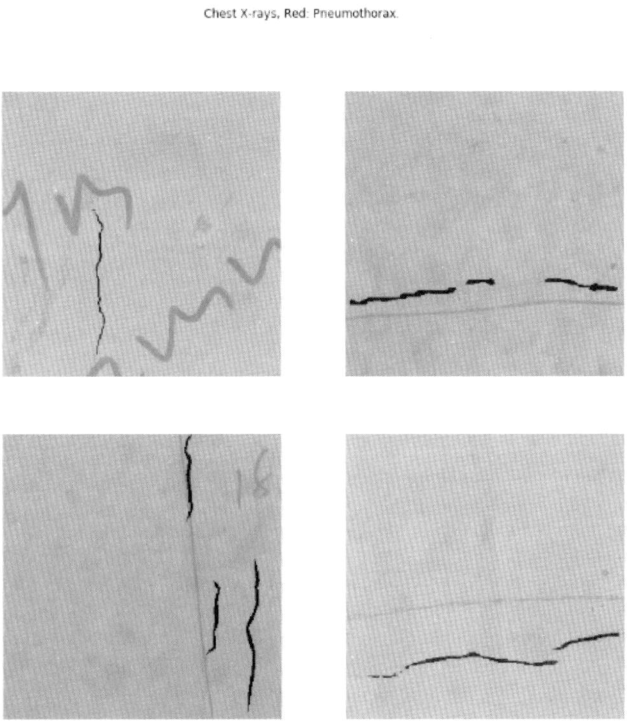

此處使用透過訓練集完成的遮罩集：

Images after Augmentations

In [9]:
```
a = DataGenerator(batch_size=4,augmentations=AUGMENTATIONS_TRAIN,shuffle=False)
images,masks = a.__getitem__(0)
max_images = 4
grid_width = 2
grid_height = int(max_images / grid_width)
fig, axs = plt.subplots(grid_height, grid_width, figsize=(12, 12))

for i,(im, mask) in enumerate(zip(images,masks)):
    ax = axs[int(i / grid_width), i % grid_width]
    ax.imshow(im[:,:,0], cmap="bone")
    ax.imshow(mask.squeeze(), alpha=0.5, cmap="Reds")
    ax.axis('off')
plt.suptitle("Chest X-rays, Red: Pneumothorax.")
```

Out[9]:
```
Text(0.5, 0.98, 'Chest X-rays, Red: Pneumothorax.')
```

Chest X-rays, Red: Pneumothorax.

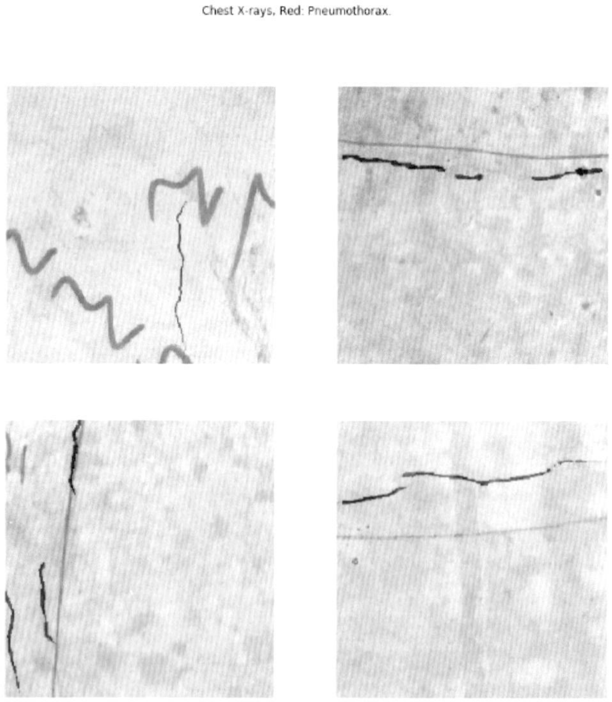

此處使用的是 EfficientNetB0 to B7 的模型，進行辨識；關於深度學習的辨識技術，作者將於後續進行深度學習的創作與撰寫，此處提供 Kreas API 給讀者朋友進行實作：

Kreas 官網：

https：//keras.io/api/applications/efficientnet/

截圖引用 Kreas EfficientNet B0 的部分：

EfficientNet B0 to B7

EfficientNetB0 function [source]

```
keras.applications.EfficientNetB0(
    include_top=True,
    weights="imagenet",
    input_tensor=None,
    input_shape=None,
    pooling=None,
    classes=1000,
    classifier_activation="softmax",
    **kwargs
)
```

Instantiates the EfficientNetB0 architecture.

引用：https：//arxiv.org/pdf/1905.11946.pdf

讀者朋友也可以閱讀原始論文「 EfficientNet：Rethinking Model Scaling for Convolutional Neural Networks」中關於該模型針對神經網路層的廣度、深度、解析度三個參數的調整進行鑽研：

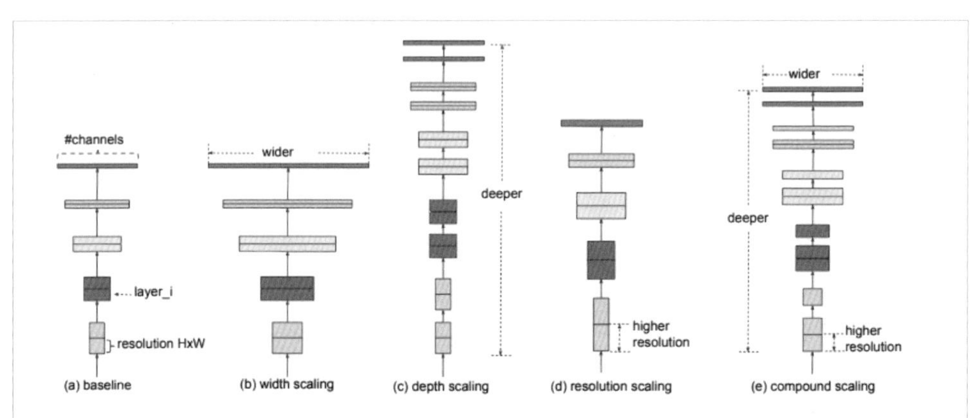

Figure 2. **Model Scaling.** (a) is a baseline network example; (b)-(d) are conventional scaling that only increases one dimension of network width, depth, or resolution. (e) is our proposed compound scaling method that uniformly scales all three dimensions with a fixed ratio.

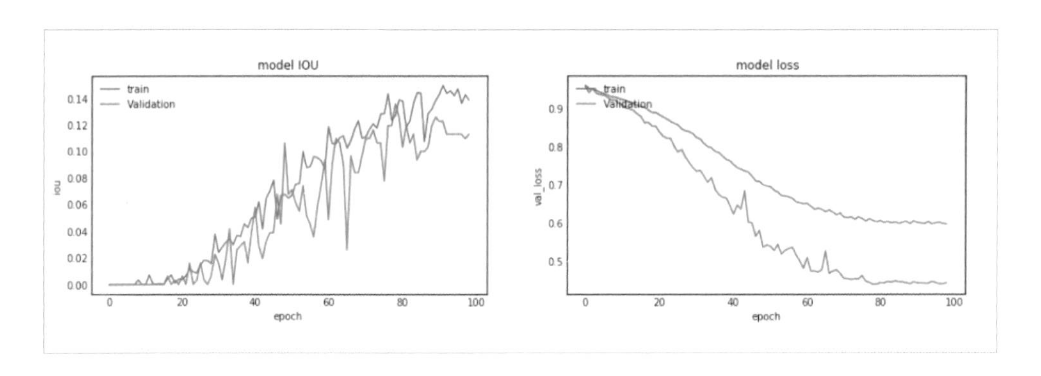

將驗證集的預測結果印出，綠色的部分為預測結果：

Plot some predictions for validation set images

In [26]:
```
threshold_best = 0.5
max_images = 4
grid_width = 2
grid_height = 2
fig, axs = plt.subplots(grid_height, grid_width, figsize=(12, 12))

validation_generator = DataGenerator(train_im_path = valid_im_path ,
                                     train_mask_path=valid_mask_path,augmentations=AUGMENTATIONS_T
EST,
                                     img_size=img_size,batch_size=4,shuffle=False)

images,masks = validation_generator.__getitem__(0)
for i,(im, mask) in enumerate(zip(images,masks)):
    pred = preds_valid[i]
    ax = axs[int(i / grid_width), i % grid_width]
    ax.imshow(im[...,0], cmap="bone")
    ax.imshow(mask.squeeze(), alpha=0.5, cmap="Reds")
    ax.imshow(np.array(np.round(pred > threshold_best), dtype=np.float32), alpha=0.5, cmap="Green
s")
    ax.axis('off')
plt.suptitle("Green:Prediction , Red: Pneumothorax.")
```

```
/opt/conda/lib/python3.6/site-packages/ipykernel_launcher.py:78: RuntimeWarning: invalid value
encountered in greater
```

Out[26]:
```
Text(0.5, 0.98, 'Green:Prediction , Red: Pneumothorax.')
```

Green:Prediction , Red: Pneumothorax.

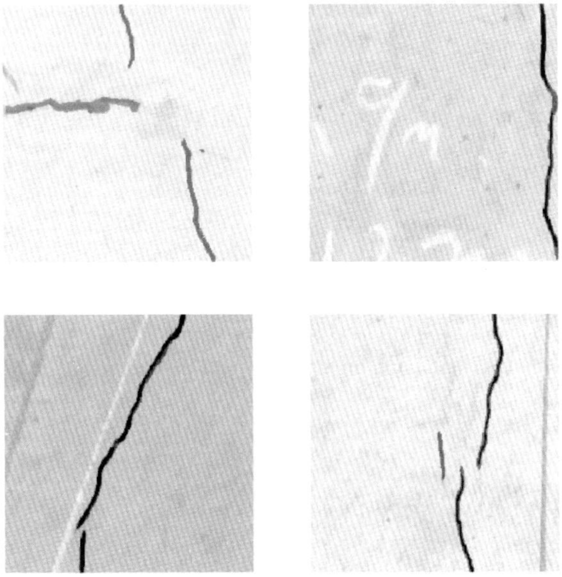

關於建築物損害的資料分析延伸，此處也推薦讀者朋友可以針對地震的資料集做分析和預測；

https：//www.kaggle.com/competitions/LANL-Earthquake-Prediction/overview

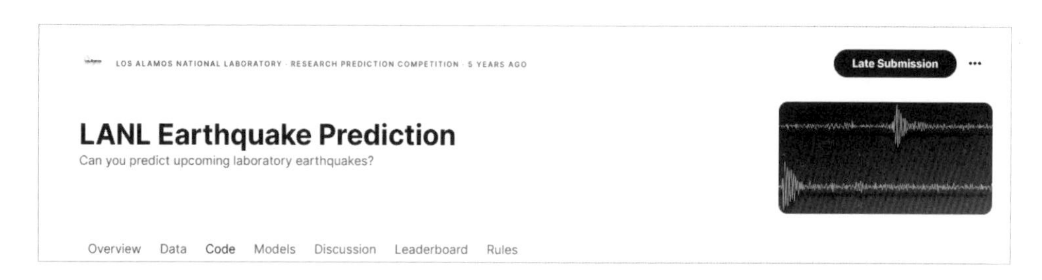

這個資料集的目標主義就是要搞清楚地震究竟什麼時候會發生；因此數據科學家們在研究的時候主要關心三個事情：地震到底是什麼時候發生、發生在哪裡，然後有多嚴重。

讀者的任務就是利用實時地震數據，預測實驗室地震發生前還有多久，並給予分析！

另外相關的資料集，例如火山爆發的預測，讀者朋友有興趣也可以到 Kaggle 數據平台實作！

https：//www.kaggle.com/competitions/predict-volcanic-eruptions-ingv-oe/overview

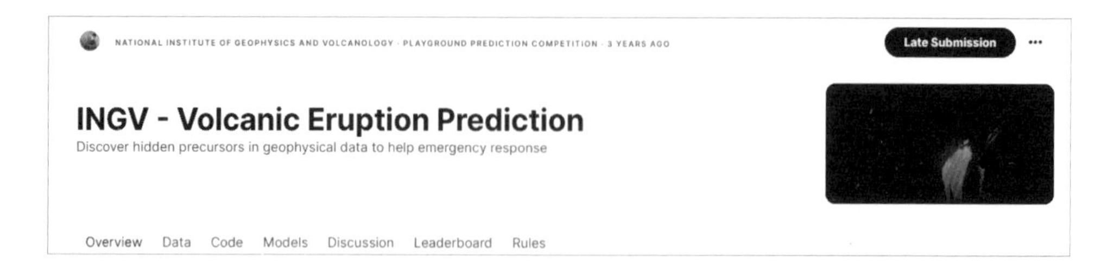

11.4 台灣勞動力人口預測

本資料集主要引用中華民國統計資訊網

截圖引用官網：https：//www.stat.gov.tw/News_Content.aspx?n=4001&s=207903

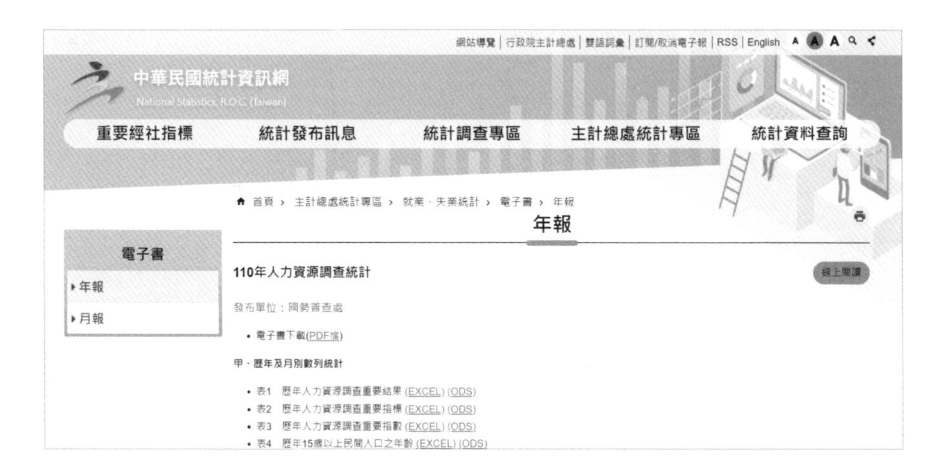

此處，先針對原始資料集（本書取歷年人力資訊調查重要結果）做清洗：

表1　歷年人力資源調查重要結果

TABLE 1. IMPORTANT RESULTS OF MANPOWER SURVEY, 1978 TO DATE

單位：千人　　Unit：Thousand Persons

年月別 Year & month	總人口 Total population	15歲以上民間人口 Civilian population aged 15 years & over 總計 Total	男 Male	女 Female	勞動力 Labor Force 合計 Total	男 Male	女 Female	就業者 Employed 小計 Total	男 Male	女 Female	失業者 Unemployed 小計 Total	男 Male	女 Female	非勞動力 Not in labor force 合計 Total	男 Male	女 Female
67年平均 Ave., 1978	16 974	10 784	5 452	5 333	6 337	4 250	2 087	6 231	4 183	2 048	106	67	39	4 448	1 202	3 246
68年平均 Ave., 1979	17 307	11 092	5 588	5 504	6 515	4 356	2 159	6 432	4 306	2 126	83	50	33	4 577	1 232	3 345
69年平均 Ave., 1980	17 642	11 378	5 714	5 664	6 629	4 406	2 223	6 547	4 357	2 191	82	49	33	4 749	1 308	3 441
70年平均 Ave., 1981	17 974	11 698	5 864	5 833	6 764	4 503	2 261	6 672	4 448	2 224	92	55	37	4 934	1 362	3 572
71年平均 Ave., 1982	18 293	12 013	6 022	5 990	6 959	4 605	2 354	6 811	4 509	2 301	149	96	53	5 054	1 417	3 636
72年平均 Ave., 1983	18 603	12 263	6 137	6 126	7 266	4 687	2 580	7 070	4 561	2 509	197	126	71	4 996	1 451	3 546
73年平均 Ave., 1984	18 865	12 544	6 277	6 267	7 491	4 778	2 713	7 308	4 661	2 647	183	116	67	5 052	1 499	3 553
74年平均 Ave., 1985	19 132	12 860	6 440	6 420	7 651	4 860	2 790	7 428	4 719	2 709	222	141	81	5 210	1 580	3 630
75年平均 Ave., 1986	19 363	13 161	6 596	6 565	7 945	4 957	2 988	7 733	4 821	2 912	212	136	75	5 216	1 639	3 577
76年平均 Ave., 1987	19 559	13 432	6 732	6 700	8 183	5 065	3 118	8 022	4 966	3 057	161	100	61	5 248	1 667	3 581
77年平均 Ave., 1988	19 781	13 696	6 856	6 840	8 247	5 130	3 116	8 107	5 043	3 064	139	87	52	5 449	1 725	3 724
78年平均 Ave., 1989	20 008	13 955	6 989	6 966	8 390	5 231	3 159	8 258	5 149	3 110	132	82	49	5 565	1 758	3 807
79年平均 Ave., 1990	20 233	14 219	7 116	7 102	8 423	5 263	3 160	8 283	5 175	3 108	140	88	52	5 795	1 853	3 942
80年平均 Ave., 1991	20 456	14 496	7 256	7 240	8 569	5 355	3 214	8 439	5 274	3 165	130	80	49	5 927	1 901	4 026
81年平均 Ave., 1992	20 652	14 771	7 401	7 370	8 765	5 460	3 304	8 632	5 380	3 232	132	81	52	6 006	1 940	4 066
82年平均 Ave., 1993	20 841	15 087	7 564	7 522	8 874	5 497	3 377	8 745	5 422	3 323	128	75	54	6 213	2 068	4 145
83年平均 Ave., 1994	21 037	15 401	7 724	7 677	9 081	5 595	3 485	8 939	5 511	3 428	142	84	58	6 321	2 129	4 191
84年平均 Ave., 1995	21 217	15 687	7 856	7 832	9 210	5 659	3 551	9 045	5 558	3 487	165	101	64	6 478	2 197	4 281
85年平均 Ave., 1996	21 383	15 932	7 960	7 972	9 310	5 662	3 648	9 068	5 508	3 560	242	154	88	6 621	2 298	4 324
86年平均 Ave., 1997	21 569	16 170	8 062	8 109	9 432	5 731	3 701	9 176	5 562	3 613	256	169	88	6 738	2 331	4 407
87年平均 Ave., 1998	21 784	16 448	8 188	8 260	9 546	5 780	3 767	9 289	5 610	3 679	257	169	88	6 902	2 409	4 493
88年平均 Ave., 1999	21 957	16 687	8 311	8 376	9 668	5 812	3 856	9 385	5 624	3 761	283	188	95	7 020	2 499	4 521
89年平均 Ave., 2000	22 126	16 963	8 452	8 511	9 784	5 867	3 917	9 491	5 670	3 821	[illegible]	197	95	7 178	2 585	4 594
90年平均 Ave., 2001	[illegible]	17 179	8 551	8 628	9 832	5 855	3 977	9 383	5 553	3 830	450	302	148	7 347	2 696	4 651
91年平均 Ave., 2002	[illegible]	17 387	8 642	8 745	9 969	5 896	4 074	9 454	5 547	3 907	515	348	167	7 417	2 746	4 671
92年平均 Ave., 2003	22 493	17 572	8 722	8 849	10 076	5 904	4 172	9 573	5 579	3 994	503	326	177	7 495	2 818	4 677
93年平均 Ave., 2004	22 574	17 760	8 806	8 954	10 240	5 968	4 272	9 786	5 680	4 106	454	288	166	7 520	2 838	4 682

第1頁　第2頁

此處，本書將年份和勞動力人口總數 (男性和女性的勞動力人口綜合) 單獨取出，儲存後以 csv 檔進行合併，在本節中將使用單一時序的 LSTM 進行預測和視覺化分析：

Time	Taiwan population
1978	6337
1979	6515
1980	6629
1981	6764
1982	6959
1983	7266
1984	7491
1985	7651
1986	7945
1987	8183
1988	8247
1989	8390
1990	8423
1991	8569
1992	8765
1993	8874
1994	9081
1995	9210
1996	9310
1997	9432
1998	9546
1999	9668
2000	9784
2001	9832
2002	9969
2003	10076
2004	10240
2005	10371
2006	10522
2007	10713
2008	10853
2009	10917
2010	11070
2011	11200
2012	11341
2013	11445
2014	11535
2015	11638
2016	11727
2017	11795
2018	11874
2019	11946
2020	11964

引用 NVIDIA 開發者的網站："Long Short-Term Memory Architecture" 官方圖表，有興趣的讀者可以進一步精讀；不過此處，本書強調將理論應用在勞動力人口的預測和視覺化圖表分析：

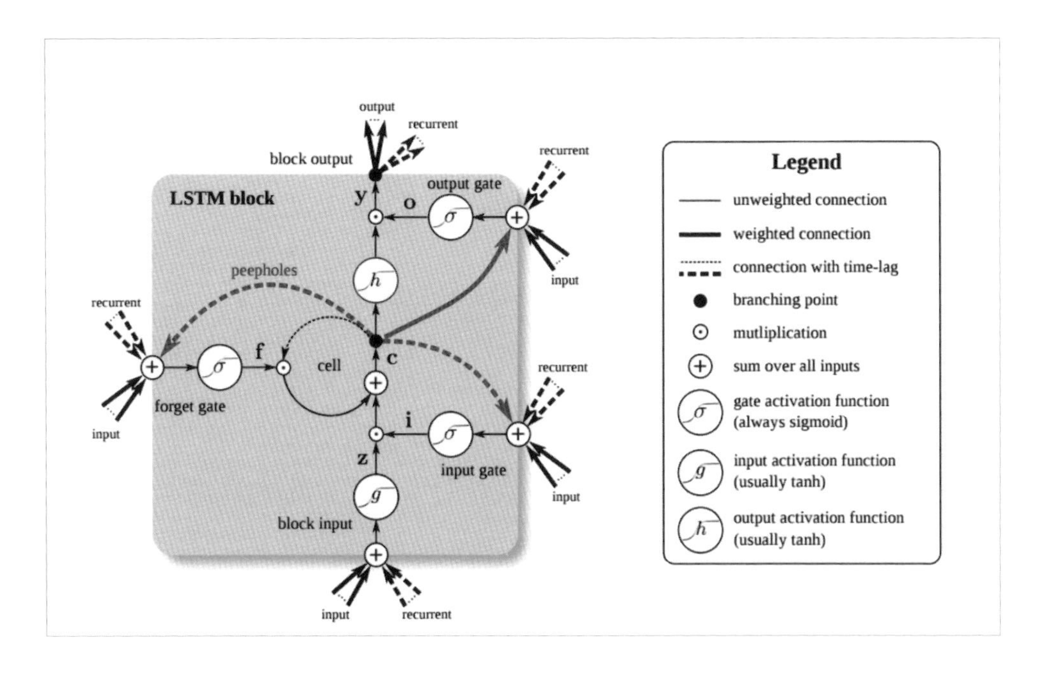

上圖顯示了一個長短期記憶（LSTM）單元，這是一種在深度學習中用於處理序列數據的結構。LSTM 單元包括四個輸入權重（從數據到輸入和三個閘門），以及四個遞歸權重（從輸出到輸入和三個閘門）。圖中提到的「窺視孔」是一些額外的連接，用於連接記憶單元和閘門。

當談到雙向 LSTM 時，它是通過在正常的輸入序列上訓練一個 LSTM，同時在反向的輸入序列上訓練另一個 LSTM。這樣的設計允許模型利用未來數據來為過去的數據提供上下文信息，從而提升 LSTM 網絡的性能。相對於簡單的前饋網絡，雙向 LSTM 在處理複雜的序列學習和機器學習問題方面表現更不錯。

GPU（圖形處理器）的平行處理能力可以加速 LSTM 的訓練和推斷過程。GPU 已經成為 LSTM 使用的事實標準，與 CPU 實現相比，在訓練過程中可以實現 6 倍的加速，而在推斷過程中，通過 GPU 實現的吞吐量更高，達到了 140 倍。cuDNN 是一個 GPU 加速的深度神經網絡庫，支持 LSTM 循環神經網絡的序列學習。TensorRT 是一個深度學習模型優化器和運行時，支持在 GPU 上進行 LSTM 循環神經網絡的推斷。cuDNN 和 TensorRT 都是 NVIDIA Deep Learning SDK 的一部分。

簡單來說，GPU 可以更快地訓練和運行 LSTM，而 cuDNN 和 TensorRT 兩個套件，可以幫助程式執行時，提高運算效能；不過本書採用 Colab 環境，並不需要龐大的運算資源！

從 1978 年到 2020 年的勞動力人口呈現正常長：

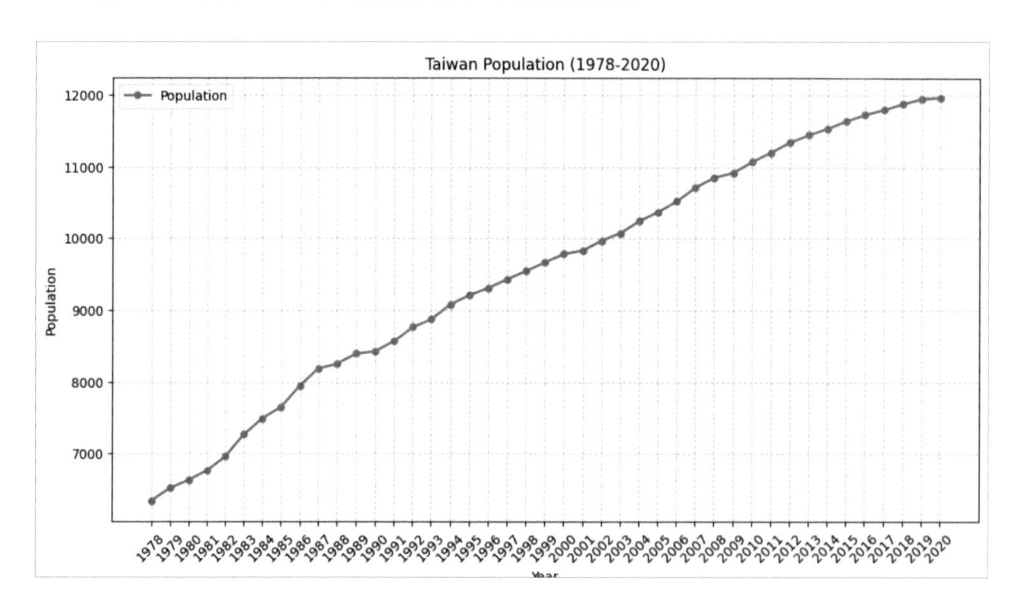

從 1978 年到 2020 年的自營工作人口圖表：

從 1978 年到 2020 年的無酬家屬工作者人口圖表：

台灣勞動人口投入市場預測圖，使用單一時序的 LSTM 模型預測：

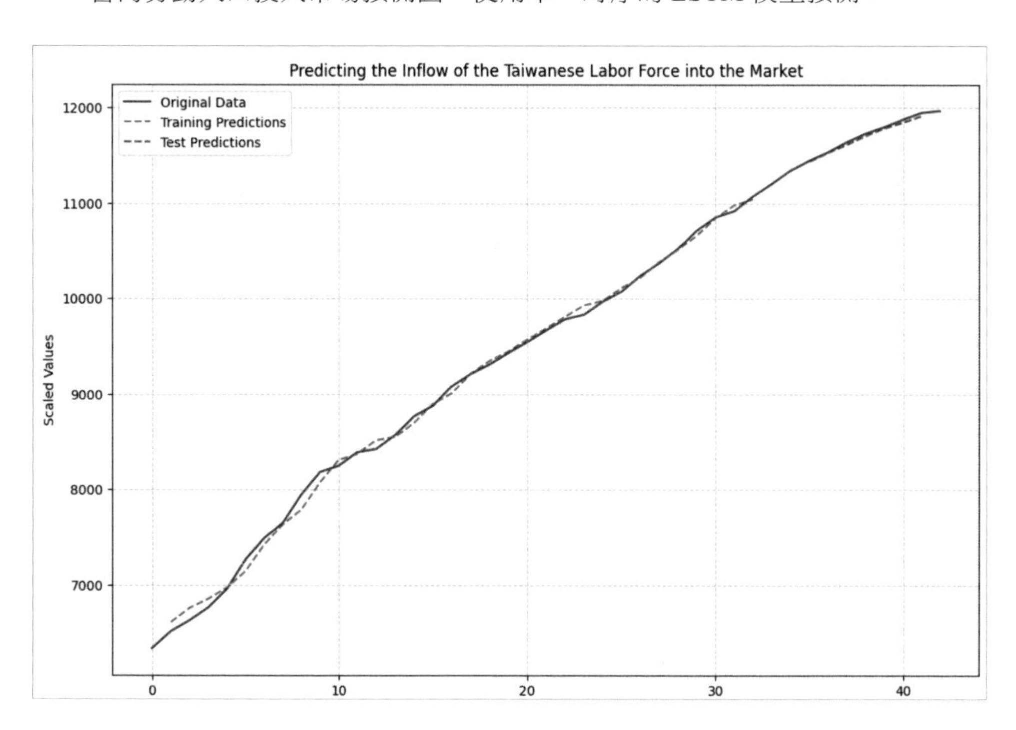

自營人口、無酬家屬工作者、以及台灣勞動力人口是關於就業和人力資源的重要概念，它們反映了一個國家的勞動市場狀況以及勞動力的組成。以下將對這三者進行詳細說明。

- 自營人口：

自營人口是指那些經營自己事業或獨立工作的個體，他們是勞動力市場上的一個特殊組成部分。這些人可能是小商販、農民、手工藝者、自由職業者等，他們以個體或家庭單位經營業務，承擔著風險和管理的責任。自營人口的就業形式相對較靈活，但也面臨著收入不穩定、市場波動等挑戰。在一些行業和地區，自營人口可能佔勞動力市場的相當比例，對於經濟的發展和多元化起著積極的作用。

- 無酬家屬工作者：

無酬家屬工作者指的是在家庭經營的企業中，無薪資但參與勞動的家庭成員。這些人通常是家庭中的配偶、子女或其他親屬，在家庭農業、手工業、小型企業等領域中發揮作用。雖然他們的工作對於家庭經濟和生計非常重要，但由於沒有直接的薪資收入，這群人在官方的就業統計中經常被忽略。無酬家屬工作者的就業形式既彰顯了家庭成員之間的合作，也凸顯了一些就業統計體系中的挑戰，因為這些努力未反映在經濟指標中。

- 台灣勞動力人口：

台灣勞動力人口是指在一定時期內，符合工作條件、能夠投入生產和勞動市場的人口總和。這包括有薪水的雇員、自營人口、無酬家屬工作者等。勞動力人口的結構和規模直接影響著一個國家的經濟活動和發展水平。台灣作為一個發展迅速的地區，其勞動力市場呈現多元化，包括傳統產業、技術領域和服務業。勞動力的培訓、教育水平和就業結構都是台灣經濟發展的重要因素。

總而言之，自營人口、無酬家屬工作者和台灣勞動力人口這三者相互關聯，共同構成了一個多元且複雜的就業體系。了解這些概念有助於深入了解勞動市場的運作，制定更有效的勞動政策，並促進經濟的健康發展。

11.5 人口出生率預測

此處的資料集來源來自內政部統計月報的人口出生數

https：//ws.moi.gov.tw/001/Upload/400/relfile/0/4413/4950fd32-36a4-4c99-af23-e6a046f2147f/month.html

截圖引用內政部統計月報網站

下圖為使用圖表視覺化工具做初步探勘，可見台灣近年出生率人口數越來越低！

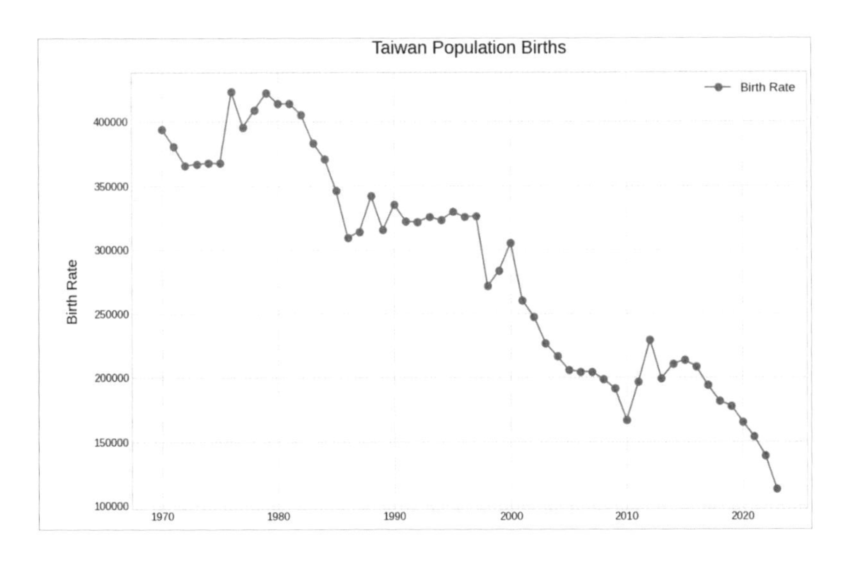

出生率是指每年一定人口數量中的新生兒數目。出生率是人口學中的一個重要指標，對社會和經濟有著深遠的影響。以下是出生率的一些主要影響因素及其可能的影響：

- 經濟狀況：經濟狀況對出生率有著顯著的影響。在較富裕的社會中，由於生活成本較高，女性受教育程度提高，婚姻年齡推遲，以及職業發展機會增加，人們可能傾向於計劃生育，因此出生率可能較低。相反，在較貧困的地區，出生率可能較高，因為家庭需要勞動力且人們可能較難獲得避孕措施。
- 教育程度：教育程度與出生率之間存在著反比的關係。高度受教育的女性通常更加注重職業和個人發展，可能會推遲婚姻和生育，因此有較低的出生率。另一方面，教育水平較低的女性可能在較年輕的時候開始生育。
- 女性勞動參與率：隨著女性在職場中的參與率增加，她們可能會推遲生育，以追求事業和個人目標。這可能導致出生率下降。
- 社會價值觀念：社會價值觀念和文化傳統對生育行為有顯著影響。一些社會鼓勵多子女家庭，而另一些社會可能更加注重個人的發展和生活品質，導致較低的出生率。
- 醫療技術：現代醫療技術的進步可以影響嬰兒和母親的健康，這可能對人們的生育決策產生影響。更先進的醫療技術可能減少生育風險，但同時也可能推遲生育年齡。
- 計劃生育政策：一些國家實行的計劃生育政策可能會直接影響出生率。一些國家實行政府主導的生育政策，以達到人口控制的目的，這可能導致出生率的急劇下降。
- 總而言之，出生率是一個動態且受多種因素影響的指標。這些影響因素之間存在著複雜的相互作用，並且在不同的文化、經濟和社會背景下可能表現出不同的趨勢。人們對出生率的變化進行分析和理解，有助於制定更有效的社會和經濟政策，此處；我們使用 Kaggle 數據平台的資料集進行，並使用 LSTM 進行預測！

本專案的相關數據，名為「Some People Are Too Superstitious To Have A Baby On Friday The 13th」。

裡面有兩個檔案：

- US_births_1994-2003_CDC_NCHS.csv，裡面有 1994 年到 2003 年的美國出生數據，資料是由美國疾病控制和預防中心的國家衛生統計中心提供的。
- US_births_2000-2014_SSA.csv，這個檔案包含了 2000 年到 2014 年的美國出生數據，資料是由美國社會保障局提供的。

兩者數據格式如下：

標頭	定義
year	年
month	月
date_of_month	該月的天數
day_of_week	星期幾，其中 1 是星期一，7 是星期日
births	出生人數

- 使用的技術：

LSTM（長短型記憶架構）模型是一種循環神經網絡，能夠學習一系列觀察數據的序列。今天，我們將考慮美國自 1994 年初至 2014 年底的出生率數據。我們將開發一個帶有 LSTM 的模型，以預測未來幾年美國的出生率。兩個數據集已經合併，以擁有更廣泛的日期範圍。數據包括以下列：年份（1994-2014）、月份（1-12）、日期（1-31）、星期幾（1-7）和出生數（出生數量）。在分析數據後，我們將創建一個新的列，以便更好地處理時間序列。然後，本書將使用單一時序的 LSTM 模型，根據給定的數據進行預測。

首先，先進行資料集的繪製與切割，分成訓練集 (Train set) 和測試集 (Test set)：

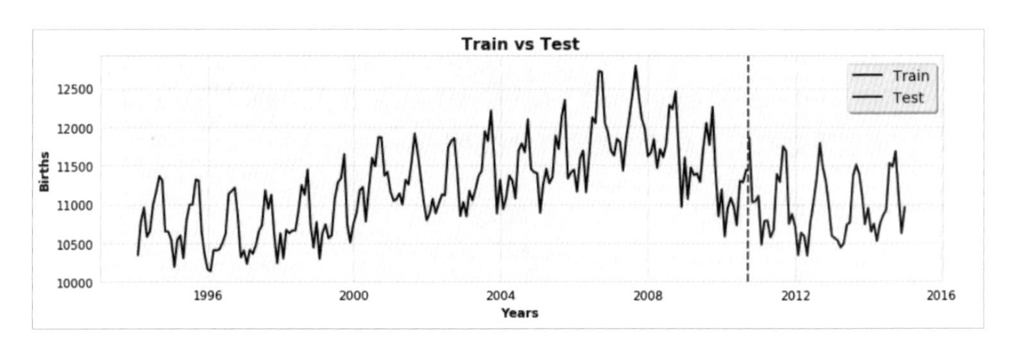

下圖為使用 LSTM 單一時序模型預測結果：

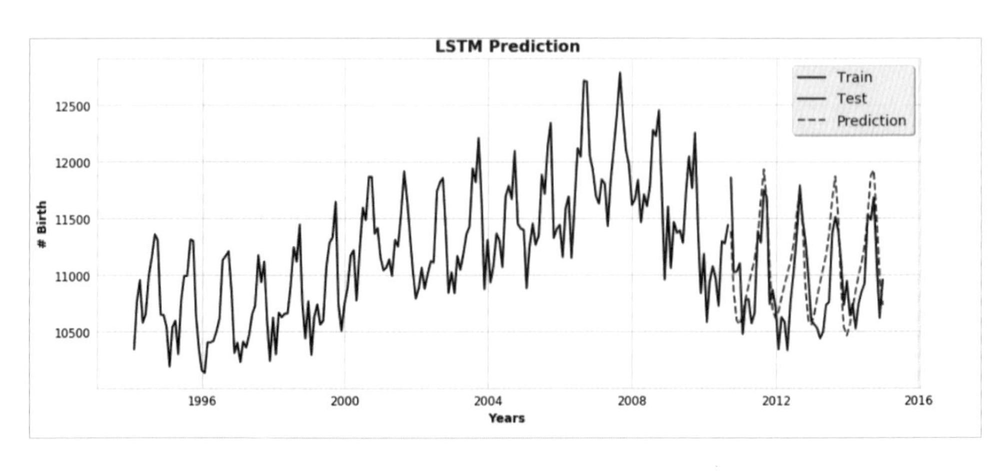

將預測結果進行放大如下，可看出美國出生人口的變化：

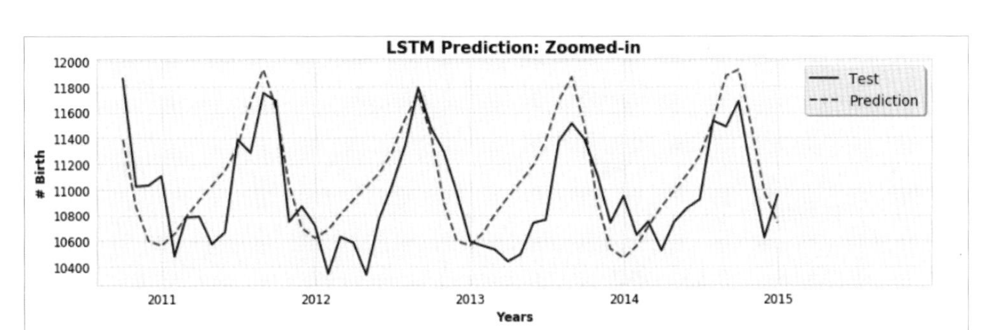

預測未來的生出人口數：

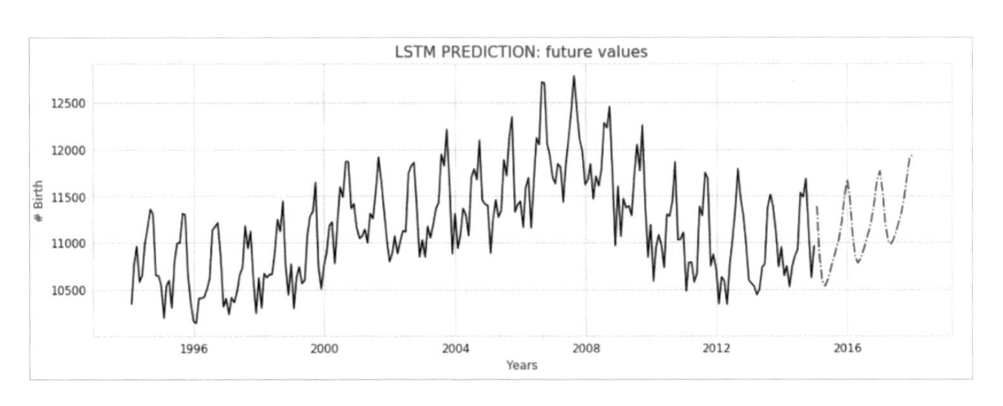

美國的福利制度也是影響未來出生人口的一個重要因素，它可以對家庭提供經濟和社會支持，同時影響個人和夫妻對於生育的決策。以下是福利制度可能影響未來美國出生人口的一些說明和結論：

1. 育兒假政策：

   一個完善的育兒假政策可以為父母提供在生育後有一段時間內的收入保護，減輕了家庭經濟壓力。如果福利制度提供長期和有償的育兒假，這可能鼓勵更多的父母考慮擴大家庭。

2. 兒童福利：

提供全面的兒童福利，包括教育、健康保健和營養支持，有助於提高家庭的生活品質，同時減輕了養育子女的負擔。良好的兒童福利制度可能使家庭更有信心迎接生育挑戰。

3. 子女稅收優惠：

通過提供有利於有子女家庭的稅收政策，政府可以鼓勵人們擴大家庭。例如，給予額外的稅收減免或補貼給有子女的家庭，可以增加生育的動機。

4. 教育支持：

提供優質且負擔得起的教育，包括幼兒教育和高等教育，可以提高父母的信心，使他們更有可能擴大家庭。教育支持可以減少因教育成本而延遲生育的現象。

5. 醫療保健：

良好的醫療保健制度能夠提供對孕產婦和嬰兒的適當照護，同時減輕醫療費用的負擔。醫療保健的可及性可能使人們更有信心迎接生育，因為他們知道可以得到必要的支持。

6. 住房支持：

提供適宜的住房支持，特別是對於有子女的家庭，可以減輕住房負擔，創造更好的生活環境。這可能對於考慮擴大家庭的夫妻來說是一個重要的考慮因素。

總而言之，福利制度的健全性和支持程度將直接影響未來美國出生人口的變化。如果制度能夠提供全面的支持，使生育變得更加可負擔和可行，那麼更多的家庭可能會考慮擴大家庭。然而，這需要政府和社會的共同努力，以建立一個有利於家庭和生育的環境。

11.6 登革熱數據集實作

此處，本書使用數據平台上的資料及進行實作；資料及下載處：

https：//www.kaggle.com/datasets/qianyigang129/dengai-dataset/code

這是與登革熱相關的資料集後，這些特徵就更容易連結到疾病的傳播和爆發模式。以下是在這個上下文中對特徵的進一步解釋：

- ndvi_ne, ndvi_nw, ndvi_se, ndvi_sw: 這些 NDVI 特徵可以用來評估環境中植被的狀況。植被的變化可能與蚊子的繁殖和病媒傳播有關，因為某些種類的蚊子是登革熱病毒的傳播者。
- precipitation_amt_mm: 降水量的變化可能影響蚊子的繁殖地點和數量，進而影響登革熱的傳播。
- reanalysis_air_temp_k, reanalysis_avg_temp_k, reanalysis_dew_point_temp_k, reanalysis_max_air_temp_k, reanalysis_min_air_temp_k: 溫度和相對濕度是蚊子生長和病毒傳播的重要因素。高溫和濕度可能促進蚊子的生長和登革熱病毒的發展。
- reanalysis_precip_amt_kg_per_m2: 重新分析的降水量提供了有關水分狀態的信息，這與蚊子的繁殖和登革熱的傳播密切相關。
- reanalysis_relative_humidity_percent: 相對濕度也是蚊子繁殖的關鍵因素之一，因為它影響蚊子的發育週期。
- reanalysis_sat_precip_amt_mm: 這是重新分析的降水量，提供了另一個衡量水分狀態的指標。

- reanalysis_specific_humidity_g_per_kg: 比濕度是描述空氣中水蒸氣含量的指標，也與蚊子和登革熱傳播相關。
- reanalysis_tdtr_k: 溫度日範圍可能反映了日夜溫度變化，這影響蚊子的活動和登革熱病毒的發展。
- station_avg_temp_c, station_diur_temp_rng_c, station_max_temp_c, station_min_temp_c: 這些氣象站觀測的溫度數據提供了當地溫度的信息，同樣影響蚊子和登革熱的發展。
- station_precip_mm: 氣象站觀測的降水量也是了解當地環境條件的一個重要指標。

這些特徵的組合可以用於建立模型，預測登革熱的爆發或傳播風險，有助於實施有效的防控措施。

載入資料集：

```
[104]  1 import pandas as pd
       2 import numpy as np
       3 import matplotlib.pyplot as plt
       4
       5 import seaborn as sns
       6 import missingno as msno
       7 import statsmodels.api as sm
       8 from sklearn.metrics import r2_score
       9 from sklearn.metrics import mean_absolute_error
      10 from sklearn import linear_model as lm
      11 from sklearn.ensemble import RandomForestRegressor
      12 from sklearn.model_selection import cross_val_score
      13 from datetime import datetime, timedelta
      14 import os
      15
```

讀取三個資料集：

```
1 features_train=pd.read_csv('/content/drive/MyDrive/DengAI_Predicting_Disease_Spread_-_Training_Data_Features.csv')
```

```
[107] 1 labels_train=pd.read_csv('/content/drive/MyDrive/DengAI_Predicting_Disease_Spread_-_Training_Data_Labels.csv')
```

```
[108] 1 df=pd.merge(features_train, labels_train, on=["city","year","weekofyear"])
```

```
[109] 1 df.head()
```

	city	year	weekofyear	week_start_date	ndvi_ne	ndvi_nw	ndvi_se	ndvi_sw	precipitation_amt_mm	reanalysis_air_temp_k	...	reanalysis_relative_humidity_percent	reanalysis_sat_precip_amt_mm	reanaly
0	sj	1990	18	1990-04-30	0.122600	0.103725	0.198483	0.177617	12.42	297.572857	...	73.365714	12.42	
1	sj	1990	19	1990-05-07	0.169900	0.142175	0.162357	0.155486	22.82	298.211429	...	77.368571	22.82	
2	sj	1990	20	1990-05-14	0.032250	0.172967	0.157200	0.170843	34.54	298.781429	...	82.052857	34.54	
3	sj	1990	21	1990-05-21	0.128633	0.245067	0.227557	0.235886	15.36	298.987143	...	80.337143	15.36	
4	sj	1990	22	1990-05-28	0.196200	0.262200	0.251200	0.247340	7.52	299.518571	...	80.460000	7.52	

5 rows × 25 columns

相依矩陣 (Correlation Matrix) 的繪製：

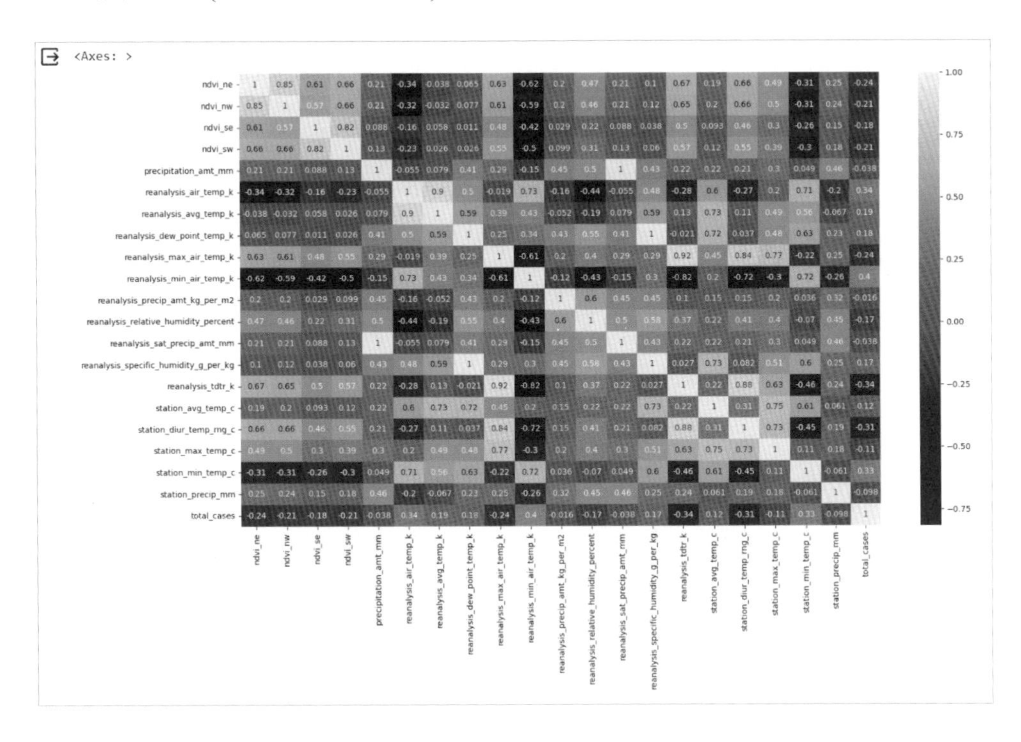

- 繪製參數的折線圖 1:

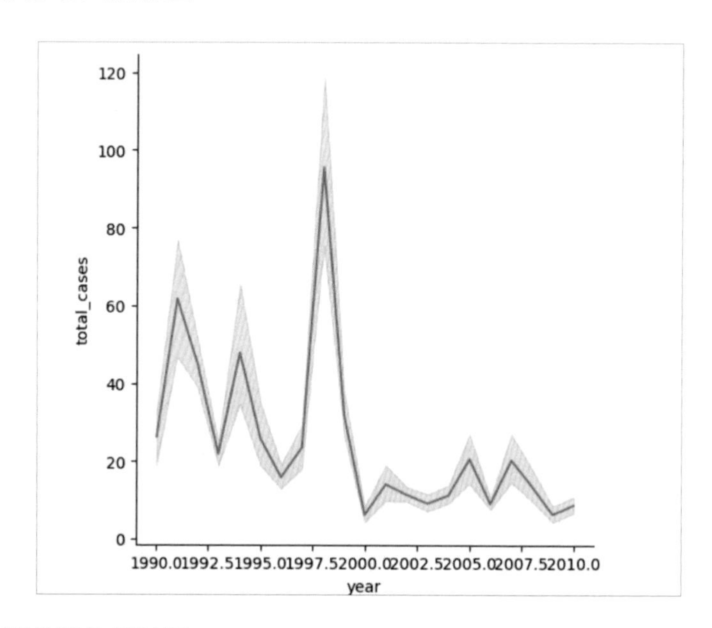

- 繪製參數的折線圖 2:

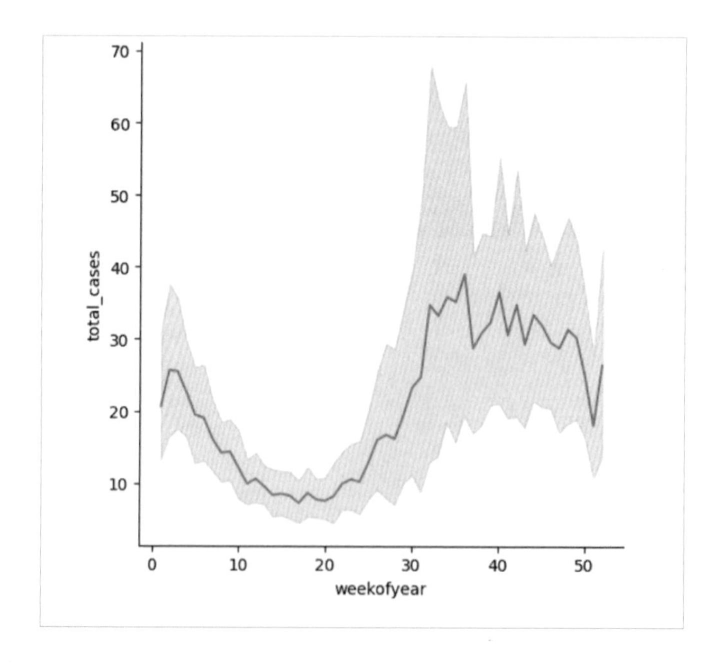

- 繪製參數的折線圖 3:

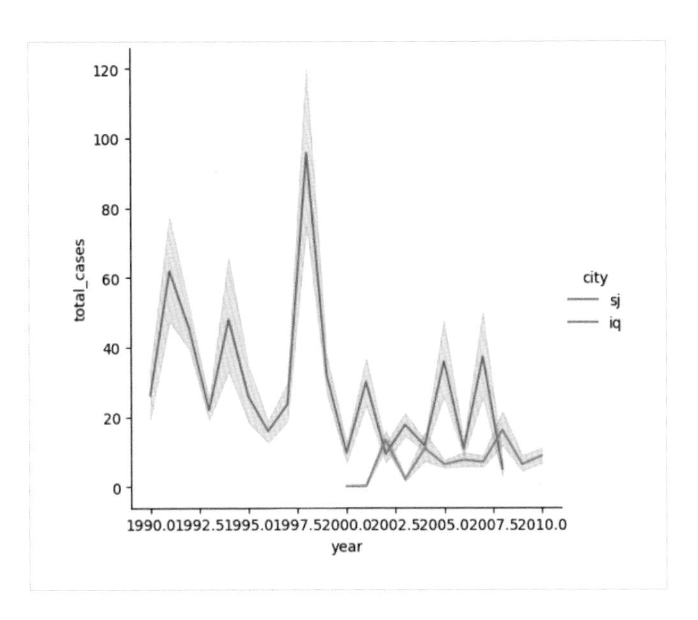

- 繪製參數的折線圖 3:

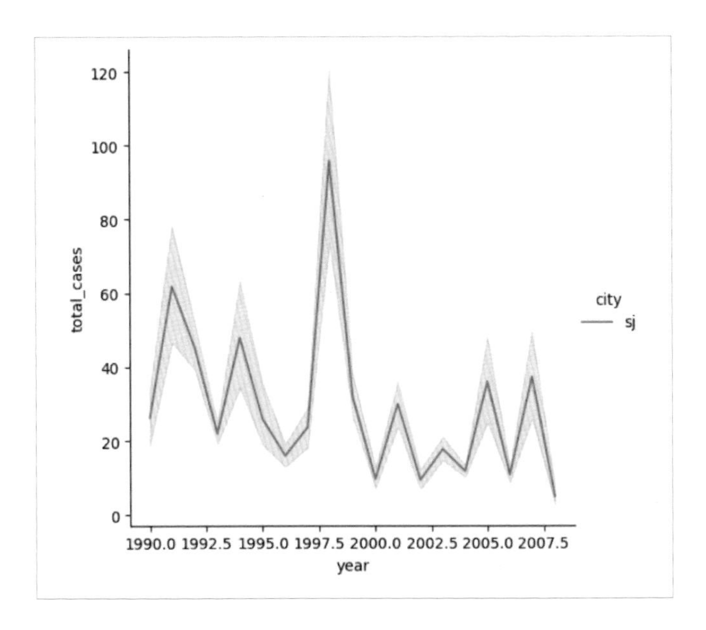

• 繪製參數的折線圖 4:

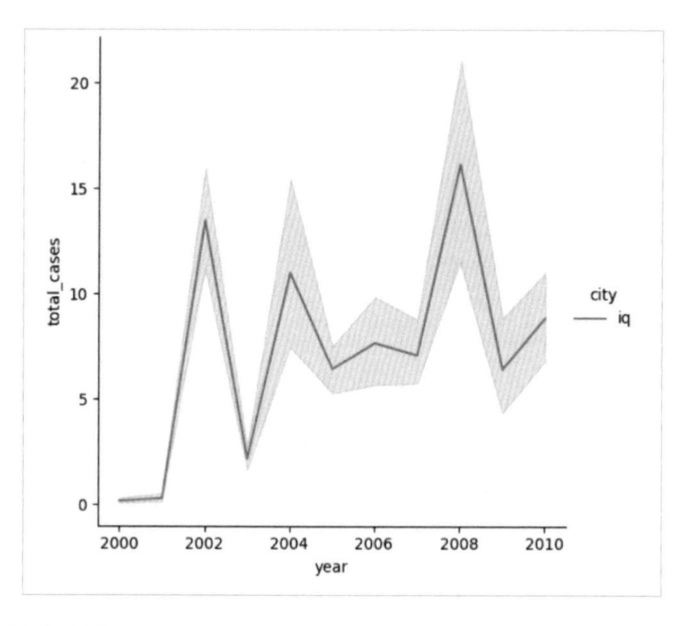

• 繪製參數的折線圖 5:

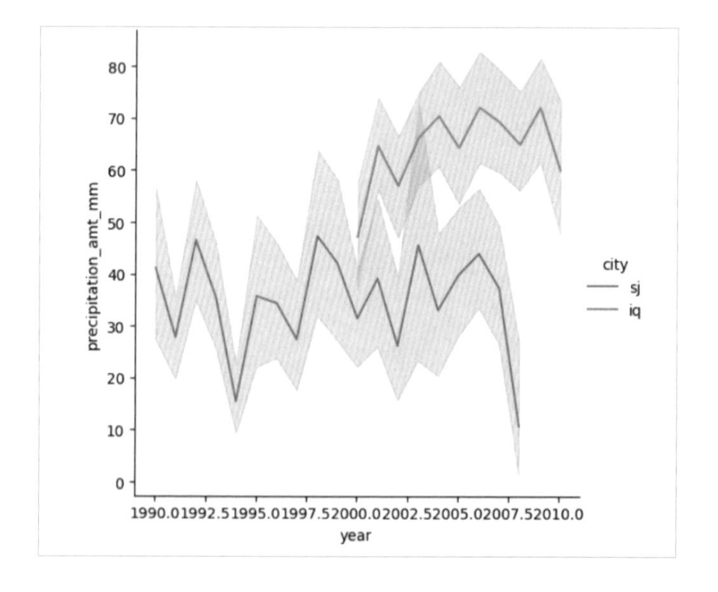

• 繪製參數的折線圖 6:

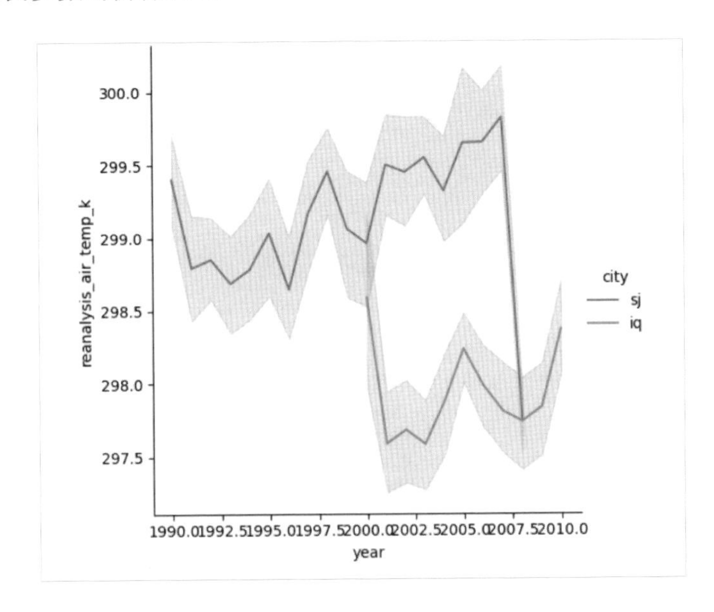

300.0
299.5
299.0
298.5
298.0
297.5
reanalysis_air_temp_k
1990.0
1992.5
1995.0
1997.5
2000.0
2002.5
2005.0
2007.5
2010.0
year
city
sj
iq

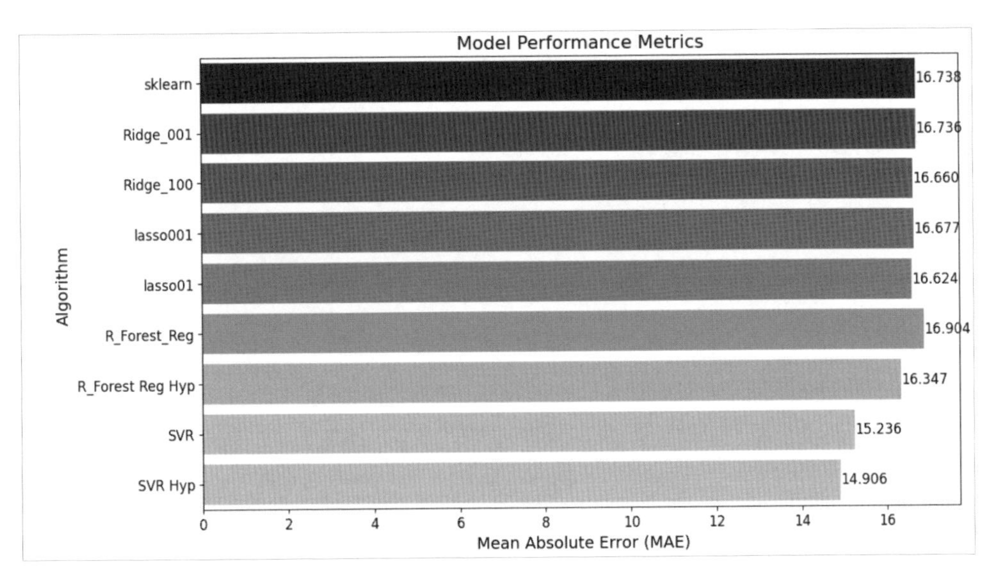

Model Performance Metrics
sklearn
Ridge_001
Ridge_100
lasso001
lasso01
R_Forest_Reg
R_Forest Reg Hyp
SVR
SVR Hyp
Algorithm
16.738
16.736
16.660
16.677
16.624
16.904
16.347
15.236
14.906
0
2
4
6
8
10
12
14
16
Mean Absolute Error (MAE)

• MAE 評估值 (讀者也可以改成 MSE):

```
[149] 1 rf = RandomForestRegressor(n_estimators = 100, random_state = 42)
      2 rf.fit(train_X, train_y)
      3 rf_pred = rf.predict(test_X)
      4 MAE_rf=mean_absolute_error(test_y, rf_pred)
      5 print ("MAE :", MAE_rf)

MAE : 16.903888888888886

      1 rf = RandomForestRegressor(n_estimators = 100, random_state = 42)

[151] 1 from sklearn.model_selection import GridSearchCV
      2 grid_param = {
      3         'n_estimators': [10, 20, 30, 60, 100],
      4         'max_depth': range(3,7),
      5         'bootstrap': [True, False]
      6 }

      1 gsrf = GridSearchCV(estimator=rf,
      2                     param_grid=grid_param,
      3                     scoring='neg_mean_absolute_error',
      4                     cv=5,
      5                     verbose=0,
      6                     n_jobs=-1)

      1 gsrf_fit=gsrf.fit(train_X, train_y)

[154] 1 gsrf_fit

    GridSearchCV
    estimator: RandomForestRegressor
        RandomForestRegressor

[155] 1 best_parameters_rf = gsrf.best_params_
      2 print("Best parameters :",best_parameters_rf)

Best parameters : {'bootstrap': True, 'max_depth': 4, 'n_estimators': 20}

[156] 1 gsrf_pred=gsrf_fit.predict(test_X)
      2 MAE_gsrf=mean_absolute_error(test_y, gsrf_pred)
      3 print ("MAE :", MAE_gsrf)

MAE : 16.347342734958566
```

政府資料開放平台：登革熱資料集下載處

https：//data.gov.tw/datasets/search?p=3&size=10&s=_score_desc&rft=%E7%99%BB%E9%9D%A9%E7%86%B1

讀者也可以使用上述資料集做分析：

登革熱預測通常是一個涉及分析和預測登革熱病例數量的挑戰性問題。以下是一般性的步驟和方法，你可以使用機器學習和時間序列分析等技術進行登革熱預測：

- 資料收集：收集包含與登革熱相關的各種數據的資料集。這可能包括時間相關的資訊（日期、月份、年份）、地理位置、氣象數據（溫度、濕度、降雨量）、蚊子數量、以及過去的登革熱病例數據等。

- 資料清理與探索性分析：對資料進行清理，處理缺失值，並進行探索性分析，以了解數據的分佈和特徵之間的關係。

- 特徵工程：創建新的特徵，可能包括時間相關的趨勢、季節性特徵、移動平均數據等。這有助於提高模型的性能。

建立預測模型：選擇適當的機器學習模型或時間序列模型（如 ARIMA、Prophet、LSTM 等）進行建模。考慮使用交叉驗證技術來評估模型性能。

- 模型調參：優化模型的參數，以提高預測的精確性。可以使用網格搜索或隨機搜索等方法。
- 模型評估：使用測試集進行模型評估，評估模型的性能，並確保模型具有良好的泛化能力。
- 實時監控和更新：如果可能，建立實時監控系統，以跟踪登革熱病例的實際發展，並根據新數據更新模型。

以上步驟僅為一個一般性機器學習或者深度學習的分析思考流程，實際的登革熱預測可能需要更多的領域專業知識和對特定問題的深入了解。確保使用正確的特徵和模型，以及進行良好的評估和驗證，是建立可靠預測模型的關鍵。

第12章

生命教育篇

12.1 中學學生輟學學生相依性分析

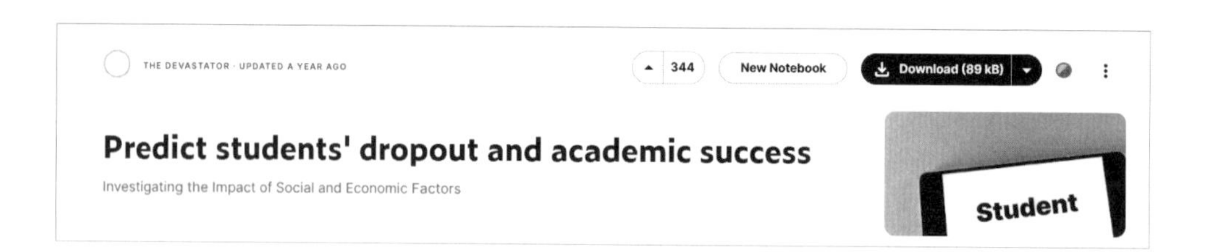

此處，本書使用 kaggle 平台的數據集來探討學生輟學的原因；數據集說明如下：

這個資料集主要是關於學生和他們的資料，還有他們在第一學期的表現：

- 婚姻狀況：就是看學生有沒有結婚，單身或者已婚。
- 申請方式：學生怎麼申請進學校的，像是網路申請、紙本申請。
- 申請順序：看學生是不是第一個申請進來的，或者後來的申請者。
- 課程：選修的科目啦，比如說理工科還是文科之類的。
- 日間 / 夜間上課：這是在問學生是白天上課還是晚上上課。
- 先前學歷：就是問學生之前有沒有上過其他學校或拿過什麼證書之類的。
- 國籍：學生是哪個國家的人。
- 母親 / 父親的資格：學生父母的學歷，有無大學畢業。
- 母親 / 父親的職業：學生父母的工作。
- 被迫遷移：學生是不是因為某些原因被逼得不得已遷移到現在的地方。
- 特殊教育需求：學生是否有需要特別教育的情況。
- 債務人：學生是否有欠款。
- 學費是否及時：學費有沒有按時繳交。
- 性別：是男生還是女生。

- 獎學金持有者是否獲得了獎學金。
- 入學時年齡：入學時的年齡。
- 國際學生：來自其他國家的國際學生。
- 第一學期已學分的課程單元：第一學期已經學了多少個學分。
- 第一學期已註冊的課程單元：第一學期註冊了多少個學分。
- 第一學期已評估的課程單元：第一學期有幾個學分已經被評估了。
- 第一學期已通過的課程單元：第一學期有幾個學分已經通過了。

這些資料能幫助我們了解學生的背景和表現情況。

這個資料集可以幫助我們做三件事情：

一、學生留讀狀況：我們可以利用這些資料開發預測模型，找出學生輟學的風險因素，並及早進行干預措施，提高學生保留率。

二、學業表現提升：透過這些資料，高等教育機構可以更好地了解他們學生的學業進展，並從個人和機構的角度找出改進的空間。這將使他們能夠制定針對性的課程、活動或倡議，更有效地提高學業表現。

三、提升可及性：利用資料中包含的人口統計信息，機構可以制定特定的倡議，旨在幫助某些群體更容易地獲得高等教育服務或資源，這些服務或資源可能對他們的地區或社經地位不充分，有助於消除不同學生群體之間現有的可及性差距。

同時，在這份數據中，您可能想要使用邏輯式迴歸來解決一些二元分類問題。例如：

- 預測學生畢業與否：您可能想要預測學生是否會成功畢業，這是一個典型的二元分類問題。您可以使用邏輯式迴歸模型，將學生的特徵作為輸入，並預測他們是否會畢業。
- 預測學生是否會需要特殊教育支援：您可能想要預測學生是否有特殊教育需求，這也是一個二元分類問題。邏輯式迴歸可以幫助您根據學生的特徵預測他們是否需要額外的教育支援。

- 預測學生是否會成為債務人：您可能想要預測學生是否會成為債務人，這同樣是一個二元分類問題。邏輯式迴歸可以根據學生的個人和家庭特徵預測他們是否可能面臨財務困難。

在這些情況下，使用邏輯式迴歸模型可以幫助您預測學生的各種二元結果，它可以根據數據中提供的特徵，提供對學生未來可能性的量化預測。

- 使用邏輯式回歸進行預測：

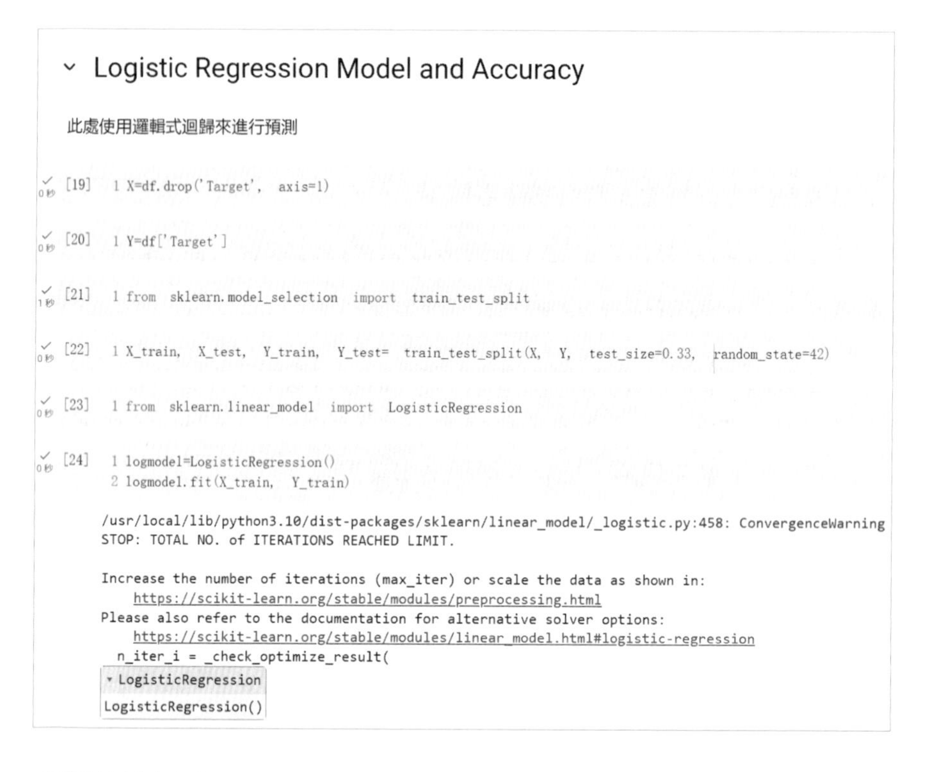

預測結果如下：

	precision	recall	f1-score	support
0	0.88	0.80	0.84	755
1	0.81	0.88	0.84	705
accuracy			0.84	1460
macro avg	0.84	0.84	0.84	1460
weighted avg	0.84	0.84	0.84	1460

繪製 ROC 曲線和混淆矩陣：

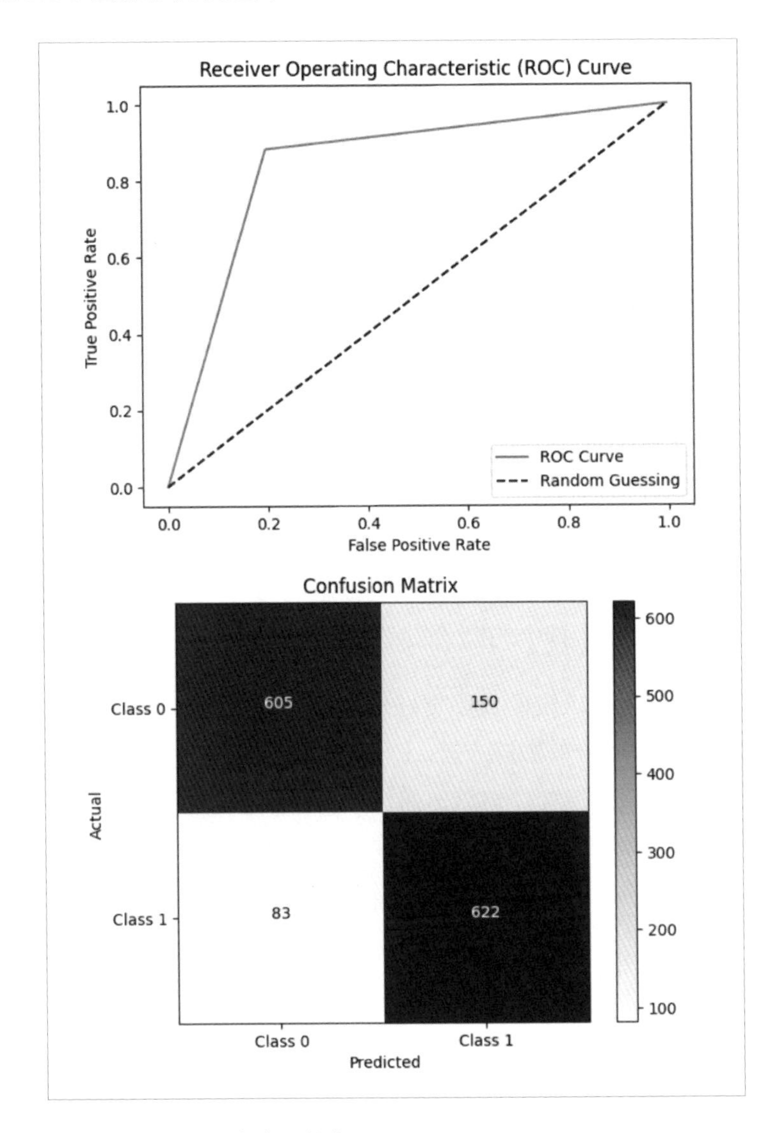

- 使用主成分分析法進行預測：

本節使用的數據包含了許多不同的特徵，例如婚姻狀況、申請方式、年齡、學術表現等等。這些特徵的數值範圍和單位也各不相同，這可能會導致某些特徵的影響程度比其他特徵更大。

PCA（主成分分析）是一種常用的降維技術，它可以將具有高度相關性的特徵轉換為一組線性無關的新特徵，這些新特徵被稱為主成分。通過 PCA，我們可以將原始數據轉換為一組較少的主成分，這樣可以減少特徵的數量，同時保留最大量的數據方差。這有助於降低數據的維度，同時保留重要的資訊。

在這個情況下，使用 PCA 可能有幾個好處：

維度減少：原始數據集可能包含許多特徵，其中一些可能是多餘的或者具有高度相關性。使用 PCA 可以將這些特徵轉換為更少的主成分，從而減少數據的維度。

消除多重共線性：某些特徵可能高度相關，這種情況被稱為多重共線性。這會使得機器學習模型難以準確地估計參數。通過 PCA，我們可以將這些相關的特徵轉換為無關的主成分。

視覺化分析：將數據降維到二維或三維空間可以更容易地對數據進行視覺化和理解。這對於發現數據中的模式和趨勢非常有幫助。

總而言之，PCA 可以幫助我們更好地理解數據、降低計算成本、消除多重共線性，同時保留大部分的數據方差。

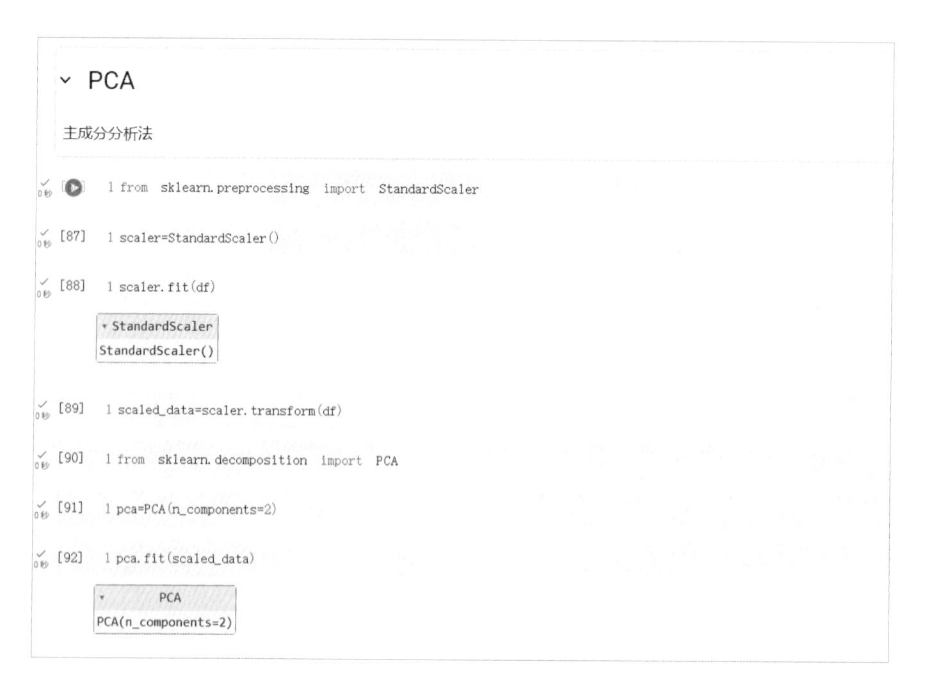

```
[93]  1 component_matrix=pca.components_

[94]  1 first_component_loadings=  component_matrix[0,:]
      2 influential_columns_first_component=df.columns[np.abs(first_component_loadings).argsort()[::-1]]

[95]  1 second_component_loadings=  component_matrix[1,:]
      2 influential_columns_second_component=df.columns[np.abs(second_component_loadings).argsort()[::-1]]

[96]  1 influential_columns_second_component

Index(['Age at enrollment', 'Application mode', 'Target', 'Displaced',
       'Curricular units 2nd sem (grade)', 'Marital status',
       'Daytime/evening attendance', 'Previous qualification',
       'Application order', 'Curricular units 1st sem (credited)',
       'Curricular units 1st sem (grade)', 'Tuition fees up to date',
       'Curricular units 2nd sem (credited)', 'Scholarship holder', 'Debtor',
       'Curricular units 2nd sem (approved)', 'Gender',
       'Curricular units 1st sem (evaluations)', 'Mother's qualification',
       'Curricular units 1st sem (without evaluations)',
       'Curricular units 2nd sem (without evaluations)',
       'Curricular units 1st sem (enrolled)',
       'Curricular units 1st sem (approved)', 'Father's qualification',
       'Course', 'Curricular units 2nd sem (evaluations)',
       'Curricular units 2nd sem (enrolled)', 'GDP', 'Mother's occupation',
       'Unemployment rate', 'Educational special needs', 'Inflation rate',
       'Father's occupation', 'Nacionality', 'International'],
      dtype='object')

[97]  1 influential_columns_first_component

Index(['Curricular units 1st sem (approved)',
       'Curricular units 1st sem (enrolled)',
       'Curricular units 2nd sem (approved)',
       'Curricular units 2nd sem (enrolled)',
       'Curricular units 1st sem (evaluations)',
       'Curricular units 1st sem (credited)',
       'Curricular units 2nd sem (credited)',
       'Curricular units 2nd sem (evaluations)',
       'Curricular units 2nd sem (grade)', 'Curricular units 1st sem (grade)',
       'Target', 'Tuition fees up to date', 'Gender', 'Application mode',
       'Course', 'Scholarship holder',
       'Curricular units 1st sem (without evaluations)', 'Debtor',
       'Previous qualification', 'Unemployment rate', 'Age at enrollment',
       'Father's qualification',
       'Curricular units 2nd sem (without evaluations)',
       'Mother's qualification', 'Mother's occupation',
       'Educational special needs', 'Daytime/evening attendance', 'Displaced',
       'Father's occupation', 'Marital status', 'Application order',
       'Nacionality', 'GDP', 'International', 'Inflation rate'],
      dtype='object')

[98]  1 x_pca=pca.transform(scaled_data)

[99]  1 scaled_data.shape

(4424, 35)

[100] 1 x_pca.shape

(4424, 2)
```

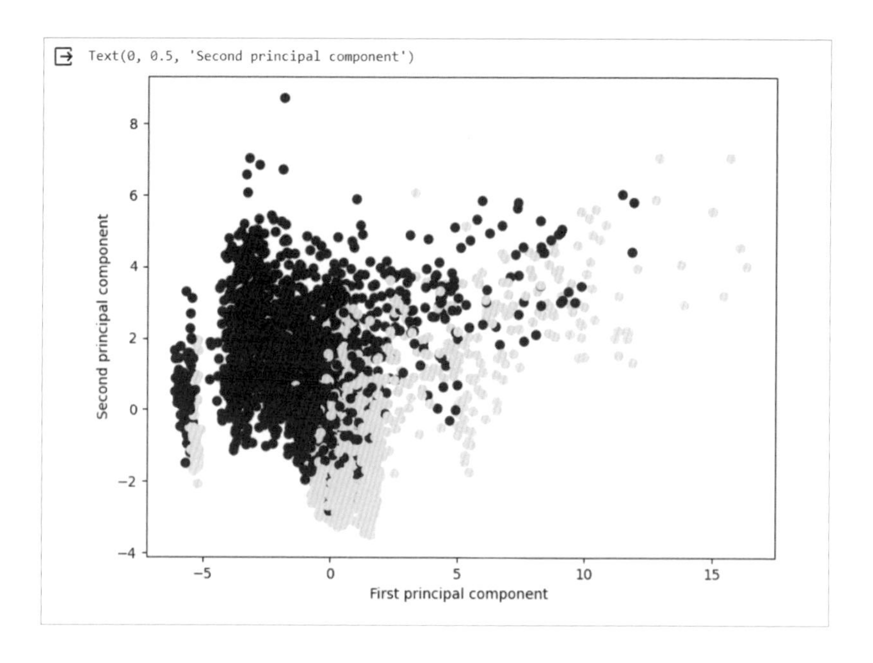
Text(0, 0.5, 'Second principal component')
Second principal component
First principal component

各個參數的熱點圖如下：

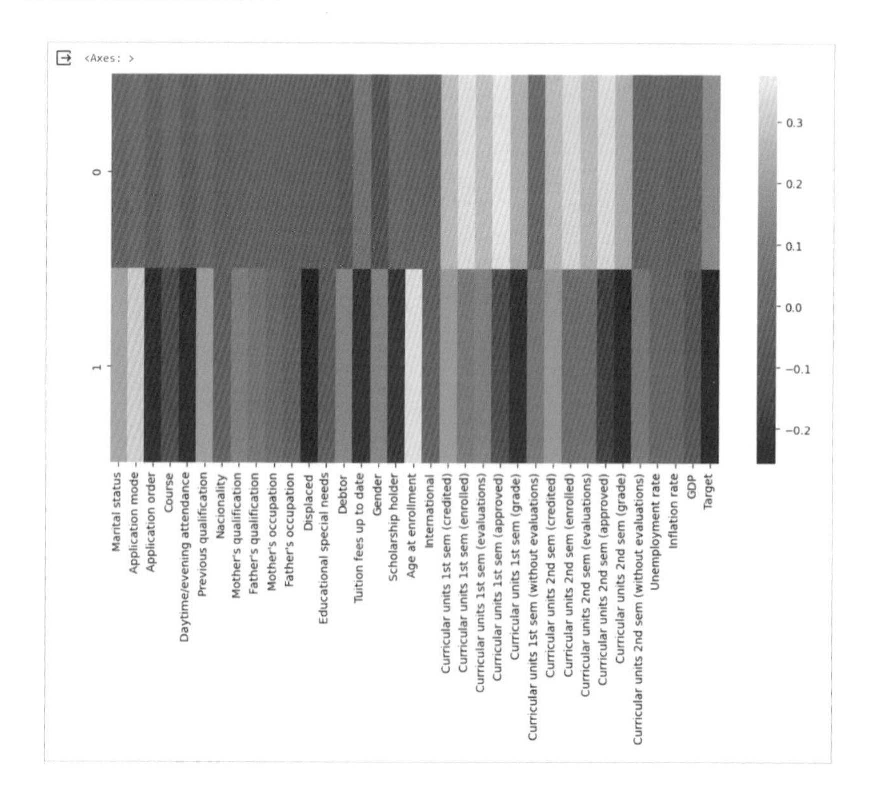
<Axes: >
Marital status
Application mode
Application order
Course
Daytime/evening attendance
Previous qualification
Nacionality
Mother's qualification
Father's qualification
Mother's occupation
Father's occupation
Displaced
Educational special needs
Debtor
Tuition fees up to date
Gender
Scholarship holder
Age at enrollment
International
Curricular units 1st sem (credited)
Curricular units 1st sem (enrolled)
Curricular units 1st sem (evaluations)
Curricular units 1st sem (approved)
Curricular units 1st sem (grade)
Curricular units 1st sem (without evaluations)
Curricular units 2nd sem (credited)
Curricular units 2nd sem (enrolled)
Curricular units 2nd sem (evaluations)
Curricular units 2nd sem (approved)
Curricular units 2nd sem (grade)
Curricular units 2nd sem (without evaluations)
Unemployment rate
Inflation rate
GDP
Target

預測結果如下：

```
              precision    recall  f1-score   support

           0       0.87      0.79      0.83       755
           1       0.79      0.88      0.83       705

    accuracy                           0.83      1460
   macro avg       0.83      0.83      0.83      1460
weighted avg       0.83      0.83      0.83      1460
```

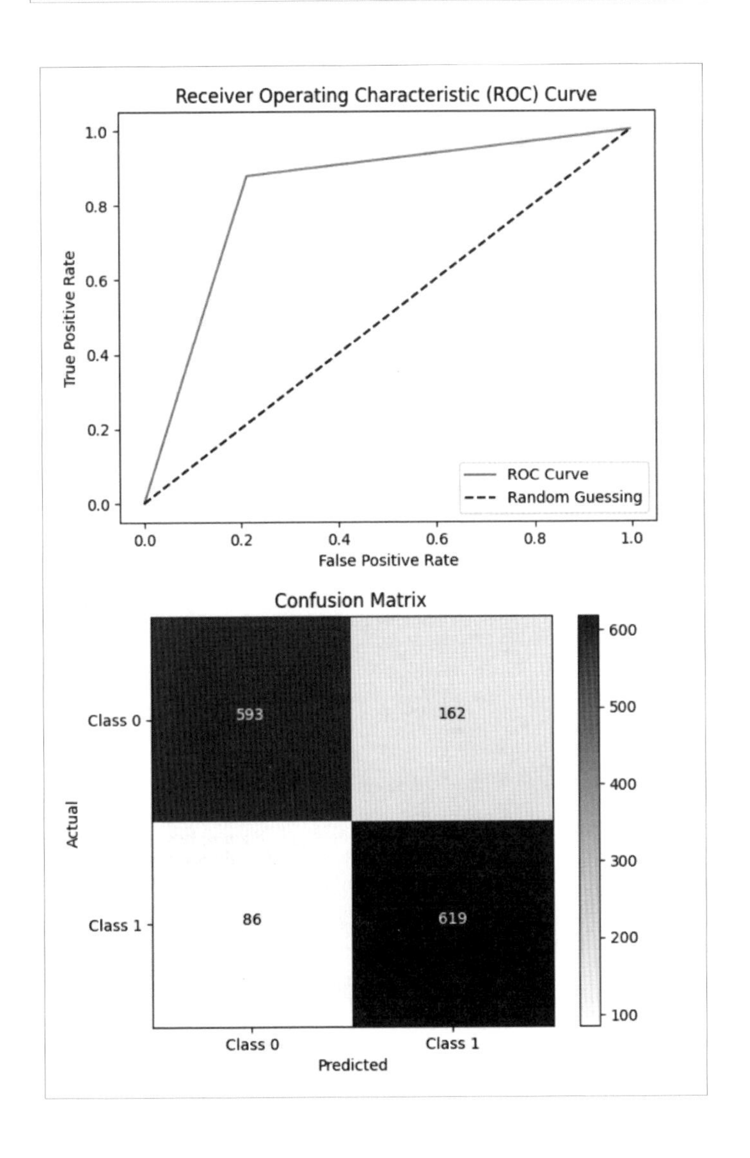

此處也提供台灣目前大專院校學生的各類統計資料；讀者有興趣也可以透過本書使用的方法進行分析，這些資料都是公開資料集：

下載：https：//depart.moe.edu.tw/ED4500/cp.aspx?n=1AC243AF6EF5E5DD&s=EDC4A4E717ED32CF

12.2 自殺及憂鬱語意分析

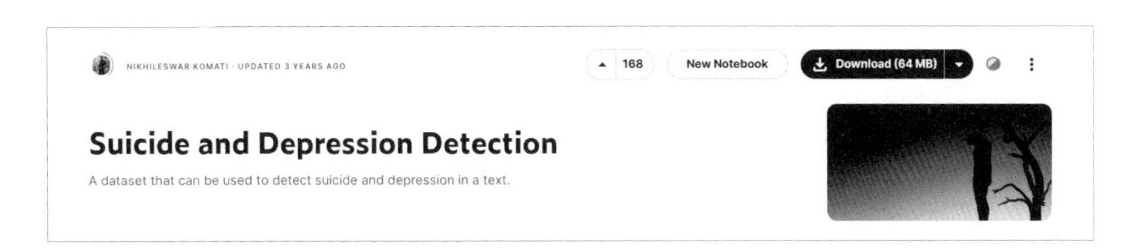

當代社會中，自殺和壓力問題已經成為嚴重的社會問題，對個人和社會都產生了重大影響。以下是對當代自殺和壓力情況的說明，以及自殺偵測的一些觀點：

自殺和壓力的狀況：

- 高壓工作和生活節奏：現代社會中，人們面臨著高壓工作和生活節奏，長期處於壓力之下。

心理健康問題：焦慮、抑鬱和其他心理健康問題正在成為日益普遍的問題，這些問題可能導致自殺風險增加。

- 社交媒體和虛擬生活：社交媒體的普及和虛擬生活的增加可能使人們感到孤獨和與現實生活脫節。
- 經濟壓力：經濟不穩定、財務困難和失業率上升也可能增加自殺風險。
- 身份認同和歧視：身份認同問題和歧視可能使某些人群感到被排斥和無助。

自殺偵測：

- 基於數據分析的偵測系統：許多組織和研究機構正在開發基於大數據和人工智慧的自殺偵測系統。這些系統通常分析社交媒體發文、動態活動、搜索歷史等數據，以辨識可能的自殺風險。
- 情感分析和文本探勘：情感分析和文本探勘技術被用於分析文字敘述，以檢測其中的情緒和心理狀態。這可以用於識別自殺風險。

- 社區警報系統：一些地方社區和學校系統建立了自殺警報系統，通常涉及學校、醫療機構和社會工作者的合作，以便及時介入可能的自殺事件。

總而言之，自殺和壓力問題是複雜而嚴重的社會問題，需要多方努力，包括心理健康支持、社會支援和科技創新，來幫助預防自殺並提高社會對自殺風險的警覺。

本數據使用 Kaggle 數據平台的資料集進行分析：

資料集下載：https://www.kaggle.com/datasets/nikhileswarkomati/suicide-watch/code

此處，本書將搭建一個簡單的循環神經網路 (RNN) 來進行簡單分類！

這個數據集為美國網友在 Reddit 上針對從 "depression" 版收集的留言 (類似台灣 PTT 的恨板)；希望能對那些正在找尋自殺檢測資料集的人有所幫助，能節省他們的時間。這個數據集是從 Reddit 的 "SuicideWatch" 和 "depression" 版收集而來，使用了 Pushshift API。他收集了從 2008 年 12 月 16 日（"SuicideWatch" 創建日）到 2021 年 1 月 2 日的所有帖子，而 "depression" 的帖子是從 2009 年 1 月 1 日到 2021 年 1 月 2 日的。從 "SuicideWatch" 收集的留言都被標記為自殺，而從 "depression" 版都被標記為憂鬱。至於非自殺的帖子，則是從 r/teenagers 收集的；希望這些資料能為大家提供一些幫助！

首先，載入資料集：

```
1 from google.colab import drive
2 drive.mount('/content/gdrive')  #  此處需要登入google帳號

Drive already mounted at /content/gdrive; to attempt to forcibly remount, call drive.mount("/content/gdrive", force_remount=True).

1 import pandas as pd
2 dataframe = pd.read_csv('/content/gdrive/My Drive/Suicide_Detection.csv')
3 dataframe.head()
```

	Unnamed: 0	text	class
0	2	Ex Wife Threatening SuicideRecently I left my ...	suicide
1	3	Am I weird I don't get affected by compliments...	non-suicide
2	4	Finally 2020 is almost over... So I can never ...	non-suicide
3	8	i need helpjust help me im crying so hard	suicide
4	9	I'm so lostHello, my name is Adam (16) and I'v...	suicide

```
1 # dataframe = dataframe.head(10000)
2 suicide = dataframe[dataframe['class']=='suicide']
3 non_suicide = dataframe[dataframe['class']== 'non-suicide']
4 suicide = suicide.head(50000)
5 non_suicide = non_suicide.head(50000)
6 dataframe = pd.concat([suicide,non_suicide])
```

```
1 dataframe.info()
```

```
<class 'pandas.core.frame.DataFrame'>
Int64Index: 100000 entries, 0 to 99822
Data columns (total 3 columns):
 #   Column       Non-Null Count   Dtype
---  ------       --------------   -----
 0   Unnamed: 0   100000 non-null  int64
 1   text         100000 non-null  object
 2   class        100000 non-null  object
dtypes: int64(1), object(2)
memory usage: 3.1+ MB
```

```
1 dataframe.isnull().sum()
```

```
Unnamed: 0    0
text          0
class         0
dtype: int64
```

對文字檔案進行資料清洗與編碼：

```
1 dataframe['text'] = dataframe['text'].apply(remove_stopwords)
2 dataframe.head()
```

	Unnamed: 0	text	class
0	2	Ex Wife Threatening SuicideRecently left wife ...	suicide
3	8	need helpjust help im crying hard	suicide
4	9	' lostHello , Adam (16) ' struggling years '...	suicide
5	11	Honetly idkI dont know im . feel like . All fe...	suicide
6	12	[Trigger warning] Excuse self inflicted burn...	suicide

```
[ ] 1 %%time
    2 from tqdm._tqdm_notebook import tqdm_notebook
    3 tqdm_notebook.pandas()
    4 def text_preprocessing(df,col_name):
    5     column = col_name
    6     df[column] = df[column].progress_apply(lambda x:str(x).lower())
    7     # df[column] = df[column].progress_apply(lambda x: th.cont_exp(x))
    8     #you're -> you are; i'm -> i am
    9     df[column] = df[column].progress_apply(lambda x: th.remove_emails(x))
   10     df[column] = df[column].progress_apply(lambda x: th.remove_html_tags(x))
   11     df[column] = df[column].progress_apply(lambda x: th.remove_special_chars(x))
   12     df[column] = df[column].progress_apply(lambda x: th.remove_accented_chars(x))
   13     # df[column] = df[column].progress_apply(lambda x: th.make_base(x)) #ran -> run,
   14     return(df)

CPU times: user 776 µs, sys: 0 ns, total: 776 µs
Wall time: 783 µs
```

```
[ ] 1 dataframe = text_preprocessing(dataframe, 'text')
```

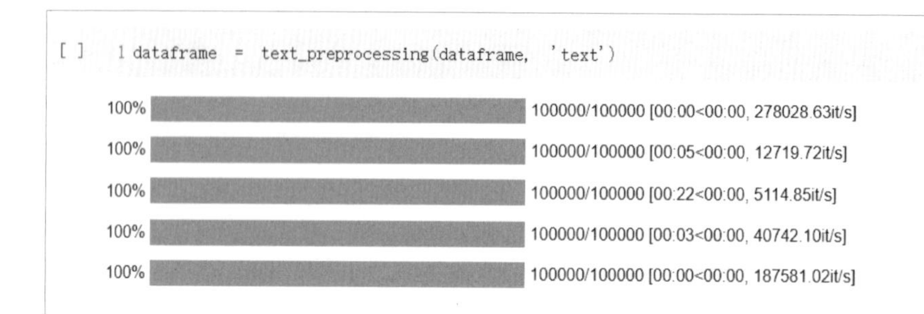

tokenized

```
[ ] 1 dataframe.head(20)
```

	Unnamed: 0	text	class
0	2	ex wife threatening suiciderecently left wife ...	suicide
3	8	need helpjust help im crying hard	suicide
4	9	losthello adam 16 struggling years afraid thro...	suicide
5	11	honetly idki dont know im feel like all feel u...	suicide
6	12	trigger warning excuse self inflicted burns kn...	suicide
7	13	it ends tonighti anymore quit	suicide
9	18	my life 20 years oldhello 20 year old balding ...	suicide
10	19	took rest sleeping pills painkillersi wait end...	suicide
11	20	can imagine getting old me neitherwrinkles wei...	suicide
12	21	do think getting hit train painful guns hard c...	suicide
13	22	death continuedi posted saw interesting asked ...	suicide
14	23	been arrested feeling suicidaledit	suicide
16	25	scared everything getting worse worse young th...	suicide
19	29	yeaputting knife wrist nt hesitation like free...	suicide
20	30	ending life today goodbye everyonei 36 37 disa...	suicide
22	32	trapped inside voiddear cares read doubt fall ...	suicide
25	36	the graveyard redditanyone eery think dead use...	suicide
27	38	think today lasteverything overwhelming late n...	suicide
28	39	trashlol normally cringe self loathing posts h...	suicide
30	41	what best way not looking talked what effectiv...	suicide

此處，導入詞向量的技術進行分析：

本書改寫範例：https：//colab.research.google.com/drive/1bHZ0OUnYs-MDNsHbqt9Cik9tlybnWFby?usp=sharing

word2vec

```
1 !pip install gensim
```

```
Requirement already satisfied: gensim in /usr/local/lib/python3.10/dist-packages (4.3.2)
Requirement already satisfied: numpy>=1.18.5 in /usr/local/lib/python3.10/dist-packages (from gensim) (1.23.5)
Requirement already satisfied: scipy>=1.7.0 in /usr/local/lib/python3.10/dist-packages (from gensim) (1.11.4)
Requirement already satisfied: smart-open>=1.8.1 in /usr/local/lib/python3.10/dist-packages (from gensim) (6.4.0)
```

```
[29]
1 # pip install gensim
2 import gensim.downloader as api
3 glove_gensim = api.load('glove-wiki-gigaword-100') #100 dimension
```

```
[30]
1 import numpy as np
2 # from gensim.models import Word2Vec
3 # model = Word2Vec(sentences,min_count = 2)
4 # words = model.wv.index_to_key
5 from gensim.models import KeyedVectors
6 vector_size = 100
7 num_words = 10000
8 gensim_weight_matrix = np.zeros((num_words ,vector_size))
9 gensim_weight_matrix.shape
10 for word, index in tokenizer.word_index.items():
11     if index < num_words: # since index starts with zero
12         if word in glove_gensim.index_to_key:
13             gensim_weight_matrix[index] = glove_gensim[word]
14         else:
15             gensim_weight_matrix[index] = np.zeros(100)
```

提取單詞的詞向量，並構建一個詞向量矩陣。該矩陣將用於初始化嵌入層，在自然語言處理 (NLP) 的模型中作為輸入。

這裡本書使用了 gensim 庫中的 KeyedVectors，其中包含了 GloVe 或 Word2Vec 模型訓練的詞向量。然後，我們從分詞器（tokenizer）的索引中獲取單詞及其對應的索引，並根據這些單詞在 GloVe 或 Word2Vec 模型中的詞向量進行填充。如果模型中沒有該單詞的詞向量，則用零向量填充。

這樣，gensim_weight_matrix 就是一個形狀為 (num_words, vector_size) 的矩陣，其中每一行代表一個單詞的詞向量。這個矩陣可以用來初始化 Keras 的嵌入層，並用於文本分類或其他 NLP 任務。

此處讀者朋友也可以透過搭建的 RNN 模型進行操作：

Emotion dection Model building

```
[ ]  1 from  tensorflow.keras.models  import  Sequential
     2 from  tensorflow.keras.layers  import  Dense,  LSTM,  Embedding,Bidirectional,SimpleRNN
     3 import  tensorflow
     4 #  from  tensorflow.compat.v1.keras.layers  import  CuDNNRNN
     5 from  tensorflow.keras.layers  import  Dropout
```

```
[ ]  1 #Splitting  the  data  into  training  and  testing
     2 from  sklearn.model_selection  import  train_test_split
     3 y=pd.get_dummies(dataframe['class'])
     4 X_train,  X_test,  y_train,  y_test  =  train_test_split(X, y,  test_size  =  0.3,  random_state  =  42)
```

```
[ ]  1 EMBEDDING_DIM  =  100
     2 model  =  Sequential()
     3 model.add(Embedding(input_dim  =  num_words,
     4   output_dim  =  EMBEDDING_DIM,
     5   input_length=  X.shape[1],
     6   weights  =  [gensim_weight_matrix],trainable  =  False))
     7 model.add(Dropout(0.2))
     8 model.add(SimpleRNN  (100,return_sequences=True))
     9 model.add(Dropout(0.4))
    10 model.add(SimpleRNN  (200,return_sequences=True))
    11 model.add(Dropout(0.4))
    12 model.add(SimpleRNN  (100,return_sequences=False))
    13 model.add(Dense(2,  activation  =  'softmax'))
    14 model.compile(loss  =  'categorical_crossentropy',  optimizer  =  'adam',metrics  =  'accuracy')
    15 model.summary()

Model: "sequential"
_________________________________________________________________
 Layer (type)                Output Shape              Param #
=================================================================
 embedding (Embedding)       (None, 100, 100)          1000000

 dropout (Dropout)           (None, 100, 100)          0

 simple_rnn (SimpleRNN)      (None, 100, 100)          20100

 dropout_1 (Dropout)         (None, 100, 100)          0

 simple_rnn_1 (SimpleRNN)    (None, 100, 200)          60200

 dropout_2 (Dropout)         (None, 100, 200)          0

 simple_rnn_2 (SimpleRNN)    (None, 100)               30100

 dense (Dense)               (None, 2)                 202

=================================================================
Total params: 1110602 (4.24 MB)
Trainable params: 110602 (432.04 KB)
Non-trainable params: 1000000 (3.81 MB)
_________________________________________________________________
```

```
[ ]  1 #EarlyStopping  and  ModelCheckpoint
     2 from  keras.callbacks  import  EarlyStopping,  ModelCheckpoint
     3 es  =  EarlyStopping(monitor  =  'val_loss',  mode  =  'min',  verbose  =  1,  patience  =  5)
     4 mc  =  ModelCheckpoint('./model.h5',  monitor  =  'val_accuracy',  mode  =  'max',  verbose  =  1,  save_best_only  =  True)
```

```
[ ]  1 history_embedding  =  model.fit(X_train,  y_train,
     2                                         epochs  =  25,  batch_size  =  128,
     3                                         validation_data=(X_test,  y_test),
     4                                         verbose  =  1,  callbacks=  [es,  mc]  )

Epoch 1/25
547/547 [==============================] - ETA: 0s - loss: 0.6562 - accuracy: 0.5901
Epoch 1: val_accuracy improved from -inf to 0.61177, saving model to ./model.h5
547/547 [==============================] - 158s 281ms/step - loss: 0.6562 - accuracy: 0.5901 - val_loss: 0.6362 - val_accuracy: 0.6118
Epoch 2/25
/usr/local/lib/python3.10/dist-packages/keras/src/engine/training.py:3103: UserWarning: You are saving your model as an HDF5 file via `model.sa
  saving_api.save_model(
547/547 [==============================] - ETA: 0s - loss: 0.6527 - accuracy: 0.5870
Epoch 2: val_accuracy did not improve from 0.61177
547/547 [==============================] - 155s 283ms/step - loss: 0.6527 - accuracy: 0.5870 - val_loss: 0.6379 - val_accuracy: 0.6089
Epoch 3/25
547/547 [==============================] - ETA: 0s - loss: 0.6456 - accuracy: 0.6030
Epoch 3: val_accuracy did not improve from 0.61177
547/547 [==============================] - 154s 282ms/step - loss: 0.6456 - accuracy: 0.6030 - val_loss: 0.7033 - val_accuracy: 0.5042
Epoch 4/25
547/547 [==============================] - ETA: 0s - loss: 0.6440 - accuracy: 0.6009
Epoch 4: val_accuracy improved from 0.61177 to 0.62383, saving model to ./model.h5
547/547 [==============================] - 151s 276ms/step - loss: 0.6440 - accuracy: 0.6009 - val_loss: 0.6341 - val_accuracy: 0.6238
Epoch 5/25
547/547 [==============================] - ETA: 0s - loss: 0.6396 - accuracy: 0.6045
Epoch 5: val_accuracy did not improve from 0.62383
547/547 [==============================] - 148s 271ms/step - loss: 0.6396 - accuracy: 0.6045 - val_loss: 0.6303 - val_accuracy: 0.6112
Epoch 6/25
547/547 [==============================] - ETA: 0s - loss: 0.6587 - accuracy: 0.5777
Epoch 6: val_accuracy did not improve from 0.62383
547/547 [==============================] - 149s 272ms/step - loss: 0.6587 - accuracy: 0.5777 - val_loss: 0.6929 - val_accuracy: 0.5040
Epoch 7/25
```

此處使用 RNN 表現不佳；但是卻是一個新穎的分類作法；如果讀者想更進一步分析，可以採用 LSTM 單一時序的模型或者 GRU 進行實作比較！

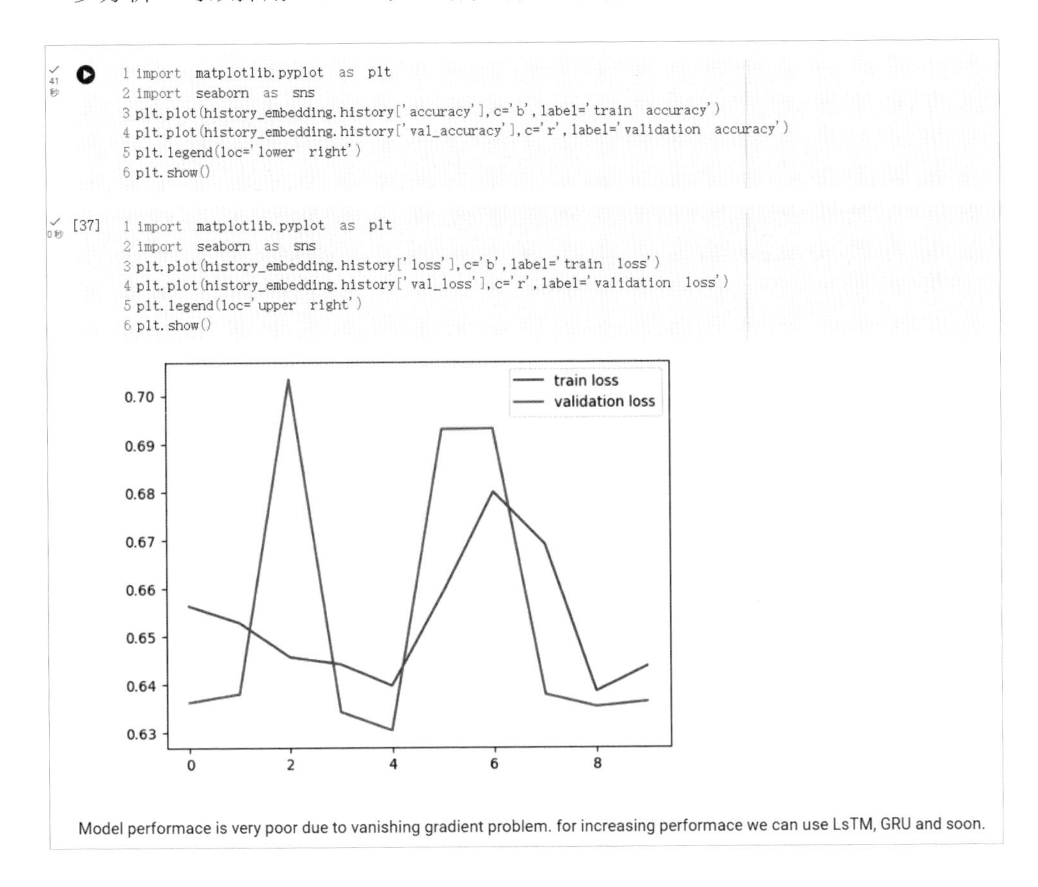

1 import matplotlib.pyplot as plt
2 import seaborn as sns
3 plt.plot(history_embedding.history['accuracy'],c='b',label='train accuracy')
4 plt.plot(history_embedding.history['val_accuracy'],c='r',label='validation accuracy')
5 plt.legend(loc='lower right')
6 plt.show()
[37]
1 import matplotlib.pyplot as plt
2 import seaborn as sns
3 plt.plot(history_embedding.history['loss'],c='b',label='train loss')
4 plt.plot(history_embedding.history['val_loss'],c='r',label='validation loss')
5 plt.legend(loc='upper right')
6 plt.show()
train loss
validation loss
0.70
0.69
0.68
0.67
0.66
0.65
0.64
0.63
0
2
4
6
8
Model performace is very poor due to vanishing gradient problem. for increasing performace we can use LsTM, GRU and soon.

此外，若讀者有興趣；本書也引用另一範例進行分析；也就是透過心理諮商的問答機器人進行自殺意圖分析實作，但該專案仍是以自殺意圖的資料進行視覺化分析！此處，本書也介紹使用 XGBoost 集成式學習的方法進行實作分類

首先，對原始資料集編碼：

```
print("Non-suicide samples:")
for t in df[df["class"] == "non-suicide"].sample(5, random_state=123)["text"].tolist():
    print(t)
print("============================================\n\n")
print("Suicide samples:")
for t in df[df["class"] == "suicide"].sample(5, random_state=123)["text"].tolist():
    print(t)
```

針對資料集做最基本的視覺化分析：

```
import matplotlib.pyplot as plt


# This is a balenced dataset
assert df[df["class"] == "suicide"].shape[0] == df[df["class"] == "non-suicide"].shape[0]

# However, the average length of texts are imbalenced between different classes
df["num_token"] = df["text"].apply(lambda t: len(t.split()))
print(df.groupby("class")["num_token"].describe())

df.groupby("class")["num_token"].hist(bins=10000, legend=True, alpha=0.6)
plt.xlim(0, 500)
plt.xlabel("tokens")
plt.ylabel("sameples")
plt.show()
```

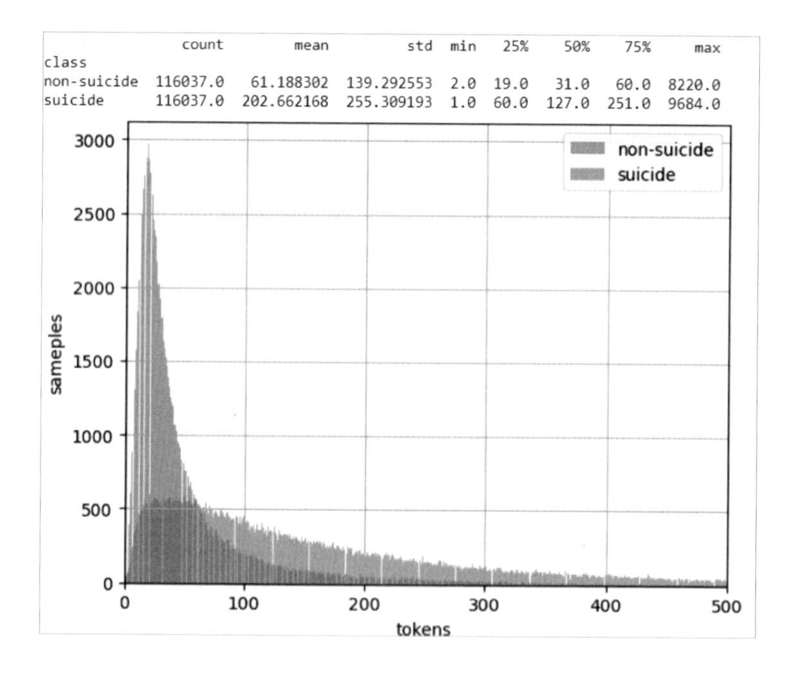

class	count	mean	std	min	25%	50%	75%	max
non-suicide	116037.0	61.188302	139.292553	2.0	19.0	31.0	60.0	8220.0
suicide	116037.0	202.662168	255.309193	1.0	60.0	127.0	251.0	9684.0

資料預處理：

```
# This dataset has no missing values
assert df.isna().sum().sum() == 0

# Drop the num_token column because of inbalant problem
df = df.drop(columns="num_token")

# Get dummy variables of the class column
df = pd.concat([df, pd.get_dummies(df["class"], drop_first=True)], axis=1).drop(columns="class")
df.head()
```

	text	suicide
2	Ex Wife Threatening SuicideRecently I left my ...	1
3	Am I weird I don't get affected by compliments...	0
4	Finally 2020 is almost over... So I can never ...	0
8	i need helpjust help me im crying so hard	1
9	I'm so lostHello, my name is Adam (16) and I'v...	1

此處本書使用 XGBoost 進行分類 (也就是取後不放回的取樣策略 !)

Building and Evaluating the Baseline Model

For testing purposes, we will use the XGBoost classifier with its default settings as our baseline model.

[6]:
```
from sklearn.metrics import accuracy_score, confusion_matrix, precision_score, recall_score
import xgboost as xgb


clf = xgb.XGBClassifier()
clf.fit(X_train, y_train)
y_pred = clf.predict(X_test)

cm = confusion_matrix(y_test, y_pred)
accuracy = accuracy_score(y_test, y_pred)
precision = precision_score(y_test, y_pred)
recall = recall_score(y_test, y_pred)

print("Confusion matrix:\n", cm)
print("Accuracy:", accuracy)
print("Precision:", precision)
print("Recall:", recall)
```

```
Confusion matrix:
 [[32698  2161]
 [ 3787 30977]]
Accuracy: 0.9145684615716071
Precision: 0.9347878568410888
Recall: 0.8910654700264642
```

+ Code + Markdown

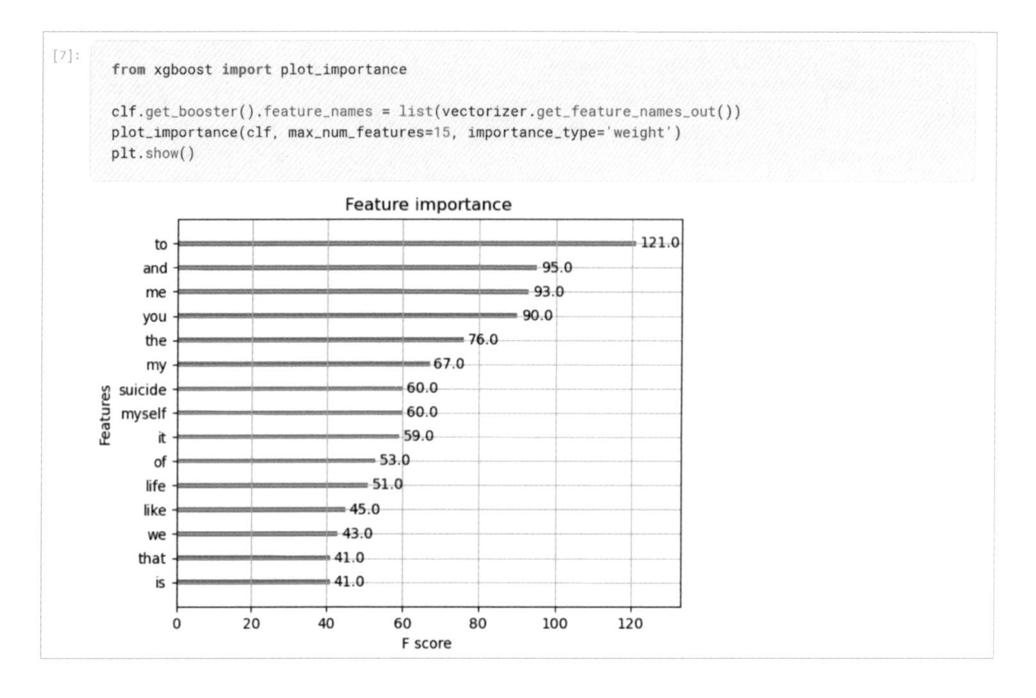

印出有自殺意圖強烈的警示樣本：

```
[58]  1 print("False  alarm  samples:")
      2 for  array  in  X_test[np.nonzero((y_pred  ==  1)  &  (y_test  ==  0))[0][:5]]:
      3         print("  ".join(vectorizer.inverse_transform(array)[0]))
      4 print("============================================\n\n")
      5 print("Miss  detection  samples:")
      6 for  array  in  X_test[np.nonzero((y_pred  ==  0)  &  (y_test  ==  1))[0][:5]]:
      7         print("  ".join(vectorizer.inverse_transform(array)[0]))

    False alarm samples:
    for that have as days suicide in way really the can been things they some reason him off idk would did he imagine actually ended two depressed f
    good me to these know but if how with feeling be don too feelings like was anyone anymore just not could should alive give any guess hey suicida
    my and to am be don about watching was went now myself just want alive any playing brain
    for because and of out im now anymore sad cant give tired gave
    me and to that it will in way but do be the don feel is all like first put or myself either everyone not at want able stop same obviously any ot
    ============================================


    Miss detection samples:
    out this all like depression one looks peace
    my of this in is fucking life got shit fuck school two classes
    on to that have of out it know this how be the don like here going got think far says mentally shouldn
    my me and to so that it know lot people will in get what really do how love be the hope don by when is can never need all like only them was som
    my on and to so that go of but if the day from feel when is almost can been ve close about down them before right every its see always one work
```

另外，本書也使用了 DistilBERT 進行情感分析，結果比 XGBoost 分類器效果更好，準確率達到了 0.97，精確率達到了 0.97，召回率達到了 0.95。但是，由於不同類別之間的平均文本長度不平衡，採用的 DistilBERT 模型在微調後更容易將較長的文本歸類為自殺風險，而將較短的文本歸類為非自殺風險。

為了解決這個問題，我們嘗試過數據增強（例如，上採樣和下採樣方法），並在訓練階段更改了類別權重，這導致準確率降低到了 0.92，精確率降低到了 0.92，召回率提高到了 0.93。這樣，儘管準確率和精確率得分較低，但召回率得分更好，這意味著我們的模型中漏報的情況更少了。

總的來說，本書的研究有以下主要發現：

對於自殺風險檢測來說，積極的詞語（例如「喜歡」或「想要」）和與自殺相關的詞語（例如「自殺」或「殺害」）是最重要的詞語，XGBoost 分類器可以使用這些詞語有效地檢測自殺風險。

在本研究中，XGBoost 分類器和 DistilBERT 的性能相似。可能的解釋是，這個分類任務主要取決於關鍵詞，例如我們上面提到的與自殺相關的詞語。DistilBERT 模型的性能受到兩個類別之間平均文本長度不平衡的影響。除了手動增加文本長度外，改變詞嵌入方法是另一種可能的改進方法。

12.3 司法判決書查詢系統應用實作

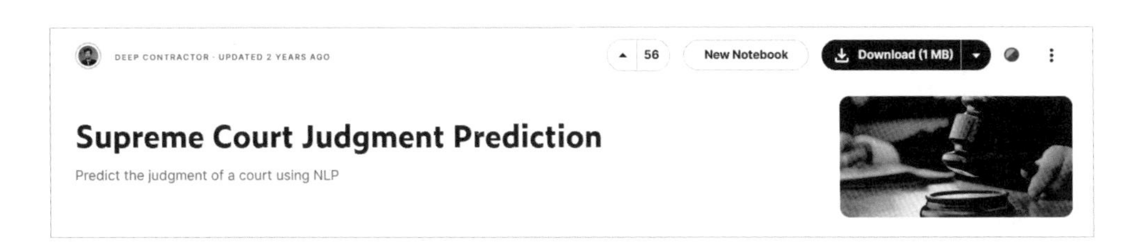

本資料集使用美國司法判決內容；該資料集在 kaggle 數據平台下載處：

https：//www.kaggle.com/datasets/deepcontractor/supreme-court-judgment-prediction

最近，人工智能在許多領域都得到了應用，法律系統也不例外。但現在，就美國最高法院（SCOTUS）的法律文件而言，可供公眾使用的高質量標註數據集非常有限。盡管最高法院的裁決是公共領域知識，但由於需要每次手動收集和處理這些數據，試圖對其進行有意義的工作變得更加困難。因此，我們的目標是創建一個高質量的 SCOTUS 法庭案例數據集，以便可以在自然語言處理（NLP）研究和其他數據驅動的應用中輕鬆使用。

此外，最近在 NLP 方面的進展為我們提供了工具，可以構建預測模型，用於揭示影響法院決定的模式。通過使用先進的 NLP 算法來分析先前的法庭案例，訓練過的模型能夠根據原告和被告的文本格式事實來預測和分類法院的判決；換句話說，**這個模型正在模擬人類陪審團通過生成最終判決來做出裁決**。

這個資料集包含了從 1955 年到 2021 年的 3304 個美國最高法院案件。每個案件都有一個案件識別碼以及案件的事實和判決結果。其他相關的數據集很少包含可能對自然語言處理應用有所幫助的案例事實。這個資料集的一個潛在用途是利用案例事實確定案例的結果。

目標變數是「第一方贏家 (First Party Winner)」，如果為真，則表示原告獲勝；如果為假，則表示被告獲勝。該專案的所有程式開發在該網址如下，本書茲就該專案做重點個改寫與引用說明：

https：//github.com/smitp415/CSCI_544_Final_Project/blob/main/oyez_decision_prediction.ipynb

關於本資料集：

目標變數：第一方贏家，如果為 true 表示第一方獲勝，如果為 false 表示第二方獲勝。

使用自然語言處理技術從事實構建特徵；此處本書使用 RandomForest 和 LogisticRegression 以及 KNeighborsClassifier 三個模型來做分類，看看哪一個模型的分類結果準確率比較高！

讀者可以參考本書作者改寫後的程式範例：

https：//colab.research.google.com/drive/12rz6ugtU1DGo2AJRJFD_cPx4HFOXVHMu?usp=sharing

此處的作法是針對 "FIRST_PARTY_WINNER" 的 true 或者 false 進行 0 或者 1 的編碼。

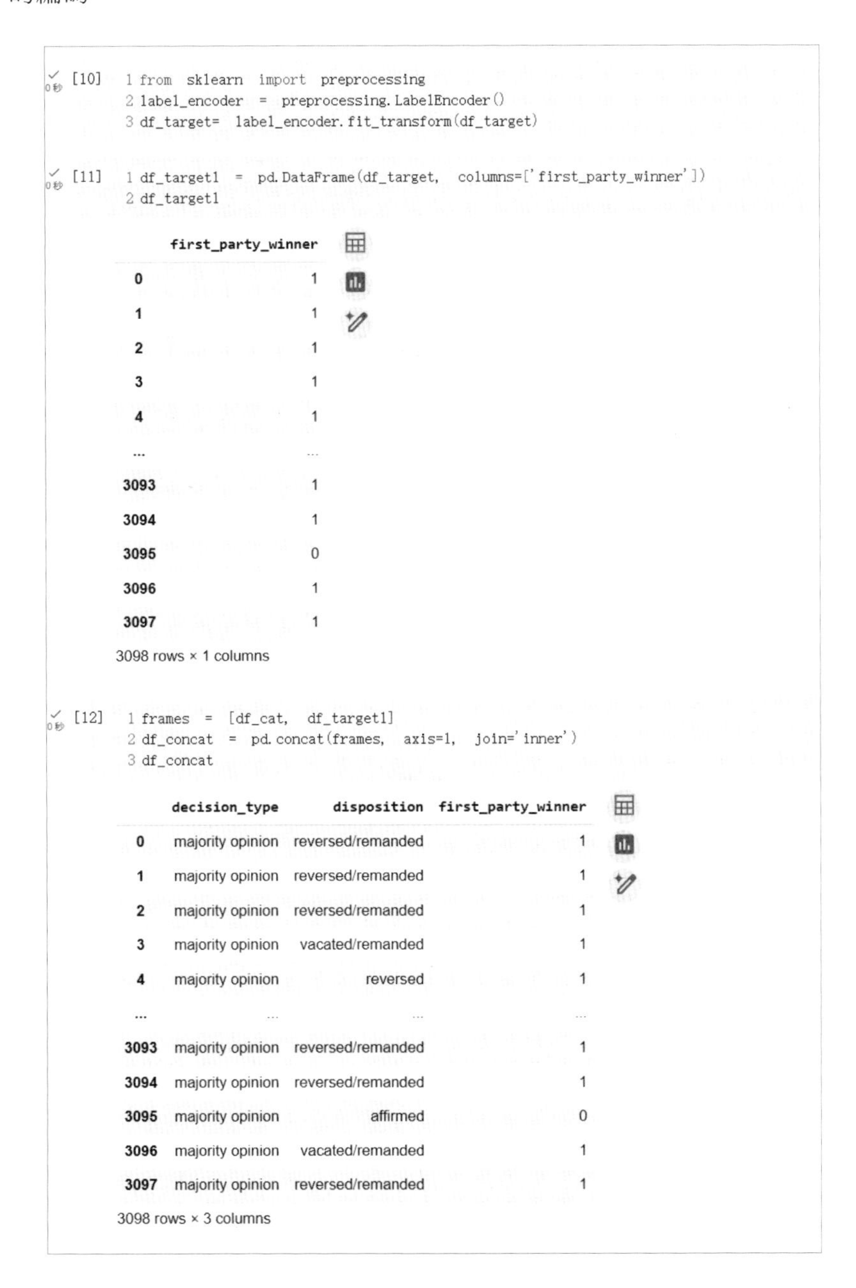

[10]

```
1 from sklearn import preprocessing
2 label_encoder = preprocessing.LabelEncoder()
3 df_target= label_encoder.fit_transform(df_target)
```

[11]

```
1 df_target1 = pd.DataFrame(df_target, columns=['first_party_winner'])
2 df_target1
```

	first_party_winner
0	1
1	1
2	1
3	1
4	1
...	...
3093	1
3094	1
3095	0
3096	1
3097	1

3098 rows × 1 columns

[12]

```
1 frames = [df_cat, df_target1]
2 df_concat = pd.concat(frames, axis=1, join='inner')
3 df_concat
```

	decision_type	disposition	first_party_winner
0	majority opinion	reversed/remanded	1
1	majority opinion	reversed/remanded	1
2	majority opinion	reversed/remanded	1
3	majority opinion	vacated/remanded	1
4	majority opinion	reversed	1
...	...	...	...
3093	majority opinion	reversed/remanded	1
3094	majority opinion	reversed/remanded	1
3095	majority opinion	affirmed	0
3096	majority opinion	vacated/remanded	1
3097	majority opinion	reversed/remanded	1

3098 rows × 3 columns

最初清理和分詞料庫：這表示我們開始處理一些文字資料（稱為語料庫），並進行一些最基本的整理工作，比如去掉標點符號、把所有文字轉換成小寫，然後將這些文字分成單個詞（這個過程叫做分詞）；這樣做是為了讓文字更容易處理和分析。

引入一個函數來進一步的清理和詞形還原：在完成了最初的整理工作之後，我們可能想要做更進一步的處理，比如去掉一些常見的詞（這些叫做停用詞）、把每個詞都轉換成它們的基本形式（這叫做詞形還原）。為了更有效地處理這些工作，我們定義了一個函數，這個函數會接受文字作為輸入，然後執行這些額外的整理和詞形還原工作。

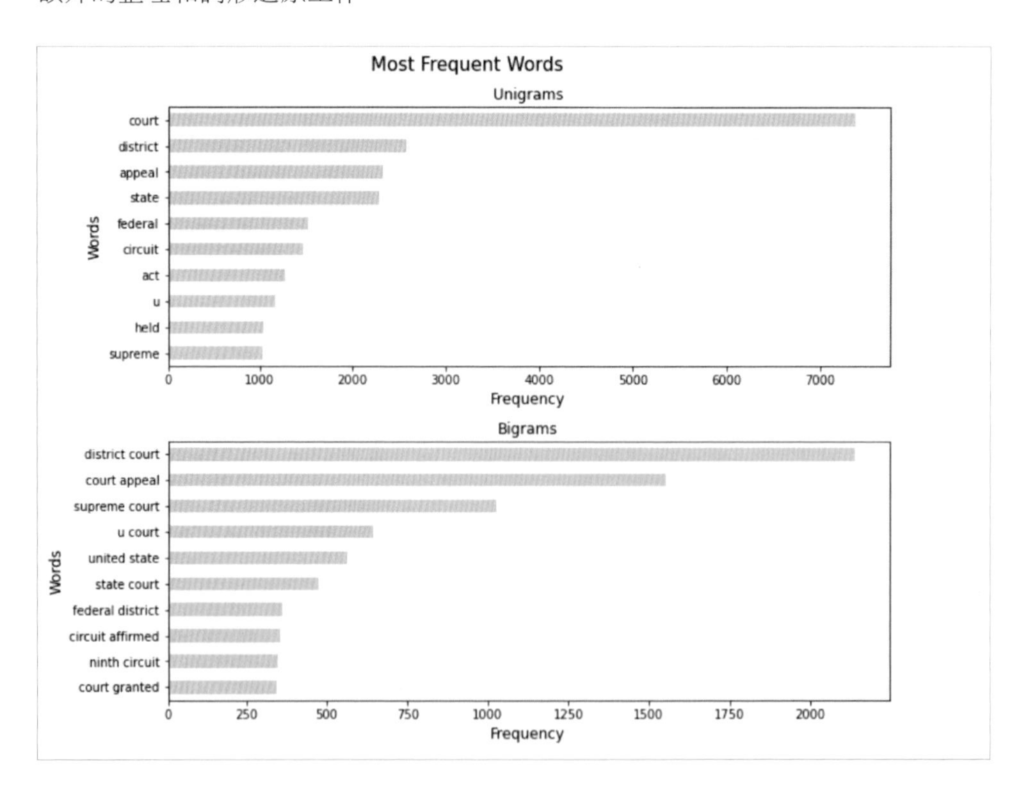

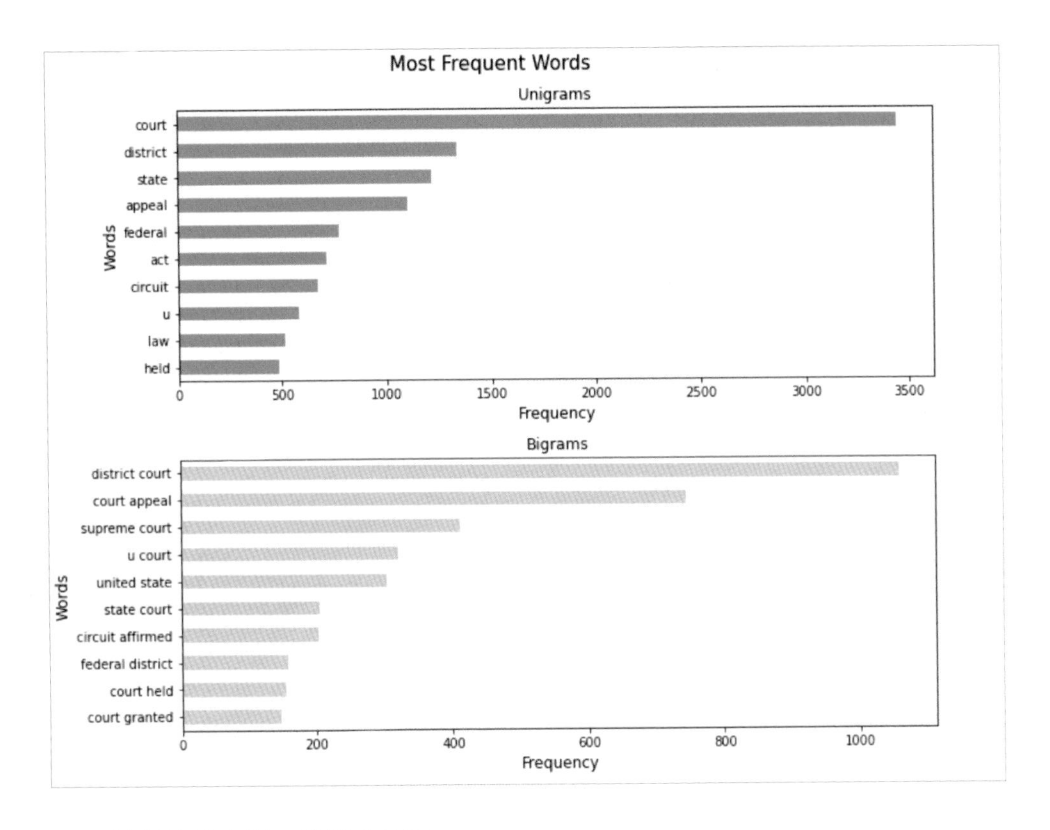

根據統計字詞，繪製文字雲

接下來的程式碼進行了文本資料的主題建模，使用了潛在狄利克雷分配（Latent Dirichlet Allocation，LDA）方法。以下是各部分的功能說明：

建立語料庫：

corpus = df_nlp2[df_nlp2["first_party_winner"]==y]["facts_clean"]：根據條件 first_party_winner==y 從 DataFrame df_nlp2 中選取 facts_clean 欄位，形成一個包含文本資料的語料庫。

透過將每個字串拆分為單詞並建立雙詞（相鄰的兩個單詞）來預處理語料庫。

創建字典和語料庫：

id2word = gensim.corpora.Dictionary(lst_corpus)：將單詞映射到唯一的 ID，並建立一個字典。

dic_corpus = [id2word.doc2bow(word) for word in lst_corpus]：將預處理後的語料庫轉換為詞袋（bag-of-words）格式，其中每個文檔由一組（單詞 ID，單詞計數）元組表示。

訓練 LDA 模型：

lda_model = gensim.models.ldamodel.LdaModel(...)：對詞袋語料庫進行 LDA 模型訓練。在此指定了一些參數，例如主題數量（num_topics）、隨機種子（random_state）和訓練設置。

提取和可視化主題：

lst_dics：掃過訓練後的 LDA 模型中的頂級主題，擷取每個主題的頂級單詞並將其存儲在字典列表中。

dtf_topics = pd.DataFrame(lst_dics, columns=['topic','id','word','weight'])：將字典列表轉換為 DataFrame 以便更容易操作。

繪圖：使用 Seaborn 的 barplot 函數可視化主要主題及其相應的單詞重要性。每個主題以不同顏色表示，x 軸表示單詞的重要性。

總而言之，這段程式碼演示了使用 LDA 方法進行主題建模的基本工作流程，並且將從語料庫中提取的主要主題進行了視覺化。可以根據具體需求和喜好調整 LDA 參數和視覺化設置。

```
import matplotlib.pyplot as plt
import seaborn as sns
import pandas as pd

# Assuming you have already pre-processed your corpus and trained your LDA model

# Code for LDA model training and topic extraction

# Output data preparation
lst_dics = []
for i in range(0, 3):  # Assuming you want to display the top 3 topics
    lst_tuples = lda_model.get_topic_terms(i)
    for tupla in lst_tuples:
        lst_dics.append({
            "topic": i,
            "id": tupla[0],
            "word": id2word[tupla[0]],
            "weight": tupla[1]
        })
dtf_topics = pd.DataFrame(lst_dics, columns=['topic', 'id', 'word', 'weight'])

# Plotting
plt.figure(figsize=(10, 6))  # Adjust figure size as needed
sns.set(style="whitegrid")
palette = sns.color_palette("husl", n_colors=3)  # Choose a color palette
ax = sns.barplot(
    y="word", x="weight", hue="topic", data=dtf_topics, dodge=False,
    palette=palette
)
ax.set_title('Main Topics', fontsize=15)
ax.set_ylabel("Word", fontsize=12)
ax.set_xlabel("Word Importance", fontsize=12)
plt.legend(title='Topic', fontsize='small')
plt.tight_layout()
plt.show()
```

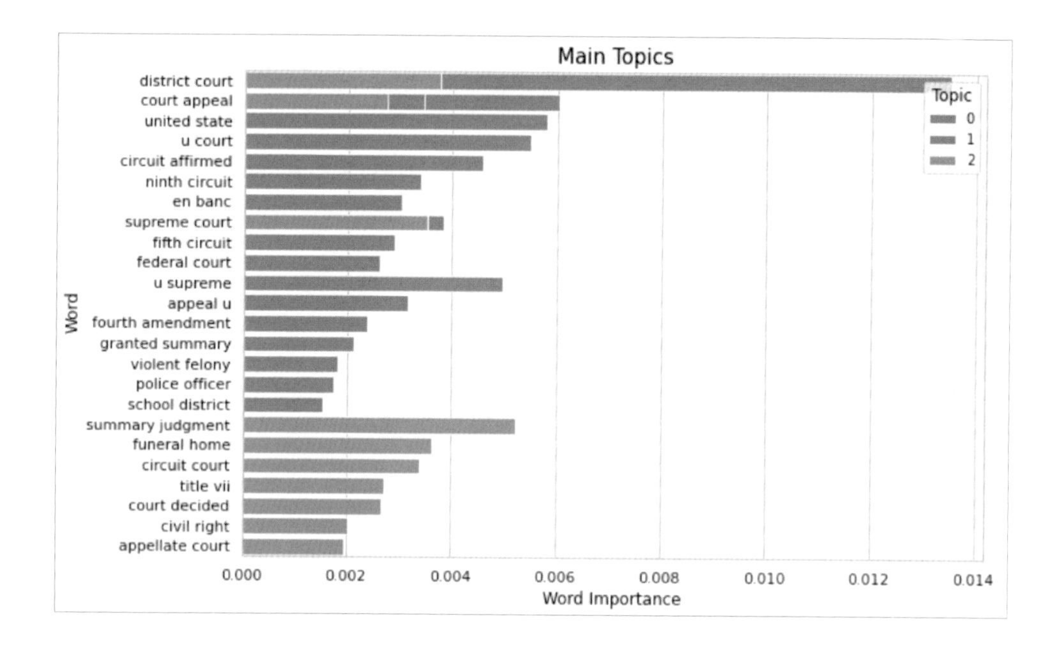
Main Topics
district court
court appeal
united state
u court
circuit affirmed
ninth circuit
en banc
supreme court
fifth circuit
federal court
u supreme
appeal u
fourth amendment
granted summary
violent felony
police officer
school district
summary judgment
funeral home
circuit court
title vii
court decided
civil right
appellate court
Word
0.000
0.002
0.004
0.006
0.008
0.010
0.012
0.014
Word Importance
Topic
0
1
2

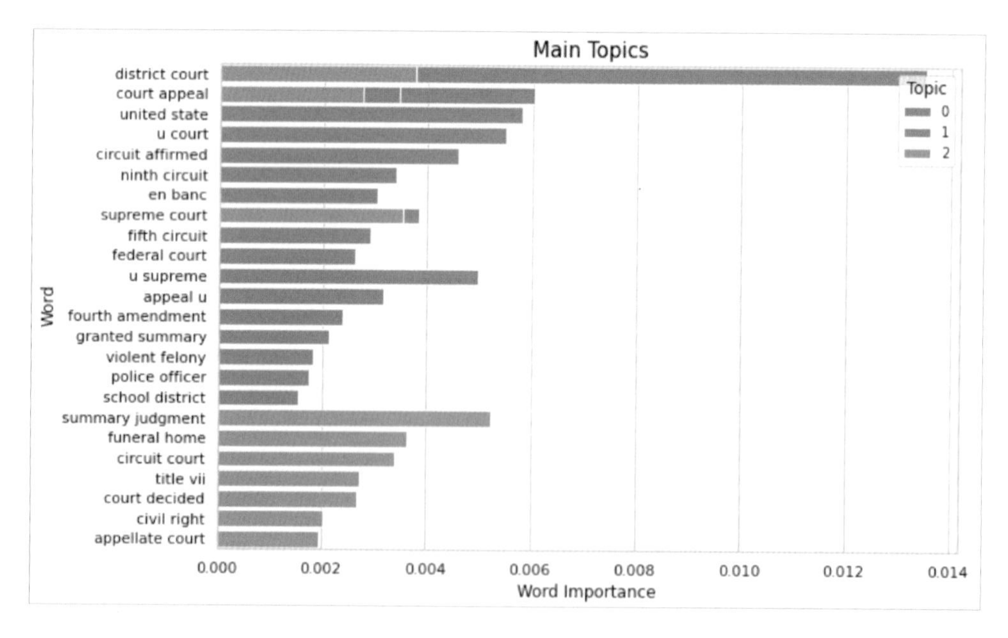
Main Topics
district court
court appeal
united state
u court
circuit affirmed
ninth circuit
en banc
supreme court
fifth circuit
federal court
u supreme
appeal u
fourth amendment
granted summary
violent felony
police officer
school district
summary judgment
funeral home
circuit court
title vii
court decided
civil right
appellate court
Word
0.000
0.002
0.004
0.006
0.008
0.010
0.012
0.014
Word Importance
Topic
0
1
2

接著，使用 sklearn 中的 train_test_split 和 Pipeline 在新工程特徵上對 Logistic Regression(邏輯式回歸)、RandomForest(隨機森林) 和 K-Nearest Neighbors(K 鄰近法) 模型進行擬合和預測。

```
[183]:
from sklearn.ensemble import RandomForestClassifier
from sklearn.neighbors import KNeighborsClassifier

+ Code    + Markdown

[184]:
pipe1= Pipeline(steps=[('cv',CountVectorizer()),('rf',RandomForestClassifier())])

[185]:
pipe1.fit(X_train,y_train)

[185… Pipeline(steps=[('cv', CountVectorizer()), ('rf', RandomForestClassifier())])

[186]:
pipe1.score(X_train,y_train)

[186… 1.0

[187]:
pipe1.score(X_test,y_test)

[187… 0.6619354838709678

[188]:
pipe2= Pipeline(steps=[('cv',CountVectorizer()),('rf',KNeighborsClassifier(n_neighbors=3))])

[189]:
pipe2.fit(X_train,y_train)

[189… Pipeline(steps=[('cv', CountVectorizer()),
                ('rf', KNeighborsClassifier(n_neighbors=3))])

[190]:
pipe2.score(X_train,y_train)

[190… 0.7404218682737839

▷
pipe2.score(X_test,y_test)

[191… 0.64
```

從上面模型訓練的結果，pipe1(RandomForest) 預測結果為 0.66；而 pipe2 (KNeighborsClassifier) 預測結果為 0.74

導入線性區別分析 (LDA：) 的做法來進行分類：

線性判別分析（LDA，Linear Discriminant Analysis）是一種監督式學習算法，用於將樣本投影到低維空間中，同時最大化類間差異度並最小化類內差異度。儘管 LDA 和 Latent Dirichlet Allocation(LDA) 兩者都有 LDA 的縮寫，但它們是不同的算法，LDA 在這裡指的是線性判別分析。

LDA 的主要思想是找到一個最佳投影，使得在投影後的低維空間中，不同類別的樣本之間的距離最大化，同一類別內的樣本之間的距離最小化。這樣做可以使得在低維空間中更容易地進行分類。

線性判別分析的步驟如下：

一、計算類內散佈矩陣和類間散佈矩陣：首先，計算每個類別內樣本的均值向量以及整體樣本的均值向量。然後，計算類內散佈矩陣（within-class scatter matrix）和類間散佈矩陣（between-class scatter matrix）。

二、計算特徵向量和特徵值：接下來，計算類內散佈矩陣的逆矩陣與類間散佈矩陣的乘積的特徵向量和特徵值。這些特徵向量將用於構造投影矩陣。

三、選擇投影維度：根據特徵值選擇投影維度。一般來說，我們選擇前 k 個最大的特徵值所對應的特徵向量，其中 k 是我們希望投影到的低維空間的維度。

四、投影到低維空間：使用所選的特徵向量構造投影矩陣，將原始數據投影到低維空間中。

五、進行分類：在低維空間中進行分類。通常使用簡單的分類器，如最近鄰域分類器，來進行分類。線性判別分析通常用於降維和分類，特別是在高維數據集上的分類任務中。通過最大化類間差異度和最小化類內差異度，LDA 可以更好地保留類別信息，從而提高分類的準確性。

[260]:
```
from sklearn.decomposition import LatentDirichletAllocation
lda = LatentDirichletAllocation(n_components=200, random_state=0)
lda_data = lda.fit_transform(X_train)
```

[261]:
```
lda_data_train = pd.DataFrame(data=lda_data)
```

[262]:
```
lda_data_test = pd.DataFrame(data=lda.transform(X_test))
```

+ Code + Markdown

[263]:
```
# Create the parameter grid based on the results of random search
from sklearn.model_selection import GridSearchCV
param_grid = {
    'max_depth': [8,10,12,14],
    'max_features': [60,70,80,90,100],
    'min_samples_leaf': [2, 3, 4],
    'n_estimators': [100, 200, 300]
}# Create a based model
rf = RandomForestClassifier()# Instantiate the grid search model
grid_search = GridSearchCV(estimator = rf, param_grid = param_grid,
                          cv = 3, n_jobs = -1, verbose = 2)
```

[264]:
```
grid_search.fit(lda_data_train, y_train)
grid_search.best_params_
```

```
[CV]  max_depth=14, max_features=60, min_samples_leaf=2, n_estimators=200, total=  11.3s
[CV] max_depth=14, max_features=60, min_samples_leaf=2, n_estimators=300
[CV]  max_depth=14, max_features=60, min_samples_leaf=2, n_estimators=300, total=  17.0s
[CV] max_depth=14, max_features=60, min_samples_leaf=3, n_estimators=200
[CV]  max_depth=14, max_features=60, min_samples_leaf=3, n_estimators=200, total=  11.0s
[CV] max_depth=14, max_features=60, min_samples_leaf=3, n_estimators=300
[CV]  max_depth=14, max_features=60, min_samples_leaf=3, n_estimators=300, total=  17.2s
[CV] max_depth=14, max_features=60, min_samples_leaf=4, n_estimators=300
[Parallel(n_jobs=-1)]: Done 540 out of 540 | elapsed: 28.0min finished
```

[264...
```
{'max_depth': 8,
 'max_features': 70,
 'min_samples_leaf': 2,
 'n_estimators': 200}
```

```
rand=RandomForestClassifier(max_depth= 8, max_features = 100, min_samples_leaf = 2, n_estimators = 200)
```

+ Code + Markdown

```
[266]: rand.fit(lda_data_train,y_train)
```

```
[266… RandomForestClassifier(max_depth=8, max_features=100, min_samples_leaf=2,
                       n_estimators=200)
```

```
[267]: rand.score(lda_data_train,y_train)
```

```
[267… 0.6983394833394834
```

+ Code + Markdown

```
[268]: rand.score(lda_data_test,y_test)
```

```
[268… 0.6720430107526881
```

```
[269]: from sklearn.metrics import f1_score
```

```
[270]: y_pred1 = rand.predict(lda_data_test)
       f1_score(y_test, y_pred1)
```

```
[270… 0.8020765736534717
```

```
[271]: model = XGBClassifier()
       model.fit(lda_data_train, y_train)
       y_pred = model.predict(lda_data_test)
       predictions = [round(value) for value in y_pred]
       # evaluate predictions
       accuracy = accuracy_score(y_test, predictions)
       print("Accuracy: %.2f%%" % (accuracy * 100.0))
       f1_score(y_test, y_pred1)
```

```
/opt/conda/lib/python3.7/site-packages/xgboost/sklearn.py:1224: UserWarning: The use of label encoder in XGBClassifier is deprecated and will be remove
d in a future release. To remove this warning, do the following: 1) Pass option use_label_encoder=False when constructing XGBClassifier object; and 2)
Encode your labels (y) as integers starting with 0, i.e. 0, 1, 2, ..., [num_class - 1].
  warnings.warn(label_encoder_deprecation_msg, UserWarning)
[17:28:19] WARNING: ../src/learner.cc:1115: Starting in XGBoost 1.3.0, the default evaluation metric used with the objective 'binary:logistic' was chan
ged from 'error' to 'logloss'. Explicitly set eval_metric if you'd like to restore the old behavior.
Accuracy: 65.05%
[271… 0.8020765736534717
```

```
[272]: knn=KNeighborsClassifier(n_neighbors=7)
```

```
[273]: knn.fit(lda_data_train,y_train)
```

```
[273… KNeighborsClassifier(n_neighbors=7)
```

```
[274]: knn.score(lda_data_train,y_train)
```

```
[274… 0.7061808118081181
```

```
[275]: knn.score(lda_data_test,y_test)
```

```
[275… 0.6365591397849463
```

關於本專案，讀者亦可以針對其他方法做分析，例如 SVM 支援向量機。

https：//github.com/smitp415/CSCI_544_Final_Project/blob/main/oyez_decision_prediction.ipynb

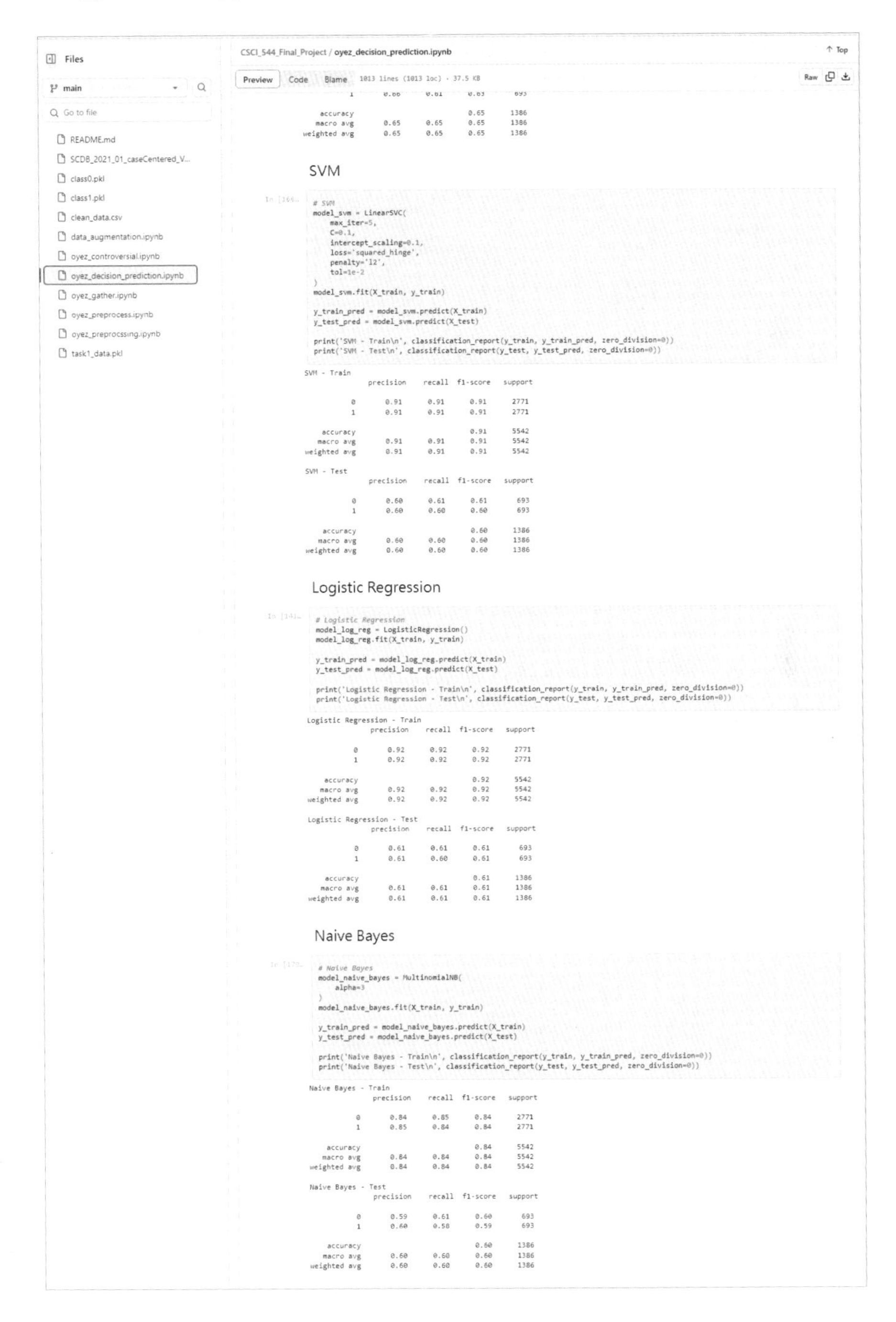

12.4 酒駕情形分析

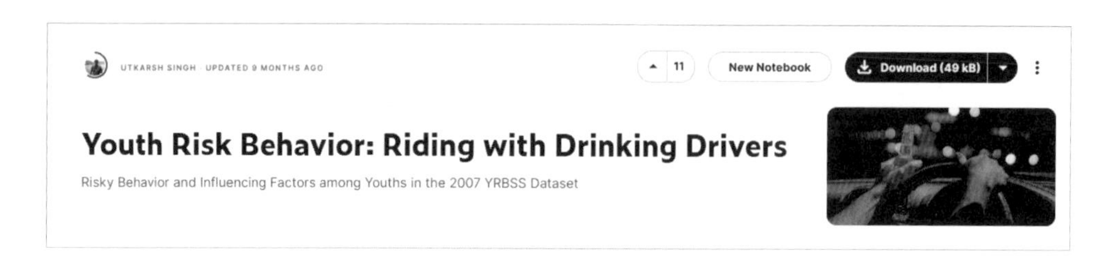

Kaggle 資料集下載處：

https：//www.kaggle.com/datasets/utkarshx27/riding-with-a-driver-who-has-been-drinking

這個資料集是從 2007 年美國青少年健康風險行為監測系統（YRBSS）中提取的。YRBSS 是由疾病控制和預防中心（CDC）每年進行的一項調查，旨在監測青少年健康風險行為的普遍程度。該調查收集了關於青少年在不同方面的健康行為和風險行為的信息，包括飲酒、吸菸、運動、營養等。

這個資料集特別關注青少年是否在最近 30 天內與酒後駕駛者一起駕駛。這是一個重要的健康和交通安全問題，因為酒駕可能導致交通事故和嚴重的傷害。

這個資料集包含 13387 個觀察值，其中每個觀察值都是關於一名青少年的信息。它涉及以下 6 個變量，可能包括但不限於青少年的年齡、性別、所在地區、是否與酒後駕駛者一起駕駛等信息。通過分析這些變量，我們可以了解青少年酒駕行為的普遍程度，並制定相應的健康宣教和交通安全措施。

資料及欄位描述如下：

Column	Description
ride.alc.driver	1=rode with a drinking driver in past 30 days or 0=did not
female	1=female or 0=male
grade	Year in high school: 9, 10, 11, or 12
age4	Age (in years)
smoke	Ever smoked? 1=yes or 0=no
DriverLicense	Have a driver's license? 1=yes or 0=no

這個資料集包含了關於青少年行為的幾個特徵，以及青少年是否最近曾與酒後駕駛者一起駕駛的標籤。這些特徵包括：

ride_alc_driver：青少年是否最近曾與酒後駕駛者一起駕駛（0 表示否，1 表示是）。

female：青少年的性別（0 表示男性，1 表示女性）。

grade：青少年的年級。

age：青少年的年齡。

smoked：青少年是否吸煙（0 表示否，1 表示是）。

driver_license：青少年是否持有駕照（0 表示否，1 表示是）。

這些特徵用於預測青少年是否最近曾與酒後駕駛者一起駕駛。該資料集包含 13387 個觀察值

載入資料集，並進行資料描述，讀者可以使用 df.describe() 觀察：

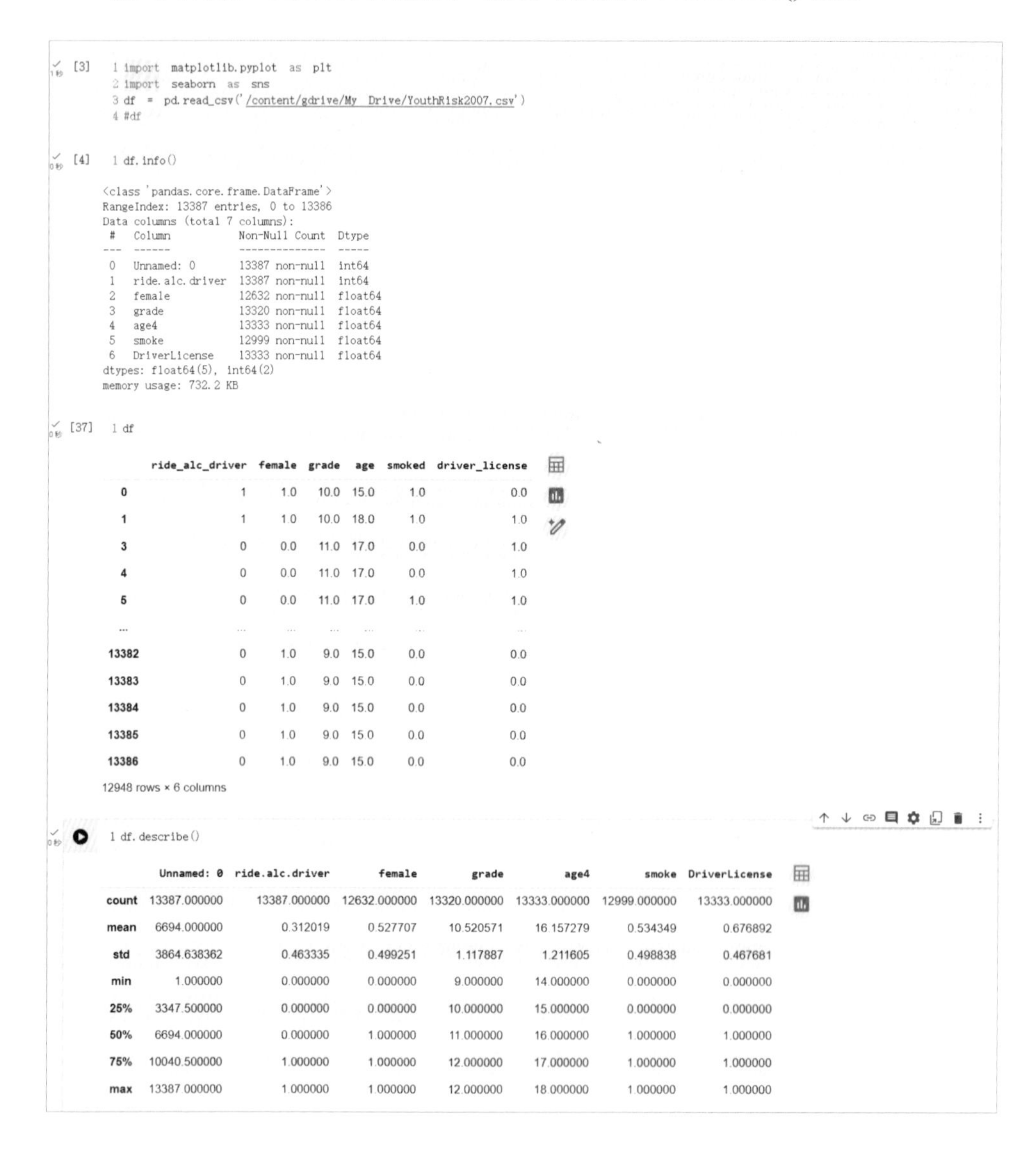

```
[3]
1 import matplotlib.pyplot as plt
2 import seaborn as sns
3 df = pd.read_csv('/content/gdrive/My Drive/YouthRisk2007.csv')
4 #df
```

```
[4]
1 df.info()

<class 'pandas.core.frame.DataFrame'>
RangeIndex: 13387 entries, 0 to 13386
Data columns (total 7 columns):
 #   Column           Non-Null Count  Dtype
---  ------           --------------  -----
 0   Unnamed: 0       13387 non-null  int64
 1   ride.alc.driver  13387 non-null  int64
 2   female           12632 non-null  float64
 3   grade            13320 non-null  float64
 4   age4             13333 non-null  float64
 5   smoke            12999 non-null  float64
 6   DriverLicense    13333 non-null  float64
dtypes: float64(5), int64(2)
memory usage: 732.2 KB
```

```
[37]
1 df
```

	ride_alc_driver	female	grade	age	smoked	driver_license
0	1	1.0	10.0	15.0	1.0	0.0
1	1	1.0	10.0	18.0	1.0	1.0
3	0	0.0	11.0	17.0	0.0	1.0
4	0	0.0	11.0	17.0	0.0	1.0
5	0	0.0	11.0	17.0	1.0	1.0
...	...	...	...	...	...	...
13382	0	1.0	9.0	15.0	0.0	0.0
13383	0	1.0	9.0	15.0	0.0	0.0
13384	0	1.0	9.0	15.0	0.0	0.0
13385	0	1.0	9.0	15.0	0.0	0.0
13386	0	1.0	9.0	15.0	0.0	0.0

12948 rows × 6 columns

```
1 df.describe()
```

	Unnamed: 0	ride.alc.driver	female	grade	age4	smoke	DriverLicense
count	13387.000000	13387.000000	12632.000000	13320.000000	13333.000000	12999.000000	13333.000000
mean	6694.000000	0.312019	0.527707	10.520571	16.157279	0.534349	0.676892
std	3864.638362	0.463335	0.499251	1.117887	1.211605	0.498838	0.467681
min	1.000000	0.000000	0.000000	9.000000	14.000000	0.000000	0.000000
25%	3347.500000	0.000000	0.000000	10.000000	15.000000	0.000000	0.000000
50%	6694.000000	0.000000	1.000000	11.000000	16.000000	1.000000	1.000000
75%	10040.500000	1.000000	1.000000	12.000000	17.000000	1.000000	1.000000
max	13387.000000	1.000000	1.000000	12.000000	18.000000	1.000000	1.000000

繪製相依矩陣 (Correlation Matrix)，從相依係數可以明顯觀察出；

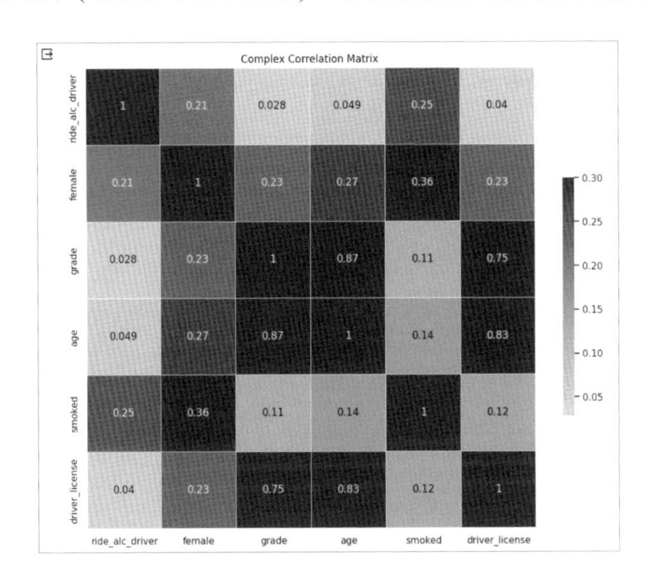

青少年性別的分布：

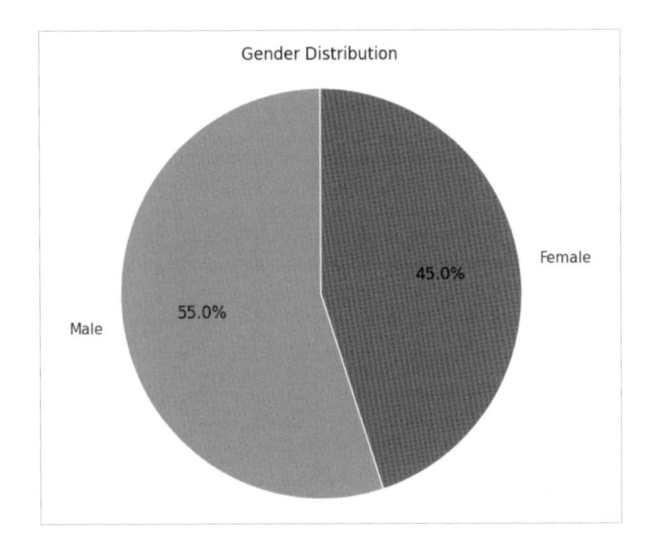

繪製散佈圖如下：

這段程式碼的目的是使用 Seaborn 繪製一個對角線上是每個特徵的直方圖，而非對角線上則是這些特徵兩兩之間的散點圖。其中，variables 變數是一個包含要繪製的特徵名稱的列表。

sns.pairplot(df[variables])：這一行程式碼使用 Seaborn 的 pairplot 函數繪製了一個對角線上是每個特徵的直方圖，非對角線上是特徵兩兩之間散點圖的矩陣。它接受一個 DataFrame 作為參數；本書在這裡使用了 DataFrame 的特定列來選擇要繪製的特徵。

plt.suptitle('Pairwise Scatter Plots')：這一行程式碼用於添加標題，位於整個圖形的頂部。

plt.show()：這一行程式碼用於顯示繪製好的圖形。

這樣的視覺化方法有助於了解不同特徵之間的關係，以及它們與目標變數之間的關係。

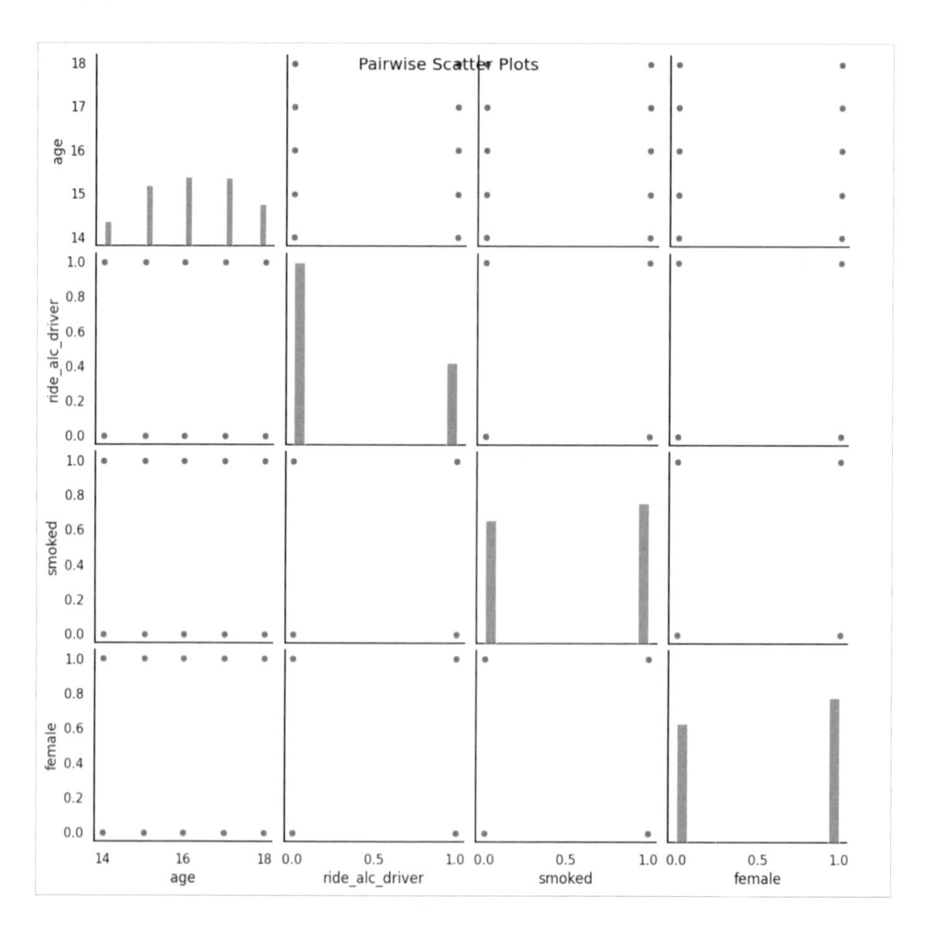

接著針對青少年酒駕年齡做探勘：

這段程式碼用於計算並識別青少年年齡的離群值，並將其可視化為箱形圖。下面是它的說明：

Q1 = df['age'].quantile(0.25) 和 Q3 = df['age'].quantile(0.75)：這兩行程式碼用於計算青少年年齡的第一四分位數（Q1）和第三四分位數（Q3）。

IQR = Q3- Q1：這行程式碼計算青少年年齡的四分位距（IQR），即 Q3 和 Q1 之間的差距。

lower_bound = Q1- 1.5* IQR 和 upper_bound = Q3 + 1.5* IQR：這兩行程式碼計算青少年年齡的離群值的下限和上限。根據 IQR 方法，離群值被定義為位於下限以下或上限以上的觀察值。

outliers = df[(df['age'] < lower_bound) | (df['age'] > upper_bound)]：這行程式碼識別出青少年年齡中的離群值，並將它們存儲在名為 outliers 的 DataFrame 中。

plt.figure(figsize=(8, 6))：這行程式碼創建一個 8x6 大小的新圖形。

sns.boxplot(data=df, y='age')：這行程式碼使用 Seaborn 的 boxplot 函數繪製青少年年齡的箱形圖。boxplot 顯示了年齡分佈的五個摘要統計數字（最小值、第一四分位數、中位數、第三四分位數和最大值），以及任何潛在的離群值。

plt.ylabel('Age') 和 plt.title('Box Plot：Age Distribution')：這兩行程式碼分別設置了 Y 軸標籤為 "Age" 和圖形的標題為 "Box Plot：Age Distribution"。

plt.show()：這行程式碼用於顯示繪製好的箱形圖。

這樣的視覺化方法有助於了解青少年年齡分佈的統計特徵，以及是否存在任何可能的離

箱形圖（Box Plot）是一種用於顯示數據分佈的統計圖表，通常用於展示數據的中位數、四分位數、最大值和最小值等統計特徵。箱形圖的主要組成部分包括：

箱體（Box）：位於第一四分位數（Q1）和第三四分位數（Q3）之間的矩形箱體，箱體的長度代表了數據分佈的四分位距（IQR，即 Q3 與 Q1 之間的距離）。箱體中的水平線表示數據的中位數。

上邊緣和下邊緣：分別是箱體的頂部（上四分位數，Q3）和底部（下四分位數，Q1）。

異常值（Outliers）：超出箱體頂部或底部的數據點，被認為是數據中的異常值。

觸鬚（Whiskers）：通常是從箱體的邊緣延伸出去的直線，表示數據的範圍。在標準的箱形圖中，觸鬚通常延伸到最大值和最小值，但有時也可能根據特定的規則或需求延伸到離群值的邊緣。

箱形圖通常用於比較多組數據的分佈情況，或者用於檢測數據中的異常值。它提供了一種直觀的方式來了解數據的集中趨勢、離散程度以及可能存在的異常情況。箱形圖也常用於探索性數據分析和數據可視化中。

```
1 # 計算IQR和異常值
2 Q1 = df['age'].quantile(0.25)
3 Q3 = df['age'].quantile(0.75)
4 IQR = Q3 - Q1
5 lower_bound = Q1 - 1.5 * IQR
6 upper_bound = Q3 + 1.5 * IQR
7 outliers = df[(df['age'] < lower_bound) | (df['age'] > upper_bound)]
8
9 # 繪圖
10 plt.figure(figsize=(10, 8))
11
12 # 繪製相形圖
13 sns.boxplot(data=df, y='age', color='skyblue', width=0.3, linewidth=2)
14
15 # 添加標記
16 sns.swarmplot(data=outliers, y='age', color='red', size=6, edgecolor='black')
17
18 # 繪製標題
19 plt.ylabel('Age', fontsize=14)
20 plt.title('Box Plot: Age Distribution', fontsize=16)
21
22 # 顯示圖表
23 plt.legend(['Data', 'Outliers'], loc='best', fontsize=12)
24
25 # 添加格子
26 plt.grid(True)
27
28 # 顯示圖形
29 plt.show()
30
```

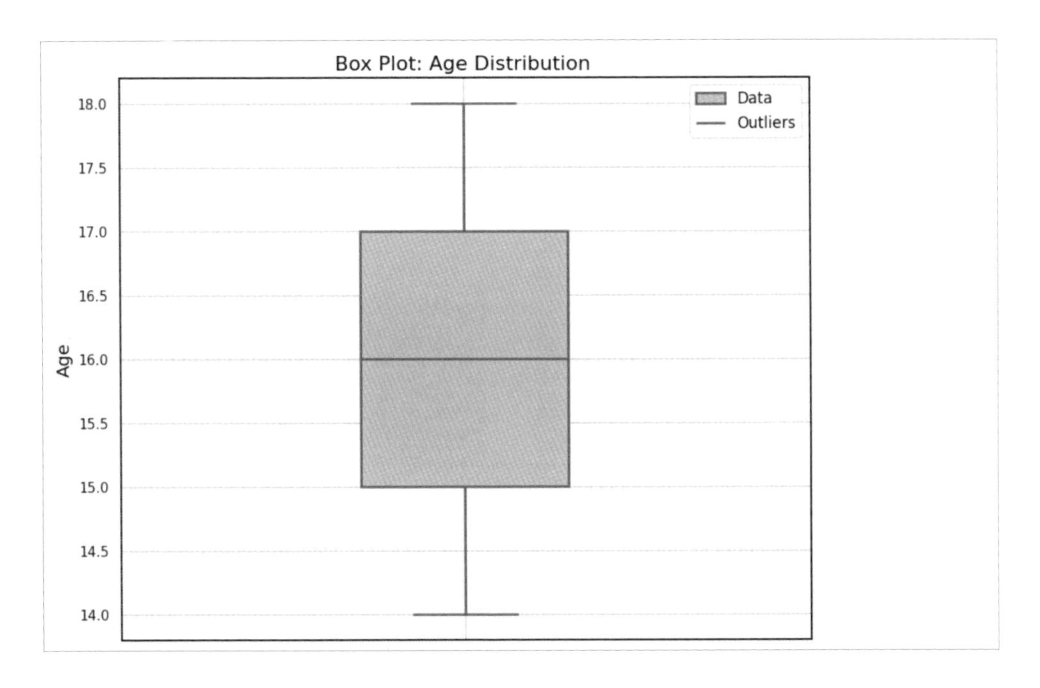

與酒駕者同駕計數：

```
1 sns.set(style='ticks', font='Arial', rc={'axes.labelsize': 12, 'axes.titlesize': 14})
2 fig, ax = plt.subplots(figsize=(8, 6))
3 colors = ["#3498db", "#e74c3c"]
4 sns.countplot(data=df, x='ride_alc_driver', palette=colors, ax=ax)
5 ax.set_xlabel('Ride with Drinking Driver', fontsize=12)
6 ax.set_ylabel('Count', fontsize=12)
7 ax.set_title('Ride with Drinking Driver Counts', fontsize=14)
8 ax.set_xticklabels(['No', 'Yes'])
9 sns.despine()
10 plt.show()
11
```

```
WARNING:matplotlib.font_manager:findfont: Font family 'Arial' not found.
WARNING:matplotlib.font_manager:findfont: Font family 'Arial' not found.
WARNING:matplotlib.font_manager:findfont: Font family 'Arial' not found.
WARNING:matplotlib.font_manager:findfont: Font family 'Arial' not found.
WARNING:matplotlib.font_manager:findfont: Font family 'Arial' not found.
WARNING:matplotlib.font_manager:findfont: Font family 'Arial' not found.
WARNING:matplotlib.font_manager:findfont: Font family 'Arial' not found.
WARNING:matplotlib.font_manager:findfont: Font family 'Arial' not found.
WARNING:matplotlib.font_manager:findfont: Font family 'Arial' not found.
WARNING:matplotlib.font_manager:findfont: Font family 'Arial' not found.
WARNING:matplotlib.font_manager:findfont: Font family 'Arial' not found.
WARNING:matplotlib.font_manager:findfont: Font family 'Arial' not found.
WARNING:matplotlib.font_manager:findfont: Font family 'Arial' not found.
WARNING:matplotlib.font_manager:findfont: Font family 'Arial' not found.
WARNING:matplotlib.font_manager:findfont: Font family 'Arial' not found.
WARNING:matplotlib.font_manager:findfont: Font family 'Arial' not found.
WARNING:matplotlib.font_manager:findfont: Font family 'Arial' not found.
WARNING:matplotlib.font_manager:findfont: Font family 'Arial' not found.
WARNING:matplotlib.font_manager:findfont: Font family 'Arial' not found.
WARNING:matplotlib.font_manager:findfont: Font family 'Arial' not found.
WARNING:matplotlib.font_manager:findfont: Font family 'Arial' not found.
```

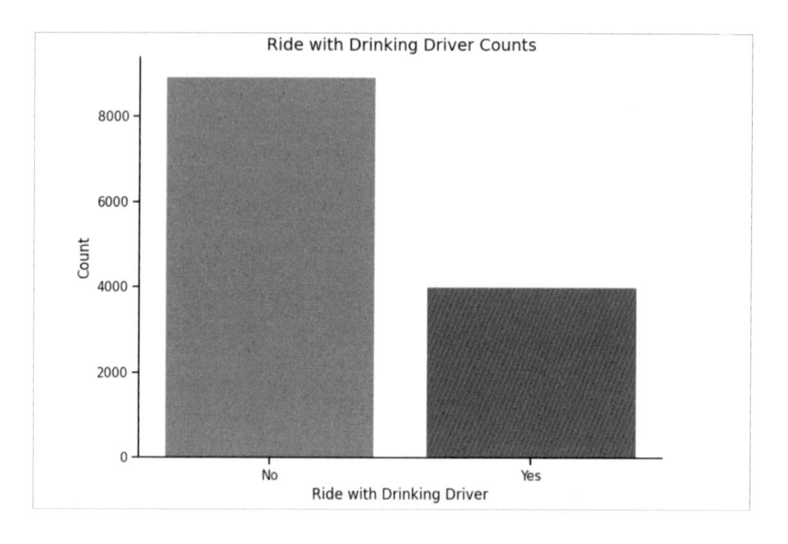

針對抽菸者做圓餅圖分布探勘：

```
1 sns.set(style='white')
2 fig, ax = plt.subplots(figsize=(8, 6))
3 gender_counts = df['smoked'].value_counts()
4 labels = ['Smoking', 'Non Smoking']
5 colors = ['#3498db', '#e74c3c']
6 ax.pie(gender_counts, labels=labels, colors=colors, autopct='%1.1f%%', startangle=90)
7 ax.set_title('Smoking Distribution')
8 ax.axis('equal')
9 plt.show()
```

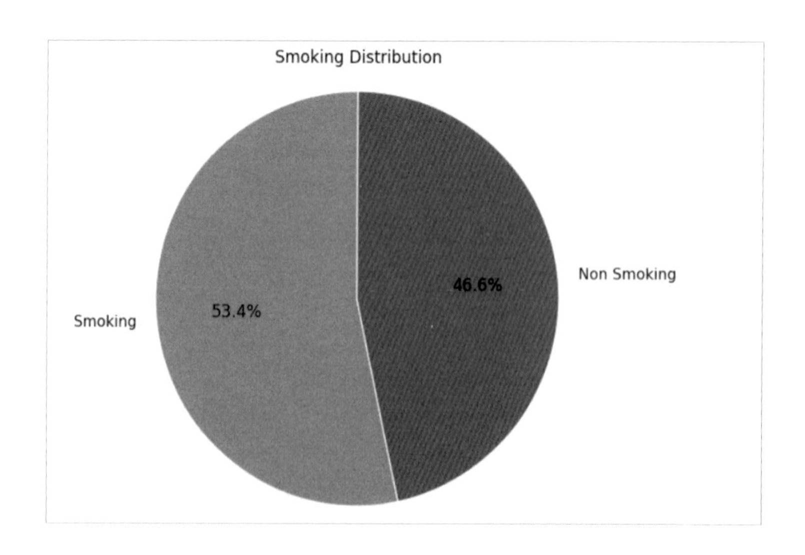

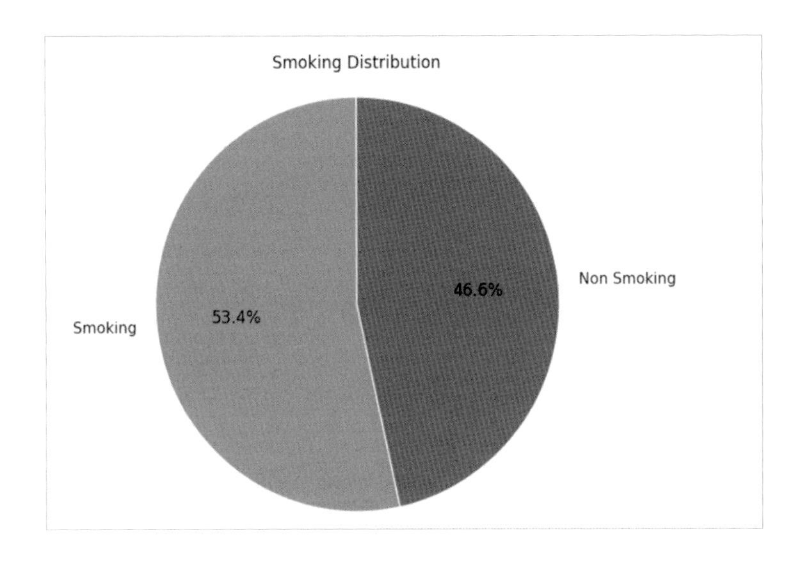
Smoking Distribution
Non Smoking
46.6%
Smoking
53.4%

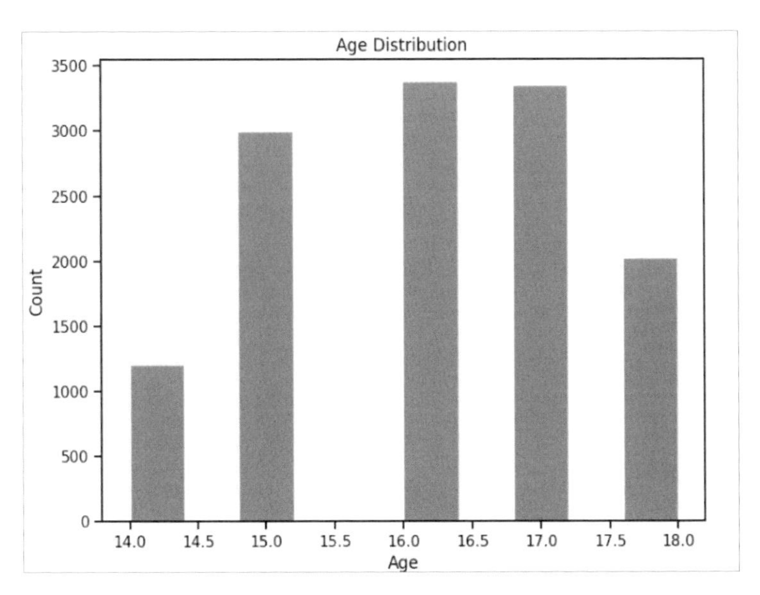
Age Distribution
Count
Age
3500
3000
2500
2000
1500
1000
500
0
14.0
14.5
15.0
15.5
16.0
16.5
17.0
17.5
18.0

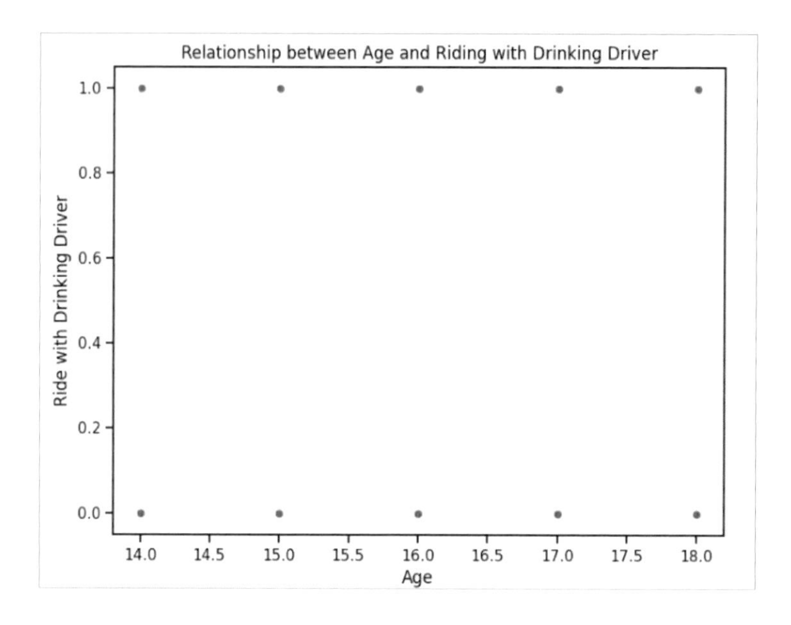
Relationship between Age and Riding with Drinking Driver
Ride with Drinking Driver
Age
1.0
0.8
0.6
0.4
0.2
0.0
14.0
14.5
15.0
15.5
16.0
16.5
17.0
17.5
18.0

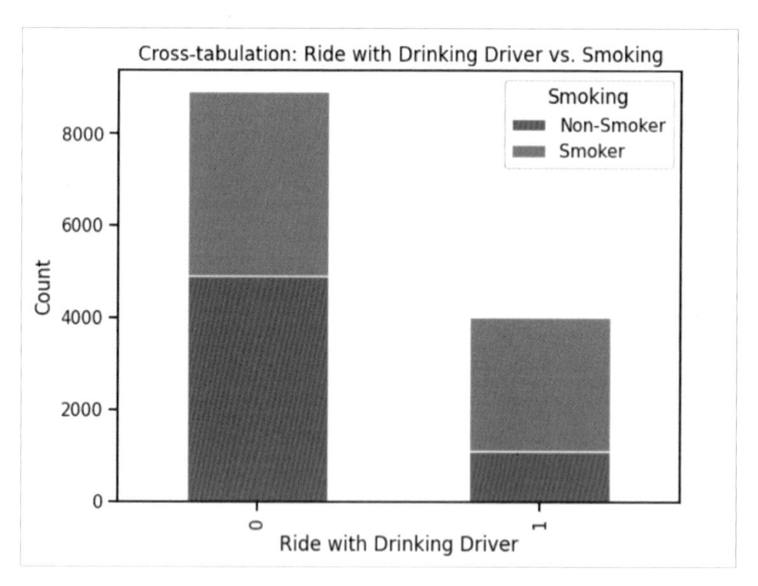
Cross-tabulation: Ride with Drinking Driver vs. Smoking
Smoking
Non-Smoker
Smoker
Count
8000
6000
4000
2000
0
0
1
Ride with Drinking Driver

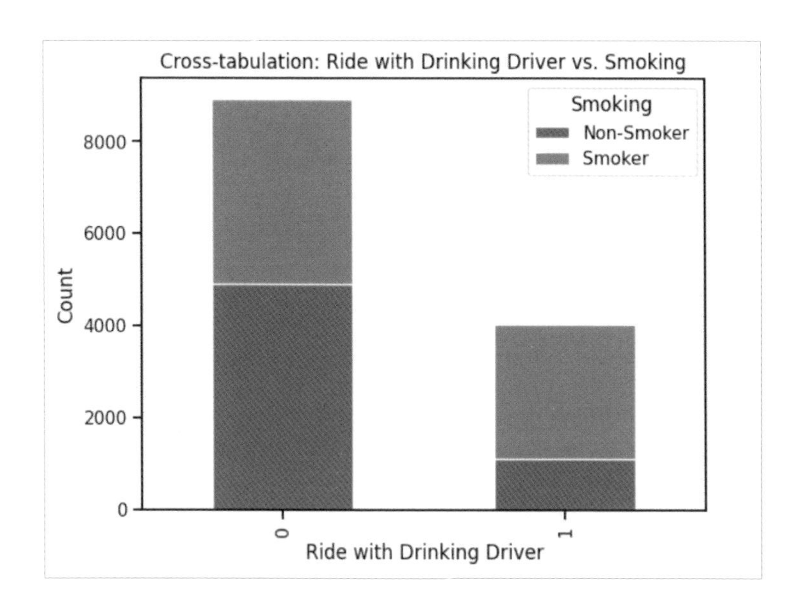

首先我們使用 sklearn 套件中的 LogisticRegression 類來建立邏輯回歸模型做說明，並進行了訓練和測試集的分割，最後評估模型的準確度 (本節也提供其他演算法，讀者朋友可以實際操作)。

本節改寫的程式：https：//colab.research.google.com/drive/1IXwm4HxFqwe6YdxcDegKg1SIuHg_Cmiw?usp=sharing

- Import Statements：(套件匯入說明)

from sklearn.linear_model import LogisticRegression：從 sklearn 庫中導入 Logistic Regression 模型。

from sklearn.model_selection import train_test_split：導入用於將數據集分割為訓練集和測試集的函數。

from sklearn.metrics import accuracy_score：導入用於計算準確度的函數。

• 資料準備：

X = df.drop(columns=['ride_alc_driver'])：從數據集中創建特徵變數 X，刪除目標變數 'ride_alc_driver'。

y = df['ride_alc_driver']：創建目標變數 y，使用 'ride_alc_driver' 列作為目標變數。

• 訓練集和測試集分割：

X_train, X_test, y_train, y_test = train_test_split(X, y, test_size=0.2, random_state=42)：將數據集分割為訓練集和測試集，其中 80% 的數據用於訓練，20% 用於測試。random_state=42 用於確保每次運行時分割的結果一致。

• 建立和訓練模型：

logistic_model = LogisticRegression()：初始化 Logistic Regression 模型。

logistic_model.fit(X_train, y_train)：將訓練集 X_train 和 y_train 用於訓練模型。

• 模型預測：

y_pred = logistic_model.predict(X_test)：使用測試集 X_test 對模型進行預測，得到預測結果 y_pred。

模型評估：

accuracy = accuracy_score(y_test, y_pred)：使用 accuracy_score 函數計算模型的準確度，通過將測試集的真實目標變數 y_test 與預測目標變數 y_pred 進行比較。最後印出 Logistic Regression 模型的準確度。

使用模型進行預測

[94]
```
1 from  sklearn.linear_model  import  LogisticRegression
2 from  sklearn.model_selection  import  train_test_split
3 from  sklearn.metrics  import  accuracy_score
4
5 #  假設X是特徵，y是目標變量
6 X  =  df.drop(columns=['ride_alc_driver'])
7 y  =  df['ride_alc_driver']
8
9 #  切分訓練集和測試集
10 X_train,  X_test,  y_train,  y_test  =  train_test_split(X,  y,  test_size=0.2,  random_state=42)
11
12 #邏輯式回歸
13 logistic_model  =  LogisticRegression()
14 logistic_model.fit(X_train,  y_train)
15
16 #  預測
17 y_pred  =  logistic_model.predict(X_test)
18
19 #  評估模型
20 accuracy  =  accuracy_score(y_test,  y_pred)
21 print("Logistic  Regression  Accuracy:",  accuracy)
22
```

```
Logistic Regression Accuracy: 0.6972972972972973
Logistic Regression Accuracy: 0.6972972972972973
```

[95]
```
1 from  sklearn.ensemble  import  RandomForestClassifier
2
3 #  初始化並擬合模型
4 random_forest_model  =  RandomForestClassifier()
5 random_forest_model.fit(X_train,  y_train)
6
7 #  使用隨機森林進行預測
8 y_pred  =  random_forest_model.predict(X_test)
9
10 #  評估模型
11 accuracy  =  accuracy_score(y_test,  y_pred)
12 print("Random  Forest  Accuracy:",  accuracy)
13
```

```
Random Forest Accuracy: 0.6976833976833977
Random Forest Accuracy: 0.6976833976833977
```

[96]
```
1 from  sklearn.svm  import  SVC
2
3 #  初始化並訓練模型
4 svm_model  =  SVC()
5 svm_model.fit(X_train,  y_train)
6
7 #  預測
8 y_pred_svm  =  svm_model.predict(X_test)
9
10 #  使用支援向量機評估模型
11 accuracy_svm  =  accuracy_score(y_test,  y_pred_svm)
12 print("Support  Vector  Machine  Accuracy:",  accuracy_svm)
13
```

```
Support Vector Machine Accuracy: 0.6972972972972973
Support Vector Machine Accuracy: 0.6972972972972973
```

```
1 from  xgboost  import  XGBClassifier
2
3 #  初始化並訓練模型
4 xgb_model  =  XGBClassifier()
5 xgb_model.fit(X_train,  y_train)
6
7 #  使用XGBoost進行預測
8 y_pred_xgb  =  xgb_model.predict(X_test)
9
10 #  評估模型
11 accuracy_xgb  =  accuracy_score(y_test,  y_pred_xgb)
12 print("XGBoost  Accuracy:",  accuracy_xgb)
13
```

```
XGBoost Accuracy: 0.6976833976833977
XGBoost Accuracy: 0.6976833976833977
```

第13章 商業理論

13.1 分類模型評估會員卡核發

本節即是使用決策樹 (Decision Tree) 模型來進行整個理論的支持，一般而言；決策樹是一個常見的二元分類模型，而此處以消費金額的多寡來決定是否核發會員卡來進行。以本書的例子討論，假設我們要求產品購買的消費金額達某一個價格後，即可決定是否核發一般會員卡給顧客，而此處當客人未達消費金額，我們也鼓勵持續消費，並給予促銷活動以期早日達成目標；而滿足一般會員的顧客，亦是鼓勵繼續消費，使其進入更高級的會員門檻。

進一步說明資訊熵 (Information entropy) 的應用；當一個系統的熵越高時，代表著該分類系統具有更大的不確定性和混亂程度，因為有許多不同的可能性，這也意味著需要更多的資訊來描述或解釋這個系統。相反，當熵越低時，代表著系統的確定性和秩序性越高，因為可能性較少，所以需要較少的資訊來描述。以本書消費案例說明，即是以消費目標金額的資訊來評估，作為行銷核發會員卡系統的指標。

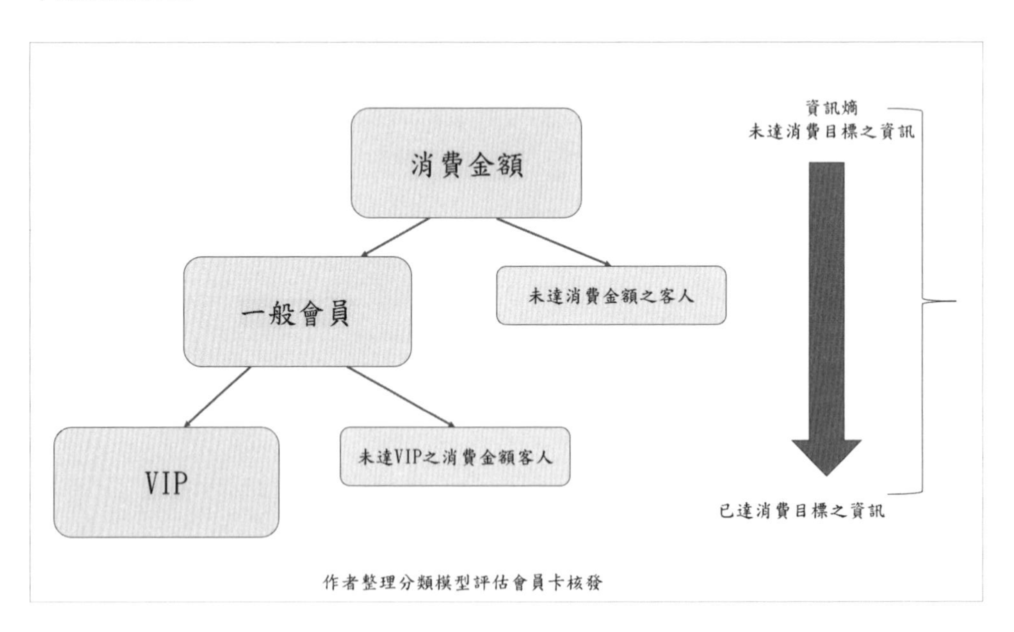

作者整理分類模型評估會員卡核發

13.2 消費者的交易心態

消費者的交易心態是指在購買產品或服務時，消費者所經歷的心理過程和行為表現。這一過程可以大致分為四個階段：產品吸引注意階段、興趣萌發階段、激起慾望階段和產生行動階段。在這四個階段中，消費者會通過不同的心理過程和行為表現，最終做出購買決策。以下將對每個階段進行詳細說明並引用相關文獻。

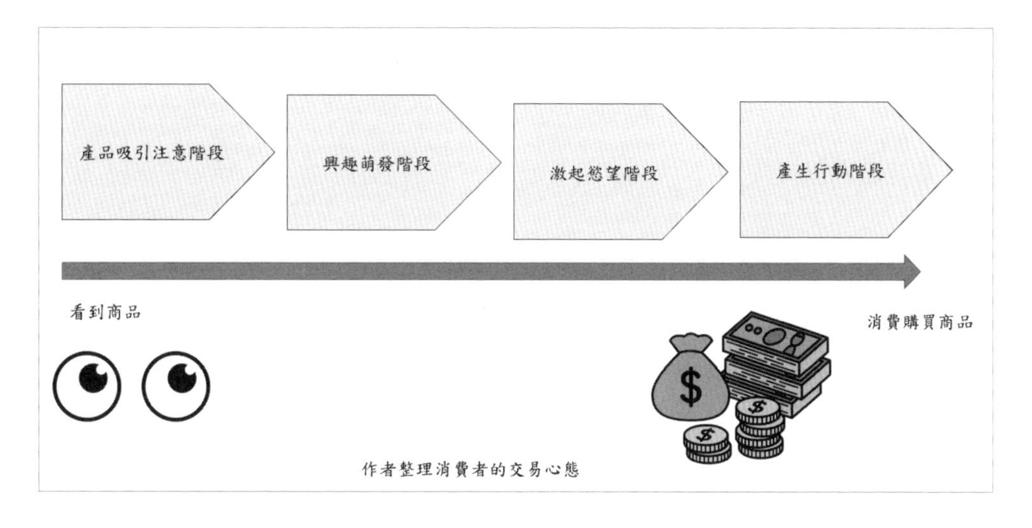

產品吸引注意階段：

在這個階段，消費者對產品或服務首次產生注意。這可能是由於產品的廣告宣傳、陳列在商店中、社交媒體上的推薦等。根據心理學家赫伯特·西蒙（Herbert Simon）的認知心理學理論，消費者的注意是有限的，他們會根據外部刺激的特徵和重要性來選擇注意的對象（Simon, 1957）。因此，產品或服務在這個階段需要具有吸引力的特徵，以引起消費者的注意。

興趣萌發階段：

在吸引了消費者的注意後，產品或服務需要進一步引起消費者的興趣。在這個階段，消費者可能會開始對產品或服務的功能、特性、優勢等進行更深入的了解和評估。根據心理學家阿塞爾·拉扎斯費爾德（Aida Rylander Lassenfelt）

提出的 AIDA 模型（Awareness, Interest, Desire, Action），興趣是消費者購買行為的關鍵階段之一，它促使消費者開始主動尋求更多有關產品或服務的信息（Lassenfelt, 1898）。

激起慾望階段：

在消費者對產品或服務產生了興趣後，接下來的目標是激起他們的慾望，讓他們希望擁有或擁有這個產品或服務。這可能通過強調產品的價值、品質、舒適性、獨特性等方式來實現。心理學家羅伯特·西奧迪尼（Robert Cialdini）提出的影響力原則中的「社會證明」和「稀缺性」原則可以有效地激發慾望，使消費者認為擁有這個產品或服務是正確的選擇（Cialdini, 2006）。

產生行動階段：

最後一個階段是消費者產生行動，即做出購買決定並實際購買產品或服務。在這個階段，消費者可能會受到各種因素的影響，包括價格、品質、品牌聲譽、促銷活動等。此外，心理學家丹尼爾·卡尼曼（Daniel Kahneman）的「系統一」和「系統二」思考模式可以解釋消費者在購買決策中是由直覺還是理性主導（Kahneman, 2011）。

總之，消費者的交易心態包括了從注意到行動的一系列心理過程和行為表現。通過了解這些階段，企業可以更好地理解消費者的需求和行為，讀者將能採取相應的市場營銷策略來吸引和影響消費者的購買行為。

參考文獻：

Simon, H. A.(1957). Models of man：social and rational. New York：Wiley.

Lassenfelt, A. R.(1898). Selling at Retail：A Criticism of the Stock Methods of Retail Distribution, and a Suggestion of Some Improvements. The Journal of Political Economy, 6(1), 82–91.

Cialdini, R. B.(2006). Influence：The Psychology of Persuasion. New York：Harper Business.

Kahneman, D.(2011). Thinking, Fast and Slow. New York：Farrar, Straus and Giroux.

13.3 顧客忠誠度的簡單分群計數

顧客忠誠度的分群計數通常是企業在市場營銷中的一個重要指標，可以幫助企業更好地了解不同類型顧客的消費行為和偏好，進而針對性地制定促銷策略和服務方案。在這個過程中，常用的指標包括消費總金額和購買數量。

首先，對於消費總金額和購買數量這兩個指標進行分析，能夠幫助企業識別出哪些顧客屬於高消費、高購買數量的群體，進而制定相應的市場推廣策略。

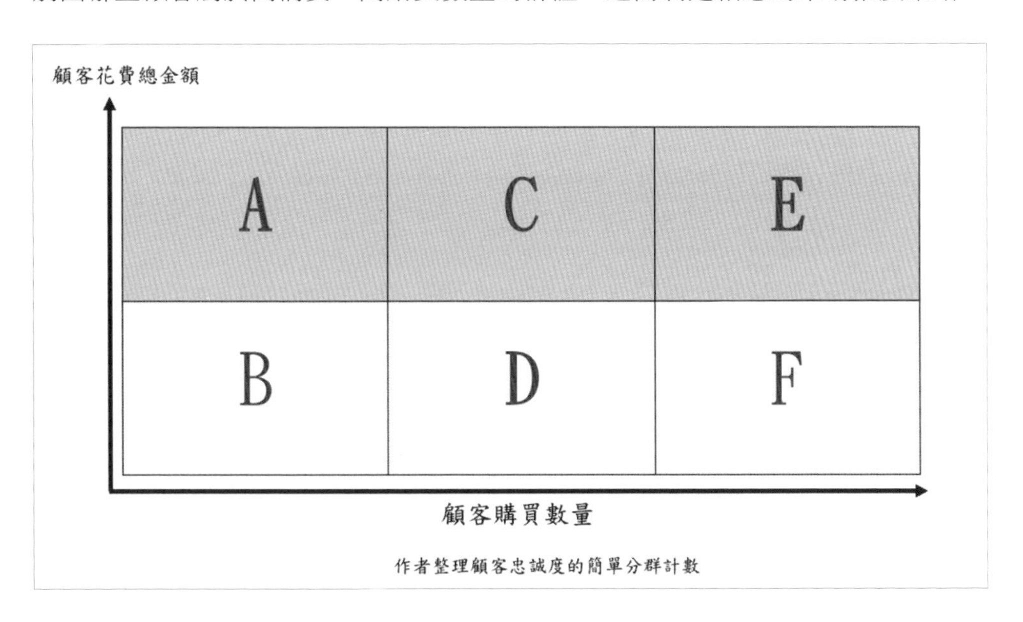

作者整理顧客忠誠度的簡單分群計數

舉例來說，假設一個企業的顧客群體可以根據消費總金額和購買數量進行簡單分群，分為 A、B、C、D、E、F 六個等級，其中 A 顧客群的消費總金額高，但購買數量較少；而 E 顧客群的消費總金額和購買數量都較高，屬於忠誠粉絲。

對於這兩個群體，企業可以採取不同的市場推廣策略。對於 A 顧客群，雖然其購買數量少，但由於其消費總金額高，表明其對企業的喜愛程度較高，因此企業可以增加對這一群體的投放廣告費用，進一步提高其忠誠度，例如增加在社交平台和搜索引擎上的廣告投放，以吸引更多的注意力。

而對於 E 顧客群，其消費總金額和購買數量都較高，表明他們對企業的產品或服務非常滿意，並且可能已經形成了忠誠的消費習慣。對於這一顧客群，企業可以采取更加精準的促銷策略，不需要大量投放廣告費用，而是可以通過簡短的 line 訊息或者 Email 進行促銷投放，例如定期發送專屬優惠碼或者提供定制化服務，以提高其顧客忠誠度並進一步促進消費。

總而言之，通過對顧客忠誠度的簡單分群計數，企業可以更好地了解不同類型顧客的消費行為和偏好，並制定相應的市場推廣策略，從而提高顧客忠誠度和企業的營銷效益。

考文獻：

Khatri, N.,& Gupta, N.(2021). Understanding Customer Loyalty：A Comprehensive Literature Review. In Digital Marketing and Consumer Engagement(pp. 161-180). Springer, Singapore.

Jansen, J., Scholten, R.,& Crijns, H.(2020). The impact of customer loyalty programs on repeat purchase loyalty：The moderating effect of consumer characteristics. Journal of Retailing and Consumer Services, 52, 101929.

13.4 消費者的網站拜訪路徑分析

消費者的網站拜訪路徑分析是一個重要的消費者網站拜訪的行為分析方法，用於理解網站訪問者在網站上的行為和互動，以及他們是如何與網站內容進行互動的過程。通過分析消費者的拜訪路徑，企業可以了解訪問者的興趣、需求和行為模式，進而優化網站體驗、提高用戶參與度，促進交易轉換率的提升。

在進行網站拜訪路徑分析時，常用的指標包括 GA4 中的參與度、跳出率、流量、工作階段和互動工作階段、拜訪率等。

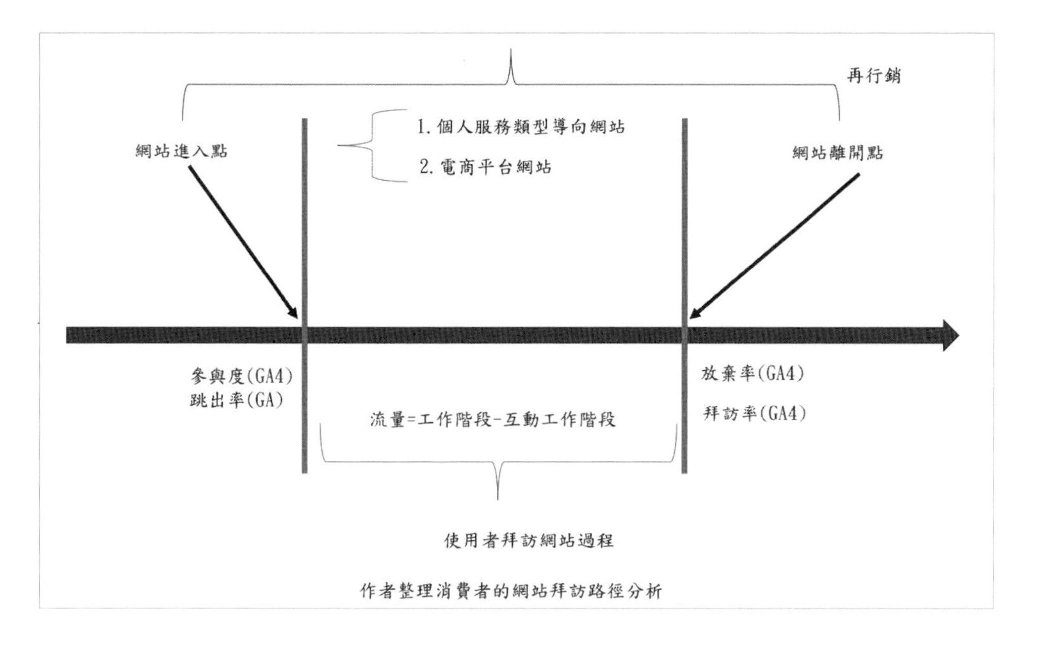

作者整理消費者的網站拜訪路徑分析

參與度（Engagement）：參與度是指訪問者在網站上的互動程度，包括點擊、滑動、瀏覽頁面等行為。較高的參與度意味著訪問者對網站內容感興趣，並願意花更多時間和精力與之互動。企業可以通過提供豐富多樣的內容和互動功能，來提高網站的參與度，吸引更多訪問者。

跳出率（Bounce Rate）：跳出率是指訪問者僅訪問了網站的單一頁面後就離開的比例。較高的跳出率可能意味著訪問者對網站內容不感興趣，或者在進入網站後沒有找到他們需要的信息。企業可以通過優化網站導航、改善頁面設計和內容呈現，來降低跳出率，延長訪問者在網站上的停留時間。

流量（Traffic）：流量是指訪問者訪問網站的總數量。通過分析流量數據，企業可以了解網站的受歡迎程度和訪問者的來源分布情況，進而調整市場推廣策略，提高網站的曝光度和吸引力。

工作階段（Sessions）和互動工作階段（Interactive Sessions）：工作階段是指訪問者在網站上連續訪問的一段時間，從進入網站到離開網站。互動工作階段則是指在工作階段內進行了至少一次互動的訪問。這兩個指標可以幫助企業了解訪問者的訪問行為和持續時間，從而優化網站內容和功能，提高使用者拜訪體驗。

拜訪率（Visit Rate）：拜訪率是指訪問者返回網站的頻率，即同一訪問者進行多次訪問的比例。較高的拜訪率意味著訪問者對網站內容和服務的滿意度較高，並願意多次回訪。企業可以通過提供個性化推薦、會員福利等方式，提高網站的拜訪率，增強顧客忠誠度。

總的來說，消費者的網站拜訪路徑分析是一個重要的數據分析工具，可以幫助企業了解訪問者的行為模式和偏好，從而優化網站體驗、提高參與度，並最終實現業務目標的達成。

參考文獻：

Avinash Kaushik.(2019). Google Analytics Breakthrough：From Zero to Business Impact. Wiley.

Brian Clifton.(2015). Advanced Web Metrics with Google Analytics. Wiley.

13.5 消費者的資料儲存概念

消費者資料的儲存是企業在進行市場營銷和客戶管理時不可或缺的一環。通過有效地收集、儲存和分析消費者資料，企業可以更好地了解顧客的需求和偏好，從而制定更具針對性的營銷策略和服務方案。在進行資料儲存時，一個常用的方法是使用關聯式數據庫，例如 MySQL、SQLite 或 PostgreSQL。這些數據庫可以提供結構化的資料儲存和高效的查詢功能，適合用於存放消費者的個人資料、消費習慣等信息。通過建立顧客資料庫，企業可以方便地查詢和管理顧客信息，並根據不同的特徵進行分析和挖掘。

使用 Python 中的 Pandas 庫可以對資料進行清洗和整理。Pandas 提供了豐富的數據結構和功能，可以方便地處理和分析大量的數據。例如，可以使用 Pandas 對原始資料進行去重、缺失值處理、格式轉換等操作，以確保資料的質量和一致性。

此外，透過爬蟲技術可以獲取各大電商平台的商品資料或價格，從而進行市場分析和比較。使用 Python 中的 Beautiful Soup 或 Requests 套件可以輕鬆地獲取網頁數據，並進行解析和提取所需的信息。這使得企業可以實時地了解市場上的產品情況和價格變動，從而及時調整產品定價和推廣策略。

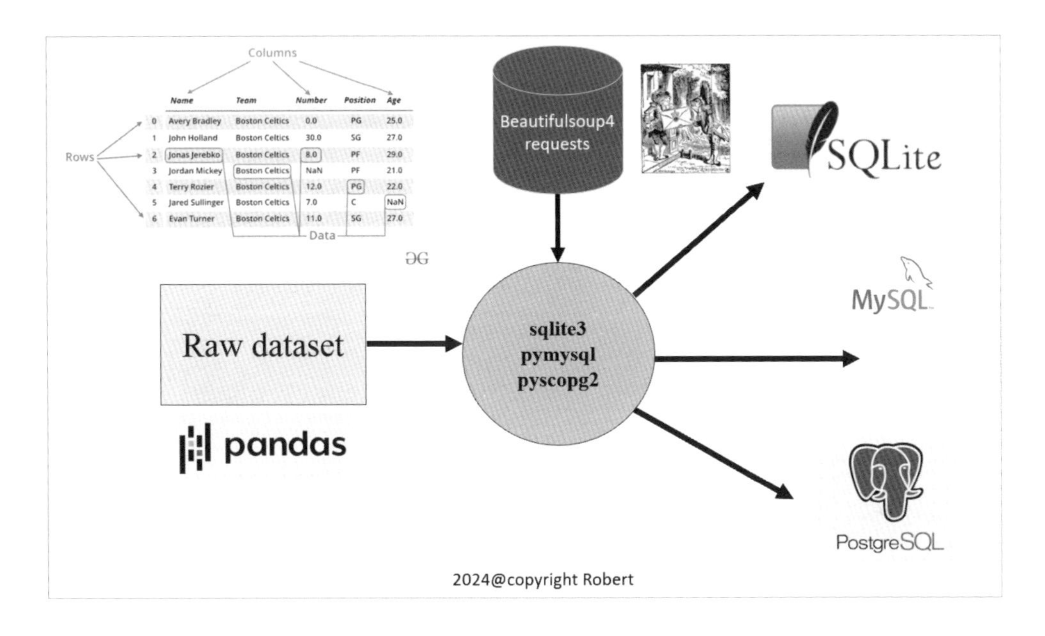

第 14 章

商業應用

14.1 Google Analytics 4 的介紹

Google Analytics 4（GA4）是 Google Analytics 的最新版本，它為用戶提供了更強大的功能和更豐富的數據分析能力。相較於以前的 Universal Analytics，GA4 更加注重跨平台數據整合和使用者行為分析，可以更好地理解使用者的全球化和多設備使用情況。

以下是 Google Analytics 4 的一些主要特點和功能：

事件驅動型分析：GA4 採用了事件驅動型分析的模型，這意味著它將事件作為數據收集和分析的核心。用戶可以自定義各種事件，例如頁面瀏覽、點擊、購買等，以更準確地追蹤和理解使用者的行為。

使用者中心度：GA4 將用戶視為整個數據分析的中心，通過統一的使用者 ID，可以更好地跟蹤和分析使用者在多個平台和設備上的活動。

讀者可以搜尋 GA4 demo 進行實作！

可以透過存取示範帳戶來進行操作！

14.2 Google Analytics 4 的判讀

本節將介紹 GA4 工具的判讀，主要以 Demo 的示範工具做說明！

	工作階段預設管道群組	使用者	工作階段	互動工作階段	平均單次工作階段參與時間
		58,329 總數的 100%	80,939 總數的 100%	66,790 總數的 100%	1 分 14 秒 和平均值相同
1	Direct	22,303	31,380	26,739	1 分 09 秒
2	Organic Search	16,659	24,117	21,147	1 分 17 秒
3	Cross-network	13,595	15,863	14,666	54 秒
4	Unassigned	5,814	5,226	19	1 分 33 秒
5	Referral	1,567	2,599	2,247	1 分 33 秒
6	Email	1,409	2,451	2,165	1 分 35 秒
7	Organic Social	672	1,066	931	1 分 46 秒
8	Paid Search	465	918	744	9 秒
9	Affiliates	81	120	98	20 秒
10	Organic Video	36	85	73	1 分 05 秒

根據上圖的判讀，提出三個問題！

- 請問流量開發檢視藏在哪裡：A. 獲客 B. 參與 C. 營利 D. 回訪率？
- 該 Demo 網站透過知名網紅或者 KOL 推薦所造成的引流，其無效流量有多少人？
- 又問自然搜尋的無效引流有多少人？

Answer：

1. 流量開發檢視通常會被歸類在 A. 獲客項目中。在獲客階段，組織會關注各種方式來吸引新的用戶或潛在客戶。

2. 通常使用互動工作階段和工作階段進行相減來進行判讀無效流量！

3. 自然搜尋的無效引流人數同樣需要更多的細節才能確定，例如在哪個網站上進行了自然搜尋，有多少無效流量被引入等。

	事件名稱	事件計數	總人數	每位使用者的事件計數	總收益
		1,877,678 總數的 100%	62,971 總數的 100%	32.19 和平均值相同	$111,753.05 總數的 100%
1	page_view	581,618	58,341	10.06	$0.00
2	view_promotion	340,449	24,172	14.11	$0.00
3	user_engagement	258,331	40,870	6.36	$0.00
4	scroll	155,887	35,767	4.36	$0.00
5	view_item_list	133,920	37,771	3.56	$0.00
6	session_start	78,708	55,873	1.43	$0.00
7	view_item	65,679	20,847	3.15	$0.00
8	new_recent_active_user	56,381	41,593	1.51	$0.00
9	first_visit	47,708	48,035	1.01	$0.00
10	new_engaged_user	31,961	23,354	1.55	$0.00
11	predicted_top_spenders	23,970	11,217	18.23	$0.00
12	top_spenders	23,970	11,217	18.23	$0.00
13	view_cart	17,822	4,976	3.58	$0.00
14	click	13,960	4,969	2.81	$0.00
15	add_to_cart	13,363	4,352	3.07	$0.00
16	view_search_results	7,709	3,225	2.39	$0.00
17	non_purchasers	6,644	5,153	1.60	$0.00
18	review_order	4,407	2,166	2.03	$0.00
19	add_payment_info	3,161	1,672	1.89	$0.00
20	select_promotion	2,958	2,346	1.26	$0.00
21	begin_checkout	2,794	1,457	1.92	$0.00
22	remove_from_cart	2,487	1,074	2.32	$0.00
23	errors	1,359	905	1.50	$0.00
24	san_francisco_users	1,250	930	1.76	$0.00
25	purchase	850	754	1.13	$111,753.05
26	android_lovers	295	290	1.40	$0.00
27	campus_collection_user	28	26	2.00	$0.00
28	form_start	3	3	1.00	$0.00
29	form_submit	3	3	1.00	$0.00
30	All Clicks	2	1	2.00	$0.00
31	search	1	1	1.00	$0.00

1. 根據上圖，請問哪個參數最熱門？

   A. view_car B.view_promotion C.view_item_list

2. 根據圖表分析，事件名稱不能超過幾個？參數不能超過幾個？

3. 請實作點擊 Page_view：請問最近 30 分鐘的事件有幾次？該事件發生在哪個國家最多？男生還是女生點擊率多，請分別寫出對應的 % 數

4. 請問哪三個參數是新版 GA4 用來記錄哪個事件點擊進入購物車 ?!

5. 小明經營一家越南河粉的商店，他生意越來越好；也想開發 APP 給客戶使用，他想要利用 GA4 後台看參與度報告，但是 APP 卻沒有網頁路徑，請問他要怎麼辦 ?(開放性問題)

Answer：

C. view_item_list，可直接看事件計數！

2. 500 個，50 個

3. 讀者可以實際操作

4. view_car、 view_promotion、view_item_list

5. 開放性問題，讀者可以申論作答

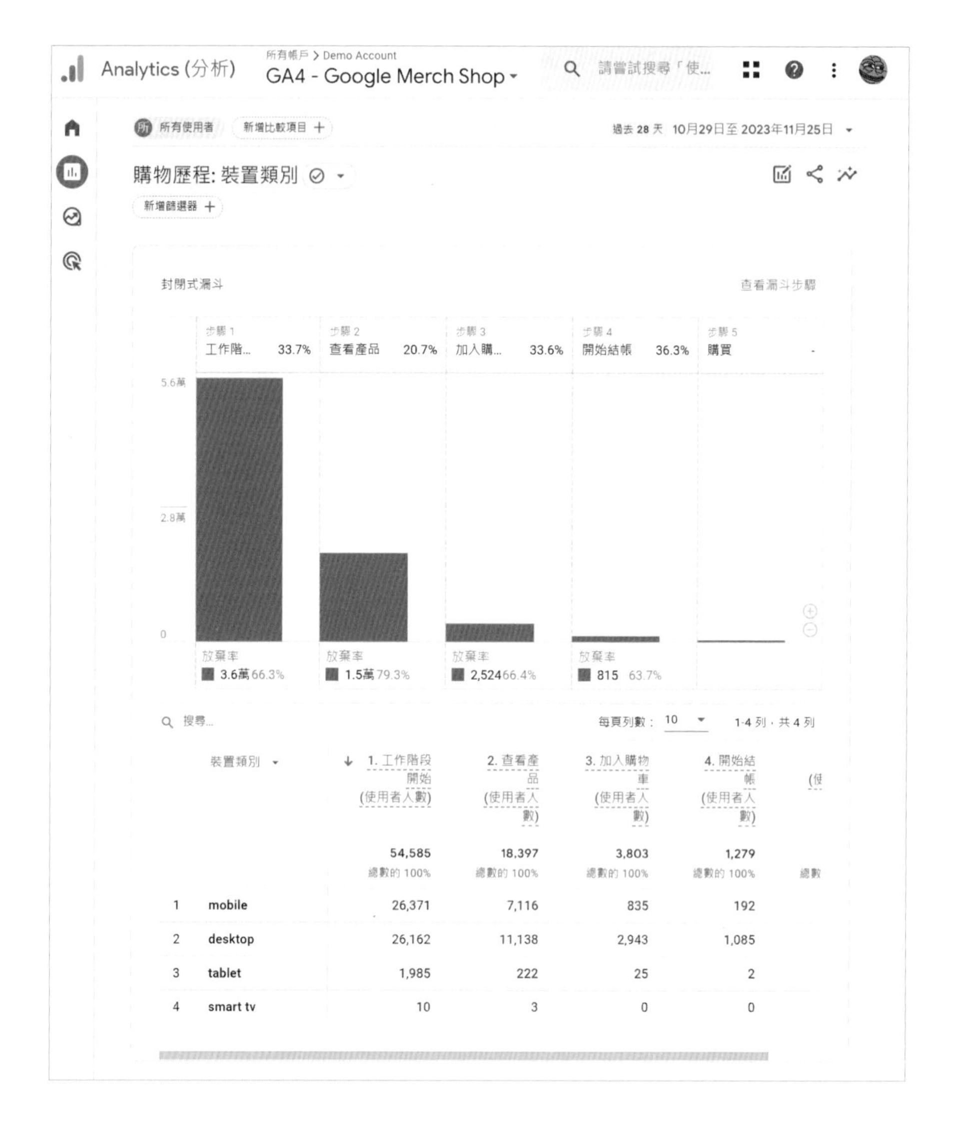

	裝置類別	1. 工作階段開始 (使用者人數)	2. 查看產品 (使用者人數)	3. 加入購物車 (使用者人數)	4. 開始結帳 (使用者人數)
		54,585 總數的 100%	18,397 總數的 100%	3,803 總數的 100%	1,279 總數的 100%
1	mobile	26,371	7,116	835	192
2	desktop	26,162	11,138	2,943	1,085
3	tablet	1,985	222	25	2
4	smart tv	10	3	0	0

從商品查看到加入購物車的過程中有什麼需要考量 ?(最重要的放棄率指標)

購物車放棄率：最重要的放棄率指標之一是加入購物車後的放棄率。這指的是用戶將商品加入購物車後，但最終沒有完成購買的比例。通過分析和降低購物車放棄率，可以改善整個購物體驗，提高轉換率和銷售量。為了降低購物車放棄率，需要密切關注以上各個方面，並進行持續優化和改進，以確保用戶能夠順利並滿意地完成購物流程。

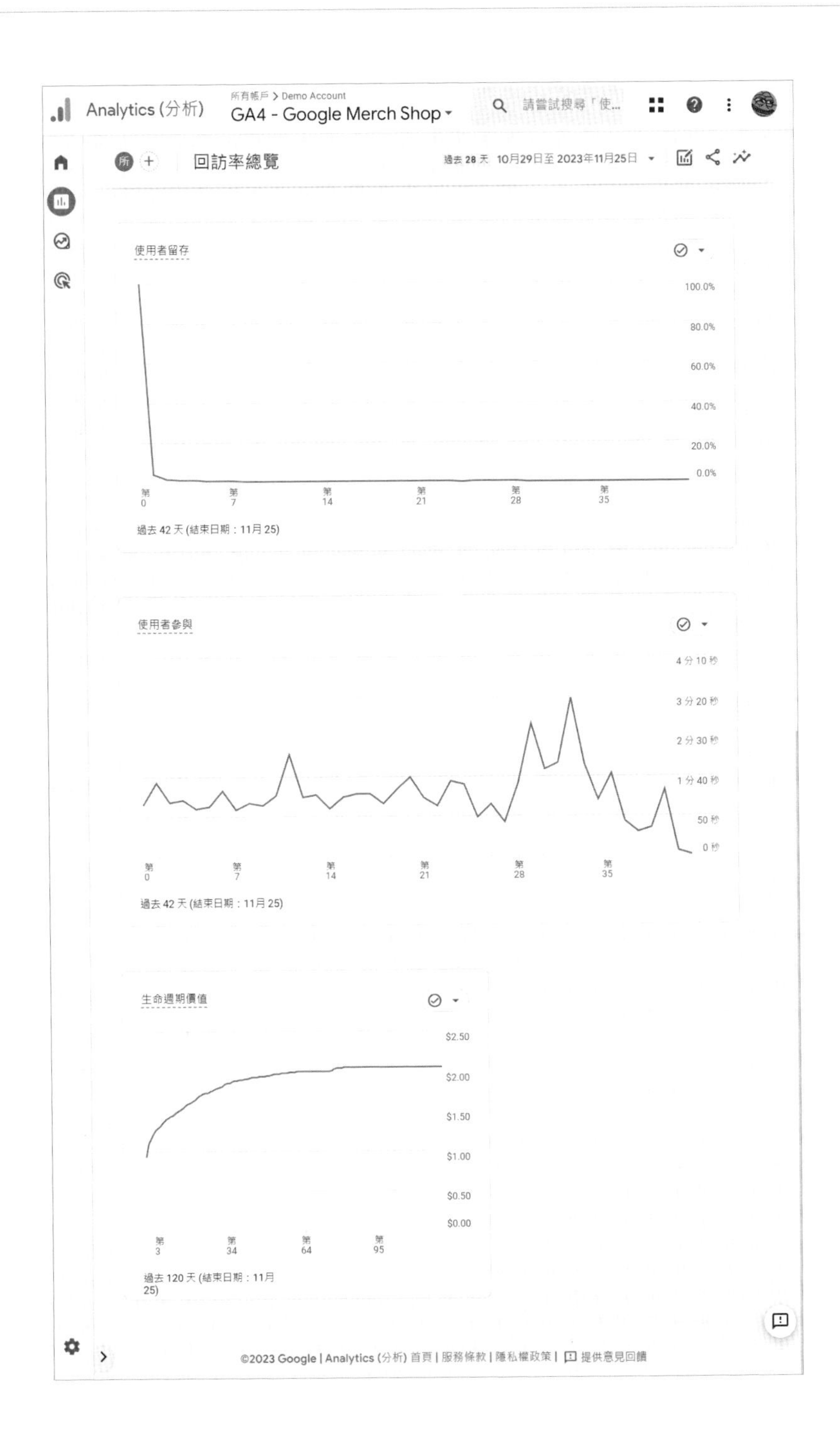
Analytics (分析)
所有帳戶 > Demo Account
GA4 - Google Merch Shop
回訪率總覽
過去 28 天 10月29日至 2023年11月25日
使用者留存
100.0%
80.0%
60.0%
40.0%
20.0%
0.0%
過去 42 天 (結束日期：11月 25)
使用者參與
4 分 10 秒
3 分 20 秒
2 分 30 秒
1 分 40 秒
50 秒
0 秒
過去 42 天 (結束日期：11月 25)
生命週期價值
$2.50
$2.00
$1.50
$1.00
$0.50
$0.00
過去 120 天 (結束日期：11月 25)
©2023 Google | Analytics (分析) 首頁 | 服務條款 | 隱私權政策 | 提供意見回饋

根據上圖，留存率是衡量用戶持續參與或使用產品或服務的指標，一般以特定時間段內繼續使用的用戶比例來計算。如果留存率不得低於 40%，這意味著你希望在特定時間段後，至少有 40% 的用戶繼續使用你的產品或服務。

為了確保留存率達到或超過 40%，你可以考慮以下一些策略和方法：

提升使用者體驗：確保產品或服務的品質、功能和性能能夠滿足用戶的需求，並提供良好的使用體驗。

提供價值：確保你的產品或服務能夠提供真正的價值和解決方案給用戶，讓用戶感到滿意並願意持續使用。

定期互動：與用戶保持定期的互動和溝通，包括發送個性化的郵件、通知或提醒，以及回應用戶的反饋和問題。

建立社群和互動平台：建立用戶社群或互動平台，讓用戶可以與其他用戶分享經驗、交流想法，增強用戶黏性和參與度。

持續改進：不斷監測和分析用戶數據，了解用戶行為和偏好，並根據數據結果調整和改進產品或服務。

透過以上的策略和方法，你可以提高留存率，確保更多的用戶持續參與和使用你的產品或服務。

第 15 章

電商平台分析

15.1 常用的視覺化套件介紹 (EDA)

Python 中常用的 EDA(Exploratory Data Analysis，EDA) Tool 主要有 matplotlib 和 seaborn。這兩個套件都能夠用來繪製各種類型的圖表，但它們在使用方式和美觀程度上略有不同。

一、Matplotlib：

Matplotlib 是 Python 中最常用的繪圖套件之一，提供了各種類型的圖表，包括折線圖、散點圖、柱狀圖、圓餅圖等。

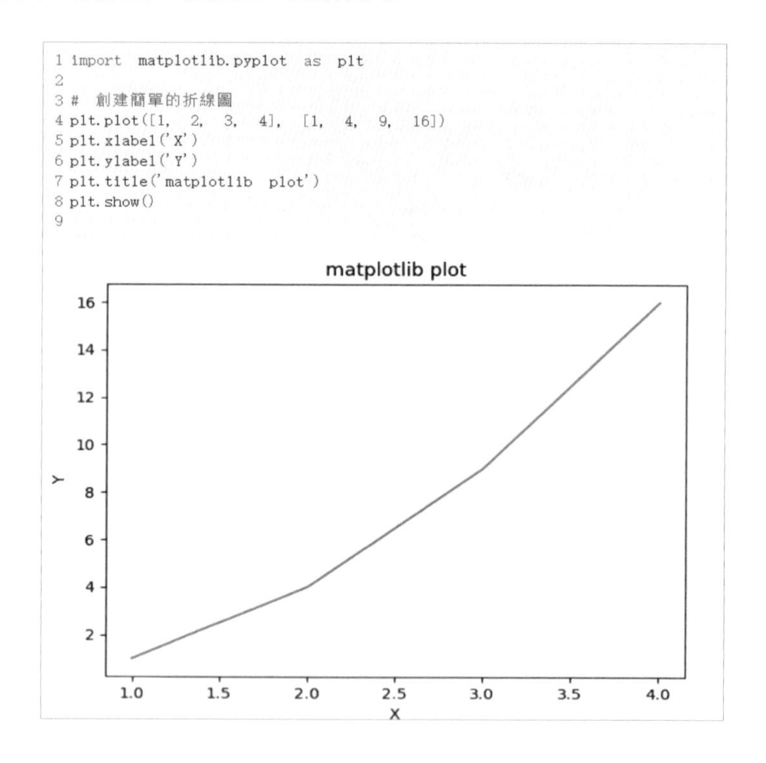
1 import matplotlib.pyplot as plt
2
3 # 創建簡單的折線圖
4 plt.plot([1, 2, 3, 4], [1, 4, 9, 16])
5 plt.xlabel('X')
6 plt.ylabel('Y')
7 plt.title('matplotlib plot')
8 plt.show()
9
matplotlib plot
16
14
12
10
8
6
4
2
Y
1.0
1.5
2.0
2.5
3.0
3.5
4.0
X

二、Seaborn：

Seaborn 是基於 Matplotlib 開發的視覺化工具，Seaborn 主要用於統計數據可視化，在數據探索和分析階段特別有用。Seaborn 內置了許多常用的統計圖表類型，如散點圖、箱線圖、直方圖、核密度估計圖等。

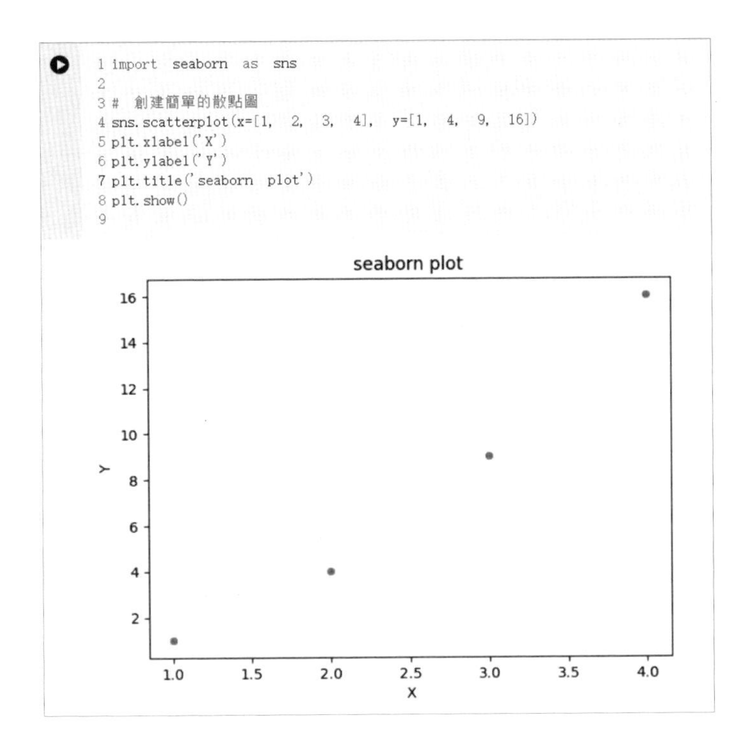
1 import seaborn as sns
2
3 # 創建簡單的散點圖
4 sns.scatterplot(x=[1, 2, 3, 4], y=[1, 4, 9, 16])
5 plt.xlabel('X')
6 plt.ylabel('Y')
7 plt.title('seaborn plot')
8 plt.show()
9
seaborn plot
16
14
12
10
8
6
4
2
Y
1.0
1.5
2.0
2.5
3.0
3.5
4.0
X

為了讓讀者更進一步了解實務上的用法；本節以台積電股票的抓取視覺化做說明，我們使用 twstock 套件來抓取台積電 (TSMC) 的股票數據。以下是一個簡單的例子，展示如何使用 twstock 套件來獲取 TSMC 的歷史股價數據，並且使用 Matplotlib 來繪製收盤價的時間序列圖。首先，確保已經安裝了 twstock 套件。如果尚未安裝，可以使用以下命令進行安裝：

```
1 !pip install twstock
2

Collecting twstock
  Downloading twstock-1.3.1-py3-none-any.whl (1.9 MB)
     ━━━━━━━━━━━━━━━━━━━━━━━━━━━━━━━━━━━━━━━━ 1.9/1.9 MB 8.3 MB/s eta 0:00:00
Requirement already satisfied: requests in /usr/local/lib/python3.10/dist-packages (from twstock) (2.31.0)
Requirement already satisfied: charset-normalizer<4,>=2 in /usr/local/lib/python3.10/dist-packages (from requests->twstock) (3.3.2)
Requirement already satisfied: idna<4,>=2.5 in /usr/local/lib/python3.10/dist-packages (from requests->twstock) (3.6)
Requirement already satisfied: urllib3<3,>=1.21.1 in /usr/local/lib/python3.10/dist-packages (from requests->twstock) (2.0.7)
Requirement already satisfied: certifi>=2017.4.17 in /usr/local/lib/python3.10/dist-packages (from requests->twstock) (2024.2.2)
Installing collected packages: twstock
Successfully installed twstock-1.3.1
```

這段程式碼將獲取台積電 (TSMC) 近期的收盤價數據，並且使用 Matplotlib 將其繪製成收盤價的時間序列圖。你可以根據需要修改日期的範圍和其他參數，來進行不同的數據探索和視覺化呈現。程式碼範例如下：

```
import twstock
import matplotlib.pyplot as plt

# 獲取 TSMC 的歷史股價數據
tsmc = twstock.Stock('2330')
# 獲取最近 100 個交易日的股價資料
stock_data = tsmc.fetch_from(2023, 12)

# 提取日期和收盤價數據
dates = [data.date for data in stock_data]
closing_prices = [data.close for data in stock_data]

# 繪製收盤價的時間序列圖
plt.figure(figsize=(10, 6))
plt.plot(dates, closing_prices, marker='o', linestyle='-')
plt.title('TSMC 收盤價時間序列圖 ')
plt.xlabel(' 日期 ')
plt.ylabel(' 收盤價 ')
plt.xticks(rotation=45)# 旋轉 x 軸標籤，使其更易讀
plt.grid(True)
plt.tight_layout()
plt.show()
```

執行結果如下：

```
1 import twstock
2 import matplotlib.pyplot as plt
3
4 # 獲取 TSMC 的歷史股價數據
5 tsmc = twstock.Stock('2330')
6
7 # 獲取最近 100 個交易日的股價資料
8 stock_data = tsmc.fetch_from(2023, 12)
9
10 # 提取日期和收盤價數據
11 dates = [data.date for data in stock_data]
12 closing_prices = [data.close for data in stock_data]
13
14 # 繪製收盤價的時間序列圖
15 plt.figure(figsize=(10, 6))
16 plt.plot(dates, closing_prices, marker='o', linestyle='-')
17 plt.title('TSMC close price')
18 plt.xlabel('Date')
19 plt.ylabel('price')
20 plt.xticks(rotation=45)  # 旋轉 x 軸標籤，使其更易讀
21 plt.grid(True)
22 plt.tight_layout()
23 plt.show()
24
```

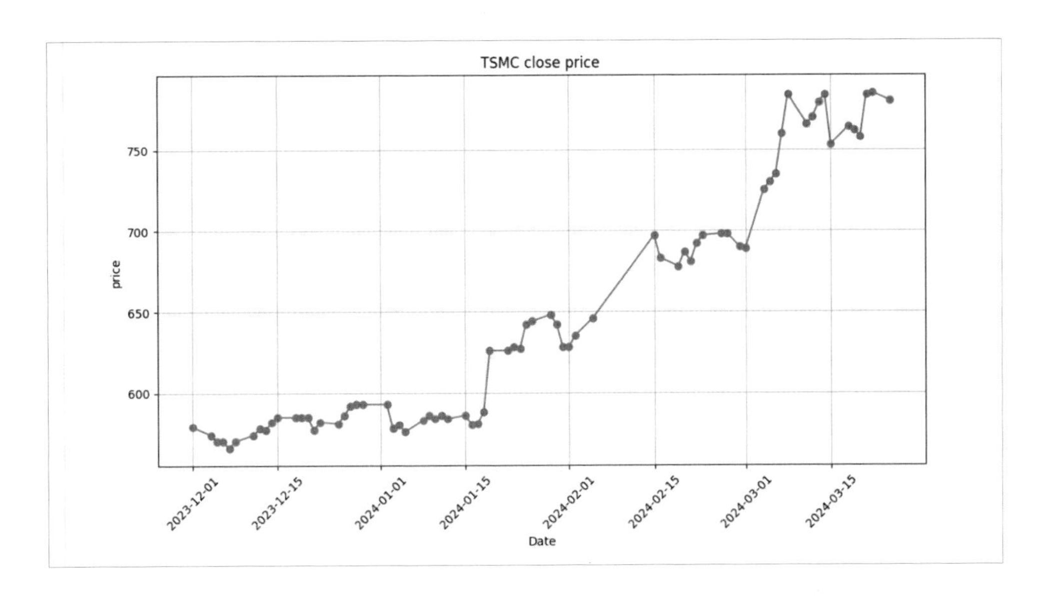

此處，我們也可以使用 Seaborn 來繪製 TSMC 收盤價的時間序列圖。Seaborn 提供了簡潔的 API 和更吸引人的繪圖樣式，讓我們來看看如何使用 Seaborn：

程式碼範例如下：

```
import twstock
import seaborn as sns
import matplotlib.pyplot as plt

# 獲取 TSMC 的歷史股價數據
tsmc = twstock.Stock('2330')

# 獲取最近 100 個交易日的股價資料
stock_data = tsmc.fetch_from(2023, 12)

# 提取日期和收盤價數據
dates = [data.date for data in stock_data]
closing_prices = [data.close for data in stock_data]

# 將數據轉換成 DataFrame 格式
import pandas as pd
df = pd.DataFrame({'Date': dates,'Close Price': closing_prices})
```

```
# 使用 Seaborn 繪製收盤價的時間序列圖
plt.figure(figsize=(10, 6))
sns.lineplot(data=df, x='Date', y='Close Price')
plt.title('TSMC(Seaborn)')
plt.xlabel('Date')
plt.ylabel('Price')
plt.xticks(rotation=45)# 旋轉 x 軸標籤，使其更易讀
plt.grid(True)
plt.tight_layout()
plt.show()
```

執行結果如下：

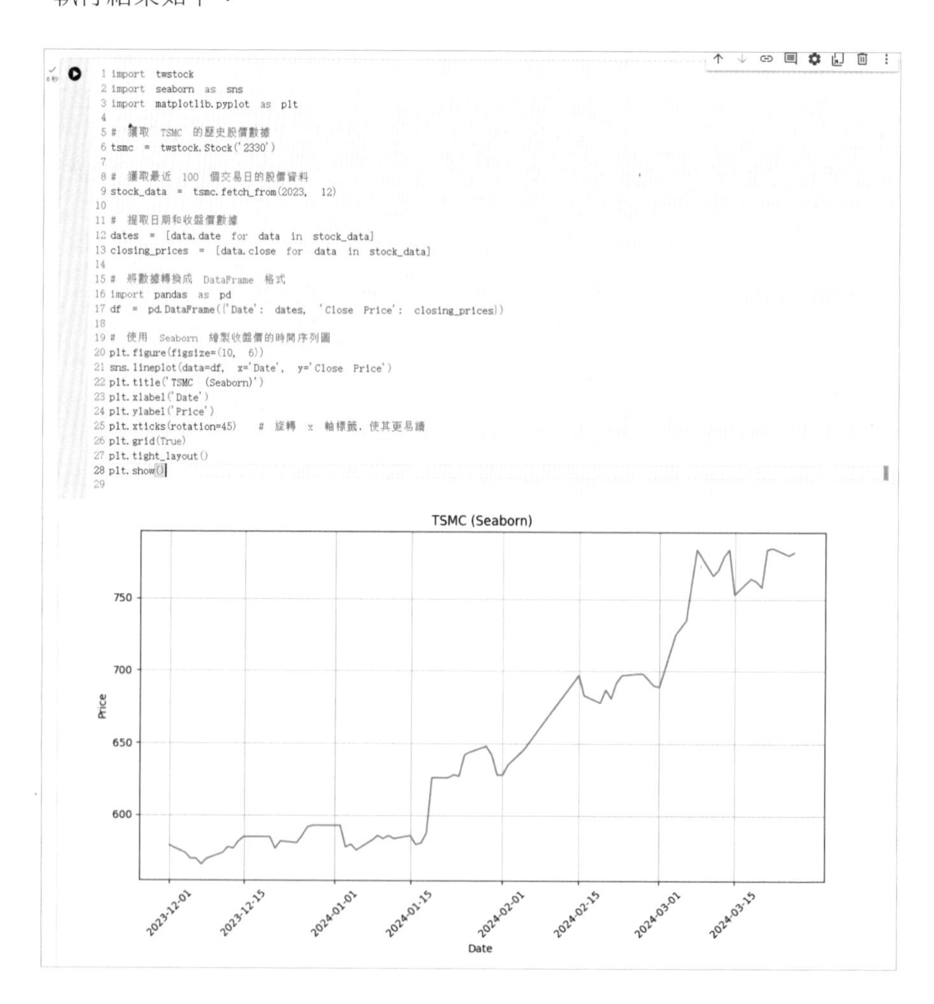

為了讓讀者更清楚 EDA Tool 的用法，此處提供上課教學使用的程式碼繪製了一個折線圖，其中 plt.plot([2, 11, 15, 40],[4, 8, 15, 22], color='g') 繪製了一條從 (2, 4) 到 (40, 22) 的折線，折線的顏色被指定為綠色，而 plt.show() 用於繪製圖表。

在第二段程式執行格中，程式碼繪製了另一個折線圖，plt.plot([2, 11, 15, 40],[4, 8, 15, 22],'gs') 中的 'gs' 參數指定了折線的顏色和標記的樣式。在這裡，'g' 表示折線的顏色為綠色（'g' 是綠色的縮寫），'s' 表示標記的樣式為方形（'s' 是方形的縮寫）。因此，這個折線圖將每個數據點用綠色方形標記了出來。這兩個折線圖的區別在於標記樣式的不同。第一個折線圖沒有標記，而第二個折線圖添加了綠色方形標記。這樣做可以突出顯示數據點的位置，有助於觀察數據的分佈和趨勢。

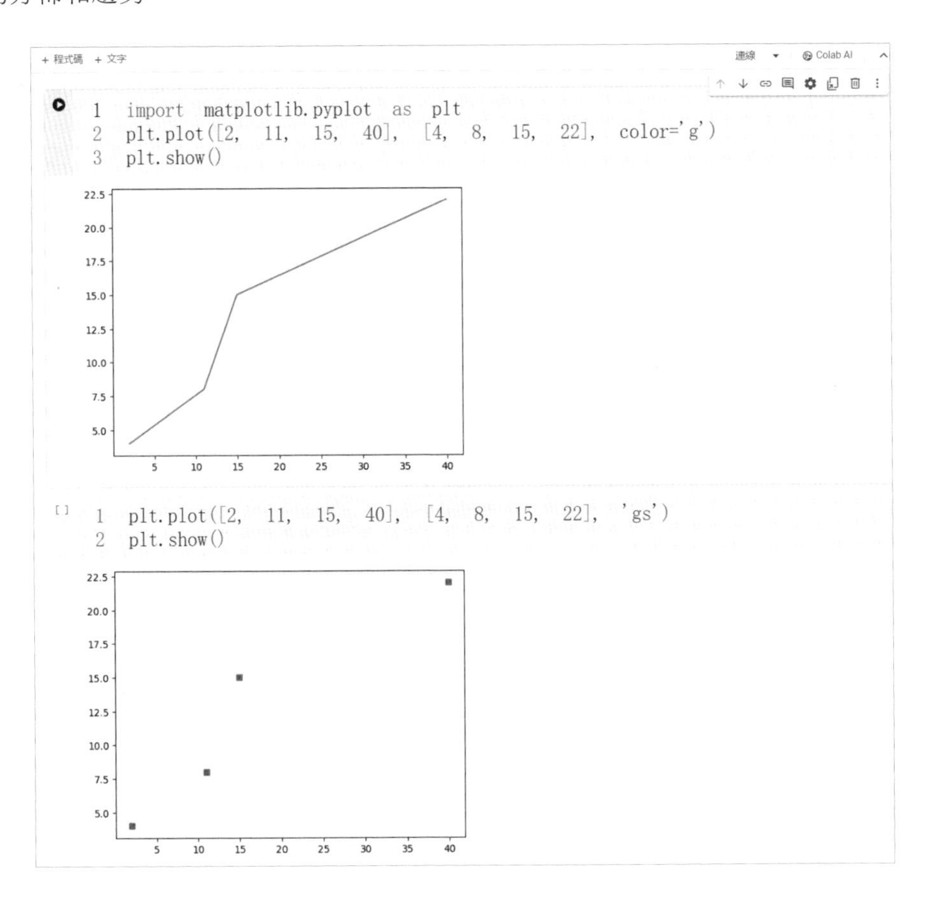

這段程式碼使用 Matplotlib 繪製了一個簡單的垂直柱狀圖，顯示了三個類別（A、B、C）對應的數值（19、50、29）。讓我們來逐步解釋這段程式碼：首先，這裡定義了兩個列表 names 和 values，分別存儲了類別的名稱和對應的數值。

這行程式碼使用 plt.bar() 函數來繪製柱狀圖。第一個參數 names 是 x 軸上的類別名稱，第二個參數 values 是對應的數值。程式碼中沒有指定顏色，因此將使用 Matplotlib 預設的顏色來繪製柱狀圖。這行程式碼用於顯示繪製好的柱狀圖。當這行程式碼被執行時，將彈出一個窗口，顯示柱狀圖。這段程式碼將根據提供的類別名稱和數值，繪製出對應的柱狀圖，用於視覺化呈現不同類別之間的數值差異。

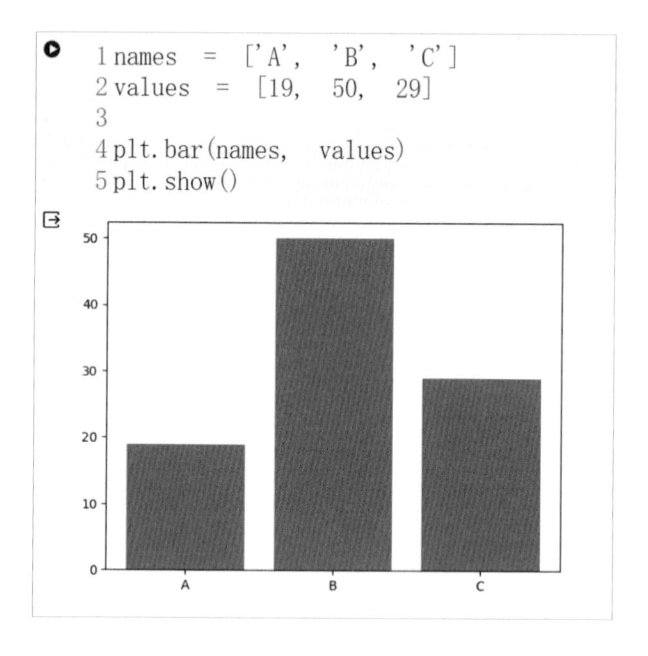

接下來，為了瞭解不同類型的資料呈現；下段程式碼使用 Matplotlib 和 Pandas 繪製了一個包含兩個子圖的圖形，每個子圖都是一個垂直柱狀圖，顯示了兩組數據。範例程式碼建立了一個包含兩個子圖的圖形，每個子圖都是一個垂直柱狀圖，分別顯示了兩組數據。第一個子圖的標題為 "Plot Title"，第二個子圖沒有標題。每個子圖都有一組數據，並使用不同的顏色。最後，調整了兩個子圖的間距，以避免重疊；這是在不同類型的分類數據很常見的圖表繪製。

```
1 import matplotlib.pyplot as plt
2 import pandas as pd
3
4 names = ['A', 'B', 'C']
5 values = [19, 50, 29]
6 values_2 = [27, 15, 34]
7
8 fig = plt.figure(figsize=(8.0,6.0)) #圖的大小
9
10 ax = fig.add_subplot(121)
11 ax2 = fig.add_subplot(122)
12 ax.set_title('Plot Title')
13 ax.bar(names, values, color='goldenrod')
14 ax2.bar(names, values_2, color='mediumorchid')
15
16 plt.xlabel("Label for X")
17 plt.ylabel("Label for Y")
18 plt.suptitle('Test Plots')
19
20 plt.subplots_adjust(0.05, 0.3, 0.90, 0.8)
21 plt.show()
```

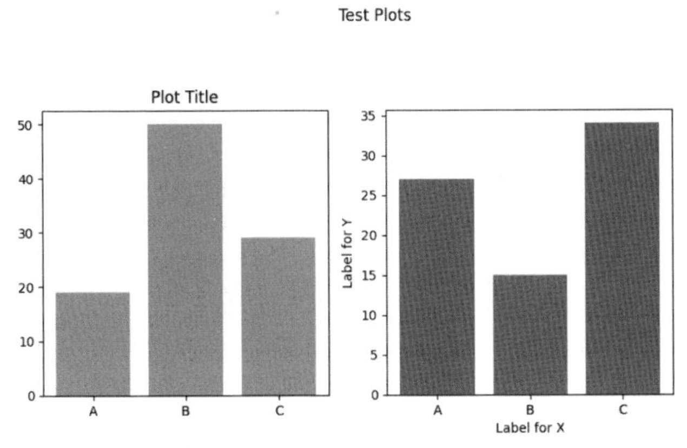

接下來的範例，我們使用 Taxi.csv 資料集來進行說明，本數據集主要透過政府資料平台的公開數據集進行下載，並改寫成範例的資料集。讀者朋友可以到本書提供的下列網址進行下載，並進行後續範例的實作：

https：//drive.google.com/file/d/1Y-hUrfzfYSKEpEarAcNt7DbEwtLaMTWo/view taxi.csv　選擇開啟工具

	A	B	C	D	E
1	年度業別	計程車運輸合作社	計程車客運業兼營計程	個人計程車客運業	合計/輛
2	112/11	1583	5151	1712	8446
3	112/10	1588	5152	1699	8439
4	112/09	1595	5132	1694	8421
5	112/08	1599	5089	1678	8366
6	112/07	1596	5069	1670	8335
7	112/06	1580	5055	1666	8301
8	112/05	1581	5044	1656	8281
9	112/04	1584	5015	1649	8248
10	112/03	1581	5011	1658	8250
11	112/02	1586	5021	1654	8261
12	112/01	1588	5004	1652	8244
13	111/12	1590	4988	1650	8228
14	111/11	1594	4992	1660	8246
15	111/10	1592	4979	1661	8232
16	111/09	1594	4949	1657	8200
17	111/08	1598	4923	1657	8178
18	111/07	1595	4921	1660	8176
19	111/06	1591	4910	1653	8154
20	111/05	1588	4914	1656	8158
21	111/04	1585	4934	1652	8171
22	111/03	1572	4921	1656	8149
23	111/02	1571	4898	1651	8120
24	111/01	1569	4906	1650	8125
25	110/12	1563	4894	1654	8111
26	110/11	1550	4896	1652	8098
27	110/10	1549	4877	1662	8088
28	110/09	1542	4901	1659	8101
29	110/08	1549	4927	1662	8138
30	110/07	1557	4969	1666	8192
31	110/06	1555	5000	1673	8228
32	110/05	1563	5027	1672	8262
33	110/04	1556	5045	1680	8281
	10/03	1560	5032	1675	8267
3	110/02	1568	5039	1677	8284
36	110/01	1563	5047	1684	8294
37	109/12	1561	5026	1693	8280
38	109/11	1557	5062	1695	8314
39	109/10	1553	5026	1692	8271
40	109/9	1560	5033	1695	8288
41	109/8	1566	4995	1690	8251

接著，以下列的程式碼使用 Matplotlib 中的 plot 函數繪製了一個折線圖，顯示了 DataFrame 中「年度業別」和「計程車運輸合作社」這兩列的最後 50 個數據。這行程式碼使用 Matplotlib 的 plot 函數繪製了一個折線圖。df[" 年度業別 "].tail(50) 表示從 DataFrame 中選取 " 年度業別 " 列的最後 50 個數據，df[" 計程車運輸合作社 "].tail(50) 表示選取 " 計程車運輸合作社 " 列的最後 50 個數據。然後，將這兩列數據作為 x 軸和 y 軸的數據繪製成折線圖。

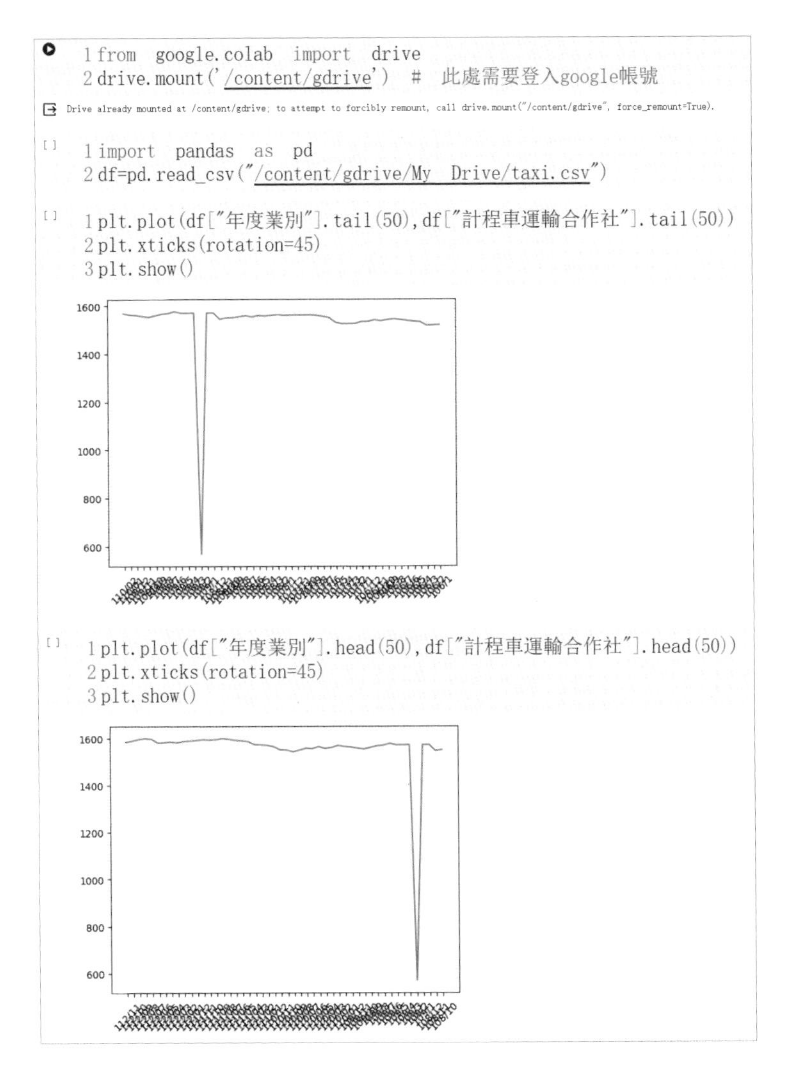

下列程式碼使用 Matplotlib 中的 scatter 函數繪製了一個 3D 散點圖，顯示了 DataFrame 中的三個列 '計程車運輸合作社'、'計程車客運業兼營計程車客運服務業' 和 '個人計程車客運業' 的數據分佈。

```
[ ]  1 plt.plot(df["年度業別"].head(50),df["計程車運輸合作社"].head(50))
     2 plt.xticks(rotation=45)
     3 plt.show()
```

```
[ ]  1 from ctypes import DEFAULT_MODE
     2 import pandas as pd
     3 from matplotlib import pyplot as plt
     4 from mpl_toolkits.mplot3d import Axes3D
     5
     6 #file = pd.read_csv('AmesHousing.csv')
     7
     8 fig = plt.figure()
     9 ax = fig.add_subplot(111, projection='3d')
    10 x = df['計程車運輸合作社']
    11 y = df['計程車客運業兼營計程車客運服務業']
    12 z = df['個人計程車客運業']
    13
    14 ax.scatter(x, y, z, c='r')
    15 plt.xticks(rotation=60)
    16 plt.show()
```

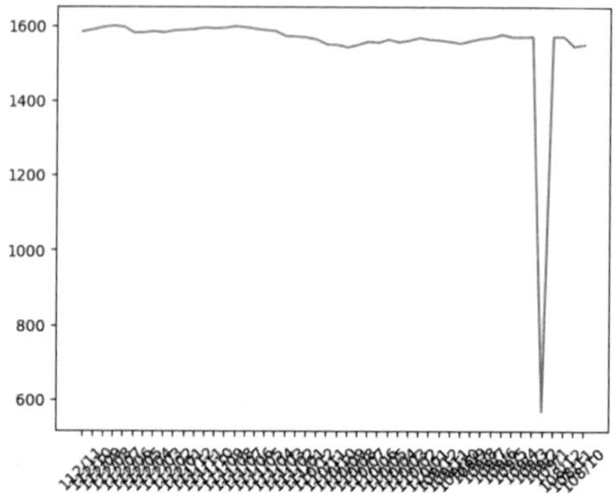

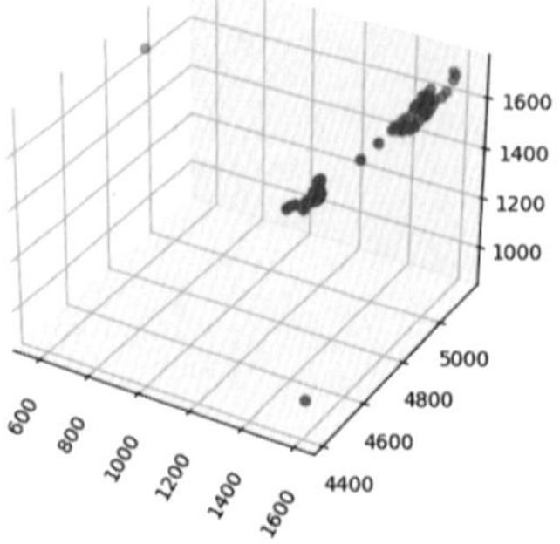

15.2 Google Trend 基礎操作與目標

Google Trends 是一個由 Google 提供的免費工具，其主要功能是追蹤特定關鍵字或主題在 Google 搜尋引擎中的搜尋趨勢。這款工具不僅提供了即時的搜尋趨勢資料，還能夠分析過去的搜尋歷史數據。通過 Google Trends，用戶可以瞭解特定主題或關鍵字在不同地區、不同時間範圍內的熱度變化趨勢，並進一步探索相關的話題和搜索趨勢。對於行銷人員來說，Google Trends 提供了寶貴的市場洞察，有助於制定更加精準的行銷策略；而對於研究人員來說，它可以用於趨勢分析、社會研究、新聞事件追蹤等多個方面，具有廣泛的應用價值。總的來說，Google Trends 的功能和數據分析能力使其成為一個強大的工具，對於瞭解大眾興趣和行為趨勢有著重要意義。

Google trend 應用場景如下：

市場趨勢預測：透過分析消費者的搜尋習慣，掌握市場動向並預測未來的消費趨勢。

競爭情報分析：比較不同品牌或產品在網絡上的受關注程度，了解競爭對手的表現和市場地位。

內容策略優化：通過掌握熱門關鍵字或話題的搜尋量和趨勢，優化內容策略，創作更具吸引力且符合市場需求的內容，提高網絡曝光和吸引力。

二、Google Trends 操作流程詳解

第一步：開啟 Google Trends 網站

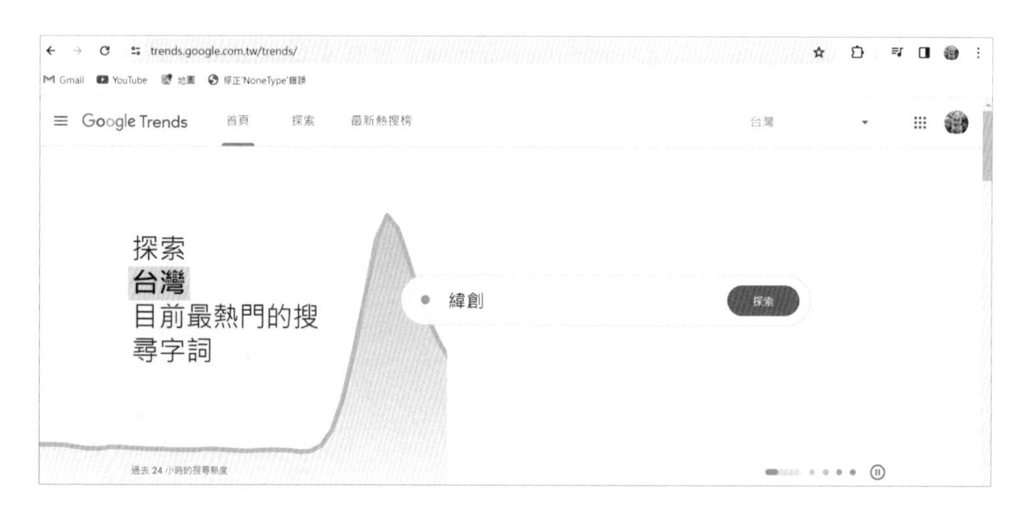

第二步：輸入想要追蹤的關鍵字

假設我們輸入「open ai」來看網路搜尋的熱度狀況

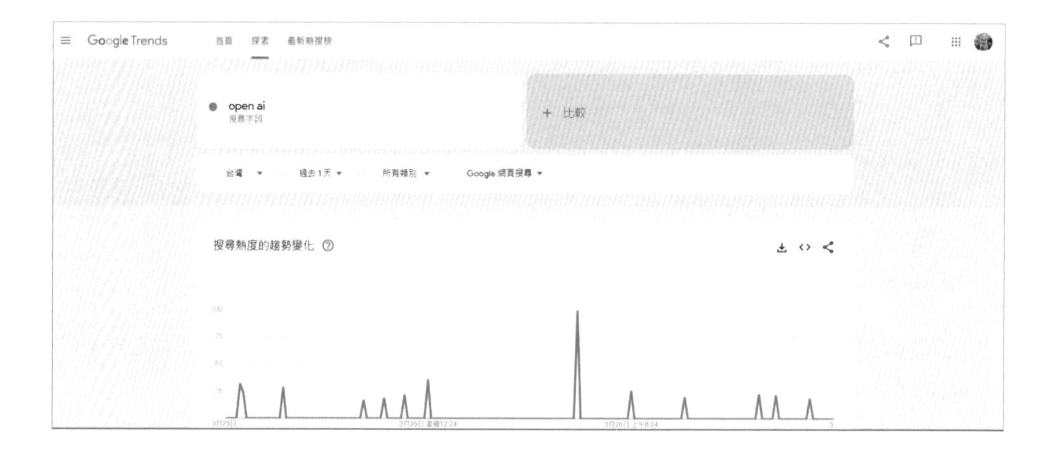

第三步：調整時間和地點

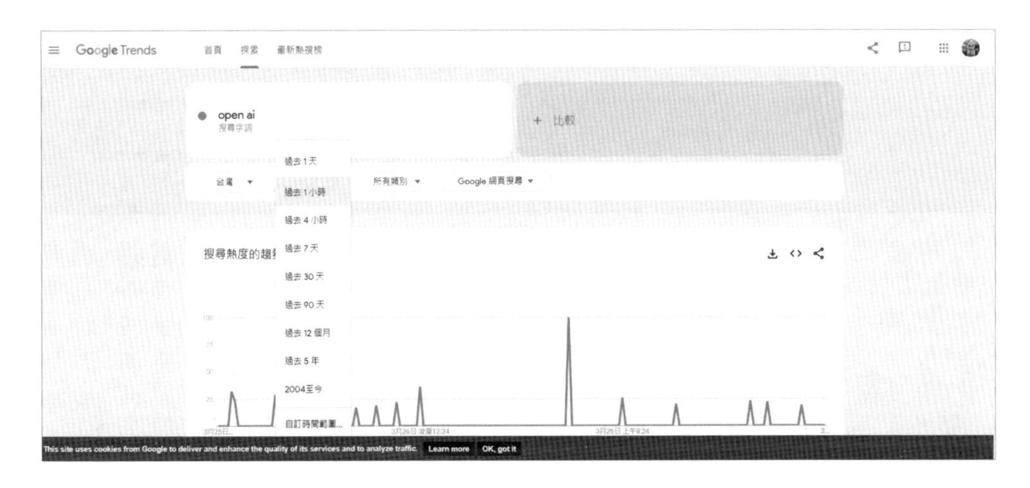

第四步：可以查看查詢的日期範圍和地區的關鍵字

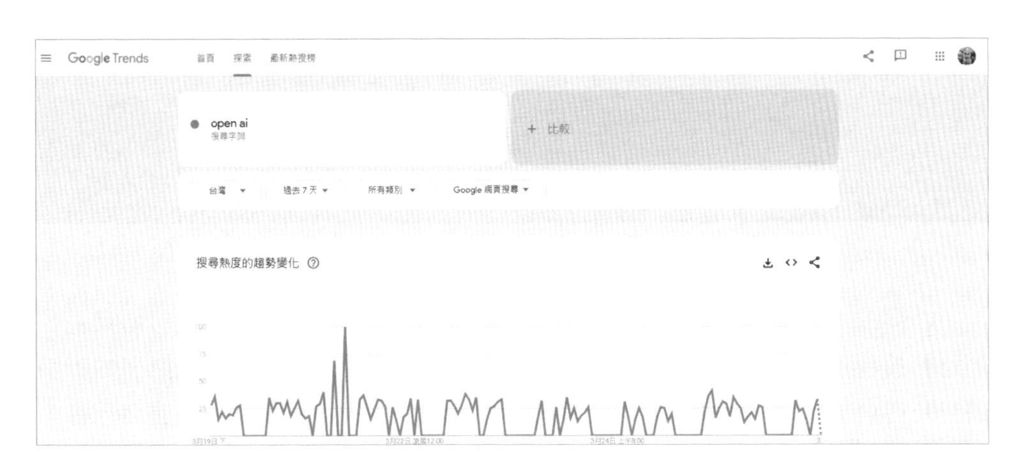

第五步：有效掌握各地區網友對於「open ai」關鍵字的感興趣程度

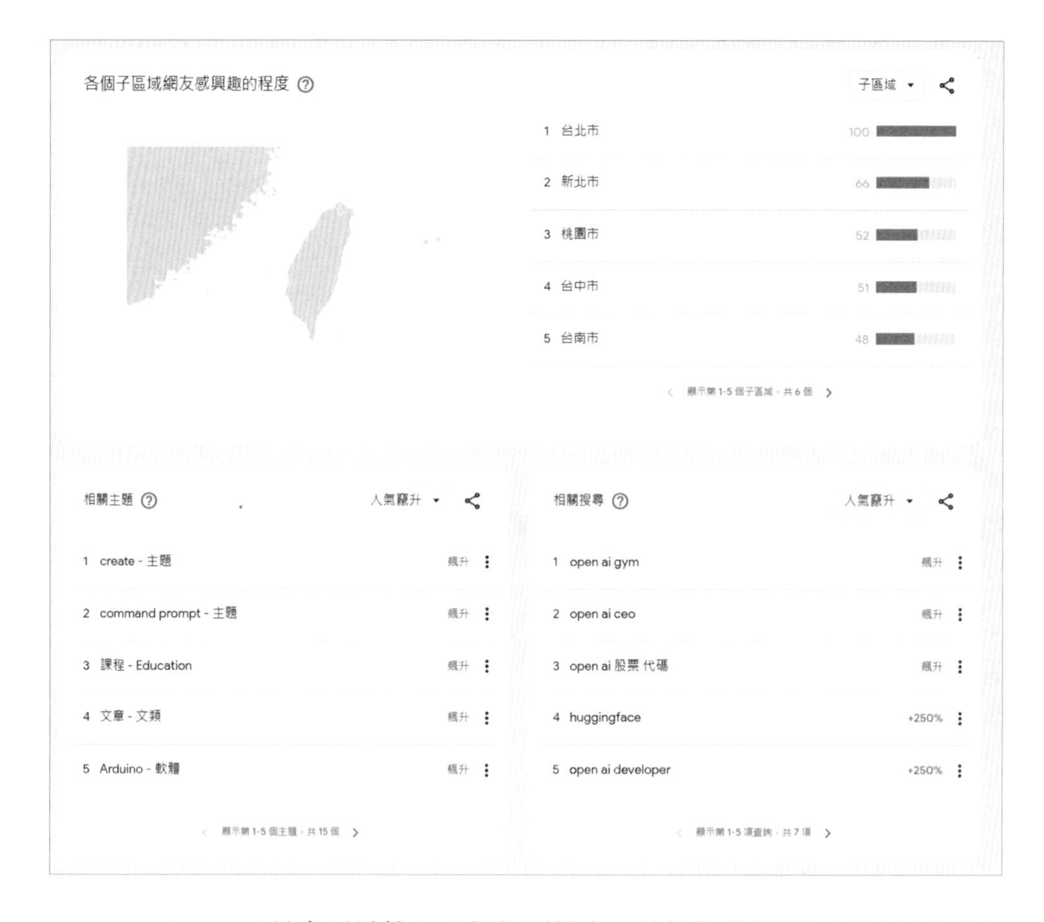

Google Trend 最多可以輸入五組的關鍵字，以便於我們對於不同關鍵字在網路熱搜程度做探勘，而 Google Trends 搜尋趨勢是一個由 Google 推出的市場研究及行銷工具，它反映了大眾在搜尋時關注的主題和流行趨勢。在當今社會，幾乎每個人在遇到問題時都會優先通過 Google 搜尋來尋找答案。因此，了解現在的搜尋趨勢對於市場研究和行銷而言至關重要。搶先一步瞭解並利用現在的流量趨勢，將有助於企業在競爭激烈的市場中佔據優勢，並有效地吸引更多的目標受眾，而在下一個小節中，本書將介紹讀者如何使用 Google trend 的 API，以利我們能夠結合 Python 進行視覺上的分析和研究。

15.3 Google Trend API 製作關鍵字點擊分析

本節範例使用不同品牌的湯圓在網路的聲量分析做研究和探勘。在此處，我們使用 Google Trend 的 API，也就是 pytrend，安裝的方法如下：

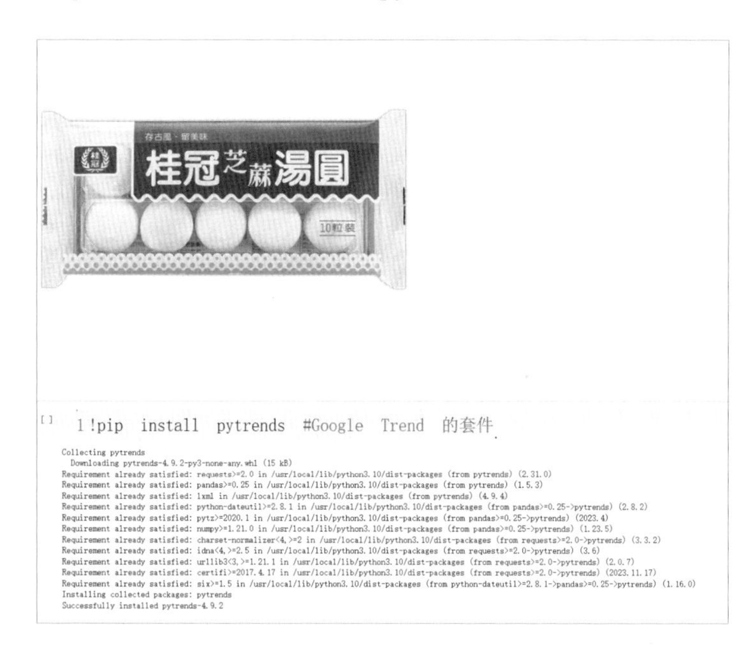


```
[ ]  1 !pip install pytrends #Google Trend 的套件

Collecting pytrends
  Downloading pytrends-4.9.2-py3-none-any.whl (15 kB)
Requirement already satisfied: requests>=2.0 in /usr/local/lib/python3.10/dist-packages (from pytrends) (2.31.0)
Requirement already satisfied: pandas>=0.25 in /usr/local/lib/python3.10/dist-packages (from pytrends) (1.5.3)
Requirement already satisfied: lxml in /usr/local/lib/python3.10/dist-packages (from pytrends) (4.9.4)
Requirement already satisfied: python-dateutil>=2.8.1 in /usr/local/lib/python3.10/dist-packages (from pandas>=0.25->pytrends) (2.8.2)
Requirement already satisfied: pytz>=2020.1 in /usr/local/lib/python3.10/dist-packages (from pandas>=0.25->pytrends) (2023.4)
Requirement already satisfied: numpy>=1.21.0 in /usr/local/lib/python3.10/dist-packages (from pandas>=0.25->pytrends) (1.23.5)
Requirement already satisfied: charset-normalizer<4,>=2 in /usr/local/lib/python3.10/dist-packages (from requests>=2.0->pytrends) (3.3.2)
Requirement already satisfied: idna<4,>=2.5 in /usr/local/lib/python3.10/dist-packages (from requests>=2.0->pytrends) (3.6)
Requirement already satisfied: urllib3<3,>=1.21.1 in /usr/local/lib/python3.10/dist-packages (from requests>=2.0->pytrends) (2.0.7)
Requirement already satisfied: certifi>=2017.4.17 in /usr/local/lib/python3.10/dist-packages (from requests>=2.0->pytrends) (2023.11.17)
Requirement already satisfied: six>=1.5 in /usr/local/lib/python3.10/dist-packages (from python-dateutil>=2.8.1->pandas>=0.25->pytrends) (1.16.0)
Installing collected packages: pytrends
Successfully installed pytrends-4.9.2
```

接著，我們試著安裝中文字體，因為繪圖時會用中文顯示：

```
⌄ Colab 進行matplotlib繪圖時顯示繁體中文

matplotlib繪圖無法呈現中文字，故需要上傳一個中文字型，然後把這字型加入 matplotlib 字型家族中。
作法參考: Colab 進行matplotlib繪圖時顯示繁體中文

[ ]  1 #  下載台北黑體
     2 !wget -O TaipeiSansTCBeta-Regular.ttf https://drive.google.com/uc?id=1eGAsTN

--2024-02-04 06:43:15--  https://drive.google.com/uc?id=1eGAsTN1HBpJAkeVM57_C7ccp7hbgSz3
Resolving drive.google.com (drive.google.com)... 173.194.174.101, 173.194.174.138, 173.194.174.102, ...
Connecting to drive.google.com (drive.google.com)|173.194.174.101|:443... connected.
HTTP request sent, awaiting response... 303 See Other
Location: https://drive.usercontent.google.com/download?id=1eGAsTN1HBpJAkeVM57_C7ccp7hbgSz3 [following]
--2024-02-04 06:43:15--  https://drive.usercontent.google.com/download?id=1eGAsTN1HBpJAkeVM57_C7ccp7hbgSz3
Resolving drive.usercontent.google.com (drive.usercontent.google.com)... 142.251.8.132, 2404:6800:4008:c15::84
Connecting to drive.usercontent.google.com (drive.usercontent.google.com)|142.251.8.132|:443... connected.
HTTP request sent, awaiting response... 200 OK
Length: 20659344 (20M) [application/octet-stream]
Saving to: 'TaipeiSansTCBeta-Regular.ttf'

TaipeiSansTCBeta-Re 100%[===================>]  19.70M  --.-KB/s    in 0.1s

2024-02-04 06:43:18 (190 MB/s) - 'TaipeiSansTCBeta-Regular.ttf' saved [20659344/20659344]

     1 import matplotlib as mpl
     2 import matplotlib.font_manager as fm

[ ]  1 #字型設定
     2 fm.fontManager.addfont('TaipeiSansTCBeta-Regular.ttf')
     3 mpl.rc('font', family='Taipei Sans TC Beta')

[ ]  1 [f.name for f in fm.fontManager.ttflist]
```

接下來，我們使用下列範例說明：

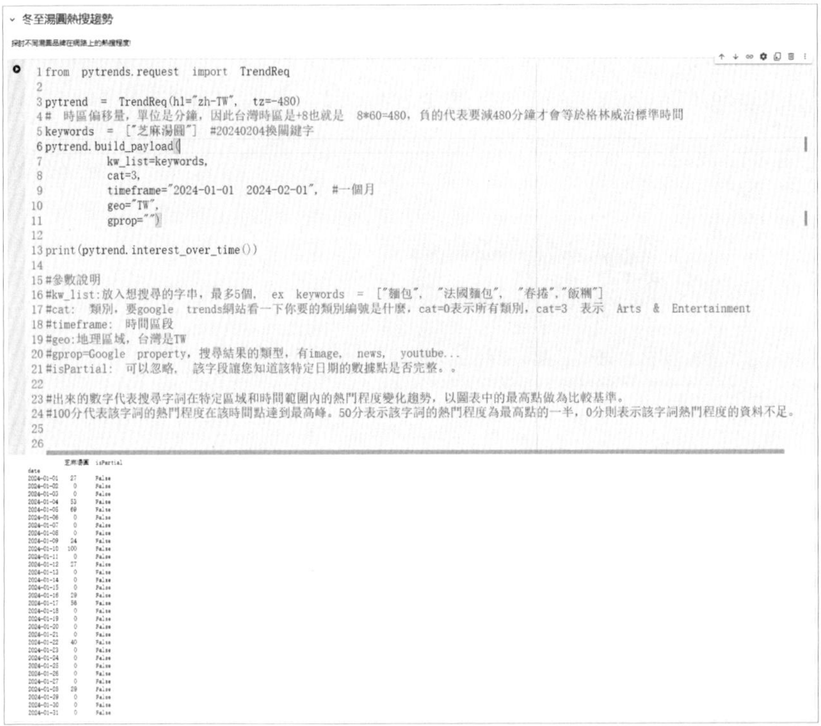

冬至湯圓熱搜趨勢

探討不同湯圓品牌在網路上的熱搜程度!

```
1 from  pytrends.request  import  TrendReq
2
3 pytrend  =  TrendReq(hl="zh-TW",  tz=-480)
4 #  時區偏移量，單位是分鐘，因此台灣時區是+8也就是  8*60=480，負的代表要減480分鐘才會等於格林威治標準時間
5 keywords  =  ["芝麻湯圓"]  #20240204換關鍵字
6 pytrend.build_payload(
7          kw_list=keywords,
8          cat=3,
9          timeframe="2024-01-01  2024-02-01",  #一個月
10         geo="TW",
11         gprop="")
12
13 print(pytrend.interest_over_time())
14
15 #參數說明
16 #kw_list:放入想搜尋的字串，最多5個，  ex  keywords  =  ["麵包",  "法國麵包",  "春捲","飯糰"]
17 #cat:  類別，要google  trends網站看一下你要的類別編號是什麼，cat=0表示所有類別，cat=3  表示  Arts  &  Entertainment
18 #timeframe:  時間區段
19 #geo:地理區域，台灣是TW
20 #gprop=Google  property，搜尋結果的類型，有image，  news，  youtube...
21 #isPartial:  可以忽略，  該字段讓您知道該特定日期的數據點是否完整。。
22
23 #出來的數字代表搜尋字詞在特定區域和時間範圍內的熱門程度變化趨勢，以圖表中的最高點做為比較基準。
24 #100分代表該字詞的熱門程度在該時間點達到最高峰。50分表示該字詞的熱門程度為最高點的一半，0分則表示該字詞熱門程度的資料不足。
25
26
```

```
            芝麻湯圓  isPartial
date
2024-01-01    27     False
2024-01-02     0     False
2024-01-03     0     False
2024-01-04    53     False
2024-01-05    69     False
2024-01-06     0     False
2024-01-07     0     False
2024-01-08     0     False
2024-01-09    24     False
2024-01-10   100     False
2024-01-11     0     False
2024-01-12    27     False
2024-01-13     0     False
2024-01-14     0     False
2024-01-15     0     False
2024-01-16    29     False
2024-01-17    56     False
2024-01-18     0     False
2024-01-19     0     False
2024-01-20     0     False
2024-01-21     0     False
2024-01-22    40     False
2024-01-23     0     False
2024-01-24     0     False
2024-01-25     0     False
2024-01-26     0     False
2024-01-27     0     False
2024-01-28    29     False
2024-01-29     0     False
2024-01-30     0     False
2024-01-31     0     False
```

首先，我們使用 Pytrends API 來從 Google Trends 中擷取關於指定關鍵字的搜尋趨勢數據。

```
from pytrends.request import TrendReq

# 建立 TrendReq 物件
pytrend = TrendReq(hl="zh-TW", tz=-480)
```

這裡使用了 TrendReq 類別來建立一個 Pytrends 物件。hl="zh-TW" 設置了語言為繁體中文，tz=-480 設置了時區偏移量，將台灣的時區設置為 UTC+8。

```
keywords = [" 芝麻湯圓 "]# 換關鍵字
```

在這行程式碼中，定義了要查詢的關鍵字列表。在此例中，我們查詢的關鍵字是「芝麻湯圓」。

```
pytrend.build_payload(
     kw_list=keywords,
     cat=3,
     timeframe="2024-01-01 2024-02-01",# 一個月
     geo="TW",
     gprop="")

# 印出搜尋趨勢數據
print(pytrend.interest_over_time())
```

這裡使用 build_payload 方法來設置搜尋的參數，包括關鍵字列表、類別、時間範圍、地理區域等。然後，使用 interest_over_time() 方法來獲取搜尋趨勢的數據並輸出到控制台。

下頁的程式範例，使用 Matplotlib 繪製了一個線性圖，顯示了關於「芝麻湯圓」這個關鍵字的網路熱搜度趨勢。讓我們逐步解釋這段程式碼，首先我們先匯入 API。

```
import matplotlib.pyplot as plt
```

這兩行程式碼獲取了從 Google Trends 中獲取的數據，並將不需要的 "isPartial" 列刪除。

```
df = pytrend.interest_over_time()
df = df.drop(["isPartial"], axis=1)
```

這裡建立了一個圖形物件，設置了 DPI 和大小。然後使用 plt.plot() 函數繪製了線性圖，其中 df.index 是時間序列索引，df. 芝麻湯圓是與該關鍵字相關的網路熱搜度數據，label=keywords[0] 設置了圖例的標籤為該關鍵字。

```
fig = plt.figure(dpi=80, figsize=(12, 8))
plt.plot(df.index, df. 芝麻湯圓 , label=keywords[0], lw="3.0")
```

這些程式碼用於設置圖表的標題、X 軸標題和 Y 軸標題，以及添加圖例。

```
plt.legend()
plt.title(" 芝麻湯圓網路熱搜度 ", fontsize=20)
plt.xlabel(" 時間 ", fontsize=14)
plt.ylabel(" 熱搜度 ", fontsize=14)
```

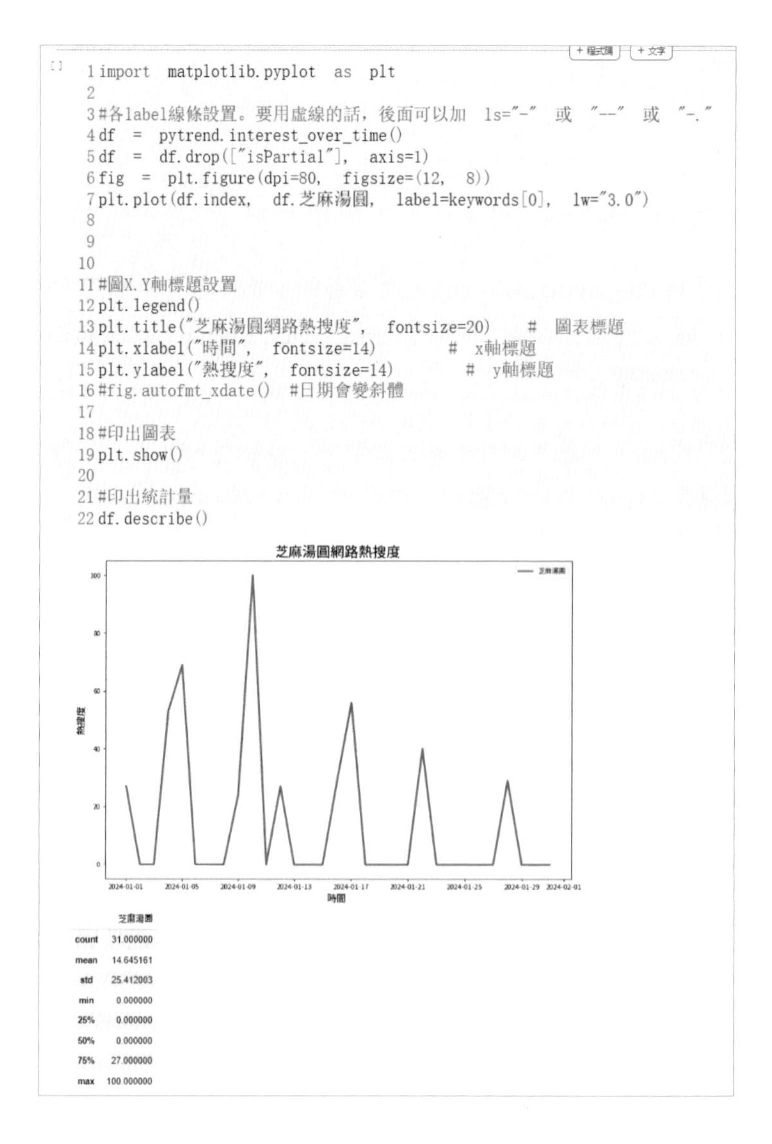

	芝麻湯圓
count	31.000000
mean	14.645161
std	25.412003
min	0.000000
25%	0.000000
50%	0.000000
75%	27.000000
max	100.000000

假設我們要分析不同品牌的湯圓在網路的搜尋熱度的程度，接下來本節會以實作的程式碼進行說明。此處，本節使用「桂冠湯圓」、「義美湯圓」、「全聯湯圓」、「珍煮丹」的四個目前市面上常見的品牌進行分析。可以參考本書範例程式連結：

https：//colab.research.google.com/drive/1TlKbnOlT79hls_L_geK9p3zHCYpL0_Iv?usp=sharing#scrollTo=mQ0VC2j3LlXW

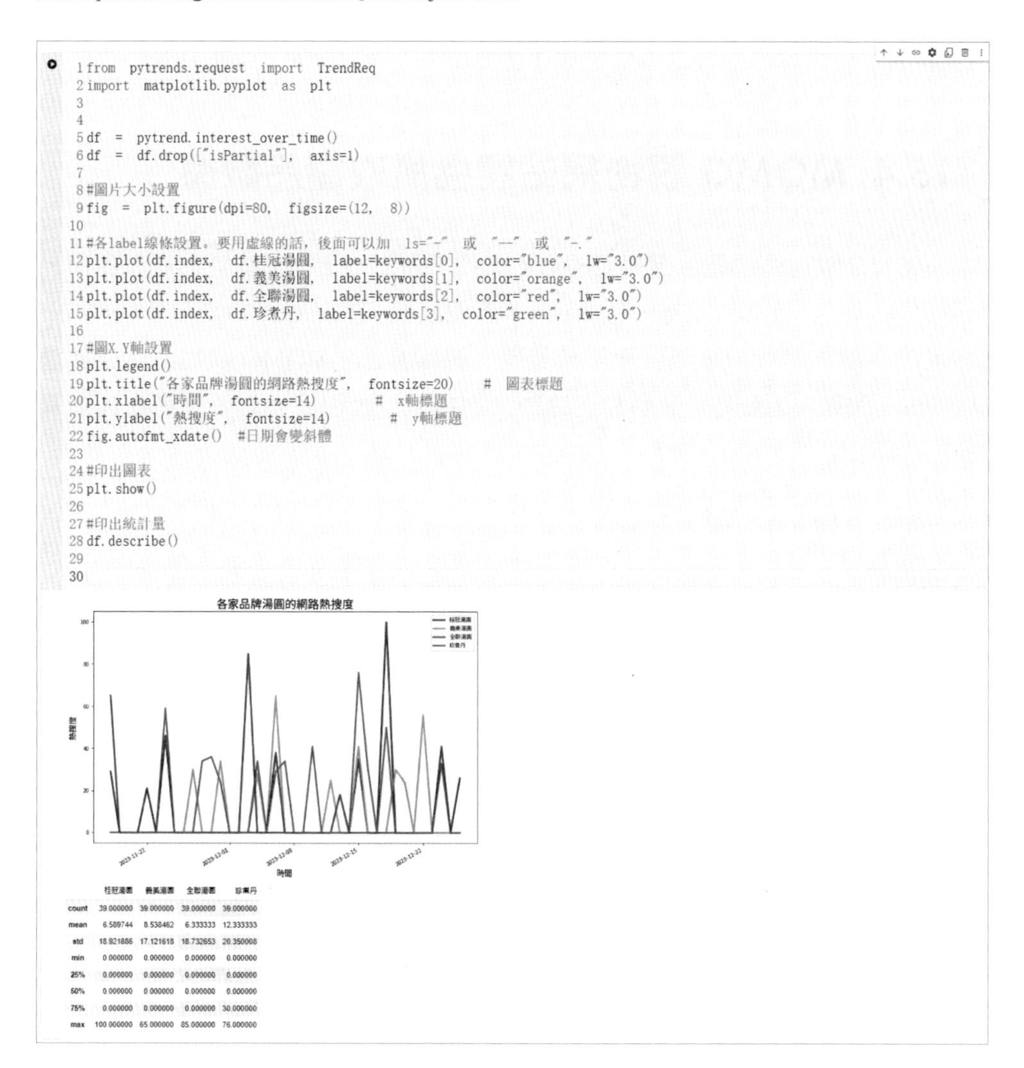

```
1 from  pytrends.request  import  TrendReq
2 import  matplotlib.pyplot  as  plt
3
4
5 df  =  pytrend.interest_over_time()
6 df  =  df.drop(["isPartial"],  axis=1)
7
8 #圖片大小設置
9 fig  =  plt.figure(dpi=80,  figsize=(12,  8))
10
11 #各label線條設置。要用虛線的話，後面可以加  ls="-" 或 "--" 或 "-."
12 plt.plot(df.index,  df.桂冠湯圓,  label=keywords[0],  color="blue",  lw="3.0")
13 plt.plot(df.index,  df.義美湯圓,  label=keywords[1],  color="orange",  lw="3.0")
14 plt.plot(df.index,  df.全聯湯圓,  label=keywords[2],  color="red",  lw="3.0")
15 plt.plot(df.index,  df.珍煮丹,  label=keywords[3],  color="green",  lw="3.0")
16
17 #圖X.Y軸設置
18 plt.legend()
19 plt.title("各家品牌湯圓的網路熱搜度",  fontsize=20)   #  圖表標題
20 plt.xlabel("時間",  fontsize=14)       #  x軸標題
21 plt.ylabel("熱搜度",  fontsize=14)       #  y軸標題
22 fig.autofmt_xdate()  #日期會變斜體
23
24 #印出圖表
25 plt.show()
26
27 #印出統計量
28 df.describe()
29
30
```


	桂冠湯圓	義美湯圓	全聯湯圓	珍煮丹
count	39.000000	39.000000	39.000000	39.000000
mean	6.589744	8.538462	6.333333	12.333333
std	18.921886	17.121618	18.732653	20.350008
min	0.000000	0.000000	0.000000	0.000000
25%	0.000000	0.000000	0.000000	0.000000
50%	0.000000	0.000000	0.000000	0.000000
75%	0.000000	0.000000	0.000000	30.000000
max	100.000000	65.000000	85.000000	76.000000

Google Trends 的「熱門程度」指的是特定關鍵字或主題在一段時間內在 Google 搜尋引擎中的搜尋量相對於該時間段內的總搜尋量的比例或指數。這個比例或指數通常是基於 0 到 100 的範圍，其中 100 代表在該時間段內搜尋量達到了最高峰，而 0 則表示該關鍵字在該時間段內的搜尋量非常低或者接近零。熱門程度的數據可以用來分析特定主題或關鍵字在特定時間段內的趨勢和流行程度。藉此，人們可以了解到目前的熱門話題，並分析過去的數據以預測未來的趨勢。對於行銷人員來說，這些數據可以幫助他們制定更有效的行銷策略；對於研究人員來說，則可以用來了解社會熱點和人們對特定主題的興趣。

15.4 MOMO 購物網站爬蟲抓取產品數據

MOMO 購物網站是台灣知名的網上購物平台之一，提供廣泛的商品選擇，涵蓋服飾、鞋包、美妝、家電、生活用品等各個品類。該網站於 2007 年正式成立，由 MOMO 購物網股份有限公司經營管理。總而言之，MOMO 購物網站以其豐富的商品選擇、優惠促銷活動和便捷的購物體驗，吸引了大量消費者在網上購物時選擇使用。

截圖引自 Momo 購物網

抓取 MOMO 購物網站的數據需要具有相關的爬蟲技術和相應的程式碼。在這裡，本書可以提供一個簡單的範例，展示如何使用 Python 的爬蟲套件 Beautiful Soup 和 Requests 來抓取 MOMO 購物網站的商品資訊。

此處，我們以「壓力鍋」為關鍵字進行產品的價格抓取。

202401_MOMO_爬蟲實戰範例.ipynb

檔案 編輯 檢視畫面 插入 執行階段 工具 說明 最近於 1月28日 編輯

留言 共用

+ 程式碼 + 文字 連線 T4 Colab AI

MOMO 網站爬蟲分析

CJ Huang 2024@copyright

我們的目標是以MOMO網站作為同質性產品分析

可以輸入想搜尋的關鍵字進行抓取

```
1 from google.colab import drive
2 drive.mount('/content/gdrive') #  此處需要登入google帳號
```

```
Drive already mounted at /content/gdrive; to attempt to forcibly remount, call drive.mount("/content/gdrive", force_remount=True).
```

```
1
2 import pandas as pd
3 from bs4 import BeautifulSoup
4 import json
5 import requests
6 import re
```

```
1 headers = {'User-Agent': 'Mozilla/5.0 (Windows NT 10.0; Win64; x64) AppleWebKit/5:
2
```

```
1 keyword = '壓力鍋' #修改關鍵字20240128
2 pages = 5
3 headers = {'User-Agent': 'Mozilla/5.0 (Windows NT 10.0; Win64; x64) AppleWebKit/5:
4 urls = []
5 for page in range(1, pages):
6     url = 'https://m.momoshop.com.tw/search.momo?_advFirst=N&_advCp=N&curPage={}&sea
7     print(url)
8     resp = requests.get(url, headers=headers)
9     if resp.status_code == 200:
10         soup = BeautifulSoup(resp.text)
11         for item in soup.select('li.goodsItemLi > a'):
12             urls.append('https://m.momoshop.com.tw'+item['href'])
13     urls = list(set(urls))
14     print(len(urls))
15 #     break
```

```
https://m.momoshop.com.tw/search.momo?_advFirst=N&_advCp=N&curPage=1&searchType=1&cateLevel=2&ent=k&searchKeyword=壓力鍋&_advThreeHours=N&_isFuzzy=0&_imgSH=fourCardType
20
https://m.momoshop.com.tw/search.momo?_advFirst=N&_advCp=N&curPage=2&searchType=1&cateLevel=2&ent=k&searchKeyword=壓力鍋&_advThreeHours=N&_isFuzzy=0&_imgSH=fourCardType
40
https://m.momoshop.com.tw/search.momo?_advFirst=N&_advCp=N&curPage=3&searchType=1&cateLevel=2&ent=k&searchKeyword=壓力鍋&_advThreeHours=N&_isFuzzy=0&_imgSH=fourCardType
60
https://m.momoshop.com.tw/search.momo?_advFirst=N&_advCp=N&curPage=4&searchType=1&cateLevel=2&ent=k&searchKeyword=壓力鍋&_advThreeHours=N&_isFuzzy=0&_imgSH=fourCardType
80
```

此處，透過捕捉 momo 電商網站的網頁標籤屬性來抓取產品的價格和商品名稱。

```
[ ]
df = []
for i, url in enumerate(urls):
    columns = []
    values = []

    resp = requests.get(url, headers=headers)
    soup = BeautifulSoup(resp.text)
    # 標題
    title = soup.find('meta',{'property':'og:title'})['content']
    # 品牌
    brand = soup.find('meta',{'property':'product:brand'})['content']
    # 連結
    link = soup.find('meta',{'property':'og:url'})['content']
    # 原價
    try:
        price = re.sub(r'\r\n| ','',soup.find('del').text)
    except:
        price = ''
    # 特價
    amount = soup.find('meta',{'property':'product:price:amount'})['content']
    # 類型
    cate = ''.join([i.text for i in soup.findAll('article',{'class':'pathArea'})]
    cate = re.sub('\n|\xa0',' ',cate)
    # 描述
    try:
        desc = soup.find('div',{'class':'Area101'}).text
        desc = re.sub('\r|\n| ', '', desc)
    except:
        desc = ''

    print('==================  {}  =================='.format(i))
    print(title)
    print(brand)
    print(link)
    print(amount)
    print(cate)

    columns += ['title', 'brand', 'link', 'price', 'amount', 'cate', 'desc']
    values += [title, brand, link, price, amount, cate, desc]

    # 規格
    for i in soup.select('div.attributesArea > table > tr'):
        try:
            column = i.find('th').text
            column = re.sub('\n|\r| ','',column)
            value = ''.join([j.text for j in i.findAll('li')])
            value = re.sub('\n|\r| ','',value)
            columns.append(column)
            values.append(value)
        except:
            pass
    ndf = pd.DataFrame(data=values, index=columns).T
    df.append(ndf)
df=pd.concat(df, ignore_index=True)

```

抓取的結果如下：

```
==================== 0 ====================
【Lagostina 樂鍋史蒂娜】NOVIA LagoEasyUP智慧節能開蓋壓力鍋9L
Lagostina 樂鍋史蒂娜
https://m.momoshop.com.tw/goods.momo?i_code=10265794&mdiv=searchEngine&oid=2_6&kw=%E5%A3%93%E5%8A%9B%E9%8D%8B
8,751
  餐廚用品 > 鍋具 >  功能鍋具 > 壓力鍋/快鍋
==================== 1 ====================
【SCANPAN】丹麥思康雙耳24cm急速壓力鍋8L組合(送調理內鍋)
SCANPAN
https://m.momoshop.com.tw/goods.momo?i_code=7597943&mdiv=searchEngine&oid=3_10&kw=%E5%A3%93%E5%8A%9B%E9%8D%8B
7,999
  餐廚用品 > 鍋具 >  功能鍋具 > 調理鍋/內鍋
==================== 2 ====================
【WMF】Fusiontec德國製快力鍋/壓力鍋6.5L(鉑灰色)
WMF
https://m.momoshop.com.tw/goods.momo?i_code=7639867&mdiv=searchEngine&oid=2_1&kw=%E5%A3%93%E5%8A%9B%E9%8D%8B
14,560
  品牌旗艦 > 德國WMF >  鍋具系列 > Fusiontec
==================== 3 ====================
【瑞康屋Kuhn Rikon】瑞士壓力鍋12L雙柄(+UCOM超萌粉彩豬計時器)
Kuhn Rikon
https://m.momoshop.com.tw/goods.momo?i_code=10934717&mdiv=searchEngine&oid=4_9&kw=%E5%A3%93%E5%8A%9B%E9%8D%8B
26,420
  餐廚用品 > 鍋具 >  歐美品牌 > 瑞士Kuhn Rikon瑞康屋
==================== 4 ====================
【Siroca】4L微電腦壓力鍋/萬用鍋(SP-4D1510-W)
Siroca
https://m.momoshop.com.tw/goods.momo?i_code=10924267&mdiv=searchEngine&oid=2_4&kw=%E5%A3%93%E5%8A%9B%E9%8D%8B
3,990
  家電 > 電鍋/電子鍋 >  壓力鍋/萬用鍋 > 萬用鍋
==================== 5 ====================
【ASAHI 朝日鍋具】零秒活力鍋L 5.5L+玻璃鍋蓋+專用蒸籠(壓力鍋、快鍋)
ASAHI 朝日鍋具
https://m.momoshop.com.tw/goods.momo?i_code=12174545&mdiv=searchEngine&oid=4_7&kw=%E5%A3%93%E5%8A%9B%E9%8D%8B
14,548
  餐廚用品 > 鍋具 >  亞洲品牌 > ASAHI朝日鍋具
==================== 6 ====================
【WMF】德國製Fusiontec快力鍋/壓力鍋6.5L(德製頂規款/四色任選)
WMF
https://m.momoshop.com.tw/goods.momo?i_code=7639869&mdiv=searchEngine&oid=1_13&kw=%E5%A3%93%E5%8A%9B%E9%8D%8B
10,990
  品牌旗艦 > 德國WMF >  鍋具系列 > Fusiontec
==================== 7 ====================
6L大容量快煮微壓力鍋

https://m.momoshop.com.tw/goods.momo?i_code=9192908&mdiv=searchEngine&oid=3_16&kw=%E5%A3%93%E5%8A%9B%E9%8D%8B
790
  餐廚用品 > 鍋具 >  功能鍋具 > 壓力鍋/快鍋
==================== 8 ====================
【Tefal 特福】鮮呼吸智能溫控舒肥萬用鍋/壓力鍋-極地白(CY625170)
Tefal 特福
https://m.momoshop.com.tw/goods.momo?i_code=7980476&mdiv=searchEngine&oid=3_5&kw=%E5%A3%93%E5%8A%9B%E9%8D%8B
4,980
  家電 > 電鍋/電子鍋 >  壓力鍋/萬用鍋 > 萬用鍋
==================== 9 ====================
【SAMPO 聲寶】聲寶微電腦多功能萬用鍋/壓力鍋(KC-B21051L)
SAMPO 聲寶
https://m.momoshop.com.tw/goods.momo?i_code=9816277&mdiv=searchEngine&oid=1_1&kw=%E5%A3%93%E5%8A%9B%E9%8D%8B
```

為了讓抓取的結果可以順利下載，我通常建議讀者可以透過 dataframe 格式寫進雲端硬碟。

```
1 df.info()
2

<class 'pandas.core.frame.DataFrame'>
RangeIndex: 80 entries, 0 to 79
Data columns (total 19 columns):
 #   Column  Non-Null Count  Dtype
---  ------  --------------  -----
 0   title   80 non-null     object
 1   brand   80 non-null     object
 2   link    80 non-null     object
 3   price   80 non-null     object
 4   amount  80 non-null     object
 5   cate    80 non-null     object
 6   desc    80 non-null     object
 7   品牌名稱    69 non-null     object
 8   款式      43 non-null     object
 9   容量      78 non-null     object
 10  適用於     44 non-null     object
 11  材質      43 non-null     object
 12  保固期     57 non-null     object
 13  品牌系列    3 non-null      object
 14  效能      36 non-null     object
 15  包裝組合    3 non-null      object
 16  尺寸      3 non-null      object
 17  形狀      3 non-null      object
 18  類型      1 non-null      object
dtypes: object(19)
memory usage: 12.0+ KB

1 df.to_csv("/content/gdrive/My Drive/20240128_POT_MOMO.csv",encoding="utf-8-sig")
2
```

15.5 MOMO 購物網站分析產品競價策略

此處則是針對，上節抓取 MOMO 網站的產品價格進行分析，我們以壓力鍋為例。

```
1 from google.colab import drive
2 drive.mount('/content/gdrive')  # 此處需要登入google帳號

Mounted at /content/gdrive

[2]
1 import pandas as pd
2 data = pd.read_csv("/content/gdrive/My Drive/20240128_POT_MOMO.csv")

[3]
1 #data.head(5)

[4]
1 data.isnull().sum().sum

pandas.core.generic.NDFrame._add_numeric_operations.<locals>.sum
def sum(axis=None, skipna=True, level=None, numeric_only=None, min_count=0, **kwargs)

/usr/local/lib/python3.10/dist-packages/pandas/core/generic.py
Return the sum of the values over the requested axis.

This is equivalent to the method ``numpy.sum``.

Parameters

[5]
1 df = data[["title","price"]]

[6]
1 df.head()
```

	title	price
0	【Lagostina 樂鍋史蒂娜】NOVIA LagoEasyUP智慧節能開蓋壓力鍋9L	9,212
1	【SCANPAN】丹麥思康雙耳24cm急速壓力鍋8L組合(送調理內鍋)	15,300
2	【WMF】Fusiontec德國製快力鍋/壓力鍋6.5L(鉑灰色)	20,800
3	【瑞康屋Kuhn Rikon】瑞士壓力鍋12L雙柄(+UCOM超萌粉彩豬計時器)	NaN
4	【Siroca】4L微電腦壓力鍋/萬用鍋(SP-4D1510-W)	9,990

Next steps: Generate code with df　View recommended plots

```
[7]
1 df["product_price"]=  df["price"].str.replace(",","").astype("float")
2 df02  =  df[:10]
3 df02
```

```
<ipython-input-7-c39ba01a2db1>:1: SettingWithCopyWarning:
A value is trying to be set on a copy of a slice from a DataFrame.
Try using .loc[row_indexer,col_indexer] = value instead

See the caveats in the documentation: https://pandas.pydata.org/pandas-docs/stable/user_guide/indexing.html#returning-a-view-versus-a-copy
  df["product_price"]= df["price"].str.replace(",","").astype("float")
```

	title	price	product_price
0	【Lagostina 樂鍋史蒂娜】NOVIA LagoEasyUP智慧節能開蓋壓力鍋9L	9,212	9212.0
1	【SCANPAN】丹麥思康雙耳24cm急速壓力鍋8L組合(送調理內鍋)	15,300	15300.0
2	【WMF】Fusiontec德國製快力鍋/壓力鍋6.5L(鉑灰色)	20,800	20800.0
3	【瑞康屋Kuhn Rikon】瑞士壓力鍋12L雙柄(+UCOM超萌粉彩豬計時器)	NaN	NaN
4	【Siroca】4L微電腦壓力鍋/萬用鍋(SP-4D1510-W)	9,990	9990.0
5	【ASAHI 朝日鍋具】零秒活力鍋L 5.5L+玻璃鍋蓋+專用蒸籠(壓力鍋、快鍋)	17,060	17060.0
6	【WMF】德國製Fusiontec快力鍋/壓力鍋6.5L(德製頂規款/四色任選)	20,800	20800.0
7	6L大容量快煮微壓力鍋	2,000	2000.0
8	【Tefal 特福】鮮呼吸智能溫控舒肥萬用鍋/壓力鍋-極地白(CY625170)	6,980	6980.0
9	【SAMPO 聲寶】聲寶微電腦多功能萬用鍋/壓力鍋(KC-B21051L)	2,280	2280.0

抓取出產品名稱以及價格，並安裝中文字體

```
[8]
1 df01  =  df[["title","product_price"]]
2 df01['product_price'].mean()
```

```
8317.6
```

```
[9]
1 df01['product_price'].max()
```

```
23800.0
```

```
[10]
1 df01['product_price'].min()
```

```
600.0
```

```
[11]
1 !wget  -O  TaipeiSansTCBeta-Regular.ttf  https://drive.google.com/uc?id=1eGAsTN1HBpJAkeVM57
```

```
—2024-03-26 12:31:20—  https://drive.google.com/uc?id=1eGAsTN1HBpJAkeVM57_C7ccp7hbgSz3
Resolving drive.google.com (drive.google.com)... 172.217.12.14, 2607:f8b0:4025:815::200e
Connecting to drive.google.com (drive.google.com)|172.217.12.14|:443... connected.
HTTP request sent, awaiting response... 303 See Other
Location: https://drive.usercontent.google.com/download?id=1eGAsTN1HBpJAkeVM57_C7ccp7hbgSz3 [following]
—2024-03-26 12:31:20—  https://drive.usercontent.google.com/download?id=1eGAsTN1HBpJAkeVM57_C7ccp7hbgSz3
Resolving drive.usercontent.google.com (drive.usercontent.google.com)... 172.217.164.1, 2607:f8b0:4025:803::2001
Connecting to drive.usercontent.google.com (drive.usercontent.google.com)|172.217.164.1|:443... connected.
HTTP request sent, awaiting response... 200 OK
Length: 20659344 (20M) [application/octet-stream]
Saving to: 'TaipeiSansTCBeta-Regular.ttf'

TaipeiSansTCBeta-Re 100%[===================>]  19.70M  44.0MB/s    in 0.4s

2024-03-26 12:31:22 (44.0 MB/s) - 'TaipeiSansTCBeta-Regular.ttf' saved [20659344/20659344]
```

```
[12]
1 import  matplotlib  as  mpl
2 import  matplotlib.font_manager  as  fm
```

```
[13]
1 #字型設定
2 fm.fontManager.addfont('TaipeiSansTCBeta-Regular.ttf')
3 mpl.rc('font',  family='Taipei  Sans  TC  Beta')
```

```
[14] 1 [f.name for f in fm.fontManager.ttflist]
```

```
['cmb10',
 'STIXGeneral',
 'cmsy10',
 'STIXSizeThreeSym',
 'cmmi10',
 'cmtt10',
 'STIXNonUnicode',
 'STIXNonUnicode',
 'STIXGeneral',
 'STIXNonUnicode',
 'DejaVu Sans',
 'DejaVu Serif',
 'STIXSizeTwoSym',
 'DejaVu Serif Display',
 'STIXGeneral',
 'DejaVu Sans Mono',
 'STIXSizeFiveSym',
 'DejaVu Serif',
 'STIXSizeFourSym',
 'cmss10',
 'DejaVu Sans Mono',
 'cmex10',
 'DejaVu Sans',
 'STIXGeneral',
 'DejaVu Serif',
 'STIXSizeOneSym',
 'DejaVu Sans Display',
 'DejaVu Sans Mono',
 'DejaVu Sans',
 'cmr10',
 'DejaVu Sans',
 'DejaVu Sans Mono',
 'STIXSizeOneSym',
 'STIXSizeThreeSym',
 'DejaVu Serif',
 'STIXSizeFourSym',
 'STIXSizeTwoSym',
 'STIXNonUnicode',
 'Liberation Sans Narrow',
 'Liberation Serif',
 'Liberation Mono',
 'Liberation Mono',
 'Liberation Sans',
 'Humor Sans',
 'Liberation Mono',
 'Liberation Serif',
 'Liberation Sans Narrow',
 'Liberation Serif',
 'Liberation Sans',
 'Liberation Sans Narrow',
 'Liberation Serif',
 'Liberation Sans Narrow',
 'Liberation Sans',
 'Liberation Mono',
 'Liberation Sans',
 'Taipei Sans TC Beta']
```

畫出該商品的售價狀況圖表：

```
[15] 1 import matplotlib.pyplot as plt
     2 df01['product_price'][:70].plot(subplots=False,figsize=(27,10))
     3 plt.title('MOMO 電商網站上壓力鍋售價',fontsize=30)
     4 plt.axhline(y=8264.75, color='r', linestyle='--')
     5 plt.xlabel('store id',fontsize=20)
     6 plt.ylabel('price',fontsize=20)
     7 plt.show()
```

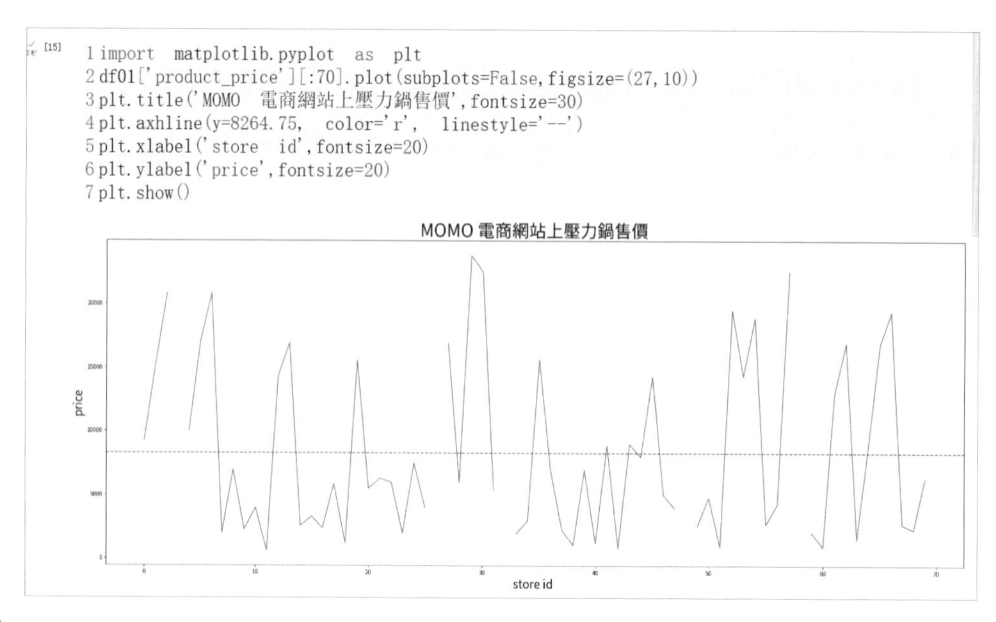

讀者可以對分析的圖表再描繪精美一點，有助於視覺化的分析和呈現：

```
[16]
 1 import  matplotlib.pyplot  as  plt
 2
 3 #  假設  df01  是您的  DataFrame
 4 fig,  ax  =  plt.subplots(figsize=(15,  8))
 5 df01['product_price'][:70].plot(ax=ax,  marker='o',  linestyle='-',  color='skyblue',  line
 6
 7 #  標題和標籤
 8 plt.title('MOMO  電商網站上壓力鍋售價',  fontsize=25,  fontweight='bold',  color='navy')
 9 plt.xlabel('Store  ID',  fontsize=16,  color='gray')
10 plt.ylabel('Price',  fontsize=16,  color='gray')
11
12 #  添加水平線
13 plt.axhline(y=8264.75,  color='red',  linestyle='--',  linewidth=2,  label='Threshold  Pric
14
15 #  圖例
16 plt.legend(fontsize=12,  loc='upper  left')
17
18 #  网格
19 plt.grid(axis='y',  linestyle='--',  alpha=0.5)
20
21 #  x  軸標籤傾斜
22 plt.xticks(rotation=45,  ha='right',  fontsize=12,  color='gray')
23 plt.yticks(fontsize=12,  color='gray')
24
25 #  添加網格背景
26 ax.set_facecolor('#f8f8f8')
27
28 plt.tight_layout()
29 file_path  =  '/content/gdrive/My  Drive/MOMO_POTTT.png'
30 plt.savefig(file_path,  bbox_inches='tight',  pad_inches=0.1)
31 plt.show()
32
```

MOMO 電商網站上壓力鍋售價

product_price
Threshold Price: 8264.75

20000
15000
10000
5000
0

Price

0 10 20 30 40 50 60 70

Store ID

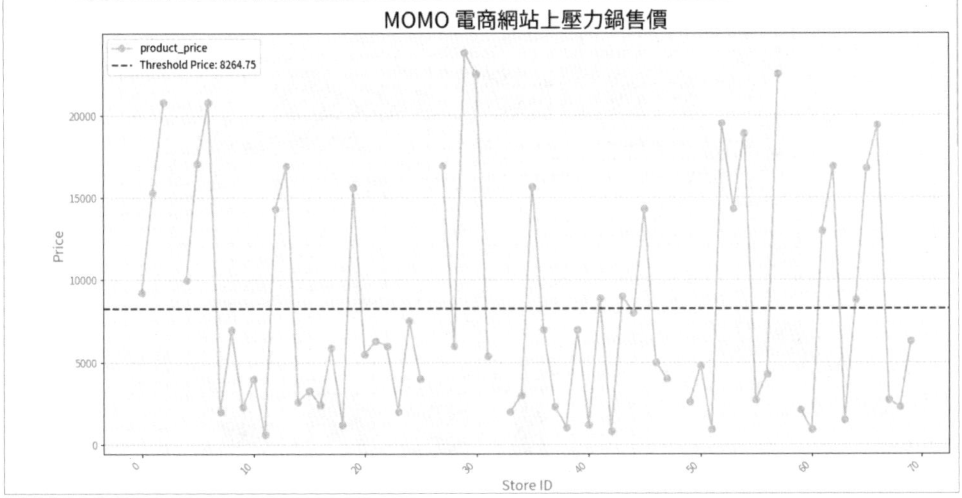

15.6 PCHOME 購物網站爬蟲抓取產品數據

PChome 是一家知名的台灣電子商務公司，創立於 1991 年，至今已成為台灣最具規模的網路購物平台之一。透過其豐富多元的商品選擇，PChome 提供了廣泛的購物體驗，涵蓋了從電腦、手機、家電、服飾、美妝，到生活用品等各個品類。這使得消費者在 PChome 平台上能夠輕鬆地找到符合個人需求的商品，從日常必需品到時尚潮流，應有盡有。

作為台灣最大的網路購物平台之一，PChome 不僅提供了各種商品的購買渠道，還定期舉辦多樣化的促銷活動，包括限時特惠、滿額贈品、搶購秒殺等，讓消費者能夠享受更多的折扣和優惠。此外，PChome 的快速配送服務也讓消費者感受到便捷和可靠，部分地區甚至支援次日送達，讓購物體驗更加順暢。

截圖引自 Pchmoe 官網

此處，亦使用「壓力鍋」商品作為我們分析的對象；此處會抓取前 100 筆的商品資料，最後以 Pandas 的 dataframe 格式輸出，以便於在雲端硬碟中抓取資料。

讀者如果在捕捉產品資訊時間過長，也可以自行設定筆記本的處理單元，可以使用 T4-GPU，執行速度會加快。

PChome 網站爬蟲分析

CJ Huang 2024@copyright

我們的目標是以Pchome網站作為同質性產品分析

可以輸入想搜尋的關鍵字進行抓取

```
1 from  google.colab  import  drive
2 drive.mount('/content/gdrive')  #  此處需要登入google帳號
```

```
1 #  -*-  coding:  utf-8  -*-
2 %%timeit
3 import  requests
4 import  json
5 import  pandas  as  pd
6 import  time
7
8 keyword  =  '壓力鍋'  #20240128
9 #  要抓取的網址
10 url  =  'https://ecshweb.pchome.com.tw/search/v3.3/all/results?q='+keyword+'&page=1&sort=sa
11 #請求網站
12 list_req  =  requests.get(url)
13 #將整個網站的程式碼爬下來
14 getdata  =  json.loads(list_req.content)
15
16
17 #  蒐集多頁的資料，打包成csv檔案
18 alldata  =  pd.DataFrame()  #  準備一個容器
19 for  i  in  range(1,10):
20       #  要抓取的網址
21       url  =  'https://ecshweb.pchome.com.tw/search/v3.3/all/results?q='+keyword+'&page='
22       #請求網站
23       list_req  =  requests.get(url)
24       #將整個網站的程式碼爬下來
25       getdata  =  json.loads(list_req.content)
26       todataFrame  =  pd.DataFrame(getdata['prods'])  #  轉成Dataframe格式
27       alldata  =  pd.concat([alldata,  todataFrame])  #  將結果裝進容器
28
29       time.sleep(10)  #拖延時間
30
31 #  儲存檔案
32 alldata.to_csv('/content/gdrive/My  Drive/20240128_HOTPOT.csv',  #  名稱  #20240128
33                      encoding='utf-8-sig',  #  編碼
34                      index=False)  #  是否保留Index
35
```

15.7 PCHOME 購物網站分析產品競價策略

為了知道同樣的產品在不同的網站上的價格，我們一樣對壓力鍋的記錄檔進行分析。

PChome 網站爬蟲分析

CJ Huang 2024@copyright

我們的目標是以Pchome網站作為同質性產品分析

可以輸入想搜尋的關鍵字進行抓取

```
from google.colab import drive
drive.mount('/content/gdrive')  #  此處需要登入google帳號
```

```
Mounted at /content/gdrive
```

```
import datetime
import time
# 記錄開始時間
start_time = time.time()
```

```
import pandas as pd
data = pd.read_csv("/content/gdrive/My Drive/20240128_HOTPOT.csv")  #20240128
```

```
#data.head(5)
```

```
data.isnull().sum().sum
```

```
<bound method NDFrame._add_numeric_operations.<locals>.sum of Id            0
cateId          0
picS            0
picB            0
name            0
describe        0
price           0
originPrice     0
author        180
brand         180
publishDate   180
isPChome        0
isNC17          0
couponActid     0
BU              0
dtype: int64>
```

```
df = data[["Id","price"]]
```

```
df.head()
```

	Id	price
0	DMBI86-A900FTR8F	6700
1	DMBI86-A900GRKYM	1050
2	DMBI85-A900GKBW6	4199
3	DMBI6I-A900BHCY6	4680
4	DMBI86-A900FGKTE	3999

```
df01 = df[["Id","price"]]
df01['price'].mean()
```

```
4763.688888888889
```

```
df01['price'].max()
```

```
24590
```

```
df01['price'].min()
```

```
499
```

因為分析的結果須以中文呈現，此處也需安裝中文字體：

```
[ ] 1 !wget -O TaipeiSansTCBeta-Regular.ttf https://drive.google.com/uc?id=1eGAsTN1HBpJAkeVM5

—2024-01-28 05:37:56— https://drive.google.com/uc?id=1eGAsTN1HBpJAkeVM57_C7ccp7hbgSz3
Resolving drive.google.com (drive.google.com)... 108.177.96.113, 108.177.96.102, 108.177.96.139, ...
Connecting to drive.google.com (drive.google.com)|108.177.96.113|:443... connected.
HTTP request sent, awaiting response... 303 See Other
Location: https://drive.usercontent.google.com/download?id=1eGAsTN1HBpJAkeVM57_C7ccp7hbgSz3 [following]
—2024-01-28 05:37:56— https://drive.usercontent.google.com/download?id=1eGAsTN1HBpJAkeVM57_C7ccp7hbgSz3
Resolving drive.usercontent.google.com (drive.usercontent.google.com)... 108.177.127.132, 2a00:1450:4013:c07::84
Connecting to drive.usercontent.google.com (drive.usercontent.google.com)|108.177.127.132|:443... connected.
HTTP request sent, awaiting response... 200 OK
Length: 20659344 (20M) [application/octet-stream]
Saving to: 'TaipeiSansTCBeta-Regular.ttf'

TaipeiSansTCBeta-Re 100%[===================>] 19.70M 43.9MB/s in 0.4s

2024-01-28 05:38:02 (43.9 MB/s) - 'TaipeiSansTCBeta-Regular.ttf' saved [20659344/20659344]

[ ] 1 import matplotlib as mpl
    2 import matplotlib.font_manager as fm

[ ] 1 #字型設定
    2 fm.fontManager.addfont('TaipeiSansTCBeta-Regular.ttf')
    3 mpl.rc('font', family='Taipei Sans TC Beta')

[ ] 1 [f.name for f in fm.fontManager.ttflist]
```

產品分析後的售價結果如下圖所示：

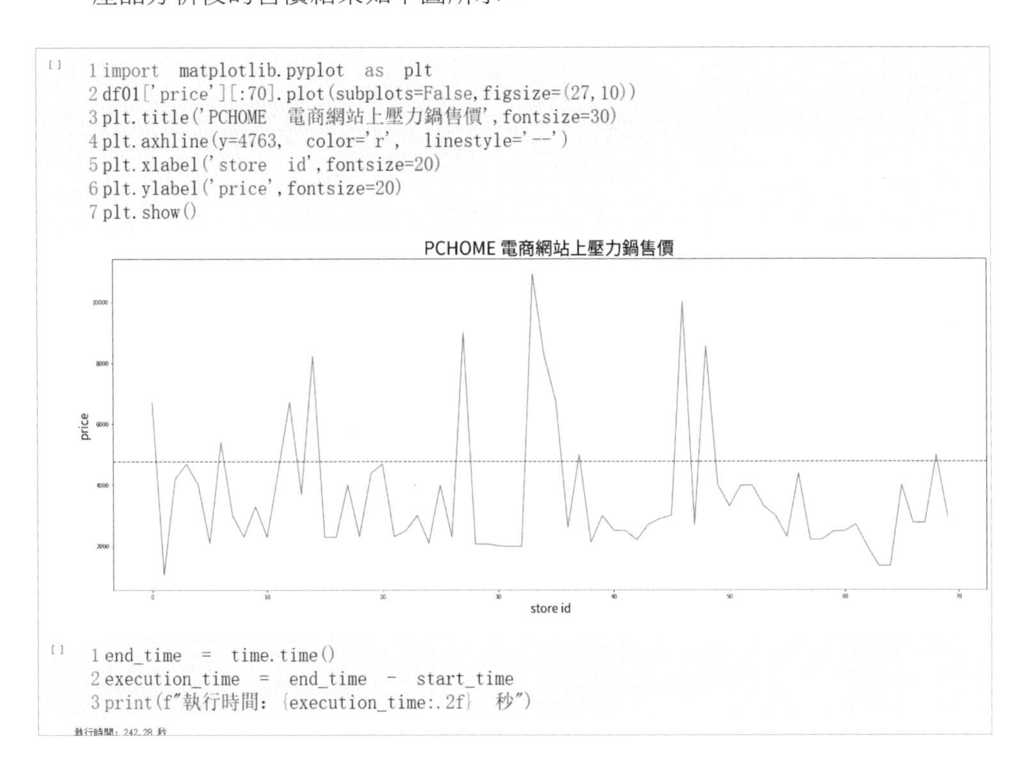

```
[ ] 1 import matplotlib.pyplot as plt
    2 df01['price'][:70].plot(subplots=False, figsize=(27,10))
    3 plt.title('PCHOME 電商網站上壓力鍋售價', fontsize=30)
    4 plt.axhline(y=4763, color='r', linestyle='--')
    5 plt.xlabel('store id', fontsize=20)
    6 plt.ylabel('price', fontsize=20)
    7 plt.show()
```



```
[ ] 1 end_time = time.time()
    2 execution_time = end_time - start_time
    3 print(f"執行時間: {execution_time:.2f} 秒")

執行時間: 242.28 秒
```

此處，讀者亦可以根據上頁圖表將圖表繪製更加精美，以利了解產品價格分布。

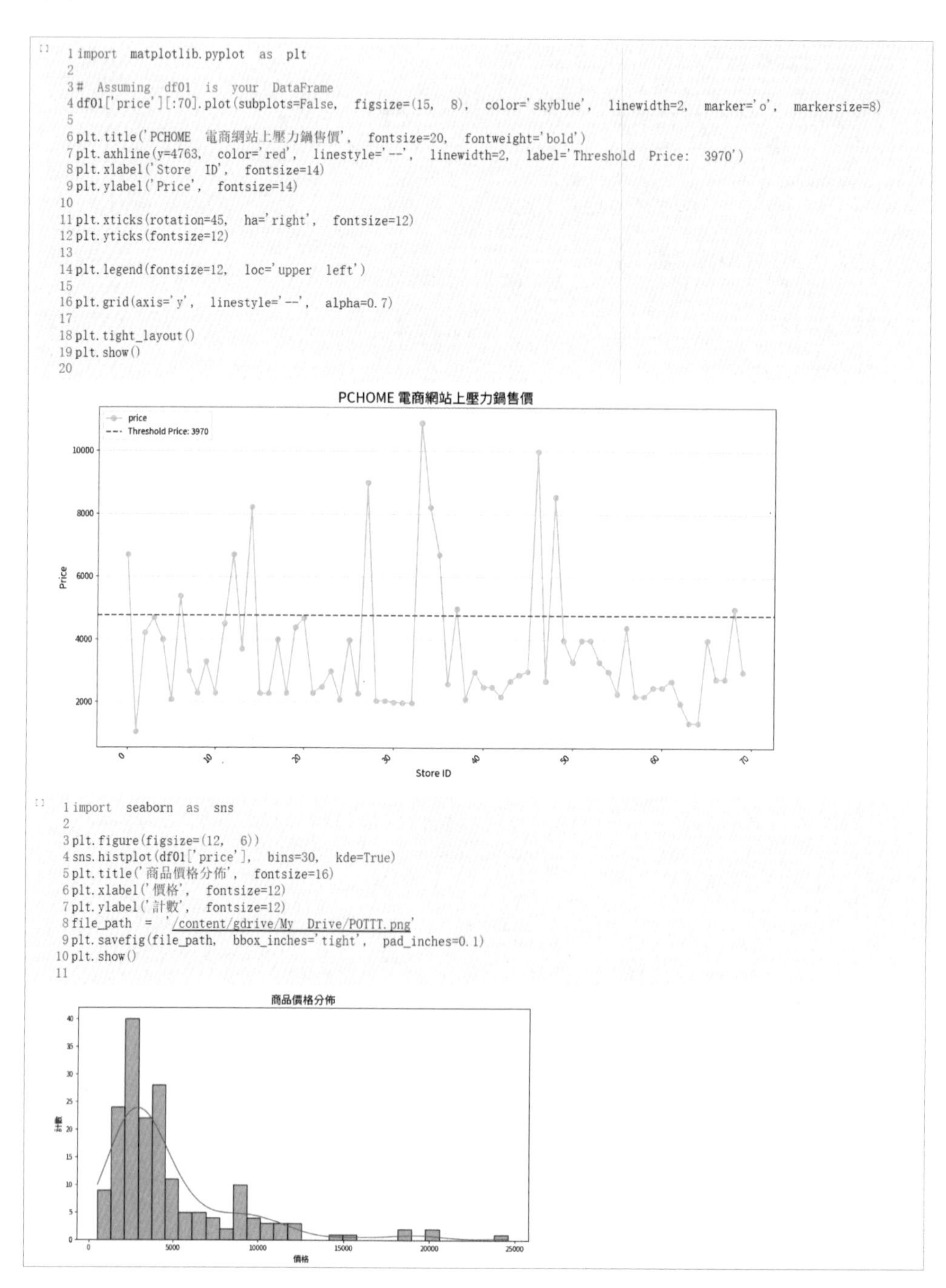

1 import matplotlib.pyplot as plt
2
3 # Assuming df01 is your DataFrame
4 df01['price'][:70].plot(subplots=False, figsize=(15, 8), color='skyblue', linewidth=2, marker='o', markersize=8)
5
6 plt.title('PCHOME 電商網站上壓力鍋售價', fontsize=20, fontweight='bold')
7 plt.axhline(y=4763, color='red', linestyle='--', linewidth=2, label='Threshold Price: 3970')
8 plt.xlabel('Store ID', fontsize=14)
9 plt.ylabel('Price', fontsize=14)
10
11 plt.xticks(rotation=45, ha='right', fontsize=12)
12 plt.yticks(fontsize=12)
13
14 plt.legend(fontsize=12, loc='upper left')
15
16 plt.grid(axis='y', linestyle='--', alpha=0.7)
17
18 plt.tight_layout()
19 plt.show()
20
PCHOME 電商網站上壓力鍋售價
price
Threshold Price: 3970
Price
Store ID
1 import seaborn as sns
2
3 plt.figure(figsize=(12, 6))
4 sns.histplot(df01['price'], bins=30, kde=True)
5 plt.title('商品價格分佈', fontsize=16)
6 plt.xlabel('價格', fontsize=12)
7 plt.ylabel('計數', fontsize=12)
8 file_path = '/content/gdrive/My Drive/POTTT.png'
9 plt.savefig(file_path, bbox_inches='tight', pad_inches=0.1)
10 plt.show()
11
商品價格分佈
計數
價格

15.8 PTT 上各版的輿論分析 - 以前 100 篇為例

PTT（批踢踢實業坊）是台灣最知名的討論區之一，以匿名發言和分板討論為特色。PTT 的輿論通常反映了台灣社會的各種聲音和議題，包括政治、社會、文化、科技等方面。由於 PTT 使用者眾多，涵蓋範圍廣泛，因此可以看到各種不同觀點的討論和意見交流。然而，也有時候 PTT 上的言論可能偏向特定立場或情緒化，需要讀者自行分辨和思考。而本書就 PTT 的手機板文章進行爬蟲分析。

截圖引自 PTT 手機板

https：//www.ptt.cc/bbs/MobileComm/index.html

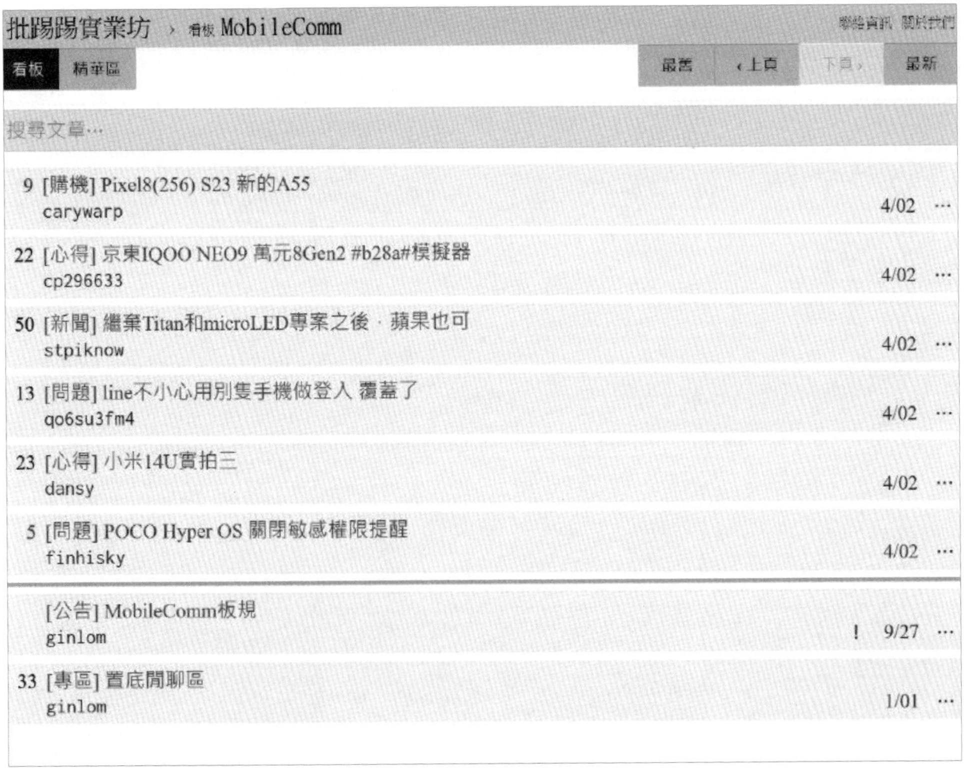

批踢踢實業坊 › 看板 MobileComm　聯絡資訊 關於我們
看板 精華區　最舊 ‹上頁 下頁› 最新
搜尋文章⋯
9 [購機] Pixel8(256) S23 新的A55
carywarp 4/02 ⋯
22 [心得] 京東IQOO NEO9 萬元8Gen2 #b28a#模擬器
cp296633 4/02 ⋯
50 [新聞] 繼棄Titan和microLED專案之後，蘋果也可
stpiknow 4/02 ⋯
13 [問題] line不小心用別隻手機做登入 覆蓋了
qo6su3fm4 4/02 ⋯
23 [心得] 小米14U實拍三
dansy 4/02 ⋯
5 [問題] POCO Hyper OS 關閉敏感權限提醒
finhisky 4/02 ⋯
[公告] MobileComm板規
ginlom ! 9/27 ⋯
33 [專區] 置底閒聊區
ginlom 1/01 ⋯

本節範例碼提供如下：

```
[1]
1 from  google.colab  import  drive
2 drive.mount('/content/gdrive')  #  此處需要登入google帳號
Mounted at /content/gdrive
```

```
1 import  requests
2 from  bs4  import  BeautifulSoup
3 from  datetime  import  datetime,  timedelta
4 import  pandas  as  pd
5 from  concurrent.futures  import  ThreadPoolExecutor
6 import  time
7 import  progressbar
8
9
10 class  PTTScraper:
11     base_url  =  "https://www.ptt.cc"
12
13     def  __init__(self,  _board):
14         self.base_url  =  PTTScraper.base_url
15         self.url  =  self.base_url  +  f"/bbs/{_board}/index.html"
16
17     def  get_post_content(self,  post_url):
18         soup  =  PTTScraper.get_soup(self.base_url  +  post_url)
19         content  =  soup.find(id='main-content').text
20
21         #  抓取推文
22         pushes  =  soup.find_all('div',  class_='push')
23
24         with  ThreadPoolExecutor()  as  executor:
25             push_list  =  list(executor.map(self.get_push,  pushes))
26
27         return  content,  push_list
28
29     def  get_push(self,  push):
30         try:
31             if  push.find('span',  class_='push-tag')  is  None:
32                 return  dict()
33             push_tag  =  push.find('span',  class_='push-tag').text.strip()
34             push_userid  =  push.find('span',  class_='push-userid').text.strip()
35             push_content  =  push.find('span',  class_='push-content').text.strip().lstrip(":")
36             push_ipdatetime  =  push.find('span',  class_='push-ipdatetime').text.strip()
37             push_dict  =  {
38                 "Tag":  push_tag,
39                 "Userid":  push_userid,
40                 "Content":  push_content,
41                 "Ipdatetime":  push_ipdatetime
42             }
43         except  Exception  as  e:
44             print(e)
45         return  push_dict
46
47     @staticmethod
48     def  get_soup(url):
49         headers  =  {
50             "User-Agent":  "Mozilla/5.0  (Windows  NT  10.0;  Win64;  x64)  AppleWebKit/537.36  (KHTML,  like  Ge
51                                  "Chrome/58.0.3029.110  Safari/537.3",  }
52         cookies  =  {"over18":  "1"}
53         response  =  requests.get(url,  headers=headers,  cookies=cookies)
54         return  BeautifulSoup(response.text,  'html.parser')
55
56     def  fetch_post(self,  url):
57         soup  =  PTTScraper.get_soup(self.base_url  +  url)
58
59         #  Extract  post  information
60         try:
61             if  soup.find(id='main-content')  is  not  None:
62                 content  =  soup.find(id='main-content').text
63                 content  =  content.split('※  發信站')[0]
64             if  soup.find(class_='article-meta-value')  is  not  None:
65                 author  =  soup.find(class_='article-meta-value').text
66                 title  =  soup.find_all(class_='article-meta-value')[-2].text
67                 date_str  =  soup.find_all(class_='article-meta-value')[-1].text
68                 date  =  datetime.strptime(date_str,  '%a  %b  %d  %H:%M:%S  %Y')
69             else:
70                 author  =  None
71                 title  =  None
72                 date_str  =  None
73                 date  =  None
74         except  Exception  as  e:
75             print(self.base_url  +  url)
76             print(e)
77         #  Extract  comments
78         pushes  =  soup.find_all('div',  class_='push')
79
80         with  ThreadPoolExecutor()  as  executor:
81             push_list  =  list(executor.map(self.get_push,  pushes))
82         return  {'Title':  title,  'Author':  author,  'Date':  date,  'Content':  content,
83                 'Link':  url,  'Pushes':  push_list}
```

接續上頁的程式原始碼：

```
84
85        def  get_data_current_page(self,  soup=None,  until_date=datetime.now(),  *args,
86                                              max_posts=100,  links_num=0):
87            reach  =  False
88            until_date  =  until_date.replace(hour=0,  minute=0,  second=0,  microsecond=0)
89
90            if  soup  is  None:
91                soup  =  PTTScraper.get_soup(self.url)
92            links  =  []
93            div_element  =  soup.find('div',  {'class':  'r-list-sep'})
94            if  div_element  is  None:
95                for  entry  in  reversed(soup.select('.r-ent')):
96                    try:
97                        title  =  entry.find("div",  "title").text.strip()
98                        if  entry.find("div",  "title").a  is  None:
99                            continue
00                        #  print(title)
01                        if  len(args)  ==  2:
02                            if  not  (args[0]  in  title  and  args[1]  in  title):
03                                continue
04                        elif  len(args)  ==  1:
05                            if  args[0]  not  in  title:
06                                print("1")
07                                #  continue
08                        else:
09                            pass
10                        date  =  entry.select('.date')[0].text.strip()
11
12                        post_date  =  datetime.strptime(date,  '%m/%d').replace(year=until_date.year)
13                        #  print(len(links))
14                        if  len(links)  +  links_num  >=  max_posts  or  post_date  <  until_date:
15                            reach  =  True
16                            break
17                        links.append(entry.select('.title  a')[0]['href'])
18                    except  Exception  as  e:
19                        print(e)
20            else:
21                previous_elements  =  [element  for  element  in  div_element.previous_siblings  if
22                                              element.name  ==  'div'  and  'r-ent'  in  element.get('cla
23                for  element  in  reversed(previous_elements):
24
25                    #  找到標題和連結的元素
26                    title_link_element  =  element.find('a')
27                    if  title_link_element:
28                        #  取得標題和連結
29                        title  =  title_link_element.text.strip()
30                        if  len(args)  ==  2:
31                            if  not  (args[0]  in  title  and  args[1]  in  title):
32                                continue
33                        links.append(title_link_element.get('href'))
34                    date_element  =  element.find('div',  {'class':  'date'})
35                    if  date_element:
36                        #  取得發文日期
37                        date  =  date_element.text.strip()
38                    post_date  =  datetime.strptime(date,  '%m/%d').replace(year=until_date.year)
39                    if  len(links)  +  links_num  >=  max_posts  or  post_date  <  until_date:
40                        reach  =  True
41                        break
42            if  'post_date'  not  in  locals():
43                return  [],  False,  0
44            print(post_date)
45            #  print(len(links))
46            with  ThreadPoolExecutor()  as  executor:
47                data  =  list(executor.map(self.fetch_post,  links))
48            return  data,  reach,  len(links)
```

本節所提供的程式碼可針對不同的 PTT 討論版進行分析，並不侷限哪個板；讀者若有興趣可來信索取程式碼。而該程式碼使用方法為，borard 的參數可自行調整；而本節討論的 PTT 討論版為 MobileComm 的手機板，我們想針對該版的討論串進行分析。

```
178     def get_data_days_before(self, delta_days, *args, max_posts=100):
179         """
180         取得 delat_days 天之前的文章
181         :param delta_days: 間隔天數
182         :param max_posts: 最多回抓取幾篇PO文
183         :return: 文章 list
184         """
185         after_date = datetime.now() - timedelta(days=delta_days)
186         # print(args)
187         return self.get_data_until(after_date, *args, max_posts=max_posts)
188
189     def get_title_and_before_days(self, *args, delta_days, max_posts=100):
190         return self.get_data_days_before(delta_days, *args, max_posts=max_posts)
191
192
193 # 使用方式
194 if __name__ == "__main__":
195     board = "MobileComm"
196     scraper = PTTScraper(board)
197     begin = time.time()
198     data = scraper.get_data_days_before(1)
199     # data = scraper.get_title_and_before_days("盤中", "[閒聊]", delta_days=10, max_posts=2)
200     end = time.time()
201     print(end - begin)
202     if data is not None:
203         df = pd.DataFrame(data)
204         print(df.Title)
205         df.to_csv("/content/gdrive/My Drive/20240202_PTT.csv",encoding="utf-8-sig")
206   #print(pd.DataFrame(df.Pushes[1]))
207
208
```

```
2024-04-02 00:00:00
文章總篇數: 6
2024-04-01 00:00:00
文章總篇數: 24
2024-03-31 00:00:00
文章總篇數: 24
4.001176834106445
0             [購機] Pixel8(256) S23 新的A55
1     [心得] 京東IQOO NEO9 萬元8Gen2 #b28a#模擬器
2          [新聞] 繼棄Titan和microLED專案之後，蘋果也可
3              [問題] line不小心用別隻手機做登入 覆蓋了
4                       [心得] 小米14U實拍三
5             [問題] POCO Hyper OS 關閉敏感權限
6           Re: [問題] s23U新機外盒貼紙異常，是舊貨嗎
7       [討論] 2024年智慧手機販售機種整理(20240401)
8               [討論] 其它手機有三星的模式與日常行程嗎?
9             [情報] 真我GT Neo6 SE 工信部照片出現
10            [討論] 請問關於Nokia 3310新制版的手機
11                     [情報] 中華幸福199優惠
12                     [問題] S23U螢幕變灰線
13            [心得] iPhone15Pro換三星s24+心得
14                      [問題] 影片頻常常不能看
15    [情報] LINE MOBILE吃到飽232元 輕量40元中華線
16                  [問題] S23U無法連USB傳檔
17               [情報] VIVO X100 Pro系統更新
18              [方案] 台星188換無框466會有感嗎?
19               [問題] 請問換線後可以撐多久及手機推薦
20    [問題] Garmin Forerunner 955 手錶 更新
21              [問題] IPhone 偵測到進水無法充電
22             [問題] s23U新機外盒貼紙異常，是舊貨嗎
23                  [討論] 側邊指紋解鎖要絕種了?
Name: Title, dtype: object
```

為了有效抓取討論串的文章，此處本書使用 Pandas 的 dataframe 格式進行抓取；透過資料框的格式紀錄，這將有助於我們針對討論串的內容進行抓取，亦可以透過 index 的方法進行資料集中進行多欄位的資料取得或者多列位資料及重組，方便我們進行進一步的應用和整合。

將 Log抓下來後進行Pandas的分析
1 from google.colab import drive
2 drive.mount('/content/gdrive') # 此處需要登入google帳號
1 #!pip install pandas
1 import pandas as pd
2 data=pd.read_csv("/content/gdrive/My Drive/20240202_PTT.csv")
3 data.head(20)
Unnamed: 0
Title
Author
Date
Content
Link
Pushes
Next steps:
1 T5=data.head(5)
1 #T6=T5["Title"]+"URL:"+T5["Link"]
2 #T6
1 T6=T5["Title"]+"URL:"+T5["Content"]
2 T6
dtype: object
壓日期:
1 from datetime import date
2 import datetime
3 d = datetime.datetime.now()
4 time_string =d.strftime("%Y-%m-%d-%s")

15.9 PTT 上各版的文字雲製作

此處主要分析上一節抓取手機板後的文章，並根據每一篇文章的內容進行斷詞和分析，而在本節；我們使用自然語言模型中的 KeyBERT 來進行斷詞，同時以 LDA 演算法來進行文字雲的分析。

```
[1]
1 import tensorflow as tf
2 device_name = tf.test.gpu_device_name()
3 if device_name != '/device:GPU:0':
4     raise SystemError('GPU device not found')
5 print('Found GPU at: {}'.format(device_name))
```

```
Found GPU at: /device:GPU:0
```

```
[2]
1
2 from google.colab import drive
3 drive.mount('/content/drive')
```

```
Mounted at /content/drive
```

```
[3]
1
2 %cd /content/drive/MyDrive/
```

```
/content/drive/MyDrive
```

```
[4]
1 from PTTScraper import PTTScraper #自己呼叫自己使用的套件
2
3 board = "MobileComm"
4 scraper = PTTScraper(board)
5 data = scraper.get_data_days_before(1, max_posts=500)
```

```
2024-04-02 00:00:00
文章總篇數: 11
2024-04-01 00:00:00
文章總篇數: 29
2024-03-31 00:00:00
文章總篇數: 29
```

```
[5]
1 data
```


```
 'Userid': 'nicksung888',
 'Content': ' 已經沒人買了嗎',
 'Ipdatetime': '04/01 14:16'},
{'Tag': '→',
 'Userid': 'rz759',
 'Content': ' 背指紋唯一缺點是平放桌面or立在無線充電座上時要',
 'Ipdatetime': '04/01 14:21'},
{'Tag': '→',
 'Userid': 'rz759',
 'Content': ' 打密碼。不然拿起解鎖也超快，下滑通知列超方便QQ',
 'Ipdatetime': '04/01 14:21'},
{'Tag': '噓',
 'Userid': 'jhkujhku',
 'Content': ' 支',
 'Ipdatetime': '04/01 14:26'},
{'Tag': '→',
 'Userid': 'bbbing',
 'Content': ' 所以像三星同時提供人臉解鎖功能阿',
 'Ipdatetime': '04/01 14:30'},
{'Tag': '噓',
 'Userid': 'dowbane',
 'Content': ' 打螢幕有這麼難，又沒比較少字…',
 'Ipdatetime': '04/01 14:35'},
{'Tag': '推',
 'Userid': 'ysy2003',
 'Content': ' 講壽命就多了 現在手機多數沒壞就換機 且螢幕下指',
 'Ipdatetime': '04/01 14:37'},
{'Tag': '→',
 'Userid': 'ysy2003',
 'Content': ' 紋妥善率也沒比較好',
 'Ipdatetime': '04/01 14:37'},
{'Tag': '→',
 'Userid': 'ysy2003',
 'Content': ' 屏幕真的非台灣用語 雖然看得懂XD',
 'Ipdatetime': '04/01 14:37'},
{'Tag': '噓',
 'Userid': 's01714',
 'Content': ' 螢幕啦幹',
 'Ipdatetime': '04/01 14:40'},
{'Tag': '→',
 'Userid': 'doomsday0728',
 'Content': ' 陸機一堆啊',
 'Ipdatetime': '04/01 14:53'},
{'Tag': '→',
 'Userid': 'fman',
 'Content': ' 我ZF9側邊指紋用來解鎖網銀好用，只是碰到還沒壓上',
 'Ipdatetime': '04/01 14:56'},
{'Tag': '→',
 'Userid': 'fman',
 'Content': ' 去就解鎖了好用，背面感應要看手大小，不是每個人都',
 'Ipdatetime': '04/01 14:56'},
{'Tag': '→',
 'Userid': 'fman',
 'Content': ' 方便',
 'Ipdatetime': '04/01 14:56'},
{'Tag': '推',
 'Userid': 'shuhao233',
```

此處的做法採用呼叫自己撰寫的 API 進行實作：

呼叫自己的API

[6]
```
1
2 import pandas as pd
3 df0626 = pd.DataFrame(data)
```

[7]
```
1
2 df0626.info()
3
```

```
<class 'pandas.core.frame.DataFrame'>
RangeIndex: 29 entries, 0 to 28
Data columns (total 6 columns):
 #   Column   Non-Null Count  Dtype
---  ------   --------------  -----
 0   Title    29 non-null     object
 1   Author   29 non-null     object
 2   Date     29 non-null     datetime64[ns]
 3   Content  29 non-null     object
 4   Link     29 non-null     object
 5   Pushes   29 non-null     object
dtypes: datetime64[ns](1), object(5)
memory usage: 1.5+ KB
```

[8]
```
1 !pip install -U ckiptagger[tf,gdown]
```

```
Collecting ckiptagger[gdown,tf]
  Downloading ckiptagger-0.2.1-py3-none-any.whl (34 kB)
Requirement already satisfied: gdown in /usr/local/lib/python3.10/dist-packages (from ckiptagger[gdown,tf]) (4.7.3)
Requirement already satisfied: tensorflow>=1.13.1 in /usr/local/lib/python3.10/dist-packages (from ckiptagger[gdown,tf]) (2.15.0)
Requirement already satisfied: absl-py>=1.0.0 in /usr/local/lib/python3.10/dist-packages (from tensorflow>=1.13.1->ckiptagger[gdown,tf]) (1.4.0)
Requirement already satisfied: astunparse>=1.6.0 in /usr/local/lib/python3.10/dist-packages (from tensorflow>=1.13.1->ckiptagger[gdown,tf]) (1.6.3)
Requirement already satisfied: flatbuffers>=23.5.26 in /usr/local/lib/python3.10/dist-packages (from tensorflow>=1.13.1->ckiptagger[gdown,tf]) (24.3.25)
Requirement already satisfied: gast!=0.5.0,!=0.5.1,!=0.5.2,>=0.2.1 in /usr/local/lib/python3.10/dist-packages (from tensorflow>=1.13.1->ckiptagger[gdown,tf]) (0.5.4)
Requirement already satisfied: google-pasta>=0.1.1 in /usr/local/lib/python3.10/dist-packages (from tensorflow>=1.13.1->ckiptagger[gdown,tf]) (0.2.0)
Requirement already satisfied: h5py>=2.9.0 in /usr/local/lib/python3.10/dist-packages (from tensorflow>=1.13.1->ckiptagger[gdown,tf]) (3.9.0)
Requirement already satisfied: libclang>=13.0.0 in /usr/local/lib/python3.10/dist-packages (from tensorflow>=1.13.1->ckiptagger[gdown,tf]) (18.1.1)
Requirement already satisfied: ml-dtypes~=0.2.0 in /usr/local/lib/python3.10/dist-packages (from tensorflow>=1.13.1->ckiptagger[gdown,tf]) (0.2.0)
Requirement already satisfied: numpy<2.0.0,>=1.23.5 in /usr/local/lib/python3.10/dist-packages (from tensorflow>=1.13.1->ckiptagger[gdown,tf]) (1.25.2)
Requirement already satisfied: opt-einsum>=2.3.2 in /usr/local/lib/python3.10/dist-packages (from tensorflow>=1.13.1->ckiptagger[gdown,tf]) (3.3.0)
Requirement already satisfied: packaging in /usr/local/lib/python3.10/dist-packages (from tensorflow>=1.13.1->ckiptagger[gdown,tf]) (24.0)
Requirement already satisfied: protobuf!=4.21.0,!=4.21.1,!=4.21.2,!=4.21.3,!=4.21.4,!=4.21.5,<5.0.0dev,>=3.20.3 in /usr/local/lib/python3.10/dist-packages (from tensorflow>=1.13.1->ckiptag
Requirement already satisfied: setuptools in /usr/local/lib/python3.10/dist-packages (from tensorflow>=1.13.1->ckiptagger[gdown,tf]) (67.7.2)
Requirement already satisfied: six>=1.12.0 in /usr/local/lib/python3.10/dist-packages (from tensorflow>=1.13.1->ckiptagger[gdown,tf]) (1.16.0)
Requirement already satisfied: termcolor>=1.1.0 in /usr/local/lib/python3.10/dist-packages (from tensorflow>=1.13.1->ckiptagger[gdown,tf]) (2.4.0)
Requirement already satisfied: typing-extensions>=3.6.6 in /usr/local/lib/python3.10/dist-packages (from tensorflow>=1.13.1->ckiptagger[gdown,tf]) (4.10.0)
Requirement already satisfied: wrapt<1.15,>=1.11.0 in /usr/local/lib/python3.10/dist-packages (from tensorflow>=1.13.1->ckiptagger[gdown,tf]) (1.14.1)
Requirement already satisfied: tensorflow-io-gcs-filesystem>=0.23.1 in /usr/local/lib/python3.10/dist-packages (from tensorflow>=1.13.1->ckiptagger[gdown,tf]) (0.36.0)
Requirement already satisfied: grpcio<2.0,>=1.24.3 in /usr/local/lib/python3.10/dist-packages (from tensorflow>=1.13.1->ckiptagger[gdown,tf]) (1.62.1)
Requirement already satisfied: tensorboard<2.16,>=2.15 in /usr/local/lib/python3.10/dist-packages (from tensorflow>=1.13.1->ckiptagger[gdown,tf]) (2.15.2)
Requirement already satisfied: tensorflow-estimator<2.16,>=2.15.0 in /usr/local/lib/python3.10/dist-packages (from tensorflow>=1.13.1->ckiptagger[gdown,tf]) (2.15.0)
Requirement already satisfied: keras<2.16,>=2.15.0 in /usr/local/lib/python3.10/dist-packages (from tensorflow>=1.13.1->ckiptagger[gdown,tf]) (2.15.0)
Requirement already satisfied: filelock in /usr/local/lib/python3.10/dist-packages (from gdown->ckiptagger[gdown,tf]) (3.13.3)
Requirement already satisfied: requests[socks] in /usr/local/lib/python3.10/dist-packages (from gdown->ckiptagger[gdown,tf]) (2.31.0)
Requirement already satisfied: tqdm in /usr/local/lib/python3.10/dist-packages (from gdown->ckiptagger[gdown,tf]) (4.66.2)
Requirement already satisfied: beautifulsoup4 in /usr/local/lib/python3.10/dist-packages (from gdown->ckiptagger[gdown,tf]) (4.12.3)
Requirement already satisfied: wheel<1.0,>=0.23.0 in /usr/local/lib/python3.10/dist-packages (from astunparse>=1.6.0->tensorflow>=1.13.1->ckiptagger[gdown,tf]) (0.43.0)
Requirement already satisfied: google-auth<3,>=1.6.3 in /usr/local/lib/python3.10/dist-packages (from tensorboard<2.16,>=2.15->tensorflow>=1.13.1->ckiptagger[gdown,tf]) (2.27.0)
Requirement already satisfied: google-auth-oauthlib<2,>=0.5 in /usr/local/lib/python3.10/dist-packages (from tensorboard<2.16,>=2.15->tensorflow>=1.13.1->ckiptagger[gdown,tf]) (1.2.0)
Requirement already satisfied: markdown>=2.6.8 in /usr/local/lib/python3.10/dist-packages (from tensorboard<2.16,>=2.15->tensorflow>=1.13.1->ckiptagger[gdown,tf]) (3.6)
Requirement already satisfied: tensorboard-data-server<0.8.0,>=0.7.0 in /usr/local/lib/python3.10/dist-packages (from tensorboard<2.16,>=2.15->tensorflow>=1.13.1->ckiptagger[gdown,tf]) (0.
Requirement already satisfied: werkzeug>=1.0.1 in /usr/local/lib/python3.10/dist-packages (from tensorboard<2.16,>=2.15->tensorflow>=1.13.1->ckiptagger[gdown,tf]) (3.0.1)
Requirement already satisfied: soupsieve>1.2 in /usr/local/lib/python3.10/dist-packages (from beautifulsoup4->gdown->ckiptagger[gdown,tf]) (2.5)
Requirement already satisfied: charset-normalizer<4,>=2 in /usr/local/lib/python3.10/dist-packages (from requests[socks]->gdown->ckiptagger[gdown,tf]) (3.3.2)
Requirement already satisfied: idna<4,>=2.5 in /usr/local/lib/python3.10/dist-packages (from requests[socks]->gdown->ckiptagger[gdown,tf]) (3.6)
Requirement already satisfied: urllib3<3,>=1.21.1 in /usr/local/lib/python3.10/dist-packages (from requests[socks]->gdown->ckiptagger[gdown,tf]) (2.0.7)
Requirement already satisfied: certifi>=2017.4.17 in /usr/local/lib/python3.10/dist-packages (from requests[socks]->gdown->ckiptagger[gdown,tf]) (2024.2.2)
Requirement already satisfied: PySocks!=1.5.7,>=1.5.6 in /usr/local/lib/python3.10/dist-packages (from requests[socks]->gdown->ckiptagger[gdown,tf]) (1.7.1)
Requirement already satisfied: cachetools<6.0,>=2.0.0 in /usr/local/lib/python3.10/dist-packages (from google-auth<3,>=1.6.3->tensorboard<2.16,>=2.15->tensorflow>=1.13.1->ckiptagger[gdown,
Requirement already satisfied: pyasn1-modules>=0.2.1 in /usr/local/lib/python3.10/dist-packages (from google-auth<3,>=1.6.3->tensorboard<2.16,>=2.15->tensorflow>=1.13.1->ckiptagger[gdown,t
Requirement already satisfied: rsa<5,>=3.1.4 in /usr/local/lib/python3.10/dist-packages (from google-auth<3,>=1.6.3->tensorboard<2.16,>=2.15->tensorflow>=1.13.1->ckiptagger[gdown,tf]) (4.9
Requirement already satisfied: requests-oauthlib>=0.7.0 in /usr/local/lib/python3.10/dist-packages (from google-auth-oauthlib<2,>=0.5->tensorboard<2.16,>=2.15->tensorflow>=1.13.1->ckiptagg
Requirement already satisfied: MarkupSafe>=2.1.1 in /usr/local/lib/python3.10/dist-packages (from werkzeug>=1.0.1->tensorboard<2.16,>=2.15->tensorflow>=1.13.1->ckiptagger[gdown,tf]) (2.1.5
Requirement already satisfied: pyasn1<0.7.0,>=0.4.6 in /usr/local/lib/python3.10/dist-packages (from pyasn1-modules>=0.2.1->google-auth<3,>=1.6.3->tensorboard<2.16,>=2.15->tensorflow>=1.13
Requirement already satisfied: oauthlib>=3.0.0 in /usr/local/lib/python3.10/dist-packages (from requests-oauthlib>=0.7.0->google-auth-oauthlib<2,>=0.5->tensorboard<2.16,>=2.15->tensorflow>
Installing collected packages: ckiptagger
Successfully installed ckiptagger-0.2.1
```

[9]
```
1 from ckiptagger import data_utils, construct_dictionary, WS, POS, NER
2 #data_utils.download_data_gdown("./")
```

接著，本書在此處使用 KetBERT 演算法來進行斷詞

此處因為版本更新會有下載限制問題:

Too many users have viewed or downloaded this file recently. Please try accessing the file again later. If the file you are trying to access is particularly large or is shared with many people, it may take up to 24 hours to be able to view or download the file. If you still can't access a file after 24 hours, contact your domain administrator.

https://tako-analytics.com/2023-06-19-how-to-extract-keywords-from-traditional-chinese-articles-in-nlp/

```
[10]
1 #data_utils.download_data_gdown("./")
2 data_utils.download_data_url("./")
```

修正處--0202

修正處

```
[11]
1
2 import os
3 os.environ["CUDA_VISIBLE_DEVICES"] = "0"
```

若遇到下載限制可直接使用這邊

```
[ ]
1 ws = WS("./data", disable_cuda=False)
2 pos = POS("./data", disable_cuda=False)
3 ner = NER("./data", disable_cuda=False)
```

```
[ ]
1 import pandas as pd
2
3 # df = pd.DataFrame(data)
4 sentence_list = list(df0626.Content)
```

```
[ ]
1
2 word_sentence_list = ws(
3         sentence_list,
4         # sentence_segmentation = True, # To consider delimiters
5         # segment_delimiter_set = {",", "。", ":", "?", "!", ";"}), # This is 1
6         # recommend_dictionary = dictionary1, # words in this dictionary are encc
7         # coerce_dictionary = dictionary2, # words in this dictionary are forced
8 )
9
10 pos_sentence_list = pos(word_sentence_list)
11
12 entity_sentence_list = ner(word_sentence_list, pos_sentence_list)
```

```
[ ]
1
2 def print_word_pos_sentence(word_sentence, pos_sentence):
3         assert len(word_sentence) == len(pos_sentence)
4         for word, pos in zip(word_sentence, pos_sentence):
5                 print(f"{word}({pos})", end="\u3000")
6         print()
7         return
8
9 for i, sentence in enumerate(sentence_list):
10         print()
11         print(f"'{sentence}'")
12         print_word_pos_sentence(word_sentence_list[i], pos_sentence_list[i])
13         for entity in sorted(entity_sentence_list[i]):
14                 print(entity)
```

挑選關鍵字後的結果如下：

```
[18]
1
2 def print_word_pos_sentence(word_sentence, pos_sentence):
3     assert len(word_sentence) == len(pos_sentence)
4     for word, pos in zip(word_sentence, pos_sentence):
5         print(f"{word}({pos})", end="\u3000")
6     print()
7     return
8
9 for i, sentence in enumerate(sentence_list):
10     print()
11     print(f"'{sentence}'")
12     print_word_pos_sentence(word_sentence_list[i], pos_sentence_list[i])
13     for entity in sorted(entity_sentence_list[i]):
14         print(entity)
```

```
(WHITESPACE)　代(P)　朋友(Na)　發問(VA)

(WHITESPACE)　朋友(Na)　的(DE)　Forerunner (FW)　955(Neu)　在(P)　週六(Nd)　更新完(VC)　後(Ng)　，(COMMACATEGORY)　心率(Na)　功能(Na)　就(D)　失效(VH)　了(T)　，(COMMACATEGORY)　溫度(N

https://i.imgur.com/hqbz6H4(Neu)　.jpg

https://i(FW)　.imgur(FW)　.com/qEyiV(FW)　50(Neu)　.(PERIODCATEGORY)　jpg

(FW)　照(P)　客服(Na)　建議(VE)　重設(VC)　還原(VHC)　後(Ng)　兩(Neu)　個(Nf)　功能(Na)　還是(D)　失效(VH)　。(PERIODCATEGORY)

(WHITESPACE)　請問(VE)　有(V_2)　人(Na)　也(D)　遇到(VC)　類似(VG)　的(DE)　問題(Na)　嗎(T)　.(PERIODCATEGORY)　.(PERIODCATEGORY)　?(QUESTIONCATEGORY)

(WHITESPACE)　謝謝

—
(Nb)
(2, 12, 'PERSON', 'willamall ')
(125, 127, 'DATE', '週六')
(228, 229, 'CARDINAL', '兩')

'作者RedTortoise (八卦山下智久)看板MobileComm標題[問題] IPhone 偵測到進水無法充電時間Mon Apr  1 03:27:29 2024
各位好

我的IPhone 15 偵測到進水無法充電

手機也沒碰到水 也沒淋到雨水 不曉得怎麼這樣

問通訊行 關機吹電風扇 已經吹整晚

還是一樣

有人遇過類似情況嗎?

該如何解決

謝謝

—
'
作者(Na)　RedTortoise (FW)　((PARENTHESISCATEGORY)　八卦山(Nc)　下(Ncd)　智久(Nb)　)(PARENTHESISCATEGORY)　看板(Na)　MobileComm(FW)　標題(Na)　[(PARENTHESISCATEGORY)　問題(Na)　]　IPhon
(Neu)　各位(Nh)　好(VH)

(WHITESPACE)　我(Nh)　的(DE)　IPhone (FW)　15(Neu)　(WHITESPACE)　偵測到(VC)　進水(VH)　無法(D)　充電(VA)

(WHITESPACE)　手機(Na)　也(D)　沒(D)　碰到(VC)　水(Na)　(WHITESPACE)　也(D)　沒(D)　淋到(VC)　雨水(Na)　(WHITESPACE)　不(D)　曉得(VK)　怎麼(D)　這樣(VH)

(WHITESPACE)　問(VE)　通訊行(Nc)　(WHITESPACE)　關機(VA)　吹(VC)　電風扇(Na)　(WHITESPACE)　已經(D)　吹整(VC)　晚(Nd)

(WHITESPACE)　還是(D)　一樣(VH)

(WHITESPACE)　有(V_2)　人(Na)　遇(VK)　過(Di)　類似(VG)　情況(Na)　嗎(T)　?

(FW)　該(D)　如何(D)　解決(VC)

(WHITESPACE)　謝謝

—
```

透過 KeyBERT 和 100 篇手機爬蟲文章分析後的 LDA 文字雲如下：

1
2 from wordcloud import WordCloud, STOPWORDS, ImageColorGenerator
3 import matplotlib.pyplot as plt
4
5 !wget "https://noto-website-2.storage.googleapis.com/pkgs/NotoSansCJKtc-hinted.zip"
6 !unzip "NotoSansCJKtc-hinted.zip"
7
8 text = " ".join(review for review in count_list)
9 # back_color = imageio.imread("./taiwan.png")
10 wordcloud = WordCloud(width=1200, height=600, max_font_size=200, max_words=200, back
11 font_path='NotoSansCJKtc-Regular.otf', colorma
12 plt.figure(dpi=600)
13 plt.imshow(wordcloud)
14 plt.axis("off")
15 plt.show()
2024-04-02 12:15:40 (17.1 MB/s) - 'NotoSansCJKtc-hinted.zip.2' saved [121247366/121247366]
Archive: NotoSansCJKtc-hinted.zip
replace LICENSE_OFL.txt? [y]es, [n]o, [A]ll, [N]one, [r]ename: Y
inflating: LICENSE_OFL.txt
replace NotoSansCJKtc-Black.otf? [y]es, [n]o, [A]ll, [N]one, [r]ename: Y
inflating: NotoSansCJKtc-Black.otf
replace NotoSansCJKtc-Bold.otf? [y]es, [n]o, [A]ll, [N]one, [r]ename: A
inflating: NotoSansCJKtc-Bold.otf
inflating: NotoSansCJKtc-DemiLight.otf
inflating: NotoSansCJKtc-Light.otf
inflating: NotoSansCJKtc-Medium.otf
inflating: NotoSansCJKtc-Regular.otf
inflating: NotoSansCJKtc-Thin.otf
inflating: NotoSansMonoCJKtc-Bold.otf
inflating: NotoSansMonoCJKtc-Regular.otf
inflating: README
Android
drawingyou
13度
232元
中華電信
RiseFortune
iPad
warp
Apple
中文
Pro
finhisky
蘋果
第一
6mm
上海
40元
無錫
中國
京東
Vision
美國
iPhone
台灣
Kozue
下午三點多
RedTortoise
第六
AirPod
MacBook
遠傳
中華
eBay
聯強
下午
台哥大
Watch
U11
Amazon
20個小時
10分鐘
Music
三星商城
中華電信app
SXSX
華南
20分
proundof
兩百萬伏特
台哥
開封
ejoforever
Ultra
卡頓
台星
艾姬多娜

15.10 套裝的文字雲工具與字詞記數

有幾種常見的套裝工具可以用來製作文字雲和進行字詞記數，其中一些流行的工具包括 Python 中的：WordCloud，這是一個用於生成文字雲的 Python 套裝工具，它可以根據文本中單詞的出現頻率生成視覺化效果。你可以使用它來製作美觀的文字雲圖像。

此處，我們使用手機版的文章進行探勘

https：//www.ptt.cc/bbs/MobileComm/M.1712019256.A.3B7.html

並且使用 https：//cloud.odportal.tw/ 這個網站來進行分析文章和統計字數。

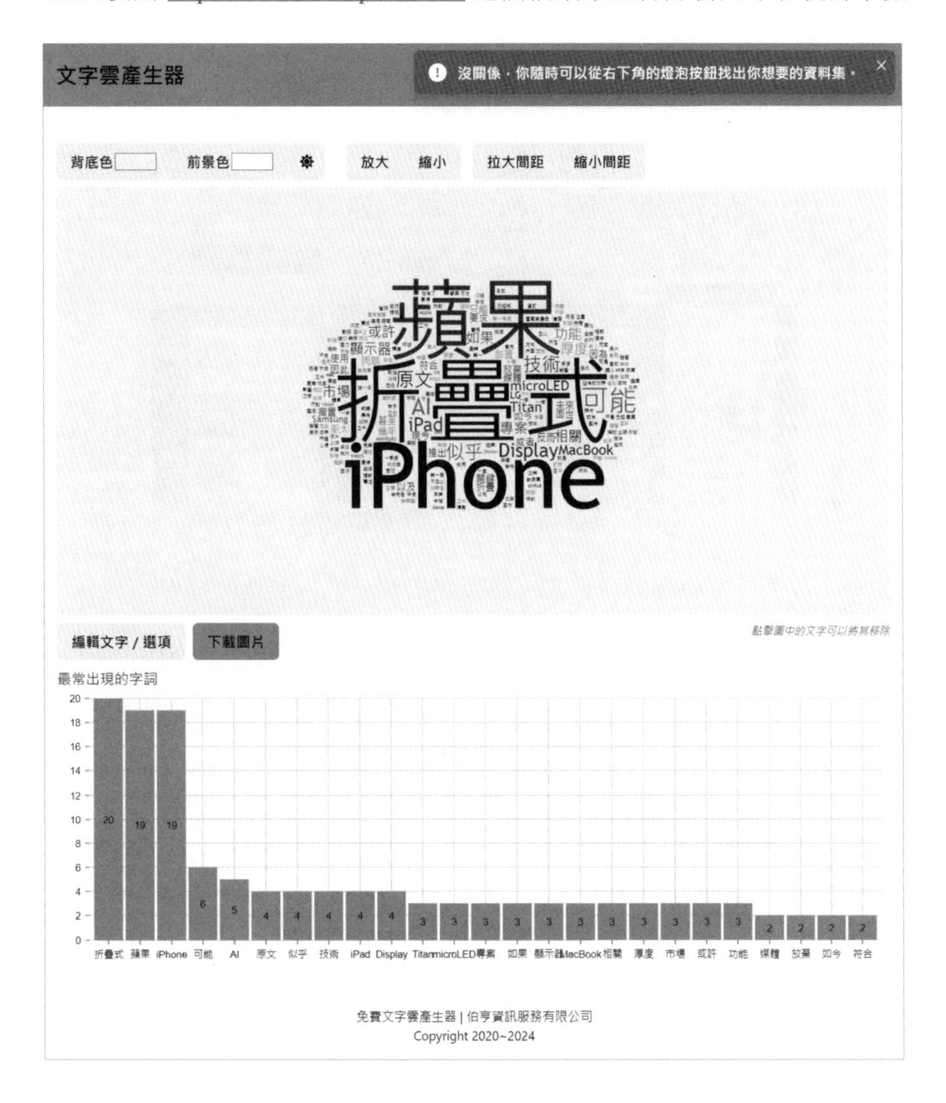

15.11 家樂福購物網站抓取產品資訊

家樂福（Carrefour）是一家跨國零售連鎖公司，總部位於法國。該公司成立於 1959 年，是全球最大的零售連鎖之一，經營超市、超市和便利店等各種零售業態。家樂福在全球各地都有業務，包括歐洲、亞洲、南美和非洲。該公司的商品種類廣泛，包括食品、家庭用品、電子產品等。家樂福以提供多樣化的商品和競爭力的價格而聞名。而本節主要介紹讀者使用爬蟲技術針對家樂福網站上的產品以及價格進行捕捉。

截圖引自家樂福官網

此處，我們以家樂福的新東陽麻婆豆腐的商品進行價格的捕捉：

程式碼範例如下，透過 Beautifulsoup4 的套件，搭配 pandas 的紀錄格式，我們很快地抓到該商品的資料：

```
1 from bs4 import BeautifulSoup
2 import requests
3 import pandas as pd
4
5
6 url = "https://online.carrefour.com.tw/zh/%E6%96%B0%E6%9D%B1%E9%99%BD/1482213700101.html"
7 response = requests.get(url)
8 html_content = response.content
9
10
11 soup = BeautifulSoup(html_content, "html.parser")
12
13
14 product_title = soup.find("title").get_text()  #
15
16
17 original_price_tag = soup.find("span", class_="money")
18 if original_price_tag:
19     original_price = original_price_tag.get_text()
20 else:
21     original_price = "未找到原價信息"
22
23
24 print("商品名稱:", product_title)
25 print("原價:", original_price)
26
```

```
商品名稱: 新東陽麻婆豆腐(全素)160G | 家樂福線上購物
原價: 59
```

```
1 from bs4 import BeautifulSoup
2 import requests
3 import pandas as pd
4
5 # 發送請求並獲取頁面內容
6 url = "https://online.carrefour.com.tw/zh/%E6%96%B0%E6%9D%B1%E9%99%BD/1482213700101.html"
7 response = requests.get(url)
8 html_content = response.content
9
10 # 使用 BeautifulSoup 解析 HTML 內容
11 soup = BeautifulSoup(html_content, "html.parser")
12
13 # 查找包含商品信息的 HTML 元素，通常情況下会包含商品名称、价格等信息
14 product_title = soup.find("title").get_text()  # 假设商品信息在页面的标题中
15
16 # 查找原價信息，假设原價信息在具有 class="money" 的 span 標籤中
17 original_price_tag = soup.find("span", class_="money")
18 if original_price_tag:
19     original_price = original_price_tag.get_text()
20 else:
21     original_price = "未找到原價信息"
22
23 # 將商品信息存储到 Pandas DataFrame 中
24 data = {"商品名稱": [product_title], "原價": [original_price]}
25 df = pd.DataFrame(data)
26
27 # 输出 DataFrame
28 print(df)
29
```

```
                          商品名稱  原價
0  新東陽麻婆豆腐(全素)160G | 家樂福線上購物  59
```

另外一個簡單範例，我們使用爬蟲技術再實作一次，來抓取海苔商品的價格。

透過使用 beautifulsoup4 的方法，我們又再次抓到了該商品的網頁標籤：

```
1 from bs4 import BeautifulSoup
2 import requests
3 import pandas as pd
4
5
6 url = "https://online.carrefour.com.tw/zh/%E6%B3%B0%E5%9C%8B%E5%B0%8F%E8%80%81%E6%9D%BF/
7 response = requests.get(url)
8 html_content = response.content
9
10
11 soup = BeautifulSoup(html_content, "html.parser")
12
13
14 product_title = soup.find("title").get_text()
15
16
17 original_price_tag = soup.find("span", class_="money")
18 if original_price_tag:
19     original_price = original_price_tag.get_text()
20 else:
21     original_price = "未找到原價信息"
22
23
24 print("商品名稱:", product_title)
25 print("原價:", original_price)
26
```

```
商品名稱: 小老板海苔棒棒捲-辣味3.0g*9 | 家樂福線上購物
原價: 115
```

接著，我們再進一步改寫；講捕捉到的商品價格和資訊以 Pandas 的格式進行輸出，以便於我們做後續應用的延伸。

```
1 from bs4 import BeautifulSoup
2 import requests
3 import pandas as pd
4
5
6 url = "https://online.carrefour.com.tw/zh/%E6%B3%B0%E5%9C%8B%E5%B0%8F%E8%80%81%E6%9D%BF/
7 response = requests.get(url)
8 html_content = response.content
9
10
11 soup = BeautifulSoup(html_content, "html.parser")
12
13
14 product_title = soup.find("title").get_text()
15
16
17 original_price_tag = soup.find("span", class_="money")
18 if original_price_tag:
19         original_price = original_price_tag.get_text()
20 else:
21         original_price = "未找到原價信息"
22
23 data = {"商品名稱": [product_title], "原價": [original_price]}
24 df1 = pd.DataFrame(data)
25
26 print(df1)
27
```

```
                                    商品名稱   原價
0  小老板海苔棒棒捲-辣味3.0g*9 | 家樂福線上購物  115
```

```
1 df1[:]
```

	商品名稱	原價
0	小老板海苔棒棒捲-辣味3.0g*9 | 家樂福線上購物	115

15.12 愛買購物網站抓取產品資訊

愛買是台灣知名的連鎖超市品牌，隸屬於統一企業集團旗下。該品牌提供廣泛的商品選擇，包括食品、生活用品、家電、服飾、玩具等，滿足消費者的日常購物需求。愛買以提供高品質的商品、親切的服務和舒適的購物環境而聞名，並致力於不斷創新以滿足消費者的需求。其店鋪遍佈全台灣各地，並提供線上購物服務，讓消費者可以隨時隨地方便購物。

愛買線上購物
愛買線上
小米 褲葉 iphone 15 dyson SK-II
黑貓低溫配送
常溫$788免運
大型傢俱【滿額免運
冷凍食品 生鮮冷藏 米油沖泡 餅乾飲料 家庭清潔 美妝保健 日用傢寢 3C電器 整箱免運 大型傢俱 美食名產 美保清潔
首頁 > 愛買線上購物 > 箱購團購(免運直出) > 整箱/直出(商品免運)
箱購團購(免運直出)
整箱/直出(商品免運)
熱銷清潔品超殺價
飲料熱銷TOP 免搬免運費
食品買多省多免運費
-- 整箱飲料免運費 --
整箱飲料免運費
熱門飲料品牌
食品零食團購箱購
整箱寵物免運專區
-- 整箱衛生紙|濕紙巾 --
整箱衛生紙
整箱濕紙巾
整箱衛生紙品牌(更多)
嬰幼紙尿褲品牌(更多)
成人紙尿褲品牌(更多)
-- 整箱衣物清潔 --
洗衣粉 I 洗衣皂
洗衣精 I 柔軟精 I 漂白水
整箱衣物清潔品牌(更多)
-- 保健食品 --
營養品整箱
購物金加碼5%回饋 滿$788滿
日用品囤貨必備
箱購衛生紙 廚房紙巾
富維克滿額輸碼折 擊退刺激與乾燥 囤貨必備 整箱機油 整箱團購省很大
一匙靈 康乃馨 濕紙巾 桂格完膳下殺 下殺↘369 下殺↘720 超夯花雕雞
嬰幼紙尿褲品牌(更多) 熱門茶飲料 生鮮嚴選超值箱購區 整箱衛生紙
幫寶適超薄乾爽彩箱促銷組L號168片
$1,089 搶購
4/9前會員優惠↘
幫寶適超薄乾爽拉拉褲XL32x6包(箱)
$1,699 搶購
4/9前會員優惠↘
幫寶適超薄乾爽拉拉褲L37片x4包(箱)
$1,139 搶購

截圖引用自愛買官網

此處，我們以來一客商品為例，因每一家電商網站的內部結構都不盡相同；因此，我建議讀者在到新網站後，可以使用 Chrome 進行網頁檢視，以便捕捉到商品價格和對應的網頁標籤屬性。

此處，使用內容物的說明進行解釋，讀者可以透過點選右鍵來檢視網頁原始碼，並找到對應的網頁標籤屬性。

提供範例碼如下，讀者朋友可以透過下列程式碼進行其他商品的捕捉：

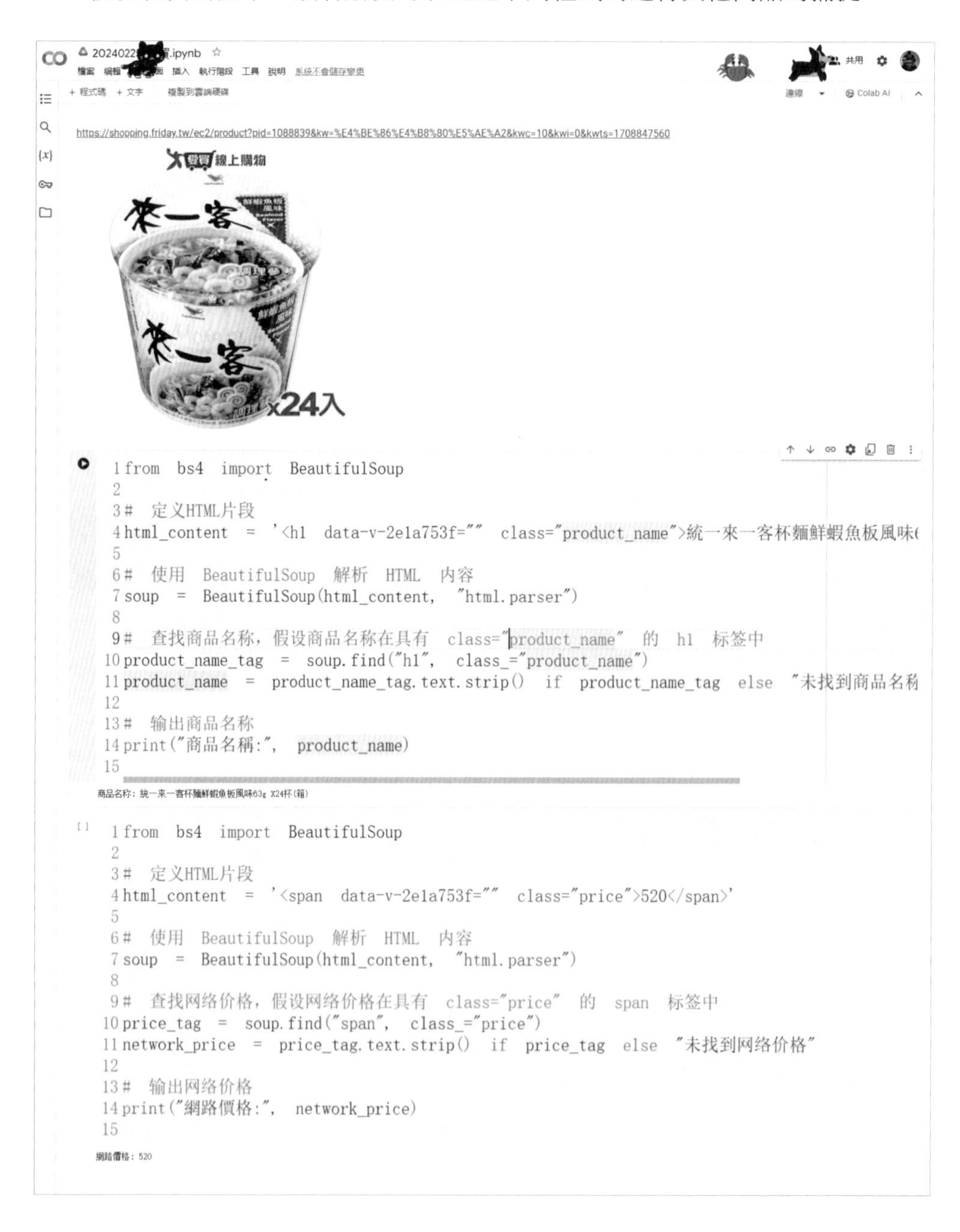

15.13 大潤發購物網站抓取產品資訊

大潤發是台灣一家知名的大型連鎖零售型量販店企業，其歷史可以追溯至 1996 年，由潤泰企業集團創立。隨後，潤泰集團與法國歐尚集團合資經營台灣大潤發，開始了其在台灣市場的快速發展。大潤發以提供多種類型的商品和廣泛的選擇而聞名，包括食品、生活用品、家庭用品、家電產品等。本節主要介紹如何抓取大潤發的商品價格並進行捕捉文字檔案。

截圖引自大潤發官網

https：//www.rt-mart.com.tw/direct/

此處的說明以義美小泡芙為例：

此處仍透過 Beautifulsoup4 抓取對應的網頁標籤屬性後，以 pandas 的格式進行輸出。

```
1 import requests
2 from bs4 import BeautifulSoup
3 import pandas as pd
4 import urllib3
5
6 # 禁用SSL证书验证
7 urllib3.disable_warnings()
8
9 # 发送HTTP请求获取页面内容
10 url = "https://www.rt-mart.com.tw/direct/index.php?action=product_detail&prod_no=P000020(
11 response = requests.get(url, verify=False)
12
13 # 使用BeautifulSoup解析HTML内容
14 soup = BeautifulSoup(response.content, "html.parser")
15
16 # 找到指定的<span>标签
17 prod_title = soup.find("span", id="prod_title").text.strip()
18
19 # 创建Pandas DataFrame
20 df = pd.DataFrame({'Product Title': [prod_title]})
21
22 # 输出DataFrame
23 print(df)
24
```

```
  Product Title
0 義美小泡芙(牛奶) 171g/盒
```

抓取八寶粥商品，範例碼如下：

改八寶粥做測試

```
1 import requests
2 from bs4 import BeautifulSoup
3 import pandas as pd
4 import urllib3
5
6
7 urllib3.disable_warnings()
8
9
10 url = "https://www.rt-mart.com.tw/direct/index.php?action=product_detail&prod_no=P000020(
11 response = requests.get(url, verify=False)
12
13
14 soup = BeautifulSoup(response.content, "html.parser")
15
16
17 prod_title = soup.find("span", id="prod_title").text.strip()
18
19
20 price = soup.find("span", class_="price_num").text.strip()
21
22
23 df = pd.DataFrame({'Product Title': [prod_title], 'Price': [price]})
24
25
26 print(df)
27
```

```
      Product Title      Price
0  泰山八寶粥 375gx6罐/組  $\r\n149
```

15.14 Costco 購物網站抓取產品資訊

好市多以其倉儲式的銷售方式著稱，其營利模式主要在於提供高品質的商品以低價格為特色。相較於競爭對手，好市多的商品種類相對較少，但更注重挑選熱門的商品和知名品牌，使其店內的商品僅約數千種，並保持上架時間短暫，以降低成本。此外，好市多向會員收取小額的年費，作為主要的利潤來源。這種高品質服務和低價格的策略成功吸引了小型企業主和一般家庭的大量採購。

近年來，好市多逐漸擴展其產品種類和服務範圍。除了販售盒裝或箱裝的產品外，它還開始提供更多多元化的產品，包括蔬果、肉類、乳製品、海鮮、保健食品、健身用品、烘焙食物、花卉、服裝、書籍、軟體、家用電器、珠寶、藝術品、酒類和家具。此外，好市多還提供專業的客服人員協助解決複雜的電子產品問題，以及大型設備的安裝服務。許多分店還設有輪胎維修服務、藥局、眼科診所、照片沖洗服務和加油站，以滿足顧客的各種需求。

本節介紹如何使用爬蟲技術抓取網站上商品的價格與品名。

截圖引自 Costco 官網

https：//www.costco.com.tw/

本節使用抓取抽取式衛生紙進行範例說明，首先可以先檢查價格或者品名對應的網頁標籤屬。

https：//www.costco.com.tw/Household-Pet-Supplies/Paper-Goods/Toilet-Paper/Kirkland-Signature-3-Ply-Interfold-Bath-Tissue-120-Sheet-X-72-Count/p/189999

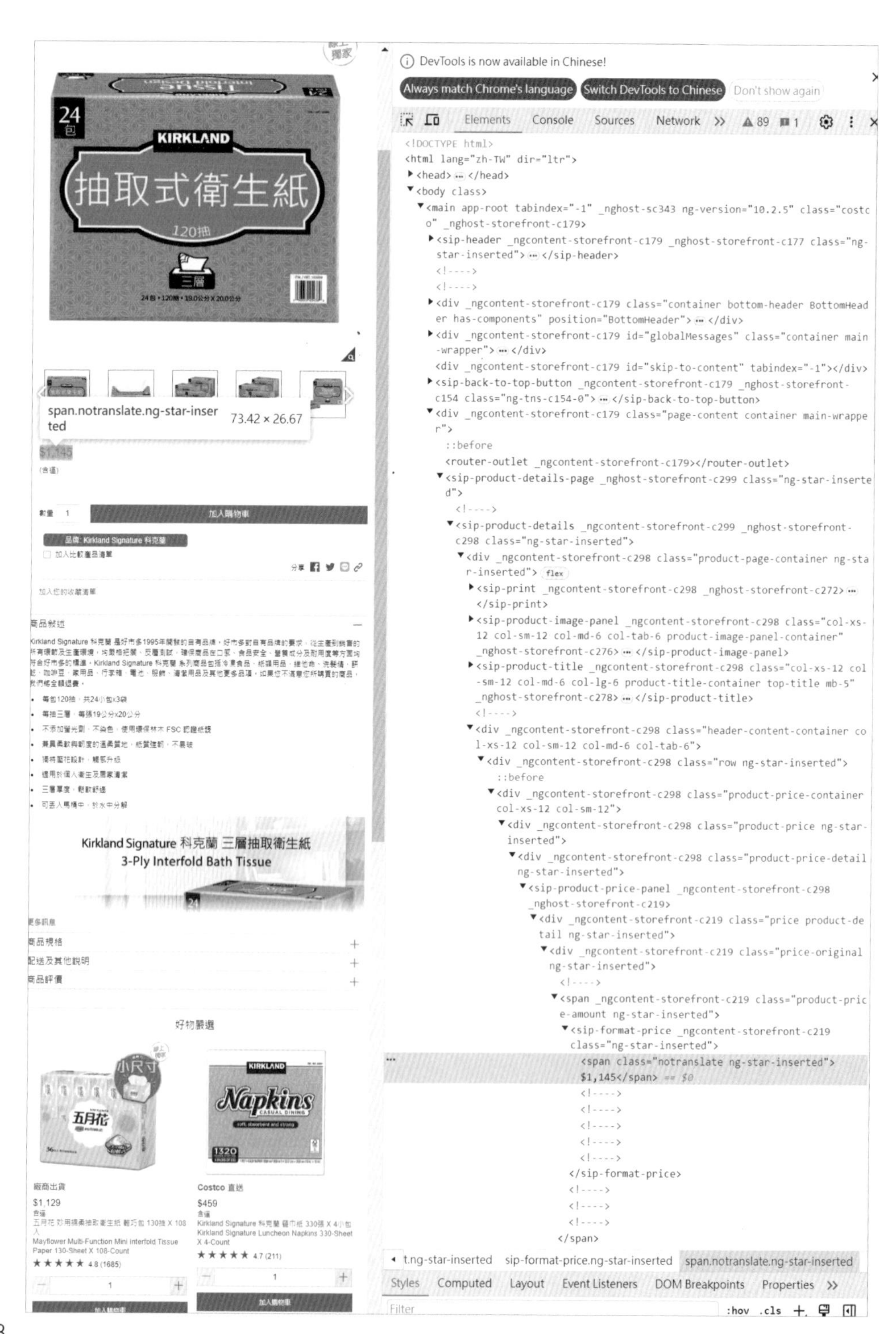

KIRKLAND
抽取式衛生紙
120抽
24包
三層
span.notranslate.ng-star-inserted
73.42 × 26.67
加入購物車
Kirkland Signature 科克蘭 三層抽取衛生紙
3-Ply Interfold Bath Tissue
好物嚴選
五月花
Napkins
$1,129
$459
DevTools is now available in Chinese!
Always match Chrome's language
Switch DevTools to Chinese
Don't show again
Elements
Console
Sources
Network
<!DOCTYPE html>
<html lang="zh-TW" dir="ltr">
<head> … </head>
<body class>
<main app-root tabindex="-1" _nghost-sc343 ng-version="10.2.5" class="costco" _nghost-storefront-c179>
<sip-header _ngcontent-storefront-c179 _nghost-storefront-c177 class="ng-star-inserted"> … </sip-header>
<div _ngcontent-storefront-c179 class="container bottom-header BottomHeader has-components" position="BottomHeader"> … </div>
<div _ngcontent-storefront-c179 id="globalMessages" class="container main-wrapper"> … </div>
<div _ngcontent-storefront-c179 id="skip-to-content" tabindex="-1"></div>
<sip-back-to-top-button _ngcontent-storefront-c179 _nghost-storefront-c154 class="ng-tns-c154-0"> … </sip-back-to-top-button>
<div _ngcontent-storefront-c179 class="page-content container main-wrapper">
::before
<router-outlet _ngcontent-storefront-c179></router-outlet>
<sip-product-details-page _nghost-storefront-c299 class="ng-star-inserted">
<sip-product-details _ngcontent-storefront-c299 _nghost-storefront-c298 class="ng-star-inserted">
<div _ngcontent-storefront-c298 class="product-page-container ng-star-inserted"> flex
<sip-print _ngcontent-storefront-c298 _nghost-storefront-c272> … </sip-print>
<sip-product-image-panel _ngcontent-storefront-c298 class="col-xs-12 col-sm-12 col-md-6 col-tab-6 product-image-panel-container" _nghost-storefront-c276> … </sip-product-image-panel>
<sip-product-title _ngcontent-storefront-c298 class="col-xs-12 col-sm-12 col-md-6 col-lg-6 product-title-container top-title mb-5" _nghost-storefront-c278> … </sip-product-title>
<div _ngcontent-storefront-c298 class="header-content-container col-xs-12 col-sm-12 col-md-6 col-tab-6">
<div _ngcontent-storefront-c298 class="row ng-star-inserted">
::before
<div _ngcontent-storefront-c298 class="product-price-container col-xs-12 col-sm-12">
<div _ngcontent-storefront-c298 class="product-price ng-star-inserted">
<div _ngcontent-storefront-c298 class="product-price-detail ng-star-inserted">
<sip-product-price-panel _ngcontent-storefront-c298 _nghost-storefront-c219>
<div _ngcontent-storefront-c219 class="price product-detail ng-star-inserted">
<div _ngcontent-storefront-c219 class="price-original ng-star-inserted">
<span _ngcontent-storefront-c219 class="product-price-amount ng-star-inserted">
<sip-format-price _ngcontent-storefront-c219 class="ng-star-inserted">
<span class="notranslate ng-star-inserted"> $1,145</span> == $0
</sip-format-price>
</span>
t.ng-star-inserted
sip-format-price.ng-star-inserted
span.notranslate.ng-star-inserted
Styles
Computed
Layout
Event Listeners
DOM Breakpoints
Properties
Filter
:hov .cls

首先，捕捉商品名稱

@copyright CJ Huang

https://www.costco.com.tw/Household-Pet-Supplies/Paper-Goods/Toilet-Paper/Kirkland-Signature-3-Ply-Interfold-Bath-Tissue-120-Sheet-X-72-Count/p/189999

COSTCO WHOLESALE

```
1 import requests
2 from bs4 import BeautifulSoup
3 import pandas as pd
4
5
6 url = "https://www.costco.com.tw/Household-Pet-Supplies/Paper-Goods/Toilet-Paper/Kirklan
7 response = requests.get(url)
8
9
10 soup = BeautifulSoup(response.content, "html.parser")
11
12
13 product_name = soup.find("h1", class_="product-name").text.strip()
14
15
16 df = pd.DataFrame({'Product Name': [product_name]})
17
18
19 print(df)
20
```

```
                     Product Name
0  Kirkland Signature 科克蘭 三層抽取衛生紙 120抽 X 72入
```

其次，捕捉該商品的價格

```
1 import requests
2 from bs4 import BeautifulSoup
3 import pandas as pd
4
5
6 url = "https://www.costco.com.tw/Household-Pet-Supplies/Paper-Goods/Toilet-Paper/Kirklan
7 response = requests.get(url)
8
9 # 使用BeautifulSoup解析HTML內容
10 soup = BeautifulSoup(response.content, "html.parser")
11
12
13 price_span = soup.find("span", class_="notranslate ng-star-inserted")
14
15
16 price = price_span.text.strip()
17
18
19 df = pd.DataFrame({'Price': [price]})
20
21
22 print(df)
23
```

```
   Price
0  $1,145
```

此處，再使用另一個範例；讀者可以到網站上抓取下列商品做練習。

https：//www.costco.com.tw/Food-Dining/Drinks/Coffee/Barista-3-in-1-Latte-21-g-X-100-Count/p/56879

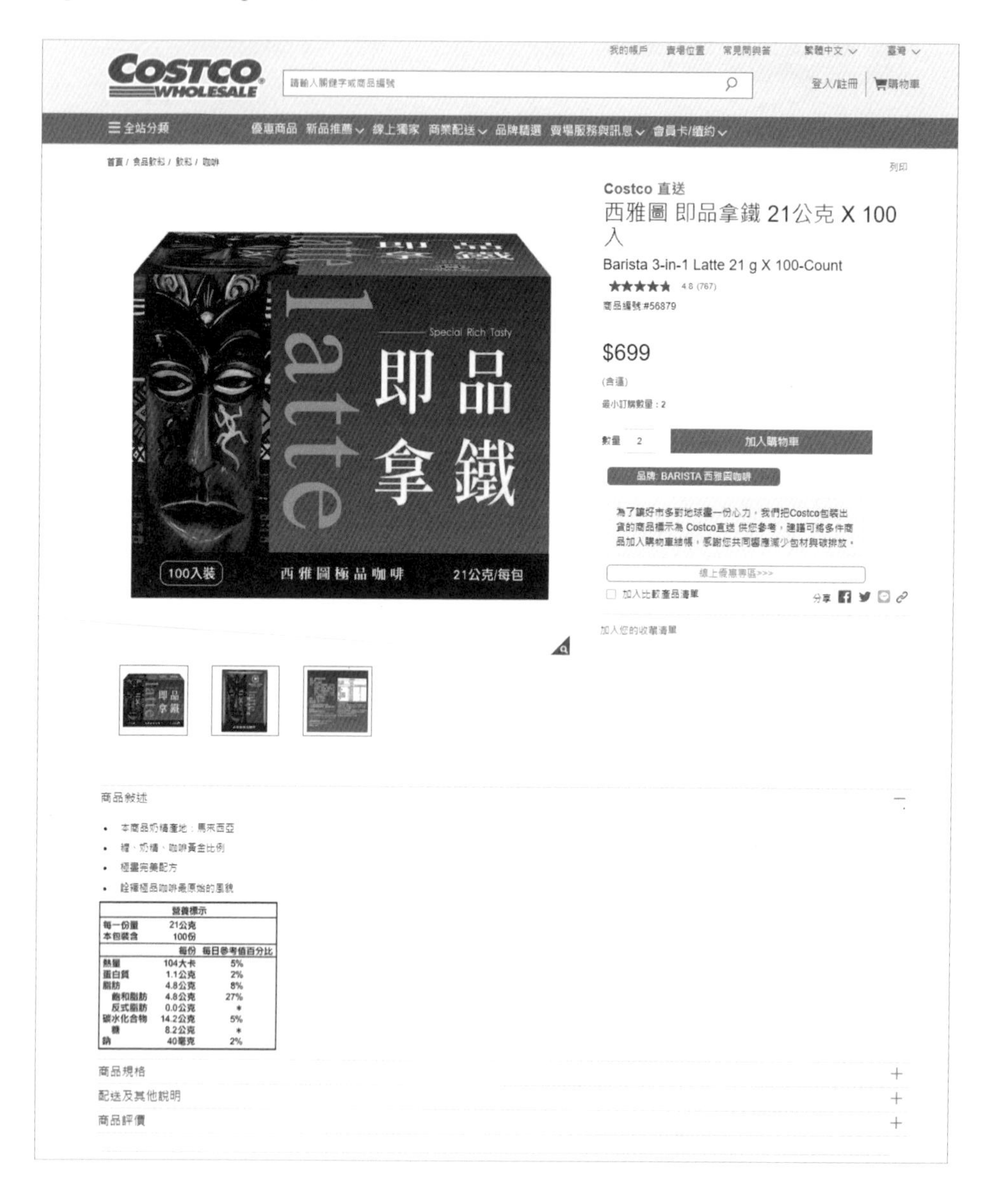

˅ 換西雅圖咖啡

```
1 import  requests
2 from  bs4  import  BeautifulSoup
3 import  pandas  as  pd
4
5
6 url  =  "https://www.costco.com.tw/Food/Beverages/Coffee-Tea/Barista-3-in-1-Latte-21-g-X-1(
7 response  =  requests.get(url)
8
9
10 soup  =  BeautifulSoup(response.content,  "html.parser")
11
12 product_name  =  soup.find("h1",  class_="product-name").text.strip()
13
14 #  Pandas  DataFrame
15 df  =  pd.DataFrame({'Product  Name':  [product_name]})
16
17
18 print(df)
19
```

```
          Product Name
0  西雅圖 即品拿鐵 21公克 X 100入
```

15.15 酷彭購物網站抓取產品資訊

Coupang（酷澎）是一家韓國的電子商務公司，成立於 2010 年。它提供了一個在線平台，讓消費者可以方便地購買各種商品，包括食品、飲料、家居用品、家電、服裝、美妝產品等。Coupang 以其「天天低價」的宣傳口號聞名，致力於提供優惠價格給消費者，以滿足他們的日常生活所需。

Coupang 在韓國擁有廣泛的物流網絡，能夠實現快速配送服務。此外，它也提供了方便的退換貨政策和客戶服務，以確保顧客的滿意度。隨著其不斷擴大和改進，Coupang 在韓國和其他地區都取得了相當的成功，成為許多消費者購物的首選平台之一。

截圖引用酷彭官網

https：//www.tw.coupang.com/

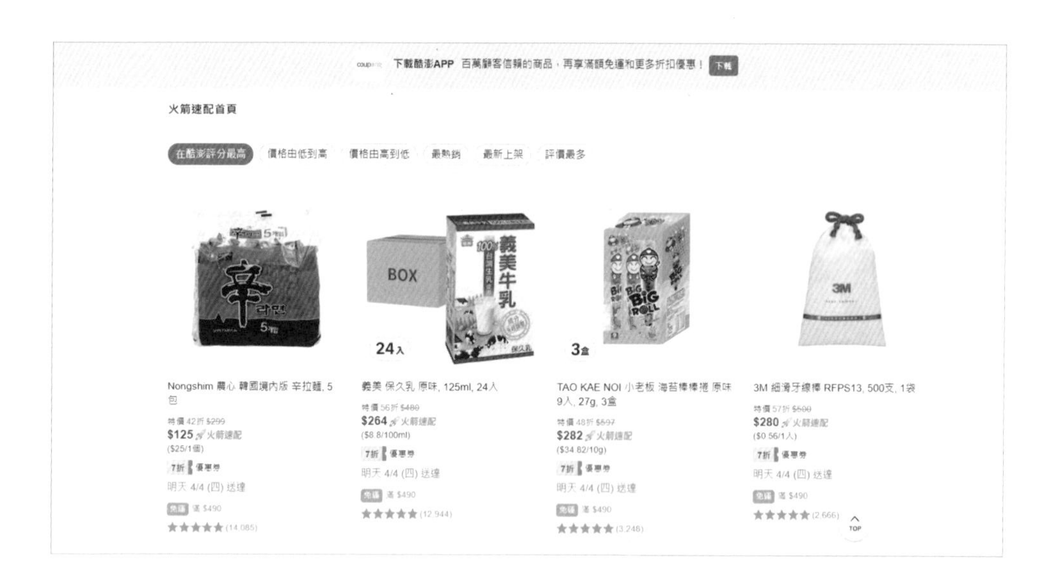

此處，本節抓取草本化妝水蘆薈款的商品價格來做實作。

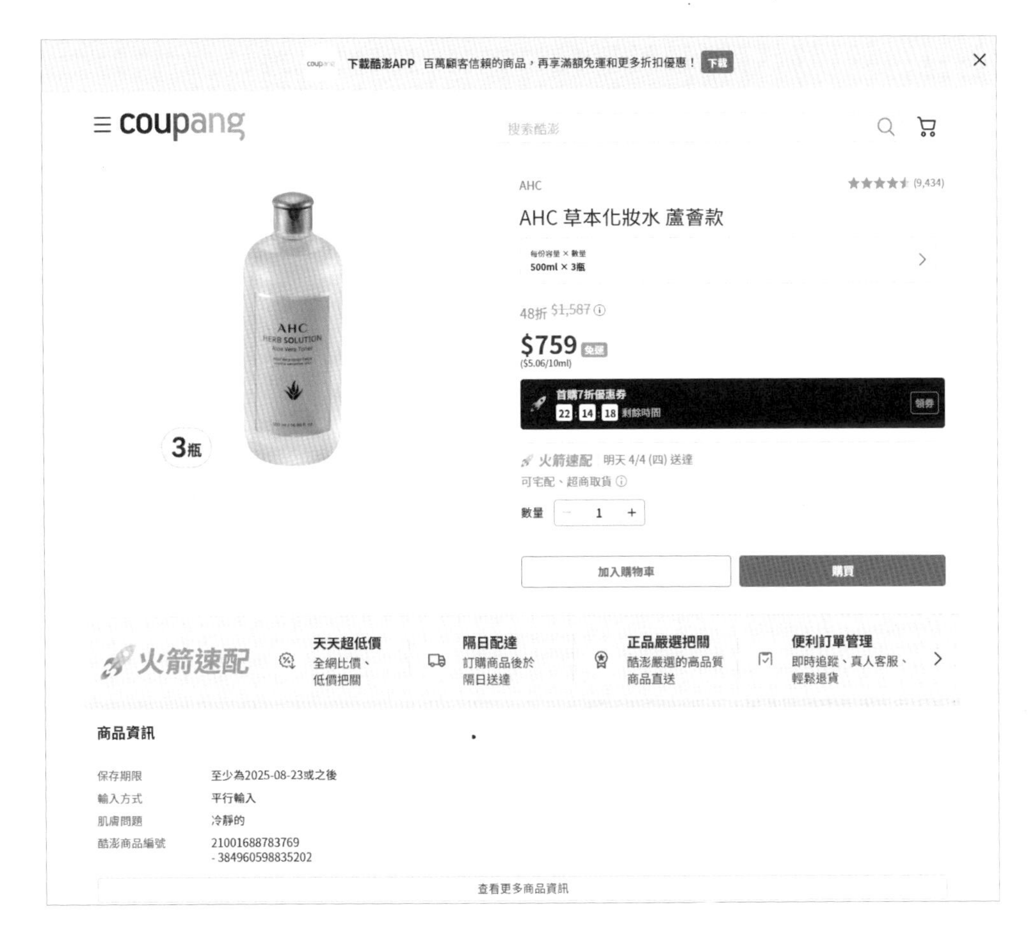

檢查該商品價格的網頁標籤屬性。

酷彭商品的名稱抓取範例如下：

```
1 import  requests
2 from  bs4  import  BeautifulSoup
3 import  pandas  as  pd
4
5
6 url  =  "https://www.tw.coupang.com/products/AHC-%E8%8D%89%E6%9C%AC%E5%8C%96%E5%A6%9D%E6%B(
7 response  =  requests.get(url)
8
9
10 soup  =  BeautifulSoup(response.content,  "html.parser")
11
12
13 product_name_h1  =  soup.find("h1",  class_="rvisdp-item-title")
14
15
16 product_name  =  product_name_h1.text.strip()
17
18
19 df  =  pd.DataFrame({'Product  Name':  [product_name]})
20
21
22 print(df)
23

  Product Name
0  AHC 草本化妝水 薑薔款
```

酷彭商品的價格抓取範例如下：

```
1 import  requests
2 from  bs4  import  BeautifulSoup
3 import  pandas  as  pd
4
5
6 url  =  "https://www.tw.coupang.com/products/AHC-%E8%8D%89%E6%9C%AC%E5%8C%96%E5%A6%9D%E6%B(
7 response  =  requests.get(url)
8
9
10 soup  =  BeautifulSoup(response.content,  "html.parser")
11
12 price_div  =  soup.find("div",  class_="rvisdp-price__final")
13
14
15 price  =  price_div.text.strip()
16
17
18 df  =  pd.DataFrame({'Price':  [price]})
19
20
21 print(df)
22

  Price
0  $759
```

讀者朋友可以用美朝健康紅茶的商品進行抓取實作：

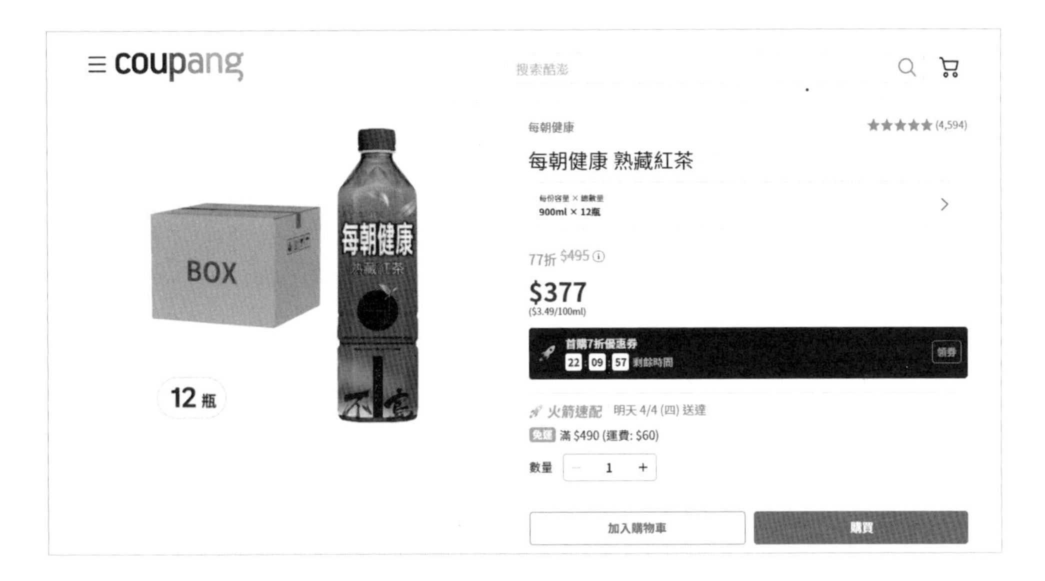

範例碼提供如下：

```
1 import requests
2 from bs4 import BeautifulSoup
3 import pandas as pd
4
5
6 url = "https://www.tw.coupang.com/products/171655582154753?itemId=259915612373032&vendor
7 response = requests.get(url)
8 soup = BeautifulSoup(response.content, "html.parser")
9
10
11 product_name_h1 = soup.find("h1", class_="rvisdp-item-title")
12 product_name = product_name_h1.text.strip()
13
14
15 price_div = soup.find("div", class_="rvisdp-price__final")
16 price = price_div.text.strip()
17
18
19 df = pd.DataFrame({'Product Name': [product_name], 'Price': [price]})
20
21 print(df)
22
```

```
  Product Name Price
0  每朝健康 熟藏紅茶  $377
```

15.16 591 租屋網爬蟲資訊抓取

591 房屋交易網是台灣的一個知名房地產交易平台，提供了豐富的房地產資訊和服務。這個平台主要讓用戶可以輕鬆地搜尋、出售、出租各種類型的房地產，包括公寓、別墅、透天厝、辦公室、店面等。

591 房屋交易網不僅提供了大量的房地產列表，還提供了相關的房地產市場資訊、房價走勢、法律法規等相關資訊，以幫助用戶做出更明智的選擇。用戶可以根據自己的需求進行搜索，篩選出符合條件的房源，並通過平台上的聯絡方式與房地產仲介或房東進行聯繫。

除了房地產交易外，591 房屋交易網還提供了相關的服務，如房屋貸款、裝修設計、搬家服務等，以滿足用戶在房地產交易過程中的各種需求。這使得 591 房屋交易網成為了台灣房地產市場上的一個重要平台，深受廣大用戶的信賴和喜愛。本節使用爬蟲技術針對租屋的資訊進行捕捉。

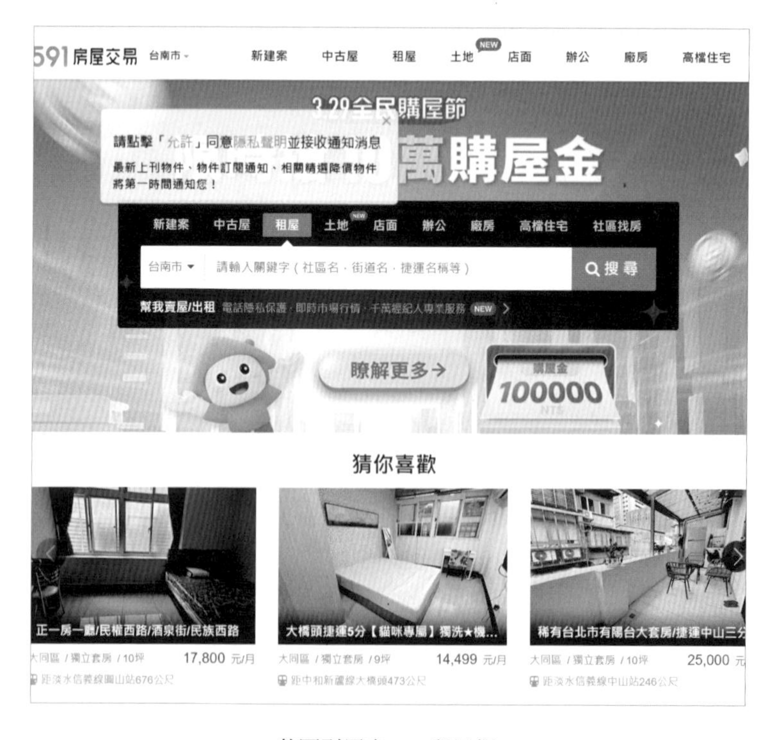

截圖引用自 591 租屋網

此處範例並無行銷的行為，僅就租屋資訊使用爬蟲技術進行捕捉，截圖引自 591 租屋網下列網址

https//rent.591.com.tw/home/16223288

提供範例碼做說明，使用 beautifulsoup4 爬蟲套件抓取房租，並使用 pandas 的 dataframe 輸出。

⌄ 圓山捷運站大龍夜市711樓上全新套房

https://rent.591.com.tw/home/16223288

```
1 ts
2 ort  BeautifulSoup
3  as  pd
4
5 tailFetcher:
6 _init__(self,  headers):
7  self.headers  =  headers
8
9 et_house_detail(self,  house_id):
10  """Fetches  detailed  information  about  a  house  using  its  ID."""
11  try:
12          # Start  a  session  to  persist  cookies
13          with  requests.Session()  as  s:
14                  # Fetch  CSRF  token  and  deviceid
15                  url  =  f'https://rent.591.com.tw/home/{house_id}'
16                  r  =  s.get(url,  headers=self.headers)
17                  r.raise_for_status()   # Raise  an  exception  for  HTTP  errors
18                  soup  =  BeautifulSoup(r.text,  'html.parser')
19                  token_item  =  soup.select_one('meta[name="csrf-token"]')
20
21                  # Update  headers  with  CSRF  token  and  deviceid
22                  headers  =  self.headers.copy()
23                  headers['X-CSRF-TOKEN']  =  token_item.get('content')
24                  headers['deviceid']  =  s.cookies.get_dict()['T591_TOKEN']
25                  headers['device']  =  'pc'
26
27                  # Fetch  house  details
28                  url  =  f'https://bff.591.com.tw/v1/house/rent/detail?id={house_id}'
29                  r  =  s.get(url,  headers=headers)
30                  r.raise_for_status()
31
32                  # Return  house  details  if  request  is  successful
33                  house_detail  =  r.json()['data']
34                  return  house_detail
35
36  except  requests.exceptions.RequestException  as  e:
37          print('An  error  occurred  during  request:',  e)
38          return  None
39  except  (KeyError,  AttributeError)  as  e:
40          print('Error  parsing  response:',  e)
41          return  None
42
43 age:
44
45 Agent':  'Your  User-Agent  String',
46  any  other  necessary  headers  here
47
48 useDetailFetcher(headers)
49 16223288'   # Replace  with  actual  house  ID
50 =  fetcher.get_house_detail(house_id)
51
52 il:
53 vert  house  detail  to  DataFrame
54  pd.DataFrame([house_detail])
55 df)
56
57 'Failed  to  fetch  house  details.')
58
```

接上頁，將抓下來的 df 進行整理，清洗出我們需要的租屋名稱和租金即可。

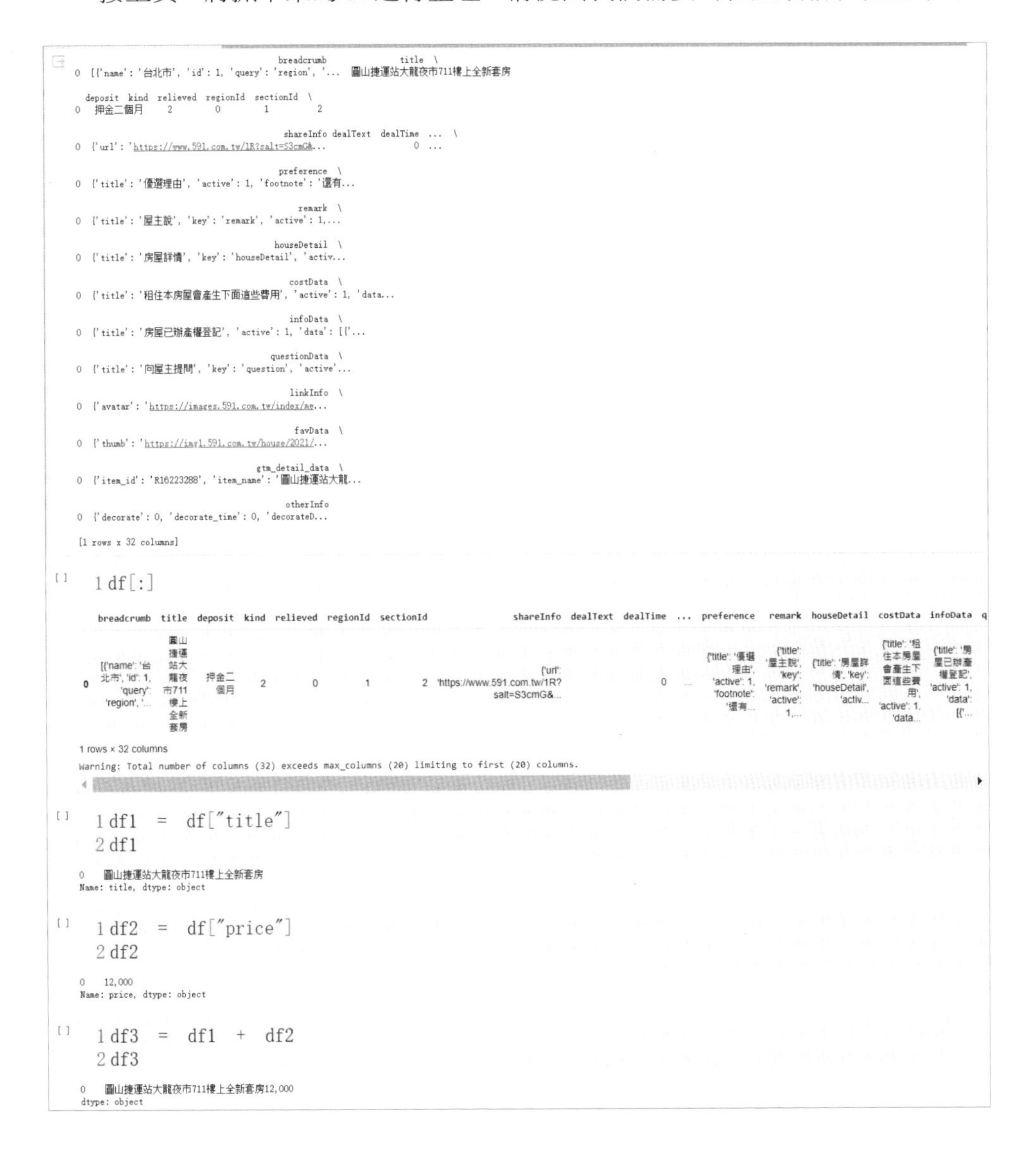

```
                                    breadcrumb             title  \
0  [{'name': '台北市', 'id': 1, 'query': 'region', '...  圓山捷運站大龍夜市711樓上全新套房

  deposit  kind  relieved  regionId  sectionId  \
0   押金二個月     2         0         1          2

                                     shareInfo dealText  dealTime  ...  \
0  {'url': 'https://www.591.com.tw/1R?salt=S3cmG&...         0  ...

                                           preference  \
0  {'title': '優選理由', 'active': 1, 'footnote': '還有...

                                            remark  \
0  {'title': '屋主說', 'key': 'remark', 'active': 1,...

                                        houseDetail  \
0  {'title': '房屋詳情', 'key': 'houseDetail', 'activ...

                                             costData  \
0  {'title': '租住本房屋會產生下面這些費用', 'active': 1, 'data...

                                             infoData  \
0  {'title': '房屋已辦產權登記', 'active': 1, 'data': [{'...

                                         questionData  \
0  {'title': '向屋主提問', 'key': 'question', 'active'...

                                             linkInfo  \
0  {'avatar': 'https://images.591.com.tw/index/me...

                                              favData  \
0  {'thumb': 'https://img1.591.com.tw/house/2021/...

                                      gtm_detail_data  \
0  {'item_id': 'R16223288', 'item_name': '圓山捷運站大龍...

                                            otherInfo
0  {'decorate': 0, 'decorate_time': 0, 'decorateD...

[1 rows x 32 columns]
```

```
1 df[:]
```

	breadcrumb	title	deposit	kind	relieved	regionId	sectionId	shareInfo	dealText	dealTime	...	preference	remark	houseDetail	costData	infoData	q
0	[{'name': '台北市', 'id': 1, 'query': 'region', '...	圓山捷運站大龍夜市711樓上全新套房	押金二個月	2	0	1	2	{'url': 'https://www.591.com.tw/1R?salt=S3cmG&...		0	...	{'title': '優選理由', 'active': 1, 'footnote': '還有...	{'title': '屋主說', 'key': 'remark', 'active': 1,...	{'title': '房屋詳情', 'key': 'houseDetail', 'activ...	{'title': '租住本房屋會產生下面這些費用', 'active': 1, 'data...	{'title': '房屋已辦產權登記', 'active': 1, 'data': [{'...	

1 rows × 32 columns

Warning: Total number of columns (32) exceeds max_columns (20) limiting to first (20) columns.

```
1 df1 = df["title"]
2 df1
```

```
0    圓山捷運站大龍夜市711樓上全新套房
Name: title, dtype: object
```

```
1 df2 = df["price"]
2 df2
```

```
0    12,000
Name: price, dtype: object
```

```
1 df3 = df1 + df2
2 df3
```

```
0    圓山捷運站大龍夜市711樓上全新套房12,000
dtype: object
```

第16章

社群營運與 Line 的進階應用

16.1 IFTTT 跨平台串接應用：基礎設定與介紹

當你想要讓不同的 App 或者透過網路上網的裝置合作時，IFTTT 就像是一個智慧的橋樑，它的關鍵就在於所謂的「Applets」，也就是指令集。在 IFTTT 的世界裡，每一個「If this, then that」（如果這樣，那麼就那樣）的觸發與執行關係都是由 Applet 所負責。這些 Applet 可以是預先建立好的，也可以是你自己客製化的。

當你啟用一個 Applet 後，IFTTT 就會開始執行這個指令集。比方說，你可以設定當你的手機收到特定人發來的訊息時，自動將它傳送到你的 Email 信箱。這樣的自動化讓生活更方便，而且不需要你一直監控。當你暫時不需要某個 Applet 時，你可以將其關閉，等需要的時候再開啟；如果你覺得這個 Applet 不再需要了，也可以直接刪除。這種彈性讓你可以根據需求來自由調整你的自動化工作流程。

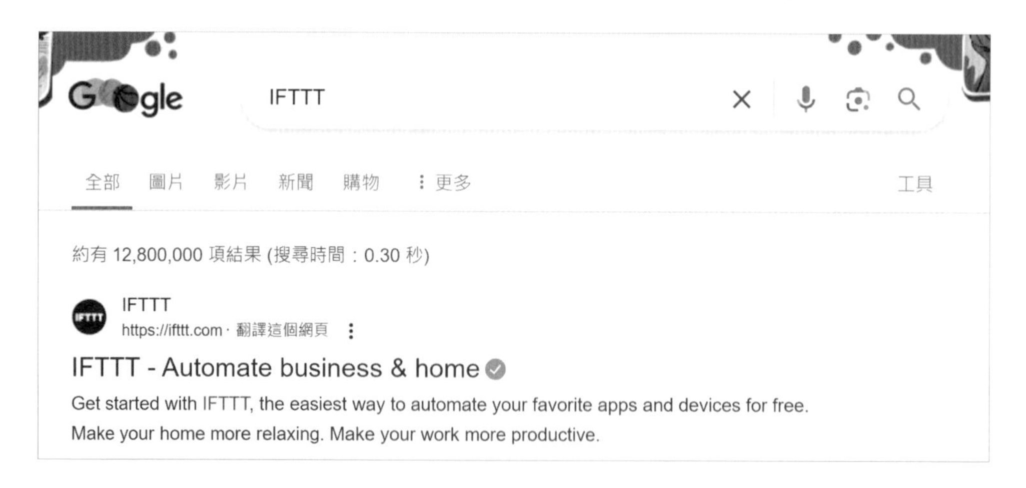

引用維基百科說明：

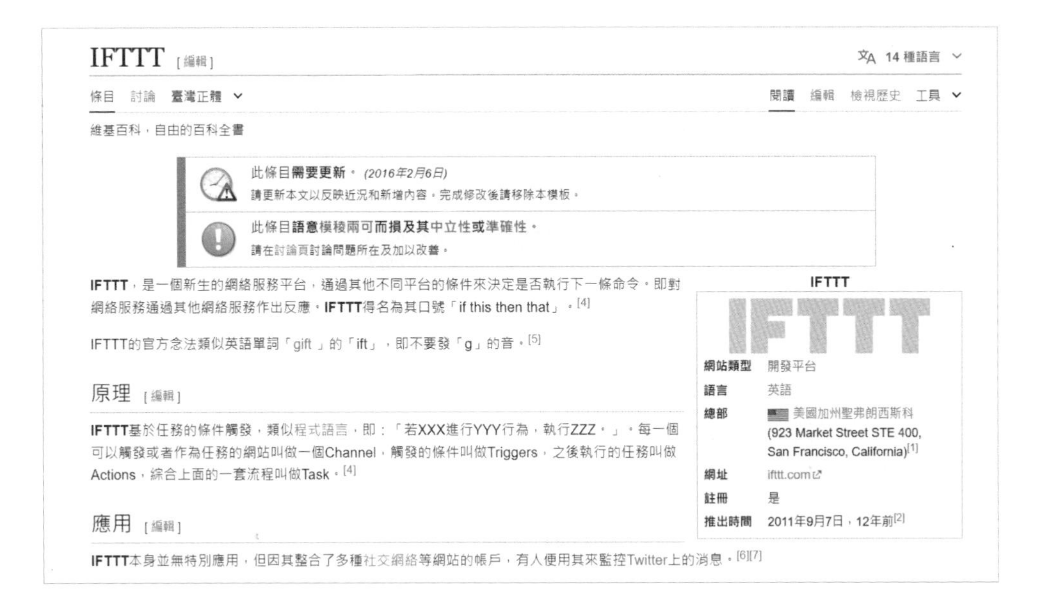

IFTTT [編輯]

文A 14 種語言

條目 討論 臺灣正體 閱讀 編輯 檢視歷史 工具

維基百科，自由的百科全書

此條目需要更新。(2016年2月6日)
請更新本文以反映近況和新增內容。完成修改後請移除本模板。

此條目語意模稜兩可而損及其中立性或準確性。
請在討論頁討論問題所在及加以改善。

IFTTT，是一個新生的網絡服務平台，通過其他不同平台的條件來決定是否執行下一條命令。即對網絡服務通過其他網絡服務作出反應。IFTTT得名為其口號「if this then that」。[4]

IFTTT的官方念法類似英語單詞「gift」的「ift」，即不要發「g」的音。[5]

原理 [編輯]

IFTTT基於任務的條件觸發，類似程式語言，即：「若XXX進行YYY行為，執行ZZZ。」。每一個可以觸發或者作為任務的網站叫做一個Channel，觸發的條件叫做Triggers，之後執行的任務叫做Actions，綜合上面的一套流程叫做Task。[4]

應用 [編輯]

IFTTT本身並無特別應用，但因其整合了多種社交網絡等網站的帳戶，有人使用其來監控Twitter上的消息。[6][7]

IFTTT

網站類型	開發平台
語言	英語
總部	美國加州聖弗朗西斯科 (923 Market Street STE 400, San Francisco, California)[1]
網址	ifttt.com
註冊	是
推出時間	2011年9月7日，12年前[2]

此處介紹讀者如何註冊 IFTTT

首先，我們先到 IFFF 官網的登入頁面

截圖引自 IFTTT 官網：https：//ifttt.com/

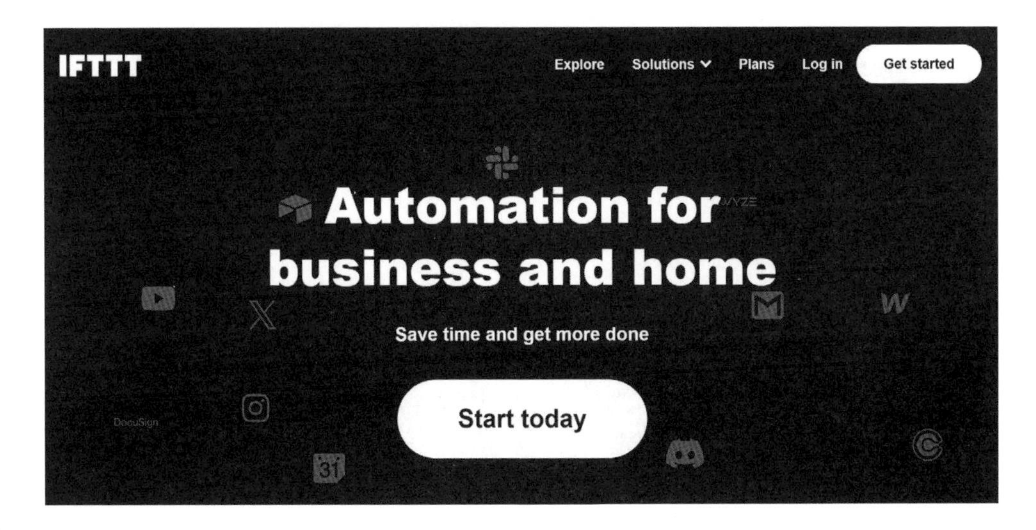

接著，我們會看到登入的頁面，此處我們建議同學以 Google 的帳戶登入

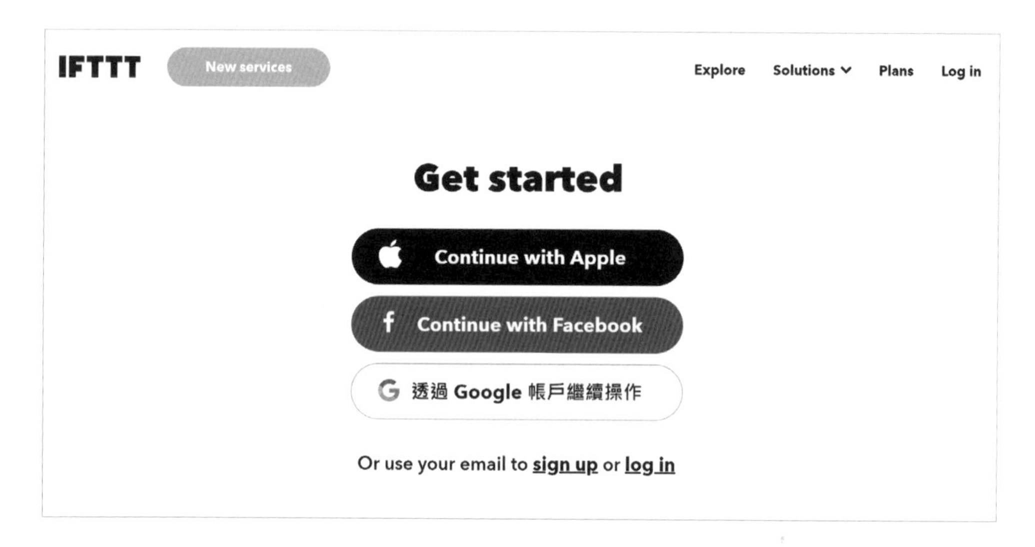

登入後，可依照官網的問題進行點選，但不影響我們使用該服務

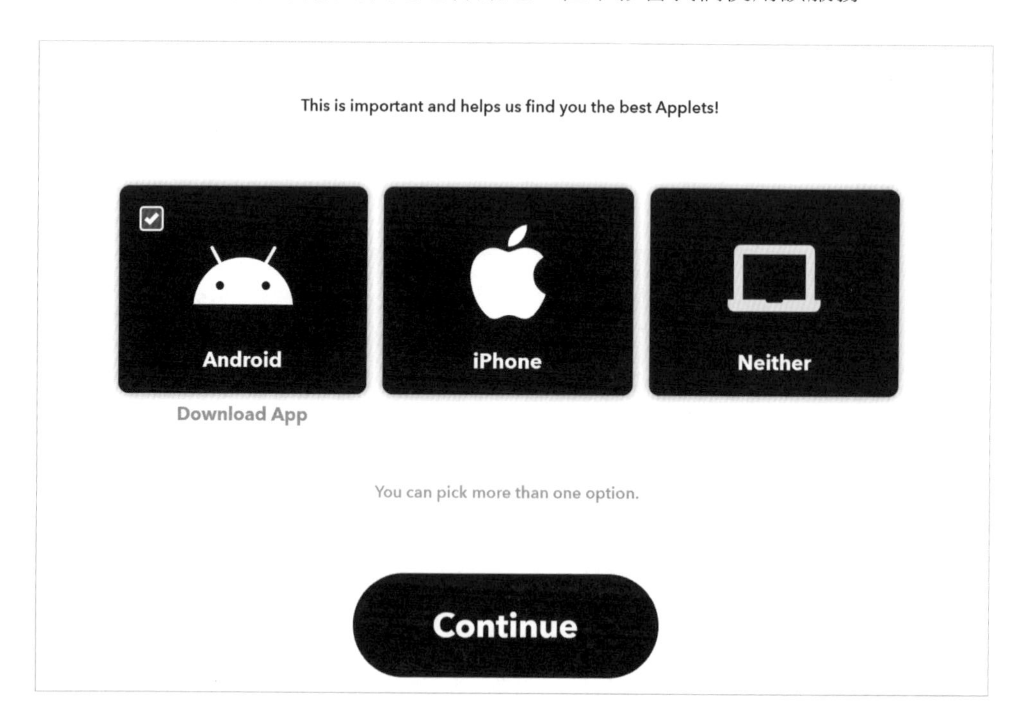

詢問使用者問題，可依照自己的情況點選

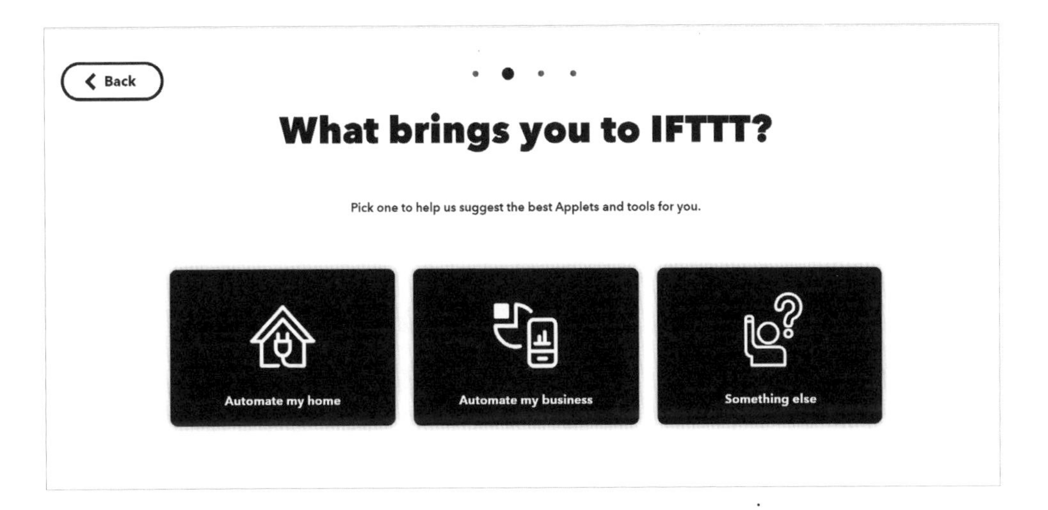

讀者可以繼續點選該按鈕

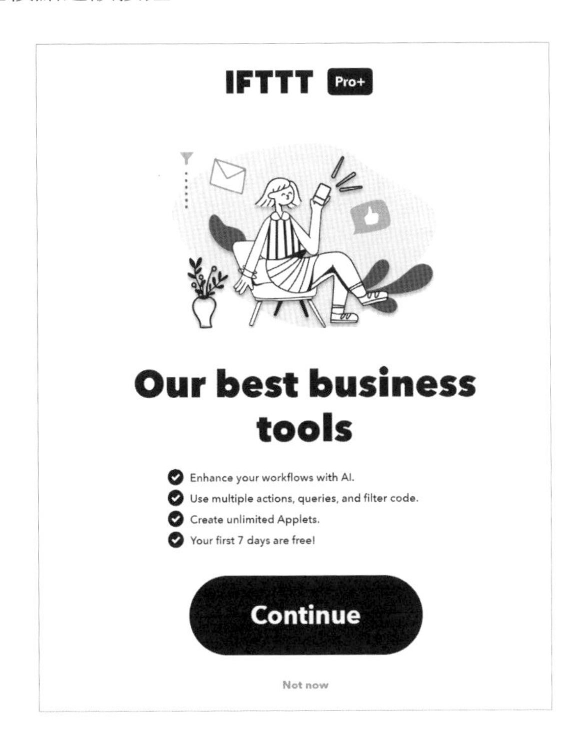

此處會跳出是否使用 IFTTT Pro 進階版的詢問，此處建議讀者可以先等一下，因為若點擊 "Try it free" 則會卡在付費的頁面而無法動彈。因此，此處的做法可以透過點擊 "Back" 按鈕，回到 IFTTT 登入的頁面即可繼續使用免費的功能。

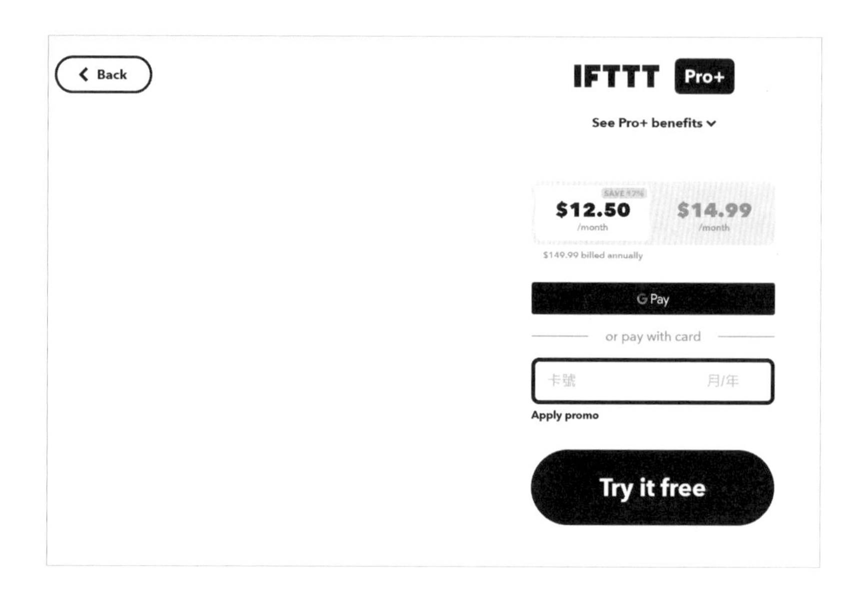

此處則回到登入的首頁。

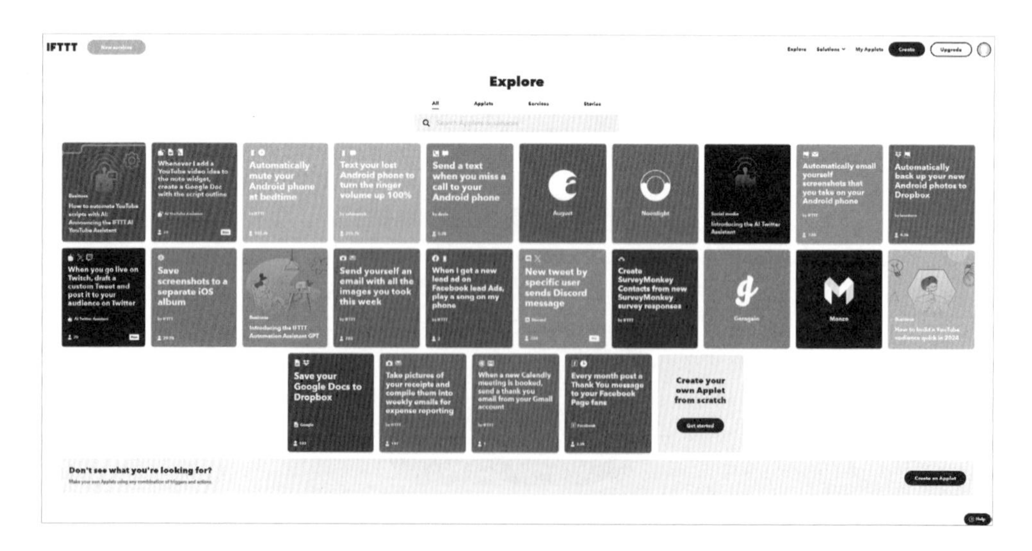

接著，讀者可以明顯看到登入後的頁面。此處先介紹一些簡單的小功能。

"My Applets" 則是代表完成串接後的「功能組」，也就是自行設計的串接功能；而中間的輸入框，則是使用者想要的服務，下個章節我們將介紹簡單的串接服務讓讀者自行設計。

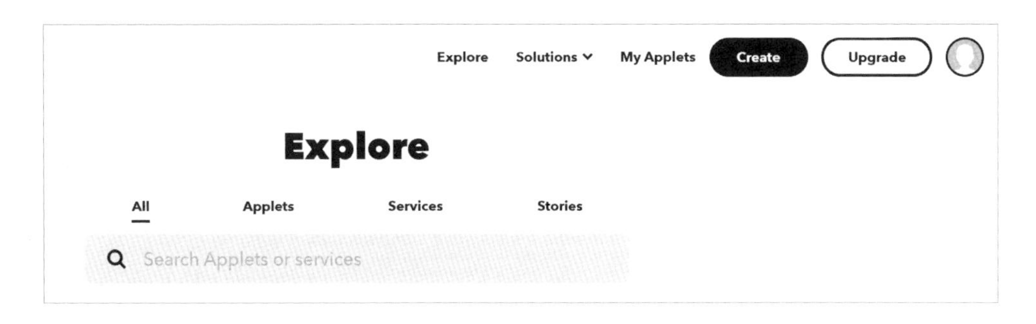

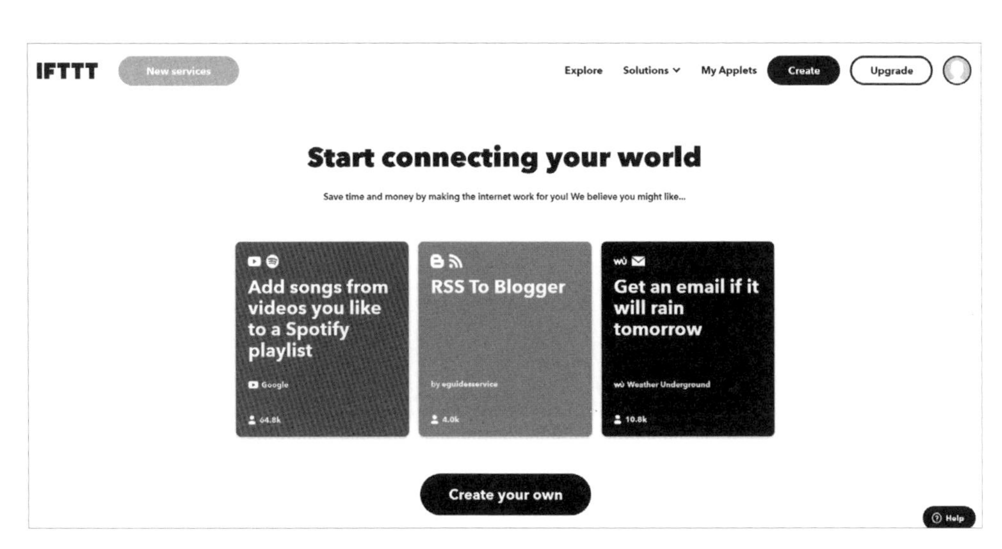

讀者若對 IFTTT 的操作仍有疑問，亦可閱讀官方的文件

https：//help.ifttt.com/hc/en-us/articles/115010158167-How-does-IFTTT-work

Search Back to IFTTT

IFTTT Help Center › Account › Basics

How does IFTTT work?

1 year ago · Updated

IFTTT helps connect different apps and devices. When you sign up for a free account, you can enable your apps and devices to work together to do things they couldn't otherwise do. For example, you can back up your Instagram photos to Dropbox, have your lights turn on when you enter your home, or automatically remind a Slack channel about a meeting.

Here's how it works:

1. Create a free account.
2. Browse the IFTTT website or app to find something that interests you.
3. Connect the services that are involved in the Applet or connection.
4. Find more Applets and connections, and repeat!

Applets and connections can be built by services or users from the Developer Dashboard. You also have the power to create something custom for yourself!·Go to ifttt.com/create to combine two services and make your own Applet!

How to contact support or give feedback

Related articles

IFTTT Plans at a glance

Creating your own Applet

Example Applets using queries and filter code

Important update about the Gmail service

Can I make my Applets run only at certain times?

16.2 IFTTT 跨平台串接應用：Line 和 Gmail 投放

如果你找不到適合自己需求的內建 Applet，IFTTT 也提供了自訂 Applet 的功能，讓你可以根據個人喜好和需求來建立自己的自動化指令集。以下是一個簡單的步驟教學：

1. 首先，在 IFTTT App 的首頁上，點選 "Get More"。

2. 接著點選最上方的 "Make your own Applets from scratch"，接著會出現 "If this, then that" 的字樣，這表示你可以開始建立你的自動化指令。

3. 點選 "This"，你會看到所有能夠作為觸發事件的 App 服務或裝置品牌的列表，你可以從中挑選你想要使用的服務或品牌，也可以直接使用搜尋欄進行搜尋。

4. 接著，你需要授權該服務的帳號給 IFTTT，這樣 IFTTT 才能夠取用這個服務。這時你需要輸入該服務的帳號和密碼。授權成功後，你就可以選擇要用什麼行為來當作這個自動化的觸發事件。

5. 再來，點選 "That"，你會看到所有能夠作為執行動作的服務和品牌的列表，從中挑選你想要執行的事情。同樣地，這裡也會需要你授權該服務給 IFTTT。

6. 設定好要執行的事項後，你就成功自訂了一個新的 Applet！這個 Applet 會按照你所設定的規則來自動執行相應的動作。

這樣，你就可以根據自己的需求和喜好來建立各種自動化指令，讓不同的 App 或連網裝置之間互相協作，讓生活更加便捷和智慧。

此處介紹基本的串接服務，如下圖所示；也就是透過設定時間來通知重要的訊息：

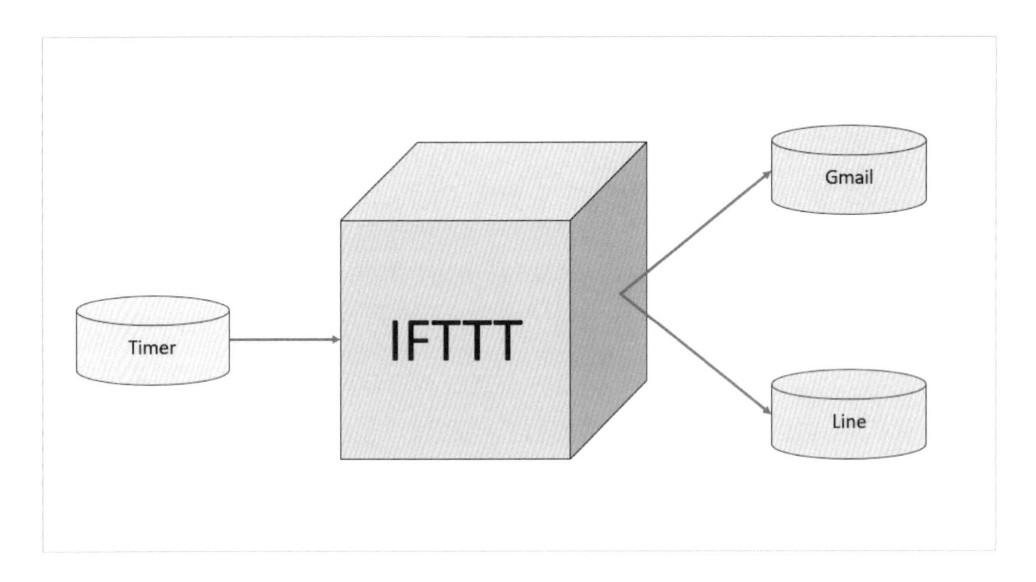

點擊「Create」字樣的按鈕，開始設計自己的串接功能組。

截圖引自 IFTTT 網站的操作

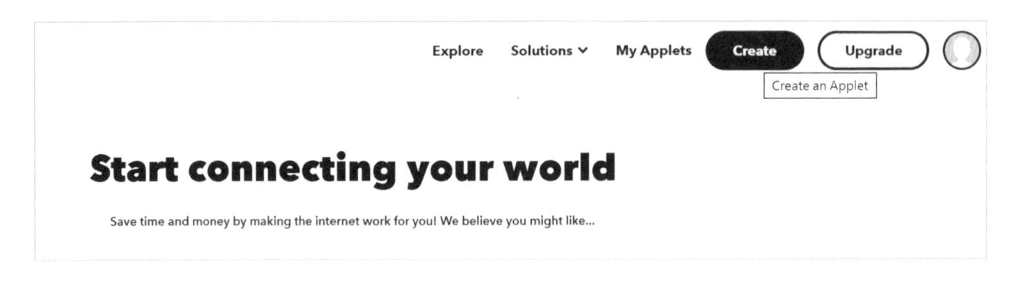

這是 IFTTT 設計的功能組畫面，也就是透過點選 (If This) 來挑選，想要透過什麼服務來觸發另一個「服務」(Then That) 的功能。

首先，我們先點擊 If This 來挑選服務；點選 Date& Time

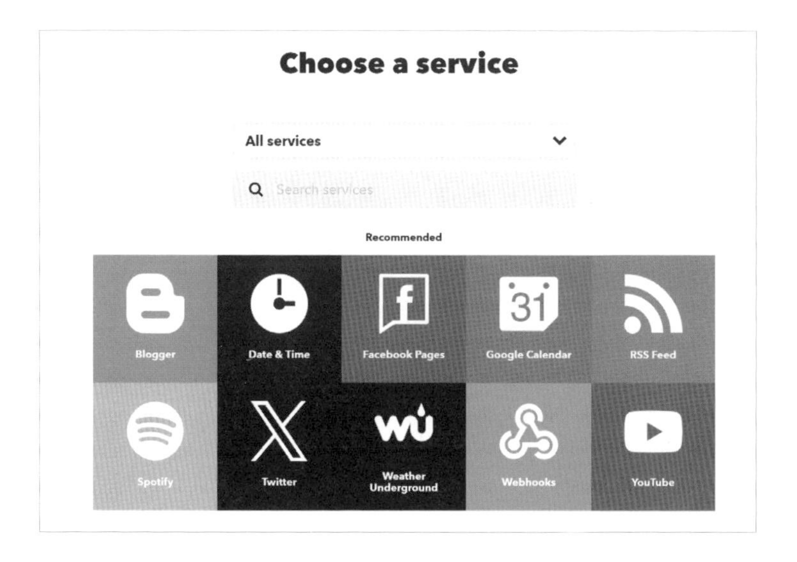

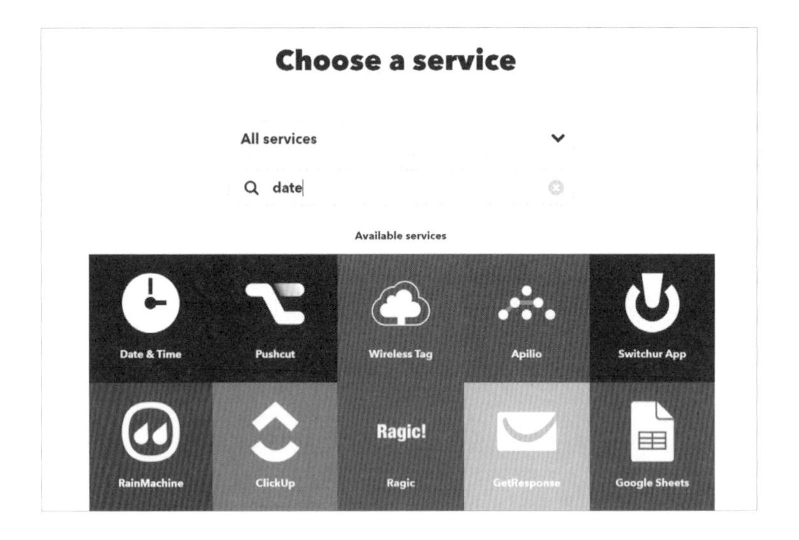

接著，我們根據提醒的時間頻率做挑選

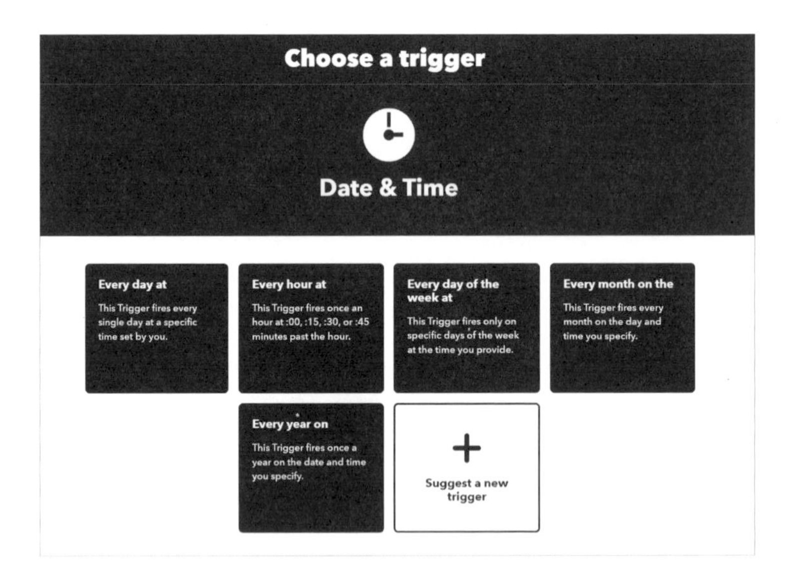

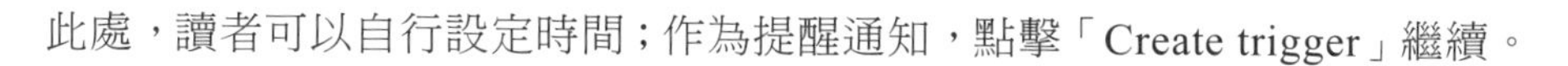

此處，讀者可以自行設定時間；作為提醒通知，點擊「Create trigger」繼續。

接著，我們再點選想要連動的服務，此處以 Gmail 為例：

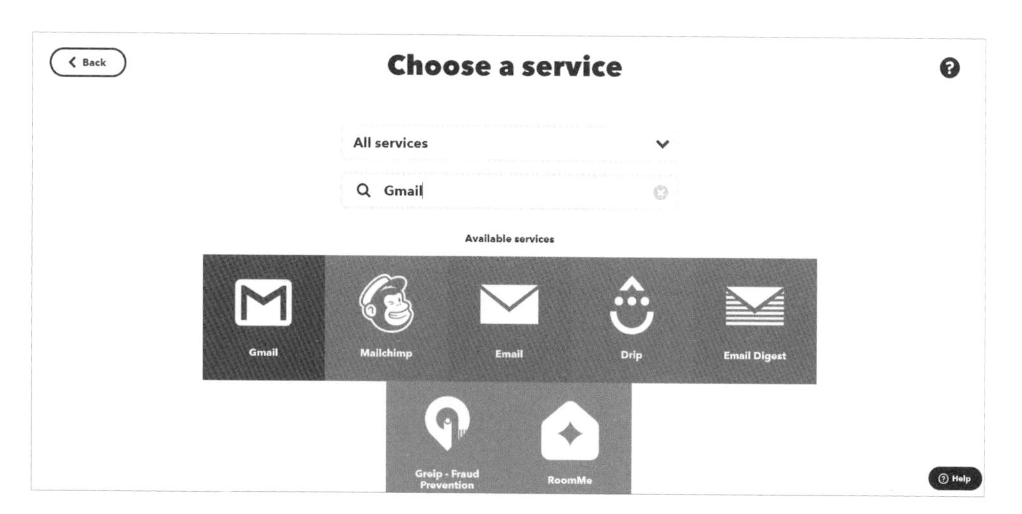

接著，讀者亦可以根據自己的需求點選服務：

Send an email 的服務可以寄送到指定的信箱，而 Send yourself an email 則是指，可以寄到自己的信箱做使用。而在行銷領域的服務，讀者亦可以未來透過這樣的串接「功能組」投放給客戶作為提醒的方式。

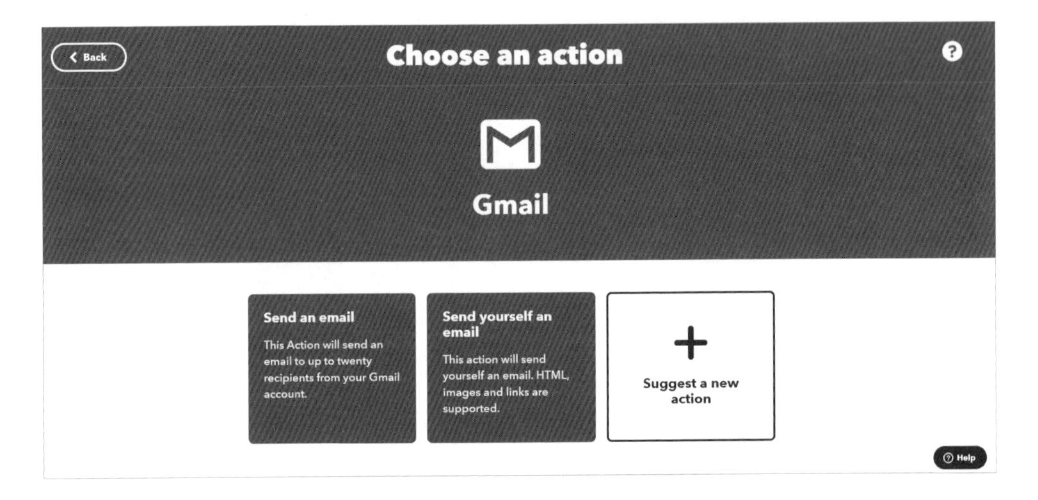

此處的設定建議如下：

- Subject: Gmail 的標題
- Body: Gmail 的內文
- Attachment URL: 想寄送的連結

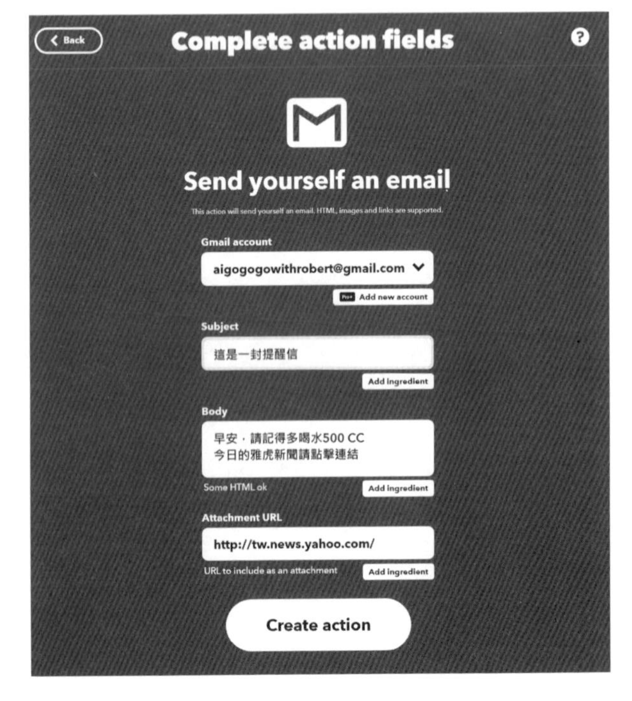

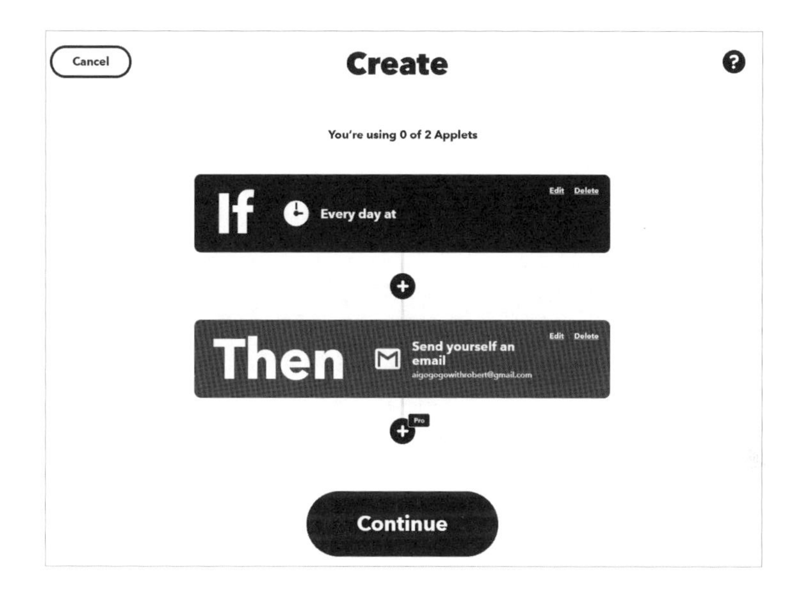

修正「功能組」的標題來說明用途，通常會自動生成英文的說明；但是讀者朋友可以自行輸入中文說明，以便提醒自己，接著點擊 Finsh 即可完成整個串接的目標。

接下來就會進到「功能組」的畫面，此處的操作類似手機的開關按鈕。

特別提醒讀者在做操作時，記得將此處的設定打開！接著可以點擊 My Applets 回到自己的帳號觀看自己設計的功能串。

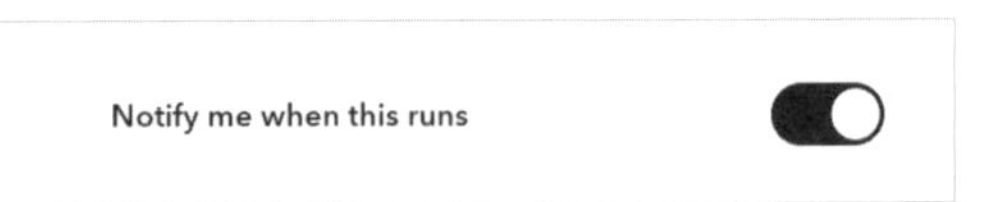

目前，免費版的功能串接組只有兩組可以使用。

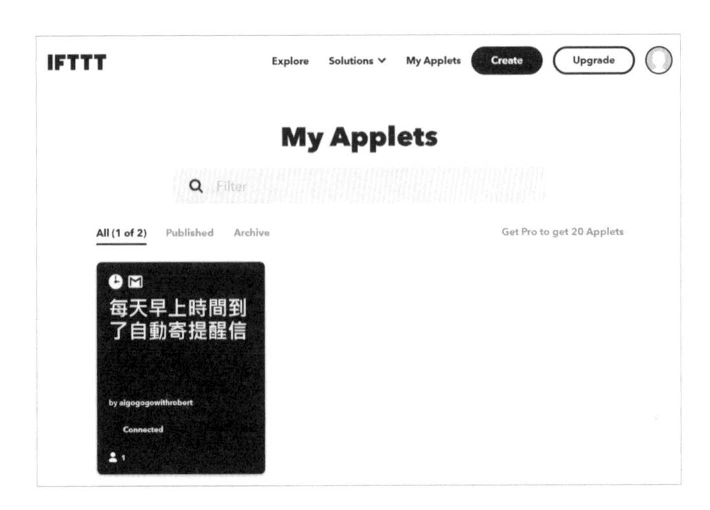

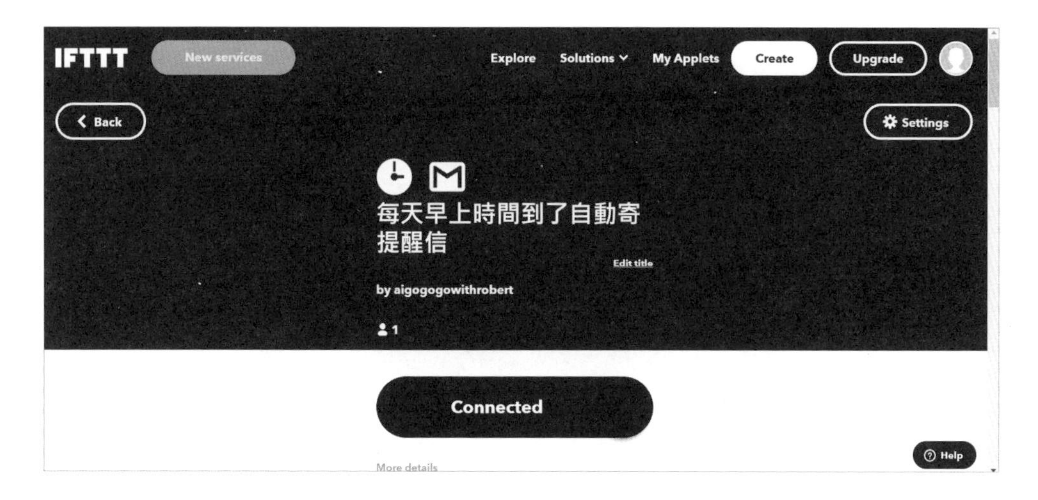

讀者可以點擊後進入 Setting 做修改，點擊 Edit 點選自己想要的服務功能做修正。

如果想要停止功能串的服務，可以將中間 Connect 往左邊拖曳

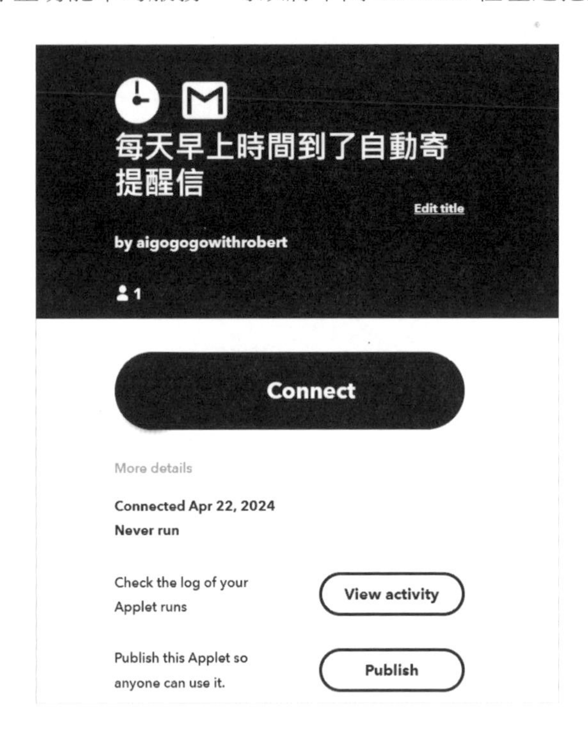

而關於 Line 串接的部分，讀者朋友也可以自行操作該服務。

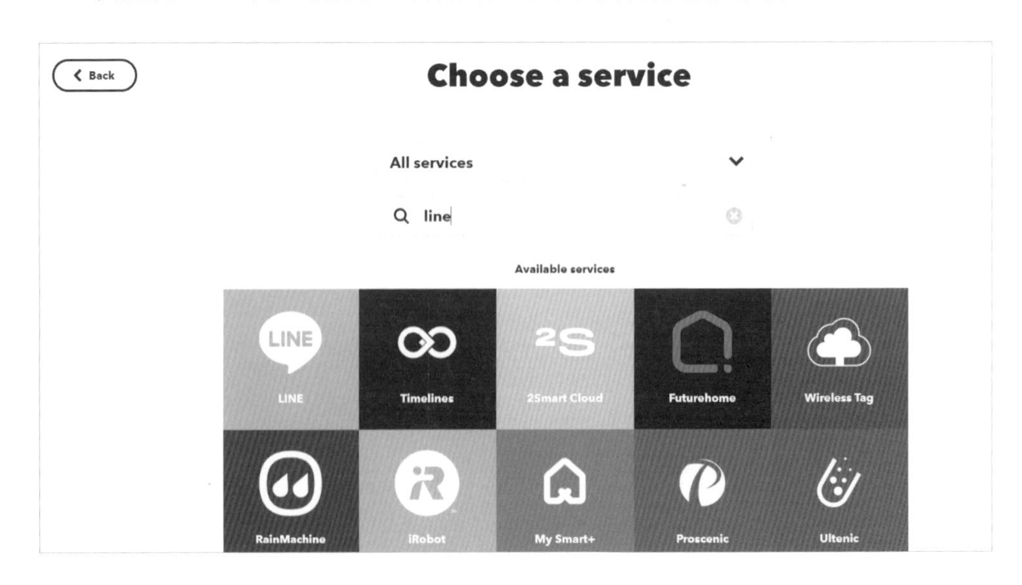

可以點擊 Send message 進行串接

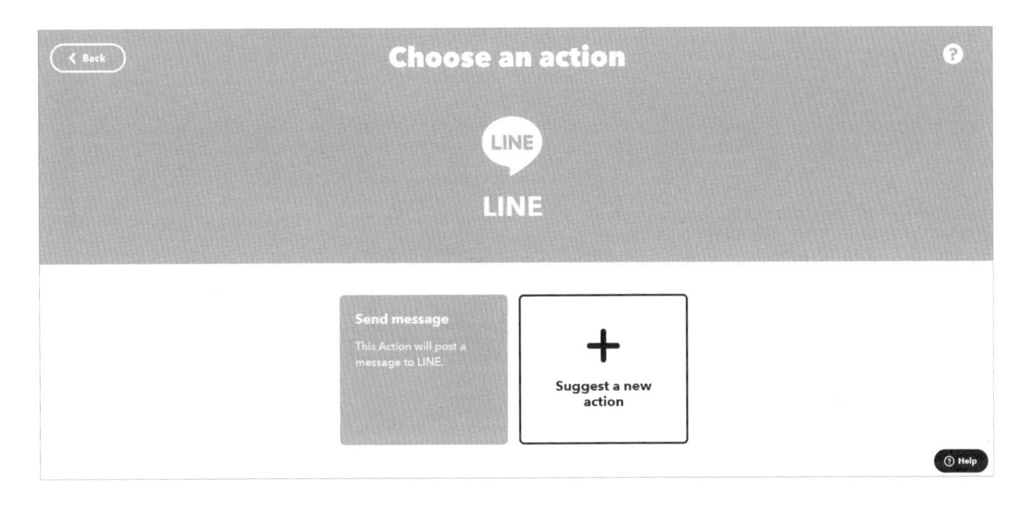

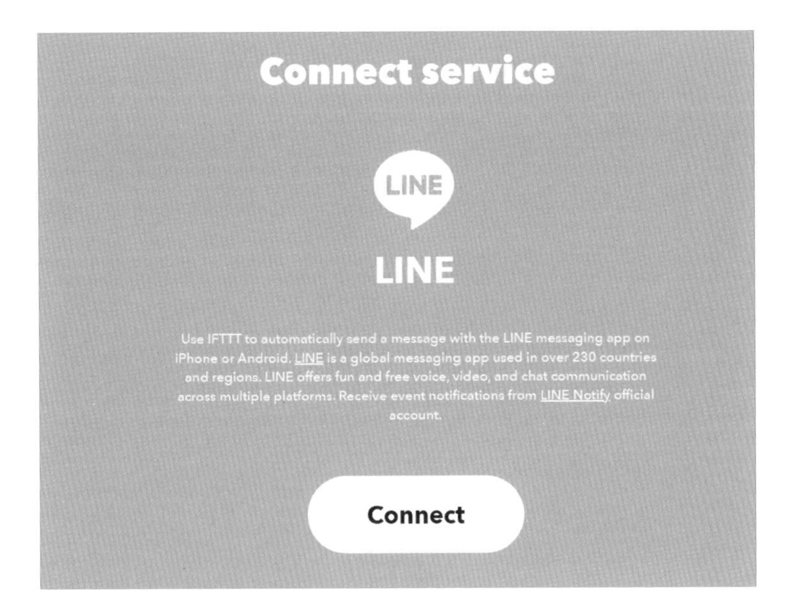

讀者可以掃 QRcode 連通自己的 Line 帳號進行串接

透過行動條碼登入

更新行動條碼

請開啟Android / iOS版本的LINE行動條碼掃描器，並掃描此行動條碼。

透過電子郵件帳號登入

掃描行動條碼的方法請見此處

請點擊同意並連動！

IFTTT

IFTTT

IFTTT, Inc.

將提供用戶名稱及聊天室列表給IFTTT服務的提供者。您可於LINE Notify的個人頁面解除連動。

同意後便會自動將「LINE Notify」官方帳號加入好友。

取消　同意並連動

讀者朋友可以依據圖示填入自己想要提醒的字樣

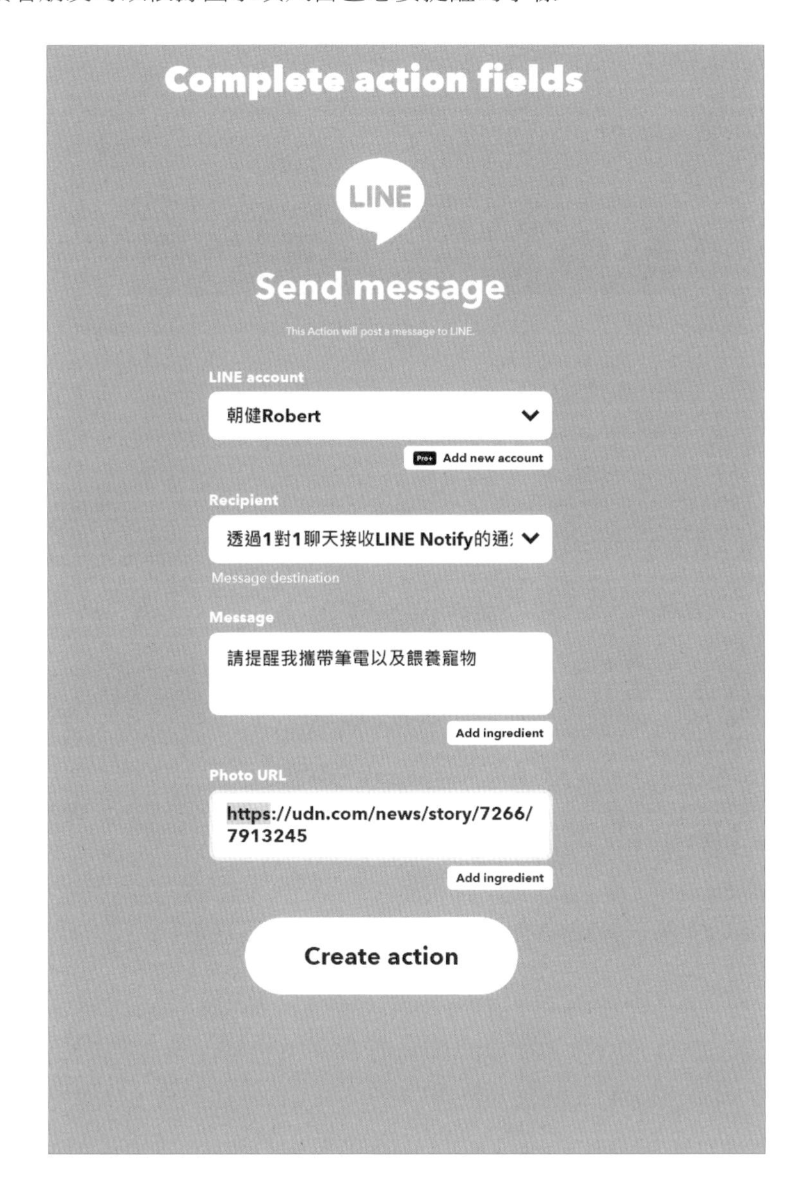

設計的「功能組」如下；也就是當每天設定的時間一到，自動發訊息給自己；當然讀者朋友也可以自行串接不同的服務平台進行操作。

16.3 Line Notify 的權杖申請

LINE Notify 是一個訊息推送服務，與一般開發者理解的推送方式不同。它的運作方式如下：

LINE 官方設有一個特殊的 LINE Notify 帳號 (@linenotify)，這是一個 LINE Bot 機器人，專門用於發送訊息。使用者無需事先加入此帳號，只要訂閱任何一個 LINE Notify 通知服務，該帳號就會主動向使用者發送訊息。任何 LINE 用戶都能成為服務提供者，向任何人發送推送訊息，且完全免費，無需付費或驗證程序。而 LineNotify 與 LINE@ 不同，LINE Notify 不需複雜的驗證程序。

任何 LINE 使用者皆可註冊一個或多個服務提供者，每個服務提供者通常代表某種目的的通知服務，如網站斷線通知、客戶服務要求等，所有這些都是免費的。所有的服務提供者都需由 LINE 的使用者主動訂閱通知，才能收到推送通知，且使用者可隨時取消通知，所有訊息均由官方的 LINE Notify 帳號發送，而非由 LINE@ 官方帳號發送。

讀者可依照截圖的步驟操作如下

發行存取權杖(開發人員用)

若使用個人存取權杖，不須登錄網站服務，即可設定通知。

發行權杖

LINE Notify API Document

登入個人帳號後，選取個人頁面

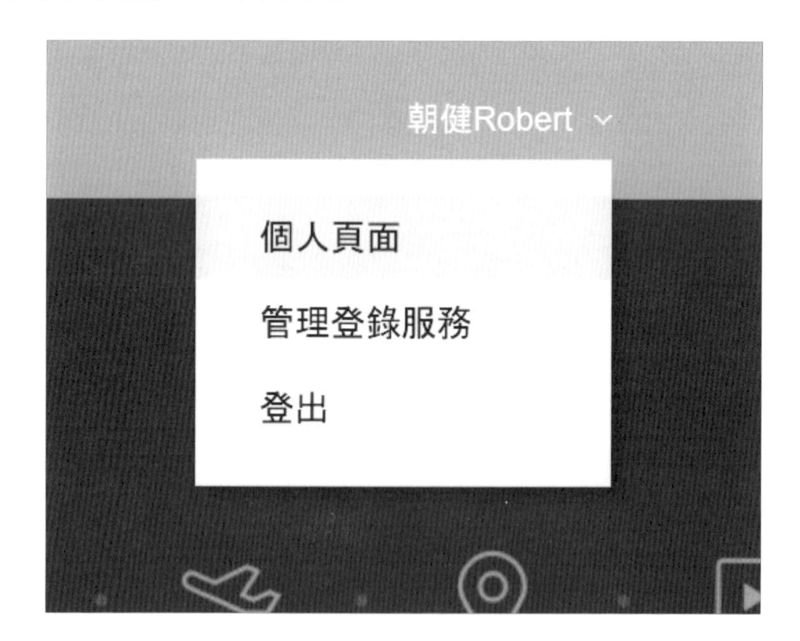

此處，讀者可以自行輸入權杖名稱以及要接收通知的聊天室

發行的權杖金鑰如下，讀者可以建立一個文件檔將下列的金鑰複製起來做使用。

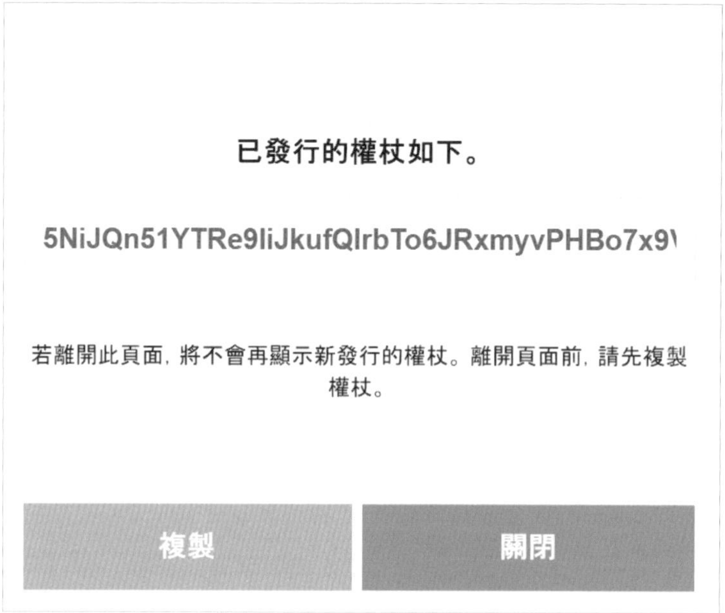

已發行的權杖如下。

5NiJQn51YTRe9liJkufQlrbTo6JRxmyvPHBo7x9\

若離開此頁面，將不會再顯示新發行的權杖。離開頁面前，請先複製權杖。

複製 關閉

16.4 Line Notify 訊息投放

此處，本書提供投放 line 訊息的範例碼做說明

https：//colab.research.google.com/drive/1Tpp2ewldhBC2AryGX4cLQideGpiDN9I2?usp=sharing

這段程式碼是使用 Python 的 requests 套件來透過 Line Notify API 發送訊息。

1. 設定 Line Notify 的 API 網址：

```
url = 'https：//notify-api.line.me/api/notify'
```

2. 設定 Line Notify 的權杖（Token）：

```
token = 'bLrmPfyUOvumRgOxuoxczkRwAQWqaUWW1zRlriMKBfp'
```

此處讀者可透過上一章申請權杖的方法獲得。

3. 設定 HTTP 請求的標頭（Headers），包括使用權杖授權：

```
headers = {
    'Authorization'：'Bearer' + token# 設定權杖
}
```

```
第一個群組

[1]
1 import requests
2
3 url = 'https://notify-api.line.me/api/notify'
4 token = '5NiJQn51YTRe9IiJkufQ1rbTo6JRxmyvPHBo7x9Vkxw'
5 headers = {
6         'Authorization': 'Bearer ' + token       # 設定權杖
7 }
8 data = {
9         'message':'HAPPY BIRTHDAY! https://www.drmaster.com.tw/Bookinfo.asp?BookID=MP12009'       # 設定要發送的訊息
10 }
11 data = requests.post(url, headers=headers, data=data)      # 使用 POST 方法
12

第二個群組

[2]
1 import requests
2
3 url = 'https://notify-api.line.me/api/notify'
4 token = '5NiJQn51YTRe9IiJkufQ1rbTo6JRxmyvPHBo7x9Vkxw'
5 headers = {
6         'Authorization': 'Bearer ' + token       # 設定權杖
7 }
8 data = {
9         'message':'想下課嗎?! 再忍一忍! https://zh.wikipedia.org/zh-tw/%E5%AE%9D%E5%8F%AF%E6%A2%A6%E7%B3%BB%E5%88%97'      #
10 }
11 data = requests.post(url, headers=headers, data=data)      # 使用 POST 方法
12
```

16.5 Line 貼圖和圖片投放

https：//colab.research.google.com/drive/1MuEom4_7sjEuP8T-VkxBlOl-3sVC7Dbf?usp=sharing

首先，你需要在 https：//notify-bot.line.me/zh_TW/ 中建立一個 Line Notify 服務，並取得一個有效的 Token。將這個 Token 替換到程式碼中 'bLrmPfyUOvumRgOxuoxczkRwAQWqaUWW1zRlriMKBfp' 的位置。接著，在 line_notify 函式中，你需要提供一張圖片作為附件傳送。

假設圖片檔案名稱為 'meme.jpg'，確保這張圖片和你的程式碼檔案在同一個目錄下 (在本書提供的程式碼範例，主要放在我的雲端硬碟的位置)，或者你可以指定完整的路徑。然後，確保 'stickerPackageId' 和 'stickerId' 是有效的貼圖包和貼圖 ID 數字。

讀者可以到 Line Developer 的官網找尋要投放的貼圖編號

https：//developers.line.biz/en/docs/messaging-api/sticker-list/#send-sticker

Stickers

Using the Messaging API, you can send the stickers as sticker messages, but only the ones listed in Sticker definitions. For instructions to send sticker messages, see Sending messages.

To send a sticker that isn't listed in Sticker definitions

- You can send stickers that you own with your LINE account. To send your own stickers, go to "Chats" in the LINE Official Account Manager or the LINE Official Account Manager App. For more information, see Chats (only available in Japanese) in LINE for Business.
- Only corporate users who have submitted the required applications can send stickers owned by the company such as sponsored stickers or creators' stickers. To send these stickers from your LINE Official Account, contact your sales representative or contact our Sales partners .

Send a sticker

To send a sticker, specify the package ID and sticker ID of the sticker in a sticker message object. As shown below, specify the `packageId` and `stickerId` properties.

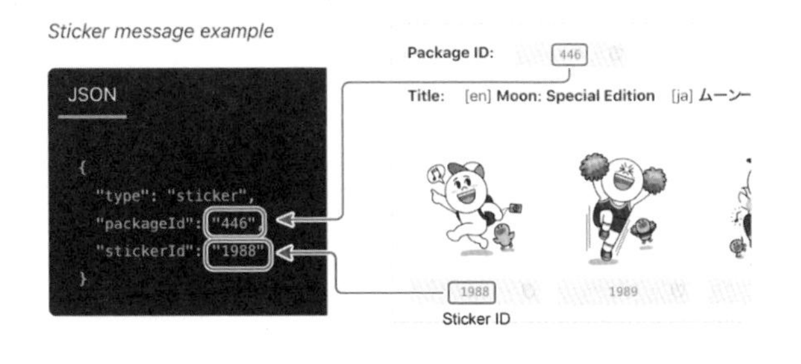

此處，PackageID 為貼圖的組編號，下方為貼圖編號，讀者可以挑選喜歡的貼圖編號，針對範例程式做修改。

16.6 Line 爬蟲及時通知系統範例

此處以樂活台南部落客的旅遊文章進行爬蟲的抓取內文，以及設計投放到 Line 社團的做法；讀者可以透過爬蟲套件 Beautifulsoup4 對網站的文章標籤進行抓取。

```
[1]
import requests
from bs4 import BeautifulSoup
import pandas as pd

url = "https://www.tainanlohas.cc/2024/01/tainan-pokemon-go-official-route-launched.html"

# 發送 HTTP 請求並取得網頁內容
response = requests.get(url)

# 檢查是否成功取得網頁內容
if response.status_code == 200:
    # 使用 BeautifulSoup 解析 HTML 內容
    soup = BeautifulSoup(response.text, 'html.parser')

    # 找出標題和內文的部分
    title_element = soup.find('h1')
    content_element = soup.find('div', class_='post-body')

    # 檢查元素是否存在
    if title_element and content_element:
        title = title_element.text.strip()
        content = content_element.text.strip()

        # 將資料轉換成 Pandas DataFrame
        data = {
            'Title': [title],
            'Content': [content]
        }
        df = pd.DataFrame(data)

        # 輸出 DataFrame
        print(df)
    else:
        print("找不到標題或內文的元素，請檢查網頁結構是否有變動。")
else:
    print(f"Failed to retrieve the webpage. Status code: {response.status_code}")


                         Title  \
0  樂活台南 | 旅遊、美食、生活 | 大台南非官網 | tainanlohas.cc

                                             Content
0  寶可夢玩家看過來！全台首發Pokémon Go官方路線就在台南，3月9、10日還將有「坐騎小...

[2]
df[:]
```

將抓到的內文以 Pandas 的 dataframe 格式輸出，同時試著將其轉成 string 的資料型態，常見的作法有兩種，說明如下：

```
df.astype("str")# 轉型方法 1

df.to_string(index=False)# 轉型方法 2
```

2.投放到lINE

msg =df.astype("str")

msg =df.to_string(index=False)

```
[6]
# 轉換 DataFrame 為文字格式
msg1 = df.to_string(index=False)
#msg1 =df.astype("str")

# LINE Notify 的權杖(token)
#eVz02tABjfPpWkfXnRtQEtScNYYWryFYW1DIG1l1NnN
token = "5NiJQn51YTRe9IiJkufQlrbTo6JRxmyvPHBo7x9Vkxw" ## 填入權杖代碼，請修改成自己的 ##
#mwJzjfcsDIrCPZAadn59IuvKpLIyhsMdq8J32buVBSJ
# 傳送 LINE Notify 訊息
def send_line_notify(token, msg):
    headers = {
        "Authorization": "Bearer " + token,
        "Content-Type": "application/x-www-form-urlencoded"
    }
    params = {
        "message": msg
    }
    r = requests.post("https://notify-api.line.me/api/notify", headers=headers, params=params)

# 呼叫傳送 LINE Notify 函數
send_line_notify(token, msg1)
```

透過 Line Notify 將抓到的文章透過整理後投放到社團的結果！

此處，本書提供另外一個範例做說明，讀者可以自行練習投放到 Line 社團！

本書提供的程式碼範例如下：

https：//colab.research.google.com/drive/11vlWdsj3buAGok72rKHGW9in0QqwHWJe?usp=sharing

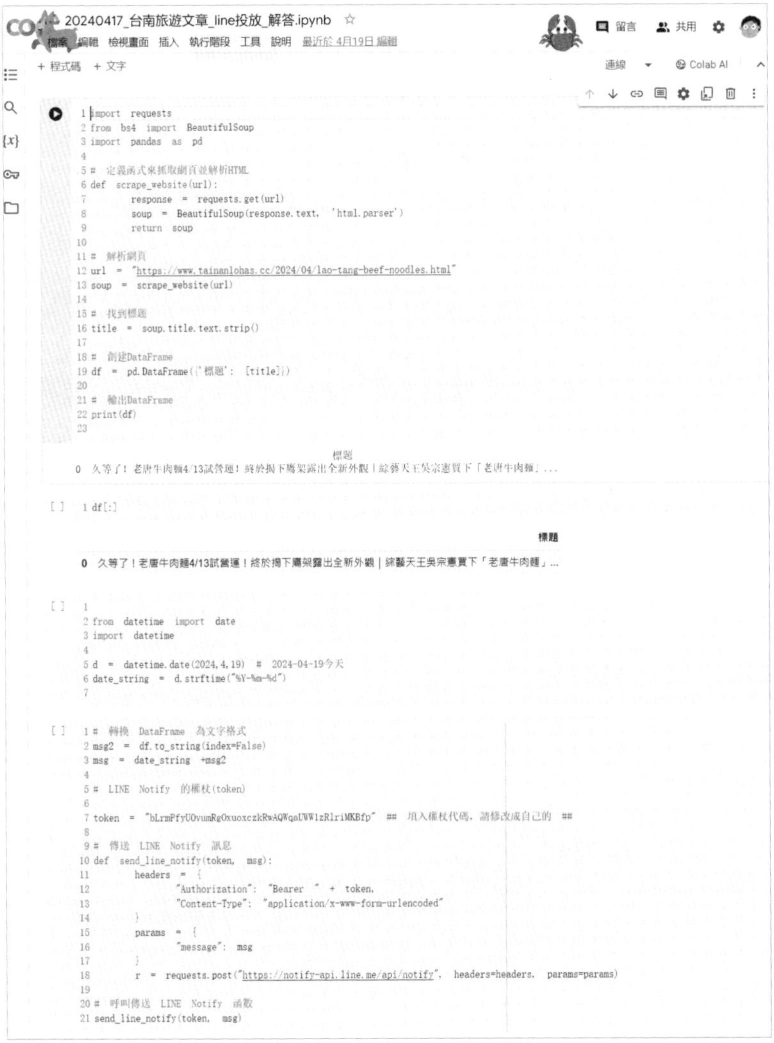

20240417_台南旅遊文章_line投放_解答.ipynb ☆

檔案 編輯 檢視畫面 插入 執行階段 工具 說明 最近於 4月19日 編輯

留言 共用

+ 程式碼 + 文字 連線 Colab AI

```python
import requests
from bs4 import BeautifulSoup
import pandas as pd

# 定義函式來抓取網頁並解析HTML
def scrape_website(url):
    response = requests.get(url)
    soup = BeautifulSoup(response.text, 'html.parser')
    return soup

# 解析網頁
url = "https://www.tainanlohas.cc/2024/04/lao-tang-beef-noodles.html"
soup = scrape_website(url)

# 找到標題
title = soup.title.text.strip()

# 創建DataFrame
df = pd.DataFrame({'標題': [title]})

# 輸出DataFrame
print(df)

```

```
                                                 標題
0  久等了！老唐牛肉麵4/13試營運！終於揭下鷹架露出全新外觀|綜藝天王吳宗憲買下「老唐牛肉麵」...
```

```python
df[:]
```

	標題
0	久等了！老唐牛肉麵4/13試營運！終於揭下鷹架露出全新外觀｜綜藝天王吳宗憲買下「老唐牛肉麵」...

```python

from datetime import date
import datetime

d = datetime.date(2024,4,19)  # 2024-04-19今天
date_string = d.strftime("%Y-%m-%d")

```

```python
# 轉換 DataFrame 為文字格式
msg2 = df.to_string(index=False)
msg = date_string +msg2

# LINE Notify 的權杖(token)

token = "bLrmPfyUOvumRgOxuoxczkRwAQWqaUWW1zRlriMKBfp"  ## 填入權杖代碼，請修改成自己的 ##

# 傳送 LINE Notify 訊息
def send_line_notify(token, msg):
    headers = {
        "Authorization": "Bearer " + token,
        "Content-Type": "application/x-www-form-urlencoded"
    }
    params = {
        "message": msg
    }
    r = requests.post("https://notify-api.line.me/api/notify", headers=headers, params=params)

# 呼叫傳送 LINE Notify 函數
send_line_notify(token, msg)
```

隨書專題練習：

讀者可以透過本節介紹的方法針對蕃薯藤的網站進行網頁爬蟲捕捉，同時進行 Line 社團的投放練習！

1. 花東縱谷絕美步道美麗依舊迎接旅客

https：//n.yam.com/Article/20240416908734#google_vignette

2. 南投景點｜日月潭櫻花季 2/1 開跑，官方推薦賞櫻地圖，欣賞南投千株櫻花盛放 🌸，最後更新 2/19

https：//travel.yam.com/article/133576

3. 屏東景點｜ 看海美術館「極度日常」慵懶阿貓躺屋頂超吸睛！順遊車城、恆春，與梅花鹿、水豚近距離互動

https：//travel.yam.com/article/134400

4. 台南熱門資訊｜ 2024 西拉雅森活節 4/20 開跑！熱氣球繫留體驗限定 4 場，草原音樂祭、光雕秀接力登場

https：//travel.yam.com/article/134436

提供設計範例碼：

```
import requests
from bs4 import BeautifulSoup
import pandas as pd

# 發送請求並獲取網頁內容
url = "https：//travel.yam.com/article/134436"
response = requests.get(url)
soup = BeautifulSoup(response.content,"html.parser")

# 找到標題
title_element = soup.find("meta", property="og：title")
title = title_element["content"] if title_element else" 找不到標題 "

# 找到內容
content_element = soup.find("meta", property="og：description")
content = content_element["content"] if content_element else" 找不到內容 "

# 創建 DataFrame
data = {" 標題 "：[title]," 內容 "：[content]}
df = pd.DataFrame(data)

# 輸出 DataFrame
print(df)
```

第17章

生成式工具導入應用

17.1 Runway AI 介紹

Runway 是一家成立於 2018 年並得到 Google 投資的線上影音剪輯製作公司。該公司專注於提供各種 AI 影像編輯工具，包括背景移除、動態追踪、自動字幕等自動化工具。他們的目標是降低影片創作的門檻，幫助使用者輕鬆製作出內容豐富且富有創意的影音內容。

Runway 已經推出了第一個 AI 影片編輯模型 Gen-1。最近，他們推出了一個新的文本生成影片 (Text-to-video) AI 模型，名為 Gen-2。使用者只需要描述他們想要的影片內容和風格，就可以創造出對應的影片。

Runway AI 官網：https：//runwayml.com/

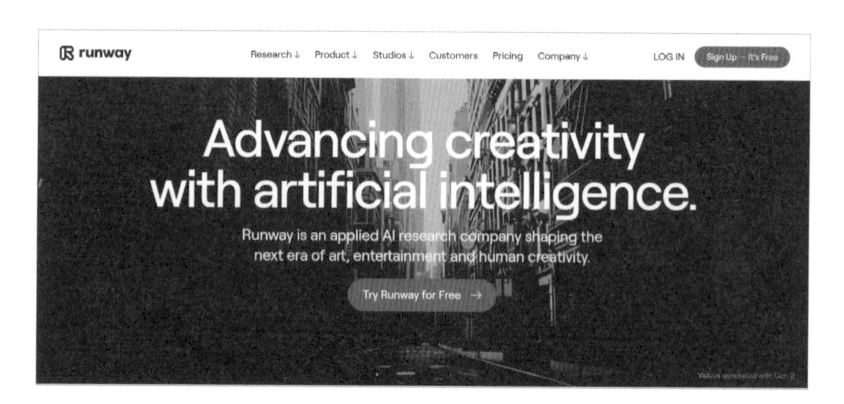

讀者可以點擊「Try Runway for Free」進行註冊，可以使用自己的 Google 信箱登入

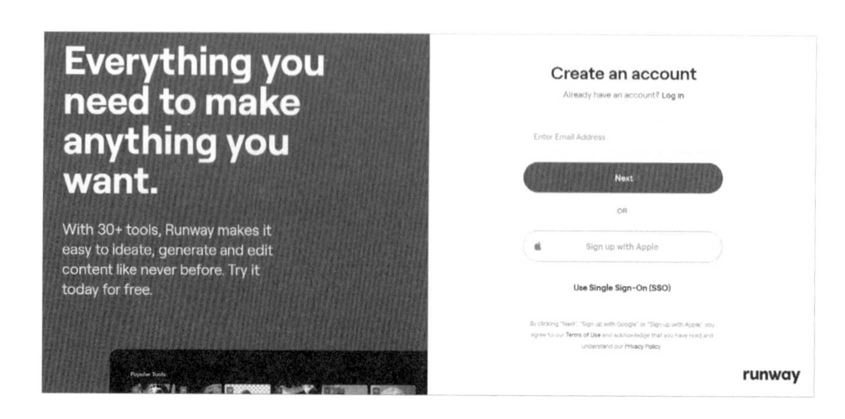

讀者進入到主網頁後，就可以開始進行圖文生成

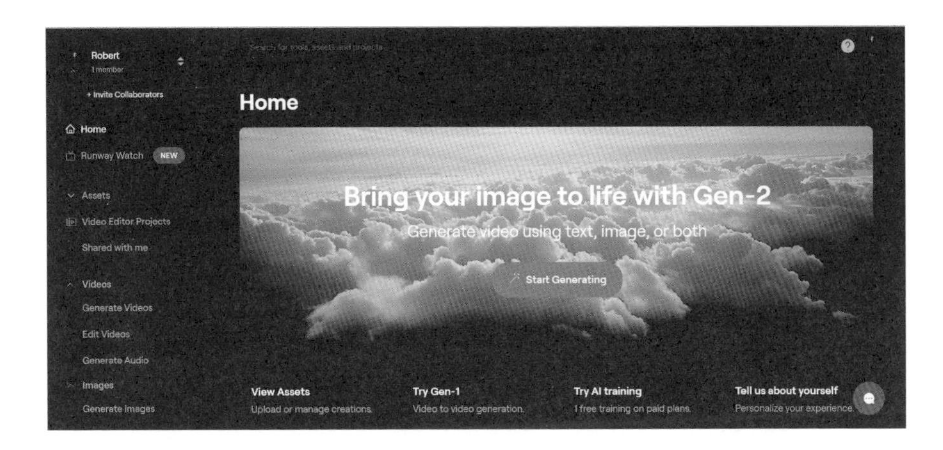

此處就以下 Prompt 生成影片做範例說明，說明如下 (點擊 Text/Image to Video)：

這裡的範例就是透過上傳圖片，並且下提示字來生成想要的圖片；然而此處的提示字的需使用英文，同時需要進行詳細的說明。要快速產生短影片，您可以結合 Midjourney 和 Runway 的功能。首先，使用 Midjourney 生成一些圖像，然後將這些圖像上傳到 Runway 中讓它們動起來。儘管結果可能是幾秒鐘的簡短動畫，並且動畫方式無法預期，但看到圖像自己動起來仍然很有趣。建議讀者嘗試點選下方的「Gen-2 Image to Video」點選操作。

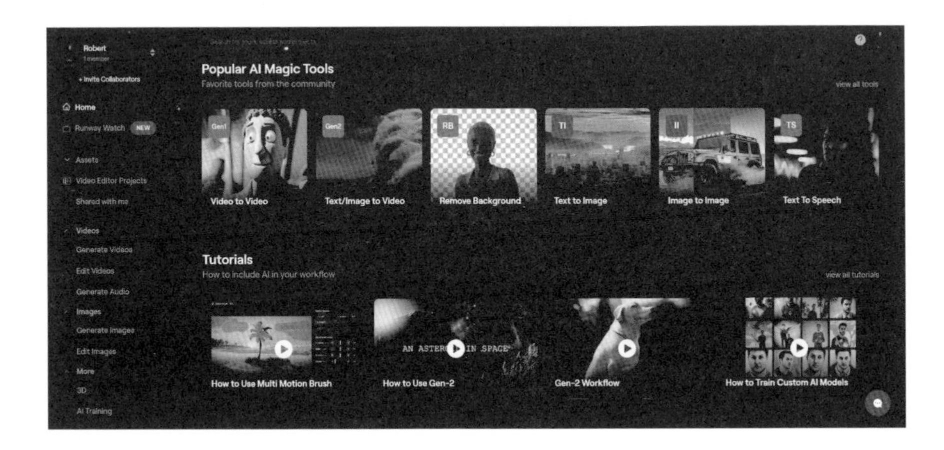

讀者可以自行將圖片上傳後，自行下關鍵字來進行藝術圖片生成創作。

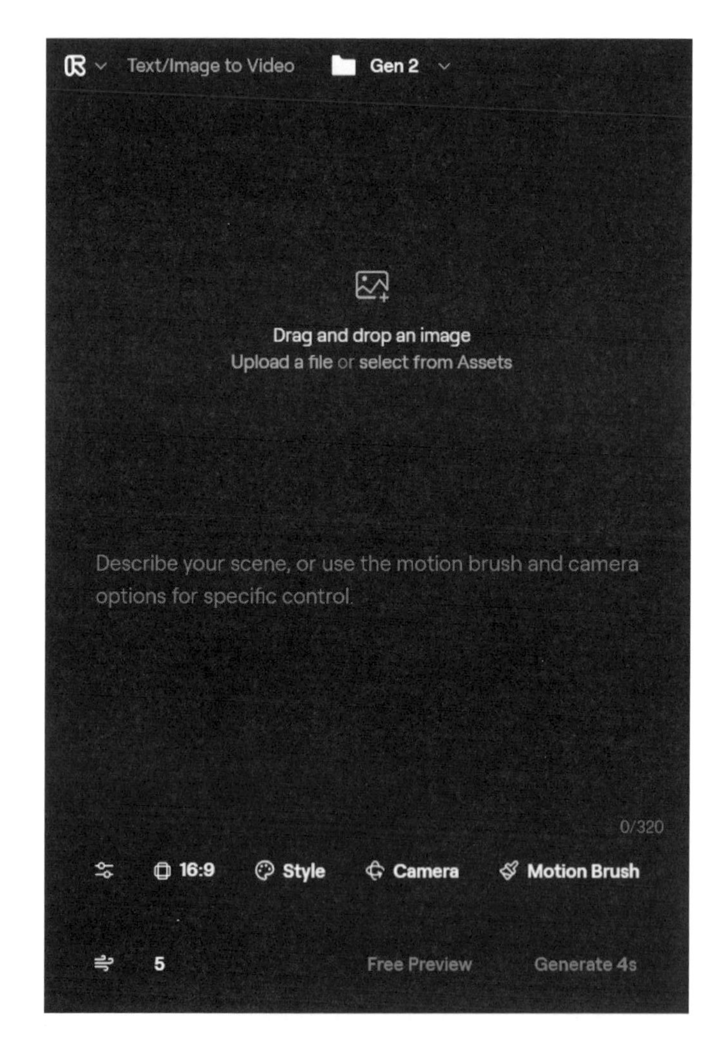

Runway 的 Gen-1 神經網絡可以讓使用者對現有影片進行多種操作。使用者只需輸入文字指令，就能對影片進行剪輯。除了常見的操作如改變顏色、移除物件、用其他物件替代外，還提供了以下常用的影片製作功能：

動態追蹤：通過 AI 技術識別影片中物體的運動軌跡，然後自動添加其他元素，這些元素將自動跟隨物體運動，無需手動設置軌跡。

AI 調色：利用 AI 技術自動分析畫面的色彩等級，然後根據文字描述調整影片的色調。處理速度快，調整效果和諧。

AI 音訊：自動生成音訊文字稿，一鍵去除空白音頻，自動去除背景雜音等。

17.2 Gamma 快速投影片生成

此處也介紹讀者朋友使用 Prompt 下關鍵字來快速生成投影片的技巧

官網：https：//gamma.app/?lng=en

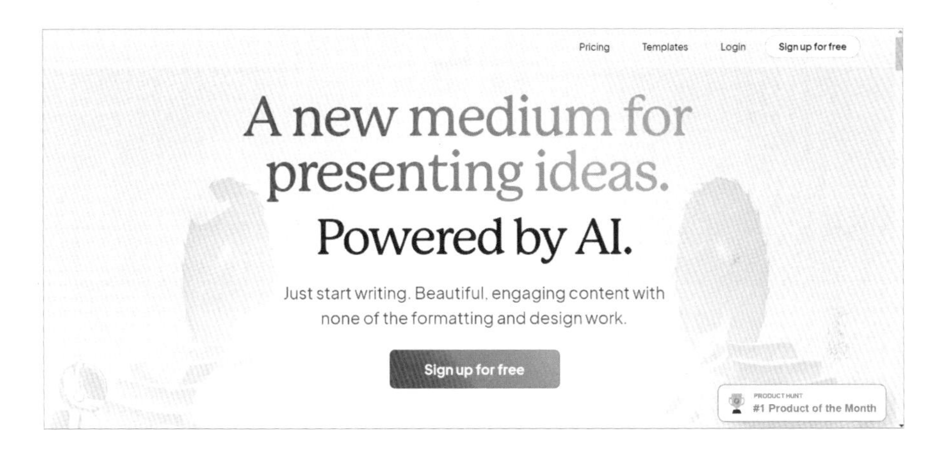

讀者進到 Gamma 網站後，可以使用 Email 信箱進行註冊

進到 Gmma 官網之後，讀者可以自行選擇工作區名稱，讀者可以視其工作狀態挑選團隊或者個人進行點選。

點擊建立工作區填寫，此處讀者可以就自身情況進行資料帶入。

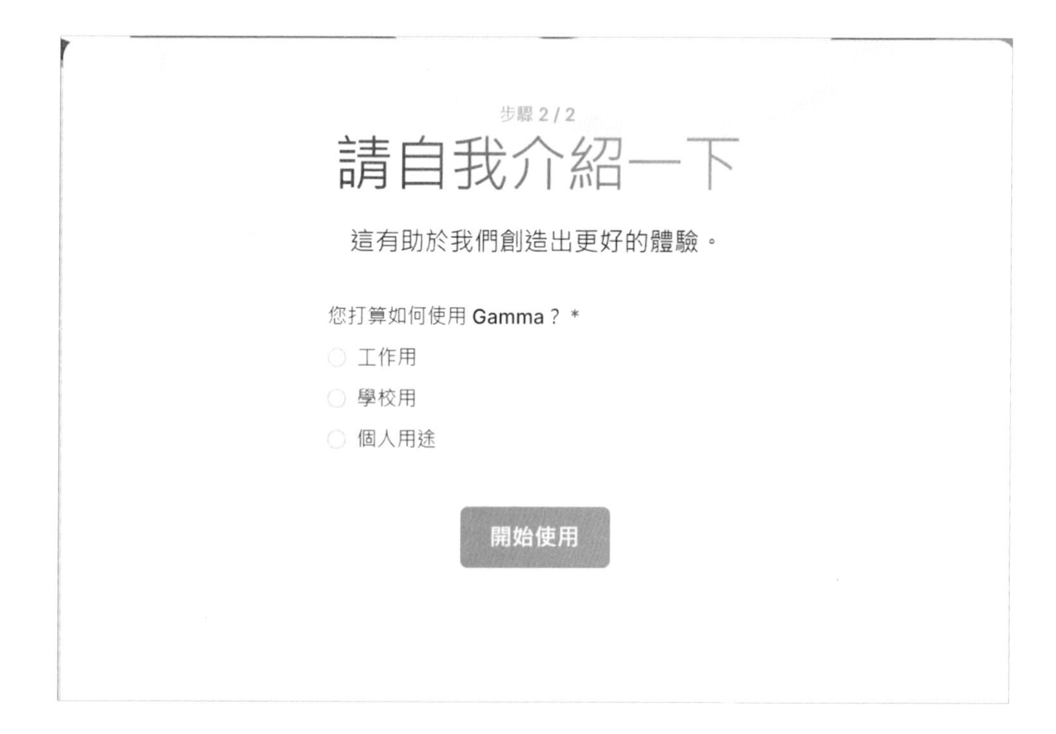

此處先以 AI 創作中的產生來進行範例說明：

讀者在此處就可以點擊「簡報內容」進行生成；請注意下列的說明，所謂的8張卡片，即是8張投影片的生成；在免費的版本，最多可以生成10張投影片，而中間的說明欄，讀者可以視其報告的投影片快速生成講稿，請注意，此處只是讓您有初步的創意或者發想進行修改，並非直接拿生成的投影片內容進行發表，這會涉及到著作的問題，此外生成的結果是 AI 到網站上四處搜括拼湊的結果，其真實度仍需透過讀者的智慧進行修改與判讀。

此處，我們以生成「生成式 AI 介紹」為投影片主題進行生成綱要。

此處，會自動生成投影片的綱要，讀者可以直接點擊繼續讓投影片自動生成想要的內容；不過在此請注意，每一次的生成都會耗費 40 點的點數。

此處讀者可以根據想要的投影片風格進行挑選主題，點擊產生即可自動生成投影片

不到幾分鐘，讀者便可以快速生成自己想要報告或者介紹的內容了！

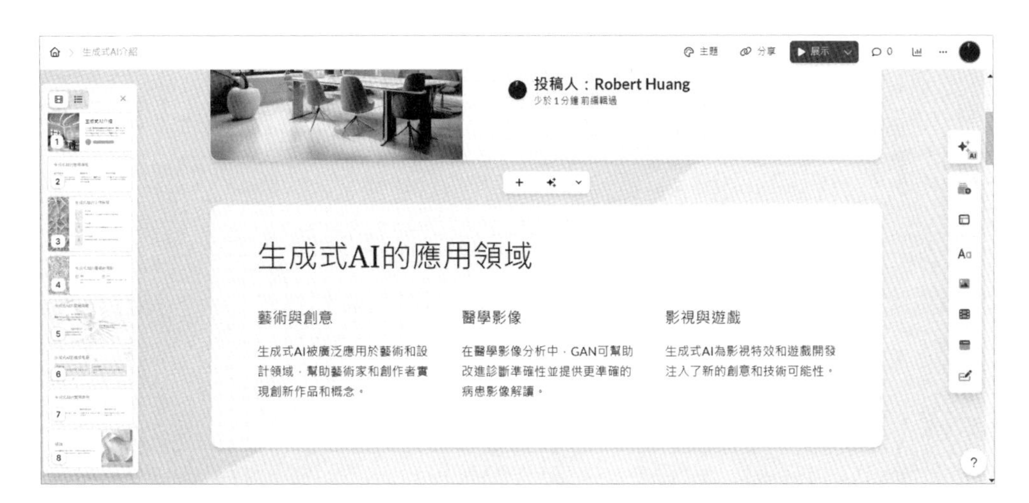

讀者可以根據自己想要的主題進行生成

第 18 章

無所不在的爬蟲技術

18.1 如何熬一碗美麗湯 (Beautifulsoup)

Beautiful Soup 是 Python 中用來解析 HTML、XML 標籤文件的模組。它能夠處理包含未閉合標籤等錯誤的文件（這種文件通常被稱為 tag soup），並將其解析為一個 BeautifulSoup 物件。這個物件包含整個頁面的結構樹，使您可以輕鬆提取頁面中的任何感興趣的資料。

截圖引自官網：

https：//www.crummy.com/software/BeautifulSoup/bs4/doc/#installing-beautiful-soup

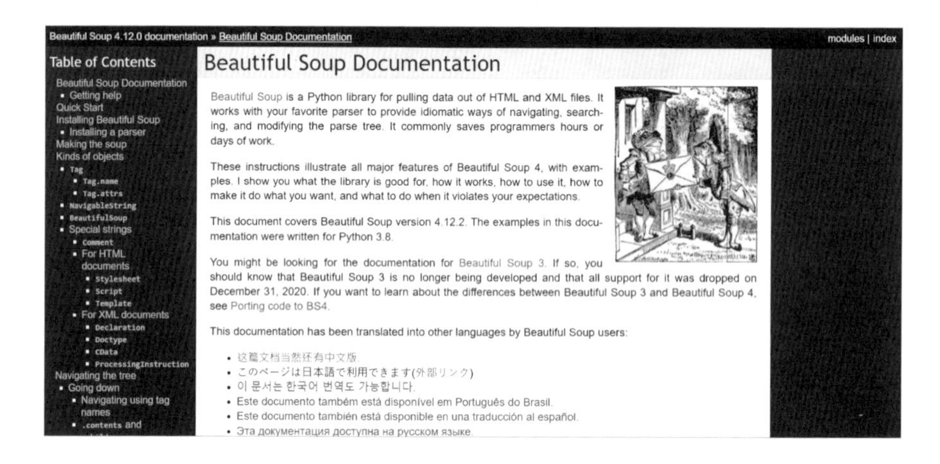

Beautiful Soup 4.12.0 documentation » Beautiful Soup Documentation　　modules | index

Table of Contents

- Beautiful Soup Documentation
  - Getting help
- Quick Start
- Installing Beautiful Soup
  - Installing a parser
- Making the soup
- Kinds of objects
  - Tag
    - Tag.name
    - Tag.attrs
  - NavigableString
  - BeautifulSoup
  - Special strings
    - Comment
    - For HTML documents
      - Stylesheet
      - Script
      - Template
    - For XML documents
      - Declaration
      - Doctype
      - CData
      - ProcessingInstruction
- Navigating the tree
  - Going down
    - Navigating using tag names
    - .contents and

Beautiful Soup Documentation

Beautiful Soup is a Python library for pulling data out of HTML and XML files. It works with your favorite parser to provide idiomatic ways of navigating, searching, and modifying the parse tree. It commonly saves programmers hours or days of work.

These instructions illustrate all major features of Beautiful Soup 4, with examples. I show you what the library is good for, how it works, how to use it, how to make it do what you want, and what to do when it violates your expectations.

This document covers Beautiful Soup version 4.12.2. The examples in this documentation were written for Python 3.8.

You might be looking for the documentation for Beautiful Soup 3. If so, you should know that Beautiful Soup 3 is no longer being developed and that all support for it was dropped on December 31, 2020. If you want to learn about the differences between Beautiful Soup 3 and Beautiful Soup 4, see Porting code to BS4.

This documentation has been translated into other languages by Beautiful Soup users:

- 这篇文档当然还有中文版.
- このページは日本語で利用できます(外部リンク)
- 이 문서는 한국어 번역도 가능합니다.
- Este documento também está disponível em Português do Brasil.
- Este documento también está disponible en una traducción al español.
- Эта документация доступна на русском языке.

在官網中詳細說明了 BS4 如何解析 HTML 的網頁標籤屬性：

做湯

若要解析文檔，請將其傳遞到BeautifulSoup 建構函數中。您可以傳入字串或開啟的檔案句柄：

```
from bs4 import BeautifulSoup

with open("index.html") as fp:
    soup = BeautifulSoup(fp, 'html.parser')

soup = BeautifulSoup("<html>a web page</html>", 'html.parser')
```

首先，將文件轉換為 Unicode，並將 HTML 實體轉換為 Unicode 字元：

```
print(BeautifulSoup("<html><head></head><body>Sacr&eacute; bleu!</body></html>", "html.parser"))
# <html><head></head><body>Sacré bleu!</body></html>
```

Beautiful Soup 接著使用最好的可用解析器來解析文件。除非您明確告訴它使用 XML 解析器，否則它將使用 HTML 解析器。（請參閱解析 XML。）

在本節中，本書僅就常用的三個方法做說明：

首先安裝美麗湯：! pip install beautifulsoup4

在 BeautifulSoup(BS4) 套件中，find、find_all 和 select 都是用來從 HTML 或 XML 文件中查找特定標籤或元素的方法，但在用法和適用情境上有所不同：

find(tag_name, attributes, recursive, text, kwargs)：用於查找第一個符合條件的元素。

tag_name：要查找的標籤名稱，可以是字符串或正則表達式。

attributes：標籤的屬性，以字典形式傳遞，例如 {'class'：'classname'}。

recursive：是否遞迴查找子標籤，默认為 True。

text：要匹配的文字內容。

kwargs：其他可選參數，如 id、class_ 等。

```
soup.find('div', class_='content')
```

find_all(tag_name, attributes, recursive, text, limit, kwargs)：用於查找所有符合條件的元素，返回一個列表。

參數與 find 相同，多了一個 limit 參數用於限制返回的元素數量。

```
soup.find_all('a', class_='external', limit=5)
```

select(css_selector)：使用 CSS 選擇器來查找元素，返回一個列表。

css_selector：CSS 選擇器，用於指定要查找的元素。

```
soup.select('div#main-content > p')
```

簡而言之，find 用於查找第一個符合條件的元素，find_all 用於查找所有符合條件的元素，而 select 則是使用 CSS 選擇器來查找元素。

18.2 BS4 和 requests 套件說明

Beautifulsoup 和 Requests 是 Python 在爬蟲世界中最常見的兩大套件，在 Python 中，requests 是一個常用的 HTTP 套件，用於向網頁發送各種 HTTP 請求。它可以用來獲取網頁內容、下載文件、發送表單等。

截圖自官網：https：//requests.readthedocs.io/en/latest/

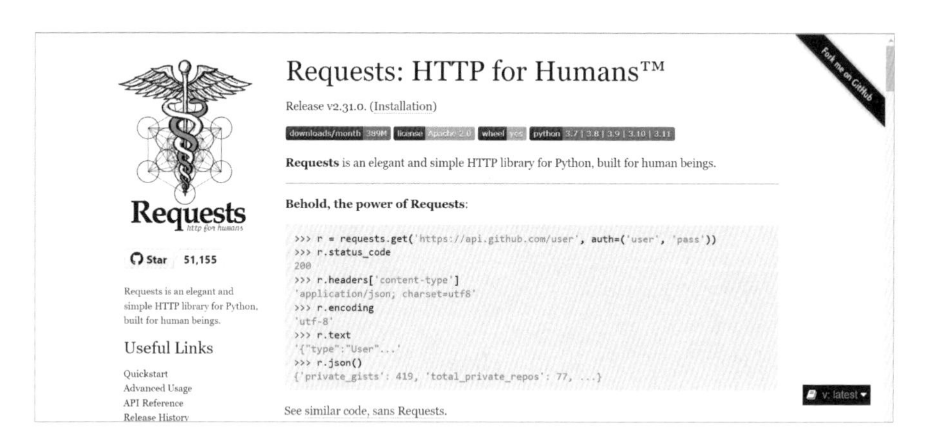


```
! pip install requests
import requests

# 發送 GET 請求
response = requests.get('https：//www.example.com')

# 檢查請求是否成功
if response.status_code == 200：
    # 輸出網頁內容
    print(response.text)
else：
    print(' 請求失敗，狀態碼：', response.status_code)
```

讀者朋友可以透過 requests 套件將網頁的原始 HTML 抓下來分析

程式碼：https：//colab.research.google.com/drive/1-LKARo4wYeq6r9jwGUzWFex62qEQYAk5?usp=sharing

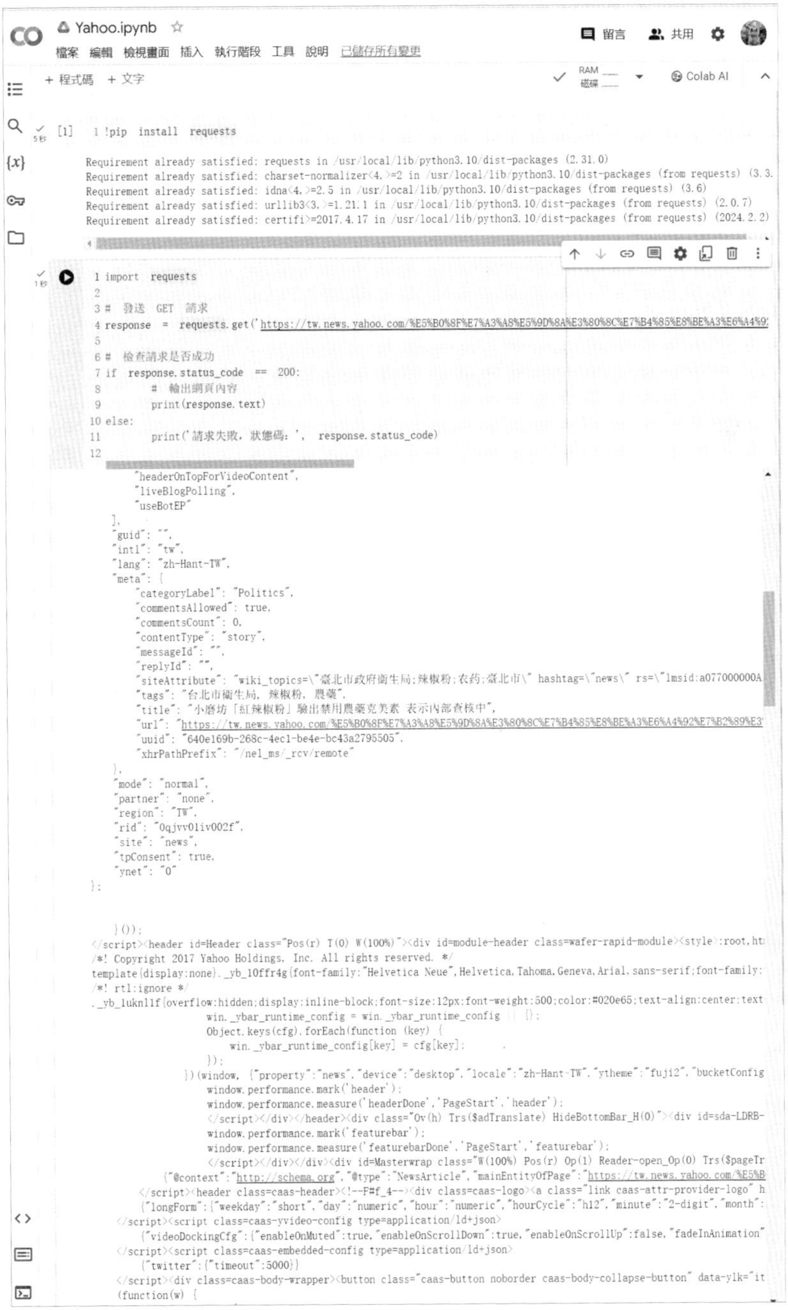

Yahoo.ipynb

檔案 編輯 檢視畫面 插入 執行階段 工具 說明 已儲存所有變更

留言 共用

+ 程式碼 + 文字

RAM 磁碟 Colab AI

```
[1] 1 !pip install requests

Requirement already satisfied: requests in /usr/local/lib/python3.10/dist-packages (2.31.0)
Requirement already satisfied: charset-normalizer<4,>=2 in /usr/local/lib/python3.10/dist-packages (from requests) (3.3.
Requirement already satisfied: idna<4,>=2.5 in /usr/local/lib/python3.10/dist-packages (from requests) (3.6)
Requirement already satisfied: urllib3<3,>=1.21.1 in /usr/local/lib/python3.10/dist-packages (from requests) (2.0.7)
Requirement already satisfied: certifi>=2017.4.17 in /usr/local/lib/python3.10/dist-packages (from requests) (2024.2.2)
```

```
1 import requests
2
3 # 發送 GET 請求
4 response = requests.get('https://tw.news.yahoo.com/%E5%B0%8F%E7%A3%A8%E5%9D%8A%E3%80%8C%E7%B4%85%E8%BE%A3%E6%A4%9
5
6 # 檢查請求是否成功
7 if response.status_code == 200:
8     # 輸出網頁內容
9     print(response.text)
10 else:
11     print('請求失敗，狀態碼：', response.status_code)
12
```


```
        "headerOnTopForVideoContent",
        "liveBlogPolling",
        "useBotEP"
    ],
    "guid": "",
    "intl": "tw",
    "lang": "zh-Hant-TW",
    "meta": {
        "categoryLabel": "Politics",
        "commentsAllowed": true,
        "commentsCount": 0,
        "contentType": "story",
        "messageId": "",
        "replyId": "",
        "siteAttribute": "wiki_topics=\"臺北市政府衛生局;辣椒粉;農藥;臺北市\" hashtag=\"news\" rs=\"lmsid:a077000000A
        "tags": "台北市衛生局, 辣椒粉, 農藥",
        "title": "小磨坊「紅辣椒粉」驗出禁用農藥克美素 表示內部查核中",
        "url": "https://tw.news.yahoo.com/%E5%B0%8F%E7%A3%A8%E5%9D%8A%E3%80%8C%E7%B4%85%E8%BE%A3%E6%A4%92%E7%B2%89%E3
        "uuid": "640e169b-268c-4ec1-be4e-bc43a2795505",
        "xhrPathPrefix": "/nel_ms/_rcv/remote"
    },
    "mode": "normal",
    "partner": "none",
    "region": "TW",
    "rid": "0qjvv01iv002f",
    "site": "news",
    "tpConsent": true,
    "ynet": "0"
};


  })();
</script><header id=Header class="Pos(r) T(0) W(100%)"><div id=module-header class=wafer-rapid-module><style>:root,ht
/*! Copyright 2017 Yahoo Holdings, Inc. All rights reserved. */
template{display:none}._yb_10ffr4g{font-family:"Helvetica Neue",Helvetica,Tahoma,Geneva,Arial,sans-serif;font-family:
/*! rtl:ignore */
._yb_1uknl1f{overflow:hidden;display:inline-block;font-size:12px;font-weight:500;color:#020e65;text-align:center;text
                    win._ybar_runtime_config = win._ybar_runtime_config || {};
                    Object.keys(cfg).forEach(function (key) {
                        win._ybar_runtime_config[key] = cfg[key];
                    });
                })(window, {"property":"news","device":"desktop","locale":"zh-Hant-TW","ytheme":"fuji2","bucketConfig
                    window.performance.mark('header');
                    window.performance.measure('headerDone','PageStart','header');
                    </script></div></header><div class="Ov(h) Trs($adTranslate) HideBottomBar_H(0)"><div id=sda-LDRB-
                    window.performance.mark('featurebar');
                    window.performance.measure('featurebarDone','PageStart','featurebar');
                    </script></div></div><div id=Masterwrap class="W(100%) Pos(r) Op(1) Reader-open_Op(0) Trs($pageTr
            {"@context":"http://schema.org","@type":"NewsArticle","mainEntityOfPage":"https://tw.news.yahoo.com/%E5%B
        </script><header class=caas-header><!--F#f_4--><div class=caas-logo><a class="link caas-attr-provider-logo" h
        {"longForm":{"weekday":"short","day":"numeric","hour":"numeric","hourCycle":"h12","minute":"2-digit","month":
    </script><script class=caas-yvideo-config type=application/ld+json>
        {"videoDockingCfg":{"enableOnMuted":true,"enableOnScrollDown":true,"enableOnScrollUp":false,"fadeInAnimation"
    </script><script class=caas-embedded-config type=application/ld+json>
        {"twitter":{"timeout":5000}}
    </script><div class=caas-body-wrapper><button class="caas-button noborder caas-body-collapse-button" data-ylk="it
    (function(w) {
```

18.3 爬蟲系統開發說明

為了讓讀者更清楚兩個套件在實際上的差異性；此處再做更詳細的說明：

Requests 和 BeautifulSoup 是兩個在 Python 中常用的網絡爬蟲工具，但它們的功能和用途有所不同。

1. Requests：

功能：Requests 是一個用於發送 HTTP 請求的套件，它可以方便地向網站發送 GET、POST 等請求，並處理請求的響應。

主要用途：主要用於網絡通信，例如從網站獲取網頁內容、下載文件、發送表單等。

```
1
2 import  requests
3
4 response  =  requests.get('https://www.example.com')
5 print(response.text)
6
```

2.BeautifulSoup：

功能：BeautifulSoup 是一個解析 HTML 和 XML 文件的套件，它可以幫助用戶提取網頁中的特定信息，如標籤、屬性、文本等。

主要用途：主要用於網頁解析和信息提取，可以將獲取的網頁內容轉換為易於操作的結構化數據。

```
1 import  requests
2
3 response  =  requests.get('https://www.example.com')
4 print(response.text)
5
```

總而言之，Requests 用於發送 HTTP 請求和獲取網頁內容，而 BeautifulSoup 用於解析網頁內容並提取信息。通常，在網絡爬蟲中，我們會使用這兩個庫配合使用，先使用 Requests 獲取網頁內容，然後使用 BeautifulSoup 解析網頁內容並提取需要的信息。

本書發明的爬蟲系統開發流程圖如下：

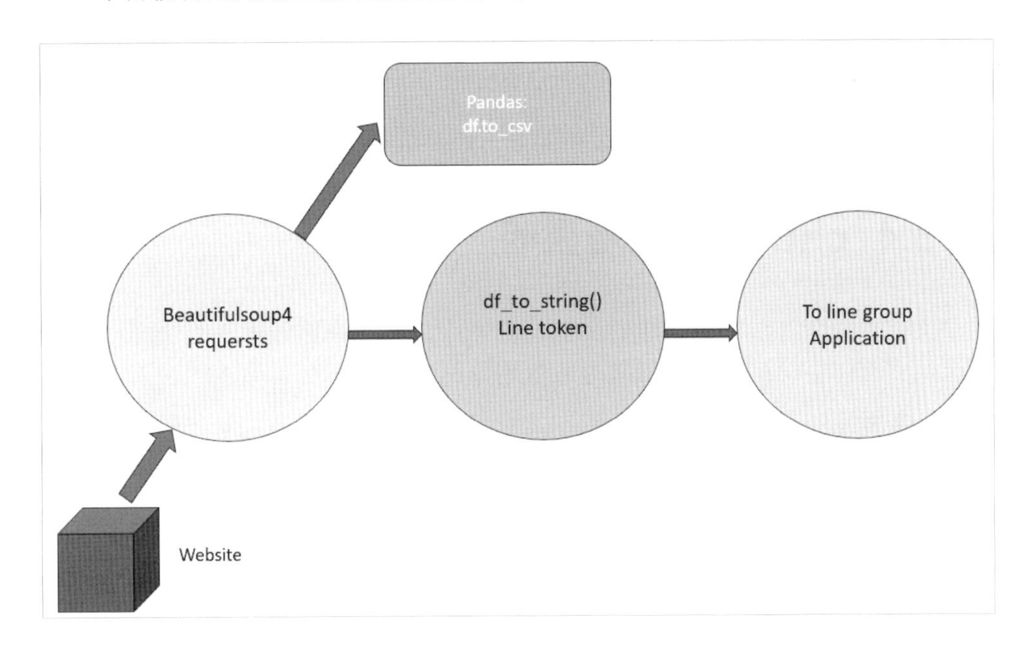

一般而言，多數的爬蟲開發者都是將資料抓下來後直接印在 IDE 上，然而這樣的開發對使用者或者真正收集資料的開發者並無多大的幫助，因此本書的思考即是如何將抓下來的爬蟲資料和數據做應

用，例如在第一個圈圈裡面；本書的做法即是使用 chatGPT 協作，透過如何 Prompt 來下關鍵字，將抓取的網站內的標籤屬性以資料框的方式取出並輸出，這個部分會在下一節做詳細說明。

在第二個圈圈的概念發想，則是將抓下來的 dataframe 嘗試轉成字串 (df.to_string)；如此一來，透過 Line Notify 權杖的申請 (可以參考前章節的申請方法)；將抓到的資料框轉字串後的訊息進行後續的應用，讀者亦可以使用申請 SMTP/SMS 的方法，可以逕行閱讀 Python 王者歸來的內容，裡面有詳細的說明申請方式，SMTP 需要透過 Google 帳號的申請，而 SMS 則是需要透過第三方平台進行手機的註冊和簡訊的發送。

最後，在第三個圈圈則是應用層面；確實將爬蟲的資料精準投放；所謂的爬蟲就是強調客製化和即時性的技術，在此處的應用，我也會要求學生在系統開發的過程記得壓日期，因此此處可以使用時間函數進行和爬蟲資料一起投放，這將有助於使用者能更即時知道目前網站上的即時資訊，例如天氣預報、股票市場、或者地震通知、國防、新聞，這都是非常有時效性的通知，將有助於幫助使用者掌握最即時的消息。

18.4 chatGPT 開發說明

此處的開發方法為本書作者發明的提示字清洗網頁標籤屬性的快速抓取網頁資料的方法，一般而言；每個網頁都有複雜的前端框架，因此要找出對應的網頁標籤屬性並不容易；因此我們在此處就可以使用 chatGPT 幫我們實作抓取網頁標籤屬性，而此處就考驗讀者對 Python 套件中的 Pandas 的熟習程度了，下面的 Pompt 方法則是本書作者介紹給讀者的一種嶄新的快速取得爬蟲資訊的做法，

讀者可以依照步驟順序依序對 chatGPT 下關鍵字，想必會有不錯的效果！

- **chatGPT Prompt 01:**

  可否幫我使用 Beautifulsoup4 抓取這個網站 ______________________________ ________________ 的標題和內容並以 Pandas 的 dataframe 格式輸出

- **chatGPT Prompt 02:**

  " 請貼上

  透過 Google Chrome 的工具對該資料進行檢視而取得 HTML 原始檔

  "

  可否幫我使用 Beautifulsoup4 清洗這個網站 ______________________________ ________________ 的網頁標籤屬性並以 Pandas 的 dataframe 格式輸出

- **chatGPT Prompt 03:**

  可否幫我使用 Beautifulsoup4 清洗這個網站 ______________________ 的網頁標籤屬性並以 Pandas 的 dataframe 格式輸出

  讀者朋友可以到本人的教學網站進行教學影片的觀看和實作：

  範例說明一：

  https://www.youtube.com/watch?v=rGWBGzJ7d8E

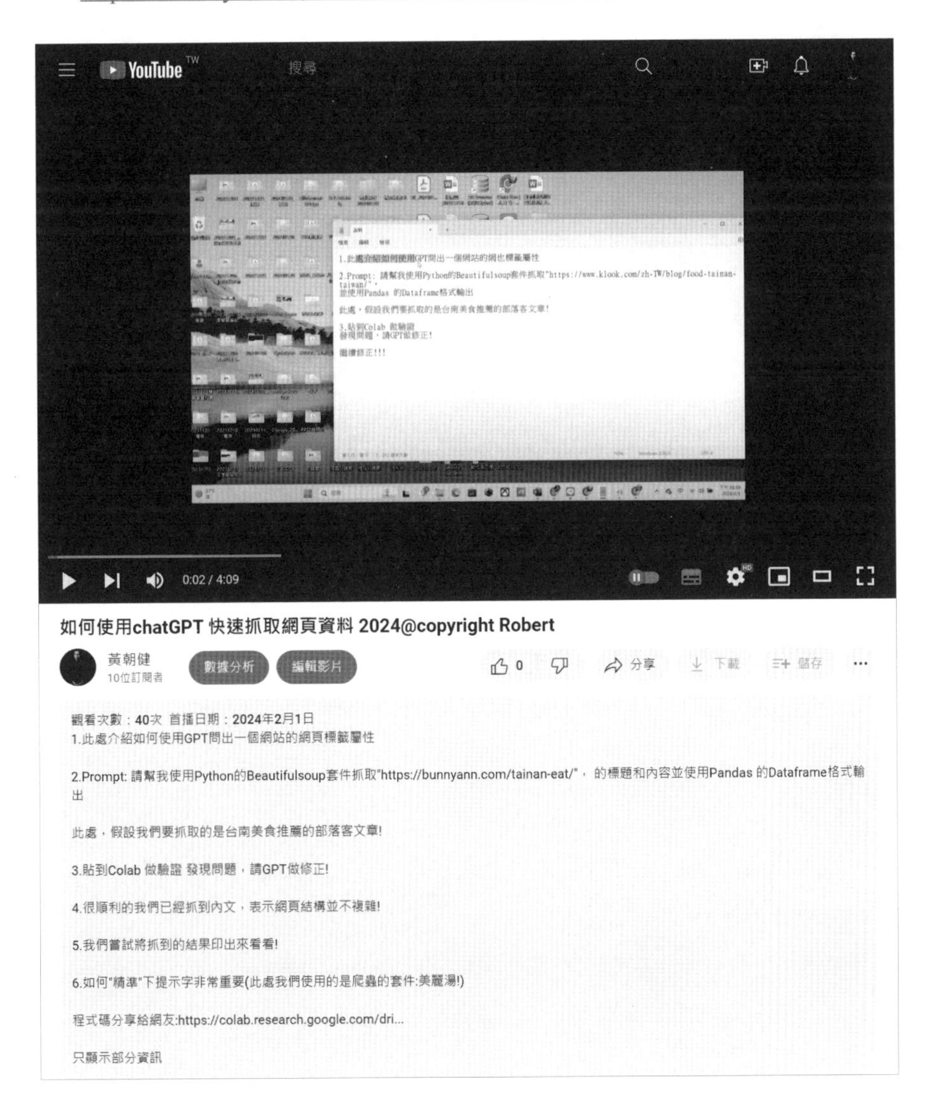
YouTube
搜尋
1.此處介紹如何使用GPT問出一個網站的網也標籤屬性
0:02 / 4:09
如何使用chatGPT 快速抓取網頁資料 2024@copyright Robert
黃朝健
10位訂閱者
數據分析
編輯影片
0
分享
下載
儲存
觀看次數：40次 首播日期：2024年2月1日
1.此處介紹如何使用GPT問出一個網站的網頁標籤屬性
2.Prompt: 請幫我使用Python的Beautifulsoup套件抓取"https://bunnyann.com/tainan-eat/"，的標題和內容並使用Pandas 的Dataframe格式輸出
此處，假設我們要抓取的是台南美食推薦的部落客文章!
3.貼到Colab 做驗證 發現問題，請GPT做修正!
4.很順利的我們已經抓到內文，表示網頁結構並不複雜!
5.我們嘗試將抓到的結果印出來看看!
6.如何"精準"下提示字非常重要(此處我們使用的是爬蟲的套件:美麗湯!)
程式碼分享給網友:https://colab.research.google.com/dri...
只顯示部分資訊

範例說明二：

https：//www.youtube.com/watch?v=FXRc1Y-EGp8

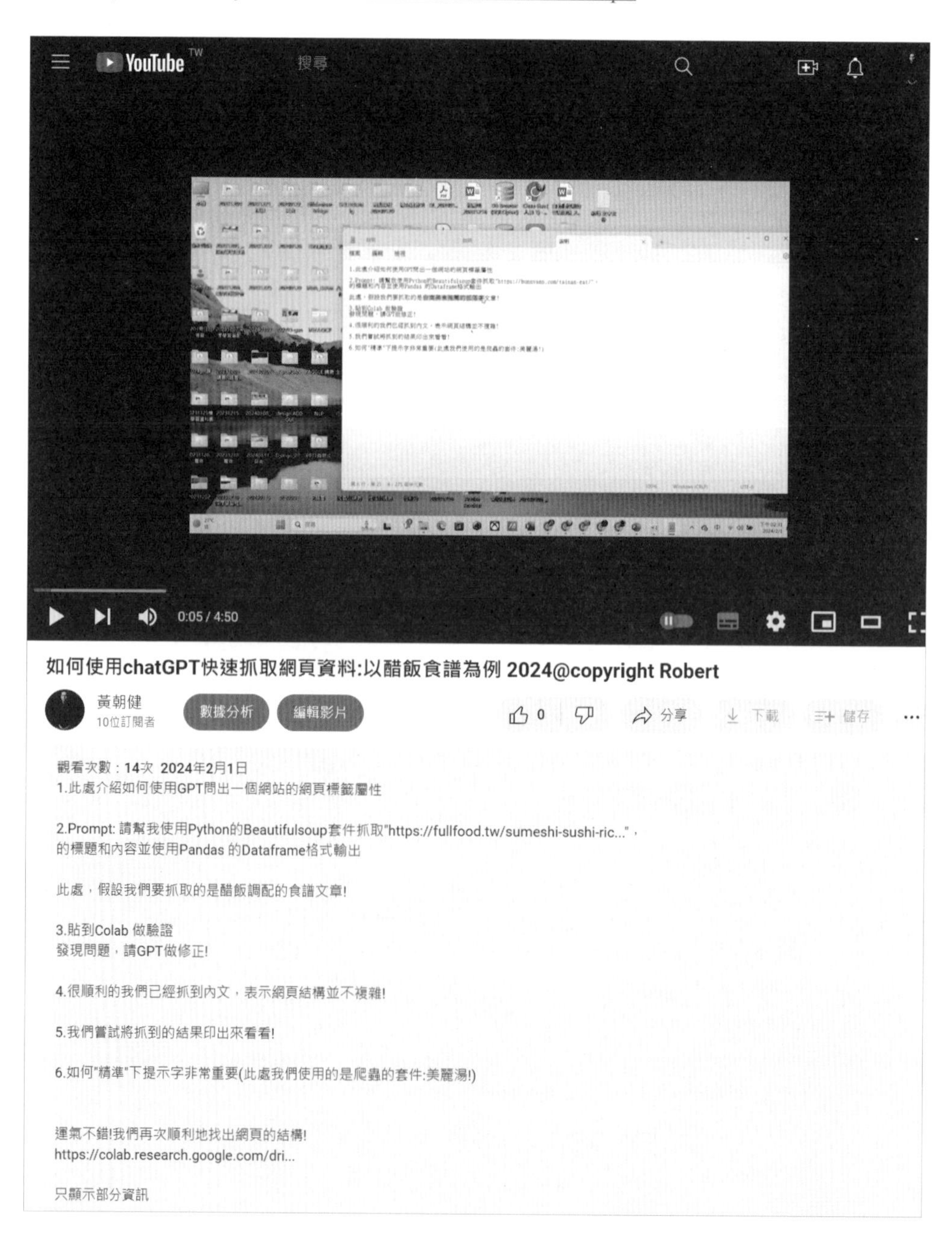
YouTube
搜尋
0:05 / 4:50
如何使用chatGPT快速抓取網頁資料:以醋飯食譜為例 2024@copyright Robert
黃朝健
10位訂閱者
數據分析
編輯影片
0
分享
下載
儲存
觀看次數：14次 2024年2月1日
1.此處介紹如何使用GPT問出一個網站的網頁標籤屬性
2.Prompt: 請幫我使用Python的Beautifulsoup套件抓取"https://fullfood.tw/sumeshi-sushi-ric..."，的標題和內容並使用Pandas 的Dataframe格式輸出
此處，假設我們要抓取的是醋飯調配的食譜文章!
3.貼到Colab 做驗證
發現問題，請GPT做修正!
4.很順利的我們已經抓到內文，表示網頁結構並不複雜!
5.我們嘗試將抓到的結果印出來看看!
6.如何"精準"下提示字非常重要(此處我們使用的是爬蟲的套件:美麗湯!)
運氣不錯!我們再次順利地找出網頁的結構!
https://colab.research.google.com/dri...
只顯示部分資訊

18.5 維基百科文章抓取投放

- 此處，本書作者將提供各種不同的範例讓讀者朋友們實作；首先以維基百科為範例做說明：

- 此處的做法是透過 Mount Google driver 的方式將抓取到的維基百科檔案寫回去雲端硬碟，並以 Pandas 的格式做輸出。

copyright@2024 cj huang

美麗湯的應用

https://zh.wikipedia.org/zh-tw/#Lady_Gaga

這邊主要是透過美麗湯來抓取維基百科的文章，方便我們使用

```
1 from google.colab import drive
2 drive.mount('/content/gdrive')  # 此處需要登入google帳號
```

```
Drive already mounted at /content/gdrive; to attempt to forcibly remount, call drive.mount("/content/gdrive", force_remount=True).
```

```
1 import requests
2 from bs4 import BeautifulSoup
3 import pandas as pd
4
5 def fetch_wikipedia_data(url):
6         # 發送 HTTP 請求
7         response = requests.get(url)
8
9         if response.status_code == 200:
10                # 使用 BeautifulSoup 解析 HTML
11                soup = BeautifulSoup(response.text, 'html.parser')
12
13                # 在這裡，你需要檢視維基百科的 HTML 結構，找到你想要抓取的資料的相應標籤和類別。
14                # 以下僅供參考，實際使用時需要依據維基百科頁面的結構進行修改。
15                titles = soup.select('.mw-headline')  # 假設標題使用 class 為 mw-headline
16                contents = soup.select('.mw-parser-output > p')  # 假設內容使用 class 為 mw-parser-output，並在 p
17
18                # 確保 titles 和 contents 長度相同
19                min_length = min(len(titles), len(contents))
20                titles = titles[:min_length]
21                contents = contents[:min_length]
22
23                # 將資料轉換成 DataFrame
24                data = {'Title': [title.text for title in titles],
25                        'Content': [content.text for content in contents]}
26                df = pd.DataFrame(data)
27
28                return df
29        else:
30                print(f"Failed to fetch data. Status code: {response.status_code}")
31                return None
32
33 # 輸入你要抓取的維基百科頁面的 URL
34 wiki_url = 'https://zh.wikipedia.org/zh-tw/Lady_Gaga'
35 #wiki_url ="https://zh.wikipedia.org/zh-tw/%E8%89%BE%E5%A8%83%C2%B7%E9%A9%AC%E5%85%8B%E6%96%AF"
36 result_df = fetch_wikipedia_data(wiki_url)
```

```
1 df01 = result_df[:]
```

```
1 #df = pd.DataFrame(result_df)
2 #df.head()
```

```
1 result_df.to_csv("/content/gdrive/My Drive/2024_bs402_Lady.csv",encoding="utf-8-sig")
```

- 讀者朋友若有興趣也可以模仿同樣的手法將想抓取的維基百科資料，透過上述的 GPT 下提示字的方式進行清洗資料，並以資料框格式輸出！

⌄ 幫我把AVA MAX的資料抓下來

https://zh.wikipedia.org/zh-tw/%E8%89%BE%E5%A8%83%C2%B7%E9%A9%AC%E5%85%8B%E6%96%AF

```
1 import  requests
2 from  bs4  import  BeautifulSoup
3 import  pandas  as  pd
4
5 def  fetch_wikipedia_data(url):
6        #  發送  HTTP  請求
7        response  =  requests.get(url)
8
9        if  response.status_code  ==  200:
10               #  使用  BeautifulSoup  解析  HTML
11               soup  =  BeautifulSoup(response.text,  'html.parser')
12
13               #  在這裡，你需要檢視維基百科的  HTML  結構，找到你想要抓取的資料的相應標籤和類別。
14               #  以下僅供參考，實際使用時需要依據維基百科頁面的結構進行修改。
15               titles  =  soup.select('.mw-headline')    #  假設標題使用  class  為  mw-headline
16               contents  =  soup.select('.mw-parser-output  >  p')    #  假設內容使用  class  為  mw-parser-output，並在  p
17
18               #  確保  titles  和  contents  長度相同
19               min_length  =  min(len(titles),  len(contents))
20               titles  =  titles[:min_length]
21               contents  =  contents[:min_length]
22
23               #  將資料轉換成  DataFrame
24               data  =  {'Title':  [title.text  for  title  in  titles],
25                               'Content':  [content.text  for  content  in  contents]}
26               df  =  pd.DataFrame(data)
27
28               return  df
29        else:
30               print(f"Failed  to  fetch  data.  Status  code:  {response.status_code}")
31               return  None
32
33 #  輸入你要抓取的維基百科頁面的  URL
34 #wiki_url  =  'https://zh.wikipedia.org/zh-tw/Lady_Gaga'
35 wiki_url1  ="https://zh.wikipedia.org/zh-tw/%E8%89%BE%E5%A8%83%C2%B7%E9%A9%AC%E5%85%8B%E6%96%AF"
36 result_df1  =  fetch_wikipedia_data(wiki_url1)
```

```
1 df02  =  result_df1[:]
```

```
1 df03  =  pd.concat([df01,df02],axis=0,join="inner")
2 df03[:]
```

	Title	Content
0	生活與事業	史蒂芬妮·喬安·安潔麗娜·潔曼諾塔（英語：Stefani Joanne Angelina G...
1	1986年–2005年：早期生活	卡卡隨後的五張錄音室專輯都在《告示牌》二百大專輯榜上空降冠軍，她的第二張錄音室專輯《天生完美...
2	2006年–2007年：事業起步	卡卡是世界上最暢銷的音樂藝人之一，也是唯一一位擁有四首銷量達到千萬單曲的女歌手，她的唱片銷量...
0	早期生活	阿曼達·艾娃·科西（英語：Amanda Ava Koci，1994年2月16日[4][5]—...

```
1 df03.set_index("Title")
```

Title	Content
生活與事業	史蒂芬妮·喬安·安潔麗娜·潔曼諾塔（英語：Stefani Joanne Angelina G...
1986年–2005年：早期生活	卡卡隨後的五張錄音室專輯都在《告示牌》二百大專輯榜上空降冠軍，她的第二張錄音室專輯《天生完美...
2006年–2007年：事業起步	卡卡是世界上最暢銷的音樂藝人之一，也是唯一一位擁有四首銷量達到千萬單曲的女歌手，她的唱片銷量...
早期生活	阿曼達·艾娃·科西（英語：Amanda Ava Koci，1994年2月16日[4][5]—...

```
1 import  datetime
2 print(datetime.datetime.now())
3
```

18.6 蘋果基金會文章抓投放

蘋果慈善基金會為非營利組織之財團法人，主責在第一線發掘貧困家庭因主要撐家者發生急難時，在社政資源已介入而仍不足者提供救助服務，使其求學子女不因生計中斷而中輟、病弱者得以有醫療機會、照顧者能有喘息服務，為此，本書也使用爬蟲技術來抓取最即時的訊息，使 NPO 組織能夠在第一時間將訊息投放給定期捐款人。

蘋果基金會 動畫爬蟲實作 2024@copyright CJ Huang
1 from google.colab import drive
2 drive.mount('/content/gdrive') # 此處需要登入google帳號
Mounted at /content/gdrive
1 import requests
2 from bs4 import BeautifulSoup
3 import pandas as pd
4
5 # 禁用 SSL 驗證
6 requests.packages.urllib3.disable_warnings(requests.packages.urllib3.exceptions.InsecureRequestWarning)
7
8 url = "https://www.apcharity.org.tw/"
9 response = requests.get(url, verify=False) # 加上 verify=False 來禁用 SSL 驗證
10
11 if response.status_code == 200:
12 soup = BeautifulSoup(response.text, 'html.parser')
13
14 # 在這裡使用BeautifulSoup的功能來提取你需要的資訊
15 # 例如，你可以使用find、find_all等方法來尋找特定的HTML元素
16
17 # 示範：找到所有的標題
18 titles = soup.find_all('h2')
19
20 # 將標題存儲到Pandas DataFrame
21 data = {'Titles': [title.text for title in titles]}
22 df = pd.DataFrame(data)
23
24 # 將DataFrame輸出到CSV文件
25 df.to_csv("/content/gdrive/My Drive/2024_bs406.csv",encoding="utf-8-sig", index=False)
26
27 print("成功抓取個案")
28 else:
29 print(f"Failed to retrieve the webpage. Status code: {response.status_code}")
30
成功抓取個案

此處是將資料框轉成字串後，連結 Line Notify 進行投放的範例；申請權杖的方法可以參考前面章節的說明。

⌄ 改寫投放到Line通知

```
1 # 轉換 DataFrame 為文字格式
2 msg = df.to_string(index=False)
3
4 # LINE Notify 的權杖(token)
5 token = "eVz02tABjfPpWkfXnRtQEtScNYYWryFYW1DIG111NnN"  ## 填入權杖代碼，請修改成自己的 ##
6
7 # 傳送 LINE Notify 訊息
8 def send_line_notify(token, msg):
9     headers = {
10        "Authorization": "Bearer " + token,
11        "Content-Type": "application/x-www-form-urlencoded"
12    }
13    params = {
14        "message": msg
15    }
16    r = requests.post("https://notify-api.line.me/api/notify", headers=headers, params=params)
17
18 # 呼叫傳送 LINE Notify 函數
19 send_line_notify(token, msg)
```

⌄ TEST

```
1 import requests
2 from bs4 import BeautifulSoup
3
4 url = "https://www.apcharity.org.tw/"
5 response = requests.get(url, verify=False)
6
7 if response.status_code == 200:
8     soup = BeautifulSoup(response.text, 'html.parser')
9
10    # 找到目標元素
11    target_element = soup.find('div', class_='mainbox')
12
13    # 提取內容
14    if target_element:
15        content = target_element.get_text(separator='\n')
16        print(content)
17    else:
18        print("未找到目標元素")
19 else:
20    print(f"Failed to retrieve the webpage. Status code: {response.status_code}")
21
```

- 將抓取的資料以 Pandas 的資料框格式輸出

以Pandas 輸出

```
1 import requests
2 from bs4 import BeautifulSoup
3 import pandas as pd
4
5 url = "https://www.apcharity.org.tw/"
6 response = requests.get(url, verify=False)
7
8 if response.status_code == 200:
9     soup = BeautifulSoup(response.text, 'html.parser')
10
11     # 找到目標元素
12     target_element = soup.find('div', class_='mainbox')
13
14     # 提取內容
15     if target_element:
16         content_text = target_element.get_text(separator='\n')
17
18         # 將文本轉換為 DataFrame
19         df = pd.DataFrame([content_text], columns=['Content'])
20
21         # 將 DataFrame 寫入 CSV 檔案
22         df.to_csv("/content/gdrive/My Drive/2024_bs407.csv",encoding="utf-8-sig", index=False)
23         print("已成功寫回雲端硬碟")
24     else:
25         print("未找到目標元素")
26 else:
27     print(f"Failed to retrieve the webpage. Status code: {response.status_code}")
28
```

已成功寫回雲端硬碟

18.7 成大醫院門診通知抓投放

此處的範例目標在於病患需要知道該醫院有那些醫生、對應那些專長；以便於病患就診時掌握最即時的資訊，為此讀者朋友可以自行使用本書介紹的手法將日常生活中面對的網頁資料逕行擷取做個人用途使用，請注意網站上的各種資料仍有版權問題，本書介紹爬蟲手法只是透過 Python 的套件進行捕捉，不代表這些資料不具有智慧財產權。

下面程式內的截圖版權為成大醫院所有

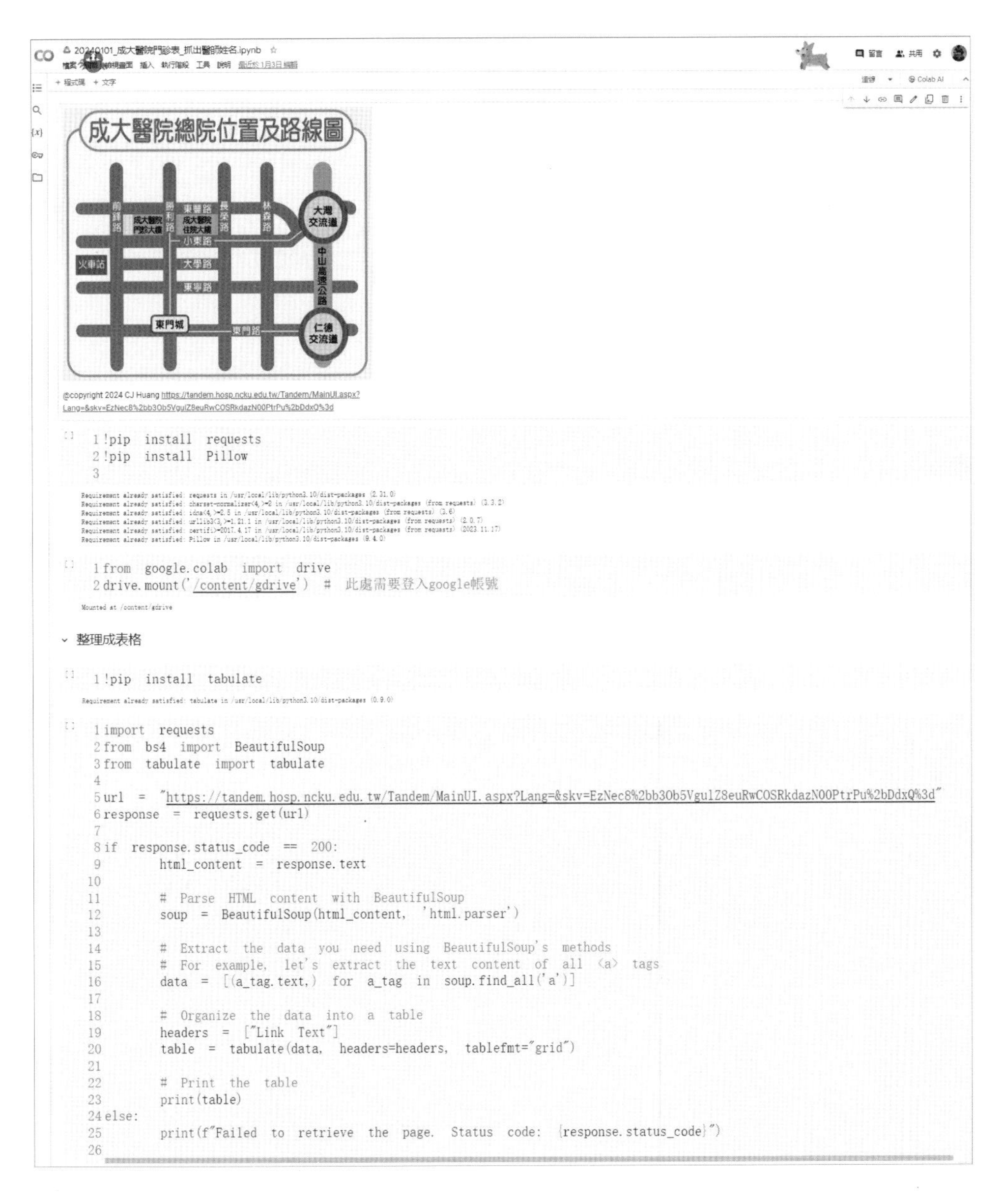

以下的範例即是使用成大醫院家醫科為例，抓取門診醫生的名字，以便病患可以針對自己的疾病做最適合的治療和專業醫生的找尋！

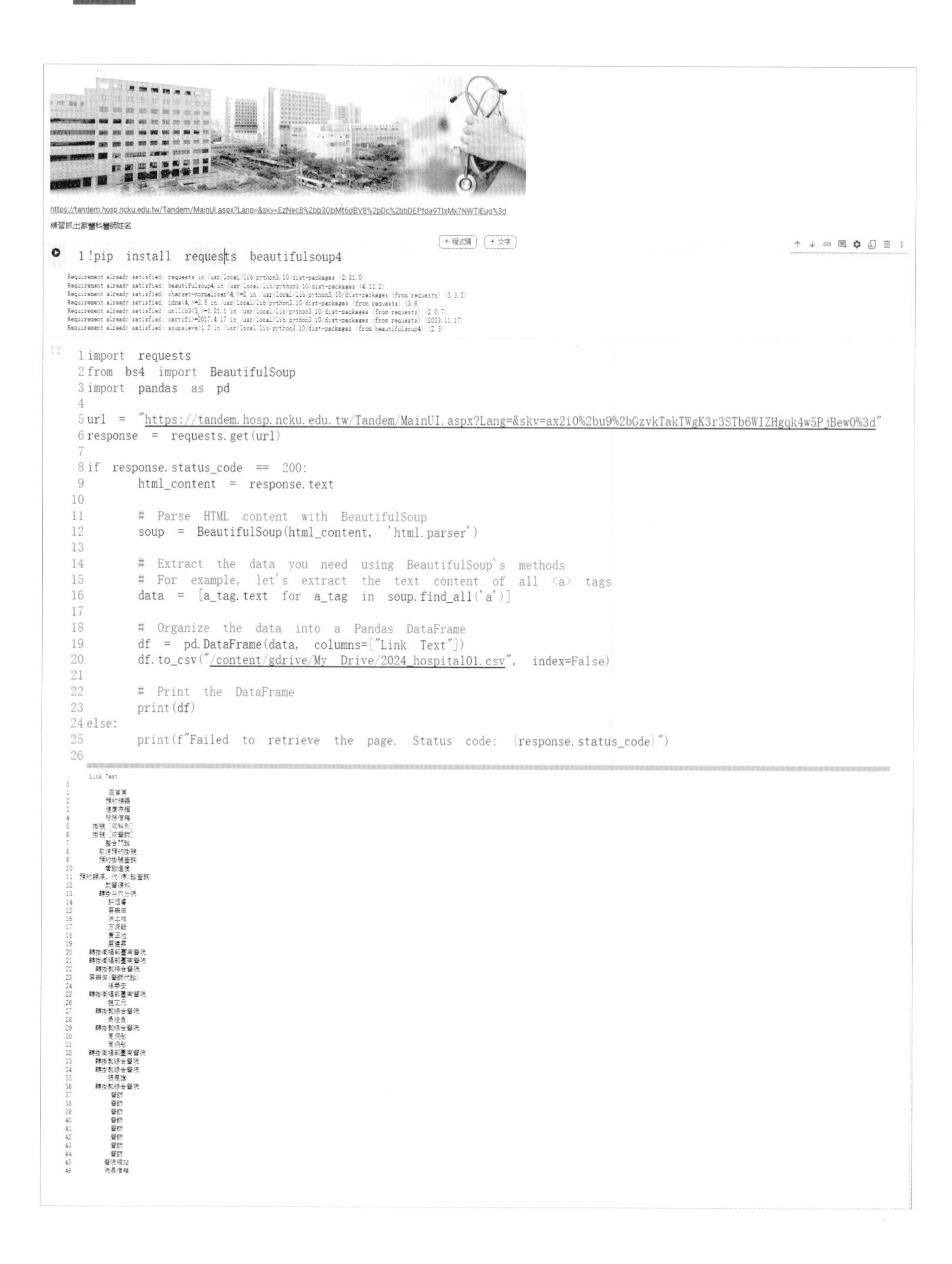

https://tandem.hosp.ncku.edu.tw/Tandem/MainUI.aspx?Lang=&skv=EzNec8%2bb3ObMt6dBV8%2bDc%2bbDEPtda9TlxMx7NWTjEug%3d

練習抓出家醫科醫師姓名

```
1 !pip install requests beautifulsoup4
```

```
Requirement already satisfied: requests in /usr/local/lib/python3.10/dist-packages (2.31.0)
Requirement already satisfied: beautifulsoup4 in /usr/local/lib/python3.10/dist-packages (4.11.2)
Requirement already satisfied: charset-normalizer<4,>=2 in /usr/local/lib/python3.10/dist-packages (from requests) (3.3.2)
Requirement already satisfied: idna<4,>=2.5 in /usr/local/lib/python3.10/dist-packages (from requests) (3.6)
Requirement already satisfied: urllib3<3,>=1.21.1 in /usr/local/lib/python3.10/dist-packages (from requests) (2.0.7)
Requirement already satisfied: certifi>=2017.4.17 in /usr/local/lib/python3.10/dist-packages (from requests) (2023.11.17)
Requirement already satisfied: soupsieve>1.2 in /usr/local/lib/python3.10/dist-packages (from beautifulsoup4) (2.5)
```

```
1 import requests
2 from bs4 import BeautifulSoup
3 import pandas as pd
4
5 url = "https://tandem.hosp.ncku.edu.tw/Tandem/MainUI.aspx?Lang=&skv=ax2i0%2bu9%2bGzvkTakTWgK3r3STb6WIZHgqk4w5PjBew0%3d"
6 response = requests.get(url)
7
8 if response.status_code == 200:
9     html_content = response.text
10
11     # Parse HTML content with BeautifulSoup
12     soup = BeautifulSoup(html_content, 'html.parser')
13
14     # Extract the data you need using BeautifulSoup's methods
15     # For example, let's extract the text content of all <a> tags
16     data = [a_tag.text for a_tag in soup.find_all('a')]
17
18     # Organize the data into a Pandas DataFrame
19     df = pd.DataFrame(data, columns=["Link Text"])
20     df.to_csv("/content/gdrive/My Drive/2024_hospital01.csv", index=False)
21
22     # Print the DataFrame
23     print(df)
24 else:
25     print(f"Failed to retrieve the page. Status code: {response.status_code}")
26
```

```
       Link Text
0
1           回首頁
2          預約掛號
3          健康存摺
4          聯絡信箱
5      掛號〔依科別〕
6      掛號〔依醫師〕
7          整合門診
8        取消預約掛號
9        預約掛號查詢
10         看診進度
11  預約額滿、代(停)診查詢
12         就醫須知
13       轉診斗六分院
14          許佰睿
15          蔡森田
16          洪上祐
17          方淯鈞
18          黃正治
19          蔡達昇
20    轉診衛福部臺南醫院
21    轉診衛福部臺南醫院
22      轉診郭綜合醫院
23     蔡森田(醫師代診)
24          孫學安
25    轉診衛福部臺南醫院
26          魏文元
27      轉診郭綜合醫院
28          吳俊良
29      轉診郭綜合醫院
30          周炯彤
31          周炯彤
32    轉診衛福部臺南醫院
33      轉診郭綜合醫院
34      轉診郭綜合醫院
35          張展旗
36      轉診郭綜合醫院
37           醫師
38           醫師
39           醫師
40           醫師
41           醫師
42           醫師
43           醫師
44           醫師
45         醫院網站
46         院長信箱
```

18.8 原價屋賣場標題抓取投放

原價屋為台灣著名連鎖的電腦組裝公司，其電腦零件的售價多為合理、划算;為了掌握第一手3C資訊的即時資訊;本書亦提供爬蟲範例給讀者朋友做練習!

下面程式內的截圖版權為原價屋所有

原價屋爬蟲資料抓取

現省$1300! 搭配皮折價券有機會再折價! 2024新的一年就用華碩TUF GAMING VG27VQM 27吋曲面電競螢幕，讓你在遊戲世界裡一路過關斬將到明年! 這台27吋 (FHD) 1500R曲面VA面板螢幕具備240Hz刷新率、1ms (MPRT) 反應時間，配上獨家ELMB和AMD FreeSync Premium技術

```
1 import requests
2 from bs4 import BeautifulSoup
3 import pandas as pd
4
5 url = 'https://coolpc.com.tw/tw/shop/monitor/tuf-gaming-vg27vqm/'
6
7 # 發送GET請求
8 response = requests.get(url)
9
10 # 解析HTML內容
11 soup = BeautifulSoup(response.text, 'html.parser')
12
13 # 抓取標題和內文
14 title = soup.title.text.strip()
15 content_tag = soup.find('div', {'class': 'intro'})
16 content = content_tag.text.strip() if content_tag else "No content found."
17
18 # 創建Pandas DataFrame
19 data = {'Title': [title], 'Content': [content]}
20 df = pd.DataFrame(data)
21
22 # 打印DataFrame
23 print(df)
24
```

```
                                          Title           Content
0  2023留下美麗風景，畫下完美句點！華碩TUF GAMING VG27VQM 240Hz電競...  No content found.
```

```
1 df
```

	Title	Content
0	2023留下美麗風景，畫下完美句點！華碩TUF GAMING VG27VQM 240Hz電競...	No content found.

改寫成抓取多筆原價屋標題

```
1 import requests
2 from bs4 import BeautifulSoup
3 import pandas as pd
4
5 # 建立多個URL的列表
6 urls = [
7     'https://coolpc.com.tw/tw/shop/misc/logitech-wave-keys/',
8     'https://coolpc.com.tw/tw/shop/monitor/tuf-gaming-vg27vqm/',
9     'https://coolpc.com.tw/tw/shop/keyboard/corsair-k70rgbpro-231227/',
10    'https://coolpc.com.tw/tw/shop/laptop/gigabyte-aero-notebook/'
11    "https://coolpc.com.tw/tw/shop/welcome-to-coolpc/2023-q4-perfect-pc/"
12    # 添加更多URL
13 ]
14
15 # 初始化一個空的DataFrame
16 df_list = []
17
18 # 迭代處理每個URL
19 for url in urls:
20     # 發送GET請求
21     response = requests.get(url)
22
23     # 解析HTML內容
24     soup = BeautifulSoup(response.text, 'html.parser')
25
26     # 抓取標題
27     title = soup.title.text.strip()
28
29     # 抓取內文
30     content_tag = soup.find('div', {'class': 'intro'})
31     content = content_tag.text.strip() if content_tag else "No content found."
32
33     # 將數據加入DataFrame列表
34     data = {'Title': [title], 'Content': [content]}
35     df = pd.DataFrame(data)
36     df_list.append(df)
37
38 # 將DataFrame列表合併為一個DataFrame
39 result_df = pd.concat(df_list, ignore_index=True)
40
41 # 打印DataFrame
42 print(result_df)
43
44 # 將結果保存為CSV文件
45 result_df.to_csv("/content/gdrive/My Drive/20240121_TEST.csv", index=False)
46
```

```
                                               Title            Content
0  【開箱】健康的一手！羅技Wave Keys人體工學鍵盤搭LIFT再送小米手環8！ - 原價屋...  No content found.
1  2023留下美麗風景，畫下完美句點！華碩TUF GAMING VG27VQM 240Hz電競...  No content found.
2  霸盜鍵盤要我買！CORSAIR K70 RGB PRO 系列鍵盤通通免四千！ - 原價屋Co...  No content found.
3                       與其說三道四，不如認真做事！ - 原價屋Coolpc  No content found.
```

```
1 result_df
```

	Title	Content
0	【開箱】健康的一手！羅技Wave Keys人體工學鍵盤搭LIFT再送小米手環8！ - 原價屋...	No content found.
1	2023留下美麗風景，畫下完美句點！華碩TUF GAMING VG27VQM 240Hz電競...	No content found.
2	霸盜鍵盤要我買！CORSAIR K70 RGB PRO 系列鍵盤通通免四千！ - 原價屋Co...	No content found.
3	與其說三道四，不如認真做事！ - 原價屋Coolpc	No content found.

```
1 msg  =result_df.astype("str")
```

```
1 #  轉換  DataFrame  為文字格式
2 msg  =  result_df.to_string(index=False)
3
4 #  LINE  Notify  的權杖(token)
5 #eVz02tABjfPpWkfXnRtQEtScNYYWryFYW1DIG111NnN
6 token  =  "mwJzjfcsDIrCPZAadn59IuvKpLIyhsMdq8J32buVBSJ"  ##  填入權杖代碼，請修改成自己的  ##
7 #mwJzjfcsDIrCPZAadn59IuvKpLIyhsMdq8J32buVBSJ
8 #  傳送  LINE  Notify  訊息
9 def  send_line_notify(token,  msg):
10       headers  =  {
11             "Authorization":  "Bearer  "  +  token,
12             "Content-Type":  "application/x-www-form-urlencoded"
13       }
14       params  =  {
15             "message":  msg
16       }
17       r  =  requests.post("https://notify-api.line.me/api/notify",  headers=headers,  params=params)
18
19 #  呼叫傳送  LINE  Notify  函數
20 send_line_notify(token,  msg)
```

```
1 #re.to_csv("content/gdrive/My  Drive/20240103.csv")
```

18.9 NBA PTT 新聞抓取投放

掌握最即時的 NBA 賽事對喜好打籃球的讀者朋友有高度的幫助，因此本節也提供範例碼供讀者朋友進行爬蟲實作和投放。

```
1 import numpy as np
2 import pandas as pd
3 import requests as rq
4 from bs4 import BeautifulSoup
5
6 url = 'https://www.ptt.cc/bbs/NBA/index.html'
7 response = rq.get(url)
8 html_doc = response.text # text 屬性就是 html 檔案
9 soup = BeautifulSoup(response.text, "lxml") # 指定 lxml 作為解析器
10
11 author_ids = [] # 建立一個空的 list 來放作者 id
12 recommends = [] # 建立一個空的 list 來放推文數
13 post_titles = [] # 建立一個空的 list 來放文章標題
14 post_dates = [] # 建立一個空的 list 來放發文日期
15
16 posts = soup.find_all("div", class_ = "r-ent")
17 for post in posts:
18     try:
19         author_ids.append(post.find("div", class_ = "author").string)
20     except:
21         author_ids.append(np.nan)
22     try:
23         post_titles.append(post.find("a").string)
24     except:
25         post_titles.append(np.nan)
26     try:
27         post_dates.append(post.find("div", class_ = "date").string)
28     except:
29         post_dates.append(np.nan)
30
31 # 推文數藏在 div 裡面的 span 所以分開處理
32 recommendations = soup.find_all("div", class_ = "nrec")
33 for recommendation in recommendations:
34     try:
35         recommends.append(int(recommendation.find("span").string))
36     except:
37         recommends.append(np.nan)
38
39 ptt_nba_dict = {"author": author_ids,
40                 "recommends": recommends,
41                 "title": post_titles,
42                 "date": post_dates
43 }
44
45 ptt_nba_df = pd.DataFrame(ptt_nba_dict)
46 ptt_nba_df
```

投放的結果，讀者朋友們也可以使用 Pandas 的資料框寫進 csv 檔內做後續的應用！

	author	recommends	title	date
0	[彩券]	1.0	[公告] NBA 樂透開獎	12/30
1	ZIDENS	4.0	[公告] NBA 板 開始舉辦樂透!	12/30
2	guardyo	79.0	[BOX] Hornets 119:133 Suns	12/30
3	fack3170	55.0	[花邊] Beal：我們的防守有點垃圾，但會改善的	12/30
4	guardyo	42.0	[BOX] Spurs 128:134 Trail Blazers	12/30
5	guardyo	44.0	[BOX] Grizzlies 106:117 Clippers	12/30
6	guardyo	22.0	[情報] NBA Standings (Dec. 30, 2023)	12/30
7	s66449	91.0	[新聞] 差點輸掉聯盟第1 活塞Cunningham：我	12/30
8	-	NaN	NaN	12/30
9	pneumo	65.0	[情報] 正負值小教室:1996-2023 各賽季最後3名	12/30
10	bryan9060	57.0	[外絮] 阿肥談每晚比賽的動力、壓力、與準備	12/30
11	iamshana	26.0	[新聞] LPC-NBA〉活塞28連敗 魔獸招攬康寧漢	12/30
12	thnlkj0665	30.0	[新聞] Wembanyama被限制出賽時間不擔心 波波：我很高興他的不高興	12/30
13	XXXaBg	97.0	[情報] 2023年聯盟裡各距離的得分王	12/30
14	rr8907010	NaN	[花邊] LeBron James生日快樂	12/30
15	thnlkj0665	34.0	[情報] James Harden 生涯助攻數升至史上第16名	12/30
16	TJFord	NaN	[討論] LBJ想在哪位球星面前拿下第40000分？	12/30
17	Wojnarowski	24.0	[情報] 抓雞宣布退休	12/30
18	-	NaN	NaN	12/30
19	thnlkj0665	10.0	[花邊] Greg Oden 今天現身觀看公鹿隊交手騎士隊	12/30
20	EZ78	NaN	[公告] 板規10.1	11/29
21	laptic	15.0	[情報] 2023-24賽季 例行賽賽程 (十二月)	11/22
22	ZIDENS	4.0	[公告] NBA 板 開始舉辦樂透!	12/30
23	guardyo	20.0	[情報] NBA Standings (Dec. 30, 2023)	12/30

```
1 ptt_nba_df.to_csv("/content/gdrive/My Drive/2024_bs405.csv",encoding="utf-8-sig")
```

18.10 各家新聞抓取投放

此處針對總統大選前，國防部針對中國大陸的飛彈危機新聞做各家媒體的爬蟲擷取；首先是奇摩新聞的抓取，範例說明如下：

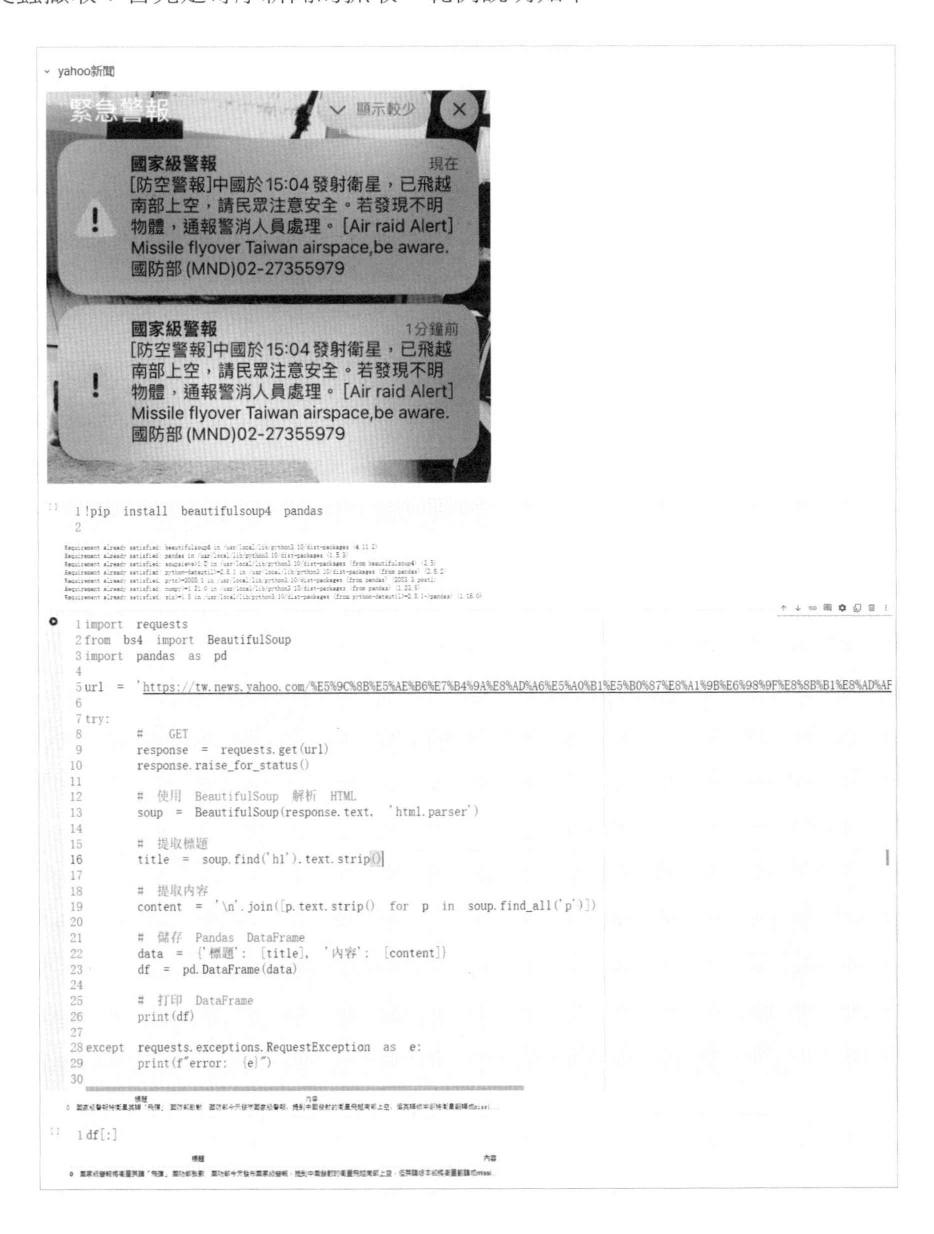

將自由時報的新聞作爬蟲新聞的擷取：

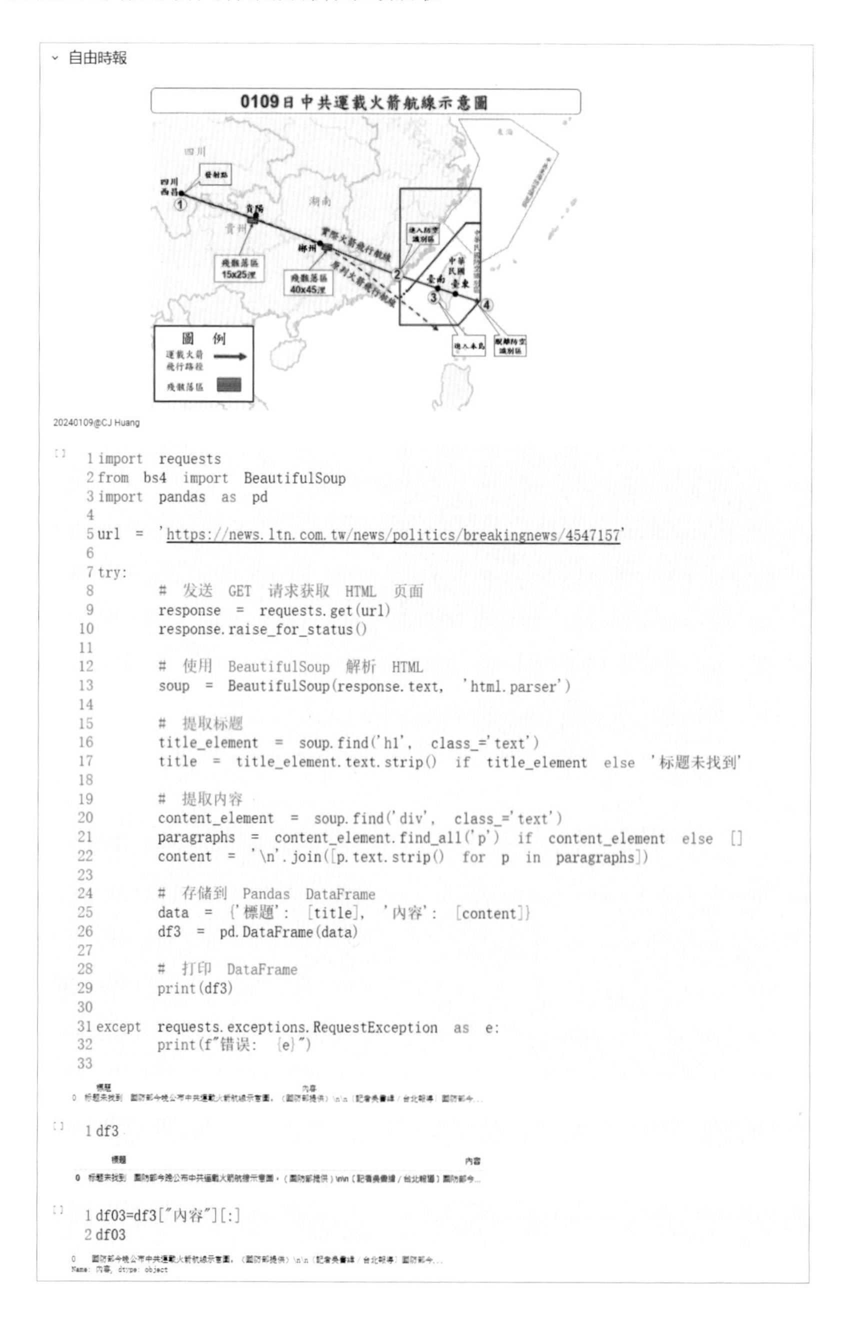
自由時報
0109日中共運載火箭航線示意圖
20240109@CJ Huang
1 import requests
2 from bs4 import BeautifulSoup
3 import pandas as pd
4
5 url = 'https://news.ltn.com.tw/news/politics/breakingnews/4547157'
6
7 try:
8   # 发送 GET 请求获取 HTML 页面
9   response = requests.get(url)
10   response.raise_for_status()
11
12   # 使用 BeautifulSoup 解析 HTML
13   soup = BeautifulSoup(response.text, 'html.parser')
14
15   # 提取标题
16   title_element = soup.find('h1', class_='text')
17   title = title_element.text.strip() if title_element else '标题未找到'
18
19   # 提取内容
20   content_element = soup.find('div', class_='text')
21   paragraphs = content_element.find_all('p') if content_element else []
22   content = '\n'.join([p.text.strip() for p in paragraphs])
23
24   # 存储到 Pandas DataFrame
25   data = {'標題': [title], '內容': [content]}
26   df3 = pd.DataFrame(data)
27
28   # 打印 DataFrame
29   print(df3)
30
31 except requests.exceptions.RequestException as e:
32   print(f"错误: {e}")
33
標題 內容
0 标題未找到 國防部今晚公布中共運載火箭航線示意圖。(國防部提供)\n\n(記者吳書緯/台北報導)國防部今...
1 df3
標題 內容
0 标題未找到 國防部今晚公布中共運載火箭航線示意圖。(國防部提供)\n\n(記者吳書緯/台北報導)國防部今...
1 df03=df3["內容"][:]
2 df03
0 國防部今晚公布中共運載火箭航線示意圖。(國防部提供)\n\n(記者吳書緯/台北報導)國防部今...
Name: 內容, dtype: object

將中央社的新聞作爬蟲新聞的擷取：

中央社

```
 1 import requests
 2 from bs4 import BeautifulSoup
 3 import pandas as pd
 4
 5 url = 'https://www.cna.com.tw/news/firstnews/202105080216.aspx'
 6
 7 try:
 8     # 發送 GET 請求獲取 HTML 頁面
 9     response = requests.get(url)
10     response.raise_for_status()
11
12     # 使用 BeautifulSoup 解析 HTML
13     soup = BeautifulSoup(response.text, 'html.parser')
14
15     # 提取標題
16     title_element = soup.find('h1', class_='centralTitle')
17     title = title_element.text.strip() if title_element else '標題未找到'
18
19     # 提取內容
20     content_element = soup.find('div', class_='paragraph')
21     paragraphs = content_element.find_all('p') if content_element else []
22     content = '\n'.join([p.text.strip() for p in paragraphs])
23
24     # 存儲到 Pandas DataFrame
25     data = {'標題': [title], '內容': [content]}
26     df5 = pd.DataFrame(data)
27
28     # 打印 DataFrame
29     print(df5)
30
31 except requests.exceptions.RequestException as e:
32     print(f"錯誤: {e}")
33
```

```
     標題                                內容
0  標題未找到  （中央社巴黎8日綜合外電報導）中國發射的長征五號B遙二火箭在不受控制情況下墜落，部分殘骸可能...
```

```
1 df5[:]
```

	標題	內容
0	標題未找到	（中央社巴黎8日綜合外電報導）中國發射的長征五號B遙二火箭在不受控制情況下墜落，部分殘骸可能...

```
1 df05=df5["內容"][:]
2 df05
```

```
0    （中央社巴黎8日綜合外電報導）中國發射的長征五號B遙二火箭在不受控制情況下墜落，部分殘骸可能...
Name: 內容, dtype: object
```

此處將三家不同媒體的資訊，透過資料框轉字串和應用，整理成可以投放的資訊；也就是一則新聞標題配上該新聞連結；最後透過 Line Notify 投放到想投放的社團內。

把三篇新聞抓下來做資料整理(下午練習)

1.df1 =df.to_string(index=False)

df4 =df1+df2+df3

2.配日期 每一篇新聞都各配日期

```
1 news1=df01.to_string(index=False)
2 news2=df03.to_string(index=False)
3 news3=df05.to_string(index=False)
```

```
1
2 from  datetime  import  date
3 import  datetime
4
5 d  =  datetime.date(2024,1,21)  #  2024-01-21今天
6 date_string1  =  d.strftime("%Y-%m-%d")
7
```

```
1 d  =  datetime.date(2024,1,20)  #  2024-01-21今天
2 date_string2  =  d.strftime("%Y-%m-%d")
3
```

```
1 d  =  datetime.date(2024,1,19)  #  2024-01-21今天
2 date_string3  =  d.strftime("%Y-%m-%d")
3
```

```
1 news4  =  "\n"+date_string1  +"\n"+news1  +  "\n"  +  "\n"+date_string2  +  "\n"+news2  +  "\n"  +  date_string3  +"\n"+news3
2 print(news4[:500])
```

```
2024-01-21
國家防空警報遭發 陳建仁口誤：譬訴政中國發射「飛彈」

2024-01-20
國防部今晚公布中共運載火箭軌線示意圖。（國防部提供）\n\n〔記者吳書緯／台北報導〕國防部今天...
2024-01-19
（中央社巴黎8日綜合外電報導）中國發射的長征五號B遙二火箭在不受控制情況下墜落，部分殘骸可能會...
```

```
1 #msg  =  date_string  +msg1
2 #  轉換  DataFrame  為文字格式
3 #msg1  =  df.to_string(index=False)
4
5 #  LINE  Notify  的權杖(token)
6 #eVzO2tABjfPpWkfXnRtQEtScNYYWryFYW1DIG11lNnN
7 token  =  "mwJzjfcsDIrCPZAadn59IuvKpLIyhsMdq8J32buVBSJ"  ##  填入權杖代碼，請修改成自己的  ##
8 #mwJzjfcsDIrCPZAadn59IuvKpLIyhsMdq8J32buVBSJ
9 #  傳送  LINE  Notify  訊息
10 def  send_line_notify(token,  msg):
11         headers  =  {
12                 "Authorization":  "Bearer  "  +  token,
13                 "Content-Type":  "application/x-www-form-urlencoded"
14         }
15         params  =  {
16                 "message":  msg
17         }
18         r  =  requests.post("https://notify-api.line.me/api/notify",  headers=headers,  params=params)
19
20 #  呼叫傳送  LINE  Notify  函數
21 send_line_notify(token,  news4)
```

補上對應的超連結

```
1 news4  =  (
2         "\n"  +  date_string1  +  "\n"  +  link1  +
3         "\n"  +  date_string2  +  "\n"  +  link2  +
4         "\n"  +  date_string3  +  "\n"  +  link3
5 )
6 print(news4)
7
```

```
2024-01-21
<a href='https://tw.news.yahoo.com/[illegible].html'>國家防空警報遭發 陳建仁口誤：譬訴
2024-01-20
<a href='https://news.ltn.com.tw/news/politics/breakingnews/4547157'>國防部今晚公布中共運載火箭軌線示意圖。（國防部提供）\n\n〔記者吳書緯／台北報導〕國防部今天...</a>
2024-01-19
<a href='https://www.cna.com.tw/news/firstnews/202105080216.aspx'>（中央社巴黎8日綜合外電報導）中國發射的長征五號B遙二火箭在不受控制情況下墜落，部分殘骸可能會...</a>
```

接上頁程式範例碼，讀者便可以清楚知道如何做後續的整合應用！

- 補上對應的超連結

```
1 news4 = (
2       "\n" + date_string1 + "\n" + link1 +
3       "\n" + date_string2 + "\n" + link2 +
4       "\n" + date_string3 + "\n" + link3
5 )
6 print(news4)
7
```

```
2024-01-21
<a href='https://tw.news.yahoo.com/%E5%9C%8B%E5%AE%B6%E7%B4%9A%E8%AD%A6%E5%A0%B1%E5%B0%87%E8%A1%9B%E6%98%9F%E8%8B%B1%E8%AD%AF%E3%80%8C%E9%A3%9B%E5%BD%88%E3%80%8D-%E5%9C%8B%E9%98%B2%E9%83%A8%E8%87%B4%E6%AD%89-083455350.html'>國家防空警報遽發 陳建仁口誤：誤
2024-01-20
<a href='https://news.ltn.com.tw/news/politics/breakingnews/4547157'>國防部今晚公布中共運載火箭航線示意圖。（國防部提供）\n\n（記者吳書緯／台北報導）國防部今天...</a>
2024-01-19
<a href='https://www.cna.com.tw/news/firstnews/202105080216.aspx'>（中央社巴黎8日綜合外電報導）中國發射的長征五號B遙二火箭在不受控制情況下墜落，部分殘骸可能會...</a>
```

```
1 link1 = 'https://tw.news.yahoo.com/%E5%9C%8B%E5%AE%B6%E7%B4%9A%E8%AD%A6%E5%A0%B1%E5%B0%87%E8%A1%9B%E6%98%9F%E8%8B%B1%E8%AD%
2 link2 = 'https://news.ltn.com.tw/news/politics/breakingnews/4547157'
3 link3 = 'https://www.cna.com.tw/news/firstnews/202105080216.aspx'
4
5 news4 = (
6       date_string1 + "\n" + link1 + "\n" + news1 +
7       date_string2 + "\n" + link2 + "\n" + news2 +
8       date_string3 + "\n" + link3 + "\n" + news3
9 )
10 print(news4)
11
12
```

```
2024-01-21
https://tw.news.yahoo.com/%E5%9C%8B%E5%AE%B6%E7%B4%9A%E8%AD%A6%E5%A0%B1%E5%B0%87%E8%A1%9B%E6%98%9F%E8%8B%B1%E8%AD%AF%E3%80%8C%E9%A3%9B%E5%BD%88%E3%80%8D-%E5%9C%8B%E9%98%B2%E9%83%A8%E8%87%B4%E6%AD%89-083455350.html
國家防空警報遽發 陳建仁口誤：誤說中國發射「飛彈」2024-01-20
https://news.ltn.com.tw/news/politics/breakingnews/4547157
國防部今晚公布中共運載火箭航線示意圖。（國防部提供）

（記者吳書緯／台北報導）國防部今天...2024-01-19
https://www.cna.com.tw/news/firstnews/202105080216.aspx
（中央社巴黎8日綜合外電報導）中國發射的長征五號B遙二火箭在不受控制情況下墜落，部分殘骸可能會...
```

```
1 #msg = date_string +msg1
2 # 轉換 DataFrame 為文字格式
3 #msg1 = df.to_string(index=False)
4
5 # LINE Notify 的權杖(token)
6 #eVz02tABjfPpWkfXnRtQEtScNYYWryFYW1DIG111NnN
7 token = "mwJzjfcsDIrCPZAadn59IuvKpLIyhsMdq8J32buVBSJ" ## 填入權杖代碼，請修改成自己的 ##
8 #mwJzjfcsDIrCPZAadn59IuvKpLIyhsMdq8J32buVBSJ
9 # 傳送 LINE Notify 訊息
10 def send_line_notify(token, msg):
11       headers = {
12             "Authorization": "Bearer " + token,
13             "Content-Type": "application/x-www-form-urlencoded"
14       }
15       params = {
16             "message": msg
17       }
18       r = requests.post("https://notify-api.line.me/api/notify", headers=headers, params=params)
19
20 # 呼叫傳送 LINE Notify 函數
21 send_line_notify(token, news4)
```

18.11 蕃薯藤文章投放

蕃薯藤網站為台灣第一個全球資訊網（www）的推動者。這個計劃的初衷是推廣網路使用，並提供免費的網路服務。1995 年 8 月，蕃薯藤正式推出了自己的搜尋引擎，成為台灣的首個入口網站。它提供了搜尋、電子郵件、新聞以及分類服務等各種網路資源，每天的網站訪問量約有 41 萬人次。本節所提供的範例則是透過爬蟲技術來抓取蕃薯藤上的旅遊文章。

四篇範例文章如下：

1. 花東縱谷絕美步道美麗依舊迎接旅客

https：//n.yam.com/Article/20240416908734#google_vignette

- 日月潭櫻花季 2/1 開跑，官方推薦賞櫻地圖，欣賞南投千株櫻花盛放

https：//travel.yam.com/article/133576

- 看海美術館「極度日常」慵懶阿貓躺屋頂超吸睛！順遊車城、恆春，與梅花鹿、水豚近距離互動

https：//travel.yam.com/article/134400

- 2024 西拉雅森活節 4/20 開跑！熱氣球繫留體驗限定 4 場

https：//travel.yam.com/article/134436

此處範例降介紹如何將上面四篇文章合併標題後和日期一併投放到經營的 Line 社團

截圖引自 YAM 蕃薯藤網站：

南投景點｜日月潭櫻花季2/1開跑，官方推薦賞櫻地圖，欣賞南投千株櫻花盛放🌸，最後更新2/19

最後更新 2024.02.19　作者：藍旅行_凱爺

南投日月潭櫻花季已經正式展開，每年年初是櫻花盛開的時期，湖光山色中點綴著粉嫩的櫻花，呈現出大自然的繽紛畫面，為日月潭增添了浪漫氛圍。

第一篇文章使用爬蟲的程式捕捉範例：

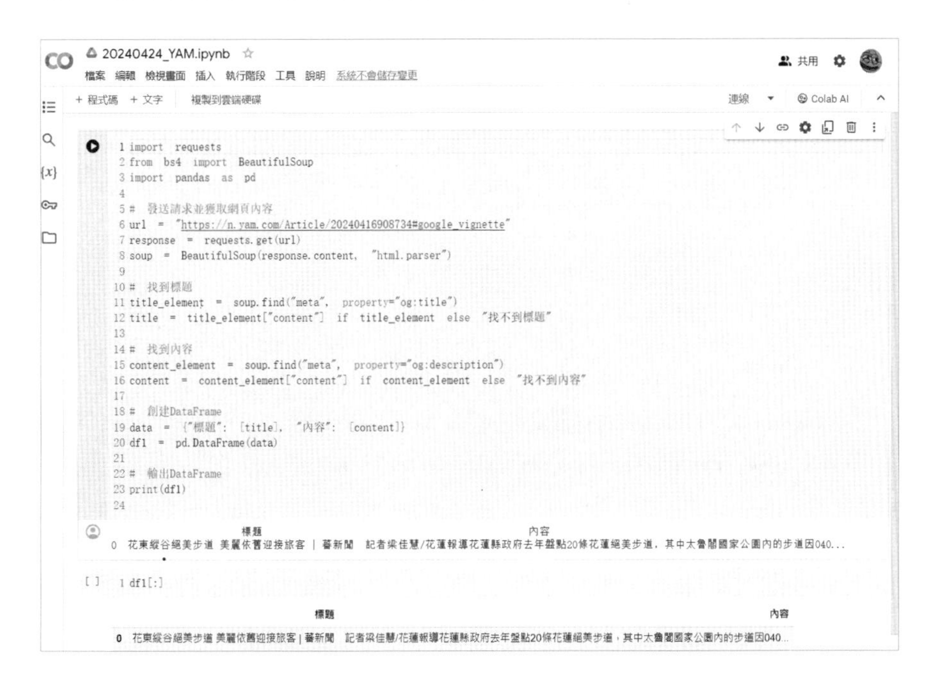

20240424_YAM.ipynb

檔案　編輯　檢視畫面　插入　執行階段　工具　說明　系統不會儲存變更

+ 程式碼　+ 文字　複製到雲端硬碟

```
1 import requests
2 from bs4 import BeautifulSoup
3 import pandas as pd
4
5 # 發送請求並獲取網頁內容
6 url = "https://n.yam.com/Article/20240416908734#google_vignette"
7 response = requests.get(url)
8 soup = BeautifulSoup(response.content, "html.parser")
9
10 # 找到標題
11 title_element = soup.find("meta", property="og:title")
12 title = title_element["content"] if title_element else "找不到標題"
13
14 # 找到內容
15 content_element = soup.find("meta", property="og:description")
16 content = content_element["content"] if content_element else "找不到內容"
17
18 # 創建DataFrame
19 data = {"標題": [title], "內容": [content]}
20 df1 = pd.DataFrame(data)
21
22 # 輸出DataFrame
23 print(df1)
24
```

```
                            標題                                                內容
0  花東縱谷絕美步道 美麗依舊迎接旅客 | 蕃新聞  記者梁佳慧/花蓮報導花蓮縣政府去年盤點20條花蓮絕美步道，其中太魯閣國家公園內的步道因040...
```

```
1 df1[:]
```

	標題	內容
0	花東縱谷絕美步道 美麗依舊迎接旅客 | 蕃新聞	記者梁佳慧/花蓮報導花蓮縣政府去年盤點20條花蓮絕美步道，其中太魯閣國家公園內的步道因040...

第二篇文章使用爬蟲的程式捕捉範例：

```
1 import requests
2 from bs4 import BeautifulSoup
3 import pandas as pd
4
5 # 發送請求並獲取網頁內容
6 url = "https://travel.yam.com/article/133576"
7 response = requests.get(url)
8 soup = BeautifulSoup(response.content, "html.parser")
9
10 # 找到標題
11 title_element = soup.find("meta", property="og:title")
12 title = title_element["content"] if title_element else "找不到標題"
13
14 # 找到內容
15 content_element = soup.find("meta", property="og:description")
16 content = content_element["content"] if content_element else "找不到內容"
17
18 # 創建DataFrame
19 data = {"標題": [title], "內容": [content]}
20 df2 = pd.DataFrame(data)
21
22 # 輸出DataFrame
23 print(df2)
24
```

```
                                                標題  \
0  南投景點丨日月潭櫻花季2/1開跑，官方推薦賞櫻地圖，欣賞南投千株櫻花盛放🌸，最後更新2/19...

                                                內容
0  南投日月潭櫻花季已經正式展開，每年年初是櫻花盛開的時期，湖光山色中點綴著粉嫩的櫻花，呈現出大...
```

```
[ ] 1 df2[:]
```

	標題	內容
0	南投景點丨日月潭櫻花季2/1開跑，官方推薦賞櫻地圖，欣賞南投千株櫻花盛放🌸，最後更新2/19...	南投日月潭櫻花季已經正式展開，每年年初是櫻花盛開的時期，湖光山色中點綴著粉嫩的櫻花，呈現出大...

第三篇文章使用爬蟲程式捕捉範例：

```
1 import requests
2 from bs4 import BeautifulSoup
3 import pandas as pd
4
5 # 發送請求並獲取網頁內容
6 url = "https://travel.yam.com/article/134400"
7 response = requests.get(url)
8 soup = BeautifulSoup(response.content, "html.parser")
9
10 # 找到標題
11 title_element = soup.find("meta", property="og:title")
12 title = title_element["content"] if title_element else "找不到標題"
13
14 # 找到內容
15 content_element = soup.find("meta", property="og:description")
16 content = content_element["content"] if content_element else "找不到內容"
17
18 # 創建DataFrame
19 data = {"標題": [title], "內容": [content]}
20 df3 = pd.DataFrame(data)
21
22 # 輸出DataFrame
23 print(df3)
```

```
                                                標題  \
0  屏東景點丨 看海美術館「極度日常」慵懶阿貓躺屋頂超吸睛！順遊車城、恆春，與梅花鹿、水豚近距離...

                                                內容
0  被封為「遺的要命」的看海美術館2024春夏又再度推出新展覽啦！此次以超萌阿貓、阿狗為主題，邀...
```

```
[ ] 1 df3[:]
```

	標題	內容
0	屏東景點丨看海美術館「極度日常」慵懶阿貓躺屋頂超吸睛！順遊車城、恆春，與梅花鹿、水豚近距離...	被封為「遺的要命」的看海美術館2024春夏又再度推出新展覽啦！此次以超萌阿貓、阿狗為主題，邀...

第四篇文章使用爬蟲程式捕捉範例：

```
1 import requests
2 from bs4 import BeautifulSoup
3 import pandas as pd
4
5 # 發送請求並獲取網頁內容
6 url = "https://travel.yam.com/article/134436"
7 response = requests.get(url)
8 soup = BeautifulSoup(response.content, "html.parser")
9
10 # 找到標題
11 title_element = soup.find("meta", property="og:title")
12 title = title_element["content"] if title_element else "找不到標題"
13
14 # 找到內容
15 content_element = soup.find("meta", property="og:description")
16 content = content_element["content"] if content_element else "找不到內容"
17
18 # 創建DataFrame
19 data = {"標題": [title], "內容": [content]}
20 df4 = pd.DataFrame(data)
21
22 # 輸出DataFrame
23 print(df4)
```

```
                                        標題  \
0  台南熱門資訊｜2024西拉雅森活節4/20開跑！熱氣球繫留體驗限定4場，草原音樂祭、光雕秀接...

                                        內容
0  台南也有熱氣球嘉年華！「2024西拉雅森活節」即將在4/20、4/21、4/27、4/28接...
```

```
1 df4[:]
```

	標題	內容
0	台南熱門資訊｜2024西拉雅森活節4/20開跑！熱氣球繫留體驗限定4場，草原音樂祭、光雕秀接...	台南也有熱氣球嘉年華！「2024西拉雅森活節」即將在4/20、4/21、4/27、4/28接...

不難發現，因為蕃薯藤網站的網頁結構是一致的，因此當我們順利找到第一篇的網頁標籤屬性時，就可以輕鬆使用相同的技術抓取其他三篇文章，接著；只需將 dataframe 轉成 string 的方式就可以直接用 Line 的金鑰進行投放。

首先，我們先將轉成字串的 df 格式和時間的字串綁定，範例如下：

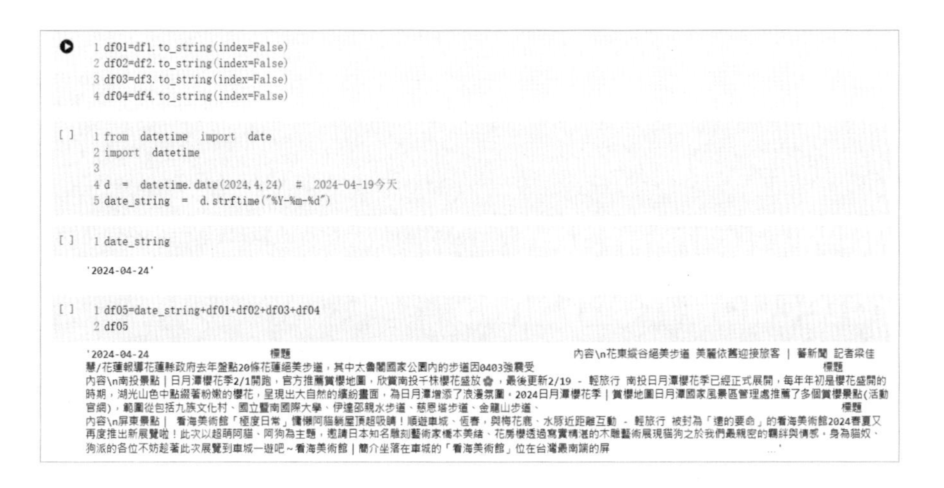

```
1 df01=df1.to_string(index=False)
2 df02=df2.to_string(index=False)
3 df03=df3.to_string(index=False)
4 df04=df4.to_string(index=False)
```

```
1 from datetime import date
2 import datetime
3
4 d = datetime.date(2024,4,24) # 2024-04-19今天
5 date_string = d.strftime("%Y-%m-%d")
```

```
1 date_string
```

```
'2024-04-24'
```

```
1 df05=date_string+df01+df02+df03+df04
2 df05
```

```
'2024-04-24                    標題                                        內容\n花東縱谷絕美步道 美麗依舊迎接旅客 | 蕃新聞 記者梁佳慧/花蓮報導花蓮縣政府去年盤點20條花蓮絕美步道，其中太魯閣國家公園內的步道因0403強震受                    標題
內容\n南投景點｜日月潭櫻花季2/1開跑，官方推薦賞櫻地圖，欣賞南投千株櫻花盛放🌸，最後更新2/19 - 輕旅行 南投日月潭櫻花季已經正式展開，每年年初是櫻花盛開的時期，湖光山色中點綴著粉嫩的櫻花，呈現出大自然的繽紛畫面，為日月潭增添了浪漫氛圍。2024日月潭櫻花季｜賞櫻地圖日月潭國家風景區管理處推薦了多個賞櫻景點(活動官網)，範圍從包括九族文化村、國立暨南國際大學、伊達邵親水步道、慈恩塔步道、金龍山步道、                    標題
內容\n屏東景點｜ 看海美術館「極度日常」慵懶阿貓躺屋頂超吸睛！順遊車城、恆春，與梅花鹿、水豚近距離互動 - 輕旅行 被封為「遠的要命」的看海美術館2024春夏又再度推出新展覽啦！此次以超萌阿貓、阿狗為主題，邀請日本知名雕刻藝術家橋本美緒、花房櫻透過寫實精湛的木雕藝術展現貓狗之於我們最親密的羈絆與情感，身為貓奴、狗派的各位不妨趁著此次展覽到車城一遊吧～看海美術館｜簡介坐落在車城的「看海美術館」位在台灣最南端的屏                    ...'
```

最後再將綁好的 df05 塞進 Line 金鑰進行投放到 Line 社團！

```
1
2 # LINE Notify 的權杖(token)
3
4 token = "bLrmPfyUOvumRgOxuoxczkRwAQWqaUWW1zRlriMKBfp" ## 填入權杖代碼，請修改成自己的 ##
5
6 # 傳送 LINE Notify 訊息
7 def send_line_notify(token, df05):
8     headers = {
9         "Authorization": "Bearer " + token,
10        "Content-Type": "application/x-www-form-urlencoded"
11    }
12    params = {
13        "message": df05
14    }
15    r = requests.post("https://notify-api.line.me/api/notify", headers=headers, params=params)
16
17 # 呼叫傳送 LINE Notify 函數
18 send_line_notify(token, df05)
```

18.12 簡訊爬蟲實作

本節使用 Twilio 進行簡訊的發送串接，透過使用爬蟲技術將網站的內文和標題抓取之後，以簡訊方式進行通知，這將使我們對於資訊的接受更有即時性。下列將一步一步帶領讀者進行註冊和實作：

步驟 1. 到網站：https：//www.twilio.com/en-us

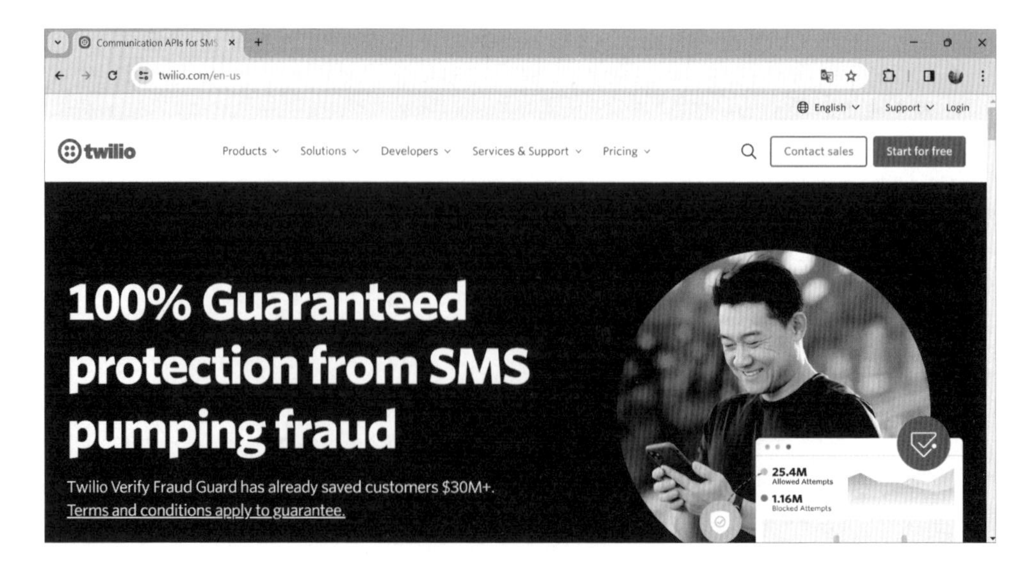

點選：Start for free

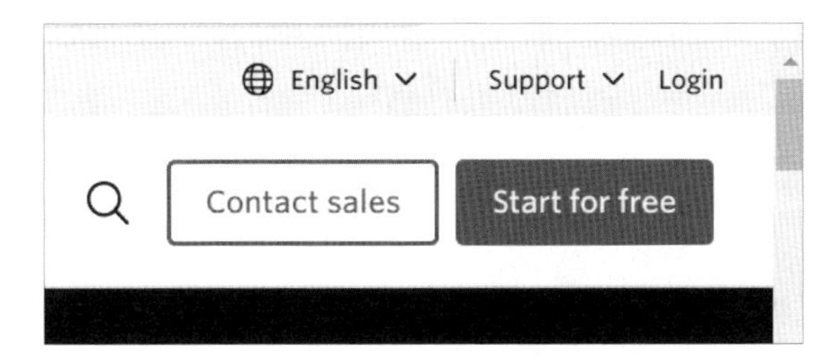

步驟 2. 註冊個人資訊：

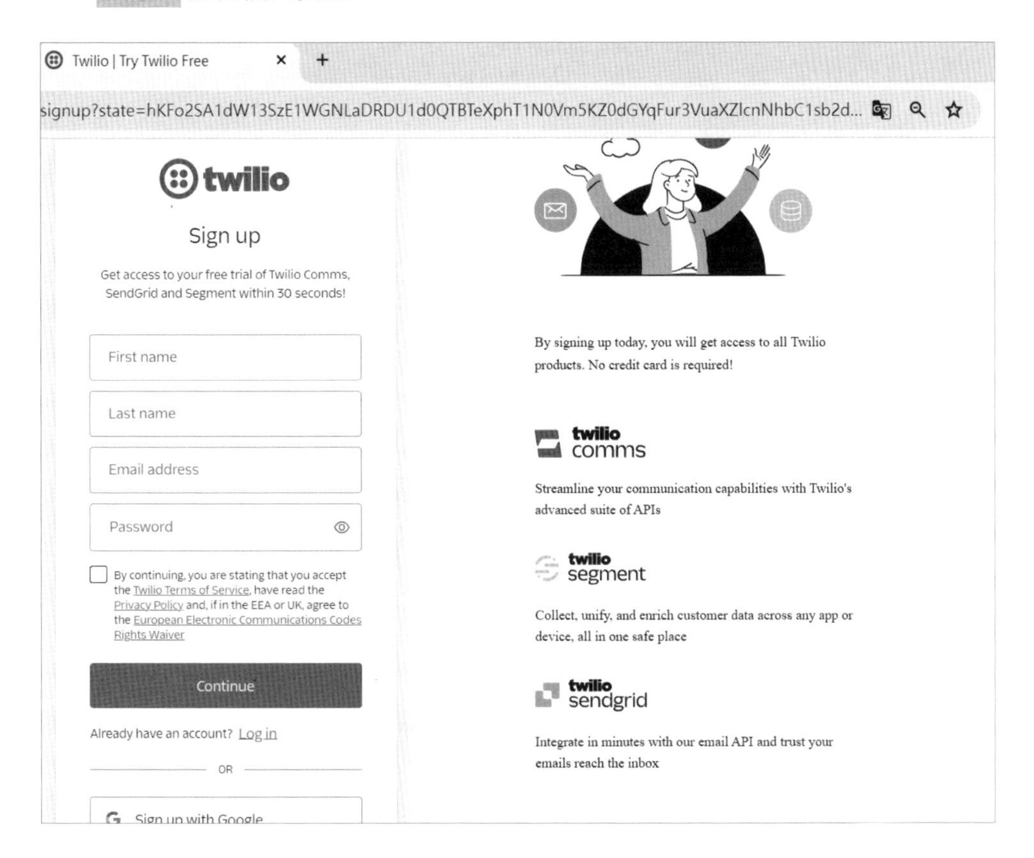

步驟 3. 用 google 帳號登入也可以！

步驟 4. 輸入手機號碼

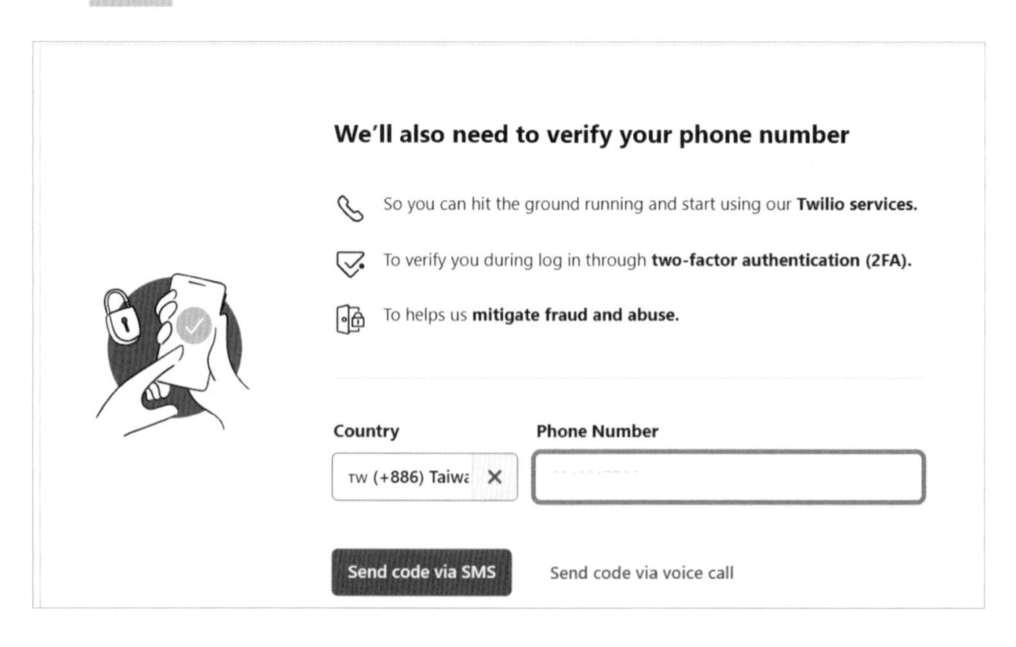

步驟 5. 此時手機會收到簡訊號碼做驗證，就可取得 !(遺失手機用)

QYKXCBTSH7JPUYV8DJ5MHMGG

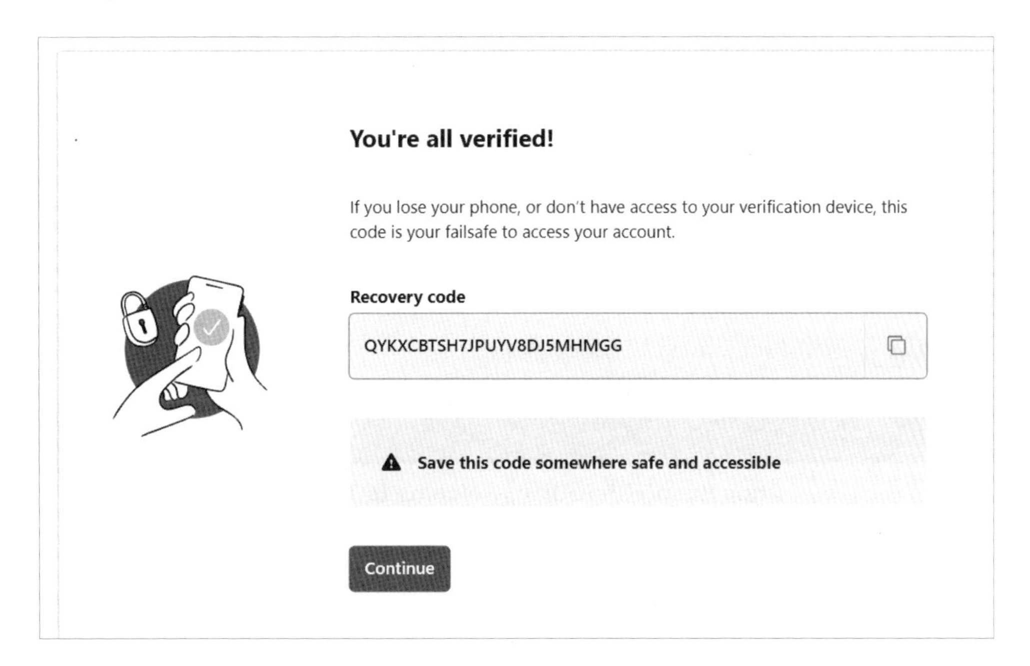

如果用 Google 帳號會出現一點小錯誤

步驟 6. 驗證手機

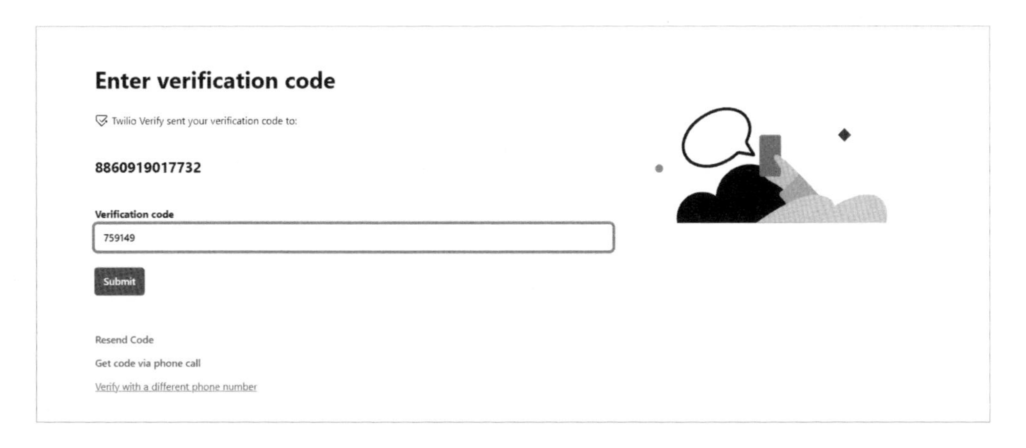

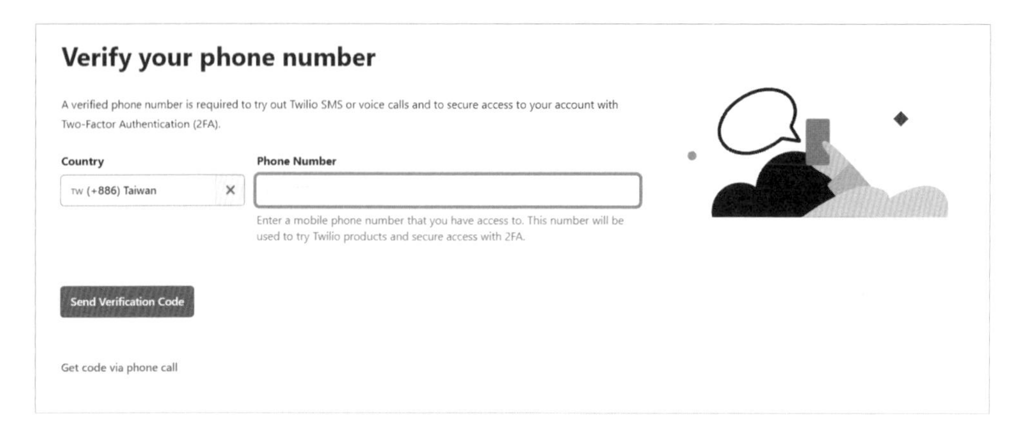

步驟 7. 選填 Promotions 和 SMS(簡訊)

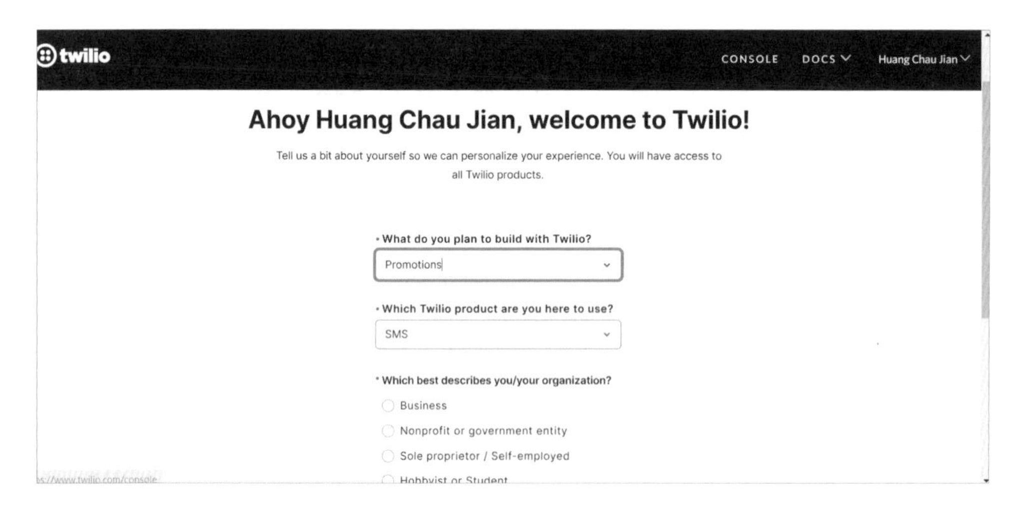

步驟 8. 問題選單：

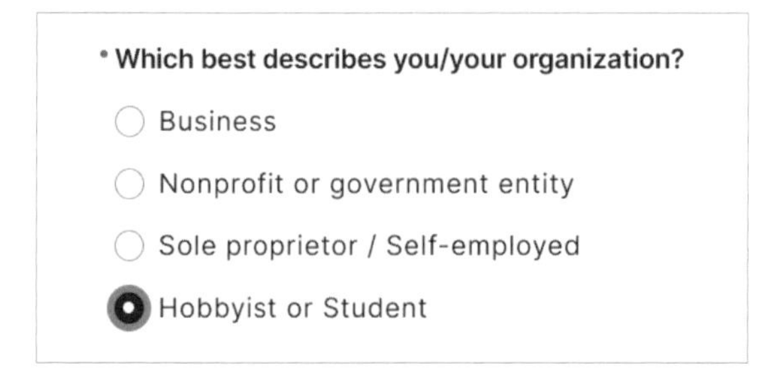

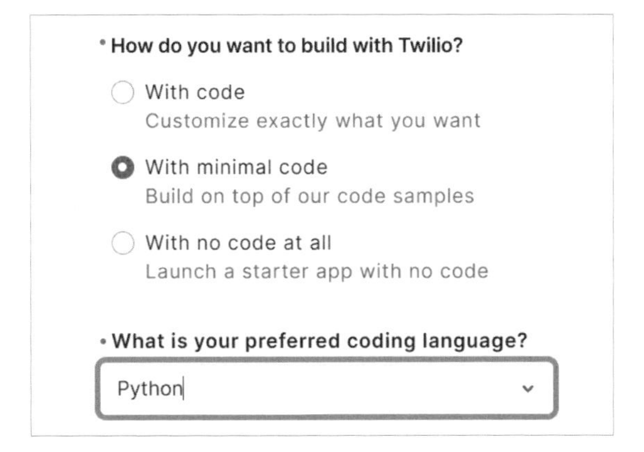

步驟 9. 點擊後送出

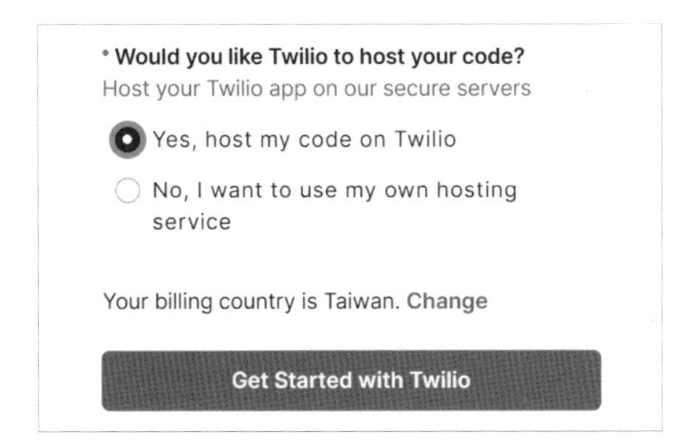

步驟 10. 點擊 Get phone number

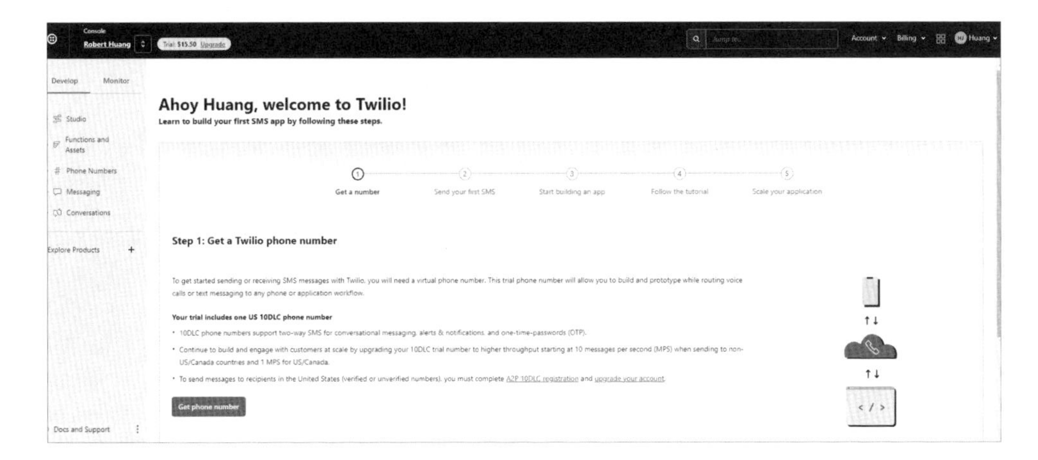

步驟 11. 重要資訊！

在 Tw 網站上的發信手機為：+19162878949

accountSid：AC18032022ce2355e8fd5b85cefe5a37ed

authToken：e5e8d62fcb05ef845d668502c9274053

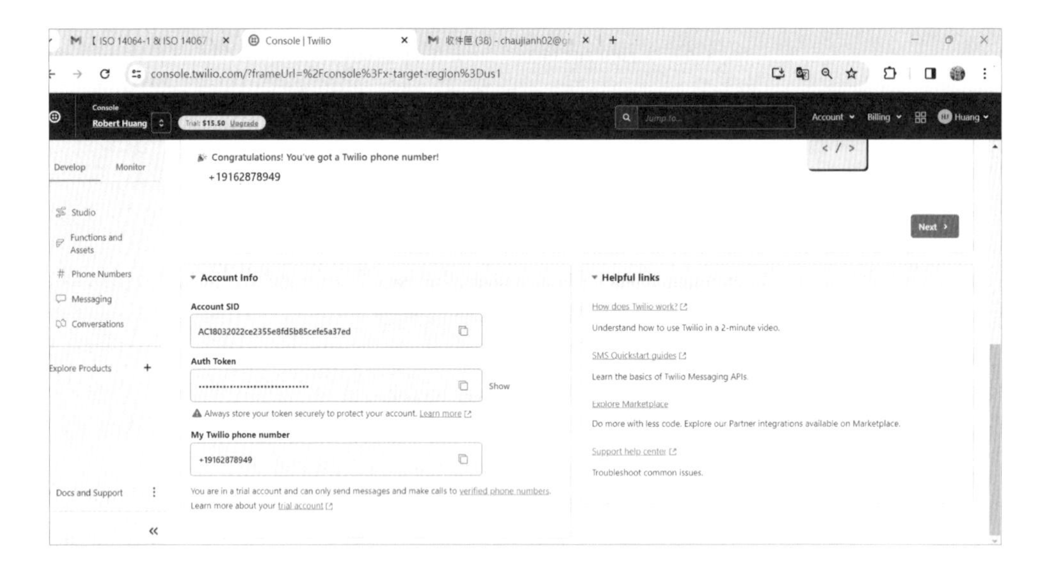

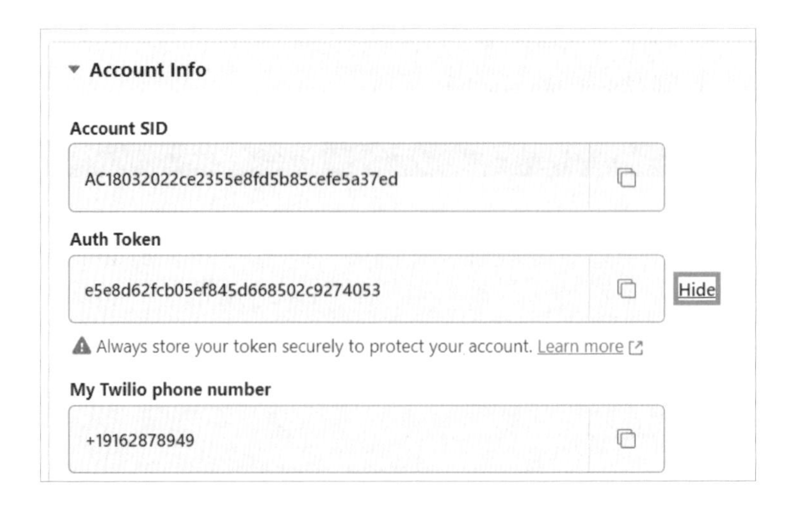

程式碼範例如下，提供給讀者做應用！

https：//colab.research.google.com/drive/1tBRzb8b6NzQZyPizD07Ri-TJ7wVl5b-_?usp=sharing

20240224_Python_簡訊通知.ipynb
檔案 編輯 檢視畫面 插入 執行階段 工具 說明 已儲存所有變更
留言
共用
+ 程式碼 + 文字
RAM
磁碟
Colab AI
1 !pip install twilio
Collecting twilio
Downloading twilio-8.13.0-py2.py3-none-any.whl (1.7 MB)
1.7/1.7 MB 10.1 MB/s
Requirement already satisfied: requests>=2.0.0 in /usr/local/lib/python3.10/dist-packages (from twilio) (2.
Requirement already satisfied: PyJWT<3.0.0,>=2.0.0 in /usr/lib/python3/dist-packages (from twilio) (2.3.0)
Requirement already satisfied: aiohttp>=3.8.4 in /usr/local/lib/python3.10/dist-packages (from twilio) (3.9
Collecting aiohttp-retry>=2.8.3 (from twilio)
Downloading aiohttp_retry-2.8.3-py3-none-any.whl (9.8 kB)
Requirement already satisfied: aiosignal>=1.1.2 in /usr/local/lib/python3.10/dist-packages (from aiohttp>=3
Requirement already satisfied: attrs>=17.3.0 in /usr/local/lib/python3.10/dist-packages (from aiohttp>=3.8.
Requirement already satisfied: frozenlist>=1.1.1 in /usr/local/lib/python3.10/dist-packages (from aiohttp>=
Requirement already satisfied: multidict<7.0,>=4.5 in /usr/local/lib/python3.10/dist-packages (from aiohttp
Requirement already satisfied: yarl<2.0,>=1.0 in /usr/local/lib/python3.10/dist-packages (from aiohttp>=3.8
Requirement already satisfied: async-timeout<5.0,>=4.0 in /usr/local/lib/python3.10/dist-packages (from aio
Requirement already satisfied: charset-normalizer<4,>=2 in /usr/local/lib/python3.10/dist-packages (from re
Requirement already satisfied: idna<4,>=2.5 in /usr/local/lib/python3.10/dist-packages (from requests>=2.0.
Requirement already satisfied: urllib3<3,>=1.21.1 in /usr/local/lib/python3.10/dist-packages (from requests
Requirement already satisfied: certifi>=2017.4.17 in /usr/local/lib/python3.10/dist-packages (from requests
Installing collected packages: aiohttp-retry, twilio
Successfully installed aiohttp-retry-2.8.3 twilio-8.13.0
[4]
1 from twilio.rest import Client
2 accountSid ="AC18032022ce2355e8fd5b85cefe5a37ed"
3 authToken ="e5e8d62fcb05ef845d668502c9274053"
4
5 client = Client(accountSid, authToken)
6 message = client.messages.create(
7 from_="+19162878949", #twilio的虛擬手機號碼
8 to=" ", #寄送的手機號碼
9 body ="元宵節快樂" #發送訊息
10
11)

透過虛擬手機號碼寄送通知到手機上！

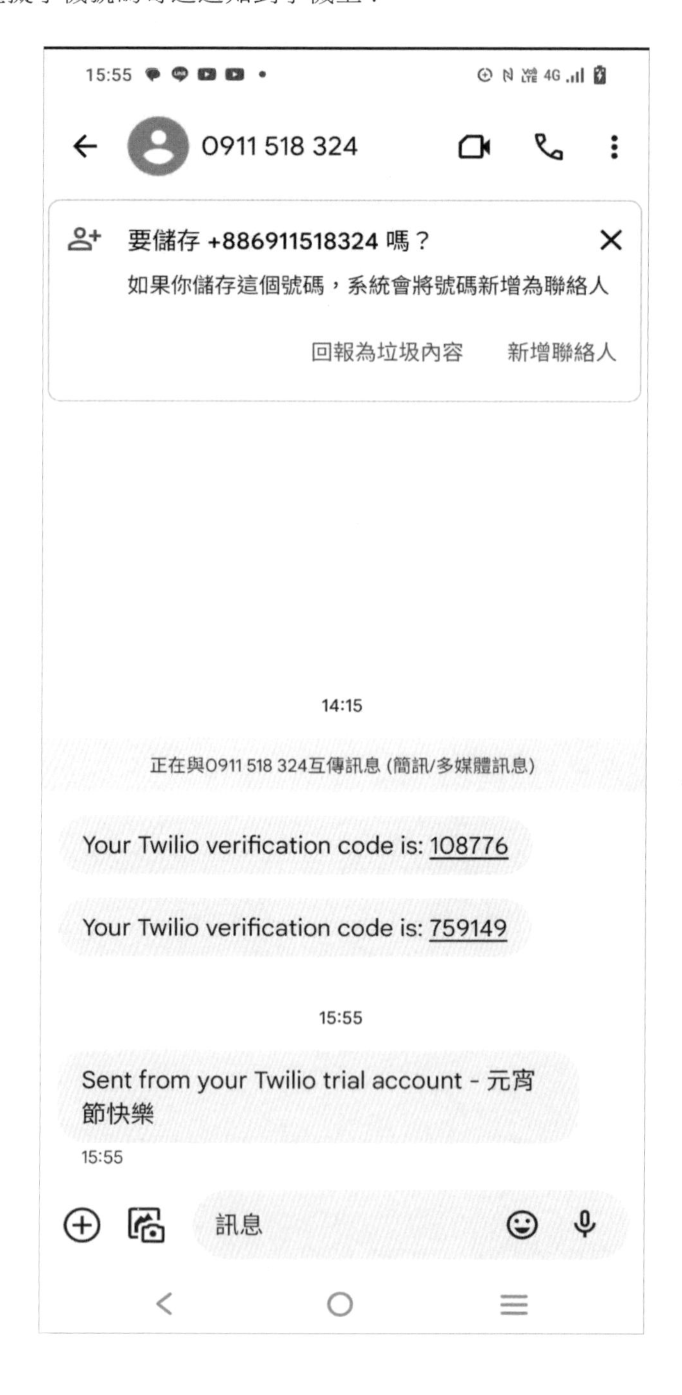

捕捉南人幫部落格文章進行簡訊發送之範例：

[改寫]20240224_Python_簡訊通知.ipynb
檔案 編輯 檢視畫面 插入 執行階段 工具 說明 已儲存所有變更
留言 共用
+ 程式碼 + 文字
Colab AI
[20] 1 # Assuming df3 contains your data
2 df3_str = df3.encode('utf-8')
3
4 # Convert the byte-string back to UTF-8
5 df4 = df3_str.decode('utf-8')
6
7 # Now df4 contains the UTF-8 encoded data
8 print(df4)
9
2024-02-24 12:19:21
0 「2024府城成功燈會」鄭成功祖廟燈會再次攜手日本山形，結合原臺南合同廳舍瀑布造型及藍鯨裝置...
0 「正統鹿耳門聖母廟」全台最大光明燈牆，AI晶片點亮8萬盞財利燈、光明燈，還有"大船入港·龍飛...
1 with open('/content/gdrive/My Drive/20240224data.txt', 'wb') as f:
2 f.write(df3_str)
3
[11] 1 !pip install twilio
Collecting twilio
Downloading twilio-8.13.0-py2.py3-none-any.whl (1.7 MB)
1.7/1.7 MB 9.7 MB/s eta 0:00:00
Requirement already satisfied: requests>=2.0.0 in /usr/local/lib/python3.10/dist-packages (from twilio) (2.31.0)
Requirement already satisfied: PyJWT<3.0.0,>=2.0.0 in /usr/lib/python3/dist-packages (from twilio) (2.3.0)
Requirement already satisfied: aiohttp>=3.8.4 in /usr/local/lib/python3.10/dist-packages (from twilio) (3.9.3)
Collecting aiohttp-retry>=2.8.3 (from twilio)
Downloading aiohttp_retry-2.8.3-py3-none-any.whl (9.8 kB)
Requirement already satisfied: aiosignal>=1.1.2 in /usr/local/lib/python3.10/dist-packages (from aiohttp>=3.8.4->twilio) (1.3.1)
Requirement already satisfied: attrs>=17.3.0 in /usr/local/lib/python3.10/dist-packages (from aiohttp>=3.8.4->twilio) (23.2.0)
Requirement already satisfied: frozenlist>=1.1.1 in /usr/local/lib/python3.10/dist-packages (from aiohttp>=3.8.4->twilio) (1.4.1)
Requirement already satisfied: multidict<7.0,>=4.5 in /usr/local/lib/python3.10/dist-packages (from aiohttp>=3.8.4->twilio) (6.0.5)
Requirement already satisfied: yarl<2.0,>=1.0 in /usr/local/lib/python3.10/dist-packages (from aiohttp>=3.8.4->twilio) (1.9.4)
Requirement already satisfied: async-timeout<5.0,>=4.0 in /usr/local/lib/python3.10/dist-packages (from aiohttp>=3.8.4->twilio) (4.0.3)
Requirement already satisfied: charset-normalizer<4,>=2 in /usr/local/lib/python3.10/dist-packages (from requests>=2.0.0->twilio) (3.3.
Requirement already satisfied: idna<4,>=2.5 in /usr/local/lib/python3.10/dist-packages (from requests>=2.0.0->twilio) (3.6)
Requirement already satisfied: urllib3<3,>=1.21.1 in /usr/local/lib/python3.10/dist-packages (from requests>=2.0.0->twilio) (2.0.7)
Requirement already satisfied: certifi>=2017.4.17 in /usr/local/lib/python3.10/dist-packages (from requests>=2.0.0->twilio) (2024.2.2)
Installing collected packages: aiohttp-retry, twilio
Successfully installed aiohttp-retry-2.8.3 twilio-8.13.0
1 from twilio.rest import Client
2 accountSid ="AC18032022ce2355e8fd5b85cefe5a37ed"
3 authToken ="e5e8d62fcb05ef845d668502c9274053"
4
5 client = Client(accountSid,authToken)
6 message = client.messages.create(
7 from_="+19162878949", #twilio的虛擬手機號碼
8 to="+886919017732", #寄送的手機號碼
9 body ="元宵節快樂" #發送訊息
10
11)

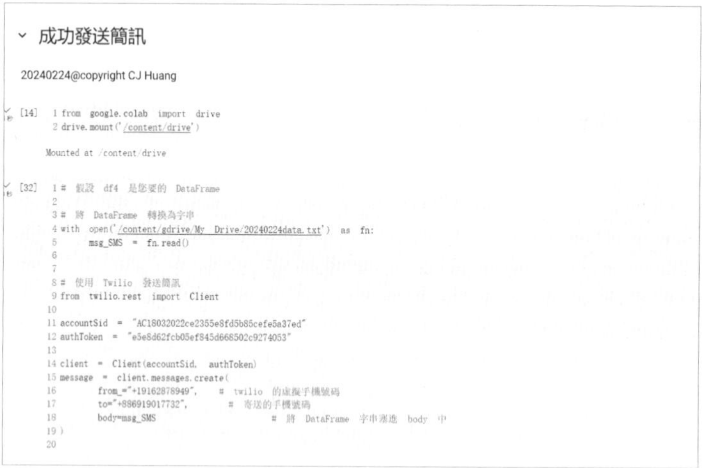

成功發送簡訊

20240224@copyright CJ Huang

```
[14]
1 from google.colab import drive
2 drive.mount('/content/drive')

Mounted at /content/drive
```

```
[32]
1 # 假設 df4 是您要的 DataFrame
2
3 # 將 DataFrame 轉換為字串
4 with open('/content/gdrive/My Drive/20240224data.txt') as fn:
5     msg_SMS = fn.read()
6
7
8 # 使用 Twilio 發送簡訊
9 from twilio.rest import Client
10
11 accountSid = "AC18032022ce2355e8fd5b85cefe5a37ed"
12 authToken = "e5e8d62fcb05ef845d668502c9274053"
13
14 client = Client(accountSid, authToken)
15 message = client.messages.create(
16         from_="+19162878949",    # twilio 的虛擬手機號碼
17         to="+886919017732",       # 寄送的手機號碼
18         body=msg_SMS                      # 將 DataFrame 字串塞進 body 中
19 )
20
```

20:44

Sent from your Twilio trial account - 2024-02-24 12:19:21
0 『2024府城成功燈會』鄭成功祖廟燈會再次攜手日本山形，結合原臺南合同廳舍瀑布造型及藍鯨裝置...
0 『正統鹿耳門聖母廟』全台最大光明燈牆，AI晶片點亮8萬盞財利燈、光明燈，還有"大船入港・龍飛...
20:44

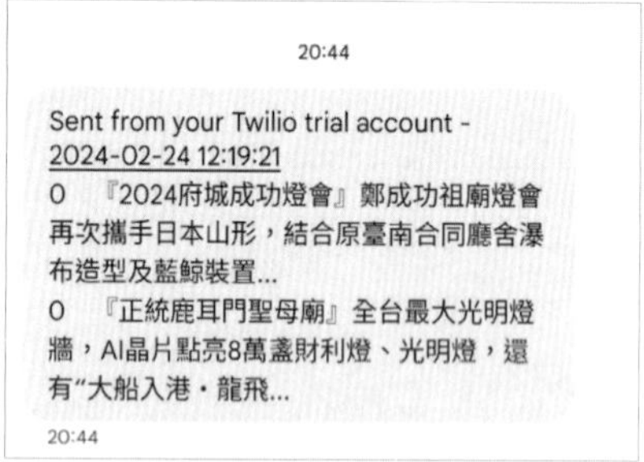

18.13 網頁爬蟲自動化

網頁爬蟲自動化通常使用 Selenium 和 WebDriver 來實現。這兩者是用於自動化網頁測試和爬蟲的常用工具，它們可以模擬人類使用瀏覽器的行為，並且能夠操作網頁元素、執行 JavaScript 程式碼等。

Selenium：Selenium 是一個用於測試 Web 應用程序的工具，支持多種程式語言，包括 Python、Java、C# 等。它提供了一個 API，可以通過程式代碼控制瀏覽器的行為，例如打開網頁、填寫表單、點擊按鈕等。Selenium 可以模擬不同的瀏覽器，包括 Chrome、Firefox、Edge 等，因此在使用時需要選擇相應的 WebDriver 來配合使用。

WebDriver：WebDriver 是一個用於控制瀏覽器的接口，Selenium 使用 WebDriver 來實現自動化操作。WebDriver 提供了一個標準化的 API，可以讓程式通過這個接口與瀏覽器進行通信。例如，可以通過 WebDriver 對瀏覽器發送命令，以模擬使用者的點擊、輸入等操作。本節的範例使用本機的 IDE 進行實作！

https：//chromedriver.chromium.org/downloads/version-selection

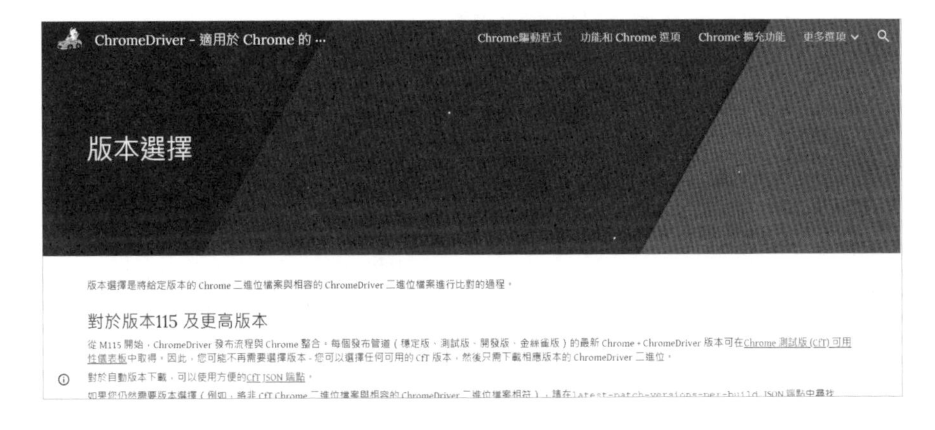

https：//googlechromelabs.github.io/chrome-for-testing/#stable

chromedriver	linux64	https://storage.googleapis.com/chrome-for-testing-public/122.0.6261.94/linux64/chromedriver-linux64.zip	200
chromedriver	mac-arm64	https://storage.googleapis.com/chrome-for-testing-public/122.0.6261.94/mac-arm64/chromedriver-mac-arm64.zip	200
chromedriver	mac-x64	https://storage.googleapis.com/chrome-for-testing-public/122.0.6261.94/mac-x64/chromedriver-mac-x64.zip	200
chromedriver	win32	https://storage.googleapis.com/chrome-for-testing-public/122.0.6261.94/win32/chromedriver-win32.zip	200
chromedriver	win64	https://storage.googleapis.com/chrome-for-testing-public/122.0.6261.94/win64/chromedriver-win64.zip	200
chrome-headless-shell	linux64	https://storage.googleapis.com/chrome-for-testing-public/122.0.6261.94/linux64/chrome-headless-shell-linux64.zip	200
chrome-headless-shell	mac-arm64	https://storage.googleapis.com/chrome-for-testing-public/122.0.6261.94/mac-arm64/chrome-headless-shell-mac-arm64.zip	200
chrome-headless-shell	mac-x64	https://storage.googleapis.com/chrome-for-testing-public/122.0.6261.94/mac-x64/chrome-headless-shell-mac-x64.zip	200
chrome-headless-shell	win32	https://storage.googleapis.com/chrome-for-testing-public/122.0.6261.94/win32/chrome-headless-shell-win32.zip	200

範例一、我們試著使用 Selenium 來到 Browser 下關鍵字截圖，程式碼範例如下：

#打開後輸入關鍵字截圖

In [2]:

```
import time

from selenium import webdriver
from selenium.webdriver.common.by import By
from selenium.webdriver.support.ui import WebDriverWait
from selenium.webdriver.support import expected_conditions as EC

driver = webdriver.Chrome()
driver.maximize_window()
driver.get("https://www.google.com")

search_box = WebDriverWait(driver, 10).until(
    EC.visibility_of_element_located((By.NAME, "q"))
)
search_box.send_keys("OpenAI")
search_box.submit()

# 等待搜尋結果頁面加載完成，這裡可以根據實際情況調整等待時間
time.sleep(5)

# 設定 10s 停頓，讓你可以觀察頁面的操作，正常測試時請拿掉，以免浪費測試時間
# time.sleep(10)
driver.quit()
```

範例二、進到 YT 之後輸入關鍵字點擊第一首曲子，程式碼範例如下：

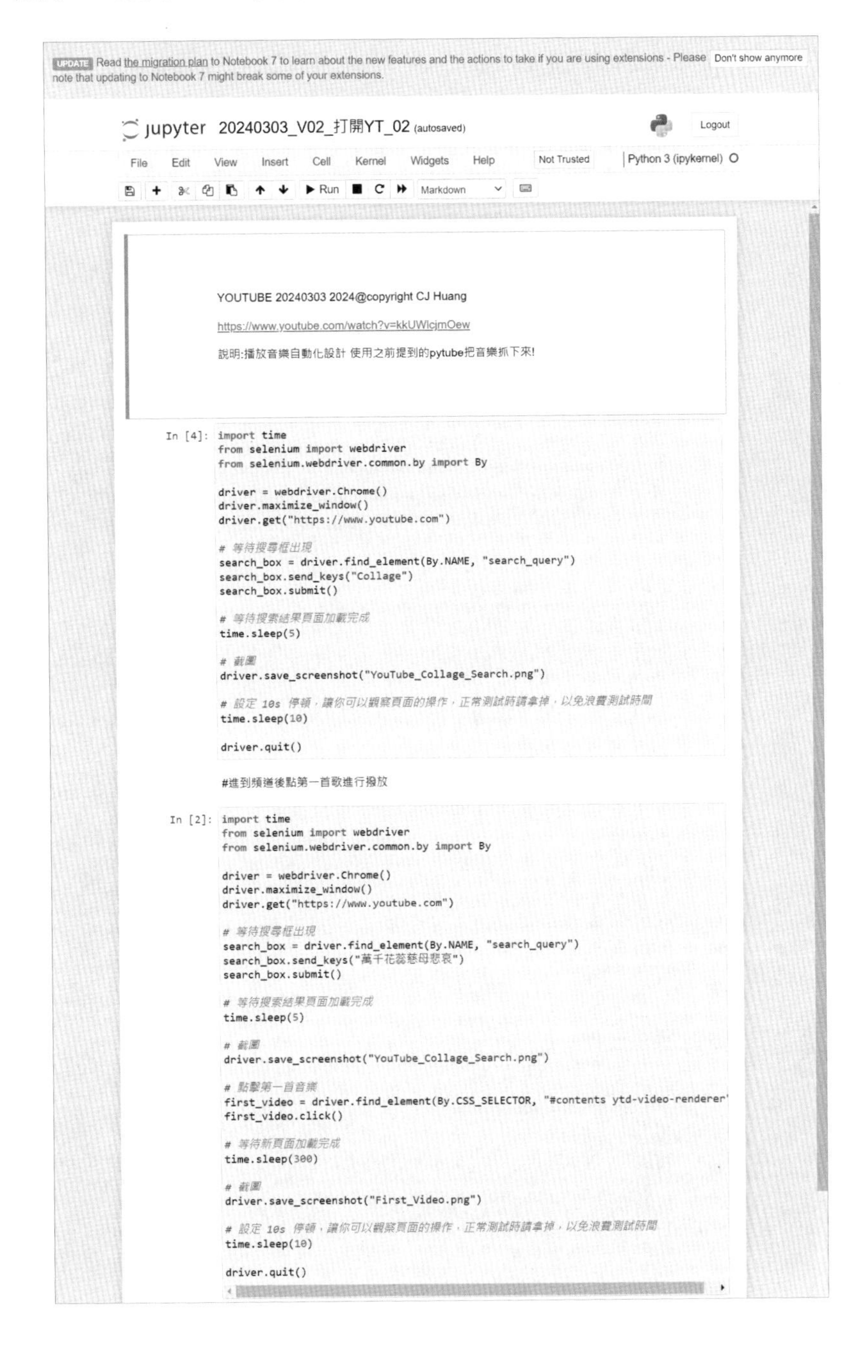

UPDATE Read the migration plan to Notebook 7 to learn about the new features and the actions to take if you are using extensions - Please note that updating to Notebook 7 might break some of your extensions. Don't show anymore

jupyter 20240303_V02_打開YT_02 (autosaved) Logout

File Edit View Insert Cell Kernel Widgets Help Not Trusted Python 3 (ipykernel)

YOUTUBE 20240303 2024@copyright CJ Huang

https://www.youtube.com/watch?v=kkUWIcjmOew

說明:播放音樂自動化設計 使用之前提到的pytube把音樂抓下來!

In [4]:
```
import time
from selenium import webdriver
from selenium.webdriver.common.by import By

driver = webdriver.Chrome()
driver.maximize_window()
driver.get("https://www.youtube.com")

# 等待搜尋框出現
search_box = driver.find_element(By.NAME, "search_query")
search_box.send_keys("Collage")
search_box.submit()

# 等待搜索結果頁面加載完成
time.sleep(5)

# 截圖
driver.save_screenshot("YouTube_Collage_Search.png")

# 設定 10s 停頓，讓你可以觀察頁面的操作，正常測試時請拿掉，以免浪費測試時間
time.sleep(10)

driver.quit()
```

#進到頻道後點第一首歌進行撥放

In [2]:
```
import time
from selenium import webdriver
from selenium.webdriver.common.by import By

driver = webdriver.Chrome()
driver.maximize_window()
driver.get("https://www.youtube.com")

# 等待搜尋框出現
search_box = driver.find_element(By.NAME, "search_query")
search_box.send_keys("萬千花蕊慈母悲哀")
search_box.submit()

# 等待搜索結果頁面加載完成
time.sleep(5)

# 截圖
driver.save_screenshot("YouTube_Collage_Search.png")

# 點擊第一首音樂
first_video = driver.find_element(By.CSS_SELECTOR, "#contents ytd-video-renderer'
first_video.click()

# 等待新頁面加載完成
time.sleep(300)

# 截圖
driver.save_screenshot("First_Video.png")

# 設定 10s 停頓，讓你可以觀察頁面的操作，正常測試時請拿掉，以免浪費測試時間
time.sleep(10)

driver.quit()
```

範例三、自動到 PTT 抓取內文並排版，程式碼範例如下：

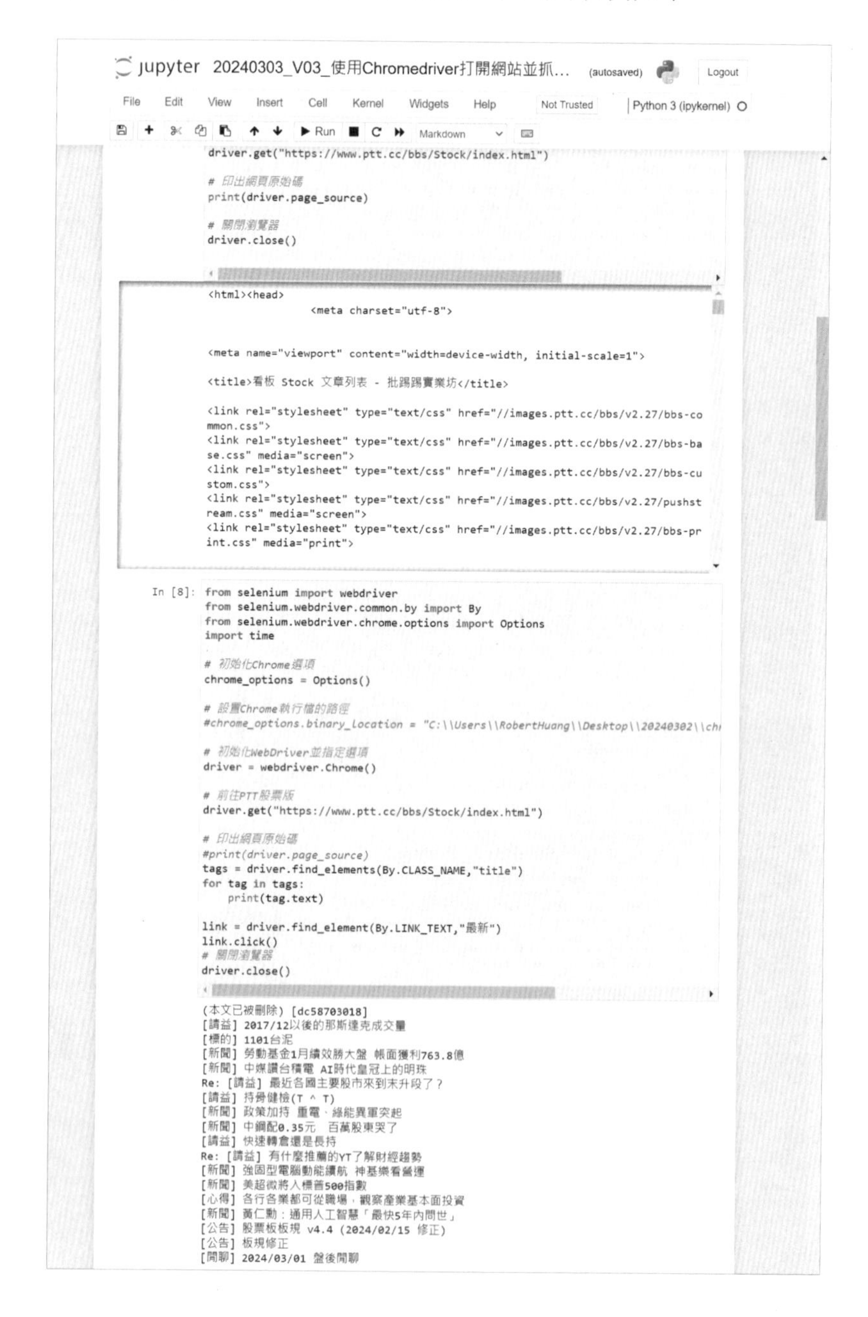

範例四、登入 YT 後輸入關鍵字，印出所有影音名稱，程式碼範例如下：

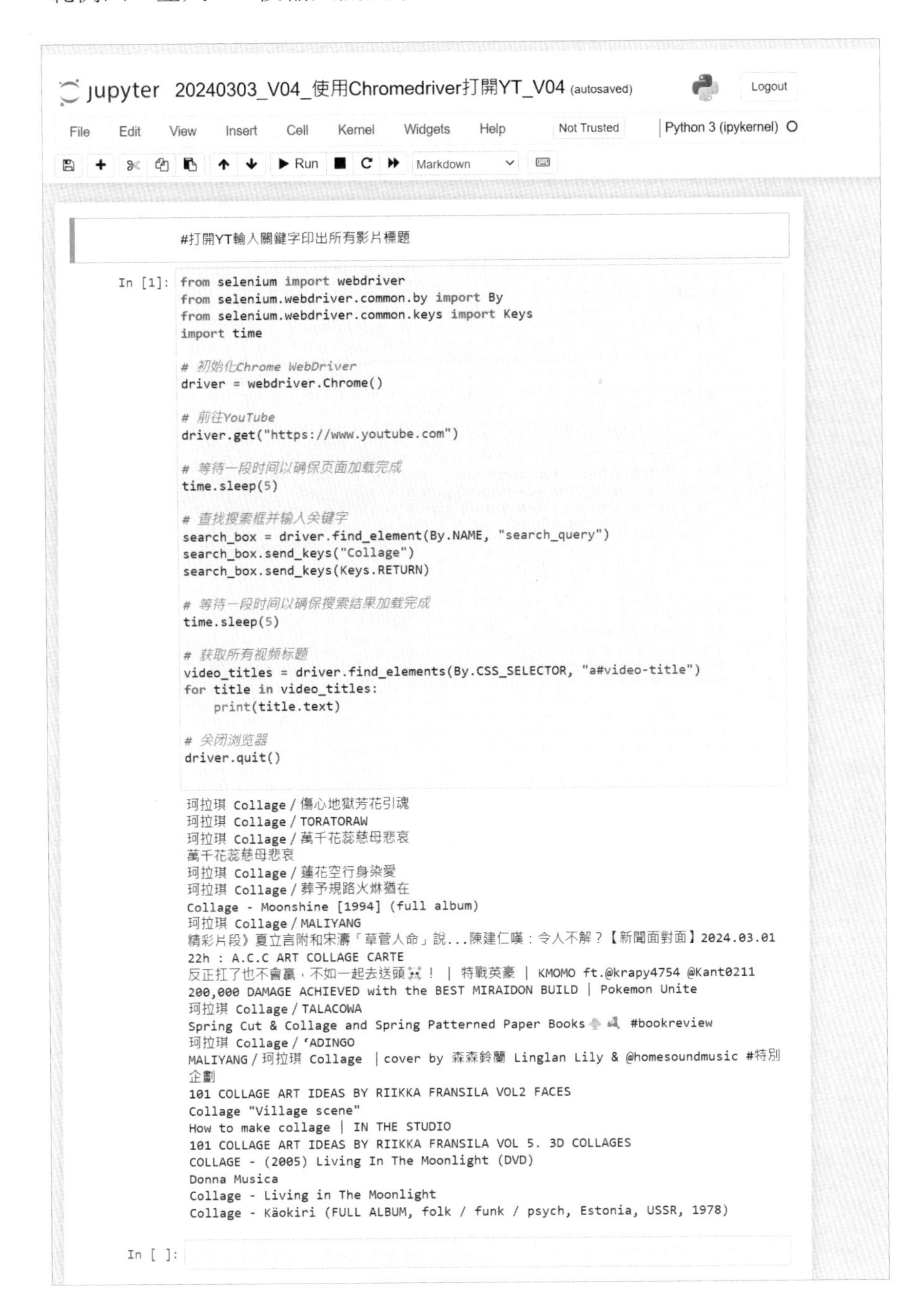

jupyter 20240303_V04_使用Chromedriver打開YT_V04 (autosaved)
Logout
File Edit View Insert Cell Kernel Widgets Help
Not Trusted
Python 3 (ipykernel)
Run
Markdown
#打開YT輸入關鍵字印出所有影片標題
In [1]:
from selenium import webdriver
from selenium.webdriver.common.by import By
from selenium.webdriver.common.keys import Keys
import time
# 初始化Chrome WebDriver
driver = webdriver.Chrome()
# 前往YouTube
driver.get("https://www.youtube.com")
# 等待一段时间以确保页面加载完成
time.sleep(5)
# 查找搜索框并输入关键字
search_box = driver.find_element(By.NAME, "search_query")
search_box.send_keys("Collage")
search_box.send_keys(Keys.RETURN)
# 等待一段时间以确保搜索结果加载完成
time.sleep(5)
# 获取所有视频标题
video_titles = driver.find_elements(By.CSS_SELECTOR, "a#video-title")
for title in video_titles:
print(title.text)
# 关闭浏览器
driver.quit()
珂拉琪 Collage / 傷心地獄芳花引魂
珂拉琪 Collage / TORATORAW
珂拉琪 Collage / 萬千花蕊慈母悲哀
萬千花蕊慈母悲哀
珂拉琪 Collage / 蓮花空行身染愛
珂拉琪 Collage / 葬予規路火烌猶在
Collage - Moonshine [1994] (full album)
珂拉琪 Collage / MALIYANG
精彩片段》夏立言附和宋濤「草菅人命」說...陳建仁嘆：令人不解？【新聞面對面】2024.03.01
22h : A.C.C ART COLLAGE CARTE
反正扛了也不會贏，不如一起去送頭！ | 特戰英豪 | KMOMO ft.@krapy4754 @Kant0211
200,000 DAMAGE ACHIEVED with the BEST MIRAIDON BUILD | Pokemon Unite
珂拉琪 Collage / TALACOWA
Spring Cut & Collage and Spring Patterned Paper Books #bookreview
珂拉琪 Collage / ‘ADINGO
MALIYANG / 珂拉琪 Collage | cover by 森森鈴蘭 Linglan Lily & @homesoundmusic #特別企劃
101 COLLAGE ART IDEAS BY RIIKKA FRANSILA VOL2 FACES
Collage "Village scene"
How to make collage | IN THE STUDIO
101 COLLAGE ART IDEAS BY RIIKKA FRANSILA VOL 5. 3D COLLAGES
COLLAGE - (2005) Living In The Moonlight (DVD)
Donna Musica
Collage - Living in The Moonlight
Collage - Käokiri (FULL ALBUM, folk / funk / psych, Estonia, USSR, 1978)
In [ ]:

範例五、自動登入 FB，程式碼範例如下：

範例六、ETF 專題實作 (移動卷軸)：

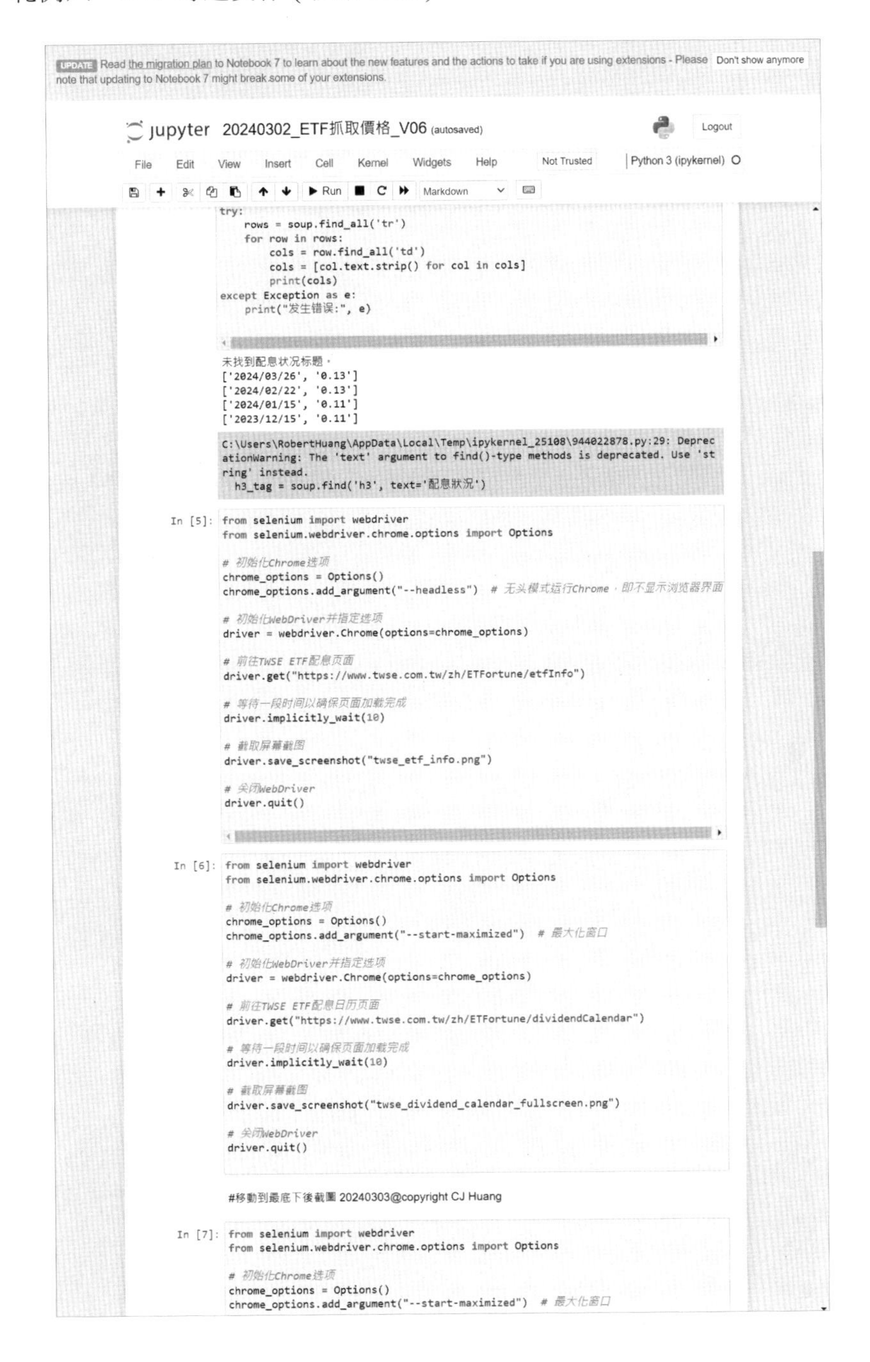

第 19 章 資料庫應用

19.1 SQLite 的應用

此處我們使用 Kaggle 資料集進行實作，下載資料集的連結如下！

https：//www.kaggle.com/datasets/roysouravcu/forbes-billionaires-of-2021

DB_Browser 安裝：

DB Browser for SQLite
https://sqlitebrowser.org · 翻譯這個網頁 ⋮

DB Browser for SQLite

What it is. DB Browser for SQLite (DB4S) is a high quality, visual, open source tool to create, design, and edit database files compatible with SQLite. DB4S is ...

Downloads

Windows · DB Browser for SQLite - Standard installer for 32-bit ...

Downloads

(Please consider sponsoring us on Patreon 😀)

Windows

Our latest release (3.12.2) for Windows:

- DB Browser for SQLite - Standard installer for 32-bit Windows
- DB Browser for SQLite - .zip (no installer) for 32-bit Windows
- DB Browser for SQLite - Standard installer for 64-bit Windows
- DB Browser for SQLite - .zip (no installer) for 64-bit Windows

Windows PortableApp

- DB Browser for SQLite - PortableApp

Note - If for any reason the standard Windows release does not work (e.g. gives an error), try a nightly build (below).

Nightly builds often fix bugs reported after the last release. 

讀者可自行點擊安裝！

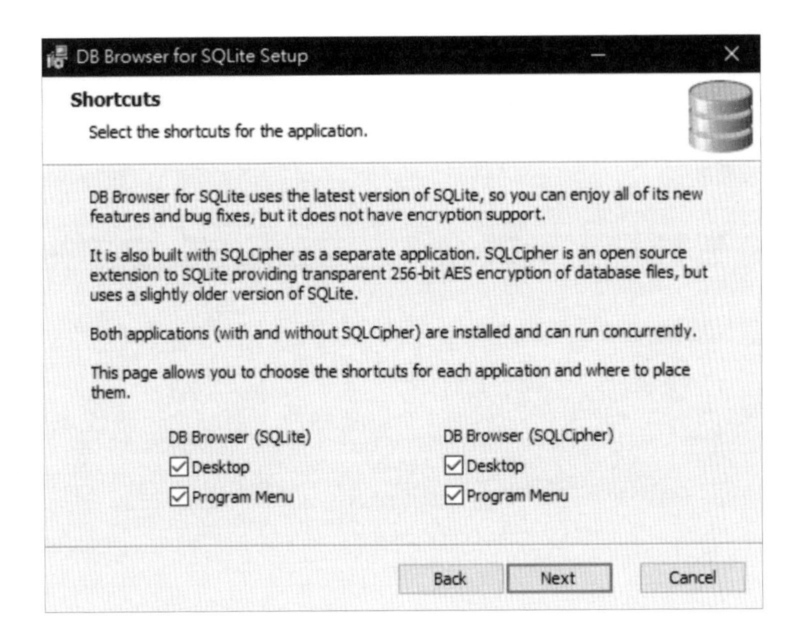

圖形化操作介面如下：

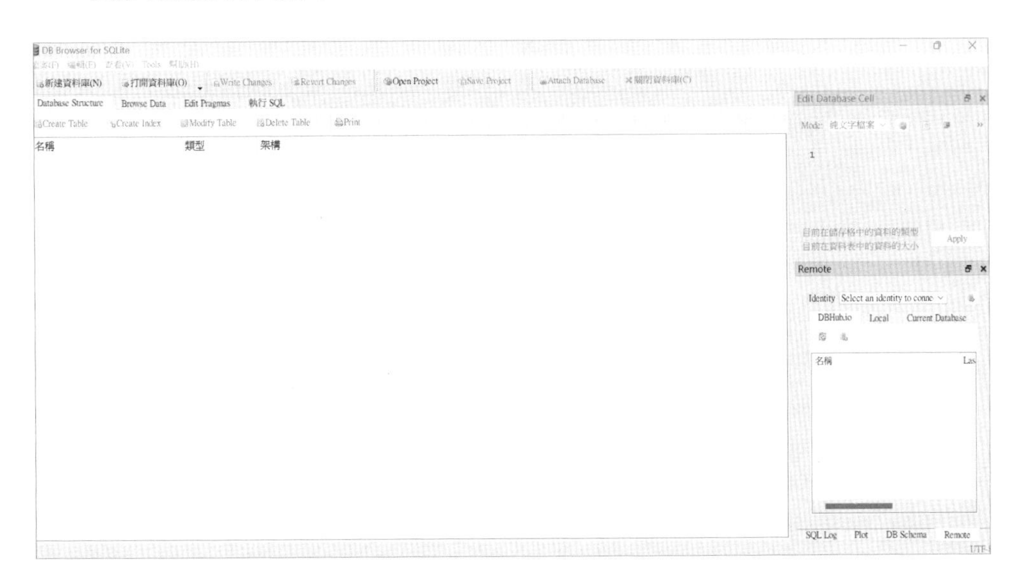

此處的範例主要先使用 python 將資料集轉成 .db；才有辦法進行讀取

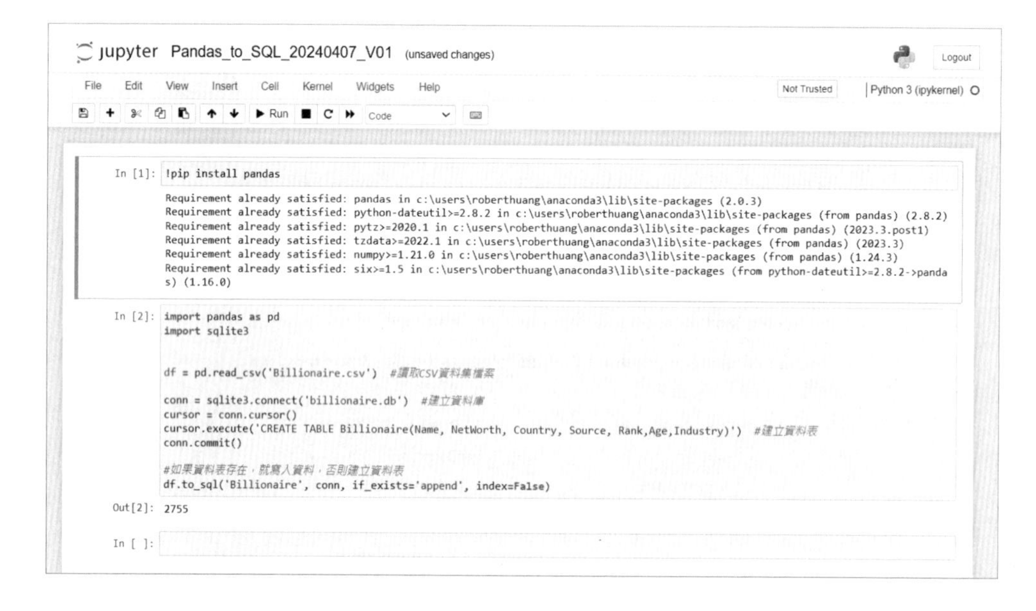

打開轉成資料庫檔案的做法！

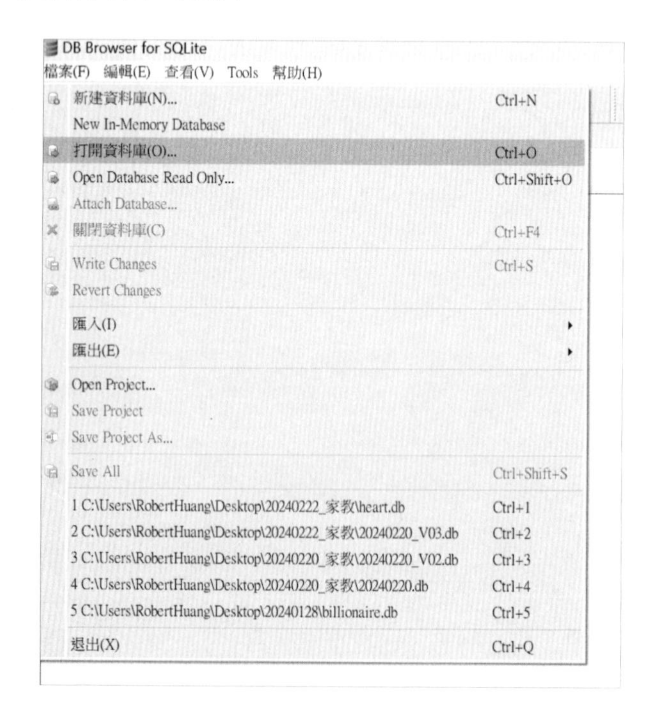

點選 .db 檔

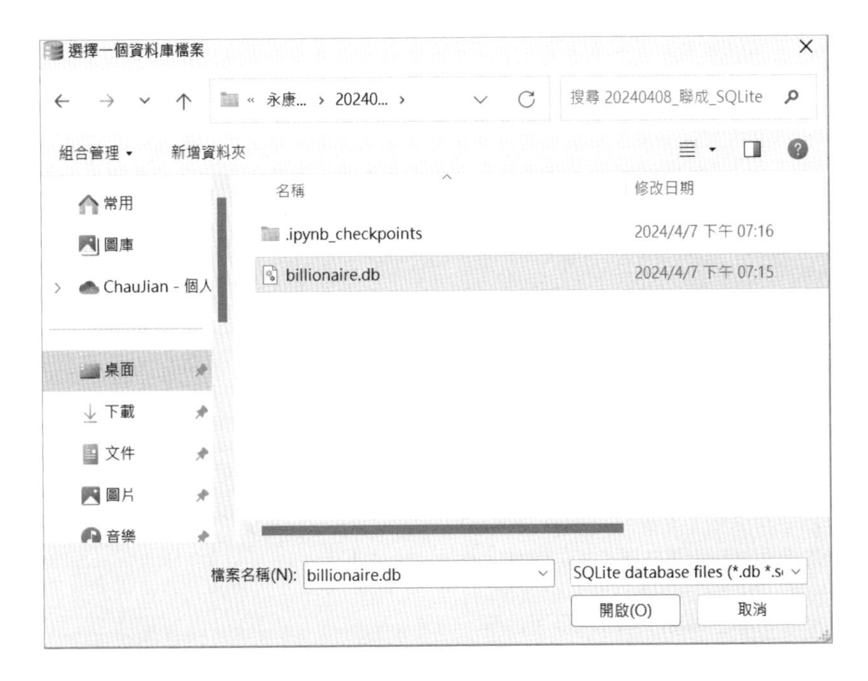

讀者可以點擊 Dashboard Structure 進行查看！

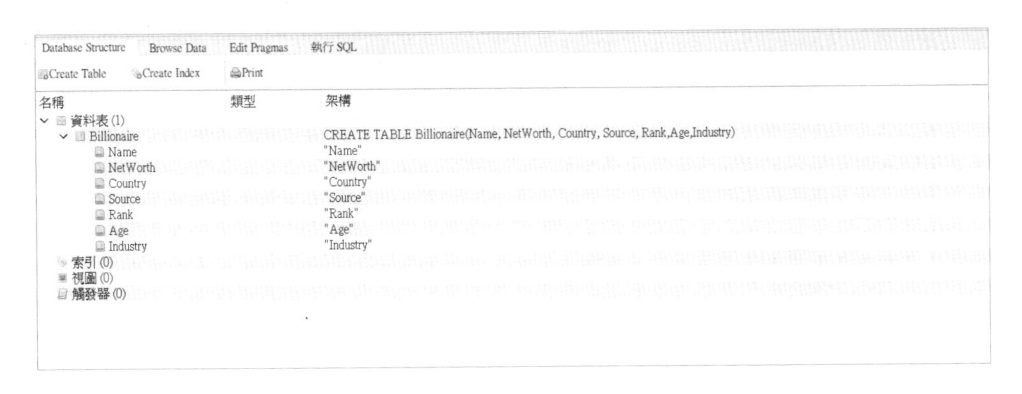

點擊 Browser Data 就可以看到資料本身！

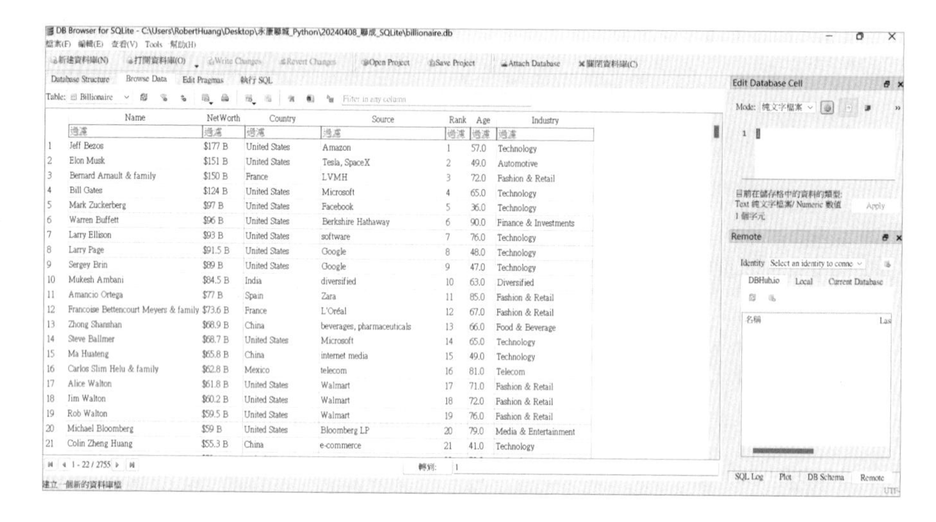

	Name	NetWorth	Country	Source	Rank	Age	Industry
1	Jeff Bezos	$177 B	United States	Amazon	1	57.0	Technology
2	Elon Musk	$151 B	United States	Tesla, SpaceX	2	49.0	Automotive
3	Bernard Arnault & family	$150 B	France	LVMH	3	72.0	Fashion & Retail
4	Bill Gates	$124 B	United States	Microsoft	4	65.0	Technology
5	Mark Zuckerberg	$97 B	United States	Facebook	5	36.0	Technology
6	Warren Buffett	$96 B	United States	Berkshire Hathaway	6	90.0	Finance & Investments
7	Larry Ellison	$93 B	United States	software	7	76.0	Technology
8	Larry Page	$91.5 B	United States	Google	8	48.0	Technology
9	Sergey Brin	$89 B	United States	Google	9	47.0	Technology
10	Mukesh Ambani	$84.5 B	India	diversified	10	63.0	Diversified
11	Amancio Ortega	$77 B	Spain	Zara	11	85.0	Fashion & Retail
12	Francoise Bettencourt Meyers & family	$73.6 B	France	L'Oréal	12	67.0	Fashion & Retail
13	Zhong Shanshan	$68.9 B	China	beverages, pharmaceuticals	13	66.0	Food & Beverage
14	Steve Ballmer	$68.7 B	United States	Microsoft	14	65.0	Technology
15	Ma Huateng	$65.8 B	China	internet media	15	49.0	Technology
16	Carlos Slim Helu & family	$62.8 B	Mexico	telecom	16	81.0	Telecom
17	Alice Walton	$61.8 B	United States	Walmart	17	71.0	Fashion & Retail
18	Jim Walton	$60.2 B	United States	Walmart	18	72.0	Fashion & Retail
19	Rob Walton	$59.5 B	United States	Walmart	19	76.0	Fashion & Retail
20	Michael Bloomberg	$59 B	United States	Bloomberg LP	20	79.0	Media & Entertainment
21	Colin Zheng Huang	$55.3 B	China	e-commerce	21	41.0	Technology

此處提供的範例為將 .csv 轉成 .db 的方法！

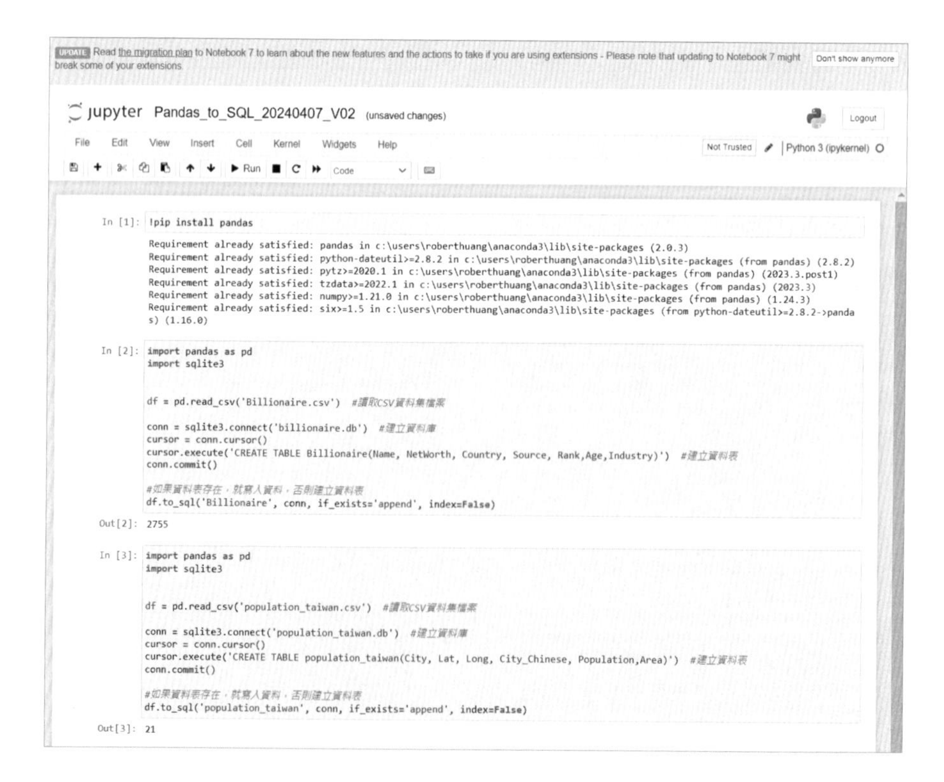

```
In [1]: !pip install pandas

Requirement already satisfied: pandas in c:\users\roberthuang\anaconda3\lib\site-packages (2.0.3)
Requirement already satisfied: python-dateutil>=2.8.2 in c:\users\roberthuang\anaconda3\lib\site-packages (from pandas) (2.8.2)
Requirement already satisfied: pytz>=2020.1 in c:\users\roberthuang\anaconda3\lib\site-packages (from pandas) (2023.3.post1)
Requirement already satisfied: tzdata>=2022.1 in c:\users\roberthuang\anaconda3\lib\site-packages (from pandas) (2023.3)
Requirement already satisfied: numpy>=1.21.0 in c:\users\roberthuang\anaconda3\lib\site-packages (from pandas) (1.24.3)
Requirement already satisfied: six>=1.5 in c:\users\roberthuang\anaconda3\lib\site-packages (from python-dateutil>=2.8.2->pandas) (1.16.0)

In [2]: import pandas as pd
        import sqlite3

        df = pd.read_csv('Billionaire.csv')  #讀取CSV資料集檔案

        conn = sqlite3.connect('billionaire.db')  #建立資料庫
        cursor = conn.cursor()
        cursor.execute('CREATE TABLE Billionaire(Name, NetWorth, Country, Source, Rank,Age,Industry)')  #建立資料表
        conn.commit()

        #如果資料表存在，就寫入資料，否則建立資料表
        df.to_sql('Billionaire', conn, if_exists='append', index=False)

Out[2]: 2755

In [3]: import pandas as pd
        import sqlite3

        df = pd.read_csv('population_taiwan.csv')  #讀取CSV資料集檔案

        conn = sqlite3.connect('population_taiwan.db')  #建立資料庫
        cursor = conn.cursor()
        cursor.execute('CREATE TABLE population_taiwan(City, Lat, Long, City_Chinese, Population,Area)')  #建立資料表
        conn.commit()

        #如果資料表存在，就寫入資料，否則建立資料表
        df.to_sql('population_taiwan', conn, if_exists='append', index=False)

Out[3]: 21
```

使用 SQL 語法進行查詢！

```
In [4]: import matplotlib.pyplot as plt
        import matplotlib.pyplot as mpl

In [5]: result = conn.execute("SELECT * from population_taiwan")

In [8]: City, Lat, Long, City_Chinese, Population, Area = [], [], [], [], [], []

In [9]: for record in result:
            City.append(record[0])
            Lat.append(record[1])
            Long.append(record[2])
            City_Chinese.append(record[3])
            Population.append(record[4])
            Area.append(record[5])
        conn.close()

In [10]: import matplotlib.pyplot as plt
         import matplotlib as mpl

         mpl.rcParams["font.sans-serif"] = ["SimHei"]

         seq = City
         LineLat, = plt.plot(seq, Lat)
         LinePopulation, = plt.plot(seq, Population)
         plt.show()
```

範例一、使用 matplotlib 繪製圖表：

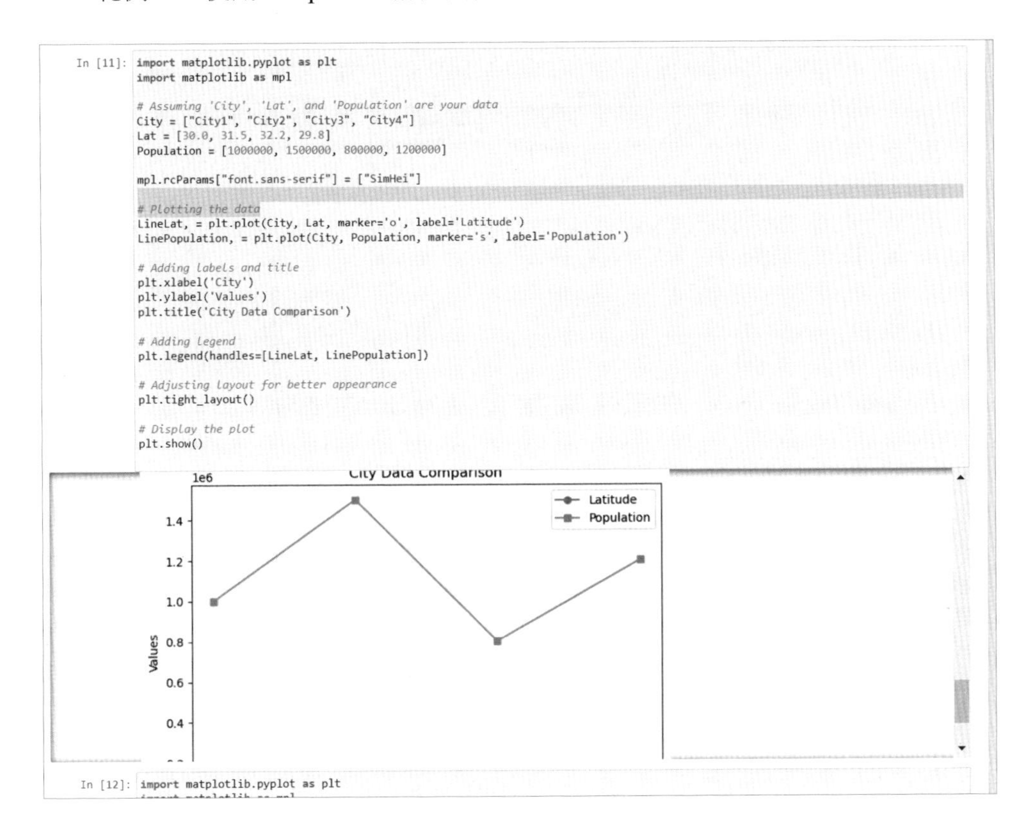

```
In [11]: import matplotlib.pyplot as plt
         import matplotlib as mpl

         # Assuming 'City', 'Lat', and 'Population' are your data
         City = ["City1", "City2", "City3", "City4"]
         Lat = [30.0, 31.5, 32.2, 29.8]
         Population = [1000000, 1500000, 800000, 1200000]

         mpl.rcParams["font.sans-serif"] = ["SimHei"]

         # Plotting the data
         LineLat, = plt.plot(City, Lat, marker='o', label='Latitude')
         LinePopulation, = plt.plot(City, Population, marker='s', label='Population')

         # Adding labels and title
         plt.xlabel('City')
         plt.ylabel('Values')
         plt.title('City Data Comparison')

         # Adding legend
         plt.legend(handles=[LineLat, LinePopulation])

         # Adjusting layout for better appearance
         plt.tight_layout()

         # Display the plot
         plt.show()
```



```
In [12]: import matplotlib.pyplot as plt
```

範例二、繪製圖表：

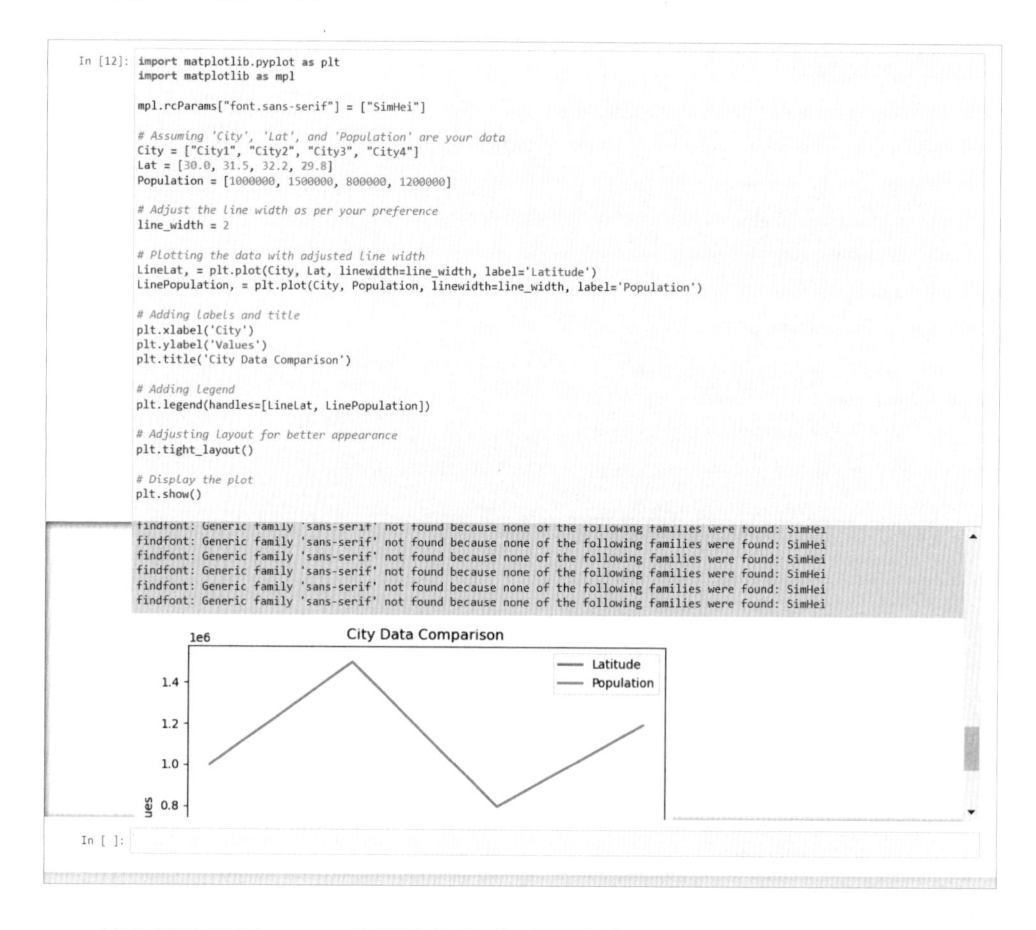

```
In [12]: import matplotlib.pyplot as plt
         import matplotlib as mpl

         mpl.rcParams["font.sans-serif"] = ["SimHei"]

         # Assuming 'City', 'Lat', and 'Population' are your data
         City = ["City1", "City2", "City3", "City4"]
         Lat = [30.0, 31.5, 32.2, 29.8]
         Population = [1000000, 1500000, 800000, 1200000]

         # Adjust the line width as per your preference
         line_width = 2

         # Plotting the data with adjusted line width
         LineLat, = plt.plot(City, Lat, linewidth=line_width, label='Latitude')
         LinePopulation, = plt.plot(City, Population, linewidth=line_width, label='Population')

         # Adding labels and title
         plt.xlabel('City')
         plt.ylabel('Values')
         plt.title('City Data Comparison')

         # Adding legend
         plt.legend(handles=[LineLat, LinePopulation])

         # Adjusting layout for better appearance
         plt.tight_layout()

         # Display the plot
         plt.show()

findfont: Generic family 'sans-serif' not found because none of the following families were found: SimHei
findfont: Generic family 'sans-serif' not found because none of the following families were found: SimHei
findfont: Generic family 'sans-serif' not found because none of the following families were found: SimHei
findfont: Generic family 'sans-serif' not found because none of the following families were found: SimHei
findfont: Generic family 'sans-serif' not found because none of the following families were found: SimHei
findfont: Generic family 'sans-serif' not found because none of the following families were found: SimHei
```


核心欄位說明：SQL 的語法在此處可以透過 chatGPT 詢問

```
In [3]: import pandas as pd
        import sqlite3


        df = pd.read_csv('population_taiwan.csv')  #讀取CSV資料集檔案

        conn = sqlite3.connect('population_taiwan.db')  #建立資料庫
        cursor = conn.cursor()
        cursor.execute('CREATE TABLE population_taiwan(City, Lat, Long, City_Chinese, Population,Area)')  #建立資料表
        conn.commit()

        #如果資料表存在，就寫入資料，否則建立資料表
        df.to_sql('population_taiwan', conn, if_exists='append', index=False)

Out[3]: 21
```

選擇數據（SELECT）：從表中選擇特定的列或計算結果。

```
SELECT column1, column2 FROM table_name;
```

過濾數據（WHERE）：條件過濾來檢索符合特定條件的行。

```
SELECT* FROM table_name WHERE condition;
```

排序（ORDER BY）：按特定列的值對結果集進行排序。

```
SELECT* FROM table_name ORDER BY column_name;
```

插入數據（INSERT INTO）：將新數據插入到表中。

```
INSERT INTO table_name(column1, column2) VALUES(value1, value2);
```

更新數據（UPDATE）：更新表中現有行的數據。

```
UPDATE table_name SET column1 = value1 WHERE condition;
```

刪除數據（DELETE）：從表中刪除特定的行。

```
DELETE FROM table_name WHERE condition;
```

創建表（CREATE TABLE）：創建新的表。

```
CREATE TABLE table_name(
    column1 datatype,
    column2 datatype,


);
```

19.2 MySQL 的應用

MySQL 是一種功能強大、性能優異、易於使用的關聯式資料庫管理系統，適用於各種規模和類型的應用程式和專案，本節用 UniServer 的套裝軟體進行實作與安裝！

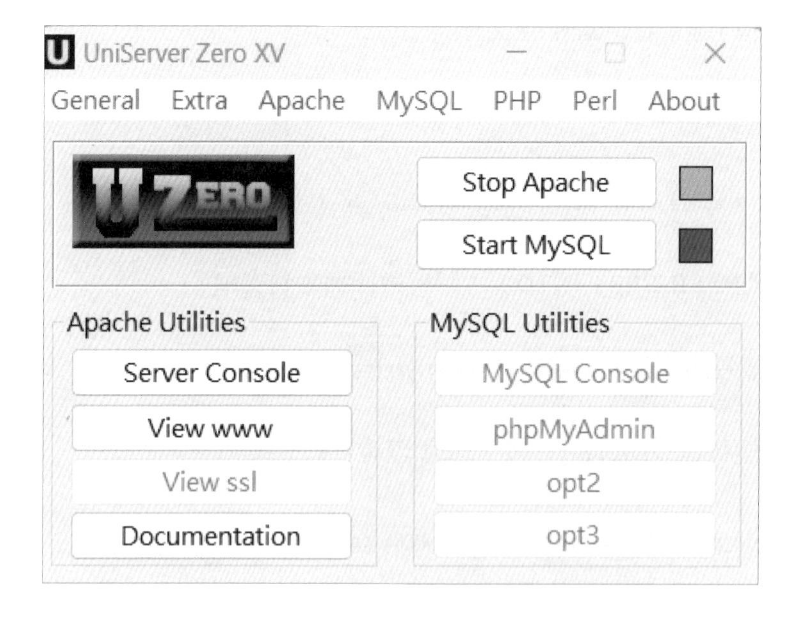

範例一、增加條件搜尋：

1.增加條件搜尋:

```
In [4]: import pymysql
        conn = pymysql.connect(host = 'localhost',
                               port = 3306,
                               user = 'root',
                               charset = 'utf8',
                        password = 'qaz159753',
                               database = 'mydb1')

        mycursor = conn.cursor()

        mycursor.execute("SELECT * FROM customers WHERE City = 'Taipei'")
        result = mycursor.fetchall()
        for r in result:
            print(r)

        (1, 'Peter', 'Taipei')
        (2, 'Peter', 'Taipei')
```

範例二、更新資料：

2.更新資料

```
In [5]: import pymysql
        conn = pymysql.connect(host = 'localhost',
                               port = 3306,
                               user = 'root',
                               charset = 'utf8',
                           password = 'qaz159753',
                               database = 'mydb1')

        mycursor = conn.cursor()

        sql = "UPDATE customers SET City = 'Chicago' WHERE City = 'Tokyo'"
        mycursor.execute(sql)
        conn.commit()

        mycursor.execute("SELECT * FROM customers")
        result = mycursor.fetchall()
        for r in result:
            print(r)

        (1, 'Peter', 'Taipei')
        (2, 'Peter', 'Taipei')
        (3, 'ROBERT', 'Tainan')
        (4, 'BoB', 'Taichung')
```

```
import pymysql
conn = pymysql.connect(host = 'localhost',
                       port = 3306,
                       user = 'root',
                       charset = 'utf8',
                   password = 'qaz159753',
                       database = 'mydb1')

mycursor = conn.cursor()

sql = "UPDATE customers SET City = 'New Taipei' WHERE id = 2"
mycursor.execute(sql)
conn.commit()

mycursor.execute("SELECT * FROM customers")
result = mycursor.fetchall()
for r in result:
    print(r)

(1, 'Peter', 'Taipei')
(2, 'Peter', 'New Taipei')
(3, 'ROBERT', 'Tainan')
(4, 'BoB', 'Taichung')
```

範例三、刪除資料：(刪除原先 id=2)

```
import pymysql
conn = pymysql.connect(host = 'localhost',
                       port = 3306,
                       user = 'root',
                       charset = 'utf8',
                   password = 'qaz159753',
                       database = 'mydb1')

mycursor = conn.cursor()

sql = "DELETE from customers WHERE id = 2"
mycursor.execute(sql)
conn.commit()

mycursor.execute("SELECT * FROM customers")
result = mycursor.fetchall()
for r in result:
    print(r)
```

```
(1, 'Peter', 'Taipei')
(3, 'ROBERT', 'Tainan')
(4, 'BoB', 'Taichung')
```

範例四、限制筆數：

```
import pymysql
conn = pymysql.connect(host = 'localhost',
                       port = 3306,
                       user = 'root',
                       charset = 'utf8',
                   password = 'qaz159753',
                       database = 'mydb1')

mycursor = conn.cursor()

mycursor.execute("SELECT * FROM customers LIMIT 2")
result = mycursor.fetchall()
for r in result:
    print(r)
```

```
(1, 'Peter', 'Taipei')
(3, 'ROBERT', 'Tainan')
```

- 10.3 PostgreSQL 的應用
- 10.4 Flask 框架呈現

範例五、刪除表格：

```
In [11]: import pymysql
         conn = pymysql.connect(host = 'localhost',
                                port = 3306,
                                user = 'root',
                                charset = 'utf8',
                         password = 'qaz159753',
                                database = 'mydb1')

         mycursor = conn.cursor()
         sql = "DROP TABLE IF EXISTS customers"
         mycursor.execute(sql)

Out[11]: 0
```

19.3 PostgreSQL 的應用

PostgreSQL 是一款強大的開源關聯式資料庫管理系統（RDBMS），它提供了許多先進的功能和靈活性，成為許多應用程式和專案的首選資料庫解決方案之一。

首先，安裝 PostgreSQL 前置作業

下載：https：//www.pgadmin.org/

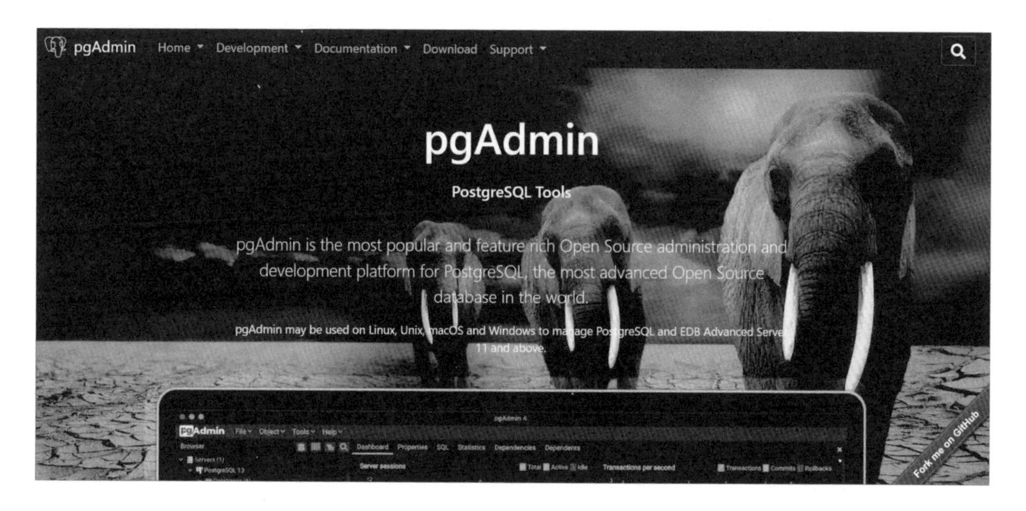

https：//www.pgadmin.org/download/

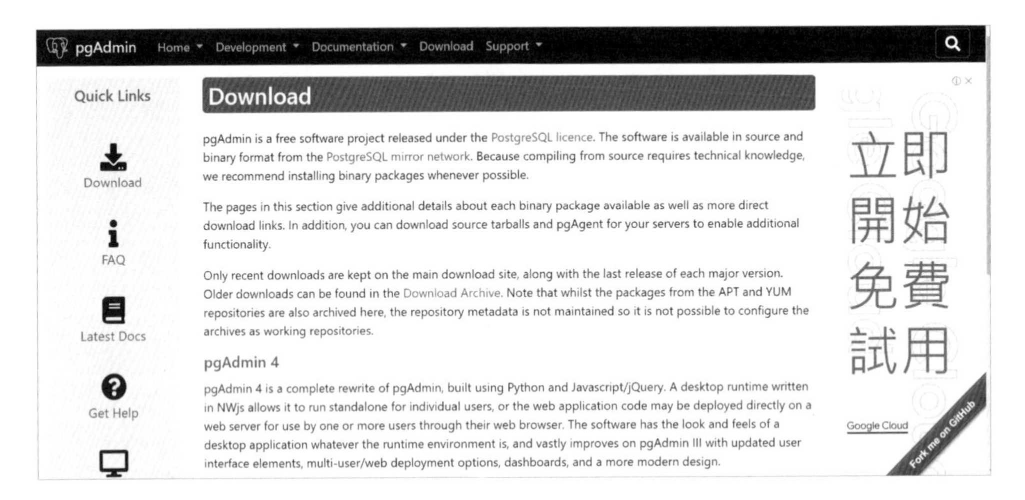

找最新版本：pdAdmin4 v8.5 版本

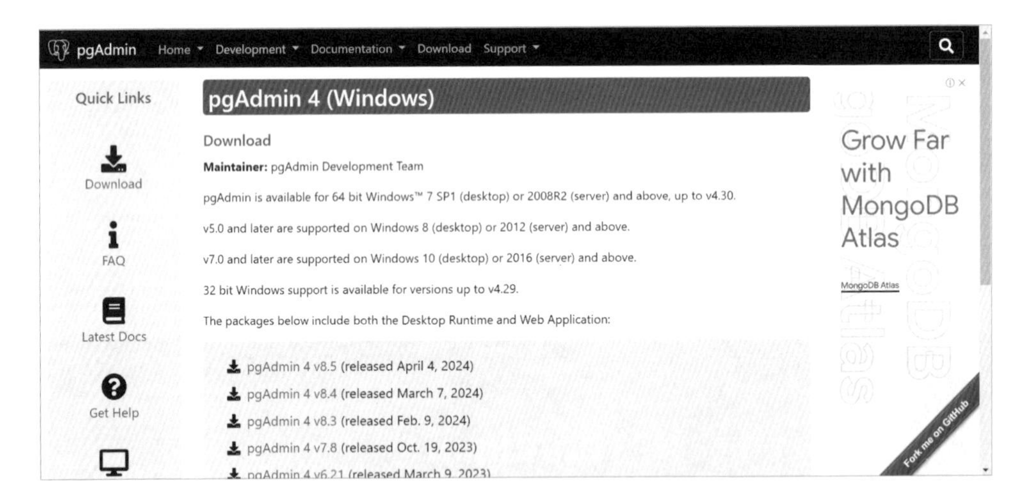

File Browser
Top → pgadmin → pgadmin4 → v8.5 → windows
Directories
[Parent Directory]
Files
CURRENT_MAINTAINER 2024-04-04 10:10:40 136 bytes
pgadmin4-8.5-x64.exe 2024-04-04 10:11:43 183.6 MB

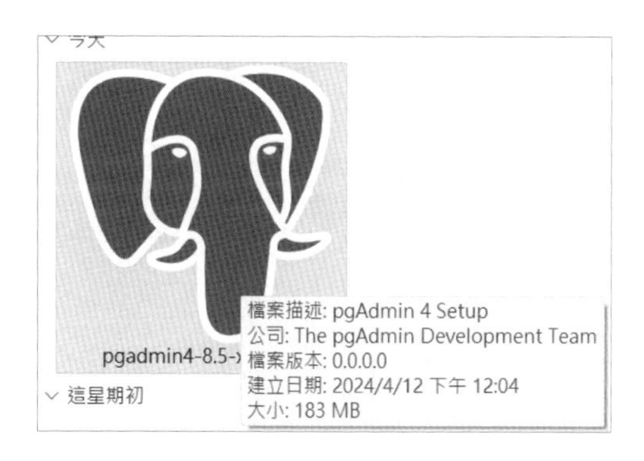
檔案描述: pgAdmin 4 Setup
公司: The pgAdmin Development Team
檔案版本: 0.0.0.0
建立日期: 2024/4/12 下午 12:04
大小: 183 MB
這星期初

Setup - pgAdmin 4
pgAdmin 4
Welcome to the pgAdmin 4 Setup Wizard
This will install pgAdmin 4 version 8.5 on your computer.
It is recommended that you close all other applications before continuing.
Click Next to continue, or Cancel to exit Setup.
Next
Cancel

使用圖形化管理介面！

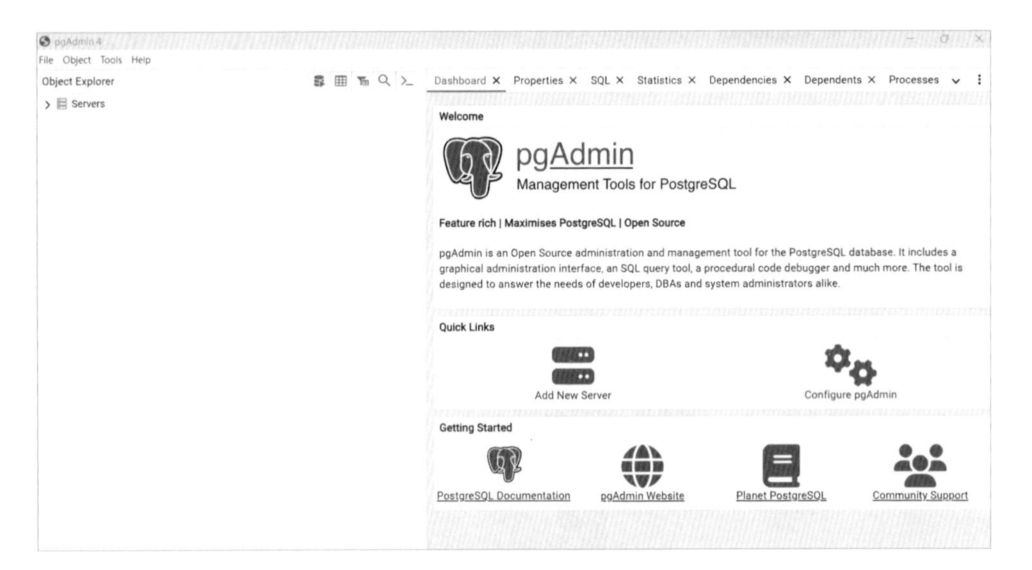

接著，建立 DB 和設定

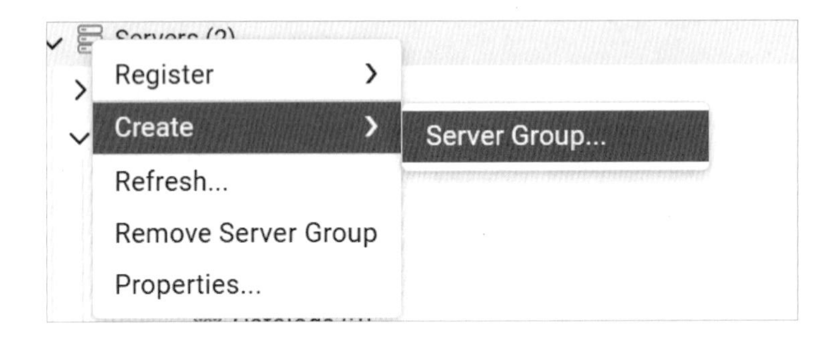

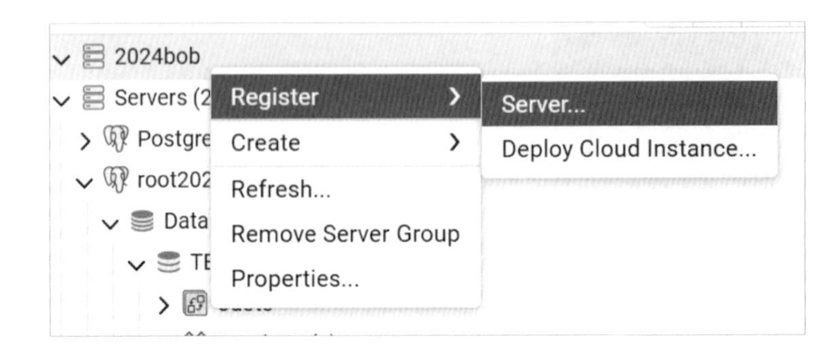

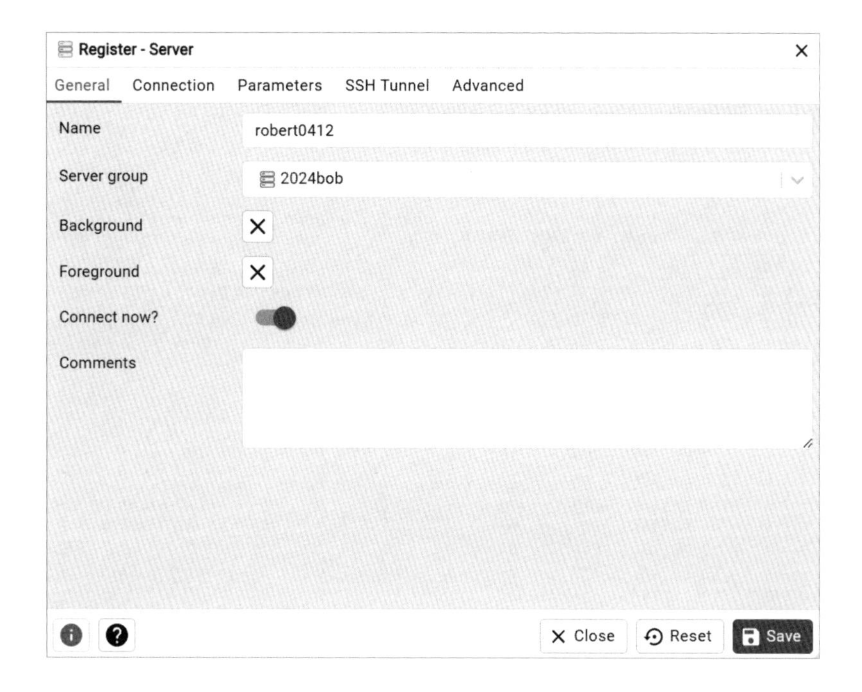

Name：localhost/ Password：666888

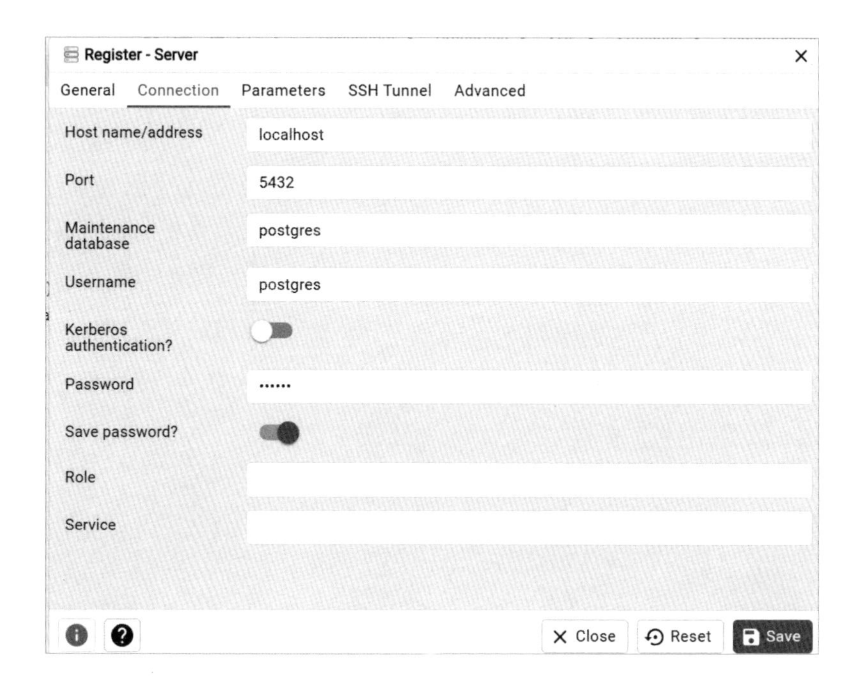

本書介紹實作範例：

首先，本書使用 heart.csv 進行說明！

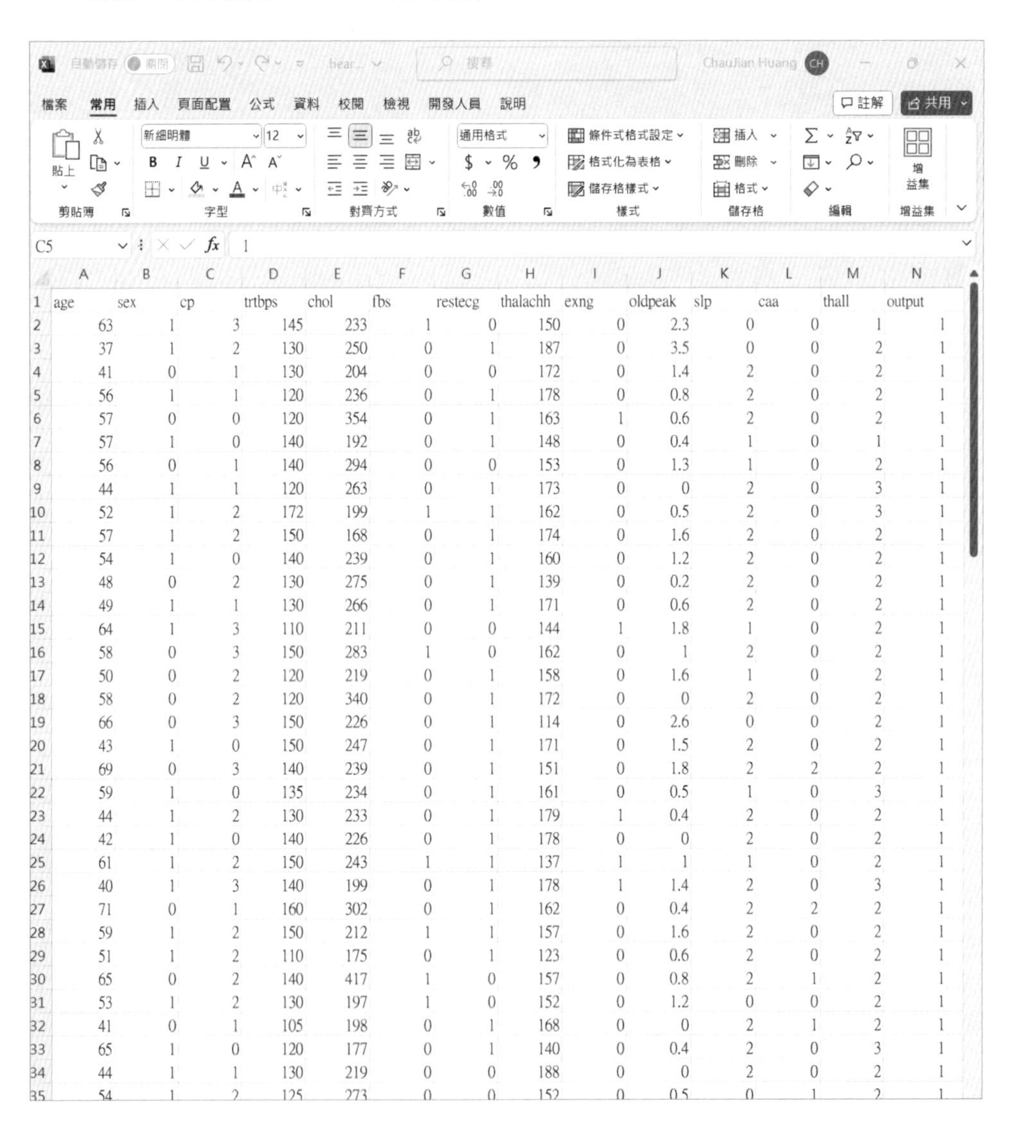

age	sex	cp	trtbps	chol	fbs	restecg	thalachh	exng	oldpeak	slp	caa	thall	output
63	1	3	145	233	1	0	150	0	2.3	0	0	1	1
37	1	2	130	250	0	1	187	0	3.5	0	0	2	1
41	0	1	130	204	0	0	172	0	1.4	2	0	2	1
56	1	1	120	236	0	1	178	0	0.8	2	0	2	1
57	0	0	120	354	0	1	163	1	0.6	2	0	2	1
57	1	0	140	192	0	1	148	0	0.4	1	0	1	1
56	0	1	140	294	0	0	153	0	1.3	1	0	2	1
44	1	1	120	263	0	1	173	0	0	2	0	3	1
52	1	2	172	199	1	1	162	0	0.5	2	0	3	1
57	1	2	150	168	0	1	174	0	1.6	2	0	2	1
54	1	0	140	239	0	1	160	0	1.2	2	0	2	1
48	0	2	130	275	0	1	139	0	0.2	2	0	2	1
49	1	1	130	266	0	1	171	0	0.6	2	0	2	1
64	1	3	110	211	0	0	144	1	1.8	1	0	2	1
58	0	3	150	283	1	0	162	0	1	2	0	2	1
50	0	2	120	219	0	1	158	0	1.6	1	0	2	1
58	0	2	120	340	0	1	172	0	0	2	0	2	1
66	0	3	150	226	0	1	114	0	2.6	0	0	2	1
43	1	0	150	247	0	1	171	0	1.5	2	0	2	1
69	0	3	140	239	0	1	151	0	1.8	2	2	2	1
59	1	0	135	234	0	1	161	0	0.5	1	0	3	1
44	1	2	130	233	0	1	179	1	0.4	2	0	2	1
42	1	0	140	226	0	1	178	0	0	2	0	2	1
61	1	2	150	243	1	1	137	1	1	1	0	2	1
40	1	3	140	199	0	1	178	1	1.4	2	0	3	1
71	0	1	160	302	0	1	162	0	0.4	2	2	2	1
59	1	2	150	212	1	1	157	0	1.6	2	0	2	1
51	1	2	110	175	0	1	123	0	0.6	2	0	2	1
65	0	2	140	417	1	0	157	0	0.8	2	1	2	1
53	1	2	130	197	1	0	152	0	1.2	0	0	2	1
41	0	1	105	198	0	1	168	0	0	2	1	2	1
65	1	0	120	177	0	1	140	0	0.4	2	0	3	1
44	1	1	130	219	0	0	188	0	0	2	0	2	1
54	1	2	125	273	0	0	152	0	0.5	0	1	2	1

步驟一、使用 Python 建立表格

```
In [20]: import psycopg2 as pg
         resourcefilenames = 'heart.csv'
         targettablename = 'heart_record_02'

         # 連接資料庫
         conn = pg.connect(
             dbname="TEST",
             user="postgres",
             password="666888",
             host="localhost",
             port="5432"
         )

         print("成功連接資料庫")
         cur = conn.cursor()

         # 創建資料表
         cur.execute("""
             CREATE TABLE heart_record_02 (
                 age INT,
                  sex INT,
                  cp INT,
                  trtbps INT,
                  chol INT,
                  fbs INT,
                  restecg INT,
                  thalachh INT,
                  exng INT,
                  oldpeak REAL,
                  slp INT,
                  caa INT,
                  thall INT,
                  output INT

             )
         """)
         print("資料表 heart_record_01 創建成功")

         # 提交變更
         conn.commit()

         # 關閉游標和資料庫連接
         cur.close()
         conn.close()

         成功連接資料庫
         資料表 heart_record_01 創建成功
```

pgAdmin 4
File Object Tools Help
Object Explorer
Dashboard Properties SQL Statistics Dependencies
Servers (2)
PostgreSQL 16
Databases
Login/Group Roles
Tablespaces
root2024
Databases (2)
TEST
Casts
Catalogs (2)
ANSI (information_schema)
PostgreSQL Catalog (pg_catalog)
Event Triggers
Extensions (1)
plpgsql
Foreign Data Wrappers
Languages
Publications
Schemas (1)
public
Aggregates
Collations
Domains
FTS Configurations
FTS Dictionaries
FTS Parsers
FTS Templates
Foreign Tables
Functions
Materialized Views
Operators
Procedures
Sequences
Tables (4)
company
company1
heart_record_01
heart_record_02
Trigger Functions
Types
Views
-- Table: public.heart_record_02
-- DROP TABLE IF EXISTS public.heart_record_02;
CREATE TABLE IF NOT EXISTS public.heart_record_02
(
age integer,
sex integer,
cp integer,
trtbps integer,
chol integer,
fbs integer,
restecg integer,
thalachh integer,
exng integer,
oldpeak real,
slp integer,
caa integer,
thall integer,
output integer
)
TABLESPACE pg_default;
ALTER TABLE IF EXISTS public.heart_record_02
OWNER to postgres;

步驟二、將 heart.csv 透過 Python 寫進去 PostgreSQL

```
In [30]: import pandas as pd
         import psycopg2 as pg

         # 讀取 CSV 檔案
         data = pd.read_csv('heart.csv')
         data1 = pd.DataFrame(data)
         # 連接資料庫
         conn = pg.connect(
             dbname="TEST",
             user="postgres",
             password="666888",
             host="localhost",
             port="5432"
         )

         print("成功連接資料庫")
         cur = conn.cursor()

         # 創建資料表
         cur.execute("""
             CREATE TABLE IF NOT EXISTS heart_record_02 (
                age INT,
                 sex INT,
                 cp INT,
                 trtbps INT,
                 chol INT,
                 fbs INT,
                 restecg INT,
                 thalachh INT,
                 exng INT,
                 oldpeak REAL,
                 slp INT,
                 caa INT,
                 thall INT,
                 output INT
             )
         """)
         print("資料表 heart_record_02 創建成功")

         # 提交變更
         conn.commit()

         # 將數據插入資料庫
         for index, row in data.iterrows():
             cur.execute("""
                 INSERT INTO heart_record_02
                 (age, sex, cp, trtbps, chol, fbs, restecg, thalachh, exng, oldpeak, slp,
                 VALUES (%s, %s, %s, %s, %s, %s, %s, %s, %s, %s, %s, %s, %s, %s)
             """, tuple(row))

         # 提交變更
         conn.commit()

         # 關閉游標和資料庫連接
         cur.close()
         conn.close()

         print('資料成功插入到資料庫中')

         成功連接資料庫
         資料表 heart_record_02 創建成功
         資料成功插入到資料庫中
```

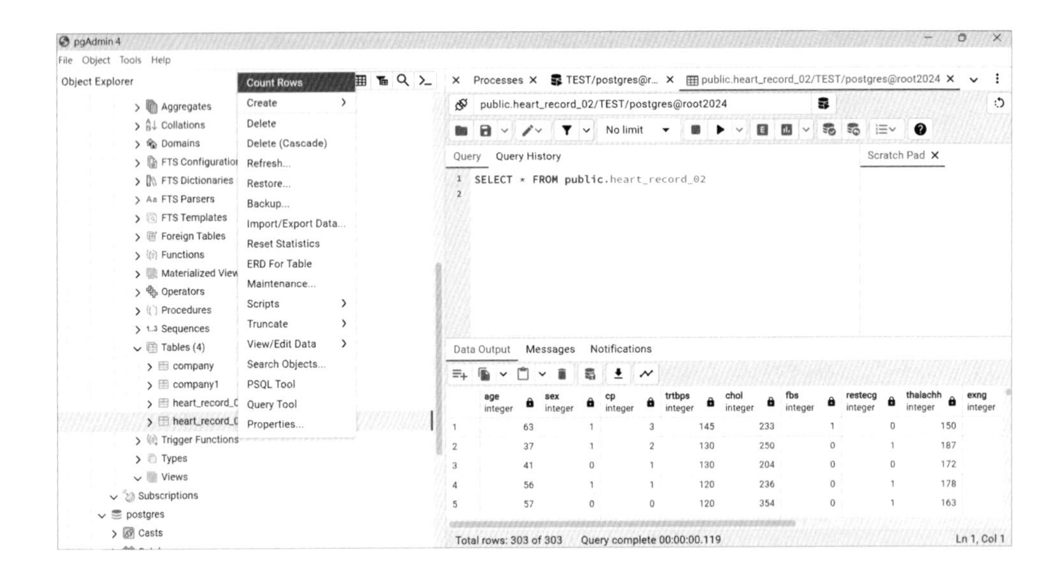

步驟三、匯出表單：

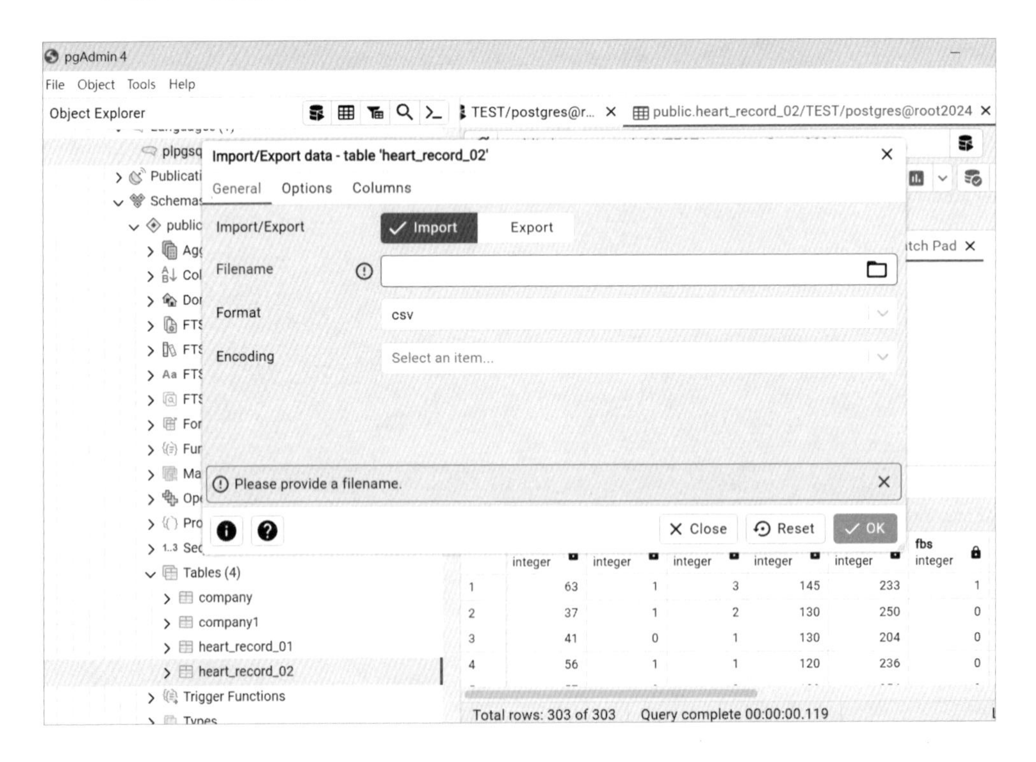

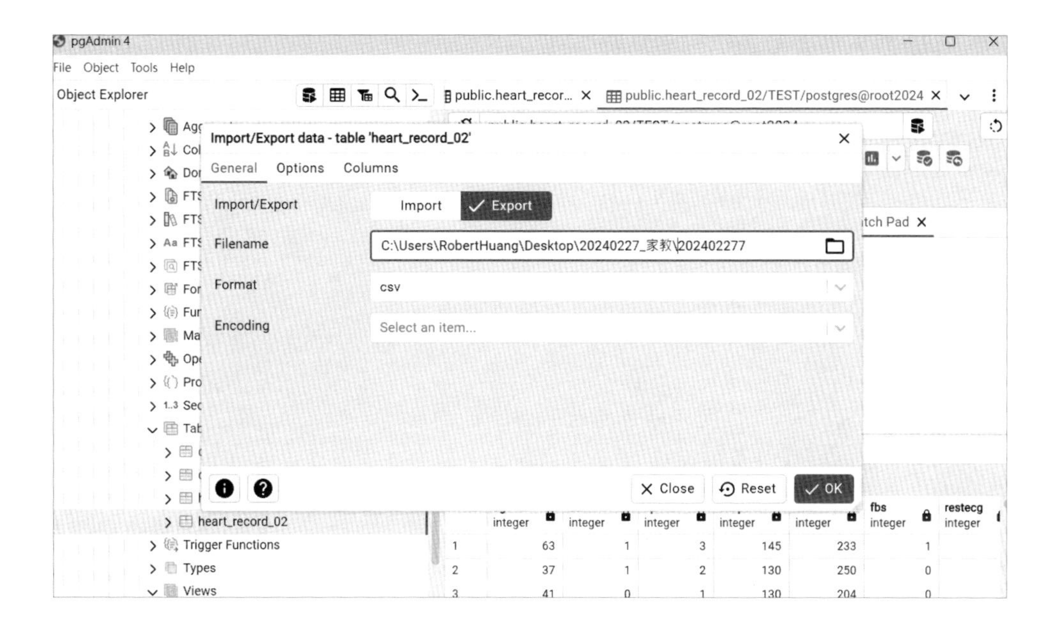
pgAdmin 4
File Object Tools Help
Object Explorer
public.heart_recor...
public.heart_record_02/TEST/postgres@root2024
Import/Export data - table 'heart_record_02'
General Options Columns
Import/Export
Import
Export
Filename
C:\Users\RobertHuang\Desktop\20240227_家教\202402277
Format
csv
Encoding
Select an item...
Close
Reset
OK
heart_record_02
Trigger Functions
Types
Views
fbs
restecg
integer

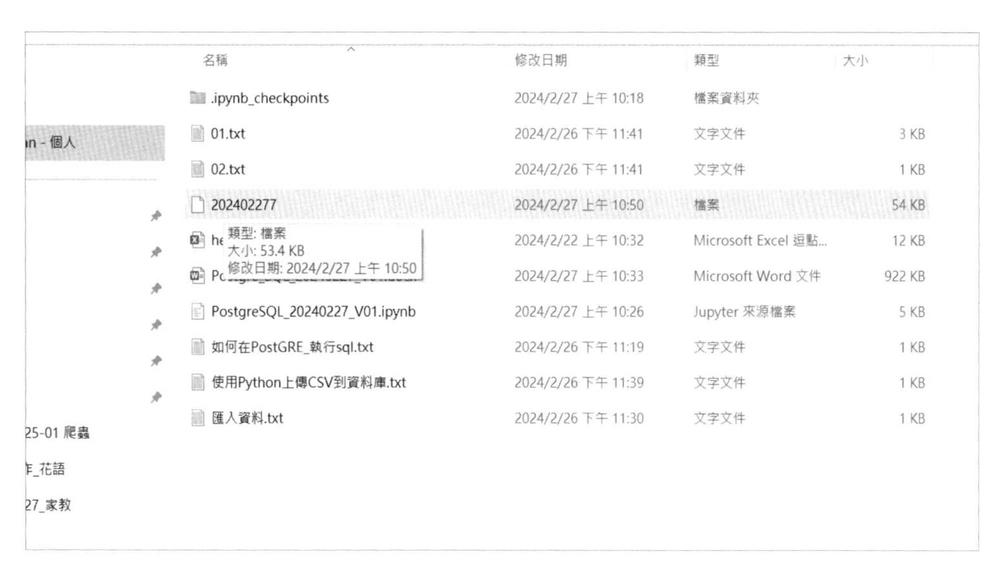
名稱
修改日期
類型
大小
.ipynb_checkpoints
2024/2/27 上午 10:18
檔案資料夾
01.txt
2024/2/26 下午 11:41
文字文件
3 KB
02.txt
2024/2/26 下午 11:41
文字文件
1 KB
202402277
2024/2/27 上午 10:50
檔案
54 KB
類型: 檔案
大小: 53.4 KB
修改日期: 2024/2/27 上午 10:50
2024/2/22 上午 10:32
Microsoft Excel 逗點...
12 KB
2024/2/27 上午 10:33
Microsoft Word 文件
922 KB
PostgreSQL_20240227_V01.ipynb
2024/2/27 上午 10:26
Jupyter 來源檔案
5 KB
如何在PostGRE_執行sql.txt
2024/2/26 下午 11:19
文字文件
1 KB
使用Python上傳CSV到資料庫.txt
2024/2/26 下午 11:39
文字文件
1 KB
匯入資料.txt
2024/2/26 下午 11:30
文字文件
1 KB

步驟四、從資料庫抓下來繪製 seaborn 圖表

```
In [38]: import pandas as pd
         import psycopg2 as pg
         import seaborn as sns
         import matplotlib.pyplot as plt

         # 連接資料庫
         conn = pg.connect(
             dbname="TEST",
             user="postgres",
             password="666888",
             host="localhost",
             port="5432"
         )

         # 讀取資料
         cur = conn.cursor()
         cur.execute("SELECT * FROM heart_record_02")
         data = cur.fetchall()
         cur.close()
         conn.close()

         # 將資料轉換為 DataFrame
         columns = ['age', 'sex', 'cp', 'trtbps', 'chol', 'fbs', 'restecg', 'thalachh', '
         df = pd.DataFrame(data, columns=columns)

         # 使用 Seaborn 繪製每個特徵的直方圖
         plt.figure(figsize=(15, 10))
         for i, col in enumerate(columns):
             plt.subplot(3, 5, i+1)
             sns.histplot(df[col], bins=10, kde=True)
             plt.xlabel(col)
             plt.ylabel('Frequency')
         plt.tight_layout()
         plt.show()
```

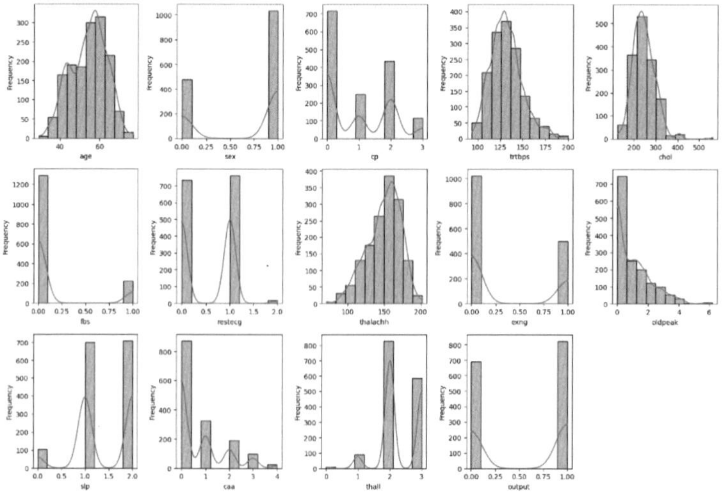

步驟五、使用 chatGPT 將圖表進行精緻與優

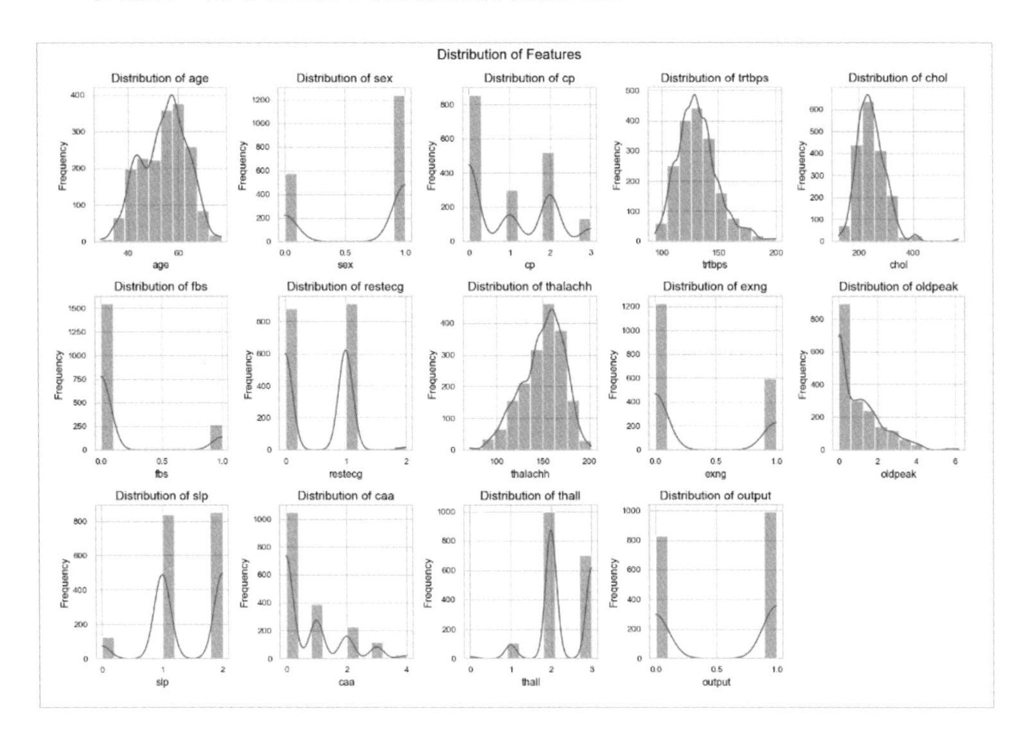

19.4 Flask 框架呈現

Flask 是一款基於 Python 的輕量級 Web 應用程式框架，它提供了簡單而靈活的方式來建立 Web 應用程式和 RESTful API。以下是一個簡單的 Flask 應用程式的範例，展示了如何使用 Flask 框架來建立一個基本的 Web 應用程式：

本書使用奇美醫院病床數資料集做說明：

A	B	C	D	E	F
	病床類別	總床數	佔床數	空床數	佔床率
0	日間照護床	50	48	2	96.00%
1	精神科病床	40	36	4	90.00%
2	急性一般病床	108	107	1	99.10%
3	急性一般病床	324	321	3	99.10%
4	急性一般病床	435	432	3	99.30%
5	急性加護病床	109	101	8	92.70%
6	嬰兒床	20	8	12	40.00%
7	嬰兒病床	28	15	13	53.60%
8	安寧病床(健保	14	12	2	85.70%
9	安寧病床(單人	1	1	0	100.00%
10	亞急性呼吸照	16	14	2	87.50%
11	燒傷加護病床	8	3	5	37.50%
12	負壓隔離病床	2	1	1	50.00%
13	骨髓移植病床	2	2	0	100.00%

步驟一、抓取資料並建立成 DB：

練習建立病患資料庫

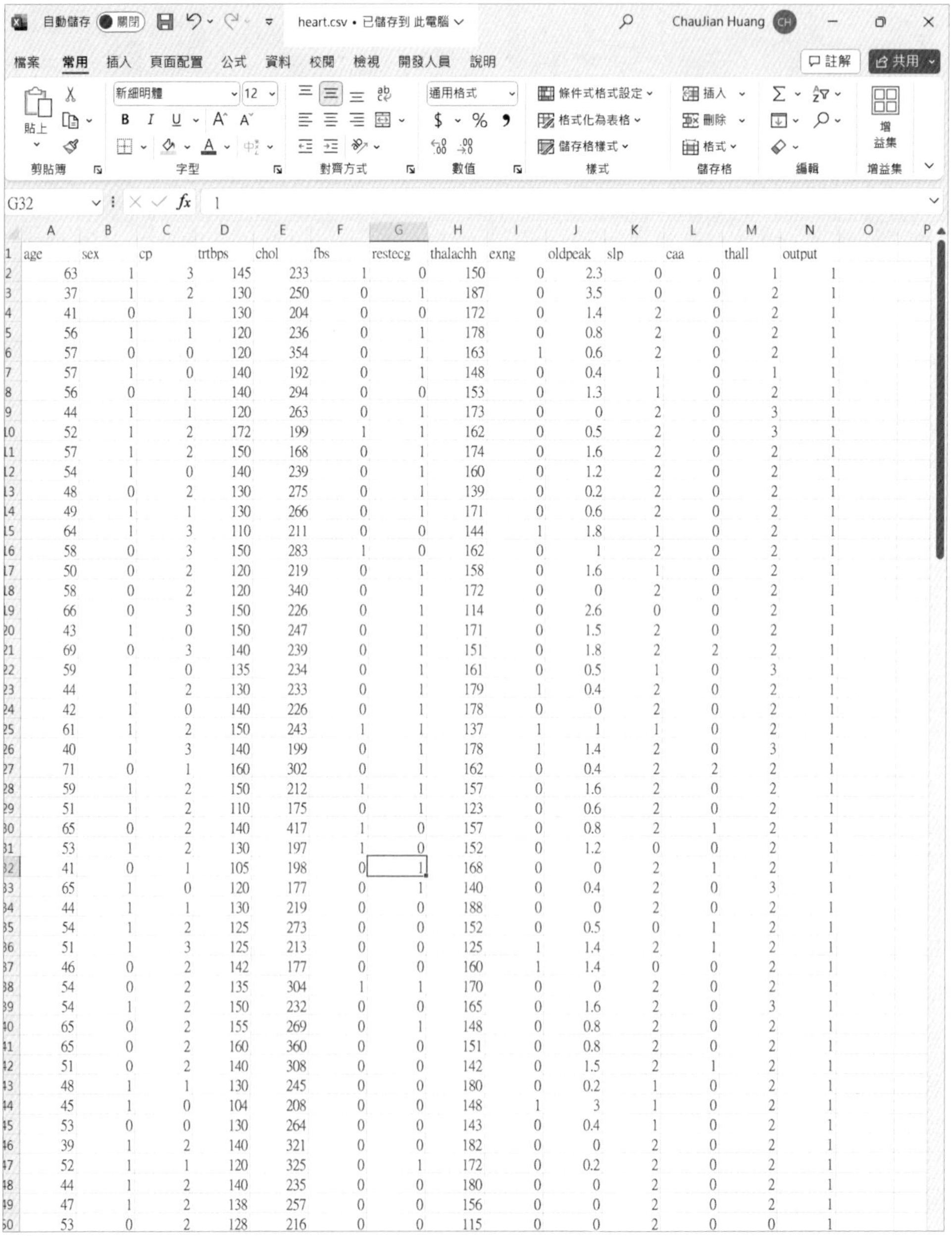

age	sex	cp	trtbps	chol	fbs	restecg	thalachh	exng	oldpeak	slp	caa	thall	output
63	1	3	145	233	1	0	150	0	2.3	0	0	1	1
37	1	2	130	250	0	1	187	0	3.5	0	0	2	1
41	0	1	130	204	0	0	172	0	1.4	2	0	2	1
56	1	1	120	236	0	1	178	0	0.8	2	0	2	1
57	0	0	120	354	0	1	163	1	0.6	2	0	2	1
57	1	0	140	192	0	1	148	0	0.4	1	0	1	1
56	0	1	140	294	0	0	153	0	1.3	1	0	2	1
44	1	1	120	263	0	1	173	0	0	2	0	3	1
52	1	2	172	199	1	1	162	0	0.5	2	0	3	1
57	1	2	150	168	0	1	174	0	1.6	2	0	2	1
54	1	0	140	239	0	1	160	0	1.2	2	0	2	1
48	0	2	130	275	0	1	139	0	0.2	2	0	2	1
49	1	1	130	266	0	1	171	0	0.6	2	0	2	1
64	1	3	110	211	0	0	144	1	1.8	1	0	2	1
58	0	3	150	283	1	0	162	0	1	2	0	2	1
50	0	2	120	219	0	1	158	0	1.6	1	0	2	1
58	0	2	120	340	0	1	172	0	0	2	0	2	1
66	0	3	150	226	0	1	114	0	2.6	0	0	2	1
43	1	0	150	247	0	1	171	0	1.5	2	0	2	1
69	0	3	140	239	0	1	151	0	1.8	2	2	2	1
59	1	0	135	234	0	1	161	0	0.5	1	0	3	1
44	1	2	130	233	0	1	179	1	0.4	2	0	2	1
42	1	0	140	226	0	1	178	0	0	2	0	2	1
61	1	2	150	243	1	1	137	1	1	1	0	2	1
40	1	3	140	199	0	1	178	1	1.4	2	0	3	1
71	0	1	160	302	0	1	162	0	0.4	2	2	2	1
59	1	2	150	212	1	1	157	0	1.6	2	0	2	1
51	1	2	110	175	0	1	123	0	0.6	2	0	2	1
65	0	2	140	417	1	0	157	0	0.8	2	1	2	1
53	1	2	130	197	1	0	152	0	1.2	0	0	2	1
41	0	1	105	198	0	1	168	0	0	2	1	2	1
65	1	0	120	177	0	1	140	0	0.4	2	0	3	1
44	1	1	130	219	0	0	188	0	0	2	0	2	1
54	1	2	125	273	0	0	152	0	0.5	0	1	2	1
51	1	3	125	213	0	0	125	1	1.4	2	1	2	1
46	0	2	142	177	0	0	160	1	1.4	0	0	2	1
54	0	2	135	304	1	1	170	0	0	2	0	2	1
54	1	2	150	232	0	0	165	0	1.6	2	0	3	1
65	0	2	155	269	0	1	148	0	0.8	2	0	2	1
65	0	2	160	360	0	0	151	0	0.8	2	0	2	1
51	0	2	140	308	0	0	142	0	1.5	2	1	2	1
48	1	1	130	245	0	0	180	0	0.2	1	0	2	1
45	1	0	104	208	0	0	148	1	3	1	0	2	1
53	0	0	130	264	0	0	143	0	0.4	1	0	2	1
39	1	2	140	321	0	0	182	0	0	2	0	2	1
52	1	1	120	325	0	1	172	0	0.2	2	0	2	1
44	1	2	140	235	0	0	180	0	0	2	0	2	1
47	1	2	138	257	0	0	156	0	0	2	0	2	1
53	0	2	128	216	0	0	115	0	0	2	0	0	1

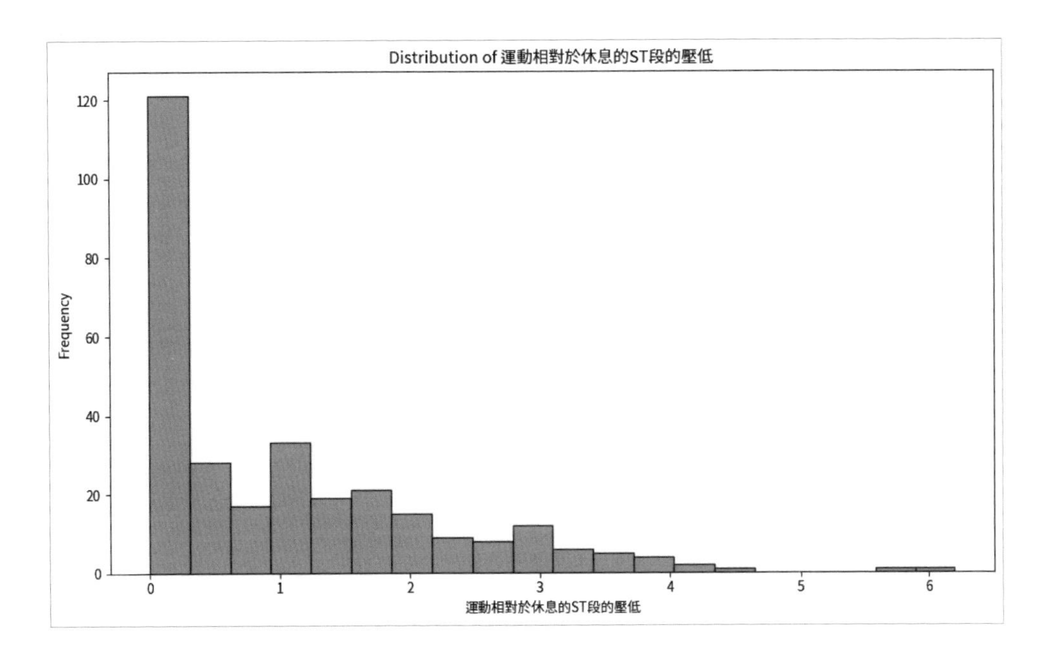

Distribution of 運動相對於休息的ST段的壓低
Frequency
120
100
80
60
40
20
0
0
1
2
3
4
5
6
運動相對於休息的ST段的壓低

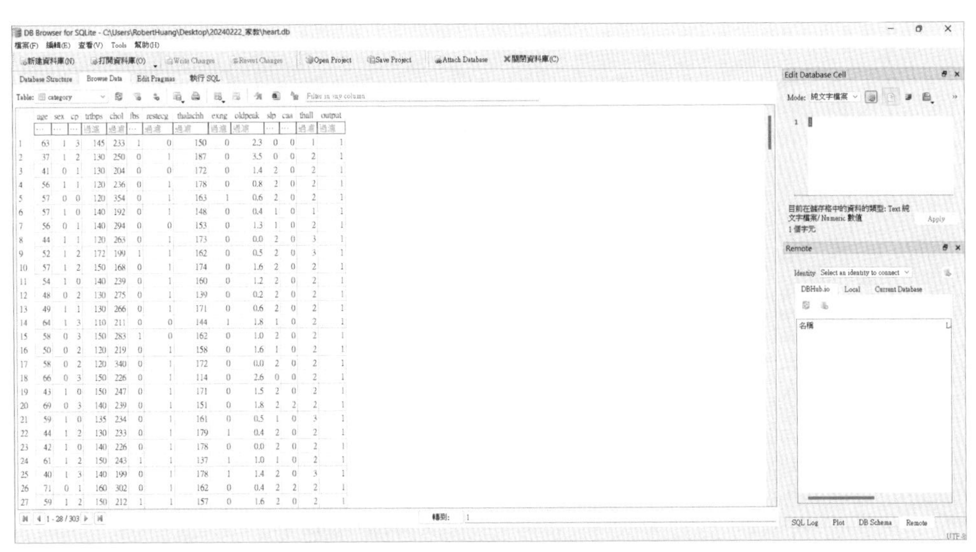

DB Browser for SQLite - C:\Users\RobertHuang\Desktop\20240222_家敏\heart.db
Database Structure
Browse Data
Edit Pragmas
執行 SQL
Edit Database Cell
Remote
age sex cp trtbps chol fbs restecg thalachh exng oldpeak slp caa thall output
SQL Log
Plot
DB Schema
Remote

步驟二、語法的操作練習

```
[27]: import sqlite3

      # 連接到資料庫
      conn = sqlite3.connect("heart.db")

      # 使用ALTER TABLE語句新增欄位
      alter_sql = "ALTER TABLE category ADD COLUMN Description TEXT;"
      conn.execute(alter_sql)

      # 提交變更
      conn.commit()

      # 關閉資料庫連線
      conn.close()

n [ ]:
```

Database Structure | Browse Data | Edit Pragmas | 執行 SQL

Table: category   Filter in any column

	age	sex	cp	trtbps	chol	fbs	restecg	thalachh	exng	oldpeak	slp	caa	thall	output	Description
	…	…	…	過濾	過濾	…	過濾	過濾	過濾	過濾	…	…	過濾	過濾	過濾
1	63	1	3	145	233	1	0	150	0	2.3	0	0	1	1	NULL
2	37	1	2	130	250	0	1	187	0	3.5	0	0	2	1	NULL
3	41	0	1	130	204	0	0	172	0	1.4	2	0	2	1	NULL
4	56	1	1	120	236	0	1	178	0	0.8	2	0	2	1	NULL
5	57	0	0	120	354	0	1	163	1	0.6	2	0	2	1	NULL
6	57	1	0	140	192	0	1	148	0	0.4	1	0	1	1	NULL
7	56	0	1	140	294	0	0	153	0	1.3	1	0	2	1	NULL
8	44	1	1	120	263	0	1	173	0	0.0	2	0	3	1	NULL
9	52	1	2	172	199	1	1	162	0	0.5	2	0	3	1	NULL
10	57	1	2	150	168	0	1	174	0	1.6	2	0	2	1	NULL
11	54	1	0	140	239	0	1	160	0	1.2	2	0	2	1	NULL
12	48	0	2	130	275	0	1	139	0	0.2	2	0	2	1	NULL
13	49	1	1	130	266	0	1	171	0	0.6	2	0	2	1	NULL
14	64	1	3	110	211	0	0	144	1	1.8	1	0	2	1	NULL
15	58	0	3	150	283	1	0	162	0	1.0	2	0	2	1	NULL
16	50	0	2	120	219	0	1	158	0	1.6	1	0	2	1	NULL
17	58	0	2	120	340	0	1	172	0	0.0	2	0	2	1	NULL
18	66	0	3	150	226	0	1	114	0	2.6	0	0	2	1	NULL
19	43	1	0	150	247	0	1	171	0	1.5	2	0	2	1	NULL
20	69	0	3	140	239	0	1	151	0	1.8	2	2	2	1	NULL
21	59	1	0	135	234	0	1	161	0	0.5	1	0	3	1	NULL

- 步驟三、挑出 oldpeak 大於 1.5 以上的值並抓取，填到一個新欄位 "new_oldpeak"

```
In [29]: import sqlite3

         # 連接到資料庫
         conn = sqlite3.connect("heart.db")

         # 使用ALTER TABLE語句新增欄位
         alter_sql = "ALTER TABLE category ADD COLUMN new_oldpeak TEXT;"
         conn.execute(alter_sql)

         # 提交變更
         conn.commit()

         # 關閉資料庫連線
         conn.close()

In [30]: import sqlite3

         # 連接到資料庫
         conn = sqlite3.connect("heart.db")

         # 使用UPDATE語句將符合條件的數據填充到新欄位中
         update_sql = """
                     UPDATE category
                     SET new_oldpeak = oldpeak
                     WHERE oldpeak > 1.5;
                     """
         conn.execute(update_sql)

         # 提交變更
         conn.commit()

         # 關閉資料庫連線
         conn.close()

In [ ]:
```

- 實作結果可用 DB_Browsewr 觀看：

Database Structure | Browse Data | Edit Pragmas | 執行 SQL

Table: category | Filter in any column

	age	sex	cp	trtbps	chol	fbs	restecg	thalachh	exng	oldpeak	slp	caa	thall	output	Description	new_oldpeak
	...	...	...	過濾	過濾	...	過濾	過濾	過濾	過濾	...	...	過濾	過濾	過濾	過濾
7	56	0	1	140	294	0	0	153	0	1.3	1	0	2	1	NULL	NULL
8	44	1	1	120	263	0	1	173	0	0.0	2	0	3	1	NULL	NULL
9	52	1	2	172	199	1	1	162	0	0.5	2	0	3	1	NULL	NULL
10	57	1	2	150	168	0	1	174	0	1.6	2	0	2	1	NULL	1.6
11	54	1	0	140	239	0	1	160	0	1.2	2	0	2	1	NULL	NULL
12	48	0	2	130	275	0	1	139	0	0.2	2	0	2	1	NULL	NULL
13	49	1	1	130	266	0	1	171	0	0.6	2	0	2	1	NULL	NULL
14	64	1	3	110	211	0	0	144	1	1.8	1	0	2	1	NULL	1.8
15	58	0	3	150	283	1	0	162	0	1.0	2	0	2	1	NULL	NULL
16	50	0	2	120	219	0	1	158	0	1.6	1	0	2	1	NULL	1.6
17	58	0	2	120	340	0	1	172	0	0.0	2	0	2	1	NULL	NULL
18	66	0	3	150	226	0	1	114	0	2.6	0	0	2	1	NULL	2.6
19	43	1	0	150	247	0	1	171	0	1.5	2	0	2	1	NULL	NULL
20	69	0	3	140	239	0	1	151	0	1.8	2	2	2	1	NULL	1.8
21	59	1	0	135	234	0	1	161	0	0.5	1	0	3	1	NULL	NULL
22	44	1	2	130	233	0	1	179	1	0.4	2	0	2	1	NULL	NULL
23	42	1	0	140	226	0	1	178	0	0.0	2	0	2	1	NULL	NULL
24	61	1	2	150	243	1	1	137	1	1.0	1	0	2	1	NULL	NULL
25	40	1	3	140	199	0	1	178	1	1.4	2	0	3	1	NULL	NULL

```
[31]: import sqlite3

      # 連接到資料庫
      conn = sqlite3.connect("heart.db")

      # 使用ALTER TABLE語句刪除欄位
      alter_sql = "ALTER TABLE category DROP COLUMN Description;"
      conn.execute(alter_sql)

      # 提交變更
      conn.commit()

      # 關閉資料庫連線
      conn.close()

n [ ]:
```

- 實作結果如下：

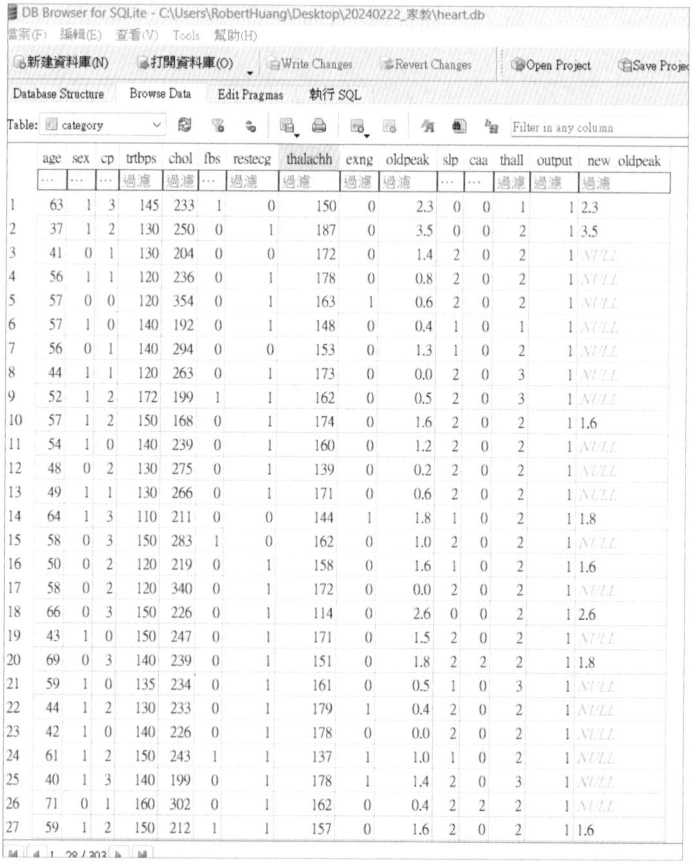

DB Browser for SQLite - C:\Users\RobertHuang\Desktop\20240222_家教\heart.db

檔案(F) 編輯(E) 查看(V) Tools 幫助(H)

新建資料庫(N) 打開資料庫(O) Write Changes Revert Changes Open Project Save Projec

Database Structure | Browse Data | Edit Pragmas | 執行 SQL

Table: category Filter in any column

	age	sex	cp	trtbps	chol	fbs	restecg	thalachh	exng	oldpeak	slp	caa	thall	output	new_oldpeak
	...	...	...	過濾	過濾	...	過濾	過濾	過濾	過濾	...	...	過濾	過濾	過濾
1	63	1	3	145	233	1	0	150	0	2.3	0	0	1	1	2.3
2	37	1	2	130	250	0	1	187	0	3.5	0	0	2	1	3.5
3	41	0	1	130	204	0	0	172	0	1.4	2	0	2	1	NULL
4	56	1	1	120	236	0	1	178	0	0.8	2	0	2	1	NULL
5	57	0	0	120	354	0	1	163	1	0.6	2	0	2	1	NULL
6	57	1	0	140	192	0	1	148	0	0.4	1	0	1	1	NULL
7	56	0	1	140	294	0	0	153	0	1.3	1	0	2	1	NULL
8	44	1	1	120	263	0	1	173	0	0.0	2	0	3	1	NULL
9	52	1	2	172	199	1	1	162	0	0.5	2	0	3	1	NULL
10	57	1	2	150	168	0	1	174	0	1.6	2	0	2	1	1.6
11	54	1	0	140	239	0	1	160	0	1.2	2	0	2	1	NULL
12	48	0	2	130	275	0	1	139	0	0.2	2	0	2	1	NULL
13	49	1	1	130	266	0	1	171	0	0.6	2	0	2	1	NULL
14	64	1	3	110	211	0	0	144	1	1.8	1	0	2	1	1.8
15	58	0	3	150	283	1	0	162	0	1.0	2	0	2	1	NULL
16	50	0	2	120	219	0	1	158	0	1.6	1	0	2	1	1.6
17	58	0	2	120	340	0	1	172	0	0.0	2	0	2	1	NULL
18	66	0	3	150	226	0	1	114	0	2.6	0	0	2	1	2.6
19	43	1	0	150	247	0	1	171	0	1.5	2	0	2	1	NULL
20	69	0	3	140	239	0	1	151	0	1.8	2	2	2	1	1.8
21	59	1	0	135	234	0	1	161	0	0.5	1	0	3	1	NULL
22	44	1	2	130	233	0	1	179	1	0.4	2	0	2	1	NULL
23	42	1	0	140	226	0	1	178	0	0.0	2	0	2	1	NULL
24	61	1	2	150	243	1	1	137	1	1.0	1	0	2	1	NULL
25	40	1	3	140	199	0	1	178	1	1.4	2	0	3	1	NULL
26	71	0	1	160	302	0	1	162	0	0.4	2	2	2	1	NULL
27	59	1	2	150	212	1	1	157	0	1.6	2	0	2	1	1.6

1 - 28 / 303

步驟四、建立 Flask 網頁呈現

```
In [4]: !pip install watchdog

        Requirement already satisfied: watchdog in c:\users\roberthuang\anaconda3\lib\s
        ite-packages (2.1.6)

In [*]: from flask import Flask, render_template
        import sqlite3
        import matplotlib.pyplot as plt
        from io import BytesIO
        import base64

        if __name__ == '__main__':
            app.run(debug=True, use_reloader=False)

        @app.route('/')
        def index():
            # 連接到資料庫
            conn = sqlite3.connect("heart.db")

            # 從資料庫中讀取資料
            results = conn.execute("SELECT * FROM category")
            rows = results.fetchall()

            # 將每個特徵的索引與其名稱對應起來
            features = ["年齡", "性別", "胸痛類型", "靜息血壓", "膽固醇含量", "空腹血糖", "靜
                        "達到的最大心率", "運動誘發心絞痛", "運動相對於休息的ST段的壓低", "ST
                        "主要血管數量", "thalassemia", "目標變量"]

            # 存儲圖片的Base64編碼
            images = []

            # 繪製每個特徵的長條圖
            for i, feature in enumerate(features):
                plt.figure(figsize=(10, 6))
                ax = plt.gca()

                # 確定是否為分類特徵
                if feature in ["性別", "胸痛類型", "空腹血糖", "靜息心電圖結果", "運動誘發心
                    # 計算每個分類的頻率
                    feature_values = [row[i] for row in rows]
                    unique_values, counts = zip(*sorted((val, feature_values.count(val))

                    # 繪製長條圖
                    ax.bar(unique_values, counts, align='center', alpha=0.7)
                    ax.set_xlabel(feature)
                    ax.set_ylabel('Frequency')
                    ax.set_title(f'Distribution of {feature}')
                    ax.set_xticks(unique_values)

                else:  # 對於數值特徵，繪製直方圖
                    feature_values = [row[i] for row in rows]
                    ax.hist(feature_values, bins=20, edgecolor='black', alpha=0.7)
                    ax.set_xlabel(feature)
                    ax.set_ylabel('Frequency')
                    ax.set_title(f'Distribution of {feature}')

                # 將圖片轉換為Base64編碼
                buffer = BytesIO()
                plt.savefig(buffer, format='png')
                buffer.seek(0)
                image_base64 = base64.b64encode(buffer.read()).decode('utf-8')
                images.append(image_base64)
                plt.close()  # 關閉當前的圖形

            # 關閉資料庫連線
            conn.close()

            return render_template('index.html', images=images)

        if __name__ == '__main__':
            app.run(debug=True)
```

- 常見的 bug，就是 APP 沒有定義

```
---------------------------------------------------------------------------
NameError                                 Traceback (most recent call last)
Cell In[16], line 8
      5 import base64
      7 if __name__ == '__main__':
----> 8     app.run(debug=True, use_reloader=False)
     10 @app.route('/')
     11 def index():
     12     # 連接到資料庫
     13     conn = sqlite3.connect("heart01.db")

NameError: name 'app' is not defined
```

```
from flask import Flask, render_template
import sqlite3
import matplotlib.pyplot as plt
from io import BytesIO
import base64

app = Flask(__name__)
```

步驟五、實作結果如下，讀者也可以使用其他的資料集做練習！

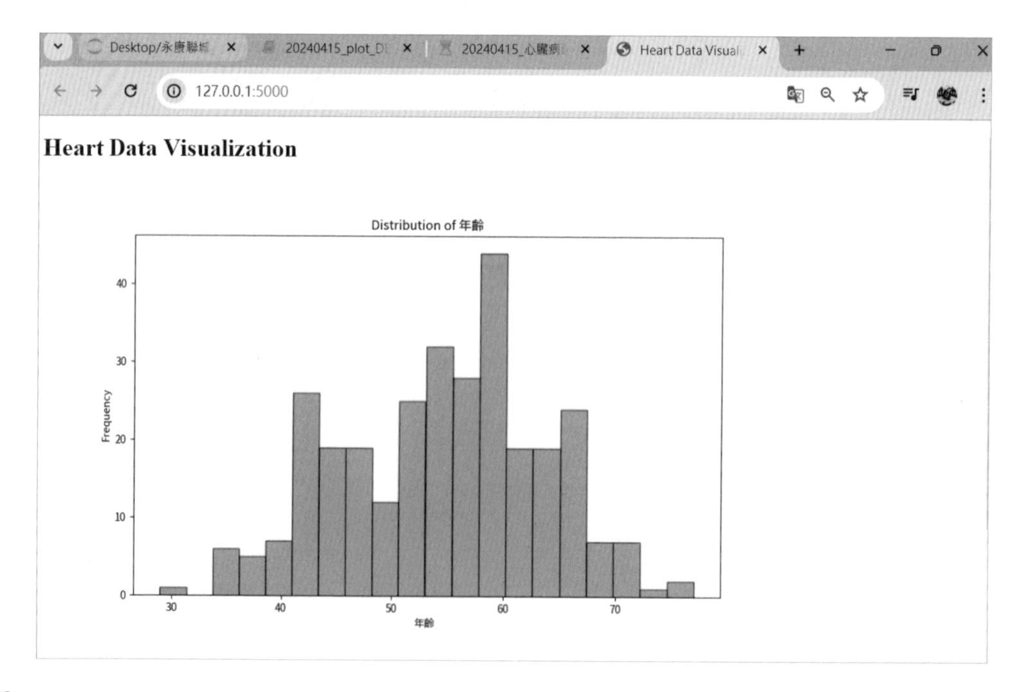

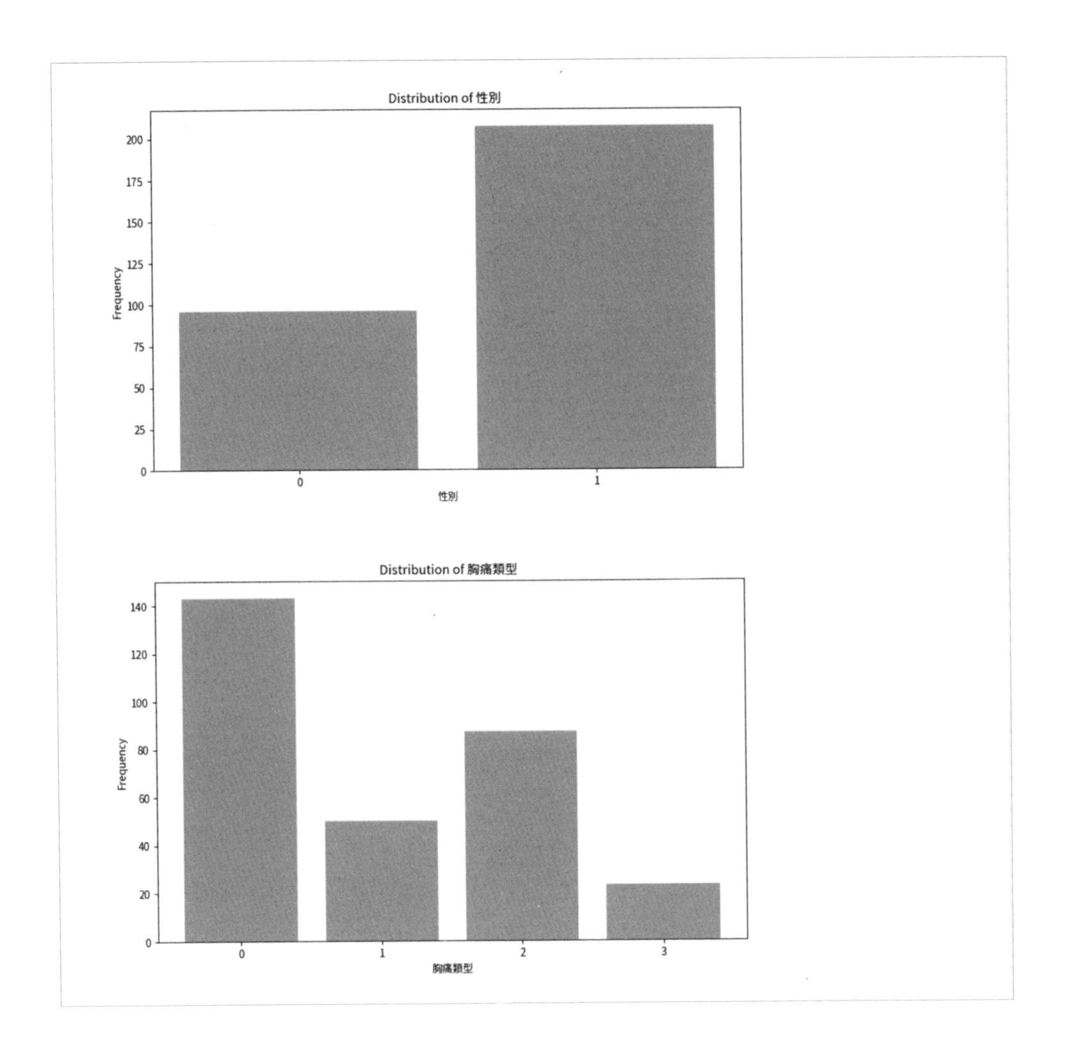
Distribution of 性別
200
175
150
125
100
75
50
25
0
Frequency
0
1
性別
Distribution of 胸痛類型
140
120
100
80
60
40
20
0
Frequency
0
1
2
3
胸痛類型

第 20 章

行銷證照考取與題型解析

20.1 Google Analytics 4 證照考取題目解析

Google Analytics 4（GA4）證照介紹說明；Google 將其網站流量分析工具從舊版「通用分析」升級為「Google Analytics 4」（簡稱 GA4）。已預告自 2023 年 7 月 1 日起，舊版 GA 將停止處理新數據，並於 2024 年 7 月 1 日關閉存取介面，使使用者無法使用任何舊版 GA 的功能。因此，Google 針對 GA4 推出了新的課程，讓使用者可以學習新的 GA4 操作。然而，考試規則和證書格式與舊版的「通用分析」不同，因此確認您參加的課程和考試是否是針對新版 GA4 非常重要。

本書提供仿真的考題給讀者，希望讀者閱讀完可以順利通過認證考試：

1. 考證照 GA4(英文命題)

https：//www.alltradelead.com/2022google-analytics-4-license-50p.html

2.GA4 線上考試路徑：

https：//skillshop.exceedlms.com/student/path/508845-google-analytics-certification

3. 中文命題：

https：//skillshop.exceedlms.com//student/path/525066-google-analytics

截圖引用 GA4 DEMO 示範帳戶：

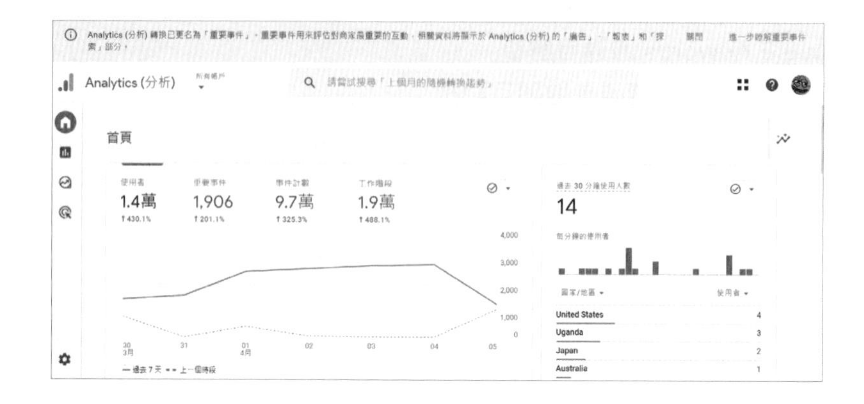

仿真題目如下：

1. how do google analytics 4 properties differ from universal analytics properties?

google analytics 4 properties use"sessions「as the foundation for data collection and reporting, while universal analytics uses"dimensions」 as the foundation for data collection and reporting.

google analytics 4 properties use"dimensions「 as the foundation for data collection and reporting, while universal analytics uses"events」 as the foundation for data collection and reporting.

google analytics 4 properties use"sessions「 as the foundation for data collection and reporting, while universal analytics uses"events」 as the foundation for data collection and reporting.

*google analytics 4 properties use"events「 as the foundation for data collection and reporting, while universal analytics uses"sessions」 as the foundation for data collection and reporting.

2. you want to see the steps your users take toward a key conversion.

which exploration technique lets you visualize the steps users take toward a key task or conversion and see how well they are succeeding or failing at each step?

*funnel exploration

cohort explorations

free form

segment overlap

3. **you are the managing editor of a blog that features several contributing writers.**

   what could you use to report the writer's name on each article page?

   *custom dimension

   custom user parameter

   custom table

   custom metric

4. **the data you collect on your point-of-sale system could complement data that your website and app sends to google analytics.**

   which feature allows for the collection and sending of events directly to google analytics servers?

   modify event

   *measurement protocol

   data import

   http request

5. **some of the events on your website are especially valuable to you— things like purchases or newsletter sign-ups.**

   if you wanted to mark these events as important and assign a value to them, what mark should you assign to them in your google analytics 4 property?

   *conversion events

   custom events

   recommended events

   goals

6. which of these tasks can be done using audience triggers?

*create new events based on an audience rule being satisfied

create new audiences based on specific events that are triggered

create new events based on existing event parameters

create new audiences based on predictive metrics

7. which of these google analytics features relies on machine learning to measure conversions that you can't directly observe?

conversion paths

conversion window

conversion events

*conversion modeling

8. your business has a website and an app for both ios and android. if you want to analyze events and users together across these three, what would your account setup look like?

one property with a web data stream for your website and one property with an app data stream for your app

one property with a web data stream for your website and one property with two app data streams, one for ios and the other for android

one property with one web data stream for your website and one app data stream for your app

*one property with one web data stream for your website and two app data streams, one for ios and the other for android

9. which section would you open in your google analytics property in order to find advanced techniques that can help you uncover deeper insights about your customers' engagement?

advertising

reports

*explore

configure

10.you have a mobile app and want to collect and send data from the app to your google analytics 4 property. which of these should you use?

website tag

google marketing platform

google ads

*firebase sdk

11.you create a report to show the types of devices users have been coming from over the past 30 days— whether they were on computers or mobile phones, for example.

in this report, which of these is a"metric" in google analytics?

the date range setting for the last 30 days

where users came from before reaching your site

*how many users were on mobile phones

the device types, desktops and mobile phones

12.you manage a company that installs swimming pools. you post a new how-to-video on your website about proper pool maintenance. google analytics has a lot of data about user interactions with this video.

which of these choices is a"user property" collected by google analytics?

how many users opened the page containing the video on your site

name of the video users can watch on your site

how many users watched the video on your site

*the language preference of users watching the video on your site

13.how does google analytics measure and report distinct user interactions when a google analytics 4 property exists on a mobile app and website?

as views

as sessions

*as events

as hits

14.to get insights into the organic search queries that are leading users to your website, you can connect analytics with which platform?

*search console

google ads

google optimize

search ads 360

15.which of these platforms can be connected to analytics so that you can test variants of your web pages with specifically tailored audiences?

*google optimize

firebase

search console

modify event

16.how many days does it take for a property to be permanently deleted once you have deleted it from your google analytics account?

14

*35

60

7

17. you've started a new google ads account and would like to link it to your google analytics property so that you can see detailed marketing campaign data.

where in your google analytics 4 property can you manage product links like this one with google ads?

advertising

*admin

configure

explore

18. to understand how many users are coming from various devices, like desktops or mobile phones, you run a report that shows this data, per device, over the past 30 days.

in this report, what is device type?

a metric

*a dimension

an event

a user

19. one of these attribution models distributes the credit for a conversion equally across all the channels a customer clicked or engaged with before converting. which is it?

time decay

position-based

data-driven

*linear

20. your business has a website and an app, and you would like to analyze user journeys across these two platforms, as well as see how new users are arriving at your website and your app.

which of these should you use for these insights?

universal analytics properties

google optimize

*google analytics 4 properties

google marketing platform

21. if you were using last-click attribution and wanted to see how channels and campaigns would be valued under first-click attribution, which report would you look at to find this insight?

segment overlap

*model comparison

funnel exploration

conversion paths

22. in which of these scenarios would the engagement overview report be useful if you're using google analytics for your website?

you'd like insight into your users' interests they've express through their online browsing and purchase activities.

*you're interested in seeing which pages on your site are getting the most traffic.

you're interested in seeing where users are coming from before landing on your website.

you're interested in monitoring user activity as it is happening on your site.

23. you want to start collecting and reporting insights in google analytics for your website.

what do you need to implement in order to start collecting and sending this data to google analytics?

firebase sdk

*analytics tag

google ads

analytics sdk

24.what can you find in the realtime report?

*events that took place within the last 30 minutes

events that took place within the last 60 minutes

events that took place within the last 8 hours

events that took place within the last 12 hours

25.you want to create new audiences for your ecommerce site by segmenting users according to parameters that make sense for your business, like those who've made a purchase.

which of these approaches would provide you with a predictive audience?

you create an audience of users who added items to their purchase wishlist

you create an audience of users who made a purchase in the last 30 days

*you create an audience of users who are likely to purchase in the next seven days

you create an audience of users who started checking out but didn't complete the purchase

26.which analytics 360 feature allows you to filter data and create a new data set needed for a specific audience or use case?

organizations

roll-up properties

data streams

*subproperties

27.this analytics feature allows you to connect individual customers' behavior across various interactions on different platforms and devices by letting you associate your own identifiers with your individual customers.

device-id

predictive audiences

*user-id

audience triggers

28.whenever a website visitor views any page on your site, they trigger the page_view event.

what if you wanted to define a new event to trigger when visitors land on a particular page(e.g., the homepage)? once you've navigated to events in the google analytics interface, which option would you choose to make this happen?

modify event

*create event

mark event as conversion

import event

29.your goal is to export your google analytics data to bigquery so that you can run queries and combine some of your offline data with analytics data.

which analytics properties can export data to bigquery?

only analytics 360 properties in ga4 or universal analytics

*standard or analytics 360 properties using ga4

standard or analytics 360 properties using universal analytics

only standard properties in ga4 or universal analytics

30.if you wanted to gain insight into the traffic to your retail website, which dimension would you look at to determine whether it was coming from"organic search,""referral," or other places?

event name

*default channel grouping

page title

google ads campaign

31.users are finding and visiting your website from a variety of different places, including search engine results and social media.

which section within reports in google analytics can give you insight into where your users are coming from before visiting your website?

demographics

engagement

*acquisition

monetization

32.if you wanted a custom dimension that reports membership status for a customer rewards program, which of these scopes would be set?

*user

session

product

event

33.to gain insight into which pages new users open most often after they open your home page, you've created a new path exploration in explore.

what's the default setting for who can see the exploration?

only you can see it, but you can share it with the other users of the property for them to make edits.

*only you can see it, but you can share it with the other users of the property in read-only mode.

anyone in your property can access it in read-only mode.

anyone in your property can access it and make edits.

34. you've just set up an option on your website for your users to sign up for a newsletter. you want to count those new sign-up events as conversions and create an audience for users who signed up.

which part of your google analytics 4 property lets you manage events, conversions, and audiences?

admin

explore

*configure

advertising

35. how can google ads use audiences from google analytics when the two are linked?

audiences in google ads can be used to adjust geotargeting of ad campaigns

*audiences in google ads can be used to target ad campaigns

audiences in google ads can be contacted for customer research

audiences in google ads can be used to see industry benchmarking data

36. if you've enabled ads personalization for your property but want to exclude specific events, what happens to the data for those events?

that data will only be available in the advertising section

that data will only be used for audiences in google ads

*that data will only be used for measurement purposes

that data will only be available in the reports and explore sections

37. one of these attribution models relies on machine learning algorithms to assign credit for a conversion across various touchpoints. which is it?

first click

*data-driven

time decay

last click

38. if you were in your google analytics property's explore section and wanted to customize metrics and dimensions, in a table format, which of these exploration techniques would you use?

funnel exploration

*free form

cohort explorations

segment overlap

39. you want to find readymade cards that address typical questions about how users are interacting with your app or website. which section do you go to in order to find this?

admin

configure

*reports

explore

40. if you wanted to create a new data set with a wide view of your business across brands, products, or regions by combining data from multiple-source properties, which analytics 360 feature would you use?

*roll-up properties

subproperties

data streams

organizations

41. if you had an event on your website triggered by a user watching a video, which of these definitions could be considered an example event parameter?

*name of a video watched on your site

how many users opened the page containing a video on your site

the devices users are on when watching a video on your site

how many users viewed a video on your site

42. you have already set up your web data stream and data is flowing into your google analytics property from your website.

you notice that enhanced measurement is enabled for the web data stream. what happens when this setting is enabled?

events can be associated with signed-in users to enable cross-device reporting

conversion reporting for the web data stream uses machine learning to distributes credit across channels

*additional events are collected from your website without you needing to change your website's code

events from your mobile app can be combined with your existing website data

43. you decide to advertise online in a few different places to drive traffic to your website. you're in your google analytics 4 property and are interested in how these various ads work together on the path to conversions.

in this case, where can you find the"conversion paths" report in your google analytics 4 property?

explore

reports

*advertising

configure

44. what is something you can do with your data when you export your google analytics data to bigquery?

you can use conversions for ad campaign bidding, and audiences to target ad campaigns

*you can use sql to query your data to answer questions and gain insights into your products, users, and channels

you can access app-specific reports such as crash data, notification effectiveness, and deep-link performance

you can use audiences to target website experiments and test variants of your web pages

45. when enabled, which analytics feature associates event data it collects from users on their website or app with the google accounts of signed-in users who have consented to sharing this information?

user-id

*google signals

google ads

google search console

46. you're asked to set up a data stream in accordance with setting up google analytics.

what is a data stream?

a data stream lives within an account and is the container for the data you collect from your apps and sites

*a data stream lives within a property and is a source of data from your app or website

a data stream lives within explore and, once defined, can be added to any exploration

a data stream lives within reports and lets you segment and compare your data

47.which of these structures represents a google analytics account's hierarchy?

property > data stream > account

data stream > account > property

account > property > data stream

property > account > data stream

48.which of these structures represents a google analytics account's hierarchy?

property > data stream > account

data stream > account > property

*account > property > data stream

property > account > data stream

49.you work for an online baseball card reseller and store data about each of your sales items offline.

which of these features would let you upload a csv file that contains item data to join with analytics data?

*data import

http request

measurement protocol

modify event

50. which of these describes how conversion events from google analytics can be used in google ads when they are linked together?

google ads can use these conversions to generate new keyword ideas

google ads can use these conversions to see industry benchmarking data

google ads can use these conversions to adjust and optimize your ad copy

*google ads can use these conversions to optimize your bids for ad placements

51. which of these features lets you control how long user-level and event-level data is stored by google analytics?

ip address settings

consent mode

disable data collection

*data retention period

20.2 Gooogle 提高離線銷售認證考取題目解析

取得「提高離線銷售量」認證即意味著 Google 認可您具備以下能力：

一、訂定符合業務目標的離線銷售量策略：您能夠制定出符合業務目標的離線銷售策略，這些策略考慮了不同情境下的特點，並對應到了可行的實施計劃。您能夠明確定義目標，並制定相應的策略來實現這些目標。

二、採用最佳做法，做好邁向成功的準備：您能夠運用最佳的行業實踐，為成功制定策略並做好準備。這包括了瞭解市場趨勢、競爭對手的行動、以及如何最有效地運用資源等方面。

三、為全通路和僅使用離線通路的客戶建立離線銷售解決方案：您能夠為不同的客戶需求，無論是使用全通路還是僅使用離線通路，提供有效的離線銷售解決方案。這包括了了解客戶的需求、定位、行業趨勢等，並為他們提供最佳的解決方案。

建立商店目標最高成效廣告活動，宣傳店內的商品和服務：您能夠設計和執行廣告活動，以最大程度地提高商店內商品和服務的曝光度，並吸引更多的顧客。這包括了制定適當的宣傳策略、選擇合適的媒體渠道、以及評估廣告活動的效果。

評估離線銷售策略的成效：您能夠對已實施的離線銷售策略進行評估，並根據評估結果調整和改進策略。這包括了收集相關數據、分析銷售結果、識別成功和失敗因素，並提出改進建議。

提高離線銷售策略：

使用親臨門市指標評估來店人潮

- **親臨門市轉換 可提供有關商店造訪人數的洞察資料**：指出使用者在按下搜尋/多媒體廣告後，或是觀看 YouTube 廣告或與這類廣告互動後，最長 30 天內有多少人會親臨門市。
- **檢查轉換回溯期和親臨門市價值是否符合您的業務目標**。
    - 預設回溯期為 30 天。假如您的顧客在按下廣告後很快就會完成購買，則建議縮短回溯期。請查看轉換延遲 瞭解相關資訊。

https：//skillshop.exceedlms.com/student/path/508020
截圖引自官網

親臨門市會使用哪些非 Google Ads 信號來模擬？

與線上廣告的互動，以及之後的實體商店位置造訪

從數億名選擇啟用相關功能，並已登入帳戶的使用者收集到的 GPS、Wi-Fi 和網路數據

與地點額外資訊或經銷地點額外資訊的互動

* 提供資料的第三方供應商，這些資料取自數億名選擇啟用相關功能，並已登入帳戶的使用者

如果你只針對線上轉換進行最佳化，可能會有什麼結果？

* 你可能會錯失只離線購物，或是在線上研究但在店內購物的潛在客戶。

你可能會錯失與各種廣告格式互動的潛在客戶。

你可能會錯失看過廣告的潛在客戶

你可能會錯失對產品顯露興趣的潛在客戶。

你是小型糖果店的老闆，想要瞭解從廣告參與到親臨門市的消費者歷程。你應該使用哪一項指標？

廣告動作

本地動作

商店銷售

* 親臨門市

設定商店目標最高成效廣告活動時，最適合採用哪一種廣告活動目標？

網站流量

* 親臨當地門市與促銷

銷售量

待開發客戶

店內目標最高成效廣告活動的主要優點為何？

自動設定預算，針對成效進行最佳化

可自訂廣告活動設定來達成特定業務目標

* 以目標為導向，協助你盡可能達成所有離線行銷目標

手動控制選項可提高成效

在一間擁有 10 家加盟店的特惠商店內，你是商店行銷團隊的一員。每家加盟店都有一筆預算，且希望將這筆資金配置在自我宣傳並提高來店客流量的用途。你會怎麼建議？

* 每個區域設定一個廣告活動

每個城市設定一個廣告活動

每個國家 / 地區設定一個廣告活動

每家加盟店設定一個廣告活動

在哪種情況下，你會採取以商店為主的做法？

* 某日用品公司希望增加實體店的來店人潮，並宣傳店內提供的產品

某電子商務網站希望改善整個線上消費者歷程的線上廣告成效和投資報酬率。

商家希望店內客戶註冊每月發行的電子報。

某當地網路服務供應商希望在線上網羅待開發客戶，以便宣傳他們新推出的套裝服務。

建立商店目標最高成效廣告活動時，你可能需要手動輸入哪些資料？

廣告素材組合

* 廣告素材

廣告刊登位置

出價

全通路購物廣告活動做法的適用時機為何？

你沒有電子商務網站

你的電子商務和店內產品沒有大幅重疊

* 你的電子商務與店內產品大幅重疊

你分別設定了線上和離線預算

以下何者是設定全通路目標最高成效廣告活動的最佳做法？

按供應情形和產品類型區隔產品

納入店面產品動態饋給中的所有產品

納入店面商品目錄動態饋給中的所有產品

* 按成效和業務目標區隔產品

全通路目標最高成效廣告活動與智慧購物廣告活動有何差異？請選擇兩個答案。選擇 2 個正確回覆

最高成效廣告活動可讓使用者選擇啟用智慧出價，這項功能會使用機器學習技術來改善出價。

* 最高成效廣告活動提供多種產品專屬格式，有助於達成線上和全通路銷售的行銷目標

最高成效廣告活動可讓行銷目標與線上和全通路銷售的業務目標保持一致。

* 最高成效廣告活動提供與智慧購物廣告活動相同的廣告空間，但多了幾種產品刊登格式，例如 YouTube 串流內廣告、文字廣告和多媒體廣告。

以下哪些智慧出價策略有助於針對離線轉換動作進行最佳化？請選擇三項。選擇 3 個正確回覆

* 盡量提高轉換價值

單次點擊出價

* 目標單次操作出價

* 目標廣告投資報酬率

千次曝光出價

以下何者是店面商品目錄動態饋給需要的屬性？

商品代碼 [item_code]

產品類型 [product_type]

* 商店代碼

地區 ID

以下何者是離線而非線上廣告管道？

電子郵件

社群媒體

多媒體廣告再行銷

* 廣播電台

上傳店面商品目錄動態饋給並設定動態饋給時間表後，下一步是什麼？

建立店面商品目錄廣告活動

將位置資訊上傳至商家檔案中

啟用店面商品目錄廣告計畫

* 要求驗證商品目錄

你是當地服飾店的老闆，但沒有店面商品目錄廣告所需的產品專屬到達網頁。哪項功能可讓你透過店面商品目錄廣告刊登產品？

商家代管的本地店面

Google 購物代管的本地店面

*Google 代管的本地店面

產品代管的本地店面

控制組在實驗中的作用是什麼？

控制組與實驗中的其餘組別分開，但仍包含在測試中。

控制組包含在實驗中，但有一部分仍與實驗分開。

控制組包含在實驗中。

* 控制組與實驗中的其餘組別分開。

以下哪些是商店行銷 / 傳統行銷團隊應優先設定的目標？

提高加盟商的店內銷售量。

* 透過各種行銷通路提升店內銷售量。

透過電子商務提升銷售業績

透過數位行銷通路提升數位銷售量。

如果你想要測試手動出價策略並與全通路智慧出價廣告活動對比，該使用哪一種技巧？

成效增幅

Geo-X

以使用者為依據

* 廣告活動實驗

你有意使用全通路出價功能，但發現某些類別僅限離線使用。以下哪些是最佳的全通路出價功能設定？

廣告群組層級

帳戶層級

* 廣告活動層級

廣告層級

在下列哪一種情況中，應優先使用地點額外資訊而非經銷地點額外資訊？

* 你是業主，想要鼓勵消費者親臨門市

你在其他零售店銷售產品或服務，想要鼓勵消費者親臨門市

你在販賣相同品牌的不同商店內銷售產品或服務

你向大型連鎖和小型企業銷售產品或服務

以下何者是離線銷售做法？請選擇三項。選擇 3 個正確回覆

線上 + 全通路

* 全通路

* 以商店為主

線上

* 全通路 + 以商店為主

什麼是 Google Merchant Center ?

*Merchant Center 可讓你管理店內和線上商品目錄在 Google 服務中的呈現方式。

Merchant Center 可讓你建立、管理及放送廣告活動

Merchant Center 可讓你建立及編輯經銷地點額外資訊和地點額外資訊

Merchant Center 可讓你管理商店資訊及其在 Google 服務中的呈現方式

除了親臨門市，你還需要輸入哪一項資料才能評估商店銷售？

* 問卷調查

地圖參與

地點額外資訊

廣告參與

雖然最高成效廣告活動會使用機器學習模型來改善許多功能，但以下哪三項是你仍需手動新增的功能？請選擇兩項。選擇 2 個正確回覆

廣告素材組合

* 廣告素材

廣告刊登位置

出價

* 預算

你任職於代理商，其中一位零售帳戶客戶曾向你表示，他們的目標是提高線上和離線銷售量。他們不確定自己的商家檔案、Merchant Center 和 Google Ads 帳戶如何共同運作。如果他們要求你說明，你應該說什麼？

商家檔案會管理產品資訊，Merchant Center 會管理廣告活動，而 Google Ads 會管理商店資訊。

商家檔案會管理廣告活動，Merchant Center 會管理商店資訊，而 Google Ads 會管理產品資訊。

商家檔案會管理商店資訊，Merchant Center 會管理廣告活動，而 Google Ads 會管理產品資訊。

* 商家檔案會管理商店資訊，Merchant Center 會管理產品資訊，而 Google Ads 會管理廣告活動。

如果你想要判斷廣告是否帶來成效增幅，會使用哪種方法？

以使用者為依據

以產品為依據

* 以地理區域為依據

以商店為依據

你最近推出了新的紅茶菌產品系列，打算在熱門大型零售店販售。設定商店目標最高成效廣告活動時，你該使用哪種額外資訊？

* 經銷地點額外資訊 (使用 Google 收錄的連鎖店)

地點額外資訊 (使用商家檔案)

經銷地點額外資訊 (使用通用地區群組)

地點額外資訊 (使用 Google 收錄的連鎖店)

你如何計算親臨門市對貴商家的價值？

(平均店內訂單價值) x(線上購物率) = 親臨門市轉換價值

*(店內購物率) x(平均店內訂單價值) = 親臨門市轉換價值

(線上購物率) x(平均店內訂單價值) = 親臨門市轉換價值

(平均店內訂單價值) x(店內購物率) x(線上購物率) = 親臨門市轉換價值

使用下列哪一項位置資料來源時，你必須設定帳戶並連結至 Google Ads ？

Google Merchant Center

Google 收錄的連鎖店

Google Ads

* 商家檔案

你是某小型零售商的行銷業務負責人，他們打算在未來幾個月內擴增為 35 間實體商店，藉此拓展電子商務事業版圖。他們的目標是同時提高線上和店內總銷售量。你該採取哪種做法來協助他們達成目標？

以商店為主

全通路

線上 + 全通路

* 全通路 + 以商店為主

對以下哪些產業而言，商店目標最高成效廣告活動可能會相當實用？請選擇三項。選擇 3 個正確回覆

飯店業

* 汽車業

* 零售業

電子商務

* 速食餐飲業

使用稍後取貨的優點是什麼？

讓你顯示店內有展示，但目前無法購買的產品。

讓你顯示可店外取貨的產品

讓你顯示尚未發表的產品

* 讓你顯示店內目前缺貨，但幾天後即可到店取貨的商品。

使用透過 Google 商家檔案連結的地點額外資訊時，會顯示哪些資訊？

* 通話按鈕

應用程式

評論

產品

系統會透過一組自願參加 Google 意見回饋獎勵計畫的使用者驗證親臨門市資料。自願參與者有多少人？

10 萬人

100 萬人

50 萬人

*500 萬人

如果有人想要使用廣告素材宣傳即將到來的週末特賣會，你會建議對方採用以下哪種做法？

在特賣會前一天放送廣告活動，並經常更新廣告素材，從一般商店廣告素材改成主打優惠的廣告素材。

提前一週放送廣告活動，並在特賣會當天將一般商店廣告素材改為主打優惠的廣告素材。

提前 2 到 3 天放送廣告活動，並在特賣會當天將一般商店廣告素材改為主打優惠的廣告素材。

* 提前 2 到 3 週放送廣告活動，並更新廣告素材，從一般商店廣告素材改成主打優惠的廣告素材。

什麼是以地理區域為依據的實驗？

地理區域實驗採用分配給實驗組的隨機地理區域。

地理區域實驗採用分配給控制組或實驗組的重疊地理區域。

* 地理區域實驗採用隨機分配給控制組或實驗組的非重疊地理區域。

地理區域實驗採用分配給控制組的隨機地理區域。

以下哪兩項是記錄親臨門市的必要條件？請選擇兩項。選擇 2 個正確回覆

* 有足夠資料可通過模擬品質和隱私權門檻

* 設定地點額外資訊或經銷地點額外資訊

連結商家檔案帳戶

搜尋關鍵字

以下何者是全通路消費者購物時的典型行為？

* 全通路消費者在購買前，會與產品或服務進行多次數位互動

全通路消費者在店內和網路上都會與產品或服務互動

全通路消費者只會在店內購物，造成銷售量的提升比例不均

全通路消費者會以個體為單位購物，不論是透過網路還是親臨門市都一樣

什麼是店面商品目錄廣告的優點？

你可以鼓勵消費者註冊每月發行的電子報，藉此爭取待開發客戶。

你可以在廣告活動中設定指定關鍵字，適時觸及合適的消費者。

你可以設定地點額外資訊，藉此吸引來店人潮。

* 這類廣告可向商店附近區域的購物者延伸觸角，並刊登所有店內現貨商品、暢銷商品和特價商品。

店面商品目錄動態饋給的建議最低更新頻率是？

每週

每季

* 每日

每月

使用經銷地點額外資訊的時機為何？

廣告客戶透過企業對企業的商務通路銷售產品或服務

* 廣告客戶透過非自有門市銷售產品或服務

廣告客戶向其他製造商銷售產品或服務

廣告客戶透過自有門市銷售產品或服務

下列哪一項自動化工具適合在最佳化時使用？

* 智慧出價

動態廣告插播

手動出價

網站連結

哪一種參與會記錄為本地動作？

網站互動

閱讀評論

* 點選通話

應用程式評論

親臨門市指標的評估方式為何？

當使用者看到廣告並造訪門市，Google 就會將這些親臨門市事件歸因給廣告瀏覽。

當使用者在線上購物後造訪門市時，Google 就會將這些親臨門市事件歸因給線上購物和參與。

當使用者在店內購物時，Google 就會將這些親臨門市事件歸因給廣告轉換。

* 當使用者與廣告互動後造訪門市時，Google 就會以保護隱私權的方式，將這些親臨門市事件歸因給廣告參與。

某大型零售商的旗下團隊歷來都是單打獨鬥。你是該公司的行銷長，希望將線上和離線 KPI 融入行銷策略。制定全方位的線上到離線策略時，你應該採取以下哪三項行動？請選擇三項。選擇 3 個正確回覆

* 嘗試瞭解不同團隊及其評估指標，以便對照他們的目標進行追蹤

* 提議從組織面調整會議結構、媒體預算和 KPI。

分別為每個團隊設定目標和 KPI

鼓勵各自獨立的組織結構、預算和會議

* 設定統一的目標和 KPI 來激勵團隊

據你所知，購物者前往實體商店實際購物前，會多次在線上與產品或服務互動。你該採取哪種做法來制定全通路策略？

找出各種離線廣告管道來觸及客戶

鼓勵客戶透過你偏好的通路購物

* 在客戶數位購物歷程的每個階段接觸他們

分別為線上和離線通路制定不同的行銷策略

成效增幅的定義為何？
以下哪一項定義符合對成效增幅的描述？

成效增幅可讓你測試廣告素材的不同變化版本彼此有何差異

成效增幅是一種近乎即時的歸因，有助於你做出短期業務決策和出價決策

成效增幅是一種評估方法，可瞭解廣告活動是否為使用者行為轉變的主因

* 成效增幅是一種概略模擬，可讓你瞭解銷售業績提升的因素，包括媒體以及所有可能的外部因素

放送商店目標最高成效廣告活動時，應採用以下哪項預算和時間參數？

以每天 $250 美元的預算放送至少 10 天

* 以每天 $500 美元的預算放送至少 30 天

以每天 $500 美元的預算放送至少 10 天

以每天 $250 美元的預算放送至少 30 天

制定線上到離線策略時，以下哪種做法有助於你與團隊互動？

遵循傳統行銷結構，指派線上和離線團隊

分別為每個團隊設定線上和離線 KPI，以及業務目標

分別與每個團隊會面，以便瞭解他們的線上到離線策略

* 提出問題激發思考，讓客戶目標與業務目標保持一致

以地理區域為依據的實驗如何運作？

地理區域實驗採用分配給實驗組的隨機地理區域。

地理區域實驗採用分配給控制組或實驗組的重疊地理區域。

地理區域實驗採用分配給控制組的隨機地理區域。

* 地理區域實驗採用隨機分配給控制組或實驗組的非重疊地理區域。

經銷地點額外資訊適用於下列哪一種情況？

廣告客戶透過自有門市銷售產品或服務

廣告客戶向其他製造商銷售產品或服務

廣告客戶透過非自有門市銷售產品或服務

* 廣告客戶透過企業對企業的商務通路銷售產品或服務

雖然最高成效廣告活動會使用機器學習模型來改善許多功能，但以下哪三項是你仍需手動新增的功能？請選擇兩項。
選擇 2 個正確回覆

* 廣告素材

廣告刊登位置

* 預算

廣告素材組合

出價

20.3 Google Adwords 考古題解析：

以下所有問題均來自 2024 年 1 月內的現場仿真考試。

How can advertisers see specific search queries that have caused their ads to show, even if those queries are not keywords within their accounts

A) Add a customized column for"queries" on the Keywords tab

B) Use the Ad Preview and Diagnosis Tool on the Tools tab

C) Review" Automatic placements" on the Display Network tab

D) Select the"Details" drop-down menu on the Keywords tab

On which tab can advertisers see credits for invalid clicks within their AdWords accounts?

A) Opportunities

B) Billing

C) My account

D) Campaigns

In order to achieve the best performance possible from text ads, which is a best practice that should be followed?

A) Use at least five keywords from the ad group directly in the ad text

B) Use account statistics and reports to monitor ad performance

C) Include words like"find" and"searchA" in the ad text

D) Include no more than one ad text per ad group

Which information does the Conversion Optimizer need in order to find the optimal cost-per-click(CPC) bid for an ad each time the ad is eligible to appear?

A) Manual bid changes

B) Historical conversion data

C) Test conversions

D) Forecast data

If an advertiser has the same keyword in two different ad groups, the one to win a given auction will be the keyword with the：

A) highest maximum cost-per-click(CPC) bid

B) most historical data in the account

C) best Quality Score

D) highest Ad Rank

You're using target search page location bidding. You know it's working because you see your ad：

A) repeatedly mixed in with the organic search results

B) on the second page of Google search results or in the second positions

C) on the first page of Google search results or in the top positions

D) at the bottom of the every page of search results

A high Quality Score can：

A) be assigned to negative keywords

B) improve an ad's position

C) be achieved with an increase in bid

D) prevent an ad from being served

Each of the following are benefits you would expect from Product Listing Ads except：

A) Ease of targeting without needing keywords

B) More traffic and leads

C) Automatically produced video commercials

D) Better qualified leads

The AdWords Application Programming Interface(API) allows develoepers to use application that：

A) are accessible only through AdWords editor

B) can appear throughout the Google Search Network

C) can be uploaded into the Ad gallery

D) interact directly with the AdWords server

What are Sitelinks?

A) Links from other sites to your site

B) Links to other websites that appear beneath the text of your Search ads

C) Links to more pages of your site that appear beneath the text of your Search ads

D) Links from your site to other sites

An advertiser can apply mobile bid adjustments at which of the following levels?

A) Campaign level

B) Keyword level

C) Account level

D) Ad level

AdWords Editor allows users to：

A) invite new users to share accounts

B) find relevant ads on Google partner sites

C) make live edits to multiple accounts simultaneously

D) access multiple accounts offline

One factor the AdWords system uses to calculate an ads actual cost-per-click(CPC) is the：

A) actual cost-per-click(CPC) of the ad showing one position lower on the page

B) location targeting of the ad showing one position lower on the page

C) cost-per-thousand impressions(CPM) of the ad showing one position lower on the page

D) Ad Rank of the ad showing one position lower on the page

Advertisers can provide physical address information about their businesses through Google Places accounts. Ads that include this type of information are eligible to show on：

A) mobile devices with GPS enabled only

B) Google Maps only

C) any networks selected in the campaign settings

D) Google search only

What is the definition of actual cost-per-click(CPC)?

A) The average CPC the advertiser needs to pay in order to achieve top position

B) The least possible CPC the advertiser needs to pay to maintain an achieved position

C) The CPC according to a price list, which is then updated daily

D) The CPC an advertiser was charged minus credits for overshot daily budget

An advertiser made edits to an AdWords ad and noticed that the position of the ad decreased. What is the most likely cause for the decrease in position?

A) The Quality Score for the account was reset after the ad was edited

B) The advertisers landing page is down for maintenance

C) The edited ad is less relevant to the keywords within the ad group

D) The edited ad has a lower conversion rate after the changes were made

You are running a Search campaign for an accounting software provider that wants to estimate lifetime customer value as a primary benchmark for performance. They charge $10/mo for Basic service and $20/mo for Pro. Which formula best describes their average lifetime customer value across all service offerings?

A) ($10)*(% Basic customers)*(Basic average lifetime in months) + ($20)*(% Pro customers)*(Pro average lifetime in months)

B) ($10)*(% Basic customers) + ($20)*(% Pro customers)

C) ($10+$20)*(% Basic customers)*(Basic average lifetime in months)/ ($20)*(% Pro customers)*(Pro average lifetime in months)

D) ($10*$20)(Total monthly conversions)/(Total customer count)

An advertiser has several keywords set to broad match and would like to see the actual search queries that triggered his ads. This information can be found in the：

A) Ads tab of a specified group

B) Ad extensions tab

C) Opportunities tab

D) "Details" drop-down menu on the Keywords tab.

An advertiser wants to increase the position of an ad on Google, but is not willing to raise bids to accomplish this goal. What else should the advertiser do in an attempt to increase Ad Rank?

A) Change keyword match types from exact match to phrase match.

B) Make changes to improve the Quality Score of the ads keywords

C) Lower bids on keywords with high clickthrough rates(CTRs).

D) Review Impression Share report data to identify missed opportunities

Which allows advertisers to automate AdWords reporting and campagin management?

A) Use of Structured Query Language(SQL) server reporting services

B) Execution of multiple reporting tasks from multiple computers

C) Execution of repetitive Data Mining Extensions(DMX) queries

D) Use of an AdWords Application Programming Interface(API) web service

How might an advertiser compare, over time, two campaign metrics such as"cost per conversion" and"cost"?

A) Run an impression share report and select to display the two metrics

B) Filter all keywords with an average position greater than three

C) Select the two metrics in"Graph options" on the Campaigns tab.

D) Search the account for keywords with high average cost-per-click(CPC) bids.

In an AdWords account, which statistic is viewable for each ad group?

A) Purchase funnel abandonment by step

B) Average cost-per-click(CPC)

C) Percent of impressions blocked by negative keywords

D) Performance by Internet Protocol(IP) address

Linking your Google+ Page to your AdWords account...

A) Cannot be done if you have a Google Merchant account

B) Requires a 2-month approval process

C) Enables users to login to your website through your Search advertisements

D) Enables you to show more endorsements for your business from your customers and supporters

Which is the quickest way to add a long list of locations to target in an AdWords campaign?

A) Select"Bulk locations" in the advanced section of a campaigns location settings

B) Add locations as keywords to the campaign

C) Search for each location in the search tab of locations settings

D) Enter a value in the"Show my ads within" box

Advertisers who check web server logs may find their ads received multiple clicks from a single Internet Protocol(IP) address. This could be a result of：

A) duplicate keywords added to multiple ad groups in one campaign

B) incorrect IP address information filtered from Google Analytics

C) Internet Service Providers(ISPs) who assign the same IP address to multiple users

D) query parsing being used to show geo-targeted ads to users in a different city

A user clicks on an ad promoting a sale on sneakers. Upon clicking, the user is taken to a page that does not contain sneakers, but rather discount sunglasses. The user also encounters pop-ups while trying to navigate the site. What should the advertiser do to improve the users experience?

A) Link to the webpage that is relevant to the ad and remove the pop-ups

B) Ensure that the pop-ups relate to the users search

C) Edit the ad text to promote the sunglasses in addition to the sneakers

D) Provide original content that cannot be found on another site

You are an independent consultant selling an ebook you wrote about Search Engine Marketing for $50. You have campaigns across multiple online advertising platforms：search networks, display networks,& other advertising networks. Which approach to CPA targets and budget is best suited to maximize your total profit?

A) Predetermined budget to be divided across all platforms. Allocate the most budget to the platforms with the lowest CPA

B) Unlimited budget on all platforms where ROI is positive. Use a single CPA taret for all channels which matches the channel with the lowest CPA

C) Predetermined budget, to be divided equally across all platforms. Minimize CPA on all platforms

D) Unlimited budget on all platforms where ROI is positive. Find a different CPA for each platform which maximizes profit based on costs, sales volume,& contribution to overall marketing campaign.

You can add a'+' modifier in front of broad match keywords to...

A) specify that someone's search must include certain words or their close variations

B) indicate that this keyword should be dynamically inserted into your ad text

C) only trigger ads when the Google+ social extension is available

D) overrides negative keywords with an explicit positive keyword

Exact Match Impression Share metrics：

A) are available for both Search and Display Network campaigns

B) summarize impression share statistics for all keywords currently set to exact match

C) calculate impression share as if all keywords were set to exact match

D) are only available at the account level

An advertiser who sells designer dresses is selecting a landing page to pair with new ads for spring dresses. A good landing page for the spring dress collection ads would display

A) a page of the top-selling dresses for all seasons

B) a catalog of all dresses available on the website

C) several colors of spring dresses(spring dresses in several colors)

D) spring dresses, skirts, belts, and shoes

An advertiser enabled Conversion Optimizer and noticed a decrease in the number of conversions. What could have caused this decrase to occur?

A) The cost-per-click(CPC) bid was lower than the recommended amount

B) The specific Conversion Optimizer code snippet was not added to the site

C) The maximum cost-per-acquisition(CPA) bid was lower than the recommended amount

D) The ads in the campaign are waiting to be approved

In a Reach and Frequency report,"Frequency" is defined as the：

A) average number of times a user is exposed to an adorthe average number of times a unique user sees an ad over a given time period

B) total number of ad impressions

C) average number of times a video ad is played by a user

D) average number of times an ad appears on a single webpage

Reviewing"Search Terms" data on the Keywords tab will help advertisers to identify

A) new keywords ideas for a campaign

B) keywords with low Quality Scores

C) potential new placements to target on the Google Display Network

D) ad groups or campaigns that should be paused

Dynamic search ads would be most helpful for...

A) Websites with hundreds or thousands of products, services, or listings that frequently change

B) Moving an ads position dynamically in whatever direction a users eyes are looking

C) Campaigns that need to reduce exposure on competitive keywords

D) A local restaurant with a dynamically changing menu that offers fresh new entrees every few months

Janes e-commerce site sells a wide variety of bicycle equipment. She wants to estimate her profit-per-conversion for each ad group to get a sense of which ad groups are immediately profitable in the short term. Which formula best estimates Janes profit-per-conversion before advertising expenses?

A) (Avg Revenue per Order)* (Profit Margin)

B) (Total Profit)/(Total Revenue)

C) (Avg Profit per Order)* (Conversion Rate)

D) (Avg CPC)* (Conversion Rate)

Which is the next stage of detection in an AdWords accont, if Googles automatic filtering system does not successfully remove all potentially invalid clicks?

A) Advertiser reports suspicious activity in the account

B) Alert from the AdSense team about publisher suspension

C) Third-party analysis of advertisers web server logs data

D) Proactive offline analysis by the Google Ad Traffic Quality Team

If the query"Seattle plumbers" is entered into Google, Google will use the location term that is part of the query to show ads：

A) that have included"Seattle" as an exact match in keyword lists

B) targeted to areas surrounding the city of Seattle

C) targeted to Seattle, regardless of the users location as long as they are in the US

D) to that user based on IP(Internet Protocol) address

Where on an e-commerce website should an advertiser install the AdWords Conversion Tracking code?

A) Shopping cart header

B) Confirmation page after a purchase

C) Website homepage

D) Landing page of an ad

The keyword insertion code in an ads headline reads："Buy{KeyWord：Books}." The related ad appeared when a user searched"flower books" and the query expanded to a broad-matched keyword in the account,"gardening books." In this example, how would the ads headline be displayed?

A) Buy keyword books

B) Buy Gardening Books

C) Buy Books

D) Buy flower books

If multiple individuals make changes to one AdWords account, upon opening the account in AdWords Editor, they should

A) click"get recent changes" in the tool bar(download recent changes)

B) contact all other account managers

C) disapprove any new proposals that appear

D) refresh the account in AdWords

AdWords Campaign Experiments allow you to...

A) Test changes to your account for a portion of the auctions that your ads participates in

B) Automated different images and text on your site to understand what converts most effectively

C) Receive written feedback from users based on their experience on your site

D) Request a formal analysis from Googles Campaign Experiments team that isolates the effect of online advertisements of offline purchases

Business listings in Google Places can be：

A) entered into their own ad auction

B) location extensions in AdWords

C) conversions in Adwords

D) physical locations or mobile applications

An ad group contains the phrase-matched keyword"underwater camera." Which search query may trigger an ad in this ad group to display?

A) affordable underwater digital camera

B) water-proof camera

C) camera for use underwater

D) underwater camera case

An advertiser targeting only France determines that clicks have been received from users in Switerzland. Why might clicks outside of the target location occur?

A) Users globally are searching Google from mobile phones

B) Users in Switzerland are searching on Googles French domain

C) French users are visiting Switzerland and searching Google

D) French users were looking at Swiss news sites that show Google display ads

You are gaining a reputation as a true wizard of AdWords and just won a multi-million dollar client to consult on bidding strategy. Your new client asks you to set bids that maximize profit, focus on the top 3 positions, and minimize CPA. How can you most effectively meet their goals?

A) Set bids that minimize CPA within the top 3 positions, but explain that profit cannot effectively be optimized simultaneously

B) Explain that all three objectives contradict each other and the tradeoffs at risk. Understand the clients priorities and adopt a bidding strategy with minimal contradictions.

C) Set bids that simultaneously optimize profit, position, and CPA all to the perfect point

D) Set bids that minimize CPA while maximizing profit, but explain that position cannot effectively be optimized simultaneously

In a Reach and Frequency report,"Reach" is defined as the：

A) distance between a user exposed to an ad and the business location of the advertiser

B) demographic populations to which an ad is served

C) geographic locations in which an ad is served

D) number of unique users exposed to an adoran estimate of the number of users exposed within a selected location target, based on unique cookies

At which level of an AdWords account can an advertiser make changes to network and location targeting settings

A) Account

B) Ad group

C) Campaign

D) Keyword

Information an advertiser would find in the Change History tool would be

A) changes made by the Ad Automator feature

B) adjustments made to the daily budget

C) credit card information associated with the account

D) timestamps for when ads were approved or disapproved

An advertiser implements Conversion Optimizer and notices campaigns are receiving fewer conversions than before the tool was implemented. Which action should the advertiser take to increase the number of conversions received?

A) Set campaign budget to a 30-day cycle

B) Increase the maximum cost-per-acquisition(CPA) bid

C) Opt out of the Google Display Network

D) Narrow location targeting settings

The purpose of a developer or authentication token is to track：

A) Application Programming Interface(API) usage

B) AdWords usage

C) Application Programming Interface(API) access by application

D) AdWords applications

Intergalactic Teleportation Inc uses AdWords to generate leads for their sales team. Leads are tracked by Conversion Tracking via a Contact Sales form. The sales team converts 10% of leads into deals. For each deal an additional 15% of business is gained from word-of-mouth. Which formula best describes value-per-conversion?

A) (Average deal value)* (10%)/ (115%)

B) (Average deal value)* (0.15)

C) (Averaage deal value)* (10%)* (115%)

D) (Averaage deal value)* (10%)* (15%)

You are CEO of a small e-commerce shop and your team is debating AdWords performance metrics to maximize profit. Budget is unlimited as long as ROI is positive. Whose recommendations most effectively position you for maximum profit?

A) Lou："We get a CPA of $15 on our e-mail campaign. Lets meet or beat that benchmark across all marketing platforms."

B) Joe："An MBA class once suggested ad-spend should always be 9% of revenue. Lets use that as our target ROI."

C) Jane："A $15 CPA is okay, but if we could get it down to $10, that would give us more profit-per-customer."

D) Pete："Lets start by verifying our campaign is profitable, then test different CPA tarets to find which maximizes total profit."

An advertiser selling anti-bacterial toothbrushes wants to invest in their brand with a set marketing budget. They want another campaign that maximizes profit as long as ROI is positive. Which account structure acheives both goals?

A) Run everything in a single campaign, allocating the set marketing budget to it

B) Automated everything in a single campaign with Branding and ROI optimizer

C) Allocate the set marketing budget across dedicated branding campaigns. Create a separate campaign that can extend its daily budget after profitability is achieved.

D) Divide the marketing budget between Search and Display and run two separte campaigns

An advertiser runs a report at the Campaign level and includes invalid clicks statistics. The report indicates that 20% of clicks received during the selected time period were invalid. This means that the invalid clicks were：

A) filtered out of the account before they accrued cost

B) charged to the account

C) removed as a result of a proactive investigation

D) credited to the account

Which AdWords feature is compatible with Conversion Optimizer

A) Separate Display Network bids

B) Advanced Ad Scheduling

C) Enhanced CPC

D) Ad Extensions

An advertiser who works for a large company wants to make frequent, specific changes to bids based on criteria for more than 100,000 keywords. Which would be the most efficient tool for that advertiser to use?

A) My Client Center(MCC)

B) AdWords Application Programming Interface(API)

C) AdWords editor

D) Automatic cost-per-click(CPC) bidding

How does the Conversion Optimizer use an advertisers cost-per-acquisition(CPA) bid to determine the optimal equivalent cost-per-click(CPC) bid for each auction?

A) The CPA bid is multiplied by the predicted conversion rate

B) The CPA bid is the highest the system will allow the CPC bid to reach

C) The actual CPC bid is based on current max CPC settings

D) The CPC bid is one-tenth of the CPA bid by default

What determines a keywords clickthrough rate(CTR)?

A) Number of impressions divided by the average position

B) Number of clicks accrued per day

C) Number of impressions divided by the number of clicks

D) Number of clicks divided by the number of impressions

You own a pizzeria in downtown Chicago. With call extensions, a customer who searches for pizza on her mobile phone can see your ad along with your phone number and make the call with one click. How is that priced?

A) Click-to-call ads are priced by the minute based on the call's duration

B) Prices are negotiated in advance with discounts for bulk purchases

C) The cost is the same as a standard click on the ad

D) Click-to-call ads are flat-fee based on the caller's phone model

A user conducts a search on the term"laptop computers" and clicks on an ad. Which landing page would be the most relevant to that user?

A) A category page containing both laptop and desktop computers

B) An electronic store's homepage

C) A category page containing a variety of laptop computers

D) A product page for a desktop computer

An advertiser who sells laptop computers only wants to reach consumers who are ready to make an immediate purchase online. When building the keyword list for an ad group, the advertiser should include：

A) negative keywords such as-review or-comparison

B) phrase match keywords such as"laptop" or"computer"

C) negative match keywords such as-buy or-purchase

D) exact match keywords such as[rate],[review], or[compare]

Often, the"last click" before a conversion gets all the credit. But there are often assist clicks and assist impressions that help guide your customers to conversion. Which built-in AdWords report can show you this performance data?

A) Campaign Settings

B) Search Funnels

C) Billing Preferences

D) AdWords Editor

A new coffeehouse downtown would like to run an"afternoon espresso" promotion to increase sales during the afternoon hours on weekdays. Which AdWords feature is most effective for preventing their search ads from appearing at night or on weekends?

A) Position Preference

B) Automatic Bidding

C) Ad Scheduling

D) Keyword Planner

Which feature distinguishes location extensions from regional and customized campaign targeting?

A) Location extensions will appear when a user located near the advertised business searches on relevant terms.

B) Customized campaign targeting determines which address appears below the ad.

C) Location extensions will appear when an advertiser has targeted a specific region or location

D) Customized campaign targeting is required in order to enable location extensions

An advertiser notices that clicks have suddenly increased and is concerned that they might be due to invalid activity. What is the first thing the advertiser should do to investigate this situation?

A) Look at click patterns over time and rule out legitimate reasons for increased activity

B) Submit an invalid clicks report to the Google AdWords team

C) Pause the affected campaign until an invalid clicks investigation is complete

D) Submi new ad text variations for review

One reason for using Conversion Optimizer is to：

A) maximize ad exposure

B) dynamically manage ad position

C) generate more clicks than manual bidding would generate

D) avoid unprofitable clicks

How should advertisers use their websites to help them structure their accounts?

A) Organize ad groups and campaigns to reflect the layout of the website

B) Organize keywords to cover each word represented on the website

C) Add the website's URL as a keyword to each ad group

D) Add the headings from the website as keywords across campaigns

Which is the most appropriate action to take when a keyword is below the"first page bid estimate" listed in the Status column of the Keywords tab?

A) Consider increasing the bid or editing the keyword to improve Quality Score

B) Delete the keyword from all instances in the account

C) Change the match-type to the keyword to Exact

D) Always increase the keyword bid to the"first page bid estimate"

Megan enabled Conversion Optimizer in all six of her campaigns. How can she tell if Conversion Optimizer is improving campaign performance

A) Monitor overall changes in clicks received

B) Enable and disable Conversion Optimizer every other day to observer differences

C) Compare average CPA and conversion rate before and after using Conversion Optimizer

D) Install new Conversion Tracking code

Megan enabled target cost-per-acquisition(CPA) bidding in all 6 of her campaigns. How can she tell if it's improving campaign performance

A) Monitor overall changes in clicks received

B) Enable and disable Conversion Optimizer every other day to observer differences

C) Compare average CPA and conversion rate before and after using Conversion Optimizer

D) Install new Conversion Tracking code

What can be learned from a Search Funnel?

A) Search impressions share for the last 30 days compared to CPC trends over time

B) Budget usage for all Search Campaigns, including budget limitations and opportunities for more traffic

C) The number of searches completed during a given period of time

D) The series of steps a customer takes before completing a conversion, including information on ads, clicks, and other elements of your campaign

To improve the performance of an ad group on the Search Network, advertisers should create ad groups containing：

A) managed placements and keywords

B) destination URLs set at the ad group level

C) at least 50 keywords

D) keywords that are also included in the ad text

Which are key elements to keep in mind when optimizing a landing page for AdWords

A) Prominent headlines in several font styles and text sizes

B) Clear landing page layout and several links to related websites

C) Relevant and original content that clearly represents the business

D) Correct programming language used to construct site

The IP Exclusion tool allows advertisers to：

A) discover IP addresses of competitors

B) obtain IP addresses for valuable website visitors

C) determine which IP addresses have seen ads

D) prevent specific IP addresses from seeing their ads

Which scenario would record to two conversions(1-per-click)?

A) A users clicks on an ad, converts, and returns to the site using a bookmark within 30 days and converts again

B) A user clicks on an ad, does not convert, then returns to the site using a bookmark within 30 days and converts

C) A user clicks on an ad and does not convert. The user performs the search again the following day, clicks on the same ad and converts

D) A user clicks on an ad and converts. The user performs the search again the following day, clicks on the same ad and converts again

How could an advertiser determine the most profitable keywords within a campaign?

A) Compare the costs accrued by each keyword with the conversion data for that keyword

B) Identify the keywords with the lowest"first page bid estimates"

C) Compare the total clicks to total conversions for each keyword in the account

D) Identify the keywords with the highest clickthrough rate

Bud would like to test new logic in his application that uses the AdWords Application Programming Interface(API) without modifying his live AdWords campaigns. Which tool would allow him to do this?

A) AdWords API Sandbox

B) Ad Preview Tool

C) AdWords API Tokens

D) Keyword Planner

An advertiser in Canada wants to view ads as they would appear to users in Mexico. Which tool should this advertiser use to accomplish this goal?

A) Ad Preview and Diagnosis Tool

B) Keyword Planner

C) Display Planner

D) Change history

Which approach to bidding is best suited to maximize profit?

A) Maximize ROI as a percentage

B) Minimize CPA

C) Maximize conversions

D) Balance CPA and# of conversions

In order to differentiate ads from the ads of competitors, advertisers creating text ads should：

A) mention competitor offers and prices

B) use special characters, such as asterisks or hashes

C) use exclamation points and capital letters

D) include prices, promotions, and a call-to-action

Automatic cost-per-click(CPC) bidding attempts to get advertisers the most：

A) impressions for their daily budget

B) conversions based on their conversion goals

C) clicks for their daily budget

D) impressions in their preferred position range

An advertiser that uses ad scheduling has a custom bid adjustment for 9pm-12am on weeknights. The normal bid is USD$0.40 and the bid multiplier is 75%. How much is the advertiser bidding between 9pm-12am on weeknights?

A) USD$0.70

B) USD$0.33

C) USD$0.03

D) USD$0.30

You are tracking conversions in a budget-constrained campaign. If you raise CPC bids within the budget constraint, which results is most likely?

A) Receive more conversions while paying more on average per conversion

B) Receive fewer conversions while paying more on average per conversion

C) Receive more conversions while paying less on average per conversion

D) Receive fewer conversions while paying less on average per conversion

An advertiser who is selling computer monitors is writing new ad text for an existing ad group. Which line of ad text is written according to Google AdWords advertising policies?

A) Cheap, cheap, cheap monitors

B) 20-70% off LCD monitors

C) BUY affordable LCDs

D) **Free** shipping on LCDs

An advertiser notices that the clickthrough rate(CTR) in one ad group has significantly decreased throughout the past few weeks. What could this advertiser do in an attempt to increase CTR and maintain relevant website traffic?

A) Edit the ad text to include a more relevant destination URL

B) Upgrade to a faster web server to reduce page load time

C) Redesign the landing page to create a better experience for users

D) Use keyword matching options to help remove irrelevant searches

Which is a benefit of using AdWords editor?

A) Users with My Client Center(MCC) Reports Access can make edits to an account

B) Multiple users can share archives and proposals for an account

C) Multiple users can make offline changes to Account Preferences

D) Conflicts between changes made by importing a file do not need to be resolved prior to posting

Assuming default cookie expiration timing, a conversion(1-per-click) is recorded when：

A) a user clicks on an AdWords ad

B) multiple conversions result from a single AdWords ad click

C) a single conversion is made within 30 days following an AdWords ad click

D) a user visits a website within 30 days of clicking on an AdWords ad

An advertiser attempts to enable Conversion Optimizer but the feature is not available in the account. Which is the most likely reason?

A) The advertiser's daily budget is not set to the recommended amount

B) The advertiser's campaign targets the Google Display Network only

C) The advertiser advertises a service rather than a product

D) The advertiser has fewer than 15 conversions in the last 30 days

Which is a recommended action for new mobile preferred ad creative?

A) Target Search Network only

B) Integrate mobile Flash video ads

C) Use a mobile-optimized landing page

D) Use exact match only

Which can be specified at the campaign level?

A) Ad text

B) Billing preferences

C) Destination URLs

D) Network distribution

What is a benefit of using the AdWords Application Programming Interface(API)?

A) Programmers benefit from third-party coding support

B) Advertisers can log into the AdWords account to upload changes

C) Programming skills are not necessary

D) Advertisers can make dynamic changes to their AdWords accounts at scale

It is important to identify specific goals for an AdWords campaign, so that the advertiser can then：

A) make strategic changes to the account to improve performance

B) upload goals to the"Advertising Goals" section in their account

C) bid separately for each ad variation based on its performance

D) manually increase clickthrough rate(CTR) to improve performance

In an AdWords account managed by multiple users, one user noticed a surprising jump in impressions. Where should this user look for details on what might have created the impression increase?

A) Change History

B) Billing Summary

C) Campaign Settings

D) Keyword Planner

Jane uses AdWords to promote her online shoe sore and her conversion rate has remained constant over the last year. While checking her web server logs for December, she notices she sometimes gets two clicks from the same IP address within a few minutes. The most likely cause of this is：

A) inaccurate web server log information

B) automated software designed to click on her ads

C) users who are comparison shopping for shoes

D) users who click on an ad on the Google Display Network

Given four Search campaigns that run out of daily budget, three can likely benefit from bidding or budget changes. Which is most likely configured effectively as is?

A) Branding campaign with set marketing budget, prioritizing current ad position over more clicks

B) Unprofitable campaign, planning to scale up exposure if profitability can be achieved

C) Branding campaign with set marketing budget, prioritizing more clicks over current ad position

D) Profitable campaign, missing additional profitable conversions when budget limits exposure

Which is a benefit of linking Google Places account to an AdWords campaign?

A) Free organic search results for the advertiser's business will be more likely to show on Google Maps

B) Adding or updating addresses in Google Places automatically updates validated addresses used for ads

C) Geographical targeting automatically expands to include all regions

D) Additional icon options are available for ads when using Google Places

An advertiser's ad is not appearing in the Ad Preview and Diagnosis Tool when exact keywords are queried. Which action would help the advertiser to determine why the ad is not showing?

A) Perform Google searches on the same keywords to build data points

B) Run a keyword diagnosis for the keyword in question

C) Use the Keyword Planner to include more variations of a given keyword

D) View the Search terms report to determine the root cause

What kind of click volume increase is likely to be immediately filtered from an AdWords campaign

A) "peak season" of a product or service

B) improvement in an ad's position

C) a related press release

D) automated clicks

Which best describes the relationship between maximum cost-per-click(CPC) bids and Ad Rank

A) An increased CPC bid leads directly to a small increase in Ad Rank

B) CPC bid only affects Ad Rank on the Search Network

C) An increased CPC bid leads directly to a large increase in Ad Rank

D) CPC bid is one factor that affects Ad Rank

A florist is advertising five types of flowers, including red roses. When a user types the phrase"red roses" into Google, the advertiser's ad is displayed and clicked on. Which landing page is more likely to convert to a sale?

A) The page on the site that displays only roses

B) The homepage that displays all five types of flowers

C) The"Contact Us" page of the site

D) The page on the site where users can register as"frequent shoppers"

Which is a benefit linking a Google My Business account to an AdWords campaign?

A) Geographical targeting automatically expands to include all regions

B) Additional icon options are available for ads when using Google My Business

C) Free organic search results for the advertiser's business will be more likely to show on Google Maps

D) Adding or updating addresses in Google My Business automatically updates validated addresses used for ads.

Local Google+ pages created on Google My Business can be：

A) physical locations or mobile applications

B) entered into their own ad auction

C) location extensions in AdWords

D) conversions in AdWords

How does Conversion Optimizer determine the optimal cost-per-click(CPC) bid?

A) It uses your conversion history to bid higher when a conversion is more likely

B) It sets CPC bids as one-tenth the current CPA bid setting

C) It only allows CPC bids lower than the current CPA bid setting

D) It bids a static CPC value based on current max. CPC settings

An advertiser gets more conversions from ads that appear to people in Paris. What should this advertiser do to try and increase the number of conversions?

A) Change the zip code in the AdWords account

B) Set a location bid adjustment

C) Show ads only on the Search Network

D) Set a language bid adjustment

Which is a recommended best practice when creating a new mobile-preferred ad creative?

A) Target Search Network only

B) Use exact match keywords only

C) Use a mobile-optimized landing page

D) Integrate mobile Flash video ads

You have a friend starting her first AdWords campaign. What would you suggest about how to choose keywords?

A) Include more than 50 keywords in 1 ad group

B) Set a theme for each campaign and choose related keywords

C) Keep each keyword to a single word, rather than a phrase

D) Set a theme for each ad group and choose related keywords

The owners of a coffeehouse downtown would like to run an"afternoon espresso" promotion to increase sales during the afternoon hours on weekdays. Which AdWords feature is most effective for preventing their search ads from appearing at night or on weekends?

A) Managed placements

B) Keyword planner

C) Custom ad scheduling

D) Automatic bidding

Which allows advertisers to automate AdWords reporting and campaign management?

A) Use a structured Query Language(SQL) server reporting services

B) Execution of multiple reporting tasks from multiple computers

C) Execution of repetitive Data Mining Extensions(DMX) queries

D) Use of an AdWords Application Programming Interface(API) web service

Which report and metric should you analyze to see how often your client's ads are showing above search results in comparison with other advertisers?

A) Ad group data that you customize with the Report Editor

B) Ad average position metric from the paid and organic report

C) Average position metric from the top movers report

D) Top of page rate metric from the Auction insights report

Which is a best practice for writing an effective text ad?

A) Make the text different from what's on your landing page

B) Write several ads and see which one performs the best

C) Use a passive verb in the headline

D) Talk about yourself and your business

An ad group contains the phrase-matched keyword"underwater camera." Which search query may trigger an ad in this ad group to be shown?

A) camera for use under water

B) underwater digital camera

C) underwater camera case

D) underwater lens camera

Fran decides to use custom ad scheduling to promote her farm-to-table restaurant. Why did she choose this option?

A) She's using a"Standard" campaign

B) She prefers not to limit ad exposure, regardless of when the restaurant is open

C) She can't afford to run ads at all times of the day and on all days of the week

D) Her ads generate 95% of her business on Fridays, so she'd like to show them more on that day

You sell chocolate and want to tailor your text ads so they more directly match people's search terms, like"dark chocolate." You use keyword insertion code"We sell{Keyword：Chocolate}". Your headline could look like this：

A) We Sell chocolate

B) We sell dark chocolate

C) We Sell Dark Chocolate

D) We Sell dard chocolate

The automated"Maximize clicks" bid strategy attempts to get advertisers the most：

A) impressions in their preferred position range

B) conversions based on their conversion

C) clicks for their daily budget

D) impressions for their daily budget

Which is a best practice for creating a mobile-preferred ad?

A) Put your most important information in the second line of ad text

B) Integrate mobile Flash video ads

C) Use a mobile-optimized landing page

D) Use the same format and content as you'd use for a laptop ad

You have a food truck and want to reach people who are nearby on their mobile phones. Your maximum cost-per-click(max. CPC) bid is US$1. You set a mobile bid adjustment of +20% and a location bid adjustment of +50%. What's the final bid amount?

A) US$1.80

B) UD$1.70

C) UD$2.80

D) US$2

If you want to target ads to only people who speak Spanish, you can：

A) write your ad and keywords in Spanish and target the Spanish language

B) have Google translate your ad and keywords into Spanish

C) write your ad and keywords in English and target the Spanish language

D) in your ad text, make a reference to Spanish speakers

How would you determine the clickthrough rate(CTR) for a client's search ads?

A) Evaluate the number of clicks the ad accrues per day

B) Divide the number of clicks the ad gets by the number of impressions it gets

C) Divide the number of impressions the ad gets by its average position

D) Divide the number of impressions the ad gets by the number of clicks it gets

According to 2015 Google Trends data, which term would consumers on mobile phones be most likely to type in a search engine?

A) Shoe store addresses

B) Shoe stores near me

C) Shoe store sales

D) Great shoe stores

Which ad rotation setting shows all ads in an ad group, even those with a lower clickthrough or conversion rate?

A) Optimize for clicks

B) Rotate evenly

C) Optimize for conversions

D) Rotate randomly

Sarah manages 2 AdWords accounts for a client. Which tool would she use to search and replace a group of keywords across several ad groups?

A) Keyword Planner

B) AdWords Editor

C) Bid Simulator

D) AdWords API

After searching for shoes, Sean clicks on an ad promoting a sale on sneaker, which has several pop-ups. What should the advertiser do to improve Sean's experience?

A) Remove the pop-ups

B) Ensure that the pop-ups relate to the search

C) Ensure that pop-ups get Sean's attention

D) Remove all but on of the pop-ups

The AdWords Application Programming Interface(API) allows developers to use applications that：

A) can appear throughout the Google Search Network

B) interact directly with the AdWords server

C) are accessible only through AdWords Editor

D) can be uploaded into the Ad gallery

Based on AdWords editorial and professional requirements, which headline is most likely to generate clicks?

A) "Free shipping on CuStOm Ts"

B) "Custom Tees, Click Here"

C) "Design Your Own T-shirt"

D) "We sell custom t-shirts!"

True or False：Adding an extension to a text ad improves an advertiser's Quality Score.

A) False

B) True

What can you learn from attribution reports?

A) Budget usage for all Search campaigns, including limitations and opportunities for more traffic

B) The series of steps customers take after completing a conversion, including information on ads, clicks and elements of a campaign

C) The series of steps customer take before completing a conversion, including information on ads, clicks and elements of a campaign

D) The number of conversions the same customer completes after clicking an ad

Jose has a limited AdWords budget and his ads aren't showing as often as he wants. How might he improve results without spending more money on the campaigns limited by budget?

A) Slightly raise bids

B) Replace his 3 most expensive keywords with lower-prices keywords

C) Slightly lower bids

D) Choose accelerated instead of standard delivery

Keyword Planner can do all of these things except：

A) provide historical statistics on search volume

B) multiply keyword lists together

C) provide Quality Score estimates and validate keywords

D) suggest keywords and ad groups that may not have occurred to you

A client wants to get more clicks on his ad and also raise his Quality Score. Which of these actions may get him more clicks but won't raise his Quality Score?

A) Reducing prices on his inventory

B) Adding an extension

C) Using the Shopping ad format

D) Improving a lower-level page on his website

You have a budget of US$75 per day for your client's Search campaign, and you'd like to set a maximum cost-per-click(max. CPC) bid of US$1. How can you validate that this is the right bid amount for getting the most clicks?

A) Bid accross multiple ad groups to determine the average

B) Use bid simultors to see CPC estimates

C) Try various CPC amounts to determine the average

D) Raise your max. CPC to US$3 to cover possible competitive bids

Hannah is having a sale. In her ads, she wants to include the amount of time left in the sale. What's the best way to do this?

A) Note the sale end date in the text

B) insert th AdWords clock icon in each ad

C) Use the"Sale duration" function

D) Use the"Countdown" function

Adwords Editor lets users do all of these things except：

A) simultaneously make edits to multiple accounts online

B) view statistics for all campaigns

C) export and import files

D) keep working while offline

"Mobile app engagement" campaigns can be used to：

A) increase in-store call conversions

B) encourage people to download a new app

C) re-engage people who've downloaded an app

D) encourage people to rate an app in the app store

According to Google data, among consumers who conduct a local search on their smartphone, how many then visit a store within a day?

A) About 20%

B) About 50%

C) Nearly everyone who's ready to buy

D) About 10%

How might you explain to an account manager why se should identify how much a conversion costs when setting up conversion tracking for a client's Search Network campaign?

A) Cost-per-conversion data can be compared with competitors cost-per-conversion data

B) Knowing the cost-per-conversion can help her better optimize the campaign's bids and budgets

C) Cost-per-conversion data can indicate whether her profit will increase

D) Knowing the cost-per-conversion can help her better optimize the campaign's keywords

The keyword insertion code in an ad's headline is"Buy{Keyword：Books}" The ad appears when someone searches on"flower books" and the query matches a broad match keyword,"gardening books." How would the headline read?

A) Buy plant books

B) Buy Gardening Books

C) Buy keyword books

D) Buy flower-arranging books

You have an online electronics business and you've set up an ad group for digital cameras. What keywords could make this ad group as effective as possible?

A) Words from headlines on your website like"electronics" and"sale on cameras"

B) Brand names of your top competitors cameras

C) Words in your ad text, like model names of digital cameras

D) General phrases related to photography like"camera lens" and"camera base"

An advertiser who sells designer dresses is selecting a landing page to pair with ads for a collection of spring dresses. A good landing page would show：

A) spring dresses in several colors

B) a single best-selling dress

C) a catalogue of spring and summer dresses

D) top-selling dresses for all seasons

You have a maximum cost-per-click(max. CPC) bid of US$2 for a keyword. To determine the prospective impact of raising this bid to US$3, you could use：

A) Portfolio Simulator

B) Bid Simulator

C) Keyword Simulator

D) CPC Simulator

An advertiser who uses ad scheduling has a custom bid adjustment for 9 p.m. to 12 a.m. on weeknights. The normal bis is US$0.40 and the bid multiplier is-25%. How much is the advertiser bidding for that time period?

A) UD$0.30

B) UD$0.32

C) UD$0.03

D) UD$0.31

You can use the Adwords Application Programming Interface(API) to：

A) integrate Adwords data with your inventory system

B) integrate Adwords data with multiple manager accounts

C) override Adwords functions you don't need

D) integrate data about competitors into your account

You want to use Adwords to promote your dog-sitting service. What kind of campaign might you create to reach dog owners, whether they're searching on Google or surfing a pet-supply website?

A) Search Network with Display Select

B) Display Network, advanced

C) Search Network, advanced

D) Display Network with Search Select

Zoe has a website selling customizable electronic greeting cards. What could be interfering with her getting the most possible conversions?

A) It's obvious on the landing page that she's selling greeting cards

B) When people click the ad, they're taken to the get-well category

C) The landing page shows popular cards, with easy navigation to specific categories like birthday, anniversary, congratulations and get well

D) Some of her keywords are on the landing page

Obi added a sitelink extension to her text ad and wants it to show as often as possible. What's the best way to achieve this?

A) Add a second type of extension

B) Lower her Ad Rank

C) Lower her maximum cost-per-click(max.CPC)

D) Raise her maximum cost-per-click(max. CPC)

Roxanne's online estate-jewelry sales are lagging despite running a great text ad. What else might she do to drive sales?

A) Increase the number of keywords in each ad group

B) Add a location extension to her ad

C) Increase her maximum cost-per-click(max. CPC) bid

D) Use the Shopping ad format

A florist is advertising 5 types of bouquets, including those with roses. Which landing page is more likely to convert to a sale when someone searches on"roses"?

A) The"Contact us" page

B) The home page, showing 5 types of bouquets that include roses

C) The page on which people can sign up for coupons

D) The page showing sore bouquets

Which conversion metric can give you more insight into how your ads drive conversions on mobile phones, computers and tablets?

A) Cross-through conversions

B) Cross-OS Conversions

C) Click-through conversions

D) Cross-device conversions

Search terms report data shows that people who click on ads promoting your prescription glasses were searching for terms like"wine glasses" and"drinking glasses" Which might you add as negative keywords to prevent your ads from showing on such searches?

A) "wine" and"drinking"

B) "drinking" and"glasses"

C) "prescription" and"glasses"

D) "glasses" and"wine"

A client is asking you why he should evaluate the number of clicks on his search ads relative to the number of impressions received. What should you tell him?

A) He can get an idea of how many people double clicked his ads

B) He can better understand whether potential customers find his ads appealing

C) He can get an idea of how many people who've seen his ads became customers

D) He can better understand what happens after potential customers click his ads

Your client's product costs UD$50 to produce, and it sells for US$150. She's sold 10 units and spent US$700 on her AdWords campaign. How would you calculate her return on investment(ROI) to help her understand the benefit of using AdWords?

A) [US$150(sales price)- US$1500(cost)]/ US$700(AdWords spend)

B) [US$1500(revenue)- US$1200(cost + AdWords spend)]/ US$1200(cost + AdWords spend)

C) [US$1500(revenue)- 10(number of prroducts sold)]/ US$1200(cost + AdWords spend)

D) US$1500(revenue)/ US$1200(cost + AdWords spend)

True or Flase：Shopping ads use Merchant Center product data to decide how and where to show ads：

A) True

B) False

Which of these statements is true?

A) Location targeting enables location extensions

B) Location targeting determines which business address appears in an extension

C) Location extensions appear when someone who's physically near the business searches on relevant terms

D) Location extensions appear when an advertiser targets a geographic location

A new client want to promote his 3 indian restaurants, in different areas of London, to people searching for places to eat. How might you organize his account?

A) Create 1 campaign with an ad group for each item

B) Create 1 campaign with an ad group for all restaurant locations

C) Create 1 campaign with an ad group for each restaurant location

D) Create several campaigns with 2 ad groups each：dine in and takeout

Which is a best practice for writing an effective text ad?

A) Use all capital letters in the headline

B) End the headline with an exclamation point

C) Make sure the headline wraps to two lines

D) Capitalize the first letter each word in the headline

If you're currently using text, display and video ads but also want to more specially control spending on ads that appear when someone searches on Google, which additional campaign type would you choose?

A) Display Network, advances

B) Search Network only

C) Display Network only

D) Search Network with Display Select

True or False：If you'd prefer to reach as many people as possible, use exact match or phrase match keywords.

A) False

B) True

With call extensions, a customer who searches for Thai food on her mobile phone can see an ad for a Thai restaurant, along with a phone number and make the call with one click. How is that priced?

A) Negotiated in advance with bulk discounts

B) By the minute based on the length of the call

C) Flat fee based on the caller's phone model

D) The same as when someone clicks on an ad

Data shows that your client's ad that appears to people in San Francisco gets 120 conversions at a cost of US$1200 and cost-per-acquisition(CPA) of UD$10, while ads showing in Houston get 70 conversions at a cost of US$1400 and CPA of UD$20. If you have a CPA goal of US$12, what bid adjustment would you set for each location?

A) +40% for San Francisco,-20% for Houston

B) +40% for San Francisco,-40% for Houston

C) +20% for San Francisco,-20% for Houston

D) +20% for San Francisco,-40% for Houston

You're reviewing the paid& organic search report for a client who runs a Maui snorkeling tour business and you see that her business and you see that her business appears only in organic search for queries such as"boat snorkeling tour" and"beachside snorkeling tour." You can use this information to：

A) increase the bids for the keywords that include the terms"boat,""snorkeling" and"beachside"

B) increase the budget for all of her campaigns that contain these queries as keywords

C) create 2 separate ad groups focused on boat and beachside snorkeling and include these queries as keywords

D) lower the budget for all of her campaigns that contain these queries as keywords

An advertiser attempts to enable target cost-per-acquisition(CPA) bidding but the option isn't available. The most likely reason is that the advertiser：

A) has fewer than 15 conversions in the last 30 days

B) is using Google Analytics

C) is using another automated bid strategy

D) has fewer than 5 conversions in the last 15 days

How would you explain the importance of ad impressions to a client who's concerned that her Search Network campaign is generating impressions but no clicks?

A) They can help her calculate how often someone clicked on her ad and then converted

B) They can help her evaluate how engaging her ad is to potential customers

C) They can give her an idea of how often her ad is shown to potential customers

D) They can give her an idea of how often someone clicked on her ad

Small-business owner Marcos set up his AdWords campaign by thinking of"obvious" keywords off of the top of hid head. What's one way he might improve them?

A) See the suggestions on the Opportunities tab

B) See the suggestions on the Keywords tab

C) Click the"Automatic keyword refresh" button

D) Stick with the current keywords for 2 months to collect enough viable data

Each of these are benefits you'd expect from Shopping ads except：

A) free listings

B) better-qualified leads

C) ease of targeting without needing keywords

D) more traffic and leads

High quality ratings for an ad can：

A) improve its position

B) increase how often people click on it

C) increase its average cost-per-click(avg. CPC) bid

D) be achieved with a increase in bid

If you choose a target cost-per-acquisition(CPA) of US$15, AdWords will automatically adjust your bids to try to get as many conversions at what amount, on average?

A) US$15

B) US$18

C) US$45

D) US$30

Maria would like to target people who've already browsed her online clothing boutique by offering them a 10% discount on their first purchase. What tool should she use to reach these people on th Search Network?

A) Retargeting lists for text ads

B) Remarketing lists for search ads

C) Dynamic search ads

D) Flexible bidding

The format of a Shopping ad is different from that of a standard text ad in that it includes：

A) a product image, background color and price

B) a product image, title, price and extension

C) a product image, title, price and merchant name

D) a product image, title and price

Which statement is true?

A) Call extensions send people to a landing page with a phone number

B) Ads with call extensions only let people call the business

C) Call-only ads are available exclusively on the Display Network

D) Call-only ads only let people call the business

Chanara, a senior account manager at a large digital agency, like having an AdWords manager account. What can she do with a manager account that she can't do with an individual account?

A) Use a single sign-in for all accounts

B) Access the Adowrds Application Programming Interface(API)

C) Upgrade each individual AdWords account

D) Upgrade multiple manager accounts

You own a bed and breakfast in southern France and want to target English speaking tourists looking for accommodations after they've arrived in France. What language and location should you target?

A) French and English; the 5-mile radius around the bed and breakfast

B) English; the United States

C) English; southern France

D) English; the 25-mile radius around the bed and breakfast

Drew is selling math textbooks and using cost-per-click(CPC) bidding for his campaign. What's the final cost each time his ad is clicked?

A) The projected maximum cost-per-click(max. CPC)

B) The average amount charged each time someone clicks on his ad

C) The minimum amount needed to maintain a higher rank than the rank held by the next-highest bidder in the auction

D) The average amount needed to make the ad appear somewhere on the page

You want to see how raising your client's target cost-per-acquisition(CPA) might affect his ad performance. Which tool could help?

A) Keyword Simulator

B) Target CPA Planner

C) Target CPA Simulator

D) Target Bid Simulator

Jonathan, who has a Bay Area sailing excursion business, notices that his text ads show below a competitor's in search results when people enter keywords like"sailing excursions on San Francisco Bay." Which automated bid strategy could help him attain the top position?

A) Enhanced cost-per-click(ECPC)

B) Target outranking share

C) Maximize clicks

D) Target return on ad spend(ROAS)

Daley is managing multiple AdWords accounts for a grocery store chain and using conversion tracking. What might make her daily AdWords tasks simpler?

A) Using 1 conversion code snippet with cross-account conversion tracking

B) Setting up automated conversion rules for both accounts

C) Using multiple conversion code snippets with single-account conversion tracking

D) Combining the accounts for streamlined reporting

Your average bid id US$10 and you've enabled enhanced cost-per-click bidding(ECPC). Assuming you haven't set any bid adjustments. ECPC can raise your bid to which amount when AdWords sees an auction that's more likely to lead to a sale?

A) UD$11

B) UD$14

C) UD$13

D) UD$12

Yoon, who sells designer jeans, has a mobile app to help women determine what leg style looks best on their body type. What could she do to bring in more prospective customers?

A) Add a mobile-app extension to her ad

B) Use the"Ads on mobile devices" campaign type

C) Include a link to her mobile website in her ad

D) Add a call-only extension to her ad

According to Google data, 70% of mobile searchers who've recently made a purchase have：

A) visited a business's website from the search results page

B) saved a business as a contact on their phone

C) called a similar business from their phone

D) clicked to call a business from the search results page

Nick sells 5 flavors of gourmet popcorn. Why is he bundling ads for his best-selling flavor,"Sweet& spicy coconut," with related keywords like"coconut snacks" in a single ad group?

A) To show ads promoting"Sweet& spicy coconut" to people searching for that flavor

B) It's most efficient to have a single ad group

C) To show ads promoting all the flavors to people searching for"gourmet popcorn"

D) To make sure"Sweet& spicy coconut" continues to be the bestseller

A furniture store owner is creating her first AdWords campaign. What's the best way to group her products?

A) Separate them in ad groups with themes like sofa beds, king-size beds, and queen-size beds

B) Separate them in ad groups based on what she thinks will sell best on the Search vs. the Display Network

C) Group them in a single ad group

D) Create a new campaign for every bed she sells in her store

Which statement about ad extensions isn't true?

A) They often appear below the organic search results

B) They show additional information about a business

C) They tend to improve an ad's visibility

D) They can help improve clickthrough rate

You're reviewing the campaigns of a new client who wants to better promote his child daycare facility to parents researching childcare on their mobile devices.

A) a headline and description text that encourages people to sign up for a tour, and uses location extensions so they know where the client's business is located

B) the mobile version of the facility's website as the landing page, and uses an interactive video showing current students and teachers reading together

C) a headline and description text that includes a customer testimonial, and uses the previous visits automated ad extension to let people see when they last visited the client's website

D) the computer version of the facility's website as the landing page, and a headline and description text that encourages people to sign up for the facility's newsletter

Your client sells gardening supplies online. You suggest she use sitelinks because they can：

A) take people to subpages on her site about gloves, tools and fertilizer

B) bring people to her site from blogs about gardening

C) be used with Shopping campaigns

D) take people to blogs about gardening

Which option can you use to capture potential business later in the day, even on a limited budget?

A) Ad delivery

B) Bid allocation

C) Ad automation

D) Bid capping

To create a customer experience that's relevant and useful at every touchpoint, a search advertiser should focus on：

A) launching a cross-device campaign

B) running ads only on mobile devices

C) carrying over the theme of her traditional ad campaign to her online campaign

D) addressing consumers' needs

The majority of consumers want ads customized to their：

A) interests and hobbies

B) country or nationality

C) city, zip code, or immediate surroundings

D) age group

Blake is selling baseball caps and using conversion tracking. What information might he learn from the conversion tracking data?

A) Most of his customers are watching a ballgame when they visit his site

B) Most people clicking on his ad already own at least 1 baseball cap

C) Lots of his site visitors are signing up for his baseball trivia newsletter

D) Lots of his site visitors are 49ers fans

To optimize a client's campaign to get the most out of her mobile advertising, you can：

A) use the maximize clicks flexible bidding strategy to increase the number of clicks her ads get from users viewing her ads on mobile devices

B) set shorter conversion windows to capture users who convert after researching on multiple devices

C) edit the campaign's ad text to include information about how customers can purchase her product on their computers

D) set a mobile bid adjustment for the campaign based on insights from estimated cross-device conversion and total estimated conversion data

Heather has a mobile app she wants people to keep using once they've downloaded it. How can she make it more engaging?

A) Use the bid strategy"Maximize engagement"

B) Customize the app for each format(phone, tablet, computer)

C) Set up custom deep links

D) Add some large, memory-intensive graphics

An advertiser selling computer monitors is writing new ad text for an existing ad group. Which meets AdWords editorial and professional requirements?

A) 20-70% off LCD monitors

B) BUY affordable LCDs

C) Cheap, cheap, cheap monitors

D) **Free** shipping on LCDs

You're working on the bidding strategy for a Search Network campaign. If the cost-per-conversion for mobile is lower than for desktop, how might you optimize the bidding strategy to increase the number of conversions?

A) Increase the number of mobile-optimized text ads

B) Decrease the mobile bid adjustment for the campaign

C) Decrease the number of mobile-optimized text ads

D) Increase the mobile bid adjustment for the campaign

The strategic use of different marketing channels affects：

A) target-customer demographics

B) payment methods

C) the average amount of each sale

D) online purchase decisions

You're the account manager for a client who wants to increase reservations at her boutique hotel. You've been manually managing bids for her campaigns, and you're looking for ways to save time and optimize. How can you most effectively do this?

A) Apply target cost-per-acquisition(CPA) bidding to drive conversions at her desired CPA

B) Continue to manually set the bids to focus on driving clicks to the site in order to drive conversions

C) Create 1 campaign and apply target search page location bidding to drive visibility and reservations

D) Create 2 separate campaigns that include a mix of brand keywords and highly targeted keywords, and apply maximize clicks bidding to each campaign

An advertiser targeting only France determines that clicks have been received from people in Switzerland. Why might this happen?

A) People located in Switzerland are searching using France-related words, like"hotels in Paris"

B) French people visiting Switzerland are searching on Google for information about Switzerland

C) Swidd people are searching on Google for information about Switzerland

D) People located in France are using Swiss-related words like"hotels in Switzerland"

Your manager the campaigns for a client that runs a wine tour business in Florence. The ads have stopped showing on Google. If the budget is limited, what might help make sure the ads show?

A) Use accelerated delivery to show the ads throughout the day to make sure that the entire budget isn't spent in the morning

B) Improve the quality of the campaigns' keywords by making sure they're relevant to the ads' text and landing pages

C) Use target outranking share bidding

D) Raise the target cost-per-acquisition(CPA) bid

You own a pet-supply store with various category pages on your website, and you've set up a tracking template so you can manage tracking and redirect information. Your final URL for the keyword"dog treats" could be something like：

A)

B) www.trackingkeyworddestinationURL=12345678987654321%dogtreatsredirect

C) {creative}dogtreats

D) {creative}&url=http%3A%2F%2Fwww.example.com%2Ftreats%3Fstyle%3Ddog

Return on investment(ROI) information can help you manage a client's campaign by helping you determine how to：

A) adjust your client's budget

B) optimize your client's ad text

C) optimize your client's keywords

D) All of the listed answers are correct

Why would the data for a Search Network campaign show conversions but no view-through conversions?

A) A view-through conversion is counted when someone clicks on an ad in Google Search and converts on the site

B) A view-through conversion is counted when someone clicks on an image or rich media ad on the Display Network and converts on the site

C) A view-through conversion is counted when someone sees an ad in Google Search and calls the business

D) A view-through conversion is counted when someone sees an image or rich media ad on the Display Network but doesn't click, and later converts on the site

You can use target cost-per-acquisition(CPA) bidding to help：

A) get as many conversions as possible within a flexible budget range

B) get as many clicks as possible within your budget

C) get as many conversions as possible within your budget

D) generate more clicks than manual bidding would generate

Which lets you change keywords, campaigns, ads, ad groups and product groups?

A) Category editor

B) Bulk edits

C) Revision tool

D) Campaign editor

You manage the campaigns for a baby stroller manufacturer that sells its products online and through large retailers. To calculate the total profits from these campaigns, you should：

A) estimate revenue based on online sales, factor out gross margins, and subtract AdWords costs

B) estimate revenue based on the value of click, factor out gross margins, and subtract AdWords costs

C) estimate revenue based on the value of an AdWords customer, factor out gross margins, and subtract AdWords costs

D) estimate revenue based on in store sales, factor out gross margins, and subtract AdWords costs

Dynamic search ads would be most helpful for：

A) websites with hundreds or thousands of products, services or listings that change frequently

B) moving an ads position dynamically in whatever direction a person's eyes are looking

C) a local restaurant with a dynamically changing menu that offers fresh, new entrees every day

D) campaigns that need to reduce exposure on competitive keywords

Executives at a small e-commerce company are debating AdWords performance metrics. If the budget is unlimited as long as return on investment(ROI) is positive, which recommendation best positions the company for maximum profit?

A) The company's email campaigns are the most profitable, with a cost-per-acquisition of ￡15, so it should use that as a benchmark when setting target cost-per-acquisition(CPA) bids

B) Ad spend should always be 7% of revenue, which should be used as the target ROI

C) Decrease the target cost-per-acquisition(CPA) for the campaigns from ￡15 to ￡10 to drive an increase in profit per customer

D) Determine whether the campaigns are profitable, then test different target cost-per-acquisition(CPA) bid increases to see which maximizes total profit

How can advertisers see specific search queries that have caused their ads to show, even if those queries are not keywords within their accounts

A) Add a customized column for"queries" on the Keywords tab

B) Use the Ad Preview and Diagnosis Tool on the Tools tab

C) Review" Automatic placements" on the Display Network tab

D) Select the"Details" drop-down menu on the Keywords tab

On which tab can advertisers see credits for invalid clicks within their AdWords accounts?

A) Opportunities

B) Billing

C) My account

D) Campaigns

In order to achieve the best performance possible from text ads, which is a best practice that should be followed?

A) Use at least five keywords from the ad group directly in the ad text

B) Use account statistics and reports to monitor ad performance

C) Include words like"find" and"searchA" in the ad text

D) Include no more than one ad text per ad group

Which information does the Conversion Optimizer need in order to find the optimal cost-per-click(CPC) bid for an ad each time the ad is eligible to appear?ORWhat information does a target cost-per-acquisition(CPA) bid strategy need in order to find the optimal cost-per-click(CPC) bid for an ad each time it's eligible to appear?

A) Manual bid changes

B) Historical conversion data

C) Test conversions

D) Forecast data

If an advertiser has the same keyword in 2 different ad groups, the one to win a given auction will have the：

A) highest maximum cost-per-click(CPC) bid

B) lowest maximum CPC bid

C) highest cost-per-acquisition (CPA) bid

D) highest Ad Rank

A high Quality Score can：

A) be assigned to negative keywords

B) improve an ad's position

C) be achieved with an increase in bid

D) prevent an ad from being served

Each of the following are benefits you would expect from Product Listing Ads except：

A) Ease of targeting without needing keywords

B) More traffic and leads

C) Automatically produced video commercials

D) Better qualified leads

The AdWords Application Programming Interface(API) allows developers to use application that：

A) are accessible only through AdWords editor

B) can appear throughout the Google Search Network

C) can be uploaded into the Ad gallery

D) interact directly with the AdWords server

What are Sitelinks?

A) Links from other sites to your site

B) Links to other websites that appear beneath the text of your Search ads

C) Links to more pages of your site that appear beneath the text of your Search ads

D) Links from your site to other sites

An advertiser can apply mobile bid adjustments at which of the following levels?

A) Campaign level

B) Keyword level

C) Account level

D) Ad level

AdWords Editor allows users to：

A) invite new users to share accounts

B) find relevant ads on Google partner sites

C) make live edits to multiple accounts simultaneously

D) access multiple accounts offline

One factor the AdWords system uses to calculate an ads actual cost-per-click(CPC) is the：

A) maximum cost-per-click(CPC) of the ad showing one position lower on the page

B) location targeting of the ad showing one position lower on the page

C) cost-per-thousand impressions(CPM) of the ad showing one position lower on the page

D) maximum cost-per-click(CPC) of the ad showing in the#1 position on the page

Advertisers can provide physical address information about their businesses through Google Places accounts. Ads that include this type of information are eligible to show on：

A) mobile devices with GPS enabled only

B) Google Maps only

C) any networks selected in the campaign settings

D) Google search only

What is the definition of actual cost-per-click(CPC)?

A) The average CPC the advertiser needs to pay in order to achieve top position

B) The least possible CPC the advertiser needs to pay to maintain an achieved position

C) The CPC according to a price list, which is then updated daily

D) The CPC an advertiser was charged minus credits for overshot daily budget

An advertiser made edits to an AdWords ad and noticed that the position of the ad decreased. What is the most likely cause for the decrease in position?

A) The Quality Score for the account was reset after the ad was edited

B) The advertisers landing page is down for maintenance

C) The edited ad is less relevant to the keywords within the ad group

D) The edited ad has a lower conversion rate after the changes were made

An advertiser makes edits to an ad and notices that it's position is then lower than that of the previous version. What's the most likely cause?

A) The edited ad is less relevant to the keywords in the ad group

B) The advertiser's landing page is down for maintenance

C) The edited ad has a lower conversion rate

D) The advertiser's budget has been depleted

You are running a Search campaign for an accounting software provider that wants to estimate lifetime customer value as a primary benchmark for performance. They charge $10/mo for Basic service and $20/mo for Pro. Which formula best describes their average lifetime customer value across all service offerings?

A) ($10)*(% Basic customers)*(Basic average lifetime in months) + ($20)*(% Pro customers)*(Pro average lifetime in months)

B) ($10)*(% Basic customers) + ($20)*(% Pro customers)

C) ($10+$20)*(% Basic customers)*(Basic average lifetime in months)/ ($20)*(% Pro customers)*(Pro average lifetime in months)

D) ($10*$20)(Total monthly conversions)/(Total customer count)

An advertiser has several keywords set to broad match and would like to see the actual search queries that triggered his ads. This information can be found in the：

A) Ads tab of a specified group

B) Ad extensions tab

C) Opportunities tab

D) "Details" drop-down menu on the Keywords tab

An advertiser wants to increase the position of an ad on Google, but is not willing to raise bids to accomplish this goal. What else should the advertiser do in an attempt to increase Ad Rank?

A) Change keyword match types from exact match to phrase match.

B) Make changes to improve the Quality Score of the ads keywords

C) Lower bids on keywords with high clickthrough rates(CTRs).

D) Review Impression Share report data to identify missed opportunities

Which allows advertisers to automate AdWords reporting and campaign management?

A) Use of Structured Query Language(SQL) server reporting services

B) Execution of multiple reporting tasks from multiple computers

C) Execution of repetitive Data Mining Extensions(DMX) queries

D) Use of an AdWords Application Programming Interface(API) web service

How might an advertiser compare, over time, two campaign metrics such as"cost per conversion" and"cost"?

A) Run an impression share report and select to display the two metrics

B) Filter all keywords with an average position greater than three

C) Select the two metrics in"Graph options" on the Campaigns tab

D) Search the account for keywords with high average cost-per-click(CPC) bids.

In an AdWords account, which statistic is viewable for each ad group?

A) Purchase funnel abandonment by step

B) Average cost-per-click(CPC)

C) Percent of impressions blocked by negative keywords

D) Performance by Internet Protocol(IP) address

Linking your Google+ Page to your AdWords account.

A) Cannot be done if you have a Google Merchant account

B) Requires a 2-month approval process

C) Enables users to login to your website through your Search advertisements

D) Enables you to show more endorsements for your business from your customers and supporters

Which is the quickest way to add a long list of locations to target in an AdWords campaign?

A) Select"Bulk locations" in the advanced section of a campaigns location settings

B) Add locations as keywords to the campaign

C) Search for each location in the search tab of locations settings

D) Enter a value in the"Show my ads within" box

Advertisers who check web server logs may find their ads received multiple clicks from a single Internet Protocol(IP) address. This could be a result of：

A) duplicate keywords added to multiple ad groups in one campaign

B) incorrect IP address information filtered from Google Analytics

C) Internet Service Providers(ISPs) who assign the same IP address to multiple users

D) query parsing being used to show geo-targeted ads to users in a different city

A user clicks on an ad promoting a sale on sneakers. Upon clicking, the user is taken to a page that does not contain sneakers, but rather discount sunglasses. The user also encounters pop-ups while trying to navigate the site. What should the advertiser do to improve the users experience?

A) Link to the webpage that is relevant to the ad and remove the pop-ups

B) Ensure that the pop-ups relate to the users search

C) Edit the ad text to promote the sunglasses in addition to the sneakers

D) Provide original content that cannot be found on another site

You are an independent consultant selling an ebook you wrote about Search Engine Marketing for $50. You have campaigns across multiple online advertising platforms：search networks, display networks,& other advertising networks. Which approach to CPA targets and budget is best suited to maximize your total profit?

A) Predetermined budget to be divided across all platforms. Allocate the most budget to the platforms with the lowest CPA

B) Unlimited budget on all platforms where ROI is positive. Use a single CPA taret for all channels which matches the channel with the lowest CPA

C) Predetermined budget, to be divided equally across all platforms. Minimize CPA on all platforms

D) Unlimited budget on all platforms where ROI is positive. Find a different CPA for each platform which maximizes profit based on costs, sales volume,& contribution to overall marketing campaign

You can add a'+' modifier in front of broad match keywords to.

A) specify that someone's search must include certain words or their close variations

B) indicate that this keyword should be dynamically inserted into your ad text

C) only trigger ads when the Google+ social extension is available

D) overrides negative keywords with an explicit positive keyword

Exact Match Impression Share metrics：

A) are available for both Search and Display Network campaigns

B) summarize impression share statistics for all keywords currently set to exact match

C) calculate impression share as if all keywords were set to exact match

D) are only available at the account level

An advertiser who sells designer dresses is selecting a landing page to pair with new ads for spring dresses. A good landing page for the spring dress collection ads would display.

A) a page of the top-selling dresses for all seasons

B) a catalog of all dresses available on the website

C) several colors of spring dresses

D) spring dresses, skirts, belts, and shoes

An advertiser enabled Conversion Optimizer and noticed a decrease in the number of conversions. What could have caused this decrease to occur?

A) The cost-per-click(CPC) bid was lower than the recommended amount

B) The specific Conversion Optimizer code snippet was not added to the site

C) The maximum cost-per-acquisition(CPA) bid was lower than the recommended amount

D) The ads in the campaign are waiting to be approved

In a Reach and Frequency report,"Frequency" is defined as the：

A) average number of times a user is exposed to an ad or the average number of times a unique user sees an ad over a given time period

B) total number of ad impressions

C) average number of times a video ad is played by a user

D) average number of times an ad appears on a single webpage

Reviewing"Search Terms" data on the Keywords tab will help advertisers to identify.

A) new keywords ideas for a campaign

B) keywords with low Quality Scores

C) potential new placements to target on the Google Display Network

D) ad groups or campaigns that should be paused

Dynamic search ads would be most helpful for.

A) Websites with hundreds or thousands of products, services, or listings that frequently change

B) Moving an ads position dynamically in whatever direction a users eyes are looking

C) Campaigns that need to reduce exposure on competitive keywords

D) A local restaurant with a dynamically changing menu that offers fresh new entries every few months

Janes e-commerce site sells a wide variety of bicycle equipment. She wants to estimate her profit-per-conversion for each ad group to get a sense of which ad groups are immediately profitable in the short term. Which formula best estimates Janes profit-per-conversion before advertising expenses?

A) (Avg Revenue per Order)* (Profit Margin)

B) (Total Profit)/(Total Revenue)

C) (Avg Profit per Order)* (Conversion Rate)

D) (Avg CPC)* (Conversion Rate)

Which is the next stage of detection in an AdWords account, if Googles automatic filtering system does not successfully remove all potentially invalid clicks?

A) Advertiser reports suspicious activity in the account

B) Alert from the AdSense team about publisher suspension

C) Third-party analysis of advertisers web server logs data

D) Proactive offline analysis by the Google Ad Traffic Quality Team

If the query"Seattle plumbers" is entered into Google, Google will use the location term that is part of the query to show ads：

A) that have included"Seattle" as an exact match in keyword lists

B) targeted to areas surrounding the city of Seattle

C) targeted to Seattle, regardless of the users location as long as they are in the US

D) to that user based on IP(Internet Protocol) address

Where on an e-commerce website should an advertiser install the AdWords Conversion Tracking code?

A) Shopping cart header

B) Confirmation page after a purchase

C) Website homepage

D) Landing page of an ad

The keyword insertion code in an ads headline reads："Buy{KeyWord：Books}." The related ad appeared when a user searched"flower books" and the query expanded to a broad-matched keyword in the account,"gardening books." In this example, how would the ads headline be displayed?

A) Buy keyword books

B) Buy Gardening Books

C) Buy Books

D) Buy flower books

To get an idea of whether you should continue to run a Search Network campaign on search partner sites, you can：

A) use Keyword Planner to evaluate how the campaign might perform better on search partner sites

B) segment the campaign's data by network and evaluate its performance on search partner sites

C) review the top movers report to see if the campaign is getting more clicks on search partner sites

D) evaluate the campaign's performance on search partner sites vs. display partner sites

If multiple individuals make changes to one AdWords account, upon opening the account in AdWords Editor, they should.

A) click"get recent changes" in the tool bar(download recent changes)

B) contact all other account managers

C) disapprove any new proposals that appear

D) refresh the account in AdWords

An advertiser wants to improve the position of ads on Google but isn't willing to raise bids. What else could increase Ad Rank?

A) Make changes to improve the components of Quality Score

B) Lower bids on keywords with a low clickthrough rate(CTR)

C) Change keyword match types from exact match to phrase match

D) Review impression share data to identify missed opportunities

AdWords Campaign Experiments allow you to.

A) Test changes to your account for a portion of the auctions that your ads participates in

B) Automated different images and text on your site to understand what converts most effectively

C) Receive written feedback from users based on their experience on your site

D) Request a formal analysis from Googles Campaign Experiments team that isolates the effect of online advertisements of offline purchases

Business listings in Google Places can be：

A) entered into their own ad auction

B) location extensions in AdWords

C) conversions in Adwords

D) physical locations or mobile applications

You are gaining a reputation as a true wizard of AdWords and just won a multi-million dollar client to consult on bidding strategy. Your new client asks you to set bids that maximize profit, focus on the top 3 positions, and minimize CPA. How can you most effectively meet their goals?

A) Set bids that minimize CPA within the top 3 positions, but explain that profit cannot effectively be optimized simultaneously

B) Explain that all three objectives contradict each other and the tradeoffs at risk. Understand the clients priorities and adopt a bidding strategy with minimal contradictions

C) Set bids that simultaneously optimize profit, position, and CPA all to the perfect point

D) Set bids that minimize CPA while maximizing profit, but explain that position cannot effectively be optimized simultaneously

In a Reach and Frequency report,"Reach" is defined as the：

A) distance between a user exposed to an ad and the business location of the advertiser

B) demographic populations to which an ad is served

C) geographic locations in which an ad is served

D) number of unique users exposed to an ad oran estimate of the number of users exposed within a selected location target, based on unique cookies

At which level of an AdWords account can an advertiser make changes to network and location targeting settings

A) Account

B) Ad group

C) Campaign

D) Keyword

Information an advertiser would find in the Change History tool would be：

A) changes made by the Ad Automator feature

B) adjustments made to the daily budget

C) credit card information associated with the account

D) timestamps for when ads were approved or disapproved

An advertiser implements Conversion Optimizer and notices campaigns are receiving fewer conversions than before the tool was implemented. Which action should the advertiser take to increase the number of conversions received?

A) Set campaign budget to a 30-day cycle

B) Increase the maximum cost-per-acquisition(CPA) bid

C) Opt out of the Google Display Network

D) Narrow location targeting settings

The purpose of a developer or authentication token is to track：

A) Application Programming Interface(API) usage

B) AdWords usage

C) Application Programming Interface(API) access by application

D) AdWords applications

Intergalactic Teleportation Inc uses AdWords to generate leads for their sales team. Leads are tracked by Conversion Tracking via a Contact Sales form. The sales team converts 10% of leads into deals. For each deal an additional 15% of business is gained from word-of-mouth. Which formula best describes value-per-conversion?

A) (Average deal value)* (10%)/ (115%)

B) (Average deal value)* (0.15)

C) (Averaage deal value)* (10%)* (115%)

D) (Averaage deal value)* (10%)* (15%)

You are CEO of a small e-commerce shop and your team is debating AdWords performance metrics to maximize profit. Budget is unlimited as long as ROI is positive. Whose recommendations most effectively position you for maximum profit?

A) Lou："We get a CPA of $15 on our e-mail campaign. Lets meet or beat that benchmark across all marketing platforms."

B) Joe："An MBA class once suggested ad-spend should always be 9% of revenue. Lets use that as our target ROI."

C) Jane："A $15 CPA is okay, but if we could get it down to $10, that would give us more profit-per-customer."

D) Pete："Lets start by verifying our campaign is profitable, then test different CPA tarets to find which maximizes total profit."

An advertiser selling anti-bacterial toothbrushes wants to invest in their brand with a set marketing budget. They want another campaign that maximizes profit as long as ROI is positive. Which account structure achieves both goals?

A) Run everything in a single campaign, allocating the set marketing budget to it

B) Automated everything in a single campaign with Branding and ROI optimizer

C) Allocate the set marketing budget across dedicated branding campaigns. Create a separate campaign that can extend its daily budget after profitability is achieved

D) Divide the marketing budget between Search and Display and run two separte campaigns

An advertiser runs a report at the Campaign level and includes invalid clicks statistics. The report indicates that 20% of clicks received during the selected time period were invalid. This means that the invalid clicks were：

A) filtered out of the account before they accrued cost

B) charged to the account

C) removed as a result of a proactive investigation

D) credited to the account

Which AdWords feature is compatible with Conversion Optimizer?

A) Separate Display Network bids

B) Advanced Ad Scheduling

C) Enhanced CPC

D) Ad Extensions

An advertiser who works for a large company wants to make frequent, specific changes to bids based on criteria for more than 100,000 keywords. Which would be the most efficient tool for that advertiser to use?

A) My Client Center(MCC)

B) AdWords Application Programming Interface(API)

C) AdWords editor

D) Automatic cost-per-click(CPC) bidding

How does the Conversion Optimizer use an advertisers cost-per-acquisition(CPA) bid to determine the optimal equivalent cost-per-click(CPC) bid for each auction?

A) The CPA bid is multiplied by the predicted conversion rate

B) The CPA bid is the highest the system will allow the CPC bid to reach

C) The actual CPC bid is based on current max CPC settings

D) The CPC bid is one-tenth of the CPA bid by default

What determines a keywords clickthrough rate(CTR)?

A) Number of impressions divided by the average position

B) Number of clicks accrued per day

C) Number of impressions divided by the number of clicks

D) Number of clicks divided by the number of impressions

You own a pizzeria in downtown Chicago. With call extensions, a customer who searches for pizza on her mobile phone can see your ad along with your phone number and make the call with one click. How is that priced?

A) Click-to-call ads are priced by the minute based on the call's duration

B) Prices are negotiated in advance with discounts for bulk purchases

C) The cost is the same as a standard click on the ad

D) Click-to-call ads are flat-fee based on the caller's phone model

A user conducts a search on the term"laptop computers" and clicks on an ad. Which landing page would be the most relevant to that user?

A) A category page containing both laptop and desktop computers

B) An electronic store's homepage

C) A category page containing a variety of laptop computers

D) A product page for a desktop computer

An advertiser who sells laptop computers only wants to reach consumers who are ready to make an immediate purchase online. When building the keyword list for an ad group, the advertiser should include：

A) negative keywords such as-review or-comparison

B) phrase match keywords such as"laptop" or"computer"

C) negative match keywords such as-buy or-purchase

D) exact match keywords such as[rate],[review], or[compare]

Often, the"last click" before a conversion gets all the credit. But there are often assist clicks and assist impressions that help guide your customers to conversion. Which built-in AdWords report can show you this performance data?

A) Campaign Settings

B) Search Funnels

C) Billing Preferences

D) AdWords Editor

A new coffeehouse downtown would like to run an"afternoon espresso" promotion to increase sales during the afternoon hours on weekdays. Which AdWords feature is most effective for preventing their search ads from appearing at night or on weekends?

A) Position Preference

B) Automatic Bidding

C) Ad Scheduling

D) Keyword Planner

Which feature distinguishes location extensions from regional and customized campaign targeting?

A) Location extensions will appear when a user located near the advertised business searches on relevant terms.

B) Customized campaign targeting determines which address appears below the ad.

C) Location extensions will appear when an advertiser has targeted a specific region or location

D) Customized campaign targeting is required in order to enable location extensions

An advertiser notices that clicks have suddenly increased and is concerned that they might be due to invalid activity. What is the first thing the advertiser should do to investigate this situation?

A) Look at click patterns over time and rule out legitimate reasons for increased activity

B) Submit an invalid clicks report to the Google AdWords team

C) Pause the affected campaign until an invalid clicks investigation is complete

D) Submit new ad text variations for review

One reason for using Conversion Optimizer is to：

A) maximize ad exposure

B) dynamically manage ad position

C) generate more clicks than manual bidding would generate

D) avoid unprofitable clicks

How should advertisers use their websites to help them structure their accounts?

A) Organize ad groups and campaigns to reflect the layout of the website

B) Organize keywords to cover each word represented on the website

C) Add the website's URL as a keyword to each ad group

D) Add the headings from the website as keywords across campaigns

Which is the most appropriate action to take when a keyword is below the"first page bid estimate" listed in the Status column of the Keywords tab?

A) Consider increasing the bid or editing the keyword to improve Quality Score

B) Delete the keyword from all instances in the account

C) Change the match-type to the keyword to Exact

D) Always increase the keyword bid to the"first page bid estimate"

Megan enabled Conversion Optimizer in all six of her campaigns. How can she tell if Conversion Optimizer is improving campaign performance.

A) Monitor overall changes in clicks received

B) Enable and disable Conversion Optimizer every other day to observer differences

C) Compare average CPA and conversion rate before and after using Conversion Optimizer

D) Install new Conversion Tracking code

What can be learned from a Search Funnel?

A) Search impressions share for the last 30 days compared to CPC trends over time

B) Budget usage for all Search Campaigns, including budget limitations and opportunities for more traffic

C) The number of searches completed during a given period of time

D) The series of steps a customer takes before completing a conversion, including information on ads, clicks, and other elements of your campaign

To improve the performance of an ad group on the Search Network, advertisers should create ad groups containing：

A) managed placements and keywords

B) destination URLs set at the ad group level

C) at least 50 keywords

D) keywords that are also included in the ad text

Which are key elements to keep in mind when optimizing a landing page for AdWords?

A) Prominent headlines in several font styles and text sizes

B) Clear landing page layout and several links to related websites

C) Relevant and original content that clearly represents the business

D) Correct programming language used to construct site

The IP Exclusion tool allows advertisers to：

A) discover IP addresses of competitors

B) obtain IP addresses for valuable website visitors

C) determine which IP addresses have seen ads

D) prevent specific IP addresses from seeing their ads

Which scenario would record to two conversions(1-per-click)?

A) A users clicks on an ad, converts, and returns to the site using a bookmark within 30 days and converts again

B) A user clicks on an ad, does not convert, then returns to the site using a bookmark within 30 days and converts

C) A user clicks on an ad and does not convert. The user performs the search again the following day, clicks on the same ad and converts

D) A user clicks on an ad and converts. The user performs the search again the following day, clicks on the same ad and converts again

How could an advertiser determine the most profitable keywords within a campaign?

A) Compare the costs accrued by each keyword with the conversion data for that keyword

B) Identify the keywords with the lowest"first page bid estimates"

C) Compare the total clicks to total conversions for each keyword in the account

D) Identify the keywords with the highest clickthrough rate

Bud would like to test new logic in his application that uses the AdWords Application Programming Interface(API) without modifying his live AdWords campaigns. Which tool would allow him to do this?

A) AdWords API Sandbox

B) Ad Preview Tool

C) AdWords API Tokens

D) Keyword Planner

An advertiser in Canada wants to view ads as they would appear to users in Mexico. Which tool should this advertiser use to accomplish this goal?

A) Ad Preview and Diagnosis Tool

B) Keyword Planner

C) Display Planner

D) Change history

Which approach to bidding is best suited to maximize profit?

A) Maximize ROI as a percentage

B) Minimize CPA

C) Maximize conversions

D) Balance CPA and# of conversions

In order to differentiate ads from the ads of competitors, advertisers creating text ads should：

A) mention competitor offers and prices

B) use special characters, such as asterisks or hashes

C) use exclamation points and capital letters

D) include prices and promotions

Automatic cost-per-click(CPC) bidding attempts to get advertisers the most：

A) impressions for their daily budget

B) conversions based on their conversion goals

C) clicks for their daily budget

D) impressions in their preferred position range

An advertiser that uses ad scheduling has a custom bid adjustment for 9pm-12am on weeknights. The normal bid is USD$0.40 and the bid multiplier is 75%. How much is the advertiser bidding between 9pm-12am on weeknights?

A) USD$0.70

B) USD$0.33

C) USD$0.03

D) USD$0.30

You're tracking conversions in a budget-constrained campaign. If you raise CPC bids within the budget constraint, which results is most likely?

A) Receive more conversions while paying more on average per conversion

B) Receive fewer conversions while paying more on average per conversion

C) Receive more conversions while paying less on average per conversion

D) Receive fewer conversions while paying less on average per conversion

An advertiser notices that the clickthrough rate(CTR) in one ad group has significantly decreased throughout the past few weeks. What could this advertiser do in an attempt to increase CTR and maintain relevant website traffic?

A) Edit the ad text to include a more relevant destination URL

B) Upgrade to a faster web server to reduce page load time

C) Redesign the landing page to create a better experience for users

D) Use keyword matching options to help remove irrelevant searches

Which is a benefit of using AdWords editor?

A) Users with My Client Center(MCC) Reports Access can make edits to an account

B) Multiple users can share archives and proposals for an account

C) Multiple users can make offline changes to Account Preferences

D) Conflicts between changes made by importing a file do not need to be resolved prior to posting

Assuming default cookie expiration timing, a conversion(1-per-click) is recorded when：

A) a user clicks on an AdWords ad

B) multiple conversions result from a single AdWords ad click

C) a single conversion is made within 30 days following an AdWords ad click

D) a user visits a website within 30 days of clicking on an AdWords ad

An advertiser attempts to enable Conversion Optimizer but the feature is not available in the account. Which is the most likely reason?

A) The advertiser's daily budget is not set to the recommended amount

B) The advertiser's campaign targets the Google Display Network only

C) The advertiser advertises a service rather than a product

D) The advertiser has fewer than 15 conversions in the last 30 days

Which is a recommended action for new mobile preferred ad creative?

A) Target Search Network only

B) Integrate mobile Flash video ads

C) Use a mobile-optimized landing page

D) Use exact match only

Which can be specified at the campaign level?

A) Ad text

B) Billing preferences

C) Destination URLs

D) Network distribution

What is a benefit of using the AdWords Application Programming Interface(API)?

A) Programmers benefit from third-party coding support

B) Advertisers can log into the AdWords account to upload changes

C) Programming skills are not necessary

D) Advertisers can make dynamic changes to their AdWords accounts at scale

It is important to identify specific goals for an AdWords campaign, so that the advertiser can then：

A) make strategic changes to the account to improve performance

B) upload goals to the"Advertising Goals" section in their account

C) bid separately for each ad variation based on its performance

D) manually increase clickthrough rate(CTR) to improve performance

In an AdWords account managed by multiple users, one user noticed a surprising jump in impressions. Where should this user look for details on what might have created the impression increase?

A) Change History

B) Billing Summary

C) Campaign Settings

D) Keyword Planner

Jane uses AdWords to promote her online shoe sore and her conversion rate has remained constant over the last year. While checking her web server logs for December, she notices she sometimes gets two clicks from the same IP address within a few minutes. The most likely cause of this is：

A) inaccurate web server log information

B) automated software designed to click on her ads

C) users who are comparison shopping for shoes

D) users who click on an ad on the Google Display Network

Given four Search campaigns that run out of daily budget, three can likely benefit from bidding or budget changes. Which is most likely configured effectively as is?

A) Branding campaign with set marketing budget, prioritizing current ad position over more clicks

B) Unprofitable campaign, planning to scale up exposure if profitability can be achieved

C) Branding campaign with set marketing budget, prioritizing more clicks over current ad position

D) Profitable campaign, missing additional profitable conversions when budget limits exposure

Which is a benefit of linking Google Places account to an AdWords campaign?

A) Free organic search results for the advertiser's business will be more likely to show on Google Maps

B) Adding or updating addresses in Google Places automatically updates validated addresses used for ads

C) Geographical targeting automatically expands to include all regions

D) Additional icon options are available for ads when using Google Places

An advertiser's ad is not appearing in the Ad Preview and Diagnosis Tool when exact keywords are queried. Which action would help the advertiser to determine why the ad is not showing?

A) Perform Google searches on the same keywords to build data points

B) Run a keyword diagnosis for the keyword in question

C) Use the Keyword Planner to include more variations of a given keyword

D) View the Search terms report to determine the root cause

What kind of click volume increase is likely to be immediately filtered from an AdWords campaign?

A) "peak season" of a product or service

B) improvement in an ad's position

C) a related press release

D) automated clicks

Which best describes the relationship between maximum cost-per-click(CPC) bids and Ad Rank?

A) An increased CPC bid leads directly to a small increase in Ad Rank

B) A CPC bid only affects Ad Rank on the Search Network

C) An increased CPC bid leads directly to a large increase in Ad Rank

D) A CPC bid is one factor that affects Ad Rank

A florist is advertising five types of flowers, including red roses. When a user types the phrase"red roses" into Google, the advertiser's ad is displayed and clicked on. Which landing page is more likely to convert to a sale?

A) The page on the site that displays only roses

B) The homepage that displays all five types of flowers

C) The"Contact Us" page of the site

D) The page on the site where users can register as"frequent shoppers"

Which is a benefit linking a Google My Business account to an AdWords campaign?

A) Geographical targeting automatically expands to include all regions

B) Additional icon options are available for ads when using Google My Business

C) Free organic search results for the advertiser's business will be more likely to show on Google Maps

D) Adding or updating addresses in Google My Business automatically updates validated addresses used for ads

Local Google+ pages created on Google My Business can be：

A) physical locations or mobile applications

B) entered into their own ad auction

C) location extensions in AdWords

D) conversions in AdWords

How does Conversion Optimizer determine the optimal cost-per-click(CPC) bid?

A) It uses your conversion history to bid higher when a conversion is more likely

B) It sets CPC bids as one-tenth the current CPA bid setting

C) It only allows CPC bids lower than the current CPA bid setting

D) It bids a static CPC value based on current max. CPC settings

An advertiser gets more conversions from ads that appear to people in Paris. What should this advertiser do to try and increase the number of conversions?

A) Change the zip code in the AdWords account

B) Set a location bid adjustment

C) Show ads only on the Search Network

D) Set a language bid adjustment

You manage the campaigns for a client that runs a wine tour business in Florence. The ads have stopped showing on Google. If the budget is limited, what might help make sure the ads show?

A) Raise the target cost-per-acquisition(CPA) bid

B) Improve the quality of the campaigns' keywords by making sure they're relevant to the ads' text and landing pages

C) Use target outranking share bidding

D) Use accelerated delivery to show the ads throughout the day to make sure that the entire budget isn't spent in the morning

Dustin wants to write a great text ad that will get people's attention when they're searching on Google. What should he do to generate the most clicks?

A) Put special characters in the ad headline

B) Include his keywords in the ad text

C) Put the ad headline in all capital letters

D) Include his business address in the ad text

Customers who want to increase app downloads should use which campaign type?

A) Ads in mobile apps

B) Mobile app installs

C) Mobile app engagement

D) Call only

A successful AdWords text ad：

A) has a wrapping headline and at least 2 paragraphs of text

B) ties the call-to-action to the landing page

C) mentions at least 4 key selling points

D) talks about the advertiser's reputation

An advertiser implements target cost-per-acquisition(CPA) bidding and notices that the campaigns are receiving fewer conversions.

A) Set the campaign budget to a 30-day cycle

B) Increase the target CPA bid

C) Specify the bid amount for each individual campaign

D) Try a different automated bid strategy

How does target cost-per-acquisition(CPA) bidding determine the optimal cost-per-click(CPC) bid?

A) It sets CPC bids as one-tenth of the current CPA bid setting

B) It uses conversion history to set higher bids when a conversion is more likely

C) It bids a static CPC value based on the current maximum CPC settings

D) It adjusts CPC bids based on existing bid adjustments

If your campaign's daily budget is ￡20, how much of your budget can be spent to show your ads on certain days, based on fluctuations in traffic?

A) Up to ￡21

B) Up to ￡24

C) Up to ￡30

D) Up to ￡20

If your campaign's daily budget is US$20, how much of your budget can be spent to show your ads on certain days, based on fluctuations in traffic?

A) Up to US$21

B) Up to US$24

C) Up to US$30

D) Up to US$20

You might analyze exact match impression share data to get an idea of：

A) the percentage of eligible impressions you received for searches that exactly matched content on your landing page

B) the percentage of eligible impressions you received for searches that exactly matched your keywords

C) the number of times your ads were shown on the Search Network

D) the number of eligible impressions your broad match keywords received

Which is a best practice for optimizing a landing page for AdWords?

A) Several links to related websites

B) Easy-to-navigate content

C) The same programming language across the whole site

D) Prominent headlines in several font styles and sizes

Which is a recommended best practice when creating a new mobile-preferred ad creative?

A) Target Search Network only

B) Use exact match keywords only

C) Use a mobile-optimized landing page

D) Integrate mobile Flash video ads

20.4 Line 官方粉絲團證照考取題目解析

LINE 官方帳號專家認證考試涵蓋了多個重要主題，包括行銷營運基本觀念、官方帳號特色與優勢、註冊與設定、歡迎訊息與圖文選單、好友增長、訊息對話設計、客服營運、活動模組、自動化與外掛市集、數據分析以及訊息優化。通過此認證表示您具有獨立經營及管理 LINE 官方帳號的能力，能夠利用各種工具和策略有效地促進業務增長。

截圖引用官網

https：//greenmedal.linebiz.com/signup/info?exam_id=DF5BED39EC503C8019785BFF44FB1267

測驗說明如下：

測驗中

- 正式測驗前，我們將會協助您確認您的電腦及相關設備符合認證測驗需求，在此建議您使用電腦及最新版本 Chrome、Safari 瀏覽器進行測驗，以有最佳的測驗體驗，若採用非建議環境，可能會影響您的權益。
- 若您在環境測試過程中，認為目前使用的測驗環境無法順利進行認證測驗，請勿貿然進入測驗，請更換測驗環境，並確認設備可正常使用、網路傳輸穩定後，再進入認證測驗。

測驗後

- 完成測驗後，您的成績便會顯在螢幕上，之後您將會在收到認證結果通知信。
- 若您未通過認證，請待 7 天後可再次應試。參加測驗的次數並無上限。
- 若您的認證期限即將到期，請在認證到期前 1 個月再次進行測驗，以延續認證有效性。
- 若您的認證已過期，原認證將在有效日到期後失效，您就必須重新參加測驗，再次獲得認證。
- 認證有效期限為 12 個月。若要查看認證效期，請至 個人資訊 觀看。

仿真題目如下：

1、 LINE 官方帳號對商家而言，可以扮演哪些類型的角色？(複選題)

☑ 深度經營客戶關係的系統

☐ 永久免費的主動溝通的訊息管道

☑ 內容豐富多元的自媒體

☐ 大量快速獲取顧客購買的廣告

2、 漸進式訊息不支援下列哪種屬性？(單選題)

時間

地區

● 手機的品牌及型號

性別

3、 LINE 官方帳號優惠券可以如何傳遞給好友？(複選題)

☑ 使用群發訊息發送優惠券

☑ 在歡迎訊息中贈送

☐ 將該優惠券截圖發送給店內顧客

☑ 透過預設訊息發送給好友

4、 下列對 LINE 官方帳號「集點卡」的限制何者為非？(單選題)

☐ 用來建立客戶持續與商家互動的忠誠度

☑ 需要搭配實體集點卡才能使用

☐ 限商家官方帳號好友才可以使用

☐ 集點完成後可兌換優惠券獎勵

5、 LINE 官方帳號的受眾功能，目前有哪些屬性可以選擇呢？(複選題)

☑ 性別

☑ 縣市

☐ 興趣

☑ 年齡

6、 LINE 官方帳號初始內建的「受眾」中的類型，不包括 ____ ？(單選題)

打開過群發訊息的對象

曾點擊特定訊息的對象

● VOOM 按過讚的人

性別

7、 LINE 官方帳號的價何的計算方式何者正確？(單選題)

免費訊息沒用完，可累積到下個月繼續使用

● 發送到群組內的訊息以一則訊息費用計算

4000 則以上需要支付固定月費

中用量的官方帳號每月訊息量在 500 則以下免費

8、 LINE 官方帳號的哪些訊息是完全免費的？

☑ 一對一聊天訊息

☐ 群發訊息

☑ 加入好友的歡迎訊息

☑ 自動回應訊息

9、 一個成功的官方帳號應該是？(複選題)

☑ 好友數與商家的業務目標同時成長

☑ 向好友持續地傳達商家價值

☐ 每天都對好友發送大量的訊息

☐ 至少擁有數十萬的好友數量

10、 下列哪一些是較好的對話訊息溝通策略？(複選題)

☐ 每日勤勞發送訊息呼籲顧客下單購買

☑ 提供實用的訊息讓顧客願意閱讀

☑ 對老顧客與新顧客提供不同的優惠內容

☑ 透過分眾訊息來迎合不同顧客的喜好

11、 下列何者是商家使用 LINE 官方帳號的優勢？(單選題)

傳達商家最新的活動消息

● 所有選項皆是

維持商家與顧客的關係

用來接觸客戶

12、 用 LINE 官方帳號主動推播訊息給好友的優勢是？(複選題)

☑ 可以主動推播訊息給 LINE 官方帳號的所有目標好友

支援影片、圖片等多樣訊息格式，訊息呈現更豐富

☐ 主動推播訊息都不用收費

☐ 沒有加入商家官方帳號的人，也可以收到推播訊息

13、 下列哪些為 LINE 官方帳號的特色優勢？(複選題)

☑ 全天候自動回覆客戶商家介紹資訊

☑ 引導顧客加好友讓商家與顧客建立關係

☐ 下載顧客在 LINE 上的興趣與行為紀錄

☑ 讓商家方便主動推播最新的情報給顧客

14、 「歡迎訊息」比較不適合做下列哪一項友善提醒，否則會失去好友加入 LINE 官方帳號的意義？ (單選題)

引導好友輸入關鍵字獲得問題回覆

● 建議好友關閉提醒功能避免訊息打擾

說明每週好康優惠的推播日

告知好友商家的服務時間

15、 下列哪一個不是「歡迎訊息」的功能特色？ (單選題)

● 讓新加入好友知道自己的購買與喜好紀錄

讓新加入好友知道此官方帳號的服務功能

讓新加入的好友認識商家與商品資訊

讓新加入好友知道當前最新活動與優惠資訊

16、 如果已設定好的「歡迎訊息」沒有反應，可能是下列何種設定未啟用？ (單選題)

「帳號設定」未啟用

●「回應設定」未啟用

「權限管理」未啟用

「基本設定」未啟用

17、 如何購買專屬 ID ？ (單選題)

● 在官方帳號後台的帳務專區升級購買

各大便利商店都可以購買

所有選項皆非

需要親自到 LINE 總公司購買

18、 下列哪一個不是「認證帳號」命名的規範？ (單選題)

帳號名稱需與「商家名稱」、「實際店名」、「網路平台」一致

如果是分店需要加註「分店名稱」

帳號名稱任意更改或使用特殊符號會延長審核時間

● 「認證帳號」名稱可以自行變更

19、 下列對官方帳號的「一般帳號」、「認證帳號」與「企業官方帳號」的敘述，何者正確？(複選題)

☐ 三種帳號是依付費程度不同而分級

☑ 只有合法的企業才能取得認證帳號

☑ 認證過的帳號才能被公開搜尋

☑ 一般帳號人人皆可取得

20、 註冊官方帳號時一定需要完成的步驟是？(單選題)

購買「專屬 ID」

● 輸入完整且正確的商家資訊

可搭配下載 LINE OA APP 一同使用

申請成為「認證帳號」

21、 要怎麼邀請顧客可以快速加入你的 LINE 官方帳號？(單選題)

在 LINE 以官方帳號名稱搜尋

● 所有選項皆是

掃描加入好友 QRcode

點擊加入好友連結

22、 下列哪個方法較不適用來增加 LINE 官方帳號的好友數？(單選題)

● 每天在陌生群內公開張貼加入 LINE 官方帳號的廣告連結

請顧客直接在 LINE 搜尋官方帳號的「專屬 ID」

將官方帳號加好友的連結寄 email 給既有的會員

在實體店張貼加入 LINE 官方帳號好友的「QR 碼」

23、 下列哪一個方式可以用來增加 LINE 官方帳號的曝光率與好友數？(複選題)

☑ 建立「優惠券」與「集點卡」活動增加曝光機會

☑ 免費連動顧客付款即加入的「LINE Pay」服務

☑ 成為「認證帳號」增加曝光與被搜尋的機會

☑ 利用「VOOM」文章分享觸及好友的朋友

24、 下列哪些類型的「官方帳號」可以在 LINE APP 各處被使用者以官方帳號名稱搜尋到？ (複選題)

☐「一般帳號」

☐ 所有帳號皆可以

☑「企業帳號」

☑「認證帳號」

25、 下列哪一個「增加好友人數」的方法，必須先取得 LINE 認證官方帳號才可執行？ (單選題)

● 申請官方帳號提供的 LINE Family 好友招募「海報」

設置「加入好友鍵」

申請「專屬 ID」

建立「網址」與「行動條碼」

26、 下列關於「官方帳號」申請的描述，何者正確？ (複選題)

☑「認證帳號」是審核通過的合法企業 / 商家 / 組織

☑「一般帳號」申請即可，不用審核

☐「企業帳號」需要自行提交申請

☐ 每個 LINE 帳號限申請一個官方帳號

27、 如何運用 LINE 官方帳號 24 小時的來協助客服工作呢？ (單選題)

● 在營業時間使用「聊天」，在非營業時間使用「自動回應訊息」

只使用一對對「聊天」模式回覆好友

只使用「聊天機器人」模式自動回覆好友

只使用「Messaging API」與好友互動

28、 如何讓 LINE 官方帳號提升客服效率，隨時都能立刻回覆好友呢？ (單選題)

設定「多頁訊息」

設定「群發訊息」

設定「圖文訊息」

● 設定「自動回應訊息」

29、 透過「AI 自動回應訊息」協助客服，對消費者的好處有哪些？(複選題)

☑ 能在第一時間回應客戶，讓客人知道營運時間及真人客服回應時段

☑ 自動提供常見問題與解答，協助消費者自行處理問題

☐ AI 能完全解決客戶的所有疑問雜症，完全無須真人客服

可以一年 365 天、24 小時全天候回應消費者

30、 下列對「聊天」模式與「聊天機器人」模式的描述，何者正確？(單選題)

聊天模式的一對一聊天會依照訊息量收費

● 只有聊天機器人模式可以串接 webhook

聊天機器人模式的每一則自動回應訊息都要收費

只有聊天機器人模式可以設定自動回應訊息

31、 下列哪一個不是 LINE 官方帳號小編使用「一對一聊天」功能回覆顧客的好處？(單選題)

比起自動回覆的罐頭訊息更為貼心

從與顧客的對談中找到優化產品的方向

● 24 小時不中斷的即時處理大量的客服問題

創造顧客與商家情感連結的機會

32、 下列哪一個較不是 LINE 官方帳號「一對一聊天」模式的優勢與特色？(單選題)

可透過「標籤」分類好友，輔助分眾推播

可與多位工作夥伴共同管理好友訊息，並且有回覆紀錄留存

可透過「記事本」紀錄好友特徵

● 可以 24 小時自動的回覆好友客服問題

33、 針對好友在 LINE 官方帳號中經常詢問同樣問題你應該 ____(複選題)

☑ 啟動關鍵字自動回覆

☑ 使用一對一訊息中的預設訊息功能

☑ 在圖文選單中提供常見問題連結

☑ 開啟聊天機器人模式即可以自動回答所有問題

34、 對官方帳號 VOOM 的描述何者正確？(單選題)

只有使用中、高用量的官方帳號才能免費使用 VOOM

所有選項皆非

每月限制數，超過數量需要付費

● VOOM 目前是免費使用，不限數量

35、 如何才能設計出不會打擾好友的「群發訊息」？(單選題)

只在合適的時間推播群發訊息

從點擊率或轉換率優化訊息內容

推播好友感興趣、有價值的訊息

● 所有選項皆是

36、 商家想要介紹多個 (例如 5 個以上) 同類型產品給好友時，怎麼安排訊息會比較好？(複選題)

☑ 將產品發在 VOOM 中，用圖片和文字深入介紹產品，同時和好友互動

☐ 將商品分成多則訊息，分次推播給所有的好友

☑ 用圖文訊息將產品以目錄的方式呈現，供好友點選

☑ 使用輪播式的多頁訊息同時呈現，方便好友比較規格

37、 LINE VOOM 具有何種特色？(複選題)

☑ 有機會透過好友對內容的互動進行再內容擴散

讓好友在 VOOM 上按讚、留言、分享

☑ 商家可以在 VOOM 建立 # hsahtag 與分享位置訊息

☑ 商家可以在 VOOM 上放網址導流到自家服務

38、 下列何者不是「進階影片訊息」的特色？(單選題)

更生動活潑且超吸睛動態互動

可以透過影片提供更完整的產品展示

● 需要另外付費才能開通使用

影片更能夠更促進廣告對好友的行動呼籲 (CTA)

39、 下列對於 LINE 官方帳號多元訊息格式的描述，何者是正確的？(複選題)

「照片」可以使用置入連結以及滿版的呈現

「影片」可以使用置入連結以及滿版的呈現

☑ 「圖文訊息」可以使用置入連結以及滿版的呈現

☑ 「進階影片訊息」可以使用置入連結以及滿版的呈現

40、 下列何者不屬於 LINE 官方帳號可以使用的多元訊息格式？(單選題)

圖文訊息

語言訊息

多頁訊息

● 直播訊息

41、 下列對 LINE 官方帳號「優惠券」的描述何者為非？(單選題)

● 無法分享給非官方帳號好友的人

用來回饋已加入的好友

可以啟用抽獎功能

支援免費、折扣等類型

42、 運用自動回應「關鍵字」回應好友時，下列哪些作法是需要的？(複選題)

☑ 在關鍵字的設定上盡量使用好輸入，不容易出錯的字詞

☑ 要讓好友清楚知道有哪些關鍵字可以輸入

☑ 可以讓好友只需要輸入簡單的中文或數字

☑ 需要持續更新及優化關鍵字清單對照表

43、　LINE 官方帳號在什麼情況下，將無法與顧客一對一「聊天」？ (複選題)

□ 在「聊天」模式下時

☑ 回應模式設為「聊天機器人」時

☑ 啟用「Messaging API」時

□ 開啟「AI 自動回應訊息」時

44、　客服人員如何以 LINE 官方帳號掌握好友的不同的喜好與個性？ (複選題)

☑ 使用「記事本」功能註記好友重點事項與特殊需求

☑ 在一對一聊天的過程中，了解好友的需求

☑ 根據好友特徵變更「好友顯示名稱」

☑ 用「標籤」來分類不同的好友特性

45、　針對好友在 LINE 官方帳號中經常詢問同樣問題你應該 _____ ？ (複選題)

☑ 啟動關鍵字自動回覆

☑ 使用一對一訊息中的預設訊息功能

☑ 開啟聊天機器人模式即可以自動回答所有問題

☑ 在圖文選單中提供常見問題連結

46、　如何避免官方帳號被好友封鎖？ (複選題)

☑ 豐富的商家活動內容

☑ 定期更新活動消息

□ 24 小時無間斷的訊息推播

☑ 提供顧客有價值的訊息

47、　下列哪一項不是 LINE 官方帳號可以為企業帶來的效益？ (單選題)

增加商家與顧客的互動與溝通品質

● 保證商家業績的成長

提升好友對商家的喜好度

幫助商家帶來更多的潛在客源

48、 哪一個比較接近「圖文選單 (Rich Menu) 」在 LINE 官方帳號中扮演的角色？ (單選題)

用來顯示影音互動影片

● 提供好友便捷的功能選項

加速 LINE 官方帳號好友數量的成長

提升網友加入 LINE 官方帳號的動機

49、 「基本檔案」是商家的門面，如何設計好的基本檔案來提升好友的第一印象？ (複選題)

☑ 增加好友對於商家品牌的識別

☑ 了解商家的營業項目

☑ 讓好友了解加入官方帳號的價值

☑ 提高好友加入商家帳號的動機

50、 要如何讓好友清楚官方帳號提供的服務？ (複選題)

☑ 在圖文選單提供主要服務連結

☑ 在官方帳號的摘要描述服務特色

☑ 設定清楚的商家基本資訊

☑ 在 VOOM 介紹最新活動或產品資訊

51、 付費購買的專屬 ID 和系統提供的隨機 ID 有何差別？ (複選題)

☑ 專屬 ID 需要支付使用費

☑ 專屬 ID 可以更展現商家品牌及特色

☐ 兩者無顯著差異

☐ 有了專屬 ID 才可以被好友搜尋到

52、 下列哪一種訊息類型適合做為 LINE 官方帳號的「歡迎訊息」？ (複選題)

☑ 說明商家的主要產品與服務

☑ 預告會定期提供商家消息

☐ 小編個人的私人 LINE 帳號

☑ 介紹商家官方帳號可以提供的服務

53、 下列哪一個不是 LINE 官方帳號「增加好友人數」的方法？（單選題）

在網站上設置「加入好友」按鈕

● 設計有吸引力的圖文選單

將官方帳號分享給老客戶

分享加入好友的「網址」或「行動條碼」

54、 下列哪一個不是升級「認證帳號」的好處？（單選題）

可增加商家被搜尋的能見度

● 可免費使用官方帳號提供的「加好友廣告」

可免費使用官方帳號提供的好友招募「海報」

可有效區隔假帳號，建立好友信賴度

55、 要怎麼有效的增加好友的互動率？（複選題）

☑ 定期分享顧客感興趣的內容至 VOOM

☑ 透過集點卡吸引好友回訪增加互動

☐ 重複發送相同內容的訊息給好友直到他願意互動

☑ 使用優惠券刺激好友參與官方帳號活動

56、 怎麼做才能把握與好友的第一次互動接觸？（複選題）

☑ 在圖文選單介紹可以提供的服務

☑ 建立吸引人的歡迎訊息留下好的第一印象

☑ 以漸進式訊息逐步逐次的與好友溝通

☑ 完整商家基本檔案幫助好友認識

57、 下班時間無法即時回覆好友客服訊息時，怎麼做較好？（複選題）

☑ 清楚告訴客戶上班時間，並於上班時以一對一聊天回應好友

☑ 連接外部客服表單系統，讓客戶可以留言

☑ 開啟「AI 自動回應訊息」自動回應客戶問題

☑ 圖文選單提供常見問題清單連結，協助客戶解決問題

58、 下列哪一個不是「自動回應訊息」的特色？(單選題)

可自動回答好友「關鍵字」問題

● 可自動回覆好友「個人化」問題

提升客服效率

可以 24 小時都不眠不休的守著客服

59、 如何提高使用一對一「聊天」處理客服工作的管理及效率？(複選題)

☑ 將好友訊息進行處理狀態的分類

☑ 為好友手動建立「標籤」做為客服分類識別

☑ 善用「釘選」功能協助待處理的備忘

☑ 使用「記事本」進行客戶描述記錄

60、 如何聰明的使用一對一「聊天」？(單選題)

反覆查看與好友的聊天紀錄

● 設定「預設訊息」回答常見問題

不眠不休的親自接收與回覆好友訊息

每一則訊息都親自輸入

61、 官方帳號最貼近「社群內容」平台的部分是？(單選題)

群發訊息

● VOOM

優惠券

集點卡

62、 好友的使用者識別碼是用來辨識用戶的代碼，裡面包含哪些資訊呢？(單選題)

是包含使用者 email 的編碼

● 是一個隨機、不具有意義的編碼

是包含使用者手機的編碼

是包含使用者姓名的編碼

63、 下列選項何者為永續經營 LINE 官方帳號較為良好的方式？ (單選題)

避免推播訊息節省訊息費

● 定期提供消費者感興趣的資訊

要求好友幫忙按讚和分享增長人數

邀請很多好友加入並找機會催促他們來買東西

64、 下列哪些是 LINE 官方帳號的特色？ (複選題)

☑ 有多元的官方帳號外掛模組市集可以採用

☑ 內建優惠券和集點卡便利營運

☑ 可依訊息用量需求選擇價格方案

☑ 免費申請與 0 元啟用經營

65、 官方帳號從「一般帳號」升級「認證帳號」的好處有哪些？ (複選題)

☐ 可免費使用「Messaging API」串接功能

☑ 可小額預算使用「加好友廣告」功能

☐ 顧客輸入 ID 可以搜尋到官方帳號

☑ 可免費申請「LINE 熱點」快速通關

66、 加入好友的「歡迎訊息」提供表情貼、 好友顯示名稱、 帳號名稱等功能可以 ______(複選題)

☑ 用表情貼彰顯官方帳號對話的風格及親和力

☑ 讓好友覺得商家在和他對話

☑ 引起好友閱讀訊息的興趣

☐ 分享商家在創作市集中喜歡的貼圖

67、 下列哪一個不是「圖文選單 (Rich Menu) 」的功能？ (單選題)

能做為訊息公告與廣告的版位

可搭配「關鍵字」功能回覆好友

邀請很多好友加入並找機會催促他們來買東西

● 能促進新好友的加入

68、 下列哪一項是 LINE 官方帳號基本檔案可以呈現的第一印象？(複選題)

☑ 商家好友數

☑ 商家大頭貼

☑ 狀態消息

☑ 商家名稱

69、 下列對官方帳號中的「認證帳號」描述何者正確？(單選題)

以綠色的盾牌呈現

每月擁有 4000 則免費訊息

● 可依 LINE 官方帳號名稱，直接在 LINE 中被搜尋到

無需審核，任何人都可以開設

70、 下列哪一個不是「專屬 ID」的特色？(單選題)

● 取得專屬 ID 即成為認證帳號

可以讓顧客好搜尋、好記憶

具有識別性、唯一性

等同於「行動版名片」

71、 要增加官方帳號的好友數量，下列哪一個可能不太適合？(單選題)

● 使用來路不明的軟體陌生到處貼廣告曝光

申請具商家識別的專屬 ID 方便記憶

將官方帳號升級為認證帳號增加好友信任度

在店內張貼加入官方帳號的 QR code 轉換消費者為好友

72、 顧客在「官方帳號列表」無法透過什麼方式搜尋到已認證的官方帳號？(單選題)

「商家專屬 ID」

「商家名稱」

「動態消息欄位」的關鍵字

● 優惠券活動的名稱

73、 使用 LINE Call「通話」的好處，何者為非？(單選題)

忙線中可以自動以回覆留言

● 能夠主動的以語音直接聯絡好友

通話完全免費

可以和好友更有溫度的聯絡

74、 要如何用 LINE 官方帳號獲知好友對商家的意見？(複選題)

☑ 使用 LINE 官方帳號後台的「問卷調查」功能

☑ 透過群發其他網路問卷收集意見

☑ 在 VOOM 邀請好友留言給意見

☑ 收集一對一聊天時，好友提供的意見

75、 如何將好友依其屬性特質分類，做為分眾推播訊息之用？(單選題)

透過「AI 自動回應訊息」將好友分類

● 透過「貼標籤」將好友分類

透過「記事本」將好友分類

透過「預設訊息」將好友分類

76、 如何讓好友可以自行透過 LINE 官方帳號就能方便找到常見問題的答案？(複選題)

圖文選單提供常見問題、商品查詢、服務項目資訊

☐ 好友留言後由商家或客服進行一對一「聊天」回覆

☑ 把常見問題設成一組或多組的「關鍵字」對應自動回應訊息

☑ 啟用「AI 自動回應訊息」

77、 能夠一次傳訊息給多位好友的有效方式是 ___(單選題)

將訊息發佈在 VOOM 中

● 使用群發訊息推給多位好友

自動回應訊息

一對一聊天

78、 如何讓 LINE 官方帳號更有溫度、 在與好友對話時創造情感的連結？(單選題)

● 透過一對一「聊天」模式讓好友感受到專屬服務

透過「聊天機器人」模式自動回覆好友

透過「AI 自動回應」自動判讀好友問題與回覆

透過「關鍵字」回覆好友

79、 除了 LINE 官方帳號後台提供的功能，還有其他功能可以使用嗎？(複選題)

☑ 中、高用量的用戶可以啟用官方帳號分眾 + 等功能

☑ 可以使用 LINE 官方技術夥伴的第三方加值功能

☑ 可以在 LINE 官方帳號的外掛模組市集租用模組

☐ 所有的功能都在 LINE 官方帳號後台

80、 企業可以在哪裡註冊並取得 LLINE 官方帳號？(單選題)

LINE 官方帳號外掛模組市集

● LINE Biz- Solutions 官方網站

LINE Shopping 購買

LINE Ad Manager

81、 哪些是商家應用「圖文訊息」與好友溝通的好處？(複選題)

☑ 圖文並茂以提升訊息吸睛度

☑ 可以用一張圖呈現多個商品連結

☐ 方便好友轉分享訊息給其他網友

☑ 讓過長的網址以按鈕的形式呈現

82、 下列何者比較接近「進階影片訊息」在官方帳號中扮演的角色？(單選題)

加速 LINE 官方帳號好友數量的成長

● 加強好友對影片訊息推播資訊的行動呼籲 (CTA)

引導顧客加好友讓商家與顧客建立關係

提升網友加入 LINE 官方帳號的動機

83、 下列哪種訊息的推播策略兼俱成本與效益？(複選題)

☑ 利用漸進式訊息逐步和好友溝通

☐ 透過 Messaging API 串接後台數據再依條件推播

☐ 每一次的訊息都推播給所有好友尋求最大曝光

☑ 分眾推播，依照好友喜好傳送不同的價值訊息

84、 下列何者比較接近「圖文訊息」在 LINE 官方帳號中扮演的角色？(複選題)

☑ 好友能夠透過點擊獲得優惠券

☑ 支援自動回應，能與好友產生豐富互動

☑ 支援文案帶連結，能夠提升商品導購的效益

☑ 一張圖支援多個連結，方便產品型錄展示

85、 「VOOM」可以輔助商家行銷推廣，但無法做到下列哪件事情？(單選題)

回覆好友留言 / 刪除 / 設為垃報訊息 / 設為黑名單

● 可透過「Messaging API」設定商家專屬 VOOM

可根據行銷活動預約 / 暫存 VOOM 設定

可刪除 / 編輯已建立的 VOOM

86、 下列有關「VOOM」與好友互動方式何者有誤？(單選題)

透過問卷調查與網址

● 透過自動回覆 VOOM 的訊息

透過照片與影片

透過文字與貼圖

87、 下列哪一個不是 LINE 官方帳號的類型？(單選題)

灰色盾牌「一般帳號」

● 紫色盾牌「合格帳號」

綠色盾牌「企業帳號」

藍色盾牌「認證帳號」

88、 商家經營 LINE 官方帳號的目的是？ (單選題)

累積好友對商家品牌的忠誠度

逐步幫助商家創造更多的利潤

● 所有選項皆是

創造可以持與顧客互動的管道

89、 下列用來描述「圖文選單 (Rich Menu)」的動作設定，哪些是不正確的？ (單選題)

可以開啟「優惠券」或「集點卡」

可以自動回覆「文字」

● 可以直接在選單上播放影片

可以設定「連結」

90、 哪一個不是「圖文選單 (Rich Menu)」的特性？ (單選題)

版型分為大型和小型兩種

透過 API 功能可以切換使用多個「圖文選單」

可將預設顯示方式設定為開啟或關閉

● 同時支援手機版與電腦版的顯示

91、 「 LINE VOOM」的優勢不包括？ (單選題)

不會消耗訊息則數的免費曝光管道

有機會透過好友對內容的互動進行內容再擴散

侵略性較低，比起訊息推播更不容易打擾好友

● 能夠精準的將個人化貼文發送給不同好友

92、 LINE 官方帳號應該如何與顧客建立的良好關係？ (單選題

每天貼文催促客戶購買商品

到各種類型人多的社團張貼加好友連結

● 依照顧客需求提供客製化的訊息溝通內容

每日推播大量的推播訊息創造存在感

93、 下列何者是升級成「認證帳號」才能擁有的好處？ (複選題)

☑ 官方帳號的「名稱」能夠在 LINE App 被搜尋

☐ 好友人數的上限可以提升

☐ 訊息費可以依用量計費

☑ 取得藍色 Logo 識別

94、 「VOOM」具有何種特色？ (複選題)

☑ 有機會透過好友對內容的互動進行再內容擴散

☑ 讓好友在 VOOM 上按讚、留言、分享

☑ 商家可以在 VOOM 建立 #hashtag 與分享位置訊息

☑ 商家可以在 VOOM 上放網址導流到自家服務

95、 LINE Call「通話」功能正確的描述為何？ (單選題)

避免消費糾紛官方帳號電話功能具有「錄音」模式

隱私保護的關係所以無法支援「視訊」通話

● 可開啟「 LINE 通話」讓好友撥打給官方帳號

可使用「 LINE 語音」功能留言給你的好友

96、 哪一些 LINE 官方資源可以幫助你提升 LINE 官方帳號經營的能力？ (複選題)

☑ 加入「LINE 商家報」官方帳號掌握第一手資訊

☑ 透過「LINE Biz- Solutions」了解各種企業解決方案

☑ 參加「LINE 官方認證夥伴」的研討會或課程

☑ 順利通過你正在作答的這一個官方帳號認證

97、 下列哪一個可能是好友封鎖官方帳號時的心情？ (單選題)

覺得訊息不吸引人或沒價值

久久才推播一次不覺得商家有用心經營

● 所有選項皆是

覺得被打擾

98、 一個好的 LINE 官方帳號經營者需要具備什麼能力？(複選題)

☑ 數位工具運用的能力

☐ 研究所的學歷

☑ 經營客戶的決心

☑ 社群行銷的思維

99、 下列何者為 LINE 官方帳號推播時會出現的滿版大圖功能？(單選題)

大圖訊息

照片

● 圖文訊息

多頁訊息

100、哪些是商家應用「圖文訊息」與好友溝通的好處？(複選題)

☑ 圖文並茂以提升訊息吸睛度

☐ 方便好友轉分享訊息給其他網友

☑ 讓過長的網址以按鈕的形式呈現

☑ 可以用一張圖呈現多個商品連結

101、「一對一聊天」訊息大量增加時，如何提升訊息管理或回覆效率？(複選題)

☑ 使用「聯絡人」顯示名稱備註特定好友及其需

☑ 將訊息處理的狀態分類為未讀、待處理、處理完畢等

☑ 使用「預設訊息」回覆常見問題

☑ 使用「標籤」將好友的訊息分類

102、「基本檔案」是官方帳號與好友接觸的第一印象，下列哪一個商家的資源設定不在基本檔案上？(單選題)

覺得訊息不吸引人或沒價值

久久才推播一次不覺得商家有用心經營

● 所有選項皆是

覺得被打擾

103、對 LINE 官方帳號的群發訊息，較正確的描述是？ (複選題)

☑ 可以一次群發給所有好友或是特定目標好友

☐ 文字訊息免費，圖文訊息才需付費

☑ 可以指定時間預約發送

☐ 只有被好友已讀取的訊息才會收費

104、LINE 官方帳號「優惠券」能支　的應用類型包括？ (複選題)

☑ 能夠分享給 LINE 官方帳號好友及非好友的人

☑ 可以做為好友加入 LINE 官方帳號時的回

☑ 可以啟用抽獎功能

☑ 能夠支恚免費、折扣等類型優惠券

105、LINE 官方帳號的特色優勢有哪些？ (複選題)

☑ 引導顧客加好友讓商家與顧客建立關係

☑ 讓商家方便主動推播最新的情報給顧客

☑ 全天候自動回覆客戶商家介紹資訊

☐ 下顧客在 LINE 上的興趣與行為紀錄

106、對官方帳號中的「認證帳號」描述何者正確？ (單選題)

以綠色的盾牌呈現

每月擁有 4000 則免費訊息

無需審核，任何人都可以開設

● 可依 LINE 官方帳號名稱，直接在 LINE 中被搜尋到

107、商家想要介紹九個同類型產品給好友時，怎麼安排訊息會比較好？ (複選題)

☑ 將產品發在 LINE VOOM 中，用圖片和文字深入介紹產品

☑ 將九個商品分成九則訊息，分次推播給所有的好友

☑ 用圖文訊息將產品以目錄的方式呈現，供好友點選

☑ 使用輪播式的多頁訊息同時呈現，方便好友比較規格

108、商家以「 LINE VOOM」與好友溝通的互動形式不包括？ (單選題)

透過問卷調查與網址

透過文字與貼圖

透過照片與影片

● 自動回覆 VOOM 貼文訊息

109、針對 LINE 官方帳號申請描述，正確的選項為何？ (複選題)

☑ 「認證帳號」是審核通過的合法企業 / 商家 / 組織

☑ 「一般帳號」申請即可，不用審

☑ 企業帳號由 LINE 官方主動審核

☐ 每個 LINE 帳號限申請一個官方帳號

110、針對 LINE 官方帳號「集點卡」，正確的描述為何？ (複選題)

☑ 透過集點維繫客戶對商家的忠誠度

☐ 不論有無加入商家官方帳號的好友都可以集

☑ 集點完成後可兌換優惠券獎勵

☐ 需要搭配實體集點卡才能夠使用

111、針對 LINE 官方帳號好友經常詢問的重覆性問題，怎麼做較好？ (複選題

☑ 在圖文選單中提供常見問題連結

☑ 啟動「自動回應訊息」透過關鍵字自動回覆

☑ 使用「手動聊天」中的預設訊息功能

☑ 開啟「AI 自動回應訊息」模式回答客戶基本問題

112、可以用來增加 LINE 官方帳號的曝光率與好友數的方式包括？ (複選題)

☑ 建立「優惠券」與「集點卡」活動增加曝光機會

☑ 免費連動顧客付款即加入的「 LINE Pay」服務

☑ 成為「認證帳號」增加曝光與被搜尋的機會

☑ 請好友分享這個商家的官方帳號給他的 LINE 好友

113、LINE 官方帳號有哪些外部加值功能可以使用？(複選題)

☑ 可以在官方帳號外掛模組市集租用模組

☑ 可以使用 LINE 官方技術夥伴的第三方加值功能

☑ 中、高用量的用戶可以啟用官方帳號「分眾 + 」等功能

☐ 無，除了 LINE 官方帳號，沒有任何外部功能應該使用

114、如何透過 LINE 官方帳號在活動中贈送 LINE POINTS 給好友？(複選題)

☑ 透過簡訊或 email 發送 LINE POINTS「 禮物卡」 連結

☑ 發給或寄送實體版禮物卡

☑ 目前 LINE 官方帳號無法直接傳送 LINE POINTS

☑ 透 LINE 官方帳號發送 LINE POINTS「 禮物卡」序號

115、LINE 官方帳號 CMS 後台裡的「受眾」類型，不包括？(單選題)

曾點擊特定訊息的對象

● 對 LINE VOOM 貼文按過讚的人

性別

打開過群發訊息的對象

116、LINE 官方帳號商家資訊設定的「基本檔案」不包括？(單選題)

狀態消息

● 歡迎訊息

官方帳號名稱

官方帳號大頭照

117、 什麼方法較不適合用來增加 LINE 官方帳號的有效好友數量？(單選題)

在店內張貼加入官方帳號的 QR code 轉換消費者為好友

申請具商家識別的專屬 ID 方便記

將官方帳號升級為認證帳號增加好友信任度

● 時常在各類人多的大型群組中張貼廣告

118、LINE 官方帳號推播滿版大圖是採用了哪一類型的訊息？ (單選題)

大圖訊息

● 圖文訊息

多頁

全螢幕訊息

I.Python 常用公式表

II. 機器學習和深度學習的概念整理

III. 程式碼附錄

I. Python 常用公式表：

from google.colab import drive drive.mount('/content/gdrive')	df["A"].astype("int")
import pandas as pd df= pd.read_csv("/content/gdrive/My Drive/name.csv")	df["A"].str.replace(",",".")
df[["A","B","C"]].head()	df.isnull().sum().sum()
df.loc[0：1,["A","B","C"]]	df.fillna()
pd.concat([df1,df2],axis=1,join="inner")	df.dropna()
df["A"][range(0,100,2)]	from sklearn.metrics import mean_squared_error
df["A"][：：2]	from sklearn.model_selection import train_test_split
df.to_csv("/content/gdrive/My Drive/name.csv")	import matplotlib.pyplot as plt

#Correlation Matrix
import seaborn as sns
corrMatrix = h.corr()
plt.figure(figsize=(25,10))# Plotting the figure of required size
ax = sns.heatmap(corrMatrix, vmin=0, vmax=1, center=0, annot=True,
cmap="YlGnBu", linewidths = 1.0,
square=True)
 	
plt.show()
	#Confusion Matrix
	from sklearn.metrics import accuracy_score,confusion_matrix,classification_report
	cm = confusion_matrix(test_y,predictions)
	class_names = ["No Diabetes","Diabetes"]
	plt.figure(figsize=(8, 6))
	sns.heatmap(cm, annot=True, fmt="d", cmap="Reds",xticklabels=class_names,yticklabels=class_names)
	plt.xlabel('Predictions')
	plt.ylabel('True Values')
	plt.title('Confusion Matrix')
	plt.show()

表 1：Colab 和 Pandas 常用取值

表 2：機器學習套件

SK-learn：

```
train_X,test_X,train_y,test_y=train_test_split(X,y,test_size=0.2,random_state=17,shuffle=True,stratify=y)
```

from sklearn.svm import SVC
svc = SVC(kernel='linear')#rbf
svc.fit(X_train_std, y_train)
y_predict = svc.predict(X_test_std)
	from sklearn.tree import DecisionTreeClassifier
	decision_tree =DecisionTreeClassifier()
	decision_tree.fit(X_train,y_train)
	pre=decision_tree.predict(X_test)

from sklearn.cluster import KMeans#KMeans kmeans = KMeans(n_clusters = i, init = 'k-means++', random_state = 42) kmeans.fit(X)	from sklearn.decomposition import PCA pca = PCA() pca.fit_transform(X)
from sklearn.linear_model import LinearRegression LR=LinearRegression() LR.fit(x_train,y_train) LR_predict=LR.predict(x_test)	from sklearn.linear_model import LogisticRegression lr = LogisticRegression(solver='liblinear', random_state=42) lr.fit(train_X, train_y) predictions = lr.predict(test_X)

表 3：單一時序神經網路模測模型：

Single-time LSTM import numpy as np import matplotlib.pyplot as plt import pandas as pd import tensorflow as tf from tensorflow.keras.models import Sequential from tensorflow.keras.layers import Dense# FCN from tensorflow.keras.layers import LSTM from sklearn.preprocessing import MinMaxScaler from sklearn.metrics import mean_squared_error# MSE	**R Language：** **%load_ext rpy2.ipython** **%%R** cat(system('python3-c"from google.colab import drive\ndrive.mount()"', intern=TRUE), sep='\n', wait=TRUE) data01 <- read.csv("/content/gdrive/My Drive/diabetes.csv") head(data01,10) tail(data01,10)

model = Sequential()# **create and fit the LSTM network**
model.add(LSTM(4, input_shape=(1, look_back)))
model.add(Dense(1))
model.compile(loss='mean_squared_error', optimizer='adam')#MSE loss fuction
model.fit(trainX, trainY, epochs=20, batch_size=1, verbose=2)
	%%R
	summary(data01)
	%%R
	colnames(data01)

<table>
<tr>
<td>

```
# make predictions
trainPredict = model.predict(trainX)
testPredict = model.predict(testX)
trainPredict = scaler.inverse_
transform(trainPredict)
trainY = scaler.inverse_
transform([trainY])
testPredict = scaler.inverse_
transform(testPredict)
testY = scaler.inverse_transform([testY])
# calculate root mean squared error
trainScore = np.sqrt(mean_squared_
error(trainY[0], trainPredict[：,0]))
print('Train Score：%.2f RMSE'%
(trainScore))

testScore = np.sqrt(mean_squared_
error(testY[0], testPredict[：,0]))
print('Test Score：%.2f RMSE'% (testScore))
```

</td>
<td>

```
%%R
attach(data01)
%%R
plot(glucose,hip)
abline(lm(glucose~hip),col="red")
%%R
par(mfrow = c(1,2))
boxplot(glucose,main="glucose")
boxplot(hip,main="hip")
boxplot(systolic_bp,main="systolic_bp")
```

</td>
</tr>
<tr>
<td>

```
trainPredictPlot = np.empty_like(dataset)
trainPredictPlot[：,：] = np.nan
trainPredictPlot[look_back：
len(trainPredict)+look_back,：] =
trainPredict
# shift test predictions for plotting
testPredictPlot = np.empty_like(dataset)
testPredictPlot[：,：] = np.nan
testPredictPlot[len(trainPredict)+(look_
back*2)+1：len(dataset)-1,：] = testPredict
# plot baseline and predictions
plt.plot(scaler.inverse_
transform(dataset))
plt.plot(trainPredictPlot)
plt.plot(testPredictPlot)
plt.show()
```

</td>
<td>

```
%%R
qqnorm(glucose,main="NormalTest",col="blue
",ylab="glucose")
qqline(glucose,col="red",lwd=2)
grid(lty="dotted",col="gray")
%%R
cor(glucose,systolic_bp)
%%R
shapiro.test(glucose)
%%R
plot(glucose,systolic_bp)
abline(lm(glucose~systolic_bp),col="red")
legend("topright",legend =
c("r=0.1627772","p-value <
2.2e-16","glouse vs.systolic_bp"))
```

</td>
</tr>
</table>

II. 機器學習和深度學習的概念整理：

Artificial intelligence	1.Strong AI 2.Weak AI
Machine Learning	1. Supervised (DT/SVM) 2. Unsupervised (PCA) 3. Reinforcement (Q-learning) *Q-ML / Auto ML* *Feature Engineering?* *Ensemble Learning?* *(Bagging & Boosting)*
Deep Learning	1. CNN 2. RNN / LSTM 3. YOLO1~8/ VGG16-19 4. EfficientNet B0~B7 (Compound Scaling up for W/D/R) VGG Net/Rest Net/Dens Net/Mobile Net 5. Mask-R CNN/Faster-R CNN

Note:

1. Active function concept
2. Kaggle Titanic / Boston Housing price
3. Bagging+DT：RF /AdaBoost + DT / Gradient + Boosting+ DT : GBDT

Terms:

1. epoch
2. learning rate
3. loss function
4. Normalization / Regularization / Standardization
5. Batch Normalization
6. What is ICS ?
7. Batch Size

III. 程式碼附錄

1. 因多數專案龐大，讀者有興趣可來信 cjhuang38@gmail.com 告知索取，或者添加本人官方 Line:@653vvwvr 進行諮詢；讀者可以就本書說明中的連結逕行點擊，本書提供的專案都皆以 google colalb 連結型式提供。

2. 讀者朋友亦可以來信說明，本人亦會提供簡易的教學檔案和影片以供複習。

3. 本人 youtube 也提供不同資訊相關技術，可以免費分享觀看

https：//www.youtube.com/channel/UCTiYp4DfHc1PcMiUf9WuMJg